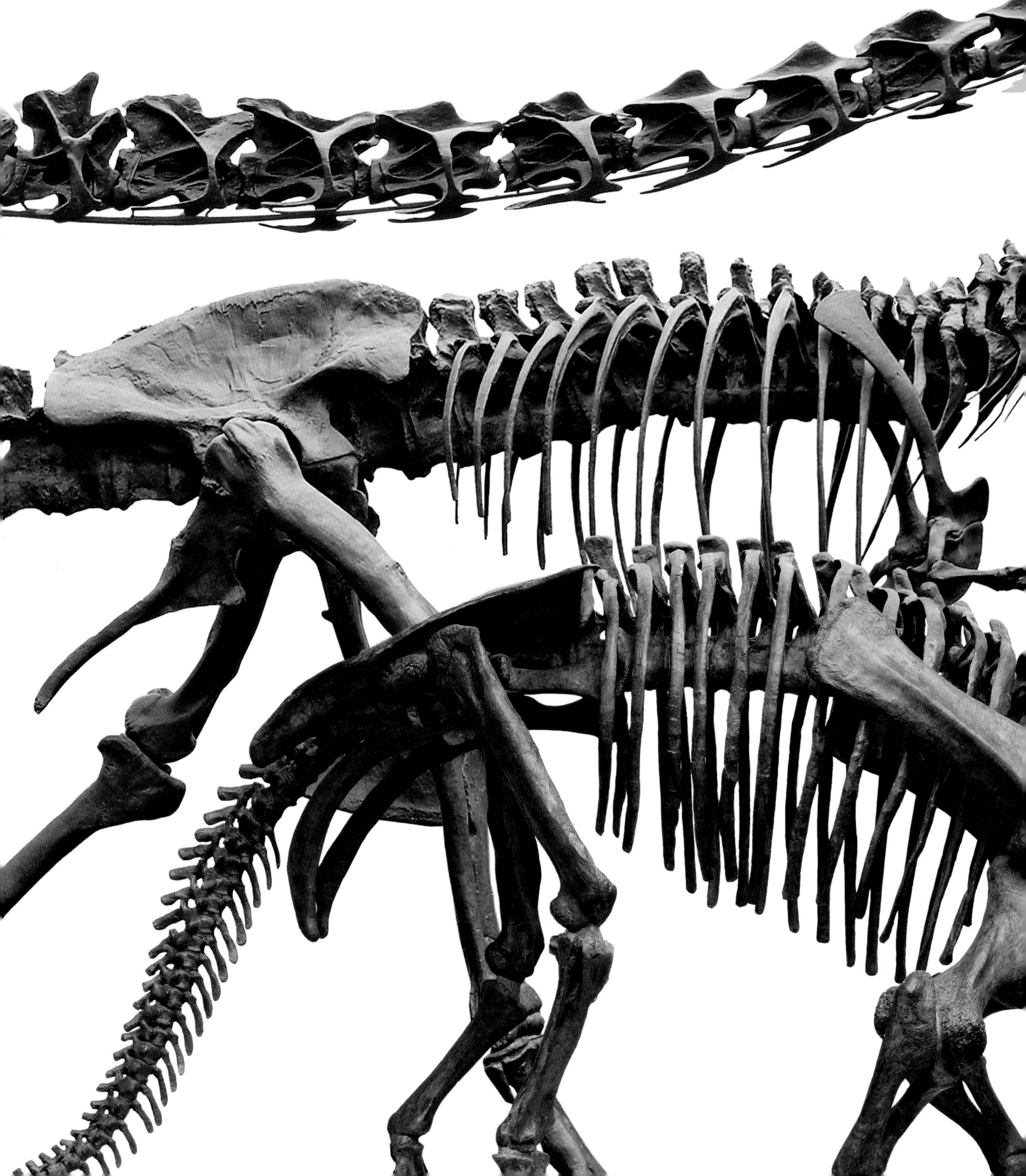

DK

DINOSAURIOS
Y VIDA PREHISTÓRICA

DK LONDON

Edición de arte sénior
Ina Stradins

Edición de arte de proyecto
Yen Mai Tsang, Francis Wong y Steve Woosnam-Savage

Diseño
Sonia Barbate, Alison Gardner, Helen McTeer y Simon Murrell

Asistencia en el diseño
Riccie Janus y Rebecca Tennant

Producción editorial
Phil Sergeant

Soporte técnico creativo
Adam Brackenbury y John Goldsmid

Diseño de cubierta
Akiko Kato y Duncan Turner

Coordinación de diseño de cubiertas
Sophia MTT

Ilustración
Antbits Ltd (Richard Tibbitts), Dotnamestudios (Andrew Kerr), Francisco Gascó, Arran Lewis, Peter Minister, pixel-shack.com (Jon Hughes y Russel Gooday)

Cartografía
Paul Eames

Coordinación editorial de arte
Michael Duffy

Coordinación editorial de arte sénior
Philip Ormerod

Edición sénior
Helen Fewster y Peter Frances

Edición de proyecto
Cressida Malins, Ruth O'Rourke, Gill Pitts, David Summers y Victoria Wiggins

Edición
Jamie Ambrose, Daniel Gilpin, Salima Hirani, Tom Jackson, Nathan Joyce, Lara Maiklem, Emma Marriott, Claire Nottage y Miezan van Zyl

Asistencia editorial
Elizabeth Munsey y Jaime Tenreiro

Edición de cubierta
Emma Dawson

Documentación
Graeme Lloyd

Indexación
Hilary Bird

Preproducción
Robert Dunn

Producción sénior
Meskerem Berhane

Producción
Rita Sinha

Iconografía
Myriam Mégharbi

Fotografías especiales
Gary Ombler

Coordinación editorial
Angeles Gavira Guerrero y Sarah Larter

DK INDIA

Edición de arte sénior
Mahua Sharma

Edición de arte
Meenal Goel

Diseño de cubierta
Tanya Mehrotra

Maquetación
Harish Aggarwal, Dheeraj Arora, Pawan Kumar, Rakesh Kumar, Sunil Sharma, Preetam Singh, Jagtar Singh y Vikram Singh

Coordinación editorial de arte
Sudakshina Basu

Dirección de arte
Shefali Upadhyay

Diseño
Mahua Mandal, Neerja Rawat y Arijit Ganguly

Coordinación de preproducción
Balwant Singh

Edición sénior
Dharini Ganesh

Edición
Aishvarya Misra y Garima Sharma

Iconografía
Vishal Ghavri

Coordinación de iconografía
Surya Sankash Sarangi

Coordinación editorial de cubiertas
Priyanka Sharma

Coordinación editorial
Rohan Sinha

Coordinación de iconografía
Taiyaba Khatoon

Coordinación editorial de cubiertas
Saloni Singh

Dirección de publicaciones
Aparna Sharma

Edición publicada en Gran Bretaña
en 2019 por Dorling Kindersley Limited
DK, One Embassy Gardens,
8 Viaduct Gardens, London, SW11 7AY

Parte de Penguin Random House

Título original: *Dinosaurs and Prehistoric Life*
Primera edición 2020

Servicios editoriales: deleatur, s.l.
Traducción: Joan Andreano Weyland, Antón Corriente Basús, José Luis López Angón y Manel Pijoan-Rotge

ISBN: 978-0-7440-2706-8

Impreso en China

Autores

TIERRA PRIMITIVA
Douglas Palmer, escritor de temas científicos y profesor (Cambridge, Reino Unido)

VIDA MICROSCÓPICA
Martin Brasier, profesor de Paleobiología (Oxford, Reino Unido)

PLANTAS
David Burnie, especialista en historia natural

Chris Cleal, jefe del Departamento de Historia Vegetal, Amgueddfa Cymru (Museo Nacional de Gales, Cardiff, Reino Unido)

Sir Peter Crane, director de los Reales Jardines Botánicos de Kew (Londres) hasta 2006, profesor del Departamento de Ciencias Geofísicas, Universidad de Chicago (EE UU)

Barry A. Thomas, profesor emérito, Universidad de Aberystwyth (Gales, Reino Unido)

INVERTEBRADOS
Caroline Buttler, John C.W. Cope y Robert M. Owens, Departamento de Ciencias Naturales, Amgueddfa Cymru (Museo Nacional de Gales, Cardiff, Reino Unido

VERTEBRADOS
Jason Anderson, paleontólogo de vertebrados y profesor de Anatomía Veterinaria, Universidad de Calgary (Canadá)

Roger Benson, paleontólogo, Universidad de Cambridge (Reino Unido)

Stephen Brusatte, paleontóloga de vertebrados, Universidad de Edimburgo (Reino Unido)

Jennifer A. Clack, profesora emérita de Paleontología de Vertebrados, Museo Universitario de Zoología (Cambridge, Reino Unido)

Kim Dennis-Bryan, paleontólogo, escritor y profesor, Open University (Londres, Reino Unido)

Christopher Duffin, paleontólogo y profesor (Londres, Reino Unido)

David Hone, paleontólogo de vertebrados, Instituto de Paleontología y Paleoantropología de Vertebrados (Pekín, China)

Zerina Johanson, conservadora de peces fósiles, Museo de Historia Natural (Londres, Reino Unido)

Andrew Milner, paleontólogo de vertebrados e investigador asociado, Museo de Historia Natural (Londres, Reino Unido)

Darren Naish, escritor de temas científicos e investigador, Universidad de Southampton (Reino Unido)

Katie Parsons, bióloga y especialista en historia natural (Londres, Reino Unido)

Donald Prothero, profesor de Geología, Occidental College e Instituto de Tecnología de California (Los Ángeles, EE UU)

Xu Xing, paleontólogo, Instituto de Paleontología y Paleoantropología de Vertebrados (Pekín, China)

INTRODUCCIONES A LOS PERÍODOS
Ken McNamara, paleobiólogo, Departamento de Ciencias de la Tierra, Universidad de Cambridge (Reino Unido)

ORÍGENES HUMANOS
Fiona Coward, catedrática de Arqueología y Antropología, Universidad de Bournemouth (Reino Unido)

GLOSARIO
Richard Beatty

Asesores

TIERRA PRIMITIVA
Simon Lamb, profesor asociado de la Escuela de Geografía, Medio Ambiente y Ciencias de la Tierra, Universidad Victoria (Wellington, Nueva Zelanda)

Felicity Maxwell, asesora medioambiental y editora científica

VIDA MICROSCÓPICA
Sean McMahon, cátedra Skłodowska-Curie, Centro de Astrobiología del Reino Unido, Universidad de Edimburgo (Reino Unido)

PLANTAS
Sir Peter Crane, *véase arriba*

Paul Kenrick, investigador, Departamento de Ciencias de la Tierra, Museo de Historia Natural (Londres, Reino Unido)

INVERTEBRADOS
Euan N.K. Clarkson, profesor emérito de Paleontología, Universidad de Edimburgo (Reino Unido)

Caroline Buttler, *véase arriba*

VERTEBRADOS
Michael J. Benton, profesor de Paleontología de Vertebrados, Universidad de Bristol (Reino Unido)

Neil Brocklehurst, investigador, Departamento de Ciencias de la Tierra, Universidad de Oxford (Reino Unido)

Stephen Brusatte, *véase arriba*

Robert K. Carr, profesor de Biología, Departamento de Ciencias Naturales, Universidad Concordia (Chicago, EE UU)

Jennifer Clack, *véase arriba*

Gareth Dyke, paleontólogo y profesor, Universidad de Debrecen (Hungría)

Christine Janis, paleontóloga de mamíferos y profesora, Universidad Brown (Providence, EE UU)

Sarah L. Shelley, investigadora de mamíferos, Museo de Historia Natural Carnegie (Pittsburgh, EE UU)

ORÍGENES HUMANOS
Fiona Coward, *véase arriba*

Katerina Harvati, paleoantropóloga, Instituto Max Planck (Alemania)

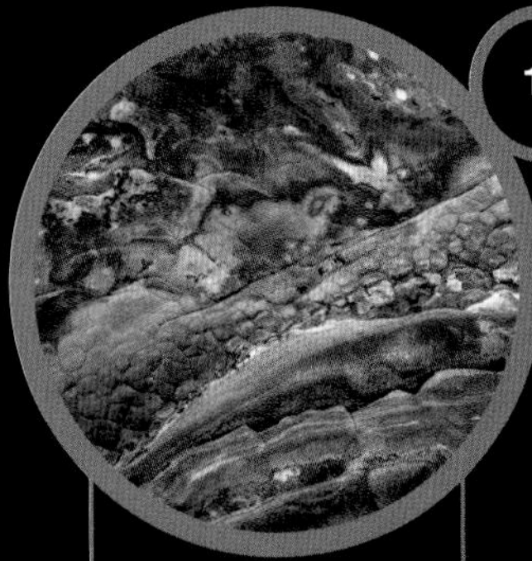

LA TIERRA PRIMITIVA

Después de su formación, hace 4560 millones de años (MA), una serie única de acontecimientos y procesos geológicos convirtió la Tierra en un planeta capaz de sostener la vida.

Escalas y tamaños

La mayoría de las fichas de *Vida en la Tierra* y *Aparición del hombre* llevan un dibujo a escala que indica el tamaño (por lo general, el máximo) del animal o de la planta descritos. En el caso de las plantas únicamente se ha incluido dibujo si existen referencias accesibles y fiables para la reconstrucciónde toda la planta.

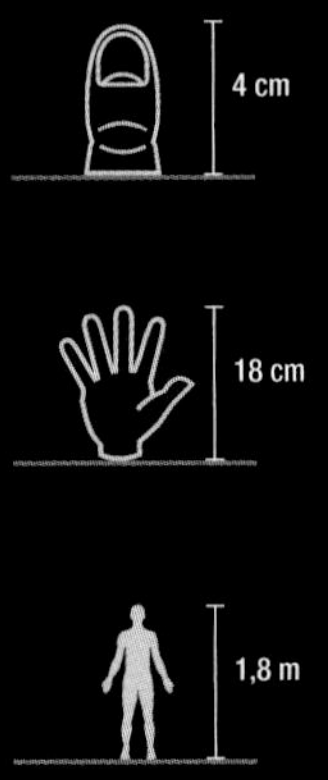
4 cm
18 cm
1,8 m

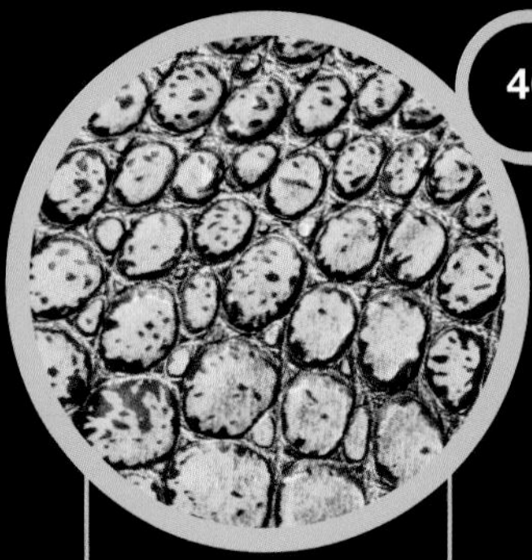

VIDA EN LA TIERRA

La primera forma de vida conocida en la Tierra surgió hace unos 3500 millones de años (MA). De los trilobites a los helechos arborescentes, y de los hadrosaurios a los homínidos, este catálogo presenta cientos de especies fascinantes y su evolución.

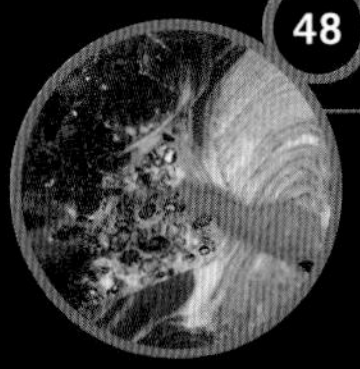

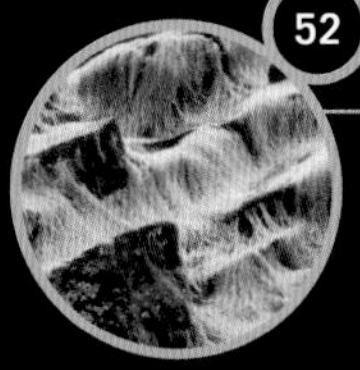

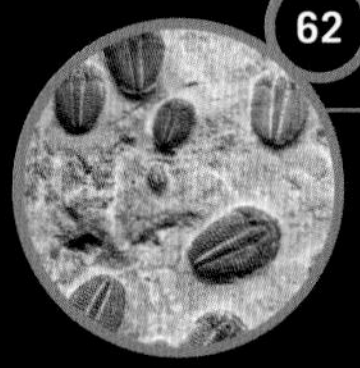

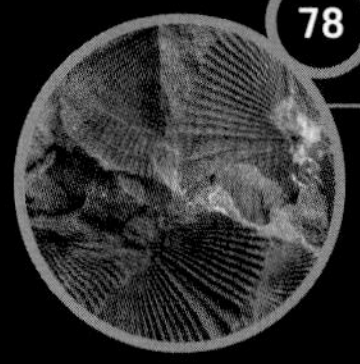

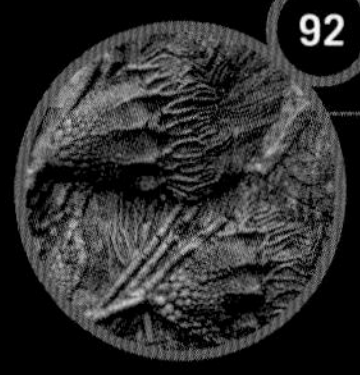

contenido

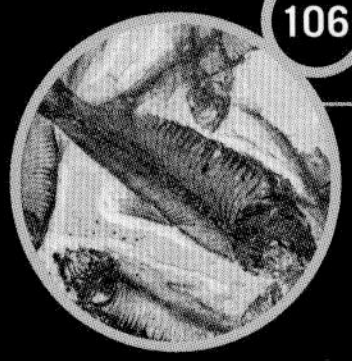

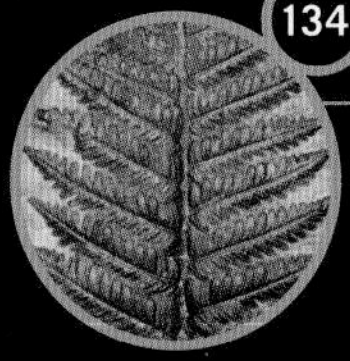

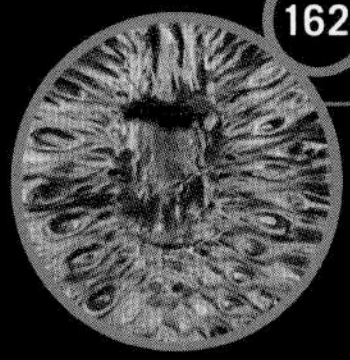

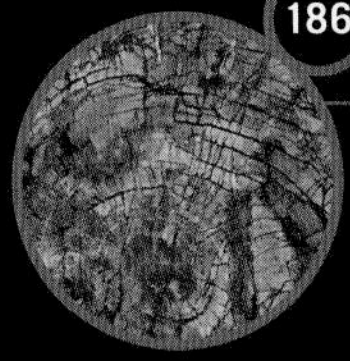

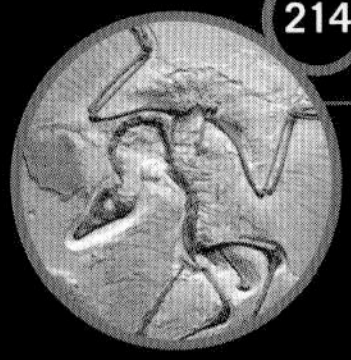

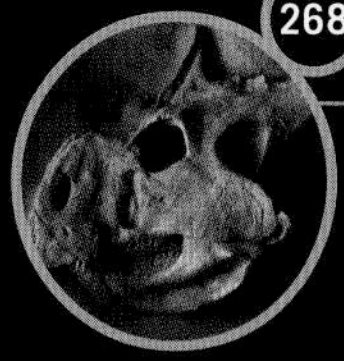

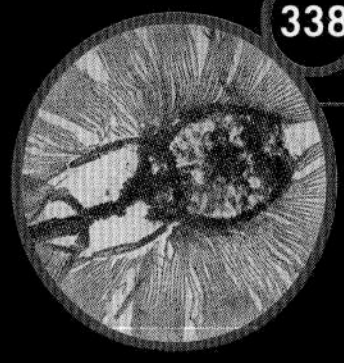

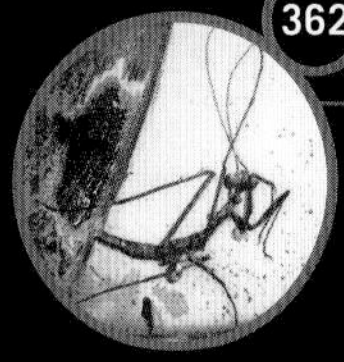

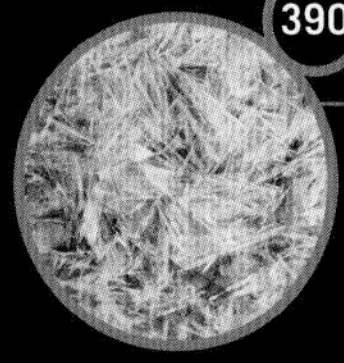

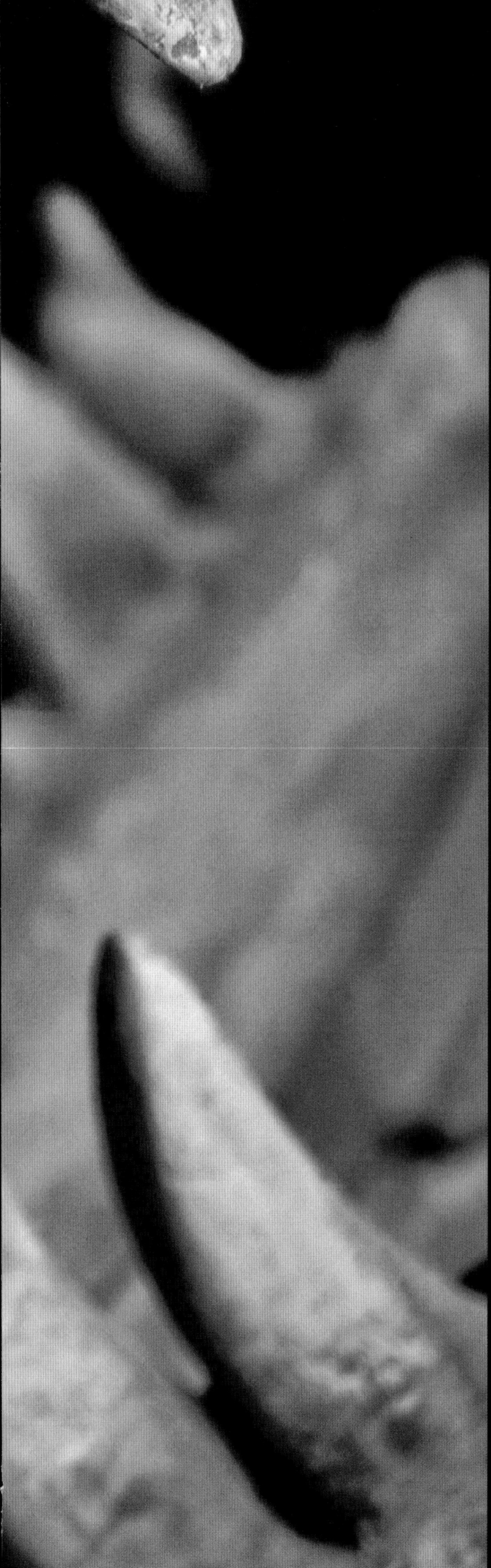

prólogo

Cuando, a principios del siglo XVI, Leonardo da Vinci recogió algunas conchas fósiles en las alturas de los Apeninos, en su región natal del norte de Italia, tuvo la acertada intuición de que antiguamente el mar había cubierto la zona. Así nació la ciencia de la paleontología, de la interpretación de la vida del pasado más remoto. En una época en la que otros pensadores explicaban los fósiles como «caprichos de la naturaleza» o como restos del rancho de los legionarios romanos, Leonardo ya aplicaba métodos deductivos propios de la ciencia moderna.

Los fósiles pueden ser bellos e impresionantes. Cualquiera que haya estado ante el esqueleto de un dinosaurio, o al romper una piedra haya descubierto los tonos nacarados de un molusco muerto hace cien millones de años, conoce bien el sentido de la palabra «maravilla». Pensar que el esqueleto del dinosaurio estuvo una vez recubierto de músculos y piel, o que el molusco vivió en el lecho marino filtrando partículas del agua, hace que los fósiles nos transporten a la noche de los tiempos.

Hacia 1800, la mayoría de los naturalistas aceptaban que la Tierra era muy antigua, aunque no pudieran medir su edad exacta; que muchas de las plantas y animales que se hallaban fosilizados se habían extinguido ya, y que las rocas y los fósiles seguían algún tipo de secuencia a lo largo del tiempo. Se tardó dos siglos en mejorar los métodos para datar las rocas, en aprender a leer el medio ambiente del pasado en los sedimentos o en comprender las dietas y los hábitos de la vida de entonces.

Los paleontólogos actuales realizan observaciones sobre el terreno, pero también trabajan en laboratorios químicos y con superordenadores. Mediante métodos de ensayo y error, hoy día es posible atisbar bajo la superficie y contrastar hipótesis sobre la dieta de un determinado dinosaurio o sobre la amplitud y los efectos de una extinción masiva. La paleobiología se sigue basando en la maravilla de los fósiles, pero es ya una ciencia consolidada, cuyos investigadores conjugan, como Sherlock Holmes, indicios y pruebas para sacar a la luz los portentos de la vida del pasado.

Este libro, escrito por expertos paleontólogos de todo el mundo, expone los conocimientos actuales a través del relato de la apasionante historia de la evolución de la vida sobre la Tierra.

MICHAEL J. BENTON

LA

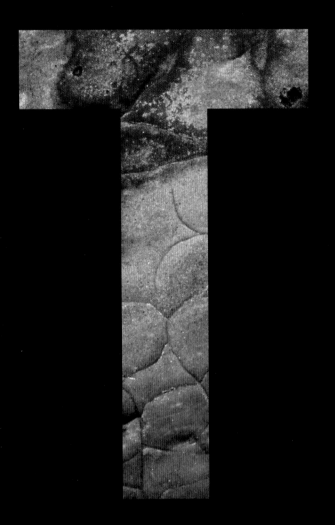

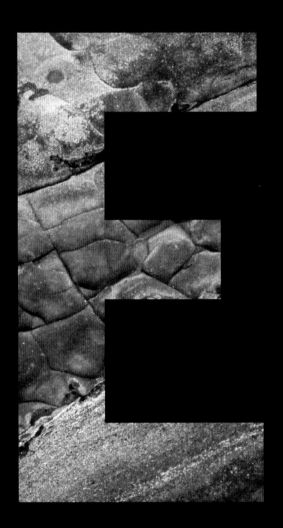

TIE

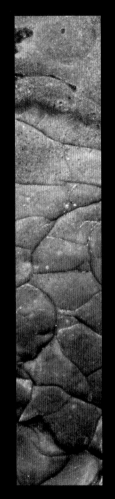

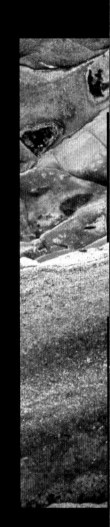

RRA
PRIMITIVA

Exploración del pasado de la Tierra

Más de doscientos años de investigación científica han revelado muchas cosas acerca de los 4500 MA de historia y desarrollo de la Tierra. El tiempo geológico se ha medido y dividido, y se han reconstruido los ambientes y la vida del pasado. Cada año, nuevos descubrimientos y nuevas técnicas de investigación dan lugar a nuevas ideas acerca del pasado geológico del planeta, pero aún le queda mucho por explorar y explicar a la ciencia, relativamente joven, de la geología.

El presente y el pasado

Los procesos geológicos que han ido transformando la Tierra desde sus orígenes, hace más de 4000 MA, están registrados en las rocas y los minerales. Casi todo lo que sabemos sobre la historia del planeta ha sido recuperado gracias al estudio de rocas y fósiles de su superficie. Además, algunas de esas rocas guardan información acerca de los ambientes en los que evolucionaron los seres vivos, junto con sus restos y huellas. Leer este archivo, interpretar su información y reconstruir la historia de la Tierra y de los seres vivos ha llevado siglos, y la tarea está lejos de haber concluido.

UNIFORMISMO
La sección de una duna actual (izda.) revela un patrón de estratificación cruzada similar al de una arenisca de hace 200 MA (arriba), lo cual sugiere que se formaron por los mismos procesos.

BIOGRAFÍA
CHARLES LYELL

La formación como abogado del geólogo escocés Charles Lyell (1797-1875) le fue útil para evaluar pruebas y presentar argumentos al examinar la enorme cantidad de datos geológicos que iban surgiendo, y así comprender y reconstruir la historia geológica de la Tierra. Lyell popularizó el principio del uniformismo, según el cual los procesos geológicos se desarrollaron en el pasado con la misma velocidad e intensidad que hoy en día. Esto contradecía la noción de que la Tierra se había formado a través de una breve historia de acontecimientos catastróficos, como el Diluvio bíblico.

RESTOS DISCONTINUOS
En el siglo XVIII, el agrónomo y naturalista escocés James Hutton observó las discontinuidades en los estratos de pizarra gris y arenisca roja de Siccar Point, en Escocia (arriba). De estas irregularidades dedujo que la Tierra había tenido una larga historia repleta de antiguos episodios de formación de montañas, erosión y sedimentación.

Estructura de la Tierra

Mediante pruebas obtenidas al estudiar las vibraciones provocadas por los terremotos, los especialistas han descubierto que la Tierra tiene una estructura interna formada por capas, como una cebolla. Al combinar estas pruebas con el estudio de las rocas volcánicas y los meteoritos se pueden distinguir varias capas con diferentes composición y propiedades físicas, desde un núcleo caliente y en parte líquido hasta una corteza fría.

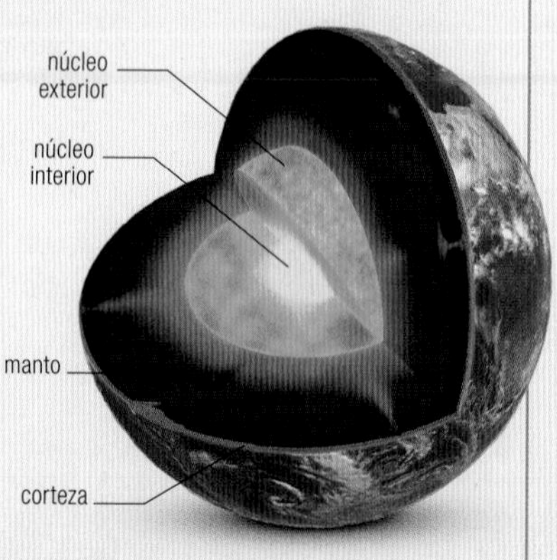
núcleo exterior
núcleo interior
manto
corteza

DEL NÚCLEO A LA CORTEZA
El núcleo de la Tierra, muy caliente y compuesto de hierro y níquel, tiene una parte interior sólida y una exterior líquida. Después se halla el manto, compuesto de silicatos densos y que, aunque es casi sólido, fluye. La capa más externa es la corteza, delgada y fría, que contiene rocas ígneas, metamórficas y sedimentarias.

ROCAS SEDIMENTARIAS
El aspecto de «tarta de pisos» del Desierto Pintado de Arizona (EE UU) responde a la sucesión de sedimentos depositados hace más de 200 MA que contienen fósiles de plantas y dinosaurios.

Registros de rocas y fósiles

La mayoría de las rocas pueden asignarse a uno de tres tipos, según su formación. Las ígneas se enfriaron y cristalizaron a partir de material fundido e incluyen desde la lava volcánica de enfriamiento rápido y grano fino llegada a la superficie por erupción, hasta rocas de grano grueso como los granitos, enfriados lentamente a profundidades superiores a 5 km. La meteorización y la erosión de las rocas generan sedimentos, que son transportados a cuencas interiores u océanos, donde se depositan en capas sucesivas. Con el tiempo, y el efecto de la presión y el calor, dichas capas se convierten en rocas sedimentarias que pueden contener fósiles. Sean ígneas o sedimentarias, las rocas sometidas a temperaturas o presiones extremadamente altas se convierten en rocas metamórficas.

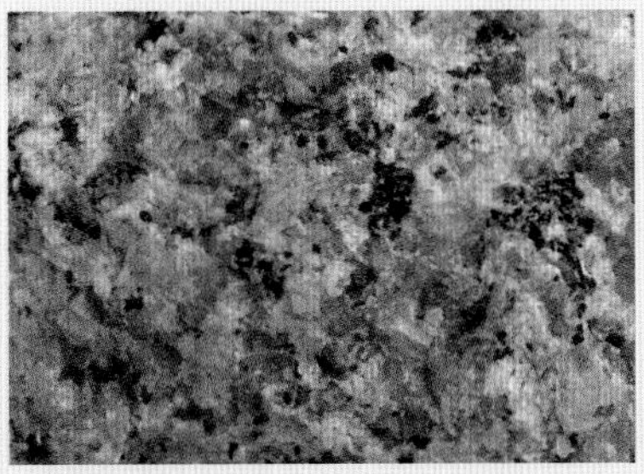

ROCA ÍGNEA
Las rocas fundidas de la corteza continental profunda formaron el magma, que al enfriarse lentamente cristalizó en forma de este granito de grano grueso.

ROCA METAMÓRFICA
Cuando las rocas descienden a lo más profundo de la corteza, el calor y la presión las hacen fluir y recristalizar en rocas metamórficas como este gneis.

FÓSIL REVELADOR
Los fósiles pueden servir para datar las rocas. Así, por ejemplo, la presencia de la mandíbula fosilizada de un gran anfibio con aspecto de cocodrilo llamado *Rhinesuchus* en esta capa rocosa de la región del Karoo, en Sudáfrica, revela que la roca tiene entre 260 y 265 MA de antigüedad.

Técnicas de datación

La primera datación de las rocas terrestres consistió en utilizar fósiles comunes para ordenar divisiones reconocidas de las capas sedimentarias. El tipo de fósiles hallados cambia con el tiempo debido a la evolución de las especies. Aunque hubo muchos intentos precoces de calcular la edad de la Tierra y la cronología de su formación, ninguno fue preciso hasta que se descubrió el fenómeno de la radiactividad a finales del siglo XIX. Saber que los elementos radiactivos se degradan en isótopos (abajo) en un tiempo determinado permitió fechar la formación de ciertos minerales de las rocas ígneas, y ello posibilitó fijar una cronología absoluta de la historia terrestre.

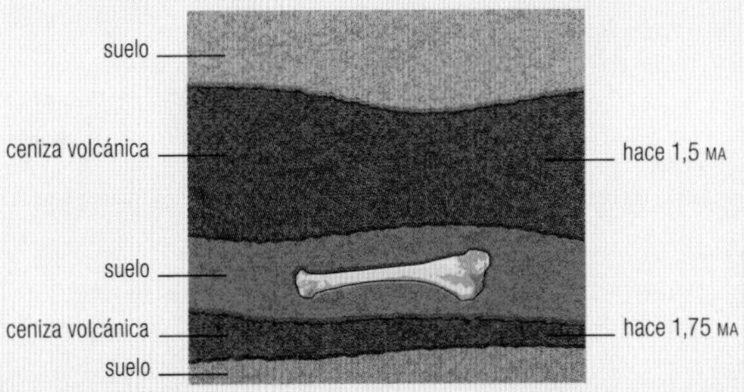
suelo
ceniza volcánica
hace 1,5 MA
suelo
ceniza volcánica
hace 1,75 MA
suelo

DATACIÓN DE FÓSILES
La datación radiométrica de los fósiles depende de la de las rocas ígneas más próximas, como lava y ceniza volcánicas depositadas en los mismos estratos. Datar la lava o la ceniza por encima y por debajo proporciona sus edades mínima y máxima.

DATACIÓN RADIOMÉTRICA DE LAS ROCAS
Los elementos radiactivos, como el uranio, se degradan desde el momento de su formación perdiendo electrones (partículas de carga negativa presentes en los átomos). Esta pérdida se produce a un ritmo regular a lo largo del tiempo y genera una serie de átomos «hijos», llamados isótopos. Midiendo las proporciones relativas de estos se puede calcular el tiempo transcurrido desde su formación.

CLAVE Átomo de uranio-235
Átomo de plomo-207

PROPORCIÓN
32 uranio-235:
0 plomo-207

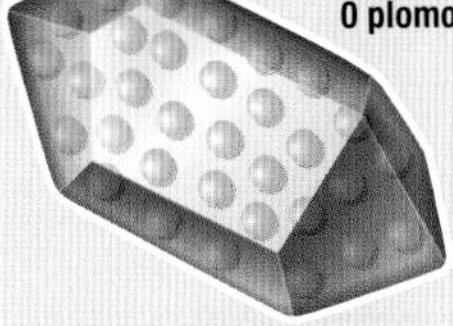

AÑO DE FORMACIÓN
Un mineral cristaliza a partir de roca fundida. Contiene uranio-235 radiactivo, que se degradará en el isótopo plomo-207.

PROPORCIÓN
1 uranio-235:
1 plomo-207

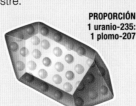

700 MA DESPUÉS
El 50 % de los átomos de uranio se ha convertido en átomos de plomo-207; por tanto, la «vida media» del uranio-235 es de 700 MA.

PROPORCIÓN
1 uranio-235:
3 plomo-207

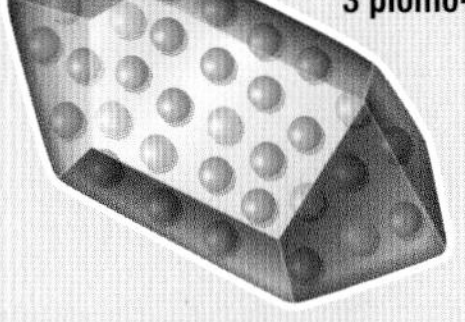

1400 MA DESPUÉS
A estas alturas, otro 50 % de los átomos de uranio-235 se ha degradado en plomo-207. La proporción de unos y otros es ahora de 1 a 3.

PROPORCIÓN
1 uranio-235:
7 plomo-207

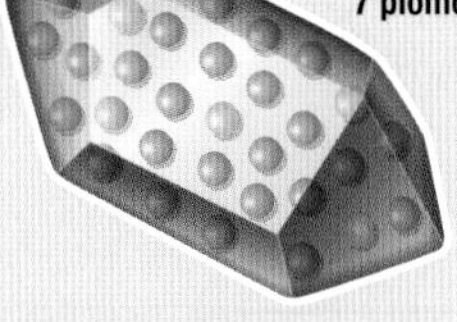

2100 MA DESPUÉS
Un geólogo mide la proporción de la roca (ahora de 1 a 7) y la data en tres vidas medias, es decir, 2100 MA.

El origen de la Tierra

Nacida de polvo y gas hace unos 4560 MA, la Tierra tiene una dramática historia. Los científicos han intentado reconstruir sus primeras fases a partir de las pruebas conservadas en meteoritos y en la Tierra misma, así como de la observación directa de estrellas y nebulosas lejanas, pero el conocimiento del pasado más remoto de nuestro planeta sigue siendo incompleto.

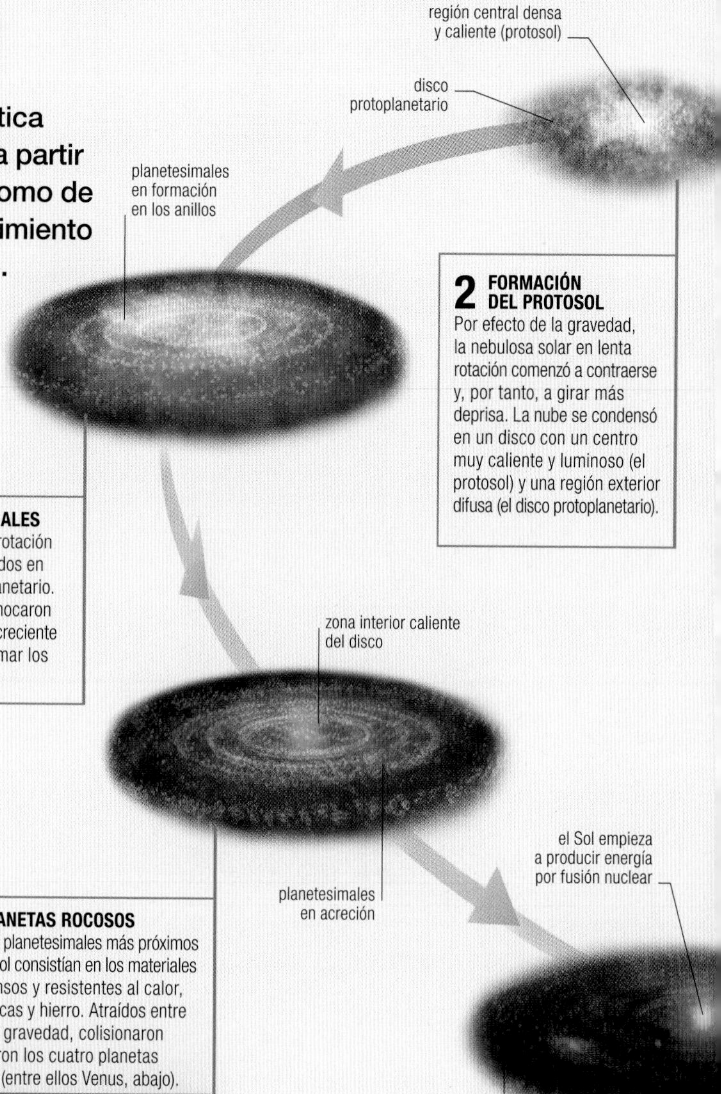

región central densa y caliente (protosol)
disco protoplanetario
planetesimales en formación en los anillos
zona interior caliente del disco
planetesimales en acreción
el Sol empieza a producir energía por fusión nuclear
parte exterior y más fría del disco

2 FORMACIÓN DEL PROTOSOL Por efecto de la gravedad, la nebulosa solar en lenta rotación comenzó a contraerse y, por tanto, a girar más deprisa. La nube se condensó en un disco con un centro muy caliente y luminoso (el protosol) y una región exterior difusa (el disco protoplanetario).

3 ANILLOS Y PLANETESIMALES La creciente velocidad de rotación condensó el gas y el polvo helados en anillos dentro del disco protoplanetario. Las partículas de gas y polvo chocaron y se aglutinaron, y su gravedad creciente atrajo más materiales para formar los planetesimales.

4 PLANETAS ROCOSOS Los planetesimales más próximos al protosol consistían en los materiales más densos y resistentes al calor, como rocas y hierro. Atraídos entre sí por la gravedad, colisionaron y formaron los cuatro planetas rocosos (entre ellos Venus, abajo).

El origen del Sistema Solar

El Sistema Solar comenzó a formarse hace unos 4560 MA, cuando una inmensa nube de gas y polvo, la nebulosa solar, empezó a colapsarse por efecto de la gravedad. La nebulosa se fue aplanando, formando un disco que giraba cada vez a mayor velocidad, con un centro abultado que se calentó y condensó para formar el Sol. Las partículas en órbita formaron los cuatro planetas rocosos interiores, y en el disco exterior, más frío, los cuatro gigantes gaseosos; luego los planetas enanos (entre ellos Plutón) y finalmente una vasta nube de cometas. En conjunto, el Sistema Solar se extiende unos 6000 millones de km desde el Sol.

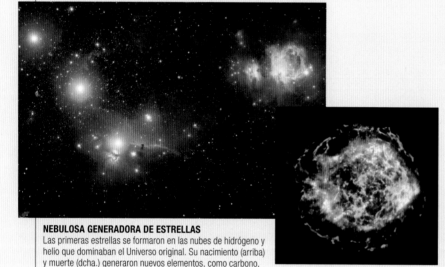

NEBULOSA GENERADORA DE ESTRELLAS
Las primeras estrellas se formaron en las nubes de hidrógeno y helio que dominaban el Universo original. Su nacimiento (arriba) y muerte (dcha.) generaron nuevos elementos, como carbono, oxígeno, silicio y hierro.

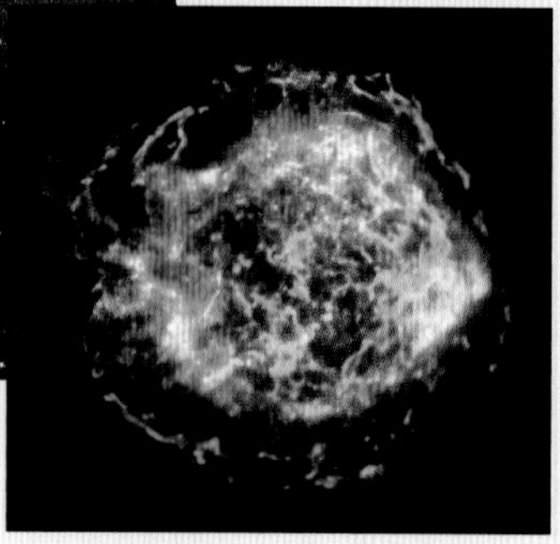

EXPLOSIÓN DE UNA SUPERNOVA

La formación de la Tierra

Según la teoría más ampliamente aceptada sobre la formación del Sistema Solar, conocida como hipótesis nebular, las rocas y los fragmentos de hielo que compartían la misma órbita alrededor del Sol en formación se aglutinaron por la gravedad en un proceso llamado acreción fría. Los cuerpos mayores de cada anillo atrajeron más material y formaron planetesimales, agrupaciones sueltas de roca y hielo de estructura uniforme. Al crecer un planetesimal, aumentaba su poder de atracción gravitatoria, se cohesionaba más y asimilaba rocas de su entorno inmediato con mayor fuerza, en un proceso de intenso bombardeo y crecimiento. Así se formaron la Tierra y los otros tres planetas rocosos del Sistema Solar interior hace unos 4560 MA.

CRÁTERES DE IMPACTO EN MERCURIO
Mercurio, el menor de los planetas rocosos, tiene una superficie cubierta por cráteres y entreverada de oscuros campos de lava, al igual que parte de la Luna. Los cráteres de impacto proceden de la misma fase de intenso bombardeo de meteoritos sufrida por la Tierra y que duró hasta hace unos 3500 MA.

>>01
>>02
>>03

NACIMIENTO DE UN PLANETA
>>01 Fragmentos de roca y hielo que comparten la misma órbita en torno al Sol son atraídos por la gravedad y forman agrupaciones crecientes llamadas planetesimales. >>02 Junto con su tamaño y su masa, aumenta el campo gravitatorio de los planetesimales, formándose cuerpos en constante crecimiento. >>03 Las rocas atraídas hacia el planeta primordial cada vez a mayor velocidad producen violentos impactos que generan fusiones y calor localizados. El intenso bombardeo continúa hasta que la mayoría de los planetesimales locales están agregados, y el campo gravitatorio es tan potente que el planeta deviene un cuerpo giratorio casi esférico.

1 SE FORMA LA NEBULOSA SOLAR
Originalmente, la nebulosa solar fue una vasta y densa nube de gas y polvo, varias veces mayor que el actual Sistema Solar. Se cree que los materiales se originaron a la muerte de estrellas más antiguas y fueron reciclados.

LA HIPÓTESIS NEBULAR
La hipótesis nebular fue desarrollada por el matemático francés Pierre Laplace y el filósofo alemán Immanuel Kant a finales del siglo XVIII. Las seis fases mostradas aquí explican muchos de los datos conocidos sobre el Sistema Solar, como el que las órbitas de la mayoría de los planetas ocupen el mismo plano aproximado, o que todos ellos giren alrededor del Sol en la misma dirección.

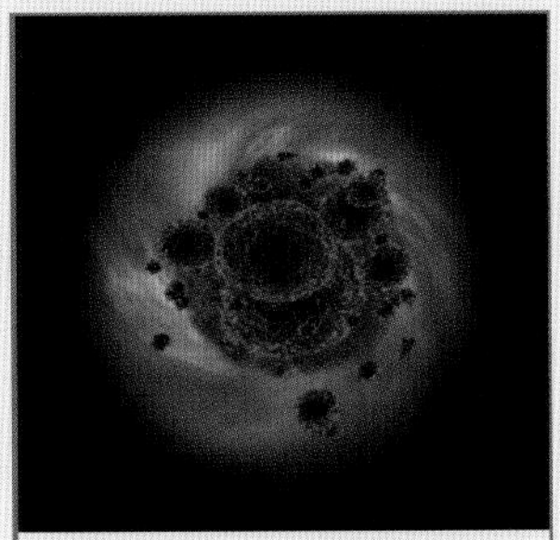

5 GIGANTES GASEOSOS
En los anillos exteriores y más fríos del disco protoplanetario, más allá del cinturón de asteroides, el hielo y el gas persistieron. Los planetesimales de roca y hielo crecieron lo suficiente para atraer densas nubes de gas y quedar envueltos por ellas (arriba) hasta formar los cuatro gigantes gaseosos. Poco después, el protosol se convirtió en una estrella propiamente dicha.

6 MATERIALES RESTANTES
Tras la formación de los planetas aún quedaban gas y otros materiales sin agregar en el disco protoplanetario. La mayor parte fue barrida por la radiación generada por la fusión nuclear del Sol, y los planetesimales restantes formaron la vasta y lejana nube de cometas de Oort, en los márgenes del Sistema Solar.

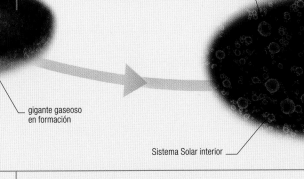

núcleos de cometas helados
gigante gaseoso en formación
Sistema Solar interior

La Tierra en el Sistema Solar

El tamaño, la órbita y la posición de la Tierra en el Sistema Solar han favorecido la evolución de la vida en este planeta azul, el tercero a partir del Sol y el único que se encuentra en la zona habitable, donde se dan las condiciones propicias para la vida. La distancia de la Tierra al Sol y su masa, gravedad y calor interno han permitido el desarrollo y la retención de una atmósfera rica en oxígeno y de abundante agua en la superficie. En cambio, la Luna, el único satélite terrestre, tiene escaso calor interno, una atmósfera tenue y, al parecer, ningún agua superficial. La órbita terrestre es elíptica, pero gracias a la rotación del planeta y a su trayectoria casi circular, la variación estacional de la exposición a la radiación solar no es tan extrema como para extinguir la vida.

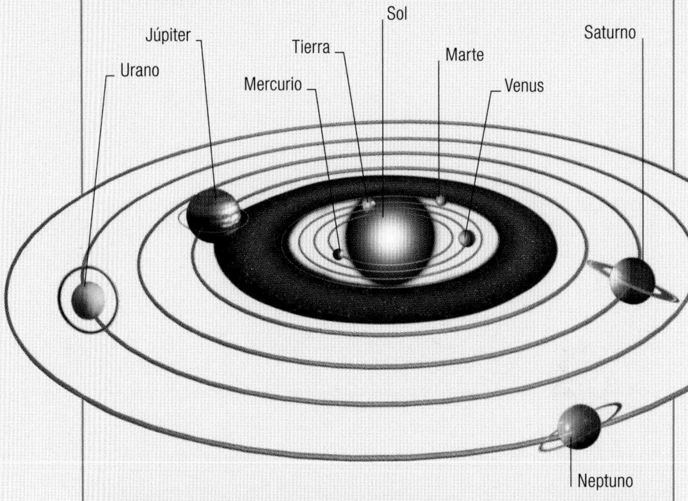
Sol
Júpiter
Tierra
Marte
Saturno
Urano
Mercurio
Venus
Neptuno

LOS PLANETAS

Planeta	Distancia media del Sol
Mercurio	57,9 millones de km
Venus	108,2 millones de km
Tierra	149,6 millones de km
Marte	227,9 millones de km
Júpiter	778,3 millones de km
Saturno	1430 millones de km
Urano	2870 millones de km
Neptuno	4500 millones de km

La formación de la Luna

Las rocas lunares más antiguas conocidas se han datado de manera fiable en unos 4500 MA, lo cual indica que el satélite de la Tierra se formó poco después que la propia Tierra. La mayoría de los astrónomos acepta la teoría del gran impacto, según la cual la Luna se formó tras el choque contra la Tierra de un enorme asteroide que arrancó una gran porción de su interior (abajo). El continuo bombardeo de meteoritos durante los siguientes 1000 MA cubrió de cráteres la superficie lunar. En el período de actividad volcánica que siguió, de las grietas de la corteza brotó lava que rellenó los cráteres más profundos. Al solidificarse, dicha lava formó los grandes «mares» lunares, aún visibles hoy desde la Tierra.

ROCA LUNAR
Las misiones del programa Apolo recogieron de la Luna más de 380 kg de rocas, ígneas en su mayor parte. Esto supone que se formaron por enfriamiento y solidificación de material fundido (magma). Aunque muy similares a las terrestres, las rocas lunares son más pobres en los elementos volátiles sodio y potasio.

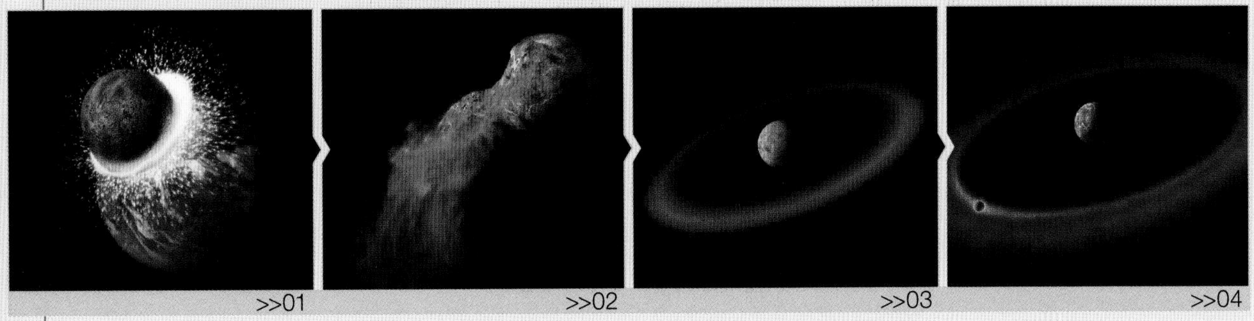
>>01
>>02
>>03
>>04

EL SATÉLITE TERRESTRE
>>01 Hace unos 4500 MA, un asteroide del tamaño de Marte choca con la Tierra y arranca una gran cantidad de material rocoso de su interior. >>02 Una gran nube de gas y fragmentos rocosos es expulsada al espacio y se enfría rápidamente. >>03 La atracción gravitatoria terrestre retiene el material expulsado en una órbita circular, formando un denso anillo. >>04 Las rocas colisionan y se van agregando hasta formar la Luna, un único satélite de más de 3400 km de diámetro que gira alrededor de la Tierra.

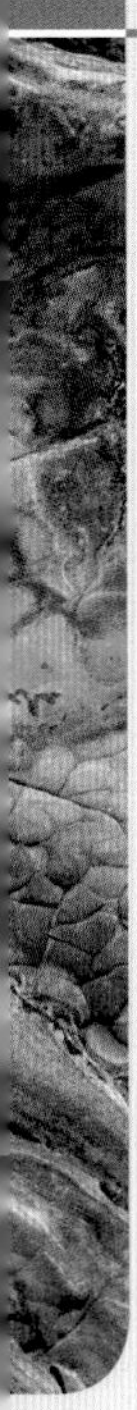

Los primeros 500 MA

La masa de la Tierra comenzó a tomar forma hace algo más de 4500 MA. A los 50 MA se había formado el núcleo, que a su vez generó un campo magnético. Pero solo cuando el bombardeo de meteoritos disminuyó y la atmósfera y la corteza superficial fueron relativamente estables, hace unos 3800 MA, la vida tuvo la posibilidad de prosperar y evolucionar.

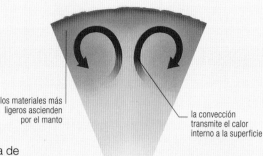

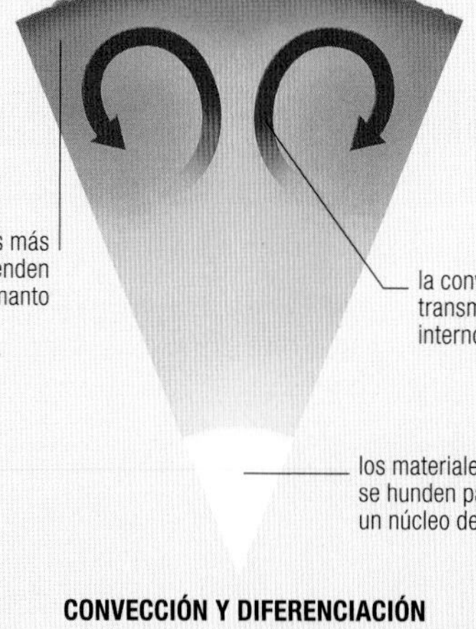
los materiales más ligeros ascienden por el manto
la convección transmite el calor interno a la superficie
los materiales pesados se hunden para formar un núcleo denso

CONVECCIÓN Y DIFERENCIACIÓN
La diferenciación del material mineral terrestre en núcleo metálico y manto rocoso dio como resultado el campo magnético y la transferencia de energía calorífica desde el núcleo, al ascender a través del manto la roca caliente, de menor densidad relativa.

Núcleo y manto de la Tierra

Poco después de formarse la Tierra, la mayor parte de su material mineral se separó de una bola homogénea en el núcleo metálico, muy caliente, y el manto rocoso, a menor temperatura. La composición de hierro y níquel del núcleo la revelan las mediciones de la densidad, la química de los meteoritos de hierro y el campo magnético terrestre. Este también indica que parte del núcleo es líquido, y que en él circula hierro fundido como conductor eléctrico que genera el magnetismo. El análisis de ondas sísmicas muestra que el núcleo exterior es líquido, y el interior, sólido. En el límite donde el hierro pasa de sólido a líquido se libera energía que impulsa la convección en el núcleo exterior. El manto fluye según un patrón de convección debido a la gravedad, que opera sobre la distinta densidad de la roca fría y la caliente: el material más frío y denso se hunde en el manto, sobre todo en las zonas de subducción, flujo compensado por el ascenso de manto caliente y menos denso, en columnas bajo los puntos calientes o como surgencias bajo las dorsales oceánicas en expansión (pp. 20–21).

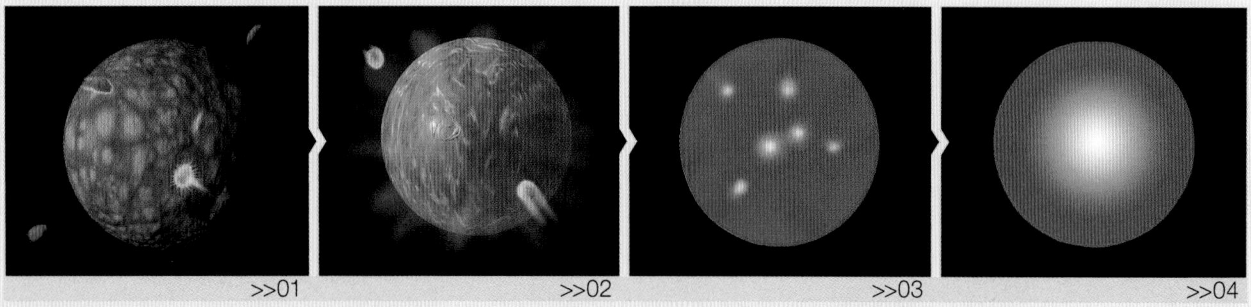
>>01
>>02
>>03
>>04

LA CATÁSTROFE DEL HIERRO
>>01 Hace unos 4560 MA, la gravedad hizo que se aglutinasen materiales nebulares relativamente fríos. >>02 Al continuar este proceso, la Tierra se contrajo bajo la fuerza de su propia gravedad, calentándose y debilitándose progresivamente. >>03 Con el tiempo, perdió la consistencia suficiente para que el hierro y el níquel densos se hundieran hacia el interior y comenzaran a formar el núcleo. >>04 El hundimiento y la agregación de este material liberaron aún más calor, quizá causando la fusión del manto.

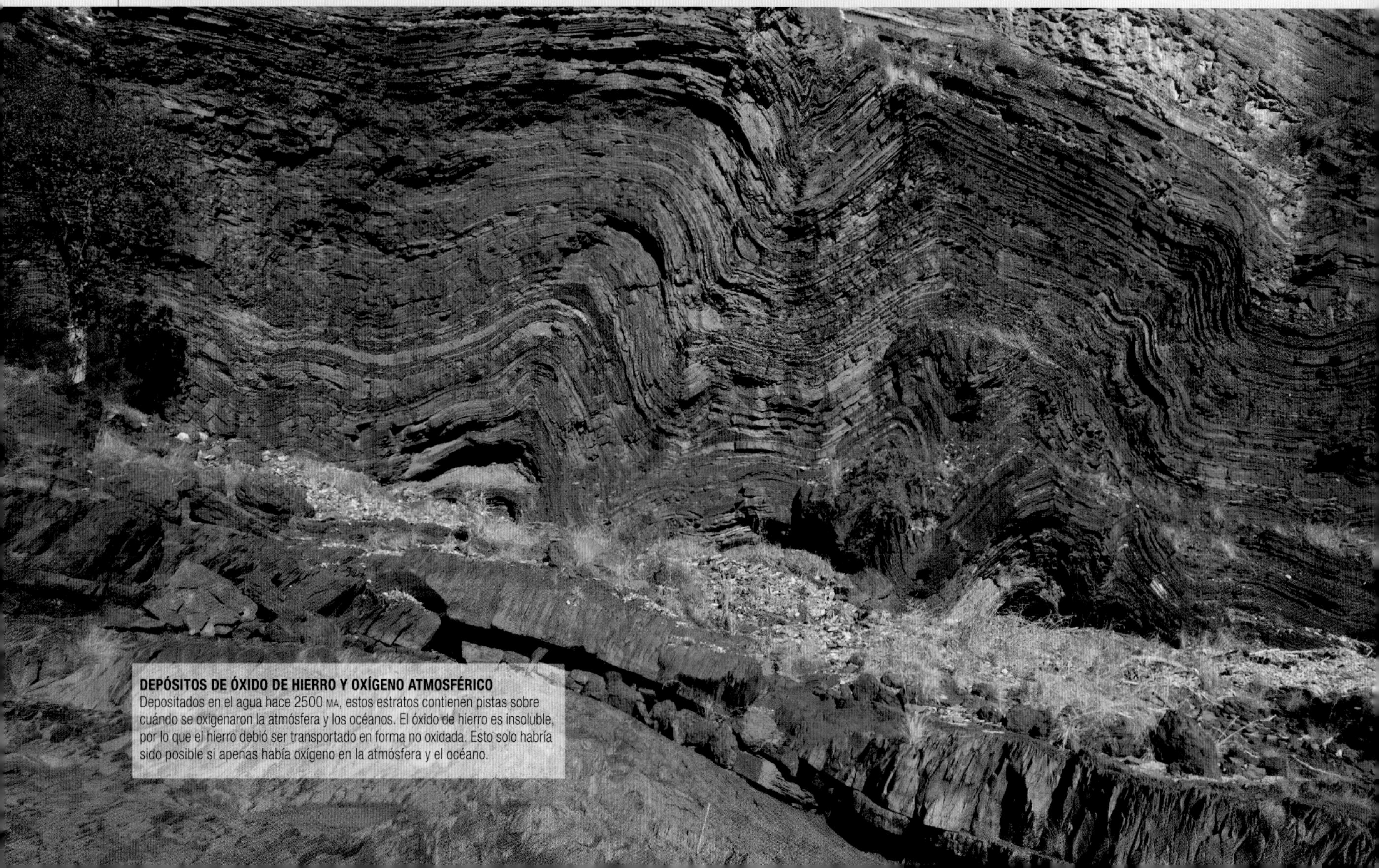

DEPÓSITOS DE ÓXIDO DE HIERRO Y OXÍGENO ATMOSFÉRICO
Depositados en el agua hace 2500 MA, estos estratos contienen pistas sobre cuándo se oxigenaron la atmósfera y los océanos. El óxido de hierro es insoluble, por lo que el hierro debió ser transportado en forma no oxidada. Esto solo habría sido posible si apenas había oxígeno en la atmósfera y el océano.

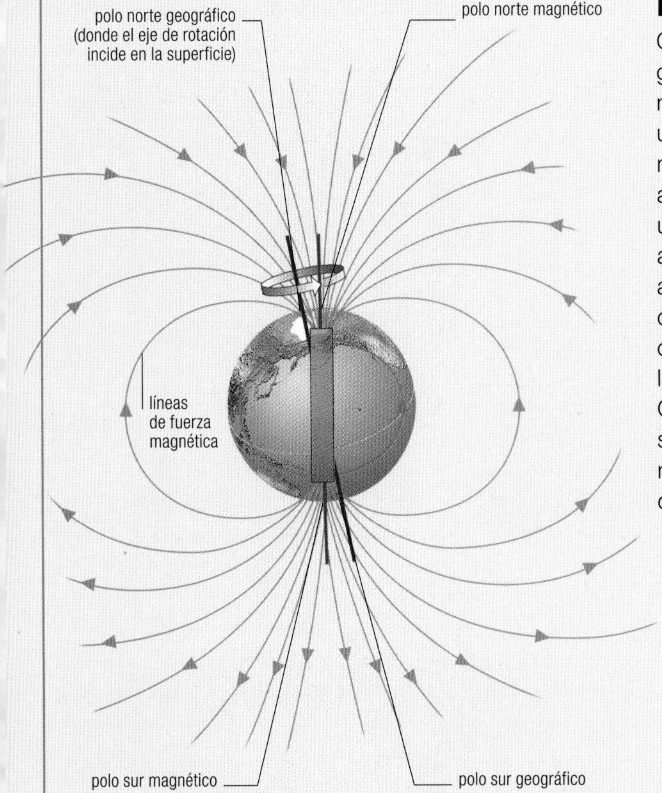
polo norte geográfico (donde el eje de rotación incide en la superficie)
polo norte magnético
líneas de fuerza magnética
polo sur magnético
polo sur geográfico

EL CAMPO MAGNÉTICO TERRESTRE
El campo magnético terrestre tiene forma de rosquilla (toroidal), como el de un gran imán cuyo eje largo se acerca al eje de rotación del planeta, sin llegar a coincidir con él: los polos magnéticos están a cierta distancia de los geográficos.

Magnetismo de la Tierra

Con dos polos opuestos, el campo magnético de la Tierra corresponde al generado por un imán, pero lo forman las corrientes eléctricas generadas por el movimiento fluido del núcleo exterior. El mecanismo puede funcionar como el de una dinamo, que convierte la energía mecánica en electromagnética. El campo magnético invierte su polaridad o dirección cada 500 000 años de media, pero la última inversión tuvo lugar hace unos 780 000 años. El eje de polaridad también tiene una alineación distinta al eje de rotación de la Tierra (en la actualidad los separan once grados). La intensidad del campo fluctúa, pero es suficiente para alinear minúsculos cristales o partículas ricos en hierro de ciertas rocas de la superficie terrestre como las agujas de una brújula. Gracias a esto, algunas lavas solidificadas y otras rocas sirven de registro de la polaridad del campo en el momento en que se formaron. La medición de estos campos «fósiles» o paleomagnéticos ha revelado el historial cronológico de las inversiones de la polaridad terrestre.

¿TIBURÓN MAGNÉTICO?
Un órgano sensorial en el morro de este gran tiburón blanco detecta campos electromagnéticos débiles como los que producen las presas. Hoy se sabe que los tiburones navegan captando el campo magnético terrestre, orientándose según las líneas de fuerza magnética.

AURORAS POLARES
Son fenómenos luminosos que se ven en el cielo nocturno polar cuando el campo magnético terrestre atrapa partículas cargadas traídas por el viento solar, produciendo un espectro de colores.

La corteza

La corteza exterior de la Tierra es una capa delgada, de unos 7 km de grosor de media bajo los océanos (corteza oceánica), y de entre 25 y 80 km bajo los continentes (corteza continental). Los fragmentos más antiguos de corteza que aún existen son de hace unos 4000 millones de años, pero es probable que se formara corteza oceánica primitiva antes, poco después de la formación de la Tierra. Esta corteza se fue reciclando y reintegrando al interior de la Tierra (el manto) por el proceso de subducción (p. 20), mientras los procesos tectónicos hacían aflorar roca más profunda, quedando así expuesta a la meteorización, la erosión y la sedimentación. Esta roca alterada y rica en agua acababa siendo arrastrada de nuevo al manto, donde se deshidrataba y fundía por las altas temperaturas y presiones del interior de la Tierra, y generaba masas de roca fundida que –al ser menos densas– ascendían de nuevo a la superficie, resultando en actividad volcánica y en la formación de la corteza continental (p. 19).

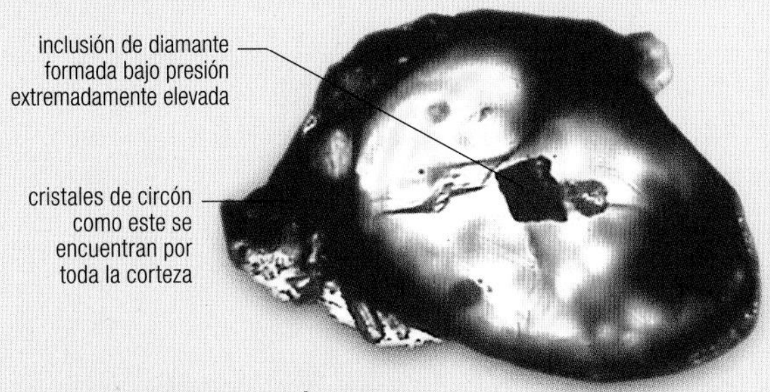
inclusión de diamante formada bajo presión extremadamente elevada
cristales de circón como este se encuentran por toda la corteza

EL DIAMANTE TERRESTRE MÁS ANTIGUO
Con más de 4000 MA de edad, estos «microdiamantes» atrapados en un cristal de circón de Jack Hills (Australia Occidental) son los fragmentos de la corteza terrestre más antiguos conocidos. Se supone que cristalizaron por efecto de una enorme presión no más de 300 MA después de la formación de la Tierra. Un cristal de circón típico tiene menos de un milímetro de diámetro.

La formación de la atmósfera

La actual atmósfera rica en oxígeno de la Tierra difiere mucho de la original, consistente en los gases ligeros hidrógeno y helio, y otros gases volátiles. En las fases finales de la formación del Sol, dicha primera atmósfera fue disipada por un intenso viento solar –el flujo continuo de partículas atómicas despedido por el Sol– y luego sustituida por otra más estable a medida que la Tierra iba evolucionando. La intensa actividad volcánica expulsaba grandes cantidades de gases volátiles. Este proceso de emisión liberó abundante nitrógeno, dióxido de carbono y vapor de agua, además de amoniaco, metano y cantidades menores de otros gases. Se cree que la cantidad de oxígeno atmosférico aumentó lentamente a medida que los microorganismos convertían el dióxido de carbono en oxígeno por medio de la fotosíntesis. Las nubes de vapor de agua se condensaron y precipitaron para formar las aguas superficiales y los primeros océanos.

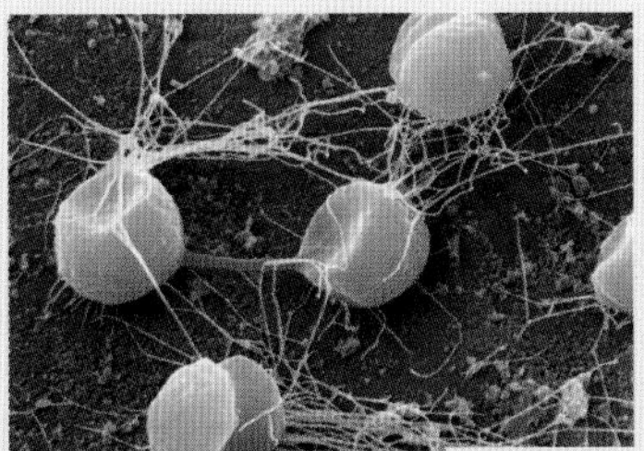

ARQUEAS
Las arqueas son organismos similares a las bacterias, pero en su mayoría anaerobias (no precisan oxígeno). *Pyrococcus furiosus* (en la imagen) vive del azufre del agua marina casi hirviendo. Anaerobios similares debieron de ser de las primeras formas de vida terrestre.

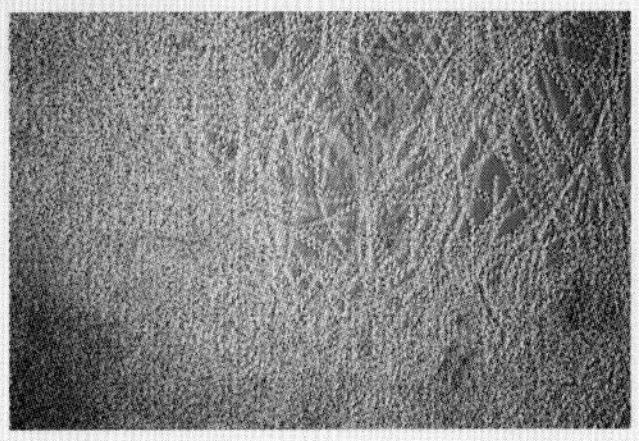

CIANOBACTERIAS
Los primeros mares se llenaron de organismos microscópicos semejantes a estas algas verde-azuladas o cianobacterias, que contribuyeron a oxigenar la atmósfera terrestre.

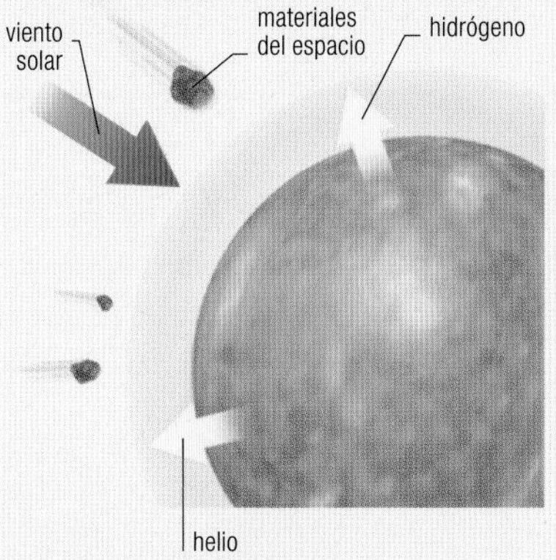
viento solar
materiales del espacio
hidrógeno
helio

PRIMERA ATMÓSFERA
La primera atmósfera se formó a partir de los gases ligeros hidrógeno y helio durante la acreción de la Tierra en la nebulosa solar, y fue barrida por una oleada intensa de viento solar.

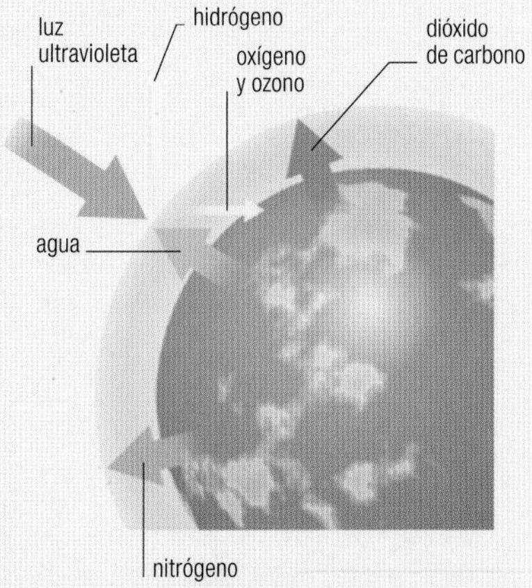
luz ultravioleta
hidrógeno
oxígeno y ozono
dióxido de carbono
agua
nitrógeno

SEGUNDA ATMÓSFERA
La segunda atmósfera terrestre, de vapor de agua, dióxido de carbono y nitrógeno, se formó probablemente por emisiones volcánicas. La luz ultravioleta separó el agua en hidrógeno, oxígeno y ozono.

La formación de los océanos

La Tierra es única entre los planetas del Sistema Solar por la abundancia de agua superficial que se recicla constantemente entre la atmósfera y las masas de agua (mares, lagos y océanos). En la actualidad, unos dos tercios de la superficie terrestre están cubiertos por agua marina, y las interacciones entre los océanos y la atmósfera son vitales para mantener el clima y la vida del planeta. La formación de los océanos comenzó probablemente en los primeros 500 MA de historia de la Tierra, cuando el planeta se enfrió lo suficiente para permitir a las moléculas de agua condensarse, precipitarse sobre la superficie y constituirse en masas de agua. Se han datado partículas de circón depositadas por el agua de más de 4000 MA, lo cual indica que ya entonces había agua superficial. Entre las rocas más antiguas de la Tierra están las lavas almohadilladas del oeste de Groenlandia, muchas de 3800 MA de edad, formadas por el rápido enfriamiento de lava en erupciones volcánicas submarinas. El agua de los primeros océanos reaccionó con el dióxido de carbono de la atmósfera y depositó calcio y magnesio como calizas, y la meteorización de las rocas de las primeras masas continentales también aportó sales solubles al agua marina. Las formaciones calizas de Australia llamadas estromatolitos, creados por la actividad biológica de algas verde-azuladas o cianobacterias microscópicas, indican que existían mares plenamente salinos hace 3500 MA.

480 km/h Velocidad a la que las olas de marea, los macareos, se estrellaban contra las costas de la Tierra primitiva.

ARRECIFE VIVO
Actualmente los arrecifes de coral, las mayores estructuras vivas de la Tierra, son puntos calientes de la biodiversidad, el equivalente marino de la pluvisilva tropical. Los esqueletos y conchas de sus habitantes acrecientan el lecho marino, alterando el medio subacuático tanto biológica como físicamente.

FRICCIÓN DE LAS MAREAS
La atracción gravitatoria de la Luna generó en los primeros océanos de la Tierra mareas que a su vez crearon grandes olas que se estrellaban contra la costa a 480 km/h. Semejante fuerza arrasaba, meteorizaba y erosionaba las rocas terrestres, y depositaba los sedimentos en el mar.

CIENCIA

CAMBIOS EN LA DURACIÓN DEL DÍA

Muchos seres vivos registran ciclos de crecimiento diarios, mensuales y estacionales debido al ritmo variable al que crecen sus conchas y esqueletos. El coral, por ejemplo, deposita una nueva capa de caliza cada día, y se ve influido en particular por ciclos de crecimiento que dependen de los meses lunares. Al estudiar corales fósiles de hace 400 MA (Devónico inferior) como el de la imagen, se ha sabido por las líneas de crecimiento que entonces el año tenía 410 días. Puesto que la órbita de la Tierra alrededor del Sol se ha mantenido constante, el día del Devónico tuvo que ser más breve, de solo 21 horas, y la Tierra debía de rotar más deprisa.

Primera tectónica de placas

Debido a la convección del manto, impulsada por la gravedad, se formaron varias placas tectónicas como segmentos de la capa exterior sólida y fría de la Tierra o litosfera, que están en constante movimiento. A medida que las primitivas placas se separaban, afloraba corteza nueva procedente del manto. Como la superficie de la Tierra no aumenta, debe volver al manto tanta corteza como nueva se genere, y por ello sucede a menudo que el borde de una placa queda por debajo de otra en lo que se conoce como zonas de subducción. Este desplazamiento de placas comenzó cuando la Tierra se enfrió lo suficiente para formar la corteza, hace más de 4000 MA. La edad de las rocas más antiguas asociadas al proceso es de 3800 MA, pero el reciclado de la corteza ha destruido toda la corteza oceánica original, y la más antigua que se conoce data de hace solo unos 180 MA.

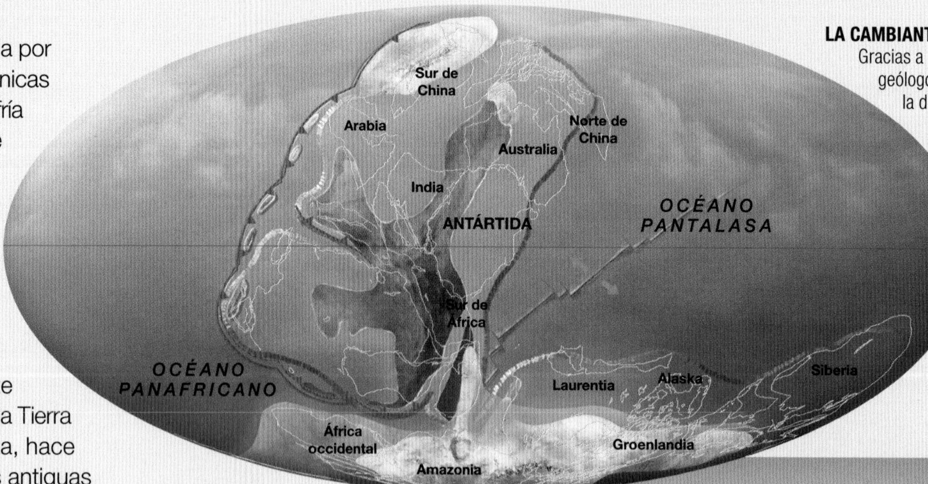
Sur de China
Arabia
Norte de China
Australia
India
ANTÁRTIDA
OCÉANO PANTALASA
Sur de África
OCÉANO PANAFRICANO
Laurentia
Alaska
Siberia
África occidental
Groenlandia
Amazonia

LA CAMBIANTE FAZ DE LA TIERRA
Gracias a pruebas diversas, los geólogos han podido reconstruir la distribución pasada de los océanos y continentes de la Tierra. Este mapa muestra su aspecto probable hace unos 650 MA. No han quedado indicios suficientes como para hacer mapas precisos de tiempos anteriores.

TECTÓNICA PRIMITIVA
Los primeros procesos tectónicos fueron distintos de los que operan actualmente. Es probable que en los primeros tiempos de la Tierra la convección del manto fuera mayor y causara movimientos de la corteza más rápidos, placas menores y mayor actividad volcánica.

OFIOLITA
La ofiolita es una porción de lecho oceánico elevada sobre el nivel del mar por la acción de la tectónica de placas, en el caso de la imagen por la colisión de dos placas. Esta formación de roca parda de Omán, hoy erosionada, es un raro ejemplo bien conservado.

Los primeros continentes

Los continentes constituyen hoy un tercio aproximado de la superficie terrestre y contienen las rocas más antiguas del planeta, de edad superior a los 3800 MA. El análisis de estas rocas revela minerales de circón aún más antiguos, formados hace más de 4000 MA. El estudio geoquímico de los circones y fragmentos menores inclusos muestra que se formaron a presiones y temperaturas relativamente bajas en magma rico en agua y sílice, en los límites de placas convergentes como los arcos de islas volcánicas. Esto indica un desplazamiento de placas y subducción ya en marcha, y la presencia de agua líquida y corteza continental hace más de 4000 MA. La subducción de las rocas de la corteza primitiva conllevó una fusión selectiva, aumentando el calor con la profundidad. La fusión preferente de los silicatos, con un punto de fusión más bajo y una densidad relativamente menor, formó magmas que ascendían por la corteza y se solidificaban en macizos graníticos cerca de la superficie, creando arcos insulares y microcontinentes que se expandían a medida que convergían y se unían.

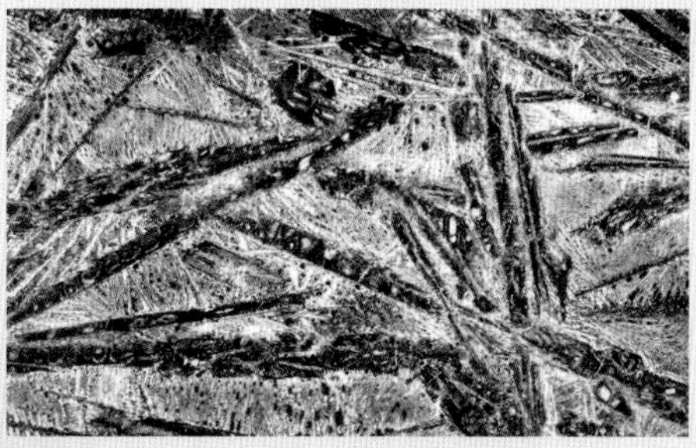

ROCAS VERDES DE BARBERTON
Las lavas almohadilladas y sedimentos del cinturón de rocas verdes del Precámbrico de Barberton, en Sudáfrica (izda.), de 3500 MA de edad, conservan restos de rocas de arcos insulares de la primera formación de corteza continental. La roca volcánica rica en magnesio llamada komatita demuestra la presencia de agua líquida. La lava surgió del lecho oceánico primitivo y se enfrió en el agua formando cristales en forma de aguja (arriba). Esta erupción sugiere que el manto era más caliente, viscoso y fluido que en la actualidad.

LA FORMACIÓN DE LA CORTEZA CONTINENTAL
Es probable que la formación de la primera corteza continental fuera precedida por una corteza primitiva y por el comienzo de la convección en el manto. La corteza continental se forma cuando las rocas del manto se funden y luego solidifican, diferenciándose del manto en dicho proceso. Este fue probablemente rápido por encima de los flujos descendentes del manto, y más lento sobre los ascendentes, donde el continuo aporte de rocas del manto ralentizaba la diferenciación.

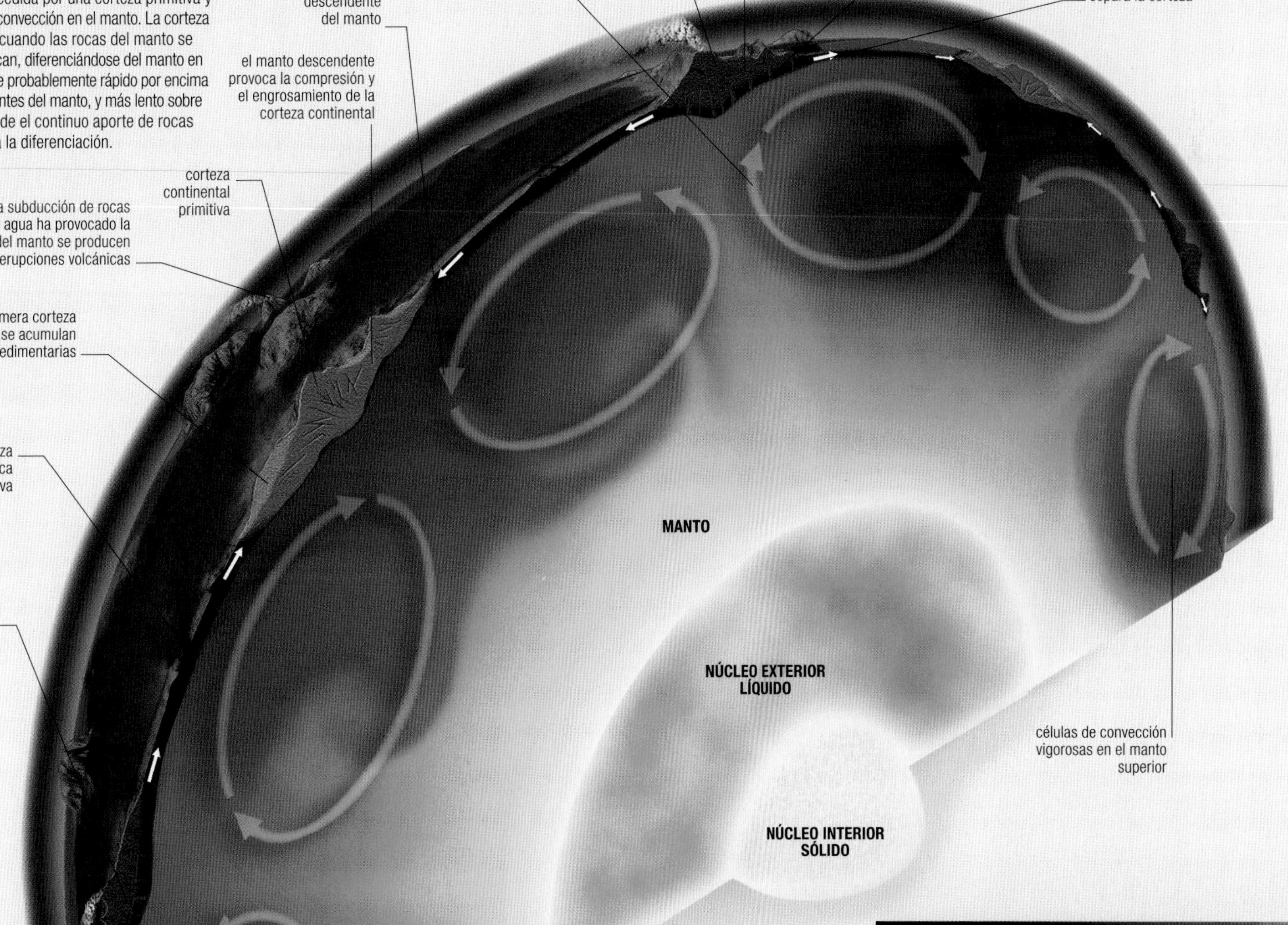
cinturones de rocas verdes y basalto
la fusión produce una composición ligeramente distinta al resto de la corteza, y se forman las llamadas rocas verdes
el basalto surge continuamente del manto
corriente ascendente del manto
el movimiento convectivo del manto separa la corteza
corriente descendente del manto
el manto descendente provoca la compresión y el engrosamiento de la corteza continental
corteza continental primitiva
allí donde la subducción de rocas ricas en agua ha provocado la fusión del manto se producen erupciones volcánicas
sobre la primera corteza continental se acumulan rocas sedimentarias
corteza oceánica primitiva
la actividad volcánica lleva rocas ígneas a la corteza
MANTO
NÚCLEO EXTERIOR LÍQUIDO
células de convección vigorosas en el manto superior
NÚCLEO INTERIOR SÓLIDO

LAVA
La actividad volcánica ha dado forma a la Tierra desde sus orígenes. Se denomina lava al magma formado por roca fundida que asciende a través de la corteza y se derrama por la superficie, y también a la roca resultante, una vez enfriada.

Tectónica de placas

La fina corteza externa y el manto superior de la Tierra, hasta una profundidad de entre 100 y 300 km, se dividen en placas de dimensiones continentales que chocan unas con otras. A medida que se desplazan, se crean y desaparecen océanos, y se forman volcanes y cordilleras.

Límites divergentes

Las placas oceánicas se desplazan sobre las partes más profundas del manto debido a la fuerza de la gravedad. Al moverse, el manto se eleva y la corteza se abomba, se rompe en los puntos débiles denominados fallas y con el tiempo se separa. Al liberarse presión, el manto caliente se funde, formando magma que brota en forma de lava por la cresta de una dorsal oceánica. A medida que continúa el proceso, la placa partida se expande o diverge, formando dorsales y valles a cada lado. Estos se enfrían lentamente, y los flancos de la dorsal se hunden y quedan alisados por los sedimentos depositados.

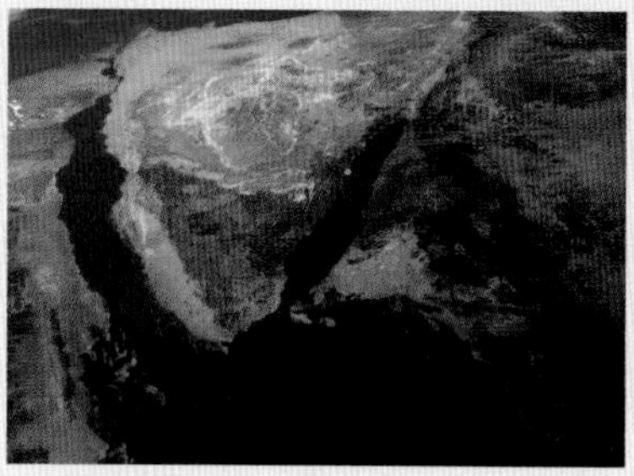

MAR ROJO
Al alejarse África de Arabia, el valle o rift entre las dos placas ha quedado inundado por el mar Rojo, que acabará convertido en un ancho océano.

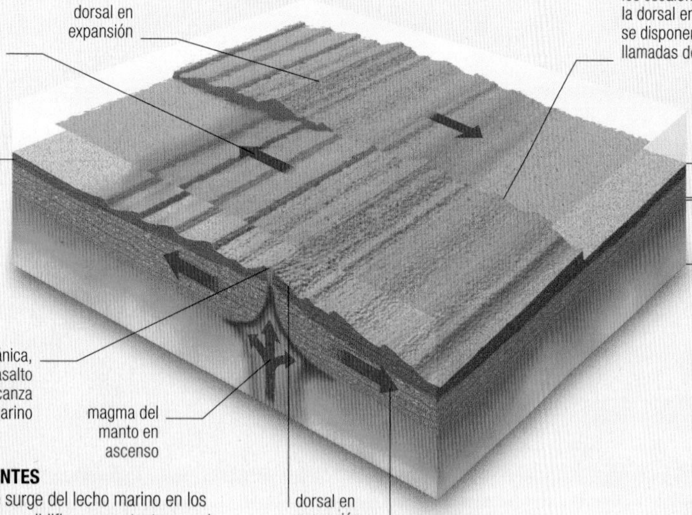
dirección del movimiento de placas
dorsal en expansión
los escalones de la dorsal en expansión se disponen en fallas llamadas de transformación
corteza
litosfera (corteza y parte superior del manto)
astenosfera (capa superior débil del manto) bajo la placa oceánica
fisura mesoceánica, donde el basalto fundido alcanza el lecho marino
magma del manto en ascenso
dorsal en expansión
placa oceánica divergente

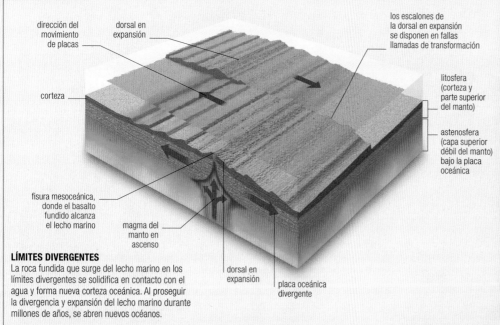

LÍMITES DIVERGENTES
La roca fundida que surge del lecho marino en los límites divergentes se solidifica en contacto con el agua y forma nueva corteza oceánica. Al proseguir la divergencia y expansión del lecho marino durante millones de años, se abren nuevos océanos.

Límites convergentes

En las dorsales en expansión se crea nueva corteza, pero como la Tierra no se expande, la divergencia en un lugar provoca la convergencia en otro. La densidad media de la corteza es menor que la del manto, y la de las placas oceánicas, de corteza más delgada, mayor que la de las continentales. La consecuencia es que cuando chocan unas y otras, la placa oceánica queda debajo de la continental y es subducida hacia el manto, fundiéndose y liberando magma a la superficie.

OCEÁNICA–OCEÁNICA
En el encuentro de dos placas oceánicas, la más antigua, más fría y algo más densa, queda subducida y se hunde en el manto. El magma surge a la superficie formando cadenas de islas volcánicas como la de la imagen.

OCEÁNICA–CONTINENTAL
Allí donde convergen placas de distinta densidad, la placa más densa queda subducida bajo la menos densa y penetra cientos de kilómetros en el manto. Esto suele causar terremotos, así como actividad volcánica, al ascender agua de la placa subducida y provocar la fusión del manto que la cubre.

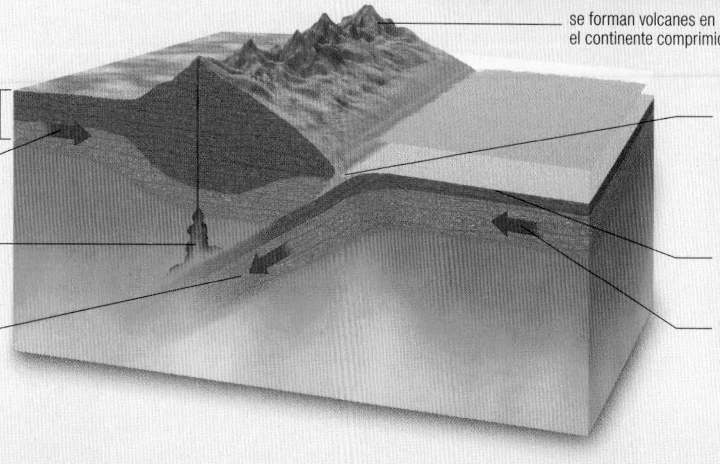
se forman volcanes en el continente comprimido
litosfera rígida
dirección de la placa continental
se forma magma por fusión parcial
placa oceánica subducida bajo la placa continental
la fosa oceánica del lecho marino marca la zona de subducción
corteza oceánica
dirección de la placa oceánica

CONTINENTAL–CONTINENTAL
Allí donde convergen dos placas continentales no se produce subducción, sino que se forman cordilleras al plegarse y ascender la corteza. Así fue como se alzó el Himalaya (arriba).

DORSAL MESOATLÁNTICA EN ISLANDIA
Las típicas rocas y estructuras volcánicas de una dorsal activa se pueden ver en Islandia, donde la Dorsal Mesoatlántica ha ascendido por encima del nivel del mar. Durante las erupciones, la lava fluye por largas fisuras como la de la imagen.

Volcanes y terremotos

Volcanes y terremotos son expresiones violentas de las fuerzas dinámicas internas de la Tierra. La mayoría se da en los límites de placas, a cuya interacción están muy vinculados. Las placas divergentes se expanden y se rompen, generando terremotos poco profundos y erupciones volcánicas, principalmente en las dorsales oceánicas en expansión, que producen magma basáltico. En cambio, los terremotos de las placas convergentes alcanzan una profundidad de 700 km. El magma asciende por la corteza, asimilando materiales rocosos y cambiando de composición hasta que sale explosivamente por los volcanes, algunos de los cuales forman islas volcánicas.

VOLCANES OCEÁNICOS
Pueden formarse volcanes en el lecho marino, lejos de los límites de las placas, sobre los puntos calientes del manto. Un ejemplo es el Kilauea, que mana lava fluida.

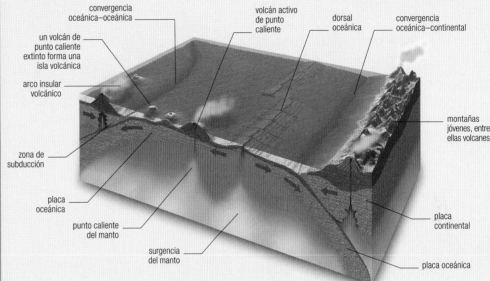

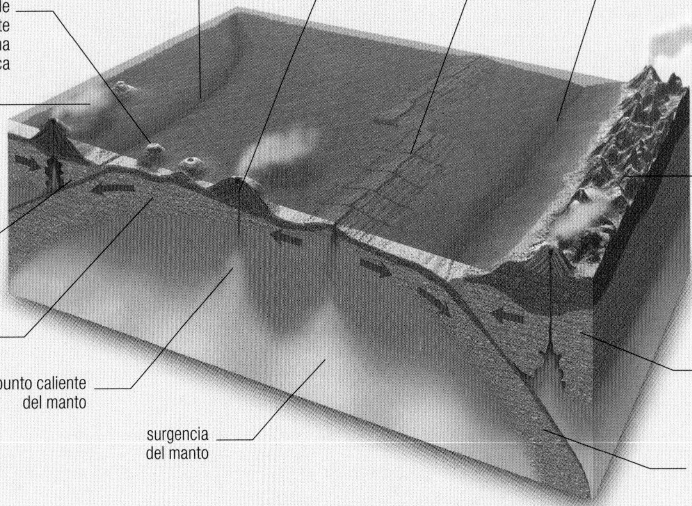
convergencia oceánica–oceánica
un volcán de punto caliente extinto forma una isla volcánica
arco insular volcánico
zona de subducción
placa oceánica
punto caliente del manto
surgencia del manto
volcán activo de punto caliente
dorsal oceánica
convergencia oceánica–continental
montañas jóvenes, entre ellas volcanes
placa continental
placa oceánica

VOLCANES Y PLACAS
La mayoría de los volcanes activos de la Tierra se hallan en los límites de las placas, y la mayoría de estas, en zonas de expansión del lecho marino. Son más evidentes los volcanes asociados a zonas de subducción, pero también hay erupciones sobre puntos calientes alejados de los límites, donde surgen columnas de roca fundida desde el manto.

FALLA DE SAN ANDRÉS
La continua interacción entre la placa del Pacífico y la Norteamericana es muy evidente en la falla de transformación de San Andrés, de 1300 km de largo, en la costa de California. El desplazamiento lateral en la falla es de 35 mm al año y desencadenó el catastrófico terremoto de San Francisco en 1906.

Tectónica y vida

El desplazamiento de placas ha tenido un gran impacto en la evolución y distribución de los seres vivos. La convergencia reúne a organismos diferentes que compiten entre sí, mientras que la divergencia separa especies en grupos que evolucionan en condiciones distintas. Ejemplo de ello fue el supercontinente Gondwana, formado hace entre 542 y 488 MA. Las formas de vida en evolución se extendieron por esta gran masa terrestre y quedaron en el registro fósil. Así, se han hallado fósiles de la misma especie en rocas de continentes hoy muy alejados. Solo cuando Gondwana comenzó a dividirse estos seres quedaron aislados entre sí y los grupos empezaron a evolucionar de distinta manera.

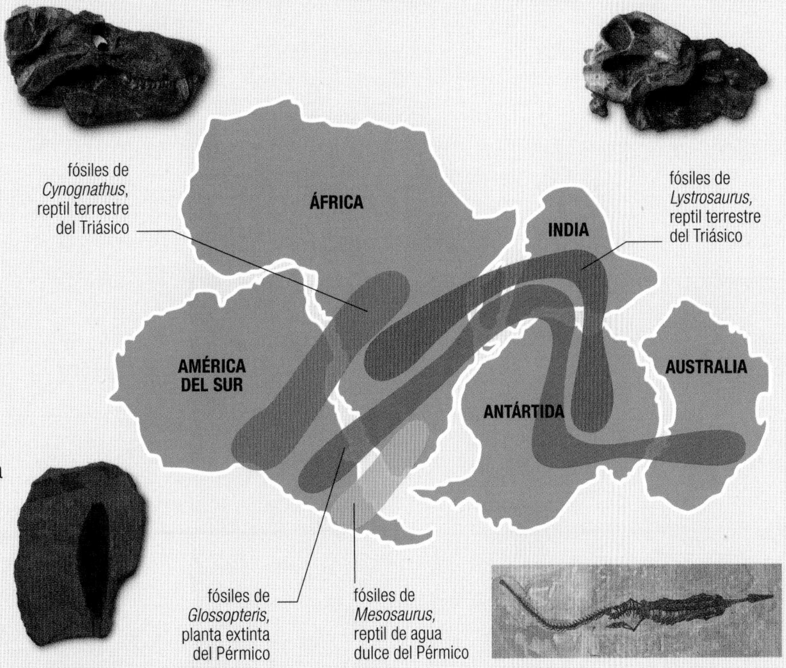
fósiles de *Cynognathus*, reptil terrestre del Triásico
ÁFRICA
INDIA
fósiles de *Lystrosaurus*, reptil terrestre del Triásico
AMÉRICA DEL SUR
ANTÁRTIDA
AUSTRALIA
fósiles de *Glossopteris*, planta extinta del Pérmico
fósiles de *Mesosaurus*, reptil de agua dulce del Pérmico

MAPA DE WEGENER
Ya en 1915, el meteorólogo alemán Alfred Wegener reunió pruebas geológicas y fósiles que indicaban que los continentes del hemisferio sur habían formado antaño un supercontinente, pero por entonces aún no había forma de explicar cómo había ocurrido.

LÍNEA DE WALLACE
Los eurilaimos asiáticos de Borneo y las cacatúas australianas de Sulawesi (Célebes), observados por primera vez por Alfred Russel Wallace, fueron reunidos por la tectónica de placas. El límite se conoce hoy como línea de Wallace.

Climas cambiantes

El clima terrestre ha variado con el tiempo, alternándose períodos fríos (glaciaciones) y períodos cálidos de efecto invernadero. Tales cambios se atribuyen a los movimientos de placas, la actividad volcánica y tectónica, los cambios en las corrientes oceánicas y las alteraciones en la composición de la atmósfera; durante las glaciaciones, se deben a los ciclos orbitales de la Tierra y se intensifican con las fluctuaciones de gases de efecto invernadero.

Pruebas en el registro rocoso

Desde el siglo XIX, las pruebas en rocas y fósiles apuntan a cambios climáticos repetidos, y en muchos casos drásticos, en el pasado. Antiguas calizas de arrecifes de coral, depósitos de carbón de pluvisilvas y pantanos tropicales, areniscas desérticas y depósitos glaciares son indicadores climáticos, pero hay que considerar el desplazamiento de las placas tectónicas por las zonas climáticas para poder demostrar un cambio global. La presencia de depósitos glaciales e interglaciales sucesivos más allá de los polos es uno de los mejores indicadores de cambio climático en el registro rocoso. La identificación de episodios glaciales en muchas fases de la escala de tiempo geológico (pp. 44–45) y el hallazgo de pruebas de glaciaciones precámbricas incluso en latitudes bajas han suscitado la idea de que la Tierra pudo estar en ocasiones casi totalmente cubierta de hielo y nieve.

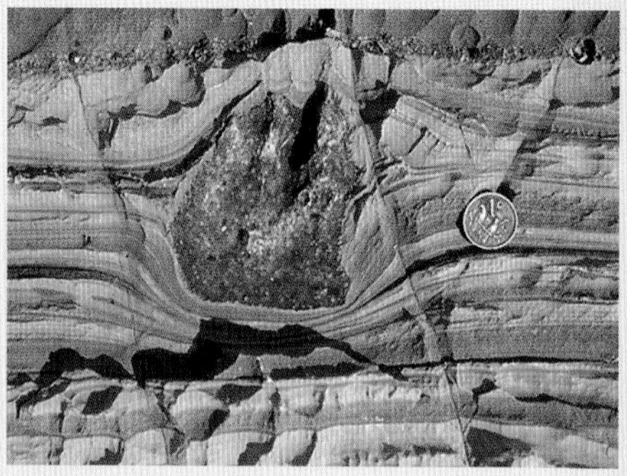

TILLITA
Hace unos 635 MA, una piedra de 8 cm de diámetro cayó del hielo marino fundido a los sedimentos del lecho marino hoy expuesto en el noroeste de Namibia. La reconstrucción tectónica indica que este país estaba entonces en el ecuador, de lo cual se deduce que había icebergs en latitudes bajas.

ACANTILADOS CALIZOS DEL CARBONÍFERO
Los acantilados calizos de la península de Gower, en Gales, son en realidad depósitos de mares tropicales, como indican sus fósiles coralinos. El clima tropical no «llegó» a Gales; fue la tectónica de placas la que llevó al sur de Gran Bretaña hasta latitudes tropicales.

PAISAJE GLACIAR
El valle suizo de Lauterbrunnen, con forma de U, presenta paredes casi verticales y valles tributarios elevados. El flujo de enormes masas de hielo glaciar esculpió este valle, pulverizando y arrancando fragmentos de roca del lecho.

Pruebas del registro fósil

El hallazgo de elefantes fosilizados en América del Norte y Europa en el siglo XVIII dio lugar a debates sobre el cambio climático y el Diluvio bíblico. Ya en el siglo XIX, los científicos comprendieron que se trataba de restos de animales adaptados al frío. Como los neandertales, nuestros parientes humanos extintos, vivieron durante una glaciación que afectó al norte de Europa y de América. Las plantas y animales tropicales fosilizados en latitudes altas, y antiguos depósitos glaciares en las bajas, apuntaban también a cambios climáticos generalizados en el pasado. Aunque muchas de las discrepancias se explicaban por la tectónica de placas, que había ido desplazando a los continentes por distintas zonas climáticas, existen pruebas de que el clima global ha fluctuado entre condiciones frías y cálidas a lo largo del tiempo.

PRUEBA FLORAL DE CLIMA FRÍO
La driada de ocho pétalos es una planta alpina y de tundra cuyo polen se halla en depósitos glaciales de hace 12 000 años en toda Europa.

HELECHO FÓSIL
Hace unos 100 MA, la Antártida estaba cerca de su posición actual, pero sin hielo. Por los paisajes polares boscosos vagaban dinosaurios que comían plantas como este helecho extinto.

Isótopos de oxígeno

Un isótopo es un átomo cuyo núcleo posee igual número de partículas con carga positiva (protones) pero distinto número de partículas neutras (neutrones). En las moléculas de agua hay oxígeno en dos isótopos: oxígeno-16 y oxígeno-18. El oxígeno-16 es más ligero y se evapora antes. En los períodos glaciales, el vapor de agua rico en oxígeno-16 se precipita en forma de hielo y nieve, mermando la proporción de este isótopo en el océano en favor de la de oxígeno-18 (abajo). Ciertos organismos marinos segregan esqueletos de carbonato de calcio derivado del agua marina, y el contenido de isótopos de oxígeno en estas conchas refleja la proporción de isótopos ligeros y pesados del agua en ese momento, así como su temperatura, ambos factores relacionados con el clima. Así, a partir de las proporciones de oxígeno-16 y oxígeno-18 en conchas fósiles de foraminíferos, los científicos pueden deducir el clima del pasado.

FÓSIL DE FORAMINÍFERO
Los foraminíferos, microorganismos unicelulares abundantes en las aguas oceánicas, segregan minúsculas conchas con cámaras en espiral compuestas por carbonato de calcio.

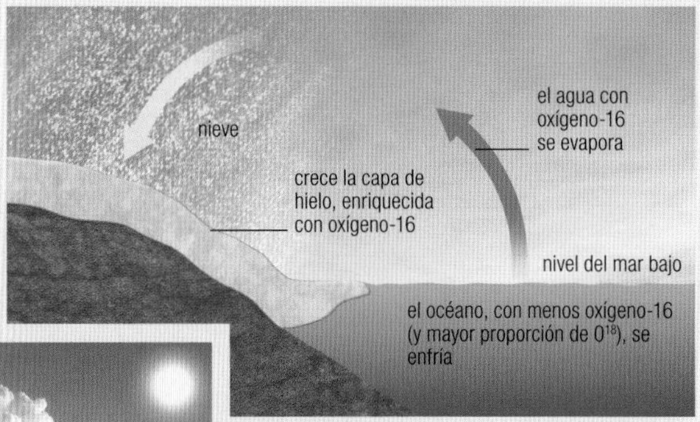
nieve
el agua con oxígeno-16 se evapora
crece la capa de hielo, enriquecida con oxígeno-16
nivel del mar bajo
el océano, con menos oxígeno-16 (y mayor proporción de O^{18}), se enfría

lluvia
la capa de hielo se funde y devuelve oxígeno-16 al océano
nivel del mar alto
el océano, rico en oxígeno-16 (y menor proporción de O^{18}), se calienta

PERÍODO GLACIAL
La evaporación preferente del isótopo ligero oxígeno-16 en el vapor de agua atmosférico y su precipitación en hielo y nieve merman el oxígeno-16 en relación con el oxígeno-18 en los océanos durante las fases glaciales.

PERÍODO INTERGLACIAL
Durante las fases interglaciales, el deshielo de glaciares y casquetes de hielo devuelve gran cantidad de agua dulce rica en oxígeno-16 a los océanos, alterando la proporción de isótopos de oxígeno.

Ciclos orbitales

Diversos factores determinan la cantidad de radiación solar que llega a la superficie terrestre e influye en el clima, resultando en lo que se conoce como ciclos de Milankovich (recuadro, dcha.). La forma de la órbita de la Tierra varía de casi circular a ligeramente elíptica en ciclos de entre 90 000 y 120 000 años (y hasta de 413 000 años). Además, la inclinación del eje de rotación varía entre 21,8° y 24,4° a lo largo de 41 000 años: en su máxima inclinación, los veranos reciben más radiación solar y son más cálidos, y los inviernos reciben menos y son más fríos. El eje sufre también un movimiento de precesión debido a las fuerzas gravitatorias del Sol, la Luna, Júpiter y Saturno. Esto origina una variación de la radiación solar y de la duración de las estaciones en los hemisferios norte y sur cada 26 000 años.

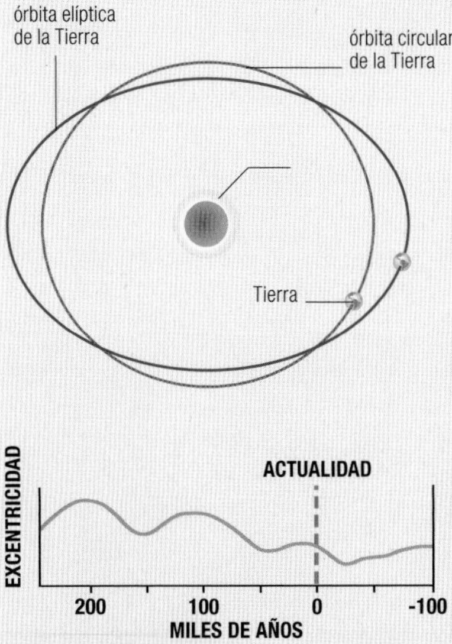
órbita elíptica de la Tierra
órbita circular de la Tierra
Tierra
EXCENTRICIDAD
ACTUALIDAD
200
100
0
-100
MILES DE AÑOS

EXCENTRICIDAD ORBITAL
La órbita de la Tierra alrededor del Sol varía debido a las influencias gravitatorias de Júpiter y Saturno. Como resultado, varían tanto la radiación solar que llega a la Tierra como la duración de las estaciones.

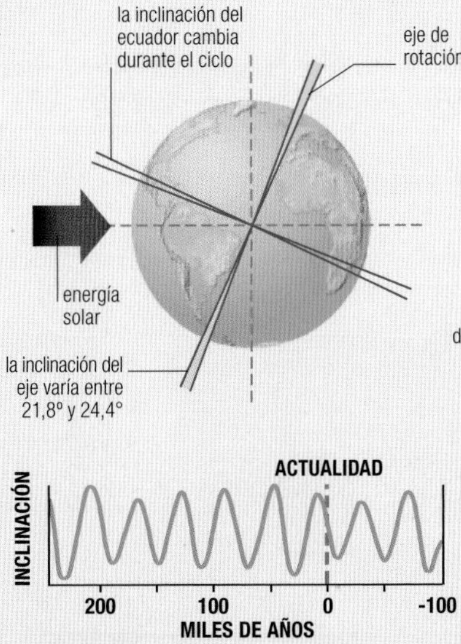
la inclinación del ecuador cambia durante el ciclo
eje de rotación
energía solar
la inclinación del eje varía entre 21,8° y 24,4°
INCLINACIÓN
ACTUALIDAD
200
100
0
-100
MILES DE AÑOS

INCLINACIÓN
La inclinación del eje de rotación de la Tierra (oblicuidad) varía en ciclos de 41 000 años. Los inviernos son más fríos y los veranos más cálidos al alcanzar la inclinación su máximo de 24,4°.

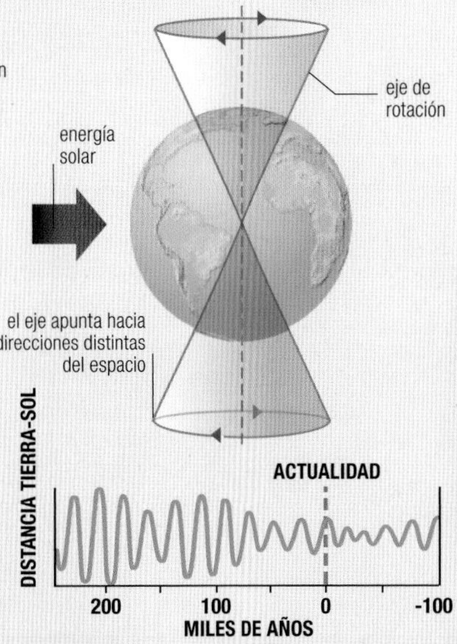
energía solar
eje de rotación
el eje apunta hacia direcciones distintas del espacio
DISTANCIA TIERRA-SOL
ACTUALIDAD
200
100
0
-100
MILES DE AÑOS

PRECESIÓN
La precesión del eje de rotación de la Tierra en relación con las estrellas fijas hace que varíen la duración e intensidad de las estaciones entre los hemisferios norte y sur en un ciclo de 26 000 años.

BIOGRAFÍA

MILUTIN MILANKOVICH

Este matemático serbio (1879–1958) ayudó a los científicos a comprender los vínculos entre ciclos astronómicos, radiación solar y cambio climático. El escocés James Croll (1821–1890) fue el primero en relacionar excentricidad orbital terrestre y variación solar, que influye en la temperatura superficial y los climas. Milankovich desarrolló sus teorías gracias a datos más precisos sobre las variaciones orbitales de la Tierra. En 1920 logró fama internacional al publicar un resumen de la curva de insolación (variación solar) en la superficie terrestre y una teoría matemática de los efectos térmicos periódicos de la radiación solar. Después desarrolló sus ideas sobre el desplazamiento de los polos terrestres, ligándolo a la teoría de los períodos glaciales hoy conocidos como ciclos de Milankovich.

Gases de efecto invernadero en la atmósfera

Los cambios en la propia Tierra pueden afectar al clima, sobre todo a la concentración atmosférica de gases de efecto invernadero como vapor de agua, dióxido de carbono y metano. Estos absorben la radiación infrarroja emitida por la superficie terrestre, controlando así la pérdida de calor de la atmósfera al espacio; y al aumentar sus niveles, la atmósfera tiende a calentarse. También afectan a la concentración de gases la meteorización, las erupciones volcánicas y la actividad biológica. Muchos tipos de roca reaccionan con el CO_2 y el agua para formar nuevos minerales, absorbiendo CO_2 de la atmósfera. Las erupciones volcánicas emiten CO_2 del manto. Los organismos al crecer incorporan carbono a su cuerpo, extrayendo CO_2 de la atmósfera: si quedan enterrados al morir, el nivel de CO_2 atmosférico se reduce. La combustión del carbono fosilizado libera CO_2 a la atmósfera.

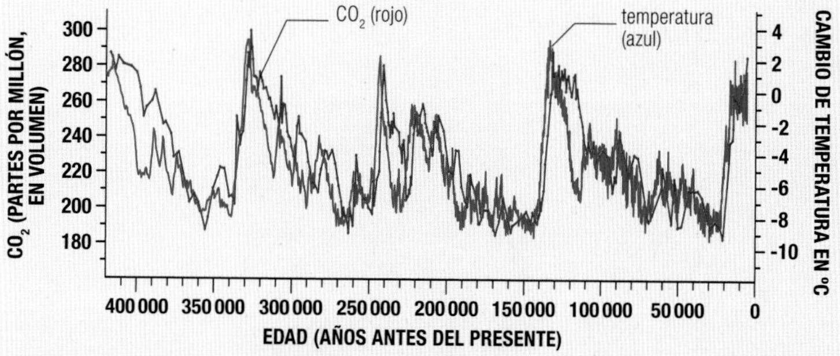

CO_2 (rojo)
temperatura (azul)
CO_2 (PARTES POR MILLÓN, EN VOLUMEN)
300
280
260
240
220
200
180
CAMBIO DE TEMPERATURA EN °C
4
2
0
-2
-4
-6
-8
-10
400 000 350 000 300 000 250 000 200 000 150 000 100 000 50 000 0
EDAD (AÑOS ANTES DEL PRESENTE)

DIÓXIDO DE CARBONO Y TEMPERATURA
Los cambios de nivel del dióxido de carbono se pueden medir en burbujas de aire atrapadas en el hielo. Esta gráfica de un sondeo de hielo antártico muestra la estrecha relación entre dióxido de carbono y temperatura. En ella se aprecian cuatro ciclos glaciales.

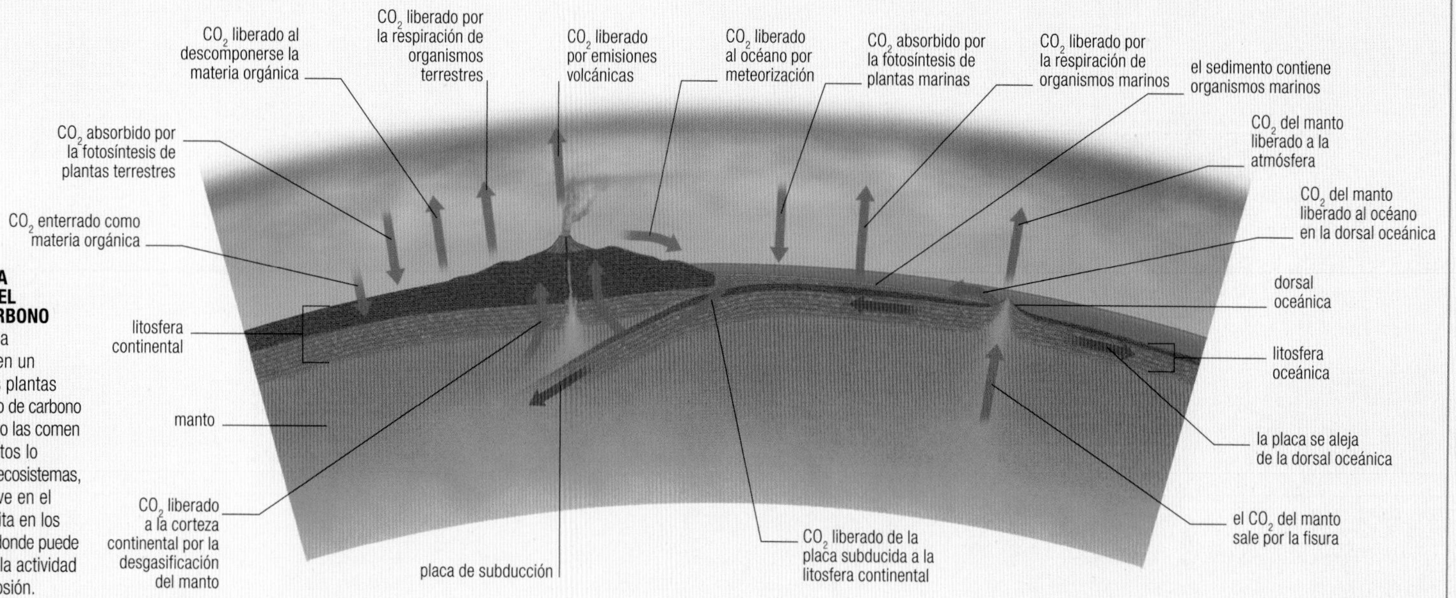

CO_2 liberado al descomponerse la materia orgánica
CO_2 liberado por la respiración de organismos terrestres
CO_2 liberado por emisiones volcánicas
CO_2 liberado al océano por meteorización
CO_2 absorbido por la fotosíntesis de plantas marinas
CO_2 liberado por la respiración de organismos marinos
el sedimento contiene organismos marinos
CO_2 del manto liberado a la atmósfera
CO_2 del manto liberado al océano en la dorsal oceánica
CO_2 absorbido por la fotosíntesis de plantas terrestres
CO_2 enterrado como materia orgánica
dorsal oceánica
litosfera continental
litosfera oceánica
manto
la placa se aleja de la dorsal oceánica
CO_2 liberado a la corteza continental por la desgasificación del manto
el CO_2 del manto sale por la fisura
placa de subducción
CO_2 liberado de la placa subducida a la litosfera continental

LA ATMÓSFERA TERRESTRE Y EL CICLO DEL CARBONO
El carbono circula continuamente en un ciclo natural: las plantas consumen dióxido de carbono atmosférico; luego las comen los animales; estos lo depositan en los ecosistemas, donde se disuelve en el agua y se deposita en los sedimentos, de donde puede ser reciclado por la actividad tectónica y la erosión.

Geografía cambiante

La circulación global del agua oceánica redistribuye el calor y la humedad atmosféricas, afectando así al clima. Calentadas por la radiación solar, las aguas superficiales tropicales viajan hacia los polos y calientan la tierra y la atmósfera en latitudes altas. Por ejemplo, las regiones costeras del noroeste de Europa reciben la corriente del Golfo y el aire cálido que trae. Si dicha corriente cesara o cambiara de dirección, los inviernos de la zona serían mucho más fríos. Dado que el patrón de circulación lo determina en parte la disposición de las cuencas oceánicas y los continentes, cualquier cambio en tal configuración afecta al clima de amplias zonas. Esto implica que los movimientos de placas pueden causar cambios climáticos (ejemplo en la ilustración, abajo).

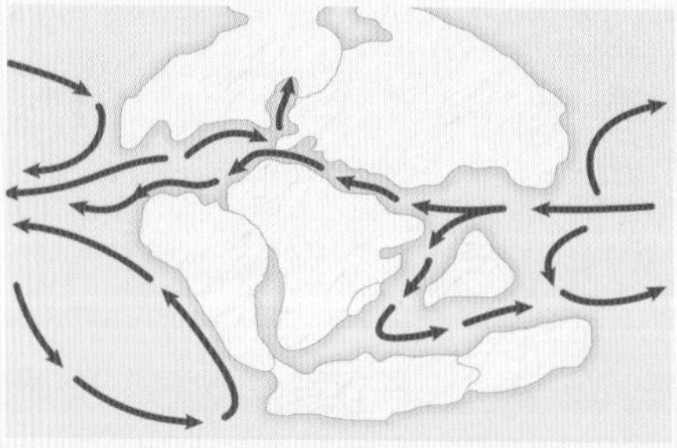

CORRIENTES DEL MESOZOICO
Hace 100 MA, las aguas tropicales fluían de este a oeste por el océano de Tetis, que se extendía desde el sureste de Asia por el actual Mediterráneo hasta el Pacífico, pasando entre América del Norte y del Sur.

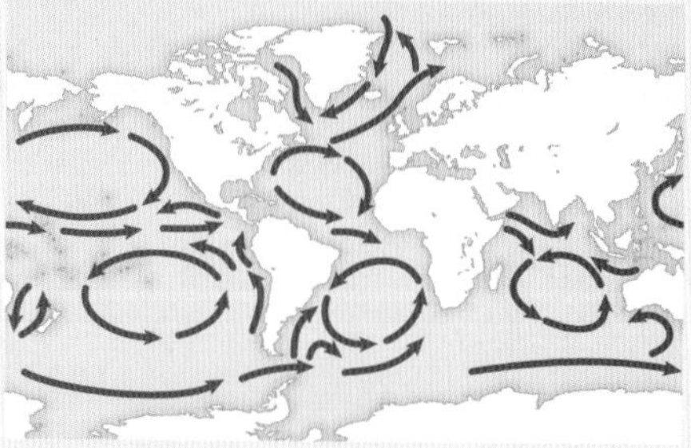

CIRCULACIÓN ACTUAL
Como resultado de la deriva continental, África se unió con Asia, y América del Norte y del Sur se comunican, dando lugar a una circulación global mucho más fragmentada.

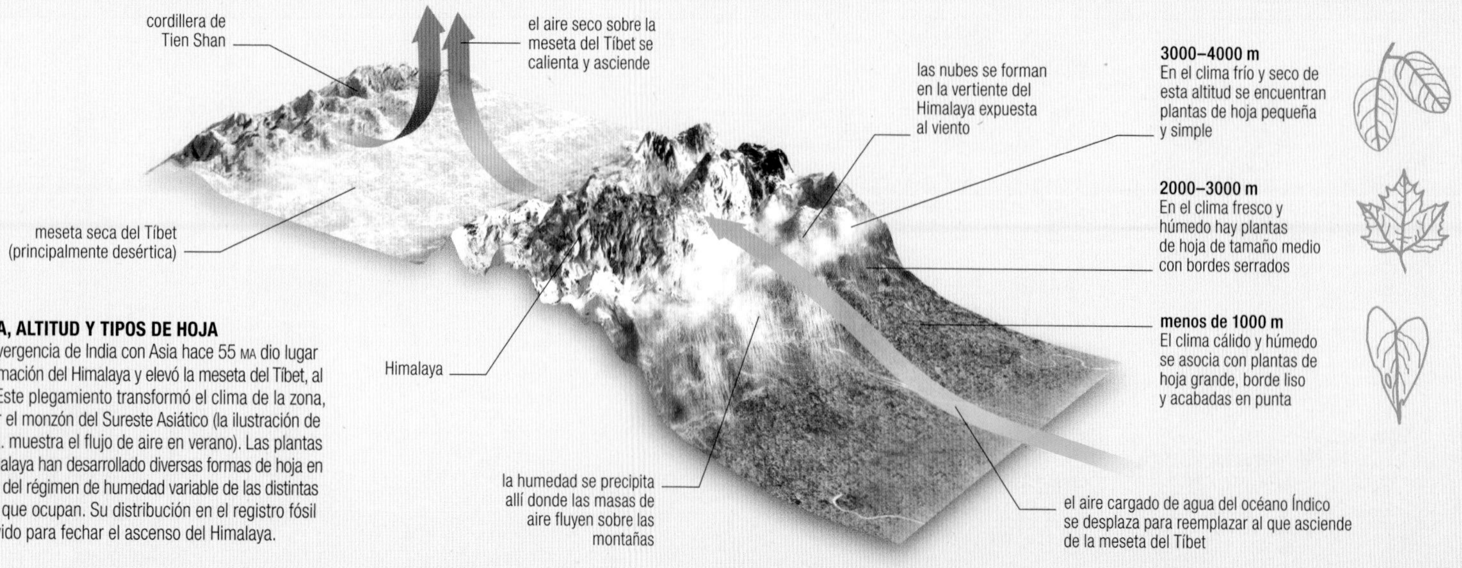

cordillera de Tien Shan
el aire seco sobre la meseta del Tíbet se calienta y asciende
las nubes se forman en la vertiente del Himalaya expuesta al viento
meseta seca del Tíbet (principalmente desértica)
Himalaya
la humedad se precipita allí donde las masas de aire fluyen sobre las montañas
el aire cargado de agua del océano Índico se desplaza para reemplazar al que asciende de la meseta del Tíbet
3000–4000 m
En el clima frío y seco de esta altitud se encuentran plantas de hoja pequeña y simple
2000–3000 m
En el clima fresco y húmedo hay plantas de hoja de tamaño medio con bordes serrados
menos de 1000 m
El clima cálido y húmedo se asocia con plantas de hoja grande, borde liso y acabadas en punta

LLUVIA, ALTITUD Y TIPOS DE HOJA
La convergencia de India con Asia hace 55 MA dio lugar a la formación del Himalaya y elevó la meseta del Tíbet, al norte. Este plegamiento transformó el clima de la zona, al crear el monzón del Sureste Asiático (la ilustración de la dcha. muestra el flujo de aire en verano). Las plantas del Himalaya han desarrollado diversas formas de hoja en función del régimen de humedad variable de las distintas alturas que ocupan. Su distribución en el registro fósil ha servido para fechar el ascenso del Himalaya.

COSTA ANEGADA
La caliza erosionada de la bahía de Ha Long (Vietnam) muestra el efecto del clima actual, más cálido. El ascenso del nivel del mar a causa del deshielo polar y de los glaciares ha anegado este erosionado paisaje, dejando un conjunto de islas rocosas.

Fases cálidas

Las fases «de invernadero» se han repetido en la Tierra, ligadas a grandes aumentos de la concentración de gases de efecto invernadero en la atmósfera. Las pruebas fósiles indican que en el Cretácico crecían en la Antártida y el norte de Alaska exuberantes bosques, fuente de alimento para los dinosaurios. Unas zonas polares cálidas también tienden a favorecer el calentamiento en latitudes bajas, con aridez estacional cerca del ecuador y mares extensos y poco profundos.

AMBIENTE SECO
Los marsupiales de Australia, como el wombat (arriba), evolucionaron en un continente más fresco y húmedo de lo que es hoy, y tuvieron que adaptarse continuamente a unas condiciones cada vez más secas.

INUNDACIONES DEL MISSOULA
Dry Falls (Washington, EE UU) fue la mayor cascada del mundo. En la última glaciación, aguas de 120 m de profundidad cayeron por sus bordes con una fuerza diez veces mayor que la de todos los ríos del mundo juntos.

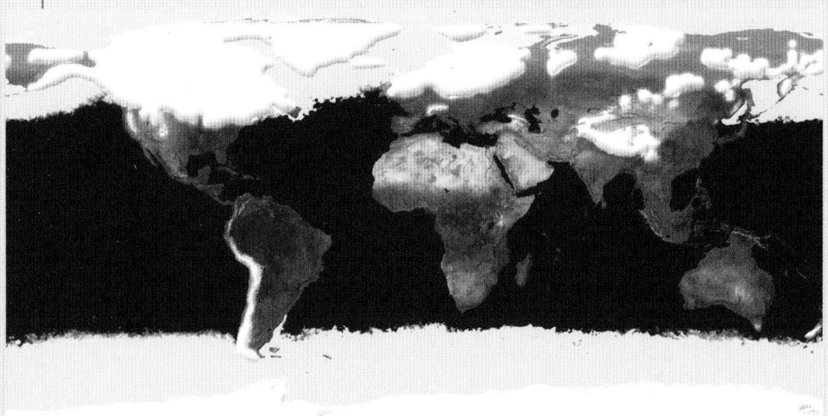

DIENTE DE MAMUT FÓSIL
Hallados en depósitos glaciares de todo el norte de Eurasia y de América, los dientes fósiles de mamuts adaptados al frío reflejan la extensión de los climas helados.

LA ÚLTIMA GLACIACIÓN
La erosión y los depósitos de la última glaciación han dejado en el paisaje y los sedimentos huellas que sirven a los geólogos para reconstruir la extensión original de glaciares y casquetes de hielo.

Fases frías

El clima de la Tierra ha pasado por varias glaciaciones de millones de años de duración, en que grandes placas de hielo se extendían en torno a los polos. En ellas se alternan períodos más fríos y más cálidos, llamados glaciales e interglaciales. Las pruebas geológicas indican al menos dos grandes glaciaciones precámbricas, conocidas como «episodios de bola de nieve». La glaciación más reciente comenzó hace 35 MA, y el último episodio glacial acabó hace 11 000 años. Los fósiles muestran el impacto de los cambios climáticos ligados a las glaciaciones en la vida, el nivel del mar y los ambientes terrestres.

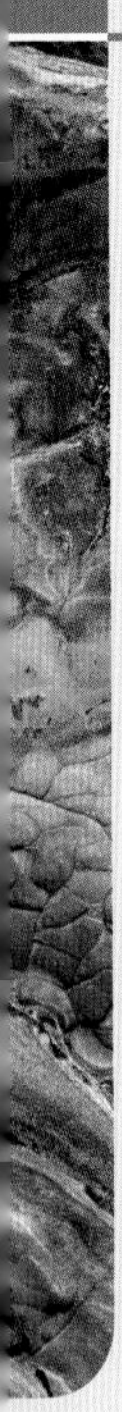

Vida y evolución

Las pruebas genéticas, biológicas y fósiles indican que desde hace más de 3500 MA la vida ha evolucionado y se ha diversificado, desde diminutos microbios marinos hasta los millones de especies que colonizan todos los medios habitables de la Tierra. Esta proeza ha sido fruto de la evolución.

FOTOSÍNTESIS
Las plantas emplean un pigmento, la clorofila, para convertir la luz solar en alimento. La energía lumínica captada convierte agua, dióxido de carbono y minerales en «energía química» (azúcares que sirven de alimento) y oxígeno. Esto beneficia a otros seres vivos.

¿Qué es la vida?

La vida se puede definir como un estado en el que la materia orgánica, animada, se distingue de la inorgánica, inanimada, por la capacidad de renovar su compleja y muy organizada estructura. Esta capacidad incluye las de cambiar, crecer, reproducirse y mantener la funcionalidad hasta la muerte, tras la cual los elementos constituyentes vuelven a dispersarse por el medio. Para mantenerse, la vida exige obtener energía y materias primas del medio, así como fabricar todo lo necesario para crecer, repararse y replicarse. El único elemento conocido que forma estructuras vivas es el carbono, capaz de combinarse consigo mismo y con otros elementos, en particular el nitrógeno, el oxígeno y el hidrógeno, y formar moléculas muy diversas y complejas. En los organismos vivos hay cuatro grupos principales de compuestos orgánicos del carbono: hidratos de carbono y grasas, que aportan energía; proteínas, constituidas por aminoácidos, que forman los tejidos estructurales; y ácidos nucleicos, componentes básicos de los genes.

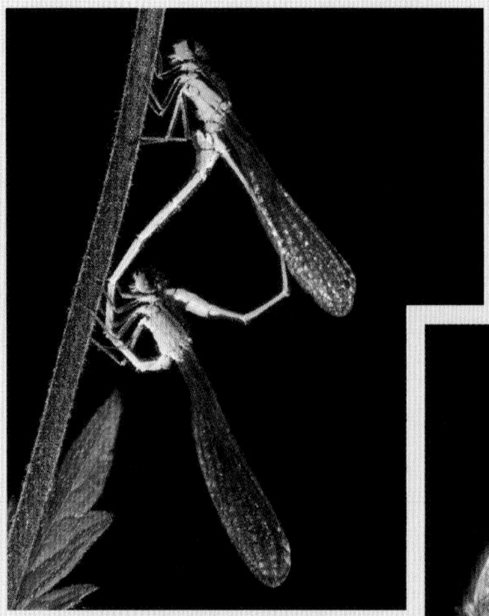

REPRODUCCIÓN SEXUAL
La reproducción sexual genera un nuevo individuo fusionando dos células sexuales o gametos: el espermatozoide masculino y el óvulo femenino.

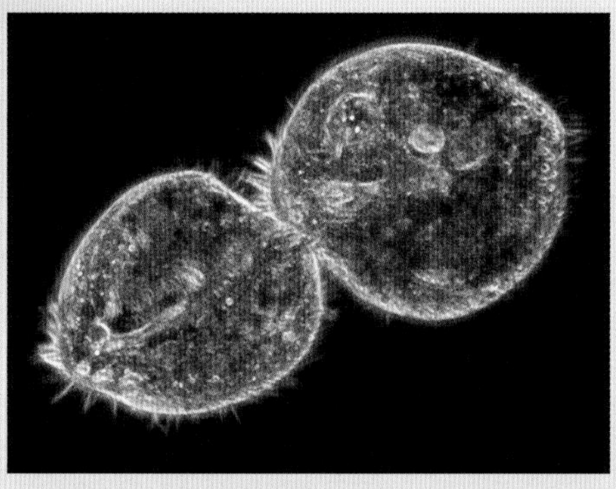

REPRODUCCIÓN ASEXUAL
Algunos organismos, como este protozoo ciliado, se reproducen sin células sexuales (gametos), por bipartición o fisión binaria: duplican su ADN y luego se dividen en dos. Cada nuevo protozoo tiene una copia del ADN de su «progenitor».

LA VIDA EN EL PASADO
Muchas de las especies vegetales y animales que han surgido y han desaparecido se han conservado en forma fósil. Los primeros dinosaurios evolucionaron en el período Triásico, y el grupo se extinguió a finales del Cretácico.

¿Qué es la evolución?

La evolución es una teoría científica según la cual las plantas y los animales varían genéticamente con el tiempo, modificándose y adaptándose de generación en generación en respuesta a las exigencias de un entorno cambiante. Este proceso incluye la reproducción, la diversificación y la adaptación. Charles Darwin (p. 28), que formuló la teoría de la selección natural entre 1837 y 1839, llamó a este proceso «descendencia con modificación»: la descendencia de un antepasado común y la modificación con el tiempo de las características biológicas. La selección natural es un proceso evolutivo clave: sobreviven los organismos mejor adaptados a su medio, los más aptos.

BRAZOS Y ALETAS
La anatomía suele revelar el origen común de las especies. Por ejemplo, el brazo de un chimpancé parece muy distinto de la aleta de un delfín, pero se aprecia en ambos la misma secuencia desde el hombro: un solo húmero, seguido por el radio y el cúbito emparejados y los huesos de la muñeca y los dedos.

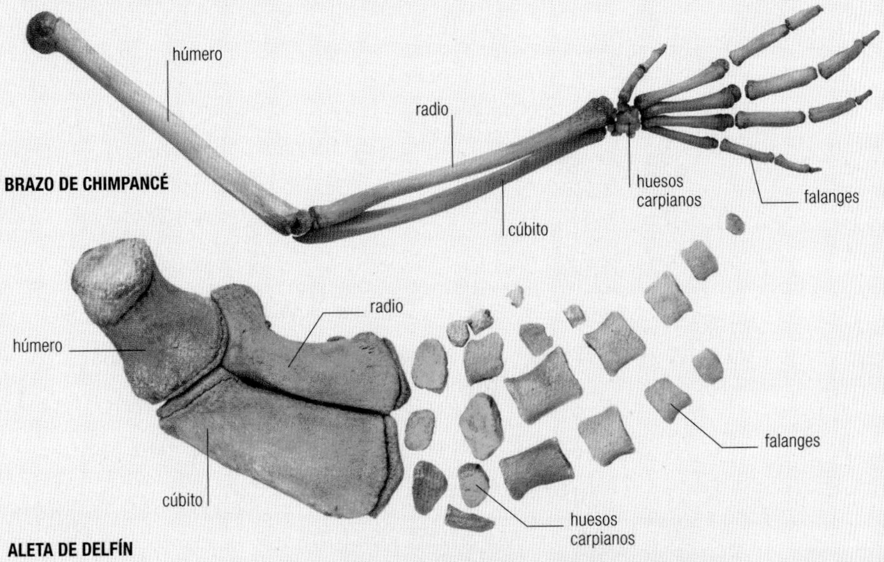
húmero
radio
huesos carpianos
falanges
cúbito
radio
húmero
falanges
cúbito
huesos carpianos

BRAZO DE CHIMPANCÉ

ALETA DE DELFÍN

Genes y ADN

Casi todas las células de los organismos vivos, desde las amebas unicelulares a las ballenas, cuentan con una serie de instrucciones moleculares. La función de cada célula está codificada en los cromosomas, la parte filamentosa que contiene la información hereditaria en forma de genes. Cada célula humana contiene entre 20 000 y 25 000 genes, cada uno con su propia serie de instrucciones para características particulares. El código se registra principalmente en forma de una molécula llamada ADN, que contiene compuestos químicos, o bases, dispuestos por pares. Un gen queda codificado por una secuencia específica de pares de bases.

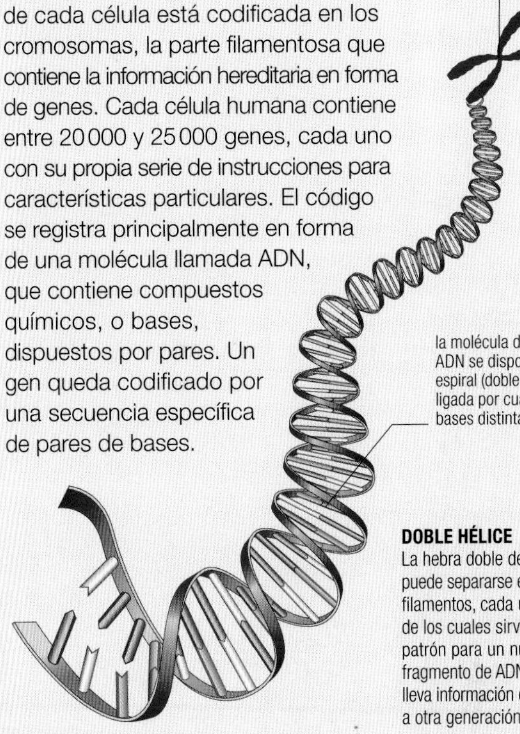
cromosoma formado por una molécula de ADN
la molécula de ADN se dispone en espiral (doble hélice) ligada por cuatro bases distintas

DOBLE HÉLICE
La hebra doble de ADN puede separarse en dos filamentos, cada uno de los cuales sirve de patrón para un nuevo fragmento de ADN que lleva información de una a otra generación.

¿Qué impulsa la evolución?

La evolución avanza sobre todo por procesos de selección y competencia que actúan sobre las especies, que responden generando descendencia con variaciones heredadas. Por lo general, las especies producen más descendientes de los que pueden sobrevivir. La selección natural favorece la «supervivencia de los más aptos», es decir, los mejor adaptados al medio físico y biológico (a un clima determinado o a la huida frente a un depredador). Estos buscan parejas con similar nivel de adaptación y engendran descendientes que sobreviven en mayor número para criar nuevas generaciones.

MARIPOSA DEL ABEDUL
La variación genética se evidencia en las mariposas del abedul claras y oscuras. Estas sobreviven en lugares donde la contaminación ennegrece los árboles y les confiere la ventaja del camuflaje sobre las primeras.

RIVALIDAD SEXUAL
Los escarabajos Hércules macho tienen grandes cuernos en forma de pinza con los que luchan por las hembras. Estos cuernos son lo bastante duros como para fracturar el resistente exoesqueleto (caparazón) del adversario.

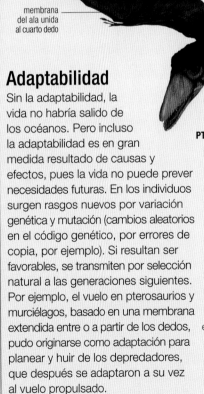

la aleta romboidal de piel al final de la cola extendida sirve de timón
membrana del ala unida al cuarto dedo
membrana secundaria entre muñeca y cuello

PTEROSAURIO

Adaptabilidad

Sin la adaptabilidad, la vida no habría salido de los océanos. Pero incluso la adaptabilidad es en gran medida resultado de causas y efectos, pues la vida no puede prever necesidades futuras. En los individuos surgen rasgos nuevos por variación genética y mutación (cambios aleatorios en el código genético, por errores de copia, por ejemplo). Si resultan ser favorables, se transmiten por selección natural a las generaciones siguientes. Por ejemplo, el vuelo en pterosaurios y murciélagos, basado en una membrana extendida entre o a partir de los dedos, pudo originarse como adaptación para planear y huir de los depredadores, que después se adaptaron a su vez al vuelo propulsado.

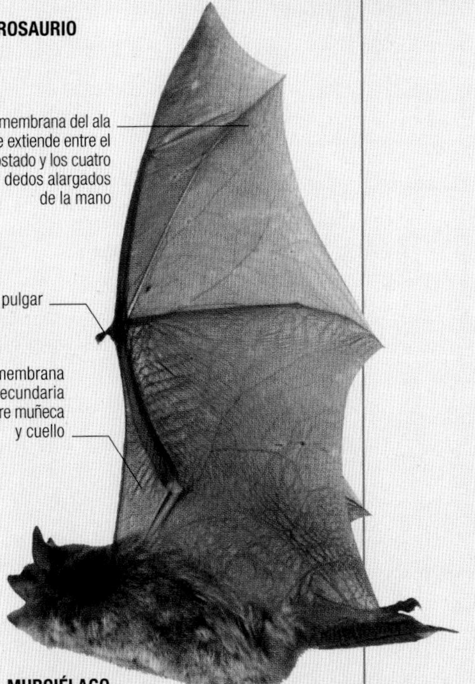
la membrana del ala se extiende entre el costado y los cuatro dedos alargados de la mano
pulgar
membrana secundaria entre muñeca y cuello

MURCIÉLAGO

DESARROLLO DEL VUELO
La adaptación al vuelo la han logrado animales tan diversos como los extintos pterosaurios, tales como el reptil del Jurásico *Dimorphodon* (arriba), y mamíferos como el murciélago ribereño (dcha.).

Especiación y extinción

El registro fósil muestra que las especies han evolucionado y se han extinguido a lo largo de la historia de la Tierra. Una especie es una población de organismos que pueden aparearse entre sí, produciendo descendencia fértil y compartiendo sus genes en el proceso. La mayoría de las especies registradas están hoy extintas, pero sus genes perviven en sus descendientes vivos. La especiación es el proceso por el cual evolucionan especies nuevas a partir de otras ancestrales y puede desencadenarse de distintas maneras. Por ejemplo, un cambio en el medio puede separar poblaciones, aislando geográfica y genéticamente a distintos grupos. Con el tiempo, la variación genética y la adaptación a las nuevas circunstancias alteran el banco de genes de estos grupos hasta tal punto que, aunque pudieran reunirse de nuevo, sus miembros no podrían aparearse y tener descendencia fértil por ser ya especies diferentes. Por otra parte, varias catástrofes locales y globales han causado extinciones masivas. La mayor de estas, a finales del Pérmico, acabó con el 96 % de las especies del planeta, y sin embargo, la vida se recuperó.

TAPIRES
El tapir brasileño (arriba) y el malayo (dcha.) descienden de un mismo herbívoro originario de aspecto porcino, pero actualmente los separa la geografía y la genética. Estos «fósiles vivientes» son reliquias de un grupo ancestral mucho más extendido de mamíferos primitivos que vivieron hace 35 MA. Han sobrevivido gracias a su carácter tímido y a vivir apartados en zonas de bosque denso.

BIOGRAFÍA

CHARLES DARWIN

Hijo de un acomodado médico de provincias inglés, Charles Darwin (1809–1882) estudió medicina y luego se preparó para el sacerdocio, pero le interesaba sobre todo la historia natural. La expedición de estudio del *Beagle* entre 1831 y 1836 fue una ocasión única para ampliar sus conocimientos, y sus observaciones y colecciones de especímenes aportaron una gran cantidad de ideas y preguntas sobre la naturaleza de la vida, su origen e historia. En 1858, las ideas similares de Alfred Russel Wallace (p. 21) precipitaron la copublicación de un esbozo de la teoría de la evolución, pero fue Darwin quien la puso por escrito y la amplió en su obra *El origen de las especies*, en 1859.

Coevolución

Allí donde dos o más especies interactúan durante un período de tiempo prolongado, pueden desarrollarse (coevolucionar) adaptaciones mutuamente beneficiosas. Por ejemplo, las plantas con flores desarrollan pétalos de colores para atraer a los insectos, y estos a su vez se encargan de la polinización cruzada de las plantas, que así producen semillas. La forma de las diversas especies con flores ha coevolucionado para recibir a insectos específicos y, en algún caso, aves. Además, la evolución de bayas y frutos carnosos, atractivos y nutritivos ha llevado a diversas aves y mamíferos frugívoros a desarrollar hábitos alimentarios en función de tales recursos. El beneficio para la planta es que las semillas son ingeridas sin sufrir daño y distribuidas como abono natural.

ABEJAS
Atraída por una flor, la abeja es recompensada con néctar por transmitir el polen con su cuerpo velludo a otra flor de la misma especie, que quedará polinizada.

PICOS Y FLORES
Los colibríes han coevolucionado con ciertas plantas con flores: a medida que las flores desarrollaban formas más profundas, el pico y la lengua del colibrí se alargaban para alcanzar fuentes de néctar menos accesibles. Vista con detalle, la forma del pico se ha adaptado también a la forma de las flores de especies particulares.

Inversiones en la evolución

Animales tan diferentes como las ballenas, las serpientes y los avestruces son básicamente tetrápodos descendientes de un antepasado terrestre que usaba sus miembros para caminar. Con el tiempo se han adaptado a hábitats y modos de vida diversos mediante modificaciones radicales en su cuerpo y apéndices. En las ballenas, los miembros anteriores se convirtieron en aletas, mientras que los posteriores han desaparecido, aunque conservan vestigios de la pelvis. Al perder las extremidades, las serpientes se han adaptado a una forma distinta de desplazarse, describiendo curvas en forma de S y usando la fricción de las escamas para avanzar. Por último, el avestruz desciende de un ave voladora cuyas patas delanteras se habían convertido en alas. Esta pérdida de extremidades se conoce como inversión en la evolución (aunque esta es un proceso de adaptación constante, no de constante progreso).

PÉRDIDA DEL VUELO
Tras llegar volando a las islas de Reunión y Mauricio, el dodo, pariente de las palomas, experimentó una inversión en la evolución y perdió la capacidad de volar. Falto de depredadores, este herbívoro proliferó hasta la llegada del hombre en la década de 1590. Fue cazado hasta la extinción en menos de cien años.

VUELTA AL MAR
Como todas las focas y morsas, el león marino australiano pertenece a un grupo de mamíferos que evolucionaron en tierra firme y pasó por una inversión en la evolución. Lo que fueron patas se modificaron con el tiempo hasta convertirse en eficientes aletas para nadar velozmente tras los peces de los que se alimenta.

Macroevolución y microevolución

Los cambios genéticos que originan una nueva especie se conocen como microevolución, mientras que los cambios en el seno de grupos taxonómicos de nivel superior (como las familias) y sus patrones evolutivos se denominan macroevolución. Son microevolutivos, por ejemplo, los cambios a pequeña escala que separan a las poblaciones de gorrión común (dcha.), o a la gaviota argéntea (*Larus argentatus argentatus*) de la sombría (*Larus fuscus graellsi*), con antepasado común. Los cambios de mamíferos como los leones marinos respecto a sus remotos ancestros ovíparos son macroevolutivos. Los leones marinos son mamíferos acuáticos, pero paren en tierra y amamantan a sus crías. El ornitorrinco es un monotrema, el orden de mamíferos más antiguo: tiene pico de pato y pone huevos, pero también amamanta a sus crías.

HUEVO CON CÁSCARA
Los tetrápodos primitivos ponían huevos sin protección en el agua para que fueran fecundados después, proceso llamado fecundación externa. La fecundación interna (en la que el macho transfiere directamente el esperma al cuerpo de la hembra) y los huevos con cáscara permitieron la reproducción fuera del agua. Estas importantes innovaciones definieron a tetrápodos como los cocodrilos y las aves.

ORNITORRINCO
El ornitorrinco es un curioso mamífero primitivo que pone huevos. Sin embargo, cuando las crías nacen, la madre las amamanta al igual que las hembras de los mamíferos vivíparos.

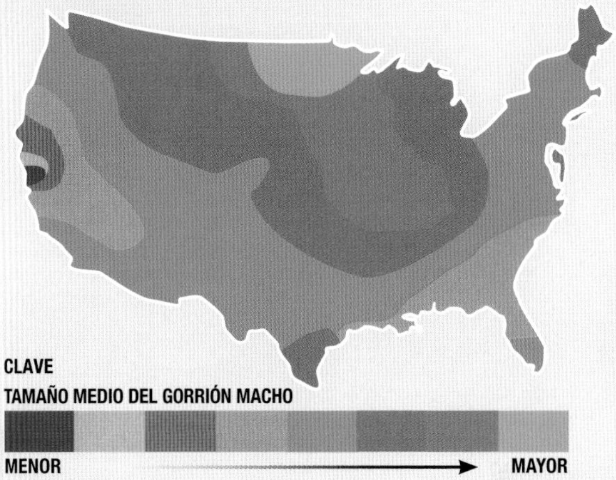
CLAVE
TAMAÑO MEDIO DEL GORRIÓN MACHO
MENOR
MAYOR

TAMAÑO DEL GORRIÓN COMÚN
Desde su introducción en América del Norte en el siglo XIX, el gorrión común ha desarrollado rasgos distintivos, como el tamaño corporal, según el lugar del continente que habitan.

Evolución a través del tiempo geológico

Más del 99,99 % de las especies que han vivido están extintas, pues la vida evoluciona desde hace más de 3500 MA, y las especies raramente duran más allá de algunas decenas de MA. Durante 3000 MA, «vida» era igual a organismos marinos microscópicos; la vida llegó al agua dulce y a tierra firme hace solo 470 MA, y hasta hace 300 MA las plantas no colonizaron las tierras elevadas y secas. Grupos enteros de organismos han evolucionado y se han extinguido. Los fósiles revelan un patrón de rápidos pulsos evolutivos y de dispersión y extinción, a veces con oleadas de poblaciones en evolución reemplazándose unas a otras. Las innovaciones evolutivas han permitido explotar nuevos nichos (el ecosistema en que un organismo habita y con el que interactúa), y la extinción ha vaciado otros, permitiendo a grupos nuevos diversificarse en ellos. Asimismo, los cambios climáticos y del nivel del mar, el vulcanismo y los movimientos de placas han afectado a la evolución.

CIENCIA

EQUILIBRIO PUNTUADO

Darwin supuso que la evolución requería un tiempo muy largo para acomodar todos los cambios macroevolutivos habidos desde la aparición de la vida microbiana en los océanos. Sin embargo, el paleontólogo estadounidense S. J. Gould (dcha.) sostuvo que hubo estallidos evolutivos repentinos seguidos por períodos de inactividad, estáticos, con pocos cambios o ninguno. La idea, llamada equilibrio puntuado, ha resultado difícil de demostrar, pero los estudios microevolutivos de grandes muestras de especies emparentadas y en continua evolución, como los trilobites, indican que es factible.

Clasificación

La multitud de especies que se estima que viven hoy, millones, muchas en peligro de extinción, invita a comprender la extraordinaria diversidad de la vida en la Tierra. Más que claves identificativas, los modernos métodos de clasificación tratan de establecer las conexiones evolutivas y el origen común de todo ser vivo a partir de uno o más antepasados comunes.

Clasificación linneana y filogenética

La clasificación científica de los seres vivos fue fundada por el botánico sueco del siglo XVIII Carlos Linneo, que trató de agruparlos por afinidades, sobre la base de la especie, en una jerarquía que quería ilustrar un orden divino. Los biólogos evolucionistas la aplicaron para reflejar grupos naturales y relaciones evolutivas. Así, las aves con plumas de la clase Aves ocupaban un lugar del mismo rango que la clase Reptilia (reptiles), pero las pruebas fósiles han demostrado que las aves evolucionaron a partir de dinosaurios reptilianos, es decir, que su «clase» se aloja en la «clase» de los reptiles. La clasificación filogenética trata de eliminar tales contradicciones distinguiendo grupos de origen común basados en características únicas compartidas.

GRUPOS DE PECES VIVOS Y EXTINTOS
Los fósiles muestran que la clase linneana Pisces (peces) no es un verdadero taxón, pero sí una categoría informal útil. Este cuadro filogenético muestra las relaciones evolutivas entre grupos de peces. Un grupo (como los gnatostomados) se separa cuando sus miembros desarrollan un nuevo rasgo único, como las mandíbulas.

CLAVE
Peces extintos
Peces vivos
Gnatostomados (peces con mandíbulas)

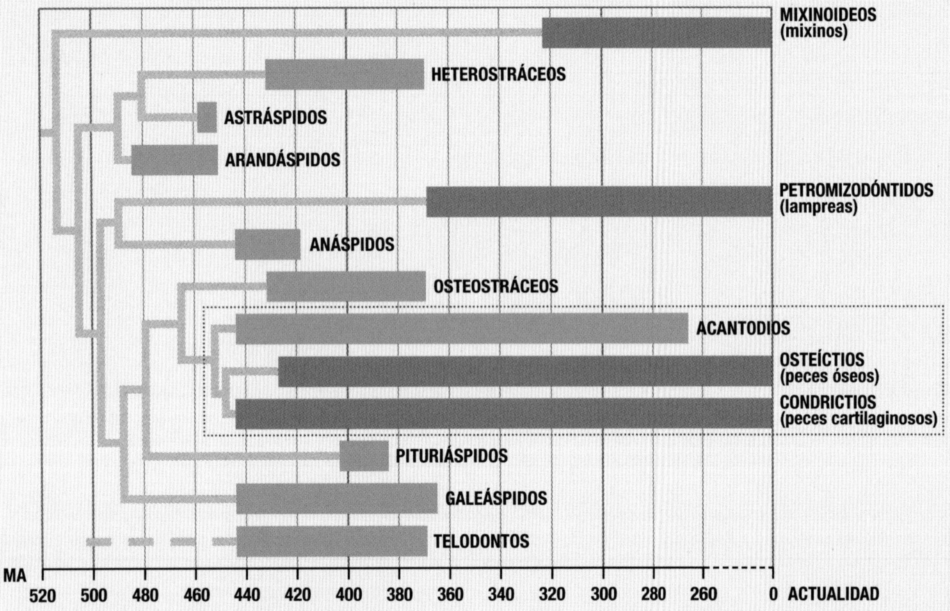
MIXINOIDEOS (mixinos)
HETEROSTRÁCEOS
ASTRÁSPIDOS
ARANDÁSPIDOS
PETROMIZODÓNTIDOS (lampreas)
ANÁSPIDOS
OSTEOSTRÁCEOS
ACANTODIOS
OSTEÍCTIOS (peces óseos)
CONDRICTIOS (peces cartilaginosos)
PITURIÁSPIDOS
GALEÁSPIDOS
TELODONTOS
MA
520 500 480 460 440 420 400 380 360 340 320 300 280 260 0 ACTUALIDAD

JERARQUÍA LINNEANA

La jerarquía linneana parte de especies biológicas, identificadas por sus nombres específico y genérico en latín. Puede haber una o más especies estrechamente emparentadas en los géneros, y estos se agrupan en orden ascendente en familias, órdenes, clases, filos, reinos y dominios, para reflejar un parentesco significativo en términos evolutivos.

DOMINIO Eucariotas
La categoría taxonómica de mayor entidad, reconocida desde 1990, consta de tres dominios: arqueas, bacterias y eucariotas. Estos se distinguen por un núcleo celular rodeado por una membrana.

REINO Animales
Hoy se consideran al menos 28 reinos, pero antes eran solo dos: animales y plantas. Los animales son principalmente eucariotas pluricelulares que consumen otros organismos como principal fuente de alimento.

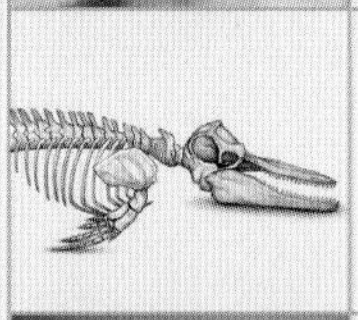

FILO Cordados
Gran subdivisión del reino animal, formado por clases. El filo cordados, por ejemplo, comprende animales que en algún momento de su ciclo vital poseen notocordio, precursor de la columna vertebral.

CLASE Mamíferos
Este nivel consta de órdenes y sus respectivos subgrupos. Los mamíferos, por ejemplo, se distinguen de los demás cordados por tener un solo hueso en la mandíbula inferior, pelo y glándulas mamarias.

ORDEN Cetáceos
Cada orden contiene una o más familias y sus subgrupos. Los cetáceos (ballenas y delfines) son mamíferos acuáticos que han perdido las extremidades traseras y desarrollado una cola con aletas.

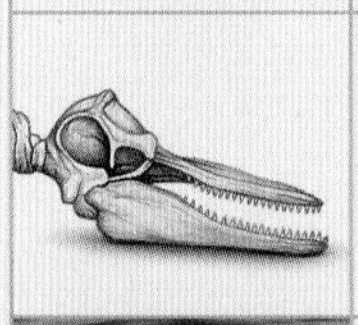

FAMILIA Delfínidos
Las familias incluyen uno o más géneros y sus subgrupos. La de los delfínidos, por ejemplo, abarca a todos los delfines (un subgrupo de cetáceos dentados u odontocetos) con mandíbulas en forma de pico.

GÉNERO *Delphinus*
Las familias se subdividen en géneros. Los delfines varían considerablemente en la forma del cuerpo y el color, pero el análisis genético apunta a que solo hay dos o tres especies en el género *Delphinus*.

ESPECIE *Delphinus delphis*
Este grupo comprende a los individuos similares capaces de cruzarse y procrear en su medio natural. *Delphinus delphis*, el delfín común, se distingue por su coloración blanca y negra y por su hocico corto.

Relojes moleculares

La idea del reloj molecular responde a la noción de que los cambios evolutivos se dan a intervalos de tiempo regulares. Se supone que la tasa de mutación del ADN de los organismos no ha variado a lo largo del tiempo, o al menos que puede promediarse. Hay que medir la diferencia genética molecular o «distancia» entre dos especies y estimar dicha tasa de variación genética. Esta se deriva de la datación radiométrica (p. 13) de los fósiles de una especie ancestral conocida, a partir de la cual puede calcularse cuándo divergieron dos especies de su antepasado común.

HACE 50 MA
Secuencia aislada de diez bases (p. 27) en el ADN del antepasado común.

HACE 25 MA
Los linajes descendientes han divergido, mutando de bases una sola vez, por lo que difieren entre sí en dos bases.

ACTUALIDAD
Los linajes descendientes han divergido de nuevo por otra mutación de bases, y ahora difieren en cuatro bases.

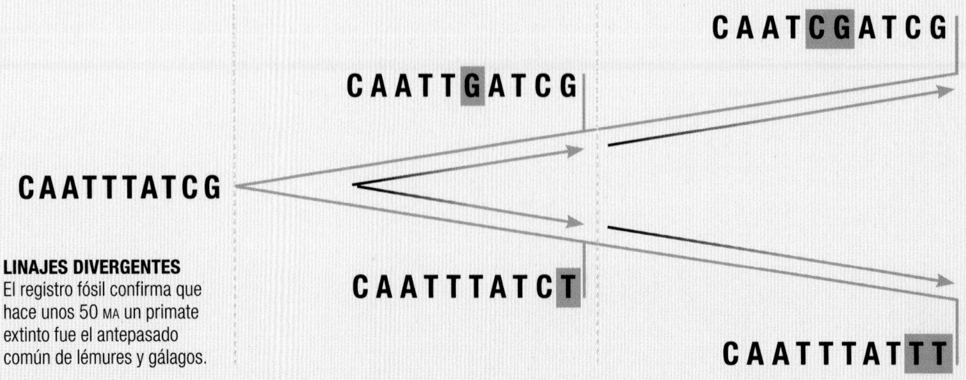
CAATTTATCG
CAATTGATCG
CAATTTATCT
CAATCGATCG
CAATTTATTT

LINAJES DIVERGENTES
El registro fósil confirma que hace unos 50 MA un primate extinto fue el antepasado común de lémures y gálagos.

LÉMUR Y GÁLAGO
Estos primates arborícolas emparentados están hoy separados geográfica y genéticamente por numerosas divergencias genéticas.

Clasificación de los seres vivos

La clasificación taxonómica es todavía objeto de debate en el seno de la comunidad científica, y todavía no existe un método definitivo y universalmente reconocido. La clasificación linneana ha sido fuente de problemas durante los últimos cien años, al saberse que muchos organismos presentan características anatómicas similares como resultado de la evolución paralela o convergente. En contraste, la clasificación filogenética o cladística, desarrollada por el entomólogo alemán Willi Hennig en las décadas de 1950 y 1960, identifica grupos de organismos emparentados por un ancestro común hallando características nuevas en su orden evolutivo más probable. Para los propósitos de este libro, todos los seres vivos se agrupan en tres dominios: bacterias, arqueas y eucariotas. Protistas e invertebrados aparecen abajo entre líneas de puntos, pues aunque útiles como categorías informales, no son verdaderos taxones.

Bacterias

DOMINIO Bacterias
REINOS 10
ESPECIES Varios millones

Este gran grupo de microorganismos unicelulares carece de núcleo celular definido. Sus formas son muy abundantes y diversas, y han colonizado prácticamente todos los hábitats, desde la zona profunda de la corteza terrestre a los sedimentos del lecho oceánico y los tejidos vivos de la mayoría de organismos. Son esenciales para las funciones digestivas animales, pero también pueden causar enfermedades mortales. Existen millones de células bacterianas en una pizca de tierra, donde desempeñan un papel vital en el reciclado de nutrientes.

Arqueas

DOMINIO Arqueas
REINOS 3
ESPECIES Varios millones

Las microscópicas y unicelulares arqueas carecen de un núcleo celular definido y de estructuras especializadas. Su caracterización como grupo se ha basado en datos moleculares, y se han estudiado a conciencia en los últimos años por su extraordinaria tolerancia a los ambientes extremos y sus diversos medios para obtener energía, entre ellos, la fotosíntesis (conversión de la luz solar en fuente de energía) y diversas formas de quimiosíntesis, es decir, de transformación de iones metálicos, carbono e hidrógeno en fuente de «alimento».

Eucariotas

DOMINIO Eucariotas
REINOS Al menos 15
ESPECIES 2 millones

La mayoría de los organismos vivos más conocidos son eucariotas, desde la microscópica ameba unicelular a las enormes secuoya o ballena azul. Todos ellos tienen rasgos comunes en cada una de sus células. La célula eucariota es única por tener una estructura compleja que comprende un núcleo definido rodeado por una membrana. Posee también mitocondrias, estructuras que se encargan de los procesos bioquímicos de la respiración y la producción de energía. La reproducción en los eucariotas implica la separación de cromosomas duplicados.

Protistas

REINOS Al menos 10
ESPECIES Más de 100 000

Los protistas unicelulares son un conjunto diverso de microorganismos tradicionalmente considerados un grupo. Sin embargo, los detalles de su biología indican que tienen muy poco en común: algunos se asemejan a las plantas, otros a los animales, y otros a mohos mucilaginosos, lo cual apunta a unos orígenes evolutivos distintos.

Algas rojas

REINO Rodófitas
CLASES 1 o más
ESPECIES 5500

El parentesco evolutivo de algas rojas, pardas y verdes es problemático desde hace tiempo, y los estudios actuales las sitúan en grupos muy distintos. Las rojas (rodófitas) son uno de los mayores y más antiguos grupos de eucariotas, con un registro fósil que se remonta a más de 1200 MA atrás.

Algas pardas

REINO Feófitas
CLASES 1
ESPECIES 2000

Estos organismos pluricelulares de aguas templadas y subpolares pueden alcanzar los 60 m y tienen un papel importante en la ecología de las aguas costeras, o bien flotan libres y forman hábitats únicos, como los sargazos tropicales. Se distinguen por los datos genéticos y por sus cloroplastos, estructuras celulares encargadas de la fotosíntesis.

Plantas

REINO Plantas
DIVISIONES 6
ESPECIES 283 000

La extraordinaria abundancia y diversidad de las plantas incluye desde algas verdes, musgos y herbáceas hasta las secuoyas gigantes. La mayoría de ellas obtienen energía de la luz solar por medio de la fotosíntesis, pero podrían no tener todas un origen evolutivo único, dadas las diferencias fundamentales entre sus modos de reproducción.

Hongos

REINO Hongos
FILOS 4
ESPECIES 600 000

El registro fósil de este grupo diverso y abundante se remonta al Devónico e incluye organismos pluricelulares microscópicos y macroscópicos como las setas, algunas con cuerpos fructíferos de varios metros. Por lo general, se reproducen por esporas, y sus paredes celulares son de quitina en lugar de celulosa.

Animales

REINO Animales
FILOS Unos 30
ESPECIES Más de 1,5 millones

El nombre de este grupo está profundamente enraizado en el lenguaje y la cultura populares desde la época clásica. En origen, la palabra latina *animal* significa «que tiene aliento», y ello dio pie a la distinción tradicional entre animales y plantas. Sin embargo, desde que los científicos han comprobado que la vida primitiva es mucho más compleja de lo que se creía, la demarcación entre animales y plantas se ha vuelto borrosa. Por ello, el uso moderno de «animal» tiende a restringirse a los eucariotas pluricelulares que necesariamente consumen otros organismos como alimento.

Invertebrados

FILOS Unos 30
ESPECIES Más de 1 millón

El nombre de este grupo se basa en un atributo negativo que caracteriza a todos los animales que no son vertebrados: la carencia de columna vertebral. Por tanto, no tiene lugar en la clasificación filogenética moderna, pero sigue siendo un «cajón de sastre» de uso común para unos 30 filos, desde esponjas y platelmintos hasta artrópodos y equinodermos.

Cordados

FILO Cordados
SUBFILOS 3
ESPECIES 51 550

Los cordados se definen por una organización corporal determinada, al menos en la fase embrionaria, que no siempre conservan de adultos. Una vara llamada notocordio los estructura dorsalmente desde la parte delantera a la trasera; su tejido fibroso la hace flexible, y los músculos pareados a cada lado la mueven en curvas sinuosas asociadas con la natación. Por encima del notocordio se halla un cordón nervioso dorsal hueco, y por debajo, el intestino. La mayoría de los cordados tiene aberturas branquiales y cola en alguna fase de su desarrollo.

Anfioxos

SUBFILO Cefalocordados
CLASES 1
ESPECIES 50

Los anfioxos, aplanados y en forma de hoja, alcanzan unos 8 cm de largo. No poseen aletas ni cabeza definidas, y su parte anterior tiene una cavidad bucal y aberturas branquiales por las que pasa el agua para respirar y alimentarse. Se entierran por la cola en el lecho marino. Su modesto registro fósil arranca en el Cámbrico.

Tunicados (ascidias y sálpidos)

SUBFILO Urocordados
CLASES 4
ESPECIES 2000

Estos cordados marinos filtradores de hasta 15 cm de largo se caracterizan por tener notocordio y cola en la fase larvaria, durante la cual nadan libres. Los adultos suelen mostrar un cambio radical de la forma corporal: las ascidias se fijan al lecho marino y los sálpidos pierden cola y notocordio, pero siguen nadando libres, igual que las apendicularias, que conservan la cola y el notocordio.

Vertebrados

SUBFILO Vertebrados
CLASES 8
ESPECIES 49 500

En estos animales, el notocordio está rodeado por elementos esqueléticos segmentados que forman una columna vertebral articulada. Tienen regulación nerviosa del corazón, músculos para el movimiento ocular, un sistema sensorial de líneas laterales y dos canales semicirculares en el oído interno. Los gnatostomados (con mandíbulas), que incluyen tiburones, peces óseos y todos los vertebrados terrestres, son el grupo más diverso y numeroso.

Extinciones masivas

En la época de Charles Darwin había abundantes pruebas de cambios radicales en la vida a lo largo del tiempo, pero pocas a favor de que la evolución se hubiera visto gravemente perturbada por extinciones masivas que borraron un gran porcentaje de los seres vivos de la faz de la Tierra. Hoy sabemos que el crecimiento de la biodiversidad en su conjunto ha sufrido varios graves reveses, sobre todo el de finales del Pérmico, hace 251 MA, del que tardó casi 30 MA en recuperarse.

Causas

En los últimos 540 MA ha habido al menos cinco extinciones masivas. Se han dedicado grandes esfuerzos a averiguar sus causas, pues no hay razón para que no puedan repetirse. La del final del Cretácico estuvo marcada por el impacto de un meteorito y erupciones volcánicas. Aunque ha habido muchos otros impactos semejantes, ninguno puede vincularse claramente con fenómenos de extinción. Los factores más comunes de estas extinciones son emisiones a gran escala de lava y gases volcánicos, y falta de oxígeno en los océanos. Los gases volcánicos, en particular el dióxido de carbono, se asocian con fenómenos de cambio climático regional a corto plazo, lluvia ácida a medio plazo, pérdida de ozono y calentamiento global a largo plazo. El vínculo atmósfera-océano es la causa más probable de las extinciones masivas, incluidas aquellas en las que intervinieron impactos y la glaciación fue un factor.

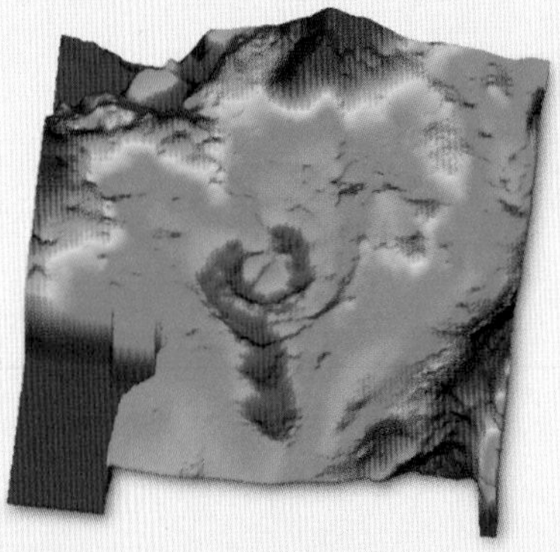

CRÁTER DE CHICXULUB (PENÍNSULA DE YUCATÁN)
El asteroide que cayó sobre el golfo de México hace 65 MA medía unos 10 km de diámetro, lo suficiente como para formar un cráter de 240 km de ancho y desencadenar una extinción en masa.

ARCILLAS DEL LÍMITE PÉRMICO–TRIÁSICO
Unos científicos recogen muestras en un barranco italiano. El estrato marrón oscuro evidencia vegetación destruida súbitamente al final del Pérmico.

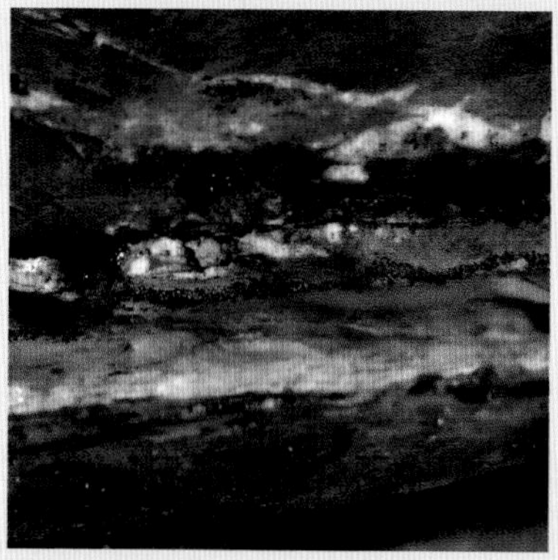

LÍMITE K/PG
Presente en todo el planeta, esta fina franja gris es rica en iridio, un elemento de los asteroides, y da fe del impacto que se produjo a finales del Cretácico.

GOSSES BLUFF
Los montes de Gosses Bluff en Australia son restos de un cráter de impacto, originalmente de 22 km de ancho, formado hace 142 MA. Las rocas muestran un tipo de fractura asociada con impactos catastróficos, pero no existen vínculos con ningún fenómeno de extinción. El cráter de Chicxulub (arriba) es diez veces mayor.

Principales extinciones masivas

Desde finales del siglo XIX se ha constatado que la historia de la vida ha conocido grandes *booms* evolutivos además de extinciones catastróficas sobre un fondo más gradual de aparición y extinción de especies. La extinción más famosa se produjo al final del Cretácico, cuando desaparecieron los dinosaurios, varios grupos de reptiles marinos, los pterosaurios voladores y diversos invertebrados, y se ha atribuido a algún acontecimiento de enorme impacto y a la actividad volcánica. Sin embargo, hubo un fenómeno de extinción aún mayor al final del Pérmico que afectó al 96 % de las especies marinas, el 70 % de los vertebrados terrestres y el 83 % de los géneros de insectos. Un episodio de extinción más antiguo, al final del Ordovícico, coincidió con el rápido descenso y ascenso del nivel del mar ligado al aumento de los casquetes polares y el deshielo.

ÚLTIMOS DINOSAURIOS
El registro fósil muestra que *Triceratops*, un herbívoro de 7 m de largo, fue uno de los últimos dinosaurios que holló la Tierra.

PIRITAS DE HIERRO
Las rocas del lecho marino de Groenlandia contienen piritas formadas en ausencia de oxígeno, prueba de la escasez de dicho elemento durante la extinción de finales del Pérmico.

REGISTRO DE EXTINCIONES
El estado de conservación de los fósiles dificulta mucho el análisis de los datos relativos a las extinciones. Los registros más fiables y continuos proceden de los restos de seres marinos como los amonites.

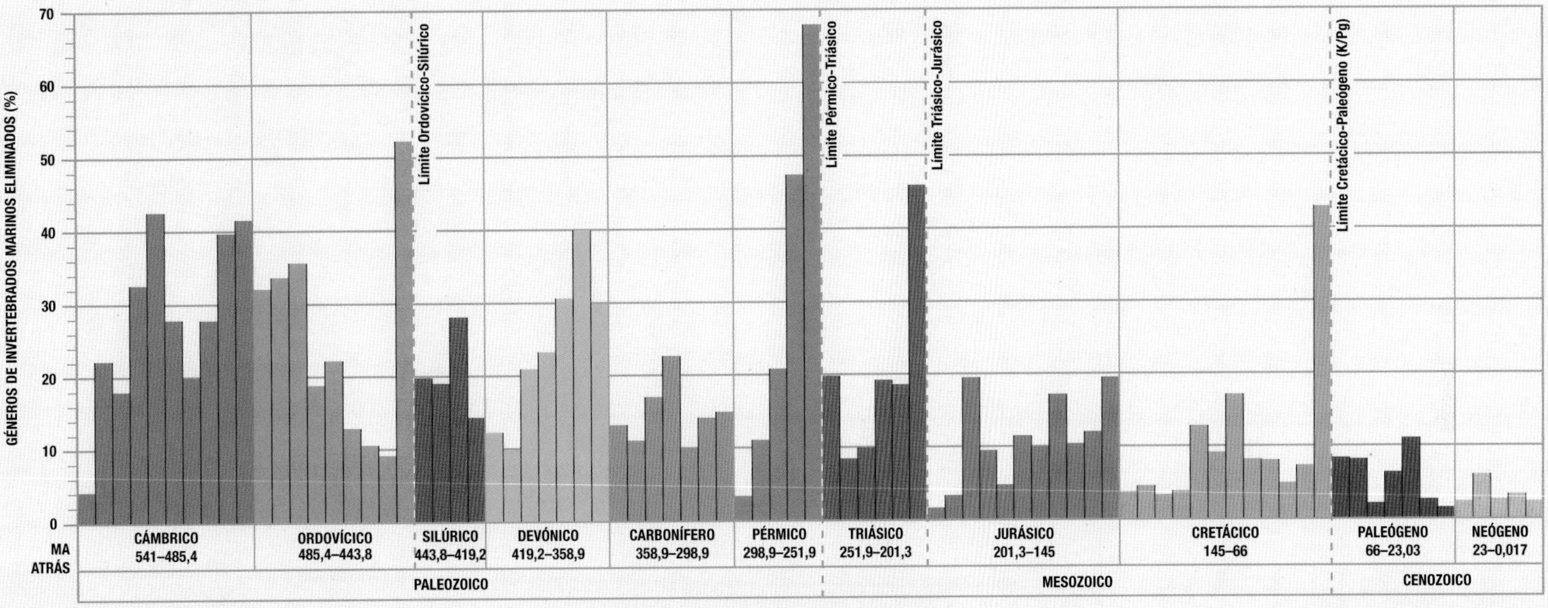

GÉNEROS DE INVERTEBRADOS MARINOS ELIMINADOS (%)
70
60
50
40
30
20
10
0
Límite Ordovícico-Silúrico
Límite Pérmico-Triásico
Límite Triásico-Jurásico
Límite Cretácico-Paleógeno (K/Pg)
MA ATRÁS
CÁMBRICO 541–485,4
ORDOVÍCICO 485,4–443,8
SILÚRICO 443,8–419,2
DEVÓNICO 419,2–358,9
CARBONÍFERO 358,9–298,9
PÉRMICO 298,9–251,9
TRIÁSICO 251,9–201,3
JURÁSICO 201,3–145
CRETÁCICO 145–66
PALEÓGENO 66–23,03
NEÓGENO 23–0,017
PALEOZOICO
MESOZOICO
CENOZOICO

Recuperación tras extinciones masivas

El registro fósil aporta pruebas de extinciones masivas, pero también de la recuperación de la vida. Así, la extinción al final del Pérmico afectó gravemente a los arrecifes de coral, y con ello a las cadenas alimentarias oceánicas, pero poco a poco evolucionaron nuevos corales formadores de esqueletos calcáreos que reconstruyeron los arrecifes. Asimismo, con el colapso de los ecosistemas terrestres al final del Cretácico se extinguieron los dinosaurios, pero la recuperación de la vegetación se evidencia en las esporas de helechos: las plantas se adaptaron a las secuelas del desastre.

DEL PÉRMICO AL TRIÁSICO
Los animales terrestres se vieron muy afectados por la extinción del Pérmico. Desaparecieron incluso herbívoros de éxito como estos dos *Diictodon* (izda.) hallados en su nido, pero sobrevivió su descendiente evolutivo, el *Lystrosaurus* (arriba).

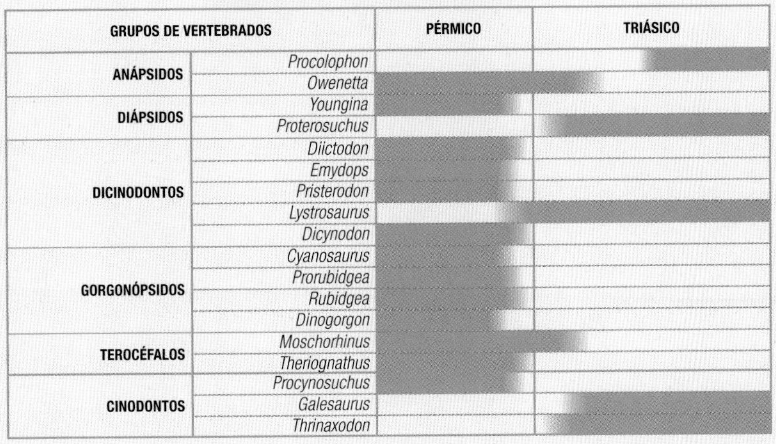

GRUPOS DE VERTEBRADOS
PÉRMICO
TRIÁSICO
ANÁPSIDOS
Procolophon
Owenetta
DIÁPSIDOS
Youngina
Proterosuchus
DICINODONTOS
Diictodon
Emydops
Pristerodon
Lystrosaurus
Dicynodon
GORGONÓPSIDOS
Cyanosaurus
Prorubidgea
Rubidgea
Dinogorgon
TEROCÉFALOS
Moschorhinus
Theriognathus
CINODONTOS
Procynosuchus
Galesaurus
Thrinaxodon

GRUPOS DE VERTEBRADOS FÓSILES EN EL KAROO
La escala de la extinción al final del Pérmico se refleja en los muchos fósiles de animales terrestres conservados en la región sudafricana del Karoo. Algunos grupos fueron totalmente eliminados, pero sobrevivieron suficientes para que la vida continuara.

Extinciones recientes

Desde el último máximo glacial (hace unos 20 000 años), la mayor parte de los animales terrestres de gran tamaño han desaparecido, salvo los que quedan en África. Se llegó a pensar que el cambio climático supuso el fin para animales adaptados al frío, como el ciervo gigante o el mamut lanudo, pero dataciones recientes muestran que su extinción coincidió con la llegada del hombre moderno a diversas regiones. Asimismo, la moa gigante de Nueva Zelanda no se extinguió hasta uno o dos siglos después de la llegada de humanos modernos, *c.* 1250. Con todo, el cambio climático puede haber influido en ciertas zonas.

SAPOS DORADOS
Hoy en día los anfibios son muy vulnerables a la extinción. El sapo dorado, descubierto en el bosque tropical de Monteverde (Costa Rica) en 1966, no se ha visto desde 1989.

RINOCERONTE LANUDO
El rinoceronte lanudo (*Coelodonta*) de América del Norte y Eurasia de la última glaciación se extinguió hace 10 000 años, tras la llegada de los humanos.

Tipos de fósiles

Los restos fósiles se conservan gracias a procesos geológicos tan diversos que su forma y apariencia pueden ser muy engañosas. De hecho, han sido necesarios más de 200 años para que los expertos puedan comprender exactamente cómo se forman y cómo interpretarlos de modo preciso.

¿Qué es un fósil?

Los fósiles son los restos de organismos antaño vivos que quedaron conservados en rocas. Originalmente se consideraron fósiles restos tanto de materia orgánica como inorgánica, pero ya a finales del siglo XVII los científicos estaban de acuerdo en que eran solo de origen orgánico, aunque el proceso de fosilización implicaba a menudo un cambio químico considerable. Hay tres tipos de fósiles: los correspondientes al cuerpo o sus partes, ya sean conchas, huesos, dientes o materia vegetal; los icnofósiles, marcas conservadas en sedimentos endurecidos, como las huellas; y los fósiles químicos, sustancias orgánicas degradadas a partir de moléculas de seres vivos, como el ADN obtenido de huesos o dientes. En muchos casos es posible identificar la especie a la que corresponden.

ÖTZI, EL HOMBRE DE LOS HIELOS
El cadáver congelado del cazador neolítico de hace 5300 años hallado en el hielo de un glaciar de los Alpes tiroleses estaba tan bien conservado que al principio lo recuperó la policía. Pese a su gran antigüedad, no se trata de un fósil, pues no se ha visto sometido a un proceso de fosilización.

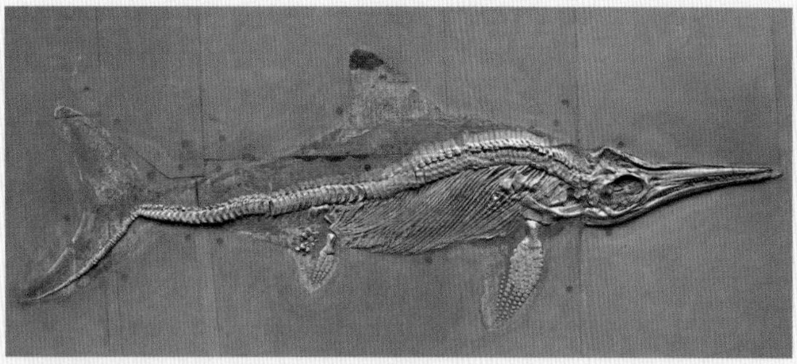

BIEN CONSERVADO
Este ictiosaurio del Jurásico, *Stenopterygius megacephalus*, es un verdadero fósil. Aunque parezca casi perfectamente conservado, lo que parece piel ha sido reemplazado por una película microbiana.

ICNOFÓSILES
Los icnofósiles, como estas huellas, o icnitas, de tetrápodo de hace 400 MA en la isla irlandesa de Valentia (arriba), o las heces fósiles, llamadas coprolitos, de *Tyrannosaurus rex* (sobre estas líneas), ofrecen pistas reveladoras sobre la vida cotidiana de seres extintos.

Fósiles e icnofósiles

Los fósiles más fácilmente visibles y conocidos son los de conchas y esqueletos de animales que vivieron en el mar a poca profundidad hace millones de años. Los microorganismos han dejado también fósiles de este tipo, visibles solo con microscopio y que incluyen numerosos componentes de plantas y algas, como polen y esporas. Son también comunes los icnofósiles, como las madrigueras de animales y los espacios abiertos por las raíces de las plantas, que raramente se conservan con el organismo que los creó, y de ahí la distinta denominación que reciben. Los icnofósiles son muy útiles para obtener información biológica y ecológica relativa a animales extintos, como los dinosaurios. Así, por ejemplo, el estudio de los rastros de los dinosaurios contribuye a resolver controversias sobre la velocidad a la que eran capaces de correr (p. 38).

FÓSILES CORPORALES
Este fósil de *Homeosaurus* (dcha.), un reptil del Jurásico de 20 cm de largo, revela su esqueleto similar al de un lagarto. Un diente (abajo) es todo lo que queda de *Carcharodon auriculatus*, antepasado extinto del actual tiburón blanco. Los esqueletos cartilaginosos de los tiburones no suelen fosilizarse, pero un diente a menudo basta para identificar una de sus especies.

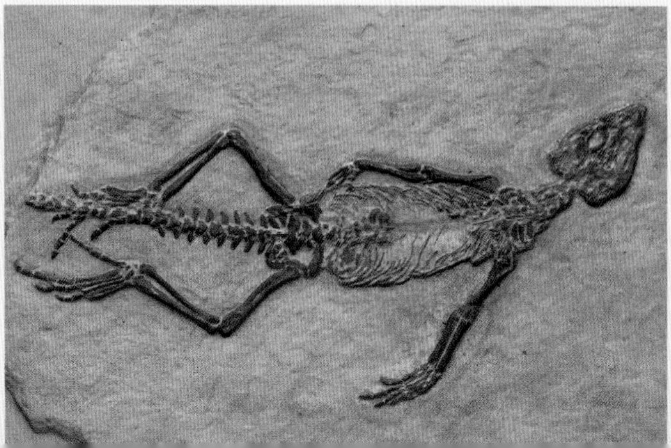

Cómo se forman los fósiles

Los restos orgánicos se fosilizan de varias maneras. Casi siempre se pierde información al descomponerse los restos y quedar enterrados, comprimirse y, a veces, calentarse. En el mejor caso, los tejidos blandos y las plumas pueden fosilizarse, y en el peor queda solo un rastro, como las huellas. Las posibilidades de que un organismo se fosilice son muy escasas, sobre todo si no tiene partes duras como concha o hueso. Los restos orgánicos suelen conservarse en lugares poco expuestos, como aguas estancadas o lentas. Los tejidos delicados pueden conservarse cuando la descomposición se ve ralentizada o detenida por niveles bajos de oxígeno, temperaturas bajas o un conservante natural (alquitrán, resina).

FÓSILES A LA VISTA
El viento y la lluvia pueden retirar la roca blanda que cubre los fósiles, como estos troncos petrificados de coníferas del Triásico, en Arizona.

CONSERVACIÓN INALTERADA

A veces los restos de los organismos se conservan completos, sobre todo los de aquellos cuyas partes duras están hechas de minerales que no se degradan o recristalizan. Las conchas y esqueletos de calcita de equinodermos como las estrellas de mar, por ejemplo, son más estables que los de aragonito de los moluscos. La sílice, presente en algunas esponjas y algas microscópicas llamadas diatomeas, es otro mineral estable. La materia orgánica es esencialmente inestable; así, las conchas pierden no solo los tejidos blandos sino también el color, salvo en condiciones especiales, como al quedar cubiertas por resina; y aun así los microbios pueden degradar un fósil, aunque su aspecto externo sea perfecto.

DIATOMEAS FOSILIZADAS

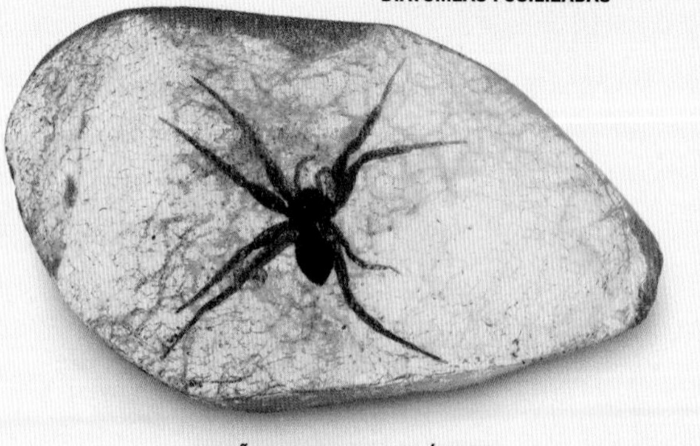

ARAÑA CONSERVADA EN ÁMBAR

CARACOLA CHARONIA

CARACOLA CHARONIA FÓSIL

RECRISTALIZACIÓN

Muchos fósiles se conservan gracias a la recristalización (formación de cristales nuevos), sobre todo si un esqueleto o una concha están hechos de un mineral cristalino inestable y existe una forma con la que este guarda una relación estrecha, pero que es más estable. El aragonito es un mineral muy común en conchas de moluscos y esqueletos de coral, pero suele recristalizarse en calcita, más estable y con una estructura cristalina ligeramente distinta. El proceso no altera los detalles superficiales del fósil, e incluso pueden conservarse ciertos detalles internos, gracias a lo cual es posible identificar el fósil y estudiar su estructura y crecimiento.

COLONIA DE CORAL THECOSMILIA

EUOMPHALUS (VISTA SUPERIOR)

EUOMPHALUS (SECCIÓN)

SUSTITUCIÓN

La sustitución completa de la estructura de un organismo por otro material es frecuente durante el largo y complejo proceso de fosilización o petrificación (pp. 36–37). El enterramiento de los restos fósiles y la transformación en roca de los sedimentos que los rodean conllevan cambios físicos y químicos, estos últimos debidos a menudo al agua subterránea que satura el sedimento. El agua subterránea con sustancias químicas disueltas suele sustituir los minerales originales del fósil átomo por átomo, conservando así incluso los detalles. La sílice suele reemplazar y rellenar los espacios de las células en los tallos leñosos fósiles, mientras que la pirita sustituye al aragonito de las conchas de moluscos como los amonites.

SECCIÓN DE TRONCO PETRIFICADO

AMMOLITA (NÁCAR CONSERVADO)

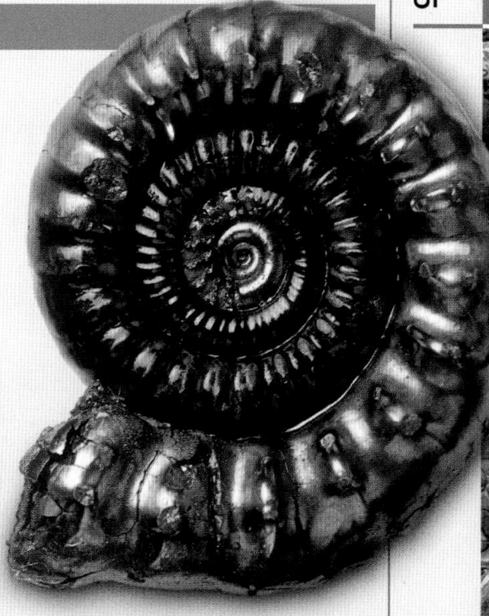

AMONITES PIRITIZADO

IMPRONTAS, MOLDES Y VACIADOS

Cuando un organismo queda presionado sobre sedimento blando, crea una impronta o impresión negativa en la que quedan registrados en relieve muchos de sus detalles externos. Esta impresión funciona como un molde externo del fósil, por lo que cualquier sedimento que lo rellene, así como los espacios del interior del propio fósil, como sucede en una concha o una calavera, forma un molde interno, o vaciado, con los detalles conservados en positivo. Si el material fósil se degrada y desaparece una vez endurecido el sedimento que lo rodea, este molde conserva un registro de las estructuras internas y externas. Los científicos emplean a menudo moldes naturales para sacar vaciados de estos fósiles «desaparecidos» con el fin de estudiar su estructura con más detalle.

IMPRONTA DE HOJA DE ÁLAMO DEL EOCENO

MOLDE EXTERNO DE CYCLOSPHAEROMA

MOLDE INTERNO DE CYCLOSPHAEROMA

concha original
molde interno de *Myophorella*
molde externo de concha de bivalvo

CONCHAS EN ARENISCA

CARBONIZACIÓN

Los compuestos orgánicos complejos que forman los tejidos de las plantas son propensos a un cambio químico llamado carbonización, que resulta de la pérdida de los componentes acuosos, dejando un residuo de carbono mucho más estable a largo plazo. Cuando una planta queda cubierta por sedimentos, se comprime y puede llegar a calentarse. La presión expulsa cualquier líquido o gas y aplana los tejidos de la planta, que el calor puede convertir en carbón, dejando solo carbono en forma de fósil de compresión. Con el tiempo, incluso este residuo de carbono puede perderse, de manera que en su lugar solo queda una impronta y la silueta de los tejidos de la planta. En sedimentos de grano fino, esto suele bastar para conservar información detallada que identifica a la especie; es un proceso muy eficaz para conservar hojas y formas animales delicadas.

HOJA DE NEUROPTERIS SCHEUCHZERI

TALLOS Y FRUTOS DE TILO

CIENCIA

FÓSILES VIRTUALES

El método tradicional de los paleontólogos consiste en preparar los fósiles retirando el sedimento pegado a su superficie, una tarea laboriosa y a veces imposible, sobre todo en estructuras delicadas. Por ello se han esforzado en buscar medios menos destructivos de revelar fósiles pequeños y frágiles. La limpieza química puede ser eficaz, pero no siempre es lo más indicado. Las nuevas técnicas no destructivas de tomografía axial computarizada (TAC) y procesamiento digital generan imágenes tridimensionales a partir de una serie de radiografías bidimensionales. Pero allí donde los rayos X no pueden diferenciar entre el fósil y la roca circundante, el corte físico del fósil proporciona una serie de imágenes que pueden transformarse electrónicamente en un fósil virtual.

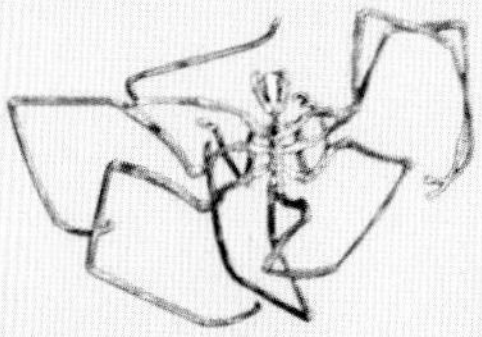

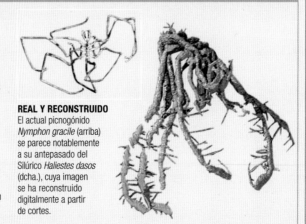

REAL Y RECONSTRUIDO
El actual picnogónido *Nymphon gracile* (arriba) se parece notablemente a su antepasado del Silúrico *Haliestes dasos* (dcha.), cuya imagen se ha reconstruido digitalmente a partir de cortes.

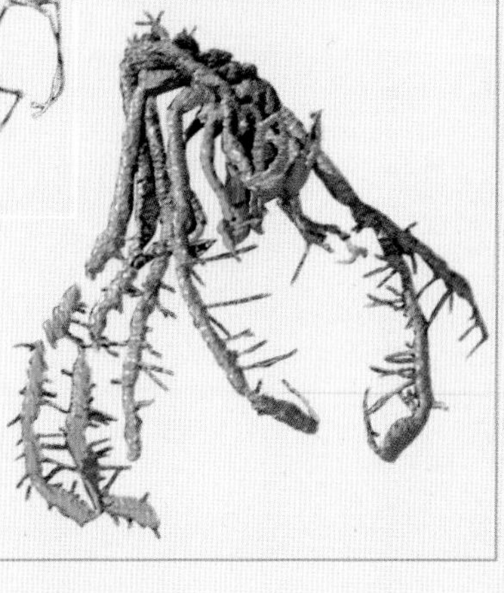

La formación de un fósil

Además de albergar organismos vivos, las masas de agua salada y dulce pueden conservar restos de organismos muertos enterrados en los sedimentos del fondo. Esto depende mucho de las condiciones en el límite entre el sedimento y el agua, pero allí donde haya sedimentos lodosos de grano fino, la conservación puede ser extraordinariamente buena. Por ejemplo, detalles de la cubierta de escamas óseas del cuerpo y las aletas del pez marino llamado celacanto pueden conservarse más o menos intactos junto con los huesos de la cabeza si la carcasa llega a reposar en agua sin oxígeno suficiente para acoger a los carroñeros. Por el contrario, en un agua bien oxigenada los carroñeros pueden consumir el cuerpo entero, de modo que solo se conservan algunas espinas y escamas en sus heces fosilizadas. Aquí se muestran las distintas fases del proceso de fosilización.

CELACANTO VIVO

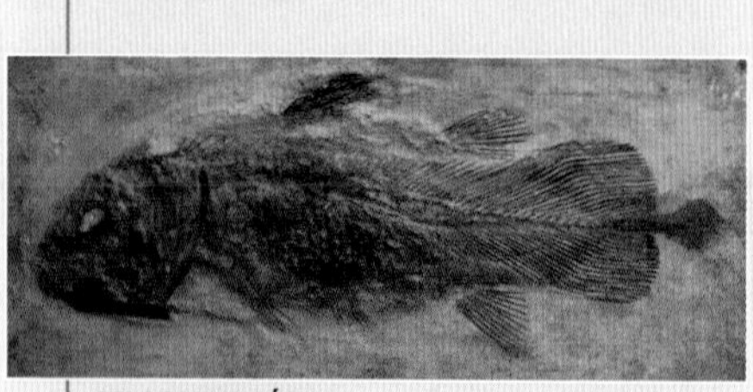

CELACANTO FÓSIL

DE PEZ A FÓSIL

Los celacantos son un tipo primitivo de pez óseo, con aletas carnosas y escamas gruesas. La mineralización del cuerpo del pez tras la muerte puede durar varias décadas, mientras que la formación de roca a su alrededor puede tardar millones de años.

MUERTE

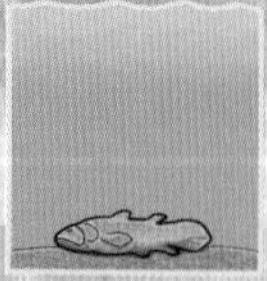

La muerte de un organismo como este celacanto puede sobrevenir por depredación, enfermedad o desastre natural. Al principio, el celacanto muerto flotará en la superficie debido al gas liberado por la putrefacción interna. Al romperse la cavidad corporal, el cuerpo se hunde hasta reposar sobre el sedimento. Desde el momento de la muerte, los carroñeros pueden comenzar a desgarrar o eliminar los tejidos blandos. Las escamas pueden desprenderse, dejando expuesto el esqueleto. Solo las partes más duras, como espinas, dientes y escamas, tienen probabilidades de durar lo suficiente como para fosilizarse, salvo en circunstancias excepcionales. Además del ataque de otros seres vivos, los restos pueden verse sometidos, por ejemplo, a daños causados por la acción de olas y corrientes.

ENTERRAMIENTO

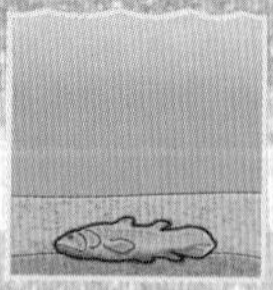

Dónde, cómo y cuán rápido se entierren los restos orgánicos supone una gran diferencia para la calidad de los fósiles. Si el pez se asienta en el lodo fino de una laguna tranquila, la mayor parte de su cuerpo escamoso puede preservarse. Sin embargo, lo habitual es que el cuerpo sea perturbado, despiezado y desgastado por el movimiento del agua antes de quedar enterrado. En la ilustración (dcha.), sección de una escama cubierta de sedimento.

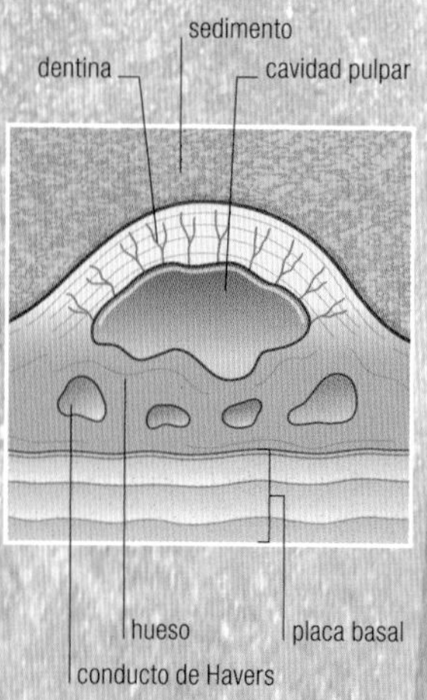
sedimento
dentina
cavidad pulpar
hueso
placa basal
conducto de Havers

Dónde, cómo y con qué rapidez queden **enterrados** los restos orgánicos son factores **determinantes** para su **conservación** como **fósiles.**

DESCOMPOSICIÓN

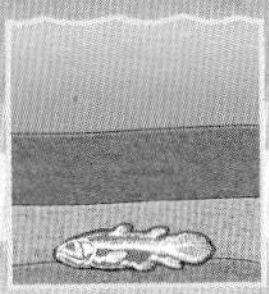

La descomposición, o putrefacción, es un proceso continuo desde el momento de la muerte hasta la fosilización final como residuo mineral en la roca. Según la rapidez del enterramiento, el cuerpo se descompone y pierde casi todo el tejido blando antes, pero en el sedimento viven muchos organismos biodegradantes, como las bacterias, que continúan el proceso, a menudo hasta eliminar el último vestigio de tejidos blandos. Como el medio bioquímico del sedimento suele ser distinto del de la superficie, pueden darse otros cambios químicos que conserven detalles del tejido blando restante, como agallas, músculos y vísceras. A medida que el cuerpo se descompone, los sedimentos siguen acumulándose y formando distintas capas.

SUSTITUCIÓN

Los componentes minerales de los tejidos pueden ser sustituidos por diversos minerales, como carbonato o fosfato de calcio, aportados por el agua de los sedimentos (dcha.). La presión de las sucesivas capas de estos comprimirá el cuerpo del celacanto. Si penetra agua en el cuerpo antes de la compresión, se conservará la forma original, y si lo hace después, quedará solamente su contorno aplanado.

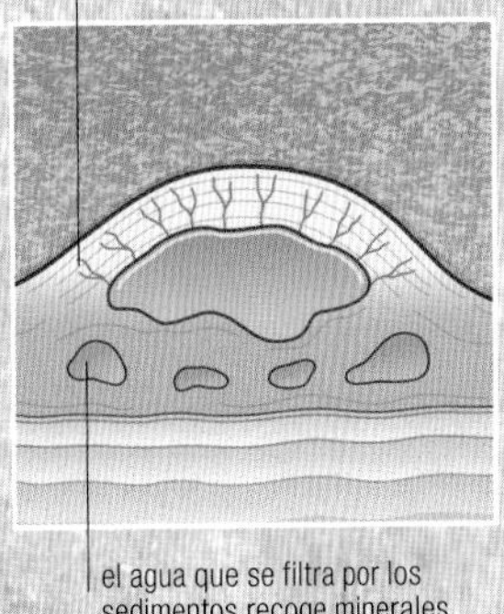
la superficie de las escamas y sus cavidades se comprimen bajo el peso de los sedimentos
el agua que se filtra por los sedimentos recoge minerales disueltos y rellena las cavidades de la escama

FORMACIÓN DE ROCA

Finalmente se forma roca dura y estratificada. El sedimento y los restos fósiles quedan unidos por minerales, que rellenan los espacios huecos y sustituyen a los materiales originales. Las duras escamas del celacanto se fosilizan mejor que las finas de las numerosas especies de peces óseos más avanzados, como los salmónidos.

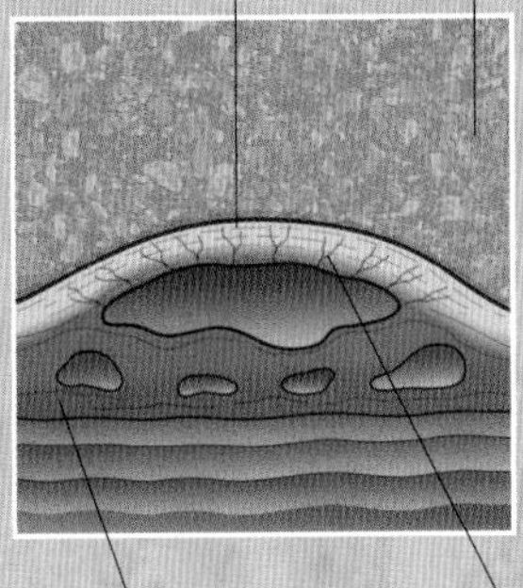
aplanamiento debido a la compresión
los sedimentos se convierten en roca
la parte ósea original de la escama ha sido sustituida por mineral cristalizado procedente del fluido, átomo por átomo
en la dentina de la parte superior de la escama la sustitución es menor

Información en el registro fósil

Los fósiles revelan detalles extraordinarios y maravillosos de la vida del pasado: nos hablan del aspecto de los seres vivos, de su comportamiento y del medio en que vivían. Asimismo, son útiles para estimar la antigüedad de las rocas en las que se encuentran.

La vida en el pasado

Pese a que es mínima la parte de los seres vivos de la Tierra conservada en el registro fósil, este aporta la mayor parte de los datos disponibles sobre la vida del pasado remoto y su desarrollo en los medios cambiantes del planeta. Aunque favorezca a seres con partes duras conservables, ha revelado las líneas generales de la historia y la evolución de grandes grupos de organismos, entre ellos los extintos trilobites, amonites, dinosaurios, helechos con semillas y nuestros propios antepasados. Hoy disponemos de un registro de la evolución durante los últimos 600 MA que muestra el desarrollo de la vida en los mares, su paso a tierra firme y las relaciones ecológicas entre las primeras plantas y animales. Pese a las extinciones catastróficas, la vida ha evolucionado y se ha adaptado para llenar los nichos disponibles y habitables de la Tierra, desde las profundidades del océano hasta la cima de las montañas.

PEZ PISCÍVORO
Hace 50 MA, este pez depredador, *Mioplosus labracoides*, de la formación Green River (Wyoming, EE UU), trató de devorar una presa mayor de lo que podía engullir. La escasez de fósiles de *Mioplosus* indica que era un depredador solitario.

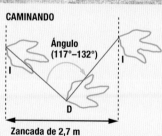

HUELLAS FÓSILES
Se puede aprender mucho sobre el comportamiento de animales del pasado estudiando las huellas que dejaron en el suelo. Las de dinosaurio halladas en estratos de mediados del Jurásico en Ardley (Oxfordshire, RU) forman rastros de hasta 180 m. Icnitas como estas sirven a los científicos para calcular la velocidad a la que se desplazaban animales extintos como los dinosaurios (abajo).

LOCOMOCIÓN DE UN DINOSAURIO
Uno de los rastros hallados en Ardley aportó la primera prueba de un cambio en el paso y la velocidad de un gran depredador terópodo, grupo de dinosaurios al que pertenecen carnívoros gigantes como *Tyrannosaurus rex*. Las huellas registran un terópodo bípedo caminando y después a la carrera. Los cálculos basados en la longitud de la zancada y la orientación del pie muestran que su velocidad pasó de 6,8 a 29,2 km/h.

CAMINANDO

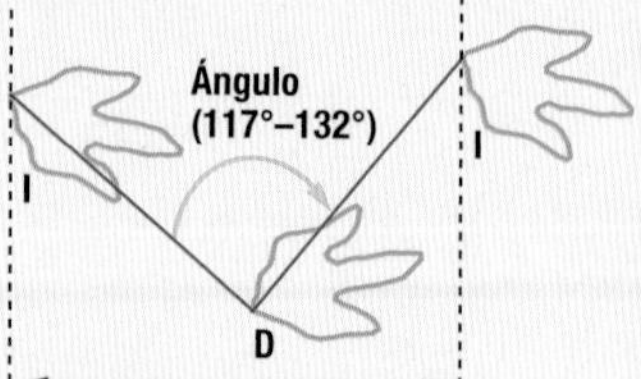
Ángulo (117°–132°)
I
D
I
Zancada de 2,7 m

CORRIENDO

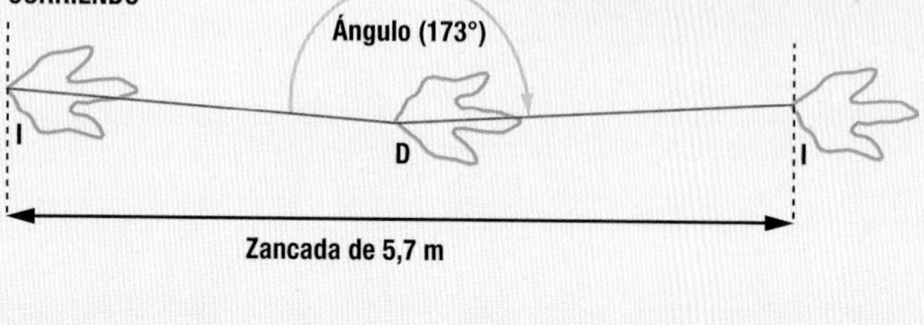
Ángulo (173°)
I
D
I
Zancada de 5,7 m

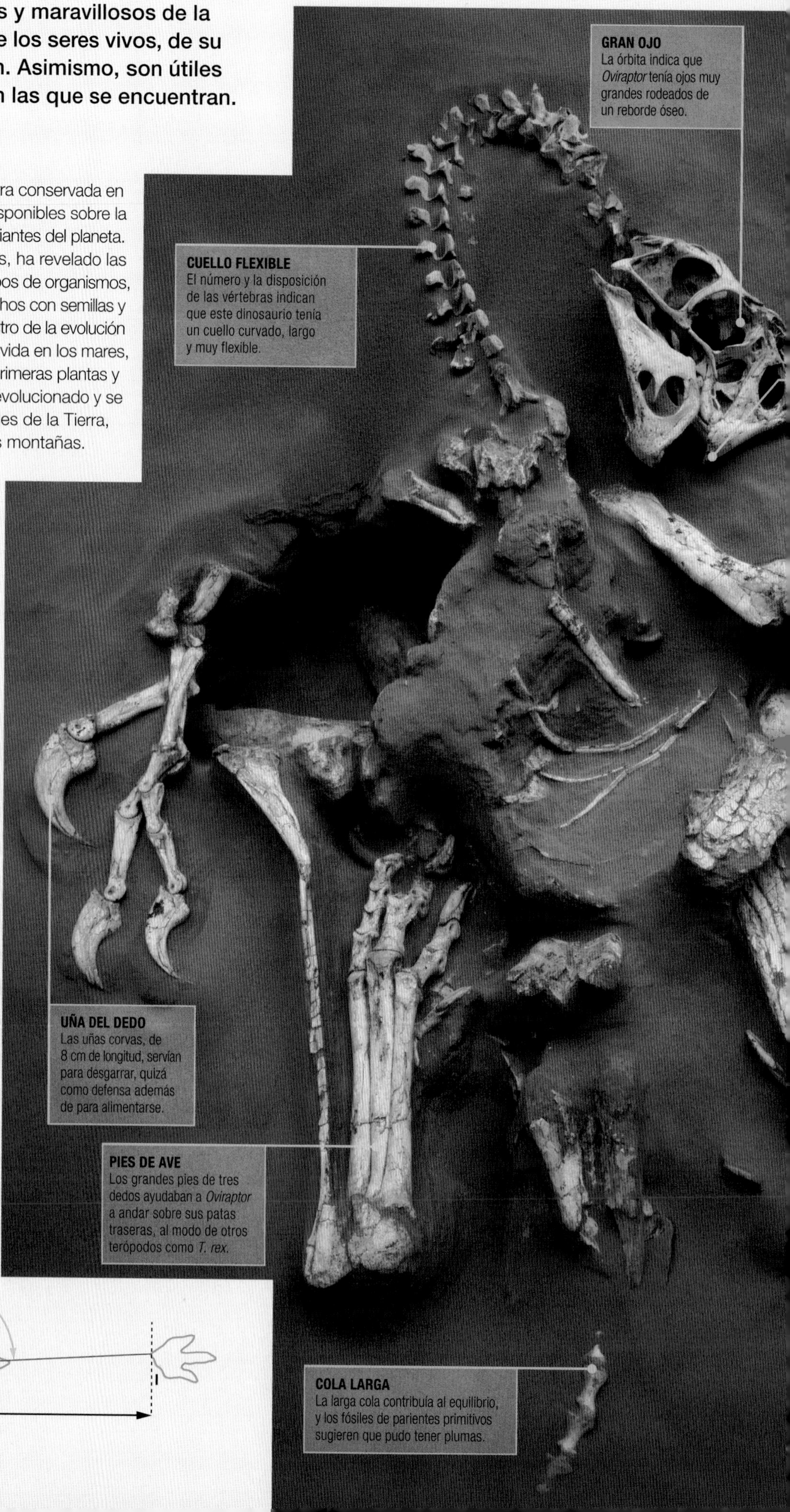

GRAN OJO
La órbita indica que *Oviraptor* tenía ojos muy grandes rodeados de un reborde óseo.

CUELLO FLEXIBLE
El número y la disposición de las vértebras indican que este dinosaurio tenía un cuello curvado, largo y muy flexible.

UÑA DEL DEDO
Las uñas corvas, de 8 cm de longitud, servían para desgarrar, quizá como defensa además de para alimentarse.

PIES DE AVE
Los grandes pies de tres dedos ayudaban a *Oviraptor* a andar sobre sus patas traseras, al modo de otros terópodos como *T. rex*.

COLA LARGA
La larga cola contribuía al equilibrio, y los fósiles de parientes primitivos sugieren que pudo tener plumas.

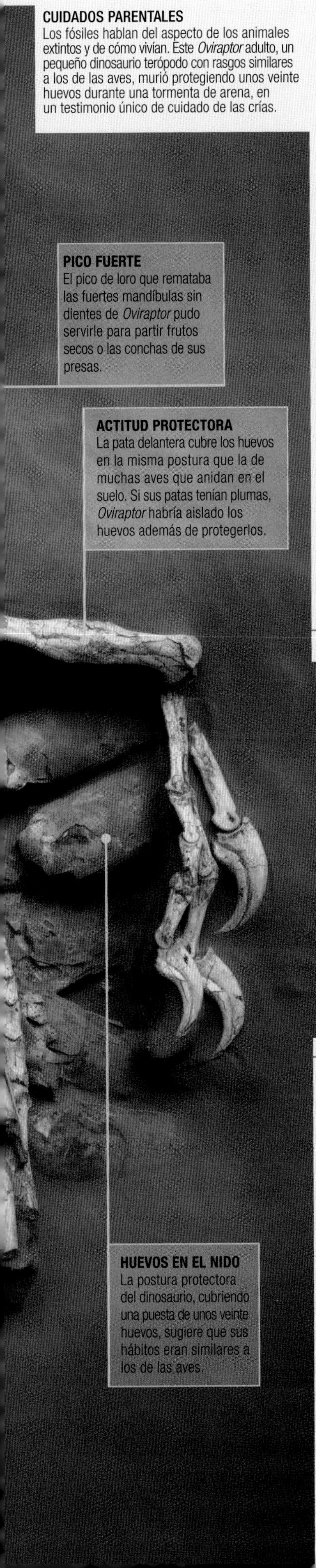

CUIDADOS PARENTALES
Los fósiles hablan del aspecto de los animales extintos y de cómo vivían. Este *Oviraptor* adulto, un pequeño dinosaurio terópodo con rasgos similares a los de las aves, murió protegiendo unos veinte huevos durante una tormenta de arena, en un testimonio único de cuidado de las crías.

PICO FUERTE
El pico de loro que remataba las fuertes mandíbulas sin dientes de *Oviraptor* pudo servirle para partir frutos secos o las conchas de sus presas.

ACTITUD PROTECTORA
La pata delantera cubre los huevos en la misma postura que la de muchas aves que anidan en el suelo. Si sus patas tenían plumas, *Oviraptor* habría aislado los huevos además de protegerlos.

HUEVOS EN EL NIDO
La postura protectora del dinosaurio, cubriendo una puesta de unos veinte huevos, sugiere que sus hábitos eran similares a los de las aves.

Datación

Antes de que Darwin y Wallace propusieran la teoría de la evolución, ya se admitía que los seres vivos cambian con el tiempo, como evidenciaba la diversidad de los fósiles de los distintos estratos. A principios del siglo XIX ya se empleaban los fósiles para caracterizar los intervalos y períodos de tiempo geológico. Así, por ejemplo, ciertas especies de erizo de mar, amonites y bivalvos se sabían características del Cretácico, mientras que el Cámbrico se reconocía por trilobites y braquiópodos particulares. La datación relativa de los fósiles se ha refinado mucho gracias a las «especies guía» empleadas como referencia. Idealmente, estas especies son comunes, extendidas, fácilmente identificables y de rápida evolución, como los graptolites y amonites. Los científicos las usan para distinguir intervalos de tiempo bien definidos en los estratos rocosos. Sin embargo, adjudicar una edad precisa a dichos intervalos ha requerido la datación radiométrica de rocas adecuadas del registro estratigráfico. Esto se ha logrado con una precisión considerable para los últimos 542 MA.

ESTRATOS DEL YACIMIENTO A
ESTRATOS DEL YACIMIENTO B

FÓSILES GUÍA
La sucesión de fósiles en las secuencias estratigráficas cambia según el medio ambiente y el paso del tiempo. Los fósiles que caracterizan ambientes e intervalos de tiempo particulares se conocen como fósiles guía y sirven para relacionar estratos de igual tipo y edad.

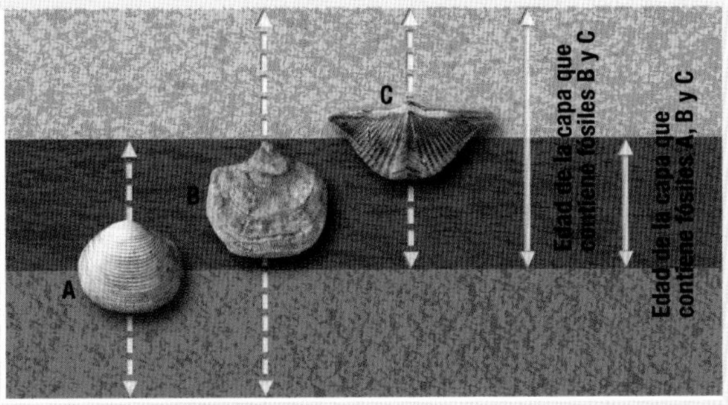
Rocas más recientes
TIEMPO
Rocas más antiguas
A
B
C
Edad de la capa que contiene fósiles B y C
Edad de la capa que contiene fósiles A, B y C

FÓSILES ASOCIADOS
En una secuencia de rocas sin fósiles guía, a veces ciertos grupos de otros fósiles pueden indicar la edad, siendo especialmente útiles si sus rangos de edad se solapan. Cuantos más fósiles haya, con mayor precisión podrá datarse la roca.

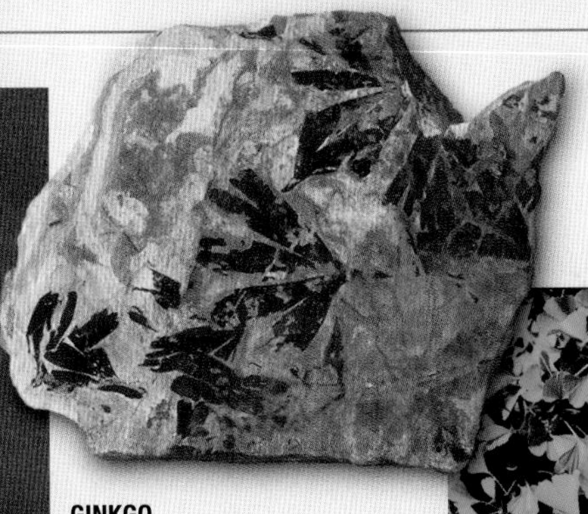

GINKGO
El árbol *Ginkgo biloba* (dcha.) es un fósil viviente de cuyos antepasados (arriba) se alimentaron los dinosaurios. El ginkgo prefiere climas cálidos y abundaba en la Gran Bretaña del Jurásico. Su desaparición subsiguiente indica un cambio climático.

Reconstrucción de ambientes del pasado

Para reconstruir ambientes pasados y su desarrollo a lo largo del tiempo es vital interpretar el registro fósil considerando las limitaciones inherentes a todos los organismos, como la cantidad de luz, calor o agua precisos para sobrevivir y reproducirse. Por ejemplo, los estratos que contienen fósiles marinos tropicales –corales de arrecife, lirios de mar y algas calcáreas– se depositaron en mares tropicales poco profundos. Esto indica que entre el Silúrico y comienzos del Jurásico, Gran Bretaña e Irlanda se hallaban en latitudes bajas con condiciones marinas subtropicales. En cambio, los huesos de mamut y ciervo gigante que se hallan en depósitos mucho más recientes (de menos de un MA) son indicios de zonas frías y latitudes altas. El análisis del polen y los restos de escarabajos de depósitos fósiles apunta a especies restringidas a ambientes elevados de tipo tundra, prueba de un cambio climático asociado a las glaciaciones cuaternarias.

Sesgo del registro fósil

Los fósiles no ofrecen una muestra equilibrada de la vida pasada, pues la fosilización favorece a los seres con partes conservables como conchas, huesos, dientes y ciertos tejidos vegetales resistentes. Además, el registro rocoso tiene lagunas que reflejan cambios pasados en el nivel del mar y movimientos de placas. También hay un sesgo favorable a los depósitos de aguas poco profundas de plataformas continentales y lechos de lagos interiores. Aunque los océanos sean mayores que la tierra y las aguas poco profundas, se conservan muy pocos fósiles o rocas del lecho oceánico, pues han quedado subducidos por el movimiento de placas (p. 18). En conjunto, el registro fósil tiende a infrarrepresentar la vida del fondo oceánico y de las elevaciones terrestres así como a los organismos de cuerpo blando (como las medusas) o tejidos delicados (como las flores). Teniendo esto en cuenta, los paleontólogos equilibran la balanza buscando ejemplos de los ambientes menos representados.

HUESOS Y CARROÑEROS
Hay otros factores que impiden la formación de fósiles. En la naturaleza existen organismos especializados en devorar todo tipo de carroña, desde los microbios hasta las hienas (arriba), cuyas poderosas mandíbulas destruyen los huesos para comer el tuétano.

CANTERA DE DINOSAURIOS
Dinosaur National Monument, en Utah (EE UU), yacimiento declarado Monumento Nacional en 1915, es una de las fuentes de huesos de dinosaurio más ricas del mundo. En este antiguo curso fluvial, los paleontólogos han desenterrado cientos de huesos de varias especies del Jurásico, entre ellos los de saurópodos cuadrúpedos gigantes y de cuello largo.

Yacimientos clave

Siglos de investigación científica han sacado a la luz un rico patrimonio de yacimientos fosilíferos por todo el mundo. Algunos de estos lugares han aportado visiones especialmente reveladoras del pasado en beneficio de la comprensión de la evolución. He aquí una muestra de estos yacimientos.

ESQUISTOS DE BURGESS (CANADÁ)
El paleontólogo estadounidense Charles Walcott descubrió en 1909 este yacimiento declarado Patrimonio de la Humanidad por la UNESCO. Muchos de sus miles de fósiles marinos de hace unos 505 MA (Cámbrico medio) conservan partes blandas, como las agallas.

SÍLEX DE GUNFLINT (CANADÁ)
El descubrimiento en la década de 1950 de microfósiles marinos de 2000 MA fue la primera prueba convincente de vida en el Precámbrico.

JOGGINS (CANADÁ)
Este yacimiento, Patrimonio de la Humanidad de la UNESCO, alberga una zona boscosa del Carbonífero de hace 313 MA. En los tocones huecos se han hallado fósiles de algunos de los primeros animales ovíparos parecidos a los lagartos.

GREEN RIVER (EE UU)
Los depósitos lacustres de hace 54 MA de esta formación conservan una amplia muestra de fósiles del Eoceno, desde tortugas, serpientes y peces hasta plantas e insectos.

FORMACIÓN MORRISON (EE UU)
Los estratos del Jurásico superior (hace 148–155 MA) han ofrecido una serie de fósiles terrestres de llanura aluvial, entre ellos huesos y huellas de saurópodos gigantes como *Diplodocus* y *Apatosaurus*, junto con las plantas de las que se alimentaban.

POZOS DE ALQUITRÁN DE LA BREA (EE UU)
El alquitrán del Pleistoceno atrapó a miles de animales, desde tigres de dientes de sable a cóndores, y conservó muy bien osamentas a menudo completas.

ÁMBAR DOMINICANO
La resina de plantas del Paleógeno atrapó a un gran número de insectos de los bosques tropicales, conservando a veces intacto su colorido original. Hay desde hormigas y abejas hasta gorgojos y cucarachas que vivieron hace entre 30 y 40 MA.

SÍLEX DE RHYNIE (RU)
El sílex de depósitos de hace 408 MA ha revelado fósiles de la más antigua comunidad de turbera, con plantas primitivas y artrópodos arcaicos.

COSTA JURÁSICA (RU)
La familia Anning de coleccionistas profesionales halló aquí fósiles de reptiles marinos y voladores del Jurásico por primera vez a principios del siglo XIX. Patrimonio de la Humanidad de la UNESCO, sus acantilados contienen estratos y fósiles del Mesozoico.

ESTUDIO CLAVE

YACIMIENTOS FOSILÍFEROS ANTÁRTICOS

En el Pérmico, cuando la Antártida era parte de Gondwana, los restos vegetales de *Glossopteris* se convirtieron en el carbón que hoy se halla en las Montañas Transantárticas. Los depósitos continuaron en el Triásico: se han encontrado restos de *Lystrosaurus* junto a fósiles de cícadas y ginkgos. En el Cretácico, cuando Gondwana comenzó a dividirse, la Antártida se acercó a su situación actual, pero la calidez del clima permitió prosperar a bosques y dinosaurios herbívoros aun en estas latitudes.

PATAGONIA (ARGENTINA)
Hallazgos recientes han revelado que en el Cretácico superior vivieron en Patagonia algunos de los mayores dinosaurios, entre ellos *Patagotitan mayorum*. En el Museo Americano de Historia Natural de Nueva York se puede ver una maqueta basada en los restos de un ejemplar joven de 37 m de largo.

SANTANA (BRASIL)
Las formaciones cretácicas de Santana y la más antigua de Crato han proporcionado fósiles de una serie de peces, insectos y plantas, que incluyen ejemplos de partes blandas conservadas. En algunos lugares se excava para obtener fósiles con fines comerciales.

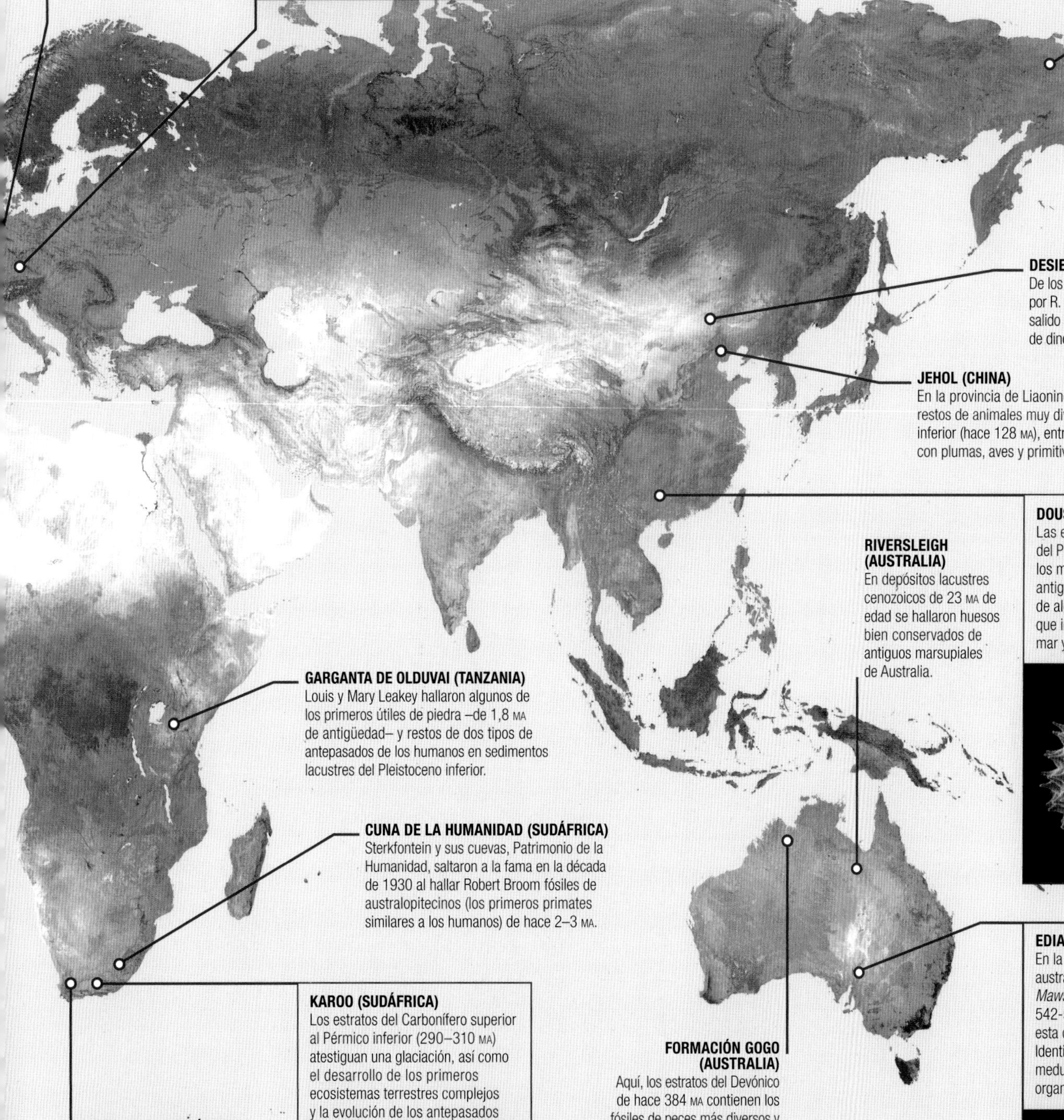

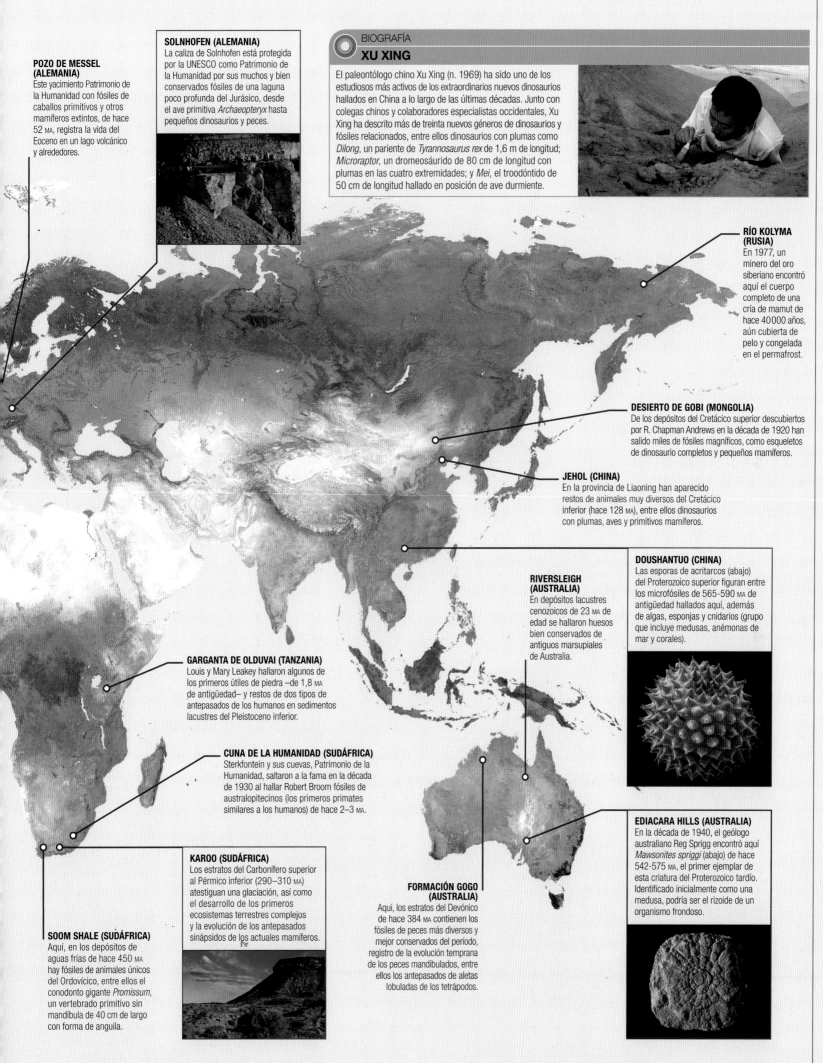

POZO DE MESSEL (ALEMANIA)
Este yacimiento Patrimonio de la Humanidad con fósiles de caballos primitivos y otros mamíferos extintos, de hace 52 MA, registra la vida del Eoceno en un lago volcánico y alrededores.

SOLNHOFEN (ALEMANIA)
La caliza de Solnhofen está protegida por la UNESCO como Patrimonio de la Humanidad por sus muchos y bien conservados fósiles de una laguna poco profunda del Jurásico, desde el ave primitiva *Archaeopteryx* hasta pequeños dinosaurios y peces.

BIOGRAFÍA

XU XING

El paleontólogo chino Xu Xing (n. 1969) ha sido uno de los estudiosos más activos de los extraordinarios nuevos dinosaurios hallados en China a lo largo de las últimas décadas. Junto con colegas chinos y colaboradores especialistas occidentales, Xu Xing ha descrito más de treinta nuevos géneros de dinosaurios y fósiles relacionados, entre ellos dinosaurios con plumas como *Dilong*, un pariente de *Tyrannosaurus rex* de 1,6 m de longitud; *Microraptor*, un dromeosáurido de 80 cm de longitud con plumas en las cuatro extremidades; y *Mei*, el troodóntido de 50 cm de longitud hallado en posición de ave durmiente.

RÍO KOLYMA (RUSIA)
En 1977, un minero del oro siberiano encontró aquí el cuerpo completo de una cría de mamut de hace 40 000 años, aún cubierta de pelo y congelada en el permafrost.

DESIERTO DE GOBI (MONGOLIA)
De los depósitos del Cretácico superior descubiertos por R. Chapman Andrews en la década de 1920 han salido miles de fósiles magníficos, como esqueletos de dinosaurio completos y pequeños mamíferos.

JEHOL (CHINA)
En la provincia de Liaoning han aparecido restos de animales muy diversos del Cretácico inferior (hace 128 MA), entre ellos dinosaurios con plumas, aves y primitivos mamíferos.

DOUSHANTUO (CHINA)
Las esporas de acritarcos (abajo) del Proterozoico superior figuran entre los microfósiles de 565-590 MA de antigüedad hallados aquí, además de algas, esponjas y cnidarios (grupo que incluye medusas, anémonas de mar y corales).

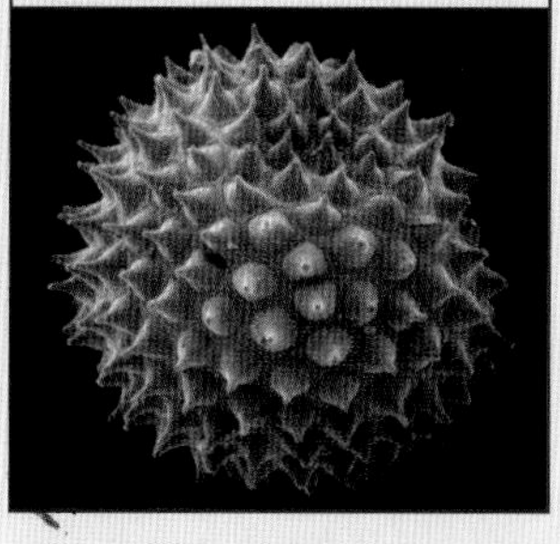

RIVERSLEIGH (AUSTRALIA)
En depósitos lacustres cenozoicos de 23 MA de edad se hallaron huesos bien conservados de antiguos marsupiales de Australia.

GARGANTA DE OLDUVAI (TANZANIA)
Louis y Mary Leakey hallaron algunos de los primeros útiles de piedra –de 1,8 MA de antigüedad– y restos de dos tipos de antepasados de los humanos en sedimentos lacustres del Pleistoceno inferior.

CUNA DE LA HUMANIDAD (SUDÁFRICA)
Sterkfontein y sus cuevas, Patrimonio de la Humanidad, saltaron a la fama en la década de 1930 al hallar Robert Broom fósiles de australopitecinos (los primeros primates similares a los humanos) de hace 2–3 MA.

EDIACARA HILLS (AUSTRALIA)
En la década de 1940, el geólogo australiano Reg Sprigg encontró aquí *Mawsonites spriggi* (abajo) de hace 542-575 MA, el primer ejemplar de esta criatura del Proterozoico tardío. Identificado inicialmente como una medusa, podría ser el rizoide de un organismo frondoso.

KAROO (SUDÁFRICA)
Los estratos del Carbonífero superior al Pérmico inferior (290–310 MA) atestiguan una glaciación, así como el desarrollo de los primeros ecosistemas terrestres complejos y la evolución de los antepasados sinápsidos de los actuales mamíferos.

FORMACIÓN GOGO (AUSTRALIA)
Aquí, los estratos del Devónico de hace 384 MA contienen los fósiles de peces más diversos y mejor conservados del período, registro de la evolución temprana de los peces mandibulados, entre ellos los antepasados de aletas lobuladas de los tetrápodos.

SOOM SHALE (SUDÁFRICA)
Aquí, en los depósitos de aguas frías de hace 450 MA hay fósiles de animales únicos del Ordovícico, entre ellos el conodonto gigante *Promissum*, un vertebrado primitivo sin mandíbula de 40 cm de largo con forma de anguila.

Escala del tiempo geológico

La escala del tiempo geológico es un esquema que divide la historia de la Tierra según una jerarquía en que las unidades mayores son los eones, seguidos por las eras, los períodos, las épocas y las edades o pisos. Una escala estándar es una herramienta esencial para la geología: trabajar sin ella sería como estudiar historia sin calendario. El perfeccionamiento de la escala con medios de datación modernos ha permitido establecer una cronología precisa de la evolución de la vida y otros acontecimientos de la historia del planeta.

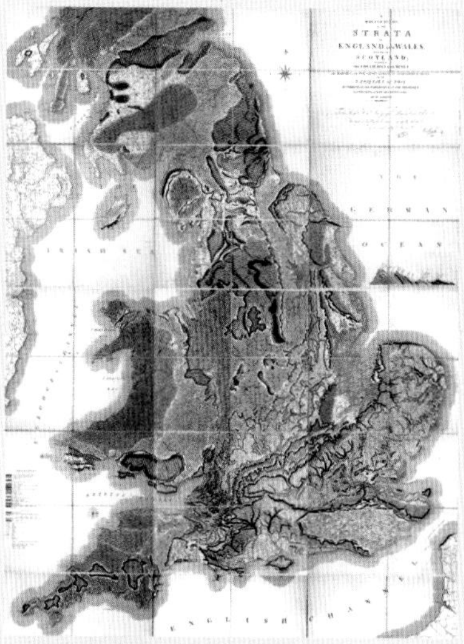

EL PRIMER MAPA GEOLÓGICO
El primer mapa geológico moderno de todo un país fue compilado por el geólogo y topógrafo inglés William Smith en 1815. Smith fue un pionero del uso de los fósiles para establecer la cronología de los estratos.

Historia de la escala del tiempo

Las primeras ideas sobre el tiempo geológico surgieron de la curiosidad acerca de los aspectos prácticos de la minería. A fines del siglo XVIII, el experto en mineralogía alemán Abraham Werner propuso una sucesión de rocas depositadas por un diluvio universal: en primer lugar, las rocas ígneas primitivas, seguidas por capas sedimentarias secundarias (estratos), y luego depósitos superficiales terciarios. Sin embargo, en el siglo XIX los científicos se dieron cuenta de que los estratos se podían caracterizar en función de sus fósiles y así realizaron los primeros mapas geológicos, con secciones verticales que mostraban la escala temporal relativa para los depósitos de tipos sucesivos de roca en cada país, como el carbón y la creta, abundantes en Europa. Aunque se había intentado establecer la edad geológica de la Tierra, aún no había medios para datar las rocas. Al conocer la correspondencia de los estratos fosilíferos de distintos países, se estableció una división del tiempo geológico internacionalmente reconocida. Los estratos se dividieron en una serie de períodos, del Cámbrico al Cuaternario, clasificándose como precámbricas las rocas más antiguas. Las divisiones menores (épocas y edades) y mayores (eras y eones) se añadieron más tarde.

La escala del tiempo moderna

La moderna escala del tiempo geológico ofrece una cronología internacionalmente reconocida de la historia de la Tierra desde hace 4600 MA. Esta escala permite a los geólogos ir a cualquier parte del mundo, examinar los estratos, identificar sus fósiles y datarlos de forma aproximada en el marco del esquema global. También les permite comunicarse confiando en que se refieren a los mismos acontecimientos, estratos y períodos. La escala moderna combina una serie de esquemas: el litoestratigráfico (basado en tipos y secuencias cambiantes de rocas sedimentarias); el bioestratigráfico (según la evolución de los fósiles); el cronoestratigráfico (datación radiométrica); el magnetoestratigráfico (cambios en la polaridad del campo magnético terrestre); y la historia de los cambios globales en la química oceánica y atmosférica conservados en el registro de las rocas sedimentarias. Los términos «superior», «medio» e «inferior» equivalen a «tardío», «medio» y «temprano», respectivamente.

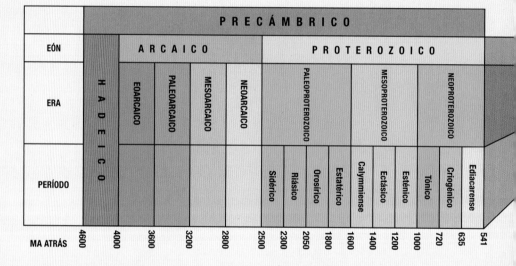

	EÓN	ERA	PERÍODO	MA ATRÁS
PRECÁMBRICO	HADEICO			4600
	ARCAICO	EOARCAICO		4000
		PALEOARCAICO		3600
		MESOARCAICO		3200
		NEOARCAICO		2800
	PROTEROZOICO	PALEOPROTEROZOICO	Sidérico	2500
			Riásico	2300
			Orosírico	2050
			Estatérico	1800
		MESOPROTEROZOICO	Calymmiense	1600
			Ectásico	1400
			Esténico	1200
		NEOPROTEROZOICO	Tónico	1000
			Criogénico	720
			Ediacarense	635
				541

EÓN	ERA	PERÍODO	ÉPOCA		EDAD (PISO)	MA ATRÁS
FANEROZOICO	PALEOZOICO	Carbonífero	Misisipiense	inferior	Tournaisiense	358,9
				medio	Viseense	346,7
				superior	Serpujoviense	330,9
			Pensilvaniense	inferior	Baskiriense	323,2
				medio	Moscoviense	315,2
				superior	Kasimoviense	307
					Gzheliense	303,7
		Pérmico	Cisuraliense		Asseliense	298,9
					Sakmariense	295
					Artinskiense	290,1
					Kunguriense	283,5
			Guadalupiense		Roadiense	272,95
					Wordiense	268,8
					Capitaniense	265,1
			Lopingiense		Wuchiapingiense	259,1
					Changhsingiense	254,14
	MESOZOICO	Triásico	inferior		Induense	251,9
					Olenekiense	251,2
			medio		Anisiense	247,2
					Ladiniense	242
			superior		Carniense	237
					Noriense	227
					Retiense	208,5
		Jurásico	inferior		Hettangiense	201,3
					Sinemuriense	199,3
					Pliensbachiense	190,8
					Toarciense	182,7
			medio		Aaleniense	174,1
					Bajociense	170,3
					Bathoniense	168,3
					Calloviense	166,1
			superior		Oxfordiense	163,5
					Kimmeridgiense	157,3

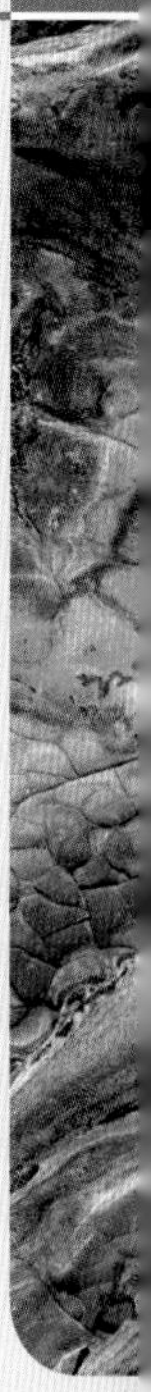

Datación de la escala

Mediado el siglo XIX, los geólogos comprendieron que las capas rocosas que forman el registro estratigráfico de la historia terrestre tuvieron que tardar cientos de millones de años en acumularse, dadas sus muchas decenas de kilómetros de grosor. Pero seguía sin haber medios fiables para datarlas: los métodos empíricos del físico británico William Thomson, por ejemplo, sugerían que la edad de la Tierra era probablemente de entre 20 y 100 MA. El descubrimiento de la radiactividad mostró que las mediciones de Thomson se quedaban muy cortas. La datación radiométrica hizo posible calcular fechas para la cristalización de ciertos minerales. En 1904, Ernest Rutherford obtuvo la primera datación radiométrica basada en minerales, de 500 MA; en 1911 se había compilado ya la primera escala de tiempo radiométrica. La escala actual, basada en miles de mediciones, se ha vinculado al registro estratigráfico de rocas para crear una Guía Estratigráfica Internacional, con dataciones radiométricas aplicadas a los límites estratigráficos reconocidos.

ACELERADOR LINEAL
Esta máquina puede determinar el número de átomos de isótopo de radiocarbono ^{14}C (carbono-14), lo cual permite datar los materiales que contienen carbono de hasta 50 000 años de antigüedad.

CIENCIA

MAGNETOESTRATIGRAFÍA

Recientemente se ha desarrollado un nuevo tipo de cronología basada en las inversiones periódicas de la polaridad del campo magnético terrestre. Al formarse ciertas rocas ígneas y sedimentarias, los minerales ricos en hierro se alinean en función del campo magnético dominante. Combinando estudios de la alineación magnética de las rocas con la datación radiométrica, los geólogos han creado una escala temporal de inversiones magnéticas que se ha empleado para datar rocas del lecho oceánico. En particular, la datación de rocas de magnetismo similar a cada lado de las dorsales en expansión (abajo) ha aportado pruebas clave en apoyo de la teoría de la tectónica de placas.

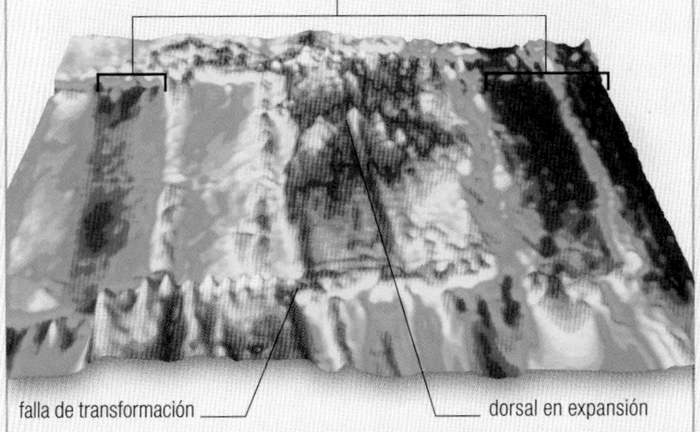
los patrones simétricos de alineación en mineral rico en hierro indican cambios del campo magnético de la Tierra
falla de transformación
dorsal en expansión

EÓN	ERA	PERÍODO	ÉPOCA	EDAD (PISO)	MA ATRÁS
FANEROZOICO	PALEOZOICO	Cámbrico	Serie inferior	Fortuniense	541
				Fase 2	529
			Serie 2	Fase 3	521
				Fase 4	514
			Serie 3	Wuliuense	509
				Drumiense	504,5
				Guzangiense	500
			Furongiense	Paibiense	497
				Jiangshaniense	494
				Fase 10	489,5
		Ordovícico	inferior	Tremadociense	485,4
				Floiense	477,7
			medio	Dapingiense	470
				Darriwiliense	467,3
			superior	Sandbiense	458,4
				Katiense	453
				Hirnantiense	445,2
		Silúrico	Llandoveriense	Rhuddaniense	443,8
				Aeroniense	440,8
				Telychiense	438,5
			Wenlockiense	Sheinwoodiense	433,4
				Homeriense	430,5
			Ludlowiense	Gorstiense	427,4
				Ludfordiense	425,6
			Pridoliense		423
		Devónico	inferior	Lochkoviense	419,2
				Pragiense	410,8
				Emsiense	407,6
			medio	Eifeliense	393,3
				Givetiense	387,7
			superior	Frasniense	382,7
				Fameniense	372,2
					358,9

EÓN	ERA	PERÍODO	ÉPOCA	EDAD (PISO)	MA ATRÁS
FANEROZOICO	MESOZOICO			Titoniense	
		Cretácico	inferior	Berriasiense	145
				Valanginiense	139,8
				Hauteriviense	132,9
				Barremiense	129,4
				Aptiense	125
				Albiense	113
			superior	Cenomaniense	100,5
				Turoniense	93,9
				Coniaciense	89,8
				Santoniense	86,3
				Campaniense	83,6
				Maastrichtiense	72,1
	CENOZOICO	Paleógeno	Paleoceno	Daniense	66
				Selandiense	61,6
				Thanetiense	59,2
			Eoceno	Ypresiense	56
				Luteciense	47,8
				Bartoniense	41,2
				Priaboniense	37,8
			Oligoceno	Rupeliense	33,9
				Chattiense	27,82
		Neógeno	Mioceno	Aquitaniense	23,03
				Burdigaliense	20,44
				Langhiense	15,97
				Serravalliense	13,82
				Tortoniense	11,63
				Mesiniense	7,246
			Plioceno	Zancleense	5,333
				Piacenziense	3,6
		Cuaternario	Pleistoceno	Gelasiense	2,58
				Calabriense	1,80
				medio	0,781
				superior	0,126
			Holoceno		0,0117

VI

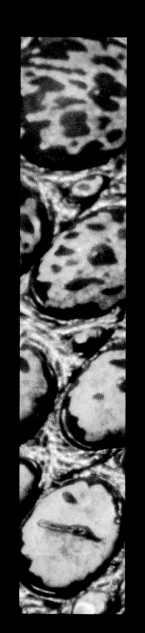

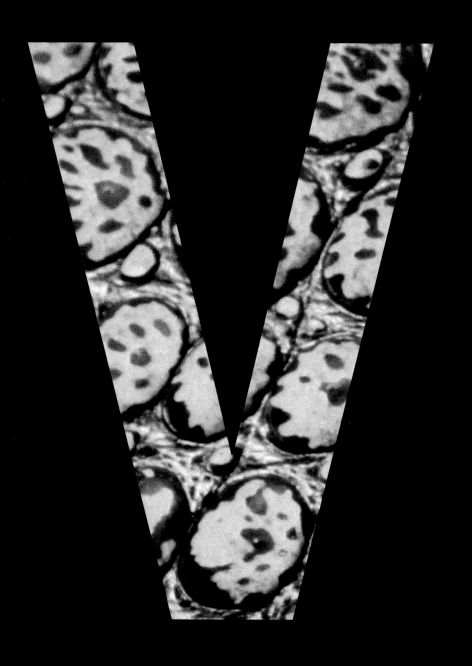

DA

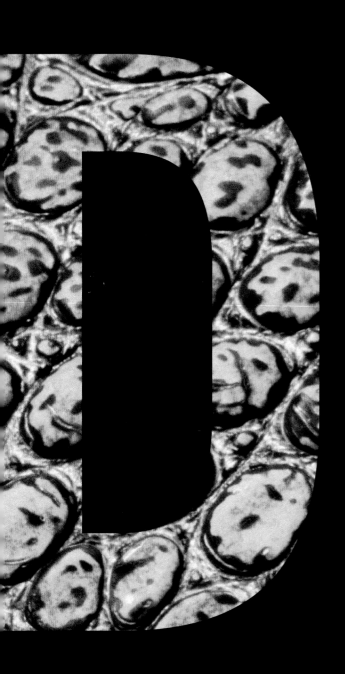

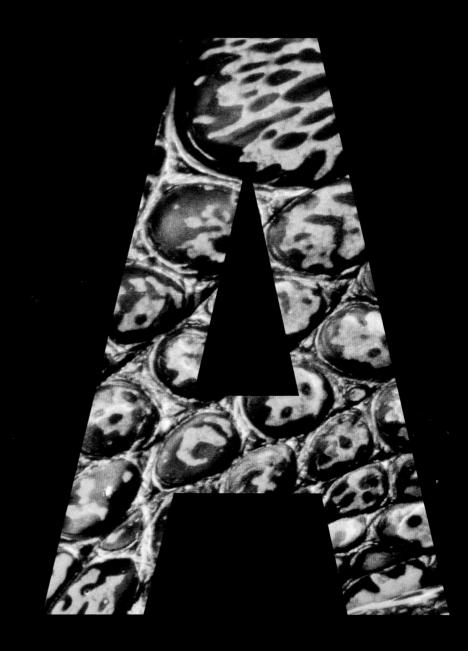

EN LA TIERRA

ARCAICO

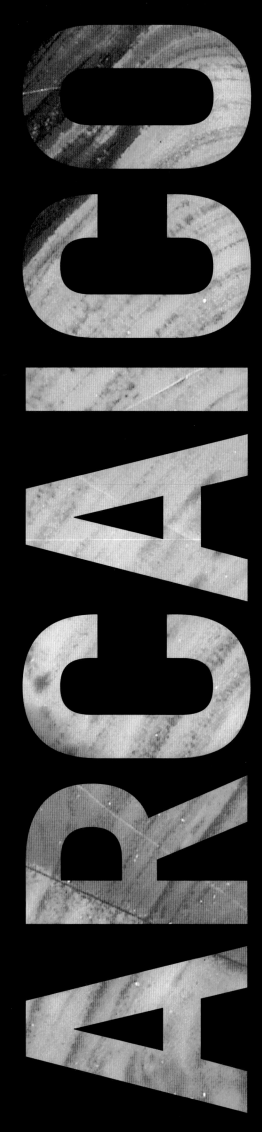

Eón Arcaico

El eón Arcaico es un período de la historia de la Tierra que comienza hace 4000 MA y termina hace 2500 MA. Aunque estas cifras se eligieron arbitrariamente, el inicio del eón coincide con el fin del gran bombardeo de meteoritos (también llamado «cataclismo lunar»), y su final con la conocida como «gran oxigenación», cuando la atmósfera terrestre quedó permanentemente enriquecida con oxígeno.

VALLE DEL RÍO KOMATI
En el cinturón de rocas verdes de Barberton, en el sur de África, célebre por sus yacimientos de oro, se encuentran rocas de una de las cortezas volcánicas más antiguas de la Tierra.

Océanos y continentes

El final del gran bombardeo de meteoritos marca el inicio del Arcaico. La determinación de la posición de los continentes y mares en estas fechas tan remotas es una tarea extremadamente difícil. Son muy pocas las rocas que quedan de esta época, y muchas de las que aún se conservan están profundamente alteradas. Los cristales del mineral circón, resultantes de la erosión de los granitos y redepositados en rocas sedimentarias más jóvenes, aportan evidencias indirectas de las rocas más antiguas, que se formaron a principios del Arcaico o incluso durante el anterior eón Hadeico. La más antigua de estas rocas es un cristal de circón de Australia Occidental que se ha datado en más de 4000 MA de antigüedad. La presencia de circón en este período extremadamente temprano de la historia de la Tierra sugiere que ya se formaban placas de corteza continental y, lo que es más importante, que ya había agua en el planeta. Sin embargo, puede que hasta hace unos 3000 MA no se formara una masa terrestre de tamaño apreciable. Antes de ello, los continentes recién generados probablemente se juntaban y no tardaban en erosionarse o sufrir subducción, dejando apenas unas pocas huellas en el registro fósil. Se ha conjeturado que el primer supercontinente, llamado Ur, comprendía los antiguos cratones, o escudos, de África central y meridional, de la región de Pilbara en Australia Occidental, de la India y de partes de la Antártida. Unos 500 MA más tarde, al final del Arcaico, se supone que se formó Ártica, un segundo continente integrado por los cratones de los actuales Canadá, Groenlandia y Siberia. Es muy difícil saber dónde se situaban en el globo estos primeros continentes; a finales del Arcaico, Ur debía de hallarse en latitudes elevadas y Ártica en latitudes bajas. Los océanos del Arcaico eran probablemente más extensos que los actuales, pues los continentes eran más pequeños; asimismo, eran de 1,5 a 2 veces más salados que los actuales. Por lo demás, carecían por completo de oxígeno disuelto. La única vida que estos mares podían sustentar eran organismos unicelulares, probablemente arqueas y bacterias anaerobias, que no necesitan oxígeno. Las evidencias de su existencia las aportan los fósiles de bacterias filamentosas y de estructuras denominadas estromatolitos, hallados en rocas de 3490 MA de antigüedad de las actuales Australia y Sudáfrica (p. siguiente).

REGIÓN DE PILBARA, AUSTRALIA
Algunas de las rocas sedimentarias y volcánicas más antiguas del mundo, datadas en casi 3500 MA, se encuentran en esta región rica en minerales del noroeste de Australia.

CHARCA DE BARRO FOSILIZADA
Las marcas de escapes de gas en esta charca fósil del cinturón de rocas verdes de Barberton muestran la ubicuidad de la actividad geotérmica en la Tierra de hace 3500 MA, que acogería bacterias termófilas.

Clima

Se cree que, durante gran parte del eón Arcaico, la atmósfera de la Tierra carecía de oxígeno y se componía principalmente de nitrógeno, metano y dióxido de carbono. El Sol emitía entonces mucha menos radiación, y de no haber sido por estos gases de efecto invernadero, el mundo habría sido una bola de roca helada. En realidad, las investigaciones indican que gracias a esta atmósfera rica en gases de invernadero las temperaturas globales se tornaron muy elevadas, sobre todo a principios del Arcaico, cuando debían de oscilar entre 55 y 80 °C. Las temperaturas marinas debían de ser asimismo elevadas, y las únicas formas de vida capaces de prosperar en los calientes y salados mares eran las arqueas y bacterias anaerobias termófilas (que prefieren el calor). Aunque el clima era muy caluroso, parece que hace unos 2900 MA las temperaturas descendieron de forma drástica durante un lapso relativamente corto, e incluso es posible que la Tierra experimentara su primera glaciación. Las evidencias geológicas sugieren que en los últimos centenares de millones de años del Arcaico, las temperaturas retornaron a los elevados niveles previos.

GASES VOLCÁNICOS
Los volcanes, muchos de los cuales eran submarinos, expulsaban gases calientes que formaron la atmósfera primitiva, pero hasta el final del Arcaico hubo poco oxígeno atmosférico libre.

ESTROMATOLITOS
En Shark Bay (Australia) pueden encontrarse actualmente estromatolitos vivos cuya formación suele atribuirse a comunidades de cianobacterias.

Vida en el eón Arcaico

Es probable que los únicos seres capaces de vivir en el Arcaico fueran muy resistentes y muy pequeños, como las modernas arqueas y bacterias verdaderas. Los estudios recientes del ADN de estas muestran que son probablemente las formas de vida más primitivas que existen hoy, y muchas de ellas utilizan la energía acumulada en las rocas y minerales de la Tierra para producir su materia biológica a partir de carbono y otros nutrientes. Los fósiles del eón Arcaico son muy raros, pero resultan clave para comprender cómo la Tierra llegó a ser habitable. Algunas de las evidencias más antiguas de células antaño vivas en rocas del Arcaico provienen de Sudáfrica y el oeste de Australia. Estas rocas, datadas en 3490 a 3430 MA, muestran que en medios carentes de oxígeno, pero abundantes en sílice y sulfuros metálicos –y en especial en ambientes volcánicos–, es probable que vivieran bacterias simples. Todos los microfósiles de esta época son bastante controvertidos, pero en el sílex (cuarzo) del río Komati, en el sur de África, y en torno a Strelley Pool, en la región australiana de Pilbara, se han encontrado formas filamentosas simples. Recientemente se han descubierto, en lavas almohadilladas basálticas, diminutos túneles tubulares que podrían haber sido hechos por bacterias, y en Sulphur Springs, en Australia, se han encontrado grupos de fósiles filiformes algo más jóvenes conservados en sulfuros de hierro (piritas). Estos depósitos tienen unos 3200 MA de antigüedad y comprenden cuarzos ricos en sulfuros que se formaron en torno a fuentes termales submarinas muy similares a las fumarolas negras actuales. Los propios fósiles son diminutos filamentos cilíndricos de una micra de diámetro, atrapados entre capas de sulfuro de hierro que debían de formar parte de una antigua fumarola negra. Una segunda línea de evidencias de formas de vida primitivas procede de los estromatolitos. Los estromatolitos microbianos (arriba) forman a menudo capas netamente arrugadas, y solo se han encontrado en rocas de menos de unos 3000 MA. Aunque son mucho más antiguos, ya que se remontan a unos 3430 MA, los estromatolitos de Strelley Pool no muestran las capas arrugadas que denotan un origen microbiano. Los primeros fósiles de cianobacterias, cuya fotosíntesis permitió la acumulación de oxígeno en la atmósfera, aparecieron hace «tan solo» unos 2600 MA; puede que antes la vida estuviera muy extendida, pero debía de consistir sobre todo en organismos sustentados por los enormes suministros de energía interna de la joven Tierra.

FUMAROLA NEGRA
Estas columnas de humo negro, rico en sulfuros de hierro, salen de una chimenea del fondo marino cuya temperatura puede superar los 400 °C. Es posible que la vida surgiera y prosperara en torno a ellas, comunes en el Arcaico.

LAVA ALMOHADILLADA
Estas rocas, en la orilla del río Komati en las montañas de Barberton, en Sudáfrica, tienen unos 3490 MA. Las vetas de sílex negro de la lava almohadillada contienen diminutas estructuras que parecen microfósiles bacterianos.

FILAMENTO SIMPLE
Este microfósil de la región australiana de Pilbara muestra un filamento plegado con estructuras tipo célula hechas de carbono, comparables a bacterias del hierro actuales.

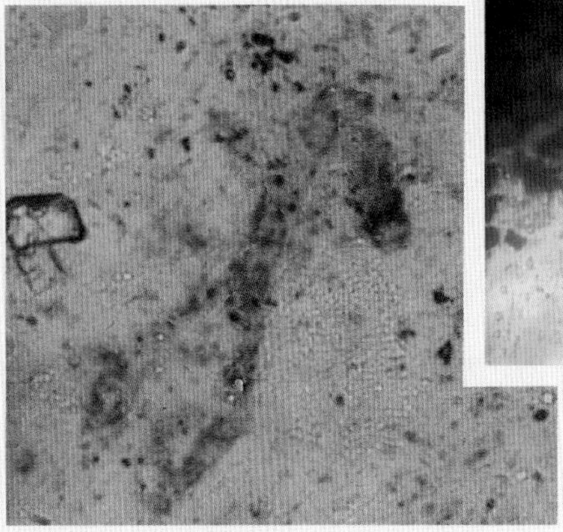

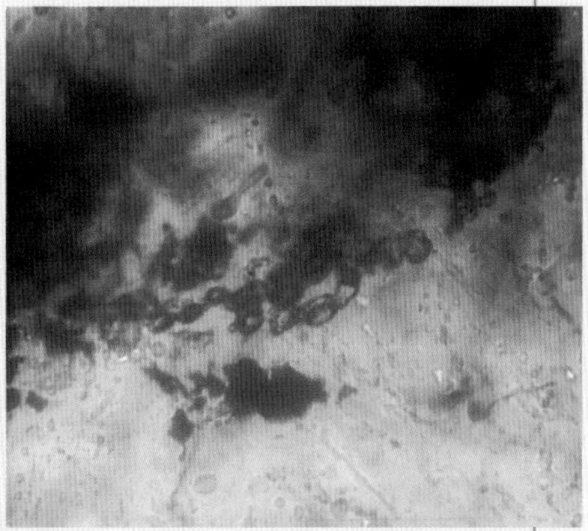

CÉLULAS EN FORMA DE BARRIL
Estos microfósiles del sílex de Strelley Pool, en la región de Pilbara, muestran una cadena de estructuras tipo célula similar a las actuales bacterias púrpura.

PROTEROZOICO

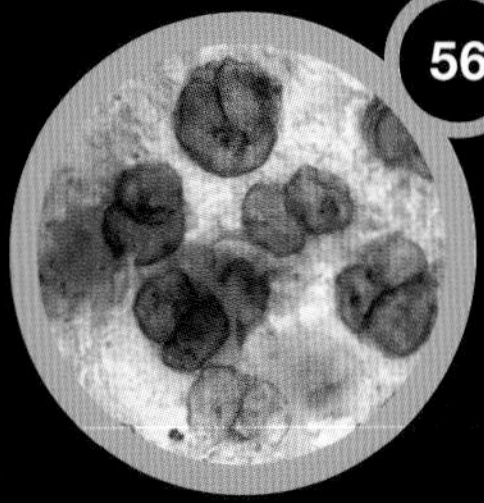

56

Vida microscópica

58

Invertebrados

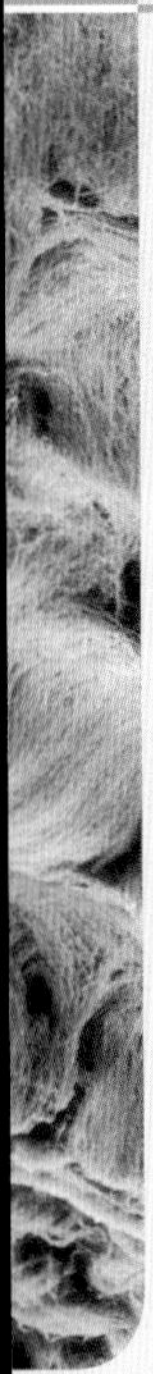

Proterozoico

El eón Proterozoico abarca un enorme período de tiempo, desde hace 2500 MA hasta hace 541 MA. La actividad de organismos fotosintetizadores, iniciada en el Arcaico, transformó la Tierra en un planeta con una atmósfera y unos océanos oxigenados, listo ya para la posterior evolución de la vida en los mares, la tierra y el aire. A las bacterias y arqueas se les unieron los primeros animales y plantas simples.

DOMOS DE GRANITO
Estos afloramientos de granito rosa de Enchanted Rock, en Texas, se remontan al Proterozoico. La antigüedad de este batolito (masa de rocas ígneas intrusivas) se estima en 1000 MA.

Océanos y continentes

Durante los 2000 MA del Proterozoico, los continentes se desplazaron y se fragmentaron, pero dejaron en las rocas evidencias que han permitido reconstruir el aspecto que podía tener la Tierra. Con la datación de las antiguas cadenas montañosas, levantadas por choques continentales y erosionadas desde antaño, pueden reconstruirse los distintos mapas del mundo del Proterozoico. Ur continuó creciendo hasta hace 1500 MA, absorbiendo los actuales Zimbabwe, norte de India y bloque Yilgarn del oeste de Australia. Hace 1600–1300 MA, Ártica se unió a otros bloques continentales para formar un continente más extenso llamado Nena. Atlántica, un tercer continente, se formó hace unos 2000 MA y absorbió el bloque de Tanzania hace unos 1300 MA. Ur, Nena y Atlántica debieron de juntarse para formar el continente Columbia, antes de separarse y de volver a unirse hace unos 1000 MA en el supercontinente Rodinia. Este, a su vez, se escindió 300 MA después, abriéndose así el océano Pantalasa. Hacia finales del Proterozoico, estos bloques continentales aislados volvieron a unirse en el supercontinente Pannotia. Mientras la forma de los continentes cambiaba sin tregua, la erosión de las nuevas cadenas montañosas depositaba sedimentos ricos en minerales en los océanos. Los microorganismos de los mares más someros transformaron gradualmente la composición de la atmósfera, y a finales del Proterozoico los animales de cuerpo blando empezaron a dejar sus huellas en el fondo marino.

ESTROMATOLITOS
En Shark Bay (Australia) las colonias bacterianas llamadas estromatolitos liberan oxígeno como subproducto de su fotosíntesis. Los estromatolitos prosperaron en las aguas someras que rodeaban los continentes proterozoicos.

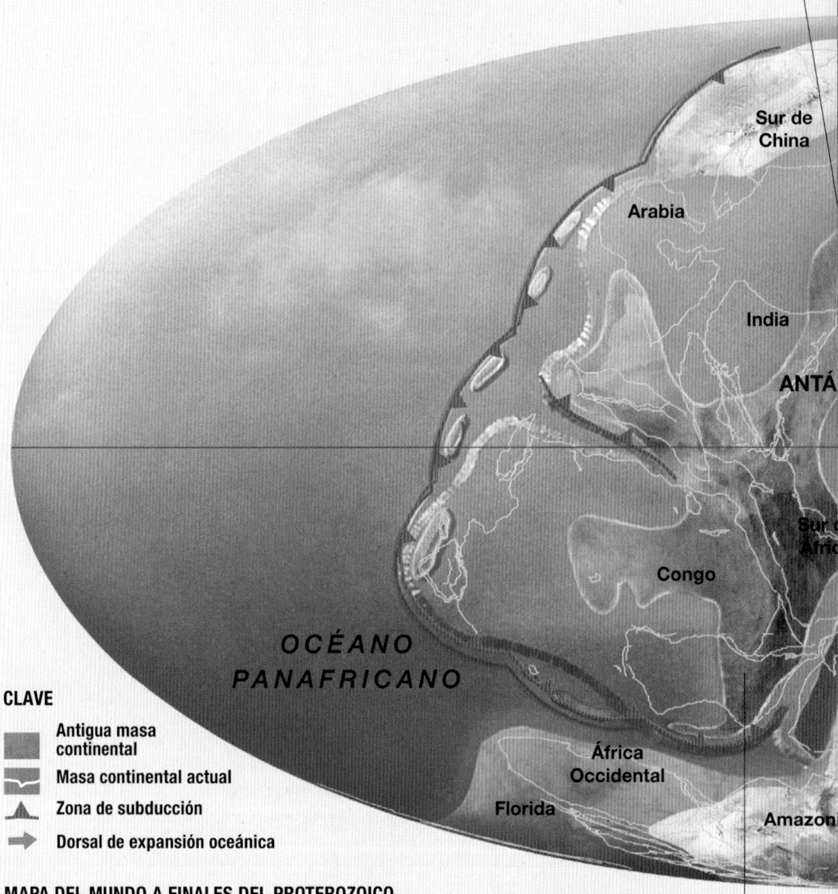
la mitad septentrional de Rodinia (Antártida, Australia, India) rota y se desplaza hacia el norte
Sur de China
Arabia
India
Congo
OCÉANO PANAFRICANO
África Occidental
Florida
Atlántica comprende los actuales oeste de África, región del Congo y noreste de América del Sur
CLAVE
Antigua masa continental
Masa continental actual
Zona de subducción
Dorsal de expansión oceánica

MAPA DEL MUNDO A FINALES DEL PROTEROZOICO
Los continentes se formaron, se unieron y volvieron a separarse en el Proterozoico. Cuando Rodinia se fragmentó, su sección norteamericana se desplazó hacia el polo Sur.

PALEOPROTEROZOICO

MA 2500 — 2000 — 150

VIDA MICROSCÓPICA

- **2400** Primeras cianobacterias (microorganismos unicelulares sin núcleo –procariotas– fotosintetizadores)
- **1850** Primeros eucariotas (organismos con célula/s que contienen un núcleo y otros orgánulos)

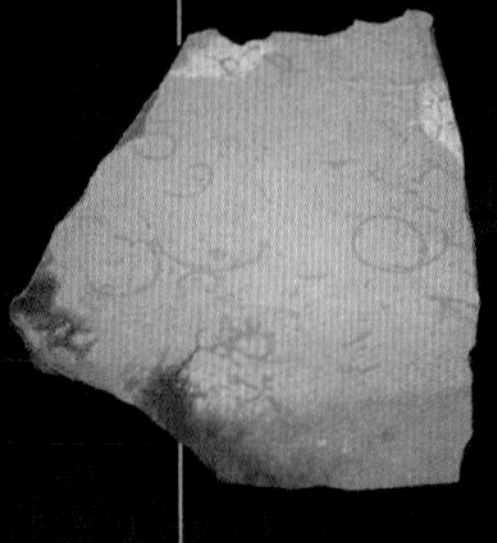

GRYPANIA

2700–2300 Oxigenación de la atmósfera

ALGAS ROJAS
Las algas rojas de la superficie del lago Magadi, en Kenia, se parecen mucho a *Bangiomorpha*, hallada en el Canadá ártico, el género pluricelular más antiguo que se conoce en el registro fósil.

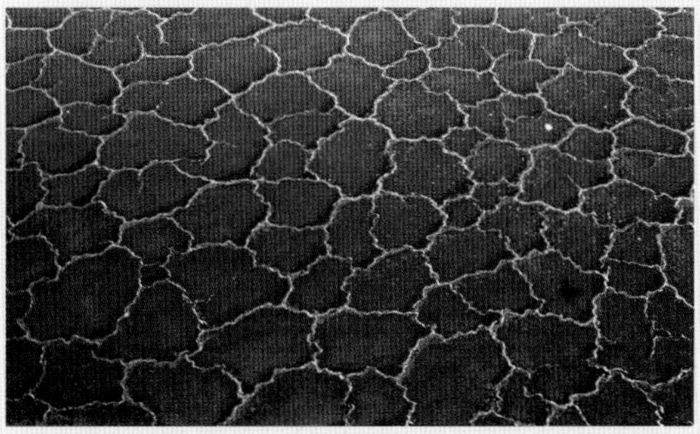

el océano Pantalasa se abre al fragmentarse Rodinia

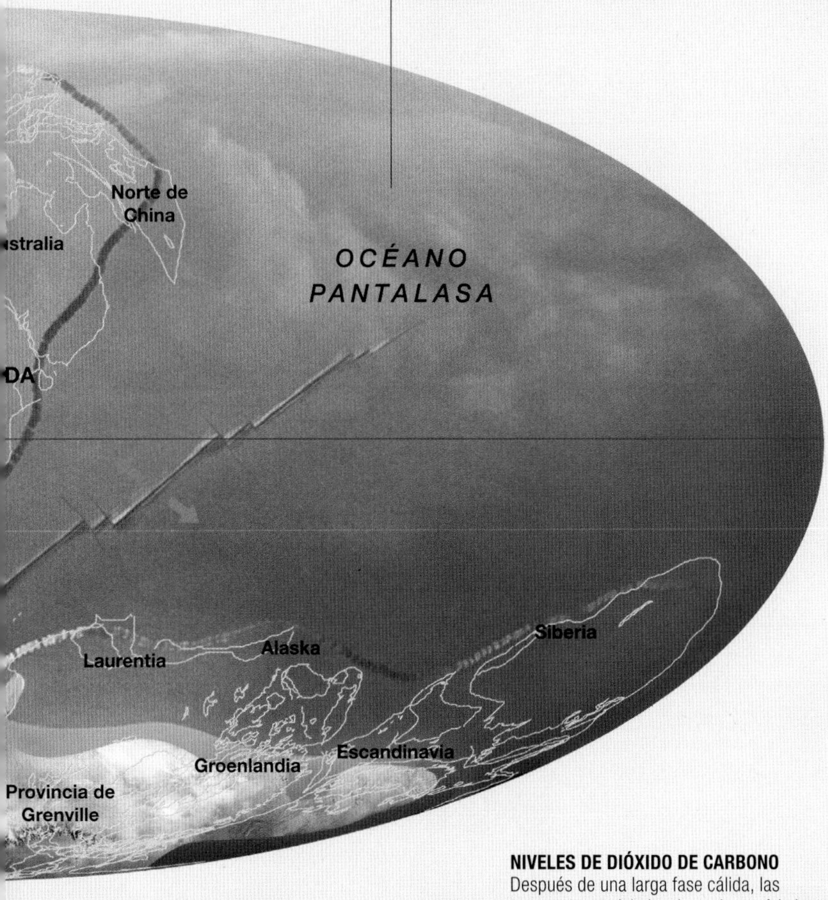

Norte de China
ıstralia
OCÉANO PANTALASA
DA
Laurentia
Alaska
Siberia
Groenlandia
Escandinavia
Provincia de Grenville

Clima

El Proterozoico inferior era acaso un poco más fresco que el Arcaico, pero aun así la temperatura global debía de oscilar en torno a los 40 ºC. Según parece, esta disminuyó con rapidez, lo que se tradujo en una intensa glaciación hace 2400–2200 MA. Es posible que la aparición de las cianobacterias fotosintetizadoras desencadenara este espectacular enfriamiento. Tras una prolongada fase cálida entre hace 2200 y 950 MA, la Tierra sufrió otra serie de grandes glaciaciones, muchas de las cuales también debieron de ser globales. En todos los continentes se han encontrado evidencias de estas glaciaciones; las halladas en continentes que entonces estaban en latitudes bajas han inspirado la teoría de la glaciación global o de la Tierra como «bola de nieve», helada de polo a polo. Durante los últimos cientos de millones de años del Proterozoico, las condiciones fueron a menudo tropicales, sobre todo en latitudes bajas. A los períodos glaciales, quizá de un millón de años, siguieron períodos de «invernadero». Al final del Proterozoico, las temperaturas volvieron al nivel anterior a las glaciaciones.

BRACHINA GORGE
Esta secuencia de tillitas (sedimentos glaciales) de 4 km de espesor de la garganta Brachina, en la cordillera Flinders de Australia Meridional, aporta evidencias de una extensa glaciación en el Proterozoico superior.

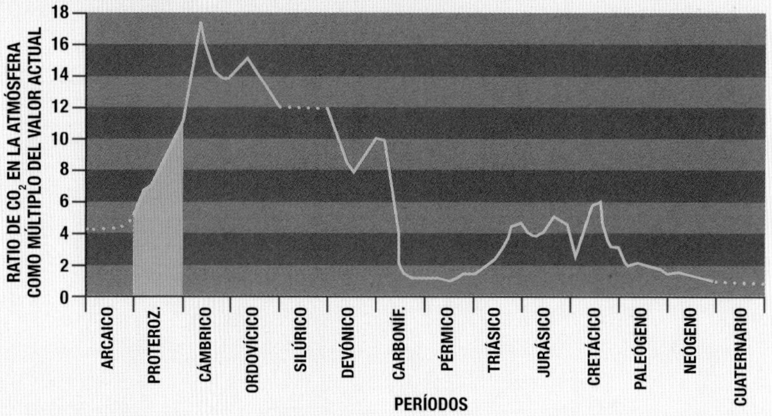

RATIO DE CO_2 EN LA ATMÓSFERA COMO MÚLTIPLO DEL VALOR ACTUAL
18
16
14
12
10
8
6
4
2
0
ARCAICO
PROTEROZ.
CÁMBRICO
ORDOVÍCICO
SILÚRICO
DEVÓNICO
CARBONÍF.
PÉRMICO
TRIÁSICO
JURÁSICO
CRETÁCICO
PALEÓGENO
NEÓGENO
CUATERNARIO
PERÍODOS

NIVELES DE DIÓXIDO DE CARBONO
Después de una larga fase cálida, las temperaturas globales decrecieron. A lo largo del Proterozoico aumentó la concentración de dióxido de carbono.

MESOPROTEROZOICO | **NEOPROTEROZOICO**

00 | 1000 | 500 | MA

VIDA MICROSCÓPICA

- **1500** Primer eucariota estructuralmente complejo, posible hongo
- **1400** Gran aumento de la diversidad de los estromatolitos
- **1200** Colonización microscópica de las tierras; primeras algas rojas pluricelulares (abajo)
- **1100** Primeros dinoflagelados (microorganismos eucariotas unicelulares y con flagelo)
- **1000** Primeras algas vaucherianas (*Palaeovaucheria*)
- **750** Primeros protozoos (eucariotas unicelulares no fotosintetizadores), p. ej. *Melanocyrillium*
- **750–700** Primeras algas calcáreas
- **713–635** Primera evidencia indirecta de biomarcadores químicos de metazoos (animales pluricelulares) que sugieren demosponjas
- **560** Primeros hongos

ESTROMATOLITOS

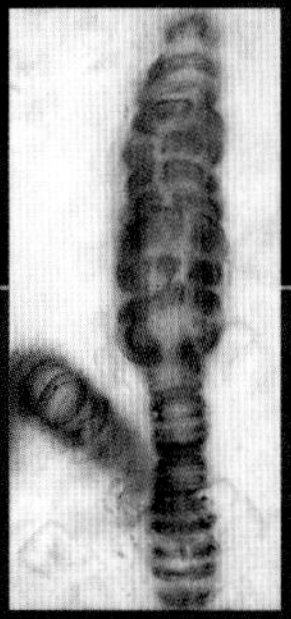

BANGIOMORPHA

INVERTEBRADOS

DICKINSONIA

- **565-540** Primera biota de Ediacara (por ejemplo, *Dickinsonia*)
- **555** Primeros antozoos
- **550** Primera evidencia de ctenóforos; esponjas; primeros antozoos (grupo que contiene los corales y anémonas de mar)

PROTEROZOICO VIDA MICROSCÓPICA

Durante el Proterozoico, la evolución se centró casi exclusivamente en hacer grandes mejoras en las células, como el desarrollo del núcleo, de la fotosíntesis y la oxigenación que esta conlleva, y de la capacidad de reproducirse sexualmente. Estas células resultantes fueron las antecesoras de hongos, plantas y animales.

Al inicio del Proterozoico, todos los seres vivos eran unicelulares y microscópicos. Los microfósiles de esta época son comunes en unas rocas llamadas estromatolitos, que son acumulaciones bacterianas fosilizadas. Estas pueden compararse con las que hoy viven en lagunas saladas y en torno a fuentes termales, organismos carentes de núcleo y de reproducción sexual que se clasifican como procariotas («antes del núcleo»). Como tantas bacterias actuales, muchas de las del Proterozoico no necesitaban oxígeno, y vivían en condiciones que serían tóxicas para animales y plantas. Otras se parecían a las «algas» productoras de oxígeno: las cianobacterias. Las primeras de estas aparecieron coincidiendo con un rápido aumento del oxígeno atmosférico, que hizo la Tierra más habitable para animales y plantas. Las células fueron haciéndose más grandes, diversas y especializadas, hasta convertirse en las complejas células eucariotas (con núcleo). La transformación de células simples en estas más avanzadas pudo ser el paso más largo y difícil de la evolución. Al final del Proterozoico, grandes organismos de cuerpo blando colonizaban el lecho marino.

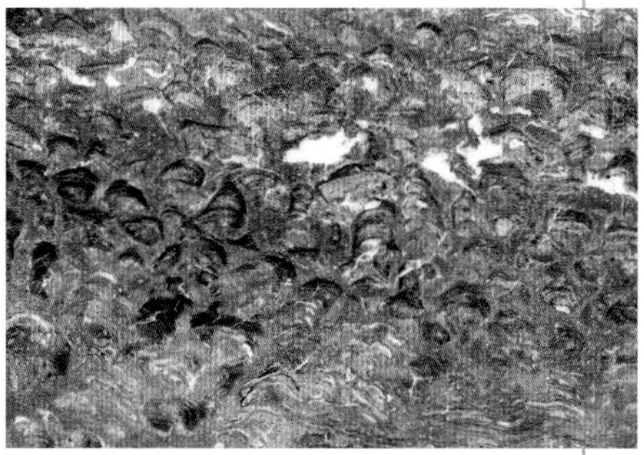

FORMACIÓN DE GUNFLINT
Los antiguos microfósiles se conservan en sílex. Estas rocas contienen algunos de los primeros fósiles conocidos. Este corte de sílex de Gunflint muestra columnas de estromatolitos formadas por bacterias.

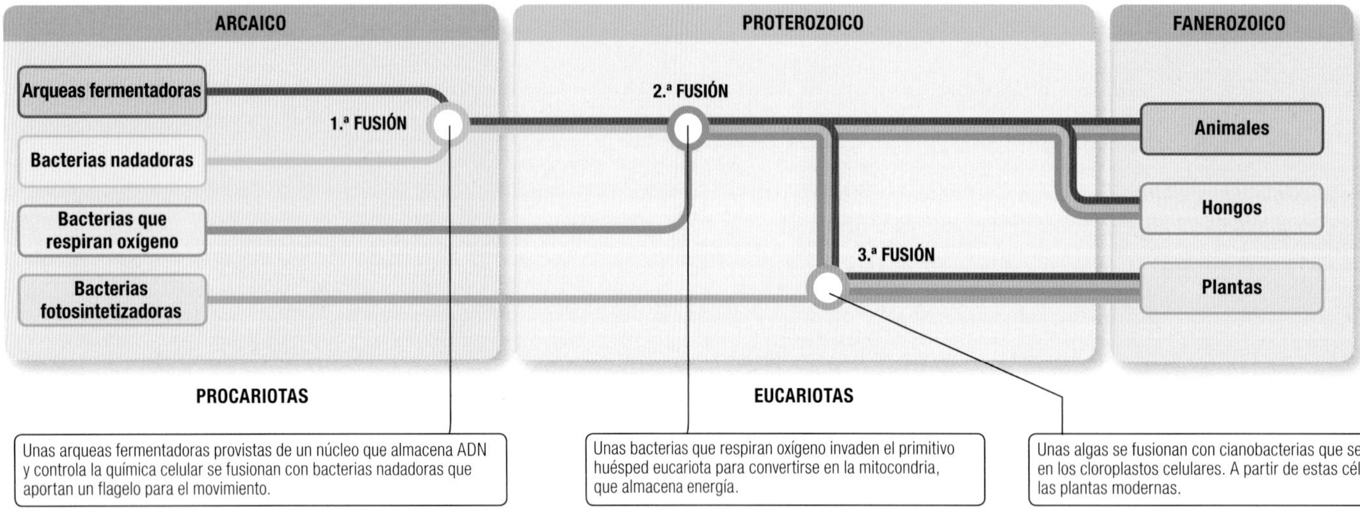

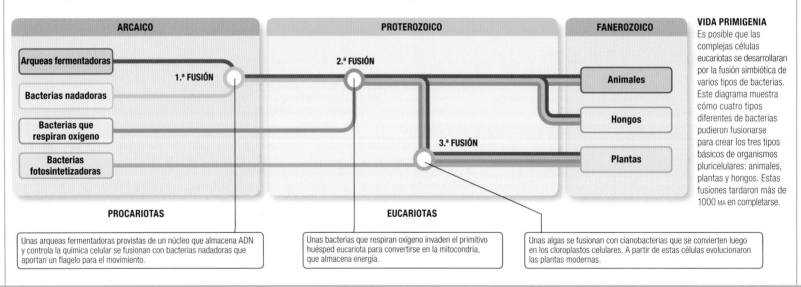

ARCAICO
PROTEROZOICO
FANEROZOICO
Arqueas fermentadoras
Bacterias nadadoras
Bacterias que respiran oxígeno
Bacterias fotosintetizadoras
1.ª FUSIÓN
2.ª FUSIÓN
3.ª FUSIÓN
Animales
Hongos
Plantas
PROCARIOTAS
EUCARIOTAS
Unas arqueas fermentadoras provistas de un núcleo que almacena ADN y controla la química celular se fusionan con bacterias nadadoras que aportan un flagelo para el movimiento.
Unas bacterias que respiran oxígeno invaden el primitivo huésped eucariota para convertirse en la mitocondria, que almacena energía.
Unas algas se fusionan con cianobacterias que se convierten luego en los cloroplastos celulares. A partir de estas células evolucionaron las plantas modernas.

VIDA PRIMIGENIA
Es posible que las complejas células eucariotas se desarrollaran por la fusión simbiótica de varios tipos de bacterias. Este diagrama muestra cómo cuatro tipos diferentes de bacterias pudieron fusionarse para crear los tres tipos básicos de organismos pluricelulares: animales, plantas y hongos. Estas fusiones tardaron más de 1000 MA en completarse.

GRUPOS

El registro fósil de la era Proterozoica revela un mundo dominado por bacterias microscópicas. Los complejos eucariotas aparecieron hace menos de 1900 MA, cuando hubo el oxígeno suficiente para sustentarlos. Ulteriores revoluciones fueron la alimentación por ingestión, hace unos 750 MA, y el desarrollo del intestino, hace unos 545 MA.

CIANOBACTERIAS

La mayoría de los primeros fósiles son bacterias fotosintetizadoras. Tenían menos de 2 micras de diámetro y se agrupaban en tapetes microbianos que formaron los estromatolitos. Estas permitieron que los animales evolucionaran en la Tierra, al asegurar que la vida tuviera un constante suministro alimenticio a partir de la energía solar y al producir oxígeno.

ALGAS

Más grandes y complejas, las células algales fotosintetizadoras aparecieron hace unos 1400 MA. Medían más de 20 micras de diámetro y evolucionaron para formar colonias mucho más grandes. Expandieron la zona ecológica ocupada por las cianobacterias desarrollando órganos a modo de hojas y raíces. Hace unos 450 MA, algunas colonizaron la tierra firme y dieron origen a las plantas modernas.

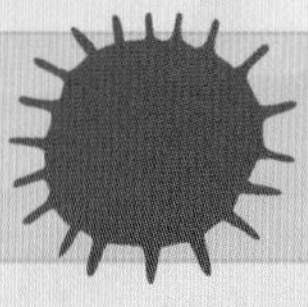

PROTOZOOS

Los protozoos son organismos unicelulares que pueden ingerir otros seres vivos. Pueden reconocerse por sus diminutas conchas y no aparecieron hasta hace unos 750 MA. El desarrollo de la ingestión permitió un reciclaje más rápido de la materia orgánica creada por las algas del Proterozoico superior. Algunos protozoos se fusionaron en colonias que evolucionaron hasta convertirse en los primeros hongos y animales.

ESPONJAS

Las colonias de células que se diferenciaron en tejidos específicos para formar animales simples no aparecieron hasta finales del Proterozoico. Los fósiles de esponjas reconocibles más antiguos son espículas, que aparecieron hace unos 543 MA. Las esponjas se alimentan por filtración, y ayudaron a «limpiar» la columna de agua y el fondo marino a finales del Precámbrico.

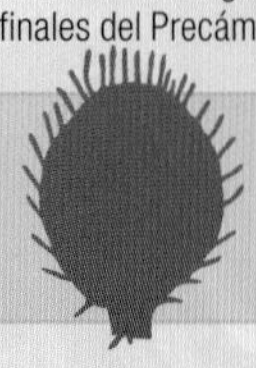

Gunflintia

GRUPO Cianobacterias
DATACIÓN Del Proterozoico a la actualidad
TAMAÑO 5 micras de anchura
LOCALIZACIÓN América del Norte, Australia

Gunflintia, una de las primeras cianobacterias, es el primer fósil que aparece con abundancia en cualquier lugar del gran registro fósil. Organismos fotosintetizadores como este incrementaron la concentración de oxígeno en la atmósfera e hicieron que la Tierra fuera más habitable para los posteriores utilizadores de oxígeno como protozoos, plantas y animales.

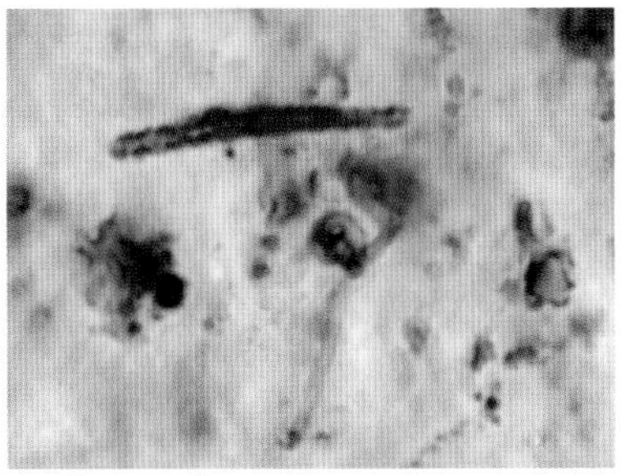

UN FÓSIL COMÚN
Los filamentos de *Gunflintia* se ven aquí junto con esferas de *Huroniospora*. *Gunflintia* es uno de los microfósiles más comunes en el sílex de Gunflint.

Eoentophysalis

GRUPO Cianobacterias
DATACIÓN Del Proterozoico a la actualidad
TAMAÑO 5 micras de anchura
LOCALIZACIÓN Todo el mundo

Los fósiles de *Eoentophysalis* se encuentran sobre todo en rocas silíceas de aguas someras del Proterozoico. Son muy similares a *Entophysalis*, una cianobacteria cocoide moderna que todavía puede encontrarse en lagunas saladas y someras. Aunque las bacterias tienen una estructura simple, pueden tener una valencia ecológica muy elevada.

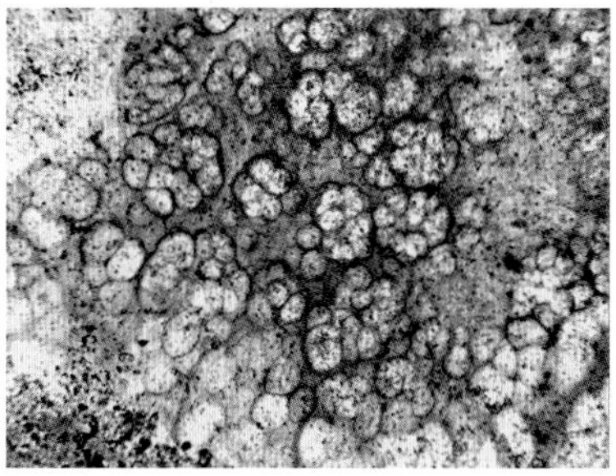

RACIMOS DE UVAS
No todos los microfósiles de cianobacterias son filamentosos como *Gunflintia*. Algunos, como estos, se disponen en paquetes, como racimos de uvas.

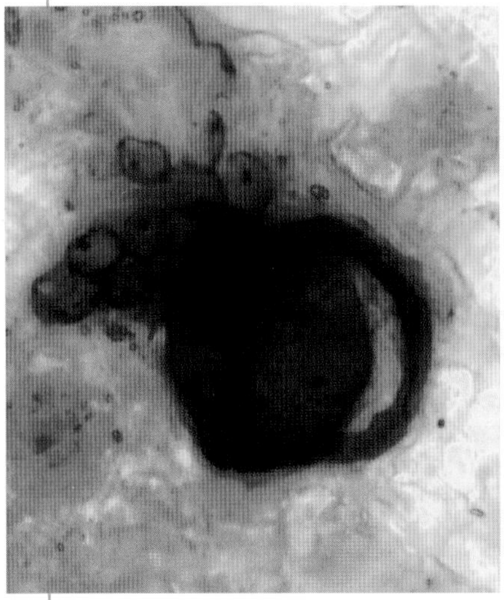

Torridonophycus

GRUPO Clorofíceas
DATACIÓN Del Proterozoico a la actualidad
TAMAÑO 20 micras de anchura
LOCALIZACIÓN Escocia

Este microfósil algal se ve aquí saliendo de un acritarco, una pequeña estructura en forma de bolsa que protegía al organismo de su interior del frío, la sequedad o la falta de oxígeno. Su presencia sugiere que la superficie de las tierras ya estaba empezando a volverse verde en primavera hace 1000 MA.

ALGA VERDE
Se cree que la mancha oscura dentro de cada célula son restos de subunidades especializadas (orgánulos), lo que sugiere que se trataría de un alga verde eucariota.

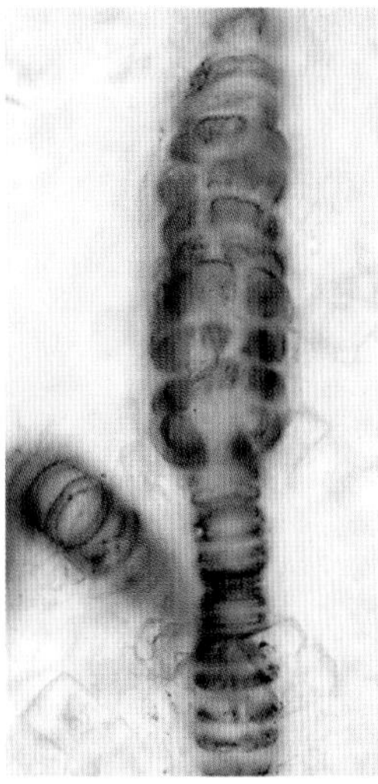

Bangiomorpha

GRUPO Rodofíceas
DATACIÓN Del Proterozoico a la actualidad
TAMAÑO 50 micras de anchura
LOCALIZACIÓN Canadá

Los filamentos pluricelulares similares a los de las algas rojas modernas aparecieron hace unos 1200 MA. *Bangiomorpha* tenía estructuras reproductoras especializadas y un sistema de anclaje primitivo que la mantenía fijada al fondo marino y le permitía alzarse hacia la luz solar. La aparición de la reproducción sexual y de la diferenciación celular es un importante hito en la larga evolución hacia la organización corporal de las plantas y los animales.

CÉLULAS APILADAS
En este fósil de *Bangiomorpha*, grandes células similares a las que se observan típicamente en las algas rojas actuales se apilan como columnas de placas.

Melanocyrillium sp.

GRUPO Amebozoos
DATACIÓN Del Proterozoico superior a la actualidad
TAMAÑO 60 micras de longitud
LOCALIZACIÓN América, Norte de Europa

Las *Melanocyrillium* pueden compararse con un grupo moderno de organismos unicelulares llamados amebas testáceas. Al igual que estas últimas, tenían núcleo, mitocondrias, una pared celular elástica, seudópodos para alimentarse de otros organismos y un caparazón que las protegía de la desecación y la depredación.

BOLSAS ORGÁNICAS
Estos microfósiles con forma de jarrón son bolsas de materia orgánica. Algunas tienen además partículas de barro o escamas de sílice segregadas por la ameba.

Megasphaera

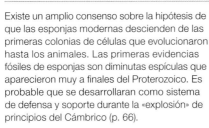

GRUPO Posiblemente animal
DATACIÓN Proterozoico superior
TAMAÑO 500 micras de anchura
LOCALIZACIÓN China

Estos fósiles, que al principio se consideraron algas verdes, hoy se atribuyen a huevos y embriones de animales primitivos, o quizás a células de bacterias que oxidan azufre. Pese a su exquisita conservación, aún se discute su clasificación; podrían ser embriones de esponjas de la biota de Ediacara, que está justo encima de ellas en el registro fósil.

¿EMBRIÓN ANIMAL?
Dentro de la esculpida pared de *Megasphaera* puede verse un grupo de células que recuerda a un embrión animal en sus primeras fases de división.

célula individual
línea de división

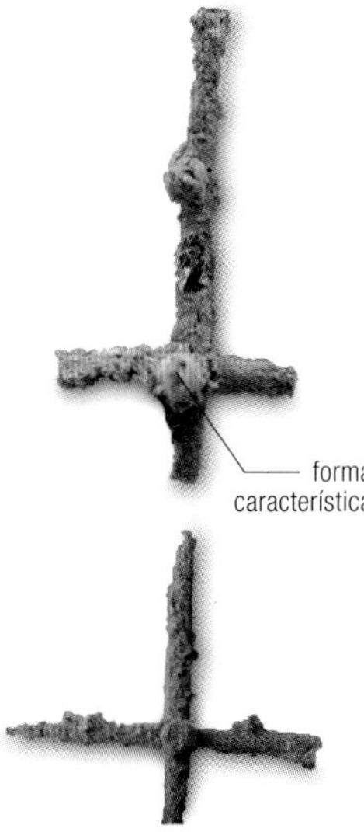
forma característica

Protospongia

GRUPO Poríferos
DATACIÓN Del Proterozoico superior al Cámbrico
TAMAÑO 1 mm de longitud
LOCALIZACIÓN Todo el mundo

Existe un amplio consenso sobre la hipótesis de que las esponjas modernas descienden de las primeras colonias de células que evolucionaron hasta los animales. Las primeras evidencias fósiles de esponjas son diminutas espículas que aparecieron muy a finales del Proterozoico. Es probable que se desarrollaran como sistema de defensa y soporte durante la «explosión» de principios del Cámbrico (p. 66).

FORMAS CARACTERÍSTICAS
Algunas espículas de esponja son muy características, en especial estas en forma de cruz que aparecieron al final del período Ediacarense.

PROTEROZOICO

INVERTEBRADOS

Hasta 1946 los únicos fósiles conocidos del Proterozoico eran los estromatolitos, estructuras estratificadas formadas por el desarrollo de «algas azules». Sin embargo, en 1946 se descubrió en Australia la fauna de Ediacara, abriéndose así una nueva perspectiva sobre la naturaleza del Precámbrico superior.

Fauna de Ediacara

En el Precámbrico superior predominaron los ecosistemas simples con cortas cadenas alimenticias consistentes en bacterias, algas y protistas, que no se fosilizaron. También hubo sucesivas glaciaciones, algunas de las cuales fueron tan intensas que cubrieron la Tierra de hielo y dieron origen a la teoría de la Tierra como «bola de nieve». Pero hace unos 580 MA empezó a prosperar la fauna de Ediacara, que consistía en una gran variedad de organismos de muchas formas y tamaños, la mayoría de los cuales tenía una superficie «acolchada» y carecía de intestino. Aunque se han identificado más de treinta géneros, persiste el debate sobre si fueron los antecesores remotos de animales modernos como las medusas, los pennatuláceos o los anélidos, o si son las reliquias de un experimento evolutivo fallido, no emparentados con los organismos modernos (equiparables, pues, a seres de otro planeta). Si este fuera el caso, estos vendozoos –así se llaman– pudieron tener algas fotosintetizadoras dentro de sus tejidos, o alimentarse absorbiendo nutrientes a través de su superficie.

DISCO ENIGMÁTICO
No se sabe si este fósil plano y en forma de disco, *Cyclomedusa*, era una medusa o un extinto vendozoo.

EDIACARA HILLS
Las Ediacara Hills se hallan al norte de Adelaida, en Australia Meridional; la fauna de Ediacara, una serie de fósiles del Precámbrico superior, se describió en 1947.

Una fina conservación

Aparte del yacimiento australiano de Ediacara, estos fósiles del Precámbrico superior se han encontrado en muchas otras partes del mundo, como Canadá, Rusia e Inglaterra. En Ediacara se han hallado miles de especímenes conservados en arenas muy finas, un factor importante para la supervivencia de los fósiles. Aparecen en la interfacies de la limolita de grano fino y la arenisca dura, lo que sugiere que los animales vivos quedaron varados en lodazales o charcas mareales, donde se conservaron al quedar cubiertos de arena. Mientras que estos organismos de Ediacara vivían en aguas someras y bien iluminadas, otros vivían en profundidades a las que no llegaba la luz solar.

HABITANTE DEL FONDO MARINO
Chamiodiscus, un fósil común en Ediacara Hills, tenía una superficie «acolchada» y se anclaba en el fondo marino, desde donde se erguía.

Charnia

GRUPO Sin clasificar

DATACIÓN Precámbrico superior

TAMAÑO 0,15-2 m de altura

LOCALIZACIÓN Inglaterra, Australia, Canadá, Rusia

En 1957, el escolar Roger Mason encontró un fósil de *Charnia* en unas rocas del Precámbrico superior de Leicestershire (Inglaterra). Un año después, *Charnia* se describió como una probable alga, pero ya desde entonces se reconoció su similitud con los pennatuláceos modernos, que son un tipo de octocorales. Otra interpretación es que *Charnia* pertenecía a un grupo de organismos acolchados que evolucionaron en el Precámbrico superior, denominados vendobiontes. *Charnia* tiene un fronde en forma de pluma con una serie de ramas laterales que están en contacto entre sí en toda su longitud. Estas ramas se disponen en un ángulo de unos 45° respecto al eje y tienen unas divisiones a intervalos regulares, que si el organismo fuera similar a un pennatuláceo, habrían albergado pólipos. Se han hallado algunos especímenes con un tallo en la base, que en el fósil emparentado *Charniodiscus* va unido a un disco basal, lo cual ha inspirado la teoría de que los fósiles en forma de disco *Aspidella* (p. 60) y *Medusinites* son los discos de anclaje de frondes tipo *Charnia*. Aunque estos frondes solían disgregarse al morir el organismo, los discos, que ya estaban enterrados en los sedimentos, se fosilizaban. Se ha cuestionado la hipótesis de que *Charnia* era similar a los pennatuláceos, ya que el modo de gemación en el ápice de la colonia difiere del de estos.

rama lateral
subdividida

CHARNIA SP.
Como de muchos fósiles precámbricos, todo lo que sabemos de *Charnia* proviene de impresiones de su superficie exterior en sedimentos blandos. No se ha conservado su estructura interna.

CHARNIA EN VIDA
Se ha sugerido que los frondes de *Charnia* presentaban una extensa área superficial con la cual podía absorber carbono orgánico u otros nutrientes de la columna de agua.

Haootia

GRUPO Posiblemente cnidario
DATACIÓN Precámbrico superior
TAMAÑO 10-15 cm de altura
LOCALIZACIÓN Canadá

Haootia se conoce por dos especímenes, descubiertos en Terranova en 2008. Tiene un cuerpo simétrico en forma de copa, de cuatro lados, sobre un tallo corto con un disco de anclaje en la base. Las fibras largas que componen el exterior se han identificado como tejido muscular, y de ser esto correcto, *Haootia* constituiría la evidencia fósil más antigua de tal tejido, así como el primer eumatozoo indudable (un animal con verdaderos tejidos y células especializadas). Por su forma y musculatura, *Haootia* parece una medusa primitiva. Su estructura corporal es como la de las medusas sésiles actuales, que se fijan al lecho marino, aunque la disposición diferente de las fibras musculares podría indicar que se alimentaba de otro modo, con un movimiento pulsante para atrapar agua y nutrientes.

HAOOTIA QUADRIFORMIS
Las prominentes fibras musculares se extienden hacia arriba desde las cuatro esquinas del cuerpo, como brazos ramificados.

Aspidella

GRUPO Posiblemente cnidario
DATACIÓN Precámbrico superior
TAMAÑO 0,1-5 cm de diámetro
LOCALIZACIÓN Canadá, Islas Británicas

Tras su descubrimiento en Canadá en 1872, fue el primer fósil del Precámbrico que se describió. Más tarde, los geólogos decidieron que era un seudofósil: una impresión similar a un fósil producida por procesos sedimentarios. Pero en la década de 1960, una vez descrita la fauna de Ediacara (en Australia Meridional), volvió a examinarse y los geólogos concluyeron que era un fósil. Clasificada al principio como una medusa, hoy se cree que *Aspidella* era el disco de anclaje de un organismo en forma de fronde, como *Charnia* (p. 59), si bien se han encontrado más discos que frondes. El fósil *Cyclomedusa*, hallado en 1946 en Ediacara, parece representar el mismo organismo, y también es llamado *Aspidella*.

ASPIDELLA SP.
El fósil es un pequeño disco, a menudo con un protuberante umbo central y con crestas concéntricas.

Yelovichnus

GRUPO Sin clasificar
DATACIÓN Precámbrico superior
TAMAÑO 1-15 cm de longitud
LOCALIZACIÓN Australia, China, Rusia, Islas Británicas, Canadá

YELOVICHNUS SP.
Las crestas de *Yelovichnus* tienen que fotografiarse con la luz en un ángulo bajo para que sean visibles.

Estos enigmáticos fósiles se consideraron al principio rastros de alimentación. Sus meandros parecían indicar un sofisticado método de alimentación mediante el cual un animal, como un anélido o un molusco, pacía en el fondo marino y extraía alimento de la superficie. Pero los especímenes mejor conservados dan a entender otra cosa. A diferencia de lo que se observa en los rastros de alimentación, aquí no hay evidencias de un punto de giro en el meandro; los fósiles parecen ser tubos segmentados y desmoronados. Se ha sugerido que se trataría de organismos organizados en espiral, quizá algas.

Dickinsonia

GRUPO Posiblemente placozoo
DATACIÓN Precámbrico superior
TAMAÑO 1-100 cm de longitud
LOCALIZACIÓN Australia, Rusia

Dickinsonia es uno de los fósiles más desconcertantes de la fauna de Ediacara. A primera vista parece segmentado, con una cabeza y un extremo caudal diferenciados, lo que llevó a creer que se trataba de un anélido marino. Se han recolectado centenares de especímenes en todos los estadios de crecimiento y en diversos estados de conservación, y los más grandes que se conocen miden cerca de un metro de longitud. Sin embargo, no se ha encontrado intestino ni otro tipo de estructuras internas convincentes, lo que ha llevado a concluir que *Dickinsonia* se alimentaba absorbiendo alimento por toda su superficie inferior. Recientemente se ha sugerido que este extraño animal podría ser un placozoo, un grupo de animales que solo tiene un representante vivo. Los placozoos tienen solo cuatro tipos de células, distribuidas en dos capas. Es posible que constituyan un estadio intermedio entre las esponjas y los eumetazoos, animales con tejidos verdaderos y células especializadas.

Nadie sabe qué extremo de *Dickinsonia* era su cabeza, o si realmente tenía cabeza.

surco central
extremo maduro
segmento corporal

DICKINSONIA COSTATA
Numerosos segmentos irradiaban desde un surco central. Puede que los segmentos más grandes de uno de los extremos fueran más maduros que los del extremo opuesto.

Parvancorina

GRUPO Sin clasificar
DATACIÓN Precámbrico superior
TAMAÑO 1-2,5 cm de longitud
LOCALIZACIÓN Australia, Rusia

Es un fósil de Ediacara con un extremo frontal en forma de escudo que parece ser una cabeza bien diferenciada. El cuerpo tiene una cresta axial en toda su longitud y muestra evidencias de segmentación. En algunos fósiles de *Parvancorina* se han identificado hasta diez pares de posibles apéndices. Muchos fósiles muestran distintas fases de crecimiento diferenciadas, y un gran número de los especímenes se encontraron con el escudo cefálico de cara a la dirección de la corriente de agua, lo que parece indicar una estrategia alimentaria intencionada. Tiene una forma muy similar a *Marrella*, del Cámbrico (pp. 72-73).

PARVANCORINA MINCHAMI
La región cefálica en forma de escudo ha llevado a sugerir que *Parvancorina* era un antecesor de los trilobites.

Tribrachidium

GRUPO Sin clasificar
DATACIÓN Precámbrico superior
TAMAÑO 2-5 cm de diámetro
LOCALIZACIÓN Australia, Rusia, Canadá

Tribrachidium, un misterioso fósil de Ediacara, es un organismo en forma de disco con tres «brazos» que se alzan sobre su superficie y un borde levantado en el que se sugieren estructuras a modo de cerdas. *Tribrachidium* tiene simetría trirradial –con tres planos de simetría– y, si bien no existieron animales trirradiales durante el Fanerozoico, es posible que un animal con simetría trirradial hubiera precedido a los equinodermos, que tienen simetría pentarradial. Sin embargo, *Tribrachidium* carecía de las placas calcáreas que son características de los equinodermos.

TRIBRACHIDIUM HERALDICUM
Según una teoría, *Tribrachidium* sería la base de anclaje de un organismo similar a *Charnia* (p. 59).

Spriggina

GRUPO Sin clasificar
DATACIÓN Precámbrico superior
TAMAÑO 3 cm de longitud
LOCALIZACIÓN Australia, Rusia

Spriggina era un animal segmentado y con lo que parecen ser una cabeza y una cola bien diferenciadas. El escudo cefálico tiene forma de herradura y el cuerpo consiste en unos cuarenta segmentos con una prominente línea central en el dorso y una pequeña cola. Se han hallado fósiles con varios grados de curvatura, lo que sugiere que el cuerpo era flexible. El debate sobre qué era realmente *Spriggina* continúa. Algunos lo asocian con los anélidos marinos modernos, mientras que otros han sugerido que podría ser un prototrilobites, ya que su escudo cefálico tiene espinas similares a las de las mejillas (espinas genales) de los trilobites. Entretanto, quizá sea mejor clasificar *Spriggina* entre los animales bilaterales, el grupo que comprende a todos los que presentan simetría bilateral en algún momento de su ciclo vital.

HALLAZGO CLAVE

FAUNA DE EDIACARA

En 1946, mientras prospectaba posibles menas en la cordillera Flinders de Australia Meridional, el geólogo Reginald Sprigg descubrió un grupo de fósiles en las colinas de Ediacara. Sprigg describió a estos animales como medusas del Cámbrico inferior, aunque pronto se estableció su verdadera edad precámbrica, y esta diversa fauna que incluye a *Spriggina* pasó a denominarse fauna de Ediacara.

¿Es un gusano, un prototrilobites, o un organismo absolutamente ajeno a ellos? El debate sobre *Spriggina* continúa.

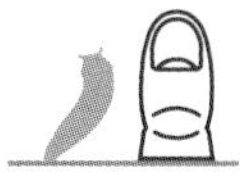

SPRIGGINA FLOUNDERSI
Un problema para afirmar que *Spriggina* sea un trilobites primitivo u otro artrópodo es que sus segmentos no se disponen en pares opuestos, sino ligeramente alternos a cada lado de la línea central.

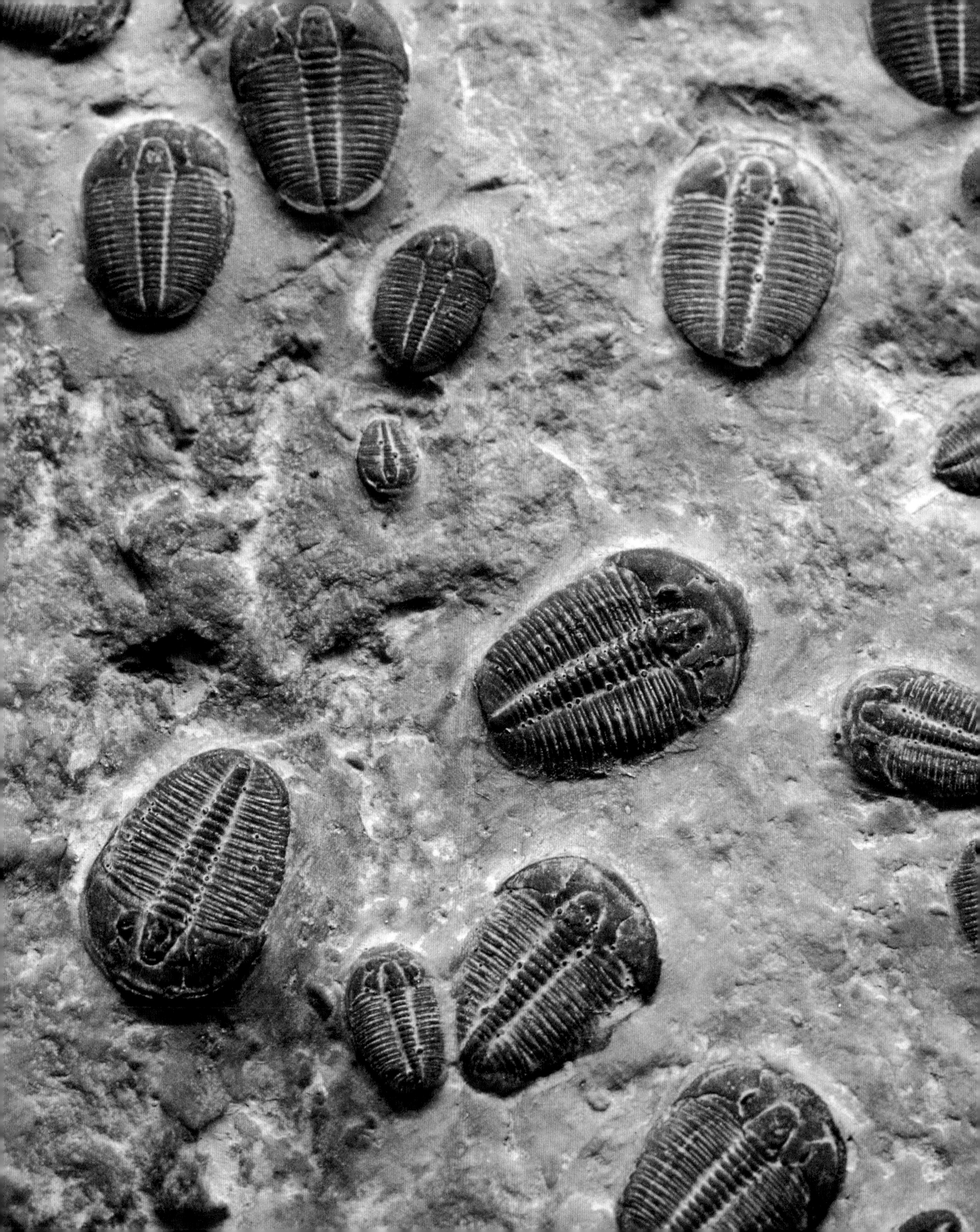

CÁMBRICO

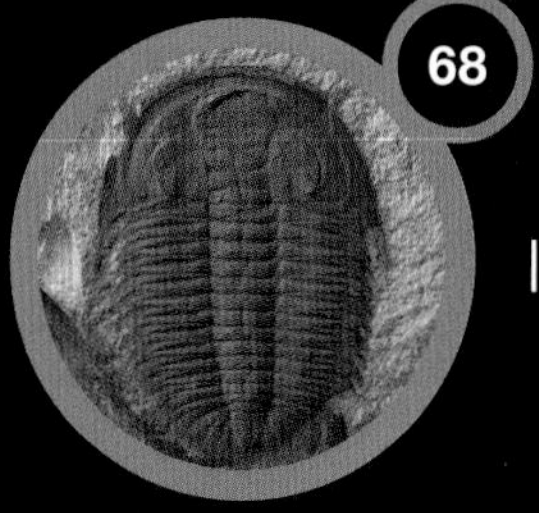

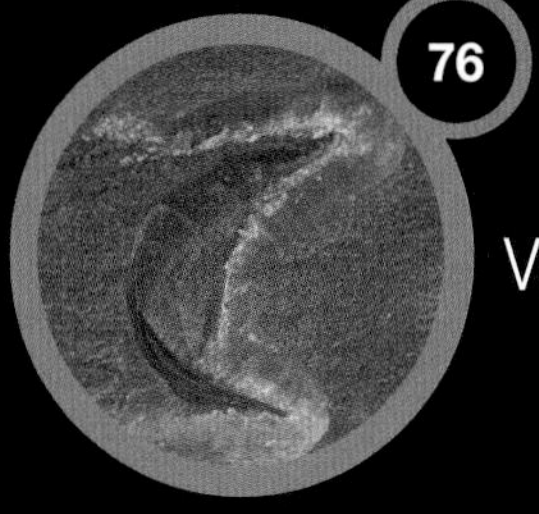

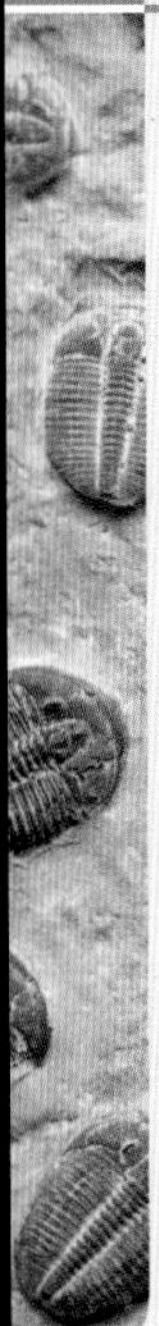

Cámbrico

El Cámbrico, que comenzó hace 541 MA y terminó hace 485 MA, fue un período de rápidos movimientos de placas y una extraordinaria explosión de diversidad animal. Muchas de las nuevas formas adquirieron la capacidad de biomineralizar, probablemente en respuesta a la evolución de los depredadores. Los animales de cuerpo blando del Cámbrico se conservan en yacimientos como los esquistos de Burgess (Canadá) y Chengjiang (China).

KAZAJSTÁN EN LA ACTUALIDAD
Kazajstán, en Asia central, que actualmente es un país extenso, árido y sin salida al mar, era un grupo de microcontinentes durante el Cámbrico. Estas áridas colinas se alzan al este del menguante mar de Aral.

Océanos y continentes

A principios del Cámbrico, Pannotia había empezado a fragmentarse mientras se formaba otro supercontinente, Gondwana. Este comprendía gran parte de las actuales América del Sur, África, Madagascar, India, Australia y la Antártida. Al parecer, en esta época los continentes se desplazaban a una velocidad de 30 cm al año. Al disgregarse Pannotia, el océano de Japeto se abrió y se ensanchó entre los continentes de Laurentia (la actual América del Norte), Báltica (norte de Europa) y Siberia. Al norte de Laurentia se extendía el océano Pantalasa. Durante el Cámbrico inferior y medio, Laurentia derivó rápidamente desde las latitudes polares hacia las tropicales, hasta quedar extendida a ambos lados del ecuador. Al este de los demás continentes, Gondwana, el mayor de los bloques continentales, se extendía desde el polo sur hasta el ecuador, tras el giro de 90° que efectuó impulsado por el movimiento de las placas de la litosfera terrestre. También existían otros continentes más pequeños, como Kazajstania y China, y parte del actual Sureste Asiático; la mayoría carecían de grandes elevaciones y estaban rodeados de extensos mares someros. Durante los períodos de ascenso del nivel del mar, los continentes se inundaron, a excepción de Gondwana, el este de Siberia y Kazajstania, que eran montañosos. La vida proliferaba en los ambientes marinos de aguas someras. Aparecieron y evolucionaron animales complejos con esqueletos mineralizados –esponjas, braquiópodos, corales, moluscos, equinodermos, artrópodos–, y es probable que tanto los cambios en la química marina como la mayor diversidad de especies planctónicas en la base de las cadenas tróficas y la presión de los depredadores propiciaran la «explosión» de vida del Cámbrico (p. 68).

MONTES APALACHES
Las rocas sedimentarias que conforman los Apalaches, en EE UU, se depositaron hacia principios del Cámbrico (hace 542 MA), a orillas del nuevo océano de Japeto.

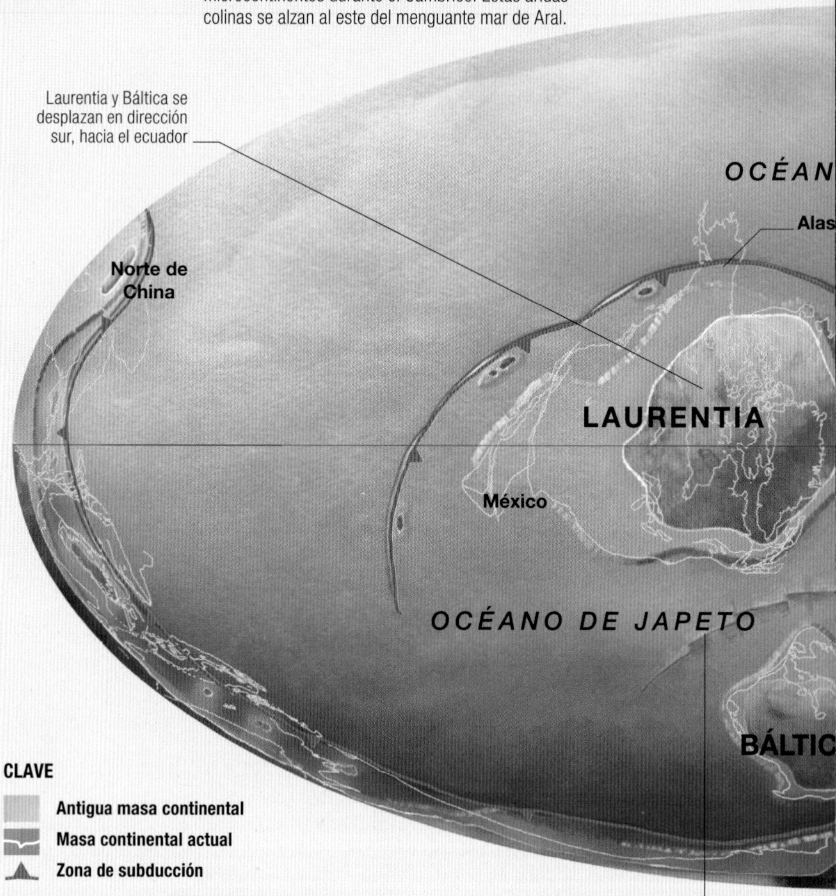
Laurentia y Báltica se desplazan en dirección sur, hacia el ecuador
OCÉAN
Alas
Norte de China
LAURENTIA
México
OCÉANO DE JAPETO
BÁLTIC
CLAVE
Antigua masa continental
Masa continental actual
Zona de subducción
el océano de Japeto se ensancha entre los continentes Laurentia y Báltica (precursores de América del Norte y Europa)

MAPA DEL MUNDO A FINALES DEL CÁMBRICO
A finales del Cámbrico, gran parte del hemisferio norte estaba cubierto por el océano Pantalasa. Se había abierto el océano de Japeto y había rotado Gondwana.

TERRENEUVIENSE | **SERIE 2**

MA 540 | 530 | 520

VIDA MICROSCÓPICA

INVERTEBRADOS

- **540** Primeros «pequeños fósiles duros»: tommotíidos, halkieríidos, wiwaxíidos

PEQUEÑOS FÓSILES DUROS

- **535** Primeros trilobites (abajo); otros artrópodos: bradoríidos, braquiópodos (órtidos); crustáceos; moluscos (monoplacóforos, bivalvos), equinodermos, cefalocordados, conulados, lobopodios, priapúlidos, nematodos, quelicerados, rostroconchas, onicóforos (marinos), foraminíferos, radiolarios

OLENUS GIBBOSUS

- **530** Primeros rombíferos y edrioasteroideos (clases extintas de equinodermos); primeros icnofósiles de artrópodos en el fondo marino
- **525** Primeros graptolites (por ejemplo, *Dictyonema*); biota de Chengjiang

DICTYONEMA

- **520** Primeros braquiópodos pentaméridos

DUNAS CON ESTRATIFICACIÓN CRUZADA
Las formaciones de arenisca con estratificación cruzada, como estas de Utah (EE UU), evidencian la existencia pretérita de paisajes áridos con dunas barridas por vientos secos.

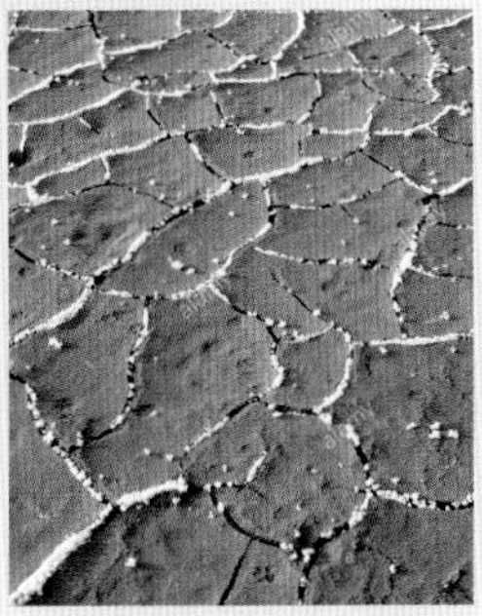

SAL EN UN LAGO SECO
Al evaporarse el agua del mar, se depositan minerales como la sal común y el yeso. Estas gruesas capas de evaporita indican temperaturas elevadas.

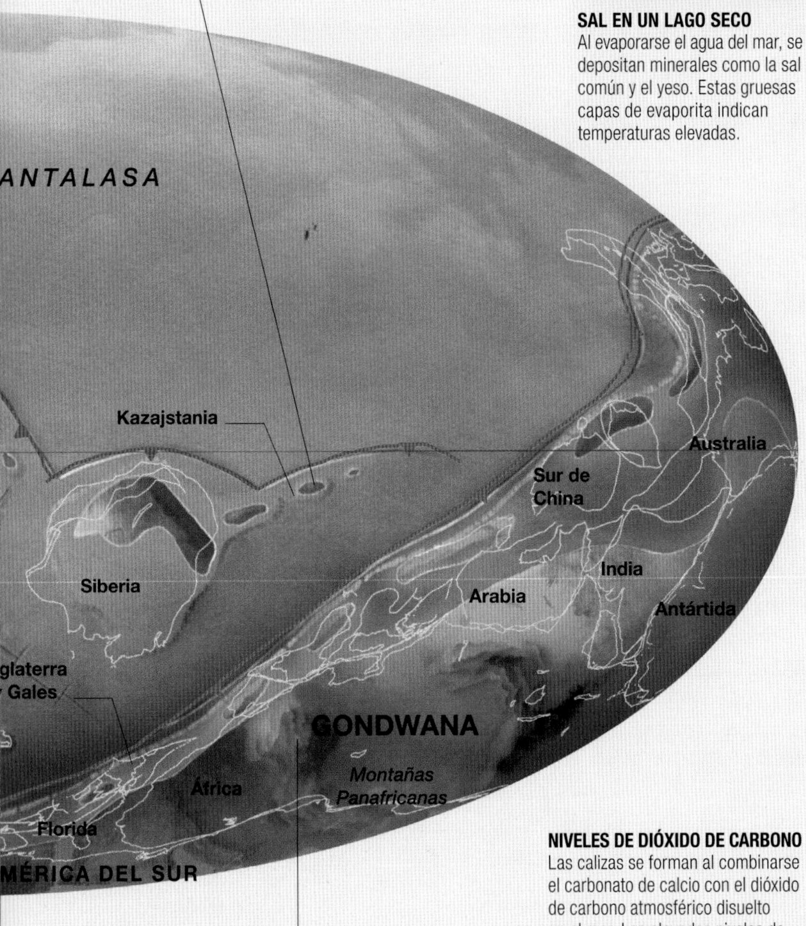
Kazajstania forma un bloque continental más pequeño
ANTALASA
Kazajstania
Australia
Sur de China
India
Siberia
Arabia
Antártida
glaterra
Gales
GONDWANA
Montañas Panafricanas
África
Florida
MÉRICA DEL SUR
los bloques continentales se unen para formar el supercontinente Gondwana

Clima

El conocimiento que tenemos del clima de la Tierra durante el Cámbrico es bastante limitado. Los niveles de dióxido de carbono serían elevados, hasta 15 veces más que los actuales, y había enormes acumulaciones de evaporitas. Ambos factores aportan evidencias de que las temperaturas globales eran elevadas; según una estimación, habrían alcanzado 50-60 °C de media en el Cámbrico superior. Muchos continentes con escaso relieve sufrían aridez debido al viento que soplaba desde el interior y a las escasas precipitaciones. En el registro geológico del Cámbrico se han encontrado pocos indicios de climas calurosos y húmedos, aunque en Laurentia hay ejemplos de laterita y de bauxita, rocas que se forman en los trópicos en estas condiciones. En vez de ello, y sobre todo en los bordes de los bloques continentales asiáticos, existían las condiciones topográficas, de pluviometría y de viento apropiadas para el desarrollo de climas áridos. Cerca del ecuador había regiones tanto húmedas como secas. No había continentes situados sobre los polos, y los océanos cubrían la mayor parte del planeta (un 85 % aproximadamente, frente al 70 % de la actualidad). Debía de haber menos diferencia térmica que hoy entre los polos y los trópicos; el clima era sobre todo tropical y subtropical, y no hubo glaciaciones. Prueba de ello es la presencia de depósitos calizos hasta unos 50º de latitud.

ESQUISTOS DE BURGESS
La zona de los esquistos de Burgess, en las Montañas Rocosas de Canadá, formaba parte de la antigua Laurentia. La fauna del Cámbrico conservada aquí debió de vivir en mares cálidos justo al sur del ecuador.

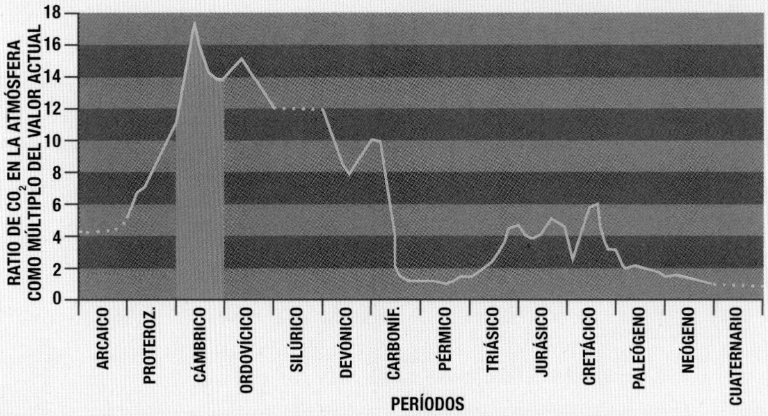
RATIO DE CO_2 EN LA ATMÓSFERA COMO MÚLTIPLO DEL VALOR ACTUAL
18
16
14
12
10
8
6
4
2
0
ARCAICO
PROTEROZ.
CÁMBRICO
ORDOVÍCICO
SILÚRICO
DEVÓNICO
CARBONÍF.
PÉRMICO
TRIÁSICO
JURÁSICO
CRETÁCICO
PALEÓGENO
NEÓGENO
CUATERNARIO
PERÍODOS

NIVELES DE DIÓXIDO DE CARBONO
Las calizas se forman al combinarse el carbonato de calcio con el dióxido de carbono atmosférico disuelto en el mar. Los elevados niveles de dióxido de carbono se reflejan en la mayor abundancia de depósitos calizos de esta época.

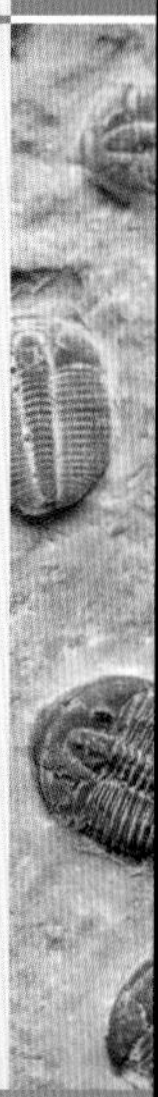

SERIE 3 | FURONGIENSE

510 | 500 | 490 | MA

VIDA MICROSCÓPICA

INVERTEBRADOS

- **510** Primeros cefalópodos (nautiloideos) y quitones o poliplacóforos
- **505** Fosilización de la fauna de Burgess (como *Marrella* y *Wiwaxia*)

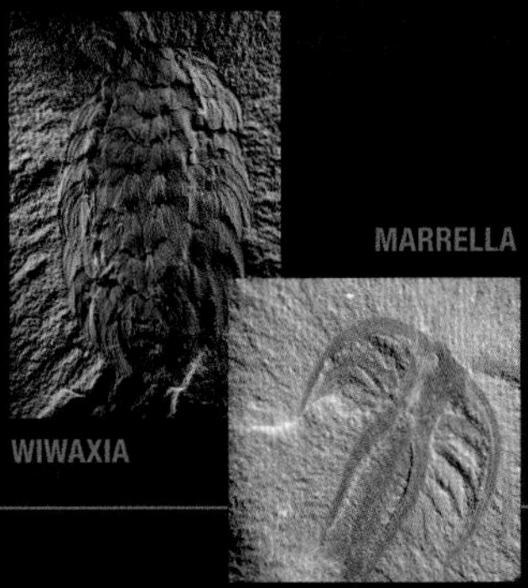

MARRELLA

WIWAXIA

- **500** Primeros conodontos, primeros arqueogasterópodos (caracoles marinos), belerofóntidos y ostrácodos (crustáceos diminutos); primeros icnofósiles de artrópodos en tierra firme

VERTEBRADOS

CÁMBRICO VIDA MICROSCÓPICA

A principios del Cámbrico se produjo un increíble acontecimiento en la evolución: en unos 20 MA aparecieron varios grupos animales, desde moluscos hasta peces. Sus microscópicos restos fósiles, extraordinariamente bien conservados, aportan evidencias de esta gran explosión evolutiva.

Antes del Cámbrico, la mayoría de los animales carecía de mandíbulas e intestino, y por tanto, de ano. Con el desarrollo de la masticación y de la depredación activa se inició una «carrera armamentística» que transformó rápidamente los ecosistemas.

Mandíbulas y protección

Entre los primeros elementos a modo de dientes que aparecieron figuran los de *Protohertzina*, similar a los actuales quetognatos. Pronto aparecieron los esqueletos externos como medio de protección. Las diminutas conchas de *Maikhanella* estaban hechas de grupos de espinas (escleritas). Posteriormente, en otros animales como los braquiópodos, las escleritas se fusionaron para formar una única concha maciza. En los fosfatos cámbricos pueden encontrarse fósiles de tejidos blandos, incluidos los de cianobacterias y otras algas, pero después del Cámbrico esta excepcional conservación es rara, quizá porque aumentó la necrofagia en el fondo marino.

La gran diversificación del Cámbrico

Un gran número de nuevos organismos planctónicos empezó a derivar libremente por los mares y océanos del Cámbrico, transformando las cadenas alimentarias. Los océanos ofrecían un valioso medio de dispersión, además de cierta protección contra los consumidores y depredadores. El zooplancton de radiolarios, con sus delicados esqueletos de sílice, apareció allí donde estos protozoos podían alimentarse de otros pequeños organismos planctónicos, y empezó a formar los depósitos de sílice biológica llamados sílex de radiolarios. También prosperaron varios tipos de organismos fitoplanctónicos, que sintetizaban su propia materia orgánica gracias a la fotosíntesis. Muchos de ellos segregaban una armadura protectora o quiste y se fosilizaban fácilmente tras caer al fondo marino. Todos estos seres constituían un abundante suministro alimenticio para los nuevos animales del Cámbrico.

AFLORAMIENTO DEL CÁMBRICO
Este afloramiento de arenisca rojiza de Siberia contiene una gran cantidad de restos microfósiles del enorme número de nuevas especies que aparecieron durante la «explosión» del Cámbrico.

GRUPOS

El registro microfósil de este período muestra un mundo cada vez más condicionado por los animales pluricelulares provistos de intestino. Estos animales se llaman bilaterales, y sus primeros restos se encuentran a menudo como microfósiles cuando las calizas cámbricas que los contienen se digieren con un ácido débil en el laboratorio.

PROTOCONODONTOS
Las diminutas mandíbulas de *Protohertzina* recuerdan a las de algunos quetognatos actuales. Los protoconodontos aparecen en todo el planeta al principio del Cámbrico, y es posible que sus temibles mandíbulas hicieran que otros animales desarrollaran una concha protectora o se enterraran en el fondo marino, iniciándose así una «carrera armamentística» que dio lugar a la «explosión» del Cámbrico.

PEQUEÑOS FÓSILES DUROS
Los esqueletos protectores más antiguos solían ser tubulares. Es difícil saber de qué especies provienen estos restos, pero es probable que los construyeran animales emparentados con los corales actuales, con los poliquetos sabélidos o «de abanico» o con los poliquetos de las chimeneas hidrotermales. Estos fósiles prosperaron en el fondo del mar hasta la aparición de los trilobites y otros necrófagos.

MICROMOLUSCOS
Las escleritas de esqueletos de múltiples elementos y los diminutos moluscos con forma de gorro proliferaron en abundancia tras el inicio del Cámbrico. La variedad de sus conchas era enorme, y si bien algunos recuerdan a las almejas o los caracoles comunes, parece que estos diminutos moluscos carecían de muchos de los rasgos que se observan en los moluscos de etapas posteriores del Paleozoico.

MICROARTRÓPODOS
Los artrópodos se diversificaron en avalancha y dejaron un rastro de restos fosfatados que incluye patas, branquias y partes blandas. Las micrografías electrónicas de barrido han revelado la rápida evolución de varios tipos de patas en los artrópodos del Cámbrico. En taxones posteriores aparecieron apéndices especializados como los de las arañas y las langostas actuales.

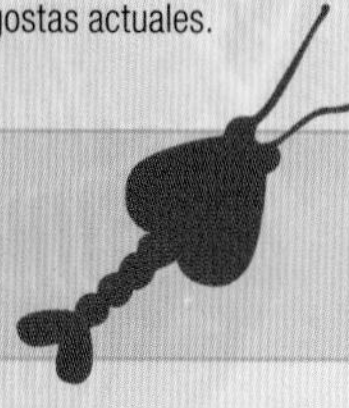

Protohertzina

GRUPO Quetognatos
DATACIÓN Cámbrico inferior
TAMAÑO 2 mm de longitud
LOCALIZACIÓN Todo el mundo

Este microfósil aparece cerca de la base de las rocas del Cámbrico. Cada «protoconodonto» a modo de diente está hecho de fosfato de calcio y tiene una parte basal hueca que le sirve de anclaje. En sección transversal tiene forma de escudo y presenta una espina larga y curva. A veces estos fósiles se encuentran en grupos muy parecidos a las mandíbulas a modo de rastrillo de algunos quetognatos actuales, lo que sugiere que *Protohertzina* era depredador.

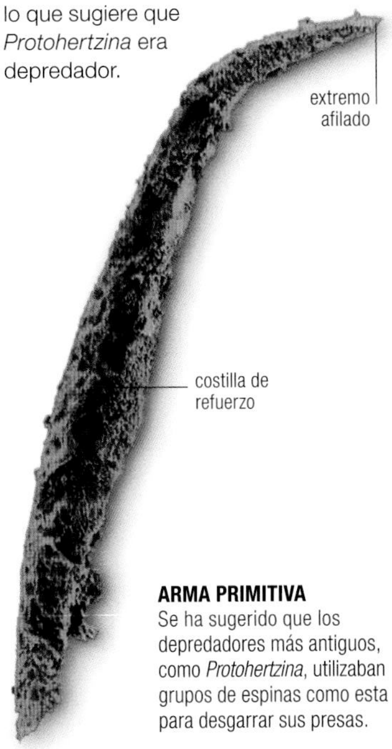
extremo afilado
costilla de refuerzo

ARMA PRIMITIVA
Se ha sugerido que los depredadores más antiguos, como *Protohertzina*, utilizaban grupos de espinas como esta para desgarrar sus presas.

Maikhanella

GRUPO Moluscos
DATACIÓN Cámbrico inferior
TAMAÑO 2 mm de longitud
LOCALIZACIÓN Todo el mundo

Este fósil con forma de gorro tiene una concha poco mineralizada que se fosfató después de su muerte. La concha, que recuerda a una piña tropical, estaba hecha de escleritas (espinas) densamente apretadas. Al principio, como sucede en este ejemplar, las escleritas no estaban muy fusionadas entre sí; a veces se las encuentra por separado y entonces se denominan *Siphogonuchites* o *Halkieria*. Tras varios millones de años de evolución, las espinas se fusionaron con más fuerza, dando una concha única y rígida, de forma similar a las actuales lapas. En Groenlandia se han encontrado fósiles de un molusco tipo babosa que llevaba dos gorros tipo *Maikhanella* rodeados de una falda de escleritas tipo *Siphogonuchites*. Esta compleja disposición nos recuerda que en esta época todavía se estaba experimentando mucho. *Maikhanella* probablemente pastaba las algas que crecían en los fondos marinos del Cámbrico.

la mayoría de las escleritas solo están laxamente fusionadas
las escleritas se ven más apretadas en el ápice del fósil

ANCESTRO DE CARACOLES Y SEPIAS
Maikhanella es uno de los moluscos más antiguos. Se cree que los gasterópodos y cefalópodos modernos evolucionaron a partir de formas como la que aquí se muestra, que apenas mide 1 mm de diámetro.

Aldanella

GRUPO Moluscos
DATACIÓN Cámbrico inferior
TAMAÑO 3 mm de longitud
LOCALIZACIÓN Todo el mundo

Las conchas de los moluscos evolucionaron con sorprendente rapidez durante el Cámbrico inferior. Las conchas en espiral como esta aparecieron en una amplia área, desde Canadá hasta China. *Aldanella* se encuentra junto con otros moluscos que recuerdan vagamente a bivalvos mucho más jóvenes e incluso a cefalópodos de concha en espiral. Aunque el pequeño *Aldanella* recuerda a un caracol común actual, no hay evidencias de que estuviera estrechamente emparentado con los gasterópodos. Es probable que el propietario de esta concha paciera detritos cerca de la superficie del fondo marino.

HALLAZGO EN OXFORD
Esta concha de *Aldanella* se fosilizó hace unos 530 MA. Fue hallada durante una perforación en Oxford (Inglaterra), mientras sus descubridores buscaban carbón.

Anabarites

GRUPO Posiblemente cnidario
DATACIÓN Cámbrico inferior
TAMAÑO 5 mm de longitud
LOCALIZACIÓN Todo el mundo

Este fósil tubular tiene una concha calcárea de aragonito. En sección transversal tiene una característica forma trilobulada, como un trébol. Al igual que muchos fósiles duros del Cámbrico inferior, su posición taxonómica sigue siendo incierta, aunque quizás está emparentado con los corales y las medusas (cnidarios). Puede que viviera en colonias, incrustado en el sedimento y alimentándose de materias orgánicas en la columna de agua.

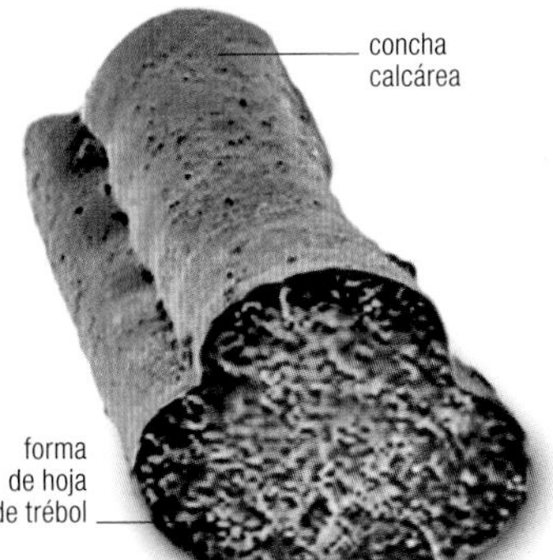
concha calcárea
forma de hoja de trébol

UNA FORMA INUSUAL
Las conchas tienen una curiosa sección transversal trilobulada, un diseño muy diferente al de cualquier ser vivo actual. Los microfósiles llenos de fosfato de calcio como este se encuentran en los albores del Cámbrico.

Artrópodo de Orsten

GRUPO Artrópodos
DATACIÓN Cámbrico superior
TAMAÑO 3 mm de longitud
LOCALIZACIÓN Suecia, China

Aunque el Cámbrico se conoce sobre todo por los trilobites, también existieron muchos otros grupos de artrópodos. Algunos de ellos han quedado muy bien conservados en nódulos fosfáticos. Si estos nódulos se rompen y se sumergen en ácidos débiles, liberan fantásticos fósiles que rara vez se encuentran en rocas más jóvenes; su examen con un microscopio electrónico de barrido puede revelar detalles de sus diminutas patas y sus branquias plumosas. Es probable que este fósil tipo ostrácodo se alimentara de la capa de «sopa orgánica» depositada en el fondo del mar.

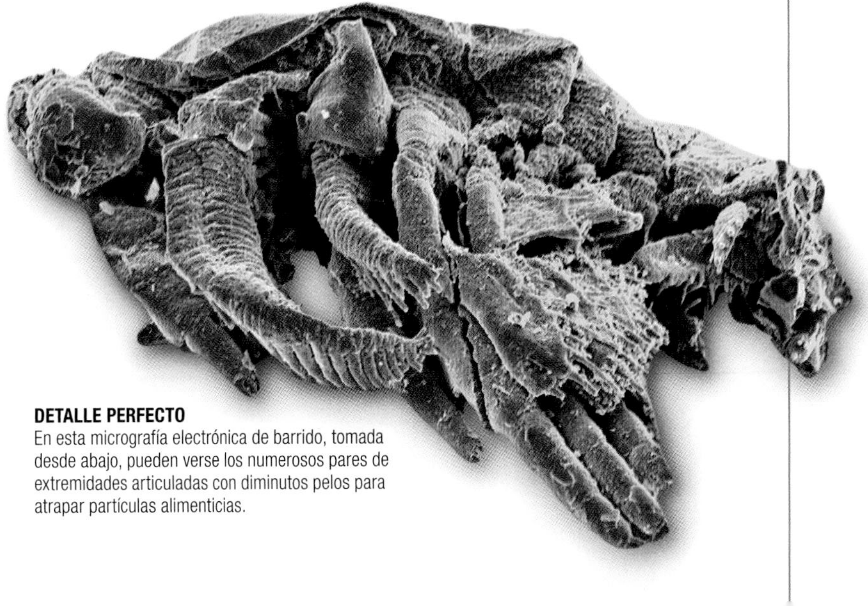

DETALLE PERFECTO
En esta micrografía electrónica de barrido, tomada desde abajo, pueden verse los numerosos pares de extremidades articuladas con diminutos pelos para atrapar partículas alimenticias.

CÁMBRICO
INVERTEBRADOS

El Cámbrico fue un período crítico en la historia evolutiva: aparecieron diversos invertebrados marinos, algunos con ojos y fuertes mandíbulas que les permitieron vivir como los primeros depredadores activos. Algunos muy prósperos, como los trilobites, declinaron a partir del Ordovícico.

La «explosión» de vida

La «explosión» del Cámbrico fue el primer acontecimiento evolutivo realmente importante de la historia de la vida, pues vio el origen y la proliferación de los invertebrados marinos de concha dura. Primero, tras la extinción de la fauna de Ediacara (p. 61) hace unos 543 MA, aparecieron los «pequeños fósiles duros», que están representados por placas, tubos, espirales y cuernos fosfáticos. Estos perduraron hasta hace 525 MA, época en que surgieron los primeros trilobites, los braquiópodos inarticulados y otros fósiles de concha dura. Con todo, estos últimos son apenas una pequeña fracción de la gran diversidad de la vida del Cámbrico. La fauna de los esquistos de Burgess, del Cámbrico medio, descubierta en Canadá en 1909 (p. 72), y la fauna de Chengjiang del Cámbrico inferior, encontrada en Yunnan (China) en 1984, muestran una plétora de organizaciones corporales, especialmente en los artrópodos y en los antiguos lobopodios, representados hoy por el onicóforo *Peripatus*, y que rara vez se conservan como fósiles.

ARTRÓPODO DE LOS ESQUISTOS DE BURGESS
Este pequeño artrópodo, *Marrella splendens*, proviene de los esquistos de Burgess y es solo uno de los muchos artrópodos diferentes que se han hallado allí.

RESTOS DE CONCHAS
Estos pequeños fósiles duros son hiolítidos, importantes animales en la fauna del Cámbrico que a menudo se encuentran en gran número.

Diversidad en los mares del Cámbrico

En las faunas de los esquistos de Burgess y de Chengjiang dominaba una diversificada serie de invertebrados marinos de cuerpo blando o con una concha no mineralizada, que vivían junto con los trilobites, muy comunes entonces. Estos animales de cuerpo blando debían de abundar en los mares del Cámbrico, pero la probabilidad de que fosilizaran debía de ser muy baja. En el Cámbrico superior también aparecieron los crustáceos y otros grupos de invertebrados.

TRILOBITES DEL CÁMBRICO MEDIO
Este trilobites, *Ellipsocephalus hoffi*, se halló en la República Checa. Los fósiles de esta especie se encuentran a menudo en grupos numerosos.

GRUPOS

Muchos grupos de invertebrados marinos hicieron su aparición en el Cámbrico, cuya diversificada fauna comprendía formas primitivas de esponjas que no sobrevivieron más allá del final del período y formas de braquiópodos que todavía existen. Los primeros trilobites aparecieron al inicio del Cámbrico, período en que también abundaron los equinodermos.

ARQUEOCIATOS
Este grupo extinguido de esponjas solo existió durante el Cámbrico inferior y medio. Los arqueociatos eran uniformemente cónicos, con dos conos perforados (uno dentro del otro) que estaban conectados por tabiques radiales y tapizados de células alimentarias. A menudo formaban pequeños arrecifes.

BRAQUIÓPODOS INARTICULADOS
Estos braquiópodos, algunos de cuyos taxones todavía viven hoy, tienen una concha de dos valvas y un «tallo» o pedúnculo musculoso, y se alimentan filtrando las partículas orgánicas suspendidas en el agua que les rodea. Algunos géneros, como el «fósil viviente» *Lingula*, apenas han cambiado en 500 MA.

EQUINODERMOS
Los equinodermos del Cámbrico no se parecían mucho a los equinoideos y crinoideos actuales, pero la estructura de sus placas calcáreas era idéntica. Los equinodermos fueron un componente importante de la fauna del Cámbrico.

TRILOBITES
Este grupo de animales extinguidos apareció en el Cámbrico inferior y sobrevivió hasta el final del Pérmico. Eran artrópodos con un típico caparazón calcáreo de tres lóbulos y con ojos compuestos; sus patas y sus branquias eran muy delicadas y solo se han conservado en un pequeño número de especies.

Arqueociatos

GRUPO Arqueociatos
DATACIÓN Cámbrico inferior y medio
TAMAÑO 5-30 cm de longitud
LOCALIZACIÓN Antártida, Australia, Rusia, sur de Europa, América del Norte

Fueron los primeros organismos constructores de arrecifes. Se hallaban confinados en las regiones tropicales y existieron durante un período breve, pero se diversificaron con rapidez. Algunos arqueociatos eran solitarios, otros eran coloniales. Estaban formados por dos conos de calcita dispuestos uno dentro de otro, con un espacio entre ambos y separados por tabiques o septos de calcita. El cono externo se anclaba en el fondo marino gracias a una estructura radicular que tenía en la base.

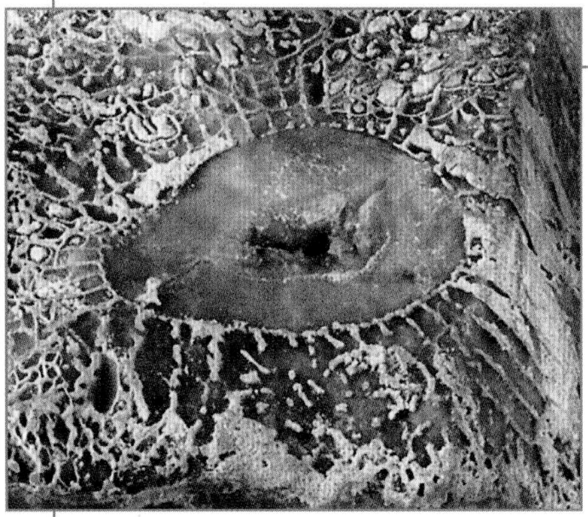

cavidad central
septo

ARQUEOCIATO
Estos organismos a modo de esponjas, con dos conos perforados y dirigidos hacia abajo, dependían de que el flujo de agua les transportara alimento y oxígeno, a diferencia de algunas esponjas que pueden crear sus propias corrientes de agua.

Ottoia

GRUPO Priapúlidos
DATACIÓN Del Cámbrico medio al presente
TAMAÑO 4-8 cm de longitud
LOCALIZACIÓN Canadá

Ottoia es uno de los fósiles descubiertos en los esquistos de Burgess (Canadá) que pueden asociarse con un grupo de animales actuales: el de los «gusanos» marinos priapúlidos. *Ottoia* es el priapúlido más común de los esquistos de Burgess, con cerca de 1500 especímenes conocidos. Recogía alimentos con su probóscide, un órgano en forma de tubo que estaba provisto de diminutos ganchos y era evaginable. Muchos fósiles de *Ottoia* tienen el cuerpo muy curvado, lo que ha llevado a sugerir que, al igual que sus homólogos actuales, vivía en una madriguera con forma de U y extendía su probóscide para capturar presas. Se han encontrado varios especímenes con su contenido digestivo intacto: este presenta pequeños hiolítidos e incluso miembros de su propia especie, lo cual sugiere canibalismo.

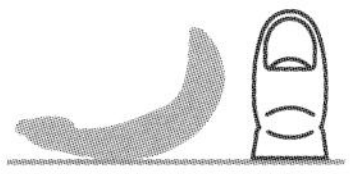

TUMBAS DE LODO
Se cree que vivían en sus madrigueras pasivamente. Los deslizamientos de lodo debieron de arrastrarlos a aguas profundas, donde quedaron sepultados en gran número.

Echmatocrinus

GRUPO Posiblemente equinodermo o antozoo
DATACIÓN Cámbrico medio
TAMAÑO 2,5 cm de anchura bajo los tentáculos
LOCALIZACIÓN Canadá

Echmatocrinus es un fósil inusual que solo se ha encontrado en la formación de los esquistos de Burgess de Canadá. La superficie de su cuerpo, largo y cónico, estaba cubierta de finas placas o escamas poligonales, dispuestas de forma irregular. Del ápice del cuerpo salían de siete a nueve brazos o tentáculos con placas, y de los lados de estos brazos partían unas ramas finas, largas y no mineralizadas. *Echmatocrinus* no es fácil de clasificar. Cuando se describió por primera vez se pensó que era un crinoideo (lirio de mar), pero la ausencia de rasgos característicos de los equinodermos, como la simetría pentarradial, ha dado pie a otras hipótesis; algunos paleontólogos sugieren que podría ser un octocoralario o alcionario (una subclase de los antozoos).

***Echmatocrinus* es difícil de clasificar. Cuando se describió por primera vez, se creyó que era un crinoideo, pero podría tratarse de un octocoralario.**

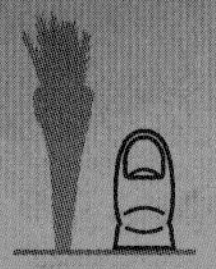

TENTÁCULOS RAMIFICADOS
El cuerpo de *Echmatocrinus* era alargado y cónico, con una serie de tentáculos cubiertos de finas ramificaciones, y se ahusaba hacia la base, por la cual debía de adherirse al sustrato.

Pequeños fósiles duros

GRUPO Pequeños fósiles duros
DATACIÓN Cámbrico inferior
TAMAÑO Hasta 1 cm de anchura
LOCALIZACIÓN Todo el mundo

Esta denominación designa a una gran variedad de fósiles, incluidos los grupos de pequeños caparazones y conchas densamente apretados que aparecen en algunas de las rocas más antiguas del Cámbrico en muchas partes del mundo. A veces forman estratos de unos 2 cm de espesor allí donde se agruparon por la acción de las corrientes del fondo marino. Algunos son organismos enteros, pero otros muchos son partes de organismos más grandes, como placas o espinas de moluscos u otros grupos de invertebrados marinos extinguidos.

hiolítidos

TUBOS DIMINUTOS
Este espécimen muestra una multitud de pequeños tubos cónicos y aplanados, denominados hiolítidos. La coloración oscura hacia el ápice se debe a la abundancia de minerales de fosfato.

Lingulella

GRUPO Braquiópodos
DATACIÓN Del Cámbrico inferior al Ordovícico medio
TAMAÑO 1-2,5 cm de longitud
LOCALIZACIÓN Todo el mundo

Lingulella era un braquiópodo inarticulado, es decir, que mantenía sus valvas fijas mediante músculos en vez de mediante dientes o articulaciones. Se adhería al sustrato mediante un pedúnculo o «tallo» carnoso que salía por una abertura de su valva peduncular (inferior). La concha de *Lingulella* era alargada, puntiaguda en la zona del umbo, con finas líneas de crecimiento en su superficie y con delicadas estrías radiales en las capas internas.

sustrato fosilizado
umbo puntiagudo

MADRIGUERA VERTICAL
Como sus parientes actuales, *Lingulella* debía de vivir en madrigueras verticales. Este espécimen se fosilizó *in situ*.

PARIENTE VIVO
LINGULA

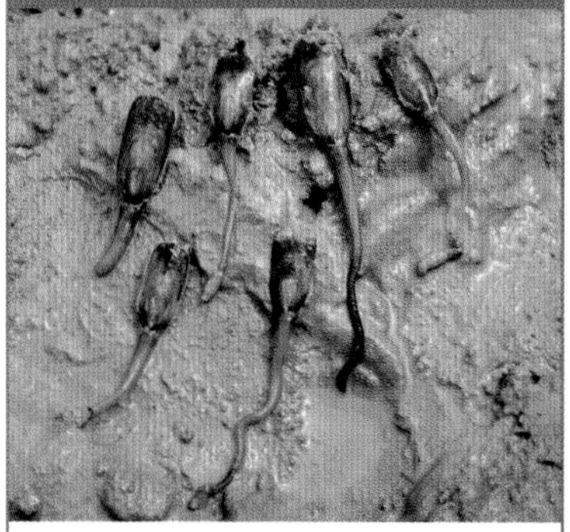

Lingula es un braquiópodo actual la forma de cuya concha se remonta hasta el Cámbrico. Inusual en un braquiópodo, vive enterrado en los sedimentos del fondo marino, en los que se ancla mediante un pedúnculo largo y carnoso que sale de entre sus dos valvas. *Lingula*, que carece de la abertura especial de *Lingulella*, es adaptable y puede volver a anclarse si la corriente le desplaza.

Bohemiella

GRUPO Braquiópodos
DATACIÓN Cámbrico medio
TAMAÑO 1-2 cm de longitud
LOCALIZACIÓN República Checa, Australia, Marruecos

Bohemiella pertenecía a los órtidos, un grupo de braquiópodos articulados que vivieron durante el Paleozoico. Sus valvas se alargaban en sentido transversal, y la peduncular (inferior) era menos cóncava que la braquial (superior), y a veces era casi plana. En la valva peduncular tenía dos pequeños dientes que se articulaban en los alvéolos homólogos de la valva braquial, los cuales tenían largas proyecciones en sus bordes internos para mantener los dientes en su sitio.

valva braquial

VALVA INTERNA
Este molde interno de la valva braquial de *Bohemiella* muestra cicatrices allí donde se adherían los músculos que abrían la concha.

Wiwaxia

GRUPO Moluscos o gusanos
DATACIÓN Cámbrico medio
TAMAÑO 3-5 cm de longitud
LOCALIZACIÓN Canadá

Wiwaxia era un animal muy singular, con un cuerpo longitudinalmente simétrico y ovalado visto desde arriba y cuadrangular en sección transversal. Su superficie dorsal estaba cubierta por varias hileras traslapadas de placas protectoras o escleritas, y por dos hileras de largas espinas. Su superficie ventral carecía por completo de protección. La boca de *Wiwaxia* tenía un aparato para recolectar comida, con dos o tres hileras de dientes cónicos y dirigidos hacia atrás que debían de servir para rascar algas o bacterias en el fondo del mar, o para recoger partículas alimenticias en el agua circundante. Debido a la similitud de este aparato con la rádula de los moluscos, algunos científicos opinan que *Wiwaxia* podría estar emparentado con los moluscos; otros, en cambio, creen que estaría emparentado con los anélidos o con otros «gusanos».

ESPINAS ASOMBROSAS
Aunque solo medía 5 cm de longitud, *Wiwaxia* era un animal asombroso, con su cuerpo acorazado y sus largas espinas dirigidas hacia arriba. Su boca se hallaba en la cara inferior del cuerpo.

UN MISTERIOSO FÓSIL
Wiwaxia es un fósil enigmático. Descubierto en el yacimiento fosilífero de los esquistos de Burgess, vivió hace unos 500 MA. Sus placas y espinas no estaban mineralizadas y parece que eran de textura fibrosa.

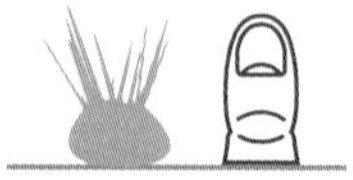

Pojetaia

GRUPO Bivalvos
DATACIÓN Cámbrico inferior
TAMAÑO 1-2 mm de longitud
LOCALIZACIÓN Australia, Canadá, China, Groenlandia, Rusia, Turquía, EE UU

Pojetaia es el bivalvo más antiguo que se ha descubierto hasta el presente. Su concha era casi circular, con un umbo bien definido en cada valva y con la charnela en línea recta. El exterior de la concha muestra anillos de crecimiento y algunas estrías radiales tenues. En el interior tenía dos músculos aductores que abrían y cerraban las valvas. La charnela tenía cinco o seis dientes, y los alvéolos de cada valva contribuían a la alineación de estas.

FÓSIL DE ESQUISTOS
La mayoría de los fósiles de *Helicoplacus* se han encontrado en esquistos.

Helicoplacus

GRUPO Equinodermos
DATACIÓN Cámbrico inferior
TAMAÑO 2,5-4 cm de longitud
LOCALIZACIÓN EE UU

Helicoplacus era un extraño equinodermo con una organización corporal primitiva que finalmente no prosperó. A diferencia de otros equinodermos, carecía de simetría radial. Sus diminutas placas se disponían en espiral en torno a la concha, que en reposo tenía forma de pera. En sus fósiles, las placas de la concha suelen encontrarse separadas, lo que sugiere que no estaban fusionadas; en vez de ello, el cuerpo podía extenderse y contraerse, y durante la extensión las placas se separaban.

ANATOMÍA
CUERPO EXTENSIBLE

Al no estar rígidamente fusionadas, las placas de *Helicoplacus* debían de permitir que su cuerpo se extendiera. Investigaciones recientes sugieren que el cuerpo tenía su extremo puntiagudo parcialmente enterrado en el fondo marino, y que lo extendía para alimentarse o para respirar.

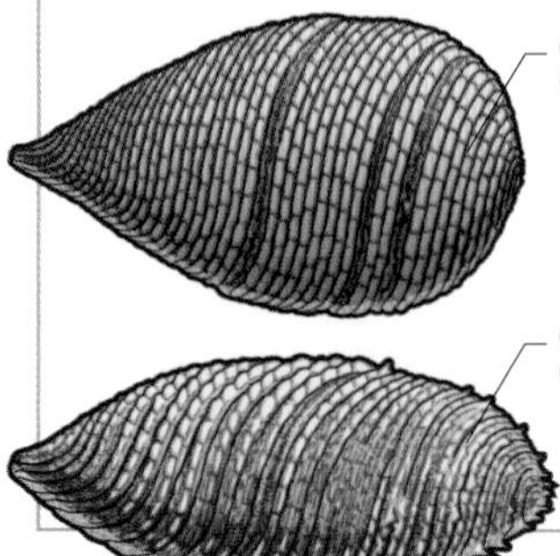

cuerpo en reposo
cuerpo extendido

Hallucigenia

GRUPO Lobopodios
DATACIÓN Cámbrico medio
TAMAÑO Unos 2,5 cm de longitud
LOCALIZACIÓN Canadá, China

En la década de 1970, las primeras reconstrucciones de *Hallucigenia* mostraban un animal con siete pares de «patas» rígidas como zancos y una hilera de proyecciones carnosas en el dorso. Sin embargo, posteriores descubrimientos mostraron que en esas reconstrucciones se había invertido la posición de *Hallucigenia*. Esta tenía el cuerpo alargado, con una «cabeza» redondeada en un extremo y una «cola» larga y carnosa en el otro. En el dorso tenía siete pares de espinas rígidas y puntiagudas, y unas pequeñas proyecciones cerca de la «cola». Los lobopodios no son verdaderos artrópodos, pues sus apéndices no están articulados, pero deben de ser parientes cercanos.

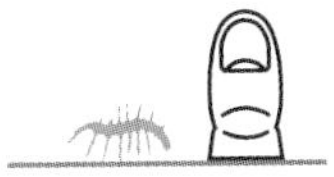

ONICÓFORO
Hallucigenia puede considerarse un onicóforo, del cual hay parientes vivos en las pluvisilvas templadas y tropicales actuales.

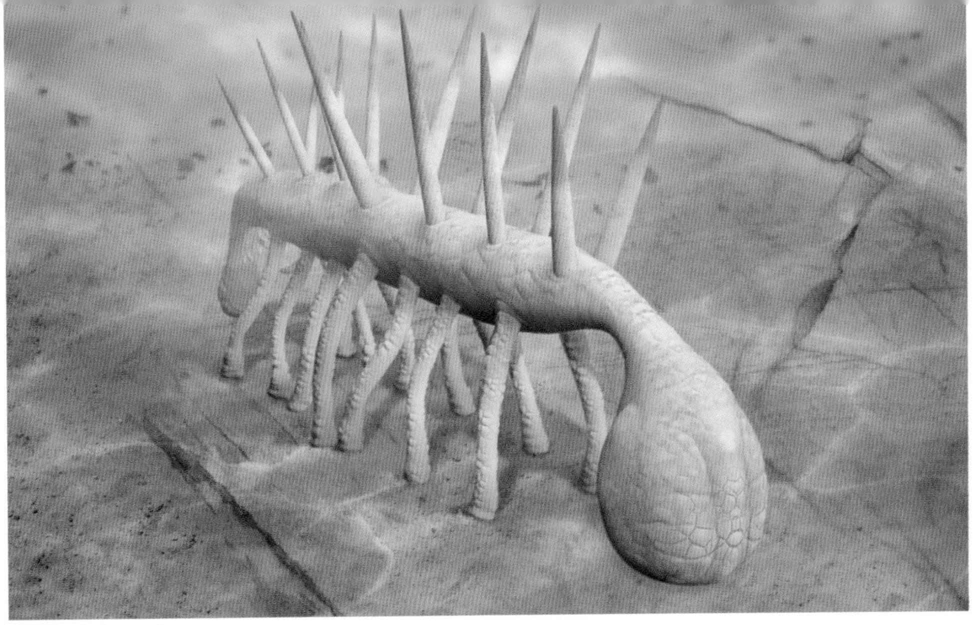

Opabinia

GRUPO Artrópodos
DATACIÓN Cámbrico medio
TAMAÑO Unos 6,5 cm de longitud
LOCALIZACIÓN Canadá

Opabinia es uno de los animales más extraños que se encontraron en el yacimiento fosilífero canadiense de los esquistos de Burgess, y de hecho no se parece a ningún otro. En la cabeza tenía cinco ojos protuberantes, dos a cado lado y uno en el centro, y una trompa o probóscide larga y flexible terminada en un órgano en forma de vaina, con pequeñas espinas que servían probablemente para capturar presas; *Opabinia* debía de utilizar esta probóscide para llevar las presas hasta la boca. Su alargado cuerpo tenía 16 segmentos, cada uno de los cuales presentaba un lóbulo lateral a modo de faldón, con branquias en su cara ventral. A cada lado de la cola se proyectaban tres alerones hacia fuera.

UN ASPECTO ESTRAMBÓTICO
Opabinia tenía una forma tan estrambótica que cuando se presentó a la Asociación Paleontológica en su congreso en Oxford (Inglaterra) en diciembre de 1972, su reconstrucción provocó carcajadas.

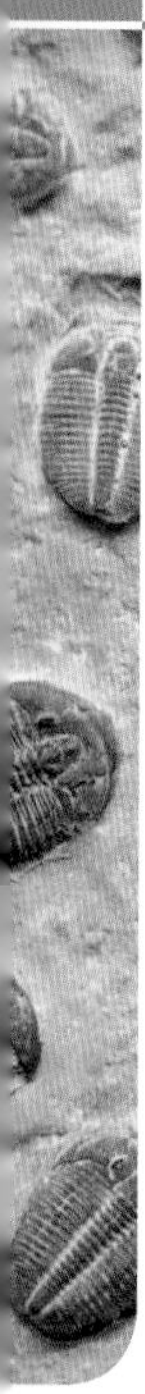

Marrella

GRUPO Artrópodos
DATACIÓN Cámbrico medio
TAMAÑO Hasta 2 cm de longitud
LOCALIZACIÓN Canadá

Marrella es el fósil (abajo) más abundante de los esquistos de Burgess, con más de 25 000 especímenes conocidos, pero este yacimiento canadiense es el único lugar del mundo en el que se ha hallado. Charles Walcott (p. 75) le dio el nombre informal de «cangrejo de encaje» debido a su aspecto «plumoso». *Marrella* tenía dos característicos pares de espinas dirigidas hacia atrás, uno de ellos a los lados del cuerpo y el otro por encima de él. De la parte anterior del cuerpo salían dos pares de antenas, una de ellas muy larga y la otra más corta y más gruesa. El cuerpo se componía de 20 segmentos, cada uno con un par de patas iguales y una rama branquial. Las patas idénticas sugieren que era un artrópodo primitivo.

MARRELLA SPLENDENS
El escudo cefálico y los dos pares de espinas dirigidas hacia atrás son claramente visibles en el fósil de arriba. El descubrimiento de *Marrella* es muy importante, ya que este podría ser descendiente de un antecesor común de los crustáceos, trilobites y quelicerados.

NECRÓFAGO DEL FONDO MARINO
Se cree que *Marrella* nadaba sobre el fondo del mar alimentándose de diminutas partículas de materia orgánica. Sus patas articuladas tenían ramas branquiales que formaban parte de su sistema respiratorio. Las proyecciones a modo de dientes del par interno de espinas son patentes en esta ilustración.

YACIMIENTO CLAVE
ESQUISTOS DE BURGESS

Con sus 510 MA de antigüedad, los esquistos de Burgess, en Columbia Británica (Canadá), son uno de los yacimientos fosilíferos más importantes del mundo, ya que contienen organismos de cuerpo blando bien conservados, algo infrecuente. Los esquistos de Burgess ofrecen una visión única de la gran diversidad del Cámbrico, con su multitud de tipos diferentes de fósiles, y su fauna aporta una importante prueba de la «explosión» del Cámbrico, que vio una rápida diversificación de la vida marina (p. 68).

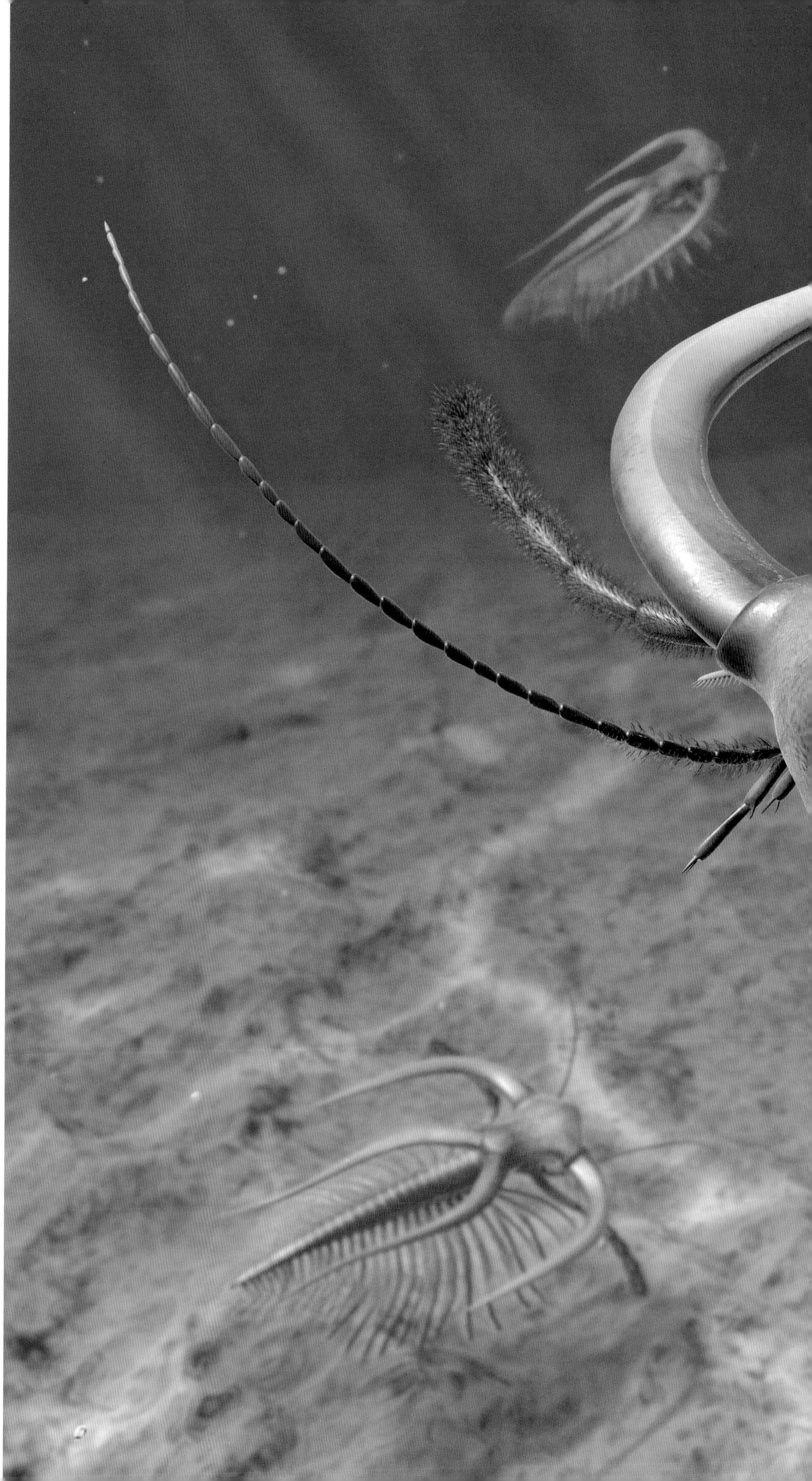

Olenellus

GRUPO Artrópodos
DATACIÓN Cámbrico medio
TAMAÑO Hasta 6 cm de longitud
LOCALIZACIÓN América del Norte, Groenlandia, México

Olenellus era un trilobites con un céfalon (escudo cefálico) semicircular y glabela (bulto central de la cabeza) ahusada y cuatro pares de surcos dirigidos hacia atrás. Sus ojos tenían forma de media luna y sus extremos frontales se fusionaban con el lóbulo frontal de la glabela. El tórax tenía 18 segmentos, y el tercero, más ancho y largo que los demás, terminaba en unas largas espinas.

OLENELLUS THOMPSONI
Aunque tenía la cabeza bien desarrollada y los ojos grandes y en forma de media luna, *Olenellus* tenía el pigidio (la «cola») pequeño y poco formado.

Olenus

GRUPO Artrópodos
DATACIÓN Cámbrico superior
TAMAÑO Hasta 4 cm de longitud
LOCALIZACIÓN Islas Británicas, Noruega, Suecia, Dinamarca, Terranova, Texas, Corea del Sur, Australia, Kazajstán

Olenus es un trilobites que se encuentra comúnmente en limolitas oscuras que se sedimentaron en el fondo marino, en ambientes con escaso oxígeno. Tenía hasta 15 segmentos torácicos, con lóbulos pleurales (laterales) muy anchos, los cuales se cree que soportaban branquias suficientemente extensas para absorber la máxima cantidad de oxígeno posible en estos ambientes. Las evidencias también sugieren que *Olenus* y sus parientes habrían desarrollado una relación simbiótica con bacterias reductoras de sulfato, alimentándose de ellas directamente o absorbiendo sus nutrientes.

OLENUS GIBBOSUS
Olenus tenía un céfalon redondeado, con la glabela (parte central) oblonga y unos ojos pequeños en forma de media luna. Su pigidio era mucho más pequeño que su céfalon.

Ellipsocephalus

GRUPO Artrópodos
DATACIÓN Cámbrico medio
TAMAÑO Hasta 4 cm de longitud
LOCALIZACIÓN Suecia, República Checa, Marruecos, Canadá, Polonia, Noruega

Ellipsocephalus tenía una glabela lisa y prominente con los lados algo cóncavos. Al igual que *Olenus* (arriba), sus ojos eran pequeños y con forma de media luna. El borde del céfalon estaba definido por un surco poco profundo y bastante estrecho.

Este trilobites se encuentra comúnmente en grandes grupos, en rocas cámbricas del distrito de Praga. Muchos fósiles están completos, pero carecen de las mejillas libres, lo que sugiere que se trataba de mudas y que los animales se congregaban para desprenderse de su viejo exoesqueleto. El céfalon de

ELLIPSOCEPHALUS HOFFI
Ellipsocephalus tenía el tórax dividido en 12 segmentos bien definidos.

Paradoxides

GRUPO Artrópodos
DATACIÓN Cámbrico medio
TAMAÑO Hasta 45 cm de longitud
LOCALIZACIÓN Europa, Marruecos, Turquía, Siberia, América del Norte

Era uno de los géneros de trilobites más grandes y probablemente un depredador situado en lo alto de la cadena alimentaria del Cámbrico. Bajo la parte más ancha de su glabela está el hipostoma, una gran placa que soportaba el estómago y cuyo tamaño y forma sugieren una actividad depredadora.

PARADOXIDES PARADOXISSIMUS GRACILIS
El tórax de *Paradoxides* constaba de 18 a 21 segmentos, todos ellos terminados en largas espinas, siendo las del extremo caudal más largas que las otras.

Elrathia

GRUPO Artrópodos
DATACIÓN Cámbrico medio
TAMAÑO Hasta 4,5 cm de longitud
LOCALIZACIÓN Oeste de EE UU, Canadá, Groenlandia

ELRATHIA KINGII
El exoesqueleto de *Elrathia* suele estar aplanado debido a su conservación en esquistos.

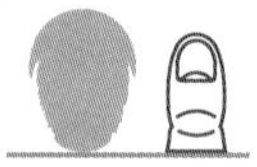

Es uno de los trilobites mejor conocidos de América del Norte. Su céfalon era semicircular, con una glabela corta y cónica y dos pares de surcos cortos y someros. Los ojos con forma de media luna se hallaban algo separados de la glabela, cerca de la parte frontal. El tórax tenía hasta 14 segmentos, y el extremo caudal era mucho más pequeño que la cabeza. Los indios ute de Pahvant (Utah, oeste de EE UU) empleaban los fósiles de *Elrathia kingii* como amuletos para conjurar el mal.

Tomagnostus

GRUPO Artrópodos
DATACIÓN Cámbrico medio
TAMAÑO Hasta 2 cm de longitud
LOCALIZACIÓN Este de EE UU, Terranova, islas Británicas, República Checa, Suecia, Siberia, Australia, Groenlandia

Es uno de los muchos trilobites agnóstidos con una distribución casi cosmopolita, y es por tanto muy útil para correlacionar rocas cámbricas en extensas áreas. Es probable que viviera en el océano abierto, pero como fósil se lo encuentra asociado con trilobites más «locales» en diferentes regiones. Los agnóstidos eran miembros característicos y muy especializados de la clase de los trilobites.

TOMAGNOSTUS FISSUS
El céfalon y el pigidio de *Tomagnostus* eran casi iguales en forma y tamaño.

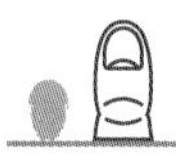

Anomalocaris

GRUPO Artrópodos
DATACIÓN Cámbrico medio
TAMAÑO Hasta 1 m de longitud
LOCALIZACIÓN Canadá, sur de China , EE UU, Australia

Anomalocaris fue el animal de mayor tamaño de los ecosistemas del Cámbrico que quedó fosilizado en los esquistos de Burgess, en Canadá. Su cabeza tenía dos ojos, delante de los cuales había un par de apéndices curvados hacia abajo y segmentados. Cada segmento de estos apéndices tenía un par de proyecciones espinosas en su cara inferior. La boca de *Anomalocaris* estaba situada en la cara inferior de la cabeza y consistía en un círculo de placas alargadas. Detrás de cada ojo había tres pequeños rebordes. El cuerpo estaba dividido en ocho segmentos, cada uno de ellos con alerones laterales, y la pequeña cola presentaba un abanico de alerones vuelto hacia arriba. Los fragmentos de *Anomalocaris* se atribuyeron al principio a animales diferentes: los apéndices frontales se consideraron como el segmentado abdomen de un crustáceo tipo gamba, mientras que las piezas bucales circulares se atribuyeron a una medusa.

CIENCIA
PRIMO FILTRADOR

Descubierto recientemente en Groenlandia, *Tamisiocaris* fue un anomalocarídido grande. Sus extraños apéndices frontales tenían largas y finas espinas con densas hileras de espinas mucho menores. Se cree que servían para filtrar plancton, como hacen los misticetos o ballenas barbadas actuales.

1 m Longitud de los mayores especímenes de *Anomalocaris*. Con su tamaño, sería un superdepredador de los mares del Cámbrico.

¿SUPERDEPREDADOR?
Aunque no era un nadador especialmente veloz, muchos científicos consideran que *Anomalocaris* estaría en el ápice de la cadena trófica de los mares del Cámbrico. Sin embargo, y a pesar de su gran tamaño, algunos dudan que sus partes bucales no mineralizadas fueran capaces de romper el exoesqueleto duro de animales como los trilobites, y es posible que la boca circular sirviera para succionar presas blandas.

BIOGRAFÍA
CHARLES WALCOTT

El paleontólogo estadounidense Charles D. Walcott (1850-1927; centro), especialista en invertebrados, coleccionaba fósiles desde niño. Pese a su escasa educación formal, llegó a ser director del Servicio Geológico de EE UU y secretario de la Smithsonian Institution. Su mayor descubrimiento fue el de los fósiles de animales del Cámbrico –incluido *Anomalocaris*– de los esquistos de Burgess, en las Rocosas canadienses, en 1909.

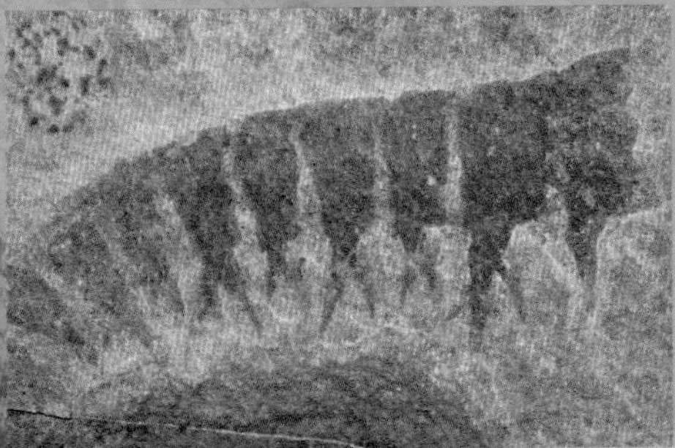

ANOMALOCARIS SP.
Con su cuerpo segmentado, es fácil comprender por qué los científicos, tras su descubrimiento en las Rocosas canadienses, pensaron que *Anomalocaris* era un tipo de gamba. De hecho, el nombre genérico significa «gamba anómala», en alusión a los apéndices no segmentados que lo distinguen de las auténticas gambas.

CÁMBRICO
VERTEBRADOS

El Cámbrico inferior fue un período crucial en la historia de la vida de la Tierra, con su explosión de diversidad animal. Hace unos 540 MA, los mares albergaron la primera oleada de nuevos grupos animales, y si bien unos acabaron extinguiéndose, otros evolucionaron hasta dar origen a los primeros vertebrados.

El inicio del Cámbrico viene marcado por la aparición, en rocas sedimentarias marinas, de una gran variedad de taxones animales que no se conocen en rocas más antiguas. Con esta explosión de diversidad aparecieron los principales grupos de animales. Entre ellos figuraban los primeros cordados –animales que en algún momento de su ciclo vital poseen un notocordio, el precursor de la columna vertebral– y los primeros vertebrados.

Los primeros vertebrados

Los vertebrados tienen una columna vertebral que rodea el notocordio y da soporte al cuerpo, así como un cráneo que envuelve el cerebro, los ojos, los órganos olfatorios y los oídos internos. Otro rasgo de los vertebrados es que ciertas partes de su cabeza, arcos branquiales y nervios se forman a partir de células neurales que migran desde la médula espinal en una fase temprana del desarrollo del embrión y viajan a diferentes partes del cuerpo para formar estas estructuras. Otros rasgos de los vertebrados son el control nervioso del corazón; una serie de músculos que controlan el movimiento de los ojos (músculos extrínsecos); al menos dos canales semicirculares en el oído interno, y una línea lateral que recorre la cabeza y el cuerpo y que contiene órganos sensoriales denominados neuromastos. Todos los peces agnatos son vertebrados. De los dos grupos de agnatos actuales, las lampreas se consideran vertebrados, pero muchos autores excluyen de este grupo a los mixinos debido al escaso desarrollo de su columna vertebral.

Hasta fechas recientes se creía que los vertebrados aparecieron en el Ordovícico. En 1984 se descubrió en Chengjiang, en la provincia china de Yunnan, un extraordinario yacimiento de fósiles del Cámbrico inferior. La mayoría de las más de 180 especies encontradas allí son animales invertebrados, pero en 1999 se identificaron dos vertebrados de 530 MA de antigüedad (abajo y p. siguiente).

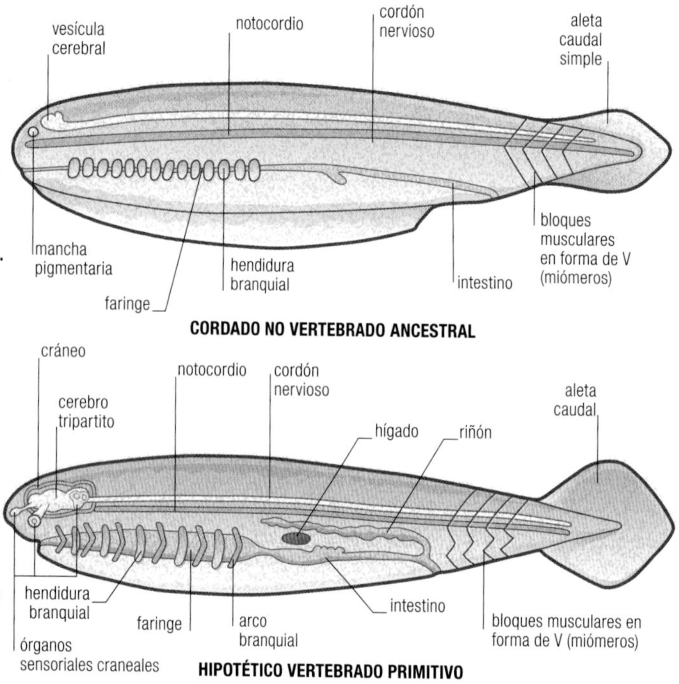
vesícula cerebral
notocordio
cordón nervioso
aleta caudal simple
mancha pigmentaria
faringe
hendidura branquial
intestino
bloques musculares en forma de V (miómeros)
CORDADO NO VERTEBRADO ANCESTRAL
cráneo
cerebro tripartito
notocordio
cordón nervioso
hígado
riñón
aleta caudal
hendidura branquial
faringe
órganos sensoriales craneales
arco branquial
intestino
bloques musculares en forma de V (miómeros)
HIPOTÉTICO VERTEBRADO PRIMITIVO

NO VERTEBRADO Y VERTEBRADO
En estos dos diagramas se comparan el plan corporal básico de un cordado no vertebrado y el de un vertebrado primitivo hipotético. Obsérvese en el segundo la presencia de un encéfalo protegido por un cráneo, órganos sensoriales y arcos branquiales.

GRUPOS

La explosión del Cámbrico dio origen a los primeros cefalocordados y vertebrados, miembros del filo cordados. Estos tienen una organización corporal característica, al menos en sus estadios embrionarios, con un rígido notocordio dorsal, un cordón nervioso hueco por encima de él y un aparato digestivo completo por debajo.

CEFALOCORDADOS
Estos cordados conservan el notocordio cuando son adultos, pero carecen de columna vertebral y de cresta neural. *Pikaia*, el primer cefalocordado, nadaba en el mar hace unos 530 MA. Era muy similar a los anfioxos (*Branchiostoma* sp.; dcha.), los únicos cefalocordados que viven actualmente, ya que tenía hendiduras branquiales y los músculos corporales dispuestos en forma de V.

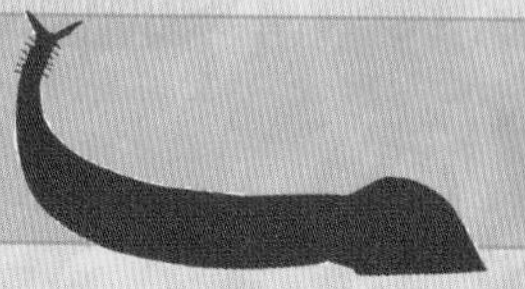

MYLLOKUNMÍNGIDOS
Los primeros vertebrados, *Myllokunmingia* y *Haikouichthys*, de los cuales se han hallado más de 500 especímenes en los esquistos de Chengjiang, se agrupan a menudo en el mismo taxón. Poseen pequeños elementos vertebrales que representan la primera columna vertebral, además de otros rasgos propios de los vertebrados, como una cabeza netamente definida y unas estructuras de soporte de las hendiduras branquiales.

ANFIOXOS
Los anfioxos se quedan a menudo medio enterrados en el sedimento, con la cabeza fuera para alimentarse por filtración. A través de su piel transparente pueden verse sus característicos bloques musculares en forma de V, que recorren ambos lados del cuerpo.

Pikaia

GRUPO Cefalocordados
DATACIÓN Cámbrico inferior
TAMAÑO 5 cm de longitud
LOCALIZACIÓN Canadá

Pikaia, un animal marino que vivió hace unos 530 MA, es uno de los primeros cordados que se conocen y pertenece al subfilo cefalocordados (p. anterior). Este animal, similar al anfioxo actual, pero provisto de un par de estructuras a modo de antenas en la cabeza, era pequeño y delicado y tenía un cordón nervioso dorsal desde la parte frontal hasta la posterior, bajo el cual se extendía el notocordio, que servía de soporte. A ambos lados de su aplanado cuerpo se disponían unos músculos en forma de V, y la estrecha aleta que se extendía por los dos tercios posteriores de su cuerpo se ensanchaba en una aleta caudal terminada en una única punta.

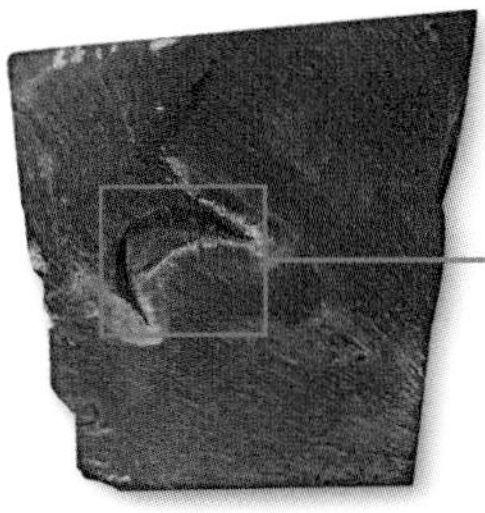

FÓSIL CANADIENSE
Pikaia se descubrió en el yacimiento canadiense de los esquistos de Burgess (p. 74), junto con una gran variedad de invertebrados.

ANTECESOR INSÓLITO
Pikaia podrá no ser muy fascinante, pero tiene gran interés para los científicos. Muestra claramente trazas de un notocordio, un cordón nervioso dorsal y bloques musculares, rasgos clave en la evolución de los vertebrados.

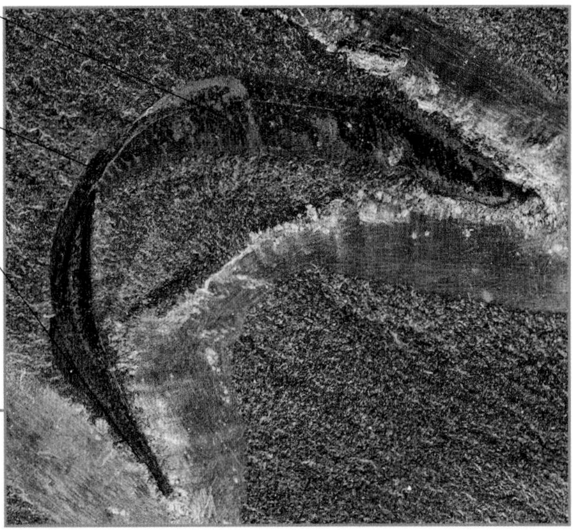
bloques musculares a lo largo del cuerpo
membrana o aleta estrecha
la cola se ahúsa y termina en punta

Myllokunmingia

GRUPO Myllokunmíngidos
DATACIÓN Cámbrico inferior
TAMAÑO 2-3 cm de longitud
LOCALIZACIÓN China

Myllokunmingia y *Haikouichthys* son los vertebrados más antiguos: vivieron hace unos 530 MA y eran agnatos marinos y diminutos. *Myllokunmingia* era similar a *Haikouichthys* pero menos esbelto. Tenía una cabeza bien diferenciada y bloques musculares en forma de V (miómeros) dirigidos hacia atrás. Sin embargo, difería de *Haikouichthys* por unas estructuras a modo de bolsas asociadas a sus cinco o seis branquias (*Haikouichthys* tenía barras branquiales y posiblemente un mayor número de branquias). Los fósiles de *Myllokunmingia* sugieren que tenía un cráneo cartilaginoso y algunos elementos vertebrales primitivos. Algunas partes de su sistema digestivo se han conservado, aunque no la boca. *Myllokunmingia* tenía una aleta dorsal triangular que se inclinaba levemente hacia arriba desde poco más atrás de la cabeza, así como una larga aleta en la parte ventral.

Haikouichthys

GRUPO Myllokunmíngidos
DATACIÓN Cámbrico inferior
TAMAÑO 2,5 cm de longitud
LOCALIZACIÓN China

Se cree que es uno de los agnatos (los vertebrados sin mandíbulas) más primitivos. Conservado en los sedimentos marinos de Chengjiang, de 530 MA de antigüedad, es diferente de otros agnatos. En la cabeza tenía una extensión redondeada que llevaba órganos sensoriales: los ojos y posiblemente sacos nasales y cápsulas óticas asociadas con la audición. A los lados del cuerpo tenía al menos seis, y posiblemente hasta nueve, hendiduras branquiales sostenidas por barras branquiales. En algunos lugares también pueden verse los bloques musculares en forma de V. Tenía notocordio, pero también evidencias de elementos tipo vértebra similares a los de las actuales lampreas. Las estructuras circulares de su parte ventral eran quizás órganos productores de mucus como los que se observan en los mixinos.

ALETA CONTINUA
Haikouichthys tenía una aleta dorsal prominente, y hay evidencias de que esta podía estar reforzada por radios. La aleta dorsal era continua con la caudal, que a su vez se unía con la más estrecha aleta ventral.

530 MA Edad de *Haikouichthys* y *Myllokunmingia*, cuyos pequeños **elementos vertebrales** representan la **primera columna vertebral.**

ORDOVÍCICO

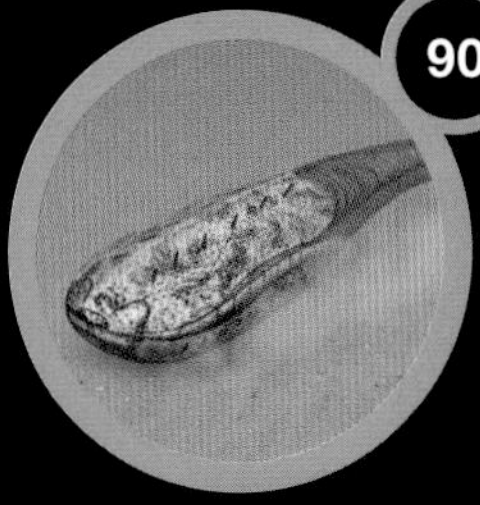

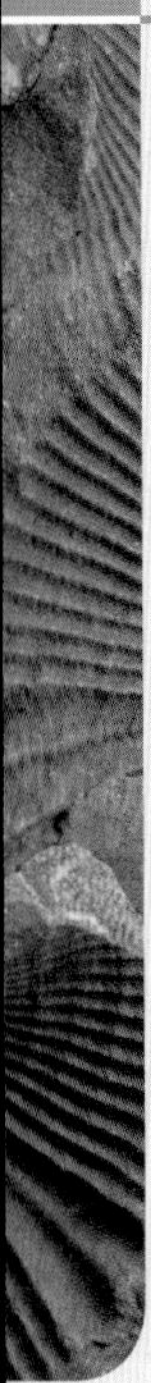

Ordovícico

Durante este período, la fauna marina cambió drásticamente. La fauna del Cámbrico fue sustituida por una mucho más diversa a mediados del Ordovícico, y algunos animales, sobre todo artrópodos, comenzaron a colonizar la tierra firme. A finales del Ordovícico se produjo la primera de las grandes extinciones de flora y fauna; trilobites, equinodermos, braquiópodos, graptolites, briozoos y constructores de arrecifes fueron los más afectados.

RASTROS DE ARTRÓPODOS
Estas huellas las dejó un artrópodo primitivo sobre arena húmeda y ondulada hace unos 450 MA. Están preservadas en la arenisca Tumblagooda, en Australia Occidental.

Océanos y continentes

Los rápidos movimientos tectónicos y la actividad volcánica del período Cámbrico continuaron, con una profunda reorganización de los continentes y cuencas oceánicas. Extensos mares epicontinentales de escasa profundidad y lecho casi plano rodeaban las masas continentales. En estos mares se depositaban sedimentos provenientes de la erosión de cinturones de montañas yermas, aún sin flora. El aumento del nivel del mar y de la actividad tectónica convirtió las masas continentales más pequeñas en archipiélagos. Existían cuatro grandes continentes: Gondwana, Laurentia, Báltica y Siberia. A mediados del Ordovícico, Siberia se había trasladado de su posición en el hemisferio sur hasta el hemisferio norte, cerca de Laurentia (que se extendía a lo largo del ecuador). El enorme océano Pantalasa rodeaba estas masas continentales por el norte. Gondwana se extendía desde el norte del ecuador hasta el polo Sur; durante el Ordovícico rotó en sentido contrario a las agujas del reloj, transportando las áreas que forman la actual Australia y parte de la Antártida al hemisferio norte. Las pequeñas islas de China meridional quedaban en el borde oeste de Gondwana. El océano Paleotetis, entre Gondwana y Laurentia, albergaba la masa continental de Báltica, que se desplazaba hacia el sur. Mientras, el océano de Japeto se ensanchaba. El del Ordovícico era un paisaje de continentes yermos, asolados por erupciones volcánicas y terremotos, con líneas costeras en constante cambio. Los enormes mares, poco profundos, albergaban arrecifes de coral y una gran diversidad de invertebrados marinos, hasta que una gran extinción a finales del Ordovícico acabó con la mayoría de las especies.

ERUPCIÓN DEL MONTE ST. HELENS
Una columna de cenizas se eleva del monte St. Helens (Washington, EE UU) durante la erupción de 1980. La actividad volcánica del Ordovícico fue aún mayor, y produjo nubes de ceniza de tamaño extraordinario.

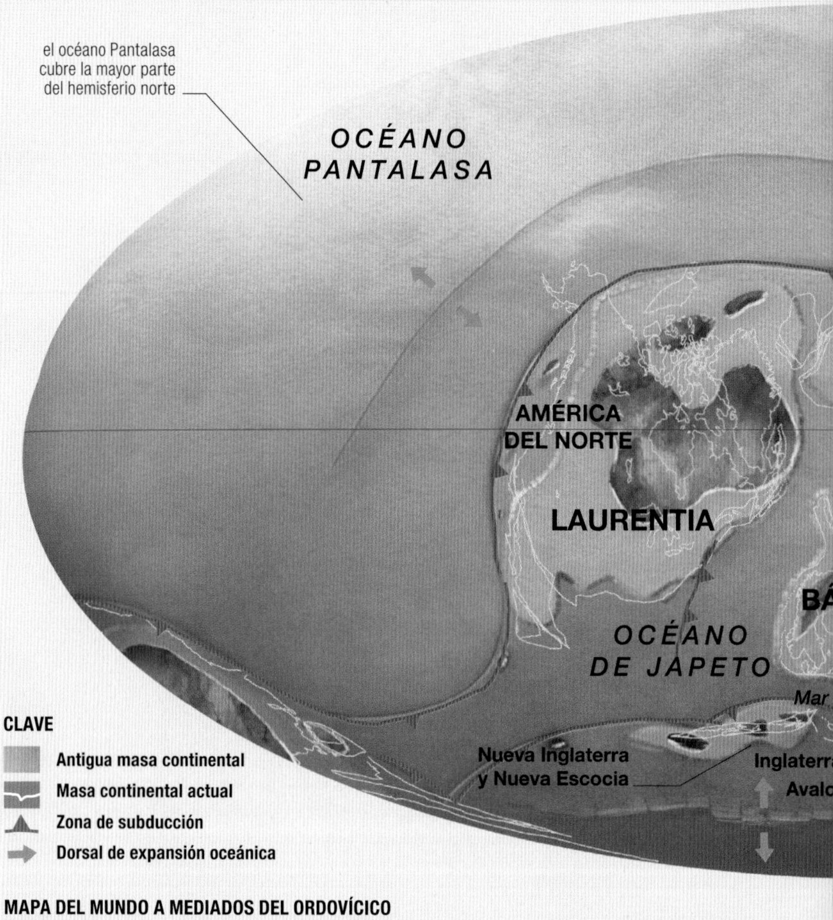
el océano Pantalasa cubre la mayor parte del hemisferio norte
OCÉANO PANTALASA
AMÉRICA DEL NORTE
LAURENTIA
OCÉANO DE JAPETO
Nueva Inglaterra y Nueva Escocia
Mar
Inglaterr
Avalo
CLAVE
Antigua masa continental
Masa continental actual
Zona de subducción
Dorsal de expansión oceánica

MAPA DEL MUNDO A MEDIADOS DEL ORDOVÍCICO
El desplazamiento de los continentes conllevó una intensa actividad tectónica. Gondwana rotaba, Báltica derivaba hacia el sur y Siberia se acercaba a Laurentia.

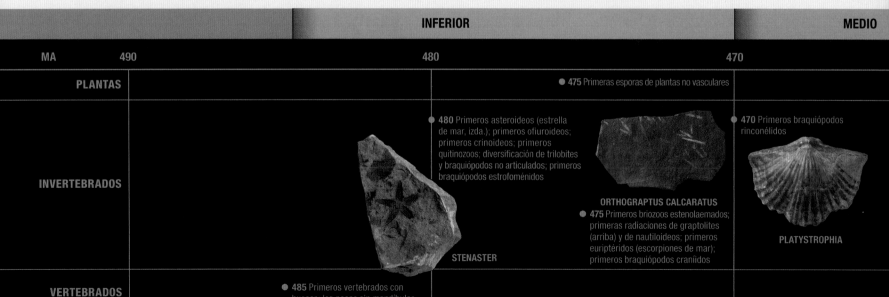

	INFERIOR		MEDIO
MA	490	480	470
PLANTAS		475 Primeras esporas de plantas no vasculares	
INVERTEBRADOS		480 Primeros asteroideos (estrella de mar, izda.); primeros ofiuroideos; primeros crinoideos; primeros quitinozoos; diversificación de trilobites y braquiópodos no articulados; primeros braquiópodos estrofoménidos 475 Primeros briozoos estenolaemados; primeras radiaciones de graptolites (arriba) y de nautiloideos; primeros euriptéridos (escorpiones de mar); primeros braquiópodos craniidos	470 Primeros braquiópodos rinconélidos
VERTEBRADOS	485 Primeros vertebrados con huesos: los peces sin mandíbulas		

STENASTER

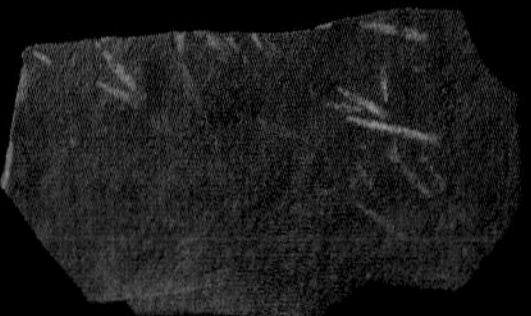

ORTHOGRAPTUS CALCARATUS

PLATYSTROPHIA

TEMPERATURA DEL MAR ROJO
Hoy en día las aguas del mar Rojo y del golfo Pérsico pueden alcanzar una temperatura máxima de 42 °C. Al principio del Ordovícico, antes de que comenzaran a enfriarse, se podían hallar temperaturas similares en todos los océanos.

ARRECIFE DE CORAL
Los animales constructores de arrecifes segregaban carbonato de calcio, creando estructuras y formando la base de nuevos ecosistemas en los mares del Ordovícico.

Clima

Como el Cámbrico, el Ordovícico era al principio muy cálido, con temperaturas marinas cercanas a 42 °C. Sin embargo, pronto comenzó un prolongado período de enfriamiento y a finales del Ordovícico inferior las temperaturas habían bajado hasta los 23 °C. Las condiciones tropicales dieron paso a las de los modernos océanos ecuatoriales. Las temperaturas se mantuvieron bastante constantes durante 25 MA entre el Ordovícico medio y el superior. A este período de relativa estabilidad le siguió uno de rápido descenso de las temperaturas, debido a una extensa glaciación a finales del Ordovícico; hay abundantes pruebas en rocas de la antigua Gondwana localizadas en Arabia, el Sáhara, África occidental, Canadá y América del Sur. Laurentia, situada a una latitud muy inferior, no sufrió esta glaciación. Los depósitos glaciares indican que existían grandes glaciares continentales en África y Brasil, así como en la zona de los Andes, de tipo alpino. La glaciación se dio a una alta latitud, y se centró en el polo Sur, donde estaba situada Gondwana a finales del Ordovícico. Comenzó y fue más intensa en la zona del supercontinente que más tarde constituiría el norte de África. Las condiciones durante el período glacial eran áridas, y solo hubo un aumento de la humedad durante la fase final del Ordovícico. La vida prosperó a lo largo de todo el período, hasta que la Tierra volvió a entrar en una fase glacial. A principios del Silúrico las temperaturas ecuatoriales se habían restablecido.

FÓSILES EN EL EVEREST
Fragmentos fósiles prueban que algunos estratos calizos de la cima del Everest estuvieron bajo las cálidas aguas de los mares del Ordovícico. Elevadas hace 60 MA, hoy sus rocas sufren la erosión de los glaciares.

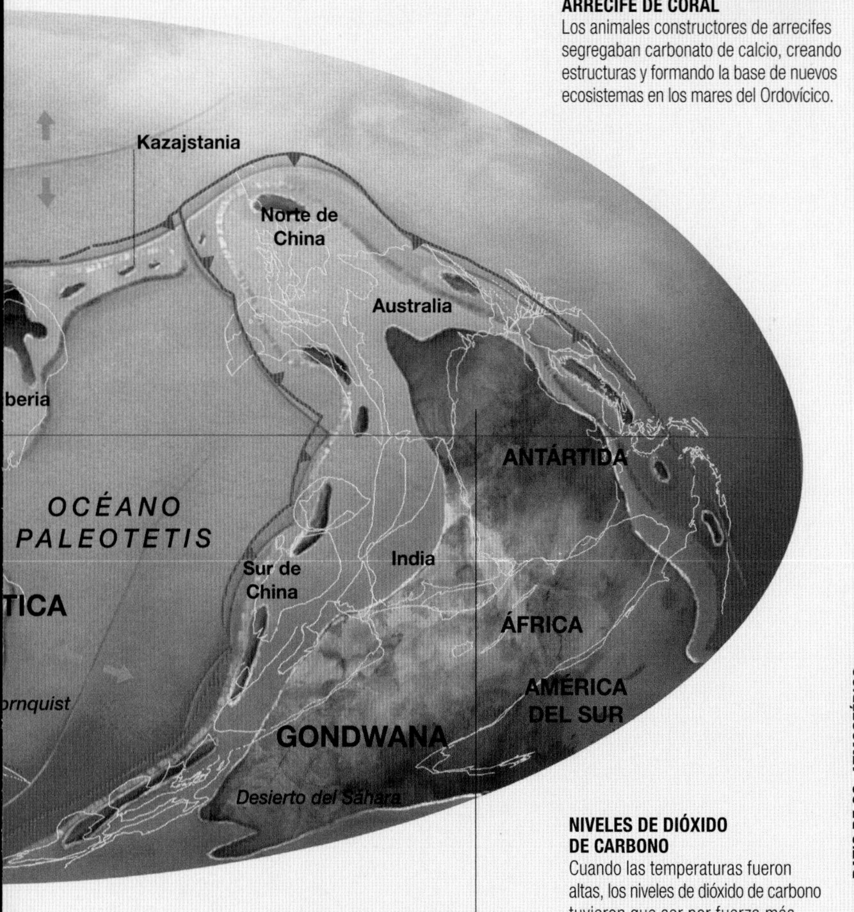

Kazajstania
Norte de China
Australia
beria
OCÉANO PALEOTETIS
ANTÁRTIDA
TICA
Sur de China
India
ÁFRICA
AMÉRICA DEL SUR
rnquist
GONDWANA
Desierto del Sáhara

Gondwana rota, llevándose partes de Australia y la Antártida hacia el norte del ecuador

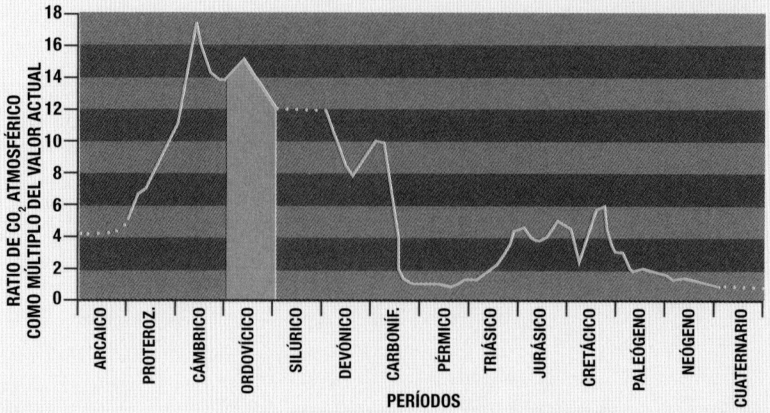

RATIO DE CO_2 ATMOSFÉRICO COMO MÚLTIPLO DEL VALOR ACTUAL
0
2
4
6
8
10
12
14
16
18
ARCAICO
PROTEROZ.
CÁMBRICO
ORDOVÍCICO
SILÚRICO
DEVÓNICO
CARBONÍF.
PÉRMICO
TRIÁSICO
JURÁSICO
CRETÁCICO
PALEÓGENO
NEÓGENO
CUATERNARIO
PERÍODOS

NIVELES DE DIÓXIDO DE CARBONO
Cuando las temperaturas fueron altas, los niveles de dióxido de carbono tuvieron que ser por fuerza más altos que los actuales, pero bajaron cuando el mundo del Ordovícico entró en un período de frío intenso.

SUPERIOR

460 | 450 | 440 | MA

PLANTAS

INVERTEBRADOS

VERTEBRADOS

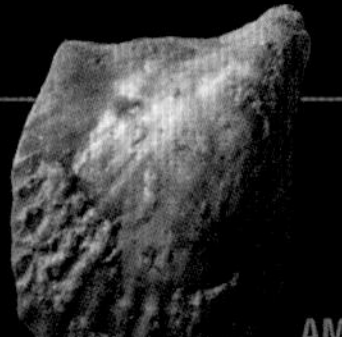

AMBONYCHIA RADIATA

• **465** Radiación de gasterópodos en Laurentia; los bivalvos (arriba) se extienden por Gondwana; radiación de conodontos, briozoos, bivalvos, acritarcos, primeros braquiópodos articulados; primeros braquiópodos atrípidos

• **460** Gran equinodermo (abajo); radiaciones de ostrácodos y corales; se desarrollan los arrecifes de metazoos

MALOCYSTITES MURCHISONI

• **455** Primeros braquiópodos espiriféridos

• **450** Primeras madrigueras de artrópodos (milpiés) en tierra firme; primer animal conodonto completo conocido; primeros equinoideos

• **445** Extinción masiva: desaparece el 50 % de las especies, sobre todo trilobites (abajo) y familias de equinodermos, así como géneros y especies de estos, nautiloideos, corales, braquiópodos, graptolites, conodontos y acritarcos

TRIARTHUS

ORDOVÍCICO
INVERTEBRADOS

Una importante fase de la evolución durante el Ordovícico dio lugar al aumento más significativo de la fauna marina en la historia del planeta. Sin embargo, en contraste con la «explosión» cámbrica, en este período aparecieron relativamente pocas innovaciones en los diseños corporales.

La gran biodiversificación del Ordovícico, por la cual se triplicó la biodiversidad marina, fue uno de los acontecimientos evolutivos más importantes, solo superado por la «explosión» cámbrica (p. 68).

BRIOZOO
Los primeros briozoos se desarrollaron en el Ordovícico inferior. Este tenía un esqueleto calcítico.

La gran biodiversificación

Durante el Ordovícico inferior y medio tuvo lugar una impresionante proliferación y diversificación de la fauna marina, que se dio por fases a lo largo de 25 MA. Esto fue el resultado de ciertos procesos geológicos y biológicos y del desarrollo de nuevos ecosistemas. Durante este período había más continentes que en ningún otro período del Paleozoico, cada uno con su plataforma continental. Estos continentes ofrecían un gran número de hábitats. El nivel del mar era alto; las plataformas continentales estaban inundadas y los climas cálidos prevalecieron hasta el final del período. Se dieron importantes cambios evolutivos tanto en el plancton (posiblemente propiciados por un importante aumento de material volcánico rico en minerales) como en los animales que vivían en o cerca del lecho marino, especialmente entre los que se alimentaban de partículas en suspensión. En esta época se formaron los primeros grandes arrecifes, creados por algas.

FILTRADORES
Este braquiópodo estrofoménido, típico del Paleozoico inferior, yacía plano en el lecho marino y poseía dos valvas calcáreas, que dejaban pasar el agua.

Extinción masiva

A finales del Ordovícico tuvo lugar una glaciación breve pero intensa, durante la cual el hielo llegó a latitudes bastante meridionales. El nivel del mar bajó drásticamente y se perdió mucho espacio vital en las plataformas continentales. La fauna tropical sufrió especialmente el descenso de las temperaturas; las formas de vida de agua fría, en cambio, no se vieron tan afectadas.

ADAPTACIÓN DE LOS ARTRÓPODOS
En el Ordovícico los trilobites se diversificaron. Este tiene unas finas líneas que cruzan su cabeza, que le permitían romper fácilmente el exoesqueleto cuando realizaba la muda.

GRUPOS

En el Ordovícico hubo una impresionante radiación evolutiva de especies, pero su fase final fue un período de extinción masiva por glaciación. Los trilobites nunca volvieron a colonizar el océano. La subsiguiente fauna invertebrada del Silúrico no fue, en muchos casos, sino una versión empobrecida de la del Ordovícico.

BRIOZOOS
Los briozoos aparecieron durante el Ordovícico. Organismos coloniales, se componían de pequeños animales de cuerpo blando que habitaban en las pequeñas cavidades de un exoesqueleto calcáreo. Aunque los del Ordovícico se extinguieron, los briozoos modernos son un componente importante de la fauna oceánica actual.

BRAQUIÓPODOS ÓRTIDOS
Los órtidos son los más simples de los braquiópodos articulados del Ordovícico. Se fijaban al lecho marino con un pedúnculo, con sus dos valvas calcáreas abiertas para alimentarse. Se vieron afectados por la extinción de finales del Ordovícico, pero sobrevivieron hasta finales del Pérmico.

BIVALVOS
Los bivalvos del Ordovícico eran bastante variados y habitaban sobre todo cerca de las líneas costeras, en las que los braquiópodos, dominantes en todas las demás zonas, no abundaban tanto. La mayoría se alimentaban por filtración o de bacterias que extraían del sedimento, tal y como hace la actual *Nucula nitidosa*.

GRAPTOLITES
Estos seres son el principal componente preservado del plancton del Ordovícico inferior hasta mediados del Devónico. Son animales coloniales y excelentes fósiles guía. Suelen ser aplanados, pero se dan raros casos de fósiles en tres dimensiones, que demuestran que poseían una forma sorprendentemente compleja.

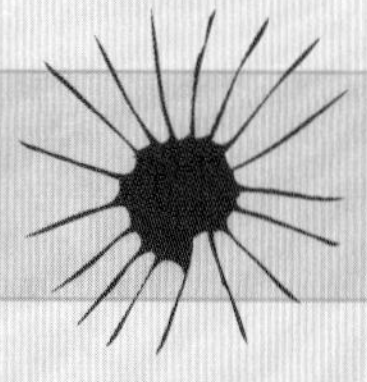

Espículas de anclaje de esponja

GRUPO Esponjas
DATACIÓN Del Cámbrico al Devónico
TAMAÑO Hasta 4,5 cm de longitud
LOCALIZACIÓN Todo el mundo

Durante el Ordovícico, un lodo resbaladizo cubría amplias zonas del lecho marino, haciéndolas inhabitables para muchos de los animales de las profundidades de la época. Sin embargo, un grupo fue capaz de colonizar este fondo marino: las esponjas vítreas, así llamadas porque poseían esqueletos de sílice. Estos sencillos animales desarrollaron largas espículas o espinas con las que se anclaban en el lodo, a fin de aprovechar la abundancia de pequeñas partículas alimenticias de esas aguas; estas espículas también les permitían mantener su cuerpo, relativamente pequeño, por encima de las capas de sedimento, sin ser arrastrado.

largas
y finas
espículas

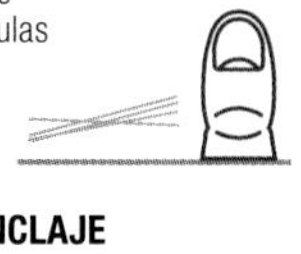

ESPÍCULAS DE ANCLAJE DE ESPONJAS
Dado que las espículas de estas esponjas vítreas eran a menudo bastante largas y gruesas, suelen proporcionar fósiles bastante más notables que los cuerpos de las esponjas que sujetaban.

coralita
laguna
formación de «flautas de Pan»

CATENIPORA SP.
Las coralitas poseían gruesas paredes con tabiques horizontales, que vistas desde arriba parecen cadenas.

La estructura parece un montón de diminutas flautas de Pan.

Catenipora

GRUPO Antozoos
DATACIÓN Del final del Ordovícico al final del Silúrico
TAMAÑO Coralita de 1-1,5 mm de grosor
LOCALIZACIÓN Todo el mundo

Catenipora era una colonia de coral tabulado (p. 98) compuesta por exoesqueletos elípticos distribuidos en filas sencillas, en cada uno de los cuales habría vivido un pólipo. Las hileras se unían y separaban, formando una red con espacios intermedios (lagunas) a menudo rellenos de sedimentos. Vista de lado, la estructura de coral parece un montón de diminutas flautas de Pan. *Catenipora* vivía en mares cálidos y poco profundos, y es muy posible que solo la parte superior de las formaciones asomara por encima del sedimento marino.

Constellaria

GRUPO Briozoos
DATACIÓN Del Ordovícico medio al Silúrico inferior
TAMAÑO 1-1,5 cm de grosor cada rama
LOCALIZACIÓN Todo el mundo

Constellaria era una colonia ramificada de briozoos. Las ramas, erectas, eran bastante gruesas, aunque a veces se comprimían en una dirección. La superficie de la colonia estaba cubierta por unos característicos montículos con forma de estrella llamados máculas. Se cree que estas estructuras funcionaban como «chimeneas» por las que expulsaban el agua filtrada una vez habían obtenido de ella el alimento.

CONSTELLARIA SP.
La superficie estaba cubierta de pequeñas máculas con forma de estrella.

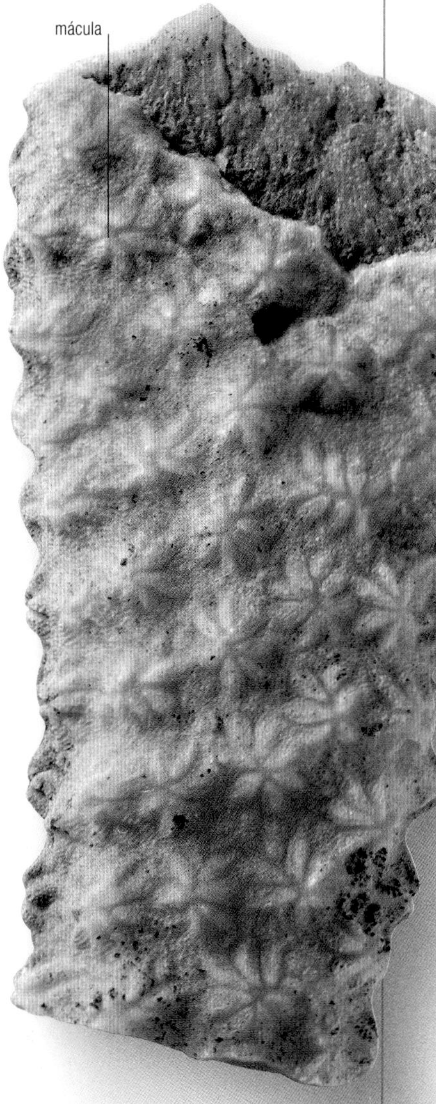
mácula

Diplotrypa

GRUPO Briozoos
DATACIÓN Del Ordovícico al Silúrico
TAMAÑO Colonias de hasta 10 cm de diámetro
LOCALIZACIÓN Todo el mundo

Diplotrypa era un briozoo trepostomo que formaba grandes colonias con forma de cúpula. La superficie de estas cúpulas está cubierta de diminutos agujeros, las aberturas de unas largas estructuras tubulares llamadas zoecios, que se dividían en partes mediante finos diafragmas. En cada zoecio vivía un organismo de cuerpo blando, o zooide. Cada zooide tenía un lofóforo o anillo de tentáculos en torno a su boca; los pequeños pelillos (cilios) de los tentáculos dirigían las partículas alimenticias a la boca, generando un flujo de agua mediante rápidos movimientos verticales. Cuando los zooides no estaban alimentándose retraían los tentáculos para protegerse. Entre los zoecios había unos tubitos aún más pequeños que podrían haber albergado a los zooides que no se alimentaban.

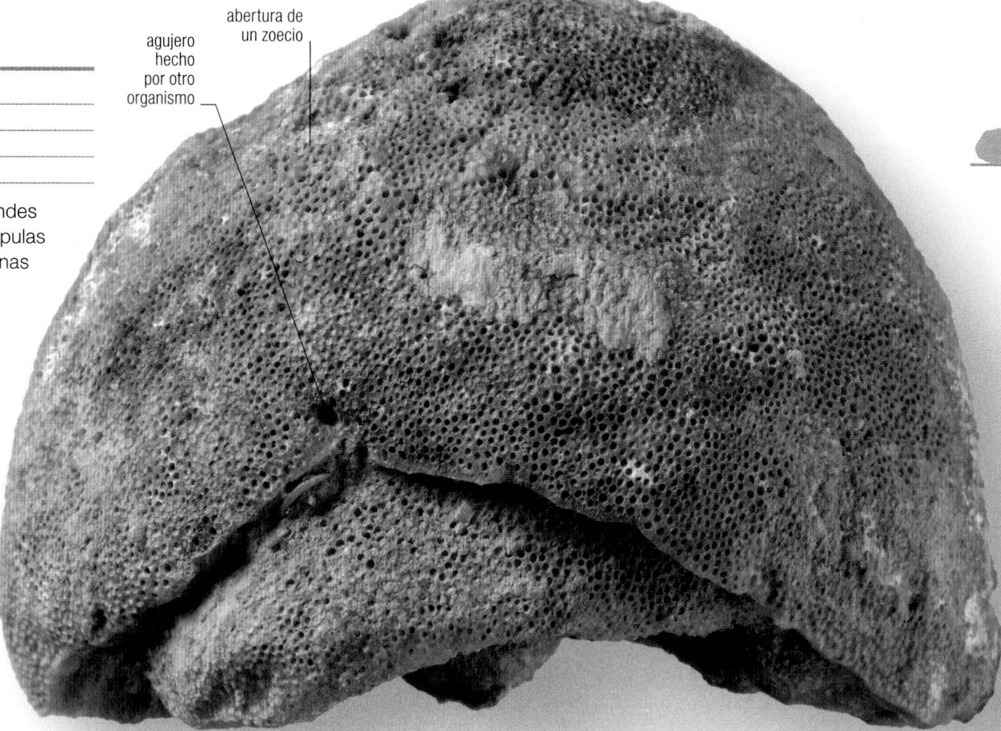
agujero hecho por otro organismo
abertura de un zoecio

DIPLOTRYPA SP.
Diplotrypa suele mostrar grandes agujeros en la colonia, realizados por otros organismos, posiblemente gusanos poliquetos.

afilada costilla radial
umbo

Dinorthis

GRUPO Braquiópodos
DATACIÓN Ordovícico
TAMAÑO Hasta 3,5 cm de longitud
LOCALIZACIÓN Todo el mundo

Dinorthis era un braquiópodo órtido, un grupo que existió durante casi todo el Paleozoico. La característica más notable de *Dinorthis* son sus afiladas costillas radiales, igual de prominentes en ambas valvas. Otra característica es que la valva menor (braquial) es más convexa que la mayor (peduncular), y en algunas especies esta puede incluso ser cóncava. Los bordes de la concha son redondeados, lo que le confiere una forma de D.

DINORTHIS ANTICOSTIENSIS
Las costillas están muy bien definidas en ambas valvas. Los umbos de las valvas se proyectan ligeramente más allá de la recta línea de charnela.

Rafinesquina

GRUPO Braquiópodos
DATACIÓN Del Ordovícico al Silúrico
TAMAÑO Hasta 4 cm de longitud
LOCALIZACIÓN Todo el mundo

Rafinesquina era un braquiópodo común cuya ornamentación incluía unas marcadas costillas concéntricas. La valva mayor (la peduncular) tiene forma convexa, mientras que la menor (la braquial) es cóncava y encaja perfectamente en la anterior. Esto podría significar que el animal que vivía dentro era muy fino. El umbo se proyecta levemente por encima del centro de la línea de unión.

R. ALTERNATA
La línea de unión de la valva es bien visible en este fósil de braquiópodo.

línea de unión

Platystrophia

GRUPO Braquiópodos
DATACIÓN Del Ordovícico medio al Silúrico superior
TAMAÑO Hasta 4 cm de longitud
LOCALIZACIÓN Todo el mundo

Platystrophia está emparentado con *Dinorthis*, pero a diferencia de este (arriba), posee unas valvas marcadamente convexas, lo que le da un aspecto bastante rechoncho visto de lado. Ambas valvas tienen costillas radiales marcadas, y la menor (braquial) presenta un pliegue acusado hacia fuera que encaja con un pliegue similar hacia dentro en la mayor (pedicular). Algunas especies desarrollaban marcas en forma de hoyuelos en ambas valvas, aunque no son visibles en este espécimen.

punto de anclaje del pedúnculo
marcadas costillas radiales

PLATYSTROPHIA PONDEROSA
El tallo flexible que anclaba a *Platystrophia* al lecho marino se hallaba en la punta en forma de V de la línea de charnela.

Endoceras

GRUPO Cefalópodos
DATACIÓN Del Ordovícico medio al superior
TAMAÑO Hasta 9 m de longitud
LOCALIZACIÓN América del Norte, norte de Europa, Rusia, este de Asia

Endoceras pertenecía al mismo grupo que el actual *Nautilus*. Tanía una larga concha cónica dividida internamente en varias cámaras, unidas por un largo tubo (sifúnculo) que vaciaba el agua de las cámaras. La cámara más amplia, en el extremo más ancho, alojaba el cuerpo blando y muscular del animal. *Endoceras* nadaría en horizontal, expeliendo agua a gran velocidad por un sifón, como el moderno *Nautilus*. Debía de ser un temible depredador: con sus casi 9 m era uno de los animales más grandes de los mares del Ordovícico.

amplio espacio del sifúnculo

ENDOCERAS PROETIFORME
Este corte transversal muestra dónde habría estado el sifúnculo.

línea de sutura

LÍNEAS DIVISORIAS
Este corte de la concha muestra los tabiques o septos que dividían las cámaras internas.

Orthonyboceras

GRUPO Cefalópodos
DATACIÓN Del Ordovícico medio al superior
TAMAÑO 25 cm de longitud
LOCALIZACIÓN América del Norte, Asia

Durante el Ordovícico hubo muchos tipos de cefalópodos nautiloideos, y el grupo evolucionó rápidamente. *Orthonyboceras* era uno de los miembros de tamaño más modesto, y en muchos aspectos es similar a *Endoceras* (p. anterior), ya que ambas conchas son bastante rectas y contienen cámaras individuales. *Orthonyboceras* habría tenido un problema de exceso de flotabilidad que seguramente compensaba lastrando sus cámaras internas con carbonato de calcio.

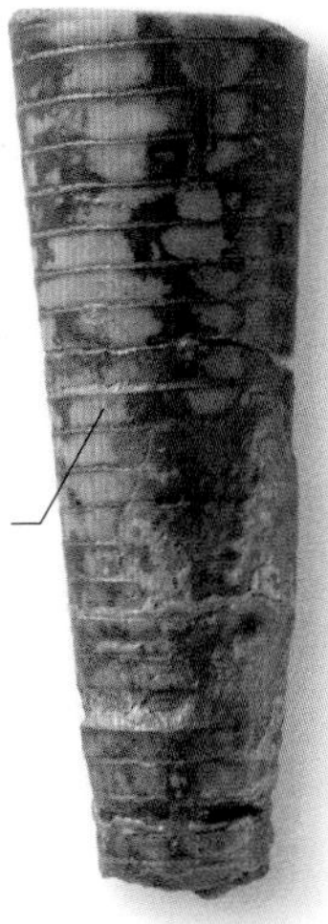
cámara interna

ORTHONYBOCERAS COVINGTONENSE
El tabique de cada cámara tenía una oquedad por la que pasaba una tira de tejido blando (sifúnculo). En este corte transversal el sifúnculo parece un collar de perlas.

posición del sifúnculo

Maclurites

GRUPO Gasterópodos
DATACIÓN Ordovícico
TAMAÑO Hasta 7 cm de diámetro
LOCALIZACIÓN América del Norte, Europa, noreste de Asia

Maclurites tenía una concha grande y pesada y una forma muy particular: un lado de la concha era casi plano, mientras que el otro quedaba cóncavo debido a un amplio ombligo. Al contrario que los modernos gasterópodos, se cree que *Maclurites* llevaba una vida sedentaria; en lugar de pastar, extraía pequeñas partículas del agua.

MACLURITES SP.
A diferencia de los demás gasterópodos, el amplio ombligo de *Maclurites* quedaba hacia arriba.

Ambonychia

GRUPO Bivalvos
DATACIÓN Ordovícico superior
TAMAÑO Hasta 5 cm de longitud
LOCALIZACIÓN EE UU, Europa

Como los actuales mejillones, *Ambonychia* pasaba toda su vida adulta fijado a una roca o superficie dura gracias a un poderoso haz de ligamentos llamado biso. *Ambonychia* era muy común en los mares poco profundos que rodeaban el este de América del Norte y partes de la región báltica a finales del Ordovícico, pues las firmes plataformas continentales proporcionaban las condiciones ideales para fijar el biso. La superficie de ambas valvas estaba cubierta de costillas radiales relativamente marcadas.

AMBONYCHIA RADIATA
En este espécimen se pueden apreciar algunas de las costillas radiales.

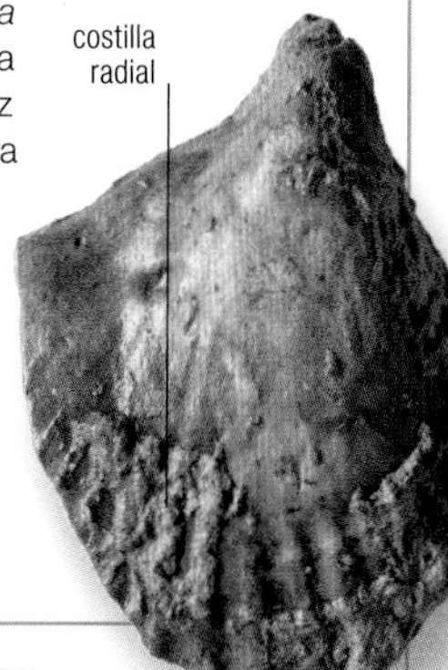
costilla radial

Praenucula

GRUPO Bivalvos
DATACIÓN Del Ordovícico medio al superior
TAMAÑO Hasta 2,5 cm de longitud
LOCALIZACIÓN América del Norte, Europa

Praenucula era un molusco bivalvo primitivo, lejanamente emparentado con el actual género *Nucula*, que comprende pequeños moluscos. A diferencia de bivalvos más evolucionados, *Praenucula* se alimentaba usando pequeños apéndices con los que removía el lecho marino en busca de partículas que llevarse a la boca. Sus agallas solo servían para respirar, al contrario que las de bivalvos más avanzados que tienen zonas modificadas en las agallas para filtrar partículas del agua que las rodea. En los fósiles de *Praenucula*, ambas valvas son convexas y los umbos están situados casi en el centro de la línea de charnela.

PRAENUCULA SP.
Este molde muestra el umbo puntiagudo, situado casi en el centro de la línea de charnela.

umbo

ambulacro

ISOROPHUSELLA INCONDITA
Podría haberse fijado al lecho marino o a una concha más grande por su parte inferior.

forma aplanada, como de disco

Isorophusella

GRUPO Equinodermos
DATACIÓN Ordovícico medio
TAMAÑO 2 cm de diámetro
LOCALIZACIÓN Canadá

Isorophusella pertenecía a un grupo extinto de equinodermos llamados edrioasteroides. Como sus parientes actuales, como la estrella de mar, el cuerpo de *Isorophusella* tiene simetría pentarradial. En la superficie tenía los cinco pies ambulacrales, que transportaban los tubos responsables de la respiración y la alimentación, si bien los surcos para la comida y la boca están escondidos bajo las placas de los pies. Por toda la periferia tenía un borde erizado de placas escamosas.

Malocystites

GRUPO Equinodermos
DATACIÓN Ordovícico medio
TAMAÑO 2,5 cm de altura
LOCALIZACIÓN América del Norte

Este equinodermo de forma globular perteneció a una rara clase de corta vida, la de los llamados paracrinoideos, que diferían de los crinoideos (los «lirios de mar», aún existentes) en que poseían brazos fijos en lugar de libres. También poseían placas rígidas fijadas a la superficie superior del cáliz. De manera inusual, la abertura anal (y no la boca) se hallaba en el centro de la superficie superior del cáliz. En cada extremo de la boca se originaba un brazo, que se ramificaba por toda la superficie del cáliz.

boca en forma de raja

MALOCYSTITES MURCHISONI
El cáliz estaba formado por unas 30 placas poligonales irregulares. La abertura anal estaba en el centro, y la boca, en forma de raja, a un lado.

Eodalmanitina

GRUPO Artrópodos
DATACIÓN Ordovícico medio
TAMAÑO Hasta 4 cm
LOCALIZACIÓN Francia, Portugal, España

La cabeza acorazada de este trilobites estaba dominada por sus prominentes ojos en forma de media luna, compuestos por grandes facetas. La glabela o región central de la cabeza era prominente, con marcadas muescas laterales. El tórax estaba compuesto por once segmentos o metámeros, que se iban estrechando gradualmente a partir del sexto. En los segmentos octavo y noveno del espécimen aquí mostrado hay algún tipo de daño que revela la superficie de la articulación a un nivel más profundo. La cola acorazada era triangular y acababa en una espina corta y estrecha.

espina genal
característicos ojos curvos
superficie articulada más allá del segmento dañado del tórax

Los **ojos** de *Eodalmanitina* consistían en una **serie de grandes lentes** dispuestas en hileras **verticales**.

EODALMANITINA MACROPHTALMA
Las mejillas triangulares de *Eodalmanitina* acababan en unas cortas espinas en ángulo. En este espécimen se puede ver parte de una a la derecha.

Cyclopyge

GRUPO Artrópodos
DATACIÓN Del Ordovícico inferior al superior
TAMAÑO Hasta 3 cm de longitud
LOCALIZACIÓN Gales, Inglaterra, Francia, Bélgica, República Checa, Kazajstán, China meridional

La característica más representativa de este trilobites eran sus enormes ojos, que ocupaban todo el espacio a los lados de la cabeza y se componían de cientos de pequeñas lentes de superficie curva que le proporcionaban una visión de casi 360°. Los ojos de la mayoría de los trilobites tenían un campo de visión mucho más reducido.

ojo enorme

CUERPO CORTO
El tórax se compone de cinco metámeros estrechos, con un eje ancho y pleuras estrechas.

extremidades

TRIARTHRUS EATONI
Las raras condiciones de conservación de este lecho fósil hicieron posible que se preservaran antenas y extremidades.

Triarthrus

GRUPO Artrópodos
DATACIÓN Ordovícico superior
TAMAÑO Hasta 3 cm de longitud
LOCALIZACIÓN Noreste de EE UU, Noruega, Suecia, suroeste de China

Triarthrus es uno de los pocos trilobites que se han hallado con sus extremidades preservadas. Poseía un par de delgadas antenas en la cabeza, tras las cuales había tres pares de apéndices birrámeos (de dos secciones); cada uno consistía en una pata para andar y una branquia para respirar. Presentaba apéndices similares en todos los segmentos torácicos y en la cola. El segmento de la base de cada extremidad (coxa) tenía varias espinas dispuestas en su cara interior; al actuar a la vez, seguramente pasaban el alimento hacia la boca, situada bajo la placa de la cabeza.

Trinucleus

GRUPO Artrópodos
DATACIÓN Ordovícico medio
TAMAÑO Hasta 3 cm de longitud
LOCALIZACIÓN Gales, Inglaterra

Entre los primeros trilobites que se dibujaron, en 1698, había uno trinucleido. Este grupo fue uno de los más extendidos en el Ordovícico. La característica placa de su cabeza está formada por tres suaves lóbulos, rodeados por un flequillo cuya función no se conoce; podría haberse tratado de un dispositivo sensorial, o posiblemente estar implicado en la filtración de partículas alimenticias del agua. La carencia de ojos no es una característica primitiva: muchos linajes de trilobites perdieron sus órganos visuales.

TRINUCLEUS FIMBRIATUS
El tipo de flequillo varía mucho entre los diferentes géneros de trilobites trinucleidos.

flequillo

Orthograptus

GRUPO Graptolites
DATACIÓN Del Ordovícico superior al Silúrico inferior
TAMAÑO Hasta 6 cm de longitud
LOCALIZACIÓN Todo el mundo

Orthograptus es un graptolites biserial, lo que significa que tenía dos series de tecas (cálices) dispuestas de manera opuesta a lo largo de un eje o tronco. Suele hallarse aplanado y comprimido, pero se sabe que en vida era de sección oval o rectangular. Las tecas tenían una abertura angular o, en algunos casos, un par de cortas espinas que salían del labio. Algunas especies presentaban tres espinas en un extremo. Los especímenes de *Orthograptus* se suelen encontrar preservados en pizarra.

individuo de *Orthograptus*

ORTHOGRAPTUS CALCARATUS
Este graptolites tiene los bordes serrados debido a las aberturas aplanadas de las tecas tubulares.

sícula
borde interno de la rama serrado

D. MURCHISONI
Las aberturas de las tecas solo están en los bordes internos de las ramas.

Didymograptus

GRUPO Graptolites
DATACIÓN Ordovícico medio
TAMAÑO Hasta 5 cm de longitud
LOCALIZACIÓN Todo el mundo

Didymograptus incluye un grupo de graptolites con dos troncos conocidos como «graptolites diapasón» debido a su forma. La clave para identificar a los graptolites reside en la forma en que están ordenados los primeros cálices (tecas) de la colonia, lo cual requiere especímenes bien preservados. La sícula (la teca que albergaba al primer individuo o zooide de la colonia que se desarrollaba a partir del embrión) está en el origen de la división en dos ramas de *Didymograptus*. Dichas ramas son casi verticales y pueden llegar a albergar hasta 40 tecas o más.

Rhabdinopora

GRUPO Graptolites
DATACIÓN Ordovícico superior
TAMAÑO Hasta 12 cm de longitud
LOCALIZACIÓN Todo el mundo

Rhabdinopora aparece fosilizado en forma de redes triangulares de ramas que irradian de un eje o vértice. En vida, la colonia era cónica, pero se conserva aplanada, de lado, excepto en el caso de colonias jóvenes que se han conservado aplanadas en vista superior, lo que les da una apariencia de estrella. Pertenece al grupo de los graptolites dendroideos. La mayoría de estos vivían en el lecho marino, pero *Rhabdinopora* adoptó un estilo de vida pelágico, en las capas superiores del océano abierto. Era abundante en los océanos del Ordovícico inferior, y es un fósil importante para datar rocas de este período en todo el mundo.

RHABDINOPORA SOCIALIS
En el vértice se encuentra la sícula, una diminuta copa cónica que ocupó el primer zooide (organismo de cuerpo blando) de la colonia para desarrollarla.

sícula

Selenopeltis

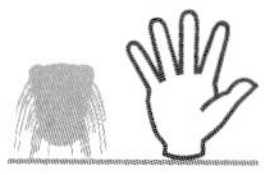

GRUPO Artrópodos
DATACIÓN Del Ordovícico inferior al superior
TAMAÑO Hasta 12 cm de longitud
LOCALIZACIÓN Islas Británicas, Francia, península Ibérica, Marruecos, República Checa, Turquía

Selenopeltis era un trilobites peculiar por sus espinas. Su cabeza acorazada era casi rectangular, y la región central o glabela estaba inclinada ligeramente hacia delante. Sus ojos eran pequeños y se hallaban a medio camino entre la glabela y los lados de la coraza de la cabeza. Sus mejillas acababan en unas largas y delgadas espinas genales que se extendían hacia atrás más allá de la cola. Su tórax constaba de nueve segmentos; el lóbulo central de cada uno poseía otro lóbulo convexo al lado. En el extremo de cada segmento central había un borde serrado característico que derivaba en unas largas espinas. Las espinas frontales llegaban, como mínimo, a la cola, cuando no la sobrepasaban. Cada segmento poseía también espinas más cortas entre las largas. La cola era más corta y mucho más pequeña que la cabeza. Tenía un corto eje con dos o tres anillos, el primero de los cuales se curvaba hasta formar una espina dorsal.

Selenopeltis
Dalmanitina

TRILOBITES ESPINOSOS
Esta laja contiene ejemplos de tres géneros de trilobites: *Selenopeltis*, con largas espinas a ambos lados del cuerpo; *Dalmanitina*, que es más pequeño, con una larga espina que se extiende a partir de la punta de la cola; y *Calymenella*, alargado y con una silueta regular (abajo a la derecha).

Selenopeltis podría haber preferido las **aguas más frías** que rodeaban Gondwana, y desapareció a partir del Ordovícico medio de las latitudes septentrionales, cuando la **tectónica de placas** lo transportó al sur.

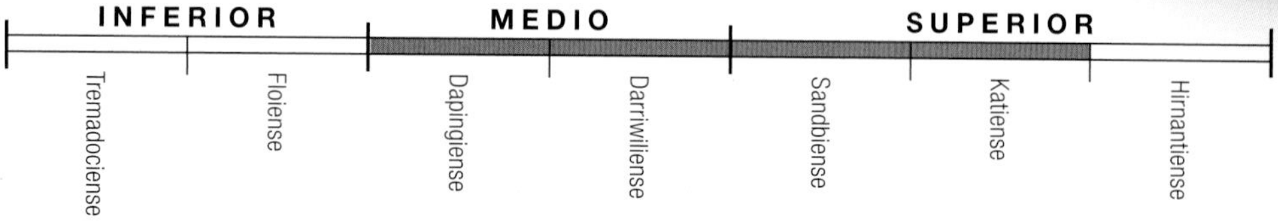
INFERIOR
MEDIO
SUPERIOR
Tremadociense
Floiense
Dapingiense
Darriwiliense
Sandbiense
Katiense
Hirnantiense

ORDOVÍCICO

VERTEBRADOS

Durante el Ordovícico muchos organismos aumentaron en tamaño, fuerza y velocidad, si bien la mayor parte de la fauna marina siguió siendo bastante pequeña. Aparecieron los peces sin mandíbulas, que ostentaban un desarrollo extraordinario en la evolución de los vertebrados: tenían escamas y placas óseas.

La fauna de microvertebrados comprende animales conocidos solo por pedacitos de huesos, escamas o dientes, obtenidos generalmente tras romper grandes cantidades de roca (mediante soluciones ácidas) y buscar pacientemente entre los restos. Las rocas del Ordovícico, provenientes de todo el mundo, suelen ser una rica fuente de fauna microvertebrada, que ha revelado nuevas líneas de evolución de los vertebrados.

Origen de las escamas y placas óseas

Las placas óseas, las escamas y posiblemente los dientes aparecieron en los vertebrados durante el Ordovícico, pero aún no se conocen bien las razones de la aparición de estas características de los vertebrados. El hueso se compone de fosfato de calcio, y algunos científicos han sugerido que evolucionó a partir de una manera peculiar de expulsar del cuerpo el exceso de fósforo, quizás hasta usar el esqueleto como una reserva de este elemento, listo para reabsorberse cuando fuera necesario, ya que es importante en varios procesos fisiológicos. Las placas óseas y las escamas podrían haberse desarrollado para proteger al animal de depredadores o parásitos, o como aislamiento para los órganos electrorreceptores.

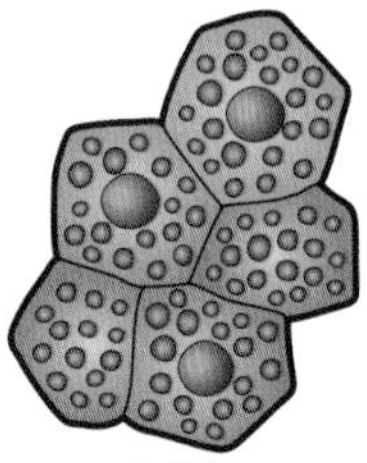
ASTRASPIS

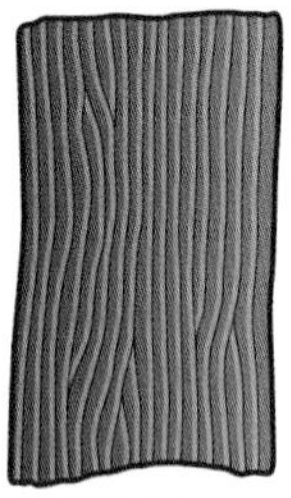
PORASPIS

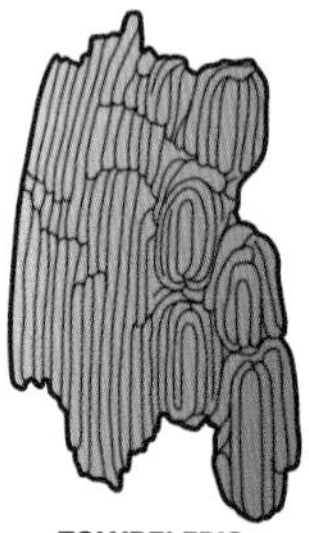
TOLYPELEPIS

DESARROLLOS EN LA ORNAMENTACIÓN DE LAS ESCAMAS DE LOS PECES
La cabeza acorazada de *Astraspis* tenía escamas poligonales con un lóbulo central alrededor del cual se formaban zonas de lóbulos conforme crecía el pez. En el pez del Silúrico *Poraspis*, las escamas tenían bordes dentados longitudinales que solo aparecían en la plena madurez. *Tolypelepis*, de finales del Silúrico, poseía ambos tipos de escamas.

La cuestión de los conodontos

Los conodontos son microfósiles que se encuentran dispersos en rocas sedimentarias marinas de finales del Cámbrico hasta finales del Triásico. Fueron descritos por primera vez en 1856 como diminutos elementos semejantes a dientes y se convirtieron en una herramienta útil para datar las rocas. Sin embargo, su origen fue un misterio hasta 1982, cuando un descubrimiento fortuito en una colección asoció los microfósiles a un animal real. Este «animal conodonto», procedente de rocas del Carbonífero de Escocia, tenía en la parte delantera del cuerpo lo que parecían unos ojos y unos músculos que, en sección, tenían forma de V. Otro conodonto, proveniente de rocas ordovícicas de Sudáfrica, parecía haber tenido músculos asociados a los ojos. Dentro del cuerpo, en la región de los arcos branquiales, se encontraban los elementos conodontos. Su ensamblaje y su desgaste sugieren que se trataba de un mecanismo alimentario. Se cree que los elementos conodontos están formados por hueso y esmalte, y estos son característicos de los vertebrados. No obstante, la identificación de los conodontos como vertebrados sigue siendo una cuestión controvertida.

GRUPOS

Entre los peces sin mandíbulas hay ocho grupos de peces fósiles y dos de peces vivos, los mixinos y las lampreas (p. 78). Estos surgieron en el Ordovícico junto a los arandáspidos y los astráspidos, seguidos por los anáspidos, telodontos, galeáspidos, heterostráceos, osteostráceos y pituriáspidos. Ninguno de estos agnatos sobrevivió pasado el Devónico (p. 30).

ARANDÁSPIDOS
Son la especie conocida más temprana de pez sin mandíbulas y aparecieron hace unos 470 MA. Hasta el descubrimiento de *Sacabambaspis*, *Arandaspis* era el único vertebrado conocido del hemisferio sur en el Ordovícico. Sus escudos cefálicos tenían dos placas óseas (ventral y dorsal) separadas por tres hileras de placas más pequeñas. Como los astráspidos, se extinguieron a finales del Ordovícico.

ASTRÁSPIDOS
Los primeros astráspidos fueron descritos por el paleontólogo estadounidense Charles Walcott en 1892, tras hallar fragmentos de placas óseas en la arenisca de Harding, en Colorado (EE UU). *Astraspis*, cuyo nombre significa «escudo estrella», se distingue por la ornamentación de la superficie de la placa (arriba). Los astráspidos aparecieron hace unos 450 MA.

CONODONTO
Aunque se sabe poco de sus tejidos blandos, se cree que los conodontos eran animales semejantes a anguilas y que medían de 1 a 40 cm de longitud.

Arandaspis

GRUPO Agnatos
DATACIÓN Ordovícico inferior
TAMAÑO 20 cm de longitud
LOCALIZACIÓN Australia

Arandaspis se llama así por los aborígenes aranda de la región australiana de Alice Springs, donde se descubrió. Se conservó en forma de improntas en depósitos de arenisca de aguas poco profundas de 470 MA de antigüedad, lo que lo convierte en uno de los peces sin mandíbulas (agnatos) más antiguos conocidos. Ovalado y plano, la coraza ósea de su cabeza se dividía en dos mitades, superior e inferior, separadas por unas 14 placas horizontales más pequeñas a cada lado, que protegían sus agallas. Sus ojos eran pequeños y estaban situados hacia delante; se ha afirmado que entre ellos se abrían los orificios nasales. Carecía de dientes en la boca, situada en la zona ventral, y se alimentaría filtrando residuos orgánicos y microorganismos del lecho marino. Estaba cubierto de escamas. No se ha hallado ningún ejemplar con cola.

Astraspis

GRUPO Agnatos
DATACIÓN Ordovícico superior
TAMAÑO 13-15 cm de longitud
LOCALIZACIÓN Centro de América del Norte

Astraspis, uno de los vertebrados americanos más antiguos conocidos, posee una distintiva cabeza acorazada y un cuerpo ahusado. La mitad superior de la coraza tenía cinco llamativas hileras longitudinales y numerosas escamas poligonales (p. anterior). La ornamentación y sobre todo la delicada superposición de las escamas debían de favorecer la hidrodinámica del animal, lo que sugiere que *Astraspis* podría haber vivido en un hábitat marino con fuertes corrientes o bajo la influencia de las mareas.

AGALLAS DESPROTEGIDAS
A diferencia de *Sacabambaspis* y *Arandaspis*, las aberturas de las agallas de *Astraspis* quedaban al descubierto y sus ojos estaban situados a los lados y no en la parte delantera de la cabeza.

Sacabambaspis

GRUPO Agnatos
DATACIÓN Ordovícico inferior
TAMAÑO 30 cm de longitud
LOCALIZACIÓN Bolivia

Descubierto en 1986, fue un agnato que vivió en áreas costeras de un mar poco profundo que se extendía por parte de América del Sur. Su cabeza era ancha, con los ojos muy juntos en la parte delantera. Las partes superior e inferior de la coraza de la cabeza estaban demarcadas por unas 20 placas más pequeñas a cada lado, entre las cuales se escondían las agallas. El cuerpo, ahusado, acababa en una única aleta caudal que se extendía más allá de otras dos aletas, dorsal y ventral, y en una extensión del notocordio con una pequeña aleta al final.

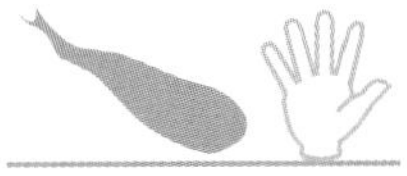

PEZ DE AGUA SALADA
Sacabambaspis vivía en aguas saladas costeras, en el lecho marino. La posición y la acumulación de los fósiles hallados sugieren que los peces murieron por una súbita corriente de agua dulce que redujo la salinidad por debajo de su nivel de tolerancia.

Al carecer de aletas direccionales, lo más probable es que *Sacabambaspis* fuera un mal nadador.

SILÚRICO

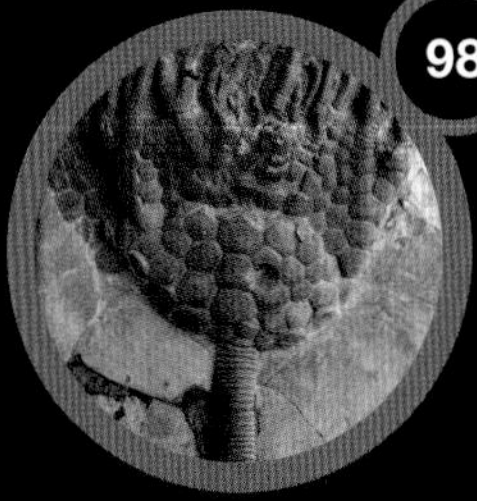

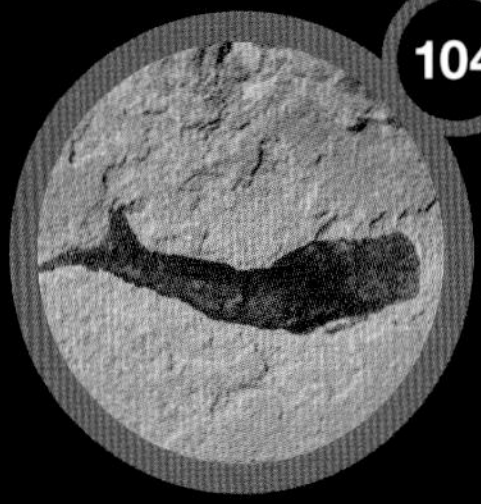

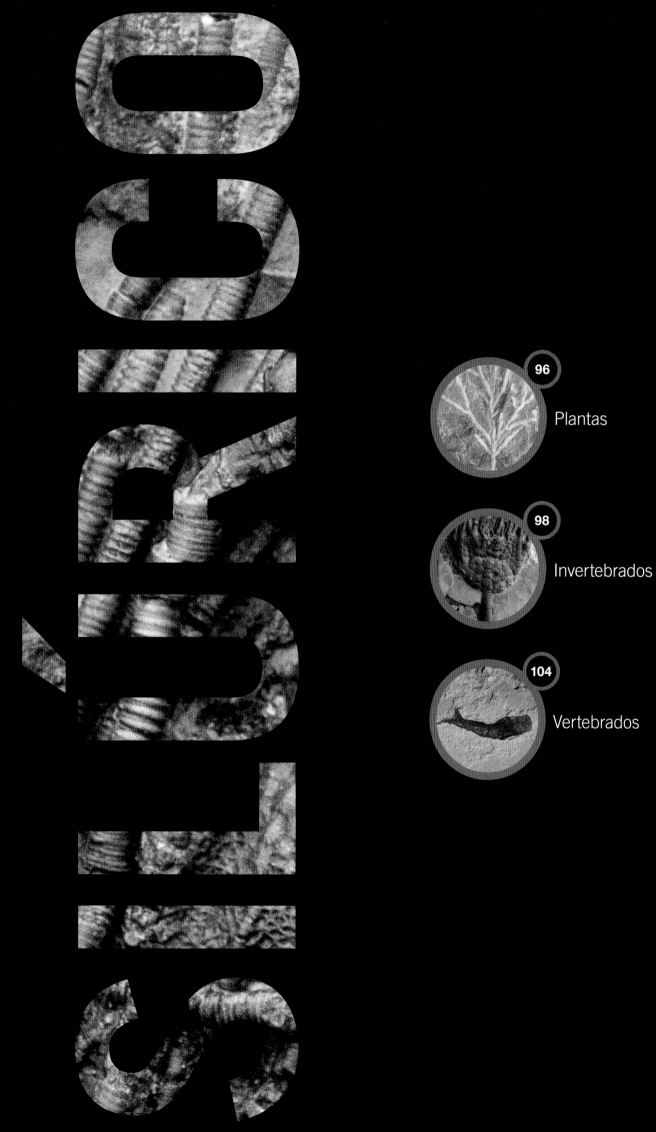

Silúrico

El Silúrico fue un período de lento desarrollo de las muchas formas de invertebrados marinos que habían evolucionado y de recuperación tras la extinción masiva del Ordovícico. Enormes arrecifes de coral, comparables a la Gran Barrera de Coral australiana, florecieron en mares tropicales. Aparecieron nuevos géneros de peces en los océanos y en el agua dulce, y las primeras plantas vasculares comenzaron a colonizar regiones costeras.

NIÁGARA DOLOMÍTICO
El agua se precipita al vacío sobre duras rocas dolomíticas en las cataratas del Niágara, parte de un largo escarpe en torno a la cuenca del Michigan. Estas rocas se formaron en los mares tropicales del Silúrico.

Océanos y continentes

Durante el Silúrico, el océano de Japeto comenzó a cerrarse, mientras Báltica y Avalonia se desplazaban hacia el norte para colisionar de lado con los bordes meridional y oriental de Laurentia. Avalonia comprendía las actuales Gran Bretaña e Irlanda. En esta colisión se perdieron muchos archipiélagos, arrastrados bajo los bordes de las placas tectónicas por las poderosas fuerzas de subducción. El océano Reico se abrió y amplió hacia el sur del nuevo continente y hacia el norte de Gondwana. Uno de los resultados del movimiento de Báltica hacia Laurentia fue un continuo desplazamiento de Siberia hacia latitudes más altas del océano Pantala, en decrecimiento. Los bloques norte y sur de China comenzaron a alejarse del borde norte de Gondwana y a moverse hacia el norte, a través del océano Paleotetis. Gondwana rotó hacia una orientación aún más meridional, hacia el polo, transportando la actual Australia al sur, a través del ecuador, y la Antártida al hemisferio sur. El cierre de las cuencas oceánicas y el rápido deshielo trajeron consigo un notable aumento del nivel de los mares, lo que expandió entornos marinos hasta entonces poco profundos para corales y peces. Los graptolites se restablecieron tras la extinción del Ordovícico, y muchas especies se volvieron pelágicas, desplazándose con las corrientes oceánicas globales; su rápida evolución, además de la corta expectativa de vida de las especies y su amplia distribución, los convierten en una valiosa herramienta de datación fósil para las rocas correlativas y también para los antiguos entornos marinos de todo el mundo.

PENÍNSULA DE DINGLE
Las rocas clásticas de estos espectaculares acantilados de la península de Dingle (Irlanda) se formaron a medida que se erosionaban, acumulando y consolidando los sedimentos en la antigua Avalonia.

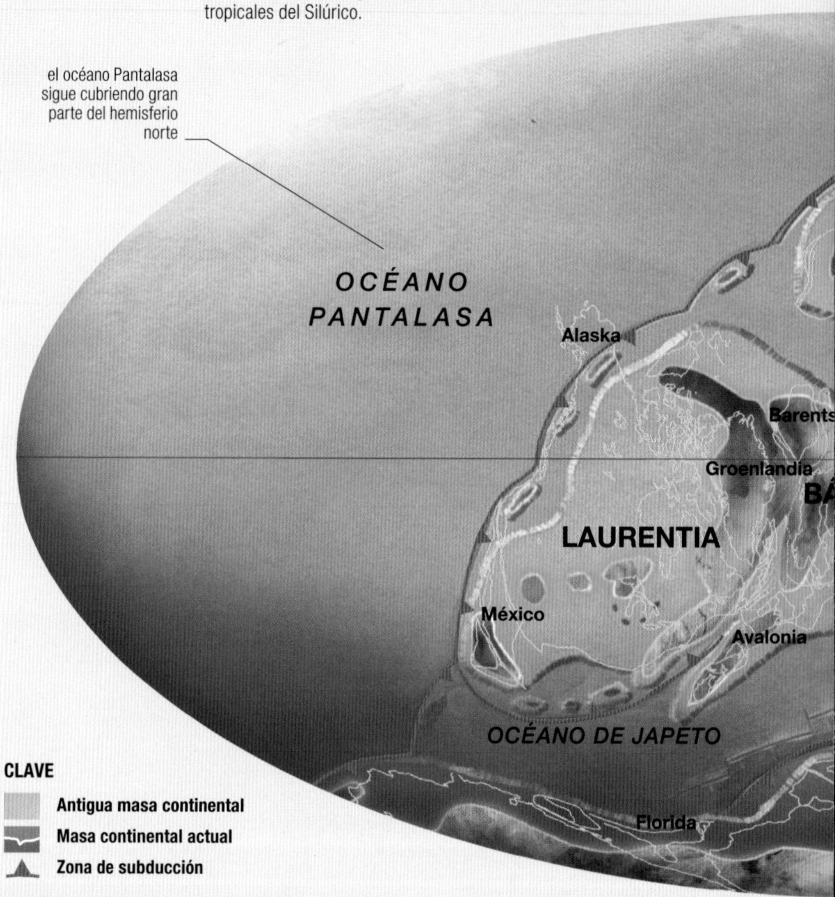
el océano Pantalasa sigue cubriendo gran parte del hemisferio norte
OCÉANO PANTALASA
Alaska
Barents
Groenlandia
LAURENTIA
México
Avalonia
OCÉANO DE JAPETO
Florida

CLAVE
- Antigua masa continental
- Masa continental actual
- Zona de subducción

MAPA DEL MUNDO A MEDIADOS DEL SILÚRICO
Gondwana ocupaba el sur, mientras que Báltica y Avalonia seguían desplazándose hacia el norte para colisionar con Laurentia, cerrando el océano de Japeto por el norte.

LLANDOVERIENSE	WENLOCKIENSE	LUDLO

MA 440 — 430

PLANTAS 440 Primeras especies de plantas vasculares (más altas)

INVERTEBRADOS 440–435 Gradual decrecimiento de la diversidad de graptolitos

430 Primeros bivalvos lucínidos, como *Cardiola*

CARDIOLA

DESHIELO GLACIAR
Los glaciares avanzaron y retrocedieron varias veces a lo largo del Silúrico inferior. A medida que el clima se hacía más cálido, el deshielo a gran escala de los bloques glaciales aumentó el nivel de los océanos.

Clima

Resulta muy difícil estimar las paleotemperaturas. Un estudio de fósiles de braquiópodos sitúa las temperaturas globales del Silúrico entre los 34 °C y los 64 °C, mientras que otros estudios sugieren entre 21 y 45 °C. Hay consenso en que se trató de un período muy cálido. Investigaciones recientes sugieren que el clima podría haber sido más variable de lo que se creía. La glaciación que comenzó a finales del Ordovícico continuó, con cuatro grandes episodios de avance del hielo durante los primeros 15 MA del Silúrico. En el momento de máxima glaciación, las latitudes más altas eran frías, mientras que las más ecuatoriales eran frescas y húmedas. Durante los períodos interglaciales, las latitudes más altas eran frescas, mientras que las zonas ecuatoriales eran cálidas y áridas. A finales del Silúrico las calizas se extendieron más allá de su antiguo límite de 35º de latitud hasta llegar a los 50º de latitud en el Carbonífero. Su amplia distribución, especialmente cuando se depositaban en los entornos de arrecifes bajos, indica que se dieron condiciones tropicales y subtropicales con océanos cálidos. Los arrecifes también se expandieron hacia el norte, hasta los 50º de latitud.

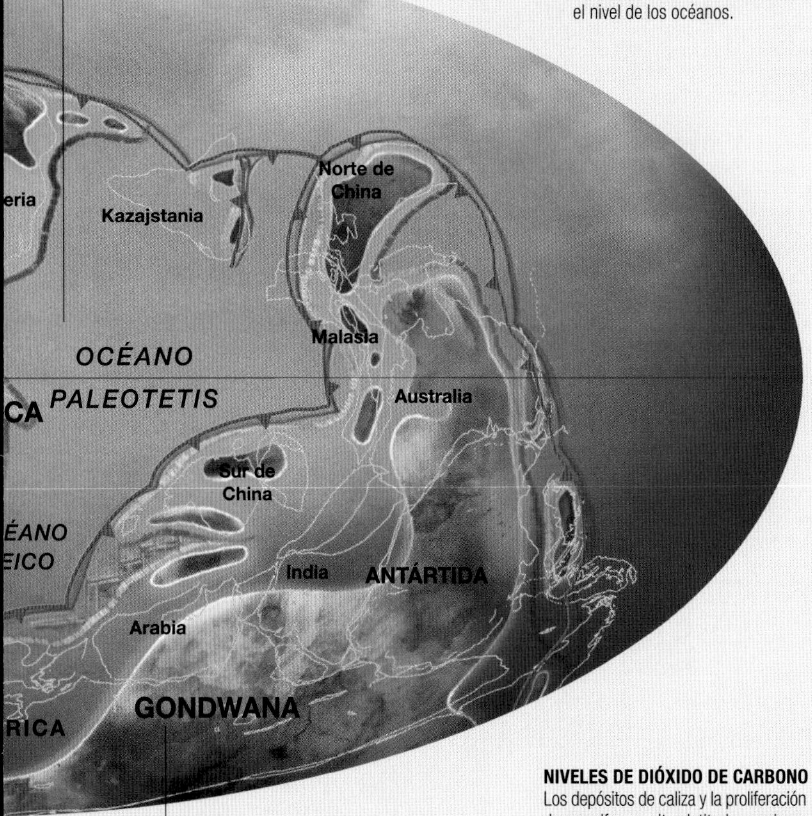
eria
Kazajstania
Norte de China
Malasia
OCÉANO
PALEOTETIS
CA
Australia
Sur de China
ÉANO
EICO
India
ANTÁRTIDA
Arabia
GONDWANA
RICA

un nuevo océano, Paleotetis, comienza a abrirse

Gondwana rota hacia el polo Sur, desplazando a Australia a través del ecuador y a la Antártida hacia el hemisferio sur

FORMACIONES CALIZAS
Las calizas ricas en fósiles (arriba) de la isla sueca de Gotland datan de finales del Silúrico. En las playas de la pequeña isla de Faro, frente a la costa norte de Gotland, se alinean monumentales torres de caliza erosionadas por el mar (izda.).

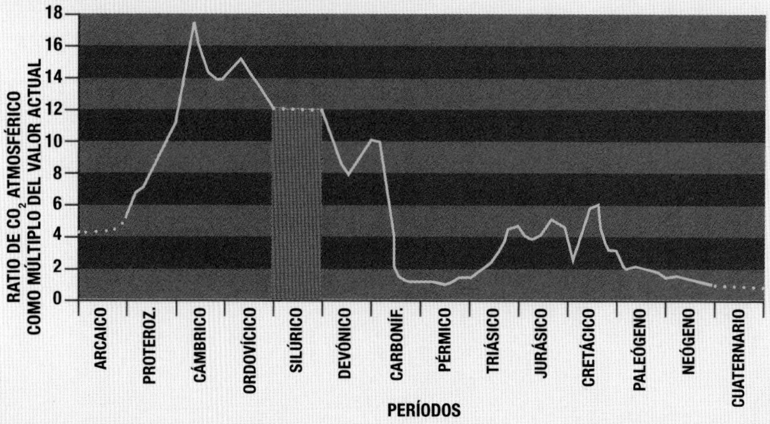
18
16
14
12
10
8
6
4
2
0
RATIO DE CO2 ATMOSFÉRICO COMO MÚLTIPLO DEL VALOR ACTUAL
ARCAICO
PROTEROZ.
CÁMBRICO
ORDOVÍCICO
SILÚRICO
DEVÓNICO
CARBONÍF.
PÉRMICO
TRIÁSICO
JURÁSICO
CRETÁCICO
PALEÓGENO
NEÓGENO
CUATERNARIO
PERÍODOS

NIVELES DE DIÓXIDO DE CARBONO
Los depósitos de caliza y la proliferación de arrecifes en altas latitudes sugieren un regreso a condiciones de efecto invernadero. La Tierra entró en un período cálido, con niveles de dióxido de carbono superiores a los actuales.

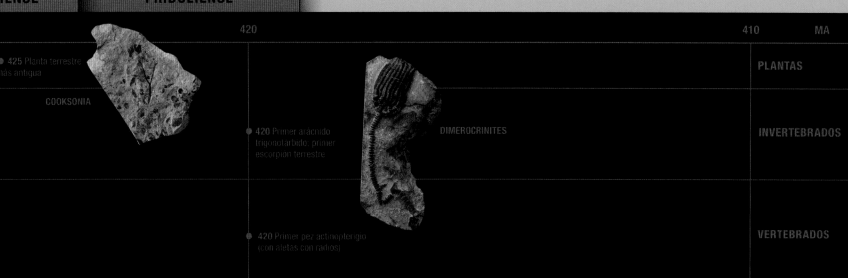

IENSE | PRIDOLIENSE

420 | 410 | MA

425 Planta terrestre más antigua

COOKSONIA

PLANTAS

420 Primer arácnido trigonotárbido; primer escorpión terrestre

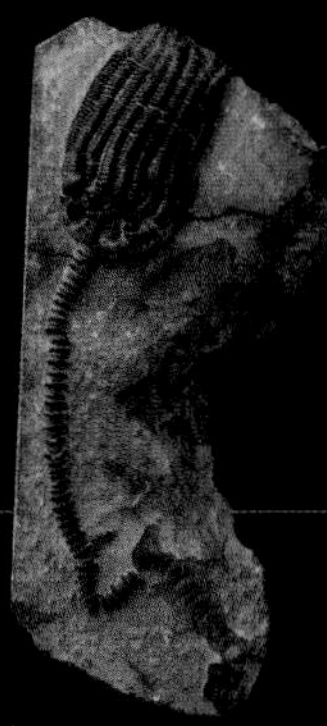

DIMEROCRINITES

INVERTEBRADOS

420 Primer pez actinopterigio (con aletas con radios)

VERTEBRADOS

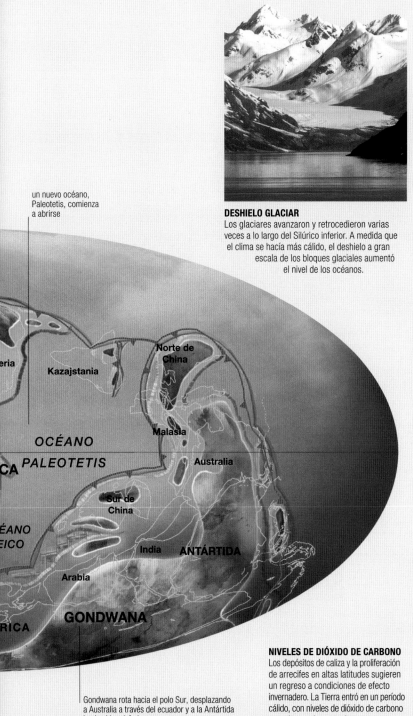

SILÚRICO
PLANTAS

El primer indicio de plantas en tierra firme data del Ordovícico, pero la mayoría de los fósiles de las primeras plantas terrestres proviene del Silúrico. A finales del Silúrico, la diversificación de las plantas terrestres y la creación de nuevos tipos de ecosistemas terrestres ya estaban decididamente en marcha.

Hay claras pruebas de una gran explosión de vida animal en los mares a comienzos del Cámbrico, pero las primeras evidencias de ecosistemas terrestres bien desarrollados, con animales y plantas complejos, datan de mucho después: del Silúrico.

Primeros pasos en tierra firme

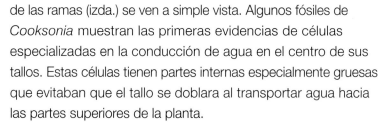

Los primeros indicios de que las plantas comenzaban a colonizar tierra firme los proporcionan esporas microscópicas aisladas a partir de rocas del Ordovícico. Estas esporas tienen unas paredes duras y resistentes, lo cual les habría ayudado a sobrevivir a la desecación y la dispersión aérea y, además, favoreció su buena conservación en el registro fósil. A partir del Ordovícico y el Silúrico, las esporas, y luego los granos de polen (su equivalente en plantas con semillas), son parte importante del registro fósil de la flora. Las esporas de las plantas terrestres primitivas fueron cada vez más comunes durante el Silúrico y se han vinculado a los fósiles de plantas asignadas al género *Cooksonia*. Aunque estos fósiles suelen ser de pequeño tamaño, sus tallos bífidos y los esporangios al final de las ramas (izda.) se ven a simple vista. Algunos fósiles de *Cooksonia* muestran las primeras evidencias de células especializadas en la conducción de agua en el centro de sus tallos. Estas células tienen partes internas especialmente gruesas que evitaban que el tallo se doblara al transportar agua hacia las partes superiores de la planta.

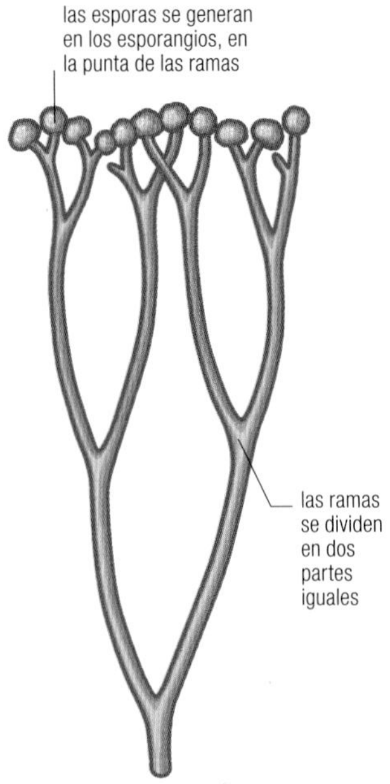
las esporas se generan en los esporangios, en la punta de las ramas
las ramas se dividen en dos partes iguales

COOKSONIA
En el género *Cooksonia* se incluyen varios tipos de plantas terrestres primitivas, todas ellas con pequeños y delgados tallos divididos en dos y con esporangios en las puntas.

ESPORA DE PLANTA TERRESTRE
Las esporas de plantas terrestres (extintas y actuales) se producen en grupos de cuatro (tétradas). Cada espora posee en una cara una marca en forma de tres brazos, producida por el contacto con las otras esporas de la tétrada.

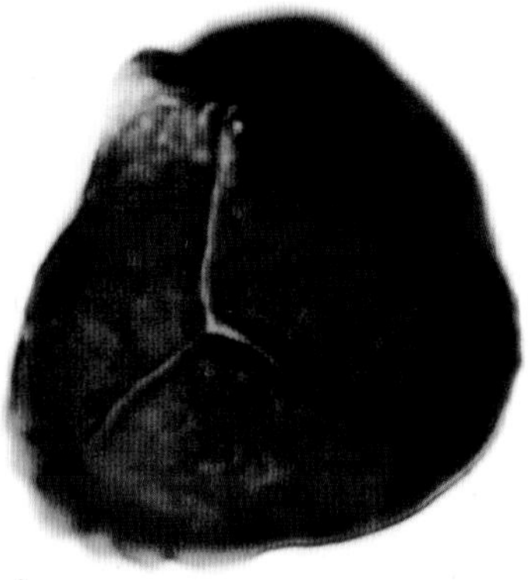

Orígenes en agua dulce

Algunos indicios apuntan a que la superficie terrestre se colonizó desde el agua dulce, y no desde los océanos. Las primeras plantas terrestres podrían haber sido alguna especie de alga verde que se adaptó a la vida en charcas temporales. Las resistentes esporas podrían haber constituido una temprana adaptación que les permitiera dispersarse de charca en charca.

GRUPOS

Los fósiles de plantas del Silúrico son relativamente raros y en general pequeños y poco conocidos, aunque no cabe duda de que el Silúrico constituyó un momento crucial en la temprana diversificación de las plantas terrestres. Algunas de las plantas pioneras del Silúrico podrían haber estado emparentadas con musgos, hepáticas y antoceróftas actuales, pero pocos de los primeros fósiles de esta época se conocen lo suficiente como para asegurarlo.

RINIOFITAS
Las riniofitas son un variado grupo de extintas plantas terrestres primitivas del Silúrico y el Devónico. Se ha relacionado a diversas riniofitas con grupos actuales. Comprenden el primitivo género *Cooksonia*, así como fósiles de plantas mejor conservadas del Devónico, como *Rhynia*.

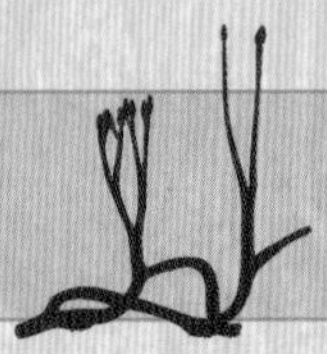

LICÓFITAS
Las licófitas fueron el primer grupo de plantas terrestres en seguir un camino evolutivo divergente del de sus antecesores del tipo riniofita. Incluyen musgos actuales, así como un importante grupo de plantas extintas conocidas como zosterófilas. La primitiva licófita *Baragwanathia* proviene del Silúrico superior de Australia.

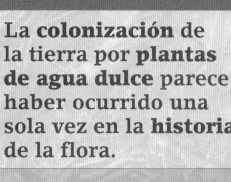

La **colonización** de la tierra por **plantas de agua dulce** parece haber ocurrido una sola vez en la **historia** de la flora.

Psilophyton

GRUPO Invertebrados
DATACIÓN Silúrico
TAMAÑO 20 cm de longitud
LOCALIZACIÓN Suecia

A veces, los fósiles de plantas primitivas son difíciles de distinguir de crecimientos minerales o restos de animales. *Psilophyton hedei* es un clásico ejemplo de la confusión que esto puede causar. Cuando se halló, se clasificó como la planta más antigua del mundo, pero hoy en día se cree que era una colonia de animales emparentados con los graptolites. *P. hedei* es solo uno de los diversos fósiles clasificados como *Psilophyton*. Otros, como *P. burnotense* (p. 116), se han confirmado como plantas.

PSILOPHYTON HEDEI
Hallado en la isla sueca de Gotland, este fósil semejante a una planta es probablemente una colonia de invertebrados marinos, fijados en torno a un «tallo».

Macroalgas

GRUPO Algas
DATACIÓN Del Precámbrico hasta el presente
TAMAÑO Hasta 80 cm de diámetro
LOCALIZACIÓN Todo el mundo

Las algas constituyen un grupo vasto y heterogéneo que comprende a los parientes más cercanos de las plantas verdes. Evolucionaron en el agua, donde hoy vive la mayoría. Las formas más antiguas eran microscópicas y unicelulares, y fueron los ancestros de algas más grandes, incluidas las marinas. Las algas rojas y algunas verdes forman depósitos de carbonato de calcio, que fosiliza muy bien; las pardas dejan menos fósiles porque carecen de calcio y no son tan robustas.

MACROALGA FOSILIZADA
Las algas verdes calcificadas son las macroalgas fósiles más comunes. Crecen en mares someros donde penetra la luz solar y les permite realizar la fotosíntesis.

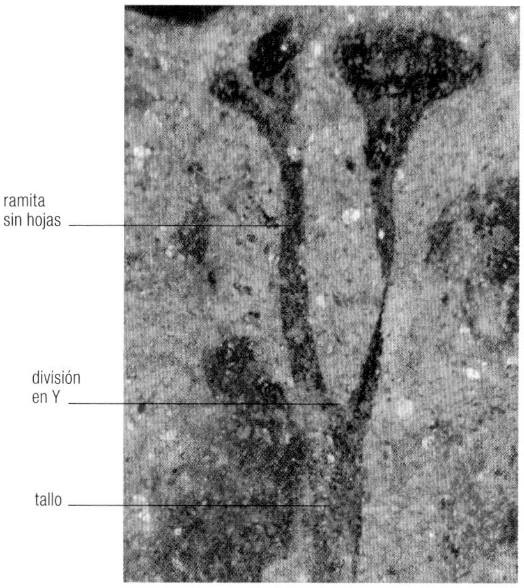
ramita
sin hojas
división
en Y
tallo

Cooksonia

GRUPO Riniofitas
DATACIÓN Del Silúrico superior al Devónico
TAMAÑO 1-5 cm de altura
LOCALIZACIÓN Todo el mundo

Del tamaño de un alfiler, *Cooksonia* es una de las plantas terrestres primitivas más conocidas. Tenía unas ramas delgadas y sin hojas con subdivisiones en forma de Y, rematadas por cápsulas que liberaban esporas. Algunos fósiles presentan una raya oscura a lo largo de los tallos: podrían ser restos de tejido vascular (conductos internos que posee la mayoría de las plantas para hacer circular el agua). Crecía en el barro de los estuarios y en otros hábitats oscuros y de baja altitud, en forma de densas matas. El primer fósil se halló en Gales en 1934; desde entonces se ha descubierto un buen número de especies por todo el mundo.

COOKSONIA PERTONI
Las esporas de esta primitiva planta terrestre se desarrollaron en estas ramitas sin hojas y con forma de trompeta.

Baragwanathia

GRUPO Licófitas
DATACIÓN Del Silúrico superior al Devónico inferior
TAMAÑO 25 cm de altura
LOCALIZACIÓN Todo el mundo

Baragwanathia era muy grande y compleja para ser una planta del Silúrico, con ramas erguidas que crecían de tallos rastreros. Su superficie estaba cubierta por hojas simples dispuestas en espiral, un rasgo presente en las licófitas actuales. Como todas las primeras plantas terrestres, se reproducía mediante esporas, que se formaban y crecían en cápsulas situadas en las axilas, donde las hojas se unen al tallo.

hojas
sencillas
tallo

BARAGWANATHIA LONGIFOLIA
Las sencillas hojas de *Baragwanathia* llegaban a los 4 cm de longitud. Sus tallos tenían varios centímetros de diámetro, por lo que esta planta era mucho más grande que la mayoría de sus coetáneas.

Toda la superficie de la planta quedaba cubierta por hojas simples, dispuestas en espiral.

SILÚRICO
INVERTEBRADOS

El Silúrico fue un período breve, de tan solo 28 MA, pero en este tiempo la tierra se vio invadida tanto de plantas como de animales. Fue un período de «efecto invernadero», con cálidos mares tropicales que albergaban una fauna rica y diversa, aunque también tuvo cortas glaciaciones puntuales.

Durante el Silúrico, las plantas colonizaron la tierra. Las primeras, como *Cooksonia*, tenían solo unos centímetros de altura, con tallos que realizaban la fotosíntesis y cápsulas para liberar esporas. Estaban confinadas a espacios húmedos. Allá donde había plantas aparecieron animales: conocemos los milpiés del Silúrico por los fósiles y las huellas que dejaron al caminar. Los escorpiones marinos del Silúrico también realizarían la transición a tierra firme.

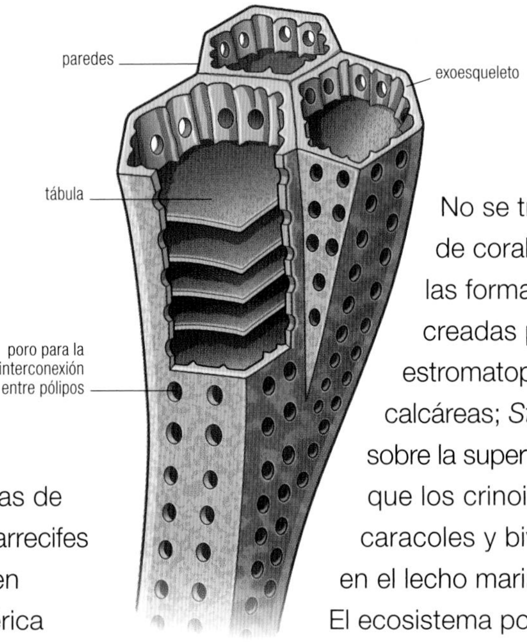
paredes
exoesqueleto
tábula
poro para la interconexión entre pólipos

CORAL TABULADO
En este tipo de coral los pólipos se alojaban en exoesqueletos calcáreos, que consistían en un tubo con un tabique plano (tabula) bajo el pólipo. A través de los poros pasaba tejido vivo que conectaba los pólipos entre sí.

Extenso desarrollo de los arrecifes

Durante el Silúrico se desarrollaron extensos sistemas de arrecifes, siguiendo a los del Ordovícico (p. 82). Los arrecifes del Silúrico son bien conocidos en América del Norte, la isla sueca de Gotland y las zonas fronterizas del norte de Gales. Crecían como alargadas barreras de coral o arrecifes más pequeños, que se pueden ver aún hoy día en las canteras como sedimentos calcáreos, pálidos, definidos y muy finos.

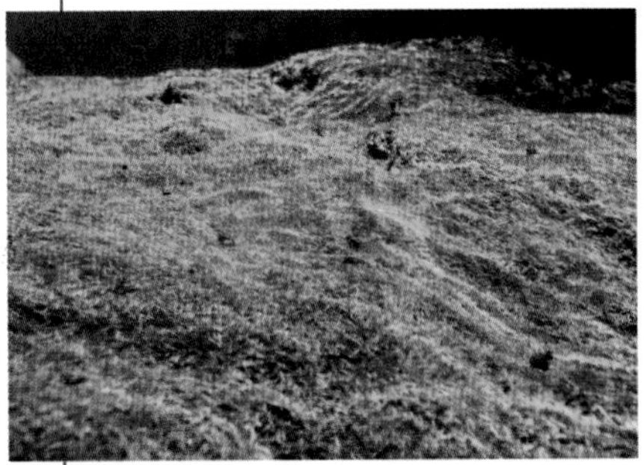

FORMACIÓN DE LOS ARRECIFES
Los arrecifes de algas, como el de la imagen, se forman al depositarse una capa tras otra de carbonato de calcio. Las formaciones del Paleozoico probablemente tenían varios metros de altura por encima del nivel del mar.

No se trata estrictamente de arrecifes de coral, dado que la mayor parte de las formaciones del Paleozoico fueron creadas por algas. Los corales y los estromatoporoideos (estructuras de capas calcáreas; *Stromatopora*, p. siguiente) crecían sobre la superficie de estas formaciones, al igual que los crinoideos, braquiópodos, trilobites, caracoles y bivalvos, que también habitaban en el lecho marino entre formación y formación. El ecosistema poseía una gran diversidad, con los cefalópodos como máximos depredadores. Estos entornos del Silúrico albergan algunos de los fósiles mejor conservados.

RETIOLITES GEINITZIANUS
Era un graptolites planctónico, cuyo esqueleto consistía en una red de finos hilos de colágeno que al parecer envolvía a los zooides de cuerpo blando. Esto le podría haber dado flotabilidad.

GRUPOS

En el Silúrico, algunos invertebrados comenzaron la transición a tierra firme, pero también fue una época de adaptación para los invertebrados marinos. Surgieron colonias de corales tabulados, creando hábitats para otros invertebrados. Entre los grupos que se adaptaron con éxito a los cambiantes entornos del período están los nautiloideos, los graptolites y algunos artrópodos.

CORALES TABULADOS
Los corales tabulados, uno de los dos grandes grupos de corales del Paleozoico (el otro grupo lo forman los corales rugosos), se extinguieron en el Pérmico. Eran coloniales y fueron un importante componente de la fauna de aguas someras del Silúrico. Los tabiques que dividen verticalmente los exoesqueletos eran muy finos o inexistentes.

NAUTILOIDEOS
La mayoría de los cefalópodos nautiloideos del Silúrico tenían conchas rectas o curvas; algunos la tenían en espiral. Eran los depredadores dominantes de su tiempo. Se distinguían por unas suturas (las líneas de unión de los tabiques internos con la pared de la concha) rectas y sencillas, visibles en los moldes internos.

GRAPTOLITES
Siguieron prosperando en el Silúrico y aun en el Devónico. Algunos de los tipos del Ordovícico (con tecas, que alojaban a los zooides, en ambos lados del tallo) perduraron hasta el Silúrico superior, pero la mayor parte de los graptolites silúricos eran monográptidos (con tecas en un solo lado). Algunos fueron grandes y complejos.

ARTRÓPODOS
Los trilobites continuaron existiendo a lo largo de todo el Silúrico, a menudo modificando su forma y adaptándose a varios ecosistemas. Hubo también euriptéridos (escorpiones de agua), que vivían en agua dulce o salobre y poco profunda, así como crustáceos similares al actual *Nebalia*.

Stromatopora

GRUPO Esponjas
DATACIÓN Del Silúrico al Devónico
TAMAÑO Colonias de 5 cm a 2 m de anchura
LOCALIZACIÓN Todo el mundo

Los estromatoporoideos eran animales marinos semejantes a esponjas de tamaño muy variable. Se suelen hallar ejemplos en las calizas del Silúrico y del Devónico. Compuesto por tubos verticales con intersecciones de estructuras transversales, *Stromatopora* poseía placas calcáreas distribuidas de manera muy densa, con fuertes columnas verticales y unos elementos en forma de estrella llamados astrorrizoides (invisibles en este ejemplar). En el centro de cada astrorrizoide había una abertura circular de la que salían unos surcos en forma radial. Durante años, los paleontólogos dudaron sobre cómo agrupar a los estromatopóridos. Un grupo actual de esponjas, las esclerosponjas, poseen unos canales para transportar agua similares a los astrorrizoides, pero su esqueleto es de aragonito, mientras que el de los estromatopóridos es calcítico; por ello se los considera un tipo distinto de esponja.

placa calcítica

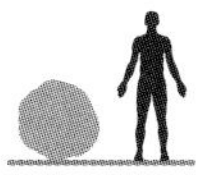

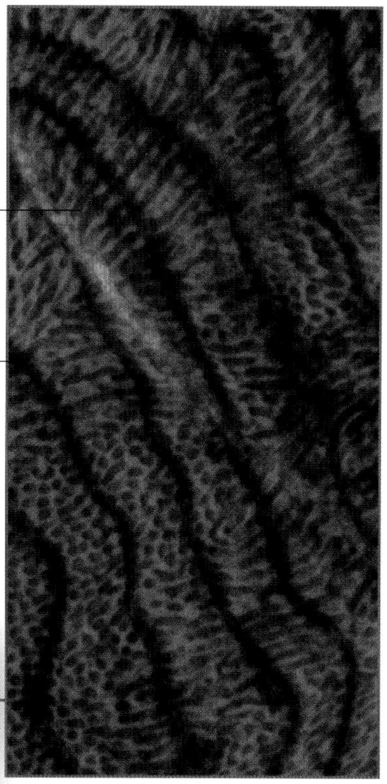
tubos verticales
banda de crecimiento

STROMATOPORA CONCENTRICA
Los tubos calcíticos, porosos y densamente apiñados del esqueleto de *Stromatopora concentrica* presentan cualidades similares a las de las esponjas.

PARIENTE VIVO
ESCLEROSPONJAS

Las esclerosponjas son un extendido grupo de esponjas marinas tropicales que se hallan desde el nivel del agua hasta 200 m de profundidad. Pueden tener más de 1 m de diámetro y hasta mil años de edad. Sus esqueletos a rayas se pueden utilizar para determinar los niveles de dióxido de carbono en el agua en el pasado, pues, a diferencia de los corales, reflejan exactamente los isótopos del agua en que están inmersos. Las últimas pruebas de secuencias genéticas demuestran que las esclerosponjas no son un grupo unitario, sino que pertenecen, al menos, a dos grupos de «demosponjas» diferentes, que desarrollaron esqueletos de carbonato de calcio de manera independiente.

Favosites

GRUPO Antozoos
DATACIÓN Del Ordovícico superior al Devónico medio
TAMAÑO Exoesqueleto: 1-2 mm de diámetro
LOCALIZACIÓN Todo el mundo

Era un coral tabulado de mares cálidos y poco profundos que formaba colonias de diferentes formas; aquí, una forma hemisférica aplanada. Los exoesqueletos que formaban la colonia tenían muchos lados en sección transversal. Sus paredes eran finas y estaban muy apiñados, con aspecto de panal de abejas. Las paredes de los esqueletos tenían hasta cuatro pares de filas longitudinales de poros. Los septos o tabiques verticales que dividían por dentro los esqueletos eran cortos y parecían hileras de espinas. También había tabiques horizontales (tábulas). Es poco frecuente encontrar restos fosilizados de las partes blandas, aunque se han hallado pólipos calcificados en ejemplares de *Favosites* del Silúrico.

exoesqueleto

FAVOSITES SP.
Los exoesqueletos dan a la colonia apariencia de panal.

Heliolites

GRUPO Antozoos
DATACIÓN Del Ordovícico medio al Devónico medio
TAMAÑO Exoesqueleto: 1-2 mm de diámetro
LOCALIZACIÓN Todo el mundo

Heliolites fue un coral tabulado que vivía en mares cálidos y poco profundos. Adoptaba muchas formas diferentes, ya se tratara de colonias ramificadas o sólidas. Los pólipos de cuerpo blando vivían en la parte superior de esqueletos cilíndricos. En sección transversal, estos esqueletos eran circulares y de líneas suaves, o tenían un borde ondulado de unos doce segmentos: podía haber hasta doce pequeños tabiques que sobresalían de las paredes del esqueleto. Entre los esqueletos, el tejido estaba compuesto de pequeños tubos poligonales divididos por diafragmas transversales.

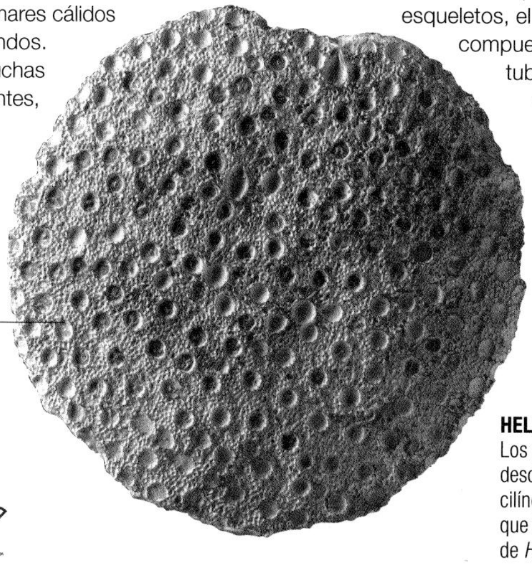
exoesqueleto

HELIOLITES SP.
Los pólipos del coral solían descansar en las estructuras cilíndricas o exoesqueletos que formaban la estructura de *Heliolites*.

YACIMIENTO CLAVE
WENLOCK EDGE

Wenlock Edge es un risco de caliza del Silúrico medio que discurre de suroeste a noreste a lo largo de 29 km de la frontera anglo-galesa. Durante siglos ha sido objeto de estudio. Se depositó allí cuando la zona estaba cubierta por mares tropicales cálidos y poco profundos que contenían estructuras similares a arrecifes creadas por estromatopóridos, corales y briozoos. Estos se pueden hallar aún hoy como fósiles perfectamente conservados, junto a los de crinoideos, braquiópodos, trilobites y moluscos. La explotación intensiva de la caliza en cantera ha dejado a la vista grandes capas rocosas, expuestas para el estudio geológico.

Goniophyllum

GRUPO Antozoos
DATACIÓN Del Silúrico inferior al medio
TAMAÑO Cáliz: 1,5 cm de diámetro
LOCALIZACIÓN Europa, América del Norte

Goniophyllum era un coral rugoso solitario con una característica sección superior de cuatro lados. El pólipo, de cuerpo blando, vivía en una cavidad cóncava llamada cáliz. Una estructura en forma de tapa (opérculo) consistente en cuatro gruesas placas triangulares cubría el cáliz, protegiendo al pólipo cuando este no se alimentaba. El cáliz era profundo y presentaba gruesos septos o tabiques verticales y horizontales, cuyas placas, pequeñas y curvas, estaban reforzadas en algunas zonas.

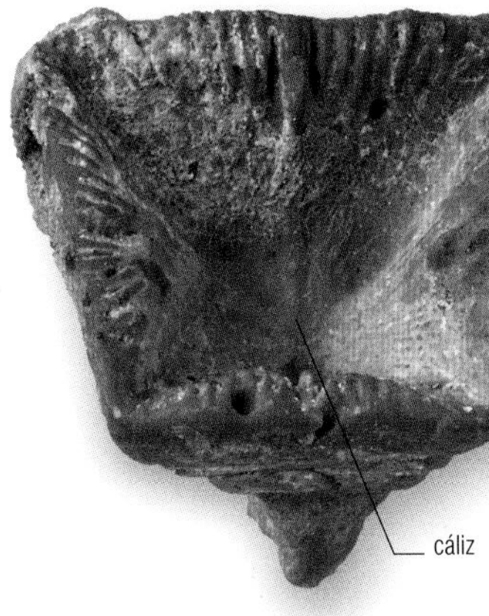
cáliz

GONIOPHYLLUM PYRAMIDALE
En la parte superior del coral, cuatro placas (que aquí no se ven) podían cerrarse para proteger al pólipo.

Ptilodictya

GRUPO Briozoos
DATACIÓN Del Ordovícico superior al Devónico inferior
TAMAÑO Ramas: de 2 a 15 mm de anchura
LOCALIZACIÓN Todo el mundo

Ptilodictya era una colonia vertical de briozoos, construida en forma de ramita recta o ligeramente curva. En la base había un alvéolo cónico que permitía articularse a la colonia. Los agujeros rectangulares de la superficie eran las aberturas de los zoecios, en los que vivían los zooides, animales de cuerpo blando provistos de un lofóforo (un anillo de tentáculos en torno a la boca) que se podía retirar hacia el zoecio cuando no se estaban alimentando.

PTILODICTYA LANCEOLATA
Las pequeñas aberturas de la superficie de la colonia llevaban a las cámaras en que vivían los zooides.

costillas concéntricas

Leptaena

GRUPO Braquiópodos
DATACIÓN Del Ordovícico medio al Devónico
TAMAÑO 1,5 cm de longitud
LOCALIZACIÓN Todo el mundo

Leptaena era un género de braquiópodos con una valva peduncular convexa y una braquial cóncava situada dentro de la anterior. La línea de charnela es casi recta, y los umbos de ambas valvas sobresalen ligeramente. La abertura del pedúnculo, de la que salía el tallo carnoso que fijaba al animal a la superficie rocosa, se encontraba justo debajo del umbo de la valva peduncular. La superficie de la concha tenía marcadas costillas concéntricas cruzadas por costillas radiales más finas. Hacia la parte central había una fuerte depresión en ambas valvas.

LEPTAENA RHOMBOIDALIS
La valva braquial, más pequeña, encajaba dentro de la peduncular, dejando el espacio justo para un cuerpo muy fino.

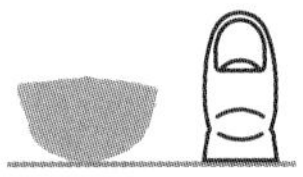

Pentamerus

GRUPO Braquiópodos
DATACIÓN Silúrico
TAMAÑO 2,5-6 cm de longitud
LOCALIZACIÓN América del Norte, islas Británicas, norte de Europa, Rusia, China

Pentamerus era grande, con dos valvas cóncavas; solía ser más largo que ancho. El umbo de la valva peduncular era prominente; la abertura por la que salía el tallo carnoso del animal se encontraba justo debajo. La superficie de su concha era casi lisa, con costillas radiales y líneas de crecimiento muy finas. Dentro, un fino tabique, muy cerca del umbo de la valva peduncular, soportaba una gran estructura con forma de cuchara que actuaba como anclaje muscular; es esta una característica de los braquiópodos pentaméridos. *Pentamerus* solía vivir en grandes grupos.

Atrypa

GRUPO Braquiópodos
DATACIÓN Del Silúrico inferior al Devónico superior
TAMAÑO 2-3 cm de longitud
LOCALIZACIÓN Todo el mundo

Atrypa era un braquiópodo con una valva peduncular plana o ligeramente convexa y una valva braquial fuertemente convexa. Los umbos de ambas valvas sobresalen ligeramente de la línea de charnela. La superficie de la concha se caracterizaba por marcadas costillas concéntricas cruzadas por costillas radiales. Había un ligero pliegue hacia fuera en la valva braquial y la correspondiente depresión en la peduncular. Los soportes del lofóforo, el órgano mediante el cual se alimentaba, estaban dentro de la valva braquial (derecha) y tendían en espiral hacia el centro de la concha.

costillas radiales
costillas concéntricas

ATRYPA SP.
Se caracteriza por sus capas de costillas concéntricas, cruzadas por costillas radiales: un rasgo presente en algunos bivalvos actuales.

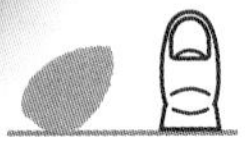

ANATOMÍA
LOFÓFORO

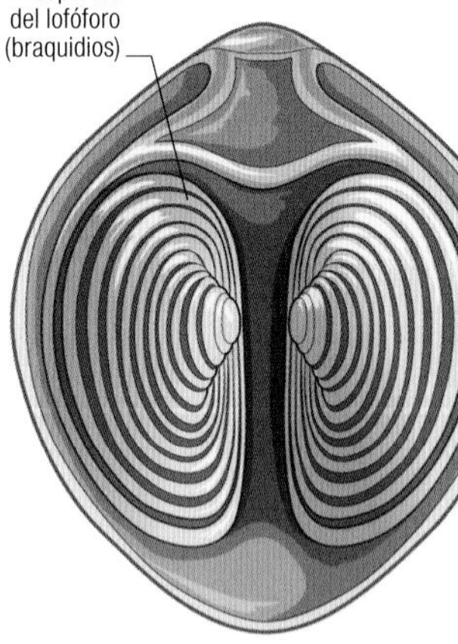
soportes del lofóforo (braquidios)

Como los demás braquiópodos, *Atrypa* se alimentaba por medio de un órgano llamado lofóforo, con numerosos tentáculos (cilios) que atrapaban las partículas alimenticias y las llevaban a la boca. Cuanto más largo era el lofóforo, más posibilidades tenía el animal de conseguir alimento. La forma espiral permitía alojar un largo lofóforo en un espacio relativamente pequeño, pero era necesario un soporte para mantener separadas las vueltas de la espiral; el soporte del lofóforo de *Atrypa* tomó la forma de dos delicadas espirales de calcita (braquidios), situadas en el interior de la valva braquial.

Gomphoceras

GRUPO Cefalópodos
DATACIÓN Silúrico medio
TAMAÑO 7,5-15 cm de longitud
LOCALIZACIÓN Europa

Gomphoceras era un molusco marino del mismo grupo que el moderno *Nautilus*. Los finos tabiques de la concha estaban muy juntos, y esta tenía una amplia cámara para el cuerpo que, en la madurez, se estrechaba hacia la abertura. En este caso no se ve la abertura, pero se sabe por otros especímenes que era pequeña, con un espacio muy limitado para los tentáculos. Esto sugiere que en su madurez no podría alimentarse y que moriría justo después de reproducirse, como muchos cefalópodos modernos.

cámara corporal que se estrecha al final

FORMA DEL CUERPO
Su excéntrica forma sugiere que *Gomphoceras* no era un ágil carnívoro; probablemente se habría alimentado de carroña.

Cardiola

GRUPO Bivalvos
DATACIÓN Del Silúrico al Devónico medio
TAMAÑO 1,2-3 cm de longitud
LOCALIZACIÓN África, Europa, América del Norte

Era un bivalvo de marcadas costillas radiales con anillos de crecimiento muy evidentes. Ambas valvas tenían el mismo tamaño, con umbos prominentes. Más allá de cada umbo había un área triangular lisa, con finos anillos de crecimiento atravesándola. Internamente, dos músculos aductores controlaban el cierre de las valvas, pero no había una charnela dentada. Un ligamento abriría las valvas al relajarse los aductores. *Cardiola* vivía seguramente fijado al lecho marino mediante unos filamentos (biso), que tenía desde su estadio larvario inicial.

pliegue concéntrico
costilla radial

CARDIOLA INTERRUPTA
Rara vez se encuentran fósiles de *Cardiola* como estos junto a fósiles diferentes, lo que sugiere un entorno especializado.

Gissocrinus

GRUPO Equinodermos
DATACIÓN Del Silúrico medio al Devónico inferior
TAMAÑO Copa con brazos completos: 7 cm de altura
LOCALIZACIÓN Europa, EE UU

Gissocrinus era un crinoideo, un animal marino emparentado con los erizos y las estrellas de mar. Tenía un pequeño cáliz compuesto por tres círculos de placas. En el superior, las cinco placas radiales tenían una superficie amplia y en forma de media luna; servían como puntos de articulación para los brazos del animal, que se extendían hacia arriba desde ese punto. Una sexta placa de este círculo, en la parte trasera del cáliz, marcaba la base de una estructura tubular que acababa en la abertura anal. Los brazos se ramificaban varias veces y las ramas eran siempre de igual longitud. En este ejemplar solo se han conservado las ramas inferiores.

rama

GISSOCRINUS INVOLUTUS
Gissocrinus podía llegar a tener 32 ramas. Aquí solo se ve la parte inferior.

Pseudocrinites

GRUPO Equinodermos
DATACIÓN Del Silúrico superior al Devónico inferior
TAMAÑO Cáliz: 1,5-3 cm de diámetro
LOCALIZACIÓN Europa, América del Norte

Pseudocrinites tenía forma discoidal u ovalada, con un borde plano formado por dos zonas de delgadas placas llamada ambulacro, y se fijaba al lecho marino mediante un pedúnculo articulado. La boca se hallaba en el lado opuesto a la unión del pedúnculo con el disco, en el centro de la superficie oral. El ambulacro comenzaba a cada lado de la boca y en algunos especímenes llegaba incluso al pedúnculo. En ejemplares bien conservados se pueden observar unos apéndices cortos y articulados llamados braquiolas; las cuencas en que iban fijados demuestran que se disponían de manera alterna a cada lado del ambulacro. En la superficie oral se hallaban también el ano, una abertura en el sistema vascular acuífero, y el gonoporo (para expulsar huevos o esperma). El duro caparazón exterior presenta áreas romboidales situadas a través de las junturas entre placas, así como pares de hendiduras que la atraviesan; su función era, probablemente, respiratoria. Las estructuras respiratorias distribuidas por la superficie del cáliz son características de los cistoideos, que es la clase a la que pertenece *Pseudocrinites*.

estructuras respiratorias
ambulacros

PSEUDOCRINITES BIFASCIATUS
Este fósil muestra las estructuras respiratorias romboidales típicas de *Pseudocrinites*; algunos cistoideos tenían muchos pares de poros en la superficie del cáliz.

Pseudocrinites usaba su **pedúnculo articulado** para **anclarse** al fondo marino, donde vivía alimentándose de **partículas en suspensión.**

Lapworthura

GRUPO Equinodermos
DATACIÓN Del Ordovícico superior al Silúrico medio
TAMAÑO 10-12 cm de diámetro
LOCALIZACIÓN Europa

Lapworthura era una ofiura con un gran disco central. Todos sus orificios corporales estaban situados en la superficie inferior (oral), en cuyo centro estaba la boca. *Lapworthura* tenía unos brazos relativamente robustos para una ofiura, y poseía un endoesqueleto de placas calcáreas, llamadas osículos, dispuestas en pares opuestos. La fosilización de las ofiuras depende de que el animal quede enterrado en vida por un aflujo repentino de sedimentos, como por ejemplo durante una tormenta; si esto no ocurre, las partes exteriores blandas se pudren y los osículos se separan y dispersan. Las ofiuras, así como las estrellas y los erizos de mar, son equinodermos; como las ofiuras actuales, *Lapworthura* era seguramente carnívora.

brazo robusto

LAPWORTHURA MILTONI
A diferencia de las actuales ofiuras, como *Ophiothrix fragilis*, los brazos de *Lapworthura miltonis* eran relativamente cortos y robustos.

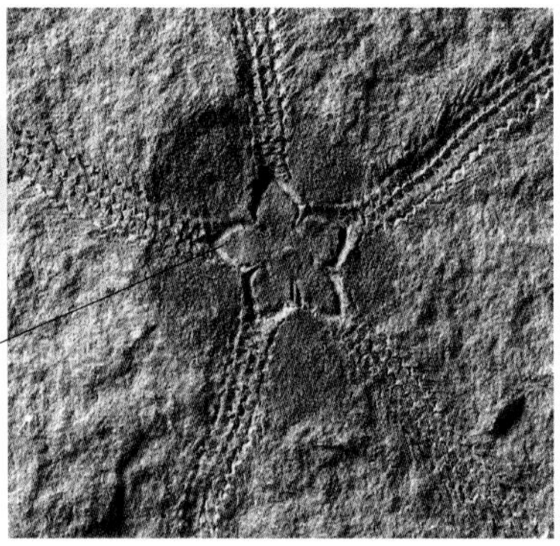
disco central

ESTRELLA CENTRAL
El gran disco central en forma de estrella de *Lapworthura miltoni* albergaba la boca del animal.

PARIENTE VIVO
OFIURA VERDE

Las ofiuras se remontan al Ordovícico y hoy existen unas 2000 especies, presentes desde las regiones polares hasta las ecuatoriales. Habitan entre los 500 m de profundidad y las zonas abisales; sin embargo, hay especies de aguas más superficiales, una de las cuales, la ofiura verde *(Ophiarachna incrassata)*, a veces se incluye en acuarios –aunque, como sus propietarios no tardan en descubrir, tiene predilección por los peces pequeños y los crustáceos–. Sus brazos son sobre todo órganos sensoriales.

Dalmanites

GRUPO Artrópodos
DATACIÓN Del Silúrico inferior al superior
TAMAÑO Hasta 10 cm de longitud
LOCALIZACIÓN Todo el mundo

El trilobites *Dalmanites* tenía una gran cabeza acorazada con una prominente glabela en el centro, que presenta dos pares de estrechos surcos y otros más profundos y oblicuos. Sus ojos, grandes y con lentes prominentes, se hallaban en la parte posterior de la cabeza. Sus mejillas eran ligeramente convexas y se prolongaban en unas robustas y anchas espinas. Bajo la cabeza, y fijado a ella bajo la glabela, había un gran hipostomo: una estructura calcificada que se cree contenía el estómago. El tórax estaba segmentado y la cola, ancha y triangular, acababa en una espina.

tórax segmentado

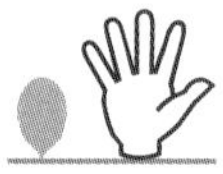

DALMANITES CAUDATUS
El tórax de este *Dalmanites* estaba compuesto de once segmentos separados, claramente visibles.

ANATOMÍA
ENROLLADOS

Como las cochinillas, la mayoría de los trilobites podían enrollarse hasta formar una esfera para proteger su blando vientre. La imagen muestra a un *Dalmanites* enrollado visto desde arriba, con la espina de la cola apuntando hacia delante desde debajo de la cabeza. Esta espina habría sido útil para mudar el caparazón: los trilobites lo mudaban periódicamente para ajustarlo a su crecimiento; de hecho, la mayor parte de los fósiles de trilobites son mudas, más que cadáveres enteros.

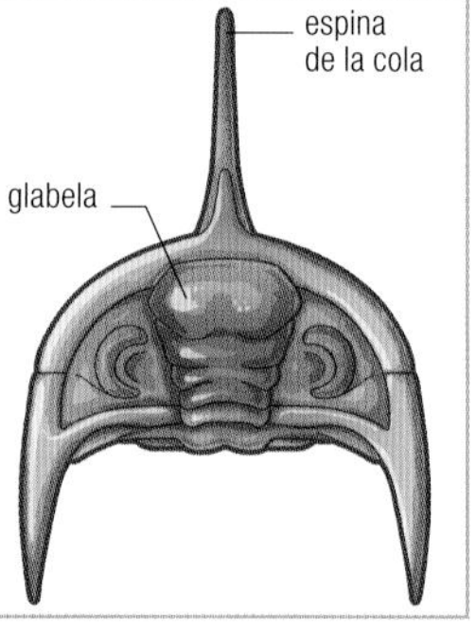
espina de la cola
glabela

Encrinurus

GRUPO Artrópodos
DATACIÓN Silúrico
TAMAÑO Hasta 5 cm de longitud
LOCALIZACIÓN Todo el mundo

Era un pequeño trilobites ampliamente distribuido por todo el mundo a lo largo del Silúrico. Como fósil es bien reconocible por los prominentes bultos de su cabeza, de los que deriva su nombre («trilobites con cabeza de fresa»). La parte central de la coraza cefálica, la glabela, era grande y con forma de pera, más ancha en la parte delantera, y presentaba varios pliegues, que en este espécimen no son fáciles de discernir. Los ojos (en este caso solo se conservan las bases) reposaban en los extremos de unos cortos pedúnculos, lo que sugiere que este trilobites pasaba gran parte del tiempo semienterrado en el lodo del fondo marino, y solo sobresalían sus ojos.

cola acorazada con estrechos anillos

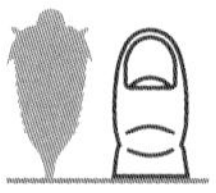

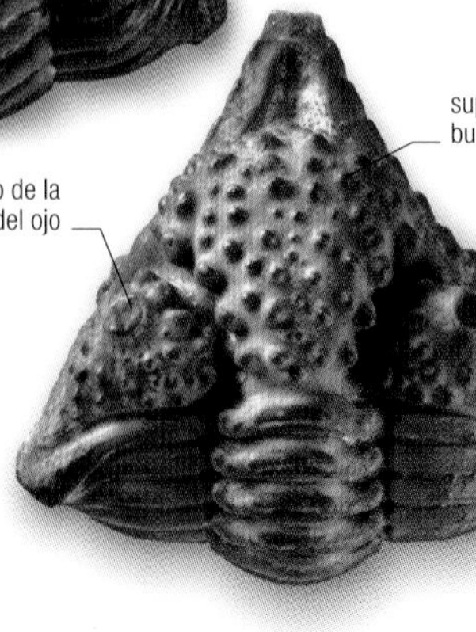
superficie bulbosa
tallo de la base del ojo

ENCRINURUS TUBERCULATUS
Este espécimen de *Encrinurus* está parcialmente enrollado y presenta la «cabeza de fresa» frente al tórax. El escudo de la cola (arriba) es triangular, compuesto por muchos anillos.

espina curva

EXALLASPIS SP.
Aunque aquí solo se muestra una pequeña parte del tórax y la cabeza, se pueden apreciar claramente las largas y curvas espinas de los segmentos del tórax.

Exallaspis

GRUPO Artrópodos
DATACIÓN Del Silúrico medio al superior
TAMAÑO Hasta 2,5 cm
LOCALIZACIÓN Todo el mundo

La cabeza de este trilobites tenía una zona central (glabela) elevada que se estrechaba en la frente, con tres lóbulos bien definidos; el posterior era el más grande. Un arco elevado discurría desde la parte frontal de la glabela hasta los ojos, relativamente pequeños, situados en la parte posterior de la cabeza, a medio camino entre la glabela y el borde lateral. El tórax estaba compuesto por diez segmentos, que se iban estrechando en los extremos para acabar en unas espinas curvas y largas. La cola era pequeña y tenía dos espinas largas apuntando hacia atrás separadas por una hilera de cuatro espinas más cortas. En el espécimen que aquí se muestra faltan la cola y gran parte del tórax.

Calymene

GRUPO Artrópodos
DATACIÓN Silúrico
TAMAÑO Hasta 6 cm de longitud
LOCALIZACIÓN Todo el mundo

Uno de los trilobites más conocidos es *Calymene*, con una cabeza acorazada semicircular en la que predominaba la glabela, ahusada hacia la parte delantera y con forma de campana. La glabela tenía tres lóbulos en cada uno de sus bordes exteriores, de los que el más posterior era el más grande. Sus ojos eran pequeños y se hallaban aproximadamente en medio de la glabela, opuestos. Había tal abundancia de estos fósiles en las calizas de Dudley (Inglaterra) que se convirtió en un emblema local.

Calymene también es llamado **«langosta de Dudley»** o **«bicho de Dudley».**

glabela

CALYMENE BLUMENBACHII
El tórax de *Calymene* constaba de trece segmentos, y la cola era más pequeña que su redondeada cabeza.

ESFERA PROTECTORA
Muchos fósiles de *Calymene*, como este, se han encontrado enrollados. Como las actuales cochinillas, la mayoría de los trilobites se enrollaban para protegerse.

Monograptus

GRUPO Graptolites
DATACIÓN Silúrico inferior
TAMAÑO Hasta 5 cm de longitud
LOCALIZACIÓN Todo el mundo

Monograptus se caracteriza por tener brazos (tecas) en un solo lado de su tallo. Las tecas alojaban a los individuos (zooides de cuerpo blando) que componían la colonia. El género apareció en el registro fósil al principio del período Silúrico, hace unos 443 MA, y durante los siguientes 30 MA un gran número de especies de *Monograptus* y géneros emparentados se desarrollaron rápidamente. Muchos están distribuidos por todo el mundo. Los graptolites eran hemicordados coloniales, un pequeño grupo ligado a los vertebrados. Los hemicordados actuales son comparativamente escasos, pero la abundancia de fósiles de graptolites en muchas rocas muestra que antaño poblaban todos los océanos del planeta.

CIENCIA
FÓSILES DIRECTORES

La mayoría de graptolites eran planctónicos, y se distribuyeron ampliamente por los océanos del Ordovícico y el Silúrico. Evolucionaron muy rápido y las especies duraron relativamente poco, unos 2 MA. Estas características convierten a los graptolites en fósiles guía o directores ideales. Las especies o grupos se pueden usar para calcular las unidades estratigráficas en que se encuentran y relacionarlas entre sí en todo el mundo. En las rocas del Silúrico se han reconocido unas cuarenta zonas de graptolites, cada una con una duración aproximada de 0,7 MA.

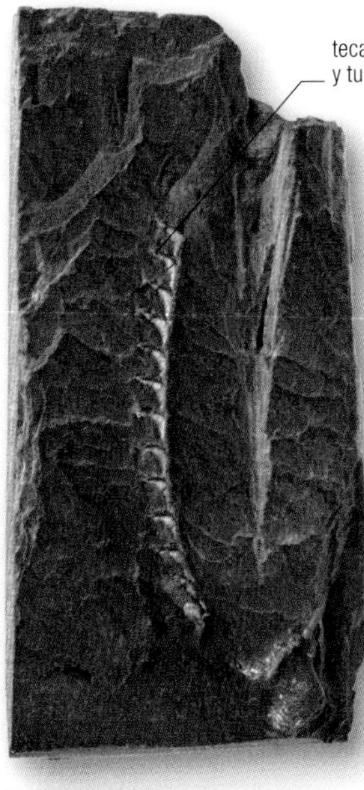
tecas largas
y tubulares

MONOGRAPTUS TRIANGULATUS
En esta especie, las tecas son largas y tubulares y se distribuyen a lo largo de la curva exterior de la colonia.

tecas
con base
triangular

MONOGRAPTUS CONVOLUTUS
Aquí, la colonia forma una espiral, y sus largas tecas, en la parte exterior de la curva, le dan la apariencia de un resorte de reloj.

Eusarcana

GRUPO Artrópodos
DATACIÓN Silúrico superior
TAMAÑO La mayoría, unos centímetros de longitud, pero se conocen gigantes de más de 1 m
LOCALIZACIÓN Europa

Los euriptéridos como *Eusarcana* eran animales similares a escorpiones, y la mayoría vivía en agua dulce o salobre. En algunos, el primer par de patas acababa en unas pinzas con fuertes dientes. La pequeña cabeza del animal no se aprecia bien en este espécimen, pero era más o menos rectangular, con los ojos, pequeños, en la parte delantera. La boca estaba justo debajo. El primer par de apéndices, los quelíceros, se hallaban delante de ella; cuatro pares de patas espinosas le servían para caminar, y el sexto par, el posterior, ensanchado como unas aletas, era para nadar. Su abdomen se dividía en dos partes: un preabdomen ancho y oval, compuesto de siete segmentos; y un postabdomen cilíndrico y ahusado, de cinco segmentos. Tras el abdomen había un segmento terminal, o telson, acabado en punta.

postabdomen
pequeña cabeza

EUSARCANA OBESA
Los fósiles de *Eusarcana* se conocen también como «escorpiones de agua», y en este caso el parecido es evidente.

SILÚRICO
VERTEBRADOS

Los peces sin mandíbulas eran los vertebrados más comunes del Silúrico. Sin embargo, durante este período aparecieron y se diversificaron nuevos grupos de vertebrados. Se dio un nuevo desarrollo clave: las mandíbulas. A finales del Silúrico ya se habían desarrollado todos los grandes grupos de vertebrados.

El período glacial con el que acabó el Ordovícico se prolongó hasta el Silúrico, pero gradualmente el hielo se fundió, el nivel de los mares subió y los océanos se hicieron más cálidos. Mientras plantas e invertebrados intentaban establecerse en tierra firme, los vertebrados siguieron aprovechando el hospitalario entorno oceánico. Fue en los mares del Silúrico donde se produjo el avance acaso más importante de la historia de los vertebrados: el desarrollo de las mandíbulas.

Ventajas de las mandíbulas

La posesión de mandíbulas motivó el desarrollo de nuevas conductas. Con mandíbulas se puede asir firmemente un objeto, y si estas poseen dientes, se puede despedazar la comida en pequeños trozos para tragarla, así como triturar las partes duras. Así se podían comer plantas, y muchos de los vertebrados con mandíbulas crecieron hasta ser mucho más grandes que sus coetáneos agnatos. Con o sin dientes, un par de mandíbulas es un arma poderosa, y también puede servir para sujetar a la pareja durante el cortejo o el apareamiento o para transportar crías. Con mandíbulas se puede manipular objetos, cavar agujeros, mover piedras y recoger trozos de plantas para los nidos. Las posibilidades para los vertebrados con mandíbulas eran muchas y variadas.

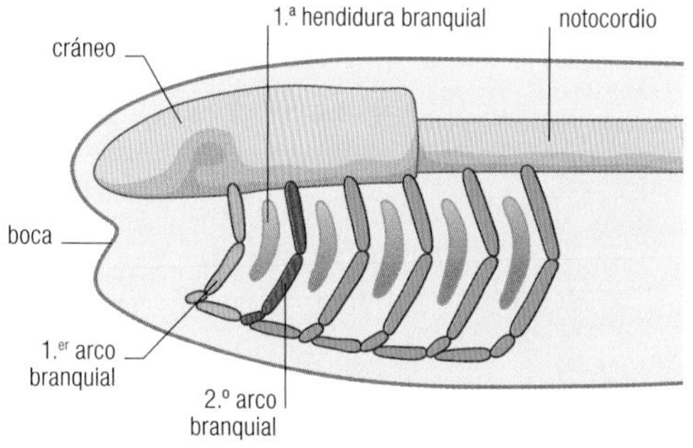
cráneo
1.ª hendidura branquial
notocordio
boca
1.er arco branquial
2.º arco branquial

VERTEBRADO AGNATO (SIN MANDÍBULAS)

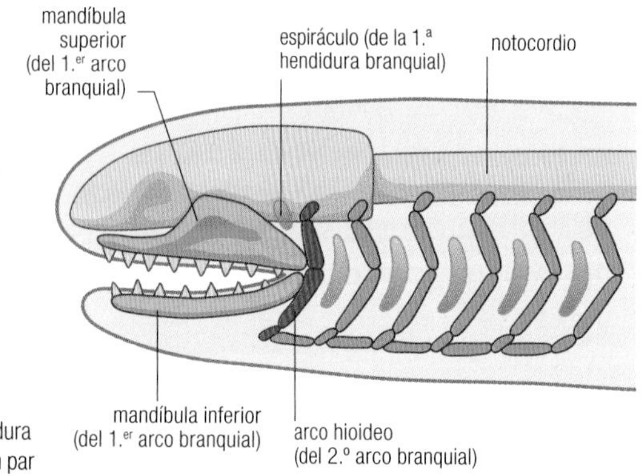
mandíbula superior (del 1.er arco branquial)
espiráculo (de la 1.ª hendidura branquial)
notocordio
mandíbula inferior (del 1.er arco branquial)
arco hioideo (del 2.º arco branquial)

VERTEBRADO GNATÓSTOMO (CON MANDÍBULAS)

EVOLUCIÓN DE LA MANDÍBULA DE LOS VERTEBRADOS
En los agnatos, los arcos branquiales 1.º y 2.º soportan la 1.ª hendidura branquial. En los gnatóstomos, el primer arco se ha convertido en un par de mandíbulas, y la primera hendidura, en un espiráculo a través del cual se bombea el agua. Las mandíbulas pueden ser dentadas.

Hallazgos fósiles en China

Los sarcopterigios, o peces de aletas lobuladas, son un grupo de vertebrados con mandíbulas especialmente importante, porque a partir de ellos evolucionaron los tetrápodos, animales de cuatro patas (p. 122). Se creía que habían aparecido a principios del Devónico, pero en 1997 se hallaron partes del cráneo y la mandíbula inferior de un nuevo pez, *Psarolepis*, en Yunnan (China), lo cual probó que se habían desarrollado a finales del Silúrico. No obstante, la principal radiación de sarcopterigios, incluidas varias formas nuevas y primitivas halladas hace poco en China, tuvo lugar en el Devónico.

GRUPOS

Los nuevos peces agnatos del Silúrico incluían los anáspidos, telodontos, osteostráceos y galeáspidos. Los osteostráceos tenían aletas pectorales soportadas por una cintura escapular, un rasgo compartido con los vertebrados mandibulados, pero ausente en los vertebrados agnatos. Esto sugiere que los osteostráceos son el taxón hermano de los vertebrados mandibulados. Entre los peces con mandíbulas, a principios del Silúrico estaban los acantodios, los placodermos y los condrictios, mientras que los actinopterigios (peces de aletas con radios) surgieron a finales del período.

ANÁSPIDOS

Estos peces agnatos se hallan sobre todo en los depósitos fósiles silúricos del hemisferio norte. Algunos anáspidos, como *Birkenia*, poseen grandes escamas dorsales, pero carecen de aletas. Otros, como *Pharyngolepis*, tienen estructuras semejantes a aletas distribuidas a pares por el vientre. *Jamoytius* y *Euphanerops* son casos atípicos, pues presentan más de 30 arcos branquiales.

OSTEOSTRÁCEOS

Los osteostráceos aparecieron en el Silúrico medio y, como los anáspidos, solamente en el hemisferio norte. Se caracterizan por una gran cabeza con coraza ósea y ojos dorsales. La cabeza acaba, por los lados, en espinas, lo que le da forma de herradura; estas espinas no se hallan en los miembros más primitivos del grupo, como *Ateleaspis*.

TELODONTOS

Los telodontos surgieron en el Silúrico inferior y sobrevivieron hasta finales del Devónico. Estos peces agnatos se dispersaron por todo el mundo. Se conocen sobre todo a partir de escamas aisladas (microvertebrados), pero también se han hallado especímenes más completos, como *Loganellia*, con la cabeza, la cola, los arcos branquiales e indicios de lo que podrían ser aletas.

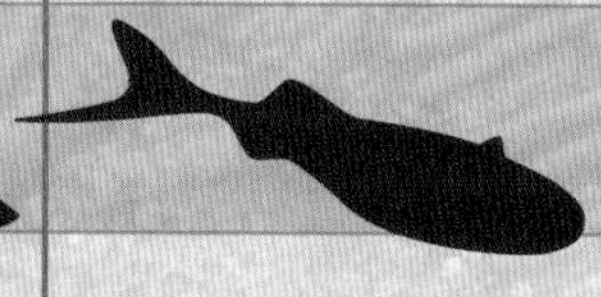

Birkenia

GRUPO Agnatos
DATACIÓN Del Silúrico superior al Devónico inferior
TAMAÑO 15 cm de longitud
LOCALIZACIÓN Europa

Birkenia, un pequeño pez agnato, tenía un cuerpo fusiforme (más ancho en la parte central) cubierto de alargadas escamas dispuestas en hileras; de manera inusual, las de la parte dorsal trasera apuntaban hacia abajo y atrás en lugar de hacia abajo y adelante. Grandes escamas cubrían la parte superior del cuerpo; algunas apuntaban hacia delante, otras hacia atrás, y en el medio había una escama doble apuntando en ambas direcciones. *Birkenia* tenía una aleta anal desarrollada y unos ojos pequeños con una única abertura nasal entre ambos. Vivía en agua dulce y probablemente era un activo nadador que se alimentaba de detritos (restos de plantas y animales).

ESCAMAS ÚNICAS
La disposición de las escamas dorsales de *Birkenia* es única entre los anáspidos, el grupo al que pertenece.

escama doble
cabeza cubierta de pequeñas escamas

cuerpo comprimido lateralmente

UNA COLA INSÓLITA
La cola hipocerca de *Birkenia*, en la que el notocordio, arqueado hacia abajo, soportaba el lóbulo inferior, confundió al principio a los paleontólogos, que reconstruían el pez boca abajo.

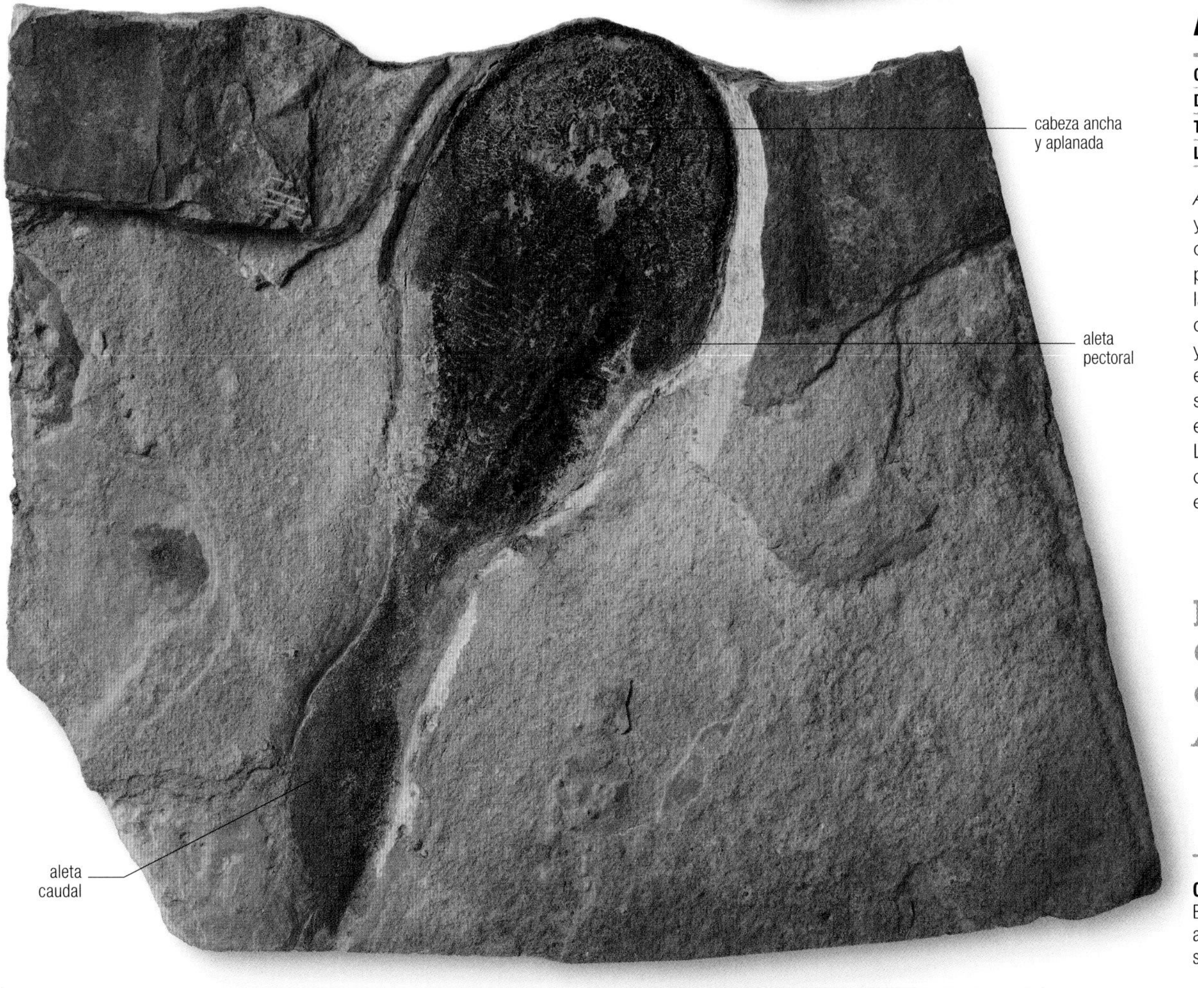
cabeza ancha y aplanada
aleta pectoral
aleta caudal

Ateleaspis

GRUPO Agnatos
DATACIÓN Del Silúrico inferior al Devónico inferior
TAMAÑO 15-20 cm de longitud
LOCALIZACIÓN Escocia, Noruega, Rusia

Ateleaspis era un primitivo osteostráceo y se cree que vivía en mares resguardados o desembocaduras de ríos. Es el pez más primitivo conocido con apéndices a pares: las aletas pectorales. Tenía dos aletas dorsales: la frontal, cubierta de escamas, y la posterior, más grande y cubierta de espinas entrelazadas. Un escudo óseo sensorial protegía su cabeza, y el cuerpo entero estaba recubierto de placas óseas. La boca se hallaba en la parte inferior de la cabeza, lo que sugiere que se alimentaba en el fondo marino.

10 Número de pares de agallas que presenta el cuerpo de *Ateleaspis*.

CUERPO APLANADO
El cuerpo de *Ateleaspis* era aplanado, y la parte anterior era más plana que la posterior, lo que sugiere que se alimentaba en el fondo marino.

Loganellia

GRUPO Agnatos
DATACIÓN Silúrico superior
TAMAÑO 10-44 cm de longitud
LOCALIZACIÓN Europa

Loganellia era un telodonto, un pez aplanado con el cuerpo totalmente cubierto de escamas y cola hipocerca. Sus ojos eran pequeños y estaban muy separados. La posición de la boca, de lado y en la parte inferior de la cabeza, sugiere que removía el fondo marino para alimentarse. Dos apéndices a ambos lados de la cabeza le habrían servido de aletas.

COLA BÍFIDA
Tenía una cabeza ancha y plana y una cola larga con forma de horquilla, cuyo lóbulo inferior era mucho más grande que el superior (hipocerca).

Climatius

GRUPO Acantodios
DATACIÓN Del Silúrico inferior al Devónico superior
TAMAÑO 12 cm de longitud
LOCALIZACIÓN Islas Británicas

Era un pez pequeño y espinoso. Sus aletas –las dos pectorales, las dorsales delantera y trasera y la anal– tenían espinas, y bajo el cuerpo tenía otros cinco pares de espinas. Una coraza ósea protegía sus «hombros». Su aleta caudal era como la de los tiburones, con el lóbulo superior más grande. Tenía ojos grandes, pequeñas aberturas nasales y pequeños molares que indican que se alimentaba de seres pequeños.

Andreolepis

GRUPO Actinopterigios
DATACIÓN Silúrico inferior
TAMAÑO 9 cm de longitud
LOCALIZACIÓN Europa, Asia

Uno de los peces de aletas con radios más antiguos conocidos, tenía unos dientes afilados y puntiagudos junto a proyecciones similares a dientes, dispuestos en varias hileras. No se deshacía de los dientes viejos: los nuevos crecían en una nueva hilera interior. Sus escamas tenían forma romboidal y estaban recubiertas de una fina capa de una sustancia dura llamada ganoína, similar al esmalte dental.

DEVÓNICO

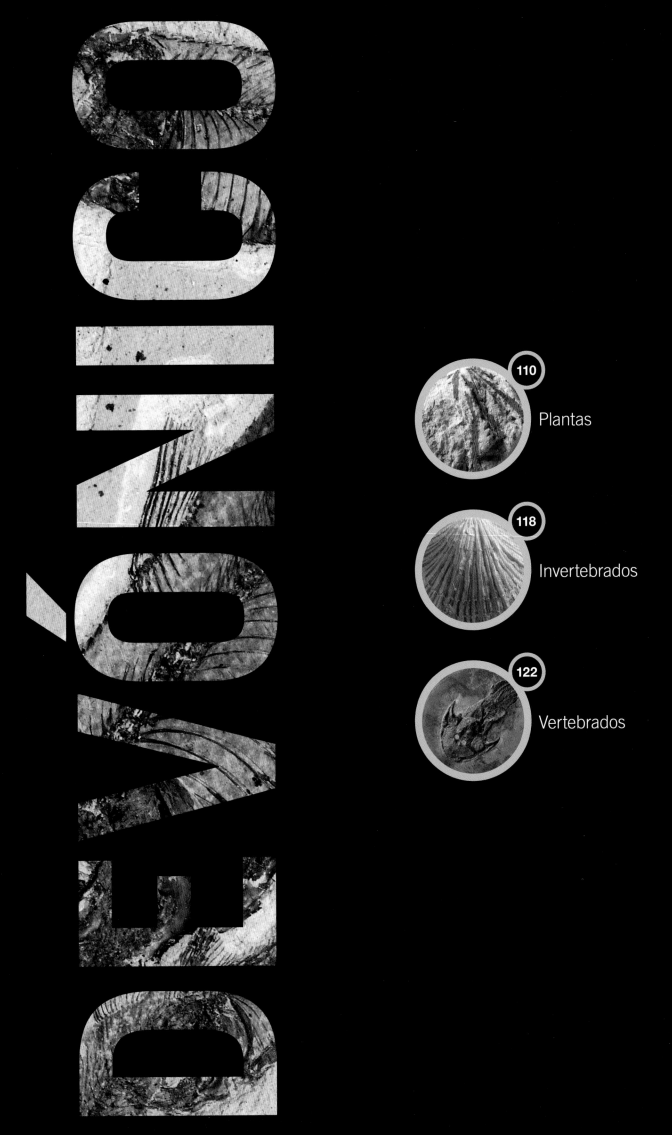

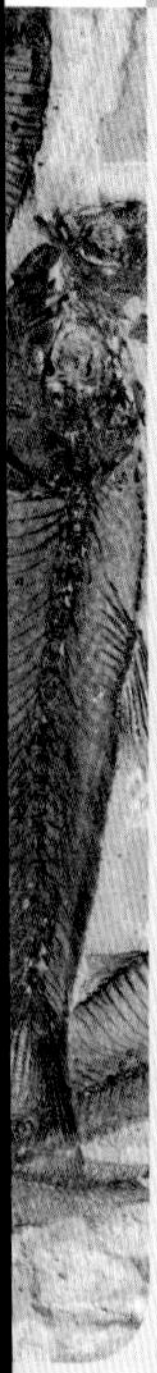

Devónico

LAS MONTAÑAS CALEDONIANAS
Las montañas caledonianas están muy erosionadas, pero todavía se extienden desde Escandinavia a los Apalaches, en América del Norte.

El período Devónico, llamado a veces «edad de los peces», se caracteriza por una radiación evolutiva en algunos grupos de peces, incluidos raros peces sin mandíbulas y placodermos acorazados. Tan importante como esto fue el gran aumento de la diversidad de las plantas, que comenzaron a extenderse más allá de las zonas costeras, hacia el interior de los continentes, y crearon nuevos ecosistemas terrestres: los primeros bosques del mundo.

Océanos y continentes

A mediados del Devónico, hace unos 400 MA, el océano de Japeto había desaparecido debido a la colisión entre Báltica y Laurentia. Esta colisión desató tremendas fuerzas tectónicas que cambiaron la forma de los paisajes continentales, creando las montañas Caledonianas, que se extendían por lo que en la actualidad son Escandinavia, el norte de Gran Bretaña, Groenlandia y el inicio de la cadena de los Apalaches, en el este de América del Norte. Gondwana rotó en el sentido horario alrededor de un eje situado en Australia, acercándose el borde occidental del continente al ecuador y a Laurentia. Las masas continentales se volvieron cada vez más verdes conforme los helechos y plantas arborícolas formaban bosques y pantanos, añadiendo materia orgánica a los suelos y creando nuevos ecosistemas para los invertebrados. El yacimiento de sílex de Rhynie, en Escocia, ofrece una perspectiva excepcional sobre la flora de una turbera de mediados del Devónico. Durante el Devónico superior hubo grandes cambios en la bioquímica de los océanos, con períodos de mucha oxigenación. La rápida diversificación de las plantas debió de enriquecer los ríos con altos niveles de nutrientes, que acabaron en los mares; dado que los arrecifes prefieren aguas bajas en nutrientes, ello podría haber contribuido al declive de su diversidad durante la extinción masiva del Devónico.

ARENISCAS ROJAS ANTIGUAS
Los sedimentos erosionados de las montañas caledonianas, depositados en los valles, crearon los lechos de arenisca roja típicos del Devónico.

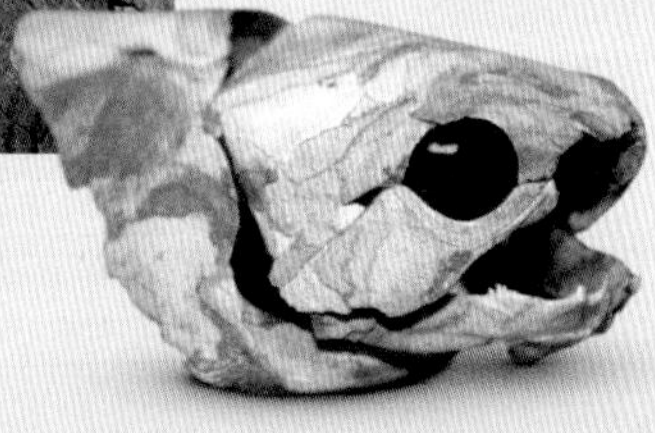

PEZ MADRE DEL DEVÓNICO
Este primitivo placodermo, conservado en rocas de la formación Gogo, en Australia Occidental, vivía en una barrera de coral del Devónico.

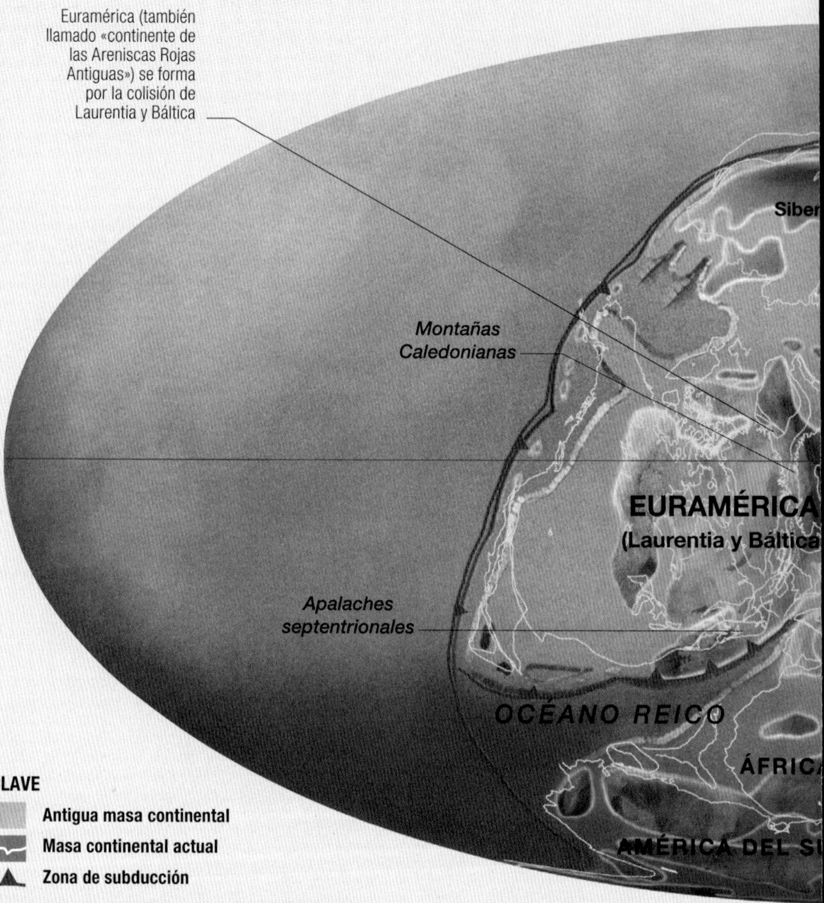
Euramérica (también llamado «continente de las Areniscas Rojas Antiguas») se forma por la colisión de Laurentia y Báltica
Siber
Montañas Caledonianas
EURAMÉRICA
(Laurentia y Báltica
Apalaches septentrionales
OCÉANO REICO
ÁFRICA
AMÉRICA DEL S
CLAVE
Antigua masa continental
Masa continental actual
Zona de subducción

MAPA DEL MUNDO A MEDIADOS DEL DEVÓNICO
Báltica y Laurentia se unieron para formar Euramérica y cerraron el océano de Japeto. Esto condujo a la formación de las cordilleras caledonianas.

INFERIOR | MEDIO

MA	420	410	400	390
PLANTAS	• **415** Primeras zosterófilas (plantas primitivas)	• **410** Primeras licófitas y trimerófitas	• **400** Primeras esfenofitas («colas de caballo»); algunas plantas comienzan a crecer a modo de árboles	• **395** Primer liquen, primera carófita (alga)
INVERTEBRADOS	• **415** Primeros braquiópodos terebratúlidos	• **410** Primeros nautiloideos nautílidos		• **395** Primeros opiliones; primeros ácaros; primeros hexápodos (colémbolos); primeros amonites (izda.)

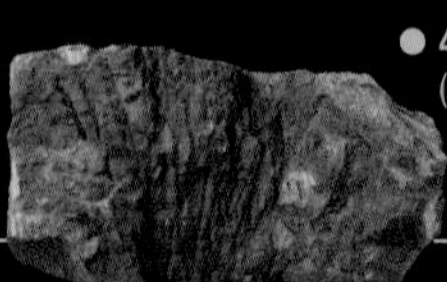
ZOSTEROPHYLLUM

BARAGWANATHIA

ARCHAEOPTERIS

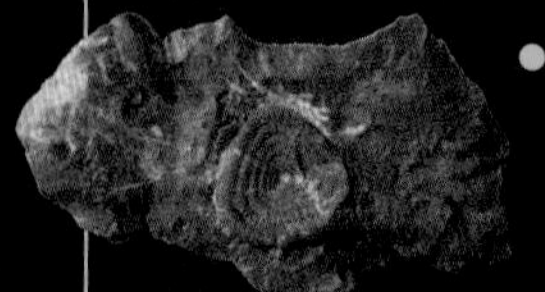
SOLICLYMENIA

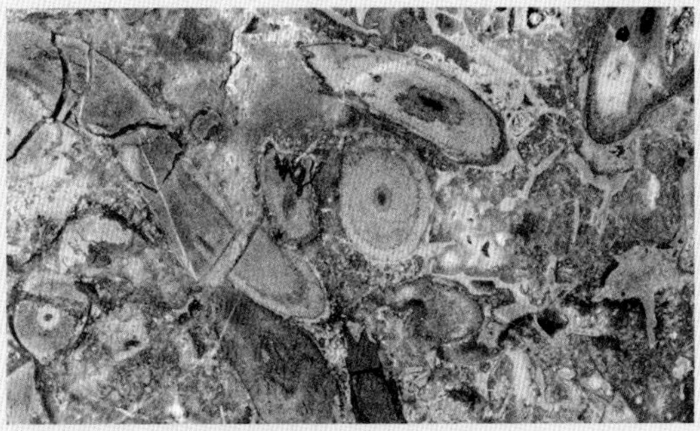

FÓSILES DEL YACIMIENTO DE SÍLEX DE RHYNIE
En el yacimiento de sílex de Rhynie, en Escocia, se conservan perfectamente muchos fósiles del Devónico inferior. Este fino corte muestra los tallos de una de las primeras plantas terrestres, *Rhynia*.

Clima

El clima global era relativamente cálido, árido y seco, y la diferencia de temperatura entre los polos y el ecuador era menor que la actual. Durante el Devónico inferior, gran parte de Laurentia y del noreste de Gondwana eran áridos y calurosos. Grandes extensiones de las actuales Australia, Siberia y América del Norte estaban cubiertas por mares superficiales y cálidos. El análisis de fósiles de braquiópodos mediante isótopos de oxígeno (p. 23) sugiere que durante el Devónico inferior las temperaturas podrían haber llegado a los 30 °C. En las latitudes meridionales más altas de Gondwana el clima era cálido templado. Las regiones polares eran frías, pero no estaban cubiertas por el hielo. A medida que Laurentia y Gondwana se acercaban, se estableció un amplio cinturón tropical al norte del ecuador. Aquí los primeros grandes depósitos de carbón revelan que los bosques se extendían desde el actual Ártico canadiense hasta el sur de China. Siberia, al norte, y las partes septentrionales de los continentes convergentes, Laurentia y Gondwana, seguían siendo áridos, pero las partes más meridionales de Gondwana eran más húmedas, y en las regiones montañosas cercanas al polo Sur devónico, en la actual cuenca del Amazonas, comenzaba a hacer suficiente frío como para que se desarrollaran glaciares.

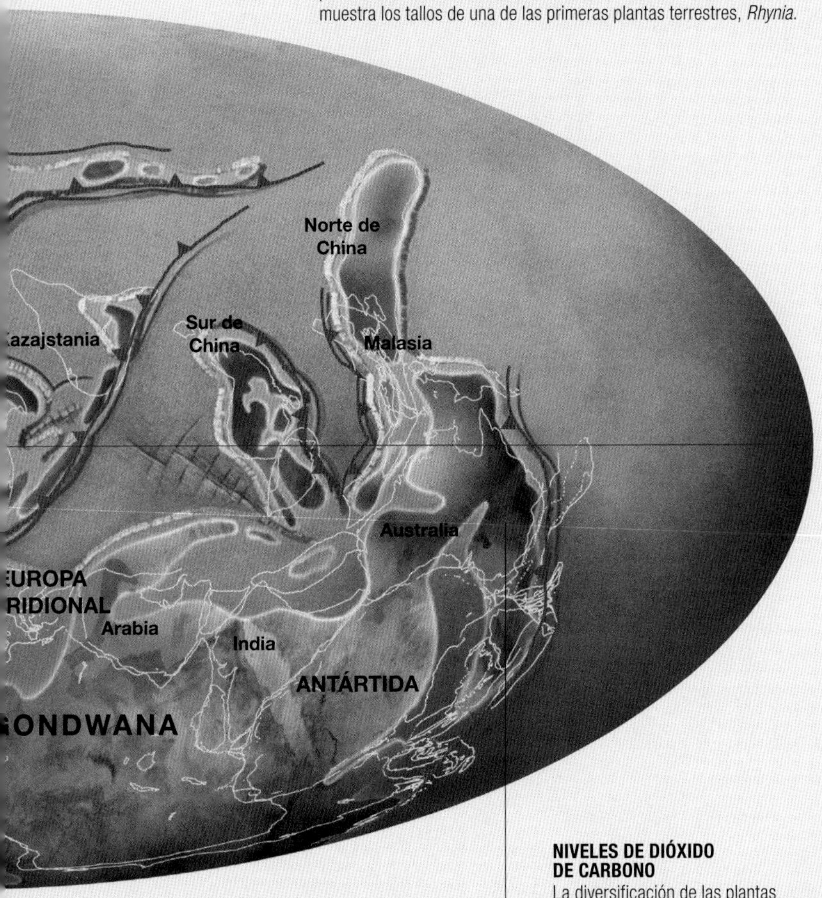
Norte de China
Sur de China
Malasia
Kazajstania
Australia
EUROPA MERIDIONAL
Arabia
India
ANTÁRTIDA
GONDWANA

Gondwana rota en el sentido de las agujas del reloj con Australia en el eje

WINDJANA GORGE, AUSTRALIA
El espectacular desfiladero de Windjana Gorge, en la región de Kimberley, en el noroeste de Australia, muestra los restos de una gran barrera de coral del Devónico, cuando la zona era un mar poco profundo rodeado de arrecifes.

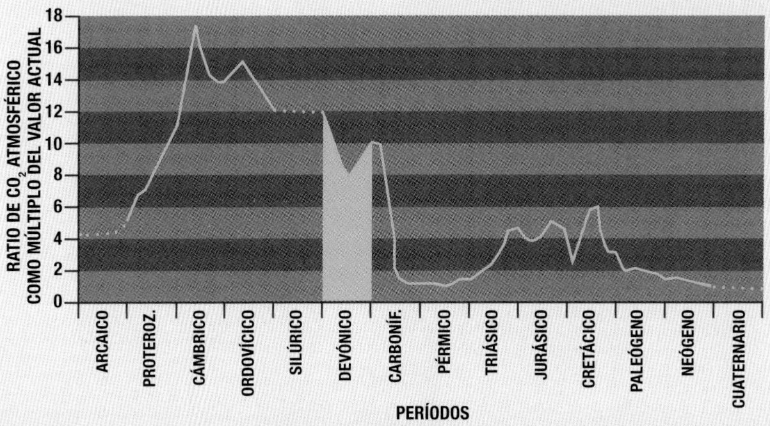
RATIO DE CO2 ATMOSFÉRICO COMO MÚLTIPLO DEL VALOR ACTUAL
0
2
4
6
8
10
12
14
16
18
ARCAICO
PROTEROZ.
CÁMBRICO
ORDOVÍCICO
SILÚRICO
DEVÓNICO
CARBONÍF.
PÉRMICO
TRIÁSICO
JURÁSICO
CRETÁCICO
PALEÓGENO
NEÓGENO
CUATERNARIO
PERÍODOS

NIVELES DE DIÓXIDO DE CARBONO
La diversificación de las plantas terrestres durante el Devónico podría haber contribuido a la disminución de los niveles de dióxido de carbono. Esta vino acompañada de temperaturas más frías.

SUPERIOR

380 — 370 — 360 — 350 MA

PLANTAS

- **385** Primeras progimnospermas (plantas arbóreas, izda.); primeros grandes bosques
- **360** Los helechos con semillas dominan la flora; primeros helechos

INVERTEBRADOS

- **380** Primeras arañas *(Attercorpus)*; milpiés terrestres, ciempiés, seudoescorpiones, goniatites (primeros amonites); primeros bivalvos nucúlidos
- **375** Primeros bivalvos mitílidos
- **365** Extinción masiva: desaparece el 70% de especies, el 50% de géneros; 3 de los 5 órdenes de trilobites: corinexóquidos, odontopléuridos, harpétidos; cerca del 90% de los géneros de braquiópodos, incluidos atrípidos (izda.), órtidos y pentaméridos; gran pérdida de arrecifes
- **360** Primeros cangrejos

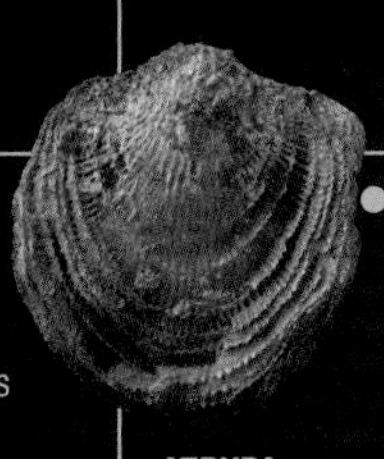

ATRYPA

VERTEBRADOS

- **385** Primeras lampreas
- **380** Primeros peces de aletas lobuladas avanzados, como *Tiktaalik*
- **375** Primeros signos de viviparismo (el embrión se desarrolla dentro de la madre) en peces; primer anfibio; primer celacanto
- **365** Los placodermos (peces con mandíbulas acorazados) se extinguen

DEVÓNICO
PLANTAS

El desarrollo de las plantas terrestres iniciado en el Ordovícico y el Silúrico continuó a gran velocidad durante el Devónico, con una explosión de diversidad y la aparición de muchas especies nuevas. A finales del Devónico ya se habían desarrollado las especies precursoras de muchos grupos de plantas actuales.

Las plantas terrestres descienden de antepasadas que vivían en agua dulce y en las que se dieron varias adaptaciones clave para prevenir la pérdida de agua. Mientras seguían a las plantas en su camino hacia nuevos tipos de ecosistemas en tierra firme, los animales terrestres se enfrentaban a dificultades similares. Así como los animales colonizaron la tierra firme en grupos, independientemente, parece que en la historia evolutiva de las plantas esta colonización se realizó una sola vez.

Adaptación a la vida terrestre

El fósil más importante para entender la estructura de las plantas terrestres primitivas, así como para estudiar muchos aspectos de los primeros ecosistemas terrestres, apareció en 1914 cerca de la aldea de Rhynie, en Escocia. El yacimiento de sílex de Rhynie es un antiguo humedal geotermal conservado en sedimentos ricos en sílice. La causa de su excepcional conservación parece haber sido la cercana actividad volcánica. En el yacimiento de Rhynie se conservan en su posición natural de crecimiento, exactamente donde vivieron hace 400 MA, plantas terrestres primitivas, junto a hongos, algas y diversos artrópodos. Los fósiles de plantas, conservados de manera exquisita, incluyen varias especies de riniofitas, como *Aglaophyton* y *Rhynia*, así como el primitivo licopodio *Asteroxylon*. Las riniofitas tienen tallos sencillos ramificados, similares a los de *Cooksonia*, pero con mayor variación en la ramificación. Las esporas se producían en los alargados esporangios de la punta de las ramas. Las ramas de *Asteroxylon* están cubiertas de pequeñas hojas aplanadas, similares a pelos, a veces con pequeños esporangios en forma de riñón; *Asteroxylon* es muy similar al actual musgo *Huperzia*. Ninguna de estas plantas

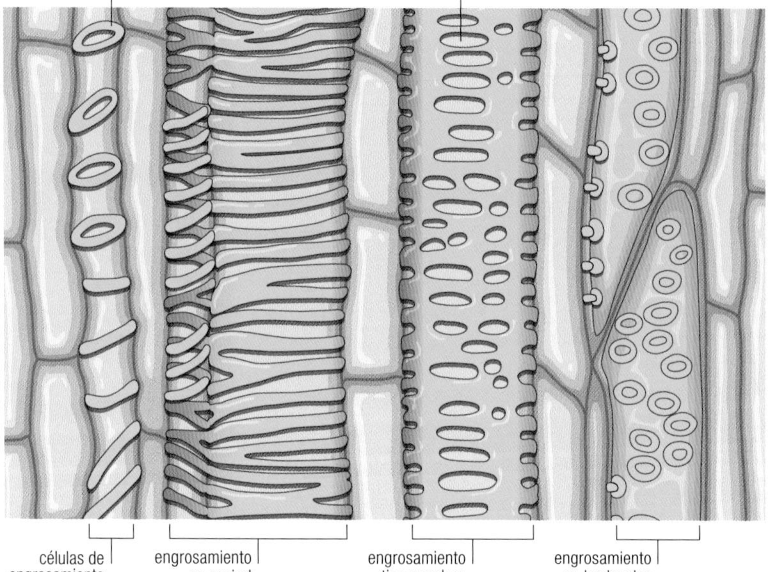

la célula de desarrollo temprano proporciona poco soporte
la célula de desarrollo tardío es más robusta
células de engrosamiento anular y transporte
engrosamiento en espiral
engrosamiento tipo escalera
engrosamiento en los bordes

CÉLULAS CONDUCTORAS DE AGUA
Las células especializadas en el transporte de agua fueron las elegidas para proporcionar soporte, lo que dio como resultado varios tipos de células diferentes especializadas en distintas funciones.

GRUPOS

El Devónico fue testigo de la rápida aparición de muchos tipos nuevos de plantas. Seguramente evolucionaron a partir de una antecesora común, explotando las nuevas oportunidades ecológicas que proporcionaba la capacidad de mantener un suministro suficiente de agua. La diversificación de las plantas del Devónico es el equivalente botánico de la explosión cámbrica (p. 68).

ALGAS VERDES
Muchos indicios diferentes sugieren que algunos grupos de algas verdes de agua dulce, como las crasuláceas y las carófitas, son los parientes vivos más cercanos de las plantas terrestres primitivas. En el yacimiento de sílex de Rhynie hay fósiles de algas del Devónico muy parecidas a las crasuláceas.

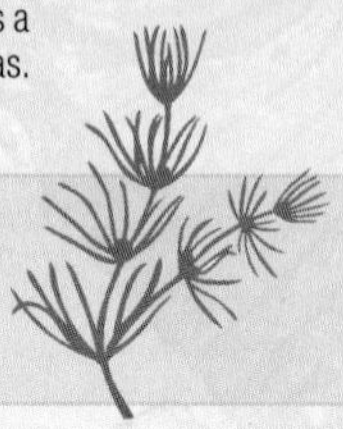

RINIOFITAS
Se llama riniofitas a varios tipos de plantas terrestres sencillas. Las formas más antiguas constituyeron un estadio intermedio entre los musgos y las plantas terrestres más complejas. La ramificación de la fase esporofita (de producción de esporas), que aparece en todas las riniofitas, dio lugar a la producción de varios esporangios en vez de uno solo, lo que incrementó la cantidad de esporas.

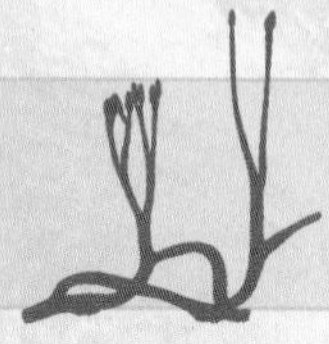

ZOSTERÓFILAS
Las zosterófilas son un importante grupo de plantas terrestres primitivas del Devónico inferior y medio. Sus esporangios en forma de riñón y el desarrollo de sus tejidos conductores de agua indican que estaban estrechamente emparentadas con las actuales licófitas; se diferencian de estas por sus tallos aplanados y la ausencia de hojas.

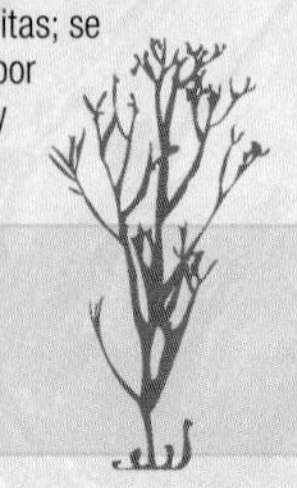

LICÓFITAS
Las licófitas más antiguas conocidas proceden del Silúrico superior, pero el grupo se diversificó rápidamente durante el Devónico, diferenciándose rápidamente los tres subgrupos que hoy se conocen. *Asteroxylon* es uno de los licopodios más conocidos. Los licopodios tienen un registro fósil ininterrumpido desde el Devónico hasta el presente.

En tierra, el agua es escasa. Los problemas clave a los que se enfrentan las plantas terrestres son conseguir, mantener y usar de manera eficaz el agua.

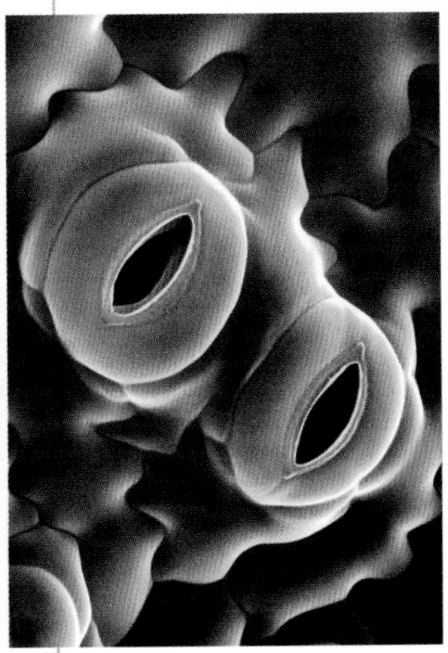

ESTOMAS
Las plantas terrestres necesitan absorber dióxido de carbono para la fotosíntesis, pero al mismo tiempo no pueden perder mucha agua. Los estomas son válvulas ajustables que se abren y se cierran para controlar el intercambio de gases entre la planta y la atmósfera.

primitivas era demasiado grande, pero todas poseían unas células alargadas en el centro de sus tallos que ayudaban a transportar el agua a las partes superiores. En algunas riniofitas, como *Aglaophyton*, estas células conductoras de agua son similares a las de los musgos actuales, que no presentan engrosamiento en sus paredes celulares internas. En otras plantas terrestres primitivas, como *Rhynia* y *Asteroxylon*, sí se da tal engrosamiento, por lo que sus células se parecen más a las células especializadas en el transporte de agua de los actuales helechos y licopodios. La superficie exterior de las plantas primitivas halladas en Rhynie y en otros yacimientos están cubiertas por una cutícula grasa, que ayudaba a evitar la evaporación de agua.

La lucha por la luz

Durante el Devónico medio y superior, las riniofitas acabaron siendo desplazadas por otras plantas con ramificación más compleja, como *Psilophyton*. Las plantas más grandes seguramente tuvieron más éxito a medida que se intensificaba la lucha por la luz en los primeros ecosistemas terrestres. *Psilophyton* y plantas similares mostraban además una nueva forma de crecimiento, con un solo tallo central y ramificaciones más pequeñas a los lados. Estas ramitas laterales se irían modificando hasta formar los diferentes tipos de hojas que se pueden ver actualmente en los helechos, equisetos y plantas con semillas. A medida que el tamaño de las plantas aumentaba, a lo largo del Devónico, se necesitaron más células especializadas en el transporte de agua, a fin de mantener el suministro hasta las partes superiores de las plantas. Progresivamente, estas células proporcionaban además soporte para mantener la planta erguida. Entre el Devónico medio y el superior otra gran innovación fue la capacidad de producir grandes cantidades de células conductoras de agua a lo largo de toda la vida de la planta. Esto proporcionó a algunas plantas la capacidad de producir una notable cantidad de madera: los primeros árboles leñosos conocidos aparecieron por primera vez a finales del Devónico.

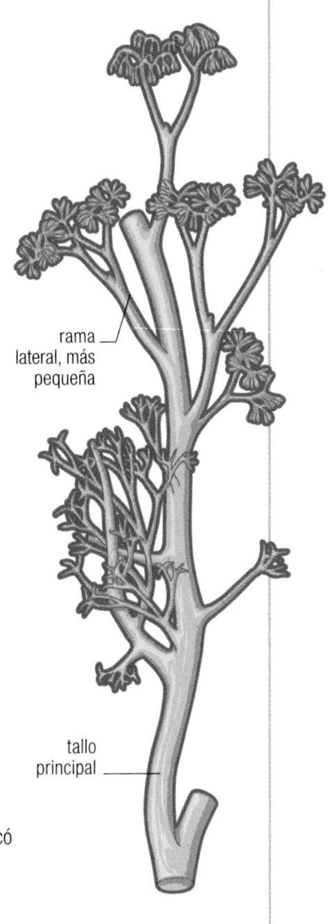
rama lateral, más pequeña
tallo principal

RAMIFICACIONES
Psilophyton, del Devónico medio e inferior, era mayor que la mayoría de riniofitas. Poseía además un complejo sistema de ramificación, que desembocó en un nuevo patrón de crecimiento en el que un tallo dominaba y los demás devenían en ramas laterales con una capacidad de crecimiento limitada.

EUFILOFITAS PRIMITIVAS
Durante el Devónico, las sencillas riniofitas fueron sustituidas por formas más grandes con sistemas de ramificación mucho más complejos, las primitivas eufilofitas. Fueron estas las que evolucionaron hasta los actuales equisetos, helechos y plantas con semillas.

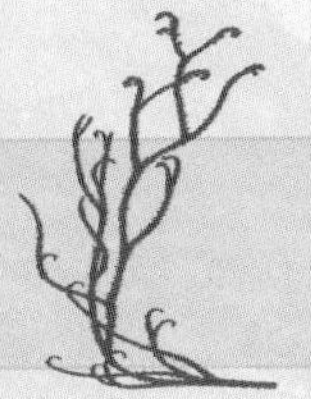

EQUISETOS
Hacia el final del Devónico había varios tipos diferentes de eufilofitas con ramificación compleja, precursoras de los actuales equisetos. *Archaeocalamites* presentaba muchas semejanzas con los actuales miembros del grupo de los equisetos.

PROGIMNOSPERMAS
Una innovación clave en varios grupos de plantas fósiles del Devónico superior fue la capacidad de crear células de transporte de agua a lo largo de toda la vida de la planta. En los árboles actuales, estos tejidos forman la madera. Uno de estos grupos de plantas del Devónico superior fueron las progimnospermas.

PRIMERAS PLANTAS CON SEMILLAS
Las espermatofitas más antiguas conocidas datan del Devónico superior y probablemente venían de progimnospermas. Son muy similares, lo que hace pensar que las semillas surgieron una sola vez en la historia evolutiva de las plantas terrestres. Las semillas fueron un paso importante hacia nuevos modos de reproducción menos dependientes del agua.

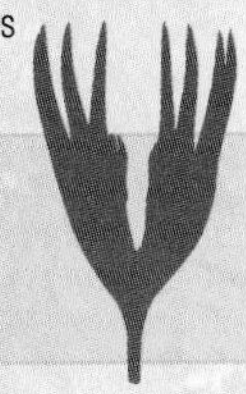

Prototaxites

GRUPO Hongos
DATACIÓN De finales del Silúrico al Devónico
TAMAÑO Hasta 8 m de altura
LOCALIZACIÓN Todo el mundo

Es uno de los microfósiles más enigmáticos del mundo. Lo describió, a mediados del siglo XIX, el geólogo canadiense John William Dawson, quien creyó que se trataba de madera podrida fosilizada. Lo llamó *Prototaxites*, «primer tejo». A veces se hallan fósiles intactos de *Prototaxites*, o rotos en secciones cilíndricas con unos característicos anillos internos como los de los árboles, pero bajo el microscopio su estructura no tiene nada que ver con la madera: en lugar de células vegetales con paredes bien definidas, tiene tubos microscópicos que discurren en vertical por el «tronco». Cada tubo es más fino que un pelo humano, pero forman una densa masa cuyo diámetro puede superar el metro. Dawson los consideró hebras (hifas) de hongos que se alimentaban de la madera muerta. Sin embargo, las últimas investigaciones han desechado su teoría de que fuera un árbol o incluso una planta. Se ha intentado catalogar como un alga laminarial, un liquen o, más recientemente, como el cuerpo fructífero gigante de un hongo.

«tronco»
con corteza
marcas concéntricas

CORTE DE P. LOGANI
Es evidente por qué durante tanto tiempo se tomó a *Prototaxites* por un árbol: su textura recuerda poderosamente a la corteza de la madera, y su estructura interna a los anillos de crecimiento de los árboles. Solo bajo el microscopio se ven claramente las diferencias.

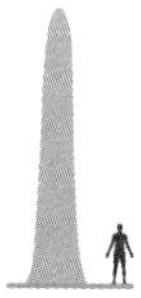

PROTOTAXITES LOGANI
Con una altura de hasta 8 m, *Prototaxites logani* debía de ser imponente. Sea cual sea su verdadera clasificación, no cabe duda de que dominó el paisaje del Devónico.

CIENCIA
IDENTIDAD MISTERIOSA

En 1872, el botánico William Carruthers identificó a *Prototaxites* como el talo de un alga laminarial gigante. Su hipótesis fue bien aceptada hasta que en 2001 Francis Hueber, de la Smithsonian Institution, publicó un análisis del fósil con claras pruebas de, al menos, tres hifas de hongo. Hoy sabemos que *Prototaxites* vivía absorbiendo nutrientes, una característica de los hongos.

Parka

GRUPO Algas
DATACIÓN Del Silúrico superior al Devónico inferior
TAMAÑO Hasta 7 cm
LOCALIZACIÓN Todo el mundo

Posee una silueta redondeada y una superficie reticulada. Antaño se confundió con objetos como huevos de artrópodos primitivos o peces, pero su estructura microscópica revela que se trata de un alga, con una dura capa exterior que cubre un cuerpo plano de solo unas docenas de células de grosor. Los discos superficiales son diminutos compartimentos con miles de esporas. Por sus características anatómicas y químicas, está emparentada con un grupo de algas, las coleoquetales, seguramente las parientes vivas más cercanas de las plantas verdes.

racimos
de formas
redondeadas

Parka constaba de muchos **discos,** cada uno de los cuales contenía **miles de esporas.**

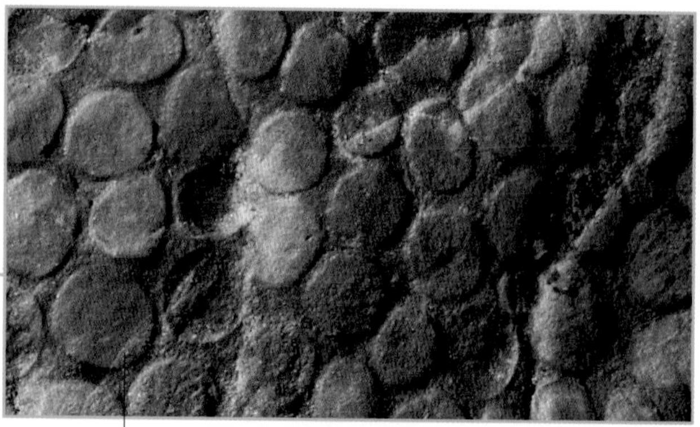
disco
cubierto

PARKA DECIPIENS
Cada disco contenía miles de esporas microscópicas. Estas se habrían dispersado y cada una de ellas habría germinado para dar lugar a una nueva planta.

Rhynia

GRUPO Riniofitas
DATACIÓN Devónico inferior
TAMAÑO 18 cm de altura
LOCALIZACIÓN Escocia

Es una de las plantas primitivas mejor conocidas, con ramas horizontales y erguidas, pero sin auténticas raíces ni hojas. Las ramas horizontales (rizomas) se extendían a medida que colonizaba el suelo y las ramas verticales se subdividían muchas veces, creando una maraña achaparrada que captaba la máxima cantidad de luz. Se trata de una de las primeras plantas vasculares, con tejidos especializados para transportar agua y sustancias disueltas. Tenía una cubierta exterior impermeable y estomas: poros microscópicos que se abrían o cerraban para regular la pérdida de agua y el intercambio de gases. Menos explicables son los diminutos nódulos repartidos por los tallos, que se han identificado como señales de daños, ramas latentes o estructuras secretoras.

YACIMIENTO CLAVE

SÍLEX DE RHYNIE

En 1914, William Mackie descubrió unos fósiles en el muro de un jardín del pueblo escocés de Rhynie. Los fósiles estaban preservados en sílex de grano fino; cuando los examinó, revelaron un ecosistema con algunas de las plantas terrestres más antiguas conocidas, así como hongos y artrópodos extintos fosilizados.

tallo fosilizado en sílice
sedimentos por capas

FLORA DE RHYNIE
Rhynia y otras plantas primitivas crecían cerca de aguas termales silíceas. Al enfriarse el agua que las anegaba periódicamente y cristalizar la sílice, quedaron fosilizadas.

Aglaophyton

GRUPO Riniofitas
DATACIÓN Devónico inferior
TAMAÑO 18 cm de altura
LOCALIZACIÓN Escocia

Una de las primeras plantas terrestres, crecía cerca de aguas termales hace 396 MA. Ancladas gracias a unos pelos microscópicos, sus rizomas rastreros producían ramas verticales que se dividían y subdividían de dos en dos. Tenía una cobertura impermeable para evitar la deshidratación, y estomas, poros microscópicos que podía cerrar mediante unas células especiales. En la punta de las ramas tenía esporangios, cápsulas ovoides en las que producía esporas.

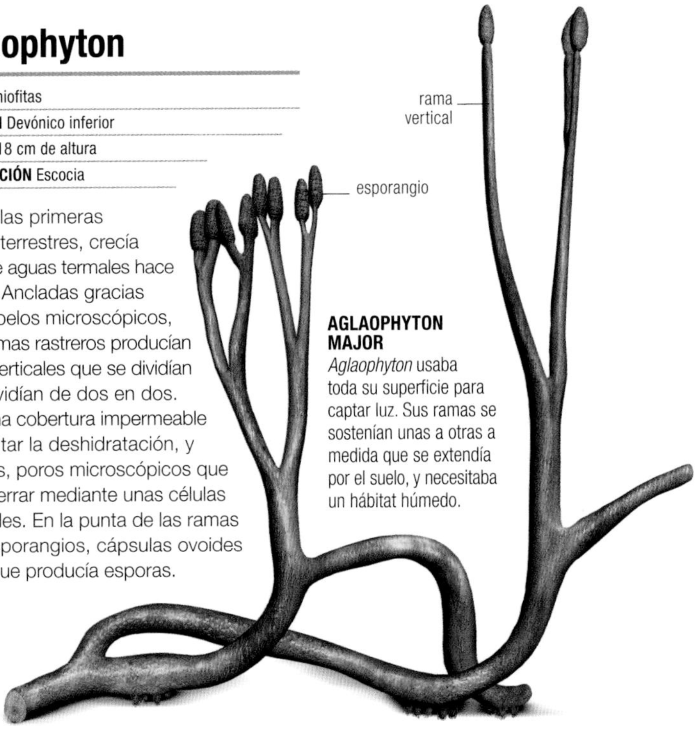
rama vertical
esporangio

AGLAOPHYTON MAJOR
Aglaophyton usaba toda su superficie para captar luz. Sus ramas se sostenían unas a otras a medida que se extendía por el suelo, y necesitaba un hábitat húmedo.

Horneophyton

GRUPO Riniofitas
DATACIÓN Devónico inferior
TAMAÑO 20 cm de altura
LOCALIZACIÓN Escocia

Con sus esbeltas ramas, *Horneophyton* se parecía a bastantes otras plantas primitivas del yacimiento de sílex de Rhynie, pero sus fósiles muestran dos rasgos únicos: unas gruesas bases en los tallos y unos órganos lobulados para producir esporas (esporangios). Estos eran cilíndricos, con una columna interna central; es una estructura aún presente en musgos, pero la parte que portaba las esporas en *Horneophyton* podía vivir independiente, un hito evolutivo del que carecen los musgos. Estos rasgos lo hacen difícil de clasificar, pero aun así tuvo éxito en el Devónico inferior, cuando crecía en pequeños matorrales en suelo húmedo.

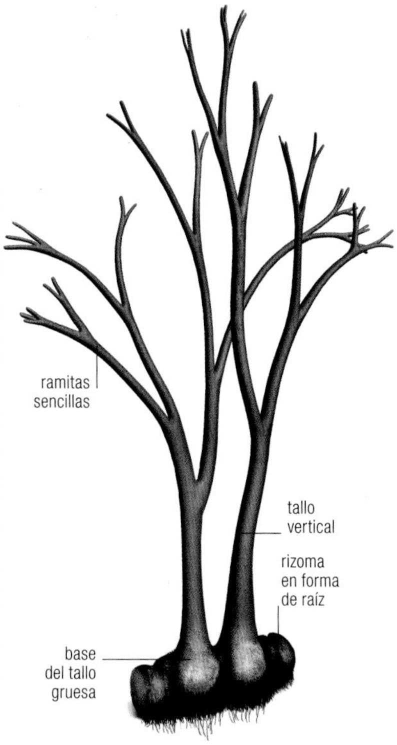
ramitas sencillas
tallo vertical
rizoma en forma de raíz
base del tallo gruesa

HORNEOPHYTON LIGNIERI
Al crecer a ras de suelo, o justo debajo de él, el rizoma con forma de raíz de *Horneophyton* habría contribuido a mantener a la planta fija en un lugar y asimismo habría facilitado su crecimiento en densos matorrales.

Renalia

GRUPO Riniofitas
DATACIÓN Devónico inferior
TAMAÑO 30 cm de altura
LOCALIZACIÓN Canadá

Muchas plantas terrestres primitivas eran de crecimiento dicótomo, es decir, sus tallos se dividían en dos partes iguales. *Renalia* presentaba un tipo distinto de crecimiento, con formas de ramificación más complejas y asimétricas. Cada uno de sus tallos tenía un punto de crecimiento, del cual brotaban las ramas; estas acababan en los órganos de formación de esporas (esporangios). Sus fósiles proceden de la península de Gaspé (Quebec), donde fueron hallados en la década de 1970. No se sabe con certeza dónde encaja esta planta en la evolución de la flora, aunque por sus cápsulas de esporas podría estar emparentada con las zosterófilas.

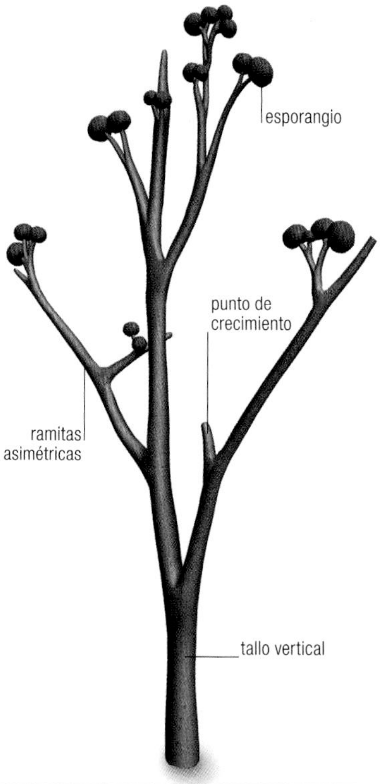
esporangio
punto de crecimiento
ramitas asimétricas
tallo vertical

RENALIA HUEBERI
Los esporangios de *Renalia*, con forma de riñón, tenían varios milímetros de diámetro, un tamaño notable para una planta del Devónico. Al madurar las esporas, las cápsulas se abrían para soltarlas en el aire.

Zosterophyllum

GRUPO Zosterófilas
DATACIÓN Del Silúrico superior al Devónico medio
TAMAÑO 25 cm de altura
LOCALIZACIÓN Todo el mundo

Preservados en roca de grano fino, se han hallado fósiles de *Zosterophyllum* en muchos lugares del mundo. Estas plantas, conocidas como zosterófilas, surgieron en el Silúrico y para el Devónico ya se habían desarrollado muchas especies diferentes que cubrían amplias áreas de tierras bajas y húmedas.

Al principio se las creyó emparentadas con *Zostera*, una de las pocas plantas con flores que crecen en agua de mar, pero ahora se sabe que no tienen un parentesco cercano. Podrían haber sido antecesoras de las licófitas, el grupo de plantas que formaron los bosques carboníferos.

racimo de esporangios

ZOSTEROPHYLLUM RHENANUM
Las zosterófilas se reproducían liberando esporas. Los órganos encargados de producirlas (esporangios) estaban situados a lo largo de los tallos, no en las puntas, y algunos se agrupaban en racimos o primitivos conos.

ramas aplanadas
tallo ramificado

ZOSTEROPHYLLUM RHENANUM
Zosterophyllum tenía un suave tallo que se ramificaba desde muy abajo, así como un sistema vascular interno como el que posee la mayoría de las plantas actuales para transportar agua.

Discalis

GRUPO Zosterófilas
DATACIÓN Devónico inferior
TAMAÑO 30 cm de altura
LOCALIZACIÓN China

Aplanados por antiguos sedimentos, los fósiles de *Discalis* muestran una planta que surgió hace casi 400 MA. Esta zosterófila se descubrió en China a finales de la década de 1980. Como otras zosterófilas, *Discalis* no tenía auténticas raíces ni hojas, y constaba de tallos densamente ramificados. Crecía reptando por el suelo. Los tallos a menudo formaban ramas en H o en K, o simplemente se dividían en dos; estas ramas habrían contribuido a arraigar la planta, formando un tupido manojo. *Discalis* tenía cápsulas de esporas (esporangios) dispuestas en espirales abiertas a los lados de sus tallos; cada esporangio era del tamaño de un guisante.

Las espinas de los tallos de *Discalis* son un misterio. Quizá se trataba de un primitivo recurso defensivo frente a los animales.

roca sedimentaria
espina en un tallo

DISCALIS LONGISTIPA
Unas diminutas espinas, llamadas enaciones, cubrían los tallos de *Discalis*. Acababan en punta con forma de botón.

Sawdonia

GRUPO Zosterófilas
DATACIÓN Devónico
TAMAÑO 30 cm de altura
LOCALIZACIÓN Hemisferio norte

En el siglo XIX fue objeto de un error de identificación, al combinarse dos tipos de fósiles muy diferentes. Hoy en día se la reconoce como una zosterófila típica, con rizomas rastreros similares a raíces y tallos verticales. Estos crecían desenrollándose y formaban ramas pares. El sistema de transporte de agua podría haberles dado soporte, un doble rol característico de las modernas plantas vasculares. Los esporangios con forma de riñón se partían por la mitad para liberar las esporas.

tallo espinoso

SAWDONIA ORNATA
Como en muchas zosterófilas, el tallo de *Sawdonia* estaba cubierto de diminutas espinas. Estas suelen verse perfectamente en los fósiles, incluso a simple vista, y dan a los tallos un aspecto serrado distintivo.

Sciadophyton

GRUPO Riniofitas
DATACIÓN Devónico inferior
TAMAÑO 5 cm de altura
LOCALIZACIÓN Todo el mundo

La forma esporófita, en la que se producían las esporas, era solo una fase en el ciclo vital de las plantas primitivas. El esporófito dispersaba las esporas, que se convertían en gametófitos, una segunda fase implicada en la reproducción sexual. Rara vez se conservan gametófitos fosilizados, pero *Sciadophyton* es un ejemplo de ello. Sus tallos acababan en unas copas donde se producían las células sexuales (gametos) masculinas y femeninas. Tras la lluvia, el agua transportaba las células masculinas maduras, que fecundaban a las femeninas, y así brotaban nuevos esporófitos. En general, gametófitos y esporófitos tenían aspectos bastante diferentes. Diversos tipos de plantas primitivas parecen haber producido gametófitos similares a *Sciadophyton*, incluidas posiblemente algunas zosterófilas.

SCIADOPHYTON
Al menos una docena de tallos crecían desde el centro de *Sciadophyton*. En sus copas se hallaban los gametangios, los órganos que producían los óvulos o el esperma.

Asteroxylon

GRUPO Licófitas
DATACIÓN Del Devónico inferior al medio
TAMAÑO 50 cm de altura
LOCALIZACIÓN Europa

Cubierta de hojitas como escamas, es la planta más compleja descubierta en el yacimiento escocés de Rhynie; posteriormente se ha descubierto una nueva especie de *Asteroxylon* en el norte de Europa. Su nombre, que significa «estrella de madera», hace referencia a la forma de su sistema de transporte de agua, con forma de estrella visto en corte transversal. Los rizomas subterráneos eran más finos que los tallos, en una proporción similar a la de las plantas actuales. Los tallos de *Asteroxylon* estaban cubiertos de unas escamas parecidas a hojas. Como el de estas, su propósito era captar la luz, pero dichas escamas no eran exactamente hojas: probablemente eran una forma primitiva de micrófilos, las estructuras en forma de hoja de las modernas licófitas.

PARIENTE VIVO
LICÓFITAS

Las actuales licófitas siguen el patrón inaugurado por *Asteroxylon* y poseen unas sencillas hojas apiñadas en torno al tallo. El millar de especies actuales de licófitas comprende licopodios (en la imagen), *Selaginella* y un grupo de plantas de estanque del género *Isoetes*.

ASTEROXYLON MACKIEI
Asteroxylon fue una de las plantas más altas del Devónico inferior. A diferencia de la mayoría de las plantas de la época, su tallo brotaba de un solo punto, con ramas laterales más pequeñas a lo largo.

Psilophyton

GRUPO Psilofitas
DATACIÓN Del Devónico inferior al medio
TAMAÑO 60 cm de altura
LOCALIZACIÓN Todo el mundo

Identificada por primera vez en 1859, fue una de las primeras eufilofitas, grupo que incluye a la mayor parte de las plantas actuales. Se han hallado muchas especies diferentes por todo el mundo. Algunas eran de tallo liso, y otras lo tenían cubierto de espinas. Una especie, *P. hedei*, descrita a partir de rocas del Silúrico, resultó ser una colonia de invertebrados marinos en lugar de una planta (p. 99).

PSILOPHYTON BURNOTENSE
Como la mayoría de las plantas primitivas, *Psilophyton* carecía de hojas. Crecía en una maraña de tallos. Los esporangios se hallaban en la punta de sus finas ramas.

Eospermatopteris

GRUPO Cladoxilópsidas
DATACIÓN Devónico medio
TAMAÑO 8 m de altura
LOCALIZACIÓN América del Norte

Eospermatopteris es el nombre dado a los troncos antes conocidos como *Wattieza*. Pariente de *Calamophyton* (abajo), suele señalarse como el primer árbol del mundo. *Eospermatopteris* tenía un crecimiento similar a *Calamophyton*, pero era algo mayor, llegando a alcanzar los 8 m. En la década de 1870 se desenterró una arboleda de *Eospermatopteris* en el estado de Nueva York, pero la verdadera naturaleza de estos árboles no se conoció hasta el descubrimiento de plantas completas, con hojas y órganos reproductivos, en 2007.

EOSPERMATOPTERIS
Impresión en arenisca de la base de un tronco. Los surcos longitudinales corresponden a las raíces.

Calamophyton

GRUPO Cladoxilópsidas
DATACIÓN Devónico medio
TAMAÑO 4 m de altura
LOCALIZACIÓN Todo el mundo

Estos grandes tallos con numerosas ramificaciones finamente divididas son de uno de los primeros árboles, *Calamophyton*. Eran árboles pequeños, de tronco delgado y generalmente sin ramas de hasta 4 m de altura, coronados por grandes ramas en forma de hoja, por lo que crecían al modo de los helechos arbóreos. Las cápsulas de esporas se hallaban en los extremos de las ramas. Al madurar, las esporas escapaban por una abertura longitudinal en la cápsula. *Calamophyton* crecía en densos grupos junto a licófitas y aneurofitales (p. siguiente). Perdía hojas continuamente, alfombrando el suelo y proporcionando un hogar a numerosos artrópodos, entre ellos milpiés, ciempiés y los antepasados de las arañas actuales.

rizoma

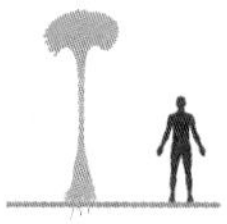

CALAMOPHYTON PRIMAEVUM
A primera vista, las estructuras aplanadas que rodean el tallo de *Calamophyton* parecen hojas o frondas, pero en realidad son ramas finas, subdivididas muchas veces a partir del tallo central de la planta.

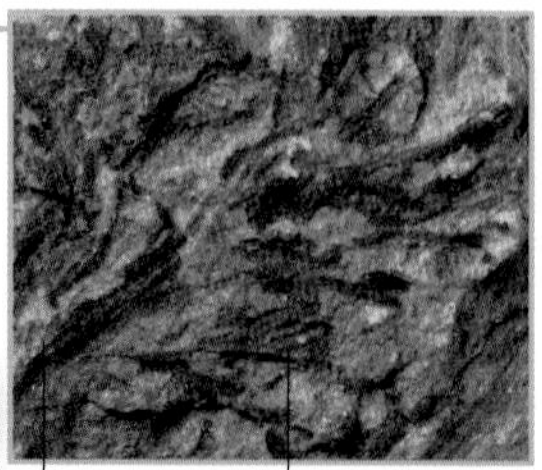
tallo central
punta ramificada

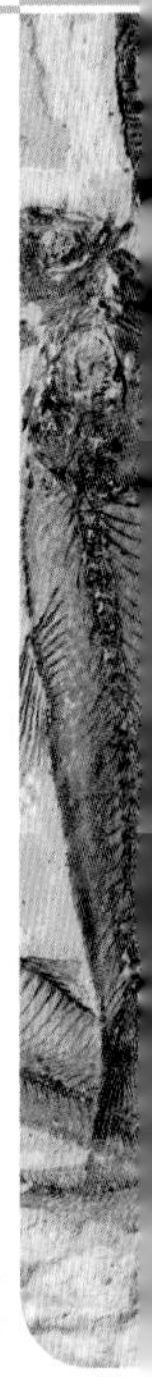

Archaeopteris

GRUPO Progimnospermas
DATACIÓN Devónico superior
TAMAÑO 8 m de altura
LOCALIZACIÓN Todo el mundo

De tronco alto y copa frondosa, *Archaeopteris* es el primer árbol que formó bosques a escala verdaderamente global. Es, además, una de las primeras plantas conocidas con madera densa y auténticas hojas. Se empezó a estudiar en la segunda mitad del siglo XIX, cuando se creía que sus hojas pertenecían a un helecho de porte bajo: las llamaron *Archaeopteris* («ala antigua») por su parecido con las plumas de ave, un nombre muy similar al del ave fósil *Archaeopteryx* (p. 264). Tuvieron que pasar casi 100 años para que se las relacionara con los troncos fosilizados que demostraban que era un árbol. *Archaeopteris* tenía una silueta y una madera parecidas a las de las actuales coníferas; sin embargo, pertenecía a un grupo de plantas más primitivo, el de las progimnospermas.

ESTRUCTURA FOLIAR
Miles de hojas planas componían el follaje de *Archaeopteris*. Sus esporas crecían en grupos de cápsulas cónicos, situados en la base de cada rama.

Xinicaulis

GRUPO Cladoxilópsidas
DATACIÓN Devónico superior
TAMAÑO 6 m de altura
LOCALIZACIÓN Todo el mundo

Los troncos de los árboles más antiguos crecían de modo distinto a las plantas actuales: tenían un anillo de cientos de filamentos de xilema (células de transporte de agua) interconectados en muchos puntos, y un manto exterior de raíces. El descubrimiento reciente de troncos de anatomía bien conservada ha mostrado cómo podían alcanzar gran altura, produciendo gran cantidad de tejido blando y madera nueva alrededor de cada filamento del xilema. Esta proliferación general de tejidos expandía la anchura separando los filamentos leñosos, en un crecimiento único que presenta cierta semejanza con el de las palmeras actuales.

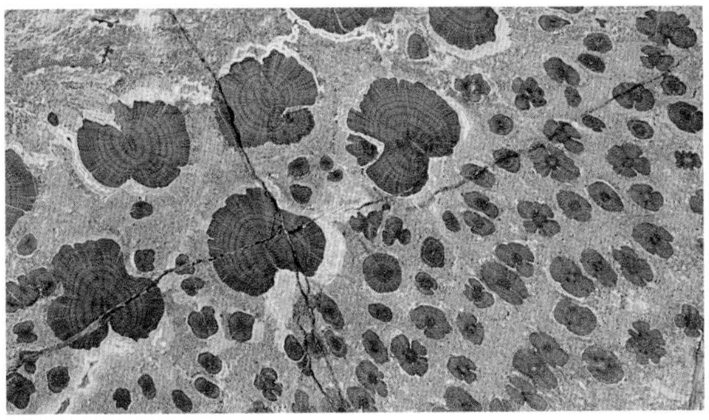

XINICAULIS LIGNESCENS
El corte transversal de un tronco parcial muestra unos grandes cilindros leñosos, rodeados por un manto exterior de raíces de unos 10 cm de grosor.

Aneurophyton

GRUPO Progimnospermas
DATACIÓN Del Devónico medio al superior
TAMAÑO 3 m de altura
LOCALIZACIÓN Hemisferio norte

Esta planta arbustiva estaba emparentada con *Archaeopteris*, aunque representa un estadio previo en la evolución de las progimnospermas, antes del desarrollo de las hojas. Prueba de ello es que sus tallos se ramifican en muchos planos diferentes, lo cual ayudaba a las plantas sin hojas como *Aneurophyton* a conseguir más luz. Al contrario que otras progimnospermas, *Aneurophyton* tenía poca madera, lo que sugiere que se trataba de una planta de porte bajo o incluso rastrera, más que de un árbol. Los órganos productores de esporas (esporangios), alargados y complejos, crecían en racimos: divididos en dos grupos, aparecían dispuestos como los dedos de dos manos.

tallo ramificado
órgano de producción de esporas
ramificación en varios planos diferentes
tallo leñoso

ANEUROPHYTON
Como otras progimnospermas, *Aneurophyton* tenía una capa de células merisméticas o cámbium bajo la superficie de sus tallos. Este tejido engrosaba los tallos a medida que se alargaban, un rasgo propio de casi todos los árboles actuales.

Elkinsia

GRUPO Plantas con semillas primitivas
DATACIÓN Devónico superior
TAMAÑO 1 m de altura
LOCALIZACIÓN EE UU

Elkinsia marca un importante punto de inflexión en la evolución, dado que se trata de una de las primeras plantas conocidas productoras de semillas. Tenía tallos rastreros con dos tipos de ramas diferentes: unas se extendían en busca de luz, mientras que otras se dividían en finas ramitas acabadas en unas estructuras llamadas cúpulas. Estas contenían semillas dispuestas de cuatro en cuatro; cada semilla tenía unos 7 mm de longitud. A diferencia de las sencillas esporas, las semillas son complejos paquetes de células vivas que contienen reservas de alimento y un embrión de planta.

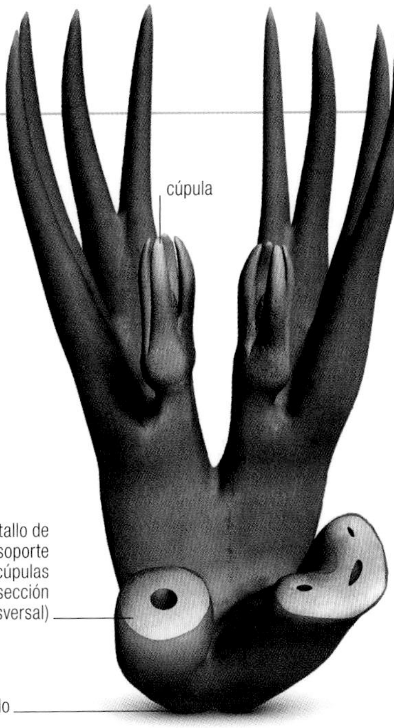
cúpula
tallo de soporte de cúpulas (sección transversal)
tallo

DEVÓNICO INVERTEBRADOS

Fue la época en que la tierra se volvió verde. Las pequeñas plantas terrestres de inicios del Devónico dieron paso a los altos bosques, y con ellos llegaron los animales, también invertebrados. Pero fue además una época de cambios en el reino marino, que culminarían en la extinción masiva de finales del período.

Las plantas del Devónico inferior eran pequeñas, vasculares y solían carecer de hojas, aunque algunas poseían «agujas escamosas» como las de las licófitas actuales. En Rhynie (Escocia), en una zona de turberas bien preservadas (p. 113), se han hallado muchas plantas fosilizadas en sílex, un tipo de roca sedimentaria.

Dispersión de organismos terrestres

Las sencillas plantas del Devónico estuvieron confinadas en entornos húmedos, aunque hacia finales del período ya se había desarrollado una mayor variedad de hábitats y habían aparecido animales tales como arácnidos (trigonotárbidos), insectos sin alas, miriápodos y ácaros. Muchos invertebrados colonizaron los nuevos entornos de altos árboles, precursores de los grandes bosques del Carbonífero.

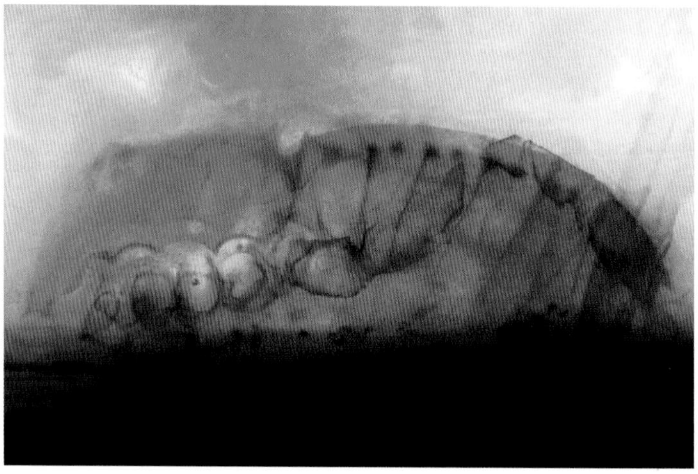

TRIGONOTÁRBIDO
Este *Palaeocharinus*, con forma de araña, está preservado en sílex de Rhynie. Sus grandes colmillos y sus robustas patas sugieren que era un depredador terrestre. Algunos especímenes se han hallado junto a los tallos fosilizados de plantas que les habrían proporcionado un excelente escondite para acechar a las presas.

línea de charnela
valva braquial, vista desde abajo
valva peduncular, vista desde arriba

ESPIRIFÉRIDOS DEL DEVÓNICO
Las dos valvas de este braquiópodo se articulaban mediante una charnela recta, a fin de poder absorber agua para respirar y alimentarse.

La extinción de finales del Devónico

A lo largo del Devónico el planeta se fue enfriando. Debido a una combinación de cambios ambientales, fueron desapareciendo representantes de diversos grupos de invertebrados, como los trilobites. Antes del final del Devónico se produjo una súbita catástrofe, la segunda de las cinco extinciones masivas del Fanerozoico. Aún se discute acerca de las causas. El nivel de los mares había crecido, pero hay también indicios de cambios en las corrientes oceánicas, que al parecer habrían removido aguas estancadas del fondo marino y envenenado las aguas más superficiales. Existen también pruebas de múltiples impactos de meteoritos hacia la época de la extinción.

GRUPOS

En el Devónico se extendieron algunos grupos de invertebrados, como las esponjas. Los corales se desarrollaron a lo largo del período, generalizándose sus formas tabuladas y rugosas. Proliferaron los braquiópodos espiriféridos, y algunas especies se hicieron bastante grandes en esta época de enfriamiento global. Otros, como los trilobites, no tuvieron tanta suerte.

ESPONJAS
Se originaron en el Cámbrico, y en el Devónico estaban ya muy extendidas. Absorben agua por sus poros y extraen de ella las partículas alimenticias mediante células especializadas. Unas diminutas estructuras parecidas a espinas, llamadas espículas, constituyen el soporte del cuerpo. A menudo se las encuentra en sedimentos.

ANTOZOOS
En el Devónico prosperaron los corales, tanto los tabulados como los rugosos. No guardaban parentesco con los modernos corales, pero se alimentaban igual, atrapando pequeños animales con las células urticantes de sus tentáculos. Los corales rugosos podían ser solitarios o coloniales; los tabulados eran siempre coloniales.

BRAQUIÓPODOS ESPIRIFÉRIDOS
Típicos del Devónico y el Carbonífero, superficialmente parecían bivalvos. Dentro de la valva tenían dos espirales cónicas, apuntando en direcciones opuestas, a través de las cuales filtraban el agua y absorbían partículas alimenticias. Un robusto pedúnculo fijaba al braquiópodo al lecho marino.

EURIPTÉRIDOS
Estos grandes «escorpiones de agua», a menudo de más de 2 m de longitud, habitaban en aguas dulces y salobres, así como en algunos entornos marinos aislados. La mayoría eran feroces depredadores. Es posible que algunos fueran capaces de recorrer cortas distancias en tierra firme.

Heliophyllum

GRUPO Antozoos

DATACIÓN Del Devónico inferior al medio

TAMAÑO Diámetro medio del cáliz: 3 cm

LOCALIZACIÓN Todo el mundo

Era un coral rugoso que vivió en los océanos hace más de 385 MA. Sus fósiles suelen encontrarse aislados. Su exoesqueleto es cónico, aunque ligeramente irregular, con finos surcos de crecimiento en la pared exterior. La forma de *Heliophyllum* cuenta la historia de su crecimiento: las reducciones de su diámetro son consecuencia del estrés ambiental, y sus giros reflejan cambios de orientación en el crecimiento. El pólipo de cuerpo blando habría vivido en la pequeña cavidad cóncava de la parte superior, llamada cáliz.

HELIOPHYLLUM SP.
La pequeña copa (cáliz) del extremo del fósil alojaba al animal.

cáliz
capa exterior dura y rugosa

ANATOMÍA
CORAL RUGOSO

Los corales rugosos podían vivir en solitario o en colonias. Los solitarios solían tener forma de cuerno e informalmente se les llama así, corales cuerno. El pólipo se alojaba en el cáliz situado en el extremo del exoesqueleto. El interior de este se subdividía en tabiques radiales (septos) de dos tipos, mayores y menores, que se alternaban; a medida que el coral crecía, segregaba tabiques horizontales (tábulas) ylas pequeñas placas arqueadas (disepimentos) que los subdividen.

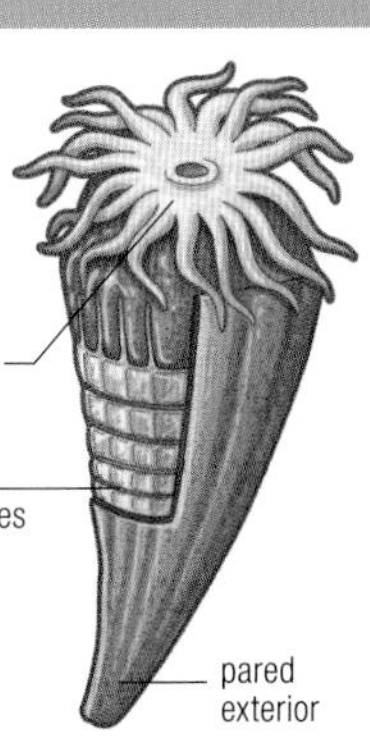
pólipo de cuerpo blando
tabiques horizontales
pared exterior

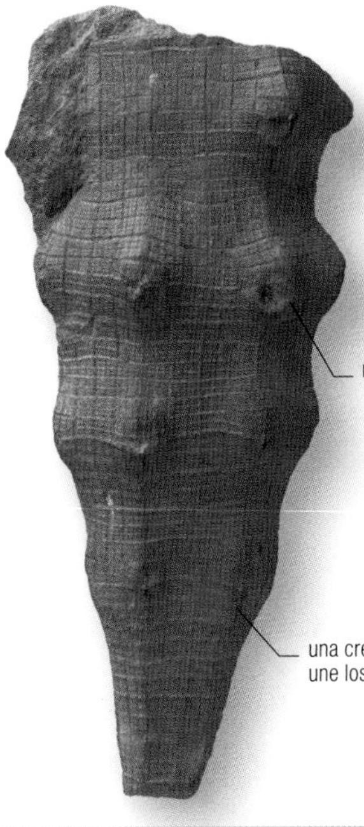
nódulo
una cresta une los nódulos

Hydnoceras

GRUPO Esponjas

DATACIÓN Devónico superior

TAMAÑO Hasta 25 cm de longitud

LOCALIZACIÓN Europa, EE UU

Hydnoceras era una esponja vítrea con forma de jarrón que vivió en los mares entre 385 y 360 MA atrás. En un corte transversal se puede apreciar que tenía dos paredes, una dentro de la otra; la interior rodeaba una gran cámara central. Al igual que las esponjas vítreas actuales, *Hydnoceras* poseía un esqueleto compuesto de numerosas estructuras silíceas de forma similar, llamadas espículas. Cada espícula tenía seis radios, cada uno en un ángulo de 90° respecto a los contiguos, formando una cruz con una barra perpendicular atravesando el centro. En *Hydnoceras* se pueden ver grandes espículas exteriores, que forman una trama superficial de cuadros; dentro de cada cuadro hay otros aún más pequeños.

HYDNOCERAS TUBEROSUM
Los fósiles de *Hydnoceras* tienen una forma característica, con varios estrechamientos a lo largo del cuerpo. Entre estos hay unas áreas más anchas, cada una de ellas compuesta por hasta ocho nódulos.

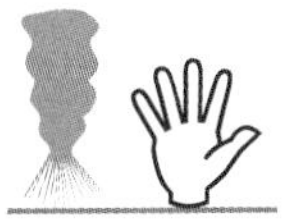

PARIENTE VIVO
ESPONJAS VÍTREAS

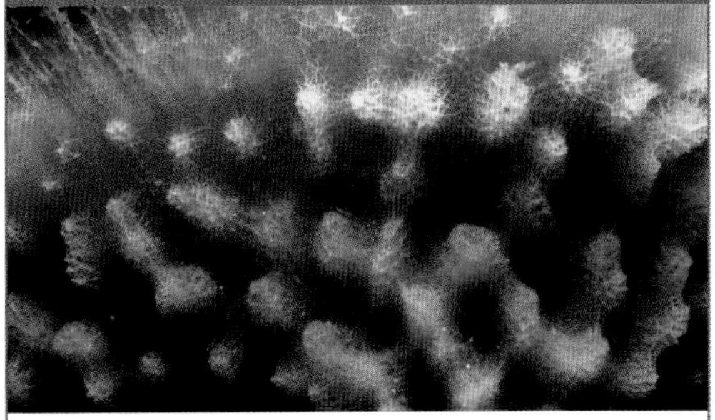

Las esponjas hexactinélidas tienen un esqueleto compuesto de espículas de seis radios de sílice opalino. Estas espículas translúcidas son el motivo del nombre de «esponjas vítreas», de las cuales la especie viva más famosa quizá sea *Euplectella aspergillum*, o «canastilla de Venus». En algunas partes del mundo las esponjas vítreas forman grandes arrecifes, como frente a las costas canadienses de Columbia Británica. Viven a unos 200 m de profundidad.

Mucrospirifer

GRUPO Braquiópodos

DATACIÓN Devónico medio

TAMAÑO Hasta 8 cm de diámetro

LOCALIZACIÓN Todo el mundo

Este braquiópodo espiriférido poseía una charnela inusualmente larga. El punto más ancho del fósil, el de la línea de charnela, abarca ambas valvas y acaba en una protuberancia a cada lado. En el centro de la valva más pequeña (braquial) hay una amplia cresta en forma de V que encaja con un pliegue en la valva opuesta (peduncular). En ambos lados del pliegue de la valva braquial hay unas marcadas costillas radiales, que se cruzan con las líneas de crecimiento. En el espécimen aquí mostrado, estas son más marcadas hacia el borde inferior, lo que sugiere que en la madurez el crecimiento se ralentizaba.

cresta
líneas de crecimiento
umbo

MUCROSPIRIFER MUCRONATA
Su característica forma alada ha dado a *Mucrospirifer* el apodo de «concha mariposa».

ANATOMÍA
LOFÓFOROS EN ESPIRAL

Los braquiópodos espiriféridos como *Mucrospirifer* se alargaban por su línea de charnela. Las pruebas científicas han demostrado que si la charnela de la concha se sitúa de cara a la corriente se producen remolinos dentro. Esto significa que los soportes calcáreos (braquidios) de los lofóforos, enrollados, maximizaban la capacidad de filtrado de alimento. El lofóforo filtraba partículas de materia orgánica y pequeños organismos del agua marina.

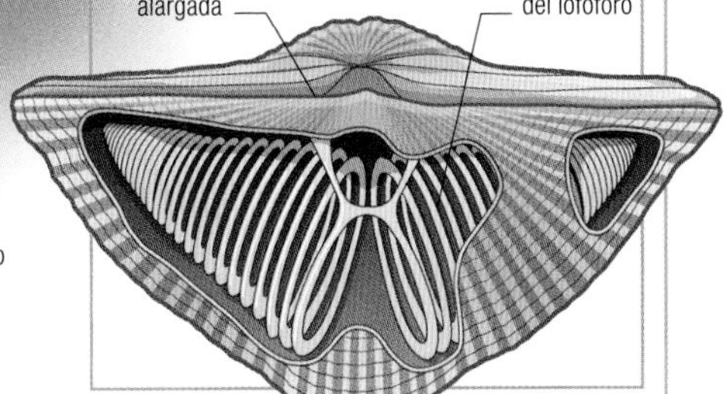
línea de charnela alargada
soportes del lofóforo

Cheiloceras

GRUPO Cefalópodos
DATACIÓN Devónico superior
TAMAÑO Hasta 4,5 cm de longitud
LOCALIZACIÓN Europa, África, Australia

Cheiloceras era un pequeño goniatites que podía llegar a medir unos 4,5 cm de longitud. Tenía una concha espiral con un pequeño ombligo en el centro. La espiral de la concha era involuta, esto es, las vueltas exteriores cubrían las interiores. En sección transversal, *Cheiloceras* era un tanto aplanado. A lo largo de la espiral hay estrechamientos irregularmente distribuidos, cuya función se desconoce: se ha sugerido que podrían ser la señal de cortos períodos de restricción del crecimiento. La concha tenía también unas costillas poco marcadas, que son mucho menos visibles en los fósiles de *Cheiloceras* que en los de otros amonites. La línea de sutura estaba suavemente curvada.

estrechamiento
de la espira

CHEILOCERAS VERNEUILI
Cheiloceras tenía una espiral tan apretada que parecía estar compuesto de una sola vuelta exterior, como en este caso.

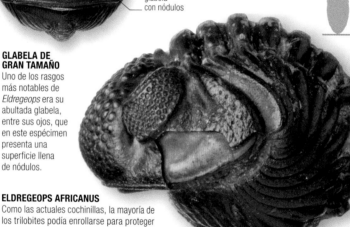

5 cm
Diámetro máximo de la concha del diminuto *Soliclymenia*, un animal con forma de calamar.

Murchisonia

GRUPO Gasterópodos
DATACIÓN Del Ordovícico al Triásico
TAMAÑO Hasta 5 cm de longitud
LOCALIZACIÓN Europa, América del Norte, Asia, Australia

Murchisonia existió durante un intervalo de más de 200 MA, mucho más tiempo que ningún otro género de gasterópodos. Era un animal marino que se alimentaba de algas y similares. La única parte fosilizada de *Murchisonia* ha sido su concha, notable por el surco espiral que discurre por el centro de las espiras. Se puede seguir este surco hasta una abertura en el borde de la boca de la concha, una característica de muchos gasterópodos, como *Pleurotomaria* del Jurásico (p. 228). En el espécimen aquí mostrado las espiras están ornamentadas con grandes nudos; por lo general, *Murchisonia* presentaba muy poca ornamentación, pero en el Devónico medio se dio un súbito estallido evolutivo que produjo muchas formas más ornamentadas.

MURCHISONIA BILINEATA
En este espécimen se aprecia bien el surco en el centro de las espiras. Una abertura en la boca de la concha habría permitido al animal dirigir el chorro de agua expulsada de las cavidades corporales desde la región de la cabeza.

nudo
ornamental
surco
espiral

Eldregeops

GRUPO Artrópodos
DATACIÓN Del Devónico medio al superior
TAMAÑO Hasta unos 6 cm de longitud
LOCALIZACIÓN EE UU y Marruecos

Eldregeops, junto con su pariente próximo *Phacops*, fue uno de los trilobites más característicos del período Devónico. La protuberancia de la glabela dominaba su cabeza acorazada. Sus ojos estaban situados cerca de la parte posterior de la glabela; eran grandes, con forma de media luna, y estaban compuestos por múltiples lentes hexagonales, fácilmente apreciables a simple vista. Más allá del ojo, la mejilla caía en un ángulo muy pronunciado. El hipostomo, una estructura más o menos ovalada, se encontraba en la parte frontal de la glabela, firmemente sujeto al resto de la cabeza por la parte delantera. El tórax estaba formado por once segmentos, y la cola era más pequeña que la cabeza, con ocho o nueve segmentos bien definidos en el eje, y entre cinco y seis costillas en los flancos, definidas por surcos muy marcados.

ojos con
forma de
media luna
glabela
con nódulos

GLABELA DE GRAN TAMAÑO
Uno de los rasgos más notables de *Eldregeops* era su abultada glabela, entre sus ojos, que en este espécimen presenta una superficie llena de nódulos.

ELDREGEOPS AFRICANUS
Como las actuales cochinillas, la mayoría de los trilobites podía enrollarse para proteger su vulnerable vientre, y *Eldregeops* no era una excepción.

glabela
cola

CUERPO SEGMENTADO
El tórax se dividía en once segmentos. Las pleuras (los lados de los segmentos) tenían los extremos redondeados. La cola acababa en una suave curva.

ANATOMÍA
UNA VISTA SOFISTICADA

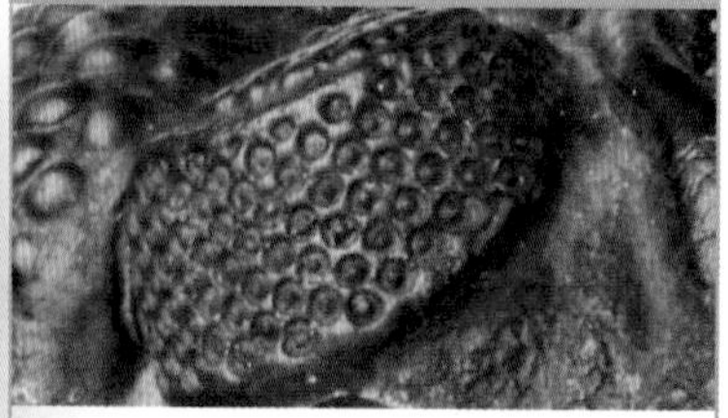

Eldregeops se caracterizaba por tener ojos compuestos, con las lentes dispuestas en un patrón hexagonal y separadas por finas paredes de cutícula. Las investigaciones revelaron que, en vida, las lentes estaban hechas de cristales de calcita que se comportaban como el vidrio. Cada lente estaba compuesta de una unidad inferior con forma cóncava y una superior, convexa por ambos lados. Los experimentos han demostrado que la diferencia de refracción entre ambas lentes produce un enfoque muy definido. Los trilobites tenían, pues, una vista sofisticada, y es posible que la usaran para cazar.

ombligo amplio
y poco profundo

SOLICLYMENIA PARADOXA
Este espécimen presenta la típica concha espiral triangular. No todas las especies de *Soliclymenia* eran así: otras tenían la más habitual espiral circular.

Soliclymenia

GRUPO Cefalópodos
DATACIÓN Devónico superior
TAMAÑO Hasta 5 cm de diámetro
LOCALIZACIÓN Europa, norte de África

El excéntrico *Soliclymenia* fue uno de los escasos ammonoideos con concha triangular. Las vueltas de su concha apenas se solapan, de manera que crean un ombligo amplio y poco profundo en el centro de la espiral. Esta presenta costillas muy espaciadas. *Soliclymenia* pertenece a un grupo de ammonoideos primitivos que surgieron en Europa y el norte de África: solo se han hallado fósiles de estos grupos en estas zonas, y todos son del Devónico superior. Extrañamente tratándose de un ammonoideo, su sifúnculo (el tubo interno que conectaba la concha habitada con las cámaras abandonadas) migraba, durante el crecimiento, de la zona ventral a la zona dorsal.

UN CALAMAR DIMINUTO
Con su blando y musculoso cuerpo, *Soliclymenia* seguramente parecía un calamar diminuto provisto de largos tentáculos para capturar presas.

DEVÓNICO
VERTEBRADOS

El Devónico, llamado a menudo la «edad de los peces», fue testigo de la mayor radiación evolutiva de grupos de peces, tanto en ambientes marinos como de agua dulce. Hacia finales del período, el escenario ya estaba preparado para la invasión de la tierra firme por los primeros animales de cuatro patas, los tetrápodos.

Los mares del Devónico estaban repletos de vida. En ellos convivió una amplia variedad de peces (incluidos los primeros tiburones) que se extendieron por el planeta. Los peces sin mandíbulas, como los osteostráceos, fueron los primeros en explorar estuarios y lagunas; les siguieron depredadores mandibulados como los placodermos y los sarcopterigios (peces óseos con aletas lobuladas). Fueron estos los que propiciaron las primeras incursiones de vertebrados en tierra firme.

El origen de los tetrápodos

Son los animales de cuatro patas, entre los que se encuentran anfibios, reptiles, aves y mamíferos. Los más antiguos conocidos aparecieron en el Devónico superior, hace unos 365 MA: *Acanthostega* e *Ichthyostega*. Eran sarcopterigios y provenían de los peces de aletas lobuladas. Recientes investigaciones han demostrado que el pariente más cercano de los tetrápodos es *Tiktaalik roseae*, cuyos fósiles se hallaron en 2004 en unas rocas de 375 MA de antigüedad en la isla de Ellesmere, en el Ártico canadiense. Tanto *Tiktaalik* como otro pez sarcopterigio estrechamente emparentado con él, *Panderichtys rhomboleptis*, que vivió hace 380 MA, tenían el cráneo aplanado y los ojos situados en el dorso, como *Acanthostega.* Otra característica que une a *Tiktaalik* con *Acanthostega* es que su cabeza se había separado de la agalla ósea, de modo que se podía mover libremente; *Panderichtys*, en cambio, conservaba la unión.

Los descubrimientos de los fósiles de *Acanthostega* e *Ichthyostega* enmendaron algunos errores acerca de la evolución de los primeros tetrápodos. Al principio se creyó que los tetrápodos desarrollaron cinco dedos cuando las aletas se convirtieron en manos. Sin embargo, *Acanthostega* tuvo ocho dedos, mientras que *Ichthyostega* tuvo siete (dcha.), lo que indica que el número de dedos era variable y que quedó fijado en cinco en un período posterior de la evolución. Además, la idea de que los tetrápodos comenzaron a evolucionar una vez se establecieron en tierra firme se demostró incorrecta. Los especímenes fósiles de *Acanthostega* e *Ichthyostega* se hallaron en rocas de Groenlandia claramente pertenecientes

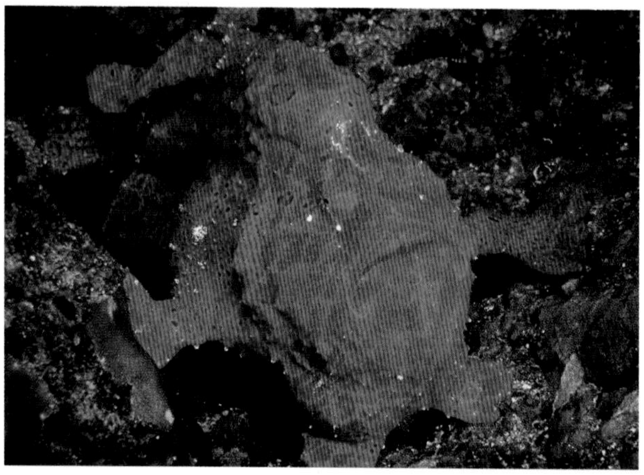

REFORZADOS PARA CAMINAR
Los peces sapo son actinopterigios de arrecifes de coral. En lugar de nadar, usan sus aletas pectorales y pélvicas para reptar: al moverse, sus aletas pélvicas izquierda y derecha tocan el suelo de manera alterna, del mismo modo como camina un tetrápodo.

GRUPOS

Durante la «edad de los peces» se desarrollaron y extinguieron muchos grupos. El de los placodermos fue muy diverso y tuvo un gran éxito, pero solo duró unos 50 MA, mientras que los tiburones se convirtieron en peces importantes y hoy todavía son más de 400 especies. Pero el principal acontecimiento evolutivo de los vertebrados fue la llegada de los tetrápodos.

OSTEOSTRÁCEOS
A finales del Devónico los osteostráceos se habían diversificado y se encontraban ampliamente extendidos por América del Norte, Europa y Asia. Estos peces agnatos solían tener una coraza ósea en forma de herradura en su cabeza. Vivían en entornos marinos o estuarios, y habitaban en el fondo. Se extinguieron en el Devónico superior, hace 370 MA.

HETEROSTRÁCEOS
Estos peces agnatos acorazados surgieron en el Silúrico inferior. El subgrupo más común era el de los pteráspidos, que tenían grandes corazas óseas dorsales y ventrales y que solo se han hallado en el hemisferio norte. Los psamosteidos, que surgieron en el Devónico inferior, eran los únicos heterostráceos supervivientes en el Devónico, siendo los mayores miembros conocidos del grupo.

ARTRODIROS
Los artrodiros son uno de los grupos más grandes de placodermos. Estos peces con mandíbulas tenían placas óseas articuladas en cabeza y cuello, y se encontraban muy extendidos en el Devónico. Uno de los más famosos es *Dunkleosteus*, que con 6 m de longitud era uno de los vertebrados más grandes del Devónico. Temible depredador, su mordisco era poderosísimo.

ANTIARCOS
Otro grupo de placodermos, los antiarcos exhibían raras aletas frontales cubiertas por placas óseas; aún se especula sobre su función exacta. Las mandíbulas de los antiarcos eran pequeñas y débiles en comparación con las de los artrodiros, y se cree que se alimentaban de pequeños invertebrados del fondo marino. Se extinguieron a finales del Devónico, con el resto de los placodermos.

Los primeros tetrápodos se desarrollaron en los estuarios del Devónico superior. Conservaban sus aletas caudales y sus agallas; eran básicamente peces con patas.

EXTREMIDAD FÓSIL DE ICHTHYOSTEGA

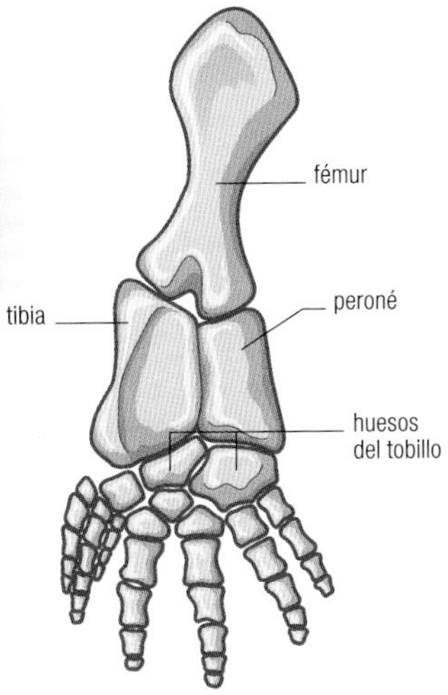
fémur
tibia
peroné
huesos del tobillo

EXTREMIDAD DE TETRÁPODO
Ichthyostega tenía siete dedos en sus patas posteriores (no se han hallado sus patas anteriores). La estructura de esta extremidad en forma de zagual indica que seguramente era más útil para nadar que para caminar, como las de las focas actuales.

a un entorno fluvial, lo que indica que estos primeros tetrápodos vivían en riachuelos o pequeños afluentes. Los fósiles se encuentran bien conservados y están casi completos, lo que sugiere que estos animales murieron y quedaron enterrados donde se los encontró. Sus extremidades, en forma de zagual, estaban más preparadas para remar que para caminar, y *Acanthostega* tenía cola de pez. Aunque ambos poseían pulmones y podían respirar aire, también conservaban sus agallas. Parece que los tetrápodos del Devónico se estaban adaptando progresivamente para la transición final desde el agua a tierra firme; la conquista de este entorno no se completaría hasta el Carbonífero.

Los orígenes de la fecundación interna

La formación Gogo, en Australia Occidental, comprende los restos de un antiguo arrecife del Devónico (p. 43). Aquí se han conservado muchos placodermos en nódulos de caliza; al disolver estos nódulos en ácido acético salen a la luz los peces fosilizados. La conservación es tan buena que recientemente se ha hallado incluso tejido muscular de placodermo, así como embriones dentro del cuerpo de la madre. En *Materpiscis attenboroughi*, el embrión y la madre están unidos por un cordón umbilical. Estos embriones constituyen algunas de las pruebas más antiguas conocidas de fecundación interna en el registro fósil. (En la fecundación externa el esperma del macho se mezcla con los huevos en el agua y los embriones se desarrollan en el exterior, no en la madre.)

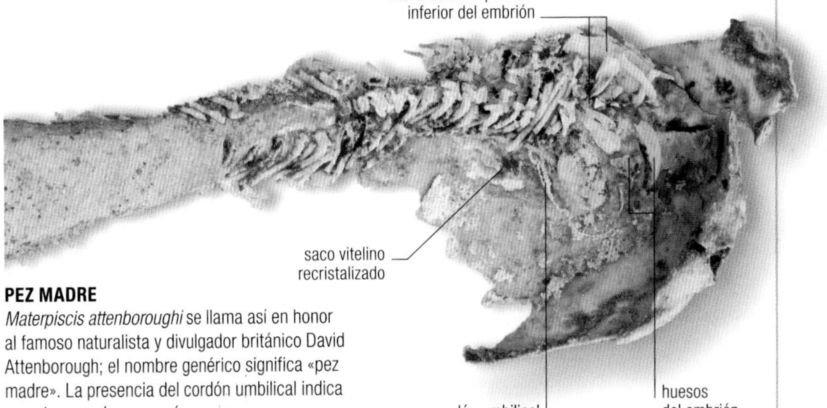
mandíbulas superior e inferior del embrión
saco vitelino recristalizado
cordón umbilical
huesos del embrión

PEZ MADRE
Materpiscis attenboroughi se llama así en honor al famoso naturalista y divulgador británico David Attenborough; el nombre genérico significa «pez madre». La presencia del cordón umbilical indica que el pez paría a sus crías.

ACANTODIOS
Se caracterizaban por tener unas grandes espinas óseas frente a sus aletas (también se les llama «tiburones espinosos», aunque no eran tiburones). Los primeros acantodios eran solo marinos, pero hacia finales del Devónico estos peces mandibulados habían colonizado ecosistemas de agua dulce. Sus características escamas en forma de rombo son frecuentes en el registro fósil, pero su cráneo y sus mandíbulas son raros.

ACTINOPTERIGIOS
Los actinopterigios, o peces de aletas con radios, surgieron durante el Silúrico superior; hoy en día este grupo incluye más de 28 000 especies. Como su nombre sugiere, estos peces óseos poseen aletas constituidas por un abanico de huesecillos o cartílagos. *Cheirolepis*, del Devónico medio, es un actinopterigio primitivo, pues sus dientes carecen de la funda mineralizada de otros de su grupo.

ACTINISTIOS
Estos sarcopterigios surgieron en el Devónico y tuvieron mucho éxito evolutivo. Se creía que los celacantos se habían extinguido con el último género fósil, *Macropoma*, hasta que en 1938 un pescador descubrió un ejemplar vivo de *Latimera chalumnae* frente a las costas de Sudáfrica. En 1997 se halló una segunda especie en Indonesia.

DIPNOOS
Los sarcopterigios de este grupo se conocen como peces pulmonados. Su «pulmón» es una vejiga natatoria modificada, que además de proporcionarle flotabilidad (la función original de este órgano) absorbe oxígeno y elimina residuos. Durante el Devónico, los dipnoos se extendieron por todo el mundo. Hoy en día hay tres géneros, en Australia *(Neoceratodus)*, África *(Protopterus)* y América del Sur *(Lepidosiren)*.

TETRÁPODOS
Los tetrápodos son los vertebrados de cuatro patas. Cuando surgieron, a fines del Devónico, dependían todavía del agua para su supervivencia. Investigaciones recientes han revelado que los peces pulmonados actuales están más emparentados con los tetrápodos que los celacantos. Sin embargo, muchos fósiles de sarcopterigios –como *Tiktaalik roseae*, el último descubierto– son parientes aún más cercanos.

Stethacanthus

GRUPO Condrictios
DATACIÓN Del Devónico superior al Carbonífero inferior
TAMAÑO 1,5 m de longitud
LOCALIZACIÓN América del Norte, Escocia

Aunque la forma de *Stethacanthus* era muy similar a la de los actuales tiburones, hay sorprendentes diferencias. La aleta caudal era casi simétrica, y en cambio en los modernos tiburones el lóbulo superior es mucho más grande. Las aletas pectorales tenían un característico «látigo». Otro rasgo único era la larga estructura que sobresalía de su dorso, llamada «tabla de planchar» por su inusual forma: tenía la piel de la parte superior cubierta de dentículos (pequeñas estructuras parecidas a dientes), que también aparecían en un área de la cabeza. Este rasgo, probablemente presente solo en los machos, podría haberles servido para adherirse a las hembras durante el apareamiento.

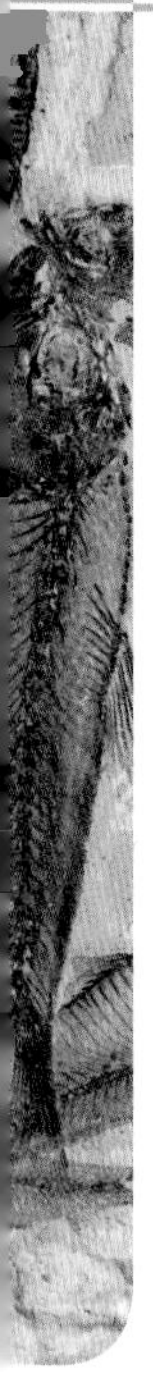

Weigeltaspis

GRUPO Agnatos
DATACIÓN Devónico
TAMAÑO Unos 10 cm de longitud
LOCALIZACIÓN Europa, América del Norte

Weigeltaspis, un primitivo heterostráceo (p. 122), carecía tanto de mandíbulas como de apéndices. Las escamas, más grandes tras las agallas y más pequeñas en la cola, ostentaban una compleja ornamentación. El tamaño de su cola sugiere que se trataba de un rápido nadador: los radios de la aleta se intercalaban con al menos cinco proyecciones horizontales, a modo de dedos, que le habrían proporcionado una mayor propulsión. *Weigeltaspis* era un pez relativamente pequeño y carecía de las espinas que aparecerían en géneros posteriores. Probablemente se alimentaba de plancton.

aleta caudal con cinco proyecciones escamosas

NADADOR EFICAZ
Este fósil ucraniano de *Weigeltaspis* revela la silueta hidrodinámica y la gran cola propias de un nadador activo.

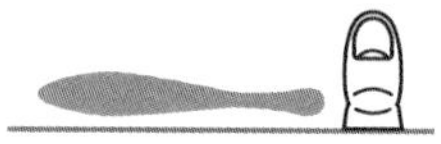

Drepanaspis

GRUPO Agnatos
DATACIÓN Devónico inferior
TAMAÑO 35 cm de longitud
LOCALIZACIÓN Europa

Drepanaspis, uno de los psamosteidos más antiguos conocidos, era pequeño comparado con sus descendientes del Devónico superior, algunos de los cuales alcanzaban los 2 m de longitud. Su cabeza aplanada tenía un mosaico de pequeñas escamas que separaban las placas de cada lado, la superior y la inferior. Estas pequeñas escamas aparecían en la madurez: no se encuentran en los individuos jóvenes. Su forma aplanada sugiere que era un habitante del fondo marino, donde buscaba su alimento; sin embargo, no está claro cómo se alimentaba, dado que su boca, que carecía de mandíbulas, apuntaba hacia arriba. No tenía más aleta que la caudal.

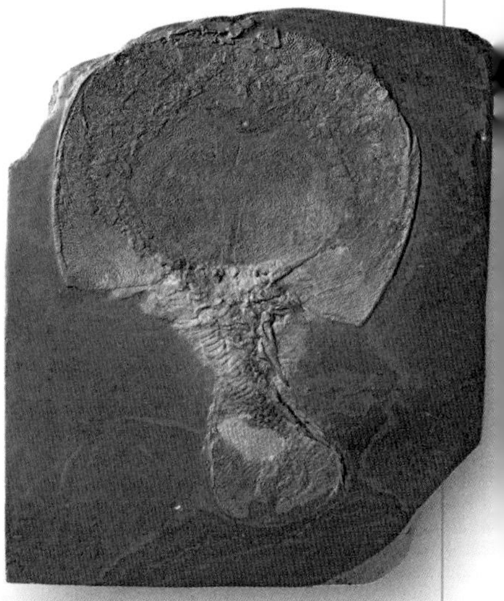

PALA DE REMO
Drepanaspis tenía una característica forma de zagual. Estaba fuertemente acorazado y su cabeza era aplanada. Este fósil de *Drepanaspis gemuendenaspis* procede de Alemania.

Protopteraspis

GRUPO Agnatos
DATACIÓN Del Silúrico superior al Devónico inferior
TAMAÑO Desconocido
LOCALIZACIÓN América del Norte, Europa, Australia

Se puede dividir a los agnatos pteráspidos en cinco familias, entre ellas la de los protopteraspídidos, a la que pertenece *Protopteraspis*. Tenía un hocico estrecho y redondeado, menos alargado que el de los géneros emparentados con él. Carecía de las grandes proyecciones o «cuernos» que se extendían hacia atrás desde los lados de la cabeza acorazada de otros pteráspidos; en su lugar, tenía pequeños puntos a ambos lados, justo detrás de la abertura de las agallas. Al igual que sus parientes, *Protopteraspis* tenía una espina dorsal de tamaño mediano. Las placas de su cabeza presentaban crestas de dentina (tejido calcificado), concéntricas y serradas. La coraza de la cabeza se formaba a una edad temprana y crecía por adición de material a las placas; en los adultos las placas se fusionaban. Las escamas del cuerpo eran pequeñas y con forma de rombo.

Protopteraspis gosseleti

PEZ DEL FONDO MARINO
El pez de la derecha es un *Protopteraspis gosseleti*, pero se desconoce la identidad de su compañero en la muerte. Se cree, por su aplanamiento, que *Protopteraspis* vivía en el fondo de estuarios o corrientes de agua dulce.

cresta central
par de ojos muy juntos
espina larga y estrecha (cuerno)

Zenaspis

GRUPO Agnatos
DATACIÓN Devónico inferior
TAMAÑO 25 cm de longitud
LOCALIZACIÓN Europa

Zenaspis era un osteostráceo (p. 122) de gran tamaño con la cabeza en forma de herradura, un rasgo visible en el más primitivo *Ateleaspis* (p. 105). *Zenaspis* se diferenciaba de este por los largos «cuernos» (proyecciones hacia atrás) de su cabeza, y porque sus áreas sensoriales laterales eran algo más estrechas. El borde posterior de la coraza ósea de su cabeza formaba una cresta central que continuaba en una cresta de escamas dorsales hasta crear una aleta dorsal hacia la parte final del cuerpo. Las aletas pectorales (ausentes aquí) eran menores que las de *Ateleaspis* y tenían una base más estrecha. Las escamas eran mucho más grandes. La boca, en la parte inferior del pez, carecía de dientes, y en su lugar tenías placas orales alargadas; estas se fundían con las escamas que recubrían la cámara que alojaba las aberturas dobles de las agallas. Como *Ateleaspis*, *Zenaspis* habitaba en el lecho de ríos poco profundos o desembocaduras fluviales.

UNA CABEZA ACORAZADA ÚNICA
La coraza de *Zenaspis* se puede distinguir claramente de su cuerpo, cubierto de escamas óseas. Los ojos se encontraban muy juntos en la parte superior de la cabeza, para vigilar la presencia de posibles depredadores desde el lecho del río.

Los osteostráceos **surgieron** en el Silúrico medio. Hacia el Devónico inferior se habían **diversificado** en **multitud de especies**, pero se extinguieron en el Devónico superior.

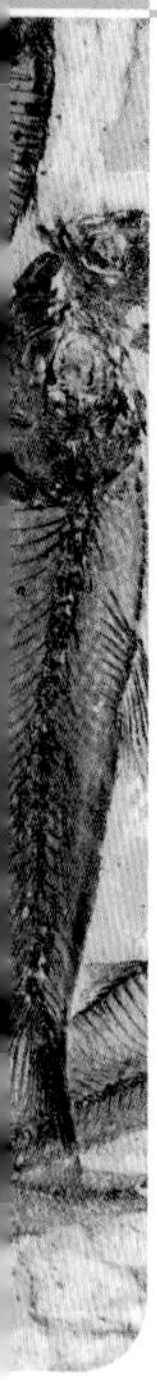

Lunaspis

GRUPO Placodermos
DATACIÓN Devónico inferior
TAMAÑO 10-30 cm de longitud
LOCALIZACIÓN Alemania

Lunaspis fue un pez fuertemente acorazado que vivió en las aguas menos profundas de un mar que cubrió parte de Europa hace 400 MA. Este peculiar pez aplanado tenía placas muy ornamentadas con anillos concéntricos, y su cuerpo y su cabeza, acorazados, se unían a través de una rudimentaria articulación. En la cabeza, la placa nucal era muy larga y se extendía hacia delante hasta llegar a las órbitas oculares, situadas en la parte superior de la cabeza. Dado que no se han conservado las mandíbulas, se puede decir muy poco de su dieta, pero su forma aplanada sugiere que vivía en el fondo marino. Unas espinas pectorales rígidas se extendían en un ángulo de 45º respecto al cuerpo, hacia atrás, hasta el borde posterior de la placa. En lugar de aleta dorsal, *Lunaspis* tenía tres grandes escamas en forma de cresta tras la placa dorsal media. El resto del cuerpo estaba cubierto por placas óseas de tamaño decreciente hacia la cola, que parece haber estado dividida en dos partes iguales.

Gemuendina

GRUPO Placodermos
DATACIÓN Devónico inferior
TAMAÑO 25-30 cm de longitud
LOCALIZACIÓN Alemania

Era un pez aplanado con grandes aletas pectorales en forma de ala, muy parecido a las rayas. Tenía los ojos situados en la parte superior de la cabeza, con las aberturas nasales entre ellos, y poseía una amplia boca. Dos grandes placas, las submarginales, cubrían la zona de las agallas a ambos lados. Las otras placas identificables eran las suborbitales, en la parte anterior y exterior de las órbitas oculares, y las paranucales en la cabeza, con canales sensoriales. El resto del cráneo no tenía una cobertura completa de placas óseas, pero estaba cubierto por un mosaico de pequeñas escamas (teselas). La corta coraza del tronco no se extendía más allá de la abertura para la aleta pectoral, de base estrecha. Las aletas pélvicas eran pequeñas y semicirculares, mientras que la aleta dorsal no era más que una espina. No tenía aleta anal, y la cola, como el cuerpo, era larga, ahusada y cubierta de escamas. Tenía escamas más grandes, similares a dientes, distribuidas aleatoriamente por las aletas.

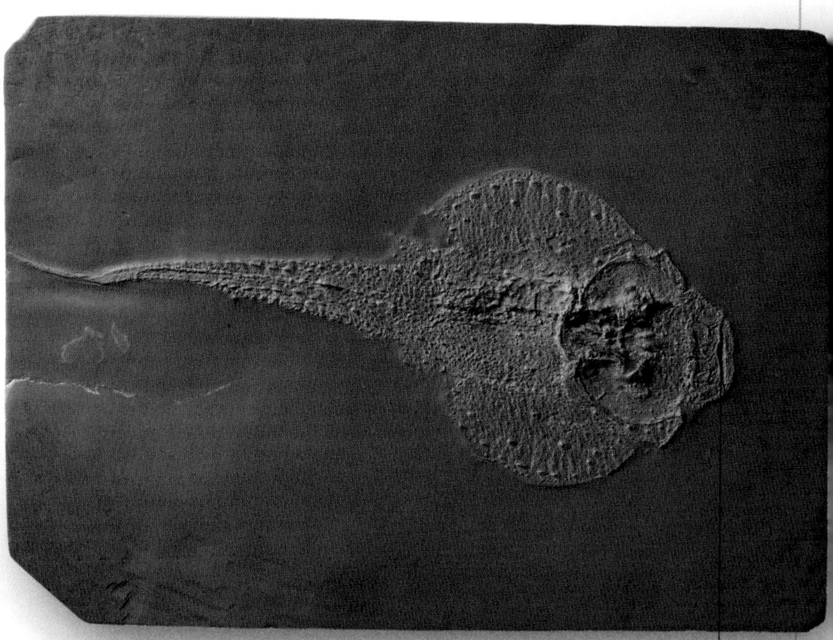
boca

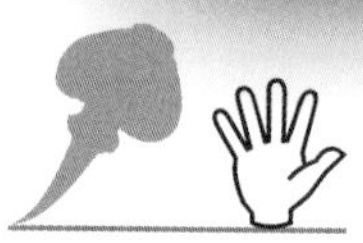

ADAPTADO A LA VIDA EN EL FONDO DEL MAR
En este espécimen de *Gemuendina stuertzi*, muy bien conservado, se ven claramente los órganos sensoriales dorsales (ojos y orificios nasales), así como la boca; su situación está adaptada a la vida en el fondo marino.

Rhamphodopsis

GRUPO Placodermos
DATACIÓN Devónico medio
TAMAÑO 12 cm de longitud
LOCALIZACIÓN Escocia

A diferencia de muchos placodermos, no estaba fuertemente acorazado. Su cuerpo ahusado acababa en una cola de látigo. Este pequeño pez de agua dulce es uno de los primeros en que se puede distinguir el sexo por la forma de las aletas pélvicas. Como los tiburones, tenía pterigopodios, estructuras penianas destinadas a la copulación. En las hembras, las aletas pélvicas estaban cubiertas de grandes escamas. Poseía unas fuertes placas dentarias que al principio hicieron creer a los científicos que los ptictodóntidos como *Rhamphodopsis* estaban emparentados con los tiburones; sin embargo, poseen más características anatómicas de los placodermos, de modo que se los asigna a esta clase.

Dicksonosteus

GRUPO Placodermos
DATACIÓN Devónico inferior
TAMAÑO 10 cm de longitud
LOCALIZACIÓN Noruega

Este artrodiro (p. 122) tenía una gran coraza y unas largas placas en forma de espinas curvas que formaban la parte frontal de una abertura para la aleta pectoral. La placa dorsal media era larga y estrecha, rematada por un lóbulo redondeado, en vez del remate en punta que presenta *Coccosteus* (p. siguiente). En la cabeza tenía una pequeña placa nucal centrada en la parte posterior y dos placas centrales más grandes. La coraza presentaba un aplanamiento dorsoventral y filas de nódulos concéntricas. Los dos pares de placas dentarias superiores poseían unos fuertes dentículos, que se correspondían con los de la parte frontal de la mandíbula inferior. El cuerpo era ahusado, pero no se conoce su cola.

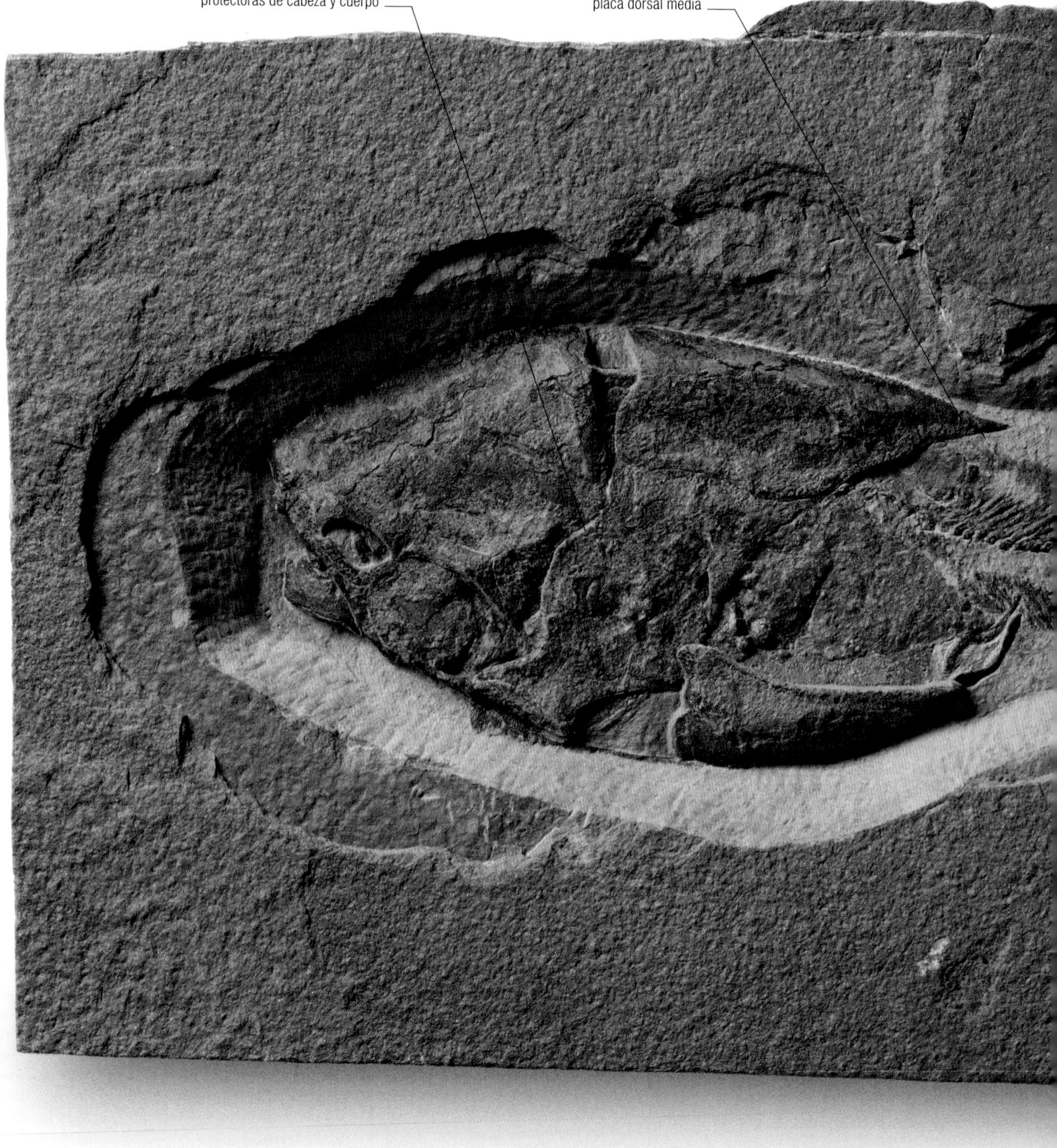
articulación entre las placas protectoras de cabeza y cuerpo
remate en punta de la placa dorsal media

Rolfosteus

GRUPO Placodermos
DATACIÓN Devónico superior
TAMAÑO 30 cm de longitud
LOCALIZACIÓN Australia

Conocido por un espécimen íntegro y varios fragmentos de huesos, *Rolfosteus* fue un extraño pez de largo hocico que vivió en los arrecifes de Australia Occidental. Su placa facial era muy alargada, formando un tubo ahusado que constituía la mitad de la longitud de la placa de la cabeza. Se desconoce la función de su hocico: podría haberlo usado para descubrir presas enterradas en el fondo marino; o tal vez fuera un recurso hidrodinámico que le habría facilitado la captura de los camarones que vivían cerca de la superficie; o un rasgo sexual, exhibido para atraer a las hembras. En la parte posterior de la boca, *Rolfosteus* tenía placas dentarias planas, parecidas a muelas, lo que indica que los crustáceos eran, al menos, parte de su dieta.

Coccosteus

GRUPO Placodermos
DATACIÓN Del Devónico medio al superior
TAMAÑO 40 cm de longitud
LOCALIZACIÓN América del Norte, Europa

Probablemente el artrodiro mejor conocido, *Coccosteus* fue descrito en 1841, y desde entonces se han identificado hasta 49 especies, muchas de ellas reclasificadas posteriormente. Este pez acorazado poseía grandes aletas pectorales, dorsales y caudal, lo que indica que habría sido un buen nadador. Los dos pares de placas de su mandíbula superior tenían dientes, que se iban gastando por el roce con la mandíbula inferior hasta convertirse en filos cortantes como navajas. El contenido de su estómago revela que era un depredador tanto de acantodios (p. 123) como de artrodiros jóvenes. Posiblemente aguardaba a su presa en el lecho marino y se impulsaba con su potente cola para atacar. *Coccosteus* tenía una placa dorsal media larga y ahusada.

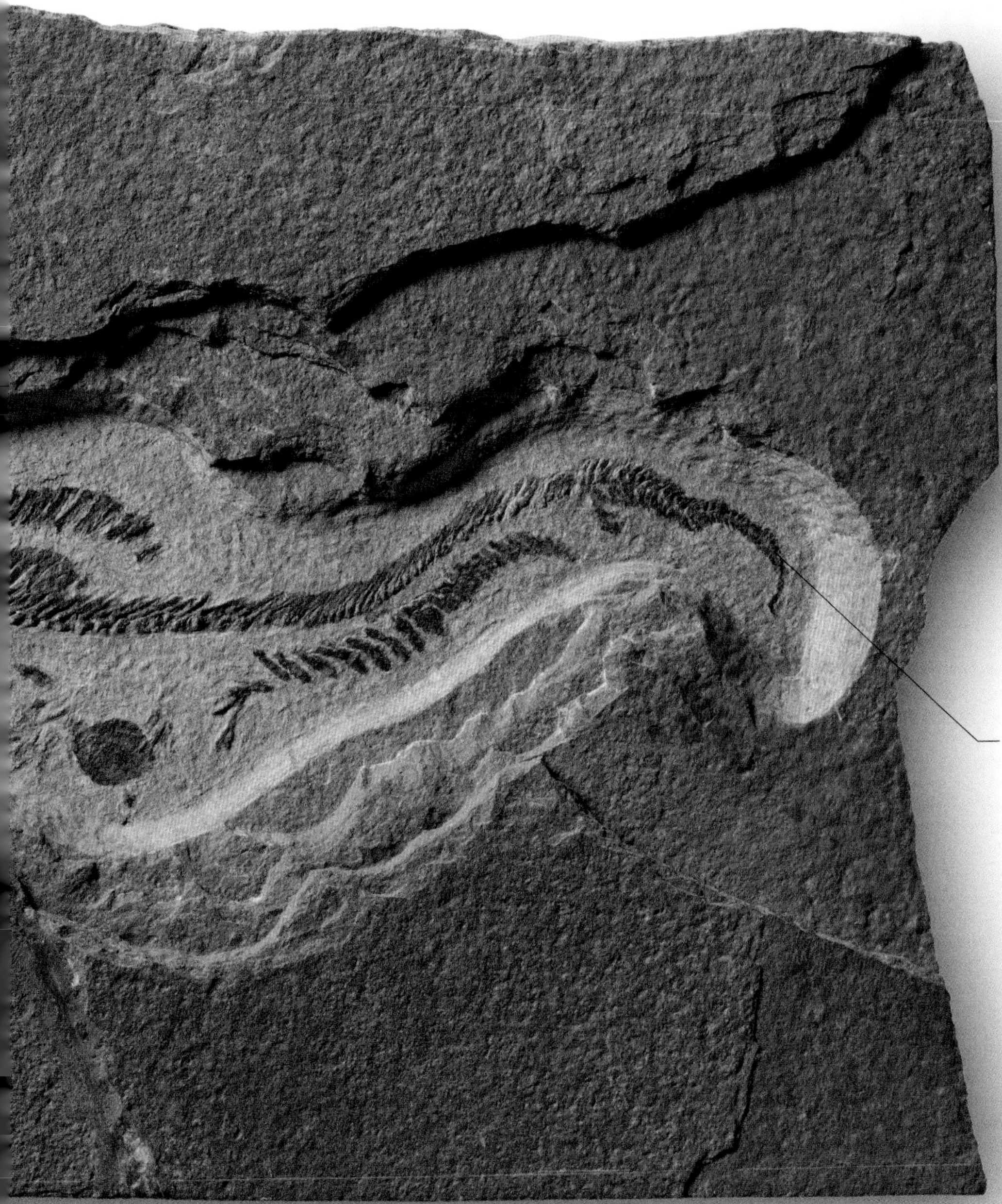
cola larga y ahusada

PLACAS CRANEALES
En este espécimen se ven claramente las diferentes placas de la parte superior del cráneo, así como algunas de las líneas sensoriales que recorren como surcos la superficie de algunas placas.

órbita ocular
sutura de la placa

DOBLE ARTICULACIÓN
Las placas de la cabeza y del cuerpo de los artrodiros estaban unidas por una sencilla articulación a cada lado que solo permitía a la cabeza moverse en el plano vertical (arriba y abajo). El «alvéolo» estaba en la placa de la cabeza, y la «bisagra», en la del cuerpo.

Dunkleosteus

GRUPO Placodermos
DATACIÓN Devónico superior
TAMAÑO 6 m de longitud
LOCALIZACIÓN EE UU, Europa, Marruecos

Era un pez fuertemente acorazado. Su coraza no abarcaba las aletas pectorales de la parte posterior; esto le permitió aumentar la base de la aleta, y con ella su movilidad, lo que sugiere que se trataba de un activo cazador de los mares superficiales en que vivía. Las placas superior e inferior estaban unidas tan solo por pequeñas placas o espinas planas. Su mandíbula inferior y la placa dentaria superior se desgastaban por el roce, hasta quedar como afilados colmillos. La mayoría de las especies carecía de ornamentación, pero sus placas suelen ostentar mordeduras y perforaciones, prueba de que, pese a su tamaño, a veces él era la presa.

PLACAS CARACTERÍSTICAS
Dunkleosteus estaba cubierto de placas óseas de hasta 5 cm de grosor. La placa dorsal media (arriba) contrasta con la de *Coccosteus* (p. 127) por su borde posterior redondeado y la carencia de espina posterior. La placa craneal (abajo) es igualmente característica, con su parte posterior curvada hacia atrás.

borde inferior redondeado
carena

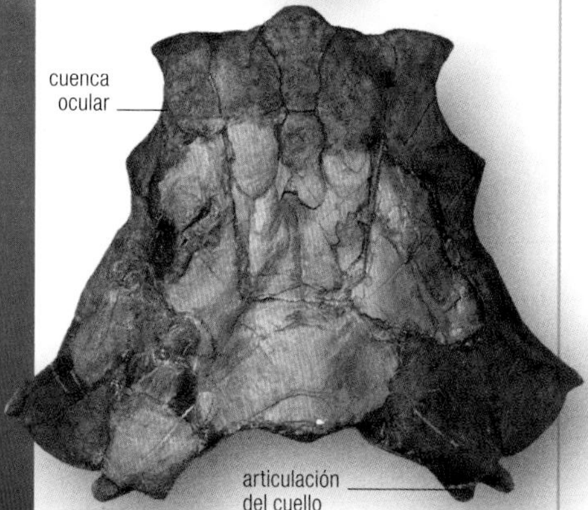
cuenca ocular
articulación del cuello

UN FORMIDABLE DEPREDADOR
Este enorme pez tenía unas grandes y afiladísimas placas en ambas mandíbulas, inferior y superior. Gracias al espacio sin acorazar entre la cabeza y el tronco, podía abrir la boca completamente para sujetar a sus presas.

Bothriolepis

GRUPO Placodermos
DATACIÓN Del Devónico medio al Carbonífero inferior
TAMAÑO 30 cm de longitud; algunos ejemplares, hasta 1 m
LOCALIZACIÓN Australia, América del Norte, Europa, China, Groenlandia, Antártida

Uno de los antiarcos (p. 122) mejor conocidos, con más de 60 especies, tenía un aspecto bastante tosco: un tronco en forma de caja, con los lados casi rectos, y un vientre plano. La «tapa» de la caja variaba de una especie a otra. Los apéndices pectorales no tienen forma de aletas: son unas estructuras como espinas cubiertas de pequeñas placas óseas.

abertura para ojos y orificios nasales
apéndice pectoral

LARGOS APÉNDICES
Los largos apéndices pectorales de *Bothriolepis* se extendían a menudo más allá del tronco.

Pterichthyodes

GRUPO Placodermos
DATACIÓN Devónico medio
TAMAÑO 20-30 cm de longitud
LOCALIZACIÓN Escocia

Pterichthyodes era un pequeño pez muy acorazado con unos característicos apéndices pectorales, no muy diferentes de los de *Bothriolepis* (izda.). Sin embargo, las proporciones entre cabeza y tronco eran muy diferentes: tenía el cuerpo más grande y la cabeza relativamente más pequeña, así como apéndices pectorales más cortos. Los ojos en la parte superior de la cabeza, así como el escudo ventral plano, sugieren que vivía en el fondo. La parte del cuerpo que se extendía más allá de las placas era ahusada y estaba cubierta de escamas cicloides solapadas. Su única aleta dorsal era triangular; unas grandes escamas en forma de flecha la soportaban por la parte anterior.

larga coraza
apéndice pectoral corto
cola heterocerca

HABITANTE DE LAGOS
Se ha sugerido que *Pterichthyodes* habría utilizado sus apéndices pectorales para arrastrarse por el lecho de los antiguos lagos escoceses en que vivía.

Cheiracanthus

GRUPO Acantodios
DATACIÓN Devónico medio
TAMAÑO 30 cm de longitud
LOCALIZACIÓN Escocia, Antártida

Era un pez de agua dulce. Nadador activo, patrullaba las profundidades medias de lagos y ríos, alimentándose de pequeñas presas que capturaba entre sus mandíbulas. Sin dientes, se supone que filtraba agua a través de sus largas agallas para extraer el alimento. Tenía ojos y boca grandes, el cuerpo largo y cola heterocerca. Uno de sus rasgos definitorios es la carencia de espinas intermedias en el vientre. Sus aletas estaban protegidas por una espina en el borde anterior. Sus escamas, pequeñas, estriadas y no superpuestas, se han hallado en muchos lugares. También se han descubierto espinas de aletas, que no estaban muy firmemente unidas al cuerpo. Tan solo se han conservado especímenes íntegros en los yacimientos de areniscas rojas de Escocia.

espina de la aleta dorsal
espina de la aleta anal
espina de la aleta pélvica
espina de la aleta pectoral

Ischnacanthus

GRUPO Acantodios
DATACIÓN Devónico inferior
TAMAÑO 4-16 cm
LOCALIZACIÓN Escocia, Canadá

Ischnacanthus poseía unos robustos dientes, más grandes en la parte anterior. Tenía una hilera de dientes más pequeños en la unión de las mandíbulas. Este pez de agua dulce era estilizado y tenía aletas bien desarrolladas. Las espinas, largas y estrechas, solo se encuentran asociadas a aletas; no tenía espinas intermedias. La coraza de cabeza y tronco es pequeña en comparación con la de otros acantodios primitivos, lo que le permitía maniobrar a gran velocidad mientras cazaba o huía de los depredadores. El cuerpo estaba cubierto de pequeñas escamas poligonales, y la cola era como la de un tiburón.

espina pélvica
dientes en mandíbulas superior e inferior

DIENTES TRIANGULARES
Ischnacanthus tenía dientes triangulares en ambas mandíbulas. Los dientes nacían en la parte frontal de las mandíbulas; al no desgastarse, eran bastante grandes.

Cheirolepis

GRUPO Actinoperigios
DATACIÓN Del Devónico medio al superior
TAMAÑO Hasta 50 cm de longitud
LOCALIZACIÓN Escocia, Canadá

Cheirolepis es el miembro más primitivo del grupo actinoperigios que se conoce por especímenes íntegros. Vivía en lagos poco profundos de hace unos 380 MA, y tenía un largo cuerpo cubierto de escamas romboidales entrelazadas que contenían ganoína, una sustancia similar al esmalte dental. Sus aletas pectorales eran carnosas, como las de los modernos peces pulmonados. Seguramente era capaz de nadar a gran velocidad para atrapar a sus presas con sus numerosos y afilados dientes. La longitud de sus mandíbulas sugiere que era capaz de devorar presas de hasta dos tercios de su propio tamaño. El contenido de su estómago ha revelado una dieta de peces, incluidos los de su propia especie.

espina dorsal
cola heterocerca

PEZ DE ALETA CON RADIOS
Cheirolepis tenía una sola aleta dorsal y una cola de tiburón con notocordio (eje esquelético) en el lóbulo superior. Casi toda la aleta colgaba de él.

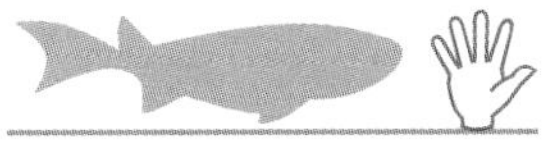

Dipterus

GRUPO Sarcopterigios
DATACIÓN Devónico medio
TAMAÑO 35 cm de longitud
LOCALIZACIÓN Escocia, América del Norte

Los peces pulmonados estaban muy extendidos durante el Devónico. Las formas más primitivas se han hallado en sedimentos de aguas salobres, pero hacia el Devónico ya se habían mudado a aguas dulces. *Dipterus* tenía una cabeza bien acorazada, con la parte superior cubierta por un mosaico de huesecillos. Algunos de estos tenían unos surcos que podrían haber tenido funciones sensoriales o alimentarias. Cada mandíbula presentaba un par de placas dentarias con sendas hileras de robustos dientes que usaría para abrir crustáceos. Una gran placa cubría las agallas, lo que sugiere que, para los peces pulmonados, la respiración branquial era más importante que la pulmonar.

robusta mandíbula inferior
opérculo de gran tamaño
escamas cubiertas de cosmina

CUBIERTO DE ESCAMAS
Dipterus estaba cubierto de escamas redondeadas, con una fina y brillante capa de cosmina (un tipo de dentina). Poseía dos aletas dorsales en la parte posterior, una aleta anal y unas largas y finas aletas pélvicas y pectorales. Su cola era como la de los tiburones.

Fleurantia

GRUPO Sarcopterigios
DATACIÓN Devónico superior
TAMAÑO 25 cm de longitud
LOCALIZACIÓN Canadá

Llamado *Fleurantia* en alusión al cabo Fleurant, en el Parque Nacional de Miguasha (Canadá) (p. 133), fue un pez pulmonado primitivo. Su hocico era más largo y estilizado que los de géneros más modernos, y carecía de las placas dentarias características de estas especies de peces pulmonados; en su lugar presentaba hileras de dientes cónicos y pequeños dentículos (proyecciones como dientes) en el paladar. Sus escamas eran grandes y redondeadas, pero carecían de cosmina (*Osteolepis*, p. 133). Las aletas más grandes estaban en su parte posterior (abajo). Como *Dipterus* (p. 129), poseía una aleta anal, largas y finas aletas pectorales y pélvicas y cola heterocerca (con el lóbulo superior más grande). Su cuerpo era largo y comprimido lateralmente, lo que sugiere que era un nadador rápido que cazaba sus presas, en vez de buscar en el fondo. Era un pez de agua dulce o salobre y convivía con otra especie, *Scaumenacia*, con la que al principio se lo confundió.

ALETAS DORSALES
Fleurantia tenía dos aletas dorsales. La frontal era pequeña y lobulada, mientras que la otra era bastante más alargada y abarcaba un 25 % de la longitud total de su cuerpo.

grandes
escamas
redondeadas
larga aleta
dorsal posterior

Holoptychius

GRUPO Sarcopterigios
DATACIÓN Devónico superior
TAMAÑO 2 m de longitud
LOCALIZACIÓN América del Norte, Groenlandia, Letonia, Lituania, Estonia, Rusia

Holoptychius era un pez de gran tamaño, sin duda un depredador dominante. Sus restos se han encontrado a lo largo de todo el Devónico superior en varias partes del mundo. La mayor parte de los fósiles hallados son láminas de grandes escamas óseas, conservadas cuando el resto del cuerpo se desintegró; una sola escama de *Holoptychius* puede tener el tamaño de un plato. Poseía aletas largas a pares, con espinas en los bordes, y su cráneo tenía una articulación a través de su parte superior que le permitía elevar aún más su hocico cuando abría la boca. *Holoptychius* convivía con placodermos, de los que seguramente se alimentaba, y se aventuraba en los hábitats de los tetrápodos, los primeros animales con cuatro patas (pp. 122-123).

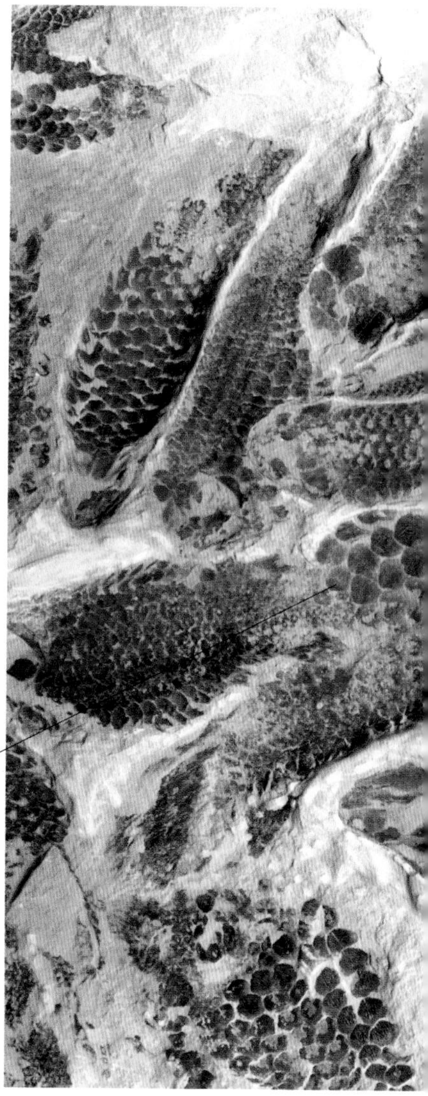
escamas
óseas

TUMBA COLECTIVA
En este caso, muchos *Holoptychius* murieron juntos, y junto a otros peces. No se conoce la causa de su muerte. *Holoptychius* pertenece a los porolepiformes, cuyos parientes más cercanos son los modernos peces pulmonados, aunque apenas tienen en común más que un cierto parecido.

Tristichopterus

GRUPO Sarcopterigios
DATACIÓN Devónico medio
TAMAÑO 30 cm de longitud
LOCALIZACIÓN Escocia, Letonia

Tristichopterus era un pez tetrapodomorfo y es el representante más primitivo de los tristicoptéridos, una familia con unos diez géneros, entre ellos *Eusthenopteron* (p. 132) y un enorme depredador llamado *Hyneria*. Con 30 cm de longitud, *Tristichopterus* era un miembro relativamente pequeño de la familia. Sus primitivas características incluían una cola ligeramente asimétrica con el diseño trilobular característico de los tristicoptéridos. Aparte de su datación y su localización, otro rasgo que lo diferencia del más conocido *Eusthenopteron* son las proporciones de su cabeza, pues la parte frontal es relativamente corta comparada con la de *Eusthenopteron*.

Aunque compartían rasgos con los tetrápodos primitivos, no se considera que los tristicoptéridos sean antepasados directos de estos.

aleta pectoral en
forma de zagual

Panderichthys

GRUPO Sarcopterigios
DATACIÓN Del Devónico medio al superior
TAMAÑO 1,5 m de longitud
LOCALIZACIÓN Letonia, Lituania, Estonia, Rusia

Panderichthys es uno de los tres peces conocidos del Devónico que poseen muchas características de la transición hacia los tetrápodos. Comparado con otros peces tetrapodomorfos de la época, como *Eusthenopteron* (p. 132), *Panderichthys* era más aplanado de cabeza a cola. Comparado con la mayoría de los peces, su hocico era alargado, y sus ojos, grandes, estaban situados en la parte superior de la cabeza. De igual manera, la parte posterior de su cráneo, que cubría la zona del oído y el cerebro, era corta en relación con el hocico. La articulación craneal presente en muchos tetrapodomorfos primitivos no estaba en *Panderichthys*. Es muy posible que respirara aire mediante una vejiga similar a un pulmón y que usara las agallas como complemento a esta respiración. Conservaba las aletas con radios y las escamas por todo el cuerpo, pero carecía ya de las aletas de la cola y la parte posterior o las tenía muy reducidas.

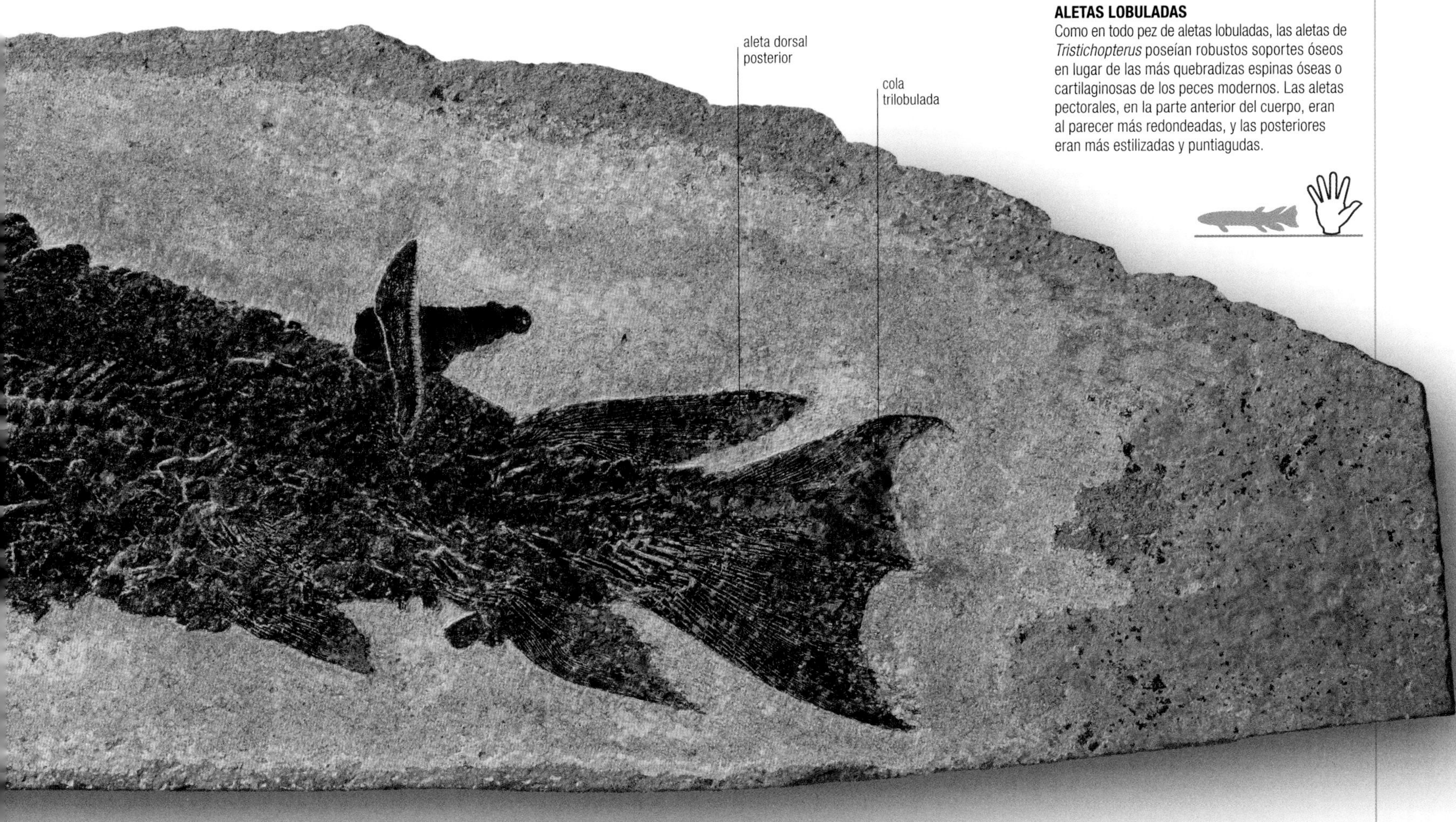
aleta dorsal posterior
cola trilobulada

ALETAS LOBULADAS
Como en todo pez de aletas lobuladas, las aletas de *Tristichopterus* poseían robustos soportes óseos en lugar de las más quebradizas espinas óseas o cartilaginosas de los peces modernos. Las aletas pectorales, en la parte anterior del cuerpo, eran al parecer más redondeadas, y las posteriores eran más estilizadas y puntiagudas.

Eusthenopteron

GRUPO Sarcopterigios
DATACIÓN Devónico superior
TAMAÑO 1,5 m de longitud
LOCALIZACIÓN América del Norte, Groenlandia, Escocia, Letonia, Lituania, Estonia

El esqueleto de *Eusthenopteron* muestra claramente la relación entre peces y vertebrados terrestres. Era un miembro tardío de los tristicoptéridos, una familia extinta de peces de aletas lobuladas. Los pequeños huesos en la base de las aletas pectorales y pélvicas de *Eusthenopteron* llevan hasta los huesos (de tamaño mucho mayor) de las extremidades delanteras y traseras de los primeros tetrápodos, como *Ichthyostega* (p. siguiente). La estructura de sus vértebras y su cráneo (especialmente de sus orificios nasales) también lo relaciona con los tetrápodos. Mucho tiempo antes de que existieran las modernas técnicas informáticas, los detalles de *Eusthenopteron* se obtuvieron de un modo mucho más trabajoso: se limaba, milímetro a milímetro, el cráneo fosilizado, y se fotografiaba cada fase del proceso para crear después réplicas de cada sección en cera. El fósil quedaba destruido, pero el molde de cera, un cráneo completo, permitía a los científicos estudiar el cráneo del pez por dentro y por fuera.

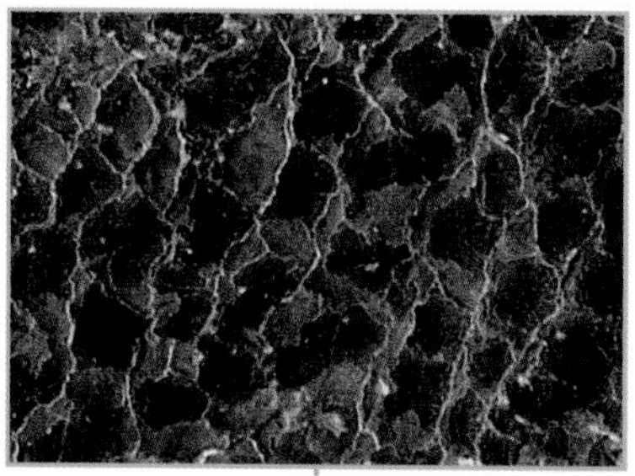

IMPRESIÓN FÓSIL
Las partes internas blandas de *Eusthenopteron* no se han conservado junto al duro esqueleto. Sin embargo, este espécimen, una impronta del exterior del cuerpo, revela que estaba cubierto de escamas.

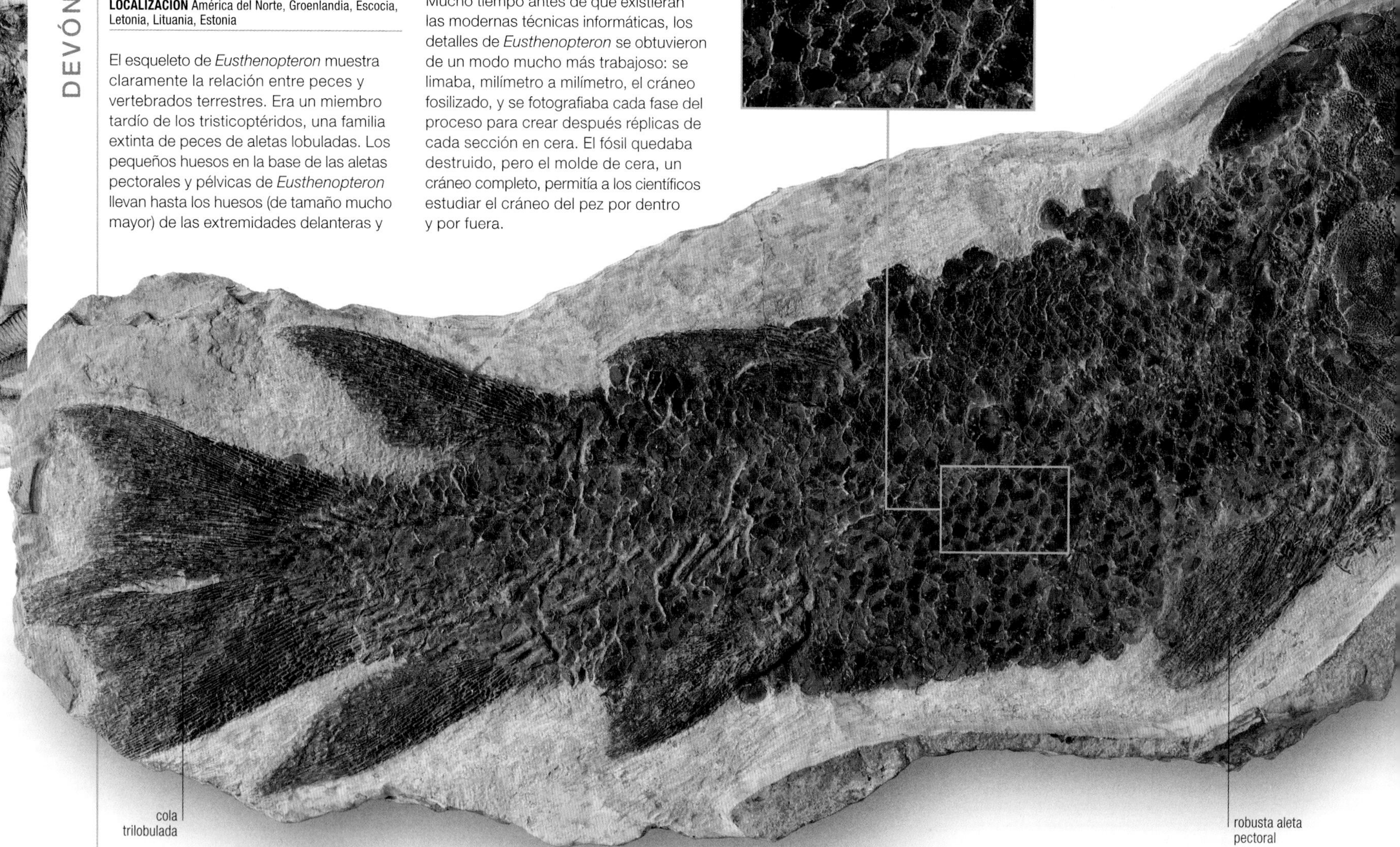
cola trilobulada
robusta aleta pectoral

Tiktaalik

GRUPO Sarcopterigios
DATACIÓN Devónico superior
TAMAÑO 3 m de longitud
LOCALIZACIÓN Canadá

En muchos aspectos, *Tiktaalik* muestra aún más rasgos comunes con los tetrápodos que *Panderichthys* (p. 131). Así, por ejemplo, *Panderichthys* presenta una serie de huesos que unen el cráneo con las agallas, y otra que cubre la sección de las agallas; estos huesos, ausentes en los tetrápodos, también están ausentes, en su mayoría, en *Tiktaalik* (o al menos, nunca se han hallado). Muchos de los rasgos que *Tiktaalik* comparte con *Panderichthys* parecen encontrarse en un estado de transición más avanzado hacia los vertebrados terrestres: posee un hocico más pronunciado, y la parte posterior de su cráneo es aún más corta que la de *Panderichthys* y presenta una abertura espiracular más ancha.

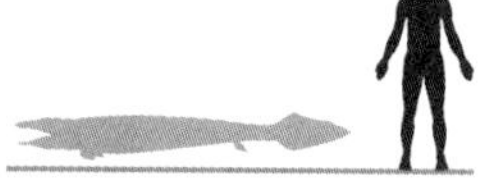

Acanthostega

GRUPO Tetrápodos primitivos
DATACIÓN Devónico superior
TAMAÑO 1 m de longitud
LOCALIZACIÓN Groenlandia

Acanthostega es un famoso tetrápodo del Devónico. Tenía cuatro extremidades acabadas en ocho dedos, así como rasgos primitivos, como aletas con radios en las partes superior e inferior de la cola. Presenta un esqueleto branquial bien desarrollado, de modo que probablemente, además de tener una vejiga para respirar aire, usaba las agallas para respirar. Su oído era similar al de otros tetrápodos e incluía un estribo (p. 174); en los peces, el hueso equivalente está implicado en el funcionamiento de las agallas.

extremidad con forma de zagual

MEJOR COMO REMOS
Las extremidades de *Acanthostega* no parecen capaces de soportar el peso del animal; es probable que las usara como remos. Seguramente era un depredador que acechaba a sus presas en ríos poco profundos.

localización de la articulación craneal

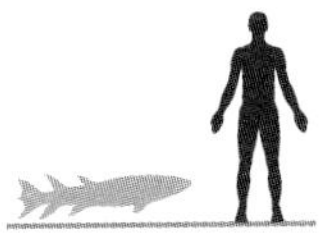

El nombre *Eusthenopteron* significa «**aleta fuerte**».

DEPREDADOR EMBOSCADO
Se cree que *Eusthenopteron* era un depredador que se emboscaba en la vegetación acuática al acecho de presas incautas, como el actual lucio. Al igual que *Osteolepis* y *Holoptychius*, poseía una articulación craneal que le facilitaba la captura de sus presas.

YACIMIENTO CLAVE

PARQUE NACIONAL DE MIGUASHA

Miguasha, en Quebec (Canadá), es uno de los yacimientos más ricos en peces fósiles del Devónico que vivían en entornos costeros y ambientes marginales salobres. En sus rocas se han conservado representantes de todos los grandes grupos de peces excepto condrictios. Se han descubierto tetrapodomorfos como *Eusthenopteron*, así como un pez muy similar a *Tiktaalik* de particular importancia, *Elpistostege*. La combinación de peces, invertebrados, plantas, algas y otros microorganismos ofrece una detallada imagen de la vida en el Devónico.

Osteolepis

GRUPO Sarcopterigios
DATACIÓN Devónico medio
TAMAÑO 50 cm de longitud
LOCALIZACIÓN Escocia, Letonia, Lituania, Estonia

Osteolepis es uno de los miembros primitivos mejor conocidos de los tetrapodomorfos, el grupo que dio origen a los tetrápodos. Fue uno de los primeros peces del Devónico descubiertos y el que dio nombre a los osteolepídidos, familia extinta de peces con aletas lobuladas, hermana de los tristicoptéridos como *Eusthenopteron* (izda.). Sus fósiles son habituales en rocas del Devónico medio en Escocia, donde vivían en un gran lago superficial llamado Cuenca Orcadiana. Sus escamas óseas y su cráneo estaban recubiertos de una sustancia similar al esmalte, llamada cosmina. Esta sustancia estaba repleta de poros, que se cree que eran las aberturas de un sistema sensorial que detectaba las corrientes de agua en torno al pez. El cráneo de *Osteolepis* tenía una articulación en la parte superior como la de *Holoptychius* (p. 130), que permitía al pez abrir la boca para atrapar presas muy grandes. *Osteolepis* vivía junto a muchos otros tipos de peces, como el pez pulmonado *Dipterus* y varios placodermos.

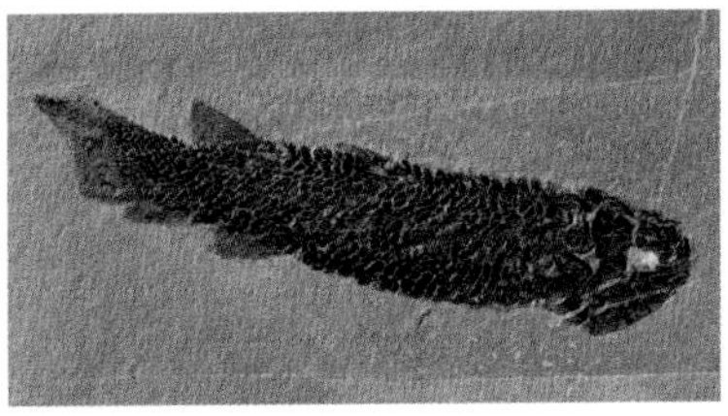

COLA HETEROCERCA
La cola de *Osteolepis* tenía una característica forma heterocerca, con el lóbulo superior más largo que el inferior.

boca
hilera de escamas

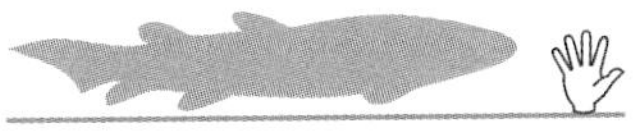

ESCAMAS CUADRADAS
El nombre *Osteolepis* significa «escama de hueso». Este pez poseía escamas más o menos cuadradas dispuestas en hileras longitudinales.

Ichthyostega

GRUPO Tetrápodos primitivos
DATACIÓN Devónico superior
TAMAÑO 1,5 m de longitud
LOCALIZACIÓN Groenlandia

Ichthyostega fue el primer tetrápodo del Devónico descubierto. Sus fósiles proceden de rocas del este de Groenlandia, y vivió en la misma época que *Acanthostega*. Sus rasgos desconcertaron a los paleontólogos, pero las nuevas investigaciones arrojan un poco de luz sobre aspectos de su estructura. La región auricular, por ejemplo, parece más apta para oír en el agua que a través del aire. Pasaba parte de su vida en el agua, pero su columna vertebral parece adaptada a una forma de locomoción terrestre. Su cuerpo estaba formado por costillas superpuestas y anchas, que, junto a sus fuertes hombros y antebrazos, sugieren que el animal poseía potentes músculos para desplazarse por tierra. Sus extremidades inferiores, en forma de remo, se adaptaban mejor a la natación.

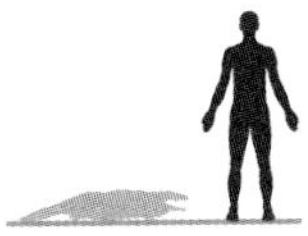

UN PIE CON SIETE DEDOS
Ichthyostega tenía tres pequeños dedos en la parte anterior de sus pies, seguidos de otros cuatro más robustos. Los pies estaban situados de tal manera que su borde interior se clavaba en tierra firme, lo que le proporcionaba un buen agarre.

robusto dedo central
borde interior del pie

Los **grandes dientes** de *Ichthyostega* **sugieren que era un depredador, pero ¿cazaba en tierra, en el agua o en ambas?**

CARBONÍFERO

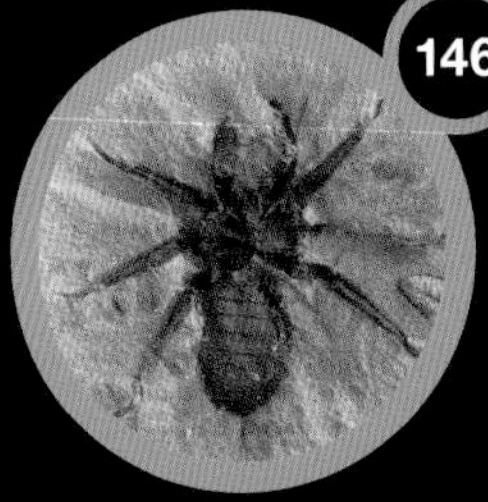

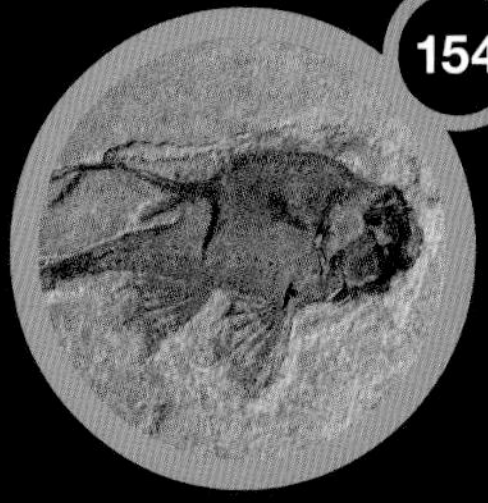

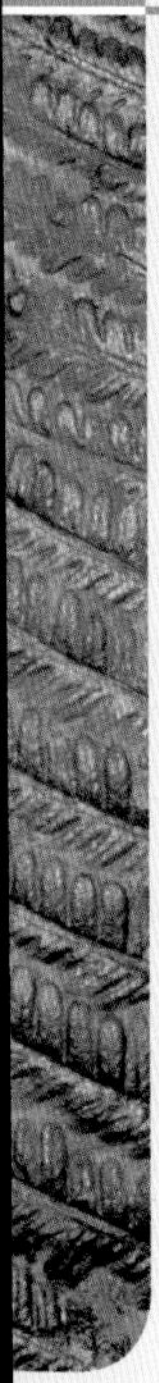

Carbonífero

Carbonífero («portador o productor de carbón») define muy bien un período en el que proliferaron frondosos pantanos, origen de enormes depósitos de carbón por todo el orbe. Aun así, fue en gran parte un período de enfriamiento, con grandes capas de hielo que perduraron decenas de millones de años. La corteza terrestre prosiguió su deriva, y Euramérica y Gondwana se acercaron lentamente hasta formar otro continente mayor: Pangea.

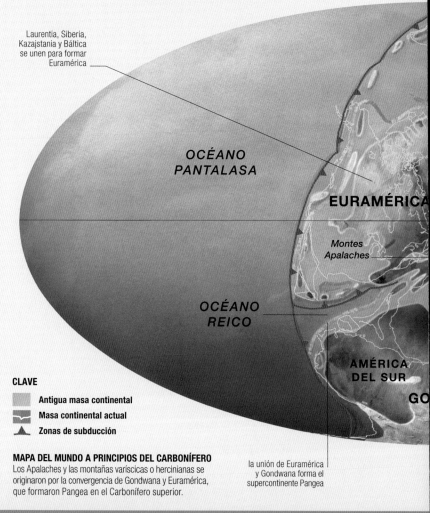

CALIZA DEL CARBONÍFERO INFERIOR
El enorme anfiteatro de caliza que domina Malham Cove (North Yorkshire, RU) consiste en seres fosilizados depositados en el fondo de los mares del Carbonífero.

Océanos y continentes

Durante el Carbonífero inferior, Euramérica se acercó todavía más a Gondwana, y el océano Reico quedó reducido a un estrecho mar entre el extremo occidental de Gondwana y la punta suroeste de Euramérica. La orogenia resultante culminó con la aparición de las cadenas de los Apalaches y las varíscicas (hercinianas). El océano Paleotetis quedó cercado al oeste por Euramérica y Gondwana, y al este, por las islas más pequeñas de China del Norte y del Sur. Gondwana se extendía desde las bajas latitudes del hemisferio austral hasta el polo Sur, donde comenzó a formarse un gran casquete de hielo durante el Carbonífero inferior. Hacia el Carbonífero superior, Euramérica y Gondwana ya se habían fusionado por completo para formar el supercontinente Pangea, que abarcaba desde altas latitudes del hemisferio norte hasta el polo Sur. El casquete del polo Sur comenzó a expandirse hasta cubrir gran parte del antiguo Gondwana. Por esta época, el océano Pantalasa quedaba al oeste de Pangea, y el Paleotetis, al este. Los bosques siguieron expandiéndose y, con ellos, los animales terrestres, que se diversificaron hasta incluir invertebrados, anfibios y los primeros vertebrados capaces de poner huevos en tierra firme. La glaciación a gran escala afectó al nivel de los mares, que se elevó y descendió con los avances y retrocesos del hielo, influyendo en la vida de las zonas costeras. Hubo períodos en que el agua de mar inundaba las costas y creaba marismas, y otros en que bahías poco profundas, deltas y ensenadas se secaron. Estas fluctuaciones quedaron reflejadas en los depósitos sedimentarios del Carbonífero, al alternarse bandas de pizarra y carbón.

MONTES URALES
Los montes Urales, que se extienden a lo largo de unos 2500 km por la Rusia centro-occidental, surgieron a raíz de la colisión de Kazajstania, Siberia y Euramérica, hace entre 250 y 350 MA.

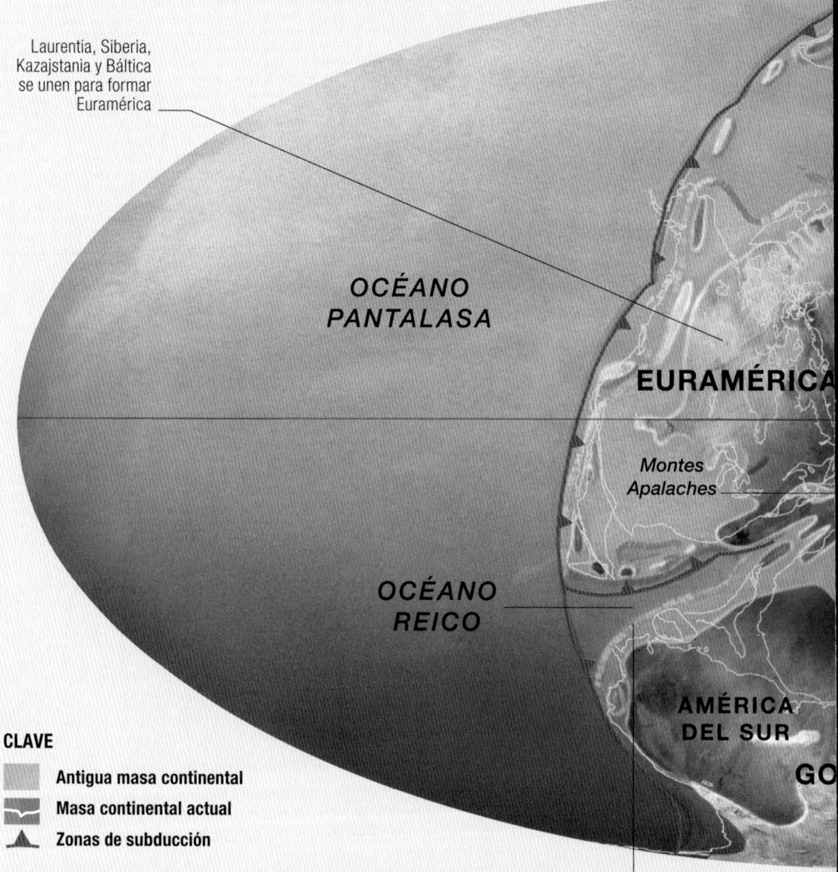
Laurentia, Siberia, Kazajstania y Báltica se unen para formar Euramérica
OCÉANO PANTALASA
EURAMÉRICA
Montes Apalaches
OCÉANO REICO
AMÉRICA DEL SUR
GO
la unión de Euramérica y Gondwana forma el supercontinente Pangea
CLAVE
Antigua masa continental
Masa continental actual
Zonas de subducción

MAPA DEL MUNDO A PRINCIPIOS DEL CARBONÍFERO
Los Apalaches y las montañas varíscicas o hercinianas se originaron por la convergencia de Gondwana y Euramérica, que formaron Pangea en el Carbonífero superior.

MISISIPIENSE

MA 350 340 330

PLANTAS

350–340 Las licófitas y los helechos con semillas dominan las marismas; equisetos, en los cursos de agua dulce; los esfenópsidos (dcha.) y los helechos con y sin semillas se diversifican

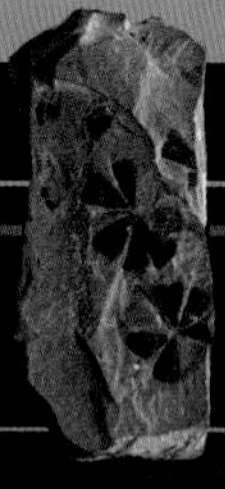

SPHENOPHYLLUM EMARGINATUM

INVERTEBRADOS

350 Primeros gasterópodos pulmonados; los trilobites se reducen a un solo orden, los proétidos (dcha.); primeros bivalvos límidos

EOCYPHINIUM

350–340 Los insectos desarrollan alas

CAPA DE HIELO
Durante el Carbonífero, grandes plataformas de hielo avanzaron y se fundieron alternativamente. La máxima extensión del hielo en este mundo glacial se dio hace entre 305 y 315 MA.

Clima

Durante el Carbonífero inferior, la temperatura global siguió aumentando. Un amplio cinturón tropical se extendió desde Euramérica, atravesando el Paleotetis hasta Gondwana oriental. Un estrecho pasillo árido lo separaba de las condiciones más frías de latitudes superiores. Aunque existen indicios de glaciaciones localizadas en el sur de Gondwana, iniciadas hace 350 MA, estas tuvieron un alcance limitado. La formación de Pangea tuvo un impacto drástico en los patrones de circulación atmosférica y, por consiguiente, en el clima, puesto que un continente tan vasto habría experimentado todos los extremos climatológicos. Hace unos 330 MA comenzó una gran glaciación centrada en la parte meridional de Gondwana del supercontinente Pangea. A lo largo del Carbonífero, las dimensiones de las zonas congeladas se ampliaron, abarcando desde América del Sur y Australia hasta otras regiones de la parte de Gondwana de Pangea, como las actuales India, África y Antártida, y alcanzaron los 35º de latitud. A medida que avanzaba la capa de hielo, el cinturón tropical perdía anchura en latitudes bajas, y al desaparecer el pasillo de temperaturas cálidas-templadas, un cinturón árido lo separaba de las zonas templadas-frías. No se sabe con certeza cómo acabó esta gran glaciación, pero sí que llegó a su fin hace 255-270 MA, durante el Pérmico. Pese a la glaciación, en latitudes bajas y cercanas al ecuador, y durante los muchos períodos interglaciales, las condiciones fueron más cálidas y húmedas, lo que dio como resultado la formación de grandes yacimientos de carbón. La amplia distribución de evaporitas en algunas zonas de bajas latitudes también demuestra la existencia de estas regiones más cálidas.

CARBÓN DE WESTFALIA
Al alternarse períodos fríos y cálidos, las marismas se inundaban, formando turberas que se convertirían en filones de carbón como este, en Alemania.

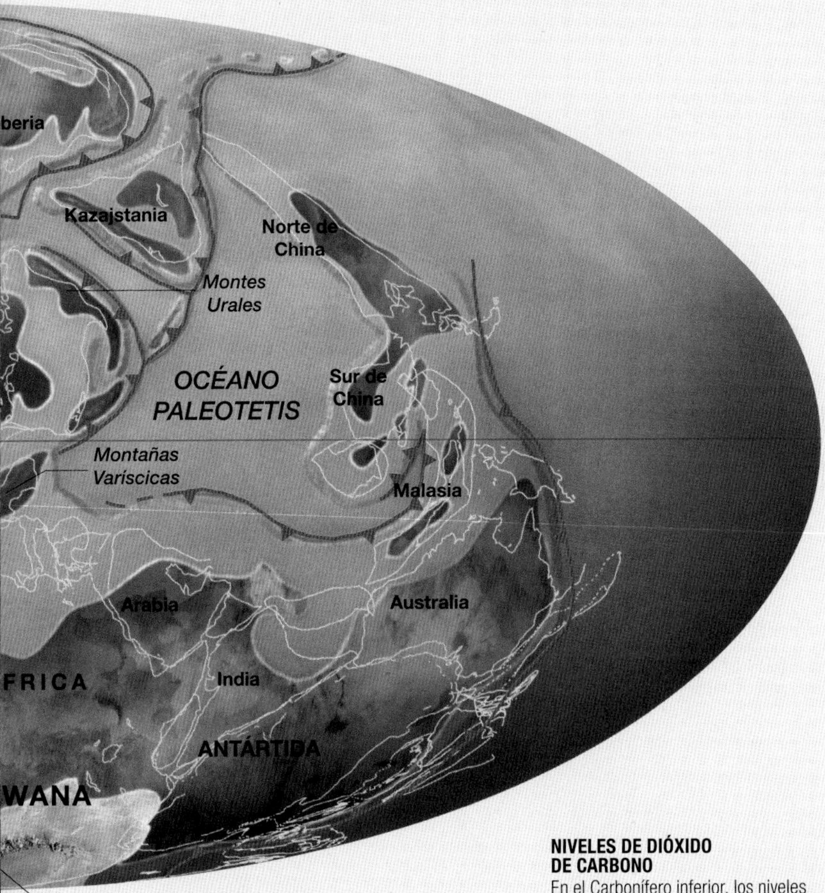

beria
Kazajstania
Norte de China
Montes Urales
OCÉANO PALEOTETIS
Sur de China
Montañas Variscicas
Malasia
Arabia
Australia
FRICA
India
ANTÁRTIDA
WANA

gran casquete de hielo en el polo Sur

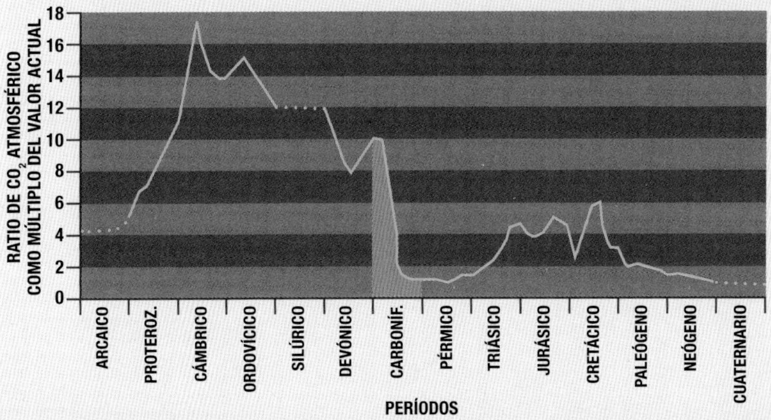

RATIO DE CO_2 ATMOSFÉRICO COMO MÚLTIPLO DEL VALOR ACTUAL
18
16
14
12
10
8
6
4
2
0
ARCAICO
PROTEROZ.
CÁMBRICO
ORDOVÍCICO
SILÚRICO
DEVÓNICO
CARBONÍF.
PÉRMICO
TRIÁSICO
JURÁSICO
CRETÁCICO
PALEÓGENO
NEÓGENO
CUATERNARIO
PERÍODOS

NIVELES DE DIÓXIDO DE CARBONO
En el Carbonífero inferior, los niveles de dióxido de carbono rondaban las 1500 partes por millón. Luego cayeron rápidamente y en el Carbonífero medio habían bajado hasta 350 partes por millón.

PENSILVANIENSE

320 — 310 — 300 — MA

PLANTAS

- **320** Primeras coníferas y glosopteridales; se desarrollan epifitas y lianas en bosques dominados por licópsidos, cordaitales y plantas con semillas; pequeños helechos (dcha.) cubren el suelo

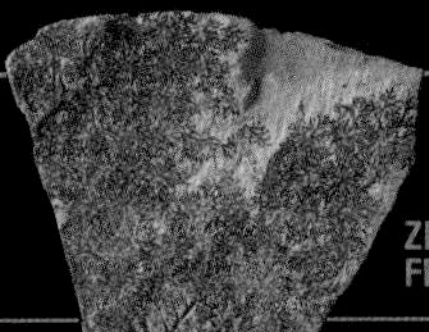

ZEILLERIA FRENZII

INVERTEBRADOS

- **325** Primeras libélulas; diversificación de insectos alados y desarrollo de la alimentación fitófaga de los insectos
- **320** Primeros artropléuridos gigantes (grandes artrópodos similares a milpiés); milpiés, escorpiones y arañas se diversifican; los blatoideos (como *Archimylacris*) son los insectos dominantes
- **310** Diversificación de los insectos alados; libélulas gigantes (hasta 63 cm de envergadura); últimos edrioasteroideos

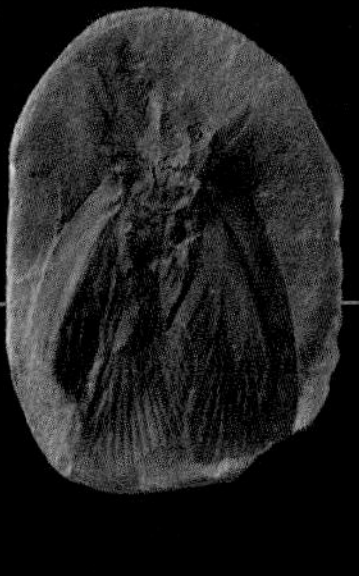

ARCHIMYLACRIS

VERTEBRADOS

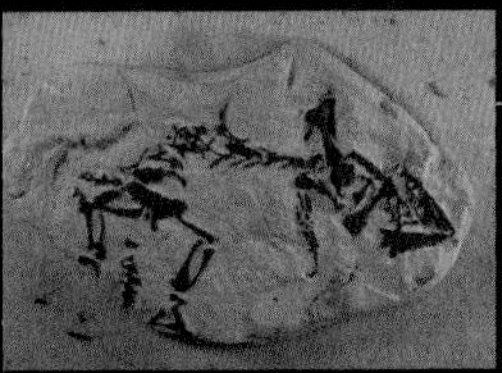

- **310** Primeros tetrápodos herbívoros (cotilosaurios diadéctidos); los temnospóndilos son los anfibios dominantes; primeros sinápsidos
- **305** Primeros diápsidos (un tipo de reptiles, como *Petrolacosaurus*)

CARBONÍFERO
PLANTAS

Hacia el Carbonífero habían evolucionado muchos tipos de plantas grandes y complejas. Las licófitas gigantes dominaban las turberas. Los helechos arborescentes y equisetos gigantes, así como varios grupos de primitivas plantas con semillas, crecían en las riberas de los ríos y en zonas más secas.

Las plantas del Carbonífero alcanzaron unas cotas de diversidad estructural y sofisticación biológica inéditas entre sus antecesoras del Devónico. En varios grupos se dieron formas arbóreas. Había plantas herbáceas, volubles y trepadoras. Las plantas carboníferas formaron ecosistemas nuevos y más complejos.

TACAÑAS
Buena parte de lo que se sabe sobre las plantas del Carbonífero procede de las tacañas, piezas de turba calcificada que contienen restos de plantas de turbera fosilizados. Este espécimen muestra un corte transversal del tallo fósil de *Medullosa*.

Plantas con semillas

Durante el Carbonífero aparecen por primera vez varios grupos de plantas con semillas (espermatofitas). Las liginoptéridas tenían hojas como las de los helechos y solían producir semillas pequeñas, parecidas a las de las primeras espermatofitas del Devónico; como en estas, sus granos de polen eran indistinguibles de las esporas de las primitivas eufilofitas (p. 111). Las plantas medulosales eran generalmente más grandes, a menudo con grandes hojas parecidas a los frondes de los helechos; también tenían granos de polen muy grandes, y algunas producían semillas de gran tamaño. Las cordaitales, que podrían ser parientes cercanas de las actuales coníferas, tenían hojas acintadas con nervios paralelos y producían pequeñas semillas. Como en las coníferas, sus granos de polen poseían uno o dos sacos aéreos que les daban más flotabilidad en el aire y en fluidos; puede que tuvieran un sistema de polinización similar al de las coníferas actuales. Algunas cordaitales eran árboles, y otras trepadoras. Al parecer, ninguna de estas plantas del Carbonífero producía semillas que pudieran permanecer latentes mucho tiempo.

Turberas

Las licófitas gigantes, como *Lepidodendron* y *Lepidophloios*, dominaban las turberas tropicales del este de América del Norte y Europa durante el Carbonífero. Estas notables plantas crecían de una manera muy diferente de la de cualquier árbol actual. También se reproducían de varias maneras diferentes. Las turberas y las extrañas plantas que vivían en ellas declinaron hacia el final del Carbonífero, a medida que las condiciones tropicales húmedas en que prosperaban se veían más y más mermadas.

LEPIDODENDRON
Entre los fósiles más abundantes y característicos del Carbonífero figuran las improntas de corteza de *Lepidodendron* y otras licófitas arborescentes. Las impresiones en forma de rombo están formadas por las bases de las que nacían las hojas.

GRUPOS

Durante el Carbonífero, nuevas diversificaciones de plantas terrestres dieron como resultado varios grupos que se pueden relacionar claramente con plantas actuales. Sin embargo, todas las plantas con semillas del Carbonífero parecen presentar un nivel primitivo de organización menos especializado que el que puede verse hoy en cualquier espermatofita.

LICÓFITAS
La diversificación de las licófitas continuó a lo largo del Carbonífero. En especial, los antepasados del actual *Isoetes* evolucionaron hasta adquirir forma arbórea y gran altura. A diferencia de casi todos los árboles actuales, estas licófitas tenían poca madera y eran sostenidas por un tejido similar a una corteza en el exterior del tallo.

EQUISETOS
Para el Carbonífero, los equisetos habían adquirido forma arbórea, aunque eran mucho más pequeños que las licófitas gigantes. Se suele asignar los tallos de estas plantas al género *Calamites*, mientras que sus hojas se clasifican como *Annularia*. Estos antiguos equisetos crecían en hábitats similares a los de sus descendientes actuales.

HELECHOS
Probablemente los helechos surgieron de entre las eufilofitas del Devónico medio y superior, pero al inicio del Carbonífero ya habían evolucionado en muchas formas diferentes. Muy importante fue un grupo de helechos arborescentes con tallos asignados al género *Psaronius* y hojas asignadas al género *Pecopteris*.

MEDULOSALES
Las medulosales fueron uno de los varios grupos de espermatofitas primitivas que prosperaron durante el Carbonífero. Eran arbustos o pequeños árboles con grandes hojas como las de los helechos. El nombre del grupo procede del nombre dado a sus tallos, *Medullosa*. Las hojas se suelen asignar a los géneros *Neuropteris* y *Alethopteris*.

Thallites

GRUPO Briófitas
DATACIÓN Del Devónico a la actualidad
TAMAÑO Se extienden hasta 15 cm
LOCALIZACIÓN Todo el mundo

En vida, *Thallites* solo tenía unas pocas células de grosor; como fósil, a menudo no es más que una película de carbono. Su identificación suele ser imprecisa: algunos especímenes son quizá algas, otros son hepáticas. Estas figuran entre las plantas terrestres más simples y no tienen raíces, tallos ni hojas; su cuerpo (usualmente una cinta verde y plana llamada talo) se aferra a superficies sólidas mediante pelillos o rizoides, y se extiende ramificándose de dos en dos. Plantas tan simples no poseen un sistema interno de transporte de agua y necesitan vivir en hábitats húmedos.

cinta plana

THALLITES HALLEI
El delicado motivo de esta especie del Pérmico muestra las sucesivas divisiones y extensiones de la planta por la roca a la que se aferra.

ALTÍSIMOS TRONCOS
En las exuberantes condiciones del Carbonífero, *Lepidodendron aculeatum* podía alcanzar unos 40 m de altura en solo veinte años.

Lepidodendron

GRUPO Licófitas
DATACIÓN Carbonífero
TAMAÑO 40 m de altura
LOCALIZACIÓN Todo el mundo

Con su corteza escamosa y su altísimo tronco, *Lepidodendron* es una de las plantas prehistóricas más famosas. Era una licófita gigante cuyos fósiles comparten múltiples características con sus parientes más pequeños del Devónico. Sus estrechas hojas se distribuían en espiral, y se reproducía por esporas formadas dentro de conos. Pasaba media vida como un largo tronco sin ramas que emergía del suelo. Al llegar a la madurez, su crecimiento se ralentizaba y aparecían las ramas. Finalmente se formaban conos en el extremo de las ramas, dejaba de crecer y empleaba toda su energía en producir y dispersar las esporas. En algunas especies el árbol moría al acabar esta tarea.

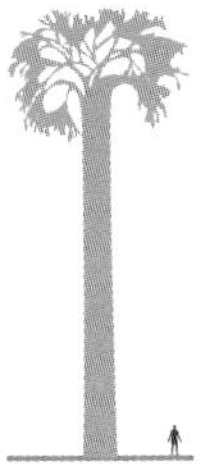

LEPIDODENDRON ACULEATUM
Lepidodendron es estrictamente el nombre de la corteza, con un diseño de cicatrices foliares rómbicas.

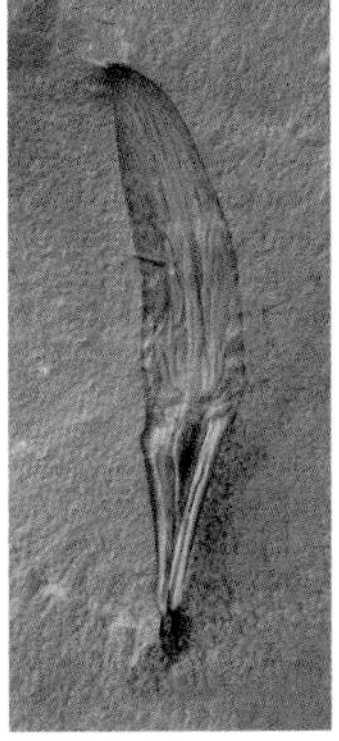

LEPIDOSTROBO-PHYLLUM
Esta escama, con un esporangio en la base, es una de las partes visibles menores de un *Lepidodendron.*

STIGMARIA FICOIDES
Los *Stigmaria* son tocones y sistemas de raíces fósiles de licófitas arborescentes gigantes, enterradas bajo capas de carbón.

cono en forma de cigarro

LEPIDOSTROBUS OLYRI
Lepidostrobus es el nombre genérico de los conos de *Lepidodendron*, que crecían en la punta de las ramas.

ULODENDRON MAJUS
Ulodendron son los tallos con cicatrices. A diferencia de muchos árboles actuales, las licófitas gigantes no curaban sus cicatrices añadiendo corteza.

Sigillaria

GRUPO Licófitas
DATACIÓN Del Carbonífero al Pérmico
TAMAÑO 25 m de altura
LOCALIZACIÓN Todo el mundo

Como *Lepidodendron* (abajo, izda.), *Sigillaria* se conoce sobre todo por su corteza fósil. En una de sus formas más habituales tiene el aspecto de un panal de abejas, con celdillas hexagonales, cada una de las cuales es una cicatriz que marca la posición de una de las bases foliares, que portaban una única hoja similar a la de hierba. Al crecer, el árbol perdía las hojas antiguas, que eran reemplazadas por otras nuevas en la parte superior del tronco. En su juventud, *Sigillaria* seguía el patrón de crecimiento de *Lepidodendron*, pero al llegar a cierta altura, ambos crecían de modo diferente: este formaba una alta copa con muchas ramas frondosas, y *Sigillaria* se ramificaba una sola vez, o a lo sumo dos, en ramas similares a la flor de *Callistemon*. Como todos los licopodios gigantes, se reproducía por esporas formadas en conos.

tallo estrecho con costillas verticales

SIGILLARIA ALVEOLARIS
En esta especie, las bases de las hojas se disponían en surcos, separados por costillas verticales.

base foliar hexagonal con una cicatriz

SIGILLARIA MAMMILLARIS
A menudo se hallan fósiles de la corteza de *Sigillaria* en rocas carboníferas. En este fósil se ve a la perfección el motivo regular creado por las cicatrices, allí donde una vez estuvieron fijadas las hojas.

GIGANTES DEL BOSQUE
Licófitas gigantes como *Sigillaria* dominaban los bosques pantanosos del Carbonífero, pero a finales del período habían disminuido de manera drástica.

pequeñas hojas

tallo ramificado

SELAGINELLITES SP.
Fácil de confundir con la punta de una rama, tenía una forma aplanada y rastrera, con hojas pequeñas.

Selaginellites

GRUPO Licófitas
DATACIÓN Del Carbonífero a la actualidad
TAMAÑO 15 cm de altura
LOCALIZACIÓN Todo el mundo

Los licopodios arborescentes no fueron las únicas licófitas con éxito evolutivo del Carbonífero. También proliferaron taxones rastreros como *Selaginellites*, pariente de la actual *Selaginella* (p. 219). Con sus pequeñas hojas de diferentes tamaños dispuestas en espiral, *Selaginellites* guardaba un gran parecido con las licófitas del mismo nombre que existen hoy día. Se trata de un fósil relativamente raro, y sus especímenes más antiguos se han datado en el Carbonífero inferior. En las rocas de la «edad del carbón» hay que diferenciar los brotes de *Selaginellites* de los extremos de las ramas de las licófitas gigantes.

Lepidophloios

GRUPO Licófitas
DATACIÓN Carbonífero
TAMAÑO 25 m de altura
LOCALIZACIÓN Todo el mundo

Esta corteza fosilizada con un sorprendente parecido con la piel de una serpiente procede de un licopodio gigante coetáneo de *Lepidodendron* (p. 139). Aunque no era tan alto como su famoso pariente, estaba igual de extendido. Crecía en bosques ricos en turba, más que en fangosas lagunas de estuario. *Lepidophloios* producía las esporas más grandes de todas las plantas vasculares, y probablemente eran fecundadas en el agua tras su dispersión.

cicatriz foliar

LEPIDOPHLOIOS SCOTICUS
La forma de las cicatrices prueba que sus hojas eran bastante planas y crecían en una espiral apretada.

Bowmanites

GRUPO Esfenofitas
DATACIÓN Del Carbonífero al Pérmico
TAMAÑO Conos de hasta 8 cm de longitud
LOCALIZACIÓN Todo el mundo

Se da este nombre a los conos fosilizados de *Sphenophyllum* (dcha.). Eran conos blandos que se formaban en los brotes cortos y fértiles, con hasta veinte espiras de brácteas (hojas con esporangios) muy apretadas. Las esporas eran microscópicas, y un solo cono producía varios miles. Las pocas que lograban germinar originaban el cuerpo (gametófito) que, llegado el momento, producía células masculinas y femeninas. Tras la fecundación, una nueva planta productora de esporas (esporófito) comenzaba a crecer.

bráctea con esporas

BOWMANITES SP.
En la mayoría de los conos *Bowmanites* las brácteas presentan la punta curvada hacia arriba. Este fósil muestra un cono maduro, que se ha abierto para liberar sus esporas.

Sphenophyllum

GRUPO Esfenofitas
DATACIÓN Del Carbonífero al Pérmico
TAMAÑO 1 m de altura
LOCALIZACIÓN Todo el mundo

Durante el Carbonífero, no todos los equisetos evolucionaron hacia la forma arbórea. Algunos, como *Sphenophyllum*, eran plantas de porte bajo o trepadoras, y vivían en ambientes húmedos o en suelos forestales. Pese a ser de tallo blando, se encontraban en el lugar ideal para convertirse en buenos fósiles, y sus restos son comunes en rocas del Carbonífero de todo el mundo. Sus hojas se disponían en verticilos y poseían una amplia variedad de formas. Algunas recuerdan a una «flor prensada», como *Annularia* (p. siguiente), mientras que otras acaban en pequeños ganchos, que les habrían ayudado a trepar.

hoja con forma de cuña

SPHENOPHYLLUM EMARGINATUM
Sphenophyllum significa «hoja con forma de cuña», un indicativo de que el aspecto de esta planta difería mucho del de los equisetos actuales.

Calamites

GRUPO Esfenofitas
DATACIÓN Del Carbonífero al Pérmico
TAMAÑO Hasta 20 m de altura
LOCALIZACIÓN Todo el mundo

Hace un tiempo se daba este nombre a sus tallos fósiles, pero hoy es el que comúnmente se aplica a la planta entera, un arbusto muy frecuente en los pantanos del Carbonífero. *Calamites* tenía la forma habitual de los equisetos, con un tallo nudoso dividido en segmentos, con ramas y hojas dispuestas en verticilos o grupos circulares. La altura de un ejemplar maduro podía alcanzar 20 m, con tallos de unos 60 cm de grosor.

tallo nudoso

CALAMITES CARINATUS
Los moldes de tallos de *Calamites*, como el mostrado aquí, se formaron al morir el árbol y entrar sedimentos en su médula.

ASTEROPHYLLITES EQUISETIFORMIS
Los *Asterophyllites* («hojas estrella») son el follaje fosilizado de *Calamites* y sus parientes. Las hojas, con forma de aguja y en vertical, se disponían en grupos de entre cuatro y cuarenta.

grupo de hojas

ANNULARIA SINENSIS
Esta otra especie de follaje de *Calamites*, presenta elegantes grupos de hojas distribuidos de manera espaciada y regular que recuerdan a motivos pintados.

Psaronius

GRUPO Helechos
DATACIÓN Del Carbonífero superior al Pérmico inferior
TAMAÑO Hasta 10 m de altura
LOCALIZACIÓN Todo el mundo

Con sus frondes de 3 m de largo y su tallo elegantemente expandido, *Psaronius* debió de ser uno de los helechos más bellos del Carbonífero. Como los helechos arborescentes actuales, tenía un solo tronco sin ramas, rematado por una corona arqueada de frondes que se desenrollaban a medida que crecían. El tronco crecía de manera diferente a la de los demás árboles. Su médula se componía de una masa de segmentos vasculares rodeados por gruesas raíces fibrosas que bajaban desde la parte superior. Esta funda de raíces actuaba como la madera, engrosándose a medida que el árbol ganaba altura. Su nombre definía solo los tallos, pero hoy se aplica a toda la planta. *Psaronius* parece haber crecido en una amplia variedad de hábitats, desde tierras bajas y húmedas a entornos más áridos.

foliolos simétricos con bordes paralelos
sistema vascular hacia las hojas

PSARONIUS INFARCTUS
La insólita estructura del tronco de *Psaronius* muestra una masa central de segmentos leñosos y una gruesa cobertura externa de raíces.

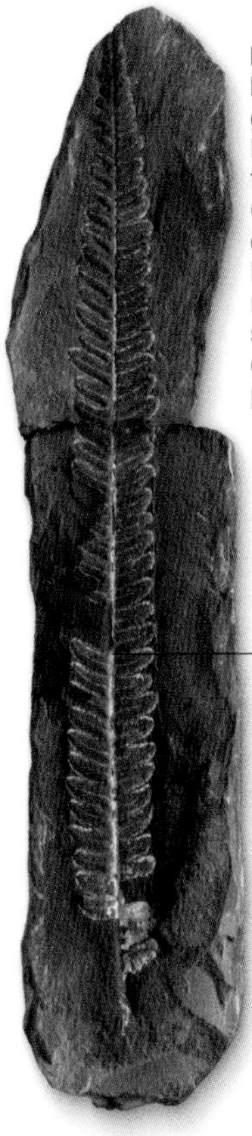
nervio central

PECOPTERIS SP.
Bautizados con la palabra griega que significa «peine», los *Pecopteris* son frondes fosilizados de *Psaronius*. Cada fronde poseía hileras de foliolos simétricos, con los bordes paralelos y un nervio central. Los frondes se desenrollaban como cayados a partir de un punto de crecimiento central.

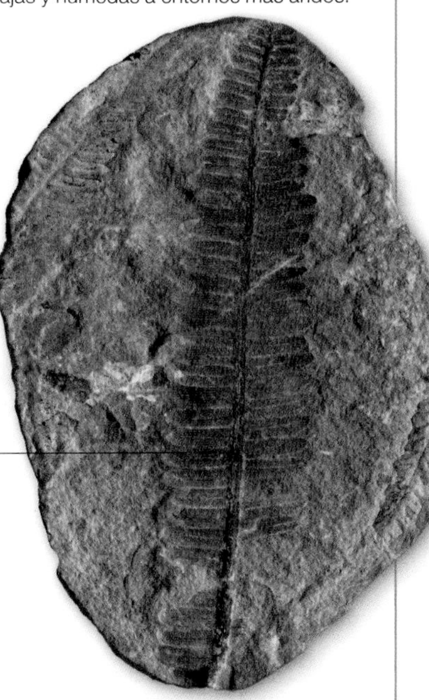
foliolos simétricos con los bordes paralelos

PECOPTERIS MAZONIANUM
Este tipo de hoja recibe su nombre de Mazon Creek, un yacimiento fosilífero cercano a Morris (Illinois, EE UU). En el Carbonífero, esta región formaba parte de una llanura de inundación tropical que dejó profundas capas de finos sedimentos. Su pizarra y su mineral de hierro han preservado más de cien géneros de plantas fósiles.

Zeilleria

GRUPO Helechos
DATACIÓN Carbonífero superior
TAMAÑO 50 cm de altura
LOCALIZACIÓN Todo el mundo

Durante el Carbonífero, muchas plantas desarrollaron hojas muy finas y subdivididas, y unas de las más delicadas eran las de *Zeilleria*. Esta planta de suelos pantanosos y umbríos producía esporas en el envés de sus hojas, pero seguramente también se propagaba mediante foliolos especializados, que desarrollaban raíces. Esta manera de propagarse aún subsiste en helechos con frondes muy divididos, especialmente en hábitats húmedos.

fronde finamente dividido

ZEILLERIA SP.
Como muestra este bello fósil, los numerosos frondes de *Zeilleria* crearon intrincados motivos que semejan crecimientos cristalinos entre capas de pizarra o esquisto arcilloso.

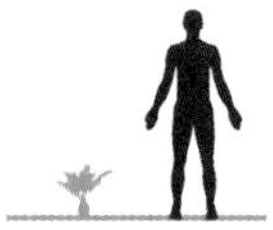

Sphenopteris

GRUPO Helechos / Plantas con semillas
DATACIÓN Del Devónico superior al Cretácico
TAMAÑO Fronde de hasta 50 cm de longitud
LOCALIZACIÓN Todo el mundo

La foliación *Sphenopteris* se daba en dos tipos de plantas: helechos, en los que producía esporas, y sobre todo en plantas con semillas y hojas de tipo fronde. Una de estas plantas con semillas más conocidas es *Lyginopteris oldhamia*, procedente de rocas carboníferas de Gran Bretaña, cubierta de glándulas con forma de bastoncillo, lo que la distinguía de las demás plantas prehistóricas. *Lyginopteris* ocupa un importante lugar en la historia de la botánica. Su descubrimiento, a principios del siglo XX, probó la existencia de grupos de plantas con semillas extintas nunca antes reconocidos.

ramas dispuestas de manera alterna
foliolo alado

SPHENOPTERIS ADIANTOIDES
Ya fueran producidas por helechos o plantas con semillas, las hojas *Sphenopteris* tienen aspecto plumoso, con segmentos foliares dispuestos de manera alterna y con forma de alas en la base. Se pueden hallar en rocas procedentes de todo el período Carbonífero.

La hoja *Sphenopteris* crecía en dos tipos de plantas: helechos y plantas con semillas.

Medullosa

GRUPO Medulosales
DATACIÓN Del Carbonífero al Pérmico
TAMAÑO 3–5 m de altura
LOCALIZACIÓN Europa, América del Norte

Con semillas del tamaño de huevos, es una de las plantas más curiosas del Carbonífero. Pese a no dar flores, combinaba un estilo de vida de planta con semillas, con un follaje similar al de los helechos. Crecía generando nuevos frondes en el extremo del tronco mientras los viejos morían y caían. Producía enormes semillas y muchos granos de polen demasiado grandes para ser dispersados por el viento. Por ello se ha sugerido que pudieron ser transportados por insectos, en un ejemplo temprano de la asociación que tan importante iba a ser para las plantas con flores.

TRIGONOCARPUS SP.
Medullosa producía grandes semillas con tres gruesas costillas y que colgaban de los frondes.

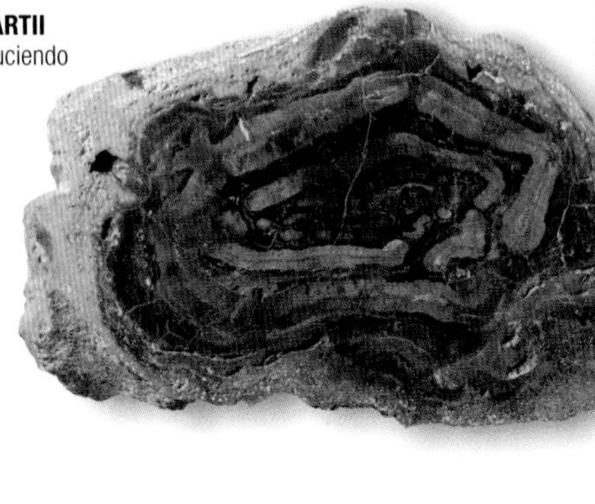

MEDULLOSA LEUCKARTII
Medullosa crecía produciendo nuevos frondes en la cima del tronco. Los viejos caían, dejando una espiral de bases foliares llenas de resina (como se ve en este corte del tallo) que conformaban el tronco.

UN HELECHO IMPONENTE
Medullosa era una de las plantas con semillas y con hojas de helecho más grandes. Poseía un tronco fuerte y estable, y frondes finamente divididos de hasta 1 m de longitud.

Potoniea

GRUPO Medulosales
DATACIÓN Carbonífero superior
TAMAÑO Hasta 5 m de altura
LOCALIZACIÓN Todo el mundo

Las medulosales producían el polen en órganos especializados que pendían de sus hojas. Muchos de estos, como *Potoniea*, se conocen por los fósiles. Con una gran variedad de formas, desde sencillas estructuras ramificadas a cuerpos semejantes a higos o alcachofas de ducha de varios centímetros de diámetro, todos tenían la misma función: dispersar el polen de manera eficaz para que se pudieran formar las semillas. Los órganos productores de polen se suelen hallar aislados, lo que dificulta asociarlos a plantas determinadas.

órgano polinífero

POTONIEA SP.
Los fósiles de *Potoniea* se suelen hallar en las mismas rocas que los frondes *Macroneuropteris* (dcha.). Las estructuras poliníferas se ven a simple vista.

Macroneuropteris

GRUPO Medulosales
DATACIÓN Carbonífero
TAMAÑO Fronde de hasta 2,5 m de longitud
LOCALIZACIÓN Todo el mundo

Las medulosales no fueron las plantas más grandes del Carbonífero, pero sus hojas son unos de los fósiles más habituales. *Macroneuropteris* es el nombre que se da a un tipo particular de su foliación, que incluye algunas de las hojas más antiguas conocidas. En la hoja *Macroneuropteris*, los foliolos poseen una base con forma de corazón y están unidos solo por el tallo, en lugar de por el limbo. También poseen una fina red de nervios.

SUPERFICIE CON TEXTURA
En este foliolo fosilizado se puede apreciar la superficie recorrida por finos nervios, típica de *Macroneuropteris*, y el gran nervio central.

borde dañado del foliolo

MACRONEUROPTERIS SCHEUCHZERI
El borde de este foliolo fosilizado presenta pequeñas marcas de mordiscos, seguramente causadas por un pequeño artrópodo fitófago.

Cyclopteris

GRUPO Medulosales
DATACIÓN Carbonífero
TAMAÑO Foliolo de hasta 10 cm de diámetro
LOCALIZACIÓN Todo el mundo

Estos foliolos de perfil redondeado parecen pequeñas conchas, con nervios radiales como las varillas de un abanico. Varias especies de medulosales parecen haber producido hojas *Cyclopteris*. Según una teoría, estas hojas crecían en plantas jóvenes, a la luz tenue de los niveles cercanos al suelo del bosque. Una vez la planta había ganado altura, produciría hojas más parecidas al fronde de un helecho. Otra teoría supone que estos foliolos redondeados protegían al resto del fronde cuando se desenrollaba.

tallo común
foliolo

CYCLOPTERIS ORBICULARIS
Los fósiles de *Cyclopteris* difieren bastante de los foliolos de los típicos helechos con semillas. Este muestra un grupo en un tallo común, pero también se hallan foliolos aislados en rocas del Carbonífero.

Alethopteris

GRUPO Medulosales
DATACIÓN Del Carbonífero al Pérmico inferior
TAMAÑO Fronde de hasta 7,5 m de longitud
LOCALIZACIÓN Todo el mundo

En comparación con los helechos, las medulosales eran robustas, con fuertes tallos y una corona de grandes hojas. Las hojas de *Alethopteris* eran las más grandes de todas. Un espécimen hallado en una mina de carbón del norte de Francia medía casi 7,5 m de longitud y 2 de ancho, lo que la convertía en una de las mayores hojas del Paleozoico jamás descubiertas. Los foliolos de *Alethopteris* podían tener hasta 5 cm de longitud y se ensanchaban de un modo característico cerca del tallo. En este tipo de hojas, típicas de *Medullosa* y plantas afines, las resistentes bases foliares se fusionaban para formar tallos leñosos y duros. En ciertas épocas del año, debían de colgar debido al peso de las semillas en desarrollo.

ALETHOPTERIS SERLII
En este fragmento de hoja de *Alethopteris* fosilizada se observan los gruesos foliolos con fuertes nervios y conectados todos ellos por la base.

fuerte nervio central
foliolo grueso

foliolos unidos por la base

ALETHOPTERIS SULLIVANTII
Los foliolos de este fósil no se encuentran separados, sino unidos por la base para crear un tejido continuo a lo largo de todo el segmento foliar.

Callipteridium

GRUPO Medulosales
DATACIÓN Del Carbonífero superior al Pérmico inferior
TAMAÑO Fronde de hasta 3 m de longitud
LOCALIZACIÓN Todo el mundo

La foliación de *Callipteridium* («helecho hermoso») era sorprendentemente convexa desde arriba. A menudo, sus fósiles son de menos de 15 cm de longitud, pero en vida las hojas podían medir veinte veces más, subdividiéndose 3 o 4 veces. Los foliolos poseían bases anchas y un nervio central muy hundido. Como la mayor parte de hojas fósiles, las de *Callipteridium* se suelen hallar separadas de la planta. A diferencia de los frondes de los auténticos helechos, ninguna de ellas presenta estructuras productoras de esporas, pero se han hallado al menos dos especies con óvulos, lo que demuestra que procedían de helechos con semillas o pteridospermas. En comparación con los frondes de helecho, los de las plantas con semillas poseían una gruesa cutícula o «piel» exterior. Esto aumentaba su resistencia a la aridez y sus posibilidades de fosilización.

Mariopteris

GRUPO Liginoptéridas
DATACIÓN Carbonífero superior
TAMAÑO Fronde de hasta 50 cm de longitud
LOCALIZACIÓN Todo el mundo

El follaje de *Mariopteris*, que se suele hallar en fragmentos aislados, pertenecía a un tipo de plantas con semillas que se encaramaban a otras plantas en busca de luz. Estas plantas poseían tallos volubles estrechos, y muchas presentaban unos ganchos o zarcillos en la punta de los foliolos, en algunos casos de hasta 4 cm de largo. Los frondes de *Mariopteris* también tenían largos tallos desnudos entre los foliolos, ideales para sujetar la planta en su lugar una vez formado el fronde. Los fósiles demuestran que el resto de la hoja se dividía en cuatro partes más o menos iguales, un rasgo poco frecuente que resulta útil para identificar a este grupo de plantas.

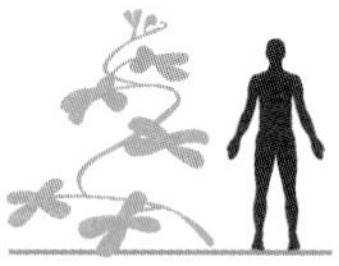

MARIOPTERIS MURICATA
Los foliolos de los frondes de *Mariopteris* variaban en tamaño, forma y número.

Odontopteris

GRUPO Medulosales
DATACIÓN Del Carbonífero superior al Pérmico inferior
TAMAÑO Fronde de hasta 1 m de longitud
LOCALIZACIÓN Europa, América del Norte, China

Se ha identificado más de un millar de hojas de plantas con semillas a partir de follaje fosilizado en rocas de la «edad del carbón». *Odontopteris* es una de las más comunes. La mayor parte de estos frondes tenían menos de 1 m de largo y estaban unidos a la planta mediante tallos de tipo *Medullosa* (p. 142). Sin embargo, estas plantas eran mucho más pequeñas que las arbóreas de *Medullosa* y probablemente reptaban entre la vegetación baja o utilizaban árboles más altos como soporte. Eran comunes en ciénagas y en suelos más secos, sobre todo a finales del Carbonífero.

ODONTOPTERIS SUBCRENULATA
Se suele hallar en pizarras. Este espécimen procede de la provincia de Shangxi (China).

foliolo dañado por insectos

nervios ramificados

Plagiozamites

GRUPO Noeggerathiales
DATACIÓN Del Carbonífero superior al Pérmico
TAMAÑO 1 m de altura
LOCALIZACIÓN Todo el mundo

Con sus dos filas de foliolos alternos, *Plagiozamites* se puede confundir fácilmente con la hoja de una cícada. Sin embargo, este tipo de foliación lo producían también las noeggerathiales, un grupo de plantas extintas difíciles de clasificar. Podrían haber estado emparentadas con los equisetos y los helechos, pero investigaciones más recientes sugieren que estaban más cerca de las progimnospermas.

foliolo simétrico

PLAGIOZAMITES OBLONGIFOLIUS
Se han hallado hojas de *Plagiozamites* cerca de conos fosilizados, lo que parecería indicar que ambos crecían en la misma planta. Aún no se han hallado tallos.

Las noeggerathiales **se reproducían** por **esporas**, que se desarrollaban en escamas de largos **conos cilíndricos**.

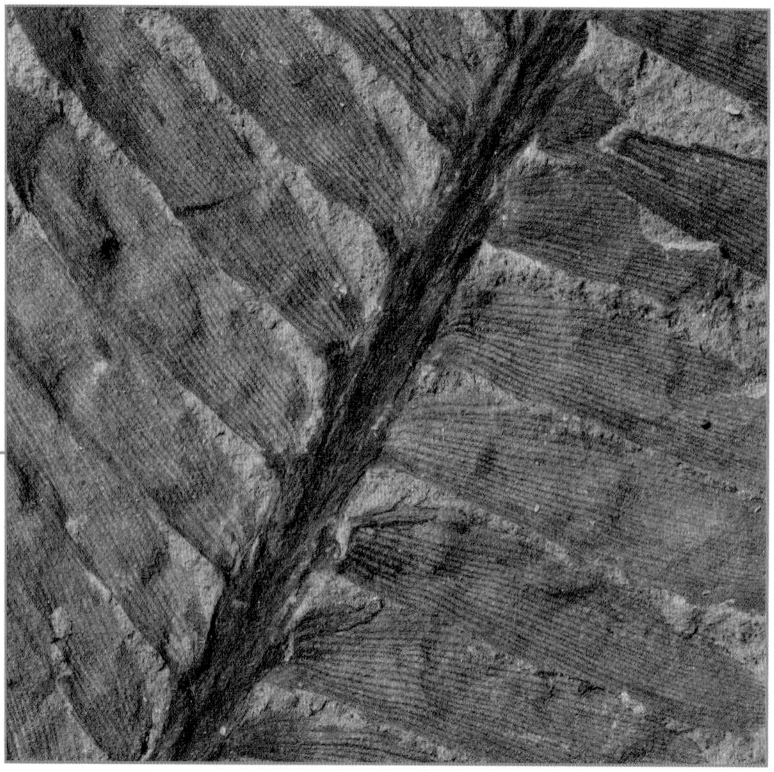

ODONTOPTERIS STRADONICENSIS
Los foliolos de *Odontopteris* se unen al nervio central de la hoja por una ancha base y tienen una extensa red de nervios.

Utrechtia

GRUPO Coníferas
DATACIÓN Del Carbonífero superior al Pérmico inferior
TAMAÑO 10–25 m de altura
LOCALIZACIÓN Todo el mundo

Se ha identificado más de una docena de especies de *Utrechtia* a partir de brotes fosilizados. Era un árbol de tronco esbelto, con las ramas dispuestas en verticilos ampliamente espaciados y cubiertas por una espiral de pequeñas agujas. Estas estaban flanqueadas por brotes cortos que les daban una silueta amplia y plumosa. Como otras coníferas primitivas, *Utrechtia* vivía en suelos secos en vez de en los pantanos bajos del Carbonífero.

cono femenino
brote corto
pequeñas agujas

UTRECHTIA PINIFORMIS
Las ramas laterales de *Utrechtia,* como la mostrada aquí, portaban conos en la punta. Los masculinos colgaban, y los femeninos crecían erguidos.

Walchia

GRUPO Coníferas
DATACIÓN Del Carbonífero superior al Pérmico inferior
TAMAÑO 10–25 m de altura
LOCALIZACIÓN Todo el mundo

El nombre de *Walchia* se aplica a este tipo de hojas, cuyos detalles preservados son insuficientes para asignarlas con precisión a una familia extinta. Las coníferas del tipo *Walchia* eran árboles comunes en los bosques del Carbonífero superior. Tenían un tronco recto y vertical, con ramas frondosas que crecían en horizontal. Cada rama estaba cubierta de hojas aciculares (similares a agujas) de unos milímetros de largo. Las coníferas se expandieron a partir del final del Carbonífero, a medida que el clima se volvía más árido.

brote enano
hojas aciculares

WALCHIA ANHARDTII
En su parte terminal, las ramas de *Walchia* poseían hileras opuestas de brotes enanos que les daban un aspecto plumoso.

Noeggerathia

GRUPO Noeggerathiales
DATACIÓN Del Carbonífero superior al Pérmico inferior
TAMAÑO 1 m de altura
LOCALIZACIÓN Todo el mundo

Bautizada en honor al geólogo alemán Johann Jacob Noeggerath (1788–1877), esta planta se identificó en la década de 1820 a partir de sus características hojas compuestas. Cada hoja posee dos filas de foliolos dispuestos de manera alterna o bien en pares opuestos y mide hasta 30 cm de largo. Se cree que estas hojas crecían sobre un corto tallo y que eran fuertes y coriáceas pese a su aspecto frágil.

foliolos redondeados alternos

NOEGGERATHIA FOLIOSA
A diferencia de otras de su género, *N. foliosa* posee unos foliolos redondeados distintivos.

Cordaites

GRUPO Gimnospermas
DATACIÓN Del Carbonífero al Pérmico
TAMAÑO Hasta 45 m de altura
LOCALIZACIÓN Europa, América del Norte, China

Las cordaitales fueron un importante grupo de plantas que compartían muchos rasgos con las coníferas. Tenían tallo leñoso y producían semillas en conos, pero en lugar de escamas y agujas, portaban hojas con forma de cinta, de hasta 1 m de largo. Sus conos masculinos y femeninos crecían en ramas separadas y a menudo daban semillas con forma de corazón (acorazonadas). Las cordaitales crecían en una amplia variedad de hábitats. Muchas eran arbustos bajos, pero entre ellas había también altísimos árboles tropicales de hasta 45 m de altura.

cono femenino

CORDAITANTHUS
Se da este nombre genérico a las estructuras portadoras de conos de las cordaitales.

escama

CONOS CORDAITANTHUS
Los conos *Cordaitanthus*, aquí casi a tamaño natural, presentan una espiral de cortas escamas solapadas. En estos conos femeninos, las escamas superiores formarían una sola semilla.

CARBONÍFERO

INVERTEBRADOS

El Carbonífero vivió grandes cambios. El enfriamiento global provocó una serie de glaciaciones a lo largo del inmenso continente de Gondwana, en el hemisferio sur, un ciclo que continuó hasta el Pérmico. Sin embargo, la vida marina siguió evolucionando vigorosamente y surgieron grandes bosques.

Durante el Carbonífero, áreas enormes quedaron cubiertas por bosques de licopodios gigantes, equisetos, parientes de coníferas, helechos y helechos con semillas que culminaron en las turberas del Carbonífero superior, refugio de anfibios y reptiles primitivos, así como de invertebrados, como milpiés, euriptéridos y libélulas. Algunos artrópodos alcanzaron un tamaño espectacular, ya que los niveles de oxígeno atmosférico superaron el 28 %.

BOSQUE DE HELECHOS
Los invertebrados, sobre todo los artrópodos, prosperaron en los nuevos ecosistemas, como los bosques de turbera dominados por helechos arborescentes.

Peligros del bosque

El riesgo de incendios forestales aumentó significativamente, de modo que las plantas se adaptaron a una rápida regeneración tras el fuego. En el Carbonífero inferior de Escocia central se ha conservado un ecosistema completo que comprende escorpiones de hasta 90 cm de longitud, ácaros y opiliones, junto a esqueletos intactos de anfibios y reptiles primitivos. Estos quedaron depositados junto con muchas plantas en un lago de aguas termales estancadas en el que se precipitaron durante un incendio forestal.

CORAL RUGOSO
Este coral carbonífero muestra las múltiples coralitas con paredes de calcita en las que vivían los pólipos.

Ecosistemas marinos

Los mares del Carbonífero estaban dominados por braquiópodos, corales rugosos y tabulados, crinoideos, briozoos y peces. Estos ecosistemas ya maduros comenzaron en el Devónico y pervivieron hasta el Pérmico. Los fósiles de goniatites son comunes en pizarras (un tipo de rocas sedimentarias) y en arrecifes de algas, donde se suelen hallar junto a bivalvos. Las sucesivas glaciaciones del continente de Gondwana, entonces centrado en el polo Sur, quedaron registradas en el hemisferio norte como ciclos sedimentarios, resultado de las fluctuaciones del nivel del mar a medida que las placas de hielo se expandían y contraían.

CUCARACHA
Esta cucaracha primitiva fosilizada, *Archimylacris eggintoni*, prosperó en hábitats boscosos húmedos.

GRUPOS

Algunos grupos de invertebrados prosperaron en las cambiantes condiciones del Carbonífero. En tierra, algunos insectos alcanzaron un tamaño enorme. Entre los grupos marinos, corales rugosos y blastoideos se expandieron por amplias áreas. Los goniatites proliferaron en extensos hábitats de arrecife y surgieron nuevas formas de equinodermos.

CORALES RUGOSOS
Los corales rugosos fueron muy abundantes en el Carbonífero y a menudo formaron extensos lechos y macizos. A diferencia de los corales modernos, los septos principales (tabiques radiales) se disponían solo en cuatro líneas, de modo que el coral tenía simetría birradial.

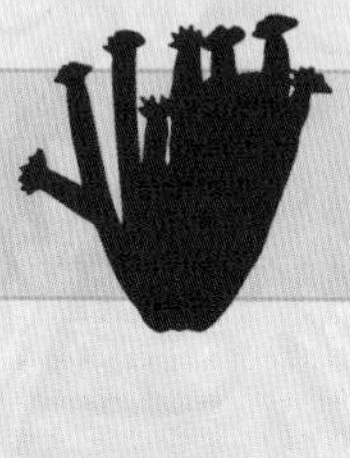

GONIATITES
Los goniatites eran cefalópodos cuyas conchas en espiral poseían cámaras internas llenas de gas, así como una cámara de habitación, en la que vivía el animal la mayor parte de su vida. Las líneas de sutura, donde los tabiques internos se unían a la parte interior de la concha, tenían forma de zigzag.

BLASTOIDEOS
Eran parientes de los crinoideos, pero solían ser más pequeños. Tenían un corto pedúnculo y una corona tentaculada con forma de capullo de flor, con un complejo sistema respiratorio. Los fósiles de blastoideos se suelen hallar en abundancia en estratos finos, sobre extensas áreas.

CRINOIDEOS
Los «lirios de mar», de los que aún existen algunos, parecen plantas, pero son en realidad equinodermos de placa calcárea. Poseen largos pedúnculos formados por discos apilados y rematados por una corona, semejante a una flor, de brazos extendidos para alimentarse. Algunas calizas consisten casi exclusivamente en restos de crinoideos.

Essexella

GRUPO Escifozoos
DATACIÓN Carbonífero superior
TAMAÑO 8-12 cm de diámetro
LOCALIZACIÓN EE UU

Essexella es uno de los fósiles más extraños: el de una medusa. En el registro fósil hay muchas supuestas medusas, aunque de dudosa afinidad; sin embargo, *Essexella* lo es sin lugar a dudas. Se trata de uno de los fósiles más comunes de la fauna de Mazon Creek (Illinois, EE UU), y algunos especímenes se han conservado con un anillo de tentáculos alrededor del disco. Como otros fósiles de esta fauna, deben su excepcional conservación a la rapidez de su enterramiento y sustitución por siderita (carbonato ferroso) tras la acción bacteriana inicial. Esta mineralización dejó los fósiles dentro de nódulos de siderita, protegiéndolos así de la descomposición posterior. *Essexella* pudo alimentarse como las medusas actuales: capturando presas con sus tentáculos urticantes para llevárselas a la boca.

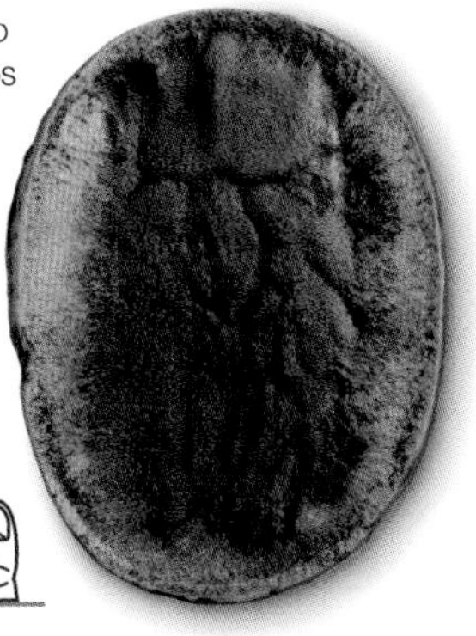

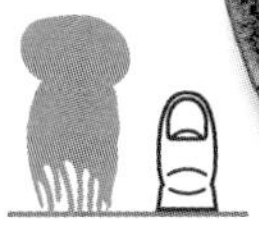

ESSEXELLA ASHERAE
Las medusas rara vez se fosilizan, pero en Mazon Creek se hallan a menudo en el interior de nódulos de siderita.

Zaphrentoides

GRUPO Antozoos
DATACIÓN Carbonífero inferior
TAMAÑO Cáliz de 1 a 1,5 cm de diámetro
LOCALIZACIÓN Europa

Zaphrentoides era un pequeño coral solitario, con un esqueleto cónico y ligeramente curvado. El pólipo de cuerpo blando se alojaba en un cáliz cóncavo en la parte superior. En el lado convexo había un profundo espacio característico (fósula cardinal), situado entre las placas verticales, o septos, que se disponían de forma radial. Los septos principales eran alargados y se unían en torno a la cavidad de la fósula cardinal.

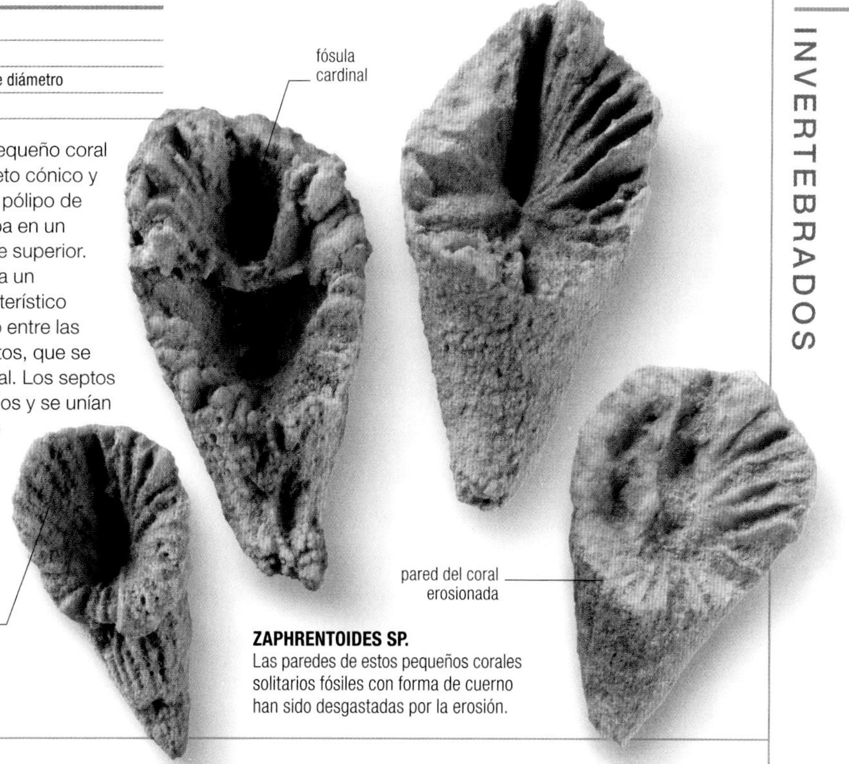
fósula cardinal
septos radiales
pared del coral erosionada

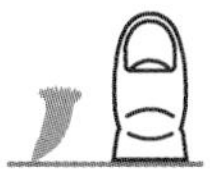

ZAPHRENTOIDES SP.
Las paredes de estos pequeños corales solitarios fósiles con forma de cuerno han sido desgastadas por la erosión.

Siphonophyllia

GRUPO Antozoos
DATACIÓN Carbonífero
TAMAÑO Hasta 1 m de longitud
LOCALIZACIÓN Europa, norte de África, Asia

Siphonophyllia era un gran coral rugoso solitario. Curvo y cónico durante las primeras fases de crecimiento, a menudo se volvía más recto y cilíndrico en su vida adulta. El pólipo se alojaba en el cáliz cóncavo de la parte superior del esqueleto. Dentro de este había numerosas placas verticales (septos), distribuidas de manera radial, y en el borde, unas placas marcadamente inclinadas y curvadas (disepimentos), también con distribución radial. En la costa de Sligo (Irlanda), la abundancia de *Siphonophyllia* y su aspecto de serpiente le valieron a una roca el apodo de Serpent Rock.

El aspecto de *Siphonophyllia* inspiró el nombre de **Serpent Rock** dado a una roca de la costa de Irlanda.

placas curvas (disepimentos) en el borde del coral
numerosos septos finos

SIPHONOPHYLLIA SP.
Este coral fosilizado se suele hallar en aguas someras o en pizarras calcáreas y calizas. En este espécimen se ven los largos y finos septos a través del coral hasta el borde exterior.

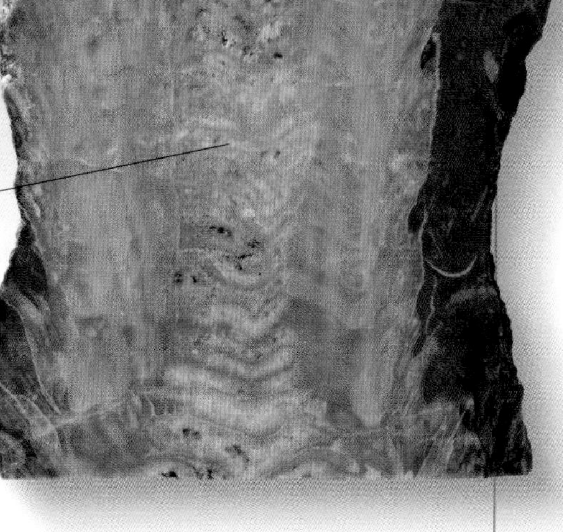
tábulas en el centro del coral

TABIQUES
Este fósil muestra los tabiques horizontales (tábulas), muy juntos, en el centro del coral.

Syringopora

GRUPO Antozoos
DATACIÓN Del Ordovícico superior al Carbonífero
TAMAÑO Coralitas de 1–2 mm de diámetro
LOCALIZACIÓN Todo el mundo

Syringopora era un coral tabulado (p. 98) consistente en tubos cilíndricos (coralitas) más o menos paralelos. Estos tubos no se tocaban, sino que estaban conectados por otros tubos horizontales (túbulos). Las coralitas, o exoesqueletos, que alojaban a los pólipos de cuerpo blando y tentaculados en la parte superior, contenían tabiques (septos) espinosos, dispuestos en filas longitudinales. A lo largo de cada coralita había placas en forma de embudo (tábulas). A medida que la colonia maduraba, formaba nuevas coralitas y su diámetro crecía.

coralita
tubo horizontal que conecta las coralitas

SYRINGOPORA RETICULATA
Este coral se componía de largas coralitas cilíndricas interconectadas por tubos horizontales más finos.

Al madurar, la colonia formaba nuevas coralitas y crecía lateralmente.

Siphonodendron

GRUPO Antozoos
DATACIÓN Del Devónico al Carbonífero
TAMAÑO Coralitos de hasta 1 cm de diámetro
LOCALIZACIÓN Todo el mundo

Siphonodendron era un coral rugoso colonial que vivía en aguas marinas someras. La colonia, cuyo tamaño podía superar los 1,5 m, la componían largos tubos cilíndricos de calcita, llamados coralitos, dispuestos más o menos en paralelo y a veces en contacto unos con otros. Estos coralitos, que albergaban pólipos de cuerpo blando con tentáculos, presentaban en su interior muchas placas verticales, o septos, en una disposición radial con placas curvas (disepimentos) en el borde. En la región central de los coralitos había particiones horizontales (tábulas) adicionales.

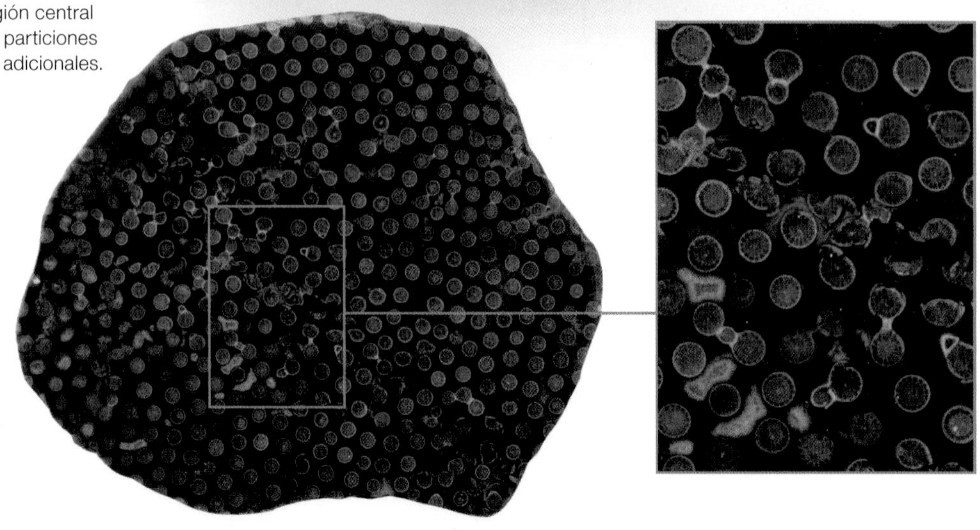

SIPHONODENDRON SP.
Las colonias de este coral fósil muy común, presente en rocas del Carbonífero, se componían de largos coralitos habitados por pólipos de cuerpo blando.

Archimedes

GRUPO Briozoos
DATACIÓN Del Carbonífero inferior al Pérmico inferior
TAMAÑO Colonia de más de 20 cm de altura
LOCALIZACIÓN Todo el mundo

Archimedes era una colonia de briozoos fenestrada (p. 171) que se sostenía en vertical sobre el lecho marino. Se cree que vivía en aguas poco profundas, sobre lodos de carbonatos. Su estructura en forma de tornillo la hace perfectamente reconocible. Presentaba unas finas estructuras de aspecto reticulado sujetas a un eje longitudinal con forma de hélice. Estas estructuras se componían de ramitas y, por un lado, los zoecios (las cámaras que albergaban a los zooides de la colonia) se encontraban en dos hileras. Las ramitas se conectaban mediante tabiques que dejaban espacios abiertos llamados fenéstrulas (de ahí que se considere un briozoo «fenestrado»).

estructuras formadas por finas ramas

ARCHIMEDES SP.
Las estructuras ramificadas eran muy delicadas, por lo que normalmente solo se ha preservado el eje con forma de tornillo.

eje helicoidal característico

¿POR QUÉ ESTE NOMBRE?
Archimedes lleva el nombre del famoso matemático griego Arquímedes porque su eje recuerda a la bomba hidráulica que inventó.

Productus

GRUPO Braquiópodos
DATACIÓN Carbonífero
TAMAÑO Hasta 7,5 cm de longitud
LOCALIZACIÓN Europa, Asia

Era un braquiópodo inusual. De adulto carecía de pedúnculo y utilizaba el peso de su valva peduncular (la mitad de la concha de la que surgiría el pedúnculo en la mayoría de braquiópodos) para permanecer estable en el fondo marino. Algunas especies de *Productus* tenían en la valva unas espinas que les ayudaban a mantenerse firmemente en su posición.

valva peduncular
costillas

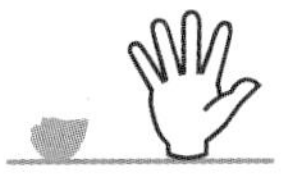

PRODUCTUS SP.
La valva peduncular posee unas costillas evidentes y cruzadas por pliegues poco profundos.

Pugnax

GRUPO Braquiópodos
DATACIÓN Del Devónico al Carbonífero
TAMAÑO Hasta 4 cm de longitud
LOCALIZACIÓN Europa

Como la mayoría de braquiópodos, *Pugnax* se fijaba al lecho marino mediante un pie flexible o pedúnculo que salía a través de la valva peduncular. El exterior de casi toda la concha es liso y sin ornamentación, excepto unas finas líneas de crecimiento y unas cortas costillas alrededor del borde de cada valva.

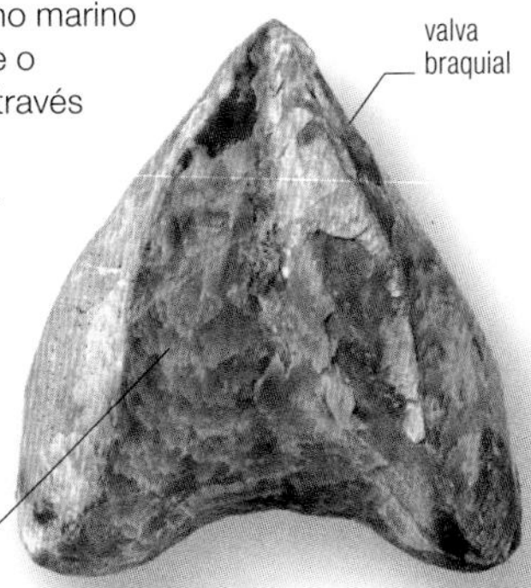
valva braquial
seno de la valva peduncular

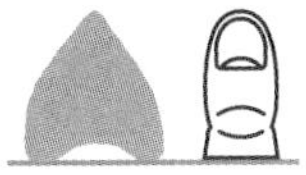

PUGNAX ACUMINATUS
Esta vista desde abajo muestra el seno de la valva peduncular y la cresta de la valva braquial.

Fossundecima

GRUPO Anélidos
DATACIÓN Carbonífero superior
TAMAÑO Hasta 6 cm de longitud
LOCALIZACIÓN América del Norte

Fossundecima fue un anélido poliqueto que vivió hace unos 300 MA en los mares que cubrían la actual América del Norte. Uno de sus rasgos característicos era un flexible órgano de alimentación (probóscide) que podía proyectar desde su boca. Esta estaba provista de poderosas mandíbulas, lo que sugiere que se trataba de un depredador carnívoro. Tras la cabeza tenía unos 15-20 segmentos abdominales, cada uno dotado de quetas (cerdas), y un segmento caudal más pequeño. *Fossundecima* se desplazaba mediante los lóbulos (parápodos) pares de cada segmento abdominal, que al parecer intervenían también en la respiración.

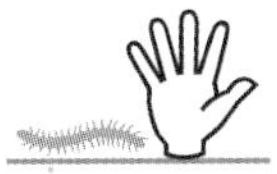

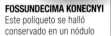

FOSSUNDECIMA KONECNYI
Este poliqueto se halló conservado en un nódulo de siderita.

Vestinautilus

GRUPO Cefalópodos
DATACIÓN Carbonífero inferior
TAMAÑO Hasta 12,5 cm de diámetro
LOCALIZACIÓN Europa, América del Norte

Vestinautilus era un cefalópodo de concha enrollada similar al nautilo. Las espiras de su concha se traslapaban muy ligeramente, lo que le proporciona un ombligo amplio. Este presentaba una perforación central, dado que la primera espira no cerraba. Los fósiles de *Vestinautilus* muestran una prominente cresta a lo largo de la espiral de la concha y unas características líneas de sutura con forma de «V». La región ventral (el borde exterior) es muy ancha, y en los especímenes maduros a veces las espiras se separaban al abrirse la espiral.

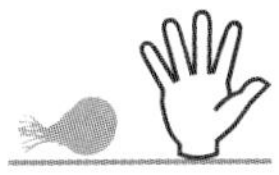

Los fósiles de *Vestinautilus* muestran una **prominente cresta** a lo largo del borde exterior de **las espiras** y líneas de sutura **en V**.

VESTINAUTILUS CARINIFEROUS
Este fósil es un molde interno, o vaciado, preservado en caliza. Muestra claramente las líneas de sutura y la cresta, pero la cámara corporal está rota.

cámara corporal perdida
ligera superposición de las espiras
cresta prominente
líneas de sutura en forma de «V»

Goniatites

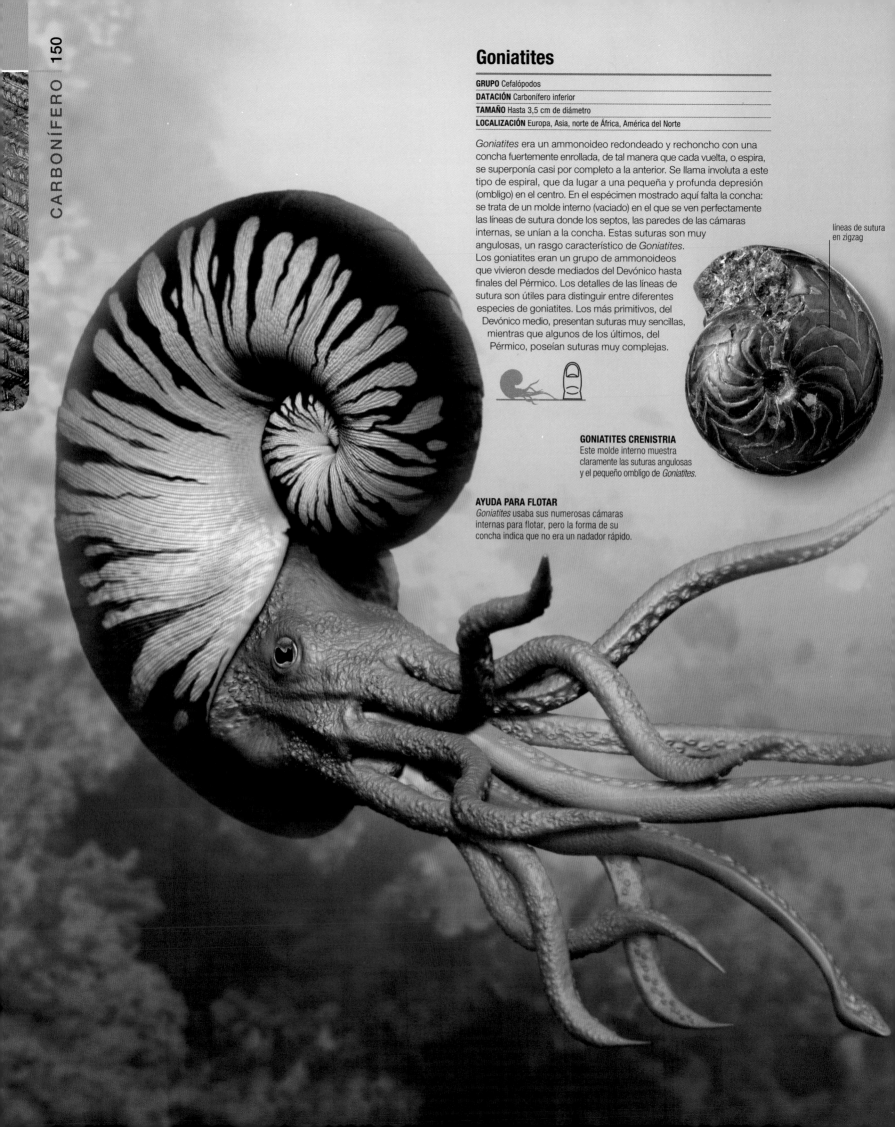

GRUPO Cefalópodos
DATACIÓN Carbonífero inferior
TAMAÑO Hasta 3,5 cm de diámetro
LOCALIZACIÓN Europa, Asia, norte de África, América del Norte

Goniatites era un ammonoideo redondeado y rechoncho con una concha fuertemente enrollada, de tal manera que cada vuelta, o espira, se superponía casi por completo a la anterior. Se llama involuta a este tipo de espiral, que da lugar a una pequeña y profunda depresión (ombligo) en el centro. En el espécimen mostrado aquí falta la concha: se trata de un molde interno (vaciado) en el que se ven perfectamente las líneas de sutura donde los septos, las paredes de las cámaras internas, se unían a la concha. Estas suturas son muy angulosas, un rasgo característico de *Goniatites*. Los goniatites eran un grupo de ammonoideos que vivieron desde mediados del Devónico hasta finales del Pérmico. Los detalles de las líneas de sutura son útiles para distinguir entre diferentes especies de goniatites. Los más primitivos, del Devónico medio, presentan suturas muy sencillas, mientras que algunos de los últimos, del Pérmico, poseían suturas muy complejas.

líneas de sutura en zigzag

GONIATITES CRENISTRIA
Este molde interno muestra claramente las suturas angulosas y el pequeño ombligo de *Goniatites*.

AYUDA PARA FLOTAR
Goniatites usaba sus numerosas cámaras internas para flotar, pero la forma de su concha indica que no era un nadador rápido.

El diseño de las líneas de sutura identifica a los diferentes goniatites.

espiras redondeadas en espiral abierta

STRAPAROLLUS SP.
Como en algunos caracoles actuales, las espiras de la concha de *Straparollus* están relativamente separadas, en una espiral abierta y sin adornos.

Straparollus

GRUPO Gasterópodos
DATACIÓN Carbonífero
TAMAÑO Hasta 6 cm de diámetro
LOCALIZACIÓN América del Norte, Europa, Australia

Era un molusco gasterópodo cónico con espiras redondeadas en corte transversal, pero con un ligero saliente u «hombro». La concha carece de ornamentación externa, aparte de las líneas de crecimiento. En algunas calizas del Carbonífero, los fósiles de moluscos son raros, ya que el carbonato de calcio de la mayor parte de sus conchas es aragonito, que se disuelve. Sin embargo, *Straparollus* poseía una capa externa de calcita, la otra forma mineral del carbonato de calcio.

Bellerophon

GRUPO Gasterópodos
DATACIÓN Del Silúrico al Triásico inferior
TAMAÑO Hasta 5 cm de diámetro
LOCALIZACIÓN Todo el mundo

Es un gasterópodo inusual por su concha, enrollada en una espiral plana. Las vueltas o espiras son muy redondeadas, y las nuevas acababan envolviendo las viejas. La concha era prácticamente lisa. Las marcas de algunos fósiles revelan músculos emparejados (otro rasgo raro en los gasterópodos), que han llevado a sugerir que podría pertenecer a un grupo de moluscos más antiguo (tergomios). Sin embargo, algunas especies de *Bellerophon* muestran una abertura y una banda listada que indicarían que era un gasterópodo. El debate sigue abierto.

concha lisa

BELLEROPHON SP.
La concha lisa y sin adornos de *Bellerophon* muestra una espiral aplanada, muy rara en otras especies de gasterópodos.

Conocardium

GRUPO Rostroconchas
DATACIÓN Del Devónico al Pérmico
TAMAÑO Hasta 15 cm de longitud
LOCALIZACIÓN Todo el mundo

Conocardium parece un bivalvo, pero es un rostroconcha. Estos moluscos difieren de los bivalvos en que se desarrollaban a partir de una protoconcha (concha inicial) sencilla, mientras que los bivalvos procedían de una protoconcha doble. Además, su concha estaba fusionada a lo largo de la línea media frontal (la zona de la charnela en los bivalvos), de modo que las valvas estaban siempre abiertas. Como muchos bivalvos, los rostroconchas usaban un pedúnculo muscular para excavar o para desplazarse. Probablemente se alimentaban de plancton y otras partículas de materia orgánica del agua, pero se ignora cómo lo hacían.

finas costillas ornamentales

CONOCARDIUM SP.
La superficie de la gruesa concha de *Conocardium* estaba adornada con finas costillas.

finas costillas

DUNBARELLA SP.
Con su perfil redondeado y sus finas costillas radiales, *Dunbarella* recuerda en algunos aspectos a las actuales vieiras.

Dunbarella

GRUPO Bivalvos
DATACIÓN Carbonífero
TAMAÑO Hasta 4 cm de longitud
LOCALIZACIÓN Europa, América del Norte

Su concha era redonda, pero con una línea dorsal recta creada por unas extensiones a modo de «orejas». Del centro de dicha línea partían finas costillas radiales cruzadas por líneas de crecimiento paralelas a los bordes de la valva. En su juventud se fijaba al fondo del mar con un biso similar a las «barbas» del mejillón, pero en su madurez algunos *Dunbarella* se liberaban y se posaban sobre la valva derecha. Al crecer la concha, las costillas de la valva derecha se dividían en dos, mientras que en la izquierda crecían nuevas costillas entre las ya existentes.

Carbonicola

GRUPO Bivalvos
DATACIÓN Carbonífero inferior
TAMAÑO Hasta 4 cm de longitud
LOCALIZACIÓN Europa occidental, Rusia

Carbonicola, un bivalvo de agua dulce que vivía en lagos y pantanos, solía tener una concha con umbos de diferente altura. La concha era ahusada por un extremo, y dentro de cada valva había dos marcas de inserción de músculos aductores, una circular y profunda, y otra algo más grande y plana. Cada valva solía tener un diente y un alvéolo, pero algunas formas poseían dos, y otras, ninguno. El ligamento que mantenía las valvas abiertas quedaba bajo los umbos.

CARBONICOLA PSEUDOROBUSTA
La concha de *Carbonicola* tenía un extremo ahusado. El exterior presentaba finas líneas de crecimiento, visibles en este espécimen.

Woodocrinus

GRUPO Equinodermos
DATACIÓN Carbonífero
TAMAÑO Cáliz y brazos: 6–10 cm de altura
LOCALIZACIÓN Europa

Woodocrinus era un crinoideo con un pequeño cáliz que consistía en tres círculos de placas. Normalmente cada brazo estaba doblemente ramificado hasta formar veinte en total. Los osículos o segmentos que componían estos brazos eran gruesos pero cortos, de modo que cada brazo constaba de múltiples placas tubulares cortas apiladas. Los brazos se ramificaban a diferente altura por encima del cáliz y en conjunto parecían gruesos y romos. Un tubo anal compuesto por placas sobresalía de la base del cáliz. El pedúnculo era de sección circular y presentaba un engrosamiento regular anual de los osículos, por lo que parece tener costillas.

Woodocrinus **crecía en vastos «bosques de crinoideos»,** en mares poco profundos.

brazo ramificado
osículo de un brazo
pedúnculo

WOODOCRINUS SP.
Las mismas corrientes de agua que les aportaban nutrientes fueron las culpables de la destrucción del cuerpo de estos crinoideos tras su muerte. En este fósil, los osículos de brazos y pedúnculos han empezado a separarse y diseminarse.

Actinocrinites

GRUPO Equinodermos
DATACIÓN Carbonífero
TAMAÑO Cáliz de hasta 3 cm de diámetro
LOCALIZACIÓN Europa

Esta imagen muestra la cara superior del crinoideo *Actinocrinites*. Las uniones entre placas se han pintado para hacerlas visibles. En el centro se aprecia la superficie algo abombada del cáliz. En la mayoría de los crinoideos este es de consistencia coriácea con algunas placas, pero en *Actinocrinites* estaba enteramente compuesto por placas de calcita fusionadas. Los lados del cáliz se ensanchan debido a las placas braquiales e interbraquiales. Se pueden ver las bases de cuatro brazos. *Actinocrinites* pudo vivir en arrecifes, fijándose mediante un pedúnculo.

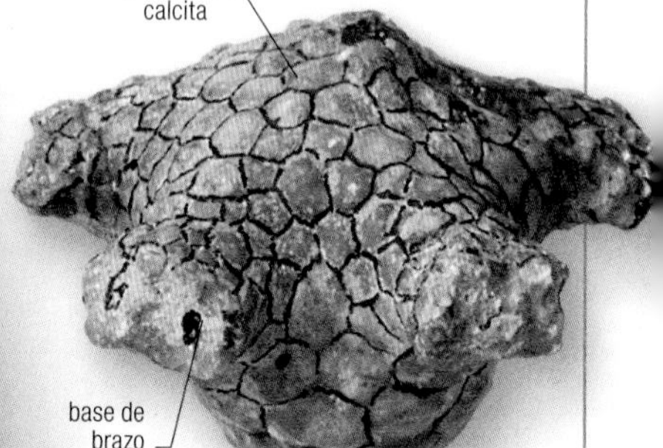
placa de calcita
base de brazo

ACTINOCRINITES PARKINSONI
De las cinco bases de brazos de *Actinocrinites* (aquí se ven cuatro) salían, ramificándose, hasta treinta brazos.

Pentremites

GRUPO Equinodermos
DATACIÓN Carbonífero inferior
TAMAÑO Cáliz de hasta 2,5 cm de altura
LOCALIZACIÓN América del Norte, América del Sur, Europa

Pentremites era un equinodermo blastoideo que vivía fijado al fondo del mar mediante una raíz en la base de un pedúnculo articulado. Su cáliz (en la imagen) constaba de tres círculos de placas y cinco ambulacros con forma de pétalos. A lo largo de los bordes de estos, numerosos pies ambulacrales transportaban las partículas de alimento a un surco central, desde el cual eran conducidas hasta una boca con forma de estrella (en este fósil, arriba). *Pentremites* usaba sus pies ambulacrales solo para alimentarse.

PENTREMITES PYRIFORMIS
Las cinco aberturas que rodean la boca de *Pentremites*, llamadas espiráculos, servían como salida de las cámaras respiratorias del animal.

Xyloiulus

GRUPO Artrópodos
DATACIÓN Carbonífero superior
TAMAÑO Hasta 6 cm de longitud
LOCALIZACIÓN América del Norte, Europa

Este milpiés se conoce gracias a las rocas del Carbonífero. En este espécimen, la cabeza no se ha conservado bien, pero se puede ver su largo cuerpo tubular. Todos los segmentos son similares y tienen un par de finos apéndices, de los que se pueden ver partes. Los milpiés fósiles hallados en rocas del Silúrico medio de Escocia son los animales terrestres más antiguos conocidos. Algunos, procedentes de las turberas del Carbonífero, llegaron a alcanzar más de 2 m de longitud.

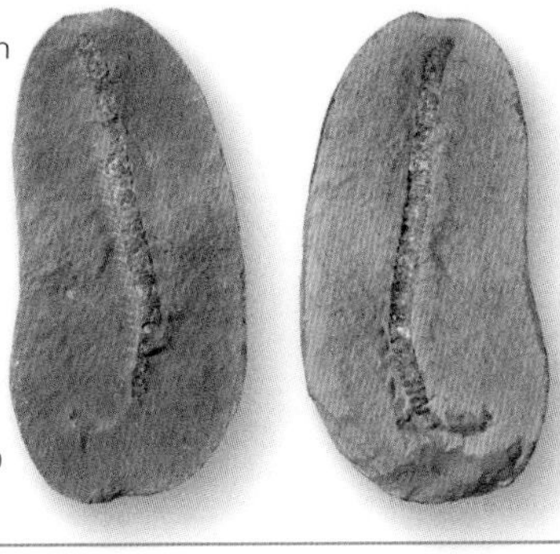

XYLOIULUS SP.
Este *Xyloiulus* quedó preservado en un nódulo de arcilla siderítica.

Archegonus

GRUPO Artrópodos
DATACIÓN Del Carbonífero inferior al medio
TAMAÑO Hasta 4 cm de longitud
LOCALIZACIÓN Inglaterra, Europa central, España, Portugal, noroeste de África, Asia, China meridional

Archegonus tenía una glabela rectangular o cónica, con surcos estrechos y poco profundos. Sus ojos en forma de media luna se hallaban cerca de la glabela, y unas cortas espinas salían del extremo inferior de las mejillas. Tenía nueve segmentos torácicos, y la pieza de la cola era casi del mismo tamaño que la cefálica. En sus anchos costados presentaba al menos seis pares de costillas poco marcadas. Este trilobites se halla en sedimentos de aguas profundas; sus pequeños ojos sugieren que debía de vivir en un ambiente de este tipo, con bajo nivel de luz.

ARCHEGONUS NEHDENENSIS
Las especies de *A.* se han usado para datar y situar rocas carboníferas.

Hesslerides

GRUPO Artrópodos
DATACIÓN Carbonífero medio
TAMAÑO Hasta 3 o 4 cm
LOCALIZACIÓN América del Norte

Era un trilobites con una gran glabela granulosa y ojos con forma de media luna, situados cerca de la parte posterior de la placa cefálica. La parte interior de sus mejillas poseía un surco que discurría por el borde inferior del ojo. Las mejillas descendían en pronunciada curva hasta un borde más bien plano. El tórax se componía de nueve segmentos, y la cola era tan larga como la cabeza; el lóbulo medio poseía doce segmentos y los lóbulos laterales tenían diez pares de costillas, cada una con un profundo surco. La palabra «trilobites» significa «tres lóbulos», dos laterales o pleurales y uno central o axial.

HESSLERIDES BUFO
Esta especie tenía los ojos en la parte posterior de la placa de la cabeza, junto a la gran glabela.

Archimylacris

GRUPO Artrópodos
DATACIÓN Carbonífero superior
TAMAÑO 2–5 cm de longitud
LOCALIZACIÓN Europa, América del Norte

Este fósil de *Archimylacris*, un insecto similar a una cucaracha, muestra dos pares de alas y partes del cuerpo. Entre las alas también se puede ver la parte frontal de tórax, pese a estar aplastada, y falta la cabeza. Las áreas lisas a ambos lados del fósil son los élitros, unas alas endurecidas que protegían el cuerpo del animal cuando este no se hallaba volando. Entre ellos se encuentran las alas posteriores, más finas y delicadas, con su característico diseño de las venas. Este es muy importante para la identificación.

ala posterior con delicadas venas

ARCHIMYLACRIS EGGINTONI
Las alas de este espécimen de *Archimylacris* indican que se trata de un adulto, ya que en las fases inmaduras no estaban plenamente desarrolladas.

Pleophrynus

GRUPO Artrópodos
DATACIÓN Del Devónico inferior al Carbonífero superior
TAMAÑO 1,5–4 cm de longitud
LOCALIZACIÓN América del Norte

Pleophrynus era un arácnido extinto del orden trigonotárbidos. A diferencia de las verdaderas arañas, carecía de veneno y de glándulas productoras de seda. Su duro caparazón tenía forma de pera y se ahusaba hacia el extremo frontal, junto al que se encontraban dos pequeños grupos de ojos. En este espécimen se pueden apreciar los restos de algunas de sus ocho patas, que se originan bajo la cabeza (prosoma). El abdomen (opistosoma) estaba cubierto por placas rígidas que protegían los tejidos blandos internos, y cada uno de sus seis segmentos estaba decorado con hileras de protuberancias o tubérculos. El borde posterior del caparazón poseía cuatro cortas proyecciones ganchudas.

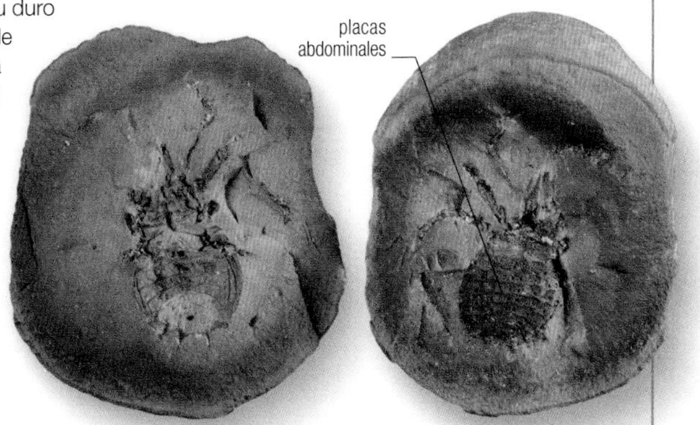
placas abdominales

PLEOPHRYNUS SP.
Pleophrynus protegía sus partes vulnerables con placas rígidas que cubrían su abdomen y con cuatro proyecciones ganchudas.

Tealliocaris

GRUPO Artrópodos
DATACIÓN Carbonífero inferior
TAMAÑO Hasta 5 cm de longitud
LOCALIZACIÓN Escocia

Era un crustáceo similar a un camarón que habitaba en las aguas, probablemente salobres, de marismas. El duro caparazón superior ocupa la mitad izquierda de este espécimen, comprimido lateralmente. El par de primeras antenas con dos cortas ramificaciones estaba justo encima de las dos larguísimas y delicadas segundas antenas (una de ellas visible). También se aprecian algunas de las patas torácicas, bajo el caparazón; cada una poseía dos ramificaciones. El abdomen flexible y curvado tenía casi la misma longitud que el caparazón y se componía de cinco segmentos, bajo cada uno de los cuales había un par de extremidades natatorias (pleópodos).

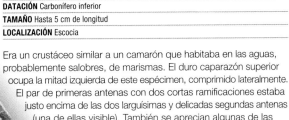

abanico caudal lobulado

TEALLIOCARIS WOODWARDI
Aunque aplanado, este fósil está bien conservado y muestra la silueta de algunos de los cinco lóbulos característicos del abanico caudal.

Euproops

GRUPO Artrópodos
DATACIÓN Carbonífero
TAMAÑO Hasta 5 cm de longitud
LOCALIZACIÓN Europa, EE UU

Fue un primitivo pariente de la cacerola de las Molucas. La placa cefálica tenía forma de media luna, con grandes espinas puntiagudas. Dos crestas laterales trazaban un arco hacia delante y afuera en los extremos, donde se situaban los pequeños ojos. Estas crestas se ahusaban hasta convertirse en largas y afiladas espinas.

EUPROOPS ROTUNDATUS
El abdomen oval tenía una cresta central segmentada, y sus segmentos proseguían por los flancos del animal. Cada costilla acababa en una corta espina.

CARBONÍFERO

VERTEBRADOS

Tras su aparición en el Devónico, los tetrápodos se diversificaron en las turberas del Carbonífero adaptándose a diferentes estilos de vida, desde el de oportunista acuático hasta el de depredador terrestre. En el mar, los peces con pesadas corazas fueron sustituidos por mejores nadadores con escamas mucho más finas.

AMPHIBAMUS
Este pequeño temnospóndilo tenía rasgos avanzados que poseen las actuales ranas y salamandras, como un oído timpánico, grandes ojos y dientes especializados, así como manos de cuatro dedos.

El Carbonífero puede llamarse «edad del carbón» por las turberas, pantanos con plantas terrestres generadoras de carbón. El fin del Devónico vio la extinción de placodermos, heterostráceos y osteostráceos (pp. 122–123). Durante el Carbonífero, peces mandibulados más sofisticados, como condrictios, tiburones espinosos (acantodios) y peces de aletas con radios dominaron lagos, ríos y mares. En tierra firme prosperaron los tetrápodos, quizás con la ayuda de la colonización de los artrópodos. El Carbonífero se abre con un período de 20 MA de escasa fosilización, llamado «intervalo de Romer» en honor al paleontólogo estadounidense Alfred Romer. El registro fósil revela una amplia diversidad de fauna desde el final de este período, por lo que se supone que durante esos años se produjo una gran radiación de especies.

Primera fauna terrestre

Los primeros tetrápodos evolucionaron en estuarios durante el Devónico superior, y su anatomía indica que vivían en el agua. Aún poseían aleta caudal y agallas internas: básicamente eran peces con patas. Durante el intervalo de Romer e inmediatamente después, los tetrápodos cambiaron; aunque estaban adaptados a la vida acuática, muchos de ellos, como los embolómeros y *Crassigyrinus* (p. 157), conservaban sus aletas caudales, pero parecen haber perdido las branquias internas, lo que sugiere que eran más aptos para la tierra. El famoso yacimiento fosilífero escocés de East Kirkton (p. 160) proporciona numerosos ejemplos de la comunidad de vertebrados terrestres más antigua conocida. Su fauna fósil comprende una amplia variedad de tetrápodos, muchos de ellos más especializados para la vida terrestre. Entre estos figuran los temnospóndilos, una de cuyas especies carece de todos los rasgos que le permitirían vivir en el agua. También hay lepospóndilos, representados por el aistópodo con aspecto de serpiente *Ophiderpeton*, que sería perfectamente anfibio. Pero los más sorprendentes son los animales similares a reptiles, como *Westlothiana* (p. 160), al que se consideró el primer amniota (p. siguiente), aunque hoy en día esto se discute. De ser así, habría significado que por primera vez la reproducción no dependía del agua, un paso necesario para colonizar la tierra firme. En todo caso, en el Carbonífero superior, amniotas indiscutibles destacaron ya entre una fauna plenamente terrestre.

GRUPOS

La primera gran radiación de tetrápodos tuvo lugar en el Carbonífero inferior, y le siguió otra, 40 MA de años más tarde, durante el Carbonífero superior. Esta diversificación en dos pasos permitió la plena colonización de la tierra firme y llevó al surgimiento de la fauna dominada por los herbívoros en el Pérmico.

BAFÉTIDOS
Los bafétidos (o loxomátidos), que aparecieron en el Carbonífero inferior, se reconocen por sus órbitas con forma de cerradura. *Megalocephalus* y otros bafétidos conservaban los canales sensoriales del cráneo, indicadores de un estilo de vida acuático. Los esqueletos fósiles hoy en estudio proporcionarán más información sobre el grupo, ya que la actual se basa principalmente en cráneos.

WHATCHEERÍIDOS
Estos tetrápodos del Carbonífero inferior fueron los primeros plenamente terrestres. Animales como *Pederpes* tenían las órbitas oculares elevadas y carecían de las estructuras sensoriales habituales en cráneos de animales acuáticos. Estos tetrápodos se han descubierto recientemente y aún queda mucho por saber sobre ellos.

CRASSIGYRÍNIDOS
Estos depredadores acuáticos del Carbonífero inferior son unos de los tetrápodos más extraños. Con su enorme cabeza, tronco alargado, aleta caudal y extremidades minúsculas, *Crassigyrinus* probablemente acechaba a los peces en aguas superficiales turbias. Sin embargo, carece de las estructuras asociadas a las agallas internas, por lo que es más avanzado que otros tetrápodos.

TEMNOSPÓNDILOS
Los temnospóndilos, uno de los grupos más exitosos de los primeros tetrápodos, vivían en la mayoría de los hábitats del Carbonífero. Algunos eran habitantes especializados del fondo marino; otros acechaban en la superficie (como los cocodrilos) y otros eran terrestres. Su longitud oscilaba entre 12 cm y 1,5 m. Las ranas y salamandras descienden de un tipo representado por *Amphibamus*.

El desarrollo del huevo amniótico fue un paso decisivo para la expansión de los tetrápodos por toda la tierra firme.

SIN NECESIDAD DE AGUA
Las cáscaras duras y las membranas internas permiten a esta tortuga desovar en el suelo sin que los huevos se sequen. Esto fue un paso decisivo para la radiación de los tetrápodos en tierra firme.

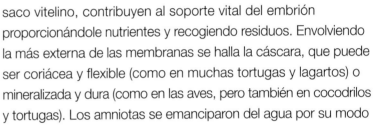

Evolución del huevo con cáscara

Los primeros tetrápodos heredaron los sencillos huevos de sus ancestros peces, que eran fecundados fuera del cuerpo. El agua era esencial para la reproducción, porque la fina membrana que rodeaba el huevo no podía evitar que en tierra este se deshidratara. El agua era también necesaria para transportar el esperma hasta los huevos. Este modo de reproducción, llamado «anfibio», persiste aún hoy en ranas y salamandras. Para llegar a ser animales plenamente terrestres, resultaba necesario proteger el huevo de la deshidratación. Fueron los amniotas (reptiles, mamíferos y aves) los que lo consiguieron, añadiendo tres nuevas membranas al huevo: el corion, el amnios y el alantoides. Estas membranas, junto con el saco vitelino, contribuyen al soporte vital del embrión proporcionándole nutrientes y recogiendo residuos. Envolviendo la más externa de las membranas se halla la cáscara, que puede ser coriácea y flexible (como en muchas tortugas y lagartos) o mineralizada y dura (como en las aves, pero también en cocodrilos y tortugas). Los amniotas se emanciparon del agua por su modo de reproducción. En lugar de dispersar el esperma en el agua sobre los huevos, el macho lo descarga en el aparato reproductor de la hembra, dentro del cual viaja y fecunda el óvulo; tras la fecundación se forman las membranas y la cáscara, y la puesta se realiza en tierra firme. Entre los amniotas, los mamíferos dieron un paso más allá al prescindir de la cáscara y mantener el huevo dentro de la madre (con la excepción de los monotremas, que aún ponen huevos; p. 337). Las membranas añadidas se modifican para interactuar con los tejidos de la madre, a fin de nutrir directamente al feto en desarrollo. Esta modificación se llama placenta.

OPHIACODON
Este depredador con aspecto de cocodrilo, uno de los amniotas primitivos mejor conocidos, está emparentado con *Dimetrodon*, provisto de cresta dorsal, que vivió en el Pérmico. Es un sinápsido, el linaje evolutivo que lleva a los mamíferos.

LEPOSPÓNDILOS
Los lepospóndilos solían ser tetrápodos pequeños, aunque presentaban varias formas. Uno de los primeros tetrápodos conocidos fue, curiosamente, un aistópodo sin patas, y a los primeros microsaurios se les tomó erróneamente por primitivos amniotas. Los nectrídeos acuáticos se parecían al tritón, mientras que los largos lisorófidos podían meterse en grietas y pasar los períodos secos en estivación.

EMBOLÓMEROS
Estos grandes tetrápodos acuáticos (como *Proterogyrinus*) fueron muy frecuentes en el Carbonífero. Algunas formas tempranas conservaban la aleta caudal, y su cráneo moderadamente alargado les facilitaba la captura de peces. Los huesos de sus extremidades revelan más adaptaciones a la vida terrestre, y muchos científicos los consideran miembros primitivos del linaje que lleva a los amniotas.

AMNIOTAS
Muy bien adaptados a la vida en tierra firme, los primeros amniotas surgieron en el Carbonífero superior y utilizaban tocones huecos como madrigueras. Se enmarcan en tres grupos: los reptiles, los sinápsidos (dcha.) y un conjunto de especies primitivas anteriores a la separación entre reptiles y sinápsidos. Algunos de los primeros amniotas fueron también los primeros tetrápodos herbívoros.

DIÁPSIDOS
Es el grupo de reptiles más grande y debe su nombre a las dos aberturas que poseen en la parte posterior del cráneo. Entre los diápsidos actuales se encuentran los lagartos, serpientes, cocodrilos y aves. Las tortugas, que surgieron en el Triásico medio y carecen de estas aberturas, podrían serlo también. Los diápsidos más antiguos se han hallado en rocas del Carbonífero del centro de EE UU.

SINÁPSIDOS
El linaje que conduce a los mamíferos debe su nombre al hecho de poseer una sola abertura en la parte posterior del cráneo. Sus primeros fósiles son fragmentos aislados, hallados en tocones de árboles con los primeros amniotas (izda.), lo que significa que estos se diversificaron rápidamente. Entre los sinápsidos del Carbonífero figuran activos depredadores, así como algunos de los primeros herbívoros.

aleta
caudal casi
simétrica

Falcatus

GRUPO Condrictios
DATACIÓN Carbonífero inferior
TAMAÑO 30 cm de longitud
LOCALIZACIÓN EE UU

Emparentado con *Stethacanthus* (p. 124), se conoce por numerosos especímenes preservados en los mismos lechos marinos calizos que *Discoserra* (p. siguiente). Debe su nombre a la larga espina con forma de hoz y fuertes dentículos que se proyecta hacia el frente desde la parte superior de la cabeza. El hecho de que esta espina solo aparezca en especímenes a partir de un determinado tamaño indica que se trataba de un rasgo sexual del macho, que usaría para exhibirse. Utilizaba su cola casi simétrica para nadar de manera eficaz.

NADAR EN GRUPO
El hallazgo de muchos especímenes de *Falcatus* juntos sugiere que estos tiburones viajaban en cardúmenes.

ANATOMÍA
ÓRGANOS SENSORIALES

Falcatus tenía unos sentidos adaptados a la vida en las profundidades. Sus grandes ojos estaban rodeados por placas rectangulares calcificadas, que seguramente servían de soporte al globo ocular y como zonas de inserción de los músculos. Poseía también un hocico blando que debía de albergar órganos sensoriales especiales que captaban los impulsos eléctricos producidos por el movimiento muscular de las presas.

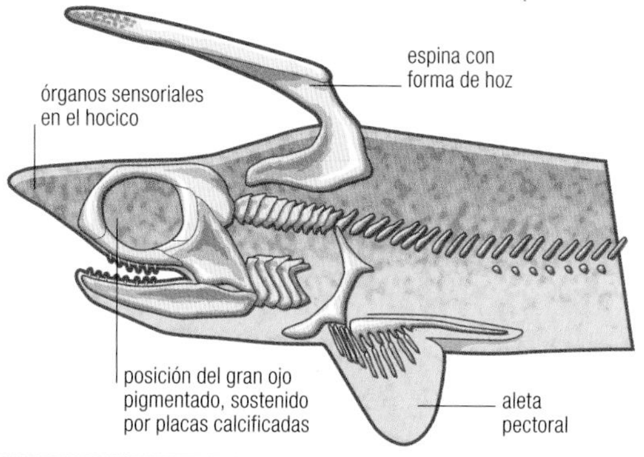
órganos sensoriales
en el hocico
espina con
forma de hoz
posición del gran ojo
pigmentado, sostenido
por placas calcificadas
aleta
pectoral

Echinochimaera

GRUPO Condrictios
DATACIÓN Carbonífero inferior
TAMAÑO 30 cm de longitud
LOCALIZACIÓN EE UU

Se conoce por dos especies identificables por las diferencias en la dentición superior. Ambas se han hallado en sedimentos de mares poco profundos. Era un pequeño pez mejor dotado para la maniobra que para la velocidad, con cuerpo ahusado, aletas pectorales y pélvicas relativamente grandes y cola con forma de zagual. Tenía dos aletas dorsales, la delantera con una espina móvil en su borde de ataque. El cuerpo estaba íntegramente cubierto de escamas. Unas escamas pares más grandes, llamadas escudos, recorrían desde la aleta dorsal posterior hasta la base de la cola. Poseía también un par de escudos, orientados hacia atrás, sobre los ojos. Los machos eran mucho más grandes que las hembras y sus rasgos eran diferentes, incluidos unos escudos oculares a modo de cuernos.

El nombre de «escudo» alude sin duda a la **cualidad protectora** de sus **escamas especiales.**

gran espina en
la aleta dorsal
escudo a
modo de
cuerno
sobre
el ojo
cuerpo
ahusado
órgano para transferir
el esperma a la hembra
durante el apareamiento

DEJARSE VER
Los grandes machos poseían ciertos rasgos complejos que podrían usar para reconocerse o para exhibirse en época de apareamiento.

cuerpo cubierto
de escamas
afiladas
cuerpo alto
y estrecho
aletas
grandes y
musculosas

UN PEZ ESBELTO
Su inusual forma lo hacía especialmente apto para moverse lentamente por el agua mientras se alimentaba.

Belantsea

GRUPO Condrictios
DATACIÓN Carbonífero inferior
TAMAÑO 70 cm de longitud
LOCALIZACIÓN EE UU

Pertenece a un inusual grupo de peces con esqueleto cartilaginoso, los petalodontiformes, parientes de los tiburones y dotados de una dentición característica. En lugar de numerosos dientes dispuestos en hileras, *Belantsea* poseía solo siete en cada mandíbula y no los iba reemplazando, sino que los conservaba a lo largo de su vida. Cada diente tenía bordes reforzados y serrados, ideales para alimentarse de determinados materiales, como las esponjas. La forma de hoja del cuerpo de *Belantsea* es muy característica. Su pequeña cola sugiere que nadaba a poca velocidad, pero las grandes aletas y la altura del cuerpo indican una excelente maniobrabilidad.

Discoserra

GRUPO Actinopterigios
DATACIÓN Carbonífero inferior
TAMAÑO 60 cm de longitud
LOCALIZACIÓN EE UU

Era un pez tropical que vivió en una bahía poco profunda hoy conocida como Bear Gulch (Montana, EE UU). Su cuerpo con forma de disco comprimido lateralmente estaba mejor adaptado para las maniobras precisas que para la velocidad o la resistencia. Su cabeza era pequeña, con ojos grandes y una pequeña boca. Poseía grandes escamas (escudos) en la parte anterior del cuerpo, y las de la zona dorsal presentaban un gancho curvado hacia delante. Las escamas se unían mediante articulaciones de tipo gonfosis.

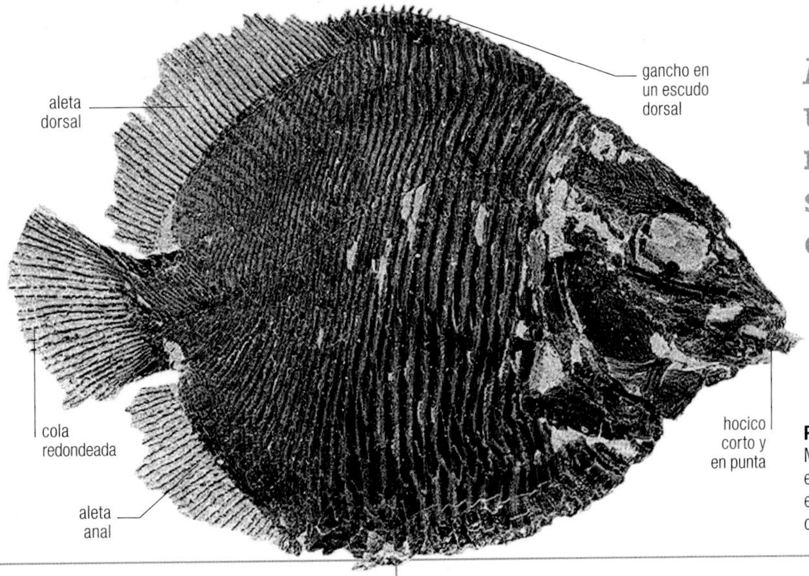
aleta dorsal
gancho en un escudo dorsal
cola redondeada
hocico corto y en punta
aleta anal

Discoserra no era un pez **rápido o resistente**, pero sus **maniobras** eran **precisas**.

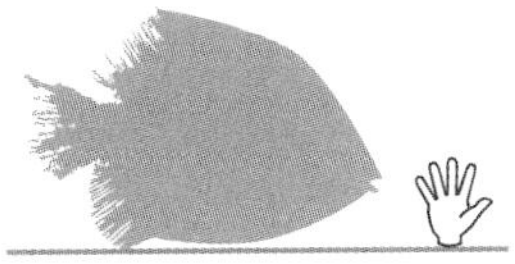

PACEDOR DEL CORAL
Muchos rasgos de *Discoserra* indican que estaba adaptado para alimentarse entre esponjas y corales, por ejemplo, el hocico corto con dientes como peines, para succionar o raer.

Megalocephalus

GRUPO Tetrápodos primitivos
DATACIÓN Carbonífero superior
TAMAÑO 1,5 m de longitud
LOCALIZACIÓN Islas Británicas

Como la mayoría de bafétidos, se conoce solo por su cráneo. Los bafétidos eran una familia de depredadores del Carbonífero, probablemente acuáticos, que combinaba algunos de los rasgos primitivos más comunes con otros completamente únicos.

El cráneo de *Megalocephalus* («cabeza grande») mide unos 30 cm de largo y posee dientes grandes y afilados. Un rasgo único de los bafétidos (entre ellos *Megalocephalus*) es la extraña extensión alargada de sus órbitas oculares, cuya utilidad se desconoce.

órbita con forma de cerradura

UN CRÁNEO INUSUAL
Las supuestas funciones de la órbita alargada incluyen la de alojar una glándula salina o un órgano eléctrico, o bien permitir mayor movilidad a los músculos de las mandíbulas.

Pederpes

GRUPO Tetrápodos primitivos
DATACIÓN Carbonífero inferior
TAMAÑO 1 m de longitud
LOCALIZACIÓN Escocia

Conocido por un solo espécimen hallado en el oeste de Escocia, cerca de Dumbarton, *Pederpes* fue el primer tetrápodo conocido del período llamado intervalo de Romer (p. 154). Presenta una mezcla de rasgos primitivos y avanzados. Probablemente poseía los habituales cinco dedos en cada extremidad posterior, y sus pies parecen adaptados para andar por tierra. En cambio, sus manos parecen haber presentado más dedos, aunque solo se han hallado dos muy pequeños. Su región auditiva se parece a la de *Acanthostega* (p. 132).

PIES HACIA DELANTE
Las articulaciones de los pies de *Pederpes* apuntan hacia delante, un indicio de que podía caminar en tierra.

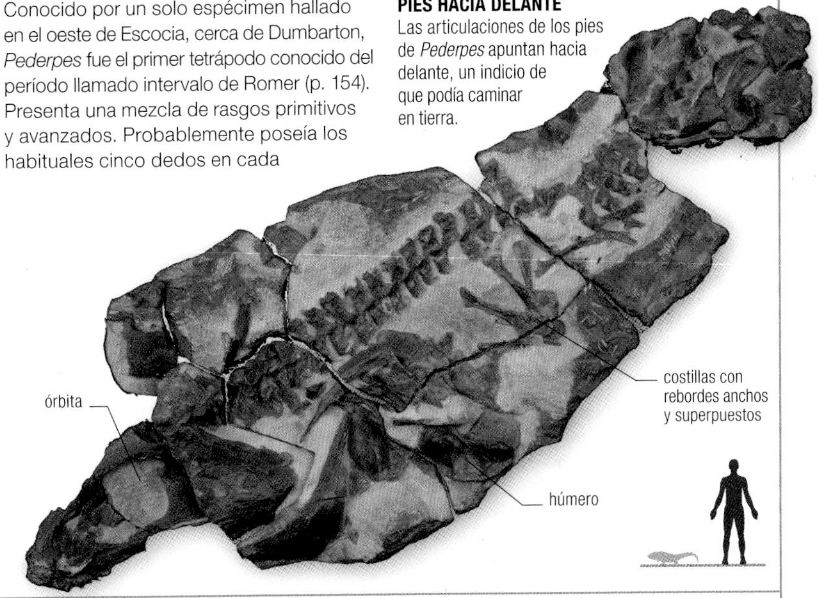
órbita
costillas con rebordes anchos y superpuestos
húmero

Whatcheeria

GRUPO Tetrápodos primitivos
DATACIÓN Carbonífero inferior
TAMAÑO 1 m de longitud
LOCALIZACIÓN EE UU

Es pariente cercano de *Pederpes*, aunque vivió tiempo después. Se conoce por una gran cantidad de fósiles entre los que hay esqueletos casi completos y muchos huesos aislados. En el mismo yacimiento de Iowa (EE UU) se han encontrado muchos otros tetrápodos y peces. *Whatcheeria* parece haber sido más acuático que *Pederpes*, con una fuerte cola para poder propulsarse. Gran parte de su anatomía, incluidas sus extremidades, está aún por describir.

Crassigyrinus

GRUPO Tetrápodos primitivos
DATACIÓN Carbonífero medio
TAMAÑO 3–4 m de longitud
LOCALIZACIÓN Escocia, posiblemente EE UU

Crassigyrinus fue uno de los depredadores más grandes que vivió en los pantanos del Carbonífero medio. Su enorme boca poseía hileras de largos dientes, la mayoría de ellos en la parte frontal, de modo que la presa se vería firmemente empalada tras un rapidísimo mordisco. El gran tamaño de su cabeza, el cuerpo alargado y la gran cola sugieren que era plenamente acuático, y sus diminutas patas delanteras, así como las relativamente pequeñas traseras, parecen confirmarlo. En algunos aspectos, el cráneo de *Crassigyrinus* es bastante primitivo y su rol evolutivo está bajo debate.

ESPERANDO
Crassigyrinus pudo ser un depredador emboscado en la vegetación o entre rocas a la espera de presas que pasaran nadando.

Balanerpeton

GRUPO Temnospóndilos
DATACIÓN Carbonífero inferior
TAMAÑO 50 cm de longitud
LOCALIZACIÓN Escocia

Balanerpeton fue el miembro más primitivo de un gran grupo de anfibios fósiles llamados temnospóndilos. Debía de tener el aspecto de una salamandra grande, pero su oído medio y la membrana de su tímpano eran más parecidos a los de las ranas. *Balanerpeton* fue el primer animal terrestre con un oído capaz de captar ondas sonoras transportadas por el aire, lo que significa que podría oír a sus presas (insectos) y parejas potenciales. Su nombre significa «animal reptante de las aguas termales», pues sus restos se hallaron en lo que se cree fue un lago de cráter, rodeado de fuentes termales.

CRÁNEO APLANADO
Las indentaciones de las membranas timpánicas se pueden ver a cada lado en la parte posterior del cráneo.

Cochleosaurus

GRUPO Temnospóndilos
DATACIÓN Carbonífero superior
TAMAÑO 1,5 m de longitud
LOCALIZACIÓN República Checa, Canadá

Muchos de los fósiles de *Cochleosaurus* se han encontrado en la mina de carbón de Nýrany (República Checa), que contiene los restos de un pantano del Carbonífero. *Cochleosaurus* fue uno de los primeros temnospóndilos semejantes a cocodrilos. Acechaba en las orillas de los pantanos a sus presas, como peces y anfibios más pequeños. Era el animal grande más común de los pantanos y el superdepredador de su hábitat. Temnospóndilos similares ocuparon este nicho hasta el final del Triásico, cuando fueron sustituidos por auténticos crocodilomorfos (p. 232). Su nombre significa «reptil cuchara» y hace referencia a las dos extensiones óseas de la parte posterior del cráneo que quedaban bajo la piel.

Branchiosaurus

GRUPO Temnospóndilos
DATACIÓN Carbonífero superior
TAMAÑO 15 cm de longitud
LOCALIZACIÓN República Checa, Francia

Los especímenes de *Branchiosaurus* («reptil con branquias») hallados en la mina de Nýrany poseían branquias, pero no se sabe con certeza si estos animales vivían siempre en el agua o se convertían en terrestres con la madurez. Algunos grupos de *Apateon* (un pariente posterior de *Branchiosaurus*) eran acuáticos toda su vida, mientras que otras poblaciones se convertían en formas terrestres. Estos ciclos biológicos alternativos también se observan en algunas especies de tritones actuales, cuya metamorfosis en animal terrestre de respiración pulmonar solo se da en las condiciones adecuadas. Durante muchos años se pensó que los *Branchiosaurus* eran las larvas de temnospóndilos mucho más grandes, como *Eryops* (p. 176), pero hoy se sabe que fueron un grupo distinto.

15 cm Longitud media de *Branchiosaurus*, uno de los temnospóndilos **más pequeños.**

Phlegethontia

GRUPO Aistópodos
DATACIÓN Carbonífero superior
TAMAÑO 70 cm
LOCALIZACIÓN EE UU, República Checa

Phlegethontia es el mejor conocido de los aistópodos, un grupo de anfibios sin extremidades parecidos a serpientes. Tenía hileras de pequeños dientes afilados, similares a los de las actuales serpientes no venenosas. Su columna vertebral constaba de más de 200 vértebras, dos tercios de ellas en la cola.

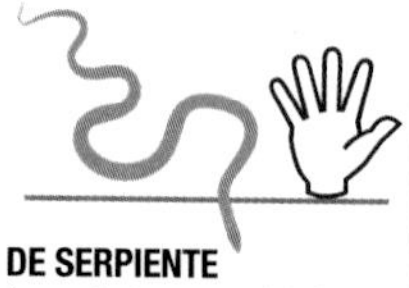

ANFIBIO CON ASPECTO DE SERPIENTE
Phlegethontia era probablemente terrestre. Vivía a orillas de charcas y lagos, y se aventuraba en las plantas acuáticas en busca de alimentos.

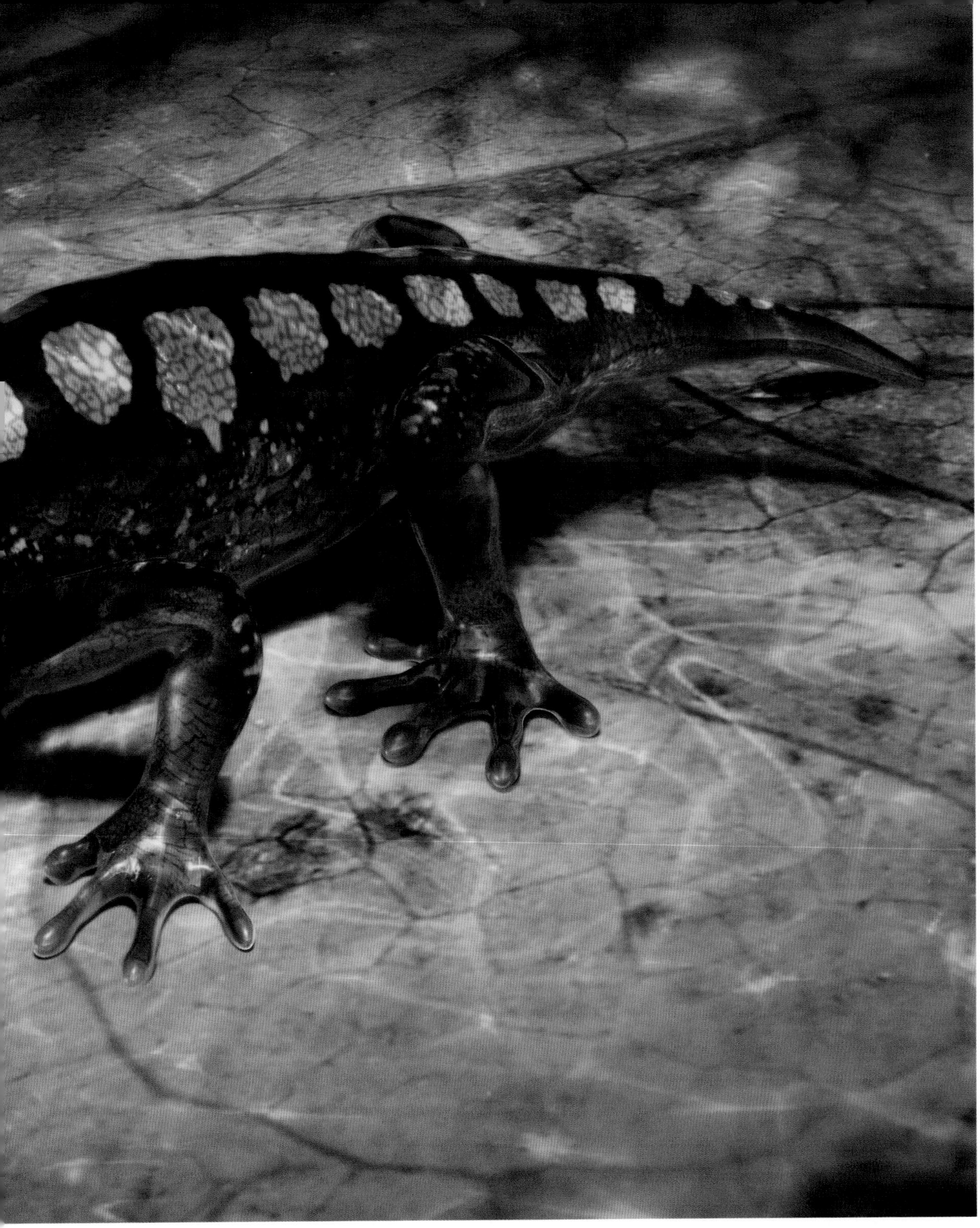

Amphibamus

GRUPO Temnospóndilos
DATACIÓN Carbonífero superior
TAMAÑO 12 cm de longitud
LOCALIZACIÓN EE UU

Amphibamus, uno de los primeros anfibios del Carbonífero descubiertos, fue el primer temnospóndilo en poseer la dentición de las actuales ranas y salamandras, y se cree que está emparentado con el ancestro de esos grupos. Sus pequeños dientes tenían dos diminutas puntas en la parte superior y estaban insertos hasta media altura. Debe su nombre, que significa «patas iguales», a que sus extremidades anteriores y posteriores tienen la misma longitud, como las de las salamandras. Para los estándares de los temnospóndilos, era un animal pequeño.

En yacimientos donde se ha hallado a *Amphibamus* los paleontólogos han encontrado varios fósiles de pequeños anfibios que parecen de *Branchiosaurus* (p. anterior), pero comparten rasgos con *Amphibamus*. Podría tratarse de larvas de este, lo que sugeriría que se estaba dando ya algún grado de metamorfosis en este anfibio primitivo. Así, por ejemplo, los fósiles de *Branchiosaurus* tienen una larga cola con aleta, como los renacuajos, mientras que el *Amphibamus* adulto poseía al parecer una cola corta y robusta, más cercana a la cola ausente en ranas y sapos actuales.

Este pequeño temnospóndilo poseía **rasgos avanzados** que hoy tienen **ranas y salamandras.**

HABITANTE DEL DELTA
Amphibamus procede del yacimiento de Mazon Creek (Illinois, EE UU), un antiguo delta fluvial del Carbonífero. Es probable que viviera en arroyos y en las riberas del delta.

Microbrachis

GRUPO Microsaurios
DATACIÓN Carbonífero superior
TAMAÑO 30 cm de longitud
LOCALIZACIÓN República Checa

En Nýrany se han hallado más de cien especímenes de *Microbrachis*, de todas las edades y tamaños. Todos poseían agallas y un sistema sensorial de líneas laterales. Sin duda era acuático y pasaba toda su vida en las aguas del pantano, a diferencia de la mayoría de microsaurios, que eran terrestres.

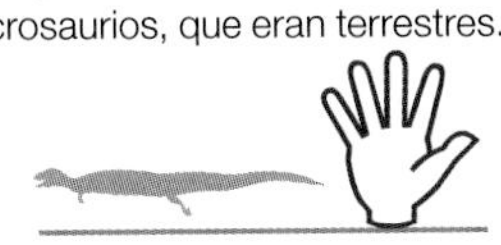

COMO PEZ EN EL AGUA
Microbrachis («pequeños brazos») tenía unas diminutas extremidades, la cola aplanada lateralmente para nadar mejor, agallas como los peces y canales sensoriales en los flancos, todas ellas adaptaciones a una vida acuática.

Proterogyrinus

GRUPO Amniotas
DATACIÓN Carbonífero inferior
TAMAÑO 1,5 m de longitud
LOCALIZACIÓN EE UU, Escocia

Era uno de los primeros antracosaurios («lagartos del carbón»), un grupo de anfibios que fueron superdepredadores durante gran parte del período. Aunque se alimentaba de peces, no era totalmente acuático. Fue uno de los primeros vertebrados en presentar largas costillas curvas y músculos utilizados para bombear aire a los pulmones. Esta adaptación se dio después de que los vertebrados se aventuraran en tierra firme.

EL ONDULANTE PRIMITIVO
Proterogyrinus poseía un cuerpo largo y ondulante que le dio su nombre, «ondulante primitivo». Sus robustas extremidades indican que podía caminar por tierra y que, por tanto, no estaba restringido a la vida acuática.

cráneo muy dañado
costilla curvada
cola larga
pie con cinco dedos

LIZZIE, LA LAGARTA
A primera vista, *Westlothiana* parece un lagarto (de ahí su apodo), pero sus tobillos son característicos de un tetrápodo primitivo.

Westlothiana

GRUPO Tetrápodos primitivos
DATACIÓN Carbonífero inferior
TAMAÑO 25 cm de longitud
LOCALIZACIÓN Escocia

Westlothiana era un animal terrestre cuyos restos se hallaron en East Kirkton (West Lothian, Escocia). Poseía un cuerpo alargado con extremidades muy cortas pero esbeltas, vértebras muy resistentes y costillas curvadas que debían de envolver casi todo el cuerpo. Solo se conocen cinco especímenes, y en todos el cráneo está mal conservado. Cuando se descubrió, fue celebrado como el «reptil más primitivo», pero se necesitan partes clave del cráneo, como el paladar y los huesos del oído, para confirmar su posición evolutiva. Sin embargo, parece ser uno de los parientes más antiguos de los modernos amniotas (p. 155).

YACIMIENTO CLAVE
EAST KIRKTON

Las rocas del Carbonífero inferior de East Kirkton nos abren una ventana a un grupo de primitivos tetrápodos terrestres. La actividad volcánica de la época hizo que nubes de ceniza, incendios, fumarolas a gran temperatura y gases venenosos mataran y conservaran muchas plantas, artrópodos y tetrápodos. Entre estos últimos estaban los miembros más antiguos de los linajes que conducen a los actuales anfibios y reptiles, como *Westlothiana* y *Balanerpeton*.

Ophiacodon

GRUPO Sinápsidos
DATACIÓN Del final del Carbonífero al Pérmico inferior
TAMAÑO 3 m de longitud
LOCALIZACIÓN EE UU

Ophiacodon fue uno de los sinápsidos primitivos (p. 155) más grandes. Parecía un cocodrilo, con sus largas mandíbulas y numerosos dientes puntiagudos, ideales para atrapar peces. Sus dedos aplanados sugieren que era en parte acuático y que

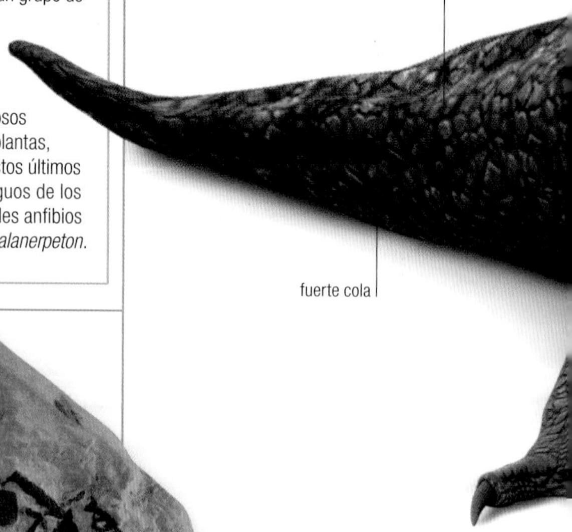
las escamas lo protegerían de los depredadores
fuerte cola

Paleothyris

GRUPO Eurreptiles
DATACIÓN Carbonífero superior
TAMAÑO 25 cm de longitud
LOCALIZACIÓN Canadá

Este reptil primitivo era un pequeño lagarto insectívoro que vivía en regiones boscosas. Sus esqueletos se han hallado en troncos huecos de licópsidos (parientes gigantescos de los actuales licopodios), enterrados en los sedimentos debido a una súbita inundación. Es muy similar a *Hylonomus*, ya que ambos son anápsidos (carecen de abertura craneal posterior), aunque es 5 MA más joven.

ÁGIL CAZADOR
Las extremidades, cuerpo y dientes de *Paleothyris* indican que fue un ágil cazador, capaz de rastrear y capturar a sus presas, los insectos.

costilla larga y curvada
extremidad posterior
dientes pequeños y afilados

Spinoaequalis

GRUPO Diápsidos
DATACIÓN Carbonífero superior
TAMAÑO 22 cm de longitud
LOCALIZACIÓN EE UU

Spinoaequalis se conoce por un único esqueleto hallado en una cantera de Hamilton (Kansas, EE UU). Era un primitivo diápsido (p. 155) con largas patas y dedos, y un cuello diferenciado. Lo más inusual era su cola, que en vez de estrecharse, era igual de alta y aplanada verticalmente hasta el extremo. Unas largas espinas óseas por encima y por debajo de las vértebras proporcionaban puntos de inserción adicionales a los músculos que hacían de la cola un poderoso instrumento natatorio.

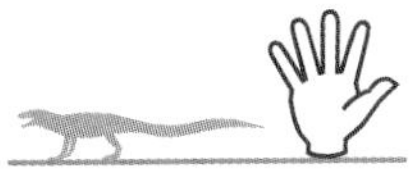

REGRESO AL AGUA
Spinoaequalis fue el primer reptil en regresar al agua y vivir entre los anfibios, si bien no era totalmente acuático y debía de volver a tierra para procrear.

podía usar sus extremidades para remar. Al contrario de pelicosaurios posteriores, como *Dimetrodon* (pp. 180-181), *Ophiacodon* no estaba bien adaptado para cazar grandes presas, y probablemente vivía en la orilla del agua y atrapaba peces. A pesar de las similitudes, *Ophiacodon* era un sinápsido, y estaba más estrechamente emparentado con los mamíferos que con los cocodrilos actuales. Se trata de un ejemplo típico de evolución convergente, en que diferentes grupos de animales desarrollan un mismo tipo de vida.

NO ES TAN FIERO…
Por su gran tamaño y sus mandíbulas de cocodrilo, *Ophiacodon* parece un temible depredador, pero al parecer su dieta consistía en peces y pequeños vertebrados más que en grandes presas.

YACIMIENTO CLAVE

ACANTILADOS FOSILÍFEROS DE JOGGINS

Estos acantilados de Nueva Escocia (Canadá) conservan los amniotas fósiles más antiguos conocidos, como *Protoclepsydrops*, un pariente cercano de *Ophiadocon*, e *Hylonomus*, uno de los reptiles verdaderos más antiguos. En este lugar, hace 300 MA, pequeños animales usaban los tocones huecos de los árboles para anidar. Hoy en día, sus restos nos ofrecen una visión detallada del registro de los pequeños vertebrados terrestres.

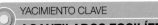

las poderosas patas lo ayudarían a nadar
coloración adaptada al camuflaje
dientes afilados
dedo aplanado

PÉRMICO

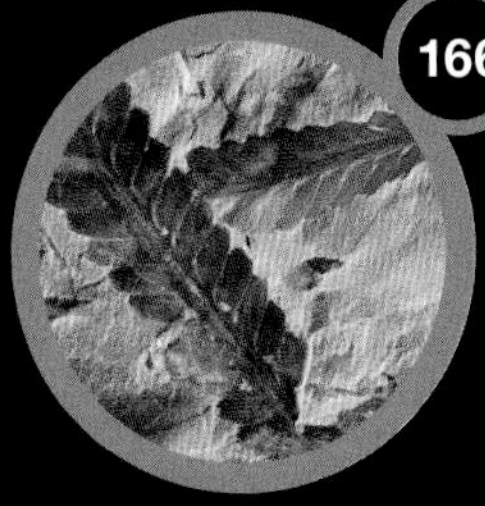
166
Plantas

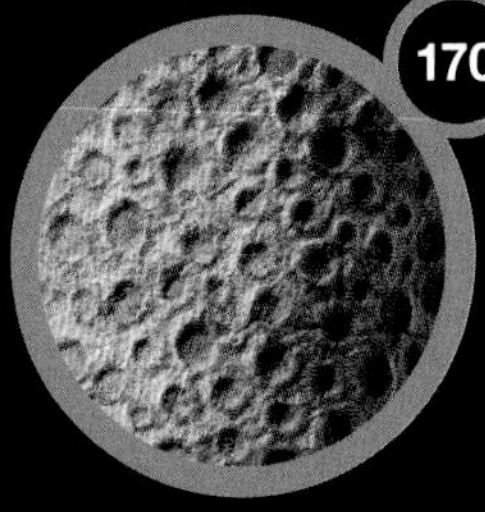
170
Invertebrados

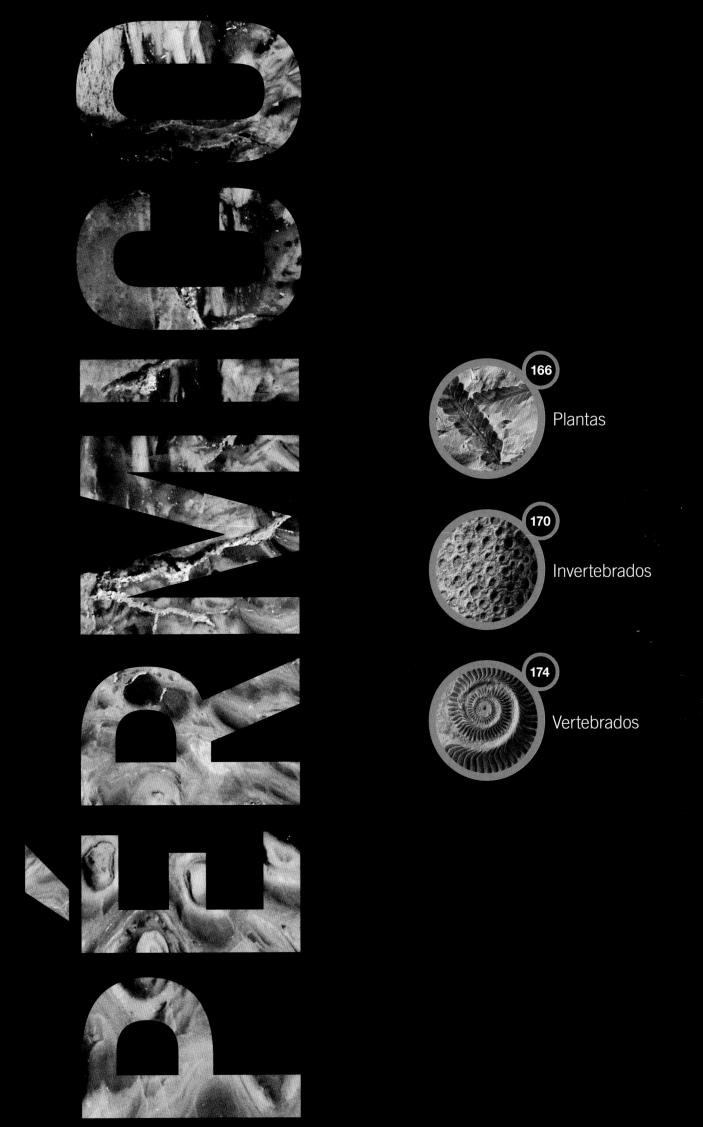

174
Vertebrados

Pérmico

MONTES URALES
Las boscosas laderas occidentales de los Urales, que se extienden de norte a sur en Asia central-occidental, son famosas por sus extensos estratos pérmicos.

El último período del Paleozoico estuvo dominado por el supercontinente Pangea, resultado de la fusión de Laurentia y Gondwana. El Pérmico recibe su nombre de la región rusa de Perm, ya que sus límites están bien identificados en estratos hallados en los montes Urales. El período concluyó con la mayor extinción de los últimos 500 MA, en la que desaparecieron al menos el 90 % de los organismos terrestres y marinos.

Océanos y continentes

El colosal tamaño del supercontinente Pangea tuvo importantes consecuencias para el clima mundial y la expansión de flora y fauna. Las Montañas Centrales de Pangea se extendían de este a oeste en las bajas latitudes, lo que influyó en las corrientes atmosféricas y en los patrones climáticos. Durante el Carbonífero superior, esta cadena montañosa estaba cerca de los trópicos y fue la fuente de los depósitos de carbón formados por exuberantes bosques que crecían en el clima tropical. Para el Pérmico se había desplazado hacia el norte, a zonas más áridas. Las montañas cerraron el paso a los húmedos vientos ecuatoriales, lo que desertizó la parte norte de Pangea (franja central de las actuales América del Norte y Europa septentrional). Los estratos de arenisca revelan la existencia de vastos campos de dunas. A medida que el clima se hacía más seco, aparecieron enormes reptiles similares a mamíferos, mejor adaptados a las nuevas condiciones. En las regiones menos áridas, las plantas siguieron diversificándose. En las tierras altas se establecieron bosques de coníferas y helechos con y sin semillas, y las formaciones de *Glossopteris* llegaron al borde de las regiones polares. La mayor parte de Pangea quedaba al sur del ecuador e incluía el antiguo Gondwana. Su gran masa continental proporcionó a algunas faunas la posibilidad de expandirse. En el norte de Pangea, en Siberia, una enorme erupción de magma cubrió una extensa zona con coladas de basalto acompañadas por géiseres de ceniza y gases, especialmente dióxido de azufre y vapor de agua. Esto coincidió con la extinción masiva del Pérmico, cuando los océanos comenzaron a quedarse sin oxígeno y la mayoría de las especies marinas pereció.

BOSQUE TROPICAL
Durante el Pérmico siguieron creciendo exuberantes bosques tropicales, similares a los que prosperaron durante el Carbonífero, en torno al ecuador, en zonas de la actual China.

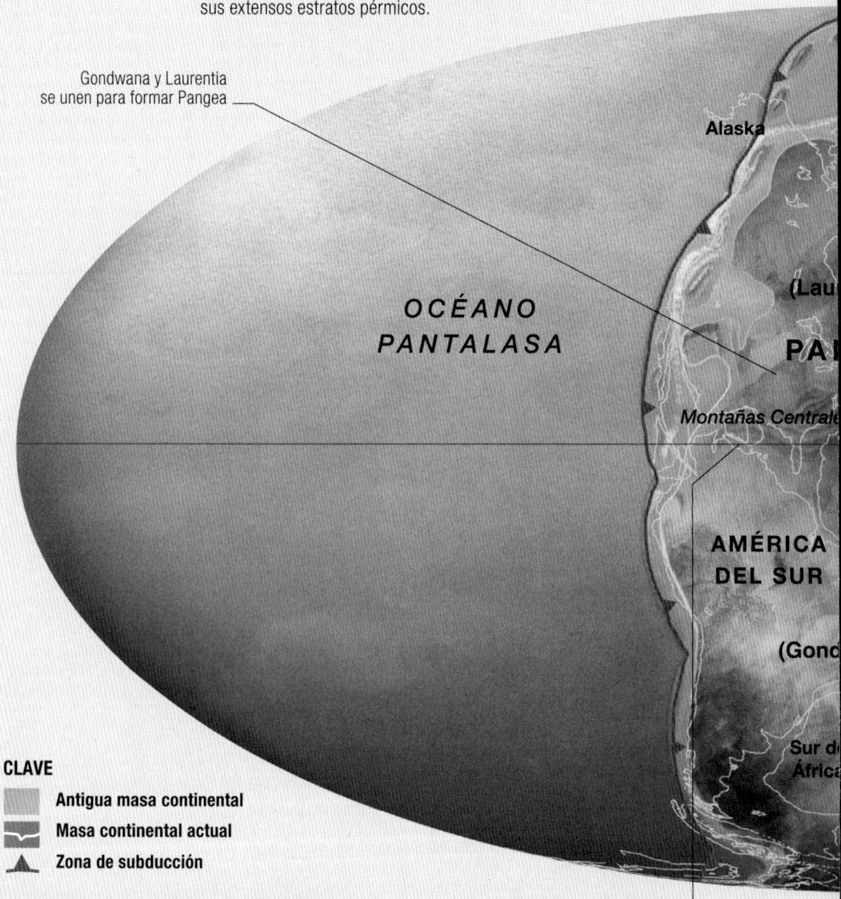
Gondwana y Laurentia se unen para formar Pangea
Alaska
OCÉANO PANTALASA
Montañas Centrales
AMÉRICA DEL SUR
las Montañas Centrales de Pangea se orientaban de este a oeste

CLAVE
- Antigua masa continental
- Masa continental actual
- Zona de subducción

MAPA DEL MUNDO A FINALES DEL PÉRMICO
Pangea se convirtió en un vasto supercontinente que iba de polo a polo. Las Montañas Centrales, antes tropicales, se desplazaron hacia el norte.

CISURALIENSE

MA	300	290	280
PLANTAS		**290** Las coníferas y plantas con semillas se diversifican	**280** Aumenta la diversidad de coníferas y plantas con semillas; disminuye la de lepidodendridos

TILLITA DWYKA
Las tillitas son conglomerados compuestos por cantos, piedras y arena acarreados por glaciares. La tillita Dwyka, en la cuenca del Karoo, en el sur de África, data del Pérmico.

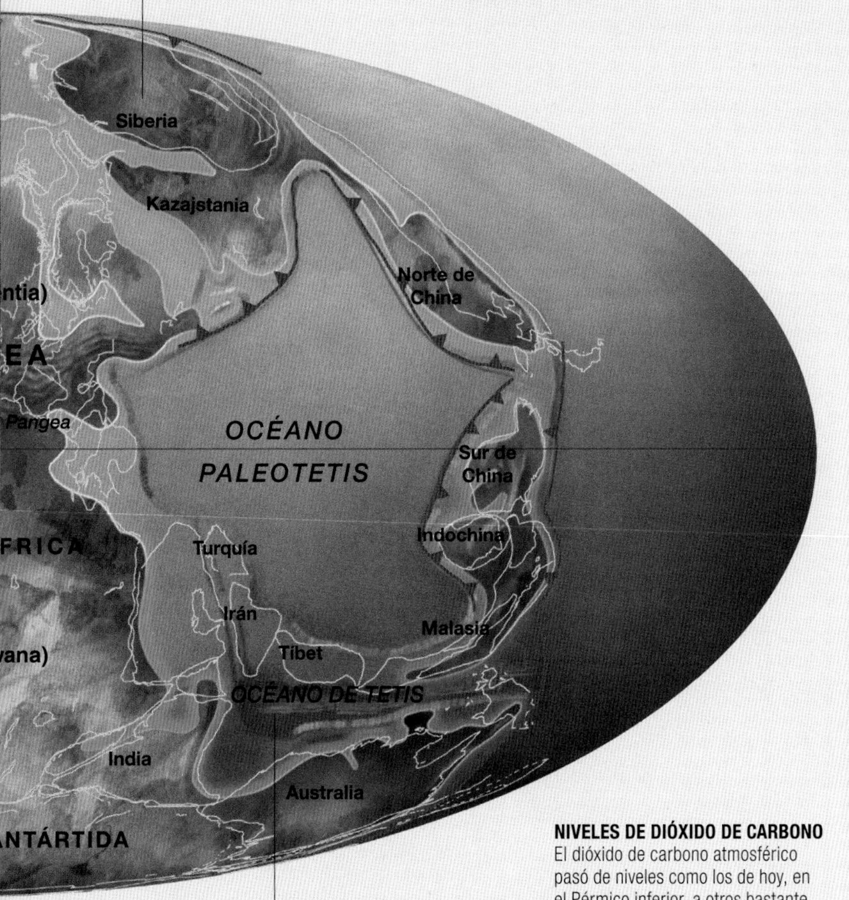

coladas basálticas cubren partes de la sección siberiana de Pangea
Siberia
Kazajstania
Norte de China
ntia)
EA
Pangea
OCÉANO PALEOTETIS
Sur de China
FRICA
Turquía
Indochina
Irán
Malasia
vana)
Tíbet
OCÉANO DE TETIS
India
Australia
NTÁRTIDA
el océano Tetis comienza a formarse al este de Pangea

Clima

La glaciación que tanto influyó en el mundo del Carbonífero superior se prolongó hasta inicios del Pérmico superior. Grandes casquetes de hielo cubrían los continentes que una vez fueron Gondwana. Hubo muchos centros de glaciación y numerosos avances y retrocesos del hielo. La prueba de esto se encuentra en los depósitos glaciares de Sudáfrica, India y Tasmania. El episodio glacial más largo del Pérmico duró unos 2 MA y llegó a su fin en unos pocos miles de años. Desde el Carbonífero superior al Pérmico, los mayores centros de glaciación migraron con el movimiento de Pangea hacia el polo Sur. Durante el Carbonífero superior estaban en América del Sur, India, África meridional y el oeste de Antártida, pero fueron desplazándose hacia Australia. Mientras que en el Pérmico inferior gran parte del hemisferio sur quedó cubierto de hielo, el clima en las latitudes medias de Pangea (norte y sur) iba de templado a árido, con solo un estrecho cinturón tropical en las regiones ecuatoriales. Durante los períodos interglaciales, más cálidos, los bosques carboníferos se extendían por las bajas latitudes. Hacia el Pérmico superior, las capas de hielo que habían cubierto la masa continental meridional habían desaparecido, aunque se habían desarrollado algunas pequeñas placas en el polo Norte. Gran parte de Pangea era árida, con vastos desiertos en zonas que hoy son parte de América del Sur y África, en el sur, y América del Norte y Europa septentrional, en el norte.

LAS TRAMPAS SIBERIANAS
Durante miles de años, enormes coladas de magma basáltico formaron las actuales Trampas Siberianas. El estrés medioambiental causado pudo contribuir a la extinción masiva del final del Pérmico.

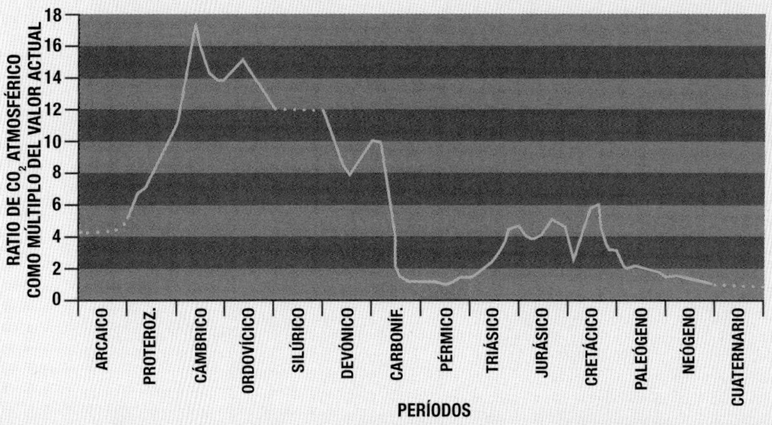

RATIO DE CO_2 ATMOSFÉRICO COMO MÚLTIPLO DEL VALOR ACTUAL
18
16
14
12
10
8
6
4
2
0
ARCAICO
PROTEROZ.
CÁMBRICO
ORDOVÍCICO
SILÚRICO
DEVÓNICO
CARBONÍF.
PÉRMICO
TRIÁSICO
JURÁSICO
CRETÁCICO
PALEÓGENO
NEÓGENO
CUATERNARIO
PERÍODOS

NIVELES DE DIÓXIDO DE CARBONO
El dióxido de carbono atmosférico pasó de niveles como los de hoy, en el Pérmico inferior, a otros bastante altos. Las extensas erupciones de lava basáltica de Siberia contribuyeron al aumento de gases de efecto invernadero.

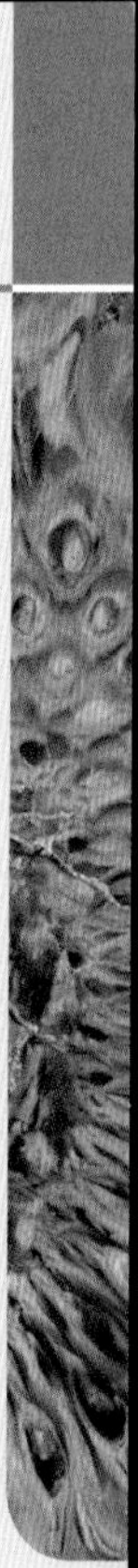

GUADALUPIENSE | LOPINGIENSE

270 | 260 | 250 MA

PLANTAS

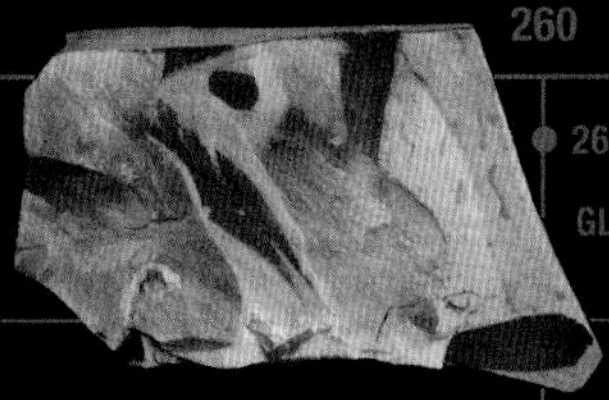
GLOSSOPTERIS

260 Decae la flora de *Glossopteris*

250 Extinción masiva: decrece un 50 % la diversidad vegetal, sobre todo en zonas boscosas

INVERTEBRADOS

275 Comienza a decrecer la diversidad de ammonoideos; primeros ammonoideos ceratítidos

XENODISCUS

255 Primeros bivalvos pectínidos y cardítidos

250 Extinción masiva; 96 % de las especies; todos los foraminíferos fusulínidos, corales rugosos y tabulados, trilobites, pareiasaurios, euriptéridos, receptaculítidos; gasterópodos estrofoménidos; goniatites y 5 órdenes de insectos. Casi extintos: equinoideos, crinoideos, briozoos estenolemados y braquiópodos articulados

VERTEBRADOS

275 Primeros reptiles pareiasaurios (abajo); primeros reptiles terápsidos (semejantes a mamíferos); extinción de los pelicosaurios

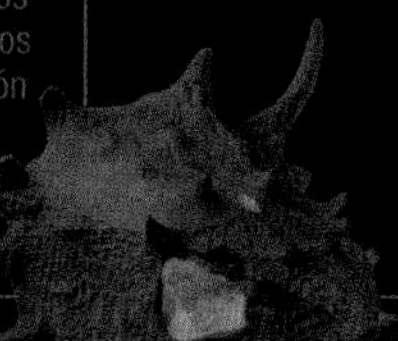
ELGINIA

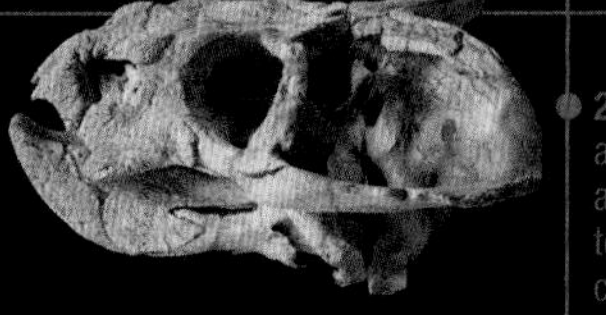
DICINODONTO

260 Decrece la diversidad de los anfibios terrestres y acuáticos; aumento de la diversidad de los terápsidos, especialmente herbívoros como los dicinodontos

250 Dos tercios de los anfibios, reptiles y terápsidos se extinguen

PÉRMICO
PLANTAS

Los cada vez más áridos climas del Pérmico acabaron con las antiguas turberas características del Carbonífero. Esto llevó a la extinción de muchas plantas típicas de aquel período. Sin embargo, nuevos tipos de hábitats proporcionaron nuevas oportunidades para la expansión de otros linajes de plantas.

Durante el Pérmico, los licopodios arborescentes gigantes y los hábitats en que prosperaban comenzaron a declinar hasta su desaparición. Medulosales, cordaitales y muchos otros grupos de plantas arcaicas también se extinguieron durante el Pérmico. Sin embargo, las coníferas y otros nuevos tipos de plantas se diversificaron y prepararon el terreno para posteriores innovaciones evolutivas a lo largo del Mesozoico.

Nuevos tipos de plantas con semillas

Durante el Pérmico aparecieron nuevos grupos de plantas con semillas. Aún se sabe poco de la mayoría de ellos, pero el de las glosopteridales es uno de los mejor conocidos. Son típicos de zonas que en su día estuvieron en altas latitudes del hemisferio sur. El reconocimiento de sus características hojas en Australia, el sur de África y América del Sur fue esencial para corroborar la teoría de la deriva continental (p. 21). Las cícadas también aparecieron durante el Pérmico y cobraron importancia durante el Mesozoico. Varios grupos de plantas poco conocidas del Pérmico podrían ser parientes lejanos de estas auténticas cícadas. En China reviste particular interés un enigmático grupo llamado gigantopteridales, que poseían grandes hojas con una nerviación especializada, muy parecida a la de las angiospermas. Probablemente algunas de estas plantas eran trepadoras en los bosques tropicales del Pérmico.

HOJA DE CYCAS CON SEMILLAS
Cycas, uno de los diez géneros de cícadas vivientes, posee hojas con semillas muy similares a las de las cícadas fósiles del Pérmico.

CONÍFERA FÓSIL
Los brotes y hojas de las primeras coníferas eran muy parecidos a los de algunas coníferas actuales de la familia de la araucaria, como el pino de Norfolk.

El auge de las coníferas

Las primeras coníferas datan del Carbonífero superior. Poseían los brotes foliares clásicos de las coníferas, pero sus conos eran mucho menos compactos que los de las actuales y se han comparado a los de las cordaitales (p. 145). Las coníferas primitivas del Carbonífero se daban en ambientes más secos, alejados de las turberas, y a medida que el clima se volvía más árido, las coníferas y otras plantas de estas zonas cobraron más importancia. Las coníferas pueden haber sido las primeras plantas con semillas que podían permanecer latentes antes de la germinación.

GRUPOS

El Pérmico fue un período de transición en la evolución de las plantas terrestres. Los antiguos linajes del Paleozoico entraron en declive y fueron sustituidos por grupos de plantas aparentemente mejor adaptadas a la vida en ambientes más secos. De las plantas con semillas, liginoptéridos, medulosales y cordaitales habían desaparecido a finales del período.

HELECHOS
Los helechos arborescentes maratiales del Carbonífero llegaron hasta el Pérmico. Con el tiempo perdieron gran parte de su importancia, pero lograron persistir todo el Mesozoico y Cenozoico hasta hoy. En los climas más secos del Pérmico hicieron su aparición nuevos tipos de helechos, entre ellas formas muy parecidas a las actuales.

CONÍFERAS
Las primeras coníferas datan del Carbonífero, aunque en ese período fueron raras, y prosperaron y se diversificaron en los climas más áridos del Pérmico. Las más primitivas poseían un follaje típico de las coníferas actuales, pero sus conos, y tal vez otros aspectos reproductivos, eran muy diferentes.

CÍCADAS
Las cícadas fósiles claramente emparentadas con el grupo actual aparecen por vez primera en el Pérmico. Muchos aspectos de estas plantas primitivas son aún desconocidos, pero sus hojas con semillas (esporofilos) eran muy parecidas a las del género *Cycas* actual.

GLOSOPTERIDALES
Este fue uno de varios grupos nuevos de plantas con semillas que surgieron en el Pérmico. Las típicas hojas de las glosopteridales son habituales en floras fósiles de latitudes altas del hemisferio sur. Fue un grupo importante en la vegetación de los climas más fríos durante la gran glaciación pérmica del hemisferio sur.

Oligocarpia

GRUPO Helechos
DATACIÓN Del Carbonífero al Pérmico
TAMAÑO Hasta 50 cm de altura
LOCALIZACIÓN Todo el mundo

Este helecho achaparrado es similar a los de una familia viva que se encuentra actualmente sobre todo en los trópicos. Sus frondes crecen en grupos de a dos, y poseen rizomas rastreros o tallos subterráneos. Como todos los helechos, *Oligocarpia* se propagaba mediante esporas que desarrollaba en el envés de los frondes. No obstante, fósiles recientes demuestran que sus rizomas podrían haber tenido una importancia similar, permitiéndole invadir nuevos territorios como lo hace el actual *Pteridium* (helecho común o águila). De manera insólita para una especie prehistórica, estos fósiles muestran la misma planta en diferentes estadios de desarrollo, incluidos helechos adultos y plántulas con una diminuta roseta de hojas.

***Oligocarpia* se propagaba mediante la dispersión de esporas por el aire.**

nervio central de la hoja
limbo de un segmento de hoja
tallos y raíces

OLIGOCARPIA GOTHANII
Este espécimen tan bien conservado se recogió en China en la década de 1920. Por los fósiles del mismo estrato se cree que vivía en un hábitat de humedal, como una llanura aluvial. Allí, las constantes crecidas del río podrían haber creado las condiciones idóneas para la fosilización, que ha conservado casi toda la planta.

Protoblechnum

GRUPO Peltaspermales
DATACIÓN Pérmico
TAMAÑO Fronde de 2–5 m de longitud
LOCALIZACIÓN Todo el mundo

Los frondes de *Protoblechnum* poseen anchos foliolos palmeados, un rasgo que se encuentra en algunos helechos actuales del género *Blechnum*, que da a este tipo de follaje su nombre científico. Sin embargo, *Protoblechnum* no pertenecía a los helechos, sino a un grupo de plantas denominadas peltaspermales, muchas de las cuales eran arbustos o pequeños árboles. Crecían en diversos hábitats, pero su follaje los habría preparado especialmente bien para zonas con una estación seca anual, como las llanuras fluviales subtropicales. Sus semillas solían tener unos milímetros de longitud.

PROTOBLECHNUM SP.
Este fósil de *Protoblechnum* muestra las típicas hojas palmeadas. Las peltaspermas como esta portaban las semillas en pequeños órganos con forma de paraguas, a menudo dispuestos en columnas abiertas o espigas.

Tubicaulis

GRUPO Helechos
DATACIÓN Del Carbonífero superior al Pérmico
TAMAÑO Hasta 2 m de altura
LOCALIZACIÓN Todo el mundo

Los fósiles *Tubicaulis* son troncos de un antiguo grupo de helechos de hace 300 MA. En sección transversal muestran una densa masa de tallos incrustados en una matriz de raíces. Cada tallo está envuelto en una vaina ovalada y contiene un núcleo con forma de C. Los helechos *Tubicaulis* eran trepadores o erguidos, y se aferraban mediante raíces que crecían desde el tallo, cerca de la base de las hojas. Aunque vivían en suelos pantanosos sombreados, hay especies que podrían haber escalado árboles para competir por la luz.

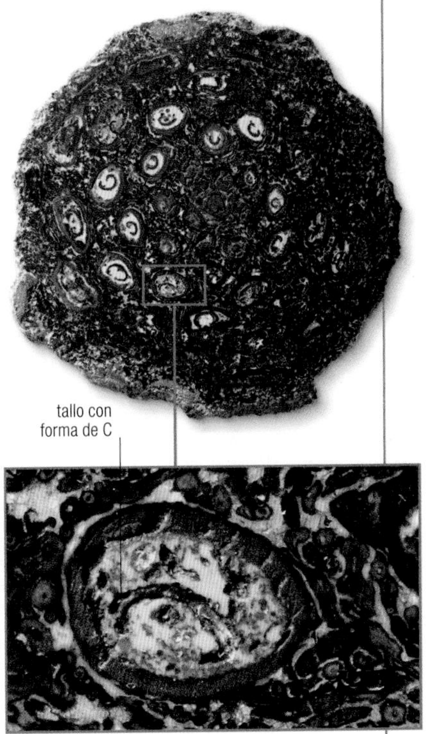
tallo con forma de C

TUBICAULIS SOLENITES
A diferencia de los actuales helechos, los tallos de *Tubicaulis* se construían «al revés», es decir, con la «C» apuntando hacia fuera en lugar de hacia dentro.

Glossopteris

GRUPO Glosopteridales
DATACIÓN Pérmico
TAMAÑO 4-8 m
LOCALIZACIÓN Hemisferio sur

Desde su descubrimiento en 1828 por el paleobotánico francés Adolphe Brongniart, *Glossopteris* ha sido una de las plantas prehistóricas más estudiadas. Los primeros fósiles se hallaron en India, pero se han descubierto otros en todos los continentes del hemisferio sur, lo cual corrobora la teoría de la deriva continental. El nombre de *Glossopteris* («helecho lengua») describe la forma de su hoja. Se han identificado muchas especies, la mayoría arbustos o pequeños árboles. Pese a su nombre de helecho, se reproducía por semillas, que se desarrollaban en órganos fijados a las hojas.

BOSQUES DE TIERRAS BAJAS
Con su altura y follaje, *Glossopteris* era la planta dominante en gran parte del hemisferio sur, y formaba inmensos bosques en tierras bajas. Algunas especies eran subtropicales, pero muchas crecían en latitudes altas, donde los inviernos eran largos y fríos.

anillos de crecimiento definidos

AUSTRALOXYLON SP.
Se llama *Australoxylon* a la madera fosilizada de glosopteridales, hallada en muchos lugares del hemisferio sur. Su estructura es similar a la de las modernas coníferas.

raíces articuladas

VERTEBRARIA INDICA
Con su forma cilíndrica y sus claras articulaciones, los fósiles de *Vertebraria* parecen vértebras de animales más que raíces fosilizadas de *Glossopteris*. Se han hallado desde India y África hasta Australia, América del Sur y la Antártida.

hoja fósil

HOJAS CON FORMA DE LENGUA
Glossopteris se identifica sobre todo por la forma de sus hojas, de hasta 30 cm de longitud, con un fuerte nervio central y nervación divergente. Estaban dispuestas en espirales en la punta de las ramas.

Callipteris

GRUPO Peltaspermales
DATACIÓN Del Carbonífero superior al Pérmico
TAMAÑO Hoja de 80 cm de longitud
LOCALIZACIÓN Todo el mundo

Pertenecientes al mismo grupo de helechos con semillas que *Protoblechnum* (p. 167), los calipteridales se conocen bien gracias a los fósiles de sus hojas y órganos productores de semillas. Las hojas tenían hasta 1 m de longitud. Además de los segmentos foliares en pares opuestos, a menudo presentaban foliolos que brotaban del nervio central. *Callipteris* portaba las semillas en el envés de escamas en forma de abanico, dispuestas en espiral alrededor de un tallo vertical.

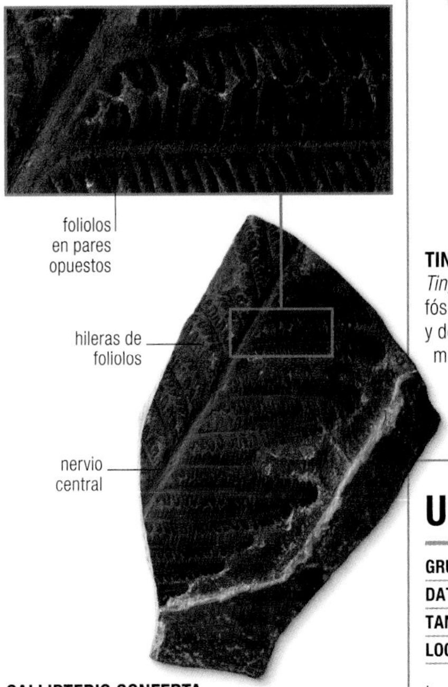
foliolos en pares opuestos
hileras de foliolos
nervio central

CALLIPTERIS CONFERTA
Callipteris conferta fue una de las plantas con semillas más comunes del Pérmico. Es fácil de identificar gracias a las secuencias regulares de segmentos foliares pareados, unidos a un gran nervio central.

Gigantopteris

GRUPO Gigantopteridales
DATACIÓN Pérmico
TAMAÑO Hoja de hasta 50 cm de longitud
LOCALIZACIÓN Sureste Asiático, América del Norte

Las gigantopteridales son un enigmático grupo de plantas, conocidas sobre todo por los fósiles hallados en Asia y América del Norte. Poseían tallos leñosos, a veces con espinas, y muchas tenían hojas similares a las de las plantas con flores. Extintas en el Triásico inferior, se sabe poco sobre su reproducción, lo que dificulta determinar su lugar en la evolución de las plantas.

hojas simétricas

GIGANTOPTERIS NICOTIANAEFOLIA
Este fósil pertenece a la especie *Gigantopteris nicotianaefolia*, así llamada porque sus segmentos foliares recuerdan a las hojas del tabaco.

Tingia

GRUPO Noeggerathiales
DATACIÓN Pérmico inferior
TAMAÑO Cono de hasta 15 cm de longitud
LOCALIZACIÓN China

Este follaje pertenecía a plantas similares a helechos que se reproducían mediante esporas. En *Tingia elegans,* las hojas presentaban foliolos en cuatro hileras: las dos de la cara superior eran más grandes y tapaban a las dos de debajo, más pequeñas. Los conos estaban fijados a la base de las hojas. Como fósiles, las noeggerathiales son bastante infrecuentes, aunque se han hallado hojas y conos juntos, lo que demuestra que pertenecían a la misma planta. Surgieron en el Carbonífero superior y se extinguieron en el Triásico. Aunque muestran relaciones con las progimnospermas, su lugar en la evolución de las plantas no está del todo claro.

TINGIA ELEGANS
Tingia se conoce solo por los fósiles de sus hojas (en la imagen) y de sus conos. Se reproducía mediante esporas en lugar de producir semillas.

Psygmophyllum

GRUPO Ginkgoáceas
DATACIÓN Pérmico
TAMAÑO Hojas de hasta 10 cm de longitud
LOCALIZACIÓN Todo el mundo

A partir del Triásico, un gran número de fósiles muestran la evolución de las hojas, con forma de abanico, de los ginkgos. Los fósiles más antiguos son sumamente raros. *Psygmophyllum* podría ser un antepasado del actual ginkgo, ya que sus hojas presentan la misma silueta. Sin embargo, este parecido puede llevar a equívoco: no se han hallado fósiles ni de sus frutos ni de sus semillas, lo que plantea la posibilidad de que estas hojas procedan de una planta más primitiva.

hojas en forma de abanico

PSYGMOPHYLLUM MULTIPARTITUM
Aunque las hojas de esta especie tienen la misma forma de abanico que las del actual ginkgo, no está claro que ambas estén estrechamente emparentadas.

Ullmannia

GRUPO Coníferas
DATACIÓN Pérmico superior
TAMAÑO 10 m de altura
LOCALIZACIÓN Todo el mundo

Las coníferas surgieron en el Carbonífero, pero se extendieron en el Pérmico, gracias a un clima global más frío y seco. *Ullmannia* fue una de estas coníferas, con hojas esbeltas y espaciadas. Sus conos masculinos producían granos de polen que tenían un saco microscópico en forma de ala para dispersarse mejor con el viento. Como la mayoría de las coníferas, los conos que contenían las semillas eran leñosos, de hasta 6 cm de longitud. Las semillas se desarrollaban en la cara superior de escamas redondeadas.

foliolo esbelto en una esbelta hoja
peciolo

ULLMANNIA BRONNI
Ullmannia poseía hojas esbeltas y espaciadas, no muy diferentes de las de la actual araucaria. Las hojas se disponían en espiral en torno a un grueso peciolo central.

PÉRMICO INVERTEBRADOS

La mayoría de los sedimentos del Pérmico son estratos rojizos de origen desértico o fluvial, y con menos frecuencia, marino. Esto se debe al drástico descenso del nivel del mar, sobre todo al final del período, y a la emergencia de las plataformas continentales, cambio desastroso para los invertebrados marinos.

Descenso del nivel del mar

La glaciación del Carbonífero-Pérmico, que cubrió vastos territorios en el hemisferio sur, ya había quedado atrás a mediados del Pérmico, y la fauna marina proliferó. Pero a finales del período, la Tierra presenció la mayor crisis biológica de todos los tiempos. Los ecosistemas de finales del Pérmico, sobre todo tropicales, de crinoideos-braquiópodos y dominados por briozoos, fueron destruidos en un proceso que duró 10 MA. Todos los continentes se unieron en el gran supercontinente Pangea, lo que afectó al clima y a la circulación oceánica, y contribuyó a la extinción masiva. Al hundirse las dorsales oceánicas inactivas se produjo un descenso global del nivel del mar de hasta 280 m, con una enorme pérdida de hábitats y escasez de sedimentación: los mares cálidos y poco profundos quedaron restringidos a ciertas partes del mundo. Las constantes erupciones volcánicas contribuyeron a la inestabilidad ambiental y, por ende, al colapso de los ecosistemas. Pasaron varios millones de años antes de que se restaurara una sedimentación marina normal.

FENESTELLA PLEBEIA
Este briozoo, común en el Carbonífero-Pérmico, se alimentaba filtrando alimento de las corrientes que descendían pasando por colonias situadas más arriba en el frente casi vertical del arrecife.

ARRECIFE DEL PÉRMICO
Este gigantesco arrecife de Texas (EE UU) fue construido por algas calcáreas, pero poseía su propia fauna de peces e invertebrados marinos.

Arrecifes gigantes de algas

En el norte de Inglaterra, Texas y otros lugares, vastos arrecifes de algas (ricos en braquiópodos y briozoos raros) rodeaban mares interiores conectados por estrechos canales con el océano abierto. Al bajar el nivel del mar, los arrecifes morían y eran abandonados. Los mares interiores se secaron y se depositaron grandes cantidades de sal en forma de evaporitas; a veces, se inundaron de nuevo, al menos temporalmente. Esto causó una catástrofe biológica sin precedentes y la peor crisis de la vida en la Tierra.

SCHIZODUS SP.
Los bivalvos del Pérmico no se vieron muy afectados por la extinción masiva, y sus fósiles, como este molde de *Schizodus*, son bastante frecuentes.

GRUPOS

A lo largo de este período, la mayoría de los moluscos sufrieron comparativamente poco. Bivalvos, gasterópodos y cefalópodos siguieron prosperando, pero los briozoos quedaron peor parados a raíz de la extinción pérmica. Los braquiópodos fueron abundantes en el Pérmico inferior y los ammonoideos se volvieron cada vez más complejos y diversos.

BRIOZOOS
Los briozoos del Pérmico eran invertebrados coloniales generalmente marinos, aunque había algunos géneros de agua dulce. Poseían esqueletos calcáreos con gran número de pequeños zooides; la mayoría de estos se alimentaba mediante un anillo de tentáculos, y otros se especializaban en otras funciones. Varios grupos se vieron muy afectados por la extinción del Pérmico.

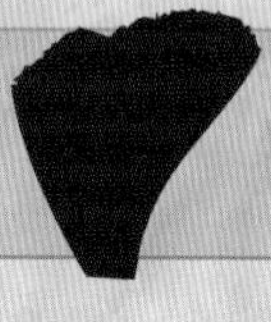

BRAQUIÓPODOS
Estos invertebrados marinos vivían y se alimentaban en el fondo del mar. Aunque solían tener dos valvas, su organización corporal era muy distinta de la de los bivalvos (dcha.). Fueron un componente dominante en los ecosistemas del fondo marino hasta la extinción masiva al final del Pérmico; algunas especies aún perviven.

AMMONOIDEOS
En el Pérmico prosperaron varios grupos de estos cefalópodos, con líneas de sutura «goniáticas» (muy angulosas; p. 194), y dieron lugar a los ammonoideos ceratítidos que dominaron el Triásico.

BIVALVOS
Los moluscos bivalvos que vivían en el lecho marino o eran excavadores y se alimentaban aspirando corrientes de agua cargada de partículas nutritivas en suspensión, proliferaron en este período. Con el declive de los braquiópodos, a finales del Pérmico se convirtieron en el grupo dominante entre los suspensívoros del fondo marino.

Rectifenestella

GRUPO Briozoos
DATACIÓN Del Devónico al Pérmico
TAMAÑO 5 cm de altura media
LOCALIZACIÓN Todo el mundo

Rectifenestella era una colonia de briozoos vertical, con forma cónica o de abanico y de apariencia reticular. Estaba compuesta por finas ramas, cada una de las cuales se dividía en dos, conectadas mediante pequeños tabiques, por lo general horizontales, que formaban agujeros rectangulares. Los agujeros circulares distribuidos en filas en un lado de la colonia eran las aberturas de los zoecios, donde vivían los autozooides (individuos coloniales, o zooides, encargados de la alimentación). Cada autozooide tenía en torno al orificio oral una corona de tentáculos (lofóforo), provistos de extensiones similares a pelillos (cilios) que creaban un flujo de agua cargada de alimento hacia la boca. El agua ya filtrada fluía hacia las aberturas rectangulares de la colonia, en la parte posterior. *Rectifenestella* se sostenía mediante unas espinas parecidas a raíces en la base, en el lado opuesto al de los autozooides, y que no se ven en el espécimen de la imagen (abajo).

DIRECCIÓN DEL FLUJO
El agua filtrada fluía a través de las fenéstrulas de *Rectifenestella* y hacia el exterior por la parte trasera de la colonia.

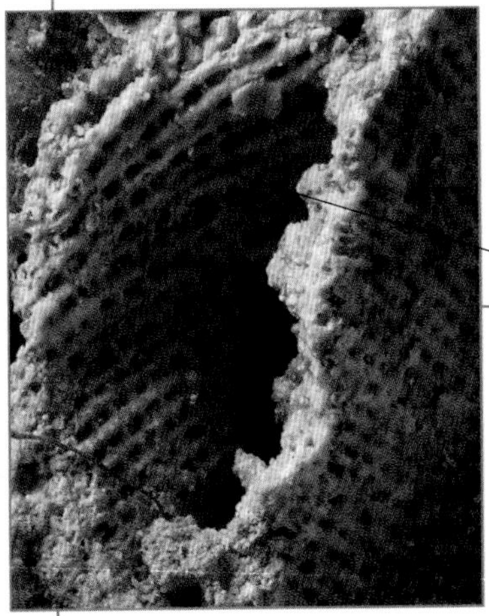
fenéstrula

apariencia de red

RECTIFENESTELLA RETIFORMIS
Esta colonia reticular se puede ver junto a una *Acanthocladia anceps.* Durante la extinción del Pérmico, ambas especies desaparecieron.

ANATOMÍA
COLONIA FENESTRADA

Las colonias de briozoos adoptan diversas formas. Algunas crecen como bultos compactos incrustados en el fondo marino, mientras que otras son ramificadas o globosas. Los extintos briozoos fenestrados fueron llamados así por su característica forma de red. Sus finas ramitas se conectaban mediante tabiques llamados disepimentos que originaban espacios abiertos o fenéstrulas (del latín *fenestra,* que significa «ventana»). A menudo las ramas verticales se bifurcaban formando un abanico. Las pequeñas aberturas, en una o dos filas, de la superficie frontal de estas ramas eran las entradas a las cámaras (zoecios) donde se alojaban los diminutos animales blandos de la colonia.

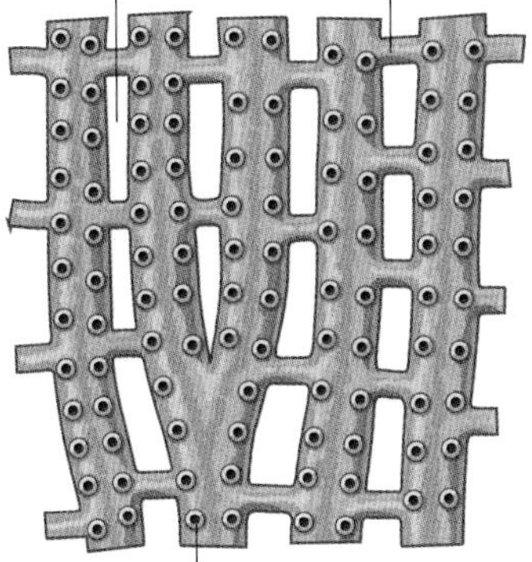
fenéstrula
disepimento
zoecio

Acanthocladia

GRUPO Briozoos
DATACIÓN Del Carbonífero al Pérmico
TAMAÑO 2 cm de altura media
LOCALIZACIÓN Europa, América del Norte, Asia

Acanthocladia era una colonia fenestrada de briozoos vertical, a menudo similar a un arbusto. Las ramas crecían a partir de un eje central y se dividían en dos. A veces las más pequeñas se fusionaban, y se creaban agujeros irregulares (fenéstrulas) entre ellas. En un lado de la colonia había hileras de aberturas circulares que alojaban a los blandos autozooides. Cuando estos no estaban alimentándose, retraían sus tentáculos. El lado opuesto de la colonia era liso o con finas estrías.

ACANTHOCLADIA ANCEPS
La colonia parecía un arbusto, con ramas que partían de un eje central.

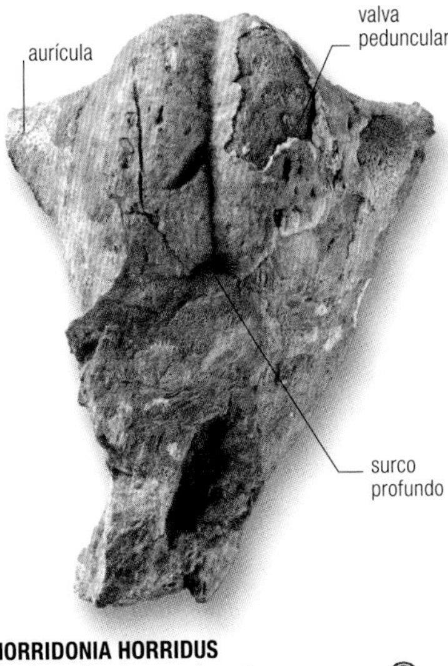
aurícula
valva peduncular
surco profundo

HORRIDONIA HORRIDUS
Este braquiópodo era más ancho entre las aurículas a cada lado de la línea de charnela.

Horridonia

GRUPO Braquiópodos
DATACIÓN Pérmico
TAMAÑO 2,5-8 cm de longitud
LOCALIZACIÓN Europa, Asia, Ártico, Australia

Horridonia era un braquiópodo estrofoménido emparentado con el *Productus* del Carbonífero (p. 149). Su valva braquial, levemente cóncava y muy curvada en el borde exterior, descansaba dentro de la valva peduncular, más grande y convexa. Solo de joven poseía un apéndice o pedúnculo para fijarse al lecho marino. Este se atrofiaba cuando el animal maduraba, y el adulto dependía del peso de su valva peduncular para mantenerse en el fondo.

Coledium

GRUPO Braquiópodos
DATACIÓN Del Devónico medio al Pérmico medio
TAMAÑO 0,8-1,5 cm de diámetro
LOCALIZACIÓN EE UU, Indonesia

Coledium era un pequeño braquiópodo rinconélido con una abertura bajo el umbo de su valva más grande (la peduncular). El borde exterior de la valva braquial, más pequeña, presentaba un pliegue saliente que se correspondía con un pliegue hacia dentro (seno) en el borde exterior de la valva peduncular. Dentro de la concha había una fina pared que surgía de la valva peduncular y que, en vida del animal, debía de soportar una fijación para un pequeño músculo con forma de cuchara, en el centro de la valva.

orificio para el pedúnculo
costillas radiales

COLEDIUM HUMBLETONENSIS
Esta especie tenía unas costillas radiales poco marcadas en ambas valvas. Aquí se ve la valva braquial, con el umbo de la peduncular arriba.

coralita

Thamnopora

GRUPO Antozoos
DATACIÓN Del Devónico al Pérmico
TAMAÑO Coralitas de 1-2 mm de diámetro
LOCALIZACIÓN Todo el mundo

Thamnopora era un coral tabulado ramificado. Los exoesqueletos (coralitas), que albergaban en vida a los pólipos, eran de sección circular y curvados hacia afuera a partir del centro de la rama. El pólipo debía de reposar sobre las tábulas, pequeños tabiques horizontales. Las paredes de las coralitas eran porosas y su grosor iba en aumento hacia los bordes de la colonia.

THAMNOPORA WILKINSONI
Las paredes entre las coralitas de este coral tabulado eran muy finas.

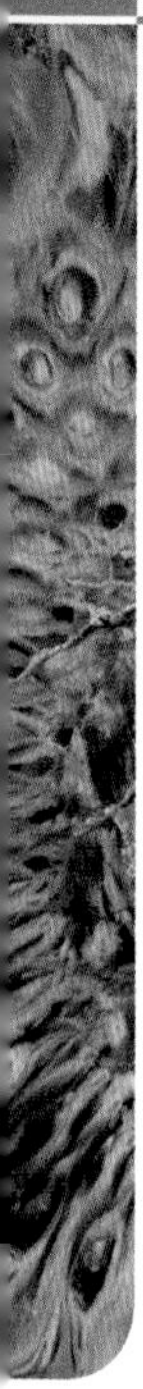

Xenodiscus

GRUPO Cefalópodos
DATACIÓN Del Pérmico superior al Triásico
TAMAÑO 6-10 cm de diámetro
LOCALIZACIÓN Pakistán, Indonesia

Xenodiscus era un ammonoideo con una concha discoidal comprimida, con lados aplanados. Las espiras se superponían ligeramente, y el ombligo era ancho y poco profundo. Presentaba costillas radiales no muy pronunciadas, desarrolladas en las primeras vueltas de la espiral, pero menos marcadas en la cámara corporal. Lo que diferencia a *Xenodiscus* de los goniatites (un grupo de ammonoideos coetáneos) es la forma de las suturas –las líneas en que los tabiques internos (septos) se unían a la concha–, que eran del tipo llamado ceratítico. *Xenodiscus* es un ammonoideo ceratítido, un grupo que se desarrolló en el Pérmico medio. A diferencia de los goniatites, sobrevivió a las extinciones de finales del Pérmico, pero acabó por desaparecer a finales del Triásico.

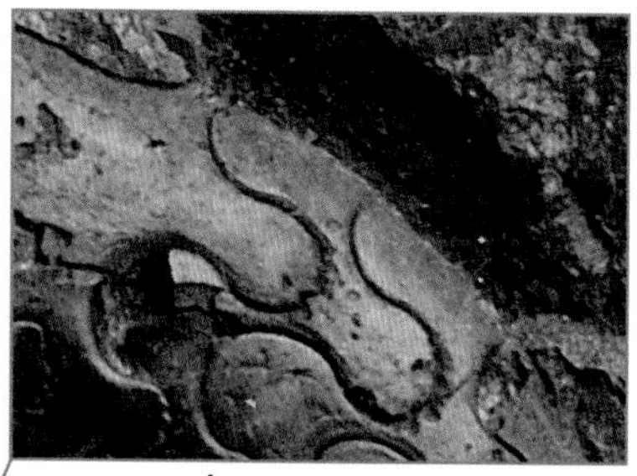

LÍNEAS DE SUTURA
Las líneas de sutura encaradas a la abertura son redondeadas, mientras que las encaradas hacia atrás están finamente serradas.

líneas de sutura muy próximas
amplio ombligo
cámara corporal

XENODISCUS SP.
La configuración de las espiras y el amplio ombligo corresponden al tipo de concha llamada evoluta. La cámara corporal tiene fisuras naturales, rellenas de minerales.

Juresanites

GRUPO Cefalópodos
DATACIÓN Pérmico inferior
TAMAÑO 7-10 cm de diámetro
LOCALIZACIÓN Rusia, Australia

Juresanites era un goniatites robusto y redondeado. Cada vuelta de la espiral se superpone en parte a la anterior, lo que crea un ombligo bastante profundo y ancho. Es una concha moderadamente involuta. La superficie era lisa y sin dibujos visibles. Muchos goniatites del Pérmico presentaban suturas similares a las de *Juresanites,* pero otros las tenían más complejas, cercanas a las de algunos ammonoideos del Mesozoico (pp. 279-281).

línea de sutura
vientre redondeado

JURESANITES JACKSONI
En este espécimen son visibles las suturas curvadas, como en muchos goniatites. El borde exterior (vientre) de la espiral es redondeado.

Permophorus

GRUPO Bivalvos
DATACIÓN Del Carbonífero inferior al Pérmico
TAMAÑO 2-4 cm de longitud
LOCALIZACIÓN Todo el mundo

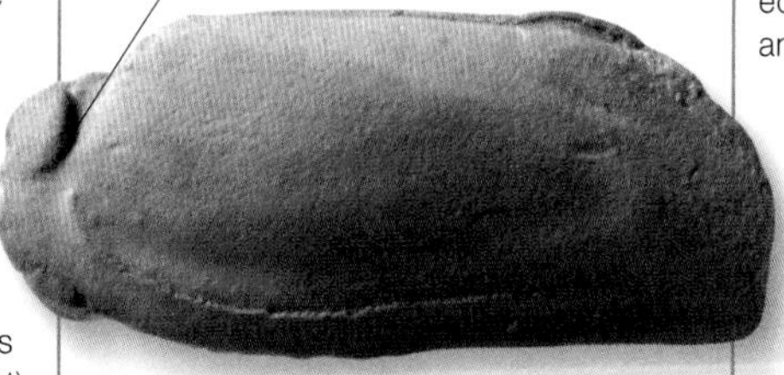
marca dejada por el músculo aductor anterior

PERMOPHORUS ALBEQUUS
Este molde interno muestra la muesca en que se anclaba el músculo anterior de los dos que cerraban las valvas.

Permophorus era un bivalvo casi rectangular con los extremos anterior y posterior redondeados. Los umbos de ambas valvas eran bajos y estaban situados hacia el extremo anterior. La concha era lisa, aunque a veces tenía costillas concéntricas y diseños radiales poco marcados en el extremo posterior. También presentaba una cresta en ángulo hacia la charnela. Los rasgos internos no visibles en la imagen comprenden dos dientes bien desarrollados entre los umbos de cada valva y otros dos, paralelos a aquellos, en el borde dorsal. En vida del animal, estos dientes ayudaban a mantener las valvas cerradas.

Deltoblastus

GRUPO Equinodermos
DATACIÓN Pérmico
TAMAÑO 1,5-2,5 cm de longitud
LOCALIZACIÓN Indonesia, Sicilia, Omán

Deltoblastus fue uno de los últimos equinodermos blastoideos existentes antes de la extinción del grupo. Se fijaba al lecho marino mediante un fino pedúnculo. Si se compara con el similar *Pentremites* (p. 152), del Carbonífero, se observan notables diferencias, como un círculo de placas más desarrollado en *Deltoblastus.* Aunque vivió mucho después que *Pentremites,* es el superviviente de un grupo de blastoideos mucho más primitivo.

ambulacro
región en forma de V

DELTOBLASTUS PERMICUS
Los cinco ambulacros hundidos poseían largas y finas extensiones, usadas para la alimentación.

Ditomopyge

GRUPO Artrópodos

DATACIÓN Del Carbonífero superior al Pérmico superior

TAMAÑO 2,5-3 cm de longitud

LOCALIZACIÓN América del Norte, Europa, Asia, Australia Occidental

Ditomopyge poseía una característica glabela ensanchada en la parte frontal. Los profundos surcos de la parte posterior de la glabela la dividían en tres lóbulos, un rasgo que lo diferencia del trilobites del Carbonífero *Hesslerides* (p. 153), por lo demás muy parecido. El tórax tenía nueve segmentos, con un eje elevado y partes pleurales (laterales) más bajas y descendentes. La cola era casi tan larga como la cabeza y constaba de 14 anillos bien diferenciados. Los últimos trilobites, como *Ditomopyge,* se extinguieron a finales del Pérmico, tras un largo declive. Constituyeron una parte muy pequeña de la fauna marina pérmica, aunque localmente (por ejemplo, en Crimea) se han hallado en un número bastante elevado.

CABEZA REFORZADA
La larga proyección ahusada que parte de cada lado de la cabeza es la espina genal, que reforzaba la estructura cefálica. Los ojos son los montículos con forma de riñón situados a ambos lados de la cabeza.

PÉRMICO
VERTEBRADOS

El Pérmico fue testigo del surgimiento explosivo de los sinápsidos avanzados. En los océanos siguieron diversificándose los peces de aletas con radios; los vertebrados terrestres evolucionaban hacia un nuevo tipo de depredador: el cinodonto; y los herbívoros perfeccionaban sofisticados mecanismos de masticación.

El auge de los sinápsidos avanzados (reptiles parecidos a mamíferos) fue el acontecimiento evolutivo más importante del Pérmico, esencial para la emergencia de los mamíferos y, en última instancia, de los humanos. Durante el Pérmico, la fauna terrestre adoptó una dinámica más familiar, con unos pocos depredadores que se alimentaban de los mucho más numerosos herbívoros.

Cinodontos y anatomía mamiferoide

Los superdepredadores de finales del Carbonífero andaban sobre cuatro patas extendidas hacia los lados, como los cocodrilos, lo que indica un estilo de vida menos activo. En el Pérmico superior, los sinápsidos habían desarrollado ya rasgos idóneos para la caza activa: sus extremidades se habían alargado y se disponían casi perpendiculares al suelo; los dientes se habían especializado en incisivos, caninos y molares, y los ojos se habían adelantado, lo que mejoraba su visión estroboscópica. Estos primitivos cinodontos poseían casi todas las características de los mamíferos. El rasgo en que es más clara la evolución hacia los mamíferos está en el oído medio. Los mamíferos tienen en él tres osículos: martillo, yunque y estribo; todos los demás tetrápodos solo poseen el estribo. El registro fósil de los sinápsidos muestra que los otros dos huesecillos, antes parte de la articulación mandibular, quedaron libres de la función masticadora para integrarse en el oído medio, donde pasaron a intervenir en la transmisión de sonidos.

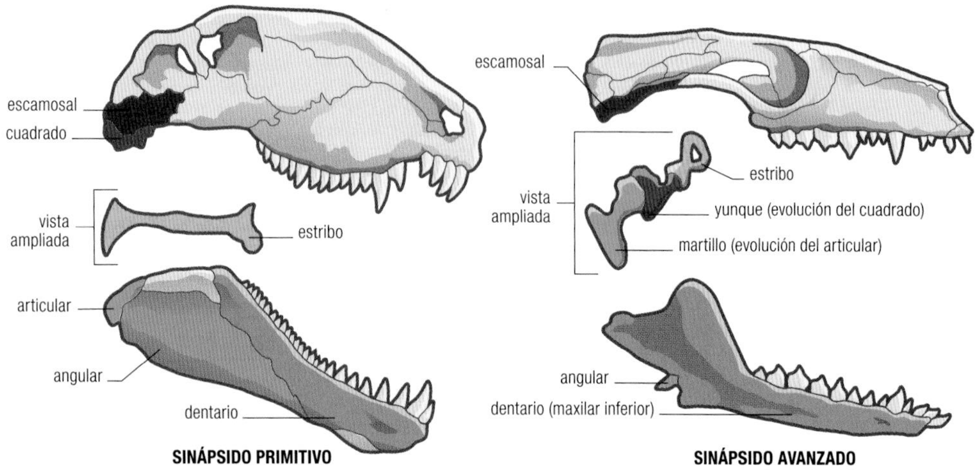
escamosal
cuadrado
vista ampliada
estribo
articular
angular
dentario
SINÁPSIDO PRIMITIVO
escamosal
vista ampliada
estribo
yunque (evolución del cuadrado)
martillo (evolución del articular)
angular
dentario (maxilar inferior)
SINÁPSIDO AVANZADO

La gran extinción

El Pérmico acabó con la mayor extinción de todas: se estima que el 95 % de las especies marinas y el 70 % de las terrestres perecieron por el envenenamiento de la atmósfera y los océanos a causa de las erupciones volcánicas (p. 32).

EVOLUCIÓN DE LOS OSÍCULOS DEL OÍDO
La mayoría de tetrápodos solo tiene un huesecillo en el oído medio, el estribo, que se articula con el tímpano. Las mandíbulas se articulan entre el cuadrado y el articular. En los sinápsidos avanzados, incluidos los mamíferos (izda.), la mandíbula se articula entre el maxilar inferior y el escamosal, dejando libres el cuadrado y el articular para incorporarse al oído medio.

GRUPOS

El Pérmico empezó con una fauna casi idéntica a la del Carbonífero superior y acabó con una fauna dominada por los sinápsidos, con muchos herbívoros y pocos depredadores. Los cuatro grupos aquí descritos representan importantes innovaciones en la evolución de los vertebrados durante los 48 MA del Pérmico.

TEMNOSPÓNDILOS
En el Pérmico, los anfibios temnospóndilos se especializaron en terrestres o acuáticos. Unos, como *Eryops*, se convirtieron en animales semiacuáticos muy similares a los caimanes, mientras que otros, como *Archegosaurus*, vivían en lagos. Entre los totalmente terrestres está *Cacops*, con el dorso protegido por una doble hilera de placas de coraza.

LEPOSPÓNDILOS
Este grupo de anfibios tetrápodos adoptó varios estilos de vida. Microsaurios similares a salamandras deambulaban por tierra o se especializaron en construir madrigueras. Los lisorófidos, con forma de serpiente, y los adelospondílidos tenían las patas muy reducidas y eran acuáticos. Los nectrideos, como *Diplocaulus*, con la cabeza en forma de bumerán, eran también acuáticos y los más grandes.

EDAFOSÁURIDOS
Estos primitivos sinápsidos, incluido *Edaphosaurus*, con vela dorsal, eran herbívoros. Sus dientes se hicieron más cortos, apiñados y romos, adaptados para cortar y triturar. Su vientre se agrandó a fin de poder albergar las bacterias que sus intestinos necesitaban para digerir plantas. Los herbívoros acabaron constituyendo la mayor parte de la fauna de vertebrados terrestres.

CINODONTOS
Estos sinápsidos avanzados surgieron en el Pérmico superior. Los primeros, como *Procynosuchus*, presentan una serie de innovaciones hacia la condición mamífera, como el pelo, la estructura del cráneo y la disposición de las patas. Estos y otros cambios esqueléticos indican que el proceso de adquisición del metabolismo basal más alto de los mamíferos estaba en marcha.

TIBURÓN ESPINOSO
Los acantodios se conocen como «tiburones espinosos», aunque no son tiburones verdaderos. *Acanthodes* tenía menos espinas que la mayoría de sus parientes, pero igualmente útiles para su protección.

Acanthodes

GRUPO Acantodios
DATACIÓN Del Carbonífero inferior al Pérmico medio
TAMAÑO Generalmente 20 cm de longitud; algunos, 2 m
LOCALIZACIÓN Europa

Pese a su pequeño y esbelto cuerpo, *Acanthodes* estaba a salvo de depredadores gracias a las espinas pareadas que poseía en el borde de ataque de sus aletas pectorales, pélvicas, anal y caudal. Otras características más específicas eran la aleta dorsal única situada muy atrás, cerca de la cola similar a la de los tiburones, así como las escamas más o menos rectangulares densamente distribuidas. Carecía de dientes y vivía en agua dulce como un filtrador, nadando velozmente.

Xenacanthus

GRUPO Condrictios
DATACIÓN Del Devónico superior al Triásico superior
TAMAÑO 70 cm de longitud
LOCALIZACIÓN Europa, EE UU

Los tiburones xenacantos se han descrito basándose en dientes sueltos hallados en rocas marinas y de agua dulce distribuidas por todo el mundo. Como todos los demás grupos de tiburones, poseían dos pares de aletas en la región ventral: las pectorales, más cercanas a la cabeza, y las pélvicas, más próximas a la cola. Estas actuaban como las alas de un aeroplano, sustentando al tiburón al desplazarse por el agua. El macho tenía un par de apéndices (pterigopodios) que se proyectaban hacia atrás desde las aletas pélvicas y que utilizaba para depositar el esperma en el cuerpo de la hembra durante el apareamiento. La última aleta del vientre de *Xenacanthus* era la anal, dividida en dos partes. La cola estaba completamente alineada con el cuerpo, y los dos lóbulos, inferior y superior, tenían prácticamente el mismo tamaño.

ESPINA EN LA CABEZA
La espina de *Xenacanthus* es inusual por estar en la parte posterior de la cabeza, y no en la aleta dorsal. Probablemente se trataba de una estructura defensiva que pudo estar conectada a glándulas de veneno.

cráneo estrecho
dientes similares a los de un cocodrilo

MANDÍBULAS ESTRECHAS
Con su estrecha mandíbula y sus proporciones de cocodrilo, *Archegosaurus* debió de ser sobre todo piscívoro, alimentándose de especies como *Acanthodes* en las aguas de lagos profundos.

Archegosaurus

GRUPO Temnospóndilos
DATACIÓN Pérmico inferior
TAMAÑO 1,5 m de longitud
LOCALIZACIÓN Alemania

Archegosaurus, descubierto en 1847, fue uno de los primeros anfibios descritos. Parecía un pequeño cocodrilo de hocico estrecho, y su nombre significa «fundador de la raza reptil». Casi todos los fósiles proceden de depósitos formados en el fondo de lagos profundos. La mayoría de cocodrilos de hocico estrecho actuales, como el gavial, se alimentan de peces, y *Archegosaurus* probablemente cazaba igual que ellos. Se han hallado algunos especímenes con huesos de *Acanthodes* dentro. Cuando se descubrió el primer *Archegosaurus,* se trataba del animal con patas (y dedos) más antiguo conocido; sin embargo, compartía muchos rasgos con los peces, lo que hizo pensar a los científicos que era una especie de transición. Hoy se considera un anfibio primitivo.

Eryops

GRUPO Temnospóndilos
DATACIÓN Del Carbonífero superior al Pérmico inferior
TAMAÑO 2 m de longitud
LOCALIZACIÓN América del Norte

Eryops es uno de los anfibios temnospóndilos mejor conocidos, ya que se han recogido numerosos especímenes muy bien conservados. Era un animal grande y robusto, excepcional entre los primeros anfibios por tener el esqueleto totalmente óseo, lo cual facilita la fosilización. El de sus coetáneos poseía más cartílago, y como este no se mineralizó, su anatomía no se ha conservado completa. *Eryops* surgió en el Carbonífero superior en América del Norte, pero la mayoría de los especímenes hallados datan del Pérmico inferior. Se trataba de uno de los superdepredadores de su ecosistema. Parecía un caimán rechoncho y casi con certeza se alimentaba de peces y pequeños anfibios. Su largo hocico rectangular inspiró su nombre, que significa «cara alargada». Es muy probable que tuviera que afrontar un cambio de dieta durante el Pérmico. Los especímenes más antiguos tienen el hocico con forma de pala redondeada y dientes pequeños, casi marginales, ideal para capturar peces pequeños. Sin embargo, los posteriores presentan un hocico más grande y rectangular, con grupos de dientes más grandes a intervalos, como los de los cocodrilos actuales que se alimentan de animales mucho más grandes en lagos y ríos.

SIN CAJA TORÁCICA
Al igual que las salamandras, y a diferencia de reptiles y mamíferos, *Eryops* poseía unas costillas rectas que no envolvían el pecho formando una caja torácica. La función primordial de estas costillas era soportar el cuerpo, y no llenar los pulmones de aire. Como las salamandras, *Eryops* debía de respirar llenando de aire su enorme boca para pasarlo hacia los pulmones.

YACIMIENTO CLAVE

ESTRATOS ROJOS DE TEXAS

Desde la década de 1870, la mayor fuente de fósiles de reptiles y anfibios del Pérmico ha sido una serie de formaciones conocidas como Red Beds (estratos rojos) de Texas, que se extienden a través de Texas hasta Oklahoma y representan depósitos aluviales, pozas, lechos de lagos y acumulaciones fluviales en una llanura costera tropical. Contienen una rica fauna, con una variada gama de animales acuáticos, anfibios y terrestres, muchos de ellos con el esqueleto íntegro. Entre los fósiles hallados figuran el tiburón *Xenacanthus,* los anfibios *Diplocaulus, Seymouria* y *Eryops,* así como el reptil *Captorhinus.*

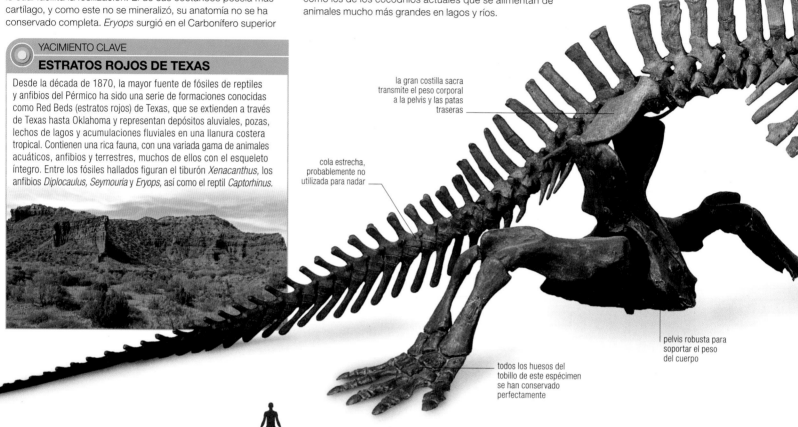

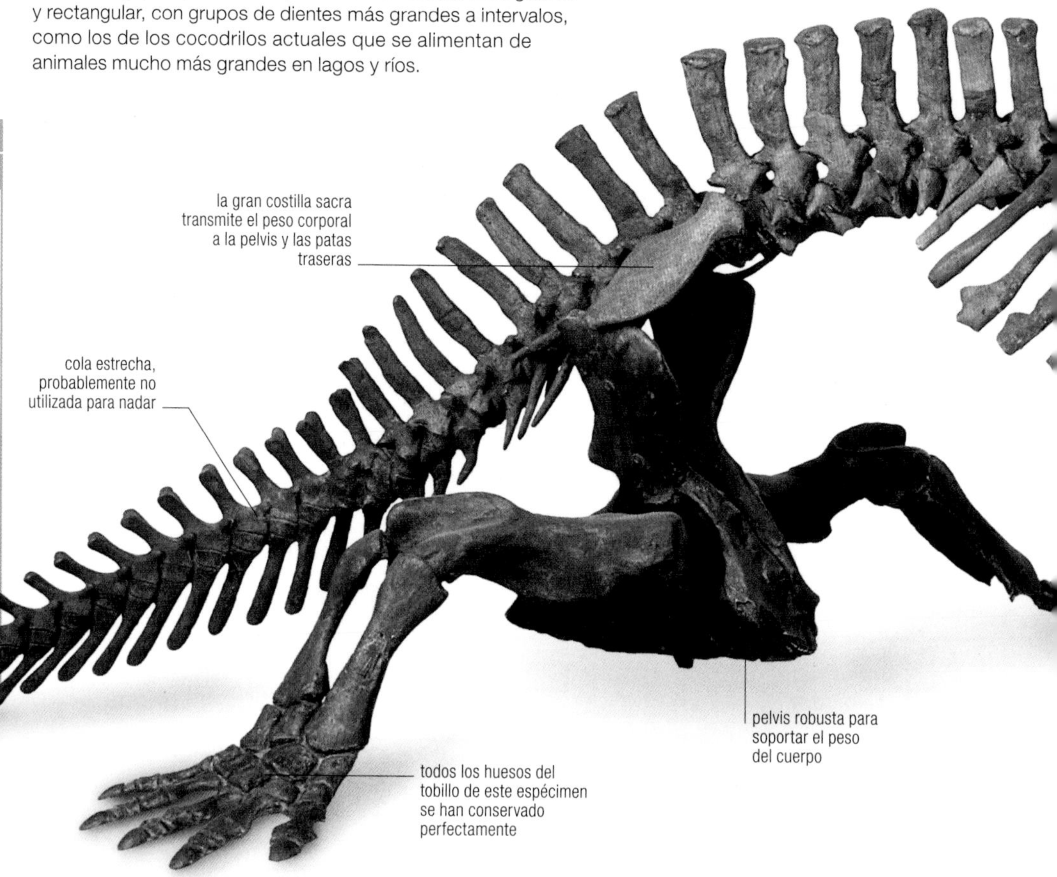
la gran costilla sacra transmite el peso corporal a la pelvis y las patas traseras
cola estrecha, probablemente no utilizada para nadar
todos los huesos del tobillo de este espécimen se han conservado perfectamente
pelvis robusta para soportar el peso del cuerpo

Sclerocephalus

GRUPO Temnospóndilos
DATACIÓN Pérmico inferior
TAMAÑO 1,5 m de longitud
LOCALIZACIÓN Alemania, República Checa

Sclerocephalus era un pariente más pequeño de *Eryops* (arriba). Vivía en los grandes lagos alpinos, tropicales y poco profundos, que se desarrollaron entre cordilleras en la actual Europa central. En algunos casos, el agua quedó estancada, y adultos y crías de *Sclerocephalus* murieron en gran número. Este espécimen fosilizado era casi adulto.

BIEN CONSERVADO
En este fósil se aprecia la silueta negra del cuerpo en la roca. El cadáver quedó enterrado muy rápido junto con las bacterias que lo estaban descomponiendo, y estas crearon una fina película carbonosa que se solidificó.

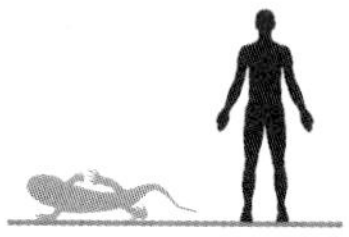

Seymouria

GRUPO Amniotas
DATACIÓN Pérmico inferior
TAMAÑO 80 cm de longitud
LOCALIZACIÓN EE UU, Alemania

Seymouria era un pequeño carnívoro al que se consideró durante largo tiempo una transición entre anfibio y reptil. Los debates acerca de si era o no un reptil se zanjaron cuando se observó que su pariente más pequeño, *Discosauriscus* (dcha.), poseía agallas y canales de líneas laterales en su etapa juvenil. Esto apuntaba a que *Seymouria* habría sido anterior a los reptiles. Actualmente se lo considera un tetrápodo anfibio primitivo que compartía con los reptiles algunas de sus adaptaciones a la vida terrestre.

Durante muchos años, los científicos pensaron que *Seymouria* era un reptil primitivo.

MÁS TERRESTRE QUE ACUÁTICO
Aunque es probable que *Seymouria* pasara la mayor parte del tiempo en tierra, las hembras seguramente regresarían al agua para desovar.

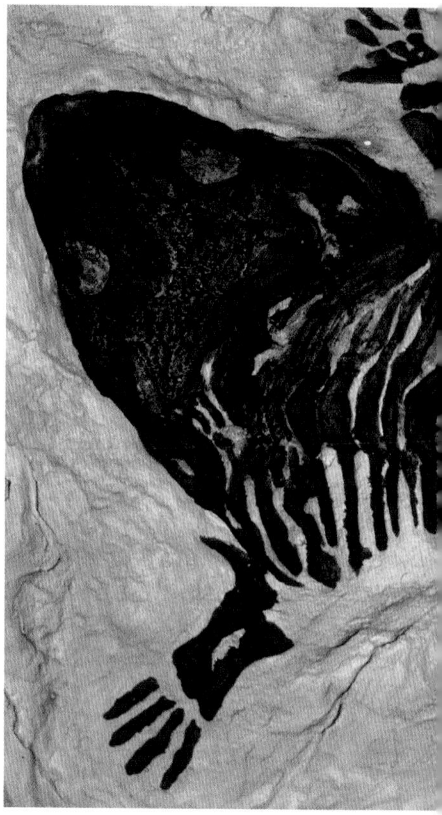

Eryops **tenía todo el esqueleto de hueso, algo insólito entre los anfibios y que hizo posible la conservación de especímenes íntegros.**

las palas adicionales de algunas costillas lo ayudarían a respirar profundamente, empujando el aire adentro y afuera de los pulmones
las vértebras del cuello, sin espinas, permitían mover la cabeza de arriba abajo
las órbitas debían de alojar ojos dirigidos hacia los lados
cintura escapular enorme, para soportar la gran cabeza
las fosas nasales debían de servir para oler, no para respirar

Diplocaulus

GRUPO Nectrideos
DATACIÓN Pérmico inferior
TAMAÑO 1 m de longitud
LOCALIZACIÓN EE UU, Marruecos

Diplocaulus es uno de los fósiles más comunes en los estratos rojos de Texas (izda.), pero carece de parientes vivos. Del cuello hacia atrás recuerda a una salamandra rechoncha, pero su cráneo tiene una extraña forma de bumerán, con unos «cuernos» largos y aplanados a ambos lados. Se ha sugerido que estos podían actuar como «hidroalas» que generaban sustentación cuando el animal maniobraba en la corriente, permitiéndole elevarse y descender casi sin esfuerzo.

«cuerno» largo y aplanado
columna vertebral

CRECIMIENTO DE LOS CUERNOS
Se han hallado varios cráneos que demuestran que los «cuernos» de *Diplocaulus* crecían a medida que lo hacía el animal. En los jóvenes eran cortos y orientados hacia atrás, pero hacia la mitad de su desarrollo comenzaban a apuntar hacia fuera.

Discosauriscus

GRUPO Amniotas
DATACIÓN Pérmico inferior
TAMAÑO 40 cm de longitud
LOCALIZACIÓN República Checa, Alemania, Francia

Discosauriscus era un pariente más pequeño de *Seymouria* (izda.). A diferencia de su primo mayor, parece haber sido siempre acuático, ya que presentaba agallas de joven y canales sensoriales laterales durante toda su vida. La mayoría de los especímenes se han hallado en la República Checa, en una región donde las rocas superficiales representan un lago del Pérmico que se estancó, acarreando así la muerte de todos los peces y anfibios que lo poblaban. Los miles de fósiles de *Discosauriscus* recogidos en esta zona lo convierten en uno de los anfibios fósiles más comunes.

PEQUEÑO LAGARTO DE DISCOS
Las vértebras de *Discosauriscus* poseen una pequeña estructura discal, llamada pleurocentro, a la que debe su nombre el animal («pequeño lagarto de discos»).

pleurocentro

Orobates

GRUPO Amniotas
DATACIÓN Pérmico inferior
TAMAÑO 1 m de longitud
LOCALIZACIÓN Alemania

Orobates fue un herbívoro vertebrado primitivo. Se conoce gracias a unos cuantos esqueletos completos hallados cerca de la aldea alemana de Bromacker, donde se halló una de las primeras comunidades de anfibios y reptiles plenamente terrestres del registro fósil. Su nombre significa «caminante de las montañas», y se cree que vivía en hábitats terrestres escarpados. *Orobates* es el miembro más primitivo de la familia de los diadéctidos, unos herbívoros de tamaño considerable para la época, provistos de amplios molares para masticar y triturar vegetación y largos incisivos para arrancar hojas.

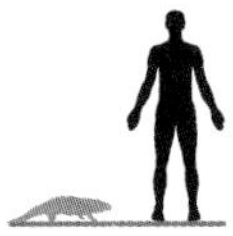

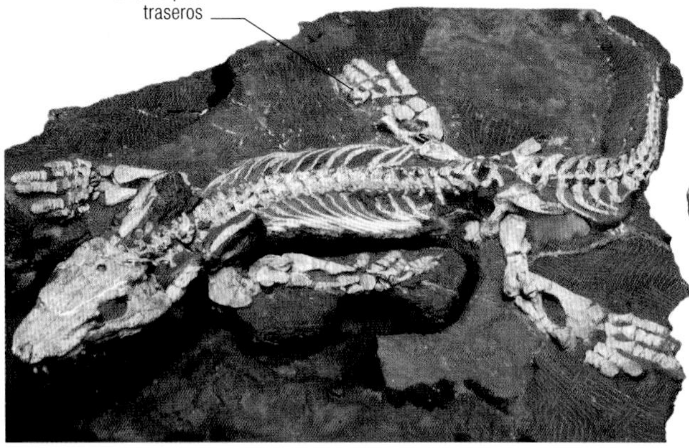
anchos pies traseros

CAMINANTE DE LAS MONTAÑAS
Con sus grandes pies y musculosas extremidades, se cree que *Orobates* podía hacer frente al abrupto terreno en el que buscaba vegetación para alimentarse.

Captorhinus

GRUPO Eurreptiles
DATACIÓN Pérmico inferior
TAMAÑO 50 cm de longitud
LOCALIZACIÓN EE UU

Captorhinus era un reptil primitivo con hileras de dientes trituradores que sustituía continuamente. Puede que fuera omnívoro, capaz de alimentarse de pequeños animales además de hojas y brotes. Los *Captorhinus* del Pérmico superior eran, casi con certeza, herbívoros.

hocico puntiagudo

CRÁNEO DE LAGARTO
El cráneo de *Captorhinus* se parecía bastante al de un lagarto actual, igual que el resto del cuerpo.

Eudibamus

GRUPO Parareptiles
DATACIÓN Pérmico inferior
TAMAÑO 25 cm de longitud
LOCALIZACIÓN Alemania

Eudibamus fue un pequeño herbívoro de la familia de los bolosáuridos, notable por sus raros dientes con proyecciones en la parte interior. Al cerrar la boca, las proyecciones de los dientes superiores e inferiores se juntaban y aplastaban la materia vegetal. *Eudibamus* es el ejemplo más antiguo conocido de locomoción bípeda: sus patas traseras son extremadamente largas comparado con las delanteras, y sus dedos son largos, lo que aumentaba la longitud de los pasos. La cola, también alargada, facilitaba el equilibrio. La morfología de la rodilla indica que las patas se mantenían rectas, a la manera de las de los posteriores dinosaurios, en lugar de abrirse como las de sus parientes más próximos. Todas estas adaptaciones permitían a *Eudibamus* alcanzar altas velocidades, y quizá adoptaba la postura bípeda para escapar corriendo de los depredadores.

Mesosaurus

GRUPO Parareptiles
DATACIÓN Pérmico inferior
TAMAÑO 1 m de longitud
LOCALIZACIÓN Sudáfrica, América del Sur

Mesosaurus fue el primer reptil acuático. Los vertebrados adaptados a la vida en tierra firme (amniotas) evolucionaron durante el Carbonífero superior (p. 155), pero al cabo de unos 20 MA, un grupo de amniotas que incluía a *Mesosaurus* se readaptó a la vida en el agua. *Mesosaurus* era un reptil, así que tenía una piel impermeable, probablemente escamosa, y largas extremidades. Emergía para respirar, ya que tenía pulmones en lugar de agallas. Su cola era larga y plana y sus grandes pies le servían para nadar. Atrapaba crustáceos y pequeños peces con sus casi 200 largos y afilados dientes mientras barría el agua con rápidos movimientos de su hocico.

cola similar a la del cocodrilo
hocico largo y estrecho

CUERPO HIDRODINÁMICO
Con su largo cuerpo hidrodinámico y su poderosa cola, *Mesosaurus* tuvo que ser un gran nadador, pero sus dientes, relativamente pequeños, indican que debía de alimentarse de presas igualmente pequeñas.

BIOGRAFÍA
ALFRED WEGENER

El meteorólogo alemán Alfred Wegener (1880–1930) publicó su teoría de la deriva continental en 1915. Al observar que la costa de África occidental encajaba claramente con la costa oriental de América del Sur, propuso que los continentes habían formado parte de un vasto supercontinente, Pangea, antes de separarse hace unos 300 MA. Los fósiles de *Mesosaurus* corroboraron su teoría (p. 21).

Scutosaurus

GRUPO Pararreptiles
DATACIÓN Pérmico superior
TAMAÑO 2 m de longitud
LOCALIZACIÓN Rusia

Scutosaurus era un gran herbívoro del grupo de los pareiasaurios, cuyos miembros tenían unas costillas largas y gruesas que constituían su enorme caja torácica con forma de barril. El gran torso contenía un largo tracto digestivo para descomponer la materia vegetal dura, ya que sus dientes romos podían cortar vegetales, pero no masticarlos. Su cráneo era ancho y aplanado, y dos colmillos cortos colgaban a los lados de su mandíbula inferior.

escudos óseos
fuertes patas como columnas

PATAS COMO COLUMNAS
Pese a su nombre («lagarto acorazado»), que alude a las pequeñas placas óseas incrustadas en su piel, *Scutosaurus* no tenía patas de lagarto, sino unas patas verticales como columnas.

Ascendonanus

GRUPO Varanópidos
DATACIÓN Pérmico inferior
TAMAÑO 40 cm de longitud
LOCALIZACIÓN Alemania

Ascendonanus fue un pariente próximo de *Varanops* (p. siguiente), aunque de tamaño mucho menor, y probablemente insectívoro. Se encontró en el bosque fósil de Chemnitz (Alemania), donde la ceniza volcánica conservó plantas y animales con un detalle excepcional. Se conservó incluso su piel, con sus escamas. *Ascendonanus* es el vertebrado arbóreo más antiguo conocido. Sus dedos largos, finos y rectos con uñas muy curvas se clavarían a las ramas, más que aferrarlas a la manera de los monos, permitiéndole trepar hasta lo alto de los árboles.

Varanops

GRUPO Sinápsidos

DATACIÓN Pérmico inferior

TAMAÑO 1,2 m de longitud

LOCALIZACIÓN EE UU

Comparados con otros pelicosaurios, *Varanops* y sus parientes eran activos y ágiles, con extremidades largas y dientes afilados curvados hacia atrás. Eran unos voraces depredadores y también los más extendidos de los sinápsidos primitivos: se han hallado restos de varanópidos en Alemania, Rusia, Sudáfrica y América del Norte, si bien *Varanops* solo consta en EE UU. Sobrevivieron incluso a los sinápsidos primitivos conocidos como caseidos, y *Elliotsmithia*, un pariente de *Varanops* con una organización corporal reptiliana, debió de resultar una imagen insólita entre los terápsidos similares a mamíferos del Pérmico superior. En 2006 se tuvo noticia de un esqueleto de *Varanops* con marcas de mordiscos, y se dedujo que un carroñero había mordisqueado los restos antes de que quedaran enterrados y se fosilizaran. La forma de los mordiscos revela que su autor fue un anfibio temnospóndilo de gran tamaño. Es la evidencia más antigua de alimentación carroñera entre vertebrados terrestres.

CAZADOR DE TAMAÑO MEDIO
Aunque no era grande en comparación con muchos dinosaurios depredadores, *Varanops* tenía aproximadamente el tamaño de los varanos modernos, y un comportamiento predatorio similar.

órbita ocular
órbita temporal (para la fijación del músculo mandibular)
dientes como dagas

COLMILLOS TEMIBLES
Este cráneo de *Dimetrodon* muestra los rasgos propios de un mortífero depredador. La abertura situada tras la órbita para la fijación del músculo mandibular es un rasgo compartido con los mamíferos.

Este **exitoso depredador** es uno de los **fósiles más comunes de su época**.

vela dorsal
dientes afilados para desgarrar
articulación de la mandíbula
postura similar a la de los reptiles

DEPREDADOR PELIGROSO
Dimetrodon poseía una gran vela dorsal sostenida por extensiones verticales de las vértebras. Estas evolucionaron aparte de las de *Edaphosaurus* (p. 183) y carecían de ramificaciones laterales.

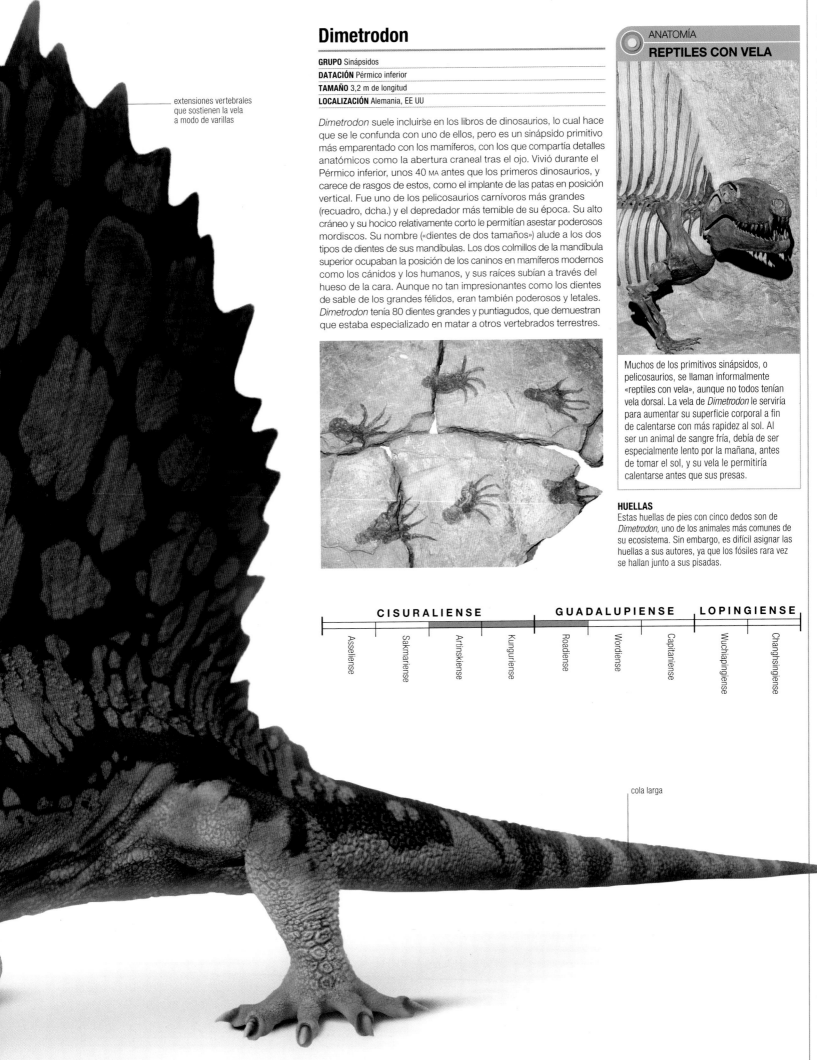

extensiones vertebrales
que sostienen la vela
a modo de varillas
cola larga

Dimetrodon

GRUPO Sinápsidos
DATACIÓN Pérmico inferior
TAMAÑO 3,2 m de longitud
LOCALIZACIÓN Alemania, EE UU

Dimetrodon suele incluirse en los libros de dinosaurios, lo cual hace que se le confunda con uno de ellos, pero es un sinápsido primitivo más emparentado con los mamíferos, con los que compartía detalles anatómicos como la abertura craneal tras el ojo. Vivió durante el Pérmico inferior, unos 40 MA antes que los primeros dinosaurios, y carece de rasgos de estos, como el implante de las patas en posición vertical. Fue uno de los pelicosaurios carnívoros más grandes (recuadro, dcha.) y el depredador más temible de su época. Su alto cráneo y su hocico relativamente corto le permitían asestar poderosos mordiscos. Su nombre («dientes de dos tamaños») alude a los dos tipos de dientes de sus mandíbulas. Los dos colmillos de la mandíbula superior ocupaban la posición de los caninos en mamíferos modernos como los cánidos y los humanos, y sus raíces subían a través del hueso de la cara. Aunque no tan impresionantes como los dientes de sable de los grandes félidos, eran también poderosos y letales. *Dimetrodon* tenía 80 dientes grandes y puntiagudos, que demuestran que estaba especializado en matar a otros vertebrados terrestres.

ANATOMÍA

REPTILES CON VELA

Muchos de los primitivos sinápsidos, o pelicosaurios, se llaman informalmente «reptiles con vela», aunque no todos tenían vela dorsal. La vela de *Dimetrodon* le serviría para aumentar su superficie corporal a fin de calentarse con más rapidez al sol. Al ser un animal de sangre fría, debía de ser especialmente lento por la mañana, antes de tomar el sol, y su vela le permitiría calentarse antes que sus presas.

HUELLAS
Estas huellas de pies con cinco dedos son de *Dimetrodon,* uno de los animales más comunes de su ecosistema. Sin embargo, es difícil asignar las huellas a sus autores, ya que los fósiles rara vez se hallan junto a sus pisadas.

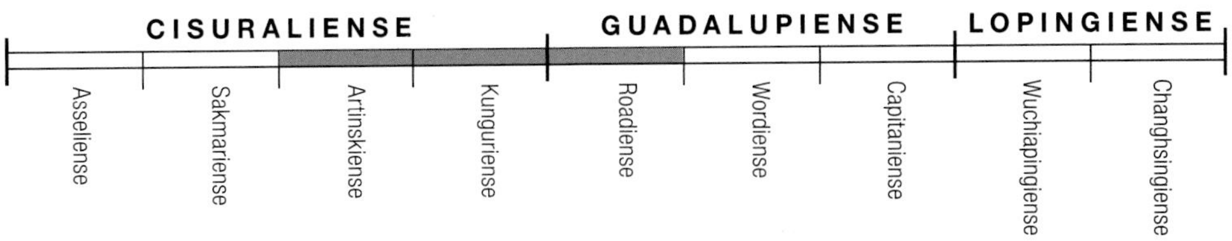
CISURALIENSE
GUADALUPIENSE
LOPINGIENSE
Asseliense
Sakmariense
Artinskiense
Kunguriense
Roadiense
Wordiense
Capitaniense
Wuchiapingiense
Changhsingiense

Moschops

GRUPO Sinápsidos
DATACIÓN Pérmico medio
TAMAÑO 2,5 m de longitud
LOCALIZACIÓN Sudáfrica

Moschops era un herbívoro con un grueso cráneo, robustas patas y pecho en forma de barril. Poseía un intestino muy largo para poder digerir la materia vegetal dura. Era un animal corpulento, y los adultos tenían poco que temer de los depredadores de la época. Pertenecía al grupo de los dinocéfalos, unos de los primeros terápsidos en evolucionar y muy comunes durante la primera parte del Pérmico superior, que se diversificaron para aprovechar muchos de los nichos ecológicos previamente ocupados por los pelicosaurios (p. 181). Se conocen dinocéfalos carnívoros y herbívoros, pero todos ellos poseen unos dientes anteriores peculiares. A diferencia de los de otros animales, sus incisivos superiores no se superponen a los inferiores, sino que encajan con ellos, lo que permite morder muy eficazmente.

ANATOMÍA

CRÁNEO GRUESO

El cráneo de *Moschops* era tremendamente grueso. Con unos 30 cm de longitud, tenía un hueso frontal de más de 10 cm de grosor. Se trataba de una adaptación que permitiría el combate a cabezazos de los machos en la época de apareamiento, como los actuales carneros de las Rocosas. La articulación y las vértebras del cuello estaban adaptadas para transmitir la fuerza del golpe sin aplastarse. Según una vieja teoría, el engrosamiento del cráneo se debía a una hiperactividad de la hipófisis y se suponía que conducía a la ceguera, ya que el espacio para el ojo quedaba reducido. Hoy se reconoce como una adaptación a un comportamiento social.

REBAÑOS PRIMITIVOS
Los *Moschops* debían de formar pequeños grupos sociales o rebaños. Se han descubierto grupos de individuos fosilizados, y el grosor del cráneo es probablemente una adaptación a un comportamiento social como el combate ritualizado.

Eothyris

GRUPO Sinápsidos
DATACIÓN Pérmico inferior
TAMAÑO Cráneo de 6 cm de longitud
LOCALIZACIÓN EE UU

El misterioso *Eothyris* se conoce gracias a un solo cráneo ancho y plano, descrito en 1937, con unos distintivos dobles colmillos en la mandíbula superior. Se desconoce la razón de esta disposición. Los demás dientes son también puntiagudos, lo que indica que era carnívoro. Sus presas debían de ser pequeñas, pues *Eothyris* no superaría los 30 cm de longitud. Es posible que cazara insectos y vertebrados aún más pequeños. Curiosamente, está emparentado con el gran herbívoro *Cotylorhynchus* (abajo).

El corto y ancho cráneo de *Eothyris* le permitía dar un rápido mordisco.

COLMILLOS PROMINENTES
Eothyris era un pequeño sinápsido primitivo similar a un lagarto con unos peculiares caninos dobles.

hipotético cuerpo de reptil
patas cortas
colmillos dobles

Cotylorhynchus

GRUPO Sinápsidos
DATACIÓN Pérmico inferior
TAMAÑO 4 m de longitud
LOCALIZACIÓN EE UU

Cotylorhynchus era el más grande de los caseidos, un grupo especializado de pelicosaurios herbívoros, pero tenía un cráneo proporcionalmente más pequeño que los demás. Sus dientes serrados estaban adaptados para arrancar hojas duras, pero la mayor parte de la digestión la realizaba su enorme intestino, alojado en una caja torácica voluminosa y redondeada. Los caseidos tuvieron gran éxito evolutivo y perduraron mucho más que la mayoría de pelicosaurios. Aún vivían en el Pérmico superior, cuando dominaban los terápsidos.

Edaphosaurus

GRUPO Sinápsidos
DATACIÓN Del Carbonífero superior al Pérmico inferior
TAMAÑO 3,3 m de longitud
LOCALIZACIÓN Repúblicas Checa y Eslovaca, Alemania, EE UU

Edaphosaurus era un pelicosaurio herbívoro con numerosos dientes romos que formaban dos superficies aplastantes. Los dientes no solo se disponían a lo largo de las mandíbulas, sino también en el paladar y a los lados del maxilar inferior. Aunque era herbívoro, no estaba emparentado con *Cotylorhynchus* (izda.). Uno de sus rasgos más característicos era su vela dorsal. A diferencia de la de *Dimetrodon* (p. 181), esta tenía unas cortas prolongaciones a modo de ramitas que salían de las espinas principales que sostenían la vela. Pese a esta diferencia, las velas de *Dimetrodon* y *Edaphosaurus* evolucionaron con el mismo fin: captar más calor al exponerse al sol. De este modo *Edaphosaurus* podía calentarse y estar activo antes que muchos otros depredadores.

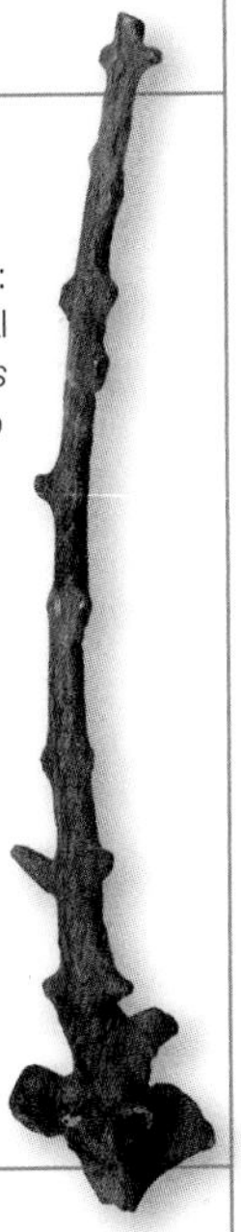

VELA DORSAL
Las espinas neurales de la columna vertebral de *Edaphosaurus* se extendían hacia arriba y estaban cubiertas de piel, creando así una estructura con apariencia de vela. Además tenían pequeñas ramificaciones.

colmillo

Robertia

GRUPO Sinápsidos
DATACIÓN Pérmico medio
TAMAÑO 42 cm de longitud
LOCALIZACIÓN Sudáfrica

Los dicinodontos fueron un grupo muy diverso de herbívoros especializados que sobrevivieron mucho más tiempo que cualquier otro grupo de terápsidos, excepto los cinodontos. Vivieron hasta el Triásico superior, mientras que los cinodontos evolucionaron hasta los actuales mamíferos.

CASI DESDENTADO
Caninos aparte, *Robertia* carecía de dientes. En su lugar tenía un pico óseo, como el de las tortugas. El esqueleto estaba adaptado para excavar en busca de alimento.

El más antiguo del que se han hallado buenos fósiles es *Robertia*. Era relativamente pequeño, del tamaño de un gato doméstico. Pese a su aspecto primitivo, presenta rasgos reconocibles de dicinodonto, como un par de largos colmillos, aunque carecía de otros dientes. Debía de utilizarlos para excavar.

Procynosuchus

GRUPO Sinápsidos
DATACIÓN Pérmico superior
TAMAÑO 50 cm de longitud
LOCALIZACIÓN Sudáfrica, Zambia

Procynosuchus es uno de los primeros cinodontos, un grupo de terápsidos que dio origen a los mamíferos. Presenta los primeros rasgos de dientes yugales de tipo mamífero, diferenciados en premolares y molares, mientras que en otros terápsidos y la mayoría de reptiles, solo son de un tipo. Sin embargo, su cuerpo era aún primitivo.

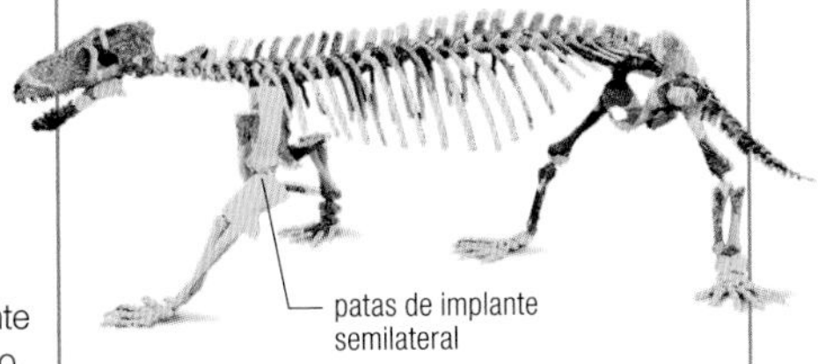
patas de implante semilateral

CUERPO PRIMITIVO
Procynosuchus tenía una larga cola y una postura más reptiliana.

Pelanomodon

GRUPO Sinápsidos
DATACIÓN Pérmico superior
TAMAÑO 1 m de longitud
LOCALIZACIÓN Sudáfrica

Los dicinodontos como *Pelanomodon* eran animales robustos, de complexión similar a la del cerdo, con la cola más corta que la mayoría de sinápsidos primitivos. Su mecanismo mandibular era inusual, con una articulación flotante y músculos situados tras el maxilar y fijados en el reborde de la abertura craneal (fosa temporal) detrás del ojo. Además de mover las mandíbulas arriba y abajo para masticar, como los humanos y muchos otros animales, podía moverlas hacia delante y atrás con cada mordisco, generando así un poderoso movimiento que pulverizaba la materia vegetal dura de la que se alimentaba. Esta adaptación parece haber tenido éxito, ya que los dicinodontos fueron uno de los grupos de herbívoros mejor adaptados de la historia de la Tierra. *Diictodon* (p. siguiente, arriba, dcha.) era un pequeño dicinodonto de 40 cm de longitud que cavaba madrigueras en forma de sacacorchos, de unos 50 cm de profundidad, y que también se han hallado fosilizadas. Estas madrigueras se agrandaban a medida que la espiral se internaba en la tierra hasta acabar en una amplia cámara y son notablemente similares a las construidas 220 MA después por *Palaeocastor* (p. 384). *Pelanomodon* era un dicinodonto más típico, no excavador de madrigueras, aunque puede que cavara en busca de raíces y tubérculos para alimentarse. Los restos de algunos dicinodontos son tan comunes que los geólogos los usan para definir las rocas en que se encuentran. La datación de rocas basada en los fósiles que estas contienen se conoce como bioestratigrafía (pp. 39 y 44). Tanto *Pelanomodon* como *Diictodon* se hallan en la zona de asociación o biozona de *Cistecephalus,* una capa rocosa identificada con el nombre de un dicinodonto muy abundante en ella. Como *Cistecephalus, Diictodon* y *Pelanomodon* existieron durante unos pocos millones de años, los estratos rocosos en que aparecen se pueden delimitar con facilidad. Las rocas ligeramente más antiguas pertenecen a la zona de asociación de *Tropidostoma,* y las más jóvenes, a la de *Dicynodon.*

Los fósiles de dicinodontos son tan abundantes que se usan para datar las rocas en que se encuentran.

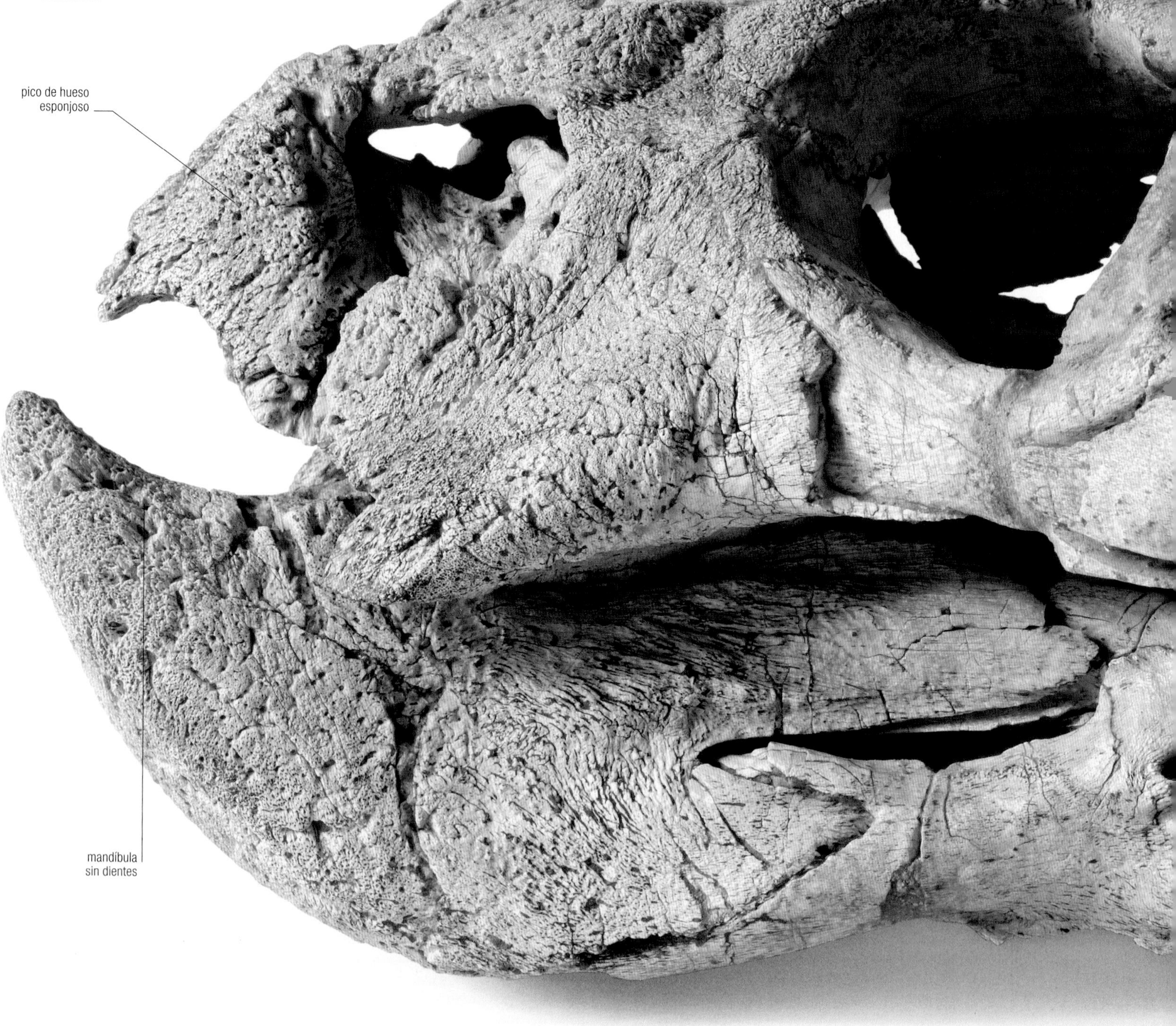
órbita ocular
pico de hueso esponjoso
mandíbula sin dientes

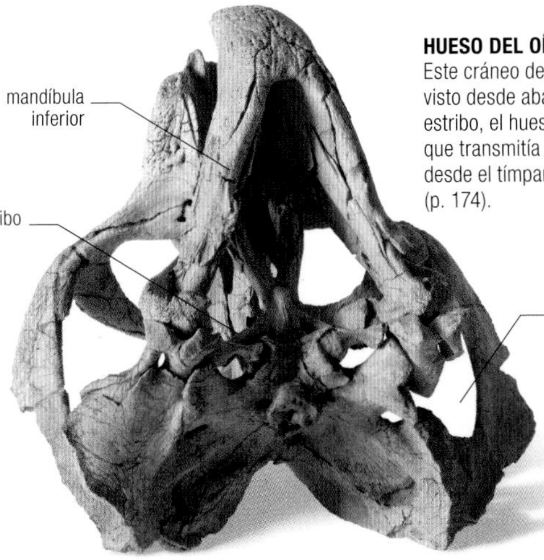
mandíbula
inferior
estribo
fosa
temporal

HUESO DEL OÍDO MEDIO
Este cráneo de *Pelanomodon* visto desde abajo muestra el estribo, el hueso del oído medio que transmitía las vibraciones desde el tímpano al oído interno (p. 174).

órbita
colmillo
articulación
mandibular
deslizante

CON COLMILLOS
Este cráneo es de un dicinodonto con colmillos llamado *Diictodon*, muerto hace más de 250 MA Se ha conservado tan bien que parece que el animal hubiera muerto en una fecha más reciente.

fosa temporal en
la que se insertaban
los músculos de
la mandíbula
lámina ósea que
albergaba el tímpano

PICO DE TORTUGA
Pelanomodon era un dicinodonto sin colmillos que tenía un pico como el de las tortugas para recoger plantas. Este fósil, extraordinariamente bien conservado, muestra la textura esponjosa del pico, debida a los vasos sanguíneos que lo irrigaban.

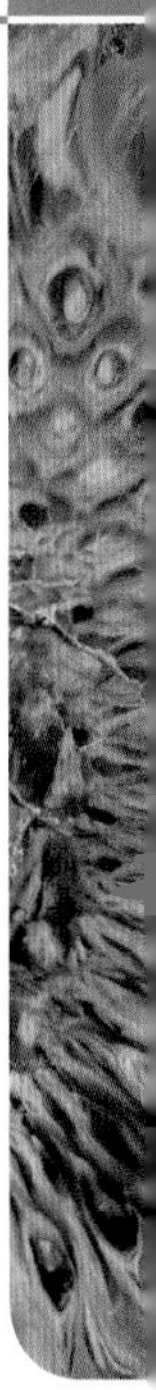

TRIÁSICO

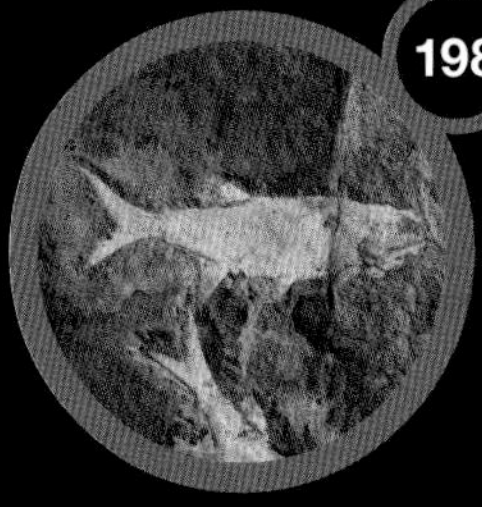

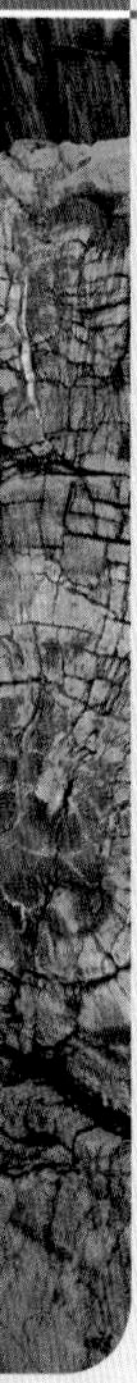

Triásico

El Triásico fue un tiempo de recuperación tras la devastación de la flora y la fauna al final del Pérmico. También fue un período de temperaturas globales muy altas. En los ecosistemas terrestres vacantes evolucionaron los dinosaurios y los mamíferos, que se extendieron rápidamente. En los mares aparecieron los corales modernos, y los erizos de mar comenzaron a diversificarse tras haber rozado la extinción.

ROCAS SEDIMENTARIAS DEL TRIÁSICO
Las rocas sedimentarias de Newark forman afloramientos a lo largo de la costa este norteamericana desde Carolina del Sur hasta Nueva Escocia. Las capas rojas fluviales alternan con las negras, más finas, de los fondos lacustres.

Océanos y continentes

Los continentes aún estaban unidos en el supercontinente Pangea, que iba de polo a polo y que alcanzó su máxima extensión en el límite entre el Triásico medio y el superior, cuando, debido al bajo nivel de los mares, la superficie de tierra firme fue mayor. A lo largo del Triásico, Pangea se desplazó hacia el norte, y en consecuencia, Siberia se situó en el polo Norte. En el Triásico inferior, el estrecho mar que durante el Pérmico separaba Europa y Kazajstania se cerró, creando así los montes Urales. Al dirigirse hacia el norte, Pangea giraba en dirección contraria a las agujas del reloj, arrastrando consigo a China del Norte y del Sur. Entre tanto, Cimeria se movía hacia el norte cruzando el ecuador, ensanchando la fractura entre ella y el sureste de Pangea, y ampliando el océano Tetis. El océano Paleotetis comenzó a contraerse mientras Cimeria se desplazaba hacia el norte a mayor velocidad que la zona oriental de Pangea, actual norte de China. Pangea, que comprendía Gondwana, todavía llegaba casi hasta el polo Sur. Hacia finales del Triásico el mapa del mundo estaba cambiando. Pangea comenzó a desintegrarse en un proceso que continuó durante el resto del Mesozoico y llegó hasta el Cenozoico. La vida terrestre y marina del Triásico se ha preservado en yacimientos espectaculares. En los Urales, en Rusia, y en la cuenca sudafricana del Karoo se han hallado vertebrados del Triásico inferior, y los estratos de San Giorgio, en Suiza e Italia, contienen reptiles acuáticos y amonites del Triásico medio muy bien conservados. El ágil dinosaurio *Coelophysis* habría vivido en las llanuras aluviales del Triásico superior.

DEPÓSITOS DE SAL DEL TRIÁSICO
Estos depósitos de sal de Cheshire (RU), hoy día explotados para extraer sal de mesa, se formaron por la intensa evaporación producida en las lagunas costeras en el cálido Triásico superior.

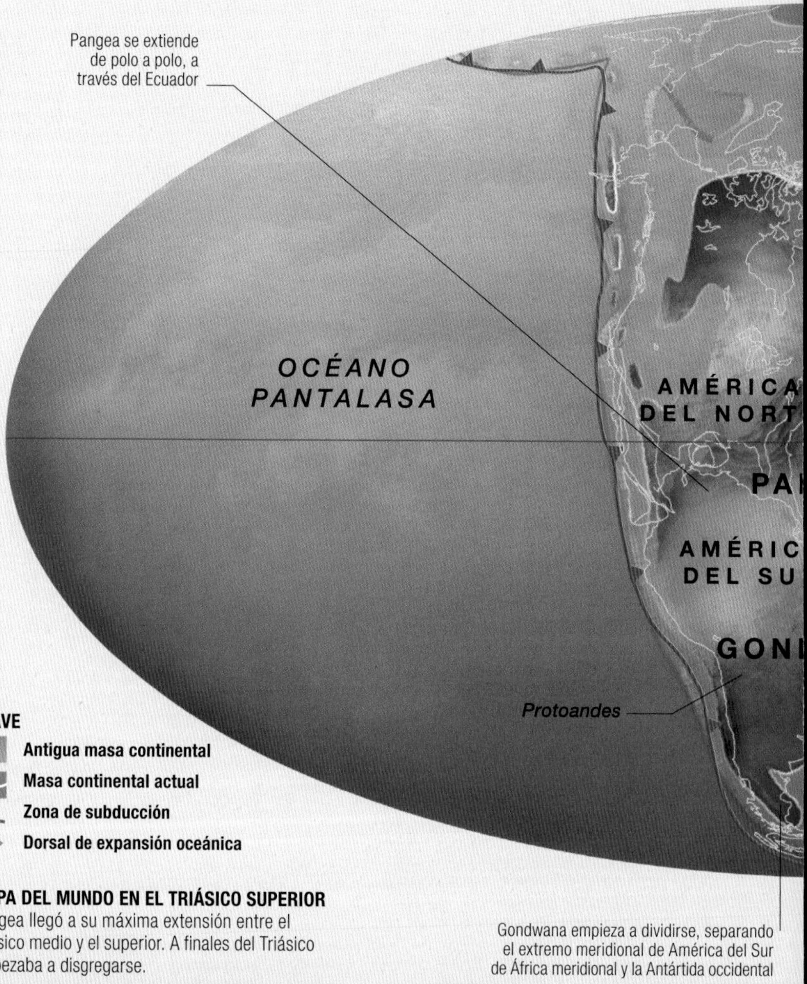
Pangea se extiende de polo a polo, a través del Ecuador
OCÉANO PANTALASA
AMÉRICA DEL NORT
AMÉRIC DEL SU
GON
Protoandes
Gondwana empieza a dividirse, separando el extremo meridional de América del Sur de África meridional y la Antártida occidental

CLAVE
- Antigua masa continental
- Masa continental actual
- Zona de subducción
- Dorsal de expansión oceánica

MAPA DEL MUNDO EN EL TRIÁSICO SUPERIOR
Pangea llegó a su máxima extensión entre el Triásico medio y el superior. A finales del Triásico empezaba a disgregarse.

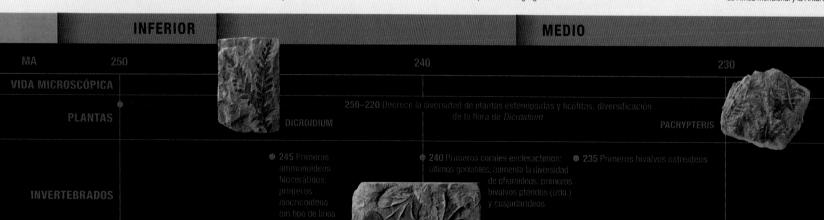

INFERIOR | MEDIO

MA 250 240 230

VIDA MICROSCÓPICA

PLANTAS

250–220 Decrece la diversidad de plantas esfenópsidas y licófitas; diversificación de la flora de *Dicroidium*

DICROIDIUM

PACHYPTERIS

INVERTEBRADOS

245 Primeros ammonoideos filocerátidos; primeros isocrinoideos (un tipo de lirios de mar)

240 Primeros corales escleractinios; últimos goniatites; aumenta la diversidad de ofiuroideos; primeros bivalvos ptéridos (izda.) y cuspidarideos

235 Primeros bivalvos ostreideos

CONÍFERAS DE HOJAS ESCAMOSAS
La vegetación del Triásico se adaptó a la aridez. Comprendía coníferas de hojas con forma de escamas, como las de este ciprés de Lawson, así como helechos con semillas reforzadas con cutícula.

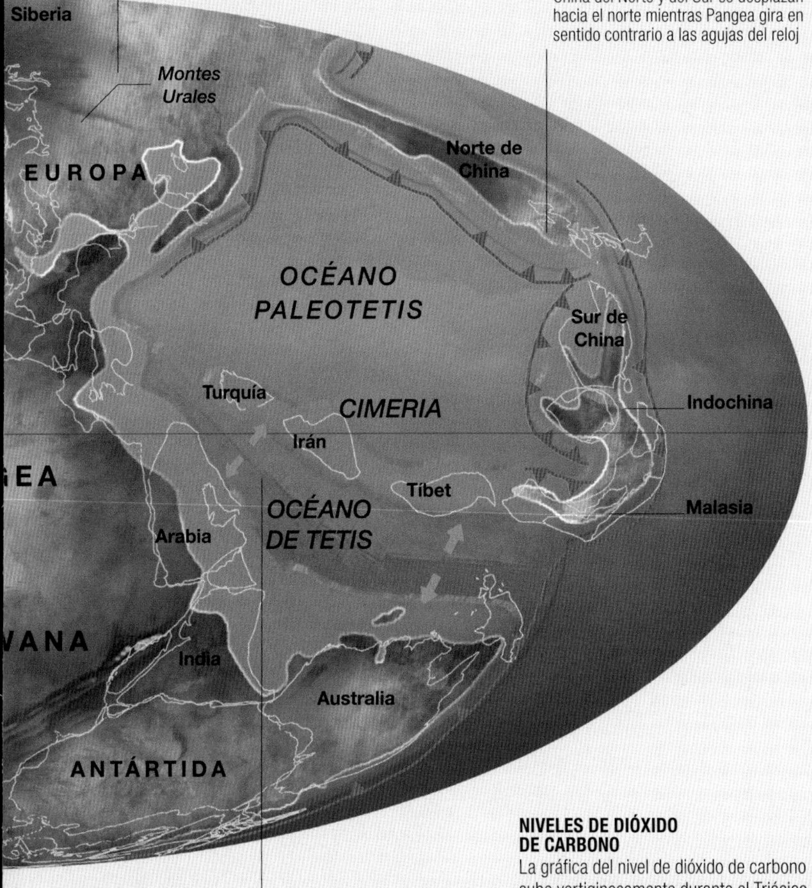
Europa y Kazajstania se unen mientras Siberia se dirige al polo Norte
China del Norte y del Sur se desplazan hacia el norte mientras Pangea gira en sentido contrario a las agujas del reloj
Siberia
Montes Urales
EUROPA
Norte de China
OCÉANO PALEOTETIS
Sur de China
Turquía
CIMERIA
Indochina
Irán
GEA
Tíbet
Malasia
OCÉANO DE TETIS
Arabia
VANA
India
Australia
ANTÁRTIDA
la fractura entre Cimeria y Pangea se ensancha, ampliando el océano Tetis

Clima

Tras el Pérmico, el rápido calentamiento global del Triásico inferior originó uno de los períodos más cálidos de la historia del planeta. Algunas estimaciones sitúan en 38 ºC las temperaturas subtropicales a nivel del mar. La vastedad de Pangea dio lugar a una zonación climática extrema, con áreas muy secas y otras afectadas por condiciones monzónicas. Una consecuencia de esta zonación fue que las plantas se dividieron en septentrionales y meridionales, si bien este endemismo (pertenencia a un único lugar) se vio reducido a lo largo del Triásico. Los climas eran muy cálidos incluso en altas latitudes, y los polos, libres de hielo, eran cálidos hasta en invierno. La presencia de yacimientos de carbón en altas latitudes tanto septentrionales como meridionales sugiere que esas regiones eran más húmedas que las de latitudes más bajas, probablemente templadas. Sin embargo, gran parte del continente seguía siendo seco, sobre todo en latitudes bajas, y así lo corrobora la naturaleza de la vegetación, adaptada a la aridez. En el Triásico inferior, las zonas áridas se extendían hasta latitudes relativamente altas, posiblemente hasta los 50º al norte y al sur del ecuador. A lo largo del Triásico, el cinturón tropical ecuatorial creció, abarcando desde Cimeria hasta la parte europea de Pangea y el oeste de Siberia. Al mismo tiempo, los cinturones áridos se estrecharon, y los de clima templado-cálido de norte y sur se expandieron hacia latitudes más bajas, en especial en el hemisferio sur.

FAUNA DE MONTE SAN GIORGIO
Los fósiles conservados en esta montaña del lago de Lugano, en el cantón suizo del Tesino, constituyen el mejor registro conocido de la vida en una laguna durante el Triásico medio.

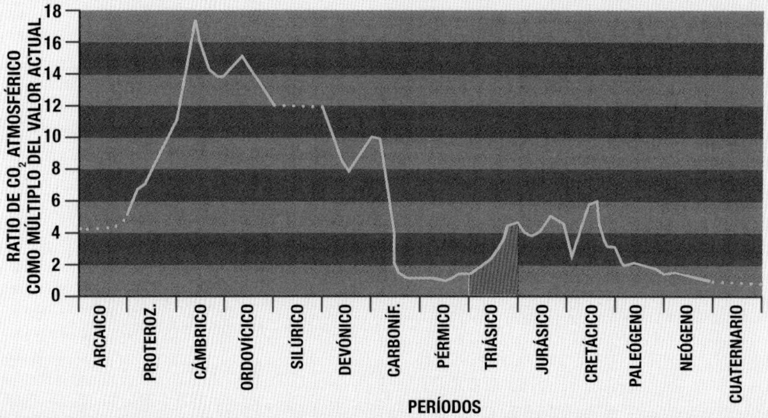
RATIO DE CO_2 ATMOSFÉRICO COMO MÚLTIPLO DEL VALOR ACTUAL
18
16
14
12
10
8
6
4
2
0
ARCAICO
PROTEROZ.
CÁMBRICO
ORDOVÍCICO
SILÚRICO
DEVÓNICO
CARBONÍF.
PÉRMICO
TRIÁSICO
JURÁSICO
CRETÁCICO
PALEÓGENO
NEÓGENO
CUATERNARIO
PERÍODOS

NIVELES DE DIÓXIDO DE CARBONO
La gráfica del nivel de dióxido de carbono sube vertiginosamente durante el Triásico, cuando la Tierra entró en una fase de efecto invernadero y las temperaturas globales aumentaron de modo espectacular.

SUPERIOR

220 | 210 | 200 | MA

VIDA MICROSCÓPICA
- 225 Primeros cocolitóforos (algas marinas planctónicas unicelulares)

PLANTAS
- 225 Aumenta la diversidad de cicadas, bennettitales y coníferas
- 215 Extinción de algunas plantas

INVERTEBRADOS
- 225 Primeros bivalvos cardíidos
- 220–200 Mayor diversidad de equinoideos
- 200 Últimos ammonoideos ceratítidos
- 220 Primeras moscas
- 215 Últimos briozoos trepostomados; últimos nautiloideos ortocéridos (dcha.); primeros pentacrinítidos
- 210 Primeros bivalvos tracíidos

CARDINIA

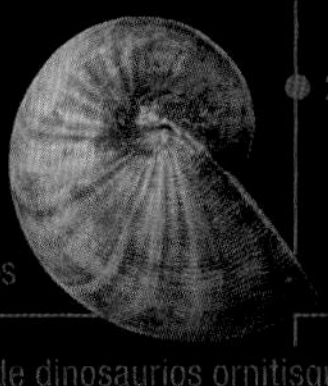
CENOCERAS

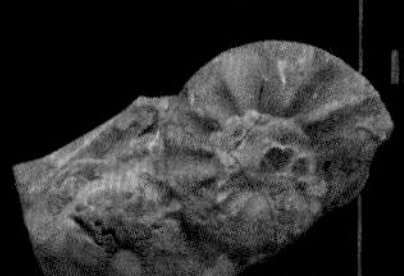
CERATITES

220–200 Aumenta la diversidad de dinosaurios ornitisquios; disminuye la

TRIÁSICO
PLANTAS

La transición del Pérmico al Triásico asistió a la extinción de las glosopteridales, así como de otros grupos más antiguos de plantas del Paleozoico. Sin embargo, el Triásico trajo consigo una modernización de la flora, además de la aparición y diversificación de nuevos grupos de helechos y plantas con semillas.

Se sabe relativamente poco de las plantas del Triásico inferior, pero las ricas floras del superior, como las halladas en Groenlandia y Sudáfrica, contienen nuevos tipos de helechos y muchos grupos nuevos de plantas con semillas (espermatofitas). Aún queda mucho por conocer de estas antiguas plantas; hay que clarificar su parentesco y sus posibles descendientes actuales.

BOSQUE PETRIFICADO
Los enormes tocones del Parque Nacional Petrified Forest («Bosque Petrificado»), en Arizona, totalmente sustituidos por sílice, dan fe del gran tamaño de algunas antiguas coníferas triásicas.

Nuevas espermatofitas

Muchas espermatofitas entran en el registro fósil por primera vez durante el Triásico. Los estudios de la flora de Molteno, en Sudáfrica, muestran una amplia gama de estructuras reproductoras. Muchas de estas plantas son difíciles de entender en los términos de las plantas actuales con las que pueden estar emparentadas. Entre las espermatofitas triásicas destacan de manera especial las coristospermales, muy diversas en el hemisferio sur. Las bennettitales son otro importante grupo de plantas con semillas que aparece por vez primera durante el Triásico. A primera vista sus hojas son parecidas a las de las cícadas actuales, pero sus estructuras reproductoras son bastante diferentes. Las de las cícadas son sencillos conos, mientras que las de las bennettitales a menudo semejan flores. Las «flores» de algunas bennettitales producían solo polen o semillas, y unas pocas eran bisexuales.

Modernas espermatofitas y helechos

Cícadas y helechos siguieron diversificándose en el Triásico. En este período aparece también la primera prueba fiable del linaje del ginkgo. En las floras triásicas son habituales las foliaciones de tipo conífera. Algunas plantas que las llevan están claramente emparentadas con las coníferas, pero el parentesco de otras es más dudoso. Aunque tuvieran hojas de conífera, varios grupos de plantas del Triásico poseían estructuras reproductoras muy distintas.

PINO DE LA ISLA NORFOLK
La conífera actual *Araucaria heterophylla* o *A. excelsa*, llamada pino de la isla Norfolk, posee hojas similares a las de las coníferas primitivas.

GRUPOS

Las plantas triásicas eran bastante diferentes a las del Pérmico. Las coníferas siguieron siendo importantes, pero se les unieron otros tipos de plantas con semillas que a menudo presentaban hojas más o menos pinnadas. En el Triásico, también los helechos comenzaron a adoptar un aspecto más moderno.

HELECHOS
El Triásico presenció una nueva oleada evolutiva de los helechos. A las formas más primitivas del Paleozoico, como los helechos reales y las marattiales, se les unieron por vez primera familias de helechos leptosporangiados, como las dipteridáceas.

CONÍFERAS
Las antiguas coníferas del Pérmico fueron sustituidas por otras más diversas. Las coníferas voltziales muestran las siguientes fases en la evolución hacia los modernos conos de conífera a partir de las más laxas estructuras reproductoras del Paleozoico superior.

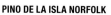

CÍCADAS
Las cícadas sobrevivieron a la extinción de finales del Pérmico y hacia el Triásico superior se habían diversificado y propagado geográficamente. Son importantes en la vegetación jurásica de todo el mundo.

OTRAS ESPERMATOFITAS
El grupo de plantas con semillas más típico del Triásico es el de las coristospermales, muy importantes en el hemisferio sur. Otros grupos de espermatofitas que aparecen en el Triásico comprenden las ginkgoáceas, las bennettitales y las caitoniales.

Muscites

GRUPO Briófitas
DATACIÓN Del Carbonífero al Neógeno
TAMAÑO 7 cm de diámetro
LOCALIZACIÓN Todo el mundo

Muscites es el nombre dado a fósiles de brotes de musgo frondosos cuya afiliación precisa es dudosa. *Muscites brickiae* se descubrió en rocas del Triásico medio al tardío en Kirguistán, en Asia central, junto con hepáticas taloides. El musgo tiene hojas pequeñas y estrechas en disposición helicoidal y acabadas en punta. Como muchos musgos actuales, *Muscites brickiae* carecía de vasos internos para el transporte de agua y, por ello, estaba restringida a ambientes muy húmedos. La mayoría de los fósiles de plantas los conforma el esporófito (fase productora de esporas de su ciclo vital). La fase intermedia, llamada gametófito, solía ser mucho más pequeña y rara vez se ha llegado a fosilizar. Tanto en musgos como en hepáticas ocurre a la inversa. El fósil mostrado en esta imagen representa la forma gametófita, dominante en *Muscites*. El esporófito, de menor tamaño, crecía sobre el gametófito hembra, en el que depositaba las esporas, las cuales crecían hasta convertirse en nuevos gametófitos.

MUSCITES BRICKIAE
La planta poseía unas pocas células de grosor y formaba un talo plano que cubría el suelo. El talo es un sencillo cuerpo vegetal sin tallo ni punta definidos.

Pleuromeia

GRUPO Licófitas
DATACIÓN Triásico
TAMAÑO 2 m de altura
LOCALIZACIÓN Todo el mundo

A principios del Triásico, la vegetación del planeta comenzaba a salir de la mayor extinción de la historia. Muchas plantas murieron, pero *Pleuromeia* se benefició del catastrófico cambio. Los fósiles demuestran que creció por todo el mundo, en una gran variedad de hábitats vacantes a causa de la desaparición de plantas competidoras. *Pleuromeia* pertenecía al grupo de las licófitas, que incluía a los licopodios gigantes de las turberas del Carbonífero (p. 138). Aunque se trataba de un árbol, su tamaño era bastante menor. Poseía un solo tronco sin ramificar y rematado por un penacho de hojas similares a las de la hierba. Su sistema radical consistía en cinco lóbulos bulbiformes conectados a raicillas que se extendían por el suelo. Se reproducía por esporas a partir de conos. Algunas especies producían varios conos, pero la mayoría tenían solo uno en la punta del tronco.

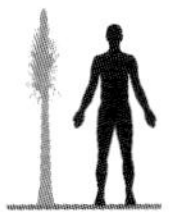

Los fósiles muestran que Pleuromeia crecía en todo el mundo durante el Triásico.

PLEUROMEIA
A medida que crecía, las hojas más viejas caían, dejando un manojo de bases muertas que se convertían en cicatrices foliares lisas a lo largo del tronco.

Thaumatopteris

GRUPO Helechos
DATACIÓN Del Triásico superior al Jurásico inferior
TAMAÑO 1 m de altura
LOCALIZACIÓN Todo el mundo

También conocida como *Dictyophyllum*, esta frecuente planta fósil se suele usar como marcador geológico, para identificar capas rocosas formadas en determinados momentos. Algunas especies del género vivieron a caballo entre el Triásico y el Jurásico, aunque muchos fósiles solo aparecen en el punto inicial del Jurásico. *Thaumatopteris* se puede identificar por la compleja nervadura de sus largos frondes, cuyos nervios se dividen y vuelven a unirse formando una red.

red de nervios
nervio central

THAUMATOPTERIS SCHENKII
La nervadura de las hojas de *Thaumatopteris*, poco frecuente en helechos, recuerda más a la anatomía de las plantas con flores.

Dioonitocarpidium

GRUPO Cícadas
DATACIÓN Triásico superior
TAMAÑO Escamas del cono: 5 cm de longitud
LOCALIZACIÓN Todo el mundo

Los primeros fósiles de cícadas datan del Pérmico, pero estas plantas se hicieron más comunes a principios del Triásico. Con su típica forma de palmera achaparrada, las cícadas como *Dioonitocarpidium* se reproducen mediante conos. Las plantas son macho o hembra. Los conos de la planta macho liberan granos de polen, que fecundan a los conos femeninos, dentro de los cuales se desarrollan las semillas.

DIOONITOCARPIDIUM LILIENSTERNII
Los fósiles de esta planta son las escamas de los conos femeninos. Tienen la punta dividida, y suelen presentar restos de semillas.

Dicroidium

GRUPO Coristospermales
DATACIÓN Triásico
TAMAÑO 4-30 m de altura
LOCALIZACIÓN Hemisferio sur

Dicroidium pertenece al grupo de las coristospermales, unas plantas con semillas de incierto parentesco halladas principalmente en el hemisferio sur. Tenían unas hojas parecidas a las de los helechos, pero producían semillas en vez de esporas. *Dicroidium* y otras coristospermales evolucionaron en Gondwana, que constituía la masa continental austral del supercontinente Pangea durante el Triásico (p. 188). El follaje de un *Dicroidium* plenamente desarrollado quedaría fuera del alcance de la mayoría de herbívoros, pero todas las coristospermales debieron de servir de alimento a los animales en algún momento de su vida. Uno de estos animales pudo ser el dicinodonto triásico *Lystrosaurus* (p. 212), cuyos fósiles se han hallado en las mismas rocas antárticas que los restos de coristospermales.

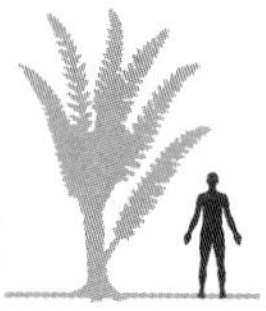

red de nervios
tallo central leñoso

foliolos pareados

DICROIDIUM SP.
Como todas las coristospermales, *Dicroidium* presentaba una foliación compuesta de pares de foliolos a los lados de un tallo central. Los tallos se unían en ramificaciones en forma de Y, y una red de nervios cubría las hojas.

Se creía que los **tallos leñosos** de *Dicroidium* crecían solo unos metros, pero **recientes hallazgos** han mostrado que podían alcanzar **30 m de altura.**

Baiera

GRUPO Ginkgoáceas
DATACIÓN Del Triásico al Jurásico
TAMAÑO Hoja de hasta 15 cm de longitud
LOCALIZACIÓN Todo el mundo

Los ginkgos no son solo fósiles vivientes; forman parte de un antiguo grupo de plantas sin flores llamadas gimnospermas, que incluye también a las coníferas y las cícadas. Su historia fósil se remonta a más de 200 MA atrás. A lo largo de este tiempo, la evolución ha creado incontables variaciones sobre el tema de las hojas en forma de abanico. Con sus hojas sumamente divididas, *Baiera* es muy diferente de su pariente vivo, el ginkgo (p. 39).

BAIERA MUNSTERIANA
En los ginkgos actuales, la hoja con forma de abanico es casi entera, excepto una pequeña muesca central, pero en *Baiera* se dividía en nervios separados.

Stachyotaxus

GRUPO Coníferas
DATACIÓN Del Triásico superior al Jurásico inferior
TAMAÑO 10 m de altura
LOCALIZACIÓN Hemisferio norte

Stachyotaxus, un arbusto o un árbol pequeño, era una de las coníferas más abundantes del Triásico superior, pero se extinguió junto con sus parientes en el Jurásico. Era sempervirente, con finas hojas en hileras opuestas. Su estrechez hacía a estas hojas muy resistentes a la sequía, como las agujas de las coníferas actuales. *Stachyotaxus* producía semillas en conos. El polen de los conos masculinos se dispersaba con el viento para poder fecundar a los conos femeninos, portadores de semillas. Los granos de polen eran esféricos y carecían de los sacos o escamas a modo de alas que usa el polen de pino para viajar en el aire.

escamas del cono

STACHYOTAXUS SEPTENTRIONALIS
Los conos femeninos de *Stachyotaxus* tenían unos 10 cm de largo. Nada se sabe de la estructura del cono masculino.

Voltzia

GRUPO Coníferas
DATACIÓN Triásico
TAMAÑO 5 m de altura
LOCALIZACIÓN Todo el mundo

El Triásico fue un tiempo de grandes cambios para las coníferas. En este período, la mayoría de las primitivas coníferas del Paleozoico desaparecieron, y surgieron y se diversificaron otras nuevas que han sobrevivido hasta hoy. El pequeño árbol o arbusto *Voltzia* pertenecía a uno de los primitivos grupos, ya extintos, pero la estructura de sus conos muestra su relación con las formas actuales. El cono masculino tenía cápsulas de polen dispuestas en espiral alrededor de un núcleo central, y las escamas productoras de semillas de los conos femeninos estaban fusionadas, siguiendo la tendencia evolutiva en la que los conos se originaban a partir de brotes enanos. *Voltzia* ha dado nombre a unos depósitos de arenisca del noreste de Francia donde se suele hallar con frecuencia.

tallo escamoso

VOLTZIA COBURGENSIS
Esta planta tenía escamas cortas en torno a los tallos, pero otras especies poseían también agujas de varios centímetros de longitud.

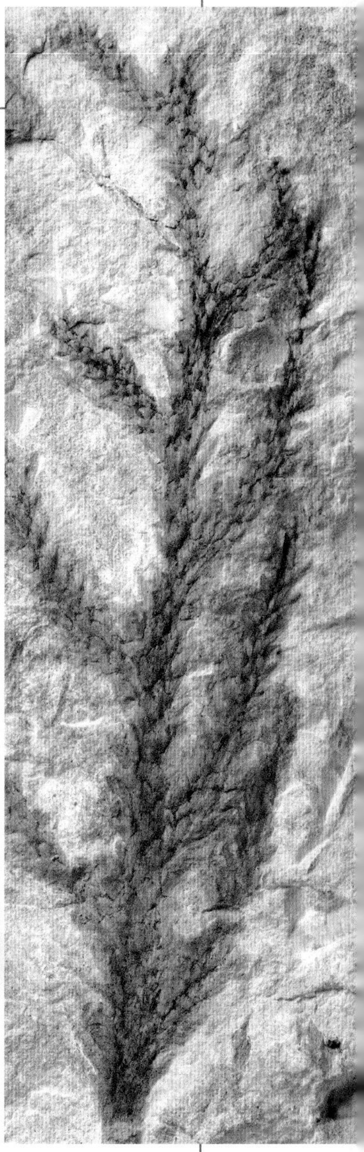

TRIÁSICO
INVERTEBRADOS

La gran extinción de finales del Pérmico dejó el terreno expedito para muchos nuevos tipos de invertebrados marinos, una prueba de que las extinciones son tan destructivas como constructivas. Sin embargo, también el Triásico acabó con otra extinción en masa, la cuarta del Fanerozoico.

Recuperación de las extinciones pérmicas

La vida marina tardó millones de años en rehacerse de la catástrofe del Pérmico. Entre las primeras formas de vida tras las extinciones estuvieron los estromatolitos: fue como un regreso al Precámbrico. Aunque los corales, trilobites y la mayoría de los braquiópodos del Paleozoico perecieron, algunos braquiópodos, así como ammonoideos, bivalvos, gasterópodos y otros invertebrados marinos habían sobrevivido en refugios. Muy pronto se les unieron nuevos tipos de invertebrados.

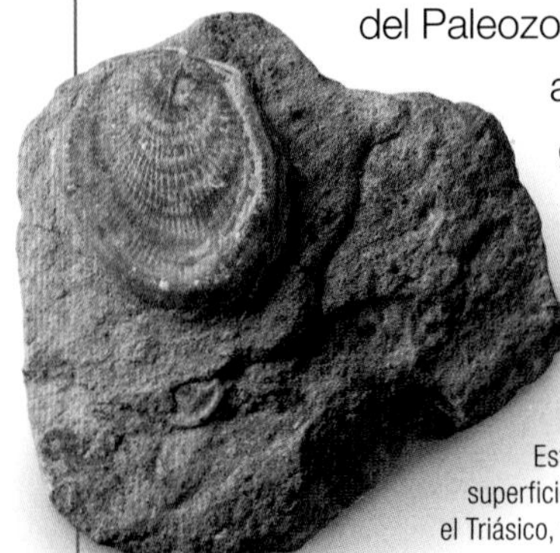

OSTRA DEL TRIÁSICO
Esta es una ostra triásica fosilizada, cementada en una superficie rocosa. Estos bivalvos especializados surgieron en el Triásico, y especies similares aún hoy son muy importantes.

Inicios de la fauna moderna

A principios del Triásico, la mayor parte de la fauna cámbrica había desaparecido, y la paleozoica estaba seriamente diezmada, en especial tras la pérdida de tantos grupos de braquiópodos cuyo papel como filtradores dominantes del fondo marino les había sido arrebatado por los bivalvos. Fue durante el Triásico cuando la fauna moderna, que había comenzado a evolucionar tímidamente durante el Ordovícico, se hizo dominante. Los equinoideos del Paleozoico fueron sustituidos por nuevas versiones, y aparecieron los corales escleractinios, derivados de manera independiente de las anémonas de mar. Los ammonoideos ceratítidos prosperaron, pero acabaron desapareciendo a finales del Triásico con muchos otros animales marinos. Al parecer hubo varias extinciones masivas en el Triásico superior por causas no bien conocidas, como cambios climáticos y descensos del nivel del mar, con la consiguiente pérdida de hábitats.

OXYTOMA FALLAX
Este grupo fósil de pequeños bivalvos triásicos consta de una sola especie. Los grupos monoespecíficos son típicos de ambientes naturales estresados.

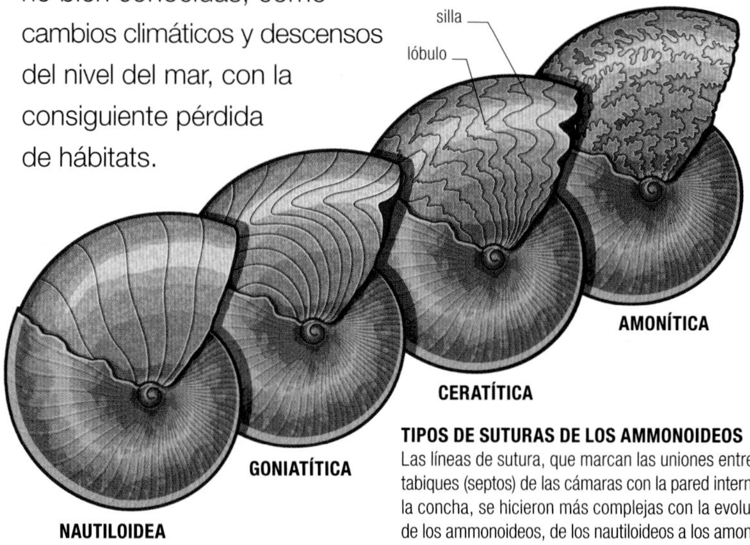
silla
lóbulo
AMONÍTICA
CERATÍTICA
GONIATÍTICA
NAUTILOIDEA

TIPOS DE SUTURAS DE LOS AMMONOIDEOS
Las líneas de sutura, que marcan las uniones entre los tabiques (septos) de las cámaras con la pared interna de la concha, se hicieron más complejas con la evolución de los ammonoideos, de los nautiloideos a los amonites.

GRUPOS

Los invertebrados que persistieron durante la extinción masiva del Pérmico hasta el Triásico se recuperaron, y algunos grupos de braquiópodos y gasterópodos han llegado hasta la actualidad. Los bivalvos prosperaron en los turbulentos ambientes triásicos porque se adaptaron relativamente rápido a las difíciles y fluctuantes condiciones.

BRAQUIÓPODOS
Tras la catástrofe del Pérmico, solo unos pocos grupos de braquiópodos, sobre todo terebratúlidos y rinconélidos, han sobrevivido hasta hoy. Los estrofoménidos desaparecieron a finales del Triásico.

GASTERÓPODOS
Los gasterópodos más antiguos son del Cámbrico, y se les puede considerar parte de la fauna evolutiva de ese período. Se recuperaron tras la extinción masiva del Pérmico, persistieron durante todo el Triásico y son un importante componente de la fauna marina actual.

CERATÍTIDOS
Son los ammonoideos típicos del Triásico. Sus líneas de sutura poseen «sillas» semicirculares y «lóbulos» rizados (arriba). Los ceratítidos desaparecieron a finales del Triásico, y solo unos pocos grupos de ammonoideos sobrevivieron hasta el Jurásico.

BIVALVOS
Se convirtieron en importantes filtradores del fondo marino tras el Pérmico, encargándose del nicho de los braquiópodos. Algunos bivalvos triásicos toleran los cambios de salinidad, un evidente factor de su supervivencia en condiciones hostiles.

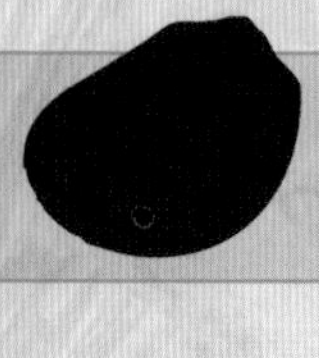

Arcticopora

GRUPO Briozoos
DATACIÓN Triásico
TAMAÑO Colonia de 2 mm de diámetro
LOCALIZACIÓN Europa, Asia, América del Norte

Esta diminuta colonia de briozoos estaba compuesta por estructuras tubulares, los zoecios, que albergaban individuos de cuerpo blando encargados de la alimentación (autozooides). Cada autozooide se alimentaba mediante un lofóforo (una corona de tentáculos alrededor de la boca) que después retraía al interior del zoecio para protegerlo. En la parte exterior de la colonia, los zoecios poseían paredes gruesas y estaban tabicados por diafragmas. Desde las paredes de la colonia se proyectaban unas varillas de calcita a modo de espinas.

ARCTICOPORA CHRISTIEI
Sección transversal de una colonia vertical que muestra los zoecios tubulares donde se alojaban los zooides alimentarios.

Monophyllites

GRUPO Cefalópodos
DATACIÓN Del Triásico medio al superior
TAMAÑO 7-11 cm de diámetro
LOCALIZACIÓN Todo el mundo

Monophyllites fue uno de los primeros ammonoideos filocerátidos, un grupo que evolucionó en el Triásico inferior a partir de *Meekoceras* (abajo, dcha.) y sobrevivió hasta el final del Cretácico, con escasos cambios. Los filocerátidos se caracterizan por las terminaciones en forma de hoja de los pliegues orientados hacia delante (sillas) de las líneas de sutura. Estas líneas marcan el punto donde las paredes (septos) de las cámaras tocaban la parte interna de la concha. Como casi todos los filocerátidos, *Monophyllites* tiene forma discoidal, con las espiras ligeramente superpuestas. Los patrones de distribución prueban que este grupo prefería los mares abiertos a las aguas superficiales.

MONOPHYLLITES SPHAEROPHYLLUS
Como la mayoría de filocerátidos, *Monophyllites* no tiene más adornos en el exterior de la concha que unas claras líneas de crecimiento en forma de S.

espira redondeada
línea de crecimiento sinuosa
terminaciones en forma de hoja

Coenothyris

GRUPO Braquiópodos
DATACIÓN Triásico
TAMAÑO 1-2 cm de longitud
LOCALIZACIÓN Europa, Oriente Medio

Este pequeño braquiópodo tenía unas perforaciones en la valva superior por las que pasaban unas pequeñas cerdas cuya función podría haber sido sensorial o respiratoria. Dentro de la valva braquial más pequeña hay una espiral de calcita para soportar el lofóforo, u órgano de alimentación del animal. La valva más grande (peduncular) tiene un pequeño orificio a través del cual pasaba el pedúnculo o apéndice muscular que fijaba al animal al fondo marino. Un grueso anillo rodea el interior del orificio peduncular. El borde exterior de la valva pequeña está suavemente plegado hacia fuera, y la valva más grande presenta la correspondiente curvatura hacia dentro. El principal adorno de la concha son unas líneas de crecimiento cruzadas por finas costillas radiales. Algunos especímenes tienen bandas de color en las valvas, un motivo rara vez visto en fósiles.

valva mayor
orificio peduncular
valva menor

COENOTHYRIS VULGARIS
Las dos valvas son convexas, pero la mayor se curva hacia fuera un poco más que la menor.

Preflorianites

GRUPO Cefalópodos
DATACIÓN Triásico inferior
TAMAÑO 2-5 cm de diámetro
LOCALIZACIÓN Todo el mundo

Preflorianites era un ammonoideo ceratítido del principio del Triásico. Poseía una sutura ceratítica simple, es decir, que las curvas de unión entre los tabiques (septos) de las cámaras y las paredes de la concha presentaban un motivo serrado en el extremo opuesto a la abertura o cámara de habitación. Las espiras se superponen muy ligeramente. Este tipo de enrollamiento, en el que cada vuelta o espira se ve casi totalmente, se llama evoluto. Las espiras son de sección redondeada y convergen en un vientre (curva externa de la última espira) también redondeado.

vientre redondeado
gruesas costillas radiales

PREFLORIANITES TOULAI
Unas gruesas costillas radiales cruzan las espiras de la concha, pero son más visibles en las interiores y no llegan a rodear la curva ventral.

Meekoceras

GRUPO Cefalópodos
DATACIÓN Triásico inferior
TAMAÑO 3-10 cm de diámetro
LOCALIZACIÓN Todo el mundo

Meekoceras era un amonites ceratítido liso. El género fue descubierto por C. A. White en el oeste de EE UU en 1879. Presenta una espiral bastante apretada y con un pequeño ombligo en el centro: este tipo de enrollamiento se denomina involuto. A medida que el animal madura, la espiral se hace menos cerrada y el ombligo se amplía. Los lados de la concha son ligeramente convexos, y el ventral (curva exterior) suele ser aplanado.

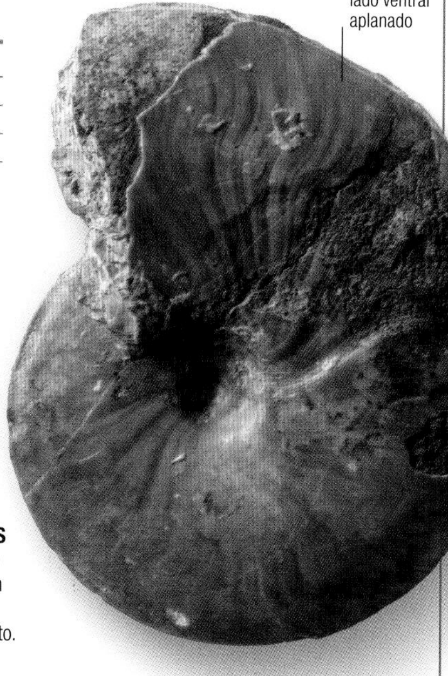
lado ventral aplanado

MEEKOCERAS GRACILITATUS
Presenta líneas de crecimiento muy finas; como es habitual en los moluscos, cada una puede representar un día de crecimiento.

Ceratites

GRUPO Cefalópodos
DATACIÓN Triásico medio
TAMAÑO 7-15 cm de diámetro
LOCALIZACIÓN Francia, Alemania, España, Italia, Rumanía

Ceratites da su nombre a los ceratitinos, un gran suborden de ammonoideos que se originó durante el Pérmico medio. Casi todos los ammonoideos del Triásico pertenecían a este suborden y se convirtieron en un grupo de gran éxito hasta su extinción, a finales del período. Las líneas de sutura, fuertemente curvadas en *Ceratites*, marcan el punto en que las paredes (septos) de las cámaras que dividen la concha se unen con la pared interna de esta. Las curvas que apuntan hacia la abertura principal (sillas) eran sencillas y lisas, mientras que las que se orientan hacia atrás (lóbulos) estaban finamente serradas. Este tipo de sutura se conoce como ceratítica. Las dos últimas suturas del espécimen mostrado abajo están más juntas que las demás, lo que indica que se trataba de un ejemplar adulto. Su gran tamaño sugiere que probablemente era hembra.

CERATITES NODOSUS
Este fósil es un vaciado o molde interno. Se formó cuando el sedimento rellenó la concha y muestra los detalles de la pared interior.

costillas gruesas
línea de sutura
silla lisa
lóbulos serrados

ANATOMÍA
LÍNEAS DE SUTURA

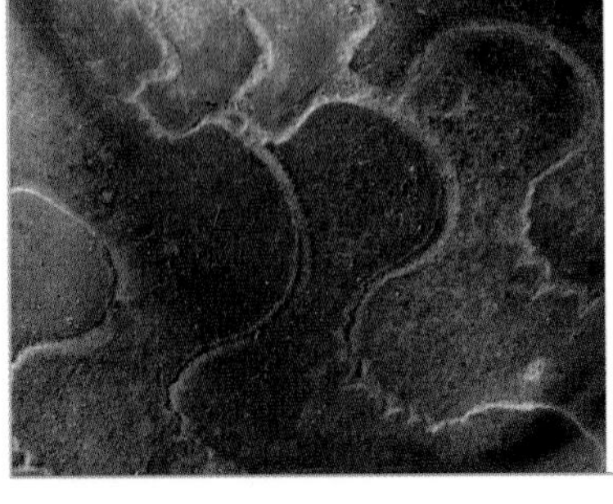

A medida que un cefalópodo con concha crece, crea tras su cuerpo un nuevo septo o tabique que se fija a la pared de la concha. Esta se refuerza mediante el plegado de la unión o sutura del septo con la concha, que aumenta la longitud de la línea de sutura. Estas líneas, solo visibles en los moldes internos, ganan complejidad desde los goniatites del Paleozoico superior, pasando por los ceratítidos del Pérmico y el Triásico, hasta los amonites del Jurásico y el Cretácico.

Arcomya

GRUPO Bivalvos
DATACIÓN Del Triásico medio al Cretácico superior
TAMAÑO 1-3 cm de diámetro
LOCALIZACIÓN Todo el mundo

Las dos valvas de *Arcomya* eran alargadas y los dos umbos quedan muy juntos. La charnela carecía de dientes cardinales, y debía de haber un fuerte ligamento externo para abrir y cerrar las valvas. *Arcomya* vivía enterrado profundamente en el lecho marino, con dos sifones que sobresalían del fondo a partir de su extremo posterior, siempre abierto. Un sifón absorbía el agua oxigenada y cargada de partículas alimenticias, y el otro expelía el agua sin oxígeno y los residuos.

ARCOMYA SP.
Las valvas muestran finas líneas de crecimiento. También se ve la charnela que permitía a las valvas abrirse o cerrarse.

charnela
finas líneas de crecimiento

Pustulifer

GRUPO Gasterópodos
DATACIÓN Del Triásico medio al superior
TAMAÑO 3,5-24 cm de longitud
LOCALIZACIÓN Perú

Este gasterópodo tenía una concha alta, estrecha y apuntada como un chapitel, llamada turritulada. Los adornos externos consisten en dos hileras de bultos, o tubérculos, dispuestos en espirales paralelas, una en torno al borde superior de cada espira y la otra en el borde inferior. A través de estas espirales discurren líneas de crecimiento irregulares, que en algunos casos conectan los tubérculos de ambos lados de la espiral a las suturas, las líneas en que se encuentran las vueltas o espiras. Este género posee una concha dextrógira, es decir, que la abertura queda a la derecha cuando la espiral apunta hacia arriba. Sin embargo, en este espécimen el lado de la abertura está dañado, por lo que se muestra el opuesto. En la boca de la concha debía de haber también un canal inhalante para la absorción de agua.

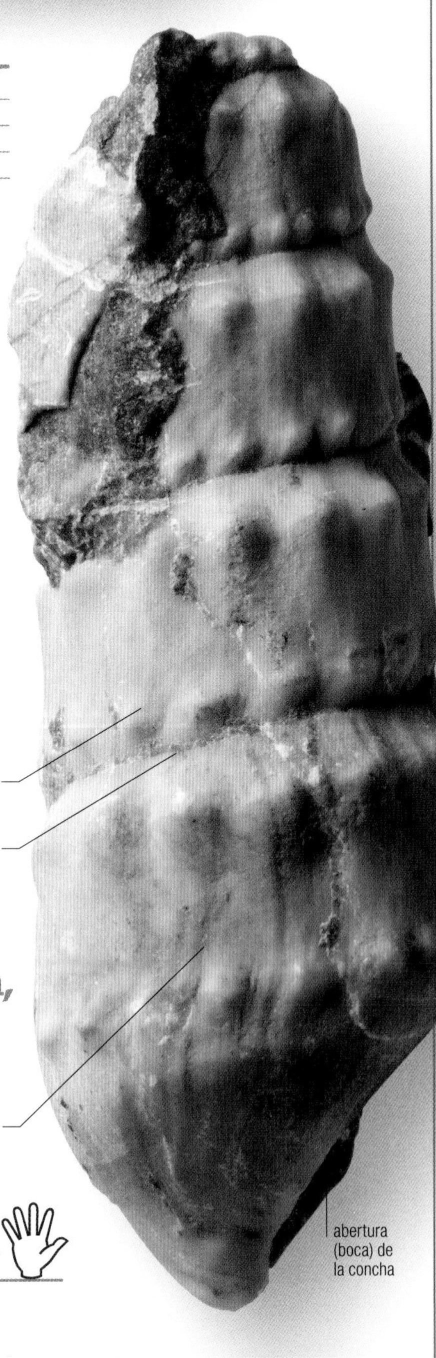
tubérculo
sutura de la espiral
línea de crecimiento
abertura (boca) de la concha

Este gasterópodo posee una concha muy alta y estrecha, que se denomina turritulada.

PUSTULIFER SP.
En este espécimen estrecho y puntiagudo las espiras apenas se solapan.

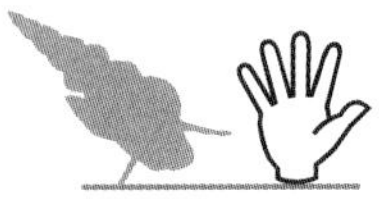

ABANICO ALIMENTARIO
Encrinus extendía sus diez brazos formando un abanico con el que atrapaba plancton que flotaba en las cercanías. Si lo amenazaba un depredador, los cerraba.

Encrinus

GRUPO Equinodermos
DATACIÓN Triásico medio
TAMAÑO Cáliz de 4 a 6 cm de longitud
LOCALIZACIÓN Europa

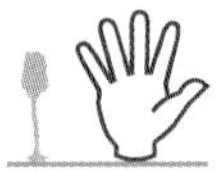

Encrinus era un crinoideo con un gran cáliz compuesto por tres círculos de placas. Este cáliz tiene simetría pentarradial y la base ligeramente cóncava. Desde el borde del cáliz se extienden diez brazos, que debían de presentar unas finas ramificaciones llamadas pínnulas. Los brazos y pínnulas extendidos formaban un abanico alimentario. En vida, la boca quedaba oculta por una pequeña cúpula coriácea, llamada tegmen, situada sobre el cáliz. Las partículas de alimento pasaban por los surcos de los brazos a otros surcos bajo el tegmen, provistos de pelillos (cilios) que las conducían a la boca. El pedúnculo presenta sección circular y unos osículos (estructuras similares a huesos) más grandes entre otros más pequeños y numerosos. *Encrinus* es el último superviviente de un gran grupo de crinoideos que se remonta al Ordovícico inferior y cuyos miembros desaparecieron en su mayoría durante la extinción de finales del Pérmico.

cáliz con los diez brazos cerrados
osículo pequeño
osículo grande

ENCRINUS LILIIFORMIS
El largo pedúnculo cilíndrico se fijaba al fondo marino. Los osículos más anchos y espaciados debían de proporcionar soporte estructural.

TRIÁSICO VERTEBRADOS

El Triásico fue un momento crítico en la evolución de los vertebrados. Se considera la época del nacimiento de los modernos ecosistemas, cuando surgieron grupos de tanto éxito como tortugas, mamíferos y arcosaurios, tras la extinción del Pérmico-Triásico, que acabó con muchos reptiles y anfibios primitivos.

La lista de vertebrados surgidos durante el Triásico es impresionante: dinosaurios, crocodilomorfos, pterosaurios, mamíferos, tortugas, ictiosaurios y ranas. El Triásico, que abarca de 250 a 200 MA atrás, fue una época de transición. Grupos arcaicos que habían dominado los ecosistemas pérmicos se extinguieron, y los áridos paisajes de la Pangea del Triásico resultaron terreno propicio para nuevos grupos de vertebrados, muchos de los cuales persisten aún con éxito.

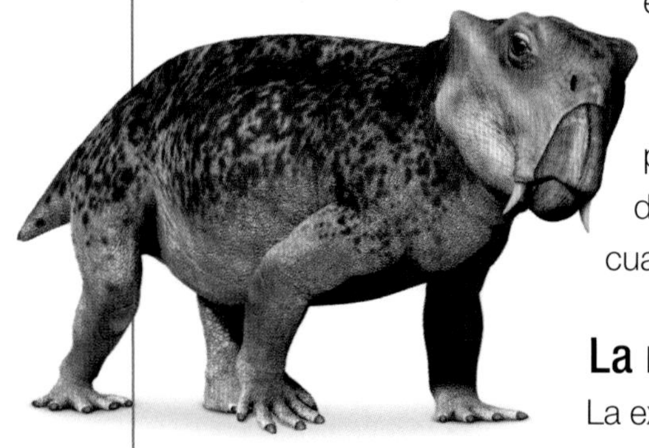

EL GRAN SUPERVIVIENTE
Lystrosaurus no parece muy especial, pero este primitivo pariente de los mamíferos logró prosperar en todo el mundo durante el Triásico inferior. Es un clásico «taxón del desastre».

La recuperación

La extinción del Pérmico-Triásico fue la mayor catástrofe de la historia del planeta, que se saldó con la pérdida de hasta un 95 % de las especies tras las erupciones volcánicas que envenenaron la atmósfera. Entre los desaparecidos figuran varios grupos de vertebrados terrestres, sobre todo sinápsidos (reptiles con rasgos de mamífero), reptiles insectívoros y anfibios piscívoros, y muchos ecosistemas terrestres quedaron yermos. Pero el reloj evolutivo se había reiniciado, y nuevos grupos tuvieron la oportunidad de evolucionar, expandirse y dominar. Durante los primeros millones de años, los ecosistemas estaban todavía desequilibrados y solo algunos vertebrados se extendieron por el planeta. Fueron los llamados «taxones del desastre», como *Lystrosaurus* (izda.), bien preparados para resistir en un mundo tóxico por ser generalistas ecológicos, capaces de soportar diversos climas. No obstante, cuando la atmósfera se normalizó, los ecosistemas se estabilizaron y aparecieron grandes grupos, como los dinosaurios.

Los reptiles dominantes

Los arcosaurios, o «reptiles dominantes», comprenden a las aves actuales y los crocodilios, además de grupos extintos restringidos al Mesozoico, como los dinosaurios. Los arcosaurios surgieron hace unos 425 MA y se expandieron muy rápido por todo el planeta,

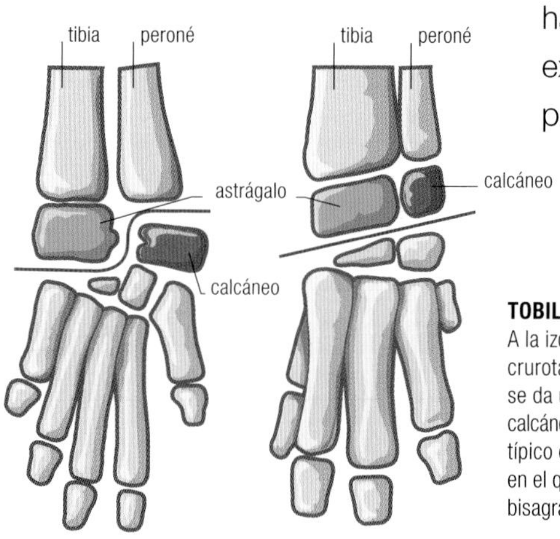
tibia
peroné
astrágalo
calcáneo
tibia
peroné
astrágalo
calcáneo

TOBILLOS PRIMITIVOS
A la izquierda se muestra el tobillo crurotarsiano de los cocodrilos, en el que se da una rotación entre el astrágalo y el calcáneo; a la derecha, el tobillo mesotarsiano, típico de dinosaurios, pterosaurios y aves, en el que los huesos del tobillo forman una bisagra que gira contra el pie.

GRUPOS

En el Triásico surgieron muchos importantes grupos de vertebrados, como dinosaurios, crocodilomorfos y otros reptiles. Otros grupos, como los cinodontos y los anfibios temnospóndilos, se diversificaron de manera sorprendente tras resistir y padecer las extinciones pérmico-triásicas.

TEMNOSPÓNDILOS
Los temnospóndilos, uno de los grupos más grandes e importantes de primitivos anfibios, surgieron en el Carbonífero, pero prosperaron durante el Triásico. Vivían por todo el mundo, su tamaño oscilaba entre diminuto y enorme, y abundaban tanto en tierra firme como en el agua. Los temnospóndilos más grandes, como el *Mastodonsaurus* alemán, llegaban a los 4 m de longitud.

RINCOSAURIOS
Los rincosaurios fueron unos de los reptiles más inusuales del Triásico. Estos panzudos herbívoros solo prosperaron durante un breve espacio de tiempo y se extinguieron hace unos 220 MA, pero fueron excepcionalmente abundantes, además de los grandes herbívoros primarios de muchos ecosistemas. Cortaban las plantas con su pico y tenían filas de dientes en el paladar.

FITOSAURIOS
Constituyen un grupo de arcosaurios de la línea de los cocodrílidos muy próspero durante el Triásico superior. Estos depredadores semiacuáticos y de largo hocico se parecían a los cocodrilos actuales y probablemente vivían igual, capturando peces y pequeños reptiles cerca de las orillas. Sin embargo, el parecido es solo superficial: se trata de un caso claro de convergencia evolutiva.

AETOSAURIOS
Como los fitosaurios, este subgrupo de arcosaurios de la línea de los cocodrílidos fue muy común durante los últimos 30 MA del Triásico superior, pero desapareció durante la extinción del Triásico-Jurásico. Estaban fuertemente acorazados y parecían gigantescos tanques. Casi todos eran herbívoros y se alimentaban de plantas bajas, pero algunos podrían haber comido carne.

Las aves evolucionaron de los terópodos con **«cadera de lagarto»**, y no de los dinosaurios con **«cadera de ave»**.

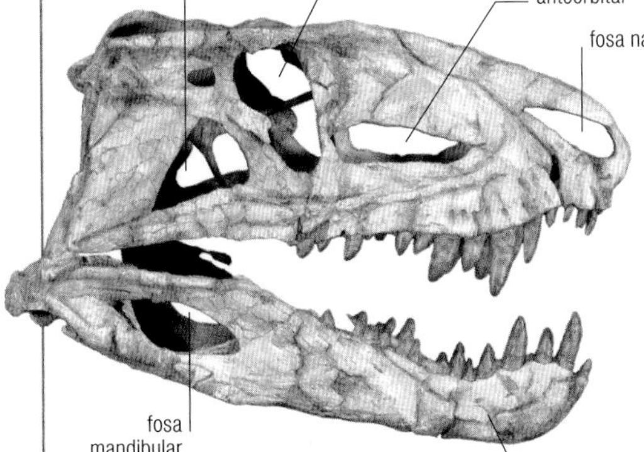
fosa temporal
órbita
fosa anteorbital
fosa nasal
fosa mandibular
mandíbula inferior

CRÁNEO DE ARCOSAURIO
Postosuchus fue un gran depredador. Su cráneo posee numerosos rasgos de los arcosaurios, como las fosas (orificios craneales) anteorbital y mandibular.

diversificándose en una gran variedad de especies, que se suelen dividir en dos grupos según la anatomía del tobillo. Los arcosaurios similares a aves, que incluyen a los dinosaurios, tienen una articulación recta entre los huesos del tobillo y el pie (tobillo mesotarsiano) que permite una locomoción más rápida (izda.). En cambio, los arcosaurios de la línea de los cocodrilos tienen una articulación en esfera y alvéolo (enartrosis) entre el astrágalo y el calcáneo (tobillo crurotarsiano). Esta articulación les daba capacidad de maniobra, pero impedía alcanzar altas velocidades a la mayoría de ellos.

Los dinosaurios

Constituyen el grupo de arcosaurios extintos más conocido y están estrechamente emparentados con los pterosaurios. Los más antiguos que se conocen aparecieron a principios del Triásico superior, hace unos 230 MA. Se diversificaron pronto en una amplia variedad de morfologías corporales, pero les llevó mucho más tiempo multiplicarse en un gran número de especies y ser excepcionalmente abundantes en ecosistemas concretos. Los dinosaurios más primitivos, como *Herrerasaurus* y *Eoraptor*, eran elegantes depredadores bípedos armados con un arsenal de dientes serrados y afiladas garras. A partir de estos pequeños ancestros carnívoros, los dinosaurios evolucionaron en dos grandes grupos: saurisquios y ornitisquios. Los primeros, que comprenden a los terópodos depredadores y a los sauropodomorfos de cuello largo, poseen «cadera de lagarto», con el pubis apuntando hacia delante. Los ornitisquios, o dinosaurios con «cadera de ave», tienen una pelvis modificada en la que el pubis apunta hacia atrás, como en las aves actuales. Sin embargo, por una gran paradoja de la paleontología, las aves proceden de terópodos con «cadera de lagarto».

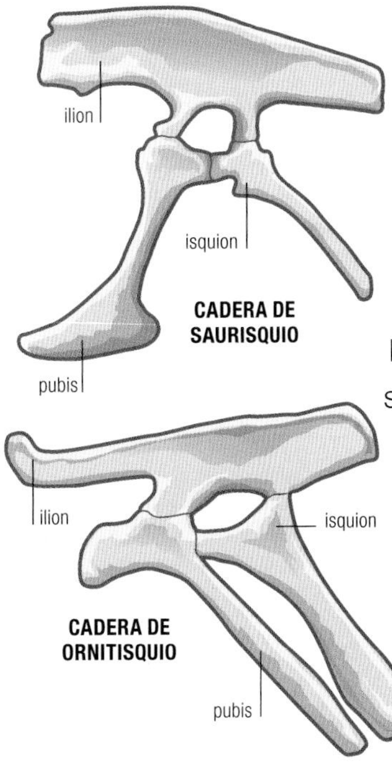
ilion
isquion
CADERA DE SAURISQUIO
pubis
ilion
isquion
CADERA DE ORNITISQUIO
pubis

DOS TIPOS DE CADERA
En la cadera de saurisquio, típica de terópodos y sauropodomorfos (arriba), el pubis apunta hacia delante. En la de ornitisquio, el pubis apunta hacia atrás y se apoya en el isquion. Estas caderas definen los dos grandes grupos de dinosaurios.

RAUISUQUIOS
Otro grupo de arcosaurios de la línea de los cocodrilos fueron los depredadores clave de muchos ecosistemas terrestres triásicos. Se han encontrado más de 25 especies, que comprenden gigantescos cazadores cuadrúpedos, elegantes omnívoros bípedos y lentas bestias con grandes velas dorsales. Probablemente ocuparon el nicho de los grandes depredadores que luego llenaron los terópodos.

ESFENOSUQUIOS
Aunque apenas se parecían a sus descendientes, fueron uno de los más antiguos y primitivos grupos de crocodilomorfos. Prosperaron durante el Triásico superior y el Jurásico inferior. Eran esbeltos depredadores que andaban erguidos (algunos incluso sobre dos patas), podían correr velozmente y tenían las proporciones generales de los perros de caza.

TERÓPODOS
Posiblemente el grupo de dinosaurios más reconocible, incluye a depredadores como *Tyrannosaurus*, *Allosaurus* y *Velociraptor*. Evolucionaron durante el Triásico, pero no se convirtieron en gigantes hasta el Jurásico. La mayoría de los terópodos triásicos, como *Coelophysis*, solo medían uno o dos metros de largo y cazaban pequeñas presas a la sombra de los grandes rauisuquios.

CINODONTOS
Este gran grupo incluye a los verdaderos mamíferos. Los primeros cinodontos evolucionaron durante el Pérmico, pero muchos grupos prosperaron en el Triásico. Entre sus rasgos típicos de los mamíferos están el pelo, un cerebro grande y la postura erguida. Muchos eran pequeños, pero otros eran enormes y ocuparon el nicho de los grandes herbívoros antes de la evolución de los dinosaurios sauropodomorfos.

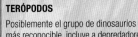

Saurichthys

GRUPO Actinopterigios
DATACIÓN Del Triásico inferior al superior
TAMAÑO 1 m de longitud
LOCALIZACIÓN Todos los continentes, excepto la Antártida

Saurichthys («pez lagarto») era un rápido cazador de mar abierto, similar a la barracuda. Este pez de aletas con radios era un superdepredador. Su silueta hidrodinámica, las aletas pélvicas muy retrasadas y la cola ahorquillada son evidentes en este fósil. No se sabe si cazaba en grupo o esperaba a sus presas en solitario. Uno de sus parientes vivos más cercanos es el esturión.

LARGO HOCICO
El largo hocico suponía más del 50 % de la longitud total de la cabeza, y sus estrechas mandíbulas estaban provistas de afilados dientes cónicos.

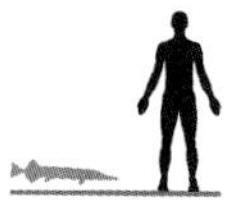

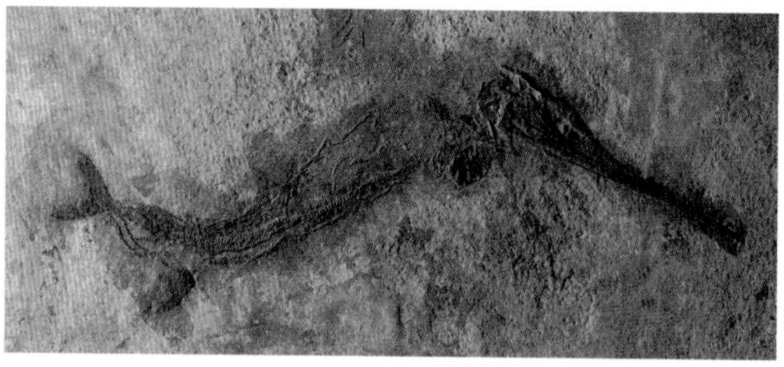

Mastodonsaurus

GRUPO Temnospóndilos
DATACIÓN Del Triásico medio al superior
TAMAÑO 6 m de longitud
LOCALIZACIÓN Europa, Rusia

Mastodonsaurus fue el primer anfibio primitivo en ser estudiado y descrito, en 1828. Es mucho más grande que ningún otro anfibio fósil jamás hallado. Aunque su gran cráneo tiene una forma similar a la del cocodrilo, su estructura recuerda más a la de la rana. Al principio se creyó que tenía un cuerpo redondeado y bajo, como el de una rana. Tan solo cuando se hallaron restos óseos del cuerpo fue evidente su semejanza con un enorme cocodrilo de gigantesca cabeza y sin cuello.

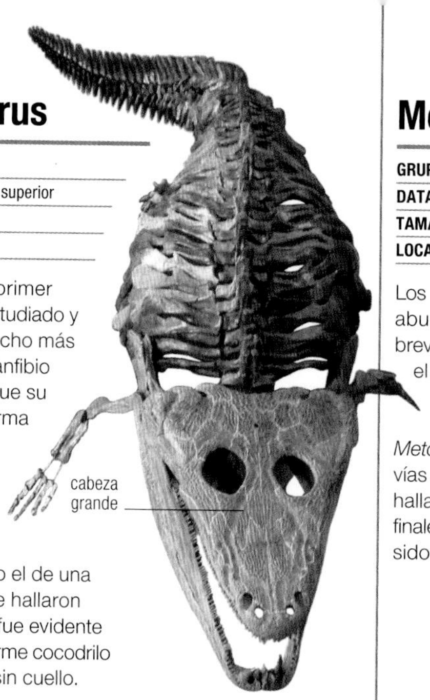
cabeza
grande

EL MAYOR ANFIBIO
Con sus 6 m de largo, *Mastodonsaurus* es el mayor anfibio que ha existido jamás. Los fósiles hallados en lagunas costeras sugieren que toleraba el agua salada.

Metoposaurus

GRUPO Temnospóndilos
DATACIÓN Triásico superior
TAMAÑO 2 m de longitud
LOCALIZACIÓN Europa, India, América del Norte

Los metoposaurios eran una familia de anfibios abundantes en todo el mundo durante un breve tiempo en el Triásico superior, cuando el supercontinente Pangea comenzaba a disgregarse y lo cruzaban fosas tectónicas, anegadas por lagos y ríos. *Metoposaurus* se dispersó a lo largo de estas vías acuáticas, lo cual explicaría que se haya hallado en muchas partes del mundo. Hacia finales del Triásico, los metoposaurios habían sido sustituidos por los primeros cocodrilos.

BUEN NADADOR
Metoposaurus probablemente usaba la cola para propulsarse por el agua, al tiempo que ondulaba todo el cuerpo como un cocodrilo.

Odontochelys

GRUPO Tortugas
DATACIÓN Triásico superior
TAMAÑO 40 cm de longitud
LOCALIZACIÓN China

Las tortugas poseen una organización corporal única: cráneo corto, una pequeña cola y un grueso caparazón que envuelve el cuerpo. El misterio de la historia evolutiva de la tortuga quedó resuelto con el hallazgo de *Odontochelys*: poseía un peto o plastrón (parte inferior del caparazón) plenamente formado, pero carecía de la parte superior o espaldar. Esto demuestra que el caparazón surgió como una coraza para el vientre y que el espaldar se formaría mucho después, a medida que las costillas se hacían más gruesas y amplias, fundiéndose con las placas óseas de la piel.

TORTUGA ANTIGUA
Esta es la tortuga con caparazón más antigua conocida. Vivía en aguas litorales, lo que sugiere que las tortugas evolucionaron en el mar.

Diphydontosaurus

GRUPO Lepidosaurios
DATACIÓN Triásico superior
TAMAÑO 10 cm de longitud
LOCALIZACIÓN Islas Británicas, Italia

Gracias a los ricos yacimientos fosilíferos de la región del Canal de Bristol, entre Inglaterra y Gales, se ha podido reconstruir un ecosistema del Triásico superior casi completo. Hace unos 205 MA, esta zona albergaba un laberinto de pequeñas cuevas formadas cuando la lluvia ácida erosionó la gruesa roca caliza. En estas cuevas se han hallado restos de todo un muestrario de pequeños animales, que se ahogaron al ser arrastrados y quedar atrapados dentro debido a las inundaciones monzónicas. Su tamaño oscila entre el de pequeños dinosaurios saurópodos, de hasta 3 m de longitud, hasta el de diminutos reptiles esfenodontos (o rincocéfalos), de solo unos 10 cm de largo. El más común de estos era *Diphydontosaurus*. Los únicos supervivientes actuales del grupo, antaño numeroso, son los tuátaras de Nueva Zelanda. *Diphydontosaurus* era mucho más pequeño que estos, quizá como adaptación para poder cazar a sus presas, pequeños insectos, en grietas.

cuello
musculoso
piel
escamosa
garras
delanteras
anchas
uñas
afiladas

ÁGIL CAZADOR
Las afiladas uñas de sus garras debían de servir a *Diphydontosaurus* para escarbar en busca de insectos.

Lariosaurus

GRUPO Sauropterigios
DATACIÓN Del Triásico medio al superior
TAMAÑO 50-70 cm de longitud
LOCALIZACIÓN Italia

Los notosaurios ocuparon el mismo nicho general que las focas actuales. Como estas, vivían sobre todo en el agua, pero se retiraban a la orilla a descansar. *Lariosaurus* era uno de los notosaurios más pequeños conocidos. Sus patas delanteras eran aletas palmeadas, mientras que, de manera excepcional, las traseras mantenían cinco dedos individualizados. Esto sugiere que era más activo en tierra que otros notosaurios y tal vez cazara pequeños animales costeros además de peces.

PIES PALMEADOS
Como todos los notosaurios, *Lariosaurus* poseía los pies palmeados y un cuello muy largo. En el agua utilizaba su largo cuello para dar alcance a peces a los que atrapaba con sus dientes afilados como agujas.

dedos unidos
por membranas

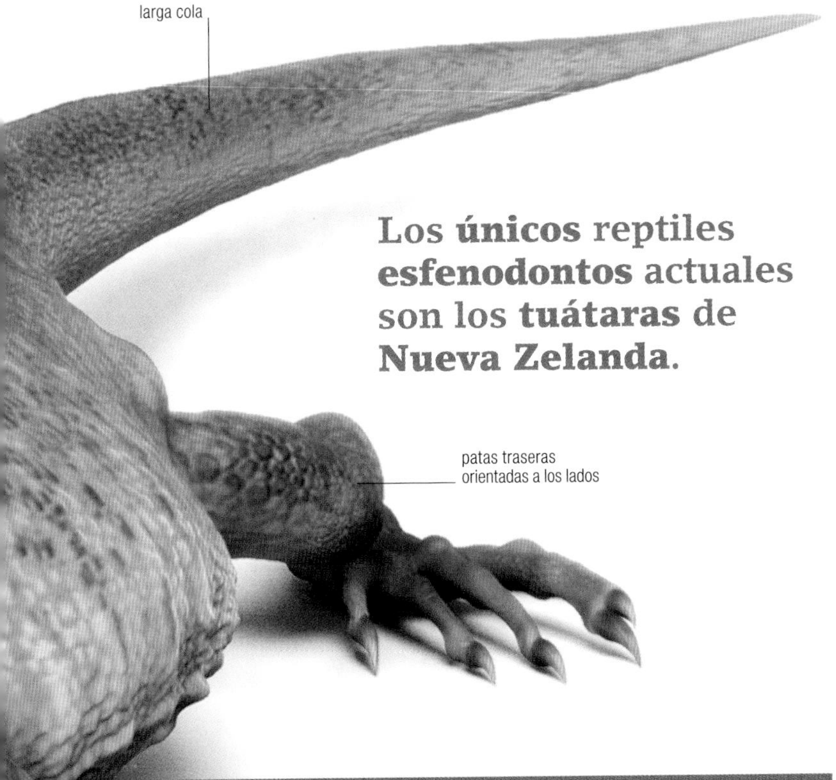
larga cola
patas traseras
orientadas a los lados

Los únicos reptiles esfenodontos actuales son los tuátaras de Nueva Zelanda.

Placodus

GRUPO Sauropterigios
DATACIÓN Triásico medio
TAMAÑO 2-3 m de longitud
LOCALIZACIÓN Alemania

Junto a los notosaurios, en las cálidas aguas de los mares epicontinentales que cubrían Europa en el Triásico medio vivían algunos reptiles bastante peculiares llamados placodontos. El más común y mejor estudiado es *Placodus*. Reunía todas las características de los placodontos: cuerpo grande y rechoncho, pies y manos palmeados a modo de palas de remo y una cola larga y poderosa. Manos, pies y cola estaban especialmente adaptados para nadar e indican que *Placodus* debía de ser un gran nadador pese a su corpulencia. Es también muy probable que, igual que muchos otros reptiles marinos, pasara un tiempo fuera del agua alimentándose y procreando, aunque seguramente era torpe en tierra. Los cráneos de placodontos, incluido el de *Placodus*, muestran unos dientes claramente salientes en la parte anterior de las mandíbulas y una serie de dientes planos en el paladar. Esta extraña dentición no se ha hallado en otros reptiles. Se cree que usaba los dientes delanteros para atravesar peces, y los del paladar para triturar las duras conchas de los moluscos.

DIENTES PERFECTOS
El extraño reptil triásico *Placodus* merodeaba en aguas poco profundas cerca de los arrecifes buscando moluscos y peces. Sus curiosos dientes estaban perfectamente diseñados para dar buena cuenta de sus presas.

PARIENTE VIVO
TUÁTARA

Los reptiles esfenodontos, como *Diphydontosaurus*, fueron muy comunes, pero hoy solo están representados por una especie de tuátara, exclusiva de Nueva Zelanda y en peligro de extinción. El tuátara, cuyo nombre genérico es *Sphenodon*, se suele considerar un «fósil viviente» por ser uno de los reptiles vivos más primitivos y se parece muchísimo a sus primos fósiles de hace más de 70 MA.

Pachypleurosaurus

GRUPO Sauropterigios
DATACIÓN Triásico medio
TAMAÑO 30-40 cm de longitud
LOCALIZACIÓN Italia, Suiza

Hay dos subgrupos de notosaurios: los notosáuridos y los paquipleurosáuridos. El más típico de estos es *Pachypleurosaurus*. Tenía un cuerpo alargado y estrecho, con un cuello largo y extremidades que actuaban como robustos remos a la vez que le daban estabilidad y maniobrabilidad en el agua. Este ágil reptil nadaba haciendo ondular lateralmente su delgado y musculoso cuerpo.

torso largo
y estrecho

UN ANIMAL RÁPIDO
El pequeño y grácil *Pachypleurosaurus* se servía de su musculoso cuerpo para nadar a gran velocidad tras sus presas.

Mixosaurus

GRUPO Ictiosaurios
DATACIÓN Triásico medio
TAMAÑO Hasta 1 m de longitud
LOCALIZACIÓN América del Norte, Europa, Asia

Uno de los miembros más antiguos conocidos del grupo de los ictiosaurios, *Mixosaurus* vivió por todo el planeta durante el Triásico medio. Poseía la estructura corporal característica de un ictiosaurio («lagarto pez»), muy similar a la de los actuales delfines. Tenía el hocico largo y estilizado, el torso hidrodinámico, las extremidades modificadas en aletas, una cola alta y una aleta dorsal para mantener la estabilidad. Sin duda era un rápido nadador y usaba su velocidad para pasar a través de bancos de peces, que constituían la base de su dieta. Comparado con la mayoría de los ictiosaurios era pequeño, ya que casi todos los individuos miden menos de 1 m de longitud; sin embargo, algunos de sus parientes posteriores llegaron a cuadruplicar su tamaño. No solo era uno de los ictiosaurios más pequeños, sino también uno de los más primitivos. El paleontólogo alemán George Baur, el primero en estudiarlo, le dio el nombre de *Mixosaurus* porque pensó que presentaba una «mixtura» de rasgos primitivos y avanzados.

Hyperodapedon

GRUPO Rincosaurios
DATACIÓN Triásico superior
TAMAÑO 1,2-1,5 m de longitud
LOCALIZACIÓN Escocia, India, Brasil, Argentina

Los rincosaurios fueron uno de los muchos grupos de reptiles herbívoros que vivieron en el Triásico superior. Fueron también unos de los principales herbívoros terrestres que existieron en el planeta justo antes de la llegada de los dinosaurios y durante el primer millón de años de la evolución de estos. Uno de los rincosaurios mejor estudiados es *Hyperodapedon*, una especie representada por más de 35 esqueletos provenientes de rocas de hace 230 MA descubiertos en Elgin (Escocia). Se conocen otras especies de *Hyperodapedon* procedentes de otros continentes, que muestran que vivía por todo el mundo.

El cráneo de *Hyperodapedon* era ancho y triangular visto desde arriba y estaba rematado por un afilado «pico», compuesto por dos colmillos con los bordes cortantes como navajas que formaban un mecanismo de tijera para cortar vegetación. En las mandíbulas, unas hileras de dientes a ambos lados del hocico y en el paladar trituraban el alimento antes de tragarlo. Era un animal de cuerpo corto y fornido, y seguramente empleaba sus extremidades para excavar pequeños hoyos en busca de tubérculos y raíces. Los rincosaurios se extinguieron durante el Triásico superior y se cree que su desaparición permitió a los dinosaurios erigirse en los reptiles terrestres dominantes.

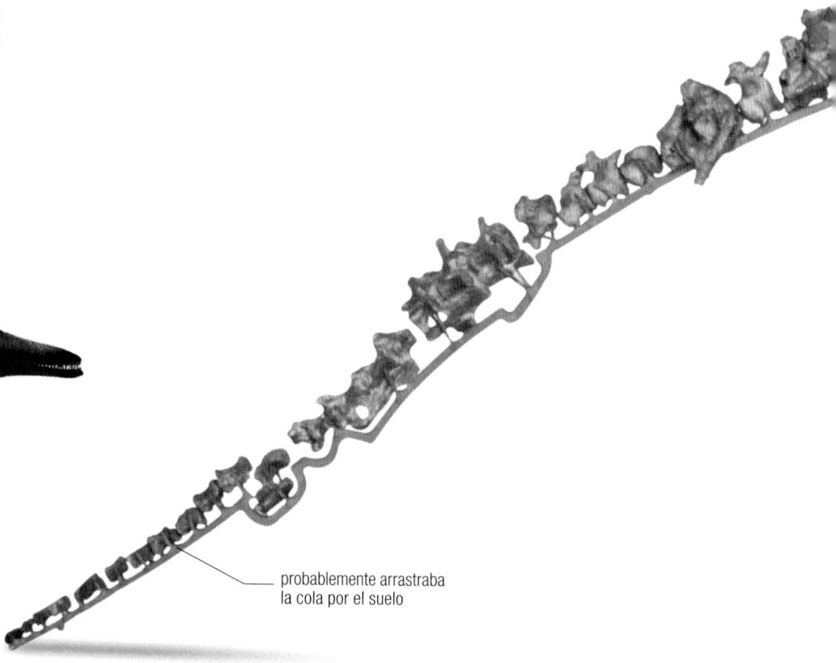
probablemente arrastraba la cola por el suelo

Procolophon

GRUPO Amniotas primitivos
DATACIÓN Triásico inferior
TAMAÑO 30-35 cm de longitud
LOCALIZACIÓN Sudáfrica, Antártida

El pequeño tamaño de *Procolophon* y otros reptiles procolofónidos no hace sospechar su gran capacidad para sobrevivir a una catástrofe global. Sin embargo, aunque poco llamativos a simple vista, estos lentos reptiles fueron uno de los pocos grupos que se libraron de la devastadora extinción del Pérmico-Triásico. Tras escapar a la mayor mortandad de la historia del planeta, evolucionaron hasta originar una nueva gama de especies. Uno de ellos fue *Procolophon*, que da nombre al grupo. *Procolophon* tenía el tamaño de una iguana pequeña. Poseía un cuerpo ancho y la cola corta, y su cráneo ancho y triangular se parece al de muchos reptiles excavadores de madrigueras de hoy. Posiblemente los procolofónidos sobrevivieron a la extinción aislados en madrigueras del calor y el frío intensos y de la lluvia ácida.

brazo

PATAS ANTERIORES
Las patas delanteras de *Procolophon* eran cortas y delgadas, pero con fuerza suficiente para cavar madrigueras.

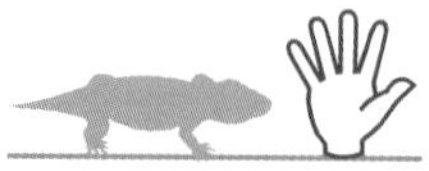

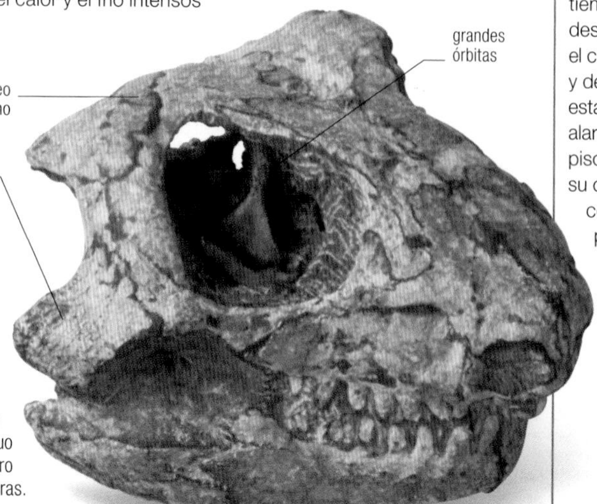
grandes órbitas
cráneo ancho
espina de la mejilla orientada hacia atrás

EN MADRIGUERAS
El cráneo ancho y triangular y el cuerpo achaparrado de *Procolophon* se parecían a los de lagartos actuales como el monstruo de Gila de América del Norte, otro reptil que se refugia en madrigueras.

Tanystropheus

GRUPO Tanistrofeidos
DATACIÓN Triásico medio
TAMAÑO 5,5-6,5 m de longitud
LOCALIZACIÓN Europa y Oriente Medio

Tanystropheus se encuentra entre los reptiles más extraños de todos los tiempos. Es fácil de reconocer por su desproporcionado cuello, más largo que el cuerpo y la cola juntos. Este extraordinario y delgado cuello de más de 3 m de longitud estaba soportado por tan solo 10 vértebras alargadas. Animal semiacuático y ante todo piscívoro, *Tanystropheus* podía extender su cuello para pescar en las turbias aguas cercanas a la costa. Esta estrategia le permitía capturar peces sin sumergir el resto del cuerpo, a veces permaneciendo quieto en tierra firme.

LAGARTO CON PICO
La gran cavidad nasal sugiere que *Hyperodapedon* tenía un buen sentido del olfato, y sus grandes órbitas oculares indican una buena visión. Este lagarto achaparrado y pesado tenía asimismo uñas en sus patas traseras, adaptadas para cavar en la tierra en busca de alimento. También poseía un afilado «pico» que podría ayudarle a llevarse alimentos a su poderosa lengua.

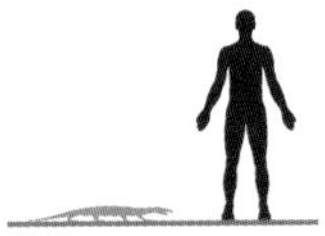

ANATOMÍA

COMEDOR DE PLANTAS

Los rincosaurios fueron unos abundantes herbívoros de tamaño medio que ocuparon el nicho de los máximos fitófagos en muchos ecosistemas. Algunos, como *Hyperodapedon*, presentaban una serie de extraordinarias adaptaciones anatómicas que facilitaban su estilo de alimentación. Su cráneo posee dos colmillos pareados (el «pico») en la parte anterior de la boca, mientras que en la posterior y el paladar hay cientos de dientes que eran sustituidos continuamente a lo largo de la vida adulta. Los colmillos cortaban las plantas, y los otros dientes trituraban y aplastaban la materia vegetal antes de tragarla.

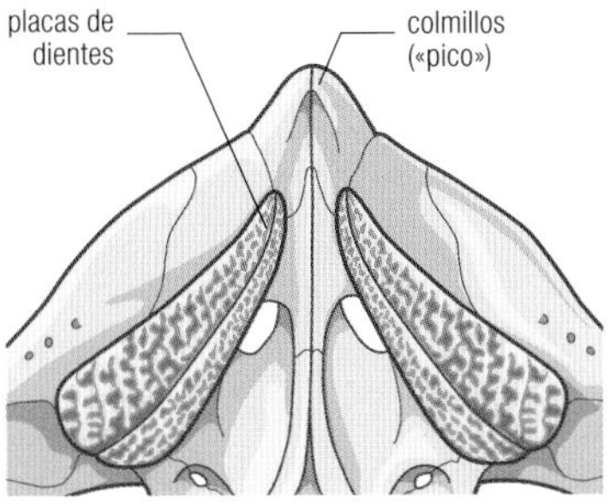
placas de dientes
colmillos («pico»)

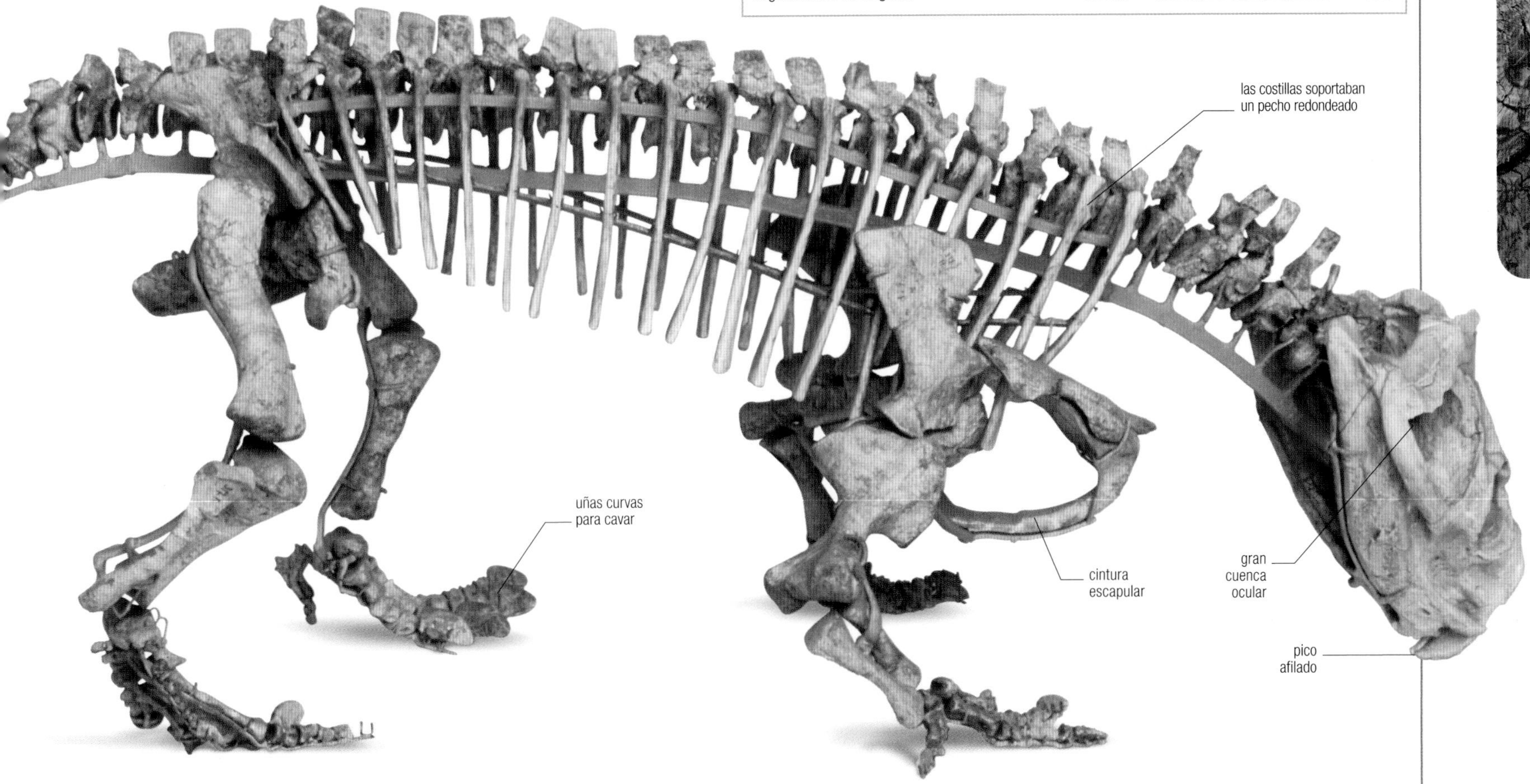
las costillas soportaban un pecho redondeado
uñas curvas para cavar
cintura escapular
gran cuenca ocular
pico afilado

Proterosuchus

GRUPO Proterosúquidos
DATACIÓN Triásico inferior
TAMAÑO 1-2 m de longitud
LOCALIZACIÓN Sudáfrica

Tras la extinción masiva del Pérmico-Triásico surgieron grupos enteros de organismos nuevos. Uno de estos fue *Proterosuchus*, un depredador parecido al dragón de Komodo, pariente lejano de los arcosaurios, el gran grupo que acoge aves, cocodrilos y dinosaurios. *Proterosuchus* tenía el cráneo largo y estrecho, con numerosos dientes curvos y grandes órbitas oculares. Su cuerpo era igualmente largo y delgado, con una cola ahusada flexible. Es muy probable que fuera anfibio, de modo que tendría acceso a una gama de presas de una amplitud sin precedentes. Aunque era más bien pequeño incluso para los estándares actuales, fue uno de los carnívoros más grandes de su tiempo.

BOCA GANCHUDA
La boca y los dientes curvos ofrecían pocas posibilidades de escape a las presas de *Proterosuchus*.

patas robustas para andar en tierra

Euparkeria

GRUPO Arcosaurios primitivos
DATACIÓN Triásico inferior
TAMAÑO 70 cm de longitud
LOCALIZACIÓN Sudáfrica

Euparkeria fue uno de los muchos reptiles que vivieron durante los primeros millones de años del Triásico en la actual Sudáfrica. Este pequeño carnívoro tenía la boca repleta de dientes afilados y estaba cubierto por una piel escamosa con placas óseas (osteodermos) en el dorso y la cola. Pariente cercano de los arcosaurios, presentaba muchas otras características que se desarrollaron plenamente en los dinosaurios y otros arcosaurios. Las largas patas traseras le permitían correr o erguirse por momentos, lo que le otorgaba la ventaja vital de la velocidad y la agilidad. Su cráneo presenta delante de cada ojo la abertura de un amplio espacio o seno, que apunta a un buen sentido del olfato.

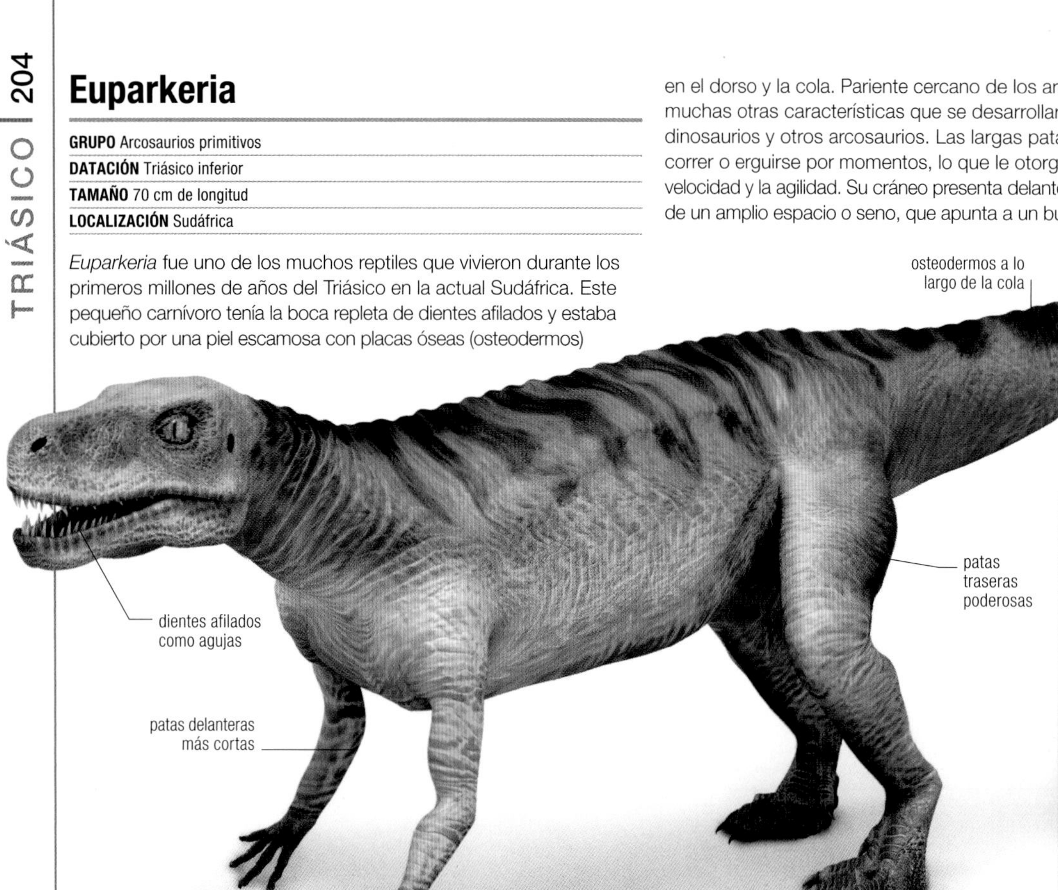
osteodermos a lo largo de la cola
patas traseras poderosas
dientes afilados como agujas
patas delanteras más cortas

ESCASAS DEFENSAS
Pese a sus afilados dientes y su aspecto feroz, *Euparkeria* vivía en un mundo lleno de depredadores. Aparte de la velocidad, las garras eran toda su defensa.

YACIMIENTO CLAVE
YACIMIENTO DEL KAROO

En el desierto del Karoo, en Sudáfrica, se han hallado muchos fósiles espectaculares. Las huellas que se están limpiando en la imagen pertenecían a un sinápsido, un reptil con rasgos de mamífero que se alimentaba de *Euparkeria*. Las rocas depositadas en el Pérmico, el Triásico y el Jurásico en esta gran cuenca interior con ríos y lagos se han explorado durantes siglos.

Gualosuchus

GRUPO Proterocámpsidos
DATACIÓN Triásico medio
TAMAÑO 1-3 m de longitud
LOCALIZACIÓN Argentina

Gualosuchus vivió hace unos 235 MA junto a una gran variedad de dicinodontos, cinodontos y dinosaurios estrechamente emparentados, como *Marasuchus* y *Lagerpeton*. El cráneo de *Gualosuchus* era largo y muy ancho visto desde arriba, con grandes cuencas oculares y un largo hocico repleto de dientes curvos y afilados. Vivía en y junto a la orilla de mares y ríos, y es probable que capturase peces, además de pequeños vertebrados que se aventuraban a acercarse a la costa.

Parasuchus

GRUPO Fitosaurios
DATACIÓN Triásico superior
TAMAÑO 2 m de longitud
LOCALIZACIÓN Todo el mundo

El grupo de vertebrados fósiles denominados fitosaurios se caracteriza por un cuerpo similar al de los cocodrilos. Estos reptiles, algunos del tamaño de *Tyrannosaurus rex* (pp. 302–303), vivieron durante unos 25 MA en el Triásico superior. Uno de los más estudiados es *Parasuchus*. Se han hallado esqueletos completos en India y fragmentos fósiles en todo el mundo. Su nombre, que significa «parecido a un cocodrilo», describe bien a este reptil de porte bajo y piscívoro.

placas óseas (osteodermos) en el dorso
ojos orientados hacia los lados
cráneo alargado
patas delanteras hacia los lados

Stagonolepis

GRUPO Aetosaurios
DATACIÓN Triásico superior
TAMAÑO 3 m de longitud
LOCALIZACIÓN Escocia, Polonia

Los aetosaurios fueron muy abundantes hace entre 225 y 200 MA. El más reconocible de ellos es *Stagonolepis*. Como todos los aetosaurios, tenía el cuerpo protegido con placas óseas (osteodermos). Su cráneo corto y alto acababa en un hocico con forma de pala muy útil para desenterrar raíces o insectos del barro. *Stagonolepis* es un fósil muy frecuente en las rocas del Triásico superior de Elgin (Escocia).

hocico con forma de pala
patas fuertes para sostener el pesado cuerpo

Ornithosuchus

GRUPO Arcosaurios primitivos
DATACIÓN Triásico superior
TAMAÑO 1-2 m de longitud
LOCALIZACIÓN Escocia

Ornithosuchus parece un dinosaurio, pero su esqueleto sugiere que es un arcosaurio crocodilio emparentado con los aetosaurios. Fue uno de los depredadores más grandes de su nicho ecológico, hace 230 MA, cuando los dinosaurios empezaban a evolucionar. Pasaba casi todo el tiempo a cuatro patas, pero podía andar sobre dos. Sus afilados dientes muestran que era carnívoro.

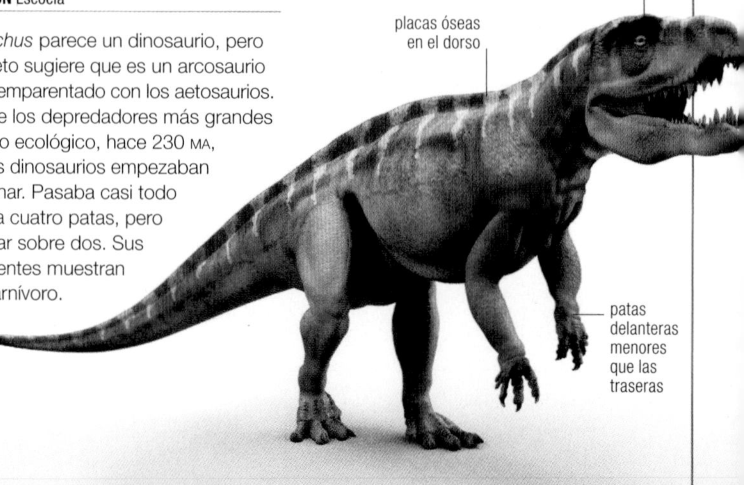
cabeza similar a la de un dinosaurio
placas óseas en el dorso
patas delanteras menores que las traseras

Postosuchus

GRUPO Rauisuquios
DATACIÓN Triásico superior
TAMAÑO 3-4 m de longitud
LOCALIZACIÓN EE UU

Postosuchus es uno de los más conocidos y estudiados miembros del grupo de los rauisuquios, un gran grupo de arcosaurios del Triásico. Como los ornitosuquios a los que pertenece *Ornitosuchus* (p. anterior), este grupo pertenece al mismo linaje que los modernos cocodrilos e incluía a varios de los depredadores más grandes de su época. *Postosuchus* llegaba a alcanzar los 4,6 m de longitud y podía pesar unos 680 kg. Por su semejanza con los grandes dinosaurios terópodos del Jurásico y el Cretácico se le describe como un primitivo ancestro de *Tyrannosaurus rex* (pp. 302-303). De hecho, y aunque su gran cráneo y la forma de sus dientes cortadores se parecen a los de los dinosaurios carnívoros más conocidos, la anatomía de su tobillo y la presencia de placas óseas dorsales (osteodermos) son argumentos de peso para situar a *Postosuchus* en la línea de los arcosaurios crocodilios.

Aunque no se trata de un auténtico dinosaurio, *Postosuchus* vivió junto a algunos de los dinosaurios terópodos más antiguos, de los que probablemente se alimentaba. Pese a lo que cabría suponer, era mucho más grande que aquellos terópodos y sin duda el depredador de mayor tamaño de América del Norte durante el Triásico superior.

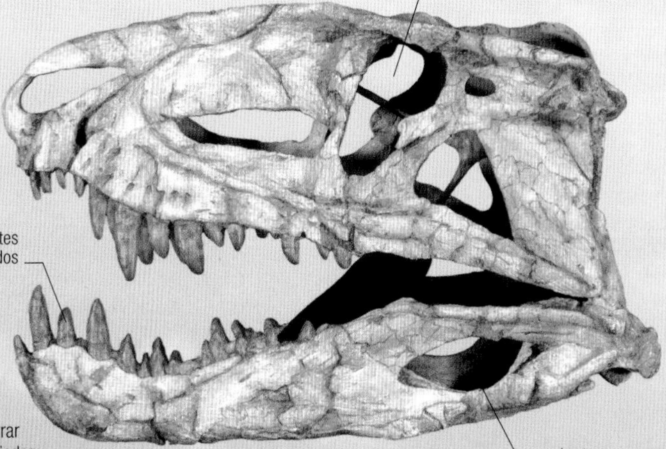
órbita ocular
dientes serrados
abertura para el músculo mandibular

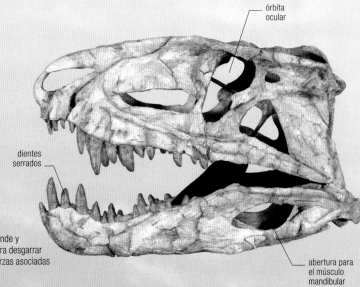

MANDÍBULAS PODEROSAS
El cráneo de *Postosuchus* es grande y fuerte, con un diseño perfecto para desgarrar carne y soportar las enormes fuerzas asociadas a la lucha con grandes presas.

UN DEPREDADOR FORMIDABLE
Con sus afiladísimos dientes serrados, su enorme cuerpo y sus potentes mandíbulas, *Postosuchus* recuerda a un *Tyrannosaurus* pequeño, aunque no era tan rápido.

Effigia

GRUPO Rauisuquios
DATACIÓN Triásico superior
TAMAÑO 2–3 m de longitud
LOCALIZACIÓN EE UU

Este arcosaurio omnívoro, rápido y elegante, que convivió con dinosaurios primitivos como *Coelophysis* y *Chindesaurus* y con grandes depredadores rauisuquios, era uno de los animales más extraños del Triásico superior. Parecía un dinosaurio terópodo por su organización corporal: era bípedo (podía andar sobre dos patas), tenía grandes zonas de inserción para poderosos músculos en la pelvis, poseía una larga cola para equilibrarse y presentaba agujeros en las vértebras del cuello para sacos aéreos. Cuando se descubrió su pariente cercano *Shuvosaurus*, en 1994, fue descrito como un «dinosaurio avestruz» del Triásico superior por su cráneo, parecido al de un ave y sin dientes. *Effigia* poseía un cráneo similar, con un pico en la parte anterior ideal para partir semillas, triturar frutos secos, cortar vegetación y matar pequeños vertebrados. Sin embargo, pese a su parecido con los terópodos, tanto *Effigia* como *Shuvosaurus* son miembros del linaje de los cocodrilos, puesto que comparten con estos el tipo de tobillo, además de muchos otros rasgos. Se trata de un ejemplo clásico de convergencia evolutiva: organismos de parentesco muy lejano desarrollan de manera independiente la misma forma corporal en respuesta a un estilo de vida similar.

El nombre ***Effigia***, que significa **«fantasma»**, alude a la zona de **Ghost Ranch («Rancho Fantasma»)**, en Nuevo México (EE UU), donde **se halló**.

IDENTIDAD ERRÓNEA
Aunque vivió al menos 80 MA antes que los dinosaurios avestruz, *Effigia okeeffeae* fue confundido al principio con un miembro de su grupo. Además de referirse a la zona en que se descubrió, el nombre del género («fantasma») hace un guiño al hecho de que durante décadas fue invisible para la ciencia, ya que el fósil se recogió en la década de 1940, pero no se examinó hasta 2006. El nombre específico honra a la artista Georgia O'Keefe, que vivía cerca de Ghost Ranch.

ANATOMÍA

MORFOLOGÍA CORPORAL SIMILAR

Effigia es miembro del grupo de los arcosaurios de la línea de los cocodrilos, aunque se parece mucho a un terópodo. Tanto es así que los científicos clasificaron a un pariente cercano suyo, *Shuvosaurus*, como un ornitomimosaurio. Al igual que los terópodos de este grupo (aquí se muestra un *Struthiomimus*, «dinosaurio avestruz»), *Effigia* era un animal esbelto y rápido que andaba sobre dos patas. Tenía las manos en forma de garra y un cerebro especializado para la inteligencia y finos sentidos. También se parecía a estos dinosaurios en la carencia de dientes y el pico queratinoso.

cráneo con pico
y sin dientes
larga cola
manos en
forma de garra
patas largas

Lotosaurus

GRUPO Rauisuquios
DATACIÓN Triásico medio
TAMAÑO 1,5–2,5 m de longitud
LOCALIZACIÓN China

Lotosaurus, un rechoncho cuadrúpedo con un abanico de espinas en cuello y dorso, vivió hace unos 240 MA, cuando aún estaban unidos todos los continentes. Esto le permitió dispersarse por todo el mundo. Su cráneo era ligero, carecía de dientes y poseía un afilado pico. Las espinas (más del triple de largas que la anchura de las vértebras) puede que le sirvieran para atraer pareja sexual o para regular la temperatura corporal.

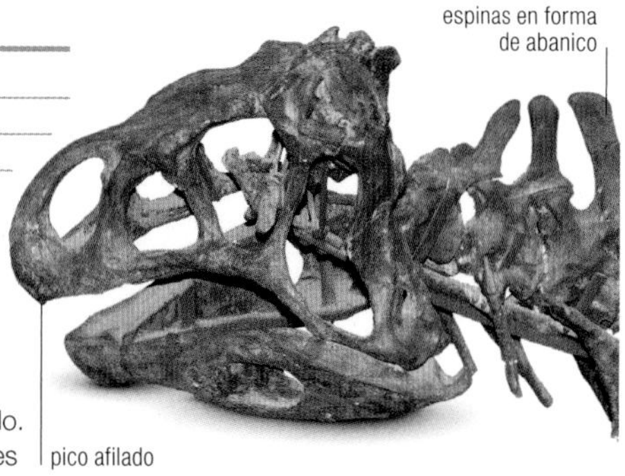
espinas en forma de abanico
pico afilado

EXTRAÑAS ESPINAS
Las largas espinas de las vértebras de *Lotosaurus* son un extraño rasgo presente en muchos reptiles no emparentados entre sí.

Terrestrisuchus

GRUPO Crocodilomorfos
DATACIÓN Triásico superior
TAMAÑO 75 cm–1 m de longitud
LOCALIZACIÓN Islas Británicas

Solo el *Terrestrisuchus* adulto podía llegar al metro de longitud, y la mayoría pesaba menos de 15 kg. Su cráneo era muy ligero y frágil, y muchos de los huesos de sus extremidades tenían el grosor de un lápiz.

Este carnívoro fue uno de los parientes más primitivos del actual cocodrilo, aunque tenía un estilo de vida muy diferente. Pequeño y esbelto, caminaba con el cuerpo elevado sobre el suelo y era capaz de esprintar a gran velocidad a cuatro patas. En muchos aspectos, los esfenosuquios parecen pequeños dinosaurios terópodos, pero como los actuales cocodrilos, tenían placas óseas (osteodermos) en la piel, así como los huesos de la muñeca largos.

osteodermos en el dorso
cola elevada
muñecas alargadas

mandíbulas de carnívoro
grandes patas traseras propias de un bípedo
dedos con uñas corvas

Herrerasaurus

GRUPO Terópodos
DATACIÓN Triásico superior
TAMAÑO 3–6 m de longitud
LOCALIZACIÓN Argentina

Herrerasaurus es uno de los dinosaurios más antiguos y primitivos descubiertos. Vivió hace unos 228 MA y compartió su ecosistema con diversos reptiles primitivos que acabaron siendo sustituidos por los dinosaurios. Incluso a simple vista, *Herrerasaurus* tiene aspecto de dinosaurio carnívoro. Andaba sobre dos patas, ostentaba unas afiladas uñas y tenía las mandíbulas cubiertas por numerosos dientes serrados. Era un fornido depredador capaz de perseguir a su presa, atraparla y reducirla. Debe su nombre a su descubridor, el baquiano argentino Victorino Herrera.

Eudimorphodon

GRUPO Pterosaurios
DATACIÓN Triásico superior
TAMAÑO 1 m de longitud
LOCALIZACIÓN Italia, Groenlandia

Eudimorphodon es uno de los más antiguos y primitivos pterosaurios. Sus restos fosilizados son habituales en los pliegues rocosos de las montañas del norte de Italia. Se trataba, sin duda, de un pterosaurio y presentaba todas las características de este grupo de reptiles voladores, incluido el cuarto dedo hipertrofiado que sostenía la membrana del ala. Era más bien pequeño y podía pesar unos 10 kg. Estas dimensiones resultan irrisorias en comparación con las monstruosas proporciones de sus parientes posteriores, como *Quetzalcoatlus* (p. 293). *Eudimorphodon* se distinguía de los demás pterosaurios por sus complejos dientes: mientras que la mayoría de los pterosaurios tenían dientes sencillos (o carecían de ellos), él ostentaba un hocico lleno de extraños dientes con varias puntas (cúspides). Estas resultaban perfectas para sujetar y desmenuzar presas, y podrían haber sido una adaptación para alimentarse de grandes peces.

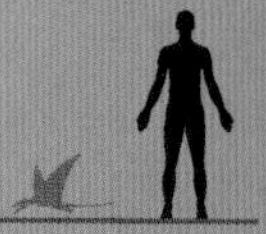

PLANEAR Y VOLAR
Además de las membranas de las alas, *Eudimorphodon* tenía otras secundarias entre las muñecas y el cuello, y entre los tobillos y la cola, que le facilitarían el planeo. Sin embargo, los análisis óseos han revelado que también era capaz de volar batiendo las alas.

Eoraptor

GRUPO Terópodos
DATACIÓN Triásico superior
TAMAÑO 1 m de longitud
LOCALIZACIÓN Argentina

Durante una expedición por Argentina a finales de la década de 1980, el científico Paul Sereno y su equipo hallaron un fósil peculiar. El esqueleto, de la altura de un niño pequeño, era sin duda de dinosaurio por la cavidad de la cadera donde encaja el fémur, la cresta de inserción muscular alargada en el hueso del brazo (húmero) y otros rasgos típicos. En muchos otros aspectos se parecía a un terópodo carnívoro: dientes afilados, garras para la caza y capacidad de andar sobre dos patas (postura bípeda). Sereno y sus colegas llamaron *Eoraptor* a este dinosaurio, uno de los más arcaicos jamás hallados. Vivió hace unos 228 MA.

uñas afiladas

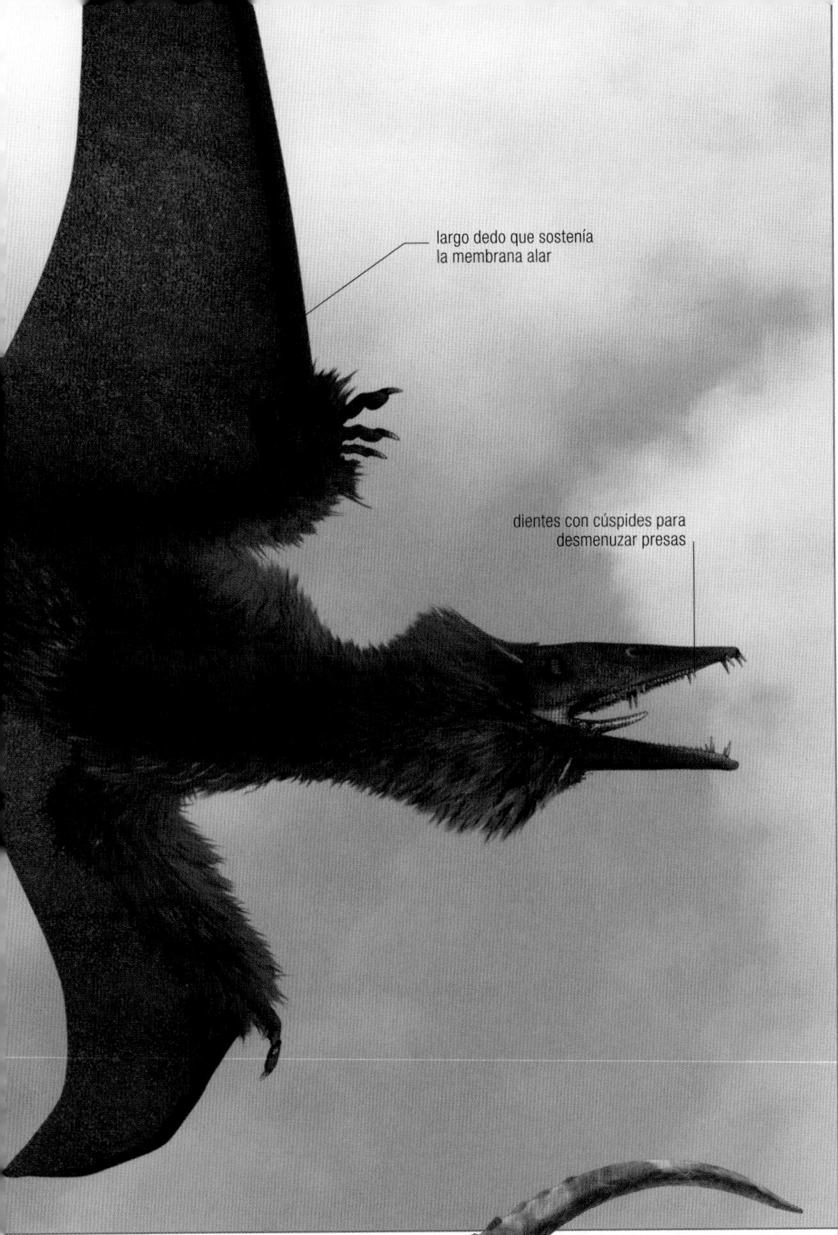
largo dedo que sostenía la membrana alar
dientes con cúspides para desmenuzar presas

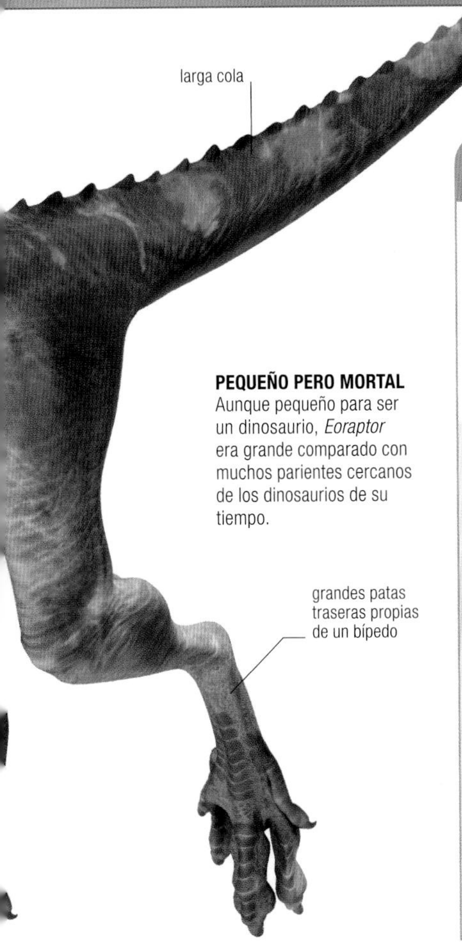
larga cola
grandes patas traseras propias de un bípedo

PEQUEÑO PERO MORTAL
Aunque pequeño para ser un dinosaurio, *Eoraptor* era grande comparado con muchos parientes cercanos de los dinosaurios de su tiempo.

BIOGRAFÍA

ROBERT BAKKER

El doctor Robert Bakker (n. en 1945) es uno de los paleontólogos más conocidos de la última mitad de siglo. Siendo estudiante en la década de 1970, fue el primer científico en defender que los dinosaurios, como *Eoraptor*, eran animales ágiles y rápidos, y no las bestias lentas y torpes que a menudo se describían en la época.

Chindesaurus

GRUPO Terópodos
DATACIÓN Triásico superior
TAMAÑO 2–2,3 m de longitud
LOCALIZACIÓN EE UU

Chindesaurus es un extraño dinosaurio hallado en rocas de 210 a 220 MA de antigüedad en el suroeste de EE UU. Se cree que fue uno de los principales depredadores del oeste norteamericano durante el Triásico superior. Por desgracia, solo se han hallado esqueletos incompletos y ningún hueso del cráneo, en contraste con el argentino *Herrerasaurus* (p. anterior), que es el dinosaurio más conocido del período gracias a un esqueleto entero bien conservado. Las semejanzas entre los huesos pélvicos y las patas traseras de *Chindesaurus* y *Herrerasaurus* revelan su posible parentesco. Teniendo en cuenta que en el Triásico superior todos los continentes estaban unidos, es muy probable que parientes cercanos de *Herrerasaurus* vivieran por todo el mundo.

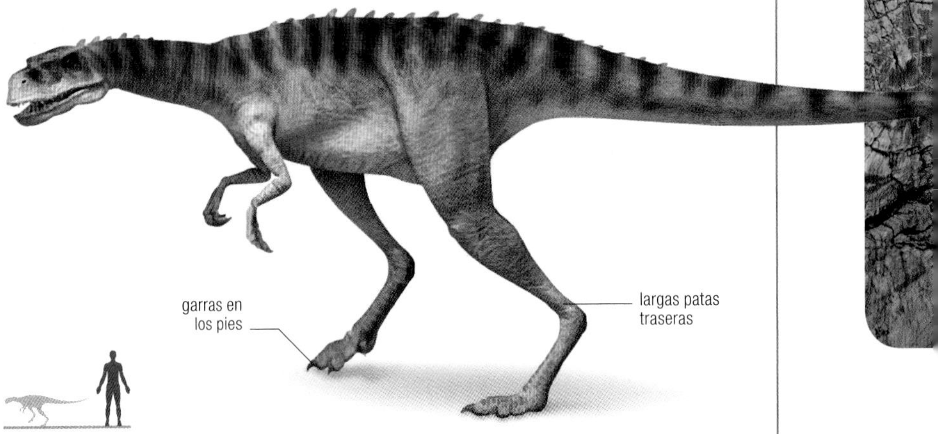
garras en los pies
largas patas traseras

Staurikosaurus

GRUPO Terópodos
DATACIÓN Triásico superior
TAMAÑO 2 m de longitud
LOCALIZACIÓN Brasil

Staurikosaurus recorrió las llanuras de América del Sur durante los primeros millones de años del reinado de los dinosaurios. Se sabe poco de este pequeño cazador, ya que solo se ha hallado un esqueleto fósil. Parece claro que era un depredador ágil y peligroso, semejante a un terópodo por su morfología corporal. Es difícil determinar si se trataba de un auténtico terópodo o de un dinosaurio más primitivo que solo se parecía a un terópodo por compartir su modo de vida carnívoro. Es probable que fuera un pariente cercano de *Herrerasaurus* (p. anterior), aunque mucho más pequeño, ligero y esbelto, y seguramente mucho más rápido que este. Cuando fue hallado y descrito en 1970, era uno de los pocos dinosaurios suramericanos reconocidos. De hecho,su nombre significa «lagarto de la Cruz del Sur», en referencia a la constelación solo visible desde el hemisferio austral. Hoy en día ya se han nombrado docenas de especies de dinosaurios de América del Sur.

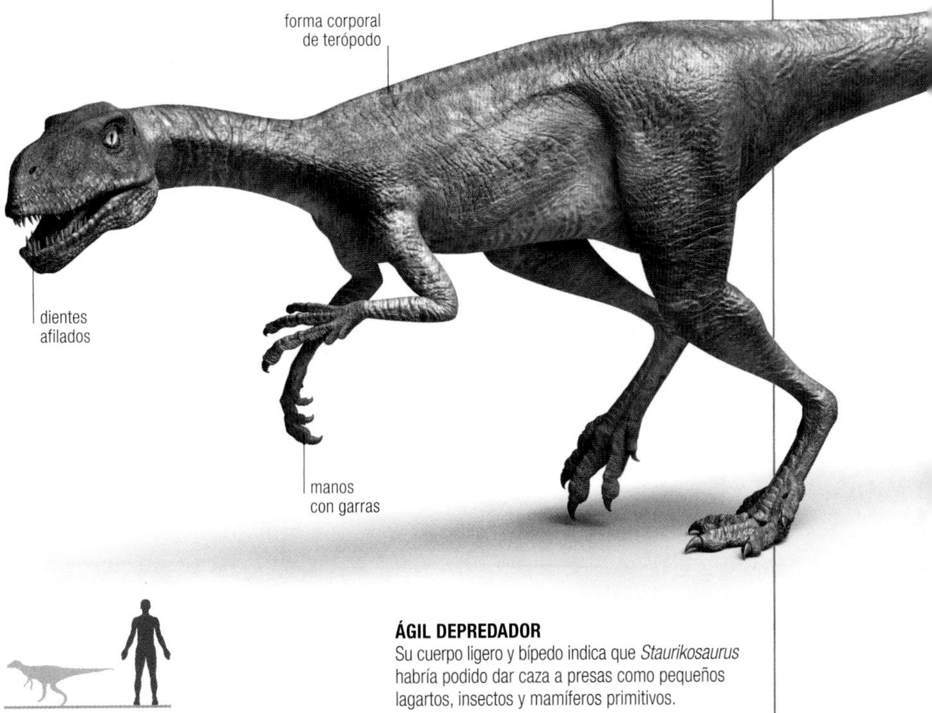
forma corporal de terópodo
dientes afilados
manos con garras

ÁGIL DEPREDADOR
Su cuerpo ligero y bípedo indica que *Staurikosaurus* habría podido dar caza a presas como pequeños lagartos, insectos y mamíferos primitivos.

Liliensternus

GRUPO Terópodos
DATACIÓN Triásico superior
TAMAÑO 5–6 m de longitud
LOCALIZACIÓN Alemania

Liliensternus fue un dinosaurio grande y feroz que vivió en Europa central hace unos 210 MA, el mayor depredador terrestre de la época. Sus largas patas traseras le permitían alcanzar una gran velocidad, sus cortos brazos acababan en afiladas garras y sus mandíbulas estaban repletas de dientes serrados. Se alimentaba de grandes herbívoros prosaurópodos, como *Plateosaurus* (p. siguiente) y *Efraasia*, que poblaban los humedales durante el Triásico superior. Por desgracia, solo se han hallado dos esqueletos, de modo que es difícil saber si era solitario o se desplazaba en manada.

AL ACECHO
Liliensternus debía de acechar a sus presas, prosaurópodos, esperando la ocasión para atacar.

Gojirasaurus

GRUPO Terópodos
DATACIÓN Triásico superior
TAMAÑO 5–7 m de longitud
LOCALIZACIÓN EE UU

Gojirasaurus merodeaba por los áridos matorrales de América del Norte hace 210 MA. Su nombre procede del monstruo cinematográfico *Godzilla* (*Gojira* en japonés). Puede parecer exagerado que se haya bautizado a un depredador algo más alto que un hombre en honor a este monstruo colosal: la razón es que, en una época en que la mayoría de dinosaurios depredadores eran pequeños, *Gojirasaurus* era el más grande y fiero cazador del sureste norteamericano. Aún queda mucho por averiguar acerca de este carnívoro del que solo se han hallado algunos huesos.

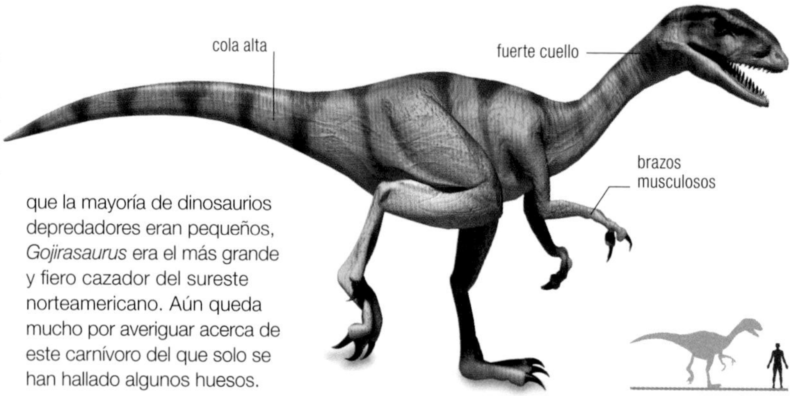
cola alta
fuerte cuello
brazos musculosos

Saturnalia

GRUPO Sauropodomorfos
DATACIÓN Triásico superior
TAMAÑO Hasta 2 m de longitud
LOCALIZACIÓN Brasil

Este pequeño herbívoro vivió hace 225 MA. Los adultos apenas medían 2 m de largo y pesaban entre 12 y 15 kg. Un primitivo pariente de gigantes como *Brachiosaurus* (p. 255), convivió con una curiosa mezcla de dinosaurios arcaicos y reptiles más primitivos, tales como rincosaurios y dicinodontos.

cuello más bien corto
manos con cinco dedos
pies con cinco dedos

LAGARTO CON DIENTES EN ALVÉOLOS
Thecodontosaurus significa «lagarto con dientes en alvéolos», un nombre que refleja la disposición de sus dientes romos con bordes serrados.

Thecodontosaurus

GRUPO Sauropodomorfos
DATACIÓN Triásico superior
TAMAÑO 1–3 m de longitud
LOCALIZACIÓN Islas Británicas

Hace unos 205 MA, gran parte de la zona del Canal de Bristol, en el oeste de Inglaterra, estaba surcada por una red de grutas habitada por un ecosistema completo de pequeños animales, entre los que estaban algunos de los mamíferos más primitivos y muchos tipos de reptiles. También había dinosaurios, entre ellos el común sauropodomorfo *Thecodontosaurus*. Este delgado herbívoro, que no pasaba de los 3 m de longitud y los 20 o 30 kg de peso, se refugiaba en las cavernas cuando lo amenazaba algún depredador. Esta estrategia solía ser eficaz, pero a veces provocaba derrumbes que enterraban a *Thecodontosaurus* y los animales con los que se encontraba. Hoy, sus restos fosilizados son comunes en las cercanías de Bristol y en el sur de Gales.

Plateosaurus

GRUPO Sauropodomorfos
DATACIÓN Triásico superior
TAMAÑO 6–10 m de longitud
LOCALIZACIÓN Alemania, Suiza, Noruega, Groenlandia

El prosaurópodo *Plateosaurus* es uno de los dinosaurios mejor conocidos. La mayoría de los dinosaurios se conoce por fragmentos de huesos o, en el mejor caso, por un solo esqueleto, pero *Plateosaurus* está representado por más de cincuenta esqueletos completos. Casi todos ellos proceden de cuencas del Triásico superior de Alemania, depositadas hace unos 220 MA por una serie de grandes ríos. Otros especímenes han aparecido en rocas cubiertas por glaciares en Groenlandia e incluso en perforaciones del fondo del mar del Norte. Esto ha permitido a los científicos estudiar este dinosaurio con detalle. *Plateosaurus* era uno de los prosaurópodos más grandes, y algunos individuos llegaban a medir 10 m de longitud y a pesar 700 kg. Su largo hocico estaba repleto de dientes con forma de hoja cubiertos por bultos duros (dentículos), perfectos para masticar la vegetación de la que se alimentaba. Es muy probable que pudiera andar tanto sobre dos como sobre cuatro patas, aunque recientes investigaciones sugieren que sus brazos y manos serían poco apropiados para la locomoción y debían de servirle sobre todo para recoger alimentos. Su nombre significa «lagarto plano».

***Plateosaurus* podía aumentar o disminuir su ritmo de crecimiento según la estación del año.**

cuello largo
y flexible
la cola constituye
más de la mitad de
la longitud total
huesos robustos
en las patas

ROBUSTO VEGETARIANO
Plateosaurus fue uno de los primeros dinosaurios de gran tamaño, como muestran los robustos huesos de sus patas.

cráneo largo
y aplanado
dientes
rugosos y
serrados

PEQUEÑO PERO EFICAZ
El cráneo de *Plateosaurus* era relativamente pequeño y largo, pero sus mandíbulas alojaban numerosos dientes rugosos y serrados, ideales para moler y desgarrar las plantas que componían su dieta.

largo cuello
para ramonear
en altura
manos en forma
de garras
patas traseras
aptas para
soportar su
gran peso

ALIMENTARSE EN LAS ALTURAS
La recia estructura ósea de *Plateosaurus* le permitía erguirse, de modo que podía alimentarse de plantas que quedaban fuera del alcance de otros dinosaurios y reptiles herbívoros.

Eocursor

GRUPO Ornitisquios
DATACIÓN Triásico superior
TAMAÑO 1 m de longitud
LOCALIZACIÓN Sudáfrica

Eocursor, uno de los pocos ornitisquios triásicos conocidos, era un herbívoro pequeño y sumamente rápido de la zona que hoy es Sudáfrica. Poseía casi todos los rasgos de los ornitisquios, como el pubis apuntando hacia atrás y dientes con forma de hoja para masticar plantas. Sin embargo, tenía también las manos alargadas y en forma de garra, acaso para complementar su dieta herbívora con algún pequeño mamífero o reptil ocasional.

Lystrosaurus

GRUPO Sinápsidos
DATACIÓN Del Pérmico superior al Triásico inferior
TAMAÑO 1 m de longitud
LOCALIZACIÓN África, Asia, Antártida

Este rechoncho herbívoro de aspecto porcino vivió en medio mundo y se libró de las extinciones masivas del Pérmico-Triásico, que eliminaron al 95 % de todas las especies. Era lento y de porte similar al de un lagarto, y tenía un cráneo enorme, con un pico córneo y dos grandes colmillos. Estos debían de servirle para la exhibición o la defensa, mientras que el pico era una herramienta perfecta para cortar tallos y ramas. Probablemente pesaba menos de 100 kg.

pico córneo
canino con forma de colmillo

Placerias

GRUPO Sinápsidos
DATACIÓN Triásico superior
TAMAÑO 2–3,5 m de longitud
LOCALIZACIÓN EE UU

Los dicinodontos, parientes cercanos de los mamíferos, fueron algunos de los herbívoros de mayor éxito desde el Pérmico superior hasta el Triásico medio. Uno de los últimos supervivientes de este otrora gran grupo fue *Placerias*, parecido a un antiguo hipopótamo y que podía alcanzar los 2000 kg de peso. Vivió hace unos 220 MA en el suroeste de EE UU y era el herbívoro más grande de la región. Aunque vivió junto a dinosaurios carnívoros, *Placerias* tuvo tanto éxito que llegó a ser mucho más abundante que sus rivales herbívoros. Su cráneo tenía dos enormes colmillos, que le serían útiles para establecer su estatus. Los hallazgos fósiles sugieren que viajaba en grandes rebaños.

cola corta y casi roma
poderosas patas traseras

Kannemeyeria

GRUPO Sinápsidos
DATACIÓN Del Triásico inferior al medio
TAMAÑO 3 m de longitud
LOCALIZACIÓN Sudáfrica, China, India, Rusia

Entre los escasos grupos de terápsidos que sobrevivieron hasta el Triásico estaban los dicinodontos. *Kannemeyeria*, del tamaño de un rinoceronte, descendía de estos. Aparte de unos grandes colmillos, carecía de dientes. En su lugar poseía un gran pico con el que cortaba las plantas y unas placas córneas, como las actuales tortugas, con las que reducía a pulpa la materia vegetal más resistente mediante el movimiento de sus mandíbulas. Este diseño corporal resultó muy eficiente para los herbívoros y permaneció sin cambios durante los siguientes 50 MA en los dicinodontos que le sucedieron.

Thrinaxodon

GRUPO Sinápsidos
DATACIÓN Triásico inferior
TAMAÑO 45 cm de longitud
LOCALIZACIÓN Sudáfrica, América del Sur

Este depredador del tamaño de un gato fue el cinodonto más abundante del Triásico inferior. Como los mamíferos, poseía una cintura definida delante de las caderas. Además, sus anchas costillas se trababan, lo que daba rigidez a su cuerpo y dificultaba la respiración mediante el solo movimiento costal. Esto sugiere que *Thrinaxodon* utilizaba un diafragma para respirar (un método más eficiente) y apunta a un metabolismo y unos niveles de actividad similares a los de los mamíferos. Como en estos, las patas quedaban casi rectas bajo el cuerpo, lo que permite suponer que era un animal activo, capaz de correr.

MOVIMIENTOS DE MAMÍFERO
A diferencia de los sinápsidos más primitivos, que tenían las extremidades en implante lateral, como los lagartos, las patas de *Thrinaxodon* quedaban casi verticales bajo su cuerpo.

mandíbula como la del tejón
zona de la cintura
patas próximas al cuerpo

2000 kg Peso máximo del dicinodonto *Placerias*, parecido a un hipopótamo.

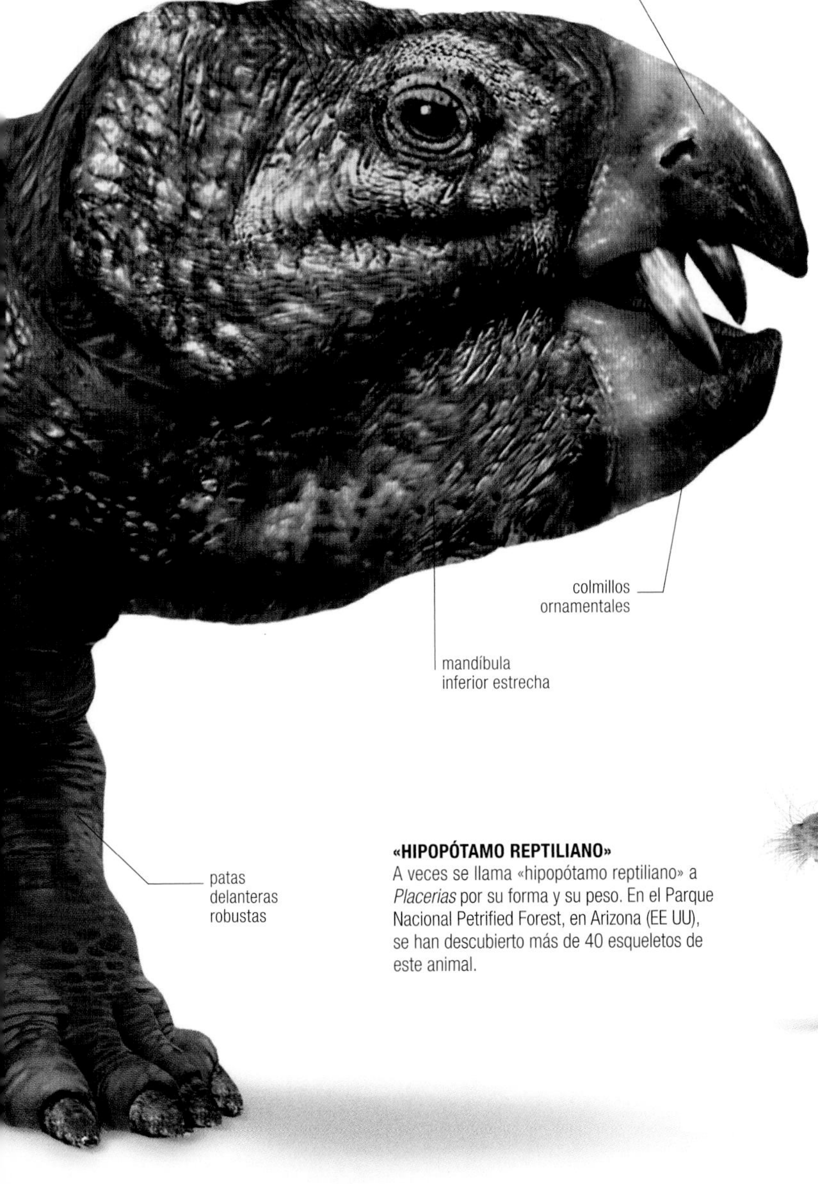
crestas tras el ojo
pico como el de una tortuga, para cortar vegetación
colmillos ornamentales
mandíbula inferior estrecha
patas delanteras robustas

«HIPOPÓTAMO REPTILIANO»
A veces se llama «hipopótamo reptiliano» a *Placerias* por su forma y su peso. En el Parque Nacional Petrified Forest, en Arizona (EE UU), se han descubierto más de 40 esqueletos de este animal.

Cynognathus

GRUPO Sinápsidos
DATACIÓN Del Triásico inferior al medio
TAMAÑO 1,8 m de longitud
LOCALIZACIÓN Sudáfrica, Antártida, Argentina

Este reptil con apariencia de mamífero cuyo nombre significa «mandíbula de perro» poseía grandes caninos a ambos lados de las mandíbulas. Un solo hueso, el dentario, constituía casi la totalidad de su mandíbula inferior, rasgo más común en los mamíferos modernos que en los reptiles (p. 174). Es probable que fuera solo carnívoro. Tenía dientes cortantes entre los caninos, y su cráneo presenta una amplia superficie para la inserción de fuertes músculos mandibulares, lo que sugiere que su mordisco era muy poderoso.

UNA MANDÍBULA PARA OÍR
Los huesos de la articulación mandibular de los cinodontos son los mismos que dos de los que se encuentran en el oído medio de los mamíferos. La pequeñez de estos huesos en *Cynognathus* sugiere que tal vez ya servían para la audición.

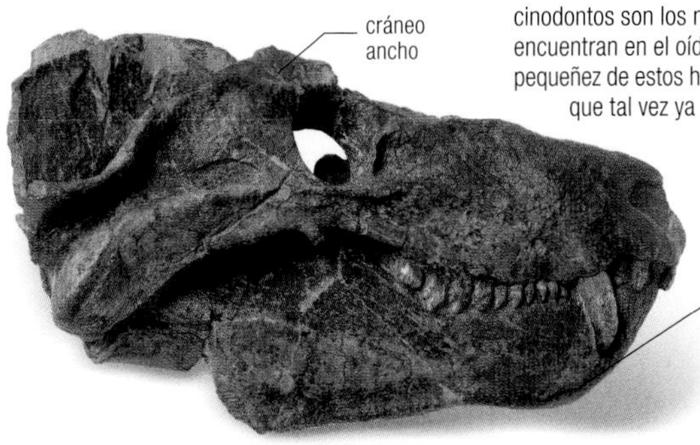
cráneo ancho
gran hueso dentario

Morganucodon

GRUPO Sinápsidos
DATACIÓN Del Triásico superior al Jurásico inferior
TAMAÑO 9 cm de longitud
LOCALIZACIÓN Europa, China, EE UU

Morganucodon, uno de los primeros mamíferos verdaderos, fue descrito en 1949 a partir de miles de dientes, mandíbulas y fragmentos óseos provenientes de una cantera del sur de Gales. Era un pequeño insectívoro, probablemente nocturno y con un fino olfato. Como los cinodontos avanzados, tenía una doble articulación mandibular (la nueva articulación de los mamíferos junto a la reptiliana). El pequeño tamaño de los antiguos huesos mandibulares indica un sentido del oído más agudo. Muchos mamíferos primitivos presentaban esta disposición, y los fósiles demuestran que el oído medio totalmente cerrado y la articulación única de la mandíbula de los mamíferos modernos evolucionaron independientemente en los monotremas (p. 337) y en los marsupiales y placentarios.

oreja
dientes afilados

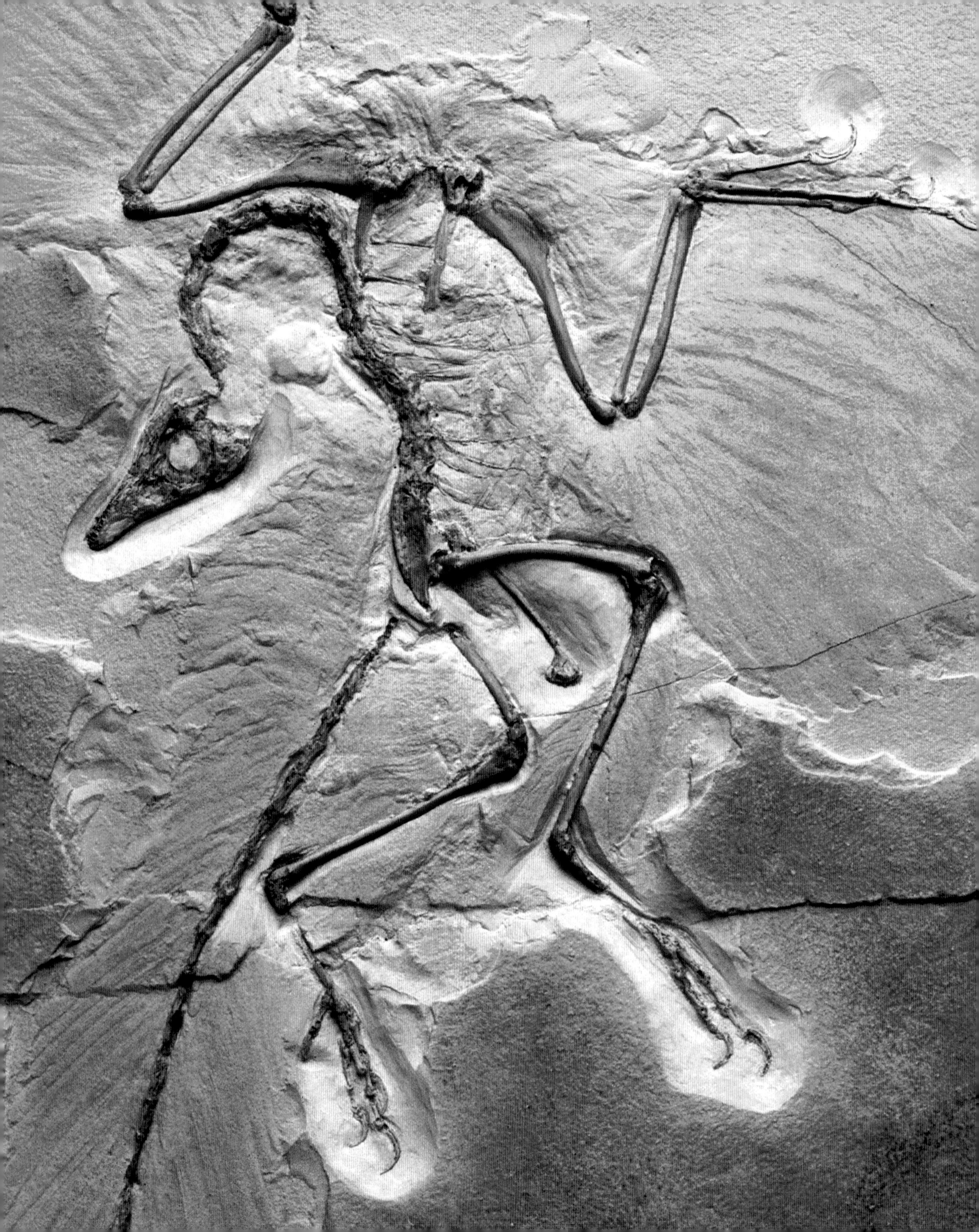

JURÁSICO

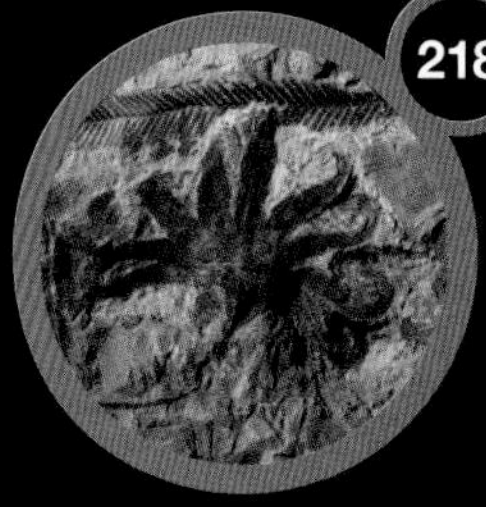

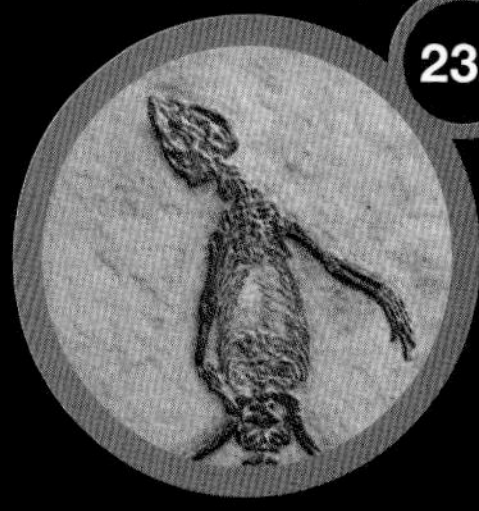

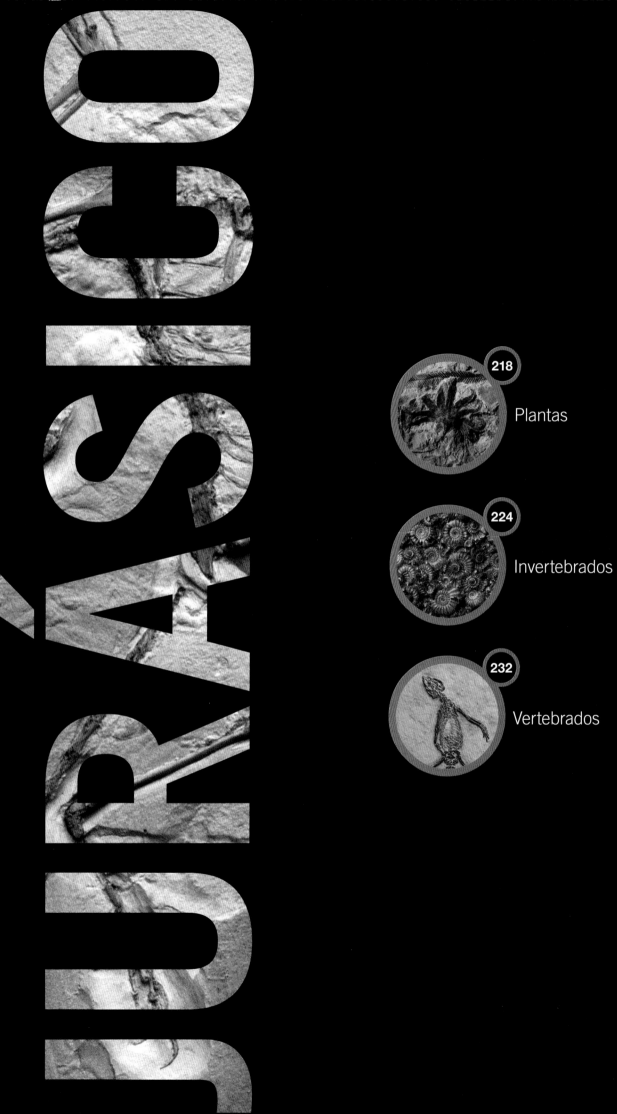

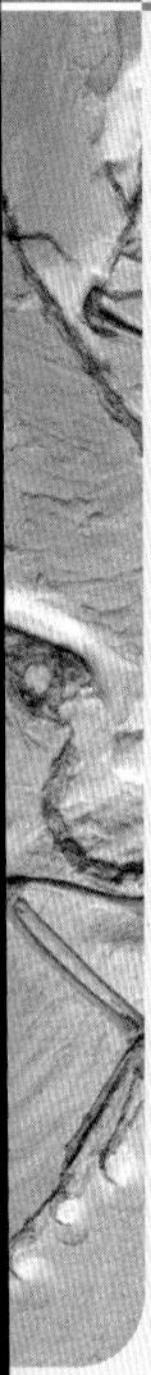

Jurásico

El nombre de Jurásico evoca una naturaleza a gran escala, con dinosaurios en tierra y enormes reptiles surcando los mares y volando por los aires. Los océanos rebosaban de nuevos depredadores, entre ellos amonites, belemnites y muchos peces trituradores de conchas. A menor escala, el plancton evolucionaba y transformaba la química de los océanos.

Océanos y continentes

En el Jurásico, los movimientos de placas continuaron modificando los continentes y ensanchando los océanos. La separación de las partes boreal y austral del supercontinente Pangea, ya iniciada en el Triásico, prosiguió en el Jurásico inferior, ensanchando el Tetis. Este océano seguía una dirección este-oeste que tenía un efecto significativo en la flora y la fauna oceánicas, así como en el clima del planeta. Dado que las corrientes fluían aquí de este a oeste, el clima no variaba mucho de norte a sur. Además, esto permitía una radiación este-oeste de los animales y plantas, muchos de cuyos grupos se extendieron sobre todo hacia el este: por esta razón los fósiles hallados en calizas de Australia Occidental son tan similares a los de la costa sur de Inglaterra. En el Jurásico medio empezó a abrirse otro océano, el Protoatlántico, mientras América se desplazaba hacia el noroeste. Durante el Jurásico superior, Laurasia se separó aún más de Pangea debido al movimiento hacia el norte de América del Norte, alejándose del noroeste de África, lo que se tradujo en un ensanchamiento del lado occidental del océano Tetis. Mientras Pangea continuaba fragmentándose por la creación de zonas de rift y por subducción (p. 20), las plataformas continentales se expandían y los ambientes de aguas someras se iban extendiendo globalmente. En los océanos aparecieron nuevos tipos de plancton con esqueleto calcáreo o silíceo que formaban sedimentos ricos en caliza y en sílice. Precisamente, las masivas rocas calizas que forman la cordillera del Jura en la frontera franco-suiza son las que dan nombre al Jurásico.

ARCO DE DURDLE DOOR
El espectacular arco de caliza de Durdle Door, en la costa de Dorset (Inglaterra), se formó en el mismo episodio tectónico que creó los Alpes.

RASTROS DE DINOSAURIOS
En las rocas sedimentarias de la formación Morrison, en el sureste de Colorado (EE UU), se conservan rastros paralelos de saurópodos jurásicos a orillas de un antiguo lago.

PARQUE NACIONAL ZION
Durante el Jurásico se acumularon extensas dunas en el interior occidental de América del Norte, origen de las espectaculares formaciones rojizas que se ven hoy en el Parque Nacional Zion (Utah, EE UU).

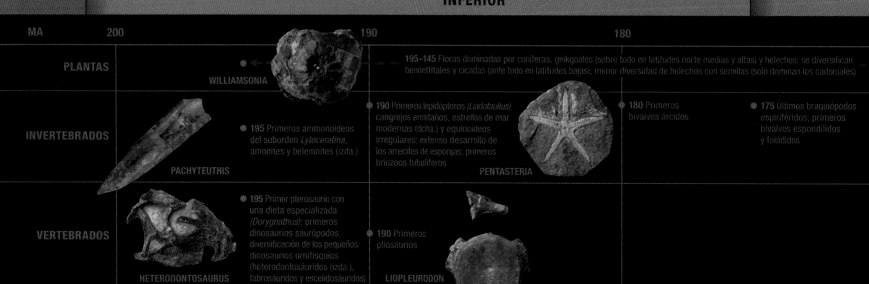

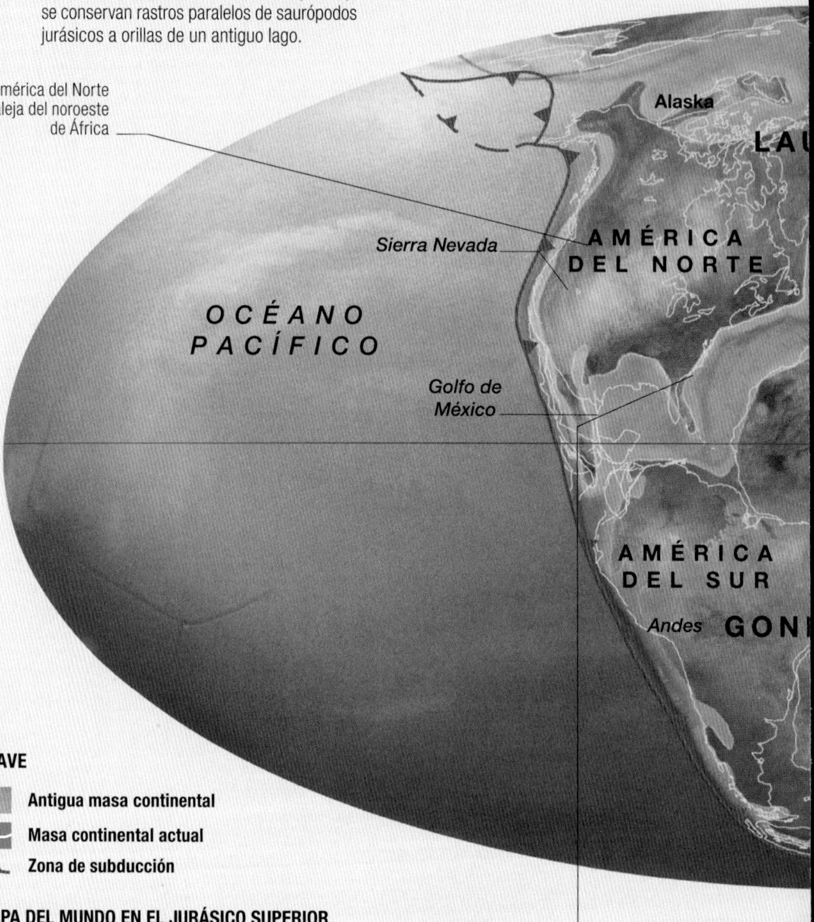
América del Norte se aleja del noroeste de África
Alaska
LA
AMÉRICA DEL NORTE
Sierra Nevada
OCÉANO PACÍFICO
Golfo de México
AMÉRICA DEL SUR
Andes
GON
se abre el océano Protoatlántico y África y el este de América del Norte se van separando al expandirse el fondo marino

CLAVE
- Antigua masa continental
- Masa continental actual
- Zona de subducción

MAPA DEL MUNDO EN EL JURÁSICO SUPERIOR
La parte norte de Pangea (Laurasia) y su parte sur (Gondwana) continuaron separándose, ensanchando así el océano Tetis.

INFERIOR

MA 200 — 190 — 180 — 17

PLANTAS

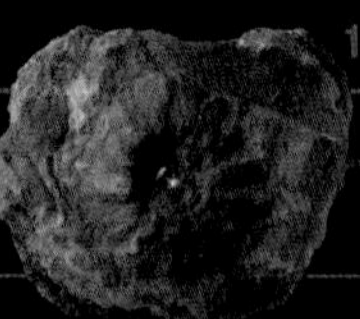
WILLIAMSONIA

195–145 Floras dominadas por coníferas, ginkgoales (sobre todo en latitudes norte medias y altas) y helechos; se diversifican bennettitales y cícadas (ante todo en latitudes bajas); menor diversidad de helechos con semillas (solo dominan los caitoniales)

INVERTEBRADOS

PACHYTEUTHIS

195 Primeros ammonoideos del suborden *Lytoceratina*, amonites y belemnites (izda.)

190 Primeros lepidópteros *(Liadotaulius)*, cangrejos ermitaños, estrellas de mar modernas (dcha.) y equinoideos irregulares; extenso desarrollo de los arrecifes de esponjas; primeros briozoos tubulíferos

PENTASTERIA

180 Primeros bivalvos árcidos

175 Últimos braquiópodos espiriféridos; primeros bivalvos espondílidos y foládidos

VERTEBRADOS

HETERODONTOSAURUS

195 Primer pterosaurio con una dieta especializada *(Dorygnathus)*; primeros dinosaurios saurópodos; diversificación de los pequeños dinosaurios ornitisquios (heterodontosáuridos (izda.), fabrosáuridos y escelidosáuridos)

190 Primeros pliosaurios

LIOPLEURODON

GINKGO
Solo una especie del género *Ginkgo* ha sobrevivido hasta hoy, a veces usada como árbol ornamental. Durante el Jurásico, este género se diversificó y extendió por Laurasia.

Clima

Hasta el Jurásico medio, los climas globales fueron cálidos y húmedos, con temperaturas de hasta 30 °C. Puede que los climas subtropicales se extendieran incluso hasta los 60° de latitud. Las latitudes más bajas, incluido el suroeste de las actuales Sudáfrica y América del Norte y del Sur, eran más áridas. Las latitudes medias, incluidas las actuales Australia Occidental, India y extremo meridional de América del Sur, eran estacionalmente áridas. Las temperaturas en las latitudes elevadas de la Australia del Jurásico medio eran de 15-18 °C como media. Las altitudes elevadas eran más húmedas en ambos hemisferios, con exuberantes bosques, como prueba la existencia de depósitos de carbón. En Laurasia estas áreas se tornaron más secas durante el Jurásico al interrumpirse la circulación monzónica que había estado bien establecida en el Jurásico inferior. Las temperaturas globales descendieron durante el superior, con temperaturas oceánicas relativamente frescas, en torno a 20 °C. La pronunciada estacionalidad, con oscilaciones entre un calor extremo en verano hasta un intenso frío en invierno, fue característica del Jurásico superior. En esta época, un cinturón ecuatorial árido se extendía desde el ecuador hasta unos 45-50° de latitud, seguido de otro más estrecho de climas estacionalmente húmedos hasta los 60°, y hacia los polos imperaban los climas templados y húmedos. En las regiones más húmedas, los bosques compuestos sobre todo de coníferas crearon extensos depósitos de carbón. En la flora de las latitudes medias y altas dominaban los helechos, las plantas tipo *Ginkgo* y las coníferas. Las cícadas y las superficialmente similares bennettitales eran las plantas principales en latitudes bajas.

Siberia
Canal del Amur
Montes Urales
ASIA
Norte de China
EUROPA
Sur de China
Sureste Asiático
Turquía
Irán
Tibet
Indochina
Fosa de Tetis
OCÉANO DE TETIS
ÁFRICA
Arabia
GONDWANA
India
Australia
ANTÁRTIDA

se ensambla el sur-centro de Asia

el océano Tetis separa de Gondwana los continentes boreales

BOSQUE LLUVIOSO TEMPLADO
Estos bosques prosperaban en condiciones húmedas de ambos hemisferios. Abundaban las coníferas, pero también había helechos, como estos del sur de Australia.

NIVELES DE DIÓXIDO DE CARBONO
Los estudios han detectado niveles de dióxido de carbono bastante elevados en el límite Triásico-Jurásico. Tras un descenso inicial, volvieron a aumentar con los altos de efecto invernadero del Jurásico.

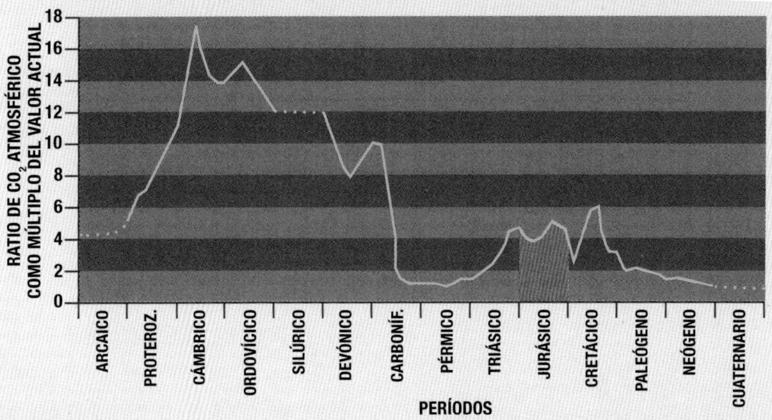
RATIO DE CO_2 ATMOSFÉRICO COMO MÚLTIPLO DEL VALOR ACTUAL
18
16
14
12
10
8
6
4
2
0
ARCAICO
PROTEROZ.
CÁMBRICO
ORDOVÍCICO
SILÚRICO
DEVÓNICO
CARBONÍF.
PÉRMICO
TRIÁSICO
JURÁSICO
CRETÁCICO
PALEÓGENO
NEÓGENO
CUATERNARIO
PERÍODOS

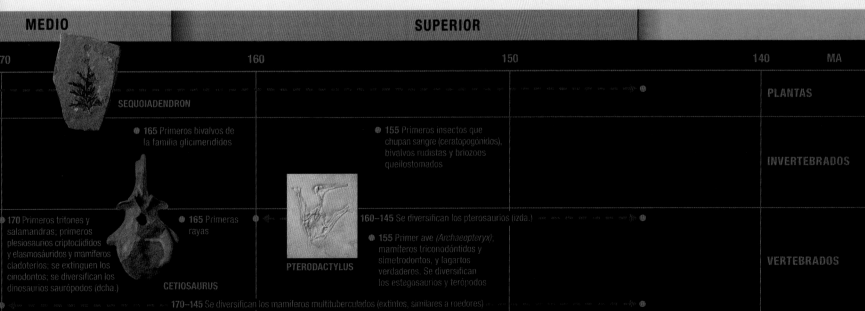

MEDIO | SUPERIOR

170 | 160 | 150 | 140 | MA

PLANTAS

SEQUOIADENDRON

INVERTEBRADOS

165 Primeros bivalvos de la familia glicimerídidos

155 Primeros insectos que chupan sangre (ceratopogónidos), bivalvos rudistas y briozoos queilostomados

VERTEBRADOS

170 Primeros tritones y salamandras; primeros plesiosaurios criptoclídidos y elasmosáuridos y mamíferos cladoterios; se extinguen los cinodontos; se diversifican los dinosaurios saurópodos (dcha.)

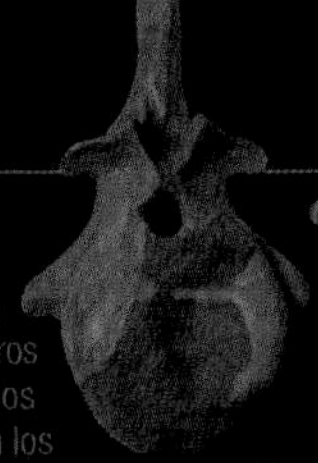

CETIOSAURUS

165 Primeras rayas

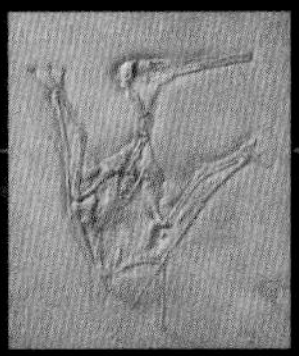

PTERODACTYLUS

160–145 Se diversifican los pterosaurios (izda.)

155 Primer ave *(Archaeopteryx)*; mamíferos triconodóntidos y simetrodontos, y lagartos verdaderos. Se diversifican los estegosaurios y terópodos

170–145 Se diversifican los mamíferos multituberculados (extintos, similares a roedores)

JURÁSICO PLANTAS

Durante el Jurásico continuaron diversificándose los nuevos tipos de plantas que se habían desarrollado durante el Triásico. Parte de la mejor información sobre las plantas jurásicas procede de estudios de la rica y bien conservada flora del Jurásico medio encontrada en Yorkshire (norte de Inglaterra, RU).

Se conocen plantas del Jurásico en muchas partes del mundo, pero son los fósiles del norte de Inglaterra los que han aportado más información. La denominada flora jurásica de Yorkshire se estudia desde los inicios de la paleontología, y los intentos de reconstruir las plantas extintas a partir de las diferentes partes dispersas de dicha flora han resultado especialmente exitosos.

Antes de las plantas con flores

Los helechos y las coníferas son comunes en muchas floras de Yorkshire, pero también destacan las hojas de tipo cícada. Algunas de dichas hojas proceden de verdaderas cícadas, pero otras son bennettitales o bien pueden pertenecer a otros tipos de plantas lejanamente emparentadas con las cícadas. Las bennettitales, por ejemplo, pueden estar más próximas a las actuales gnetales que a otras plantas con semillas. Otro interesante grupo de plantas con semillas del Jurásico son las caitoniales, cuyas hojas tienen cuatro foliolos, todos ellos con una nervadura similar a la de las glosopteridales. Se creyó que las caitoniales estaban emparentadas con las angiospermas, pero estudios posteriores demostraron que no poseían las especializaciones reproductivas propias de este grupo.

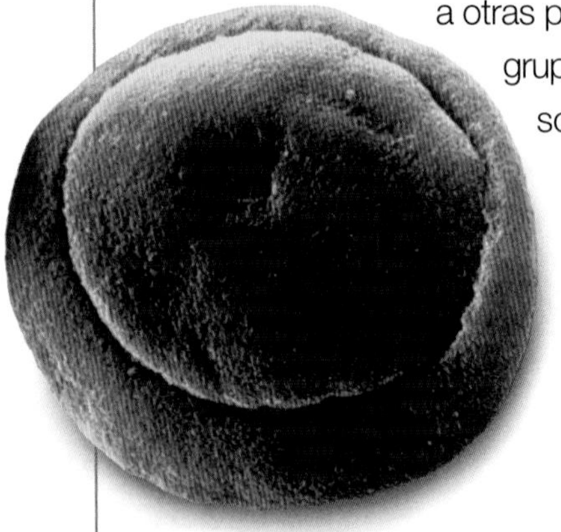

POLEN DE CLASSOPOLLIS
El característico polen de *Classopollis*, de la familia de coníferas fósiles cheirolepidiáceas, es uno de los componentes más frecuentes del polen y de las esporas fósiles del Jurásico superior y del Cretácico inferior.

Plantas e insectos

La evolución de las plantas había ido muy ligada a la de los insectos terrestres desde el Devónico, pero durante el Mesozoico varios órdenes actuales de insectos –en especial moscas y escarabajos– se diversificaron rápidamente. Es probable que muchos de estos insectos se alimentaran de plantas o de materia vegetal en descomposición, y algunos pudieron estar implicados en la polinización. Es posible que en el Jurásico los insectos ya intervinieran en la transferencia del polen de una planta a otra, lo cual aportó una nueva dimensión a la producción vegetal y un nuevo potencial de especialización. Los insectos tienen un papel clave en la polinización de las gnetales y las cícadas actuales. Había bennettitales jurásicas que producían polen y óvulos; estas «flores» bisexuales serían polinizadas por insectos.

ESCARABAJO FÓSIL
La diversificación de los escarabajos ya se había iniciado en el Jurásico. Es posible que algunas especies contribuyeran a la polinización de las plantas con semillas durante este período.

GRUPOS

Los principales grupos de plantas que prosperaron durante el Jurásico eran muy similares a los del Triásico superior. Los grupos dominantes fueron los helechos y una serie de plantas con semillas entre las que destacaban las coníferas, las cícadas y las bennettitales, así como unas pocas líneas evolutivas más pequeñas, como las caitoniales y czekanowskiales.

HELECHOS
Las familias de helechos dominantes durante el Triásico, el Jurásico y el Cretácico inferior fueron líneas que divergieron muy pronto de la línea principal de la evolución de los helechos. Se diferenciaban de la mayoría de helechos modernos en que crecían en hábitats abiertos. Estos helechos antiguos vivían en hábitats similares a los que ocupan hoy las gramíneas.

CONÍFERAS
Son importantes en la mayoría de floras jurásicas y en general eran más parecidas a las familias actuales que a las voltziales del Triásico. Entre los grupos de coníferas actuales que ya pueden reconocerse entre los fósiles del Jurásico se incluyen taxones relacionados con el ciprés de los pantanos y el tejo. La familia de las araucarias también está muy bien representada.

CÍCADAS
Estuvieron bien diversificadas durante el Jurásico pero las más conocidas tenían conos masculinos y femeninos muy similares a los taxones actuales. Las hojas fósiles eran mucho más pequeñas que las de los taxones vivientes, lo que sugiere que los tallos de los taxones antiguos eran más esbeltos y quizá mucho más ramificados.

GINKGOS
Desde el Jurásico se conocen muchas plantas tipo *Ginkgo*, y fue en este tiempo cuando el grupo alcanzó su máxima diversidad. Se conocen especialmente bien varias especies del Jurásico de China, algunas de las cuales apenas difieren de la única especie viviente, *Ginkgo biloba*.

Selaginella

GRUPO Licofitas
DATACIÓN Del Carbonífero a la actualidad
TAMAÑO 10 cm de altura
LOCALIZACIÓN Todo el mundo

Estas pequeñas plantas parecen musgos, pero tienen dos tipos de hojas simples –grandes y pequeñas– alineadas en cuatro hileras a lo largo del tallo. Además producen las esporas en esporangios, agrupados en pequeños conos, y no en cápsulas esporíferas simples como los musgos. La *Selaginella* más antigua que se conoce data de hace unos 300 MA; este género, pues, tiene uno de los registros fósiles más largos conocidos.

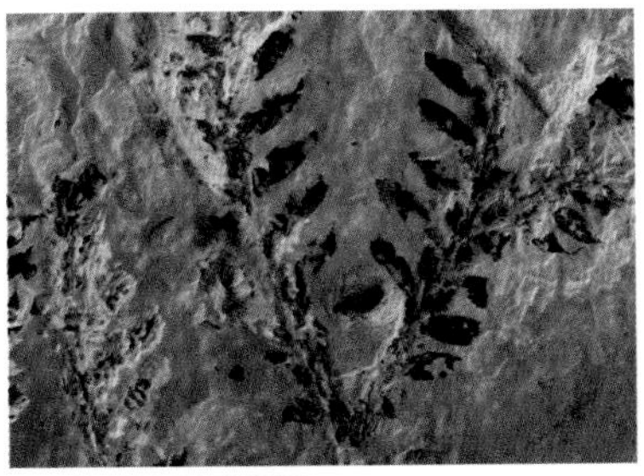

SELAGINELLA ZEILLERI
Este brote con hojas fosilizado de *Selaginella zeilleri* muestra las hileras de hojas pequeñas y grandes que estuvieron fijadas al tallo.

PARIENTE ACTUAL
SELAGINELLA

Las *Selaginella* actuales suelen ser plantas pequeñas o rastreras, pero ocasionalmente crecen en las ramas de los árboles. Hoy existen unas 750 especies, la mayoría de regiones templadas o tropicales, aunque algunas se encuentran en climas más fríos.

raquis
pínnula fértil
tallo
pínnula estéril

Coniopteris

GRUPO Helechos
DATACIÓN Del Triásico al Neógeno
TAMAÑO Fronde de 1 m de longitud
LOCALIZACIÓN Todo el mundo

Es uno de los géneros de helechos jurásicos más diversos y extendidos. Algunos frondes eran vegetativos, con foliolos (pínnulas) que tenían lóbulos anchos para captar la luz para la fotosíntesis. Otros frondes, de foliolos más delgados, eran fértiles y tenían pequeños grupos de esporangios (sacos productores de esporas) en los extremos de los foliolos. La detallada estructura de los esporangios muestra que estos helechos fósiles eran parientes del actual helecho arborescente *Dicksonia*. Algunos frondes de *Coniopteris* mesozoicos también proceden de helechos arborescentes, aunque otros pueden ser de plantas mucho más pequeñas.

CONIOPTERIS HYMENOPHYLLOIDES
Entre los fragmentos rotos de este helecho dicksoniáceo figuran restos de tallo y de raquis, así como foliolos de frondes tanto fértiles como estériles.

Dictyophyllum

GRUPO Helechos
DATACIÓN Del Cretácico superior al Jurásico medio
TAMAÑO 20-30 cm de anchura
LOCALIZACIÓN Todo el mundo

Al igual que los miembros de las matoniáceas, como *Weichselia* (p. 274), *Dyctiophyllum* tenía segmentos foliares, o pinnas, que irradiaban del extremo de un tallo que estaba fijado a un tallo rastrero y subterráneo (rizoma). Sin embargo, este helecho se diferencia por la manera en que se disponían los nervios formando una trama en los foliolos (pínnulas). Los nervios y las estructuras de los cuerpos productores de esporas (esporangios) sugieren que *Dictyophyllum* pertenecía a la familia dipteridáceas. Este género, que hoy solo crece en el Sureste Asiático, estuvo muy extendido durante el Jurásico, pero declinó y casi se extinguió a finales de dicho período.

DICTYOPHYLLUM NILSSONII
Este fragmento de hoja de un helecho jurásico tiene un retículo de nervios peculiar. Los helechos con esta nervadura suelen preferir hábitats más secos.

NERVIOS FOLIARES
Cada foliolo triangular tiene un nervio central engrosado y, a ambos lados de este, unos nervios laterales que crean una malla poligonal.

Equisetites

GRUPO Esfenofitas
DATACIÓN Del Carbonífero superior a la actualidad
TAMAÑO 2,5 m de altura
LOCALIZACIÓN Todo el mundo

Son frecuentes en el Jurásico los moldes fósiles de tallos de *Equisetites*, con costillas que recorren su longitud y nudos más separados entre sí. Son comunes en rocas que se formaron en bancos de ríos o en riberas de lagos, donde probablemente crecieron las plantas. Se parecen a los tallos de los *Equisetum* actuales, pero son mucho más grandes que cualquier especie actual.

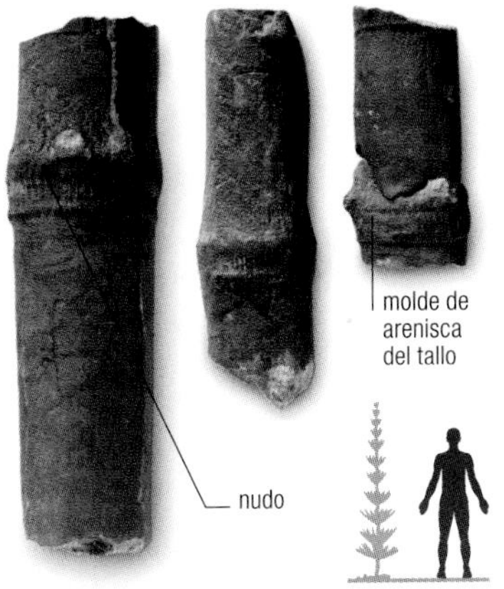

molde de arenisca del tallo
nudo

PARIENTES ACTUALES
COLAS DE CABALLO

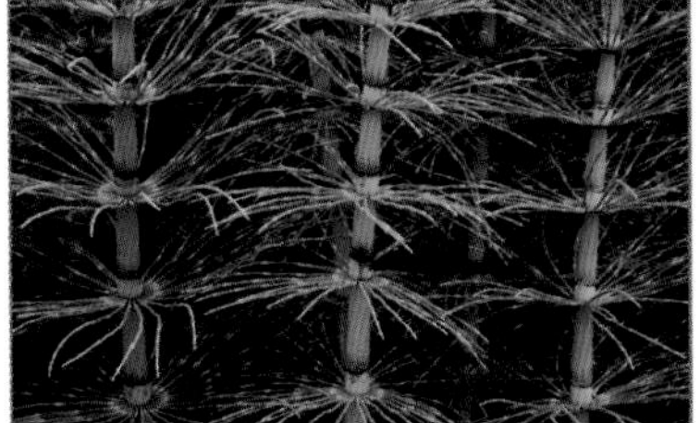

Hoy día los equisetos *(Equisetum)*, o colas de caballo, continúan siendo un grupo de plantas extendido y común. Se propagan con facilidad mediante tallos subterráneos, los rizomas. Sus hojas escamosas se alinean en verticilos alrededor del tallo en nudos característicos. A pesar de la extensión y variedad del registro fósil, hoy solo sobreviven unas 20 especies.

Cladophlebis

GRUPO Helechos
DATACIÓN Del Triásico al Cretácico
TAMAÑO Fronde de 1 m de longitud
LOCALIZACIÓN Todo el mundo

Tanto los miembros extintos como los actuales de la familia osmundáceas, a la que pertenece *Cladophlebis*, tienen hojas vegetativas no fértiles y hojas fértiles con esporangios, como se observa en el actual helecho real *(Osmunda regalis)*. Ambos tipos de frondes pueden tener un aspecto bastante diferente, y los fósiles a menudo se hallan separados. Por ello, los paleontólogos les dan diferentes nombres de género, *Cladophlebis* para los vegetativos con característicos foliolos triangulares y *Todites* para los fértiles (izda.).

pínnula fértil

TODITES SP.
Los foliolos de las hojas fértiles, como los que se ven en este fragmento foliar fosilizado del Jurásico, suelen tener grupos de esporangios en el envés.

CLADOPHLEBIS FUKIENSIS
Este fósil de China muestra parte de un típico fronde estéril de un helecho osmundáceo. Sus pequeños foliolos triangulares nunca llevan esporangios.

Klukia

GRUPO Helechos
DATACIÓN Del Triásico superior al Cretácico inferior
TAMAÑO Fronde de 30-50 cm de longitud
LOCALIZACIÓN Europa, Asia central, Japón

Los característicos foliolos (pínnulas), pequeños y con forma de lengua, de *Klukia* son frecuentes en las floras jurásicas. Las hojas fértiles son especialmente características. Tienen sacos portadores de esporas (esporangios) bastante grandes y que aparecen solitarios en el envés de los foliolos, algo bien distinto de la mayoría de helechos jurásicos, cuyos esporangios aparecen en grupos (soros) en las pínnulas. Los miembros de este género están estrechamente emparentados con los actuales helechos trepadores de la familia esquizeáceas, que crecen en zonas tropicales y subtropicales.

Las pínnulas características de *Klukia* abundan en floras jurásicas.

raquis
foliolo con forma de lengua
esporangios

KLUKIA EXILIS
Las pequeñas marcas circulares de este fósil son los característicos esporangios que aparecen en el envés de las pínnulas.

Pseudoctenis

GRUPO Cícadas
DATACIÓN Del Pérmico superior al Cretácico
TAMAÑO Hoja de 1 m de longitud
LOCALIZACIÓN Todo el mundo

Las hojas divididas en series de foliolos (pinnas) alargados y fijadas a un eje central (raquis) son características de muchas floras mesozoicas. Se parecen a las hojas de las cícadas actuales y algunas, pero no todas (p. 231), son de hecho restos de cícadas. Según la forma y la nervadura de los foliolos, y según cómo se fijan al raquis, se han identificado varios géneros. Las hojas de *Pseudoctenis* son de cícadas verdaderas. Poseen nervios no ramificados y foliolos fijados a ambos lados del raquis. Aunque los ejemplares de *Pseudoctenis* no son tan abundantes como otras hojas fósiles de cícadas (como *Nilssonia*), están muy extendidos. *Pseudoctenis* se desarrollaba tanto en floras tropicales como templadas. Se han hallado ejemplares en rocas pérmicas, lo que los sitúa entre los fósiles de cícada más antiguos que se conocen.

raquis

PSEUDOCTENIS HERRIESII
Este fósil de una hoja de cícada jurásica muestra claramente un raquis central grueso con pinnas delgadas a ambos lados. Cada pinna tiene numerosos nervios finos que recorren su longitud.

Caytonia

GRUPO Caitoniales
DATACIÓN Del Triásico superior al Cretácico inferior
TAMAÑO Cono de 5 cm de longitud
LOCALIZACIÓN Europa, América del Norte, Asia central

Es el órgano portador de semillas de un grupo de plantas extintas, las caitoniales, que fueron abundantes en las zonas subtropicales durante el Jurásico. Varias semillas se agrupaban dentro de estructuras protectoras de semillas con forma de casco (cúpulas), dispuestas en dos hileras a ambos lados de un eje central (raquis). La inclusión de las semillas en el interior de las cúpulas recuerda superficialmente cómo las plantas con flores actuales llevan sus semillas. Las hojas de *Caytonia* también tenían rasgos en común con las plantas con flores, en especial su retículo de nervios. Durante muchos años se creyó que *Caytonia* pudo ser un antecesor directo de las plantas con flores, una hipótesis actualmente descartada.

cúpula
raquis

CAYTONIA SP.
Las cúpulas portadoras de semillas están unidas a cada lado del eje principal. Los restos de varias de las semillas que llevaba cada cúpula son apenas visibles.

foliolo

SAGENOPTERIS NILSSONIANA
Las plantas que producían las estructuras portadoras de las semillas *Caytonia* tenían hojas características, denominadas *Sagenopteris*, con cuatro foliolos y nervios reticulados (en este ejemplar falta un foliolo). Las hojas se encuentran mucho más a menudo que los conos y dan una mejor idea de la distribución de estas plantas.

Androstrobus

GRUPO Cícadas
DATACIÓN Del Triásico superior al Cretácico inferior
TAMAÑO Cono de 5 cm de longitud
LOCALIZACIÓN Europa, Siberia

Androstrobus es el nombre de los conos productores de polen que se encuentran junto a hojas de cícada como *Pseudoctenis* (arriba); se supone que pertenecen a la misma planta. Se cree que su estructura en espiral deriva de hojas modificadas, o esporofilos, cada uno de los cuales tiene una escama vuelta hacia arriba en el extremo. Las escamas se traslapan para proteger los numerosos sacos poliníferos (esporangios) de la cara inferior de los esporofilos.

ANDROSTROBUS PICEOIDES
Estos dos conos poliníferos de una cícada jurásica tienen escamas a modo de brácteas dispuestas en espiral, con sacos poliníferos en su cara inferior.

escama a modo de bráctea

Williamsonia

GRUPO Bennettitales
DATACIÓN Del Jurásico inferior al Cretácico superior
TAMAÑO Flor de 10 cm de longitud
LOCALIZACIÓN Todo el mundo

Las bennettitales fueron un grupo de plantas característico del Jurásico. Muchas especies tenían un tronco grueso de hasta 2 m de altura, con hojas tipo cícada y estructuras reproductoras características a modo de flor. *Williamsonia*, un tipo particular de flor productora de semillas, tenía una estructura central en forma de domo (receptáculo) a la que se fijaban numerosas semillas pedunculadas y separadas por escamas. Toda la flor estaba rodeada por una capa protectora de brácteas, las cuales son a menudo la única parte que se ha fosilizado. Varios aspectos de la compleja estructura de *Williamsonia* sugieren que estas plantas podrían haber estado emparentadas con los antecesores de las plantas con flores. Sin embargo, la relación exacta entre estas y las bennettitales aún no está clara.

WILLIAMSONIA GIGAS
Este fósil conservado en un nódulo de arcilla ferruginosa muestra el anillo de brácteas protectoras que rodeaban el cono bennettital (visto por la parte inferior).

TRONCOS CON ESCAMAS
Las plantas que llevaban flores *Williamsonia* tenían un grueso tronco con las flores y las hojas agrupadas en el extremo. La superficie escamosa del tronco se debía a las bases de las hojas muertas.

Zamites

GRUPO Bennettitales
DATACIÓN Del Triásico superior al Cretácico superior
TAMAÑO Hoja de 50 cm de longitud
LOCALIZACIÓN Todo el mundo

Estos fósiles vegetales que se encuentran con frecuencia son muy similares a las hojas de las cícadas actuales. Sin embargo, la estructura celular detallada de *Zamites*, y en especial los pequeños estomas (poros respiradores) del envés de las hojas, es bastante diferente. Hoy se sabe que estos fósiles similares a cícadas pertenecen a plantas con las estructuras reproductoras de tipo flor características de las bennettitales. De hecho, la mayoría de hojas tipo cícada presentes en las floras jurásicas recuerdan más a un tipo de bennettital que a las cícadas verdaderas. El género *Zamites* es un buen indicador de los climas jurásicos cálidos, ya que solo crecía en condiciones tropicales o subtropicales.

pinna
raquis foliar (tallo)

ZAMITES GIGAS
Este fósil con las típicas hojas bennettitales procede de los sedimentos jurásicos expuestos en la costa de Yorkshire (RU).

Weltrichia

GRUPO Bennettitales
DATACIÓN Jurásico
TAMAÑO Cono de 10 cm de diámetro
LOCALIZACIÓN Todo el mundo

Se cree que las plantas bennettitales que llevaban *Williamsonia* (p. 221) llevaban también flores productoras de polen conocidas como *Weltrichia*. Estas flores estaban formadas por largas brácteas a modo de hojas con sacos poliníferos en su cara superior. En algunas especies, la cara superior también tenía pequeños cuerpos pedunculados que quizá segregaban una sustancia similar al néctar para atraer insectos polinizadores. Las brácteas irradiaban desde una base en forma de copa (receptáculo) dándole apariencia de flor. Nunca se ha encontrado *Weltrichia* directamente fijada sobre una planta, y por ello es difícil saber exactamente cómo se distribuían las flores. Sin embargo, casi siempre se halla asociada a *Williamsonia*, así como a sus hojas, denominadas *Ptilophyllum*, y hay pocas dudas de que pertenecían a las mismas plantas.

hoja *Ptilophyllum*
sacos de polen
bráctea

WELTRICHIA SPECTABILIS
Este es un ejemplo de flor masculina prácticamente completa que muestra las brácteas y los sacos portadores de polen. También se aprecia parte de la hoja (conocida como *Ptilophyllum*) de la misma planta.

Czekanowskia

GRUPO Czekanowskiales
DATACIÓN Del Triásico superior al Cretácico inferior
TAMAÑO Hoja de 20 cm de longitud
LOCALIZACIÓN Europa, Groenlandia, América del Norte, Asia central, Siberia, China

Antaño se creía que este enigmático género estaba relacionado con *Ginkgo*, pero hoy se clasifica en su propio grupo extinto: czekanowskiales. Las hojas se parecen a las agujas de pino excepto por el hecho de que se dividen varias veces. Están fusionadas en la base y forman un brote corto. Las plantas que tenían estas hojas producían semillas en estructuras laxas de tipo cono denominadas *Leptostrobus*. Parece que las czekanowskiales preferían sobre todo condiciones húmedas, templadas o cálidas.

CZEKANOWSKIA ANGUSTIFOLIA
Este fósil muestra un brote corto con un grupo de hojas largas y finas, fusionadas en la base.

hoja larga y fina
base del brote

LEPTOSTROBUS LUNDBLADIAE
Estos conos producidos por la planta que tenía hojas *Czekanowskia* constaban de una serie de pequeñas cápsulas con dos valvas dispuestas alrededor deun fino eje. Al madurar, las cápsulas se abrirían para mostrar cinco semillas.

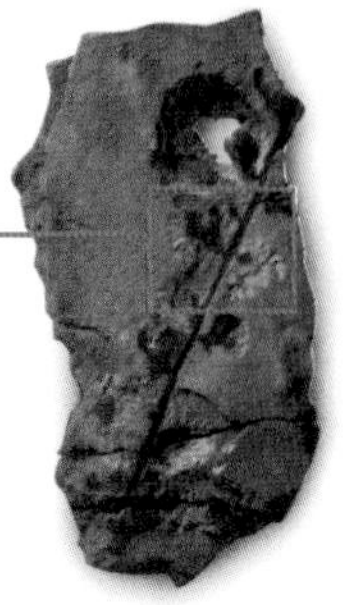

Ginkgo

GRUPO Ginkgos
DATACIÓN Del Triásico superior a la actualidad
TAMAÑO 50 cm de altura
LOCALIZACIÓN Todo el mundo

Identificables por sus hojas características, los ginkgos estuvieron ampliamente distribuidos y fueron abundantes en el Jurásico pero empezaron a declinar durante el Cretácico superior. En la actualidad solo hay una especie, *Ginkgo biloba*, que en la naturaleza se encuentra en las montañas de China. Se trata probablemente de uno de los mejores ejemplos de «fósil viviente» de todo el reino vegetal. Como las de sus parientes fosilizados, las bellas hojas en forma de abanico con muchos nervios finos son fáciles de reconocer. Se han identificado muchas especies diferentes de ginkgos gracias a la forma y al número de lóbulos foliares, y a la forma de la hoja completa. A veces se han encontrado junto a pequeñas semillas que están fijadas a los extremos de los pedúnculos. Estas semillas y sus pedúnculos son muy similares a los del *Ginkgo* actual. En cambio, en otras especies se formaban grupos de semillas más complejos, conocidos como *Karkenia*.

CIENCIA

BIOLOGÍA DEL GINKGO

Las semillas de *Ginkgo* tienen una cubierta externa carnosa y una capa interna dura. Germinan mejor si se retira la capa carnosa externa. Puede que en tiempos prehistóricos los dinosaurios y los mamíferos primitivos se vieran atraídos por estos frutos suculentos, los comieran y finalmente dispersaran las semillas a través de sus heces.

hoja en forma de abanico
peciolo
capa externa carnosa
capa interna dura
semilla
rama

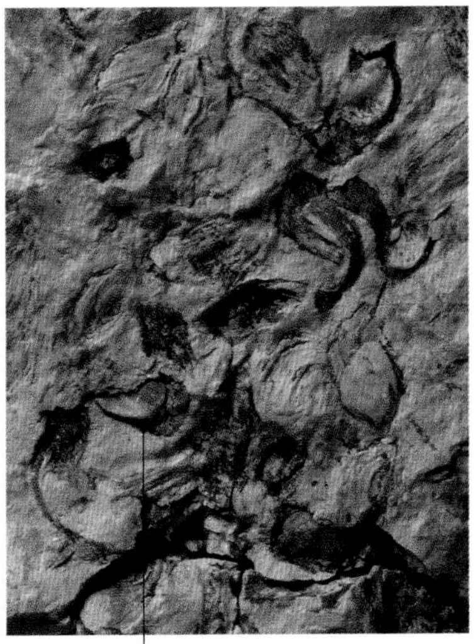
semilla fijada al eje

KARKENIA CYLINDRICA
El cono de arriba procede de Irán. Aparece con hojas tipo *Ginkgo* y contiene numerosas semillas fijadas a un eje central.

GINKGO SP.
Este bello fósil de Afganistán muestra las hojas en forma de abanico y los nervios radiales que caracterizan a la mayoría de ginkgos. Se desconoce qué tipo de semillas producía esta especie en concreto, por lo que no se sabe con certeza cuán emparentada estaba con la actual *Ginkgo biloba*. No obstante, los paleontólogos aún suelen referirse a estas hojas como *Ginkgo*.

hoja en forma de abanico
peciolo

Podozamites

GRUPO Coníferas
DATACIÓN Del Triásico superior al Cretácico superior
TAMAÑO Hoja de 8 cm de longitud
LOCALIZACIÓN Todo el mundo

Las hojas de la mayoría de coníferas son o cortas y escamosas o aciculares, ambos tipos con un único nervio central en toda su longitud. Sin embargo, algunas coníferas jurásicas, como *Podozamites*, tienen hojas más anchas con varios nervios que las recorren a lo largo. Al principio se creía que las hojas de *Podozamites* pertenecían a cícadas, pero los estudios basados en la estructura de las estomas del envés de las hojas sugieren que eran coníferas.

hoja inusualmente ancha

PODOZAMITES DISTANS
Este espécimen forma parte de un brote fosilizado de esta rara conífera. Las hojas son anchas y cada una tiene varios nervios.

Elatides

GRUPO Coníferas
DATACIÓN Del Jurásico medio al Cretácico inferior
TAMAÑO 30 m de altura
LOCALIZACIÓN Europa, Canadá, Siberia, Asia central, China

Los restos de brotes y conos de coníferas son comunes en las floras jurásicas y a menudo pueden asignarse a las mismas familias que las coníferas actuales. Por ejemplo, *Elatides* tiene conos femeninos muy similares a los del actual *Cunninghamia*: ambos tienen de tres a cinco pequeñas semillas fijadas a cada escama productora de semillas. Sin embargo, *Cunninghamia* tiene hojas mucho más grandes y rectas que los brotes que llevaban estos conos jurásicos. Hoy día *Cunninghamia* crece en China y Vietnam, en condiciones probablemente similares a las de los climas cálidos de los que debía gozar *Elatides* durante el Jurásico.

JURÁSICO INVERTEBRADOS

Tras las extinciones del final del Triásico, los invertebrados marinos proliferaron y se diversificaron en gran medida al formarse nuevos ecosistemas en los cálidos mares. Imperaba un clima de efecto invernadero y en tierra había exuberantes bosques, dinosaurios, reptiles voladores y las primeras aves.

Una profusa vida marina

Típicos del Jurásico, los amonites –el último grupo de ammonoideos en aparecer y que se caracterizaba por una compleja sutura (p. 194)–, se diversificaron con rapidez: géneros o grupos enteros se sucedían, a veces con una tasa de sustitución de menos de un millón de años. En el Jurásico fueron importantes los belemnites, se extendieron los bivalvos, corales, gasterópodos, equinodermos, briozoos y corales duros (escleractinios), y los braquiópodos terebratúlidos (dcha.) y rinconélidos se volvieron localmente abundantes. Los crustáceos tipo bogavante se tornaron más comunes en algunos hábitats. En algunos lugares se desarrollaron grandes arrecifes de esponjas, pero aún no había verdaderos arrecifes coralinos. La presencia de grandes peces y reptiles marinos dio una nueva dimensión a la vida marina del Jurásico, a diferencia de la del Carbonífero, por ejemplo. Frente a este incremento de la depredación, muchos grupos de equinoideos y bivalvos adoptaron la estrategia de enterrarse en los sedimentos.

PLAYA DE LYME REGIS
En esta playa abundan los restos de amonites del Jurásico inferior. Tras la erosión sufrida, este gran espécimen muestra sus aplastados tabiques.

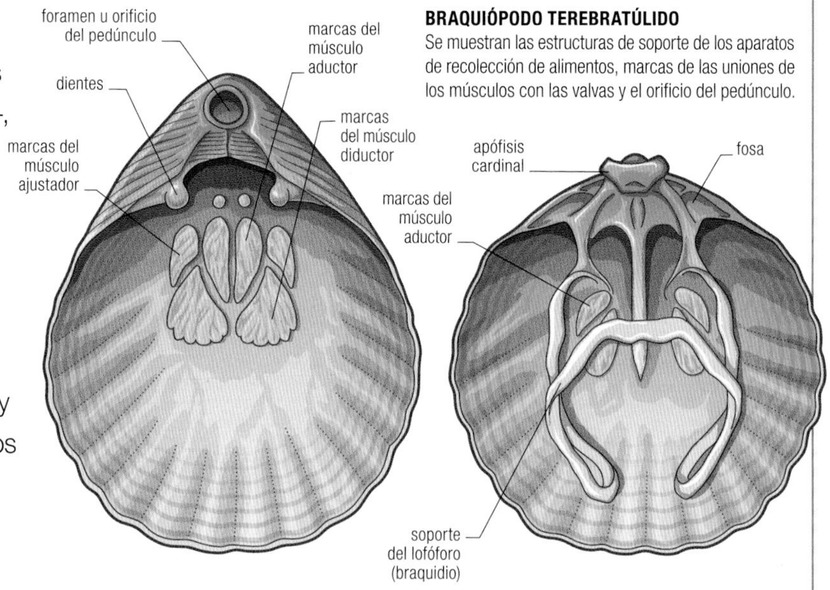

foramen u orificio del pedúnculo
dientes
marcas del músculo ajustador
marcas del músculo aductor
marcas del músculo diductor
apófisis cardinal
fosa
marcas del músculo aductor
soporte del lofóforo (braquidio)

BRAQUIÓPODO TEREBRATÚLIDO
Se muestran las estructuras de soporte de los aparatos de recolección de alimentos, marcas de las uniones de los músculos con las valvas y el orificio del pedúnculo.

¿Una carrera armamentística evolutiva?

En la evolución de los animales de carne comestible, como los moluscos, la amenaza de la depredación tuvo un importante efecto. En épocas subsiguientes a una extinción masiva, como la del Triásico-Jurásico, la capacidad de captura de los depredadores aumentaba de forma espectacular y las presas respondían adoptando sistemas de protección cada vez más efectivos. Algunos huían o esquivaban al depredador, pero los moluscos sésiles desarrollaron otras estrategias que les permitieron sobrevivir.

GRUPOS

Durante el Jurásico prosperaron muchos grupos de invertebrados. Los amonites aparecieron al principio del período, así como nuevos grupos de crustáceos. Los corales duros continuaron evolucionando y fueron muy abundantes en algunos lugares. Los braquiópodos eran comunes, y los fósiles de los terebratúlidos, en concreto, se encuentran a menudo en las calizas jurásicas.

CORALES ESCLERACTINIOS
Aparecieron en el Triásico tras la desaparición de los grupos del Paleozoico, y algunos géneros sobreviven hoy en día. Tienen simetría radial y los principales septos o tabiques de su esqueleto se disponen en seis líneas y no en cuatro como en los corales rugosos. Se originaron a partir de un grupo de anémonas de mar.

BRAQUIÓPODOS TEREBRATÚLIDOS
Los braquiópodos aún eran comunes, aunque ya no tenían la misma importancia que en el Paleozoico. Los terebratúlidos (arriba) formaban uno de los dos grupos principales de braquiópodos de concha calcárea del Jurásico y estaban muy extendidos. Se fijaban al fondo marino con un pedúnculo carnoso.

AMONITES
El Jurásico marcó el apogeo de estos cefalópodos de concha enrollada que evolucionaron rápido y cuyas complejas suturas se distinguen de las de otros ammonoideos. Sus diversas morfologías atestiguan su adaptación a numerosos ambientes. Los amonites son más valiosos para estudiar los estratos rocosos que cualquier otro tipo de fósil invertebrado.

CRUSTÁCEOS
Los crustáceos tipo gamba ya estaban presentes en el Carbonífero, pero en el Jurásico aparecieron los primeros con aspecto de bogavante, muchos de ellos depredadores. Los descendientes de algunos de estos crustáceos jurásicos viven actualmente en aguas profundas.

Peronidella

GRUPO Esponjas
DATACIÓN Del Carbonífero al Cretácico
TAMAÑO 5-12 cm de diámetro
LOCALIZACIÓN Todo el mundo

Peronidella era una esponja calcárea cuyo esqueleto estaba formado por espículas de carbonato de calcio (en forma de calcita) a modo de agujas y fusionadas entre sí. La estructura rígida creada por las espículas era cilíndrica y en la mayoría de especies también estaba ramificada. Esta esponja debía de alimentarse y respirar haciendo pasar el agua de mar por los poros de su pared corporal externa y acto seguido por su cavidad central. Mientras el agua pasaba por sus gruesas paredes corporales, la esponja absorbía el oxígeno y tamizaba las partículas alimenticias. Gracias a sus numerosos cilios (estructuras a modo de pelos), que ayudaban a mantener la corriente, el agua pasaba después por una abertura, u ósculo, junto con el material de desecho que había de ser excretado.

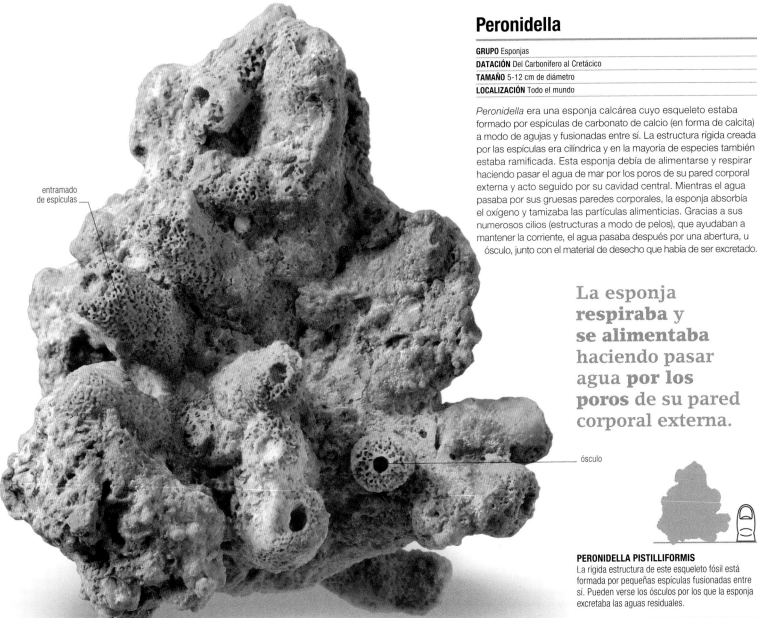

entramado de espículas
ósculo

La esponja **respiraba** y **se alimentaba** haciendo pasar agua **por los poros** de su pared corporal externa.

PERONIDELLA PISTILLIFORMIS
La rígida estructura de este esqueleto fósil está formada por pequeñas espículas fusionadas entre sí. Pueden verse los ósculos por los que la esponja excretaba las aguas residuales.

Thecosmilia

GRUPO Antozoos
DATACIÓN Del Triásico medio al Cretácico
TAMAÑO Coralitas de 1,5-3 cm de diámetro
LOCALIZACIÓN Todo el mundo

Thecosmilia era un coral duro (escleractinio) constituido por numerosos esqueletos (coralitas) de pólipos cilíndricos. Las coralitas adicionales se formaban mediante un proceso asexual llamado gemación por el que los pólipos hijos se desarrollaban a partir del cuerpo del pólipo progenitor. De este modo se creaban más ramas y aumentaba la anchura de la colonia. La pared externa (epiteca) de algunas coralitas fósiles muestra líneas de crecimiento, aunque están a menudo desgastadas.

septos
líneas de crecimiento

THECOSMILIA SP.
Numerosos tabiques o septos dividían el interior de cada coralita.

Isastrea

GRUPO Antozoos
DATACIÓN Del Cretácico medio al superior
TAMAÑO Colonia de hasta 1 m de diámetro
LOCALIZACIÓN Europa, África, América del Norte

Isastrea era un coral colonial del grupo de los hexacoralarios, así llamados por la forma hexagonal de los esqueletos de sus pólipos (coralitas). Las coralitas de *Isastrea* estaban muy juntas, y las paredes de las adyacentes estaban fusionadas (disposición llamada cerioide). Los tabiques o septos que dividían el interior de las coralitas eran finos y estaban muy próximos entre sí. *Isastrea* tiene varios ciclos de estos septos en disposición radial, cada uno de ellos en múltiplos de seis. Era un coral hermatípico, lo que significa que formaba arrecifes. Los corales hermatípicos necesitan aguas someras, cálidas y transparentes, y viven en simbiosis con algas microscópicas que utilizan el dióxido de carbono producido por el coral para su fostosíntesis y a su vez proporcionan oxígeno al coral. *Isastrea* debía de ser capaz de soportar temperaturas algo más bajas, ya que se encuentra mucho más al norte que otros corales hermatípicos.

ISASTREA SP.
Este espécimen muestra de manera clara las coralitas poligonales (la mayoría hexagonales) con los septos radiales que les dan una forma estrellada característica.

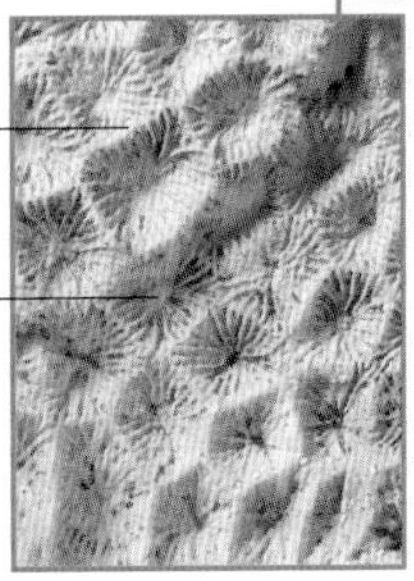
coralita individual
septo

Isastrea era un **coral hermatípico** que vivía en grandes **arrecifes coralinos**, a menudo con muchas **especies distintas**.

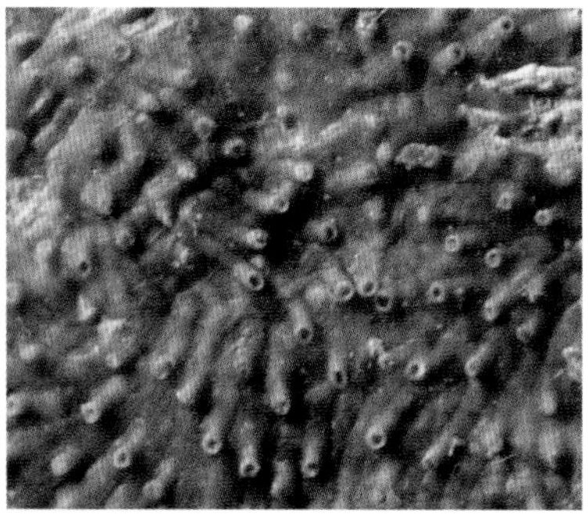

BERENICEA
Cada autozooide desarrollaba un largo tubo o peristoma en la entrada de su cámara.

Berenicea

GRUPO Briozoos
DATACIÓN Jurásico
TAMAÑO Colonia de 1,5 cm de diámetro
LOCALIZACIÓN Todo el mundo

«Berenicea» es el nombre informal de un tipo de briozoo del orden ciclostomados que solo se identifica con más precisión si están presentes las cámaras de incubación (gonozoecia), donde se desarrollan las larvas. «Berenicea» formaba una fina colonia incrustante y vagamente circular. La cámara calcificada que contenía los individuos o zooides dedicados a la alimentación (autozooides) se desarrollaba desde el centro de la colonia. Estas cámaras estaban muy juntas y en contacto unas con otras.

Spiriferina

GRUPO Braquiópodos
DATACIÓN Del Carbonífero al Jurásico inferior
TAMAÑO 2,5-5,5 cm de longitud
LOCALIZACIÓN Europa, América del Norte

Las especies jurásicas de *Spiriferina*, como el espécimen de la imagen, fueron los últimos supervivientes del orden espiriféridos, que apareció durante el Silúrico. Una charnela larga y recta unía las dos valvas, que presentaban de cuatro a siete costillas bien marcadas y más prominentes hacia el borde externo. Un acusado pliegue en el centro de la valva más pequeña (braquial) se correspondía con un repliegue igualmente marcado en la valva más grande (peduncular). Si se examina con lupa, se observa que la concha de *Spiriferina* estaba perforada por diminutos poros.

foramen u orificio del pedúnculo
línea de crecimiento

SPIRIFERINA WALCOTTI
Esta concha de *Spiriferina* tiene algunas líneas de crecimiento bien marcadas y un foramen u orificio por el cual debía de salir el pedúnculo de anclaje.

Homeorhynchia

GRUPO Braquiópodos
DATACIÓN Jurásico inferior y medio
TAMAÑO 1-2,5 cm de anchura
LOCALIZACIÓN Europa

Este braquiópodo de forma inusual pertenecía a los rinconélidos. Otros miembros de este grupo tenían marcadas costillas en las valvas, pero *Homeorhynchia* se caracterizaba por la superficie lisa de su concha. La valva braquial y su umbo puntiagudo eran más prominentes que la valva peduncular, que tenía un pequeño foramen para el pedúnculo carnoso con el que el animal se fijaba al fondo marino. El centro de la valva braquial poseía un pliegue muy acusado que se correspondía con un repliegue igualmente marcado que recorría el centro de la valva peduncular. Las dos valvas formaban un pronunciado ángulo hacia arriba hasta su unión en la comisura.

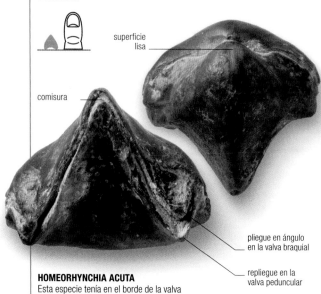

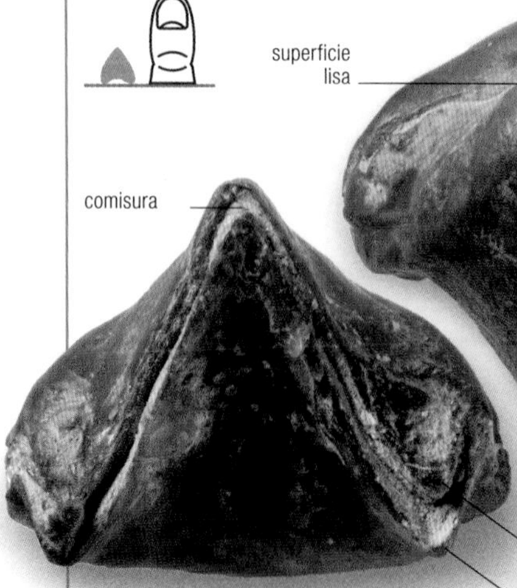
superficie lisa
comisura
pliegue en ángulo en la valva braquial
repliegue en la valva peduncular

HOMEORHYNCHIA ACUTA
Esta especie tenía en el borde de la valva braquial un pliegue en ángulo que encajaba con un repliegue homólogo en la valva peduncular.

Eutrephoceras

GRUPO Cefalópodos
DATACIÓN Del Jurásico medio al Neógeno inferior
TAMAÑO 12-30 cm de anchura
LOCALIZACIÓN Todo el mundo

Eutrephoceras era un nautiloideo con una espiral muy apretada, cuyas espiras externas casi envolvían las internas. La concha, casi esférica y con las secciones de las espiras en forma de riñón, tenía una parte central (ombligo), y por consiguiente se describe como involuta. El sifúnculo, o tubo que conectaba las cámaras internas de la concha, era de pequeño diámetro y estaba más o menos en el centro. Las líneas de sutura o de unión de los septos con la concha eran simples y bastante rectas, pero por lo demás la concha era bastante lisa, aparte de algunas finas líneas de crecimiento. La abertura de la concha tenía en su lado interno un ancho seno por el que debía de sobresalir un embudo cuando *Eutrephoceras* nadaba.

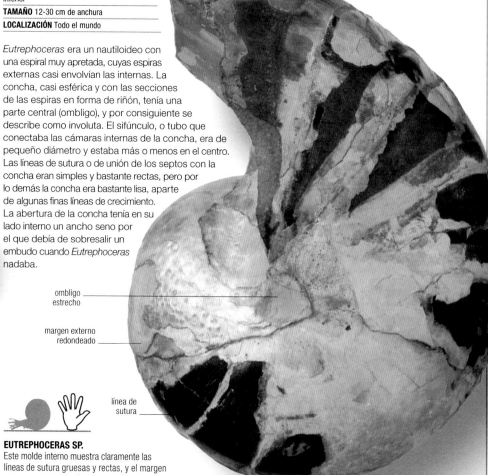

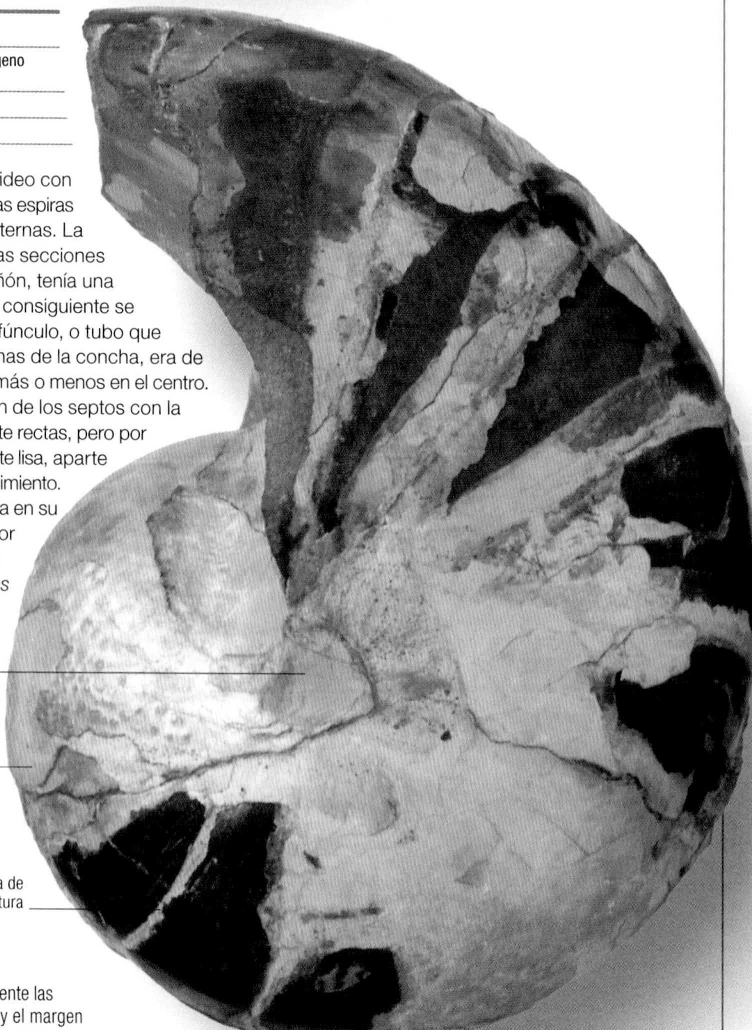
ombligo estrecho
margen externo redondeado
línea de sutura

EUTREPHOCERAS SP.
Este molde interno muestra claramente las líneas de sutura gruesas y rectas, y el margen externo redondeado. Falta la mayor parte de la cámara corporal.

Dactylioceras

GRUPO Cefalópodos
DATACIÓN Jurásico inferior
TAMAÑO 6-8,5 cm de diámetro
LOCALIZACIÓN Europa, Irán, Norte de África, Ártico, Japón, Indonesia, Chile, Argentina

Dactylioceras era un amonites con costillas muy marcadas y las espiras apenas traslapadas, lo que creaba una depresión central u ombligo ancho y poco profundo. Los amonites con este tipo de espiral y de ombligo se denominan evolutos. La concha tenía unas costillas radiales que eran densas en las espiras internas y se separaban cada vez más en las más externas. En el borde externo de la concha, muchas de las costillas se escindían en dos, mientras que otras seguían siendo simples y no ramificadas. En sección transversal, las espiras se ven casi circulares. Los fósiles de amonites abundan en algunas partes del noroeste de Europa. En la Edad Media se creía que eran serpientes que habían sido transformadas en piedra.

YACIMIENTO CLAVE
LA COSTA JURÁSICA

Situada en el sur de Inglaterra, la Costa Jurásica se extiende desde Exmouth, en Devon, hasta más allá de Swanage, en Dorset, y comprende más de 153 km de línea de costa que documentan 185 MA de historia, desde el Triásico hasta el Paleógeno. Las secciones a través de las rocas jurásicas son célebres gracias a sus bellos y bien conservados fósiles. En 2001, la Costa Jurásica fue declarada Patrimonio de la Humanidad por la UNESCO.

En la Europa **medieval** se creía que los amonites eran **serpientes** fosilizadas.

cabeza de serpiente esculpida
ombligo ancho
costilla radial muy marcada

DACTYLIOCERAS SP.
En el siglo XIX a veces se esculpía una cabeza de serpiente en un amonites para poder venderlo como un fósil de ofidio.

Gryphaea

GRUPO Bivalvos
DATACIÓN Del Triásico superior al Jurásico superior
TAMAÑO 2,5-15 cm de altura
LOCALIZACIÓN Todo el mundo

Era un miembro asimétrico de la familia de las ostras. La valva izquierda, grande y curvada hacia fuera, le confería estabilidad en el fondo del mar; la valva derecha, plana o levemente cóncava, hacía de tapa. Un ligamento controlaba la abertura de la concha, mientras que un único y fuerte músculo aductor cerraba las valvas al contraerse.

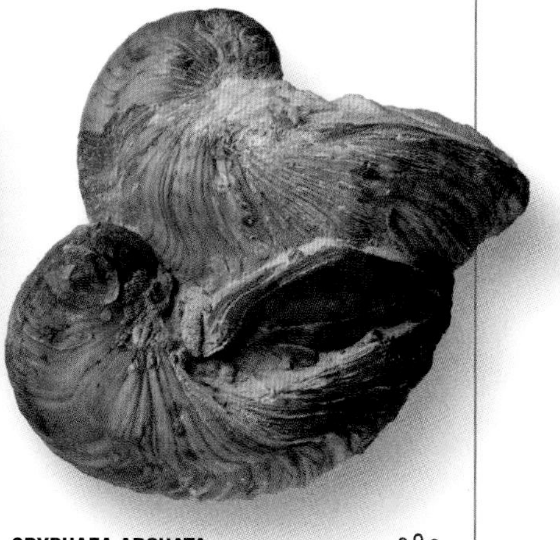

GRYPHAEA ARCUATA
Por su extraña forma, *G. arcuata* se llama en inglés «uña del diablo».

Cylindroteuthis

GRUPO Cefalópodos
DATACIÓN Del Jurásico inferior al Cretácico inferior
TAMAÑO 10-22 cm de longitud
LOCALIZACIÓN Europa, África, América del Norte, Nueva Zelanda

Este belemnites de gran tamaño es un fósil común en muchos lugares. La parte que más a menudo se conserva es el rostro o «hueso» de calcita, que daba rigidez a su blando cuerpo parecido al del calamar. Las trazas de vasos sanguíneos que presentan algunos fósiles en la parte externa del rostro indican que este era una estructura interna. Una depresión cónica en su extremo romo albergaba el fragmacono, una especie de concha interna con cámaras que ayudaba a regular la flotabilidad. Los *Cylindroteuthis* bien conservados muestran algunas partes blandas, incluidos el cuerpo, los diez brazos y una bolsa de tinta similar a la de los calamares modernos.

CYLINDROTEUTHIS PUZOSIANA
Este espécimen muestra el hueso (rostro) largo y ahusado del animal, unido por su extremo romo (alvéolo) al fragmacono de aragonito. Estas partes duras eran estructuras internas.

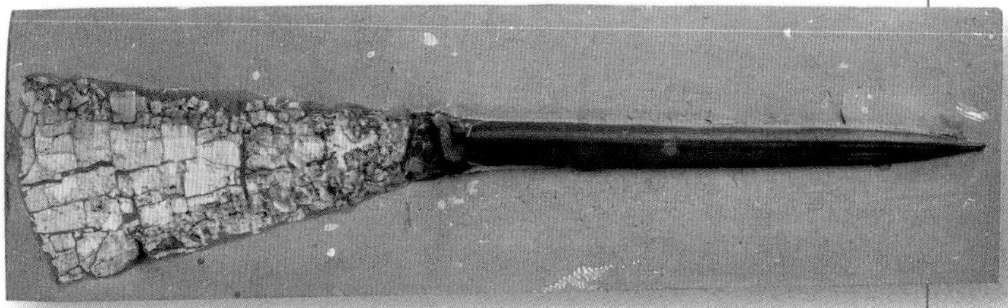

El **«hueso» puntiagudo,** la parte que suele conservarse de los belemnites, daba **soporte** a este animal **parecido al calamar.**

ASPECTO DE CALAMAR
Con su bolsa de tinta, su cuerpo blando y sus diez brazos, *Cylindroteuthis* era un animal muy similar a un calamar, con una alargada concha interna o «hueso» que le servía de soporte y para controlar su flotabilidad.

Pleuromya

GRUPO Bivalvos
DATACIÓN Del Triásico medio al Cretácico inferior
TAMAÑO 2-7 cm de longitud
LOCALIZACIÓN Todo el mundo

Era un bivalvo de tamaño medio con las dos valvas de la misma longitud y con una abertura permanente en el extremo posterior por la que sobresalían dos sifones. *Pleuromya* vivía enterrado en los sedimentos marinos. Obtenía alimentos con su sifón inhalante y expelía los desechos con el exhalante.

líneas de crecimiento

PLEUROMYA JURASSI
La mayoría de conchas de *Pleuromya* tiene finas líneas de crecimiento, pero hay especies con costillas concéntricas.

Myophorella

GRUPO Bivalvos
DATACIÓN Del Jurásico inferior al Cretácico inferior
TAMAÑO 4-10 cm de longitud
LOCALIZACIÓN Todo el mundo

Myophorella era un bivalvo con forma de cuña y un dibujo bien visible en la concha. Detrás de sus dos umbos se hallaba el corto ligamento responsable de abrir las valvas. Dicho filamento recorría en ambas valvas una sección plana y romboidal que era más lisa que el resto de la concha y tenía tres hileras de pequeños bultos o tubérculos en cada valva. La superficie principal de la concha poseía unas filas de tubérculos mucho más grandes e irregulares.

M. CLAVELLATA
La superficie principal de la concha presenta grandes tubérculos.

Modiolus

GRUPO Bivalvos
DATACIÓN Del Devónico a la actualidad
TAMAÑO 1-12 cm de longitud
LOCALIZACIÓN Todo el mundo

Modiolus se adaptó a toda una serie de medios y aún sobrevive hoy. Las valvas tienen el umbo en la parte frontal y finas líneas de crecimiento que en algunas especies llegan a ser costillas más marcadas. *Modiolus* se fija en el fondo del mar con un biso de filamentos córneos como el de los mejillones.

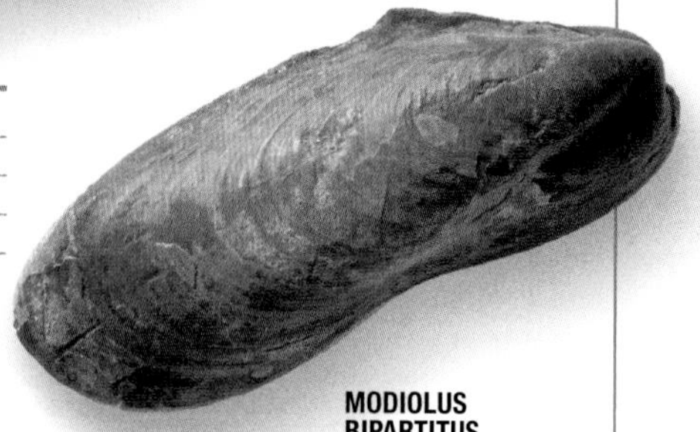

MODIOLUS BIPARTITUS
Las conchas de *Modiolus* se ensanchan hacia atrás progresivamente desde el umbo.

Pleurotomaria

GRUPO Gasterópodos
DATACIÓN Del Jurásico inferior al Cretácico superior
TAMAÑO 2-7 cm de longitud
LOCALIZACIÓN Todo el mundo

Pleurotomaria era un gasterópodo cónico cuya concha tenía el centro liso pero luego adquiría un marcado adorno consistente en combinaciones de dibujos espirales y radiales. Este espécimen muestra tubérculos bien diferenciados allí donde el dibujo radial se cruza con el espiral. A un lado de la espiral hay un surco que rodea la concha hasta una hendidura situada en su abertura, que separa la corriente exhalante (que se lleva los residuos) de la inhalante. El animal podía retraerse en su concha y cerrar la abertura con una tapa córnea denominada opérculo.

concha juvenil lisa
tubérculo

PLEUROTOMARIA ANGLICA
Los tubérculos son bien visibles en este espécimen de *P. anglica*.

Pentacrinites

GRUPO Equinodermos
DATACIÓN Jurásico
TAMAÑO Corona de brazos: hasta 80 cm de diámetro
LOCALIZACIÓN Europa

El crinoideo *Pentacrinites* se encuentra a menudo en rocas jurásicas bajo la forma de segmentos de tallo pentagonal aislados, llamados osículos. La pequeña copa queda a menudo oculta por las ramas laterales, denominadas cirros, que crecen a partir del tallo. La copa estaba formada por círculos de placas uniformemente dispuestas y coronada por una membrana abovedada –el tegmen– que tenía incorporadas varias pequeñas placas de calcita. De las placas apicales de la copa salían largos brazos que se dividían varias veces y creaban centenares de ramas densamente apretadas. La corona entera podía alcanzar los 80 cm de diámetro y algunos especímenes tienen un tallo de más de 1 m de largo. *Pentacrinites* se encuentra a menudo junto con madera fósil. Se ha sugerido que se adhería a la madera flotante y que moría cuando esta se empapaba y se hundía. Este modo de vida se denomina seudoplanctónico.

ramificaciones densas de los brazos
copa pequeña, prácticamente oculta

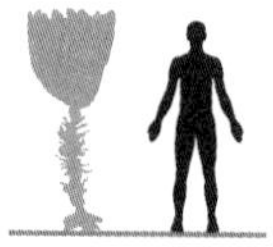

PENTACRINITES SP.
Por los cientos de apretadas ramas de sus brazos y por el hecho de haberse encontrado a menudo con madera fósil, *Pentacrinites* parece más una hermosa planta fibrosa que un animal invertebrado.

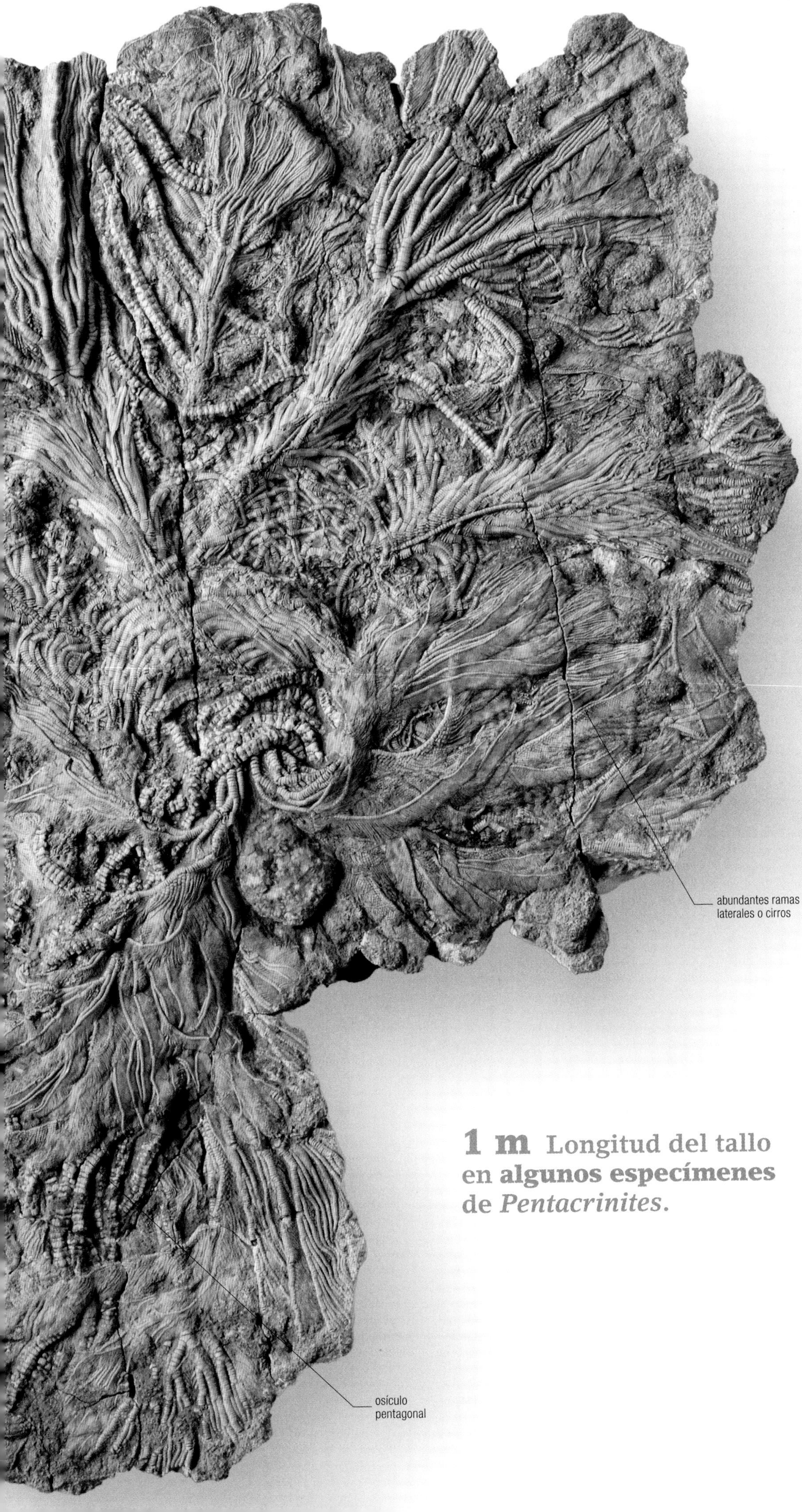
abundantes ramas laterales o cirros
osículo pentagonal

1 m Longitud del tallo en **algunos especímenes** de *Pentacrinites*.

Apiocrinites

GRUPO Equinodermos
DATACIÓN Jurásico medio y superior
TAMAÑO 30 cm de altura con el tallo; copa de 3 cm de diámetro
LOCALIZACIÓN Europa, Asia

Apiocrinites era un crinoideo de copa grande. Su largo tallo estaba formado por segmentos individuales u osículos, y la copa, por dos anillos de cinco placas cada uno. Encima de estas se disponían hileras de placas de las que surgían diez brazos recolectores de alimento. Cada brazo tenía una o dos ramas con un surco por el que las partículas alimenticias se transferían a la boca, situada dentro de la copa. Un domo correoso (tegmen) cubría la superficie oral. *Apiocrinites* se adhería a superficies duras en aguas transparentes y cálidas.

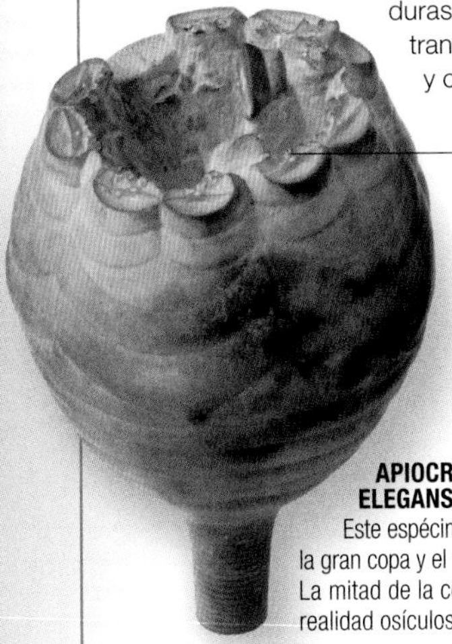
placa de brazo

APIOCRINITES ELEGANS
Este espécimen muestra la gran copa y el tallo circular. La mitad de la copa son en realidad osículos del tallo.

Pentasteria

GRUPO Equinodermos
DATACIÓN Del Jurásico inferior al Paleógeno inferior
TAMAÑO Hasta 12 cm de diámetro
LOCALIZACIÓN Europa

brazo

PENTASTERIA COTTESWOLDIAE
Pentasteria tenía cinco brazos de longitud similar.

Pentasteria era un típico asteroideo (estrella de mar) del Jurásico y en muchos aspectos difería poco de las estrellas de mar actuales. Como ellas, tenía a lo largo de la cara inferior de cada brazo una doble hilera de pies ambulacrales que le servían para desplazarse y la boca en posición ínfera en el centro del cuerpo. Como sugiere su nombre, *Pentasteria* tenía cinco brazos de longitud similar, dispuestos como las puntas de una estrella. Pero a diferencia de muchas estrellas de mar modernas, carecía de discos de succión en sus pies ambulacrales, así que no podía usarlos para abrir las conchas de los bivalvos.

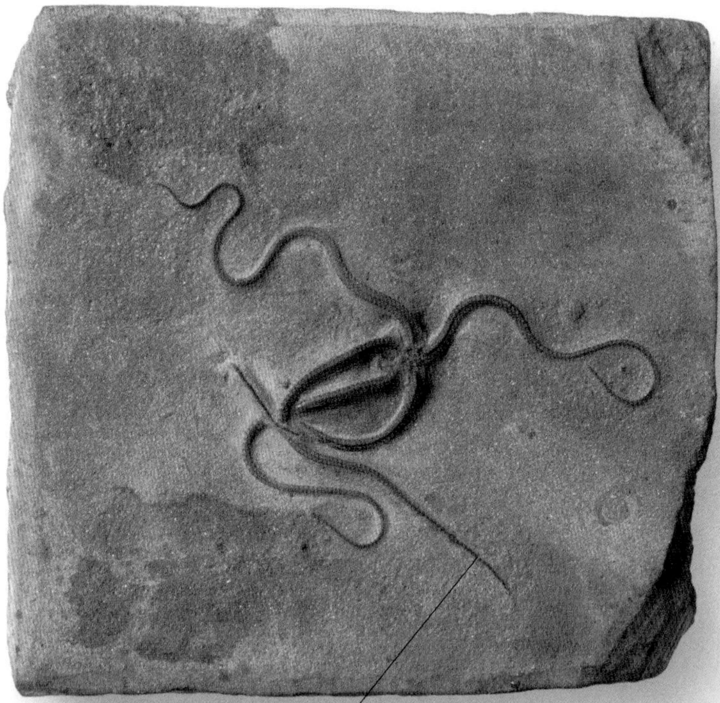
brazo tipo tentáculo

Palaeocoma

GRUPO Equinodermos
DATACIÓN Jurásico inferior
TAMAÑO 5-10 cm de diámetro
LOCALIZACIÓN Europa

Como todas las ofiuras, tenía los orificios corporales en la cara inferior de su cuerpo plano y discoidal. Estos eran una boca central en forma de estrella que también servía de ano, la abertura del sistema vascular acuífero y diez hendiduras branquiales a cada lado de cada brazo, cerca del borde externo del disco. Además de para respirar, las hendiduras branquiales servían para liberar los huevos o el esperma. Unos surcos alimentarios con diminutos pies ambulacrales recorrían la cara inferior de los brazos hasta la boca. Los pies ambulacrales llevaban alimento a la boca y contribuían al desplazamiento del animal.

PALAEOCOMA EGERTONI
Las ofiuras se descomponen pronto. Solo un rápido enterramiento en arena pudo conservar esta intacta.

Clypeus

GRUPO Equinodermos
DATACIÓN Jurásico medio y superior
TAMAÑO 5-12 cm de diámetro
LOCALIZACIÓN Europa, África

Clypeus era un erizo de mar grande y plano. En su cara superior, los ambulacros tenían forma de pétalos; en el centro estaba el disco apical con cuatro placas genitales con poros para la liberación de huevos o esperma. Su abertura anal era un surco en la parte posterior de la cara superior. La boca se situaba en el centro de la cara inferior; los ambulacros de esta cara tenían grandes poros de cada par de los cuales salía un pie ambulacral. Estos pies servían para la respiración, la alimentación y la locomoción, así como la excavación.

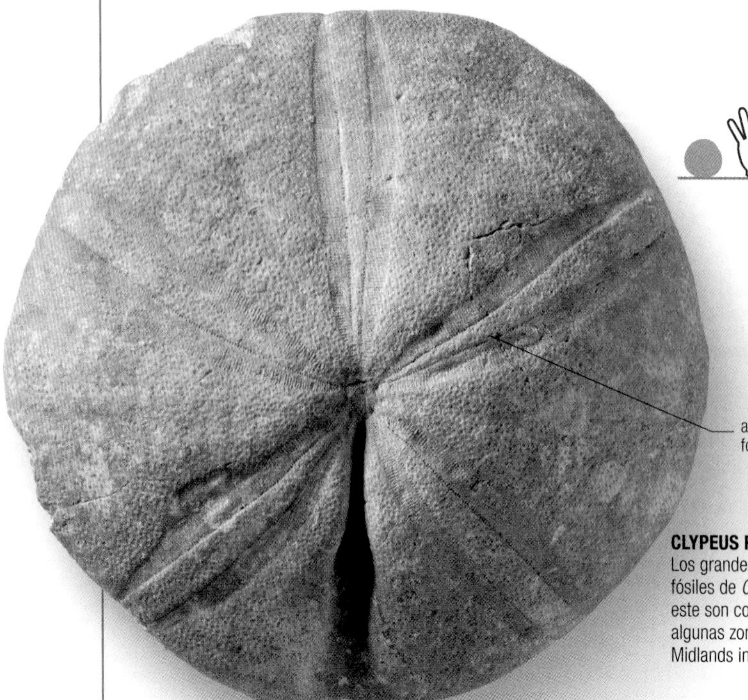
ambulacro en forma de pétalo

CLYPEUS PLOTI
Los grandes y pesados fósiles de *Clypeus* como este son comunes en algunas zonas de las Midlands inglesas.

Hemicidaris

GRUPO Equinodermos
DATACIÓN Del Jurásico medio al Cretácico superior
TAMAÑO 20 cm de diámetro incluidas las espinas; 2-4 cm de diámetro sin las espinas
LOCALIZACIÓN Inglaterra

Hemicidaris era un erizo de tamaño medio con forma de esfera aplanada. Su rasgo más notable son las grandes protuberancias o tubérculos que tachonan su esqueleto. En vida, estos tubérculos llevaban grandes espinas ahusadas de hasta 8 cm de longitud. El alvéolo del extremo de cada espina encajaba en el extremo esférico de cada tubérculo, y los músculos que movían las espinas iban unidos a las áreas relativamente lisas que rodeaban estos extremos de tubérculos. La boca se situaba en el centro de la cara inferior del animal, y el margen externo de la membrana que la albergaba tenía diez muescas que se correspondían con la posición de las branquias externas. La abertura anal se situaba casi en el centro del ápice del esqueleto y estaba rodeada por cinco placas genitales con poros; una de estas cinco placas también servía de sensor de presión en el sistema hidrovascular. En medio y fuera de estas había cinco placas oculares más pequeñas que llevaban pies ambulacrales sensibles a la luz. *Hemicidaris* debía de vivir en fondos marinos firmes y utilizar los pegajosos pies ambulacrales de su cara inferior para la locomoción y la alimentación.

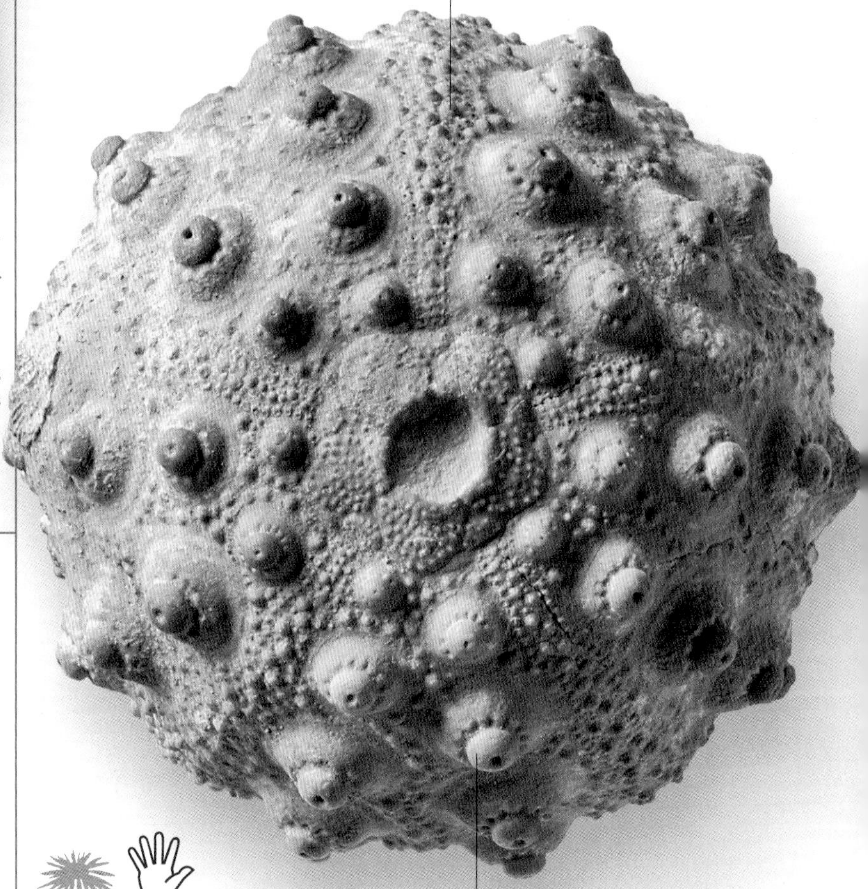
tubérculos secundarios
gran tubérculo primario

HEMICIDARIS INTERMEDIA
Con su combinación de grandes tubérculos primarios portadores de espinas y tubérculos secundarios más pequeños, *H. intermedia* parece un adorno de Navidad enjoyado y repujado.

ANATOMÍA

ENARTROSIS (ARTICULACIONES DE ESFERA Y ALVÉOLO)

Son comunes en los esqueletos de vertebrados. Los equinoideos han desarrollado para sus espinas un tipo de articulación similar que se aprecia muy bien en los que tienen en su esqueleto interno grandes tubérculos, que son la parte «esférica» de la enartrosis. La placa lisa que rodea la esfera sirve de área de anclaje muscular: los músculos se extienden desde aquí hasta la base de la espina en torno a la parte alveolar de la articulación para controlar el movimiento.

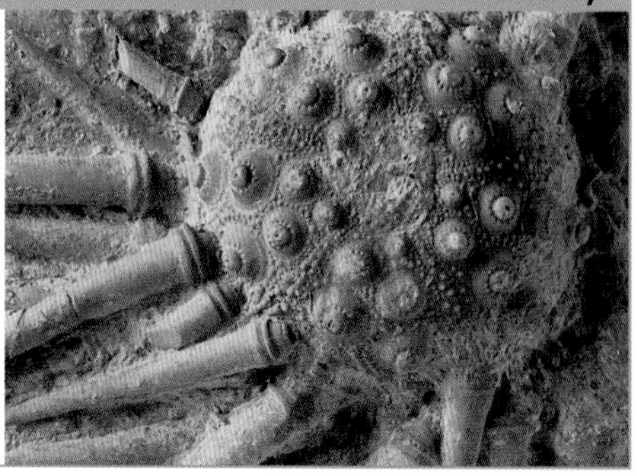

LIBELLULIUM SP.
Con sus dos pares de alas, su largo cuerpo segmentado y su gran cabeza (no conservada en este caso), *Libellulium* no difiere mucho de las libélulas actuales.

Libellulium

GRUPO Artrópodos
DATACIÓN Jurásico
TAMAÑO Hasta 14 cm de envergadura
LOCALIZACIÓN Europa

Libellulium era una gran libélula prehistórica. Como las actuales, tenía la cabeza grande y los ojos salientes en posición frontal. Su corto tórax se ensanchaba ligeramente justo detrás de la cabeza, y su abdomen se componía de siete u ocho segmentos largos y estrechos, con claras divisiones entre ellos. Las patas, que no son visibles en este espécimen, se situaban en el extremo anterior del tórax, parte del animal de la que también surgían sus largas, estrechas y potentes alas pares. Las alas anteriores eran un poco más estrechas y largas que las posteriores, que se traslapaban ligeramente con ellas. Puede verse fácilmente parte de la fina nervadura de las alas, tanto de las principales como de las secundarias. Las libélulas (odonatos) tienen una larga historia geológica, ya que aparecieron durante el Carbonífero.

PARIENTE VIVO
LIBÉLULA GIGANTE

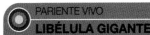

Libellulium pertenecía a la misma familia que varias grandes especies actuales, como la libélula gigante *Petalura gigantea* de Nueva Gales del Sur (Australia). A pesar de sus casi 14 cm de envergadura, esta libélula no es una gran voladora y rara vez se aleja de la zona donde se metamorfoseó.

Mesolimulus

GRUPO Artrópodos
DATACIÓN Jurásico superior
TAMAÑO Hasta 8-9 cm de longitud, incluido el telson
LOCALIZACIÓN Alemania

Mesolimulus era una cacerola de las Molucas o límulo prehistórico muy similar a las especies actuales. La forma de su gran escudo cefálico era la típica de los límulos y sus ojos eran pequeños y compuestos. El abdomen estaba cubierto por una placa semioval única con una parte estrecha y levantada, flanqueada por lóbulos elevados. Su aplanada y ancha área marginal estaba ornada por siete largas espinas puntiagudas a cada lado. Una larga y afilada púa, o telson, surgía de la parte posterior del abdomen.

telson

MESOLIMULUS WALCHII
El telson puntiagudo de *Mesolimulus* era casi tan largo como el resto del exoesqueleto del animal, como puede verse en este espécimen.

PARIENTE VIVO
CACEROLA DE LAS MOLUCAS

El nombre alude al escudo cefálico de estos animales, también llamados cangrejos bayoneta, aunque en realidad no están emparentados con los cangrejos. Al igual que otros taxones extintos, *Mesolimulus* era más pequeño y plano que su pariente actual *Limulus*, que aquí se muestra, aunque ambos vivían en ambientes marinos similares de aguas someras. *Limulus* nada boca arriba y es probable que sus primos extintos también lo hicieran. Es común en la costa atlántica de América del Norte y el golfo de México, y su linaje tiene un largo pedigrí: los fósiles de límulos más antiguos se han hallado en rocas del Pérmico.

Eryma

GRUPO Artrópodos
DATACIÓN Del Jurásico inferior al Cretácico superior
TAMAÑO 3,5 cm de longitud
LOCALIZACIÓN Europa, África oriental, Indonesia, América del Norte

El cefalotórax (parte anterior del caparazón) de este bogavante tenía un perfil ovalado y un surco marcado y curvado hacia atrás en la zona entre las extremidades anteriores o quelípedos, terminados en grandes pinzas romboidales. Cada pinza tenía un dedo interno móvil y un dedo externo fijo. El animal también tenía cuatro patas andadoras largas y delicadas. El abdomen, más estrecho que el cefalotórax, tenía cinco anchos segmentos y terminaba en un abanico formado por hasta cinco lóbulos planos y radiales.

ERYMA LEPTODACTYLINA
Este fósil, hallado en una caliza procedente de una cantera de la región de Solnhofen (sur de Alemania), muestra claramente las grandes pinzas y la cola en abanico con cinco lóbulos.

JURÁSICO VERTEBRADOS

Los dinosaurios empezaron a ser dominantes en el Jurásico. Aunque su origen se remonta a unos 30 MA, no se convirtieron en los principales vertebrados terrestres hasta después de la extinción del Triásico-Jurásico de hace unos 200 MA. Mientras, en los mares prosperaban reptiles depredadores gigantes.

Los principales subgrupos de dinosaurios –terópodos, sauropodomorfos y ornitisquios– se originaron durante el Triásico superior. Sin embargo, durante los primeros 30 MA de su historia, los dinosaurios solo fueron actores secundarios en el escenario mundial, y en muchos ecosistemas les superaban en número y en tamaño los crurotarsos, arcosaurios del linaje de los cocodrilos. De súbito, hace unos 200 MA, desaparecieron todos los crurotarsos excepto los crocodilomorfos, posiblemente debido al intenso calentamiento global y a los gases tóxicos emitidos por los volcanes. Esta extinción fue una de las «cinco grandes» extinciones masivas de la historia de la Tierra, y de no ser por ella los dinosaurios nunca habrían llegado a ser dominantes.

Crocodilomorfos

Crocodilomorfos es el nombre del grupo que comprende los actuales cocodrilos, caimanes y gaviales, y sus parientes cercanos fósiles. Este grupo tan exitoso es el único que sobrevive de la gran radiación de los crurotarsos en el Triásico superior, cuando los arcosaurios de este linaje, tales como los rauisuquios, fitosaurios y aetosaurios, dominaban los ecosistemas de la Tierra. Los crocodilomorfos aparecieron en el Triásico superior, y estos protococodrilos denominados esfenosuquios se parecían bien poco a los cocodrilos actuales: a diferencia de ellos, eran animales pequeños y esbeltos que caminaban erguidos y podían correr

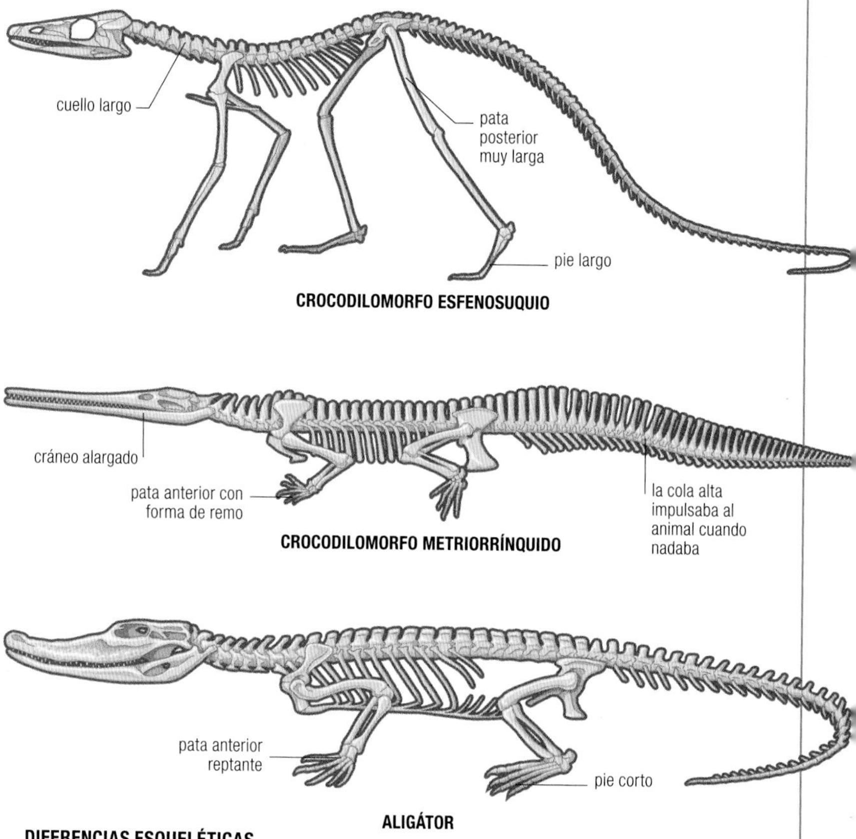
cuello largo
pata posterior muy larga
pie largo
CROCODILOMORFO ESFENOSUQUIO
cráneo alargado
pata anterior con forma de remo
la cola alta impulsaba al animal cuando nadaba
CROCODILOMORFO METRIORRÍNQUIDO
pata anterior reptante
pie corto
ALIGÁTOR

DIFERENCIAS ESQUELÉTICAS
Los crocodilomorfos jurásicos eran un grupo variado que exploró una extensa serie de diseños esqueléticos. Los primeros crocodilomorfos, los esfenosuquios, eran depredadores pequeños y gráciles, adaptados para la carrera. Los metriorrínquidos eran depredadores colosales que vivían en el mar, con un esqueleto muy adaptado a su hábitat marino. Los aligátores modernos son animales lentos y voluminosos que acechan cerca de la orilla a las presas desprevenidas.

GRUPOS

El Jurásico fue el período del dominio de los reptiles. Los dinosaurios eran los principales vertebrados terrestres, y los megadepredadores reptilianos como los plesiosaurios, ictiosaurios y metriorrínquidos reinaban en los mares. Sin embargo, otros grupos, como los anfibios y los mamíferos, se iban multiplicando a la sombra de los dinosaurios.

TORTUGAS
Las tortugas figuran entre los grupos reptilianos más atípicos y se sabe poco sobre su historia evolutiva inicial. Las tortugas más antiguas son del Triásico medio y solo tenían caparazón en el vientre. Algunas de las tortugas primitivas más conocidas vivieron en el Jurásico, como *Kayentachelys*, del suroeste de EE UU, y ya tenían el caparazón completo.

PLESIOSAURIOS
Con su largo cuello y su abultado cuerpo, los plesiosaurios tienen algo de saurópodos que vivieran en el mar, pero a diferencia de estos pacíficos dinosaurios fitófagos, fueron los depredadores más temibles en la mayoría de los océanos jurásicos. Algunos de estos animales medían más de 15 m de largo –mucho más que *Tyrannosaurus*– y podían dar caza a las mayores presas de los océanos.

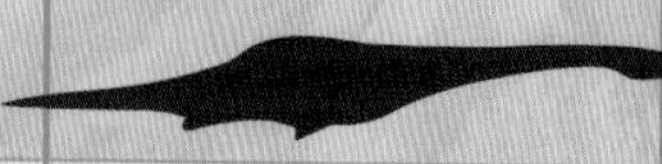

ICTIOSAURIOS
Con sus aletas y sus formas hidrodinámicas, los ictiosaurios parecían delfines o atunes, pero eran reptiles marinos. Enormemente exitosos durante todo el Mesozoico, los ictiosaurios se alimentaban de una gran variedad de presas, desde calamares hasta grandes peces. Los de mayor tamaño, que medían 20-21 m de largo, fueron los mayores reptiles marinos que han existido jamás.

METRIORRÍNQUIDOS
Los metriorrínquidos son quizá los crocodilomorfos más extraños que existieron. A diferencia de la mayoría de cocodrilos, animales poco activos que acechan en la orilla, los metriorrínquidos pasaban toda su vida en alta mar. Estos reptiles figuran entre los depredadores más grandes y feroces de su época y prosperaron en todo el mundo antes de su sustitución final por los plesiosaurios a mediados del Cretácico.

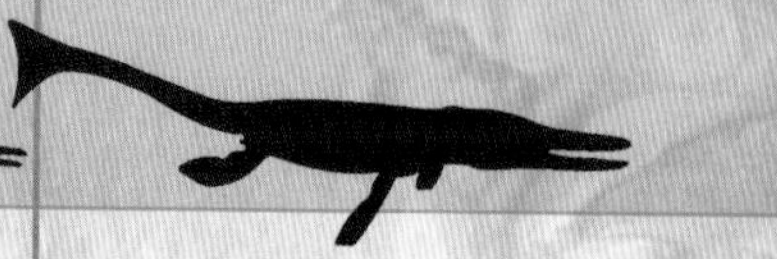

50 toneladas Era el **peso** de *Brachiosaurus*, uno de los animales **más grandes** que anduvieron sobre la Tierra.

ENORMES PROPORCIONES
Brachiosaurus, del Jurásico superior, es probablemente el más conocido de todos los saurópodos de cuello largo y pecho de barril. Fue uno de los mayores animales que anduvieron jamás sobre la Tierra. Podía alcanzar casi 25 m de longitud y pesar hasta 50 toneladas.

a gran velocidad. Los esfenosuquios pervivieron hasta muy entrado el Jurásico, período en que los crocodilomorfos siguieron diversificándose y dando origen a muchos subgrupos especializados. Además de especies reptantes que acechaban a orillas del agua como los cocodrilos actuales, estos crocodilomorfos jurásicos comprenden una familia inusual, la de los metriorrínquidos, que eran totalmente oceánicos.

La era de los gigantes

El Jurásico medio y el superior se denominan a menudo la «era de los dinosaurios gigantes». Esta apropiada designación rinde homenaje al desarrollo evolutivo de varios grupos de dinosaurios colosales que dominaron los ecosistemas terrestres del planeta. Entre estos gigantes destacaban sobre todo los saurópodos fitófagos y cuellilargos como *Brachiosaurus* y *Diplodocus*.

DEPREDADOR TEMIBLE
El poderoso cazador *Allosaurus* fue el dinosaurio más temido de finales del Jurásico. Vivió en América del Norte y en Portugal, donde capturaba grandes presas, como los saurópodos gigantes, gracias a su tamaño y su fuerza.

El Jurásico superior fue el momento álgido de la evolución de los saurópodos. En ningún otro momento estas atronadoras bestias fueron tan abundantes y diversas. En la América del Norte del Jurásico superior convivían nada menos que 25 especies de saurópodos, y actualmente sus fósiles son hallazgos comunes en la célebre formación Morrison (p. 42). Otros saurópodos colosales se han hallado en África, China y Portugal. Algunos de estos colosos fueron los mayores animales que han hollado la Tierra, y el suelo temblaba literalmente bajo sus pies. Junto a estos herbívoros vivían muchos terópodos monstruosos que probablemente los depredaban. El más conocido de ellos es, sin duda, *Allosaurus*, un cazador con el cráneo en forma de hacha que debía de alcanzar 12 m de longitud y 1800 kg de peso. Junto a *Allosaurus* vivieron otras fieras horribles, entre ellas *Ceratosaurus* y *Torvosaurus*. El Jurásico fue la era de los gigantes.

PTEROSAURIOS
Aunque a menudo se les confunde con los dinosaurios, los pterosaurios forman un subgrupo bien distinto de arcosaurios. Aparecieron en el Triásico superior y fueron los primeros vertebrados capaces de volar. La mayoría de los pterosaurios del Triásico y del Jurásico eran pequeños y comían peces, pero en el Cretácico hubo algunas especies colosales, como *Quetzalcoatlus*.

TETANUROS
Los tetanuros son uno de los subgrupos más importantes y exitosos de los dinosaurios terópodos. La mayoría de los terópodos del Triásico superior y del Jurásico inferior eran pequeños y tenían un esqueleto primitivo, pero en el Jurásico medio aparecieron tetanuros mucho mayores y más diversos, entre ellos *Megalosaurus*, el «gran lagarto». Las aves pertenecen a este subgrupo.

SAUROPODOMORFOS
Este subgrupo comprende algunos de los dinosaurios más conocidos, como los fitófagos de cuello largo *Brachiosaurus* y *Diplodocus*. Los sauropodomorfos del Triásico y del Jurásico inferior eran más bien pequeños y su esqueleto era poco especializado, pero en el Jurásico medio surgieron especies gigantes, cuadrúpedas y de cuello largo y sinuoso, que hacían temblar el suelo bajo sus pies.

ORNITISQUIOS
Junto con los sauropodomorfos y los terópodos, son uno de los tres grupos principales de dinosaurios. Los ornitisquios escaseaban en el Triásico superior, pero se volvieron más comunes y adoptaron una serie de formas corporales en el Jurásico. Entre ellos figuran los estegosaurios, con sus placas, los acorazados anquilosaurios y los fitófagos iguanodontios.

MAMÍFEROS
Los mamíferos aparecieron en el Triásico, más o menos al mismo tiempo que los dinosaurios, pero permanecieron a la sombra de sus gigantescos contemporáneos reptilianos durante la mayor parte del Mesozoico. Pero no por ser pequeños eran menos importantes. Durante el Jurásico adoptaron toda una serie de formas corporales y ocuparon muchos nichos ecológicos.

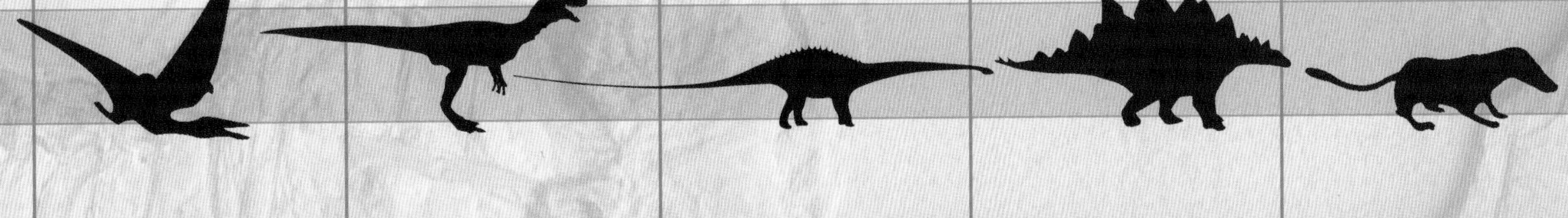

Hybodus

GRUPO Condrictios
DATACIÓN Del Pérmico superior al Cretácico superior
TAMAÑO 2 m de longitud
LOCALIZACIÓN Europa, América del Norte, Asia, África

El esqueleto de *Hybodus* era muy robusto y estaba más densamente calcificado que el de los tiburones modernos. Sus mandíbulas eran macizas y estaban provistas de hileras de dientes que se sustituían continuamente, como en los tiburones modernos. Los dientes alcanzaban 2 cm de longitud y tenían distintas formas: algunos tenían una serie de cúspides verticales y otros eran bajos y con poco relieve. A diferencia de los tiburones modernos, cuya boca se abre en la parte inferior de la cabeza, la de *Hybodus* se abría en el extremo del hocico. Además de los pterigopodios con los que insertaban semen dentro de la hembra, los machos tenían espinas especializadas en los tejidos blandos de la cabeza que debían de ayudarles a sujetar a la hembra durante el apareamiento. Detrás de cada ojo tenían hasta dos pares de estas espinas.

TIBURÓN HIDRODINÁMICO
Unas espinas largas, estriadas e inmersas en tejidos blandos sostenían las dos aletas dorsales, probablemente para que el tiburón hendiera el agua con más eficiencia.

Ischyodus

GRUPO Condrictios
DATACIÓN Del Jurásico medio al Mioceno
TAMAÑO 1,5 m de longitud
LOCALIZACIÓN Europa, América del Norte, Kazajstán, Australia, Nueva Zelanda, Antártida

Los peces similares a *Ischyodus* solo se hallan hoy en los océanos profundos, pero en su época esta quimera era común en los fondos marinos. Tenía un esqueleto principalmente cartilaginoso, grandes ojos, aletas pectorales y larga cola en forma de látigo. La primera aleta dorsal tenía una espina prominente y abatible que le serviría para defenderse. En vez de dientes, *Ischyodus* tenía placas dentarias que a menudo sobresalían de su boca como los dientes de un conejo. Los dos pares de placas de la mandíbula superior y el par de la inferior le servían para triturar las conchas y los caparazones de moluscos y crustáceos. Estas placas son las partes del pez que se conservan más a menudo y permiten distinguir las diferentes especies.

PALANCA EN LA CABEZA
Los machos tenían un curioso apéndice, el tenáculo, cuyo extremo estaba cubierto por unas estructuras afiladas tipo diente; quizá desempeñaba un papel en el apareamiento.

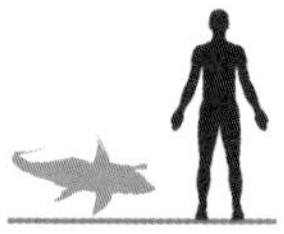

Leedsichthys

GRUPO Actinopterigios
DATACIÓN Jurásico medio y superior
TAMAÑO 8-17 m de longitud
LOCALIZACIÓN Europa, Chile

Leedsichtys, tal vez el pez más grande que ha vivido jamás, se descubrió cerca de Peterborough (Inglaterra), en 1886. Pese a su enorme tamaño, era un pez inofensivo que se alimentaba por filtración. Su enorme boca podía ingerir un gran volumen de agua de un solo trago, y acto seguido el pez tamizaba los microorganismos del agua a través de láminas branquiales o placas reticuladas en la parte posterior de la cabeza, como los actuales rorcuales y ballenas y el tiburón peregrino. *Leedsichtys* pertenece a la familia de peces paquicórmidos, con el esqueleto parcialmente calcificado. Dado que el cartílago no se fosiliza bien, muchos de sus huesos no se conservaron y otros son tan finos que se trituran fácilmente. Sin embargo, los dientes son más robustos que los huesos, y se ha podido estimar que *Leedsichtys* tenía más de 40 000 dientes.

GIGANTE AMABLE
Un golpe de su potente cola de 5 m era la única defensa de *Leedsichtys* frente a un atacante.

Lepidotes

GRUPO Actinopterigios
DATACIÓN Del Jurásico superior al Cretácico inferior
TAMAÑO 2 m de longitud
LOCALIZACIÓN Alemania, Brasil

Lepidotes era un pez óseo de gran talla que podía extender sus mandíbulas hacia fuera para ingerir alimentos. En aquella época, este tipo de mandíbulas fue una novedad evolutiva, pero desde entonces ha aparecido de forma independiente varias veces y está presente en muchos peces óseos actuales, entre ellos los arenques, carpas y percas. *Lepidotes* tenía baterías de dientes tipo clavija para triturar los mariscos que comía. Estos dientes, que a menudo se encuentran aislados, parecen piedrecillas perfectamente conformadas. En la Edad Media se creía que eran piedras producidas por sapos y que, entre otras cosas, servían como antídoto de los venenos. *Lepidotes* tenía una aleta dorsal y una aleta anal únicas y dispuestas en posición opuesta, la cola simétrica y gruesas escamas con esmalte que protegían su cuerpo.

DE AGUA SALADA Y DE AGUA DULCE
Se han hallado fósiles de *Lepidotes* en sedimentos de lagos de agua dulce y de mares someros, e incluso en el estómago del dinosaurio *Baryonyx*.

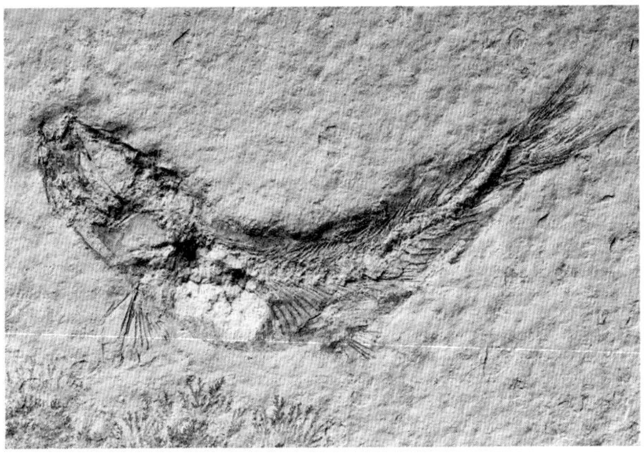

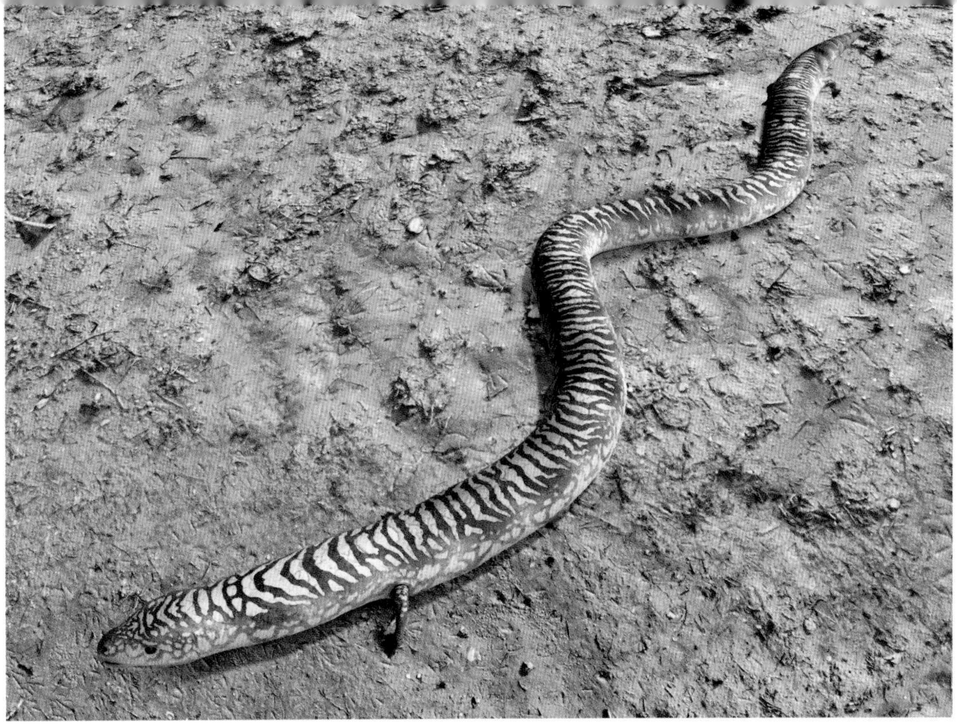

Eocaecilia

GRUPO Anfibios
DATACIÓN Jurásico inferior
TAMAÑO 18 cm de longitud
LOCALIZACIÓN EE UU

Este pequeño anfibio excavador fue descubierto en Arizona (EE UU). Tenía la cabeza pequeña y con una pesada coraza interna, el cuerpo muy largo, cuatro extremidades diminutas y la cola corta. *Eocaecilia* tiene el cráneo muy parecido al de los actuales gimnofiones o cecilias y se cree que es el miembro más antiguo que se conoce de este grupo de anfibios. Las cecilias actuales son animales excavadores que carecen por completo de extremidades, y aunque *Eocaecilia* tenía patas, la pesada estructura de su cráneo sugiere que empleaba la cabeza para arar el suelo como los actuales gimnofiones.

ANFIBIO GUSANO
Eocaecilia tenía el cuerpo muy alargado, con unas 50 vértebras en el tronco.

Prosalirus

GRUPO Anfibios
DATACIÓN Jurásico inferior
TAMAÑO 6 cm de longitud
LOCALIZACIÓN EE UU

Hasta hoy solo se han encontrado tres esqueletos fosilizados de este pequeño anuro. Se descubrieron en Arizona, en la década de 1990, y son los esqueletos de anuro más antiguos que muestran todas las adaptaciones para el salto que caracterizan a las ranas actuales, entre ellas los largos huesos de la cadera, de las patas posteriores y del tobillo. En Madagascar y Polonia se han encontrado anuros ancestrales más antiguos, pero que todavía tenían cola y carecían de las adaptaciones para el salto, y así no eran capaces de saltar como las ranas. Los anuros empezaron a diversificarse mucho después de la extinción de *Prosalirus*, por lo que este género no está emparentado con ninguna familia moderna. Todos los fósiles se encontraron en una pequeña área que seguramente fue la última charca en una llanura aluvial desecada.

boca ancha, como de rana
patas posteriores largas

ANURO SALTADOR
Esta especie tenía las patas posteriores adaptadas para el salto. *Prosalirus* deriva del verbo latino *prosalire*, que significa «saltar hacia delante».

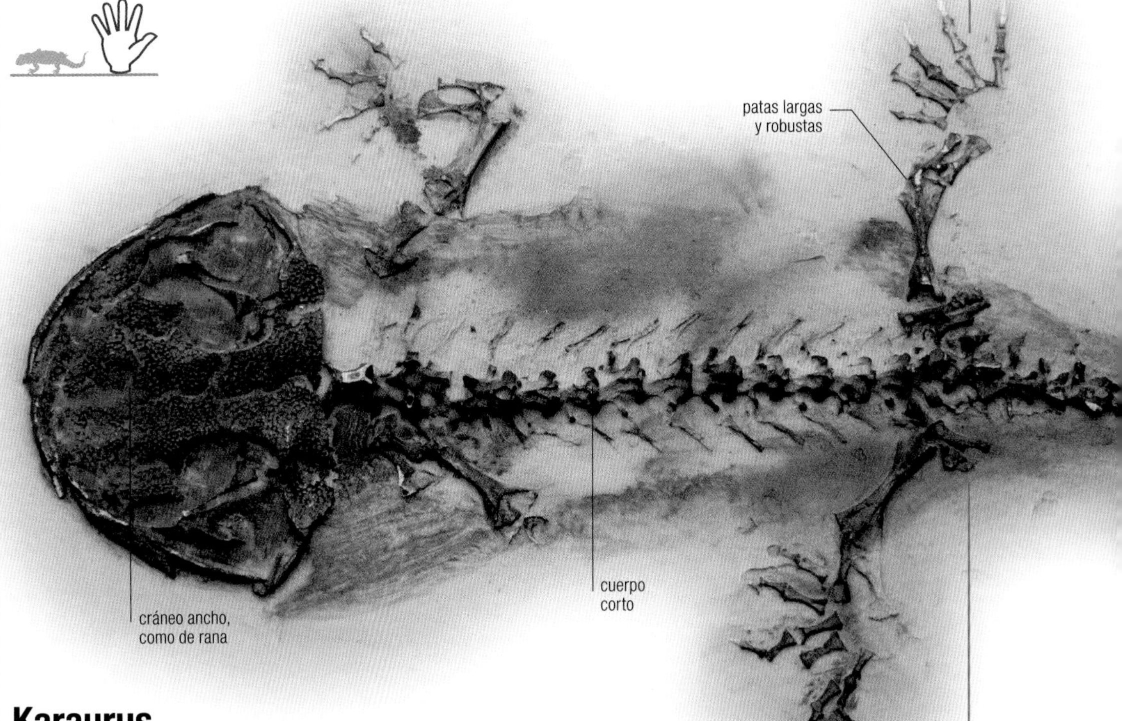
patas largas y robustas
cráneo ancho, como de rana
cuerpo corto

Karaurus

GRUPO Anfibios
DATACIÓN Jurásico superior
TAMAÑO 19 cm de longitud
LOCALIZACIÓN Kazajstán

FÓSIL JUVENIL
En el único esqueleto conocido de *Karaurus*, los huesos de las patas solo están parcialmente desarrollados, lo que sugiere un animal joven que podía haber crecido más.

El único fósil de *Karaurus* se descubrió en la década de 1970 en un fondo lacustre fósil de Kazajstán y durante algunos años fue la salamandra más antigua conocida. Su nombre es una combinación de «Kara» (por las montañas Karatu en las que se encontró) y de «oura», que significa cola. Karaurus era una salamandra de tamaño medio y tenía una complexión muy pesada, con un cráneo ancho y como de rana, el cuerpo corto y las patas grandes. Presentaba muchos rasgos esqueléticos más primitivos que los de cualquier urodelo moderno, lo que hace creer a los científicos que las salamandras modernas evolucionaron a partir de un animal más avanzado que *Karaurus*. Desde el descubrimiento de *Karaurus* se han encontrado otros urodelos jurásicos en China, Europa y América del Norte, lo que sugiere que estaban muy extendidos por los continentes boreales.

ESCAMAS LUSTROSAS
Este magnífico fósil de *Lepidotes* muestra muchos de los rasgos característicos del pez y en particular sus gruesas escamas romboidales. En vida del animal, las escamas tenían una capa externa de ganoína, una sustancia parecida al esmalte que reflejaba la luz y les confería un aspecto brillante. También se ven claramente las hileras de dientes especializados para triturar mariscos.

Kayentachelys

GRUPO Tortugas
DATACIÓN Jurásico inferior
TAMAÑO 25-35 cm de longitud
LOCALIZACIÓN EE UU

Kayentachelys fue una de las tortugas más antiguas y un importante nexo de unión entre las tortugas primitivas del Triásico como *Odontochelys* (p. 200) y las modernas. Como todas las tortugas modernas, *Kayentachelys* tenía un caparazón compuesto por un espaldar y un plastrón o peto en la parte ventral. Su cráneo corto y ancho terminaba en un pico afilado. *Kayentachelys* vivía en el suroeste de América del Norte, junto con dinosaurios como el terópodo *Dilophosaurus* (p. 246) y crocodilomorfos ancestrales como *Protosuchus* (p. 242). La presencia de grandes dinosaurios, crocodilomorfos y tortugas daba a este ecosistema un carácter moderno en comparación con los del Triásico medio y superior.

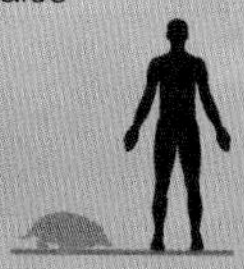

YACIMIENTO CLAVE
LA FORMACIÓN KAYENTA

Los esquistos y las areniscas rojizas de la formación Kayenta ocupan grandes extensiones del oeste de EE UU, incluidos muchos de los parques nacionales más famosos, como el del Gran Cañón y el Zion. Además del espectacular escenario desértico que crea esta formación, en ella se han encontrado muchos e importantes fósiles desde el Jurásico inferior. Durante esta época, hace cerca de 190 MA, una variada fauna de dinosaurios, mamíferos, cocodrilos y tortugas prosperaba en las áridas condiciones de una región situada en aquel momento en el supercontinente Pangea. Muchos fósiles famosos, entre ellos *Kayentachelys*, se han encontrado en la formación Kayenta.

TORTUGA DE PEQUEÑO TAMAÑO
Kayentachelys era un animal pequeño, de 35 cm de longitud como máximo y unos pocos kilos de peso. Aunque su ecología no está muy clara, es probable que pasara gran parte de su tiempo en tierra.

Pleurosaurus

GRUPO Lepidosaurios
DATACIÓN Jurásico superior
TAMAÑO 50-70 cm de longitud
LOCALIZACIÓN Alemania

El tuátara de Nueva Zelanda es el único representante vivo del antes diverso orden de los esfenodontos. *Pleurosaurus*, quizá el más extraño de estos animales, era esbelto e hidrodinámico y tenía una larga cola. Sus patas estaban modificadas en aletas, lo que le daba gran capacidad de maniobra para perseguir pequeños peces.

CALIZA SOLNHOFEN
Pleurosaurus se halló en la misma formación rocosa alemana en la que se descubrió la primera ave, *Archaeopteryx* (p. 252).

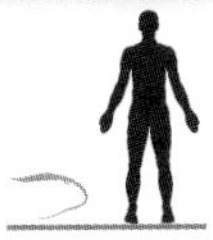

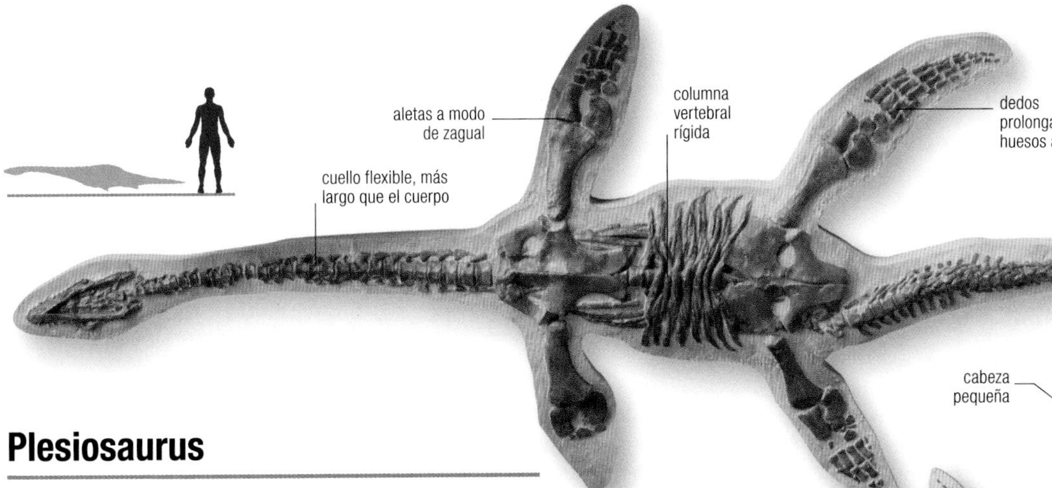
aletas a modo de zagual
columna vertebral rígida
dedos prolongados por huesos adicionales
cuello flexible, más largo que el cuerpo

Plesiosaurus

GRUPO Sauropterigios
DATACIÓN Jurásico inferior
TAMAÑO 3-5 m de longitud
LOCALIZACIÓN Islas Británicas, Alemania

El gran reptil marino *Plesiosaurus* vivía en los mares someros de lo que hoy es Europa, durante el Jurásico inferior, hace unos 190 MA. Aunque en muchos aspectos parecía la versión acuática de un dinosaurio, estaba más estrechamente emparentado con los lagartos y serpientes que con los dinosaurios. *Plesiosaurus* era un plesiosaurio típico, con un torso robusto, cuatro grandes aletas, un cuello extremadamente largo y un diminuto cráneo lleno de pequeños dientes, rasgos todos ellos que lo convertían en el animal dominante de su ecosistema marino. Depredador muy eficiente de peces, calamares y otras presas rápidas y relativamente pequeñas, *Plesiosaurus* era un nadador potente y veloz que podía golpear con gran rapidez los cardúmenes de peces gracias a su musculoso cuello.

EL PRIMER HALLAZGO
Plesiosaurus fue uno de los primeros reptiles antiguos que se descubrieron. Lo encontró Mary Anning (p. 241) y fue descrito por William Conybeare en 1821.

cabeza pequeña
cola débil, no apta para la propulsión

FÓSILES COMUNES
Los fósiles de *Plesiosaurus* son comunes en las rocas liásicas del sur de Inglaterra que han quedado bien expuestas en la costa de Dorset, en especial en torno a la población de Lyme Regis.

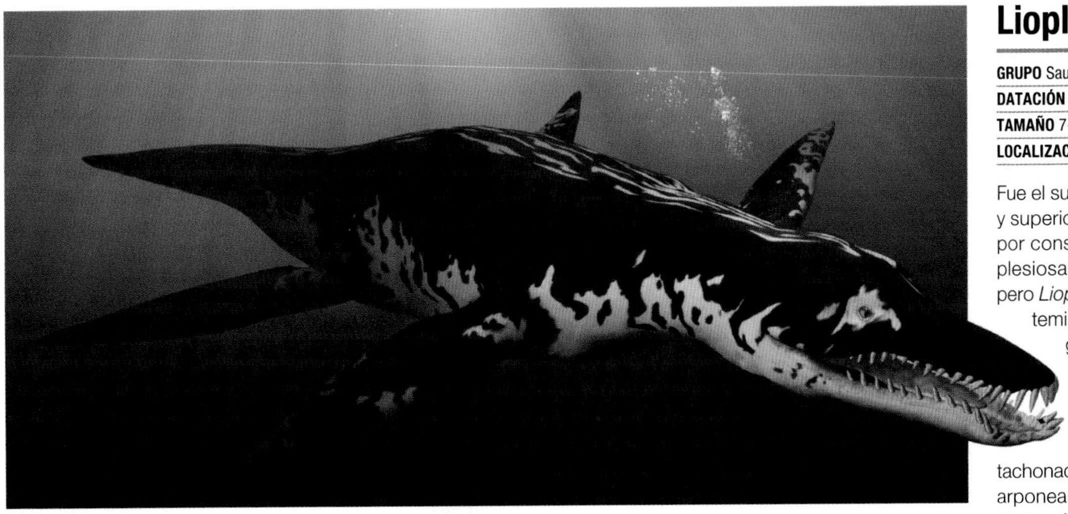

ALETAS PODEROSAS
Liopleurodon empleaba sus enormes aletas para propulsarse por el agua en pos de presas. El tamaño de las aletas sugiere que era un nadador potente, capaz de alcanzar gran velocidad en tramos cortos.

costilla situada en el cuello

COSTILLA CERVICAL
Las costillas cervicales (o costillas del cuello) de los plesiosaurios eran cortas y robustas, lo que permitía el anclaje de fuertes músculos y una gran movilidad.

Liopleurodon

GRUPO Sauropterigios
DATACIÓN Jurásico medio y superior
TAMAÑO 7-10 m de longitud
LOCALIZACIÓN Islas Británicas, Francia, Rusia, Alemania

Fue el superdepredador de los mares europeos del Jurásico medio y superior. Este monstruoso reptil alcanzaba 10 m de longitud y, por consiguiente, era mayor que la orca actual. La mayoría de plesiosaurios tenían el cuello largo y se alimentaban de peces, pero *Liopleurodon* pertenecía a los pliosáuridos, el subgrupo de los temibles plesiosaurios depredadores de cuello corto y cabeza grande. Al igual que otros pliosáuridos, *Liopleurodon* empleaba sus poderosas mandíbulas, de hasta 1,5 m de longitud y tachonadas con dientes cónicos, para arponear reptiles marinos y grandes peces. Aunque robusto, su cuerpo era muy hidrodinámico, y sus patas a modo de aletas o zaguales le servían para impulsarse por el agua. *Liopleurodon* fue un animal de extraordinario éxito biológico: existió durante unos 10 MA y habitó en el ancho cinturón de mares que se extendían por toda la antigua Europa.

VÉRTEBRA FÓSIL
Las vértebras de los voluminosos pliosáuridos eran tan grandes como platos.

Ichthyosaurus

GRUPO Ictiosaurios
DATACIÓN Jurásico inferior
TAMAÑO 2 m de longitud
LOCALIZACIÓN Islas Británicas, Bélgica, Alemania

A primera vista, *Ichthyosaurus* recuerda a un delfín o un pez, pero era un reptil estrechamente emparentado con los lagartos. Su hidrodinámico cuerpo estaba diseñado para la velocidad, con las patas modificadas en aletas, una aleta dorsal y una cola alta a modo de zagual. Su cráneo, alargado y tachonado de hileras de afilados dientes, estaba adaptado para cazar presas resbaladizas y rápidas.

Stenopterygius

GRUPO Ictiosaurios
DATACIÓN Jurásico inferior y medio
TAMAÑO 2-4 m de longitud
LOCALIZACIÓN RU, Francia, Alemania

Stenopterygius era un pariente próximo de *Ichthyosaurus* (p. 239) y, como él, era un reptil con aspecto de delfín que cazaba cardúmenes de peces en los mares cálidos y someros de la Europa del Jurásico. Aunque alcanzaba mayor tamaño que *Ichthyosaurus*, tenía un cráneo más pequeño, perfectamente adaptado para golpear con rapidez, capturar, matar y comer peces. El hocico de *Stenopterygius* tenía el perfil hidrodinámico de un misil o un submarino y podía hender el agua como un proyectil y atacar rápidamente a los peces, cazándolos por sorpresa. Su cola también estaba adaptada para la velocidad, ya que la columna vertebral, doblada allí hacia abajo, sostenía una aleta caudal similar a la que se observa en los tiburones modernos. Con esta forma, la aleta caudal debía de propulsar el gran cuerpo de *Stenopterygius* velozmente por el agua en busca de su próxima comida. Uno de los fósiles más interesantes de *Stenopterygius* muestra a una madre dando a luz, prueba de que los ictiosaurios, al igual que los actuales delfines, eran vivíparos y de que sus crías nacían con la cola por delante.

100 km/h Velocidad máxima que debía de alcanzar *Stenopterygius*, estimada por comparación con los atunes actuales.

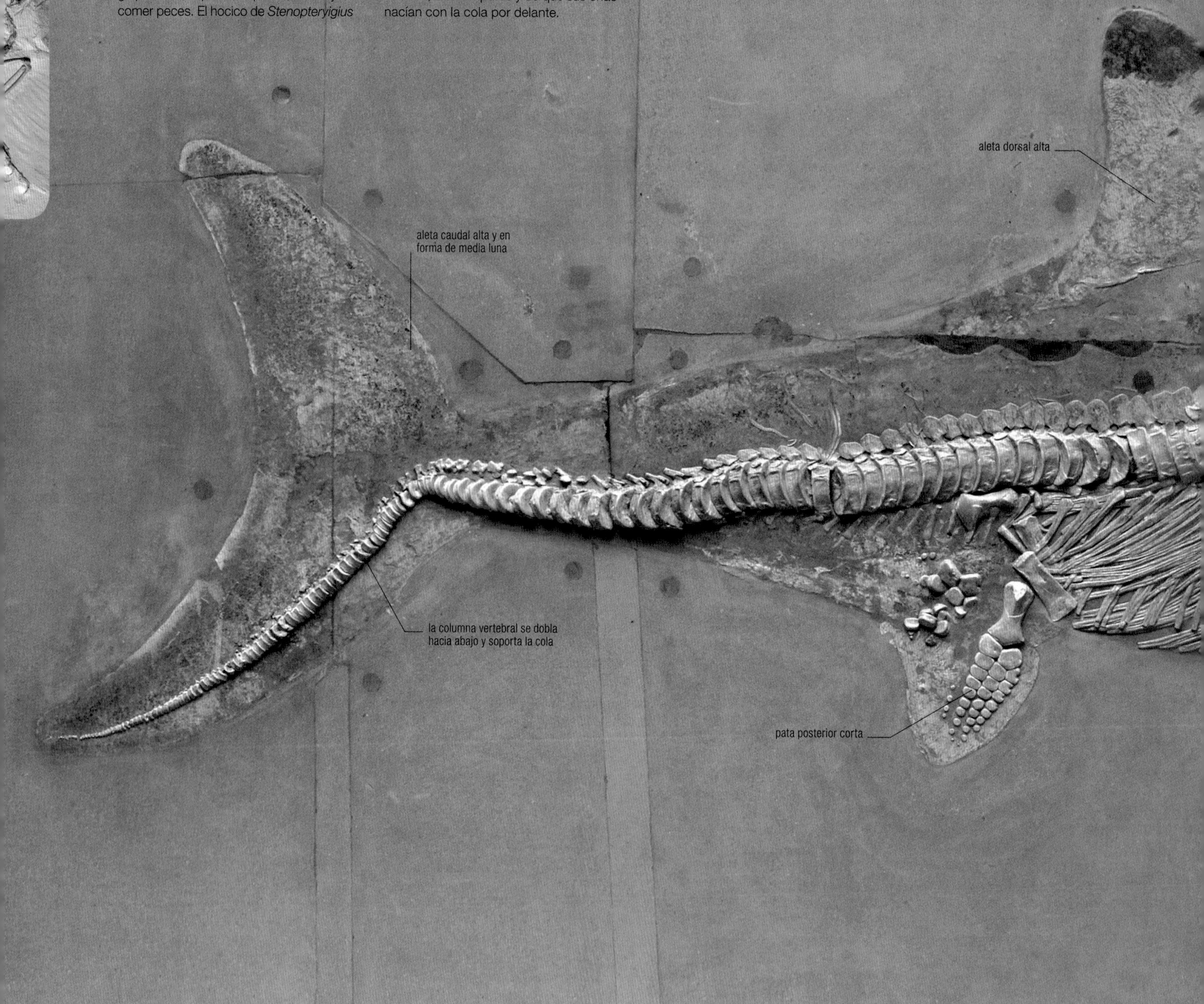
aleta dorsal alta
aleta caudal alta y en forma de media luna
la columna vertebral se dobla hacia abajo y soporta la cola
pata posterior corta

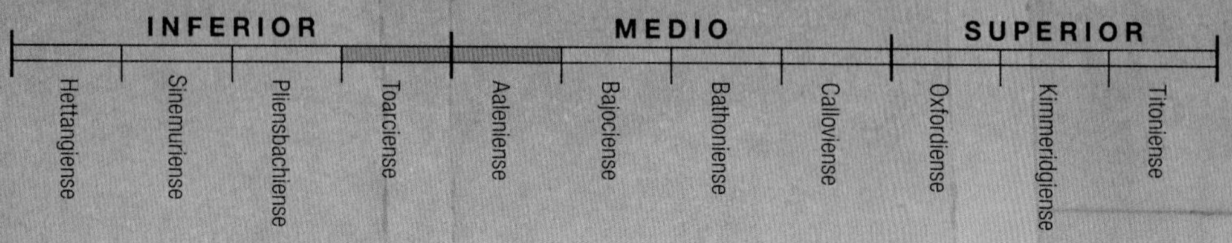
INFERIOR
MEDIO
SUPERIOR
Hettangiense
Sinemuriense
Pliensbachiense
Toarciense
Aaleniense
Bajociense
Bathoniense
Calloviense
Oxfordiense
Kimmeridgiense
Titoniense

BIOGRAFÍA

MARY ANNING

Mary Anning (1799-1847) provenía de una familia pobre de Dorset que completaba sus ingresos vendiendo los fósiles encontrados en torno a Lyme Regis, en la costa sur de Inglaterra. En el Jurásico inferior, esta zona estaba cubierta por un mar cálido y somero en el que vivían muchos reptiles. A los 12 años de edad, Mary encontró el primer fósil completo de ictiosaurio, y en 1823, convertida ya en una destacada naturalista y recolectora de fósiles, descubrió el primer plesiosaurio (p. 239). En una época en que los hombres dominaban todos los aspectos de la sociedad, Mary hizo una gran contribución a la ciencia. Miembro honorario de la Sociedad Geológica de Londres, murió de cáncer de mama a los 47 años de edad.

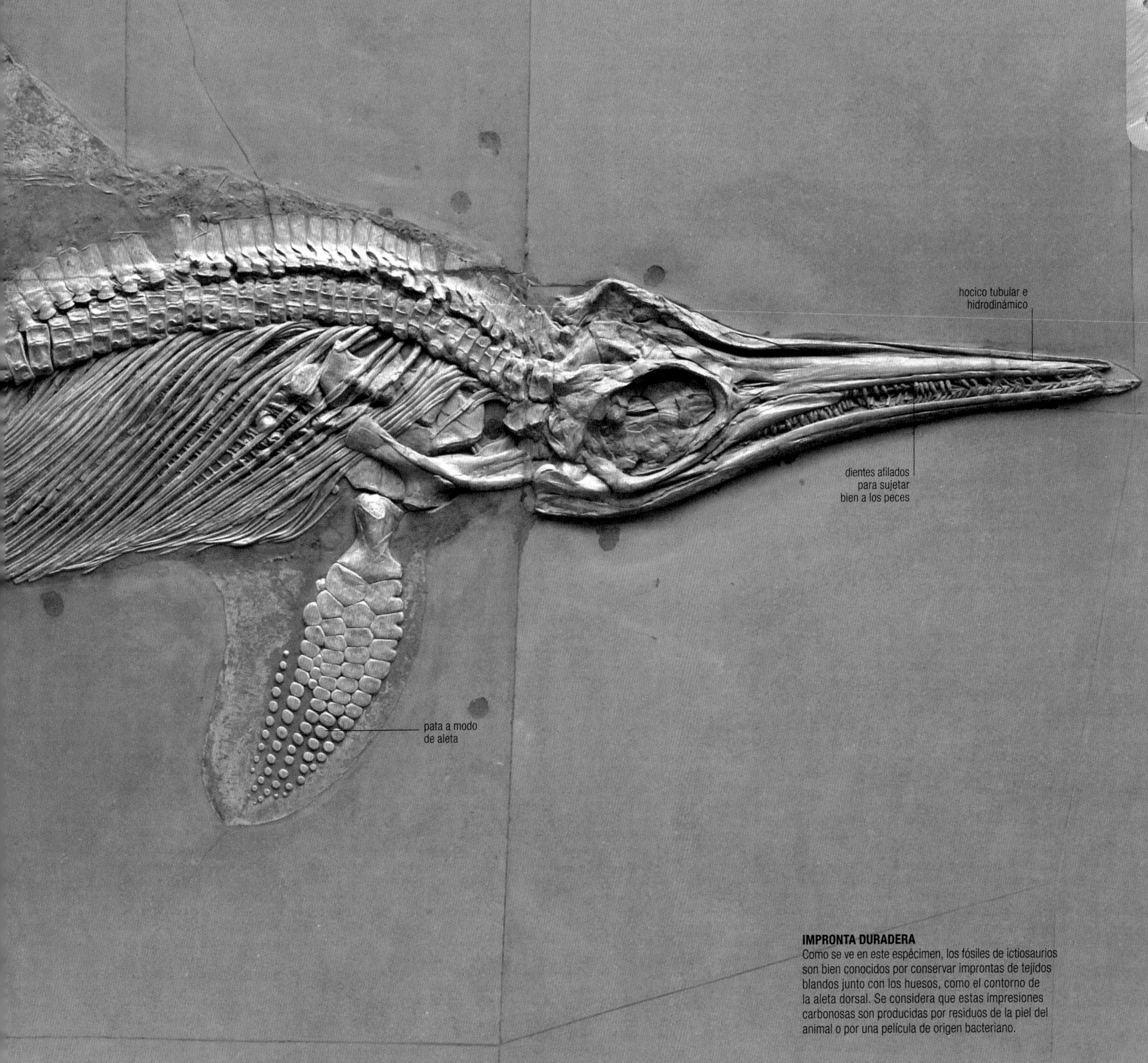
hocico tubular e hidrodinámico
dientes afilados para sujetar bien a los peces
pata a modo de aleta

IMPRONTA DURADERA
Como se ve en este espécimen, los fósiles de ictiosaurios son bien conocidos por conservar improntas de tejidos blandos junto con los huesos, como el contorno de la aleta dorsal. Se considera que estas impresiones carbonosas son producidas por residuos de la piel del animal o por una película de origen bacteriano.

Protosuchus

GRUPO Crocodilomorfos
DATACIÓN Jurásico inferior
TAMAÑO 1 m de longitud
LOCALIZACIÓN Todo el mundo

Protosuchus es uno de los más antiguos y primitivos de los parientes de los actuales cocodrilos, aunque en muchos aspectos difería mucho de ellos, ya que andaba en una postura casi vertical, sus extremidades eran largas y esbeltas y estaban provistas de garras. Estos rasgos sugieren que *Protosuchus* era un corredor rápido, adaptado para cazar en tierra y no en el agua. Sin embargo, al igual que los cocodrilos actuales, tenía un ancho cráneo, potentes músculos mandibulares y dientes gruesos y cónicos. No es de extrañar que *Protosuchus* presentara una mezcla de rasgos físicos primitivos y más modernos, ya que vivió hacia el principio de la historia evolutiva de los crocodilomorfos. *Protosuchus* se encontró por primera vez en Arizona (EE UU), pero en fechas más recientes se han hallado fósiles suyos en muchos otros lugares del mundo.

cola gruesa
y poderosa
dorso cubierto de escamas
óseas a modo de placas
cráneo ancho
con mandíbulas
poderosas
patas largas
y esbeltas
pies finos,
adaptados
para correr

PEQUEÑO TAMAÑO
Con su longitud aproximada de 1 m y apenas 30-45 kg de peso, *Protosuchus* era un animal pequeño que parecía un cocodrilo joven.

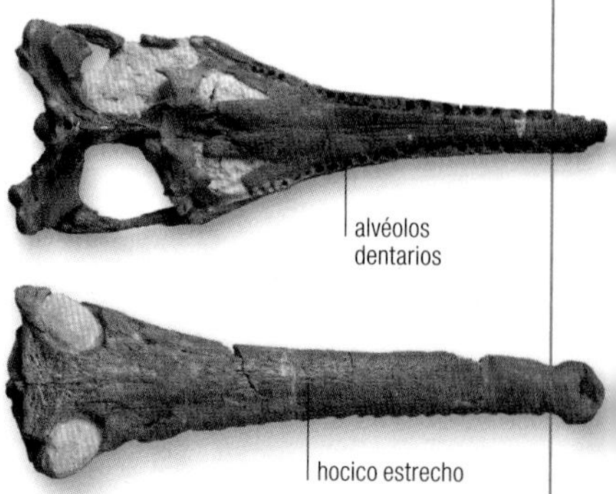
alvéolos
dentarios
hocico estrecho

CRÁNEOS DE STENEOSAURUS
Estos cráneos de *Steneosaurus*, con aspecto de cocodrilo, se hallaron en Oxfordshire (Inglaterra).

Steneosaurus

GRUPO Crocodilomorfos
DATACIÓN Del Jurásico inferior al Cretácico inferior
TAMAÑO 1-4 m de longitud
LOCALIZACIÓN Europa, África

Steneosaurus era bastante distinto de la mayoría de cocodrilos actuales. No acechaba a orillas del agua, sino que nadaba con destreza y se aventuraba en estuarios y aguas costeras para cazar. Pero no era totalmente acuático, ya que conservaba su armadura de placas óseas y sus patas no estaban modificadas en aletas, lo que le permitía cazar en tierra.

Sphenosuchus

GRUPO Crocodilomorfos
DATACIÓN Jurásico inferior
TAMAÑO 1-1,5 m de longitud
LOCALIZACIÓN Sudáfrica

Más o menos por la misma época en que *Protosuchus* correteaba por las dunas de Arizona (arriba), otro pariente de los cocodrilos denominado *Sphenosuchus* recorría los húmedos paisajes del sur de África. Aunque estos dos crocodilomorfos fueron más o menos coetáneos, su anatomía difería bastante. *Protosuchus* era un corredor rápido con una postura bastante erguida, pero *Sphenosuchus* tenía una postura aún más vertical y debía de correr mucho más rápido. Puede que a veces se alzara sobre sus patas posteriores, y, como su «pariente próximo» *Terrestrisuchus*, tenía una anatomía esquelética y probablemente un modo de vida muy similares a los de los dinosaurios terópodos.

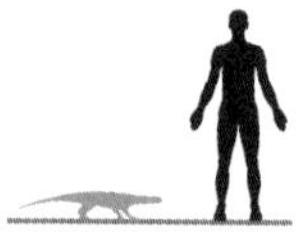

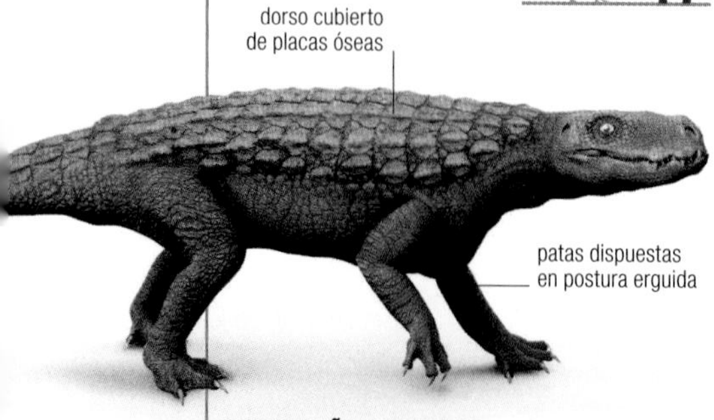
dorso cubierto
de placas óseas
patas dispuestas
en postura erguida

UN EXTRAÑO COCODRILO
Sphenosuchus, un corredor rápido de postura erguida, era un cocodrilo primitivo bastante extraño, con un modo de vida muy diferente del de los cocodrilos modernos.

Dakosaurus

GRUPO Crocodilomorfos
DATACIÓN Del Jurásico superior al Cretácico inferior
TAMAÑO 4-5 m de longitud
LOCALIZACIÓN Todo el mundo

Dakosaurus fue el miembro más feroz y de mayor tamaño de un grupo de reptiles marinos lejanamente emparentados con los actuales cocodrilos. Este monstruoso animal era mucho más grande que los demás reptiles marinos, que, junto con los peces, formaban la mayor parte de su dieta. Estaba bien adaptado a la vida en alta mar, con su cuerpo hidrodinámico y sus patas como aletas. Sin embargo, a diferencia de muchos de sus parientes, *Dakosaurus* tenía un cráneo alto, similar al de los dinosaurios depredadores como *Tyrannosaurus*. Sus dientes también eran similares a los de los terópodos o a los de las actuales orcas: eran grandes, estrechos, aserrados y afilados, perfectos para cortar carne.

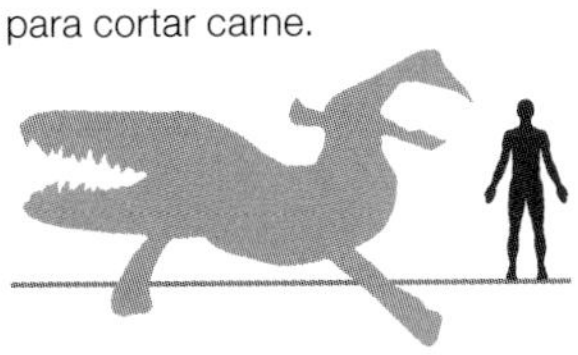

CRÁNEO MONSTRUOSO
Dakosaurus tenía un cráneo monstruoso, lleno de enormes dientes. Un fósil con un cráneo de más de 1 m de longitud, encontrado en América del Sur, fue apodado «Godzilla» por su tamaño.

Geosaurus

GRUPO Crocodilomorfos
DATACIÓN Del Jurásico superior al Cretácico inferior
TAMAÑO 2-3 m de longitud
LOCALIZACIÓN Europa, América del Norte, Caribe

Al igual que *Dakosaurus* (arriba), *Geosaurus* es un miembro de los metriorrínquidos, un grupo de crocodilomorfos característicos que vivían en alta mar. A diferencia de sus parientes terrestres, *Geosaurus* había perdido su capa de escamas óseas, por lo que su cuerpo era más ligero e hidrodinámico para nadar. Además, tenía los pies transformados en aletas, un cuerpo esbelto y alargado, y su cola tenía una aleta alta. Hay evidencias de que poseía una gran glándula de sal, un órgano presente en algunos animales marinos que les permite beber agua salada y comer presas acuáticas sin deshidratarse. Depredador eficiente, *Geosaurus* utilizaba sus afilados dientes para dar buena cuenta de bancos de peces y calamares.

***Geosaurus*, que significa «lagarto terrestre», es un extraño nombre para un animal que vivía en mar abierto.**

TAMAÑO MEDIO
Geosaurus, un metriorrínquido de tamaño medio que alcanzaba 3 m de longitud, tenía un hocico estrecho y ahusado, con dientes afilados y bastante pequeños.

alas plegadas cuando el animal estaba posado
cabeza enorme, como de frailecillo
cuello corto
cola larga con un «timón» romboidal

Dimorphodon

GRUPO Pterosaurios
DATACIÓN Jurásico inferior
TAMAÑO 1 m de longitud
LOCALIZACIÓN Islas Británicas

Con su longitud, era un pterosaurio bastante pequeño, pero su cráneo medía unos 25 cm de largo. Su cuerpo era sorprendentemente ligero, y entre sus adaptaciones para ahorrar peso figuraban los huesos huecos de sus extremidades y un cráneo reducido a poco más que un andamiaje en torno a su cara y sus grandes ojos.

A CUATRO PATAS
Como otros pterosaurios, cuando no volaba, *Dimorphodon* debía de andar a cuatro patas, probablemente con bastante torpeza, y despegar desde una postura cuadrúpeda y acurrucada.

Dimorphodon vivía a lo largo de las costas y es probable que empleara su cráneo parecido al del frailecillo y sus dientes similares a colmillos para capturar peces y despedazarlos. Es probable que los capturara en la superficie mientras volaba a baja altura sobre el agua. No se cree que entrara en el agua o se zambullera en ella.

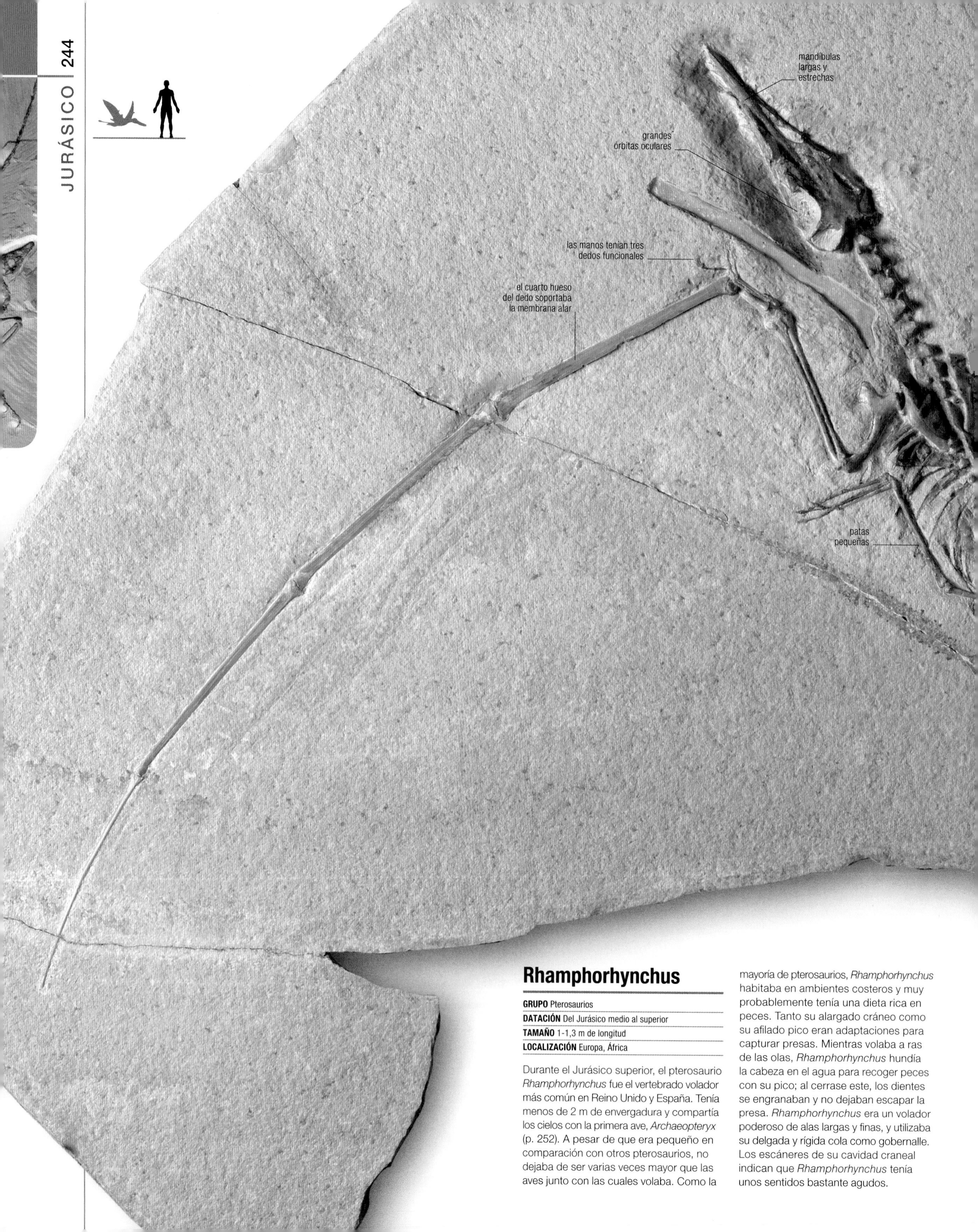
mandíbulas largas y estrechas
grandes órbitas oculares
las manos tenían tres dedos funcionales
el cuarto hueso del dedo soportaba la membrana alar
patas pequeñas

Rhamphorhynchus

GRUPO Pterosaurios
DATACIÓN Del Jurásico medio al superior
TAMAÑO 1-1,3 m de longitud
LOCALIZACIÓN Europa, África

Durante el Jurásico superior, el pterosaurio *Rhamphorhynchus* fue el vertebrado volador más común en Reino Unido y España. Tenía menos de 2 m de envergadura y compartía los cielos con la primera ave, *Archaeopteryx* (p. 252). A pesar de que era pequeño en comparación con otros pterosaurios, no dejaba de ser varias veces mayor que las aves junto con las cuales volaba. Como la mayoría de pterosaurios, *Rhamphorhynchus* habitaba en ambientes costeros y muy probablemente tenía una dieta rica en peces. Tanto su alargado cráneo como su afilado pico eran adaptaciones para capturar presas. Mientras volaba a ras de las olas, *Rhamphorhynchus* hundía la cabeza en el agua para recoger peces con su pico; al cerrase este, los dientes se engranaban y no dejaban escapar la presa. *Rhamphorhynchus* era un volador poderoso de alas largas y finas, y utilizaba su delgada y rígida cola como gobernalle. Los escáneres de su cavidad craneal indican que *Rhamphorhynchus* tenía unos sentidos bastante agudos.

ASOMBROSAMENTE NÍTIDO

Se han encontrado fósiles muy bien conservados de este pterosaurio junto con varios fósiles de *Archaeopteryx* (p. 252). En este ejemplar se aprecian claramente los detalles de la estructura de las alas, y en algunos fósiles se ha conservado incluso una bolsa gular.

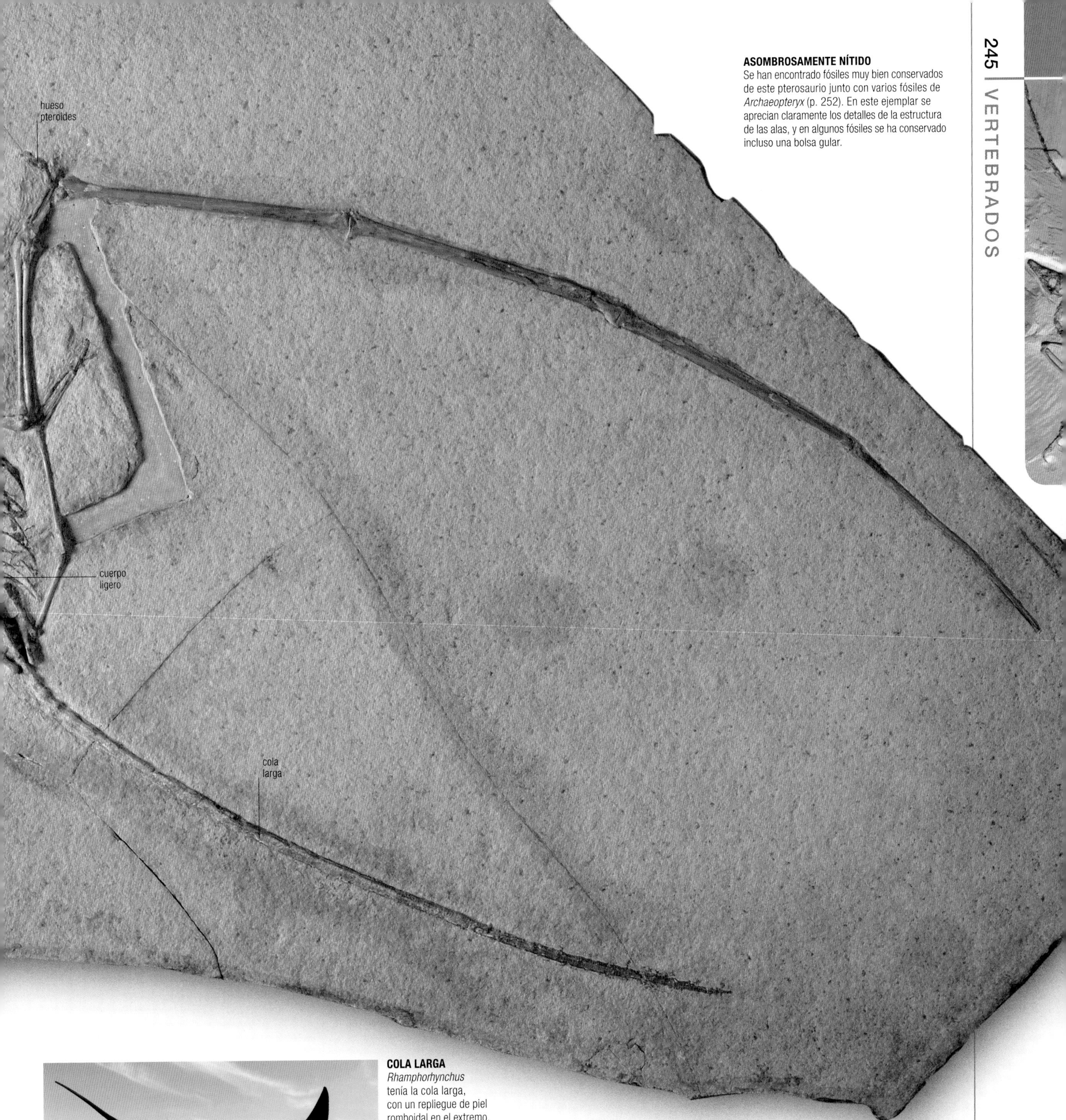
hueso pteroides
cuerpo ligero
cola larga

COLA LARGA
Rhamphorhynchus tenía la cola larga, con un repliegue de piel romboidal en el extremo. Su membrana alar se extendía hasta el tobillo.

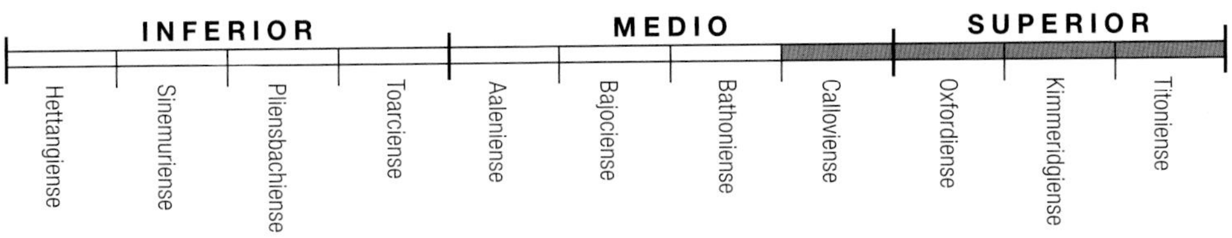
INFERIOR
MEDIO
SUPERIOR
Hettangiense
Sinemuriense
Pliensbachiense
Toarciense
Aaleniense
Bajociense
Bathoniense
Calloviense
Oxfordiense
Kimmeridgiense
Titoniense

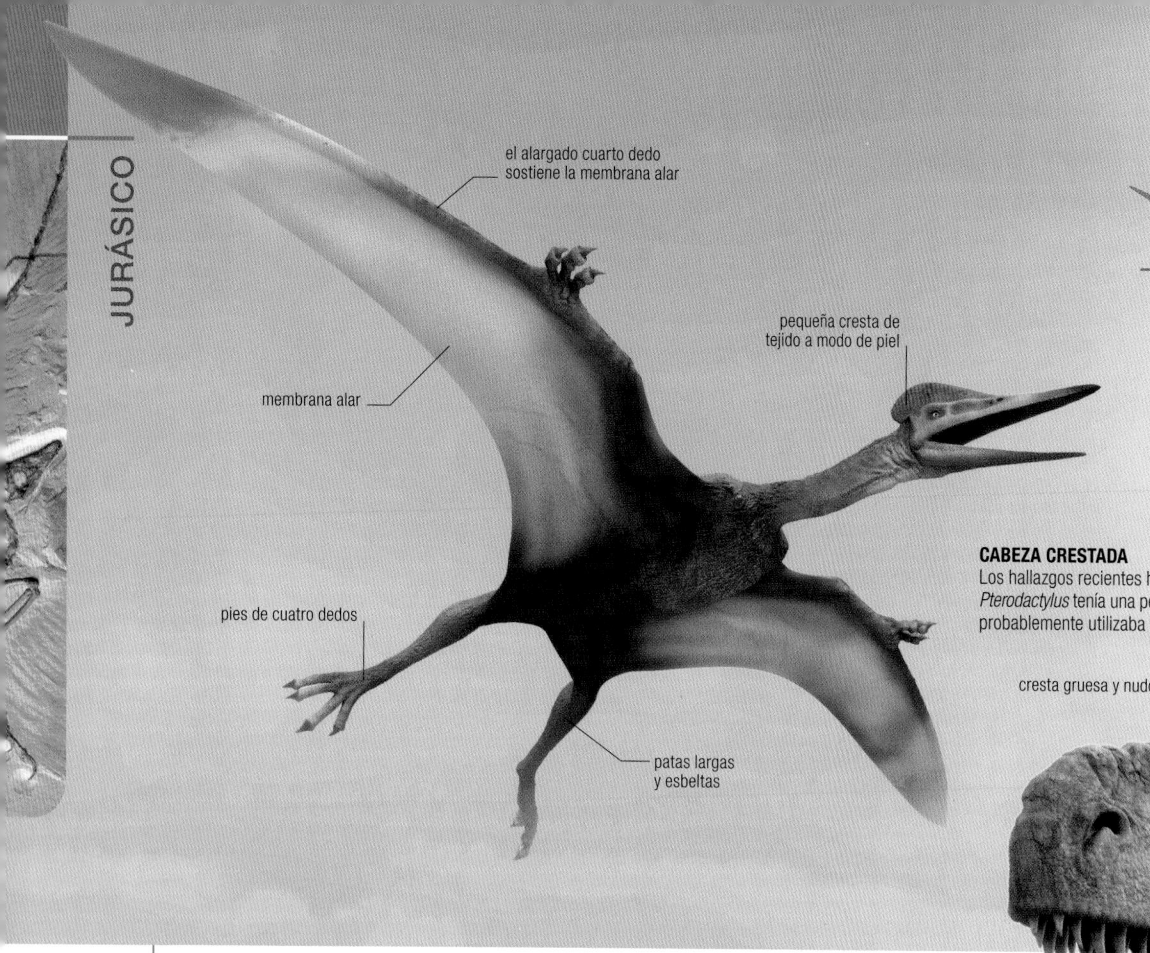
el alargado cuarto dedo
sostiene la membrana alar
pequeña cresta de
tejido a modo de piel
membrana alar
pies de cuatro dedos
patas largas
y esbeltas

CABEZA CRESTADA
Los hallazgos recientes han mostrado que *Pterodactylus* tenía una pequeña cresta que probablemente utilizaba para exhibirse.

Pterodactylus

GRUPO Pterosaurios
DATACIÓN Jurásico superior
TAMAÑO 1 m de longitud
LOCALIZACIÓN Alemania

Pterodactylus, que significa «dedo con ala», es uno de los pterosaurios que mejor se conocen, tras el descubrimiento de muchos esqueletos completos, tanto de jóvenes como de adultos. Fue uno de los primeros pterodactiloideos, un grupo de pterosaurios de cola más corta y cuello más largo y, por tanto, mejor adaptados para el vuelo que sus parientes anteriores. A diferencia de la mayoría de pterodactiloideos, *Pterodactylus* era relativamente pequeño: tenía una envergadura de aproximadadamente 1 m. Sin embargo, existieron varias especies de este género, y no siempre es fácil distinguir a los jóvenes de una especie grande de los adultos de otra más pequeña. *Pterodactylus* habitaba en las zonas costeras de un mar interior que cubría el sur de Alemania en el Jurásico superior, donde cazaba peces con sus largas mandíbulas llenas de pequeños dientes.

Dilophosaurus

GRUPO Terópodos
DATACIÓN Jurásico inferior
TAMAÑO 6 m de longitud
LOCALIZACIÓN EE UU

Dilophosaurus, uno de los pocos terópodos conocidos del Jurásico inferior, era también uno de los más llamativos. Esbelto y ligero, se le conoce sobre todo por su notable cráneo, con dos crestas paralelas en forma de placa dispuestas a lo largo de la superficie superior del hocico. No se sabe por qué *Dilophosaurus* tenía estas crestas, pero la hipótesis más extendida es que las utilizaba como reclamo sexual. Dentro de la boca tenía una muesca prominente entre el extremo de la mandíbula superior y los demás dientes, que le sería de ayuda para capturar pequeñas presas. Al principio se describió como una nueva especie de *Megalosaurus* (p. siguiente), y no se le asignó un género propio hasta 1970.

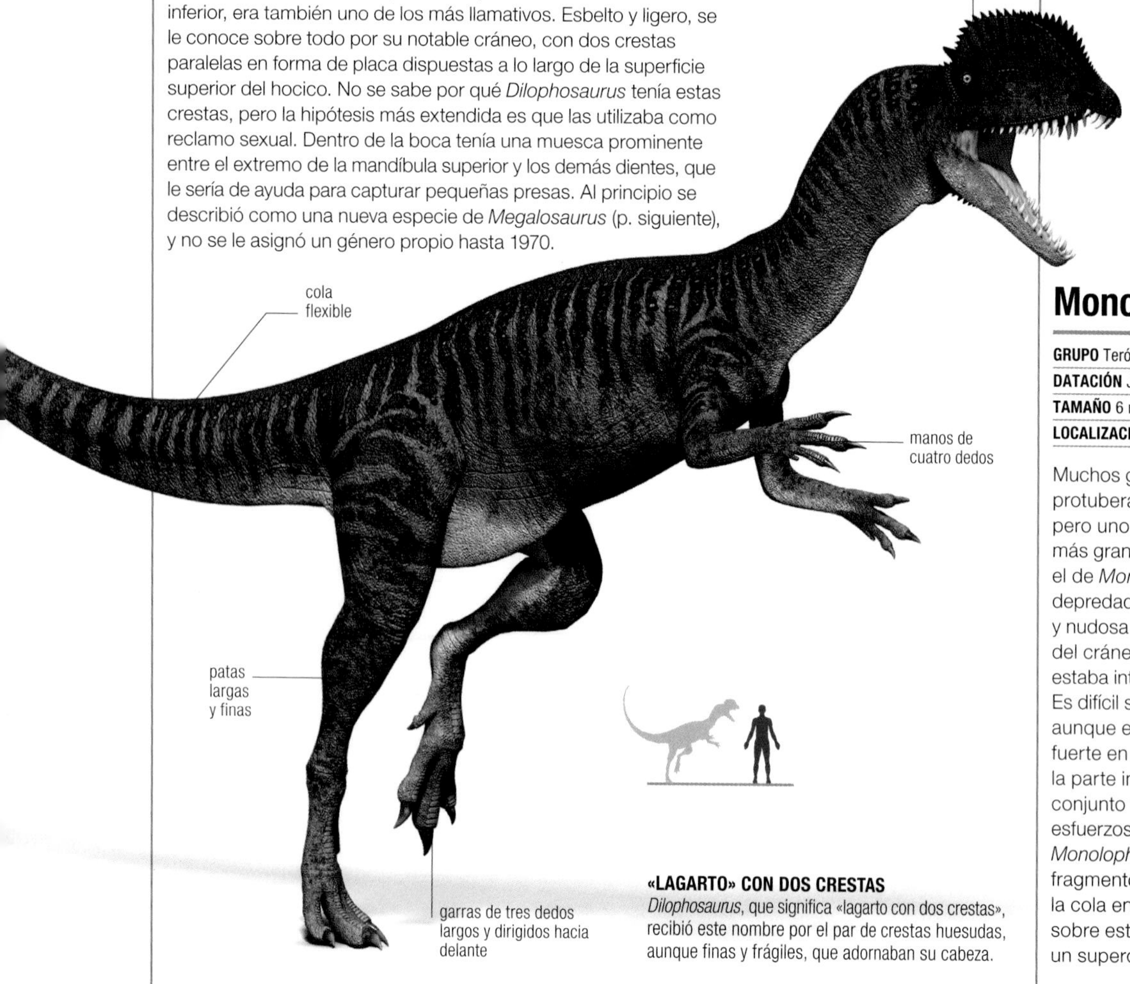
crestas óseas
semicirculares
cola
flexible
manos de
cuatro dedos
patas
largas
y finas
garras de tres dedos
largos y dirigidos hacia
delante

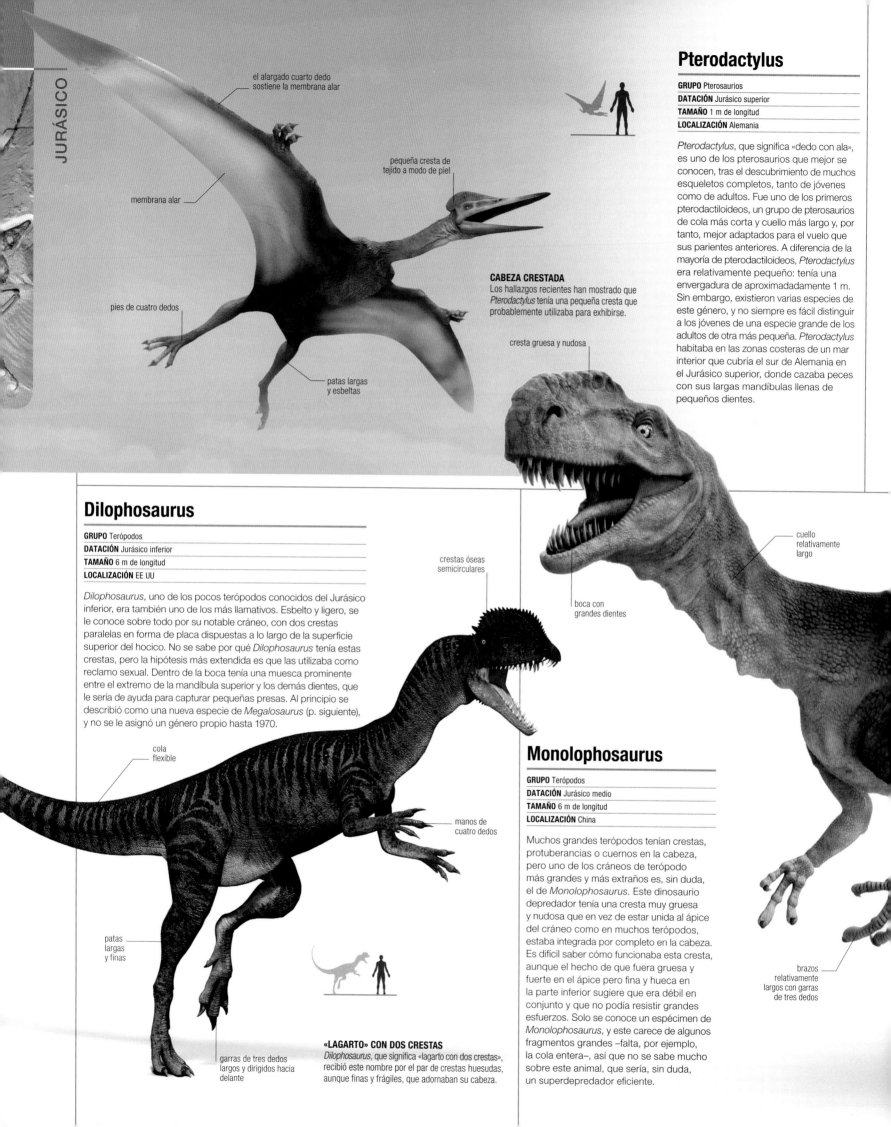

«LAGARTO» CON DOS CRESTAS
Dilophosaurus, que significa «lagarto con dos crestas», recibió este nombre por el par de crestas huesudas, aunque finas y frágiles, que adornaban su cabeza.

cresta gruesa y nudosa
cuello
relativamente
largo
boca con
grandes dientes
brazos
relativamente
largos con garras
de tres dedos

Monolophosaurus

GRUPO Terópodos
DATACIÓN Jurásico medio
TAMAÑO 6 m de longitud
LOCALIZACIÓN China

Muchos grandes terópodos tenían crestas, protuberancias o cuernos en la cabeza, pero uno de los cráneos de terópodo más grandes y más extraños es, sin duda, el de *Monolophosaurus*. Este dinosaurio depredador tenía una cresta muy gruesa y nudosa que en vez de estar unida al ápice del cráneo como en muchos terópodos, estaba integrada por completo en la cabeza. Es difícil saber cómo funcionaba esta cresta, aunque el hecho de que fuera gruesa y fuerte en el ápice pero fina y hueca en la parte inferior sugiere que era débil en conjunto y que no podía resistir grandes esfuerzos. Solo se conoce un espécimen de *Monolophosaurus*, y este carece de algunos fragmentos grandes –falta, por ejemplo, la cola entera–, así que no se sabe mucho sobre este animal, que sería, sin duda, un superdepredador eficiente.

Cryolophosaurus

GRUPO Terópodos
DATACIÓN Jurásico inferior
TAMAÑO 6,5 m de longitud
LOCALIZACIÓN Antártida

Cryolophosaurus se descubrió en los Montes Transantárticos en la década de 1990 y era sin duda un superdepredrador. Ya se habían encontrado en la Antártida fragmentos de anquilosaurios, ornitópodos y terópodos, pero *Cryolophosaurus* es hasta el presente el único espécimen impresionante de dinosaurio que se conoce en este continente. Pariente cercano quizá de *Dilophosaurus* (p. anterior), era alargado y esbelto, y su cráneo, comprimido lateralmente, presentaba justo encima de los ojos una cresta ósea muy inusual, una fina estructura laminar curvada hacia delante y con líneas paralelas que decoraban sus caras frontal y dorsal.

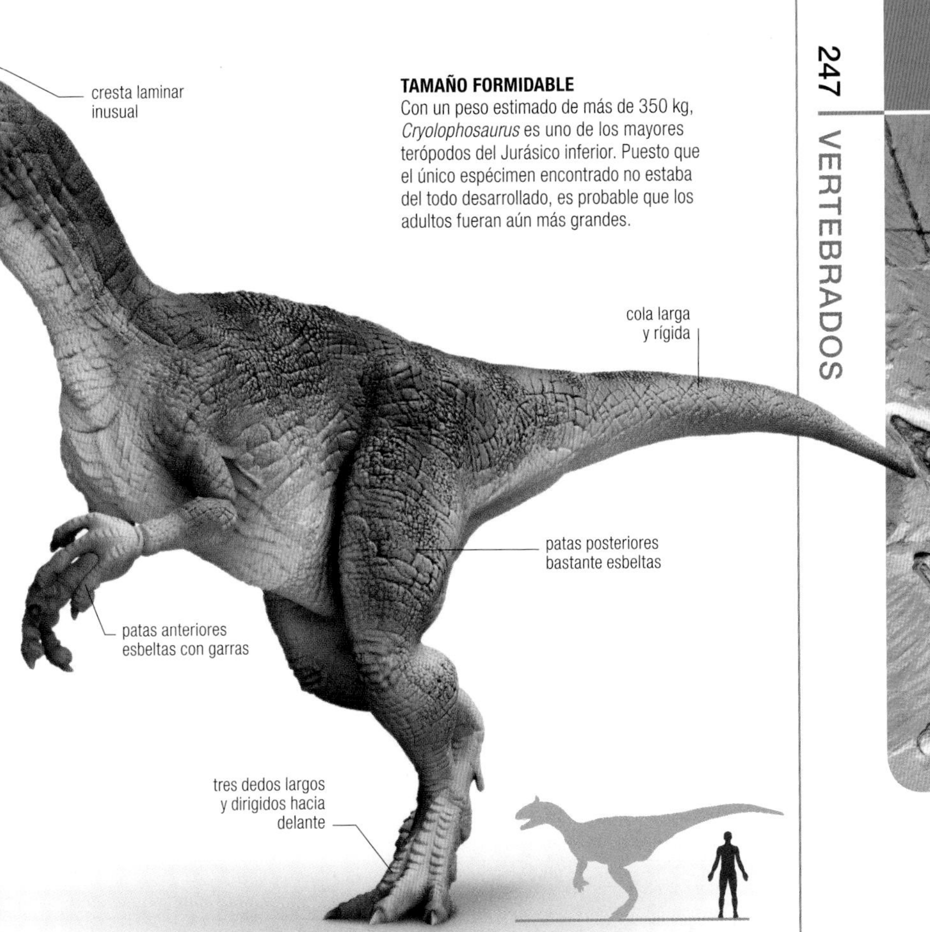
cráneo comprimido lateralmente
cresta laminar inusual
cola larga y rígida
patas posteriores bastante esbeltas
patas anteriores esbeltas con garras
tres dedos largos y dirigidos hacia delante

TAMAÑO FORMIDABLE
Con un peso estimado de más de 350 kg, *Cryolophosaurus* es uno de los mayores terópodos del Jurásico inferior. Puesto que el único espécimen encontrado no estaba del todo desarrollado, es probable que los adultos fueran aún más grandes.

CIENCIA
TRABAJO DE CAMPO ANTÁRTICO

Cryolophosaurus es uno de los diversos dinosaurios descubiertos recientemente en las rocas de los Montes Transantárticos (Antártida). Aunque hoy están cubiertas de hielo y nieve, las rocas de la Antártida contienen sin duda muchos fósiles de especies todavía por descubrir. El trabajo de campo en la Antártida presenta complicaciones especiales, ya que tanto las personas como la maquinaria han de poder soportar el frío, los fuertes vientos y el peligroso terreno. Por lo demás, la roca que contenía a *Cryolophosaurus* era especialmente dura, así que la preparación de sus huesos solo pudo hacerse correctamente en el laboratorio.

El nombre de este dinosaurio significa «lagarto de una cresta». Pese a su nombre, no es un pariente muy cercano de *Dilophosaurus*, el «lagarto de dos crestas».

cola rígida y extendida para mantener el equilibrio
patas largas y poderosas
tres dedos dirigidos hacia delante en cada pie

DEPREDADOR ÁGIL
Monolophosaurus, un terópodo de tamaño medio con unas patas traseras robustas y bastante grandes, era probablemente un ágil depredador que debía de constituir una amenaza para otros dinosaurios.

Megalosaurus

GRUPO Terópodos
DATACIÓN Jurásico medio
TAMAÑO 8 m de longitud
LOCALIZACIÓN Inglaterra (RU)

Megalosaurus, el «lagarto grande», se describió en 1824 después de que se descubrieran varios huesos de reptiles en Oxfordshire (Inglaterra), por lo que es el primer dinosaurio reconocido por la ciencia. Dado que sus fragmentarios restos eran superficialmente similares a los huesos de los grandes lagartos actuales, se reconstruyó al principio como un reptil cuadrúpedo gigantesco, similar a los actuales varanos. Sin embargo, hoy se sabe que, como otros terópodos, era un depredador bípedo con los «brazos» cortos. Pese a los años transcurridos desde su descubrimiento, continúa siendo enigmático debido a la pobreza de su registro fósil.

icnita producida por el pie de tres dedos

HUELLA FOSILIZADA
Esta es una de las icnitas de *Megalosaurus* halladas en una cantera cerca de Oxford en 1997.

hilera de vértebras

VÉRTEBRAS SACRAS
Estas vértebras figuran entre los primeros fósiles de *Megalosaurus* que se encontraron. Las identificó en 1824 el geólogo William Buckland.

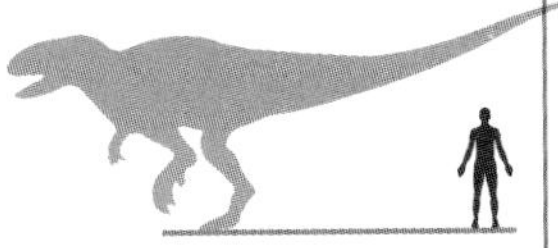

Gasosaurus

GRUPO Terópodos
DATACIÓN Jurásico medio
TAMAÑO 3,5 m de longitud
LOCALIZACIÓN China

Los huesos de este carnívoro se descubrieron por casualidad después de que las rocas en las que estaba encerrado se volaran con dinamita, razón por la cual no están en las mejores condiciones posibles y muchos se perdieron. Aun así, no deja de ser importante e interesante, porque procede del Jurásico medio, época de la que se tienen pocos fósiles de dinosaurios. *Gasosaurus* revela información sobre la evolución de algunos de los primeros dinosaurios depredadores. Aunque fue uno de los mayores de su tiempo, era demasiado pequeño para constituir una amenaza para los herbívoros gigantes coetáneos.

Gasosaurus **debe su nombre** a su descubrimiento por una empresa que **buscaba gas natural.**

cuerpo voluminoso
cola larga y musculosa
mandíbulas grandes con dientes afilados
garras de tres dedos dirigidos hacia delante

TERÓPODO TÍPICO
Se cree que esta especie tenía la forma corporal típica de terópodo: cabeza grande, piernas largas y cola gruesa. Entre los pocos fragmentos fósiles hay huesos de piernas, brazos y pelvis, pero no el cráneo.

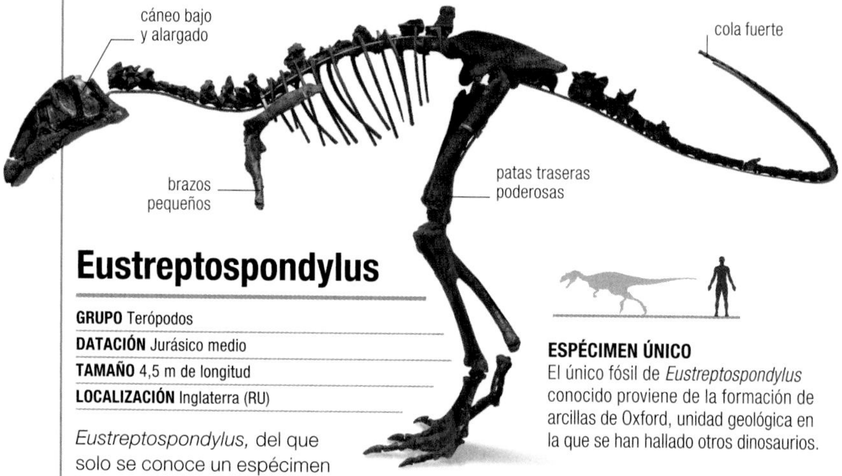
cáneo bajo y alargado
cola fuerte
brazos pequeños
patas traseras poderosas

Eustreptospondylus

GRUPO Terópodos
DATACIÓN Jurásico medio
TAMAÑO 4,5 m de longitud
LOCALIZACIÓN Inglaterra (RU)

ESPÉCIMEN ÚNICO
El único fósil de *Eustreptospondylus* conocido proviene de la formación de arcillas de Oxford, unidad geológica en la que se han hallado otros dinosaurios.

Eustreptospondylus, del que solo se conoce un espécimen inmaduro, es uno de los grandes terópodos mejor conservados de Europa. Tenía el cráneo bajo y sin cresta, así como una muesca somera en la mandíbula superior, cerca de la parte anterior del hocico, que daba forma curva a los bordes de la boca. La mandíbula inferior era larga y fina, con el extremo engrosado y alto. Estos rasgos son como los que se desarrollan al máximo en los espinosáuridos del Cretácico, cuyo cráneo era similar al de los actuales cocodrilos. Algunos expertos han sugerido que *Eustreptospondylus* buscaría carroña y organismos marinos en la línea de costa.

Ceratosaurus

GRUPO Terópodos
DATACIÓN Jurásico superior
TAMAÑO 6 m de longitud
LOCALIZACIÓN EE UU, Portugal

Ceratosaurus era un depredador formidable y aterrador. Su nombre –«reptil cornudo»– alude a su redondeado cuerno nasal, pero también tenía cuernos altos, triangulares o redondeados, delante de los ojos.

Su cráneo, grande y alto, estaba bien adaptado para depredar grandes animales. A diferencia de otros terópodos, *Ceratosaurus* tenía una hilera continua de escudos o placas óseas planas a lo largo del cuello, el dorso y la cola, que era alta y estrecha.

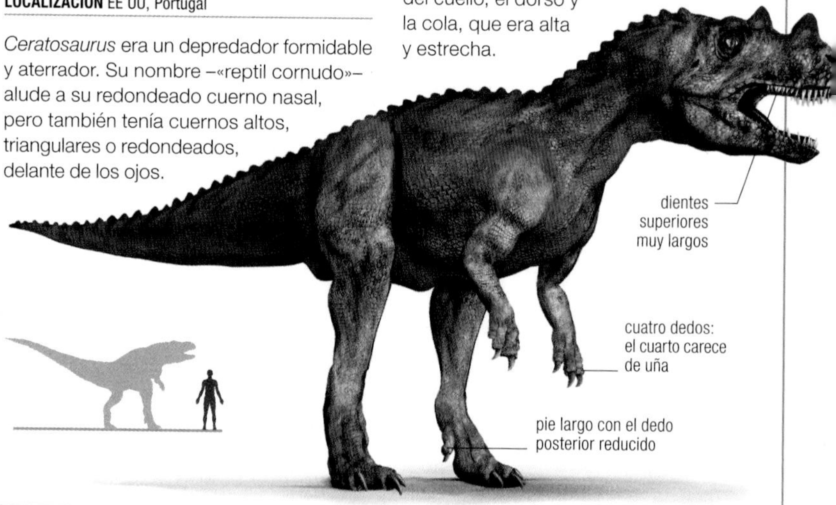
dientes superiores muy largos
cuatro dedos: el cuarto carece de uña
pie largo con el dedo posterior reducido

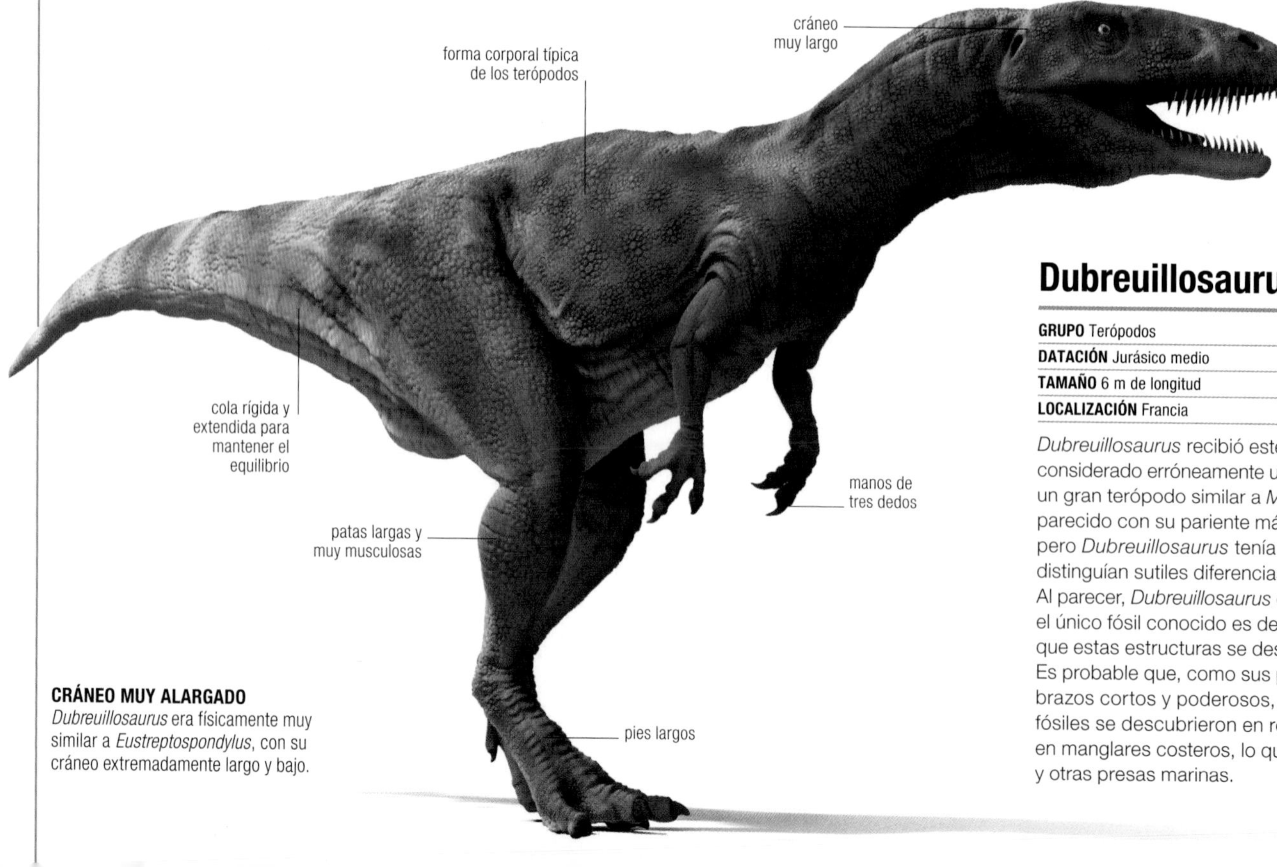
cráneo muy largo
forma corporal típica de los terópodos
cola rígida y extendida para mantener el equilibrio
manos de tres dedos
patas largas y muy musculosas
pies largos

CRÁNEO MUY ALARGADO
Dubreuillosaurus era físicamente muy similar a *Eustreptospondylus*, con su cráneo extremadamente largo y bajo.

Dubreuillosaurus

GRUPO Terópodos
DATACIÓN Jurásico medio
TAMAÑO 6 m de longitud
LOCALIZACIÓN Francia

Dubreuillosaurus recibió este nombre en el año 2002, tras ser considerado erróneamente una nueva especie de *Poekilopleuron*, un gran terópodo similar a *Megalosaurus* (p. 247). Tenía un gran parecido con su pariente más lejano *Eustreptospondylus* (arriba), pero *Dubreuillosaurus* tenía el hocico más corto; también los distinguían sutiles diferencias en las vértebras y los omoplatos. Al parecer, *Dubreuillosaurus* carecía de crestas o cuernos, pero el único fósil conocido es de un espécimen joven, y es posible que estas estructuras se desarrollaran en una fase más tardía. Es probable que, como sus parientes, *Dubreuillosaurus* tuviera brazos cortos y poderosos, con manos de tres dedos. Sus fósiles se descubrieron en rocas sedimentarias depositadas en manglares costeros, lo que sugiere que depredaba peces y otras presas marinas.

Allosaurus

GRUPO Terópodos
DATACIÓN Jurásico superior
TAMAÑO 8,5 m de longitud
LOCALIZACIÓN EE UU, Portugal

Allosaurus, uno de los terópodos más abundantes del Jurásico del que se conocen muchos especímenes hallados en la formación Morrison (oeste de EE UU), era un gran depredador. Sus grandes mandíbulas estaban provistas de dientes aserrados y afilados (recuadro), y es posible que utilizara las tres grandes uñas de sus manos para agarrarse al flanco de sus presas. Basándose en sus potentes mandíbulas y garras y su considerable tamaño, la mayoría de científicos cree que era un depredador de estegosaurios, ornitópodos y quizá saurópodos. Los indicios de que se alimentaba de estos dinosaurios fitófagos provienen de las marcas de dientes conservadas en los huesos de estos, aunque como todos los depredadores de su tiempo también debía de comer dinosaurios muertos. Un espécimen de *Allosaurus* tiene en una de sus vértebras caudales un agujero que se corresponde exactamente con la forma y el tamaño de una púa de estegosaurio: en esta ocasión, parece que el herbívoro consiguió infligir una grave herida al depredador.

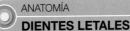

ANATOMÍA
DIENTES LETALES

Allosaurus tenía un cráneo muy grande y alto, y potentes mandíbulas con dientes como cuchillas. Los estudios de la función craneal sugieren que debía de ser capaz de abrir sus mandíbulas lo suficiente como para dar grandes mordiscos con toda la longitud de sus largas hileras de dientes, arrancando así enormes bocados de carne.

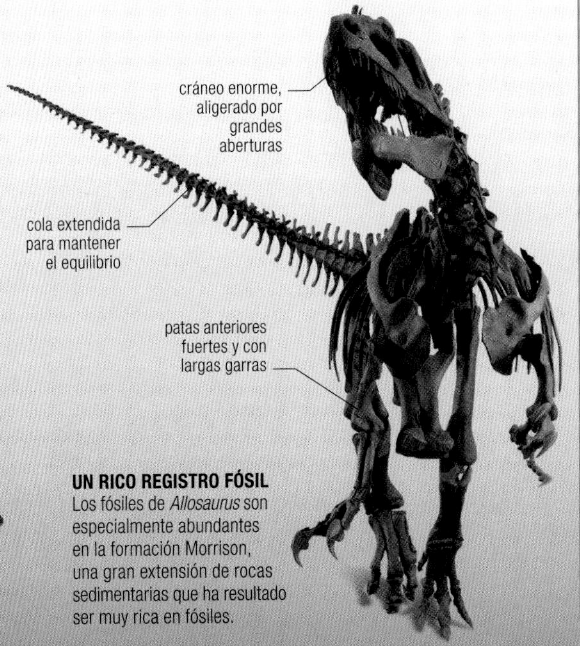
cráneo enorme, aligerado por grandes aberturas
cola extendida para mantener el equilibrio
patas anteriores fuertes y con largas garras

UN RICO REGISTRO FÓSIL
Los fósiles de *Allosaurus* son especialmente abundantes en la formación Morrison, una gran extensión de rocas sedimentarias que ha resultado ser muy rica en fósiles.

DEPREDADOR FAMOSO
Allosaurus tenía unas crestas bajas y paralelas en lo alto de su hocico, así como unos característicos cuernos triangulares delante de los ojos. Después de *Tyrannosaurus* (pp. 302-303), es uno de los dinosaurios depredadores más conocidos.

Sinraptor

GRUPO Terópodos
DATACIÓN Jurásico superior
TAMAÑO 9 m de longitud
LOCALIZACIÓN China

Sinraptor significa «cazador chino», y hasta el presente todos sus fósiles se han hallado en territorio chino. Era un depredador de gran tamaño que se parecía mucho a su pariente, *Allosaurus* (p. 249). Se conocen varios especímenes de varias partes de China, pero hacen falta más estudios para establecer con exactitud a qué especies pertenecen. Algunos paleontólogos creen que varios animales denominados como especies distintas de *Sinraptor* son de hecho lo suficientemente distintos para clasificarse en su propio género. Algo certero es que, a veces, *Sinraptor* luchaba con sus congéneres, pues se han hallado marcas de dientes en el cráneo y las mandíbulas de un fósil que parecen haber sido causadas por otro *Sinraptor*.

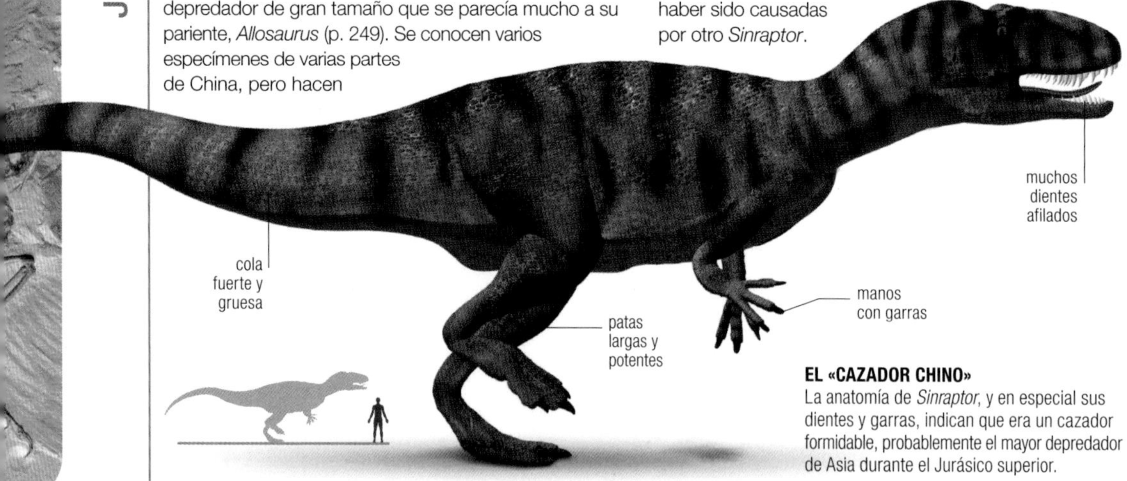
muchos dientes afilados
cola fuerte y gruesa
manos con garras
patas largas y potentes

EL «CAZADOR CHINO»
La anatomía de *Sinraptor*, y en especial sus dientes y garras, indican que era un cazador formidable, probablemente el mayor depredador de Asia durante el Jurásico superior.

Proceratosaurus

GRUPO Terópodos
DATACIÓN Jurásico medio
TAMAÑO 2 m de longitud
LOCALIZACIÓN Inglaterra (RU)

De *Proceratosaurus*, descubierto en Gloucestershire (Inglaterra), tan solo se conoce un cráneo, bien conservado. En el extremo del hocico se conserva la base de una cresta. Dado que falta el ápice del cráneo, no se conoce bien la forma de esta cresta, pero se cree que sería similar a la de *Guanlong* (abajo), o bien que se extendería en forma de verdadera cresta a lo largo de todo el cráneo.

base de la cresta

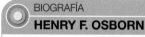

IDENTIDAD ERRÓNEA
Debido a su cuerno nasal, *Proceratosaurus* recibió este nombre para hacer constar su parentesco con *Ceratosaurus*, que luego se desmintió. Hoy se tiene por un tiranosauroideo primitivo, como *Guanlong*.

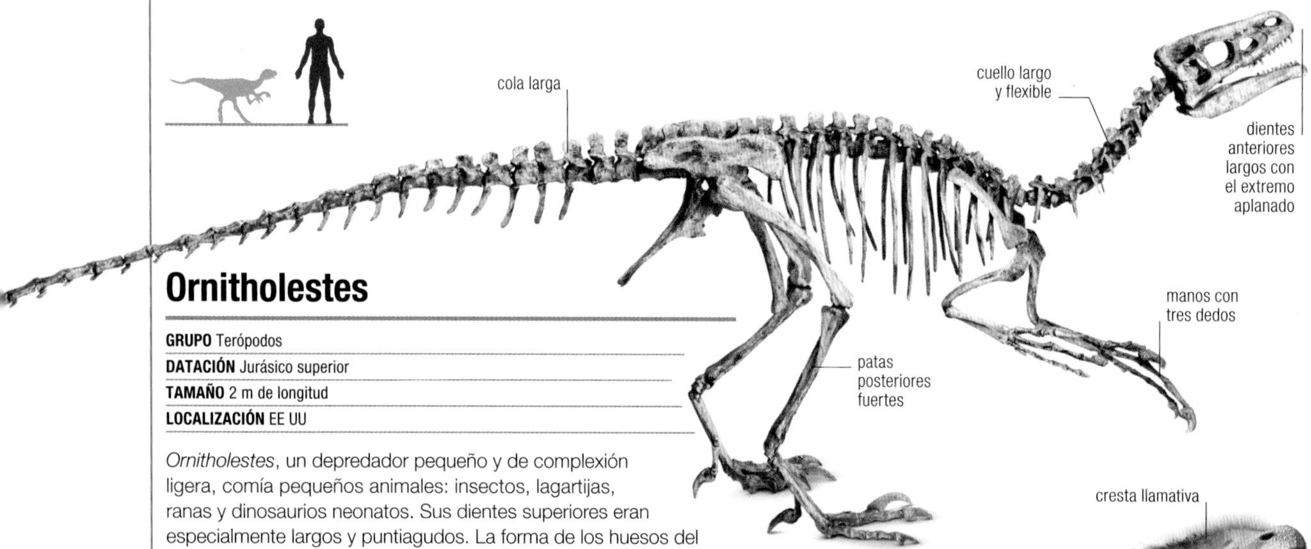
cola larga
cuello largo y flexible
dientes anteriores largos con el extremo aplanado
manos con tres dedos
patas posteriores fuertes

Ornitholestes

GRUPO Terópodos
DATACIÓN Jurásico superior
TAMAÑO 2 m de longitud
LOCALIZACIÓN EE UU

Ornitholestes, un depredador pequeño y de complexión ligera, comía pequeños animales: insectos, lagartijas, ranas y dinosaurios neonatos. Sus dientes superiores eran especialmente largos y puntiagudos. La forma de los huesos del extremo del hocico hizo pensar que podía tener un cuerno nasal, pero nuevas observaciones han mostrado que probablemente no era así. Sus manos con tres dedos eran largas y esbeltas. Es casi seguro que *Ornitholestes* estaba cubierto de plumas filamentosas.

EL «LADRÓN DE AVES»
Con sus elegantes formas, *Ornitholestes* («ladrón de aves») era un cazador veloz y eficiente.

BIOGRAFÍA
HENRY F. OSBORN

Henry Fairfield Osborn (1857-1935) fue uno de los paleontólogos más importantes de EE UU. En 1891 empezó a trabajar en el Museo Americano de Historia Natural de Nueva York, donde organizó un equipo de expertos buscadores de fósiles y nombró y describió decenas de nuevos taxones, entre ellos *Ornitholestes*, en 1903.

Guanlong

GRUPO Terópodos
DATACIÓN Jurásico superior
TAMAÑO 2,5 m de longitud
LOCALIZACIÓN China

Guanlong es un tiranosauroideo primitivo, y aunque no se parece mucho a *Tyrannosaurus* (pp. 302-303), tiene mucho en común con este pariente más feroz, entre otras cosas, los huesos nasales fusionados en la parte superior del hocico y la forma de la cadera. *Guanlong* es un depredador relativamente pequeño y de complexión ligera que debía de cazar otros pequeños dinosaurios. Fue hallado en los yacimientos fosilíferos del oeste de China, donde habría competido por las presas con coetáneos más grandes y feroces, como *Monolophosaurus* (pp. 246-247) y *Sinraptor* (arriba). El nombre de *Guanlong* significa «dragón crestado» o «coronado» en chino, y alude a la gran cresta ósea de su cabeza, cuya función principal sería la exhibición.

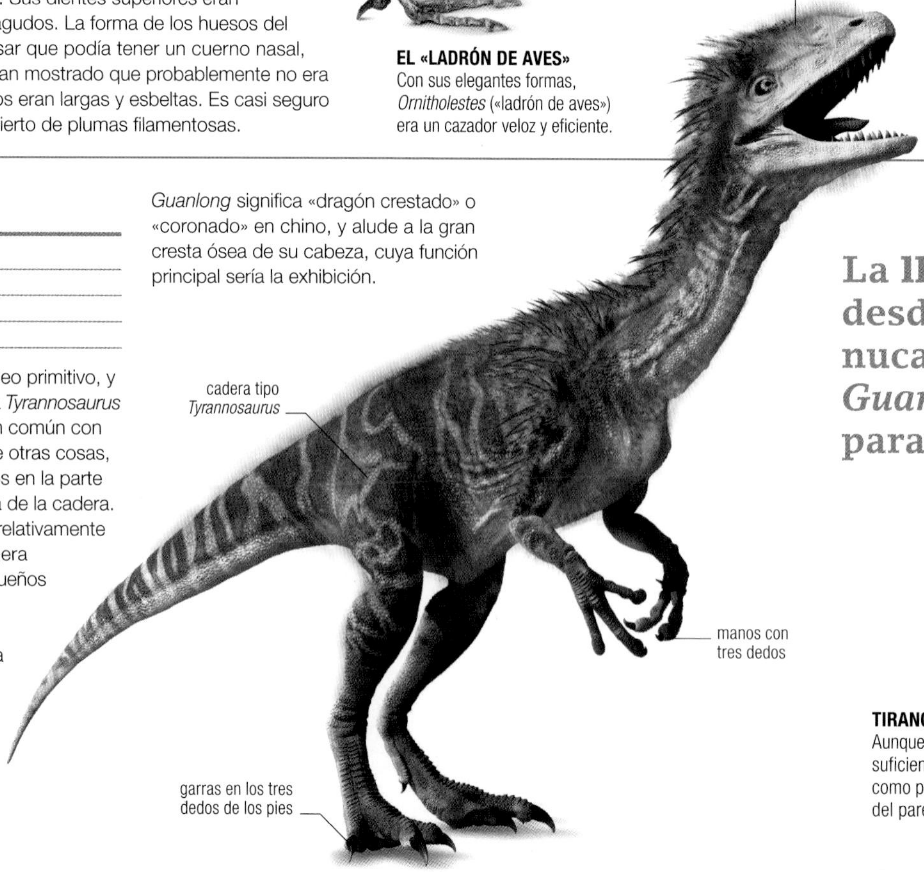
cresta llamativa
cadera tipo *Tyrannosaurus*
manos con tres dedos
garras en los tres dedos de los pies

La llamativa cresta iba desde la nariz hasta la nuca, y es probable que *Guanlong* la utilizara para la exhibición.

TIRANOSAUROIDEO PRIMITIVO
Aunque era más pequeño, *Guanlong* compartía suficientes características con *Tyrannosaurus* como para que los científicos estén seguros del parentesco entre ambos.

Compsognathus

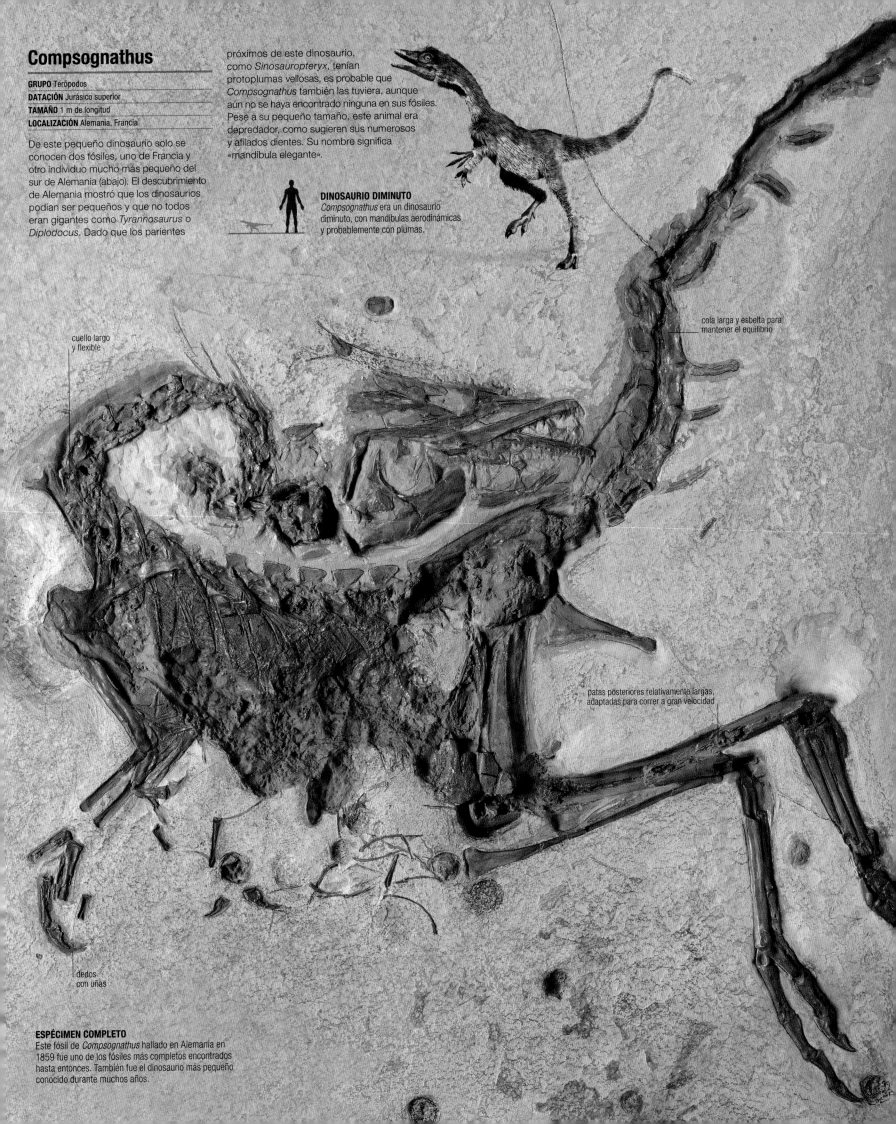

GRUPO Terópodos
DATACIÓN Jurásico superior
TAMAÑO 1 m de longitud
LOCALIZACIÓN Alemania, Francia

De este pequeño dinosaurio solo se conocen dos fósiles, uno de Francia y otro individuo mucho más pequeño del sur de Alemania (abajo). El descubrimiento de Alemania mostró que los dinosaurios podían ser pequeños y que no todos eran gigantes como *Tyrannosaurus* o *Diplodocus*. Dado que los parientes próximos de este dinosaurio, como *Sinosauropteryx*, tenían protoplumas vellosas, es probable que *Compsognathus* también las tuviera, aunque aún no se haya encontrado ninguna en sus fósiles. Pese a su pequeño tamaño, este animal era depredador, como sugieren sus numerosos y afilados dientes. Su nombre significa «mandíbula elegante».

DINOSAURIO DIMINUTO
Compsognathus era un dinosaurio diminuto, con mandíbulas aerodinámicas y probablemente con plumas.

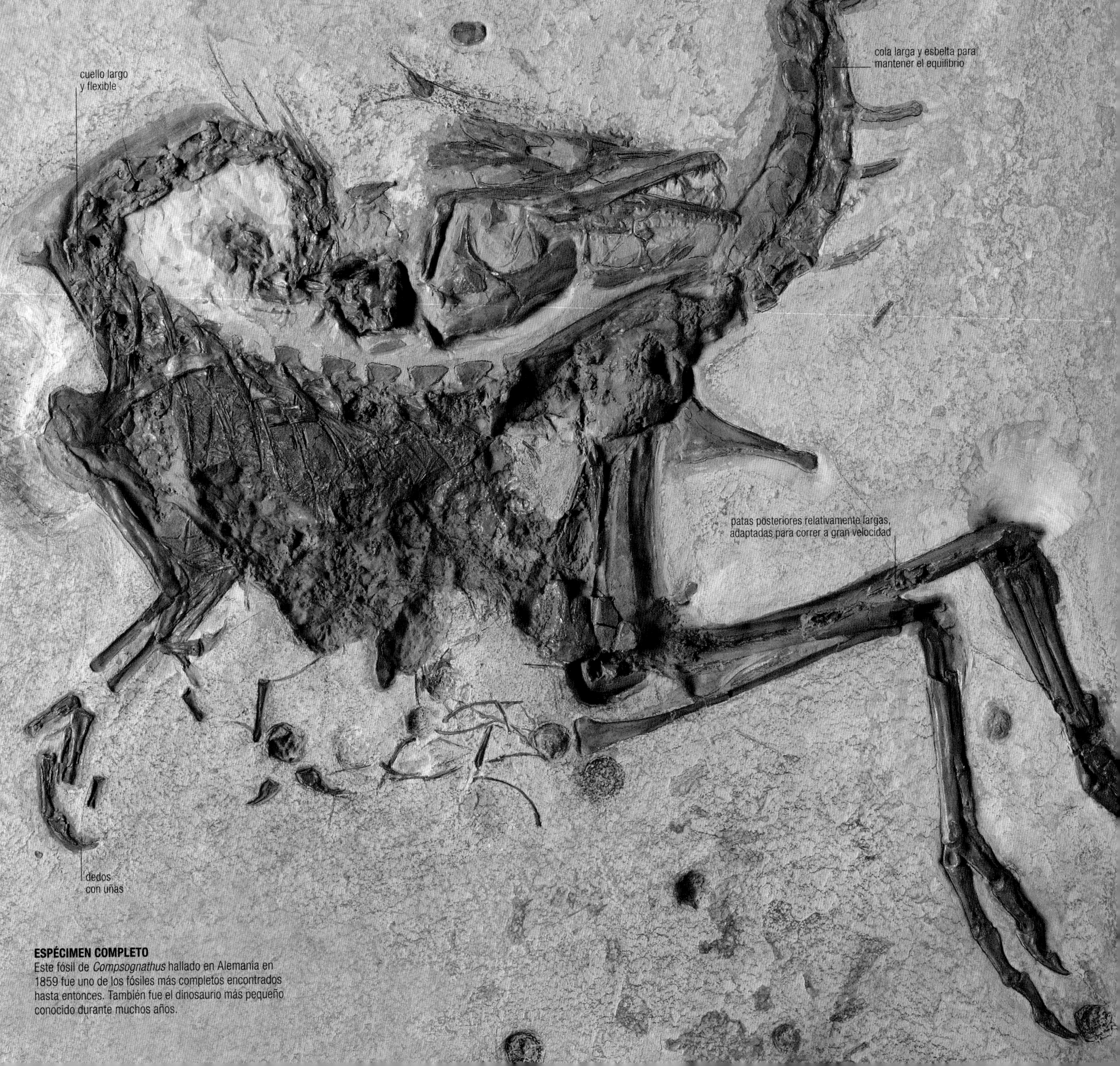
cuello largo y flexible
cola larga y esbelta para mantener el equilibrio
patas posteriores relativamente largas, adaptadas para correr a gran velocidad
dedos con uñas

ESPÉCIMEN COMPLETO
Este fósil de *Compsognathus* hallado en Alemania en 1859 fue uno de los fósiles más completos encontrados hasta entonces. También fue el dinosaurio más pequeño conocido durante muchos años.

dedos
improntas de plumas
cráneo con dientes verdaderos
cola huesuda
cuerpo de estructura ligera y con plumas
manos alargadas
patas posteriores con plumas
pies con cuatro dedos

FÓSIL ESPECTACULAR
El espécimen de Berlín, el fósil más espectacular de *Archaeopteryx* y el tercero que se descubrió, muestra impresiones de plumas sorprendentemente nítidas, entre ellas las de las plumas de vuelo alares.

VOLADOR CON PLUMAS
Además de las plumas de las alas y la cola, *Archaeopteryx* poseía largas plumas en las patas posteriores y tenía el cuello y el cuerpo totalmente plumados.

Archaeopteryx

GRUPO Terópodos
DATACIÓN Jurásico superior
TAMAÑO 30 cm de longitud
LOCALIZACIÓN Alemania

Archaeopteryx («ala antigua») se descubrió en las calizas jurásicas de Solnhofen (Alemania), en 1859. El primer espécimen del que acaso sea el fósil más famoso del mundo –hoy denominado «espécimen de Londres»– era desarticulado e incompleto. Hoy se conocen al menos once esqueletos fósiles, algunos de ellos muy bien conservados. Como las aves modernas, *Archaeopteryx* tenía plumas alares y caudales largas, razón por la cual se lo consideró como la primera ave. Pero hoy sabemos que estas complejas plumas y otros rasgos aviares eran comunes en los dinosaurios depredadores denominados manirraptores. Aunque *Archaeopteryx* sigue considerándose uno de los antecesores más antiguos de las aves modernas, muchos manirraptores eran casi igual de aviarios.

Archaeopteryx se encontró dos años después de que Charles Darwin publicara ***El origen de las especies***, y vino a respaldar la **teoría de la evolución** por selección natural.

HALLAZGO CLAVE
MOMENTO CRUCIAL

Archaeopteryx, cuyo hallazgo se anunció en 1861, dos años después de que Charles Darwin publicara *El origen de las especies*, no tardó en respaldar con fuerza su teoría de que los organismos evolucionaban con el tiempo, al ser un ave que tenía plumas (abajo) pero aún presentaba rasgos reptilianos patentes. La cola larga y huesuda, las grandes garras de las manos y las mandíbulas dentadas convencieron a muchos escépticos de que era, en efecto, un eslabón entre las aves modernas y sus ancestros.

garras de tres dedos
alas con plumas para el vuelo activo

Anchisaurus

GRUPO Sauropodomorfos
DATACIÓN Jurásico inferior
TAMAÑO 2 m de longitud
LOCALIZACIÓN EE UU

Anchisaurus, el sauropodomorfo primitivo norteamericano que mejor se conoce, tenía el cráneo bajo, el hocico puntiagudo y los dientes frontales de su mandíbula superior puntiagudos y dirigidos hacia delante. Estos rasgos sugieren que era omnívoro, y uno de sus fósiles contiene un pequeño reptil en la tripa. *Anchisaurus* tenía las manos anchas y las uñas de los pulgares grandes y muy corvas; a diferencia de sus parientes, la uña del primer dedo del pie era más pequeña que las de los demás dedos.

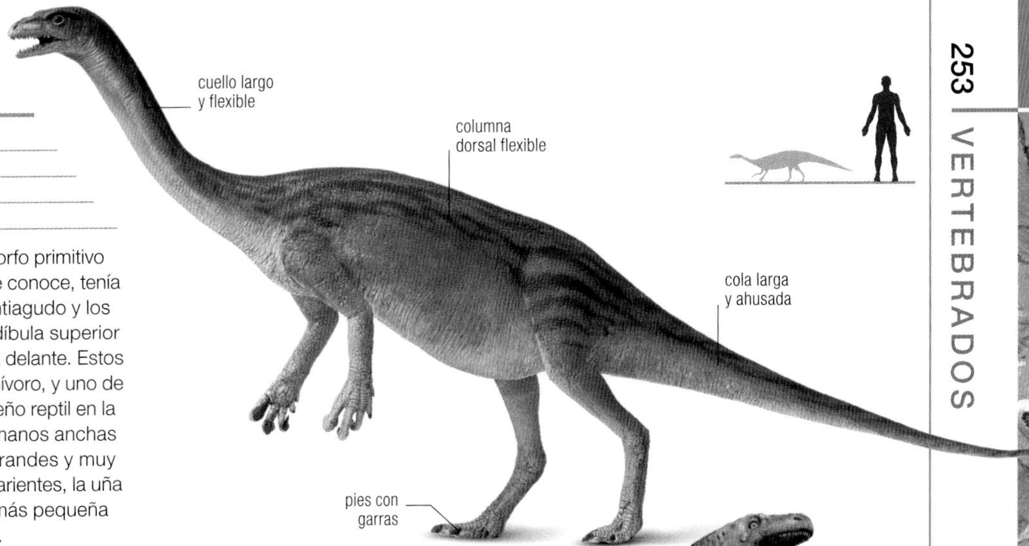

cuello largo y flexible
columna dorsal flexible
cola larga y ahusada
pies con garras

Lufengosaurus

GRUPO Sauropodomorfos
DATACIÓN Jurásico inferior
TAMAÑO 8 m de longitud
LOCALIZACIÓN China

El hocico de *Lufengosaurus* era alto y ancho, con protuberancias óseas detrás de sus grandes narinas y en las mejillas. Una cresta ósea a cada lado de la mandíbula superior debía de servirle para anclar tejidos blandos. Este herbívoro de cuello largo tenía los dientes poco separados, apropiados para una dieta de hojas, y sus poderosas patas traseras le permitían erguirse para alcanzar plantas altas. *Lufengosaurus* se consideró muy similar al europeo *Plateosaurus*, pero el estudio ha revelado que era bastante distinto y que estaba más emparentado con *Coloridasaurus* y *Massospondylus* (abajo).

Lufengosaurus **debía de desplazarse a cuatro patas y alzarse a veces para comer.**

cabeza alta y relativamente grande
cuello largo y muy flexible
manos grandes para soportar su peso al andar
cola poderosa
garras con dedos largos en los pies

Massospondylus

GRUPO Sauropodomorfos
DATACIÓN Jurásico inferior
TAMAÑO 5 m de longitud
LOCALIZACIÓN Sudáfrica

Massospondylus, un sauropodomorfo de tamaño medio, con el cráneo ancho y grandes órbitas oculares, se conoce por varios cráneos y esqueletos completos e incluso algunos huevos con embriones. Sus anchas manos de cinco dedos tenían uñas especialmente grandes y curvas en los pulgares, y en la parte frontal de la caja torácica tenía dos clavículas que formaban una V similar a la espoleta de las aves. Aunque antes se pensaba que era cuadrúpedo, los estudios recientes sobre la mecánica de sus cortos antebrazos sugieren que se desplazaba siempre sobre sus patas posteriores.

cuello largo y flexible
cuerpo voluminoso
uña del pulgar grande y curva
cola larga con la punta fina y a modo de látigo
patas largas y musculosas

EMBRIÓN FÓSIL
Este esqueleto de embrión de *Massospondylus*, que medía 15 cm de longitud, se encontró dentro del huevo.

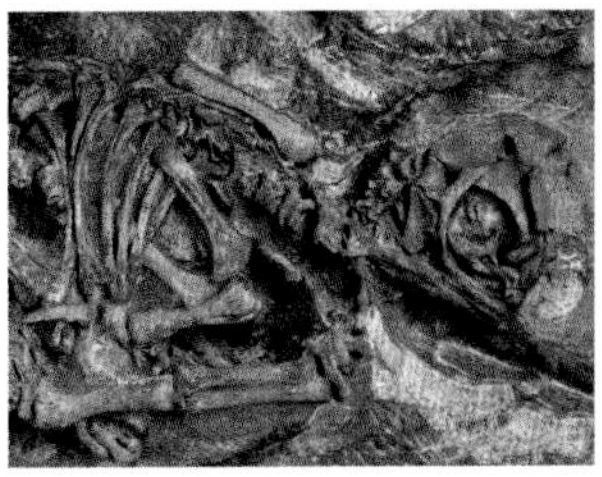

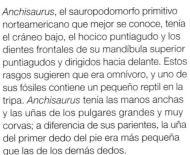

Vulcanodon

GRUPO Sauropodomorfos
DATACIÓN Jurásico inferior
TAMAÑO 7 m de longitud
LOCALIZACIÓN Zimbabwe

De *Vulcanodon* solo se conoce un esqueleto parcial sin cráneo, aunque, al igual que otros saurópodos primitivos, es probable que tuviera el cráneo alto, el hocico romo y los dientes en forma de hoja. Sus pies eran cortos y presentaban grandes uñas, al menos en los dedos internos. A diferencia de otros grandes saurópodos, tenía los huesos del primer dedo del pie bastante largos. Dos de las uñas de cada pie eran anchas, no altas y estrechas como en los demás saurópodos. *Vulcanodon* se consideró al principio como un pariente cercano de los saurópodos, pero sin serlo realmente; sin embargo, luego se estableció que es un saurópodo verdadero. Uno de sus parientes más próximos es *Tazoudasaurus*, y ambos pertenecían a la familia vulcanodóntidos.

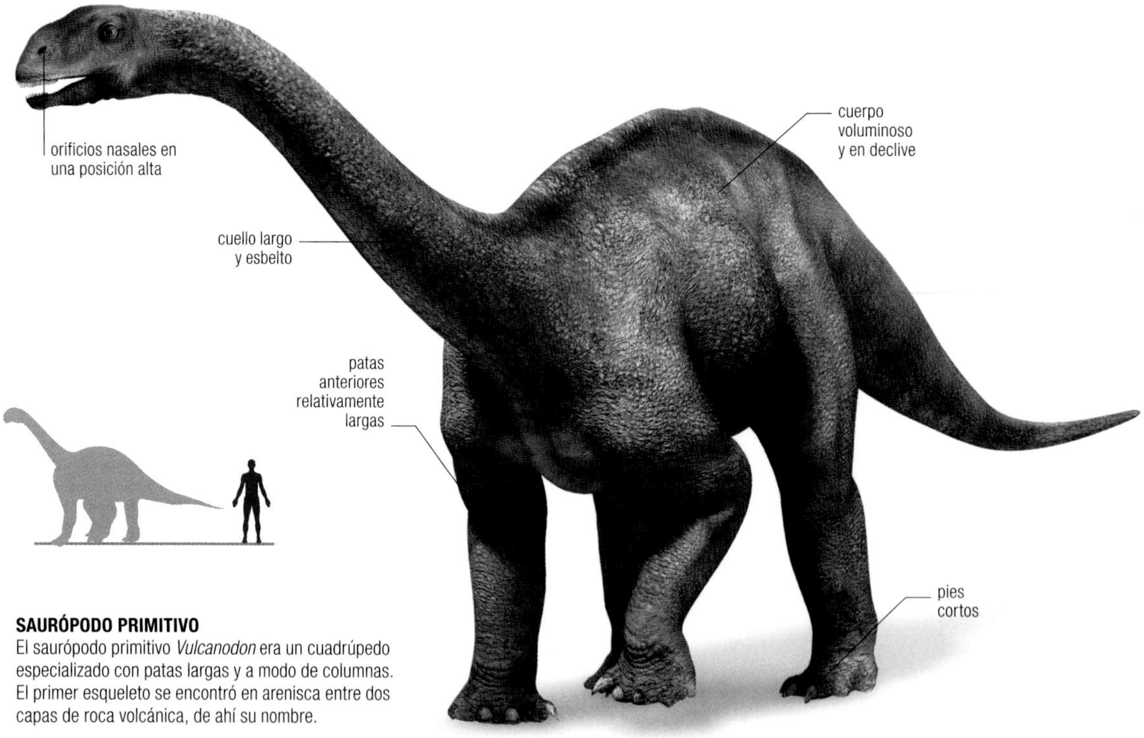
orificios nasales en una posición alta
cuerpo voluminoso y en declive
cuello largo y esbelto
patas anteriores relativamente largas
pies cortos

SAURÓPODO PRIMITIVO
El saurópodo primitivo *Vulcanodon* era un cuadrúpedo especializado con patas largas y a modo de columnas. El primer esqueleto se encontró en arenisca entre dos capas de roca volcánica, de ahí su nombre.

Barapasaurus

GRUPO Sauropodomorfos
DATACIÓN Jurásico inferior
TAMAÑO 18 m de longitud
LOCALIZACIÓN India

Barapasaurus se bautizó a partir de apenas un sacro (parte de la columna vertebral), pero se cree que un gran número de restos adicionales también le pertenecen. No se conoce su cráneo, aunque se han hallado dientes aislados, que son anchos en la punta, más estrechos en la base y toscamente aserrados a cada lado de la corona. *Barapasaurus* tenía las patas esbeltas para un saurópodo. Las vértebras del cuello eran largas, pero las del cuerpo estaban bastante comprimidas. Por la forma de sus vértebras, única entre los saurópodos, algunos científicos sugieren que pertenecía a una rama evolutiva lateral e inusual de los saurópodos.

cabeza corta y alta
cuello formado por largas vértebras
cuerpo pesado y abultado
patas relativamente esbeltas

CABEZA CORTA Y ALTA
Aunque se han encontrado fósiles de la mayor parte del cuerpo de *Barapasaurus*, no se han hallado el cráneo y los pies. Se cree que su cabeza sería corta y alta, como la de otros saurópodos primitivos.

Shunosaurus

GRUPO Sauropodomorfos
DATACIÓN Jurásico medio
TAMAÑO 10 m de longitud
LOCALIZACIÓN China

Shunosaurus es el dinosaurio más abundante en una serie de fósiles que reciben precisamente el nombre de «fauna de *Shunosaurus*». Su cuello era bastante más corto que el de muchos otros saurópodos y, al parecer, bastante flexible. Su cráneo era alto en vista lateral, aunque estrecho en vista superior. *Shunosaurus* tenía más dientes que muchos otros saurópodos: cada mitad de su mandíbula inferior presentaba 25 o 26.

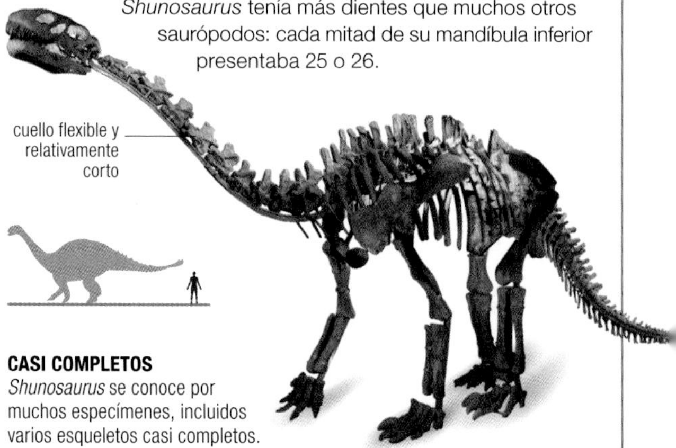
cuello flexible y relativamente corto

CASI COMPLETOS
Shunosaurus se conoce por muchos especímenes, incluidos varios esqueletos casi completos.

Este dinosaurio tenía **el cuello más largo** que cualquier otro animal conocido: más de **13 m de longitud** en uno de sus especímenes.

cabeza diminuta
dorso en declive desde los hombros
cuello larguísimo
patas anteriores largas

Mamenchisaurus

GRUPO Sauropodomorfos
DATACIÓN Jurásico superior
TAMAÑO 26 m de longitud
LOCALIZACIÓN China

A simple vista, la mitad anterior de *Mamenchisaurus* podría confundirse con *Brachiosaurus* (p. siguiente), pues ambos tienen la frente abovedada y un cuello enormemente largo que usaban sin duda para llegar a sus alimentos. Sin embargo, estos dos taxones no están estrechamente emparentados y son fáciles de diferenciar: *Mamenchisaurus* tenía el cráneo puntiagudo y sus hombros eran más bajos y menos masivos que los de *Brachiosaurus*. El cuello de *Mamenchisaurus* comprendía 19 vértebras, dos veces más largas que las vértebras dorsales. *Mamenchisaurus* tiene un gran número de especies y todas ellas destacan por su enorme cuello, incluso entre sus contemporáneas de cuello largo.

COLA SIN MAZA
Algunas reconstrucciones e ilustraciones antiguas de *Mamenchisaurus* muestran una maza caudal, pero hoy se cree que no la tenía.

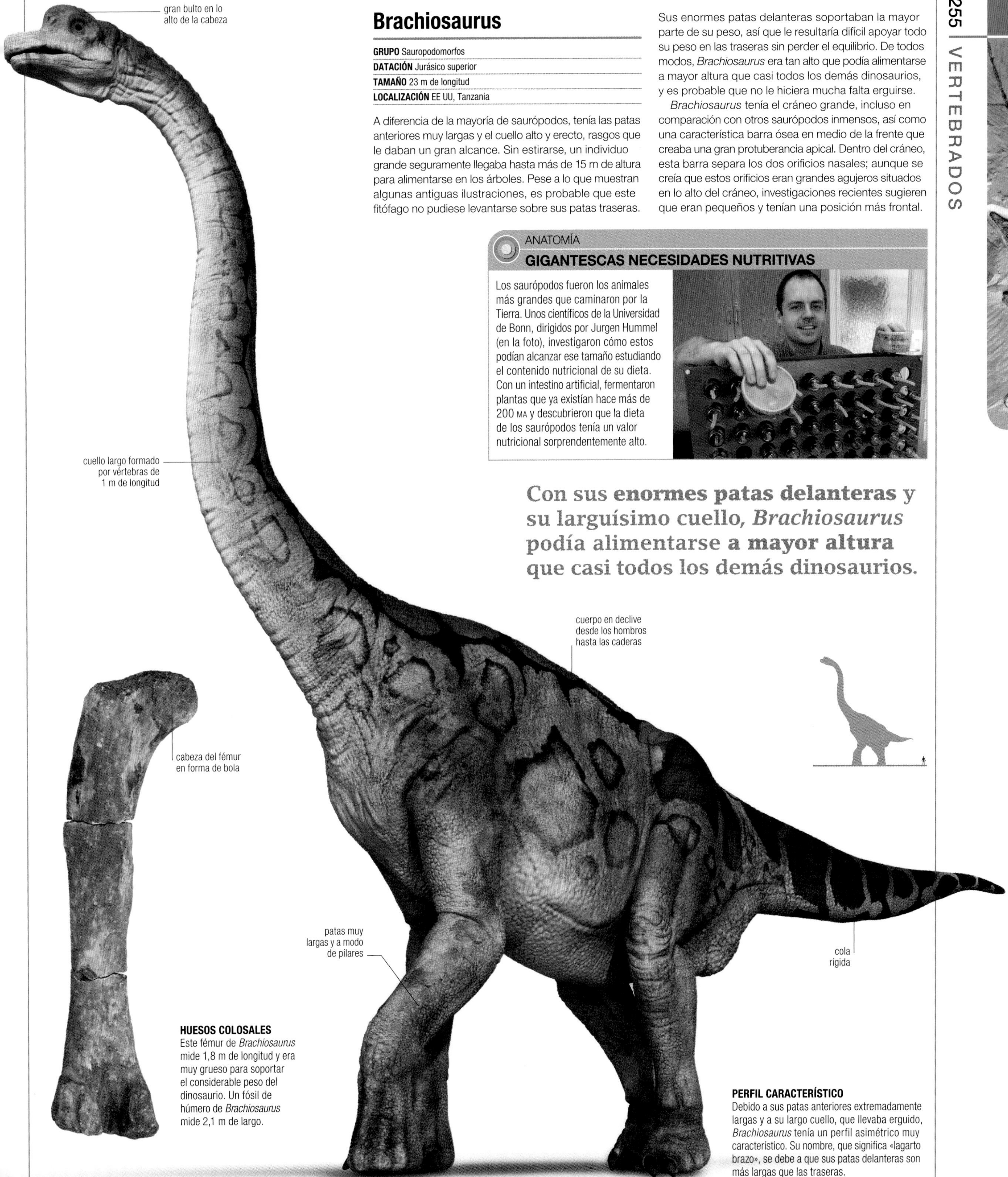
gran bulto en lo alto de la cabeza
cuello largo formado por vértebras de 1 m de longitud
cuerpo en declive desde los hombros hasta las caderas
patas muy largas y a modo de pilares
cola rígida

Brachiosaurus

GRUPO Sauropodomorfos
DATACIÓN Jurásico superior
TAMAÑO 23 m de longitud
LOCALIZACIÓN EE UU, Tanzania

A diferencia de la mayoría de saurópodos, tenía las patas anteriores muy largas y el cuello alto y erecto, rasgos que le daban un gran alcance. Sin estirarse, un individuo grande seguramente llegaba hasta más de 15 m de altura para alimentarse en los árboles. Pese a lo que muestran algunas antiguas ilustraciones, es probable que este fitófago no pudiese levantarse sobre sus patas traseras. Sus enormes patas delanteras soportaban la mayor parte de su peso, así que le resultaría difícil apoyar todo su peso en las traseras sin perder el equilibrio. De todos modos, *Brachiosaurus* era tan alto que podía alimentarse a mayor altura que casi todos los demás dinosaurios, y es probable que no le hiciera mucha falta erguirse.

Brachiosaurus tenía el cráneo grande, incluso en comparación con otros saurópodos inmensos, así como una característica barra ósea en medio de la frente que creaba una gran protuberancia apical. Dentro del cráneo, esta barra separa los dos orificios nasales; aunque se creía que estos orificios eran grandes agujeros situados en lo alto del cráneo, investigaciones recientes sugieren que eran pequeños y tenían una posición más frontal.

ANATOMÍA

GIGANTESCAS NECESIDADES NUTRITIVAS

Los saurópodos fueron los animales más grandes que caminaron por la Tierra. Unos científicos de la Universidad de Bonn, dirigidos por Jurgen Hummel (en la foto), investigaron cómo estos podían alcanzar ese tamaño estudiando el contenido nutricional de su dieta. Con un intestino artificial, fermentaron plantas que ya existían hace más de 200 MA y descubrieron que la dieta de los saurópodos tenía un valor nutricional sorprendentemente alto.

Con sus **enormes patas delanteras** y su larguísimo cuello, *Brachiosaurus* podía alimentarse **a mayor altura** que casi todos los demás dinosaurios.

cabeza del fémur en forma de bola

HUESOS COLOSALES
Este fémur de *Brachiosaurus* mide 1,8 m de longitud y era muy grueso para soportar el considerable peso del dinosaurio. Un fósil de húmero de *Brachiosaurus* mide 2,1 m de largo.

PERFIL CARACTERÍSTICO
Debido a sus patas anteriores extremadamente largas y a su largo cuello, que llevaba erguido, *Brachiosaurus* tenía un perfil asimétrico muy característico. Su nombre, que significa «lagarto brazo», se debe a que sus patas delanteras son más largas que las traseras.

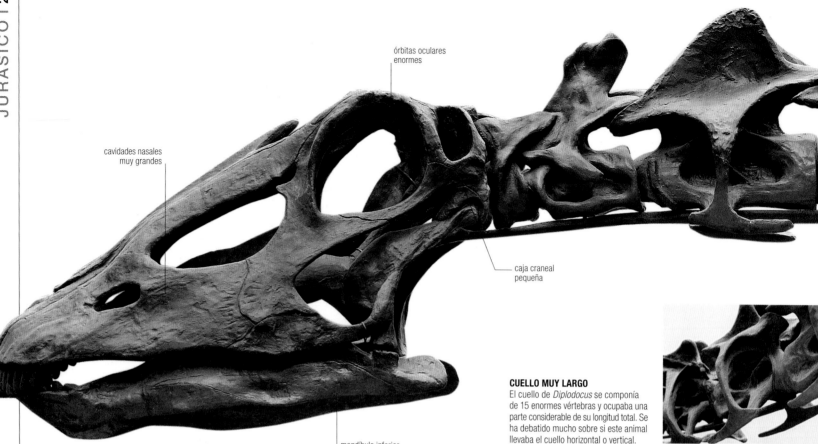

órbitas oculares enormes
cavidades nasales muy grandes
caja craneal pequeña
mandíbula inferior larga y plana

CUELLO MUY LARGO
El cuello de *Diplodocus* se componía de 15 enormes vértebras y ocupaba una parte considerable de su longitud total. Se ha debatido mucho sobre si este animal llevaba el cuello horizontal o vertical.

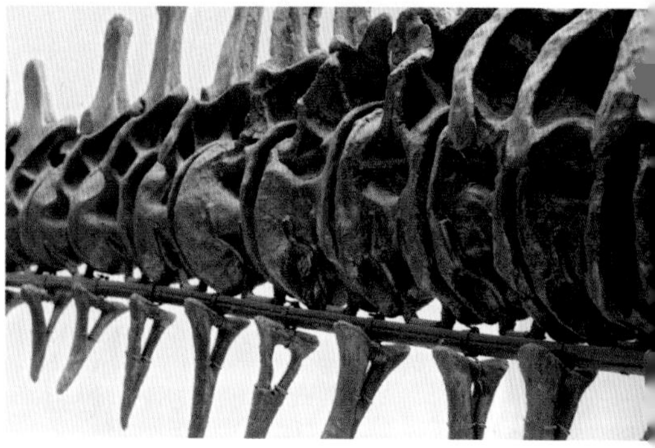

DOBLE VIGA
La larga cola comprendía hasta 80 vértebras. El nombre de *Diplodocus,* que significa «doble viga», alude a la presencia de huesos en forma de zigzag bajo las vértebras caudales.

Diplodocus

GRUPO Sauropodomorfos
DATACIÓN Jurásico superior
TAMAÑO 25 m de longitud
LOCALIZACIÓN EE UU

Como otros diplodócidos, *Diplodocus*, uno de los dinosaurios mejor conocidos, tenía 15 vértebras en el cuello, patas anteriores proporcionalmente cortas y el extremo de la cola a modo de látigo. Visto desde arriba, su cráneo es rectangular y termina en una boca ancha y cuadrangular.

Diplodocus tenía espinas triangulares a lo largo del dorso, rasgo que probablemente presentaban todos los saurópodos, y los estudios del desgaste de sus dientes sugieren que empleaba una estrategia alimentaria denominada defoliación unilateral de ramas: mientras sujetaba una rama entre sus dientes como clavijas, tiraba bruscamente la cabeza hacia arriba o hacia abajo y, de resultas de ello, los dientes superiores o bien los inferiores arrancaban el follaje de la rama. Actualmente se reconocen dos especies de *Diplodocus*: *D. carnegii* y *D. hallorum*, también conocido como *Seismosaurus*.

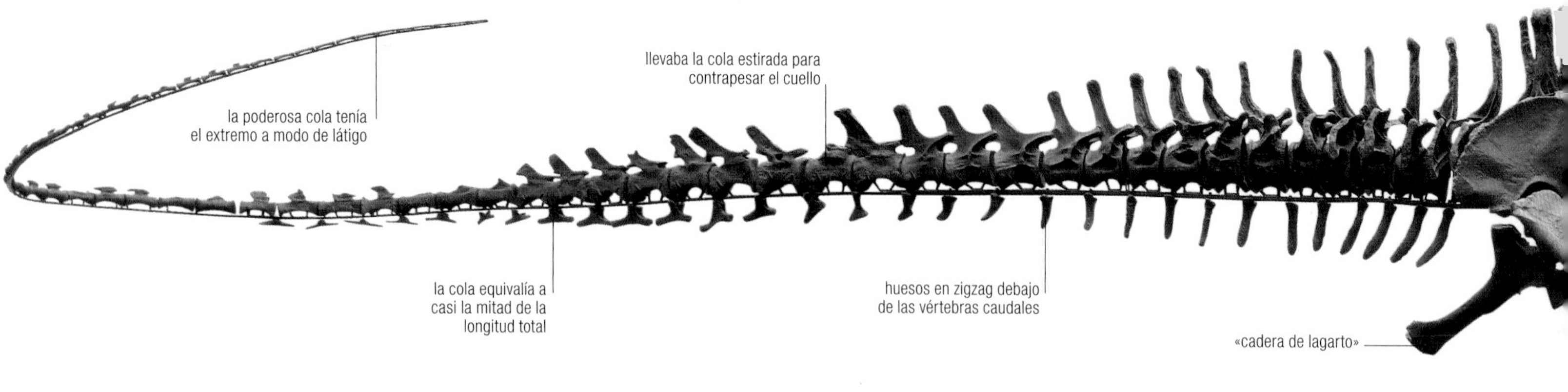
la poderosa cola tenía el extremo a modo de látigo
llevaba la cola estirada para contrapesar el cuello
la cola equivalía a casi la mitad de la longitud total
huesos en zigzag debajo de las vértebras caudales
«cadera de lagarto»

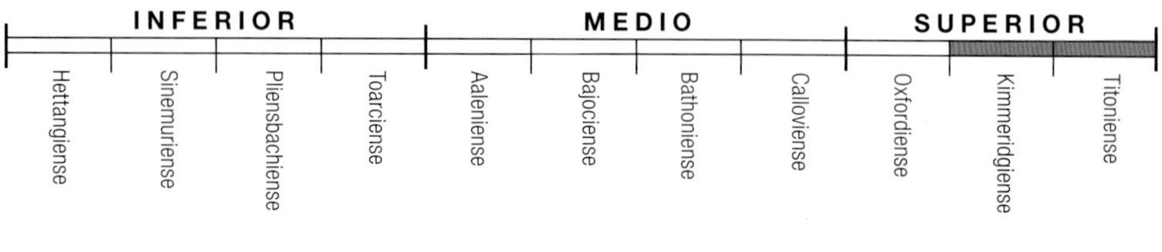
INFERIOR
MEDIO
SUPERIOR
Hettangiense
Sinemuriense
Pliensbachiense
Toarciense
Aaleniense
Bajociense
Bathoniense
Calloviense
Oxfordiense
Kimmeridgiense
Titoniense

PROPORCIONES IMPRESIONANTES
Diplodocus, uno de los dinosaurios más largos que existieron, alcanzaba probablemente los 30 m. Su cola, que constituía casi la mitad de su longitud total, contrapesaba un cuello extremadamente largo.

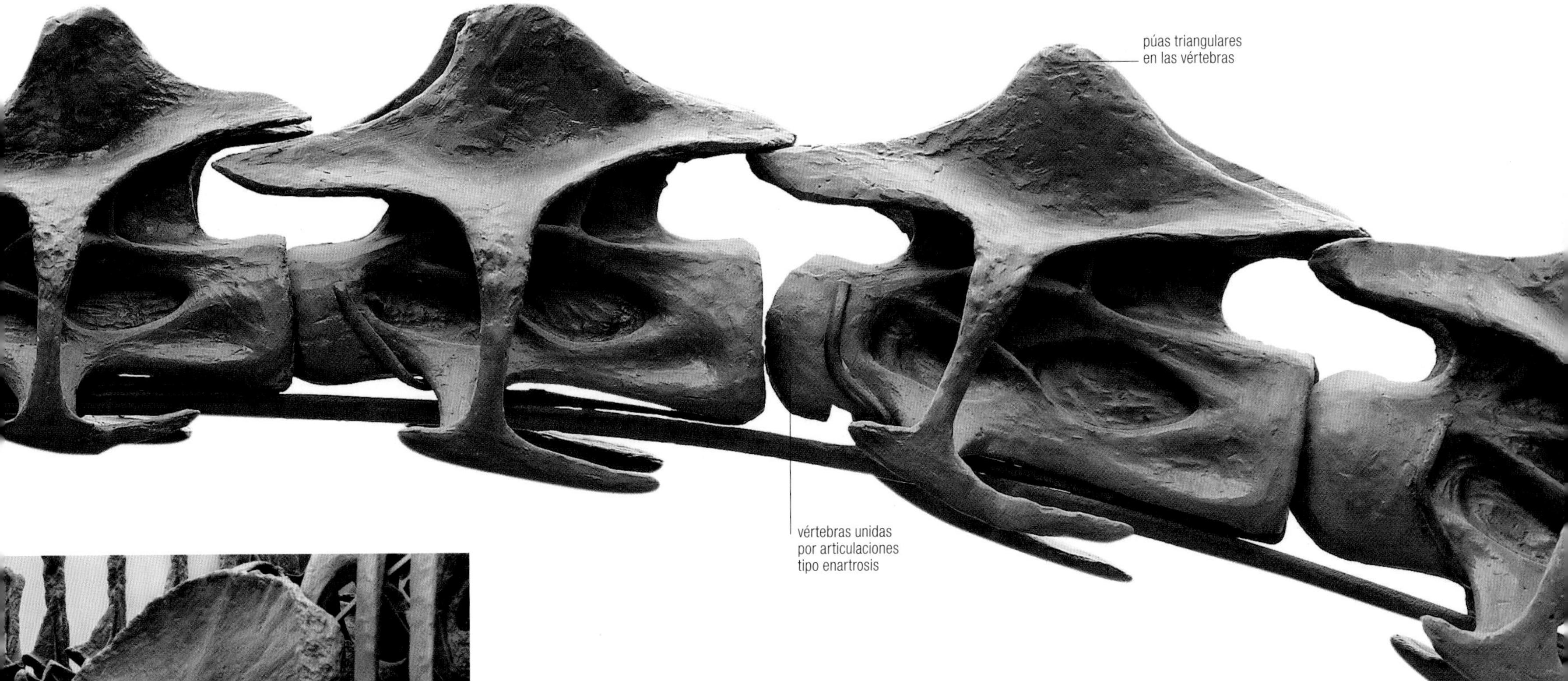
púas triangulares en las vértebras
vértebras unidas por articulaciones tipo enartrosis

DIENTES COMO CLAVIJAS
Diplodocus utilizaba sus dientes tipo clavija, presentes solo en la parte anterior de sus mandíbulas, para arrancar el follaje de las ramas de los árboles.

CADERA DE LAGARTO
Al igual que otros saurisquios, *Diplodocus* tenía una pelvis o cadera «de lagarto», con el hueso del pubis dirigido hacia delante (p. 199). Esta disposición del pubis distinguía a los saurisquios del otro orden de dinosaurios, los ornitisquios.

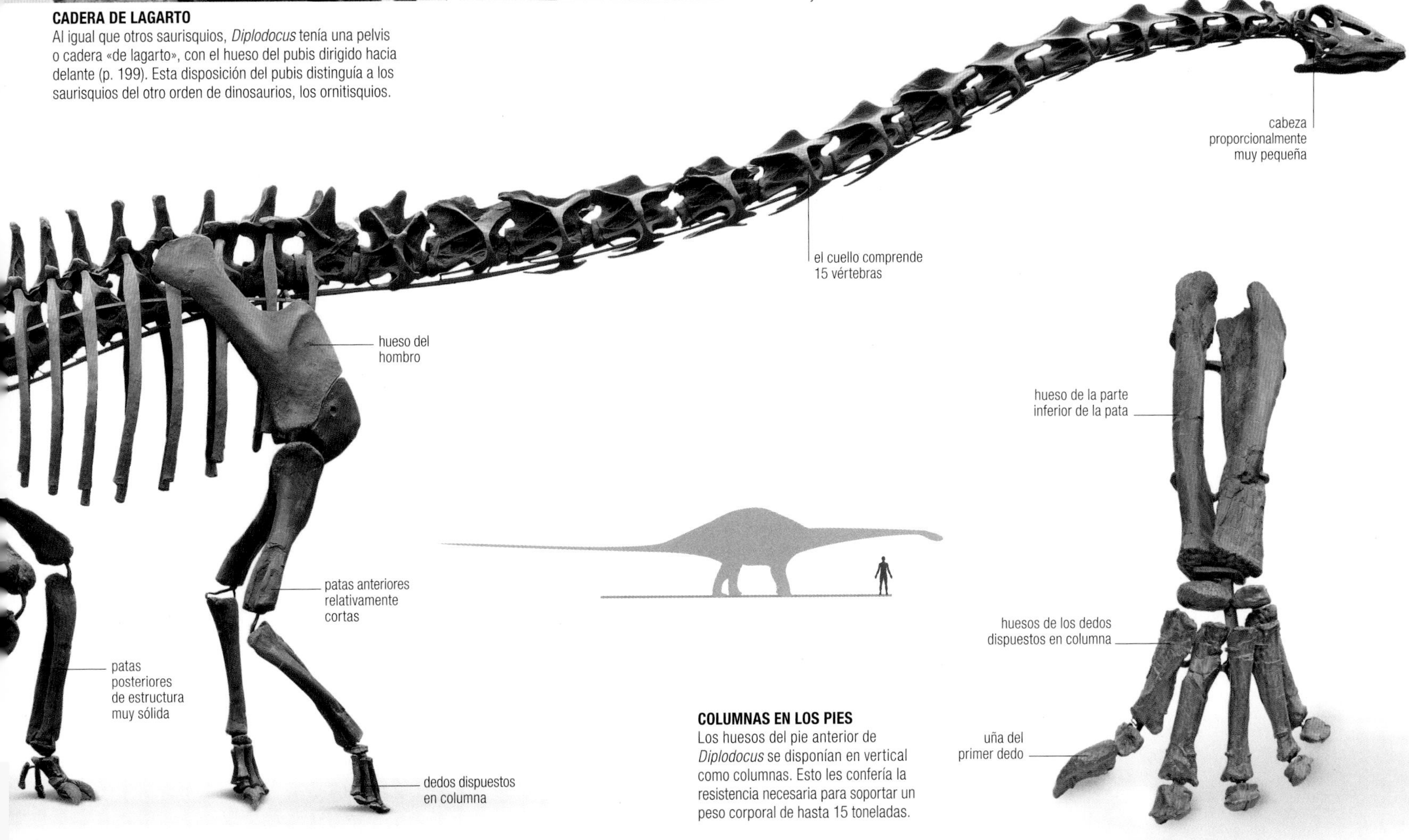
cabeza proporcionalmente muy pequeña
el cuello comprende 15 vértebras
hueso del hombro
patas anteriores relativamente cortas
patas posteriores de estructura muy sólida
dedos dispuestos en columna
hueso de la parte inferior de la pata
huesos de los dedos dispuestos en columna
uña del primer dedo

COLUMNAS EN LOS PIES
Los huesos del pie anterior de *Diplodocus* se disponían en vertical como columnas. Esto les confería la resistencia necesaria para soportar un peso corporal de hasta 15 toneladas.

Barosaurus

GRUPO Sauropodomorfos
DATACIÓN Jurásico superior
TAMAÑO 28 m de longitud
LOCALIZACIÓN EE UU

Barosaurus era similar a *Diplodocus* (p. 256) en muchos aspectos. Entre otros rasgos en común tenía unos característicos espacios huecos en las vértebras caudales y las patas casi idénticas, pero difería por la longitud de las vértebras del cuello: *Barosaurus* tenía probablemente 16 –una más que los otros diplodócidos– y estas eran un tercio más largas que en *Diplodocus*, por lo que es probable que *Barosaurus* pudiera llegar más lejos para alimentarse que su pariente. Durante un tiempo se pensó que unos fósiles encontrados en Tanzania eran de *Barosaurus*, pero luego se confirmó que son de otros dos diplodócidos muy similares: *Tornieria* y *Australodocus*.

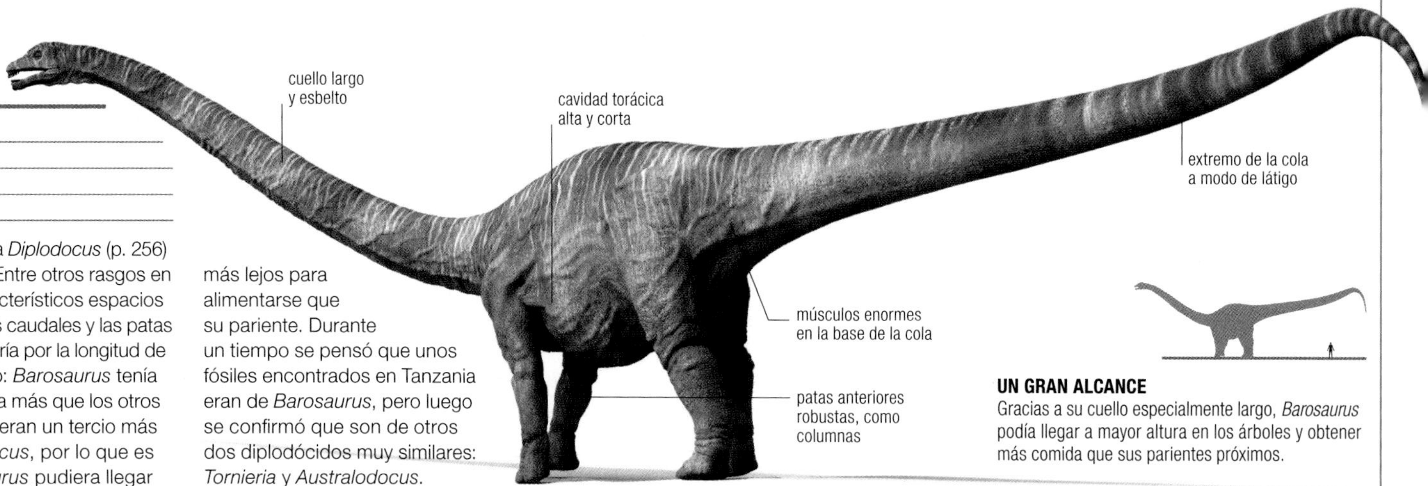
cuello largo y esbelto
cavidad torácica alta y corta
extremo de la cola a modo de látigo
músculos enormes en la base de la cola
patas anteriores robustas, como columnas

UN GRAN ALCANCE
Gracias a su cuello especialmente largo, *Barosaurus* podía llegar a mayor altura en los árboles y obtener más comida que sus parientes próximos.

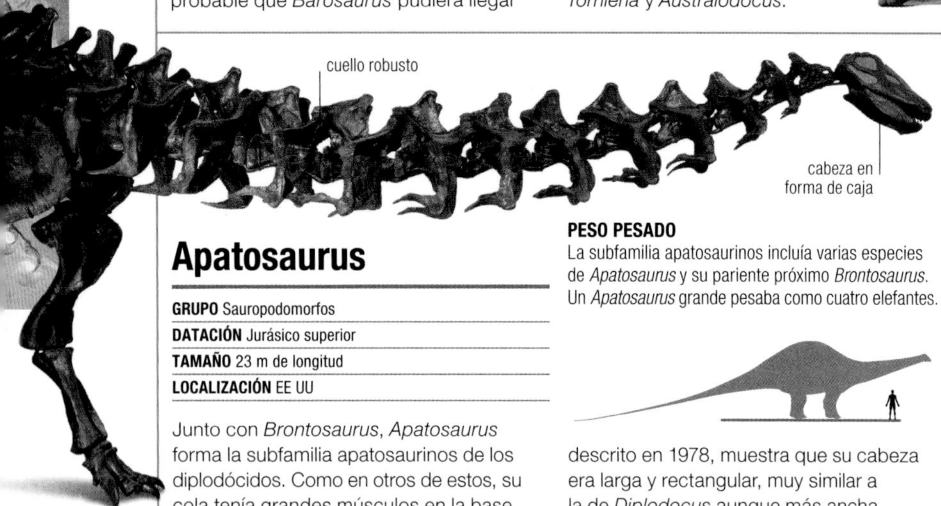
cuello robusto
cabeza en forma de caja

Apatosaurus

GRUPO Sauropodomorfos
DATACIÓN Jurásico superior
TAMAÑO 23 m de longitud
LOCALIZACIÓN EE UU

Junto con *Brontosaurus*, *Apatosaurus* forma la subfamilia apatosaurinos de los diplodócidos. Como en otros de estos, su cola tenía grandes músculos en la base, mientras que la punta era fina y tipo látigo. En muchas restauraciones antiguas de *Apatosaurus*, el cráneo aparece con forma de caja, pero un verdadero cráneo de este taxón, descrito en 1978, muestra que su cabeza era larga y rectangular, muy similar a la de *Diplodocus* aunque más ancha. Los apatosaurinos solían tener patas más robustas y una estructura más pesada y rechoncha que otros diplodócidos.

PESO PESADO
La subfamilia apatosaurinos incluía varias especies de *Apatosaurus* y su pariente próximo *Brontosaurus*. Un *Apatosaurus* grande pesaba como cuatro elefantes.

Dicraeosaurus

GRUPO Sauropodomorfos
DATACIÓN Jurásico superior
TAMAÑO 12 m de longitud
LOCALIZACIÓN Tanzania

Pertenece a un grupo de saurópodos diplodocoideos llamado dicreosáuridos. Estos dinosaurios eran pequeños para ser saurópodos y tenían el cuello relativamente corto. El de *Dicraeosaurus* tenía 12 vértebras inusualmente cortas, lo que sugiere que probablemente ramoneaba desde el nivel del suelo hasta apenas unos 3 m.

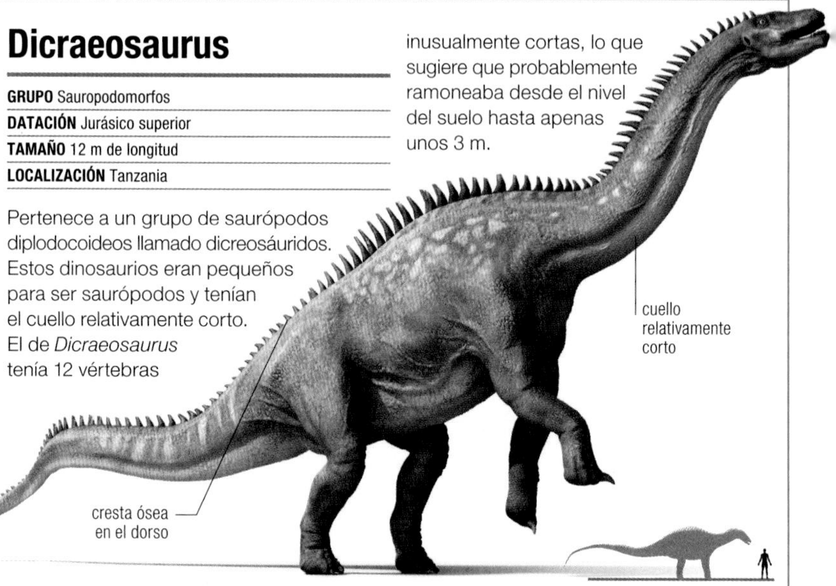
cuello relativamente corto
cresta ósea en el dorso

Camarasaurus

GRUPO Sauropodomorfos
DATACIÓN Jurásico superior
TAMAÑO 18 m de longitud
LOCALIZACIÓN EE UU

Camarasaurus es el saurópodo más común de América del Norte. Su cuello era ancho y no tan largo como el de muchos saurópodos, lo que significa que se alimentaba probablemente de la vegetación que crecía a diferentes alturas. Tenía el cráneo ancho, con cortas y fuertes mandíbulas y dientes robustos en forma de cuchara que le permitirían comer la vegetación más tosca. *Camarasaurus* es uno de los miembros más primitivos de los macronarios, el grupo de saurópodos que también comprende a braquiosaurios y titanosaurios. Como en muchos otros macronarios, su cráneo tenía orificios nasales especialmente grandes. Sus vértebras también tenían grandes aberturas que albergaban sacos aéreos conectados con sus pulmones. A estas cámaras debe su nombre de «lagarto con cámaras».

cuello robusto
cuerpo enorme y pesado
patas gruesas y fuertes
uña única en el pie anterior

Scelidosaurus

GRUPO Ornitisquios
DATACIÓN Jurásico inferior
TAMAÑO 3 m de longitud
LOCALIZACIÓN Inglaterra (RU)

Scelidosaurus, descubierto en la década de 1850, fue uno de los primeros dinosaurios hallado con el esqueleto completo, y es uno de los mejor conservados de Europa. Tenía unas robustas extremidades con las que andaba a cuatro patas, hileras de placas de coraza ovales que recorrían su cuello, cuerpo y patas, y unas espinas ganchudas en los lados de las patas. Dado que todos sus fósiles se han encontrado en rocas marinas, se ha sugerido que este dinosaurio pudo habitar en islas o costas.

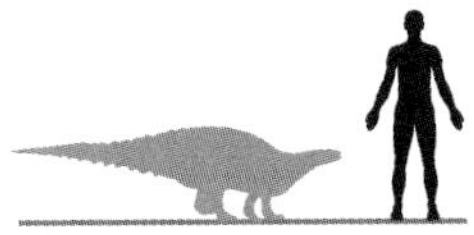

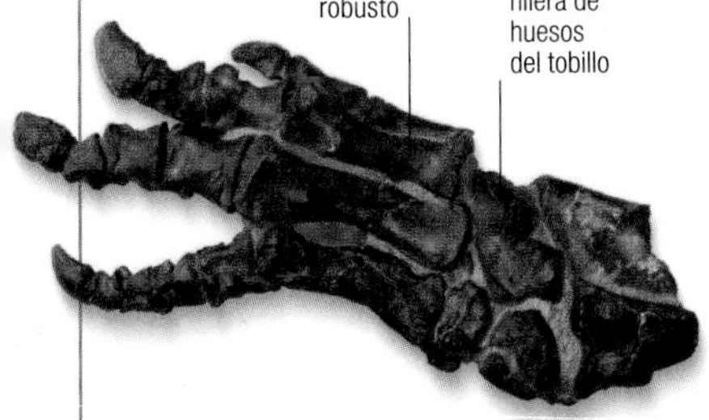
metatarso robusto
hilera de huesos del tobillo

DEDOS DE DINOSAURIO
Scelidosaurus tenía cuatro dedos en el pie, todos ellos con uñas romas. Estos dedos eran más largos que en los anquilosaurios y estegosaurios.

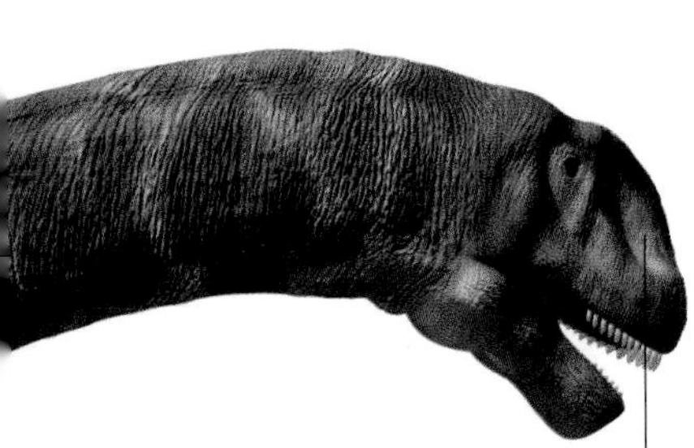
orificio nasal muy grande

Lesothosaurus

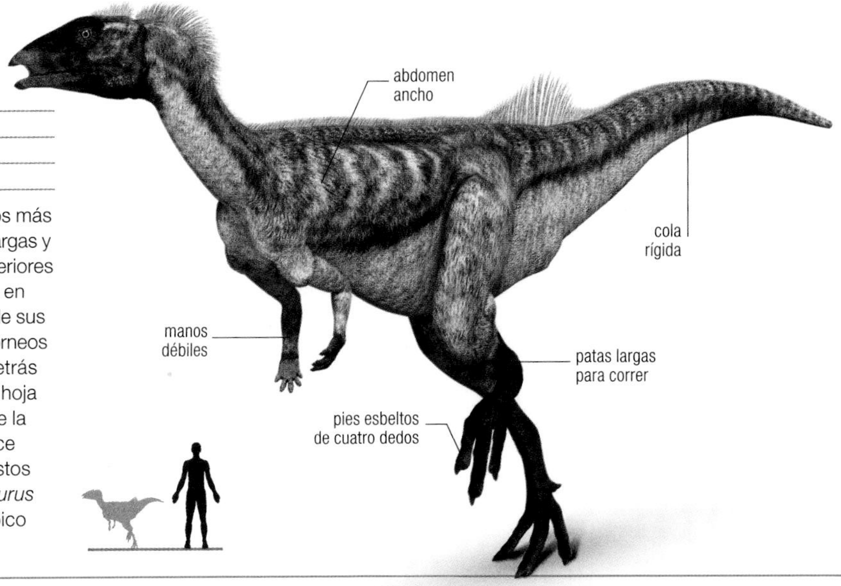
abdomen ancho
cola rígida
manos débiles
patas largas para correr
pies esbeltos de cuatro dedos

GRUPO Ornitisquios
DATACIÓN Jurásico inferior
TAMAÑO 1 m de longitud
LOCALIZACIÓN Lesotho

Lesothosaurus, uno de los ornitisquios más antiguos, tenía las patas posteriores largas y esbeltas, y unas pequeñas patas anteriores que no serían muy prensiles. Como en todos los ornitisquios, los extremos de sus mandíbulas inferior y superior eran córneos y formaban una especie de pico. Detrás del pico, unos dientes con forma de hoja tapizaban las mandíbulas, y cerca de la parte frontal de la superior había doce dientes tipo colmillo. El análisis de estos dientes ha mostrado que *Lesothosaurus* recortaba la materia vegetal con el pico y que no podía masticar la comida.

Heterodontosaurus

GRUPO Ornitisquios
DATACIÓN Jurásico inferior
TAMAÑO 1 m de longitud
LOCALIZACIÓN Sudáfrica

Pertenece a la familia de peculiares ornitisquios llamada heterodontosáuridos. A diferencia de casi todos los demás ornitisquios, estos animales tenían manos largas y prensiles con uñas fuertemente curvadas. *Heterodontosaurus*, que significa «lagarto con dientes diferentes», tenía tres tipos de formas dentales. En la parte frontal de la mandíbula superior tenía pequeños dientes tipo incisivo y, más atrás, otros más romos en forma de cincel. Más conspicuos eran los grandes dientes a modo de colmillos de ambas mandíbulas. Además, como los ornitisquios, tenía un pico en la parte frontal de las mandíbulas. Así, era seguramente fitófago, pero sus fuertes mandíbulas, sus grandes colmillos y sus manos prensiles sugieren que además comería pequeños animales. Sus patas traseras eran largas y esbeltas, lo cual sugiere que corría a gran velocidad.

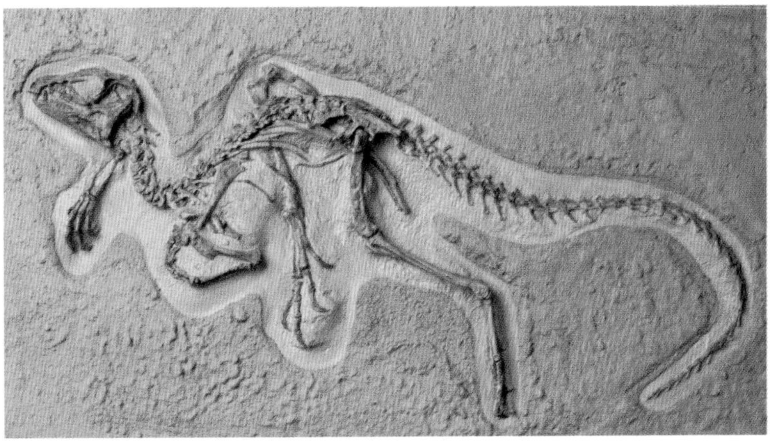

ANATOMÍA
DIENTES DESGASTADOS

La superficie apical de los dientes de *Heterodontosaurus* está muy desgastada, lo que muestra que comía alimentos duros y abrasivos. Otros dinosaurios que sufrían desgaste dental tenían numerosos dientes de reemplazo: cuando un diente se desgastaba, era sustituido por otro. Curiosamente, los dientes de reemplazo suelen estar ausentes en *Heterodontosaurus*, lo que indica que muy rara vez cambiaba de dientes.

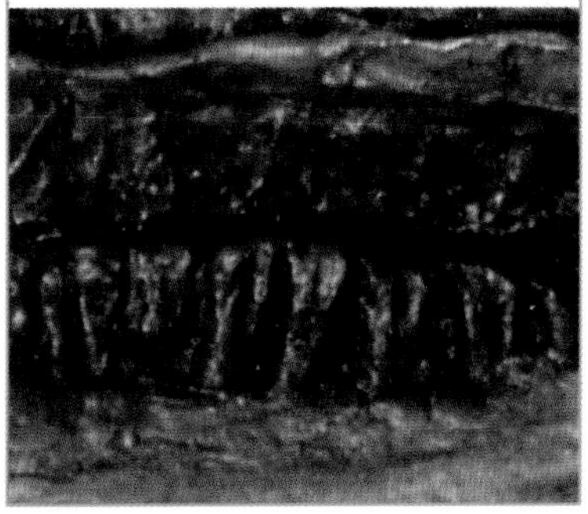

BÍPEDO
Este excelente esqueleto articulado muestra que las patas posteriores eran mucho más largas que los brazos, lo que sugiere que se desplazaba sobre sus patas traseras.

El nombre de **«lagarto con cámaras»** alude a los grandes sacos aéreos del interior de las **vértebras** de *Camarasaurus*.

SAURÓPODO ABUNDANTE
Camarasaurus era un saurópodo robusto y de cráneo ancho con los dientes en forma de cuchara. Era el saurópodo más abundante de América del Norte y se conoce mejor que cualquier otro dinosaurio similar.

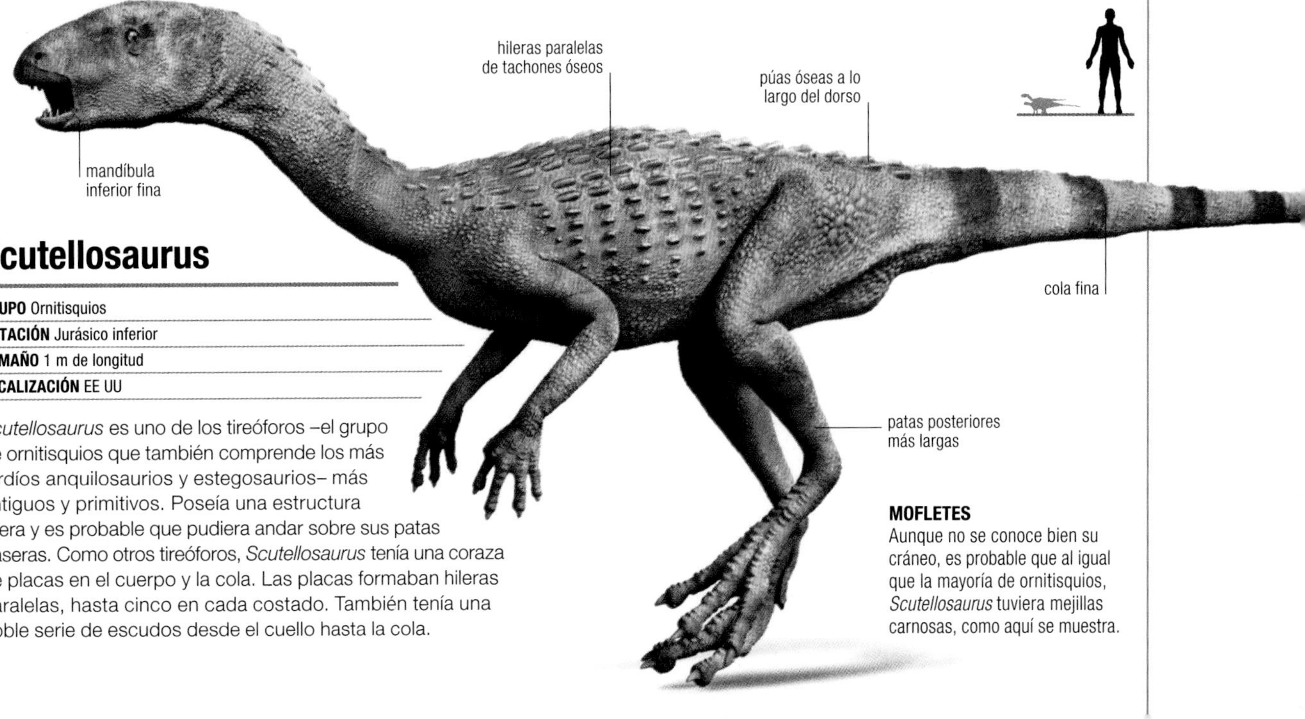
hileras paralelas de tachones óseos
púas óseas a lo largo del dorso
mandíbula inferior fina
cola fina
patas posteriores más largas

Scutellosaurus

GRUPO Ornitisquios
DATACIÓN Jurásico inferior
TAMAÑO 1 m de longitud
LOCALIZACIÓN EE UU

Scutellosaurus es uno de los tireóforos –el grupo de ornitisquios que también comprende los más tardíos anquilosaurios y estegosaurios– más antiguos y primitivos. Poseía una estructura ligera y es probable que pudiera andar sobre sus patas traseras. Como otros tireóforos, *Scutellosaurus* tenía una coraza de placas en el cuerpo y la cola. Las placas formaban hileras paralelas, hasta cinco en cada costado. También tenía una doble serie de escudos desde el cuello hasta la cola.

MOFLETES
Aunque no se conoce bien su cráneo, es probable que al igual que la mayoría de ornitisquios, *Scutellosaurus* tuviera mejillas carnosas, como aquí se muestra.

Stegosaurus

GRUPO Ornitisquios
DATACIÓN Jurásico superior
TAMAÑO 9 m de longitud
LOCALIZACIÓN EE UU, Portugal

Stegosaurus –el «lagarto con tejado»– es el estegosaurio más conocido y el primer miembro de este grupo al que se dio nombre. Sus extrañas placas romboidales han suscitado muchos debates, pero las investigaciones recientes muestran que se disponían en dos hileras alternas a lo largo del cuello, el dorso y la cola. En la mayoría de los demás estegosaurios las placas eran pareadas, así que *Stegosaurus* era inusual a este respecto. Se ha sugerido a menudo que utilizaba las placas para defenderse o para controlar la temperatura corporal, pero su posición en el cuerpo hace improbable su función defensiva así como su papel regulador, ya que tienen la misma anatomía que las placas de coraza que cubren el cuerpo de otros dinosaurios. Lo más probable es que usara estas placas para exhibirse. Unos huesos pequeños y redondeados u osículos cubrían la región gular de *Stegosaurus*, y es casi seguro que los dos pares de largas púas que sobresalían del extremo de su cola sirvieran para la defensa.

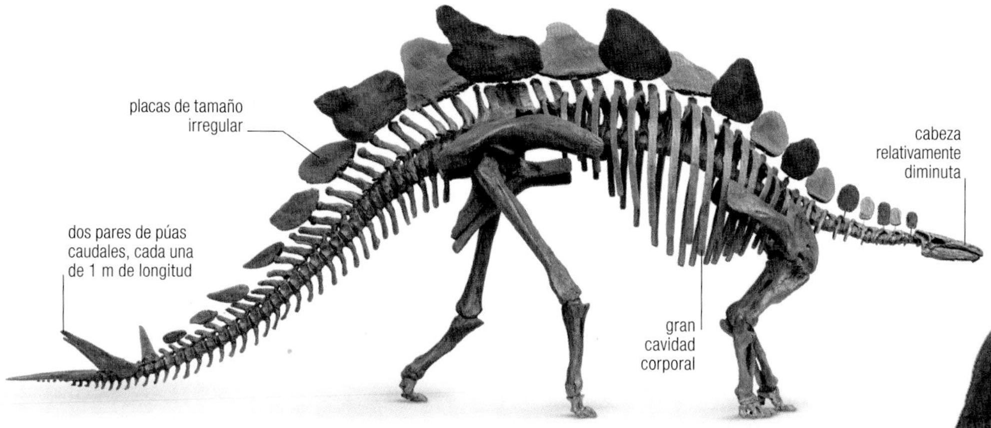
placas de tamaño irregular
dos pares de púas caudales, cada una de 1 m de longitud
gran cavidad corporal
cabeza relativamente diminuta

DINOSAURIO CARACTERÍSTICO
Stegosaurus, uno de los dinosaurios más característicos, llevaba su pequeña cabeza cerca del suelo y tenía el dorso arqueado, las patas anteriores cortas y la cola rígida y con largas púas en la punta.

Es probable que las extrañas placas romboidales del dorso de *Stegosaurus* sirvieran para exhibirse y no para defenderse.

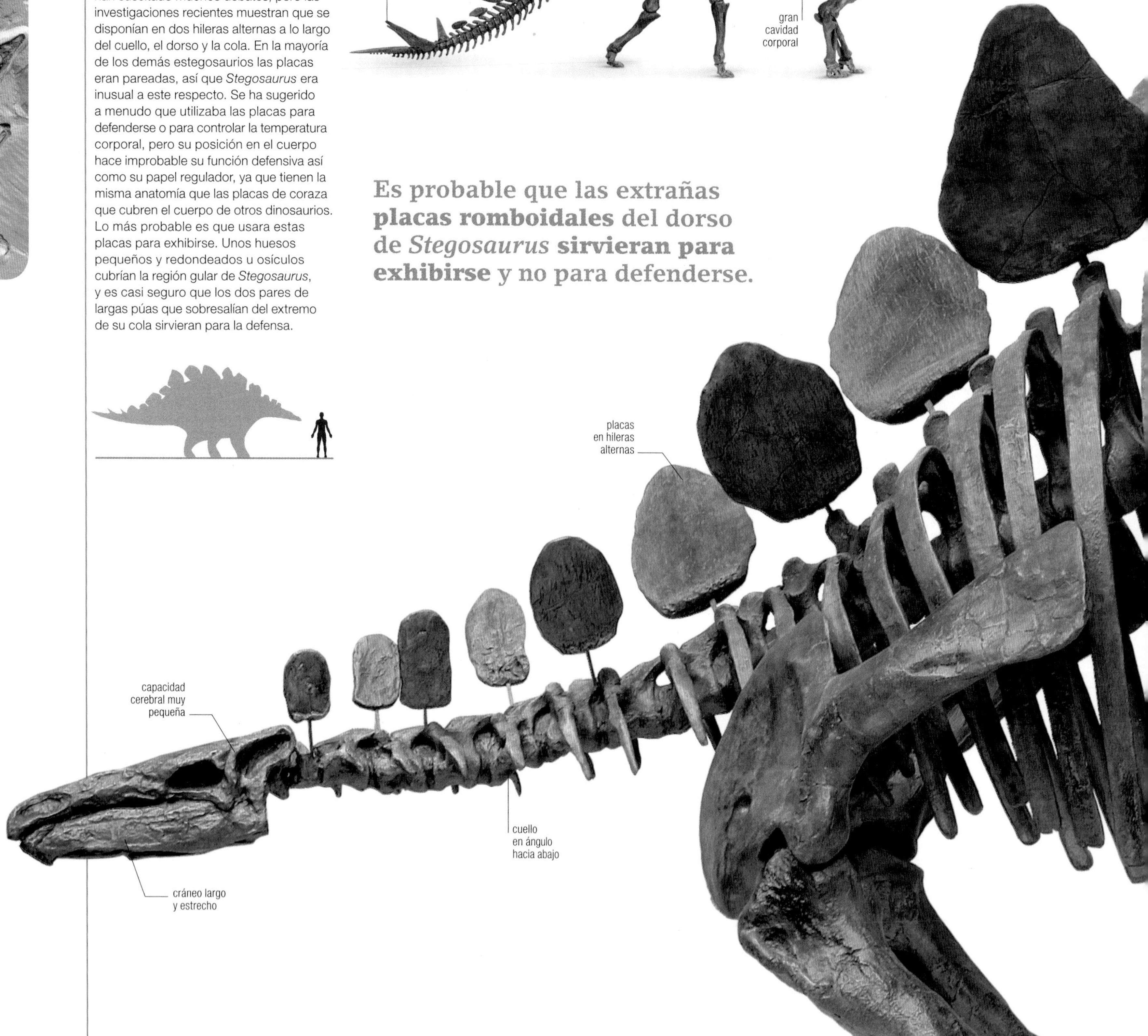
placas en hileras alternas
capacidad cerebral muy pequeña
cuello en ángulo hacia abajo
cráneo largo y estrecho
las patas anteriores relativamente cortas le permitían ramonear a escasa altura

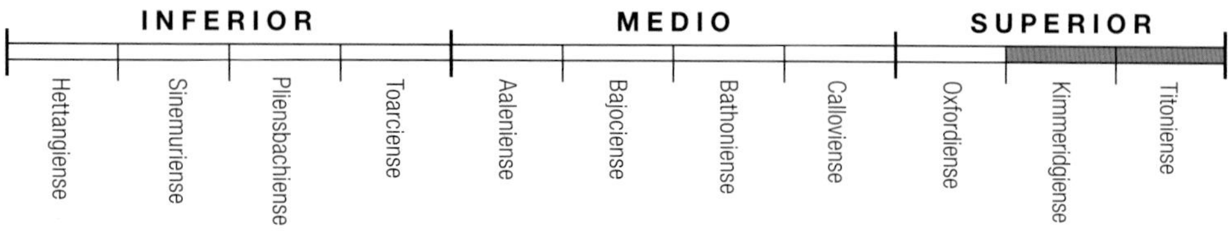
INFERIOR
MEDIO
SUPERIOR
Hettangiense
Sinemuriense
Pliensbachiense
Toarciense
Aaleniense
Bajociense
Bathoniense
Calloviense
Oxfordiense
Kimmeridgiense
Titoniense

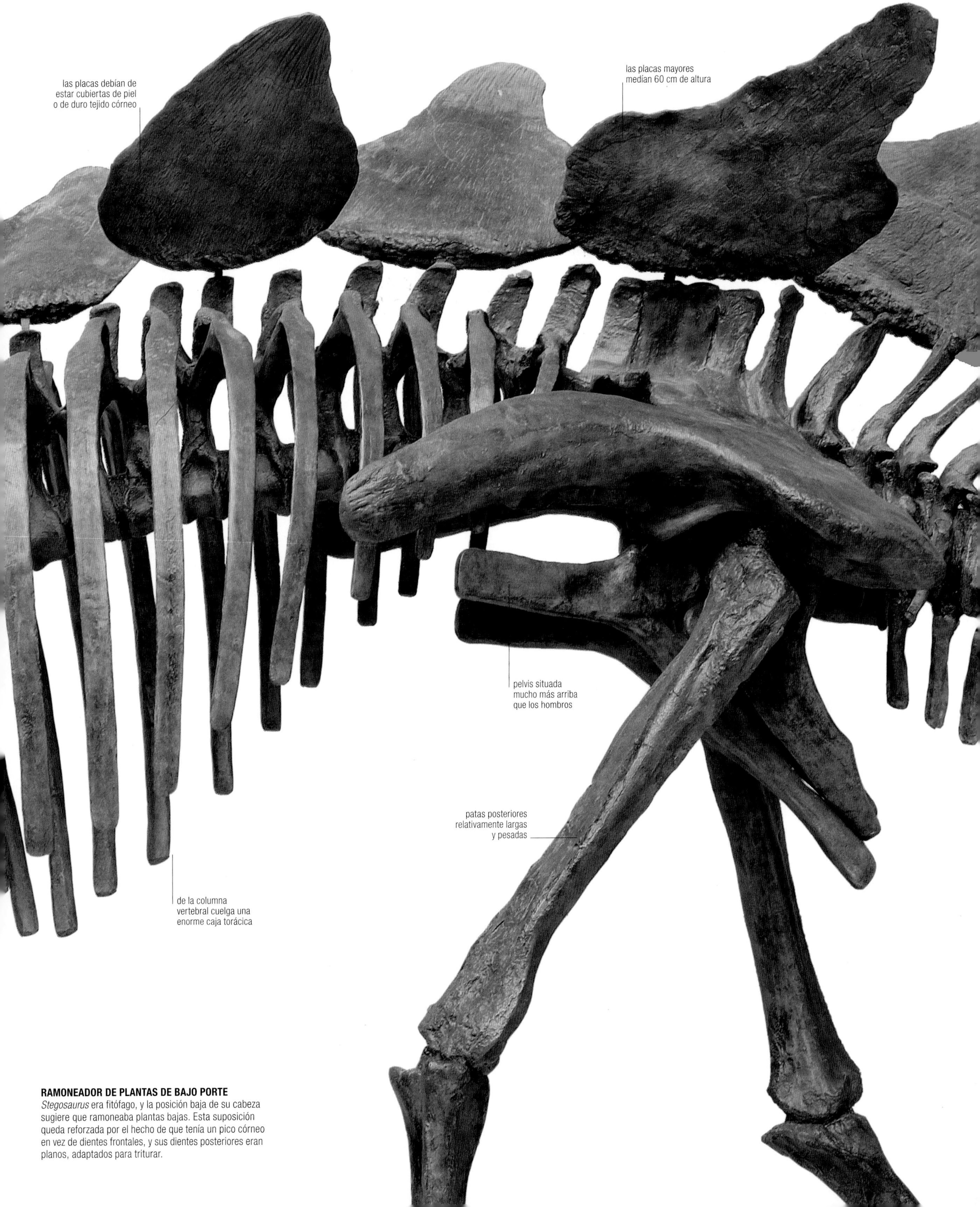
las placas debían de
estar cubiertas de piel
o de duro tejido córneo
las placas mayores
medían 60 cm de altura
pelvis situada
mucho más arriba
que los hombros
patas posteriores
relativamente largas
y pesadas
de la columna
vertebral cuelga una
enorme caja torácica

RAMONEADOR DE PLANTAS DE BAJO PORTE
Stegosaurus era fitófago, y la posición baja de su cabeza sugiere que ramoneaba plantas bajas. Esta suposición queda reforzada por el hecho de que tenía un pico córneo en vez de dientes frontales, y sus dientes posteriores eran planos, adaptados para triturar.

Huayangosaurus

GRUPO Ornitisquios
DATACIÓN Jurásico medio
TAMAÑO 4 m de longitud
LOCALIZACIÓN China

Huayangosaurus, uno de los miembros más primitivos de los estegosaurios, difería de los miembros más avanzados de este grupo por poseer dientes en la parte frontal de la mandíbula superior. Su cadera también era diferente de la de los estegosaurios posteriores, al igual que su hocico: mientras que los otros estegosaurios tenían el hocico largo y fino, el cráneo de *Huayangosaurus* era bastante corto y ancho. En algunos especímenes hay pequeños cuernos encima de los ojos, pero dado que otros cráneos de *Huayangosaurus* no presentan estos cuernos, es posible que solo aparecieran en la edad adulta o que se limitaran a los machos o a las hembras. En cada hombro tenía una gran espina: estas espinas eran típicas de los estegosaurios, y las especies que carecían de ellas eran inusuales. Además de las placas y las púas que recorrían la columna vertebral y la cola, *Huayangosaurus* tenía varias grandes placas protectoras en cada costado.

***Huayangosaurus* era un pequeño estegosaurio.**

doble hilera
de placas
cabeza corta
y alta
cuello
flexible
pie con
cinco dedos

ESTEGOSAURIO PRIMITIVO
Aunque todos los estegosaurios eran más o menos similares, es probable que *Huayangosaurus* tuviera un aspecto más primitivo. Sus patas traseras, por ejemplo, eran menos columnares que las de otras especies.

YACIMIENTO CLAVE
FORMACIÓN DASHANPU

Huayangosaurus se descubrió en la cantera Dashanpu de la provincia china de Sichuán, que comprende sedimentos del Jurásico medio y superior, y es uno de los yacimientos con dinosaurios más famosos del mundo. En él se han recogido más de 8000 especímenes que han revolucionado los conocimientos sobre la diversidad y la evolución de los dinosaurios. Además de *Huayangosaurus*, en Dashanpu se han encontrado numerosos saurópodos y terópodos, pequeños ornitisquios bípedos, plesiosaurios, pterosaurios y otros reptiles fósiles. Un gran número de estos fósiles son esqueletos que fueron acumulándose durante siglos en un lago gigantesco.

El grupo de púas de la cola de un estegosaurio se conoce como *thagomizer*, término tomado de un cómic de Gary Larson.

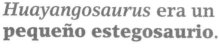

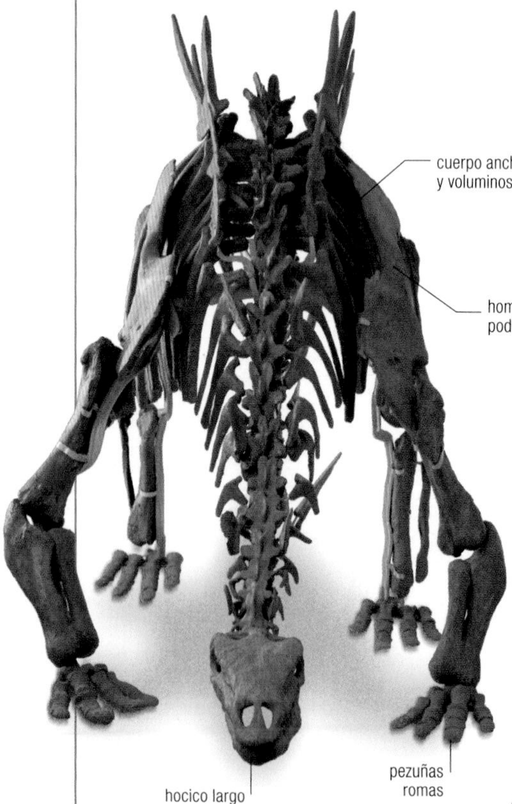
cuerpo ancho
y voluminoso
hombro
poderoso
hocico largo
y bajo
pezuñas
romas

PATAS EXTENDIDAS
Este esqueleto se ha montado de forma que las patas anteriores se extienden hacia los lados. Esto es casi sin duda incorrecto, ya que se cree que las patas anteriores de los estegosaurios se situaban casi directamente debajo del cuerpo.

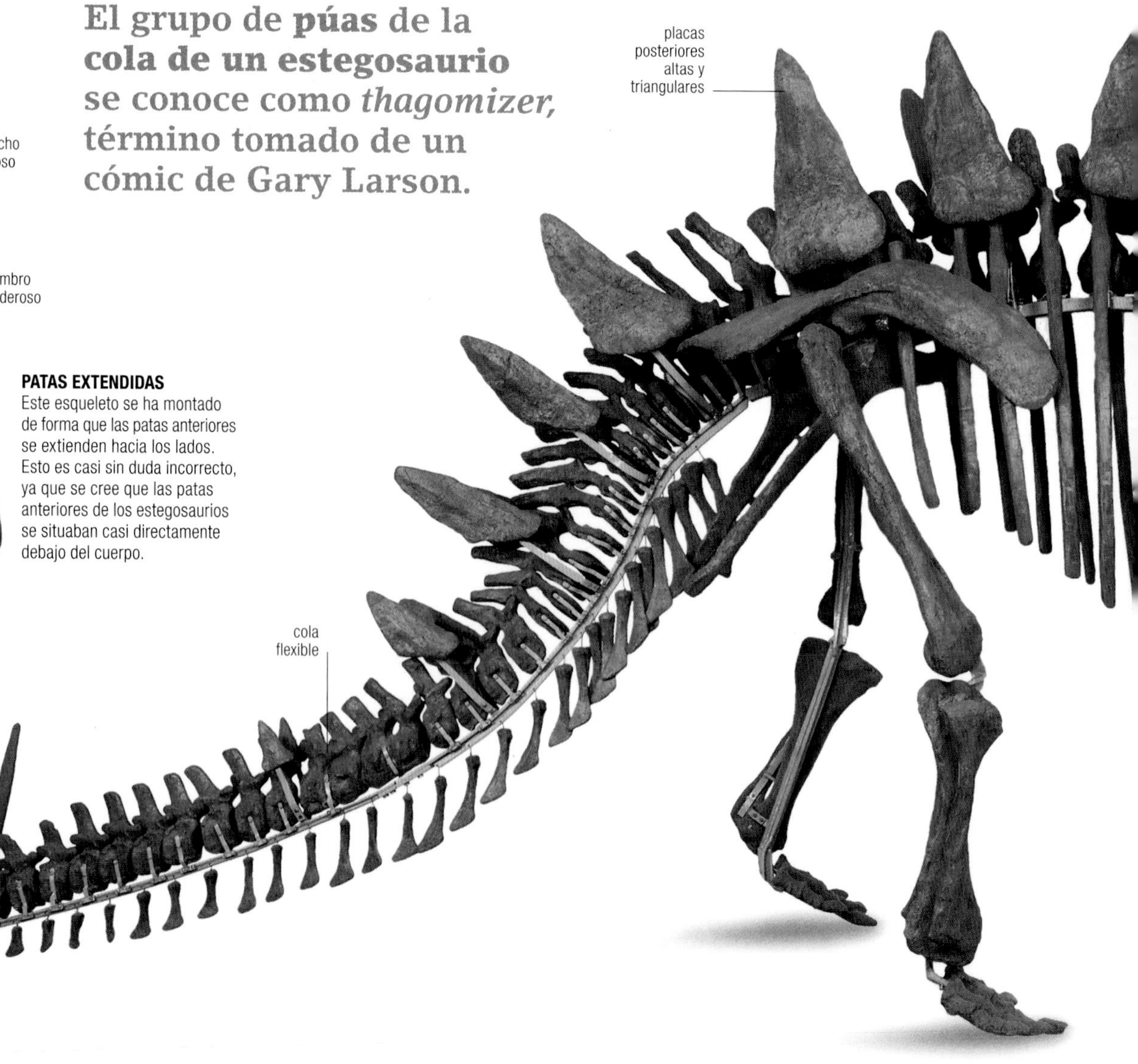
placas
posteriores
altas y
triangulares
cola
flexible
púas al final
de la cola

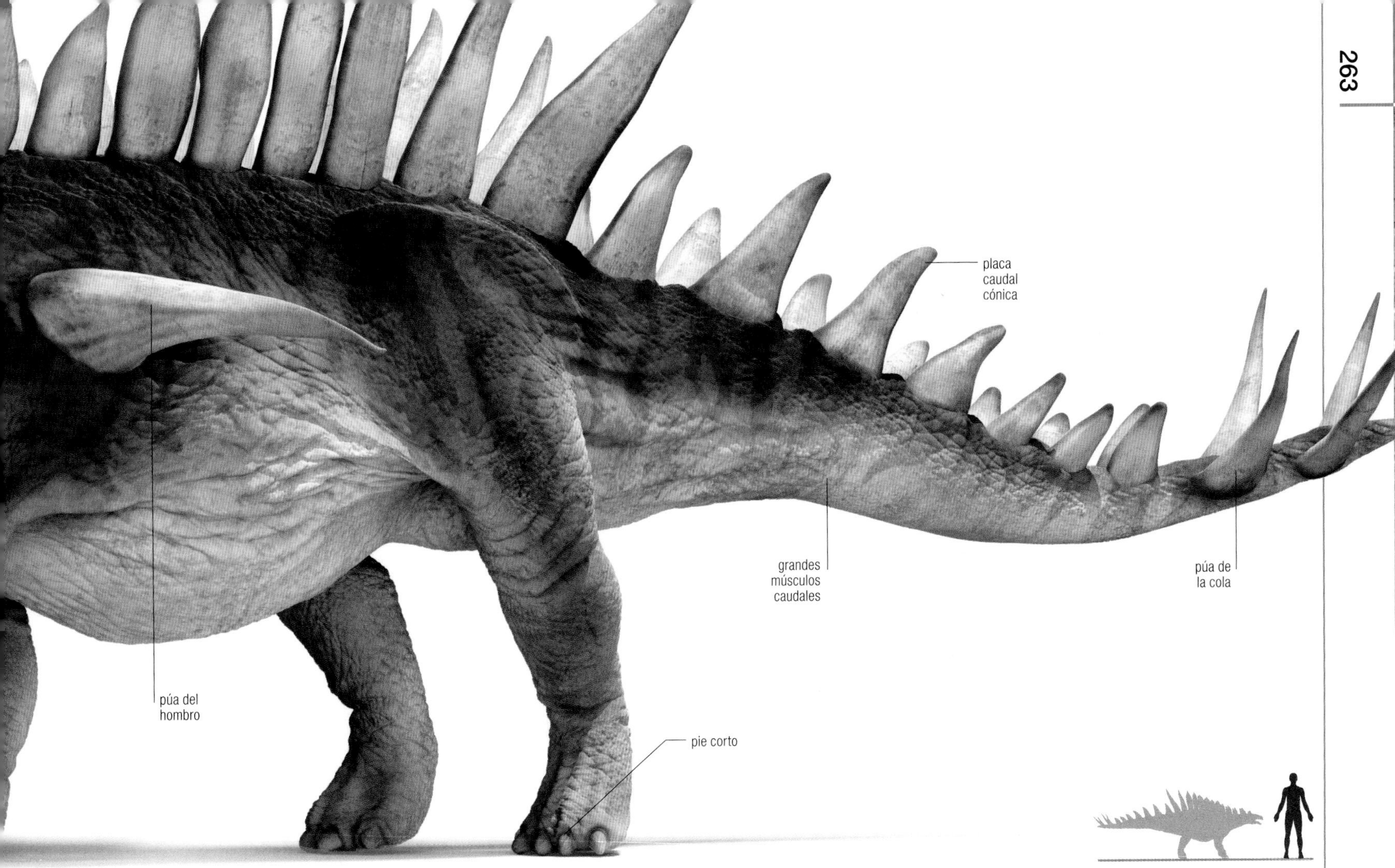
placa
caudal
cónica
grandes
músculos
caudales
púa de
la cola
púa del
hombro
pie corto

Tuojiangosaurus

GRUPO Ornitisquios
DATACIÓN Jurásico superior
TAMAÑO 7 m de longitud
LOCALIZACIÓN China

Tuojiangosaurus es uno de los estegosaurios más completos que se han descubierto. Se le conoce por un buen esqueleto parcial, además de por restos fragmentarios de otros individuos. *Tuojiangosaurus* se ha representado a menudo con un cráneo largo y bajo, similar al de *Stegosaurus*, pero por desgracia no se han encontrado suficientes huesos craneales para saber exactamente cómo era el cráneo. No obstante, se sabe que algunos de los huesos del ápice craneal eran especialmente anchos. Tenía espinas en el extremo de la cola y placas que tapizaban el cuello y el dorso. Según lo que parece ser común a todos los estegosaurios, excepto *Stegosaurus*, estas placas se disponían en pares. Las situadas sobre las caderas eran estrechas y de tipo púa, mientras que las del cuello y la parte anterior del dorso eran más anchas y aplanadas. Estudios recientes indican que *Tuojiangosaurus* podría estar estrechamente emparentado con el estegosaurio africano *Paranthodon*, del que solo se conoce un cráneo parcial, y quizás también con *Loricatosaurus* de Inglaterra.

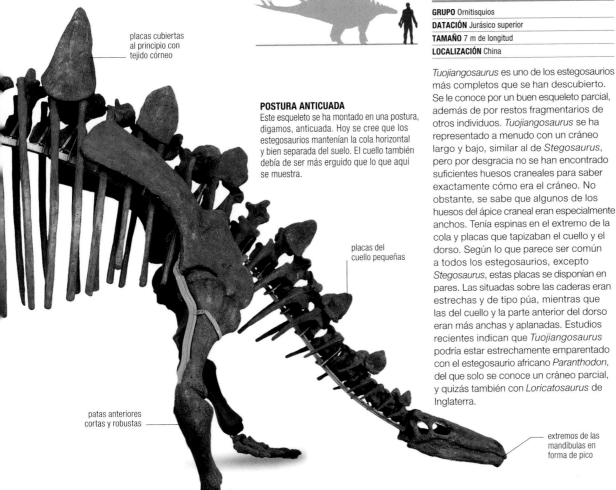

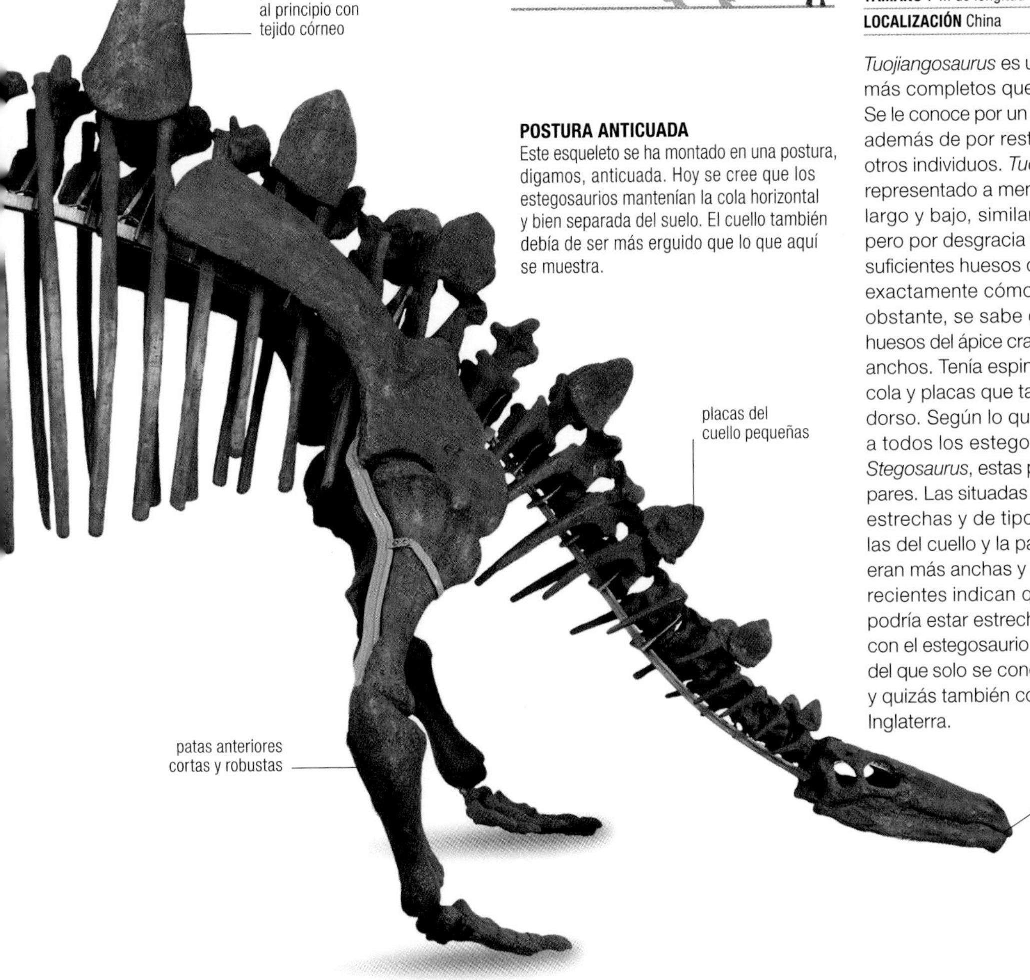
placas cubiertas
al principio con
tejido córneo
placas del
cuello pequeñas
patas anteriores
cortas y robustas
extremos de las
mandíbulas en
forma de pico

POSTURA ANTICUADA
Este esqueleto se ha montado en una postura, digamos, anticuada. Hoy se cree que los estegosaurios mantenían la cola horizontal y bien separada del suelo. El cuello también debía de ser más erguido que lo que aquí se muestra.

BIOGRAFÍA
DONG ZHIMING

Tuojiangosaurus es uno de los casi cuarenta dinosaurios bautizados y descritos por Dong Zhiming, uno de los paleontólogos más importantes de China. Tras trabajar inicialmente bajo la dirección de Yang Zhong-jian (también conocido como C. C. Young), el gran pionero de la paleontología de vertebrados de China, Dong participó en el descubrimiento de la cantera Dashanpu en la provincia de Sichuán en la década de 1970 y denominó y describió muchos de los dinosaurios descubiertos allí.

POSTURA INCORRECTA
Este esqueleto de *Kentrosaurus* se presenta en una postura que hoy se considera incorrecta. Estudios recientes han sugerido que debía de mantener la cola horizontal y bien separada del suelo, y también el cuello más erguido, y que las patas anteriores no debían de adoptar una postura extendida.

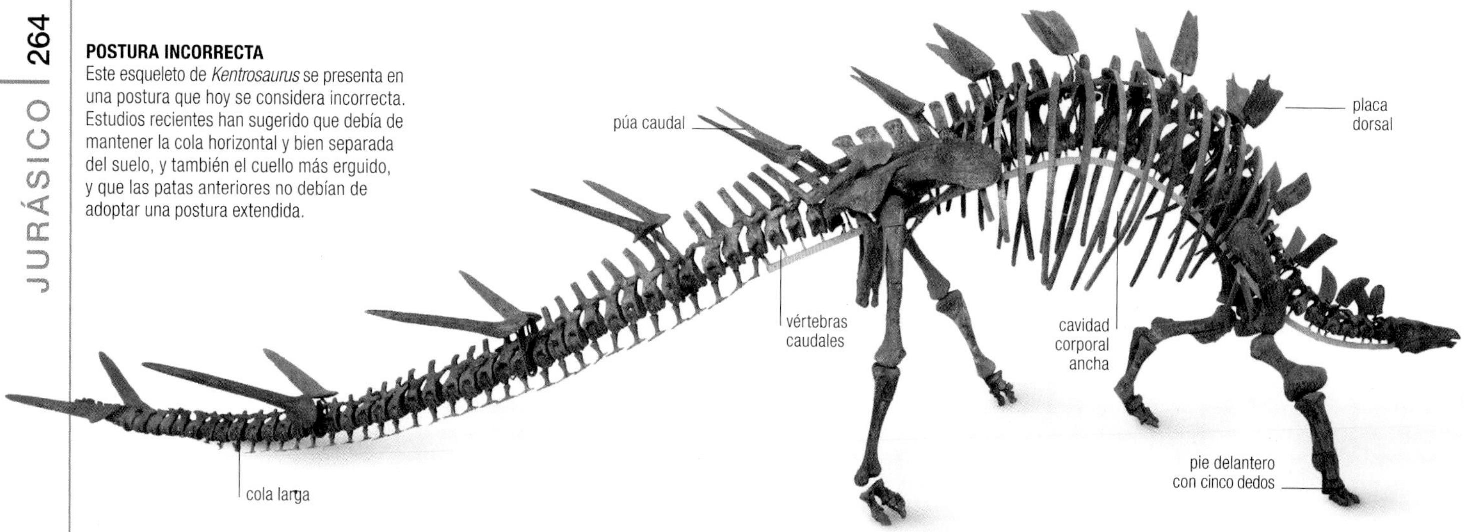
púa caudal
placa dorsal
vértebras caudales
cavidad corporal ancha
hocico fino y puntiagudo
pie delantero con cinco dedos
cola larga

INFERIOR: Hettangiense, Sinemuriense, Pliensbachiense, Toarciense
MEDIO: Aaleniense, Bajociense, Bathoniense, Calloviense
SUPERIOR: Oxfordiense, Kimmeridgiense, Titoniense

900 Cantidad de **huesos de *Kentrosaurus*** hallados en el yacimiento **Tendaguru** de Tanzania.

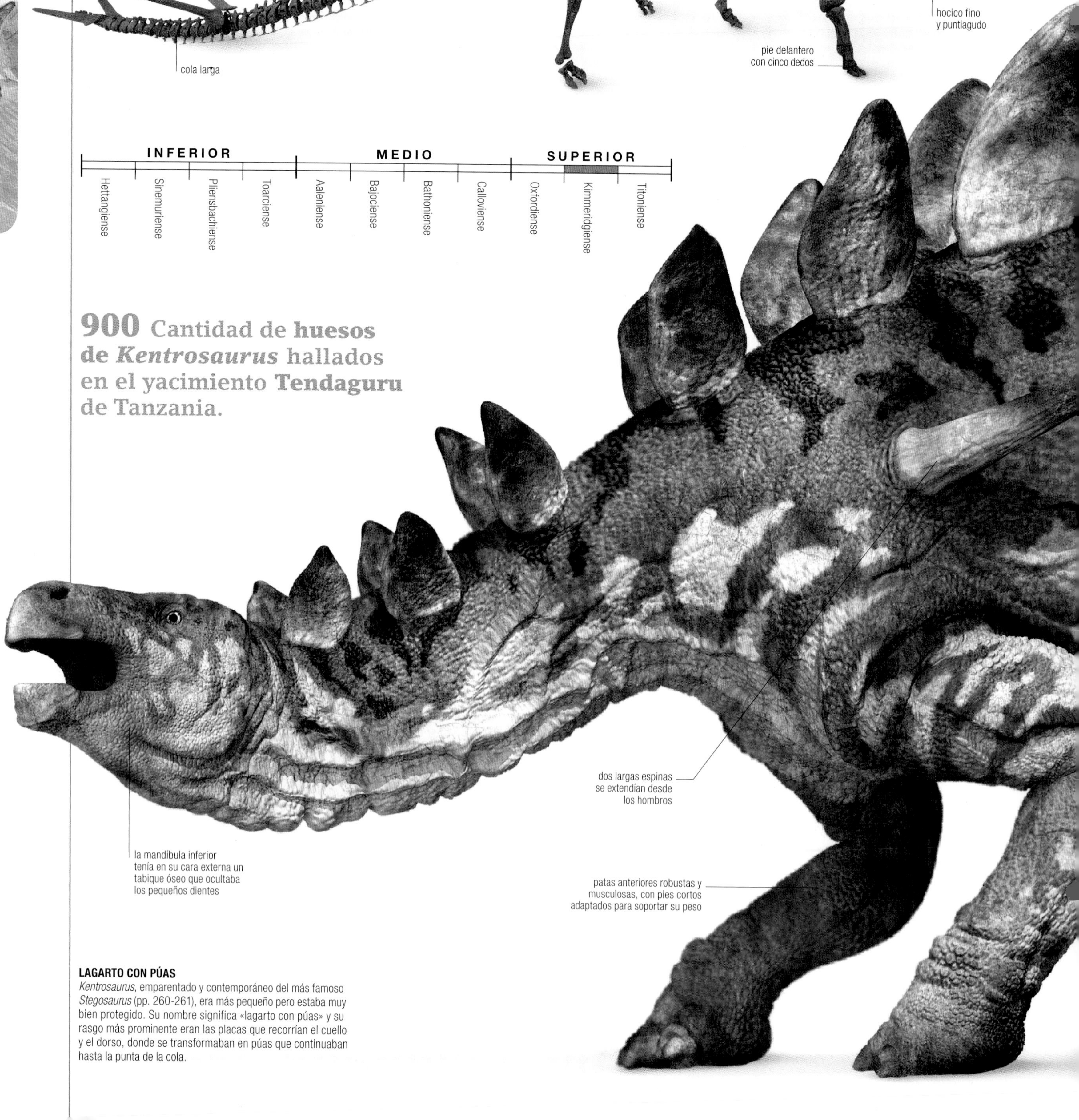
dos largas espinas se extendían desde los hombros
la mandíbula inferior tenía en su cara externa un tabique óseo que ocultaba los pequeños dientes
patas anteriores robustas y musculosas, con pies cortos adaptados para soportar su peso

LAGARTO CON PÚAS
Kentrosaurus, emparentado y contemporáneo del más famoso *Stegosaurus* (pp. 260-261), era más pequeño pero estaba muy bien protegido. Su nombre significa «lagarto con púas» y su rasgo más prominente eran las placas que recorrían el cuello y el dorso, donde se transformaban en púas que continuaban hasta la punta de la cola.

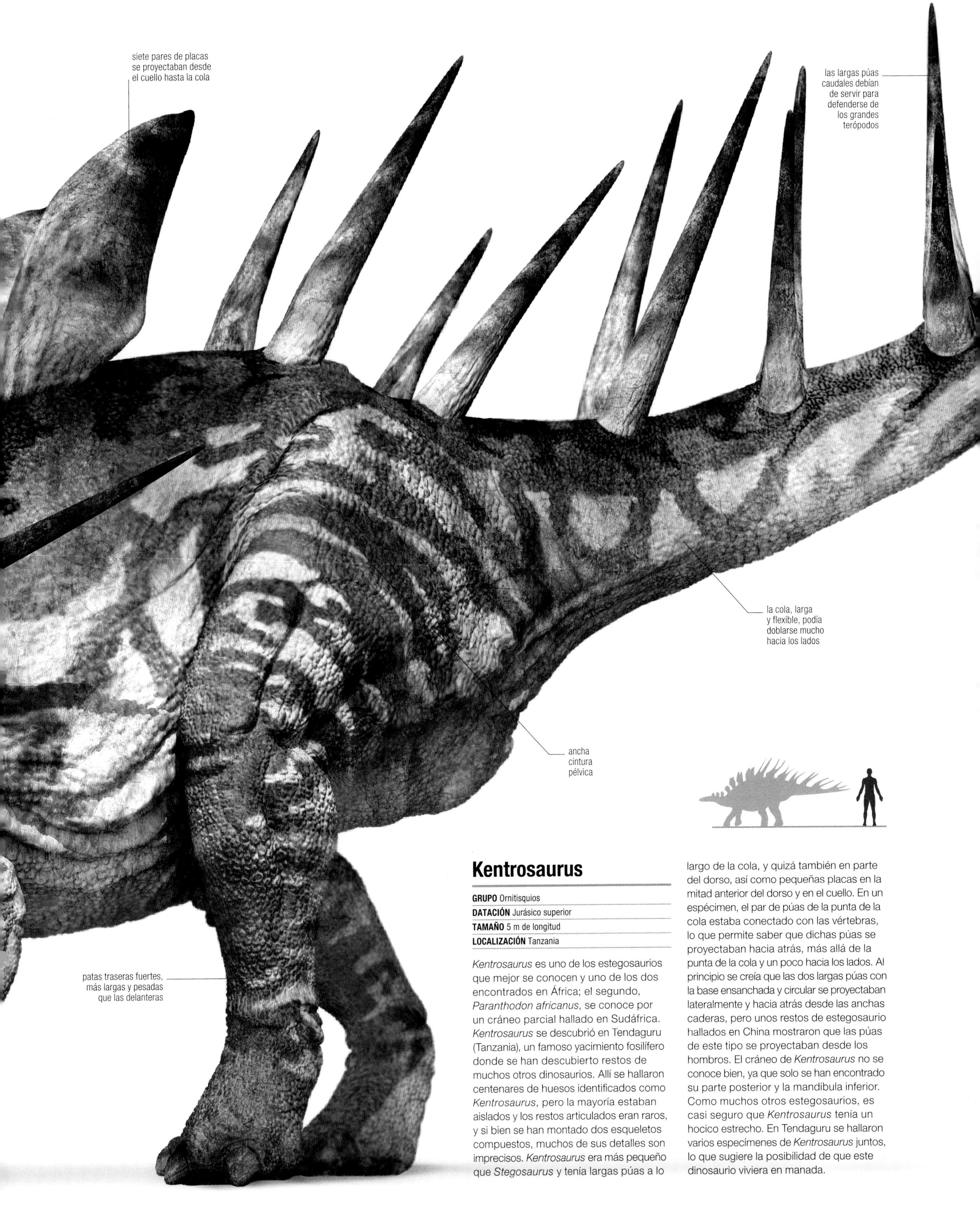
siete pares de placas se proyectaban desde el cuello hasta la cola
las largas púas caudales debían de servir para defenderse de los grandes terópodos
la cola, larga y flexible, podía doblarse mucho hacia los lados
ancha cintura pélvica
patas traseras fuertes, más largas y pesadas que las delanteras

Kentrosaurus

GRUPO Ornitisquios
DATACIÓN Jurásico superior
TAMAÑO 5 m de longitud
LOCALIZACIÓN Tanzania

Kentrosaurus es uno de los estegosaurios que mejor se conocen y uno de los dos encontrados en África; el segundo, *Paranthodon africanus*, se conoce por un cráneo parcial hallado en Sudáfrica. *Kentrosaurus* se descubrió en Tendaguru (Tanzania), un famoso yacimiento fosilífero donde se han descubierto restos de muchos otros dinosaurios. Allí se hallaron centenares de huesos identificados como *Kentrosaurus*, pero la mayoría estaban aislados y los restos articulados eran raros, y si bien se han montado dos esqueletos compuestos, muchos de sus detalles son imprecisos. *Kentrosaurus* era más pequeño que *Stegosaurus* y tenía largas púas a lo largo de la cola, y quizá también en parte del dorso, así como pequeñas placas en la mitad anterior del dorso y en el cuello. En un espécimen, el par de púas de la punta de la cola estaba conectado con las vértebras, lo que permite saber que dichas púas se proyectaban hacia atrás, más allá de la punta de la cola y un poco hacia los lados. Al principio se creía que las dos largas púas con la base ensanchada y circular se proyectaban lateralmente y hacia atrás desde las anchas caderas, pero unos restos de estegosaurio hallados en China mostraron que las púas de este tipo se proyectaban desde los hombros. El cráneo de *Kentrosaurus* no se conoce bien, ya que solo se han encontrado su parte posterior y la mandíbula inferior. Como muchos otros estegosaurios, es casi seguro que *Kentrosaurus* tenía un hocico estrecho. En Tendaguru se hallaron varios especímenes de *Kentrosaurus* juntos, lo que sugiere la posibilidad de que este dinosaurio viviera en manada.

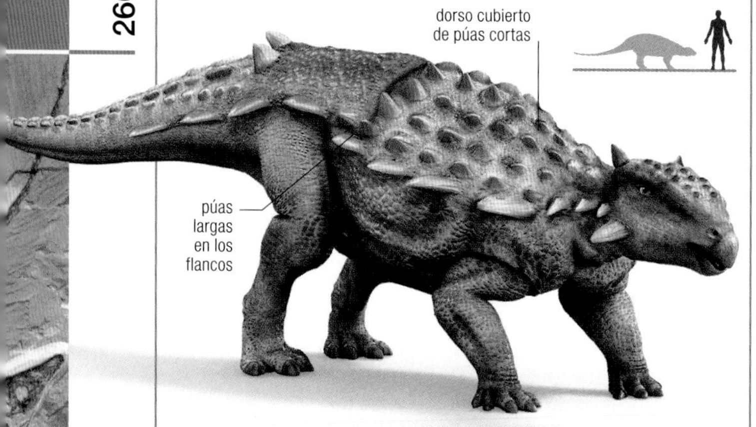
dorso cubierto
de púas cortas
púas
largas
en los
flancos

Gargoyleosaurus

GRUPO Ornitisquios
DATACIÓN Jurásico superior
TAMAÑO 4 m de longitud
LOCALIZACIÓN EE UU

Gargoyleosaurus es uno de los anquilosáuridos más antiguos conocidos. Esta familia principalmente cretácica comprende al gigantesco *Ankylosaurus* (p. 315) y a otros taxones con maza caudal. La superficie superior del cráneo de *Gargoyleosaurus* estaba cubierta de pequeñas protuberancias y desde detrás de los ojos y las mejillas se proyectaban cuatro cuernos cortos y triangulares. A diferencia de otros anquilosáuridos, tenía siete dientes en cada premaxila (huesos que forman el extremo de la mandíbula superior), así como conductos nasales simples y rectos en vez de sinuosos.

Camptosaurus

GRUPO Ornitisquios
DATACIÓN Jurásico superior
TAMAÑO 7 m de longitud
LOCALIZACIÓN EE UU

Camptosaurus pertenece al grupo iguanodontios de dinosaurios ornitópodos. Los iguanodontios primitivos eran animales pequeños, pero *Camptosaurus* fue uno de los primeros que adquirieron mayor tamaño. Como algunos otros ornitópodos primitivos, *Camptosaurus* era probablemente bípedo, aunque sus dedos, cortos y robustos, estaban bien adaptados para soportar su peso, lo que sugiere que debía de andar a cuatro patas cuando buscaba comida. Los iguanodontios posteriores fueron cada vez más cuadrúpedos. *Camptosaurus*, la mayoría de cuyos fósiles se han hallado en rocas del Jurásico superior de América del Norte, compartía hábitat con fitófagos como *Stegosaurus* (pp. 260-261) y *Diplodocus* (pp. 256-257), y debía de ser presa de terópodos como *Allosaurus* (p. 249).

hocico en
declive
dedos cortos
y robustos,
capaces de
soportar el
peso corporal

CIENCIA

CRÁNEO EQUIVOCADO

Hasta fechas recientes, *Camptosaurus* se representaba con el hocico alto y rectangular. Esto se debía a que Othniel Marsh, el descriptor de *Camptosaurus*, dio por sentado que un cráneo de hocico rectangular que él tenía perteneció a este dinosaurio. Recientes investigaciones mostraron que el cráneo original (izda. en la imagen) no pertenece a *Camptosaurus* y que su cráneo tenía una forma muy diferente. El cráneo rectangular perteneció de hecho a un animal totalmente distinto, recién bautizado como *Theiophytalia*.

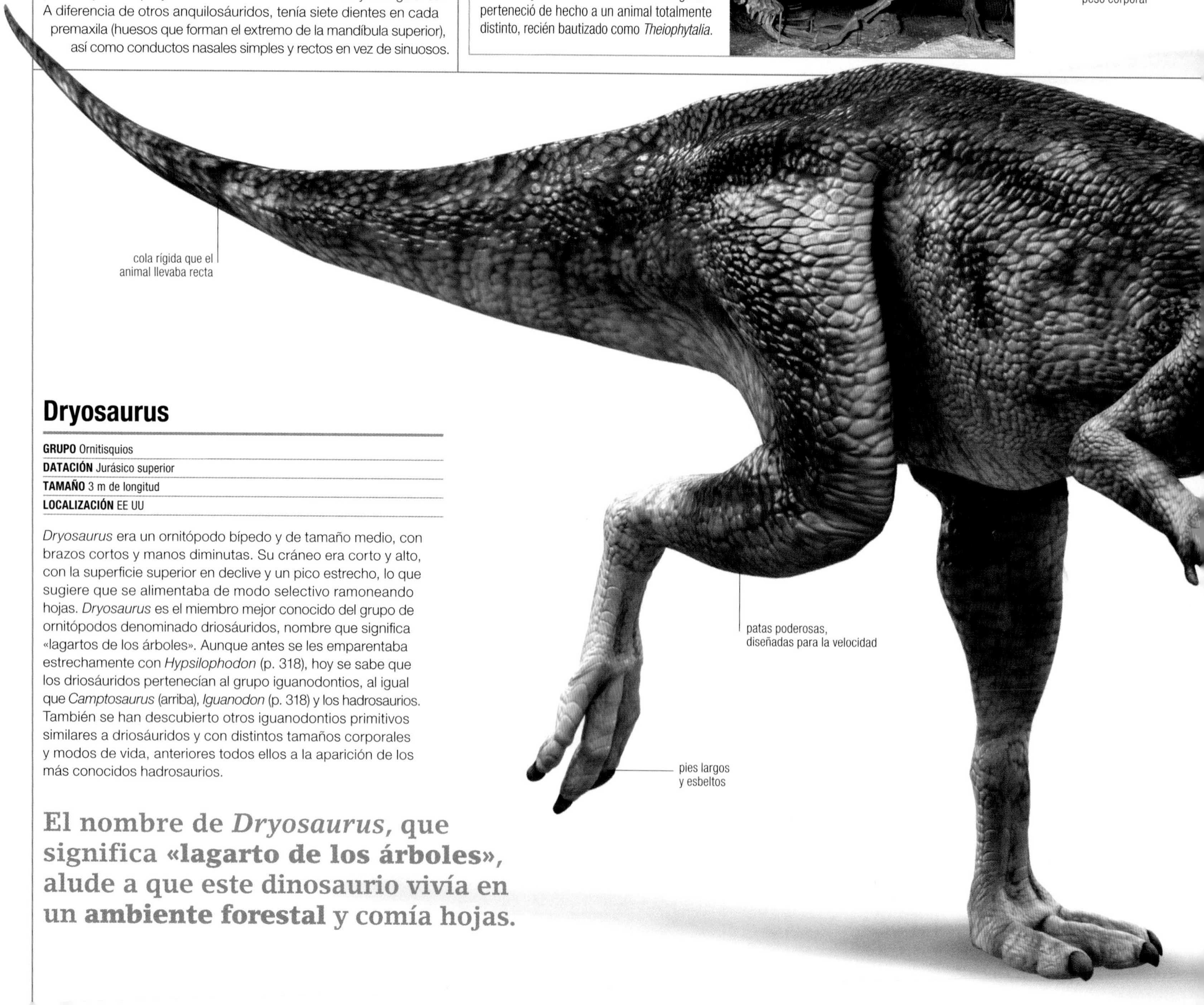
cola rígida que el
animal llevaba recta
patas poderosas,
diseñadas para la velocidad
pies largos
y esbeltos

Dryosaurus

GRUPO Ornitisquios
DATACIÓN Jurásico superior
TAMAÑO 3 m de longitud
LOCALIZACIÓN EE UU

Dryosaurus era un ornitópodo bípedo y de tamaño medio, con brazos cortos y manos diminutas. Su cráneo era corto y alto, con la superficie superior en declive y un pico estrecho, lo que sugiere que se alimentaba de modo selectivo ramoneando hojas. *Dryosaurus* es el miembro mejor conocido del grupo de ornitópodos denominado driosáuridos, nombre que significa «lagartos de los árboles». Aunque antes se les emparentaba estrechamente con *Hypsilophodon* (p. 318), hoy se sabe que los driosáuridos pertenecían al grupo iguanodontios, al igual que *Camptosaurus* (arriba), *Iguanodon* (p. 318) y los hadrosaurios. También se han descubierto otros iguanodontios primitivos similares a driosáuridos y con distintos tamaños corporales y modos de vida, anteriores todos ellos a la aparición de los más conocidos hadrosaurios.

El nombre de *Dryosaurus*, que significa **«lagarto de los árboles»**, alude a que este dinosaurio vivía en un **ambiente forestal** y comía hojas.

dorso arqueado característico
cola robusta para mantener el equilibrio

RAMONEADOR A ESCASA ALTURA
Camptosaurus, ramoneador de plantas de bajo porte, tenía el dorso arqueado y unos brazos lo bastante largos para andar a cuatro patas cuando comía.

pico estrecho para ramonear hojas
manos diminutas

FALTA UN DEDO
Los pies de *Dryosaurus*, largos y finos, carecen del primer dedo del lado interno (el halux), y sus patas traseras son poderosas. Estos rasgos sugieren que *Dryosaurus* era un veloz corredor.

CIENCIA
CRUZANDO CONTINENTES

En 1919 se encontraron en Tanzania restos similares a los fósiles de *Dryosaurus* descubiertos en EE UU. Eran tan similares que el ejemplar tanzano fue rebautizado como una segunda especie del mismo género, y se sugirió que América y África estaban unidas en el Jurásico superior. Pero investigaciones posteriores mostraron que no era un *Dryosaurus*, lo que concuerda con las evidencias geológicas de la separación de ambos continentes por entonces.

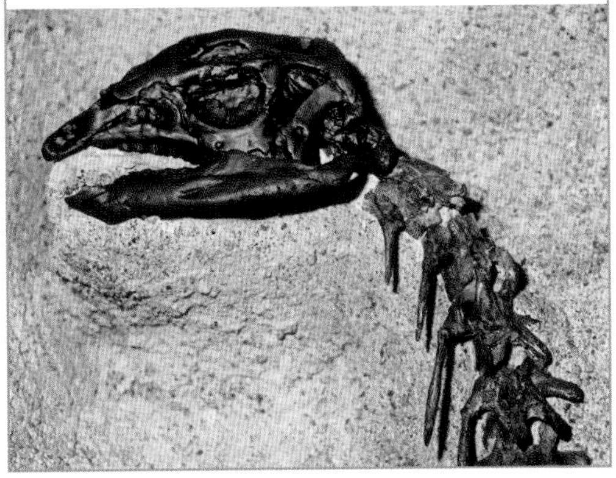

Othnielosaurus

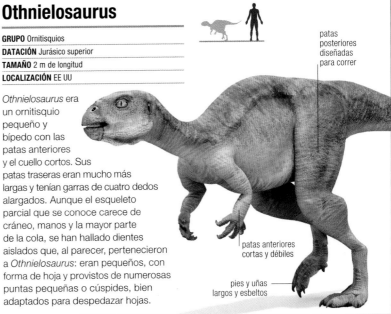

GRUPO Ornitisquios
DATACIÓN Jurásico superior
TAMAÑO 2 m de longitud
LOCALIZACIÓN EE UU

Othnielosaurus era un ornitisquio pequeño y bípedo con las patas anteriores y el cuello cortos. Sus patas traseras eran mucho más largas y tenían garras de cuatro dedos alargados. Aunque el esqueleto parcial que se conoce carece de cráneo, manos y la mayor parte de la cola, se han hallado dientes aislados que, al parecer, pertenecieron a *Othnielosaurus*: eran pequeños, con forma de hoja y provistos de numerosas puntas pequeñas o cúspides, bien adaptados para despedazar hojas.

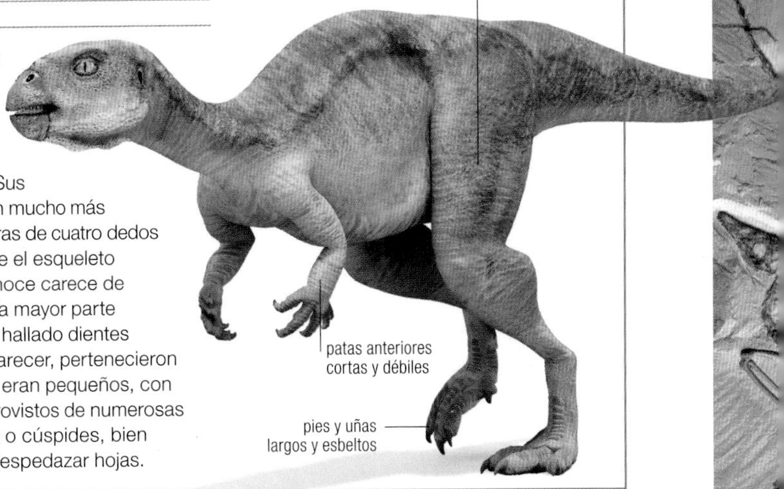
patas posteriores diseñadas para correr
patas anteriores cortas y débiles
pies y uñas largos y esbeltos

Megazostrodon

GRUPO Sinápsidos
DATACIÓN Jurásico inferior
TAMAÑO 10 cm de longitud
LOCALIZACIÓN Sudáfrica

El nombre de *Megazostrodon* significa «grandes dientes con cinturón». Cada muela poseía cortas cúspides triangulares dispuestas en hilera; su forma era más simple que en los mamíferos posteriores, sobre todo en la manera en que las cúspides engranaban unas con otras, y es probable que sirvieran para despedazar insectos. El esqueleto de *Megazostrodon* no mostraba especializaciones para un modo de vida concreto pero es probable que excavara, trepara y corriera de un modo muy similar a las ratas y musarañas modernas. Compartía varios rasgos con otros morganucodontes (orden de mamíferos primitivos) del Triásico superior y del Jurásico inferior.

una buena vista facilitaba la vida nocturna
cuerpo cubierto de pelo

Sinoconodon

GRUPO Sinápsidos
DATACIÓN Jurásico inferior
TAMAÑO 10 cm de longitud
LOCALIZACIÓN China

Es uno de los mamíferos primitivos de mayor tamaño encontrados hasta hoy. Varios rasgos de sus dientes y mandíbulas eran inusuales: el largo espacio vacío entre los caninos y las muelas, la articulación mandibular robusta y el mentón robusto y fuerte. Estos rasgos sugieren que *Sinoconodon* mordía con fuerza y que debía de depredar grandes insectos y pequeños reptiles. Se ha dicho que podría ser pariente de *Megazostrodon* (arriba) y *Morganucodon* (p. 213), pero los estudios han mostrado que era un mamífero aún más primitivo, uno de los más antiguos que se conocen.

CRETÁCICO

Cretácico

En el Cretácico, la Tierra era un mundo de invernadero, con una concentración de dióxido de carbono en la atmósfera relativamente alta, elevadas temperaturas globales y el nivel del mar entre 200 y 300 m por encima del actual. Inmensos mares someros cubrían muchos de los continentes de hoy. En este tiempo evolucionaron plantas y aves, y se diversificaron los grupos de insectos modernos.

ACANTILADOS BLANCOS DE DOVER
Estos célebres acantilados de creta de la costa sur inglesa están compuestos casi totalmente de cocolitos depositados en mares cretácicos.

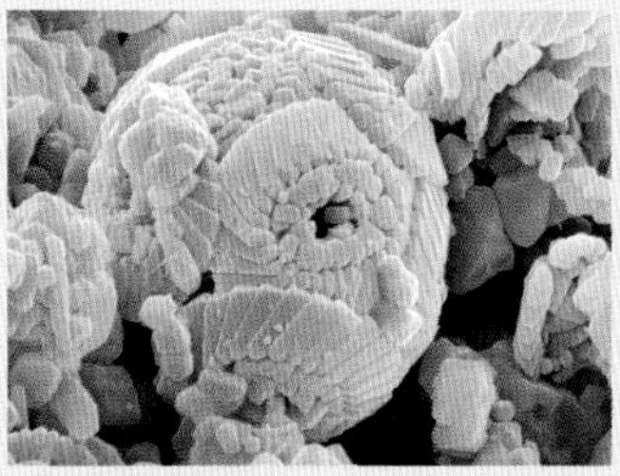

FÓSIL CALCÁREO
Microfotografía electrónica de un cocolito, el esqueleto fósil de un cocolitóforo (alga marina unicelular).

Océanos y continentes

El Cretácico recibe su nombre de los extensos estratos de creta, compuesta por los esqueletos de incontables algas diminutas, de sus mares superficiales. En esta época empezaron a tomar forma los océanos actuales. Pangea seguía desintegrándose, con la expansión del Atlántico Sur a medida que África y América del Sur se separaban. Australia seguía unida a la Antártida pero, ya en el Cretácico inferior, India empezó a separarse de la costa occidental australiana, desplazándose hacia el oeste. El océano o mar de Tetis quedó reducido al mínimo cuando los bloques combinados de Eurasia, el norte y el sur de China e Indochina rotaron en el sentido de las agujas del reloj, acercando el sureste de Asia al ecuador. El alto nivel de los mares del Cretácico superior inundó América del Norte y creó una vía marítima desde el golfo de México hasta el recién formado océano Ártico. El Atlántico Norte, como su equivalente meridional, estaba en expansión, pero solo en el sur. India se separó de Madagascar e inició una rotación al norte que la llevó a colisionar con el continente asiático hacia el final del Cretácico. El resultado inicial de ello fue la efusión de inmensas cantidades de magma que cubrieron gran parte de India con lava que, al solidificarse en forma de basalto, creó la zona conocida como Trampas del Decán. Algunos expertos indican que esta intensa actividad volcánica pudo causar las extinciones masivas del Pérmico superior y del Cretácico. Las capas rocosas enriquecidas con el raro elemento llamado iridio indican que la Tierra fue golpeada por meteoritos, uno de los cuales dejó un inmenso cráter de impacto en Chicxulub, en la península de Yucatán (México). Este es uno de los sucesos propuestos como posible causa de la extinción masiva del final del Cretácico.

MONUMENT ROCKS
Los extensos carbonatos y otros depósitos sedimentarios hacen excepcional al registro rocoso cretácico. Un ejemplo es la riqueza en fósiles marinos de las calizas de Smoky Hill (Kansas, EE UU).

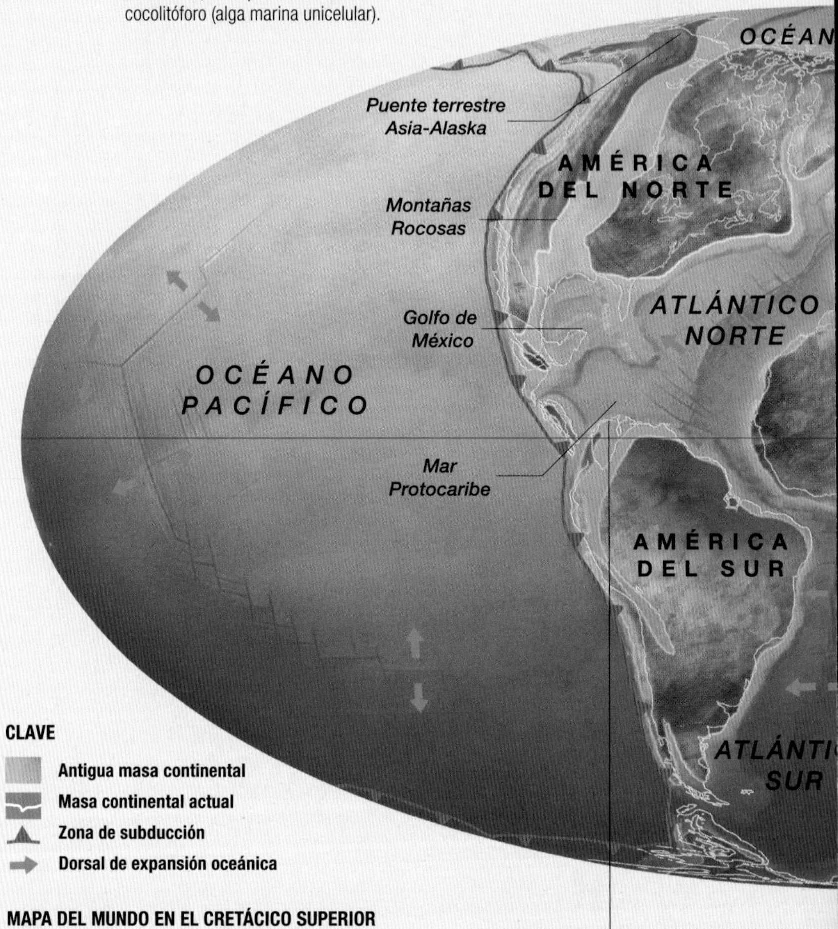
OCÉAN
Puente terrestre Asia-Alaska
AMÉRICA DEL NORTE
Montañas Rocosas
Golfo de México
ATLÁNTICO NORTE
OCÉANO PACÍFICO
Mar Protocaribe
AMÉRICA DEL SUR
ATLÁNTI
SUR
CLAVE
Antigua masa continental
Masa continental actual
Zona de subducción
Dorsal de expansión oceánica
se abre el mar Caribe, separando América del Norte y del Sur

MAPA DEL MUNDO EN EL CRETÁCICO SUPERIOR
Pangea seguía fragmentándose, mientras África y América del Sur se separaban. Los océanos se reorganizaron, y Europa seguía conectada a América del Norte.

INFERIOR

MA	140	120	10
VIDA MICROSCÓPICA	**140** Empiezan a diversificarse los foraminíferos		
PLANTAS		**125** Primeras plantas con flores constatadas	
INVERTEBRADOS	**140** Primeros bivalvos venéridos; **135** Primeros bivalvos tellínidos	**125** Primeros bivalvos máctridos, teredínidos y donácidos	**110** Primeros bivalvos limópsidos, verticordios y tiasíridos
VERTEBRADOS	**140–100** Decrece la diversidad de dinosaurios estegosaurios y saurópodos de cuello largo; se diversifican ornitópodos, anquilosaurios y aves		
	140 Primeros dinosaurios ceratopsios; **130** Primeras tortugas pelomedúsidas de agua dulce	**125** Primeras aves enantiornites; **115** Primeros mamíferos monotremas (ovíparos)	**110** Primeras hesperornitiformes (aves buceadoras)

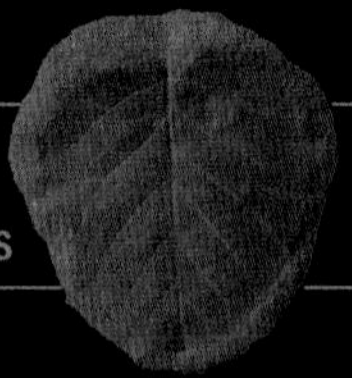

BETULITES

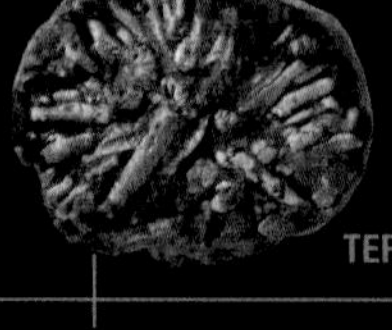

TEREDINA

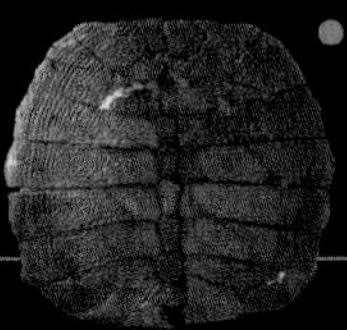

TRIONYX

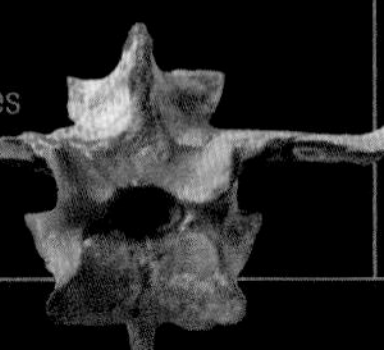

HESPERORNIS (VÉRTEBRA)

MAGNOLIO
Las plantas con flores (angiospermas), como este magnolio, aparecieron en el Cretácico inferior y ocuparon nuevos nichos terrestres. Coevolucionaron con insectos polinizadores, como las abejas, y con las aves.

Clima

El período Cretácico tuvo un clima muy variable, con oscilaciones entre calor y frío cada 2 MA aproximadamente, y grandes cambios de temperatura media en un ciclo de 20 MA. Aunque a menudo se describe este mundo como un cálido invernadero (p. 25), en realidad ello solo se aplica a una parte del período. Al principio persistió el clima jurásico, con temperaturas cálidas y sin evidencia de casquetes polares. Prosperaron los reptiles y evolucionaron y se extendieron las plantas con flores. Sin embargo, hace unos 120 MA, la temperatura global descendió hasta el punto de que áreas elevadas del este de la Antártida quedaron cubiertas por casquetes glaciares y el hielo revistió zonas de Australia por encima de 65° de latitud sur. En las latitudes altas de Australia, la temperatura media no superaba los 12 °C. Durante los siguientes 30 MA, las temperaturas globales aumentaron, por lo que hace 90 MA la Tierra estaba experimentando uno de sus períodos más cálidos. Globalmente, la temperatura media era unos 10 °C más alta que la actual. Incluso en las latitudes altas se mantenía en 22-28 °C, y la temperatura del océano en latitudes bajas llegaba a los 36 °C. El Cretácico superior fue mucho más frío, con casquetes glaciares desarrollándose en el polo Sur. Hacia el final del Cretácico, la temperatura media global se había desplomado desde los 31 °C hasta unos 21 °C.

ÁRTICO
EURASIA
Norte de China
Sur de China
Indochina
Arabia
OCÉANO DE TETIS
ÁFRICA
Madagascar
India
Australia
ANTÁRTIDA

Eurasia, el norte y el sur de China e Indochina giran en el sentido de las agujas del reloj

India se separa de Madagascar y se desplaza hacia el norte

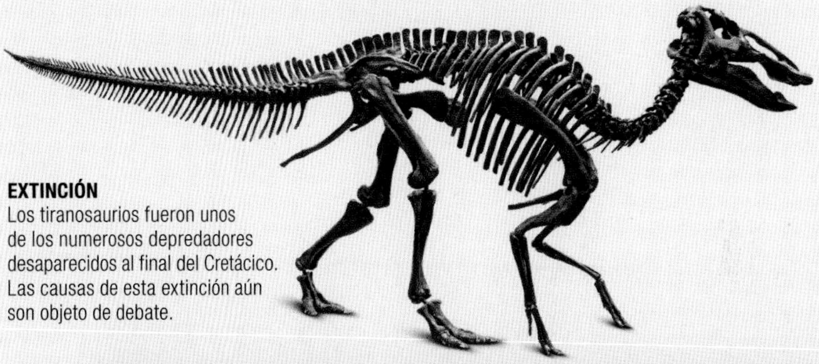

EXTINCIÓN
Los tiranosaurios fueron unos de los numerosos depredadores desaparecidos al final del Cretácico. Las causas de esta extinción aún son objeto de debate.

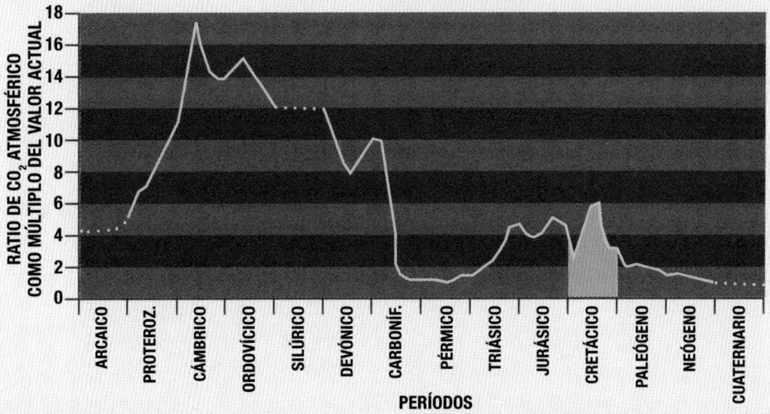
RATIO DE CO_2 ATMOSFÉRICO COMO MÚLTIPLO DEL VALOR ACTUAL
18
16
14
12
10
8
6
4
2
0
ARCAICO
PROTEROZ.
CÁMBRICO
ORDOVÍCICO
SILÚRICO
DEVÓNICO
CARBONÍF.
PÉRMICO
TRIÁSICO
JURÁSICO
CRETÁCICO
PALEÓGENO
NEÓGENO
CUATERNARIO
PERÍODOS

NIVEL DE DIÓXIDO DE CARBONO
Las subidas y bajadas del dióxido de carbono reflejan el cambio climático cuando la Tierra pasaba de condiciones frías a cálidas. Los gases de la actividad volcánica pudieron elevar el nivel de CO_2.

SUPERIOR

100 | 80 | 60 | MA

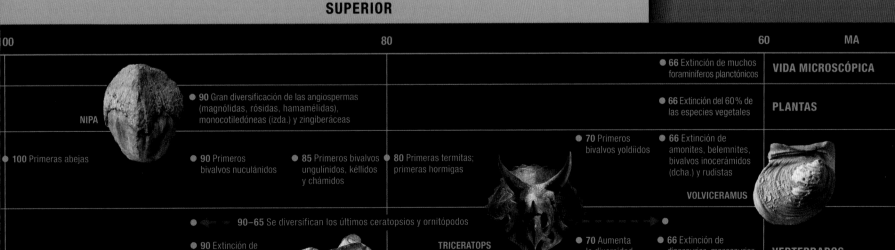

VIDA MICROSCÓPICA
- **66** Extinción de muchos foraminíferos planctónicos

PLANTAS
- **90** Gran diversificación de las angiospermas (magnólidas, rósidas, hamamélidas), monocotiledóneas (izda.) y zingiberáceas
- **66** Extinción del 60% de las especies vegetales

NIPA

INVERTEBRADOS
- **100** Primeras abejas
- **90** Primeros bivalvos nuculánidos
- **85** Primeros bivalvos ungulínidos, kéllidos y chámidos
- **80** Primeras termitas; primeras hormigas
- **70** Primeros bivalvos yoldiidos
- **66** Extinción de amonites, belemnites, bivalvos inocerámidos (dcha.) y rudistas

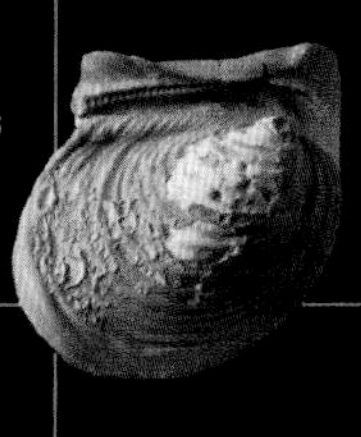
VOLVICERAMUS

VERTEBRADOS
- **90–65** Se diversifican los últimos ceratopsios y ornitópodos
- **90** Extinción de ictiosaurios; primeras serpientes (dcha.)
- **70** Aumenta la diversidad de mamíferos multituberculados
- **66** Extinción de dinosaurios, mosasaurios, pterodáctilos, plesiosaurios y pliosaurios

DINILYSIA

TRICERATOPS

CRETÁCICO PLANTAS

Las angiospermas, o plantas con flores, aparecieron durante el Cretácico inferior. Al principio escasas y nada diversas, empezaron a proliferar de forma sostenida y, hacia finales del Cretácico, dominaban la vegetación en gran parte del mundo.

La flora fósil de principios del Cretácico se compone básicamente de helechos, coníferas, cícadas y grupos de plantas con semillas (espermatofitas) extintas, de aspecto muy similar a la flora fósil del Jurásico. Hace unos 130 MA, los vestigios de las más antiguas plantas con flores proporcionan indicios de los cambios evolutivos por venir.

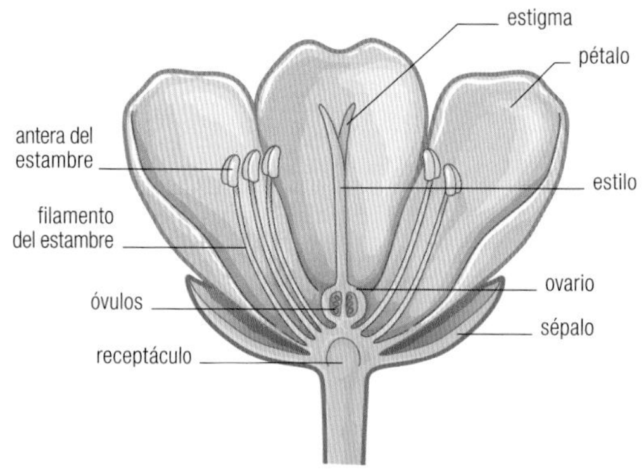
estigma
pétalo
antera del estambre
estilo
filamento del estambre
ovario
óvulos
sépalo
receptáculo

ESTRUCTURA DE UNA FLOR
La flor típica de las angiospermas tiene una estructura verde externa (sépalo) que la protege. En el centro, los estambres, que producen el polen, rodean a los carpelos (la parte femenina, que incluye ovario, estilo y estigma). Estos desarrollan frutos, que contienen las semillas.

Las primeras plantas con flores

Los fósiles fiables más antiguos de plantas con flores son granos de polen de mediados del Cretácico inferior que pueden ser reconocidos como pólenes de angiospermas por su distintiva estructura en pared. Más tarde, hace unos 125 MA, se registran las primeras hojas de angiosperma y las flores fósiles más antiguas en fósiles bien conservados del este de América del Norte y en Portugal. Estas flores eran muy pequeñas, pero tenían la misma estructura básica que las actuales. Los detalles de sus estructuras productoras de polen y de los órganos en los que se desarrollaban las semillas eran también exactamente como los de las angiospermas de hoy, pero distintos de los órganos reproductores de otras espermatofitas. Algunas de las angiospermas más antiguas del Cretácico inferior formaban parte de familias que aún existen, como las ninfeáceas y las ericáceas. Las clorantáceas, una rara familia de angiospermas vivas, fueron especialmente abundantes en esta época. También hay fósiles de monocotiledóneas tempranas emparentadas con las modernas aráceas. Hace unos 100 MA, el número de grupos de angiospermas modernas había crecido aún más, con plantas muy similares a la magnolia y el laurel actuales, y con dicotiledóneas primitivas emparentadas con el plátano de sombra, el loto sagrado y el boj.

Hacia la vegetación actual

Las plantas con flores siguieron diversificándose rápidamente durante el Cretácico superior. Hace unos 70 MA ya habían evolucionado palmas y jengibres y afines, lo que sugiere que la variedad de monocotiledóneas existentes también había

HOJA EN ARENISCA DE DAKOTA
La flora del Cretácico medio de la arenisca de Dakota ilustra hasta qué punto se habían desarrollado las angiospermas hace unos 100 MA. Estos fósiles consisten casi exclusivamente en tipos de hojas de diversas angiospermas que crecieron en las orillas de un antiguo sistema fluvial.

GRUPOS

El cambio evolutivo más evidente del Cretácico fue el auge de las plantas con flores, pero también otros grupos se expandieron o declinaron. El resultado fueron ecosistemas dominados por plantas que, en su mayoría, hoy nos resultan familiares. Con todo, estos ecosistemas, poblados por dinosaurios y otros reptiles extintos, estaban aún lejos de ser totalmente modernos.

HELECHOS
El Cretácico fue una época de transición en su evolución. Grupos antiguos, como las dipteridáceas, perdieron importancia, y las gleicheniáceas prosperaron para luego declinar. Hacia finales del Cretácico empezaron a diversificarse nuevos grupos de helechos en hábitats creados por las angiospermas.

EQUISETOS
Habituales en muchas floras del Cretácico inferior, aparecen de forma continuada en el registro fósil hasta la actualidad. Algunos parecen haber sido más grandes que sus equivalentes actuales, pero crecieron en hábitats similares: en las riberas de los ríos y a orillas de los lagos.

CONÍFERAS
El Cretácico fue una época de gran modernización en la historia de las coníferas que dio como resultado muchos de los grupos vivos de hoy. Pero algunos grupos también decayeron en aquel tiempo. Las cheirolepidiáceas, abundantes en el Jurásico y el Cretácico inferior, se habían extinguido al final del Cretácico.

CÍCADAS
Es uno de los grupos que parece haber perdido más importancia durante el Cretácico. Algunas pudieron sufrir la competencia de las angiospermas. Sin embargo, existen pruebas de diversificación entre algunos grupos de cícadas que han sobrevivido hasta hoy.

Varias características distinguen a las angiospermas del resto de plantas con semillas, pero la más evidente es **la propia flor**.

HELECHOS ACUÁTICOS
En el Cretácico siguieron diversificándose muchos grupos de plantas con un largo historial fósil. Los helechos acuáticos son uno de los nuevos grupos de helechos que aparecieron en esta época.

aumentado. Entre las dicotiledóneas surgieron cornejos y hamamelis, junto con muchas formas relacionadas con los brezos. En el este de América del Norte y en Europa occidental aparecieron plantas emparentadas con el roble, el nogal y el avellano, mientras que en el hemisferio sur de la época se dieron hayas australes. En paralelo con la modernización de las angiospermas, otros grupos vegetales muestran también cambios importantes. Entre los helechos perdieron primacía las formas arcaicas del Mesozoico, así como las cícadas, bennettitales y una familia clave de coníferas extintas. Al mismo tiempo aparecieron nuevos grupos, y la vida vegetal en conjunto adquirió un aspecto más moderno. Por ejemplo, se conocen parientes de los pinos actuales desde el Cretácico inferior, y los pinos auténticos empezaron a generalizarse en el Cretácico superior.

Evolución de las flores

Varias características distinguen a las angiospermas del resto de las plantas con semillas, pero la más evidente es la propia flor. Recientemente se han descubierto en diversas partes del mundo flores fósiles magníficamente conservadas datadas en varias etapas del Cretácico, que han arrojado nueva luz sobre la evolución de las flores. Las primeras flores de angiospermas eran pequeñas: apenas medían 1 o 2 mm de diámetro. Muchas eran bisexuales, pero otras eran unisexuales y solo producían polen o semillas. Muy pocas tenían pétalos distinguibles. Los pétalos ostensibles más típicos aparecen más tarde en el registro fósil y son comunes a partir del Cretácico superior, cuando se fue especializando la estructura floral. Así, por ejemplo, los pétalos se fusionaron en un tubo y los carpelos, con frecuencia, en un ovario con una sola estructura receptora de polen. Algunos de estos cambios indican interacciones cada vez más sofisticadas con los insectos polinizadores. Las primeras noticias de varios grupos clave de polinizadores, como las abejas y formas modernas de mariposas nocturnas y diurnas, proceden del Cretácico superior.

MAGNOLIA
Entre los diversos grupos modernos de plantas con flores que pueden reconocerse en el Cretácico medio existen formas claramente similares a las magnolias modernas. Hacia el final del Cretácico, la diversificación de esta familia y de sus parientes estaba en curso.

GINKGOS
Plantas similares al ginkgo estaban ampliamente extendidas en ambos hemisferios durante el Cretácico inferior, pero a finales del Cretácico eran menos diversas y estaban confinadas al hemisferio norte. El ginkgo del Paleógeno inferior es muy similar al actual *Ginkgo biloba*.

GNETALES
Es un pequeño grupo vivo de espermatofitas cuyos distintivos granos de polen han sido vistos por primera vez en el límite Pérmico-Triásico. En el Cretácico medio experimentaron una importante diversificación. A partir de este período se conocen gnetales fósiles similares a las *Welwitschia* (p. 275) y *Ephedra* (p. 397) actuales.

BENNETTITALES
Este grupo extinto de espermatofitas que aparecieron en el Triásico siguió siendo importante en la flora del Cretácico inferior, pero se extinguió en muchas áreas hacia el límite Cretácico-Paleógeno. Hallazgos recientes indican que, en Australia, algunas llegaron al Oligoceno. En el Cretácico son conocidas principalmente por las cicadeoideas.

ANGIOSPERMAS
Se difundieron rápidamente a lo largo del Cretácico. Antes del fin del Cretácico inferior ya existían los tres grandes grupos vivientes: magnólidas, monocotiledóneas y eudicotiledóneas. Estas últimas constituyen hoy cerca de tres cuartas partes de las plantas con flores, y las monocotiledóneas casi una cuarta parte.

Nathorstiana

GRUPO Licófitas
DATACIÓN Cretácico
TAMAÑO Hasta 4 cm de longitud; 2 cm de diámetro
LOCALIZACIÓN Alemania

La planta fósil *Nathorstiana* se conoce solo por una colección de moldes y vaciados tomados en una única localización. Su base crecía hacia abajo, produciendo raíces nuevas y mudando las viejas a la vez. El ápice de la raíz estaba hendido por una depresión central y cubierto con una membrana protectora. La forma radialmente simétrica de las bases jóvenes se dividía en dos lóbulos, y luego en cuatro, a medida que la planta maduraba; la edad viene indicada por esta maduración, y no por el muy variable tamaño que muestran los fósiles. Las hojas y órganos reproductores de *Nathorstiana* son desconocidos, pero en general se considera una licófita y parte de una serie de plantas cuyo tamaño se redujo gradualmente desde la *Pleuromeia* triásica hasta las *Isoetes* actuales.

PARIENTE VIVO
ISOETES

El género *Isoetes* consta de unas 200 especies, casi todas acuáticas o semiacuáticas. Las hojas estrechas y afiladas se conectan a un tallo de tipo cormo enraizado. La turgente base de las hojas posee un gran esporangio con megasporas o microsporas dentro de una fina membrana llamada velo.

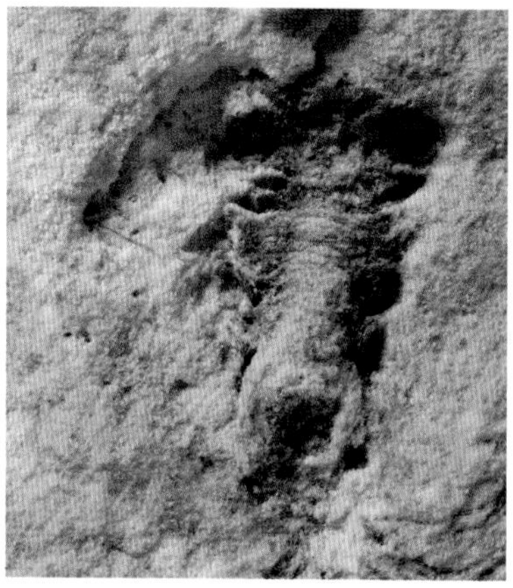

NATHORSTIANA SP.
Esta impronta, procedente de Quelinburg (Alemania), muestra la base de *Nathorstiana* con los terrones laterales que marcan las bases de las hojas.

Weichselia

GRUPO Helechos
DATACIÓN Cretácico
TAMAÑO Hoja de 1,5 m o más de ancho
LOCALIZACIÓN Hemisferio norte

Weichselia fue un próspero género de helechos arborescentes que formaban densos tapices parecidos a los de los helechos modernos. Las plantas tenían unas hojas palmeadas con 5-15 «dedos» o segmentos (pinnas), cada uno de los cuales poseía 14-20 esporangios –productores de esporas– ordenados en filas a cada lado del nervio central. El cambio climático del Cretácico medio parece haberlo eliminado. Pertenecía a la familia de las matoniáceas, que desaparecieron de casi todo el planeta en el Cretácico superior, tal vez expulsadas por las plantas con flores. Hoy solo perviven dos géneros, hallados en Borneo.

grupos de esporangios
nervio central

WEICHSELIA RETICULATA
Los frondes de *Weichselia* se parecían a los del helecho actual.

grupo de esporangios (soro)

PRODUCCIÓN DE ESPORAS
Primer plano de las filas de grupos de esporangios a un lado del nervio central. Estos grupos producían las estructuras reproductoras de la planta (esporas).

PARIENTE VIVO
DIPTERIS

Se considera un helecho de hoja ancha. Sus hojas presentan una nerviación característica llamada dicotómica, por la cual los nervios se bifurcan unos de otros como las ramas de un árbol. Con su fronde de lóbulos desiguales dispuestos en torno al ápice de un tallo vertical, *Dipteris* recuerda a una sombrilla.

Tempskya

GRUPO Helechos
DATACIÓN Cretácico
TAMAÑO Hasta 4,5 m
LOCALIZACIÓN Hemisferio norte

Este raro helecho arborescente, clasificado en familia propia, se ha descrito a partir de especímenes petrificados bien conservados, hallados en distintos lugares del hemisferio norte. Lo que parece un tronco es, en realidad, un falso tronco formado por un gran número de tallos rodeados por una gruesa capa de fibrosas raíces adventicias (es decir, raíces que se originan en una parte de la planta distinta a la raíz principal). Los esporofilos crecían en vertical y se ramificaban o dicotomizaban repetidamente mientras echaban más raíces adventicias que crecían hacia abajo y unían los tallos. Como resultado, la base del tronco estaba casi enteramente compuesta por raíces adventicias. Aunque no se han hallado hojas conectadas, las bases foliares fosilizadas muestran que nacían desde los lados de los tallos, por lo que la parte superior del tronco debía de estar cubierta de hojas, en vez de tener una única corona de frondes en el ápice como en otros helechos arborescentes.

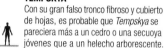

TEMPSKYA
Con su gran falso tronco fibroso y cubierto de hojas, es probable que *Tempskya* se pareciera más a un cedro o una secuoya jóvenes que a un helecho arborescente.

Salvinia

GRUPO Helechos
DATACIÓN Del Cretácico a la actualidad
TAMAÑO Hoja: 5-10 mm de longitud
LOCALIZACIÓN Regiones tropicales y subtropicales

Salvinia es un género vivo de helechos flotantes de hoja pequeña. Sus pares de hojas flotantes planas y ovaladas, unidas a un rizoma sin raíz, están cubiertas de pelos que repelen el agua. *Salvinia* y su pariente cercano *Azolla* son dos géneros de helechos principalmente tropicales con registros fósiles datados desde el Cretácico en adelante. Ambos se propagan fácilmente por crecimiento y división. *Salvinia* tiene además hojas fértiles muy divididas colgando dentro del agua, de las que crecen esporocarpos –estructuras especializadas en producir y liberar esporas– redondeados y con una cubierta dura. Estos pueden contener unos pocos megasporangios femeninos, cada uno con una megaspora, o muchos microsporangios masculinos, con 64 microsporas cada uno. Los esporocarpos permiten a la planta sobrevivir en épocas de sequía, para liberar las esporas cuando vuelve el agua. Las megasporas están cubiertas con una capa espumosa que les permite flotar en el agua.

esporocarpo
rizoma

SALVINIA SP.
Este espécimen, de Baden-Würtemberg (Alemania), muestra un trozo de rizoma de *Salvinia* (las líneas oscuras) con muchas hojas y los esporocarpos reproductores (zonas ovales oscuras).

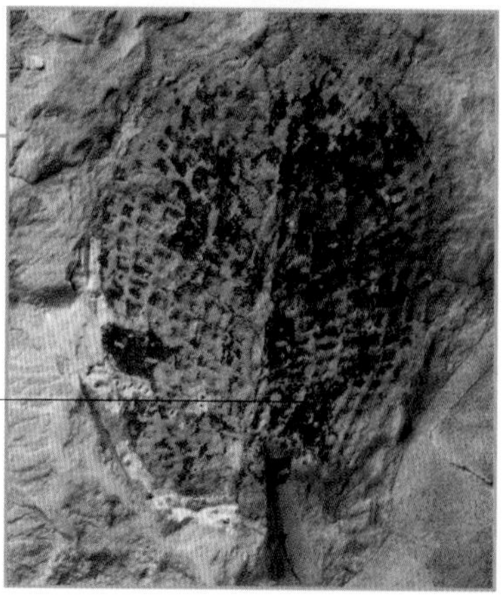
pelos para repeler el agua

SALVINIA FORMOSA
Esta fotografía ampliada de una hoja de *Salvinia* fosilizada muestra los restos de las fibras pilosas que crecen en las hojas de la planta tropical y que le permiten flotar sobre el agua.

Gleichenia

GRUPO Helechos
DATACIÓN Del Cretácico a la actualidad
TAMAÑO Foliolo más pequeño: unos 2 mm de longitud
LOCALIZACIÓN Regiones tropicales y subtropicales

Este helecho fósil ramificado y con foliolos cortos y redondeados es idéntico al tropical *Gleichenia* que crece hoy en lugares abiertos y en los límites de bosques. Tiene un rizoma rastrero (un tallo subterráneo en crecimiento constante) y frondes de crecimiento enorme por la división continuada de sus ramificaciones laterales. *Gleichenia* forma densas marañas cubriendo o trepando sobre otras plantas y constituye un género de la primitiva familia de las gleicheniáceas, cuyos miembros tenían rizomas pilosos simples. Sus grandes esporangios están dispuestos en círculos en el envés de los frondes. Los helechos gleicheniáceos datan del Paleozoico, pero fueron particularmente comunes en las floras del Cretácico.

tallo del fronde
esporangios en el envés de los foliolos

GLEICHENIA SP.
Las hojas de *Gleichenia* pueden alcanzar un tamaño enorme por crecimiento y ramificación repetida. En contraste, sus foliolos finales (pínnulas) son pequeños.

***Gleichenia* fue mucho más escaso en el Cenozoico que en el Cretácico, tal vez debido a la competencia de las plantas con flores.**

Hausmannia

GRUPO Helechos
DATACIÓN Del Triásico al Cretácico
TAMAÑO Hoja de 5-8 cm de longitud
LOCALIZACIÓN Hemisferio norte

A menudo, este grupo de helechos tiene unas hojas profundamente lobuladas con nervios principales ramificados que recorren el limbo hasta el borde. Por la superficie pilosa del envés se esparcen pequeños esporangios. *Hausmania* es muy similar estructuralmente al helecho tropical vivo *Dipteris*, y por ello se incluyó en la familia dipteridáceas. Los estudios paleoecológicos de grupos fósiles hallados juntos indican que fue un helecho ribereño, y también una especie pionera, como *Dipteris*, por la forma en que invadía zonas abiertas.

HAUSMANNIA DICHOTOMA
Este fragmento de hoja muestra los nervios divididos. Entre ellos, otros más finos forman mallas poligonales.

NERVIOS DIVIDIDOS
Este pequeño fragmento de hoja de helecho dipteridáceo muestra varios nervios que se ramifican y llegan al borde del limbo.

Cycadeoidea

GRUPO Bennettitales
DATACIÓN Del Jurásico al Cretácico
TAMAÑO Tallo de hasta 5 cm de diámetro
LOCALIZACIÓN América del Norte, Europa

Los grandes troncos de bennettital fosilizados se hallan en muchos lugares de América del Norte y Europa. La mayoría de los tallos de *Cycadeoidea* son cortos y con forma de barril, con una densa cobertura de bases foliares. En la planta viva, portaban una corona de hojas pinnadas. A pesar de ser espermatofitas, se diferenciaban del resto por sus órganos reproductores, organizados en complejas estructuras similares a flores y protegidos por gruesas brácteas en espiral. El tamaño de estos conos variaba de una especie a otra, y la mayoría de las especies eran bisexuales. Los óvulos, separados por escamas, se encontraban en un receptáculo central túrgido. Es probable que estas flores se autopolinizaran, aunque también pudieron intervenir insectos.

ENTRE HELECHOS
Es probable que estas plantas de porte bajo vivieran en hábitats abiertos, rodeadas por numerosas especies de helechos. El clima pudo ser estacional y la vegetación ardería durante la estación seca, como ocurre en muchas sabanas actuales.

Una especie de *Cycadeoidea* recibió su nombre por un tallo hallado en una tumba etrusca.

Welwitschia

GRUPO Gnetales
DATACIÓN Del Cretácico superior a la actualidad
TAMAÑO Hoja de hasta 9 m de longitud
LOCALIZACIÓN Namibia

Welwitschia mirabilis es una gimnosperma altamente especializada que crece en el desierto del Namib, en el suroeste de África (p. 290). Tiene un tallo muy corto que se estrecha en una raíz principal y dos hojas que crecen constantemente desde sus bases. Las plantas individuales producen conos que portan anteras u óvulos, y es probable que la polinización se produzca a través de insectos. Desde el Triásico superior en adelante se conoce un polen similar al de este género y al de su pariente vivo, *Ephedra*. Es probable que *Welwitschia* y *Ephedra* divergieran en el Cretácico superior, especialmente porque desde esta época se conocen fósiles de plantas similares a ambas.

Araucaria

GRUPO Coníferas
DATACIÓN Del Jurásico a la actualidad
TAMAÑO Conos: 2,5-4,5 cm de longitud y 2,5-4 cm de diámetro
LOCALIZACIÓN América del Sur

Estas grandes coníferas del Jurásico de Argentina portaban conos femeninos característicos con numerosas escamas dispuestas en espiral y unidas a un eje central. No se conocen sus equivalentes masculinos. Cada escama fértil tenía un óvulo y una bráctea más pequeña. Los conos inmaduros contenían óvulos con una corteza de tres capas (integumento). La polinización pudo ser aérea, como en los miembros vivos del género. Los conos maduros contenían semillas con embriones, aparentemente en estado latente, y algunas semillas estaban sueltas dentro del cono. También parece probable que las semillas no fueran liberadas hasta que los conos caían al suelo, donde eran esparcidas por el impacto. La estructura del cono y la forma de dispersión de las semillas eran muy similares a las de la especie viva *Araucaria bidwillii*, que se encuentra en el sur de Queensland (Australia).

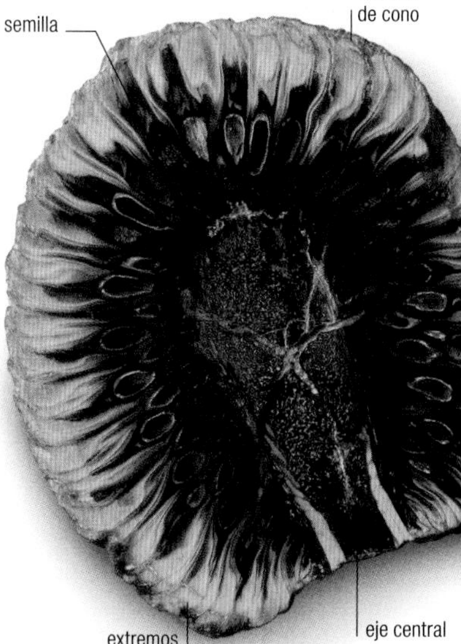
semilla
escama de cono
extremos leñosos de las hojas del cono
eje central

ARAUCARIA MIRABILIS
Estos conos silicificados de *Araucaria mirabilis*, muy bien conservados, proceden del bosque petrificado de Cerro Cuadrado, en la Patagonia.

patrón en diamante
tejido silicificado

PERFECTA CONSERVACIÓN
En el pasado, conos como los que se muestran aquí fueron recolectados en exceso para museos o colecciones privadas. Hoy está prohibida su recogida y exportación de Argentina sin permiso oficial.

Brachyphyllum

GRUPO Coníferas
DATACIÓN Del Jurásico al Cretácico
TAMAÑO Unos 8 mm de ancho
LOCALIZACIÓN Hemisferio norte

Reciben este nombre los vástagos fósiles de conífera cubiertos con espirales de hojas cortas y gruesas similares a escamas. En el extremo de estos brotes se hallaron los conos productores de polen, dotados de abundantes escamas, cada una de ellas con tres sacos polínicos en la cara inferior. Las hojas de *Brachyphyllum* poseían estomas –los poros respiratorios que permiten «respirar» a las plantas– característicos. Además, muestran ciertos rasgos que indican que pudo crecer en ambientes áridos.

Pityostrobus

GRUPO Coníferas
DATACIÓN Cretácico
TAMAÑO Cono de 5-6 cm de longitud
LOCALIZACIÓN América del Norte, Europa

Fue un cono de conífera portador de semillas. En *Pityostrobus*, las escamas ovulíferas (portadoras de semillas) se ubicaban en las axilas –el ángulo entre la inserción de la hoja (o la bráctea, en este caso) y la rama principal– de unas brácteas muy pequeñas. Las escamas ovulíferas se afilaban hacia el ápice, a diferencia de las piñas actuales. En los conos maduros, cada escama ovulífera tenía dos semillas aladas separadas por una cresta central. El pariente vivo más próximo de *Pityostrobus* es *Pinus*, el género que incluye a los pinos y coníferas afines. Sin embargo, *Pityostrobus* difería de *Pinus* en su diferenciación entre brácteas y escamas ovulíferas. En las piñas de *Pinus*, ambas están fusionadas y tienen consistencia leñosa.

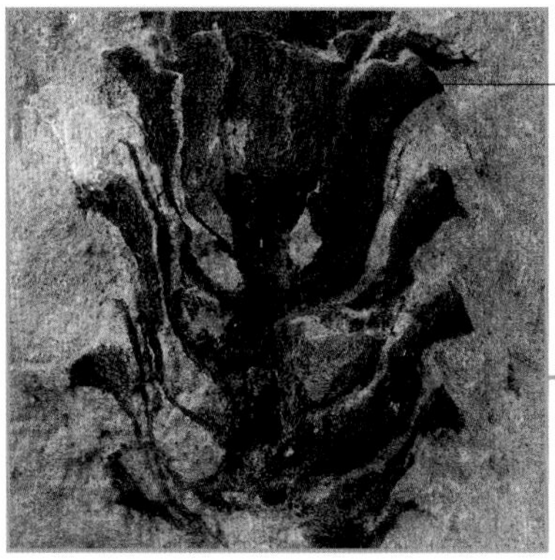

escama
ovulífera

PITYOSTROBUS DUNKERI
Este cono carbonizado del Cretácico inferior es unas tres veces más largo que ancho. En vida, los conos pudieron ser leñosos.

Drepanolepis

GRUPO Coníferas
DATACIÓN Cretácico
TAMAÑO 10 cm de longitud
LOCALIZACIÓN Hemisferio norte

Drepanolepis es un género extinto de coníferas que producían brotes seminíferos con una disposición espiral de las brácteas. Cada bráctea se componía de una única escama en forma de hoz y alada, con una sola semilla unida a su cara superior. Las propias semillas eran curvadas, con la abertura vuelta hacia la base de la escama. Cada una de las escamas seminíferas se ubicaba en la axila –el ángulo donde la bráctea se une al tallo– de brácteas mucho mayores (tectrices). *Drepanolepis* tenía una estructura similar a la conífera pérmica *Ullmania*. También era similar a las araucariáceas, la familia a la que pertenece la araucaria de Chile, de aspecto primitivo pero viva hoy. Hay quien piensa que *Drepanolepis* debió de ser una ramificación evolutiva de las araucariáceas antiguas. Como todas las coníferas, era una gimnosperma, lo que significa que sus semillas estaban «desnudas», a diferencia de las plantas cuyas semillas están rodeadas por frutos, conocidas como angiospermas.

Con sus distintivas brácteas seminíferas y tectrices, *Drepanolepis* se ha comparado a los conos de la familia araucariáceas.

DREPANOLEPIS SP.
Las escamas y los óvulos parecen apartarse del eje en ángulos distintos: es una ilusión producida por la compresión de la espiral durante la fosilización.

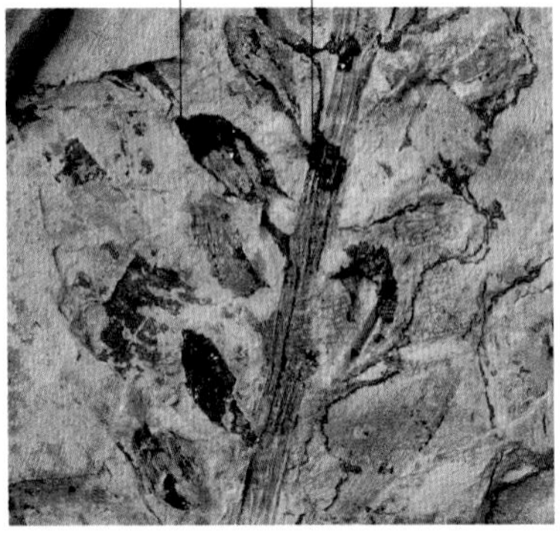
bráctea
axila

ESTRUCTURA ESPIRAL
Los brotes de *Drepanolepis* presentan una disposición en espiral de las brácteas seminíferas alrededor de un tallo central.

tallo grande
brote foliar
brote fértil

Sequoia

GRUPO Coníferas
DATACIÓN Del Cretácico a la actualidad
TAMAÑO 70 m de altura
LOCALIZACIÓN Hemisferio norte

Sequoia es un género de coníferas de la familia del ciprés calvo. Las secuoyas contienen en un mismo árbol polen y conos de semillas. Tras la polinización, los conos se expanden y se hacen leñosos. Las largas figuras de forma romboidal de la superficie del cono están compuestas por escamas ovulíferas (por arriba) y escamas tectrices (por abajo). Los conos pueden permanecer hasta 25 años en el árbol y no abrirse hasta ser estimulados por el fuego.

escama
ovulífera

SEQUOIA DAKOTENSIS
Esta impronta de una parte de cono fósil pertenece al ancestro cretácico de las secuoyas modernas.

PARIENTE VIVO
SECUOYAS

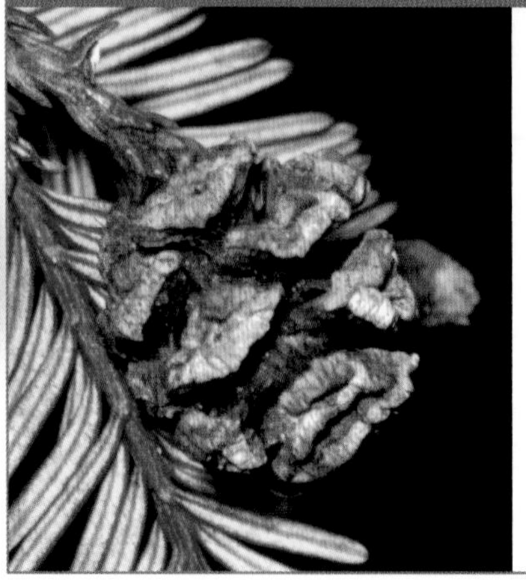

Hay dos especies de coníferas perennifolias conocidas como secuoyas gigantes. La secuoya roja de California es *Sequoia sempervirens*, y la secuoya gigante es *Sequoiadendron giganteum*. La primera está confinada a una estrecha franja costera que va de la frontera con Canadá hasta el sur de California (EE UU). Con cerca de 110 m de altura, son los árboles más altos del mundo, y algunas superan los 2000 años de edad. Su tronco puede tener más de 6 m de diámetro, y una corteza de 30 cm de grosor lo protege de los animales y los incendios. Las hojas de los brotes principales son aciculadas y se distribuyen sobre el mismo plano, pero las de los brotes fértiles tienen forma de escama y se disponen en espiral.

Geinitzia

GRUPO Coníferas
DATACIÓN Cretácico
TAMAÑO Brote de 8 mm de anchura
LOCALIZACIÓN Hemisferio norte

Este brote foliar de conífera tiene largas hojas dispuestas en espiral desplegadas hacia fuera. Son aciculadas, tan gruesas como anchas, y se mezclan por abajo en un cojín de hojas. Estas hojas son muy similares a las de los brotes de otras coníferas. Vástagos frondosos similares han recibido el nombre de *Walchia* en el Pérmico y de *Voltzia* en el Triásico. Según algunos, *Geinitzia* forma parte de las cheirolepidiáceas, una familia extinta de coníferas.

Se conocen conos seminíferos de dos especies de *Geinitzia* en Bélgica y en Alemania.

brote
foliar fértil

GEINITZIA FORMOSA
Este ejemplar fosilizado muestra una pequeña porción de brote ramificado, fértil y frondoso, con dos conos femeninos laterales. Los óvalos sobre los conos marcan los ápices de las escamas ovulíferas.

periantо con
forma de pétalo
folículos
seminíferos
densamente
agrupados
hojas
Liriophyllum

ARCHAEANTHUS
Con su gran flor similar a la de *Magnolia*, el perianto con forma de pétalo y los frutos de tipo vaina, *Archaeanthus* presenta todas las características tradicionalmente asociadas con la polinización por insectos.

Archaeanthus

GRUPO Angiospermas
DATACIÓN Cretácico
TAMAÑO Cono de 10 cm de longitud
LOCALIZACIÓN América del Norte

Esta flor está compuesta por unos cien folículos con forma de vaina estrechamente agrupados, de distribución helicoidal y unidos a un largo eje central. La flor se abría en el extremo de una rama con hojas en distribución alterna. Las hojas asociadas con *Archaeanthus* tienen un prominente nervio central y se denominan *Liriophyllum*. La similitud de las flores con las de las actuales magnoliáceas apunta a *Archaeanthus* como el miembro más antiguo de la familia.

Mauldinia

GRUPO Angiospermas
DATACIÓN Cretácico
TAMAÑO Hoja de 10 cm de longitud
LOCALIZACIÓN Europa, América del Norte, Asia central

Las hojas de *Mauldinia* eran típicas hojas simples de angiosperma alargadas. Las flores tenían simetría radial, eran bisexuales y medían unos 3,5 mm de longitud. Las partes de la flor se organizaban en grupos triples: dos espirales de tres pétalos rodeando tres espirales de tres estambres. El ovario central era de redondeado a triangular, y contenía una sola semilla. En la cara superior de unas estructuras bilobuladas similares a escamas, organizadas en espiral en un eje prolongado, se agrupaban cinco flores. La estructura floral y las hojas de *Mauldinia* son características de las lauráceas (laureles), una familia viva de angiospermas.

Credneria

GRUPO Angiospermas
DATACIÓN Cretácico
TAMAÑO Hoja de 10 cm de longitud
LOCALIZACIÓN América del Norte, Europa

Credneria es el nombre dado a grandes hojas de angiosperma producidas por árboles muy similares a los plátanos de sombra actuales. Originalmente, las hojas se unían al vástago mediante tallos (peciolos). Eran en general ovaladas o elípticas, con la base redondeada, bordes lisos y el ápice afilado o romo. La nerviación era normalmente pinnada, con un nervio central y otros laterales. Durante el Cretácico medio, estas hojas eran muy comunes en muchas floras fósiles de todo el hemisferio norte, donde han recibido diversos nombres, como *Aralia* y *Araliopsoides* (izda.). Los plátanos extintos que produjeron *Credneria* fueron, como los vivos hoy, especialmente comunes en los márgenes fluviales.

los nervios menores
forman un patrón
angular
nervio
principal central
nervio
lateral

CREDNERIA ZENKERI
Aunque no ha quedado materia vegetal, las detalladas siluetas de estas dos hojas y su intrincado patrón de nervaduras quedaron claramente impresas en la arenisca en que se conservaron.

Araliopsoides

GRUPO Angiospermas
DATACIÓN Del Cretácico a la actualidad
TAMAÑO 10 m de altura
LOCALIZACIÓN América del Norte, Europa, Asia

Sus hojas palmeadas tenían tres lóbulos diferenciados. La amplia base de los pedúnculos (peciolos) sugiere que eran hojas caducas y de renovación estacional. La planta era pequeña, arbustiva, y probablemente creció en bosques caducifolios de climas templados a subtropicales, en latitudes medias y altas del hemisferio norte, durante el Cretácico superior. *Araliopsoides* fue precursor de los arces que vendrían después.

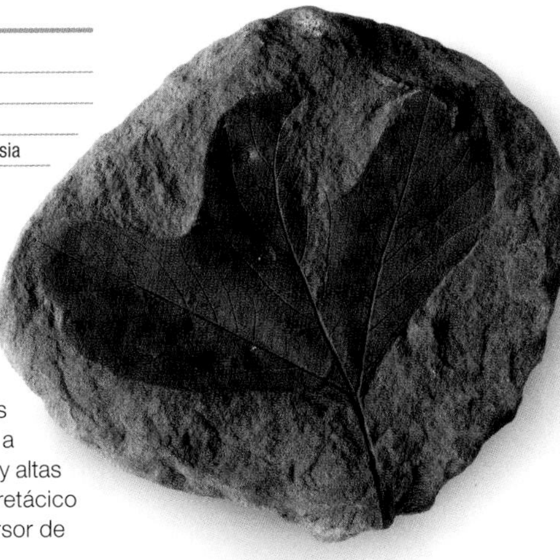

ARALIOPSOIDES CRETACEA
Esta impronta de hoja trilobulada procedente de las areniscas de Dakota (EE UU) muestra una conservación primorosa de la nervadura.

Archaefructus

GRUPO Angiospermas
DATACIÓN Cretácico
TAMAÑO 10 cm de longitud
LOCALIZACIÓN China

Esta angiosperma herbácea acuática no tiene pétalos ni tampoco sépalos, pero sí carpelos y estambres, los cuales van unidos a un tallo prolongado con las flores estaminíferas (productoras de polen) abajo y las pistilíferas (productoras de frutos) arriba. Esta antigua flor es similar en algunos aspectos a *Trithuria*. Esta es un peculiar género vivo de ninfeales, es decir, nenúfares.

ARCHAEFRUCTUS LIAONINGENSIS
Este fósil muestra parte de un eje reproductivo con carpelos sobre cortos peciolos. Las siluetas ovales en los carpelos son semillas.

Cercidiphyllum

GRUPO Angiospermas
DATACIÓN Del Cretácico a la actualidad
TAMAÑO Hoja de 6 cm de longitud
LOCALIZACIÓN Hemisferio norte

Las hojas fosilizadas de esta planta cretácica, junto con otros fósiles de sus frutos y semillas, son muy similares a los del género *Cercidiphyllum* vivo, conocido hoy por dos especies muy similares que crecen en China y Japón, ambas llamadas katsura. Las flores masculinas y las femeninas se producen en plantas distintas. Las hojas son sencillas, aovadas y más anchas que largas. Poseen un nervio central y uno o dos pares de nervios basales que se arquean hacia fuera en el ápice foliar. El hallazgo de fósiles de plántulas similares a *Cercidiphyllum* del Paleoceno canadiense en sus posiciones originales de crecimiento sugiere que esta especie crecía en llanuras aluviales durante el Cretácico superior y el Terciario.

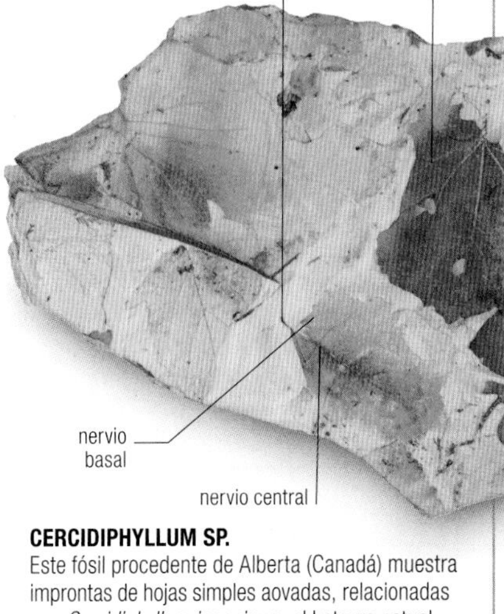
tallo (peciolo)
nervio
lateral
nervio
basal
nervio central

CERCIDIPHYLLUM SP.
Este fósil procedente de Alberta (Canadá) muestra improntas de hojas simples aovadas, relacionadas con *Cercidiphyllum japonicum*, el katsura actual.

CRETÁCICO INVERTEBRADOS

En el Cretácico, el nivel del mar estuvo más alto que nunca en la historia geológica. Las plataformas continentales y las tierras adyacentes se inundaron, dando diversos hábitats marinos para los invertebrados. Pero esta época de próspera vida marina también acabó en un desastre para los animales terrestres.

Diversificación y extinción

La fauna marina del Cretácico era similar a la del Jurásico, con amonites, bivalvos, gasterópodos, braquiópodos, equinoideos, crinoideos y briozoos. Muchos ammonoideos desarrollaron formas extrañas, desenrollándose, enrollándose o incluso retorciéndose en una serie de dobleces en U hasta formar un nudo inverosímil. La creta del Cretácico superior de Europa septentrional es una fuente de invertebrados marinos muy bien conservados, aunque no muy comunes; este sedimento está compuesto en su mayor parte por placas calcáreas de algas diminutas (cocolitos). La vida marina prosperó, incluidos los reptiles, mientras que en tierra proliferaban dinosaurios, reptiles voladores y aves. Pero todo esto cambió dramáticamente. Al final del Cretácico, hace 66 MA, amonites, belemnites y plesiosaurios desaparecieron súbitamente, igual que dinosaurios y pterosaurios. Un asteroide golpeó la Tierra, provocando ondas sísmicas, nubes de polvo, incendios y lluvia ácida; el punto del impacto ha sido identificado en Yucatán (México), enterrado bajo sedimentos posteriores (p. 32). Al mismo tiempo, hubo inmensas erupciones volcánicas en India. Los efectos de ambos sucesos fueron catastróficos. Estudios realizados en un bosque húmedo fosilizado indican que su recuperación tras esta extinción en masa requirió 1,5 MA.

NEOHIBOLITES MINIMUS
Pequeños y esbeltos belemnites del Cretácico medio como este vivieron en cantidades ingentes en los cálidos mares de plataforma del período, donde cazaban presas pequeñas. Es un fósil común en Europa, hallado a menudo en depósitos de arcilla.

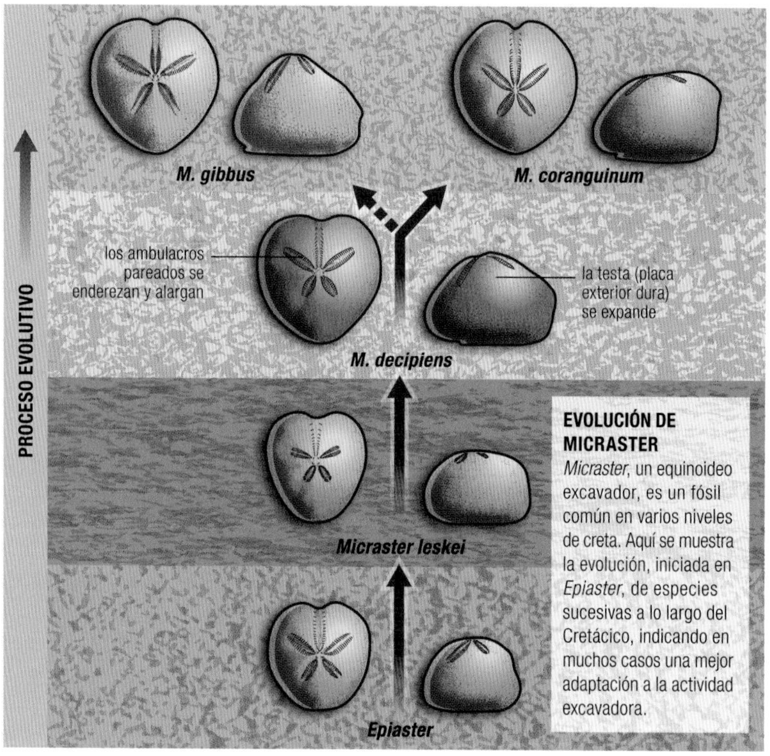
PROCESO EVOLUTIVO
M. gibbus
M. coranguinum
los ambulacros pareados se enderezan y alargan
la testa (placa exterior dura) se expande
M. decipiens
Micraster leskei
Epiaster

EVOLUCIÓN DE MICRASTER
Micraster, un equinoideo excavador, es un fósil común en varios niveles de creta. Aquí se muestra la evolución, iniciada en *Epiaster*, de especies sucesivas a lo largo del Cretácico, indicando en muchos casos una mejor adaptación a la actividad excavadora.

GRUPOS

Muchos grupos de invertebrados pasaron del Jurásico al Cretácico con pocos cambios. Moluscos en general y cefalópodos eran abundantes y variados. Amonites, belemnites y nautiloideos evolucionaron con rapidez. Abundaban los bivalvos, que se diversificaron en latitudes bajas. También surgieron muchas formas nuevas de equinoideos.

AMONITES
Los amonites cretácicos muestran muchas conformaciones distintas, como los enrollados helicoidalmente, de aspecto similar a los gasterópodos. Al igual que estos, dichos amonites pudieron vivir arrastrándose por el fondo marino. Hacia el final del Cretácico disminuyeron, confinados a zonas específicas, antes de su desaparición definitiva.

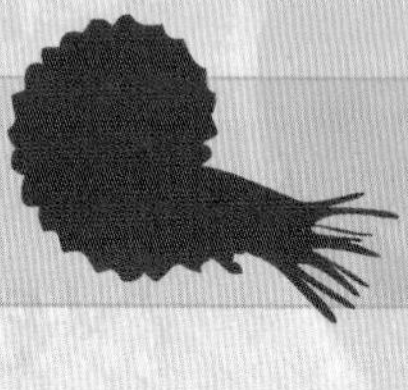

BELEMNITES
Los belemnites son las conchas internas de cefalópodos fósiles similares a calamares, aunque con aspecto de bala alargada y distintas de las plumas de los calamares o sepias actuales. Abundantes en el Jurásico y el Cretácico, estos fósiles se hallan a menudo en acumulaciones que, como sucede con los calamares actuales, pueden representar mortandades en masa tras el desove.

BIVALVOS
En esta época evolucionó un raro grupo de bivalvos limitados al Cretácico, los rudistas. Su aspecto externo estaba tan modificado que es difícil reconocerlos como bivalvos. Normalmente, una valva es larga y cónica, y la otra se asienta encima como una tapa. Alcanzaron gran tamaño y algunas especies llegaron a formar arrecifes.

EQUINOIDEOS
La especialización excavadora iniciada en el Jurásico alcanzó su mayor eficiencia en un grupo de equinoideos cretácicos, los espatangoideos. Uno de ellos, *Micraster* (ilustrado arriba), podía excavar a muchos centímetros por debajo de la superficie. Otros equinoideos no modificados vivían sobre el fondo marino.

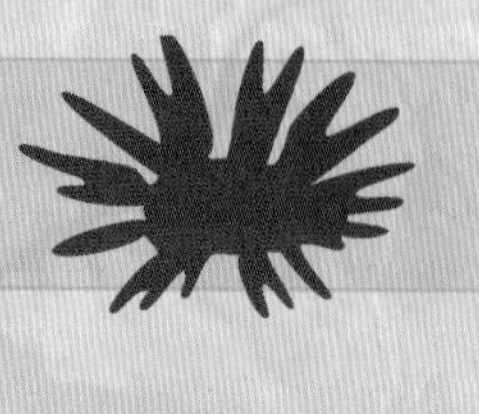

Ventriculites

GRUPO Esponjas
DATACIÓN Cretácico
TAMAÑO Hasta 12 cm de altura
LOCALIZACIÓN Europa, América del Norte

Ventriculites era una esponja vítrea, con un esqueleto de agujas silíceas (espículas) fusionadas en una red rígida para sustentar el cuerpo de la esponja. Entre ellas había poros que punteaban la superficie. El esqueleto de este fósil tiene forma de copa, y se adhería al fondo marino con fibras silíceas. La comida y el oxígeno eran extraídos del agua mientras esta pasaba a través de las paredes corporales antes de salir por la abertura superior.

VENTRICULITES SP.
Ventriculites presentaba diversas formas. Algunas eran similares a copas, como la de la imagen; otras variaban desde vasos rechonchos a largos cilindros.

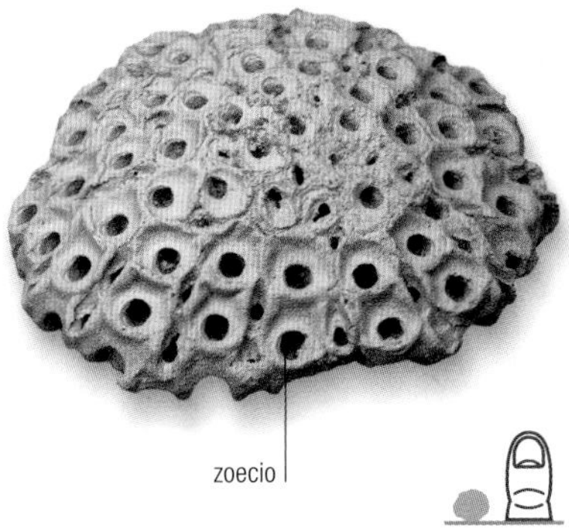
zoecio

LUNULITES SP.
Las colonias de *Lunulites* eran sistemas altamente organizados. Dentro de cada cámara, llamada zoecio, vivía un autozooide de cuerpo blando.

Lunulites

GRUPO Briozoos
DATACIÓN Del Cretácico superior a la actualidad
TAMAÑO 5-10 mm de diámetro
LOCALIZACIÓN Todo el mundo

Lunulites era un briozoo queilostomado que formaba colonias circulares muy pequeñas de superficie inferior cóncava, con surcos radiales. La colonia se formaba desde el centro e irradiaba mediante zoecios rectangulares o hexagonales: estos eran las cámaras que albergaban autozooides de cuerpo blando (los animales que componían la colonia). Los autozooides poseían un lofóforo o estructura alimentaria formada por un anillo de tentáculos alrededor de la boca, el cual podían retraer al interior del zoecio como protección cuando no se alimentaban. Los zoecios aumentaban de tamaño a partir del centro y tenían amplias aberturas. Parientes de *Lunulites* pasean hoy por el fondo marino mediante largos apéndices espinosos.

Crania

GRUPO Braquiópodos
DATACIÓN Del Cretácico al presente
TAMAÑO Hasta 1,5 cm de diámetro
LOCALIZACIÓN Todo el mundo

Crania es un braquiópodo aparecido en el Cretácico que aún tiene parientes vivos. Los científicos lo describen como un braquiópodo inarticulado porque las dos mitades de su concha no están «articuladas» o unidas, sino que se mantienen juntas solo por acción muscular. A diferencia de otros braquiópodos, *Crania* no tiene pedúnculo. Suele hallarse en depósitos de creta con una mitad de la concha fijada a algún organismo mayor, como un molusco o un equinodermo. Dado que las mitades de la concha se mantenían juntas mediante tejido blando, es frecuente que solo se conserve la valva inferior, habiendo sido arrastrada la superior antes de producirse la fosilización.

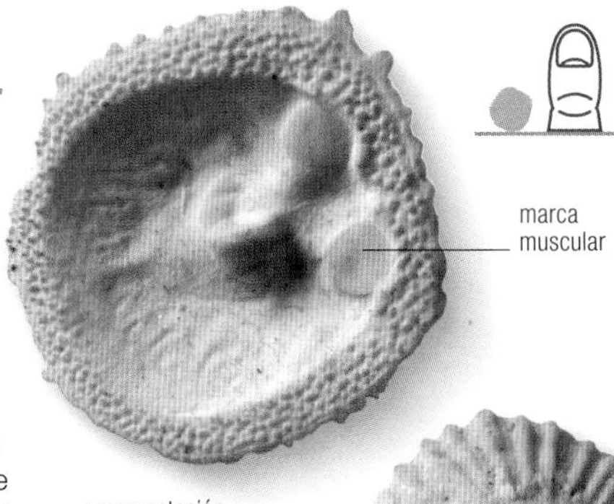
marca
muscular

ornamentación
en costillas

CRANIA EGNABERGENSIS
Las valvas de *Crania*, sin dientes cardinales, tienen pequeñas perforaciones. En su interior se ven las marcasde inserción de los músculos.

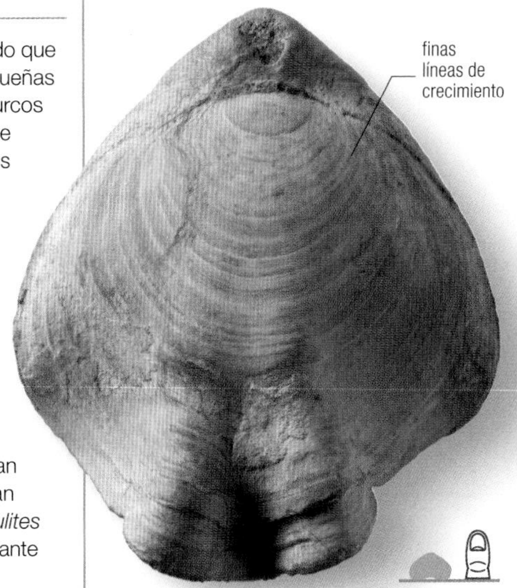
finas
líneas de
crecimiento

Sellithyris

GRUPO Braquiópodos
DATACIÓN Cretácico
TAMAÑO Hasta 3,5 cm de longitud
LOCALIZACIÓN Europa

Sellithyris vivía en el fondo marino, unido a este por un pedúnculo flexible, o pedículo, que pasaba por una abertura bajo el umbo de la valva más grande (valva peduncular); la menor es la valva braquial. *Sellithyris* mostraba una silueta casi pentagonal. Su superficie exterior era lisa, aunque con líneas de crecimiento, y toda ella tenía pequeñas perforaciones que alojaban cerdas.

SELLITHYRIS SP.
El borde exterior de la concha de *Sellithyris* está muy doblado, y en medio de la valva braquial hay un pliegue hacia dentro, con dos hacia fuera a cada lado.

Cymatoceras

GRUPO Cefalópodos
DATACIÓN Del Jurásico superior al Paleógeno
TAMAÑO Hasta 30 cm de diámetro
LOCALIZACIÓN Todo el mundo

Cymatoceras fue un molusco cefalópodo fuertemente enrollado relacionado con el moderno *Nautilus*. Tenía una concha más amplia que la de este, y asimismo unas costillas ornamentales bien definidas, más fuertes en la parte exterior de la espiral y sobre el amplio borde exterior (vientre). Como todos los cefalópodos, *Cymatoceras* pudo capturar presas con sus flexibles tentáculos; luego las descuartizaría con su pico córneo.

costillas
muy
definidas
línea de sutura

CYMATOCERAS SP.
En este molde interno resulta clara la distinción entre costillas y líneas de sutura.

Deshayesites

GRUPO Cefalópodos
DATACIÓN Cretácico inferior
TAMAÑO Hasta 10 cm de diámetro
LOCALIZACIÓN Europa, Groenlandia, Georgia

Deshayesites era un amonites con una concha enrollada más bien aplanada. Como todos los amonites, debía de tener flexibles tentáculos musculares alrededor de la boca que asomarían desde la concha. Esta tiene unas costillas fuertes y poco espaciadas, a veces ramificadas, con una ligera curva en el centro apuntando en dirección a la abertura de la concha. Las mismas espiras se solapan muy levemente, creando una depresión amplia y somera (ombligo) en el centro.

DESHAYESITES SP.
Entre las largas costillas principales hay otras secundarias más cortas, que empiezan a la mitad de la espira.

Mortoniceras

GRUPO Cefalópodos
DATACIÓN Cretácico inferior
TAMAÑO Hasta 30 cm de diámetro
LOCALIZACIÓN Europa, África, India, América del Norte, América del Sur

Los fósiles de *Mortoniceras* se caracterizan por sus espiras de sección cuadrada y su marcada ornamentación que combina costillas y tubérculos. Las espiras se traslapan muy ligeramente, creando un ombligo muy plano: este enrollamiento se describe como moderadamente evoluto. En el borde exterior (ventral) existe una cresta pronunciada llamada quilla. En la abertura de la concha de algunos especímenes maduros es visible un gran cuerno, que no ha sido asociado con dimorfismo sexual.

tubérculos
prominentes

MORTONICERAS ROSTRATUM
En la cima de las costillas, sobre el borde ventral, hay engrosamientos llamados tubérculos.

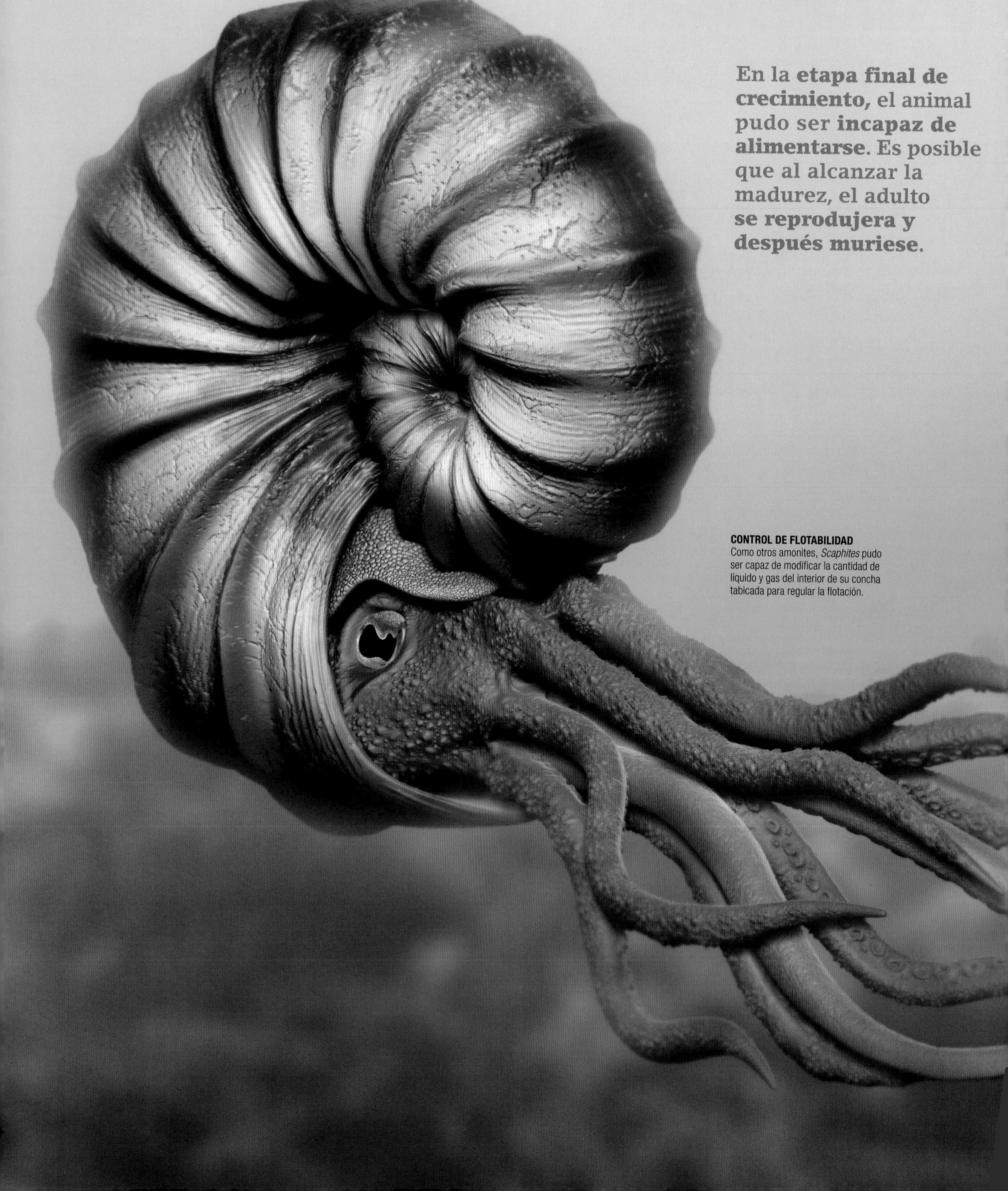

En la **etapa final de crecimiento,** el animal pudo ser **incapaz de alimentarse**. Es posible que al alcanzar la madurez, el adulto **se reprodujera y después muriese**.

CONTROL DE FLOTABILIDAD
Como otros amonites, *Scaphites* pudo ser capaz de modificar la cantidad de líquido y gas del interior de su concha tabicada para regular la flotación.

Scaphites

GRUPO Cefalópodos
DATACIÓN Cretácico superior
TAMAÑO Hasta 20 cm de diámetro
LOCALIZACIÓN Europa, África, India, América del Norte, América del Sur

Scaphites era un amonites raro. Cuando era joven, se asemejaba a otros muchos amonites, con una concha espiral normal, pero a medida que envejecía, la forma de la concha cambiaba. En lugar de crecer en espiral, se enderezaba antes de volver a enrollarse, lo que le daba un aspecto ganchudo y dejaba la abertura de la concha (por donde emergían los tentáculos y la cabeza del animal) encarada hacia arriba. Los fósiles muestran que esta abertura estaba a menudo contraída y condensada alrededor de sus bordes, y ubicada muy cerca de la parte de la concha tabicada (fragmocono). Esto sugiere la posibilidad de que en la fase final de crecimiento el animal fuera incapaz de alimentarse. Es posible que, alcanzada la madurez, el adulto se reprodujera y después muriese. Como otros ammonoideos, *Scaphites* se dio en dos formas distintas, de tamaño diferente y que podrían pertenecer a diferentes sexos.

espiras iniciales muy enrolladas
cámara de habitación

SCAPHITES AEQUALIS
Las espiras iniciales estaban fuertemente enrolladas, y las primeras quedaban ocultas por las siguientes. Esto se conoce como enrollamiento involuto.

Baculites

GRUPO Cefalópodos
DATACIÓN Cretácico superior
TAMAÑO Hasta 2 m de longitud
LOCALIZACIÓN Todo el mundo

Baculites era distinto a la mayoría de los ammonoideos: en vez de una concha espiral como la de sus parientes, tenía una concha casi totalmente recta, con tan solo una o dos mínimas espiras en el extremo. Estas rara vez se han conservado y no aparecen en el espécimen ilustrado aquí. El corte transversal de los fósiles de *Baculites* presenta un perfil ovoide. Al ser largos y rectos se rompían con facilidad, y a menudo se han encontrado en fragmentos quebrados a lo largo de los tabiques entre cámaras, y no como conchas completas. La forma de estas sugiere que *Baculites* era similar al calamar. En algunos lugares se han hallado fósiles en grandes cantidades, hasta casi excluir a otras especies.

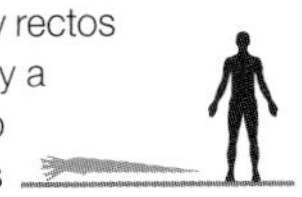

El significado del nombre *Baculites* es «bastón de piedra».

BACULITES ANCEPS
En este molde interno se ven las complicadas líneas de sutura de *Baculites*. Las dos últimas están muy juntas, lo que indica que el animal era adulto cuando murió.

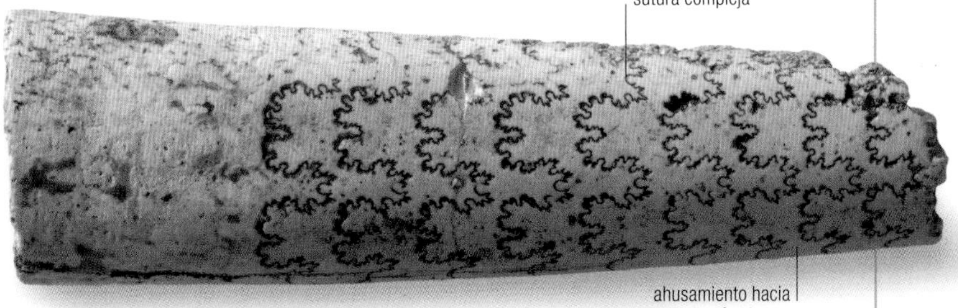

sutura compleja
ahusamiento hacia el extremo

Turrilites

GRUPO Cefalópodos
DATACIÓN Cretácico superior
TAMAÑO Hasta 30 cm de longitud
LOCALIZACIÓN Europa, África, India, América del Norte

A primera vista, el *Turrilites* fósil podría confundirse con una concha de gasterópodo, pero en realidad perteneció a un ammonoideo. En vez de formar la espiral plana habitual, la concha se enrollaba helicoidalmente, formando una elegante espira. Los paleontólogos saben que se trata de un ammonoideo por la estructura interna de la concha, que, como toda esta subclase, se dividía en dos partes: la cámara de habitación (donde se alojaba) y el fragmocono, una serie de cámaras menores conectadas.

costillas
tubérculo abultado

TURRILITES COSTATUS
Las espiras de esta concha tienen dos filas de tubérculos y costillas desde los situados a media espira hasta las junturas.

Belemnitella

GRUPO Cefalópodos
DATACIÓN Cretácico superior
TAMAÑO Hasta 13 cm de longitud
LOCALIZACIÓN Europa, América del Norte

Es un fósil de belemnites común de cuyo género se conocen varias especies. Tenía el aspecto de un calamar, como muestran algunos escasos y raros fósiles que han conservado sus tejidos blandos. La parte dura (rostro), con forma de bala, que constituye la mayoría de los fósiles de estos, mantenía recto el cuerpo del animal. Los fósiles típicos son cilíndricos con un extremo afilado, cerca del cual presentan un surco distintivo. La gran cantidad de *Belemnitella* hallados en algunos lugares sugiere que vivieron en cardúmenes considerables.

BELEMNITELLA MUCRONATA
Este caso tiene una pequeña prolongación con forma de pezón en el ápice del rostro, un rasgo distintivo de esta especie.

Architectonica

GRUPO Cefalópodos
DATACIÓN Del Cretácico inferior a la actualidad
TAMAÑO Hasta 4,5 cm de longitud
LOCALIZACIÓN Todo el mundo

Architectonica es un género de hermosos gasterópodos marinos bastante notables. Los primeros ejemplares conocidos proceden de rocas datadas hace 140 MA, y aún hay muchas especies vivas hoy. Los fósiles de *Architectonica* tienen una serie de espiras de anchura creciente muy característica. En la parte superior de cada una, justo debajo de la sutura, se alinean unos pequeños bultos o tubérculos muy juntos. La concha está cubierta por marcadas costillas espirales cruzadas por líneas de crecimiento, lo cual crea una red ornamental sobre la superficie de cada espira y le da la apariencia de «torneado a máquina» propio del trabajo del metal. En la cara inferior de la última espira, las líneas de crecimiento solo pueden observarse sobre el borde del ombligo (la profunda depresión en el centro de la concha). La mayoría de los ejemplares fósiles ha perdido cualquier traza del color original. Las especies actuales de *Architectonica* son carnívoras y se alimentan de anémonas, pólipos coralinos y presas similares.

líneas de crecimiento
tubérculos muy juntos
fuertes costillas espirales

ARCHITECTONICA SP.
Este espécimen está conservado en su aragonito original, pero ya no conserva las bandas de color. Una de las especies actuales de este género más conocida es *A. nobilis*.

umbo puntiagudo

GERVILLELLA SUBLANCEOLATA
Esta concha fósil muestra el típico umbo angular en el extremo frontal de la valva.

Gervillella

GRUPO Bivalvos
DATACIÓN Del Triásico al Cretácico
TAMAÑO Hasta 15 cm de longitud
LOCALIZACIÓN Todo el mundo

Gervillella fue un molusco bivalvo bastante alargado, no muy distinto del mejillón actual. Los fósiles muestran una valva más plana que la otra. Tenía dos músculos aductores (de cierre), los cuales dejaron marcas en el interior de las valvas. Una de las marcas es mucho mayor que otra, lo que indica un tamaño muscular desigual. La charnela tiene unos pocos dientes como cuchillas en cada extremo. El ligamento elástico que se tensaba para abrir la concha recorría toda la línea de la charnela, y los bordes de ambas valvas tienen una serie de fosetas regulares que muestran dónde se conectaba. Como los mejillones, pasaba su vida adulta adherido a la roca o a otra superficie dura mediante el biso (o «barbas») y se alimentaba cribando plancton y otras partículas de comida del agua marina.

Spondylus

GRUPO Bivalvos
DATACIÓN Del Jurásico a la actualidad
TAMAÑO Hasta 9 cm de diámetro
LOCALIZACIÓN Mares cálidos de todo el mundo

Spondylus es un antiguo género de moluscos bivalvos cuyos fósiles se remontan al menos a 200 MA. En los mares cálidos actuales aún existen varias especies. Tanto las conchas fósiles como las actuales muestran grandes variaciones de aspecto entre especies y dentro de las mismas. *Spondylus* vive con la valva inferior cementada al lecho marino. A menudo la zona del umbo es bastante roma, debido a que por allí debía de fijarse al suelo. La valva inferior es más grande y convexa que la superior (izda.), más plana. En su interior presenta un único músculo aductor (de cierre) que deja una sola marca en cada valva. La charnela posee dos fuertes dientes en cada valva y un ligamento central. Muchos fósiles fueron descritos originalmente como carentes de dientes, pero luego se descubrió que esta ausencia se debía a la rotura de las capas internas de la concha, que dejaba intacta solo la capa exterior. Estos bivalvos, a menudo bastante hermosos, reciben el nombre vulgar colectivo de ostiones espinosos.

Hace 5000 años los europeos del Neolítico ya usaban conchas de *Spondylus* como adorno.

PARIENTE VIVO
OSTIÓN ESPINOSO

El ostión espinoso atlántico *(Spondylus americanus)* nos da una idea del aspecto de su equivalente fósil. El borde del manto posee unas papilas sensoriales marrones similares a dedos y varios ojos sobre pedúnculos cortos. Posiblemente *Spondylus* fósil también tendría estos rasgos. Como los bivalvos no tienen cabeza, han desarrollado órganos sensoriales en el borde del manto.

umbo romo
raíz de espina
costilla robusta

SPONDYLUS SPINOSUS
Esta valva inferior fosilizada es convexa y con robustas costillas radiantes que desarrollaron espinas a intervalos irregulares. La valva superior (no mostrada aquí) sería más pequeña y plana.

Hippurites

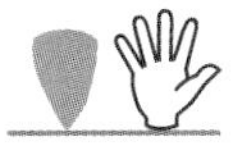

GRUPO Bivalvos
DATACIÓN Cretácico superior
TAMAÑO 5-25 cm de altura
LOCALIZACIÓN Sur de Europa, noreste de África, sur de Asia, Antillas

Es miembro de un grupo muy especializado de bivalvos, los rudistas, que surgieron en el Jurásico superior y se extinguieron al final del Cretácico. Sus dos valvas eran sumamente asimétricas. La inferior, cónica, se adhería al lecho marino. La superior es un cono aplanado similar a una tapa, vinculada a la inferior por medio de dientes y fosetas, presentes en ambas valvas. En la superior, dos músculos se asociaban a los dientes.

superficie estriada

HIPPURITES SP.
El exterior de ambas valvas (aquí, la inferior) está ornamentado con surcos cruzados por adiciones de crecimiento.

Marsupites

GRUPO Equinoideos
DATACIÓN Cretácico superior
TAMAÑO Cáliz: hasta 6 cm de diámetro
LOCALIZACIÓN Todo el mundo

Marsupites es un crinoideo de gran tamaño sin pedúnculo: en la base del cáliz, donde puede verse adosado el pedúnculo en la mayoría de los crinoideos, posee una gran placa pentagonal. Sobre ella, tres anillos de placas encierran el cáliz inferior: pueden ser casi lisos o estar ornamentados con surcos radiantes desde el centro de cada placa. Las placas superiores presentan una marcada depresión semicircular en el centro de su borde superior, donde los brazos se unen al cuerpo principal. Se cree que *Marsupites* vivía en el fondo marino, o posiblemente con una gran parte del cáliz enterrado en el blando sedimento gredoso donde se ha hallado. Los brazos debían de intervenir en la alimentación, pero al morir el animal, se rompían y derivaban, por lo que solo se conoce su base.

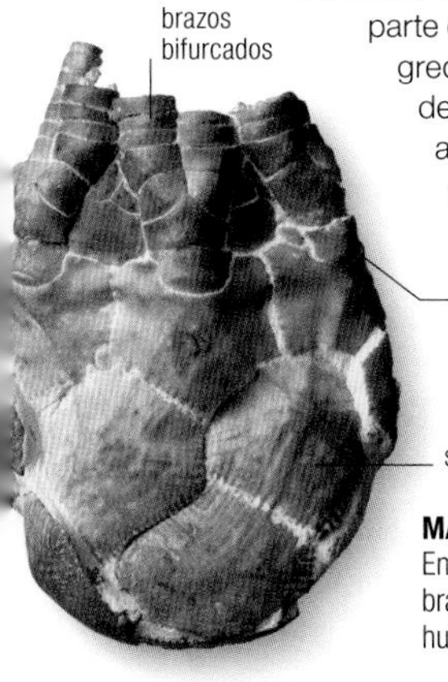
brazos bifurcados
articulación semicircular
surco radiante

MARSUPITES TESTUDINARIUS
En los fósiles bien conservados, como este, se ven los brazos bifurcados hasta sumar diez. Es probable que hubiera más ramas de las que no tenemos noticia.

Temnocidaris

GRUPO Equinoideos
DATACIÓN Del Cretácico inferior a la actualidad
TAMAÑO 4-7,5 cm de diámetro (excluidas las espinas)
LOCALIZACIÓN Todo el mundo

Temnocidaris es un equinoideo con grandes diferencias entre las áreas ambulacrales y las interambulacrales. Las segundas son muy amplias, y en sus placas destacan las grandes bases (mamelones) de unas espinas largas (espículas) con otras más pequeñas en toda su extensión. Los músculos que controlaban las espinas se unían a la zona lisa que rodea el mamelón. Las áreas ambulacrales son muy estrechas y sinuosas, formadas por numerosas placas menores con perforaciones para aportar a los pies ambulacrales el agua que les permitía extenderse y retraerse.

Este **equinoideo** vivía sobre un fondo marino firme y usaba sus **ásperos dientes** para alimentarse de película algal y otros **materiales orgánicos**.

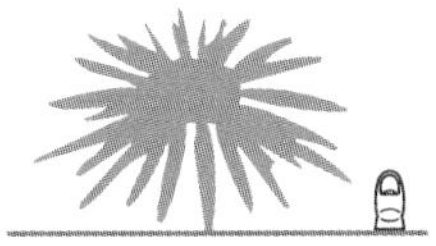

TEMNOCIDARIS SCEPTRIFERA
Este espécimen está aplastado en parte, y el disco apical, que contiene la abertura anal y las placas genital y ocular circundantes, se ha perdido. Sin embargo, se conserva una placa ocular, ubicada en el centro de la imagen.

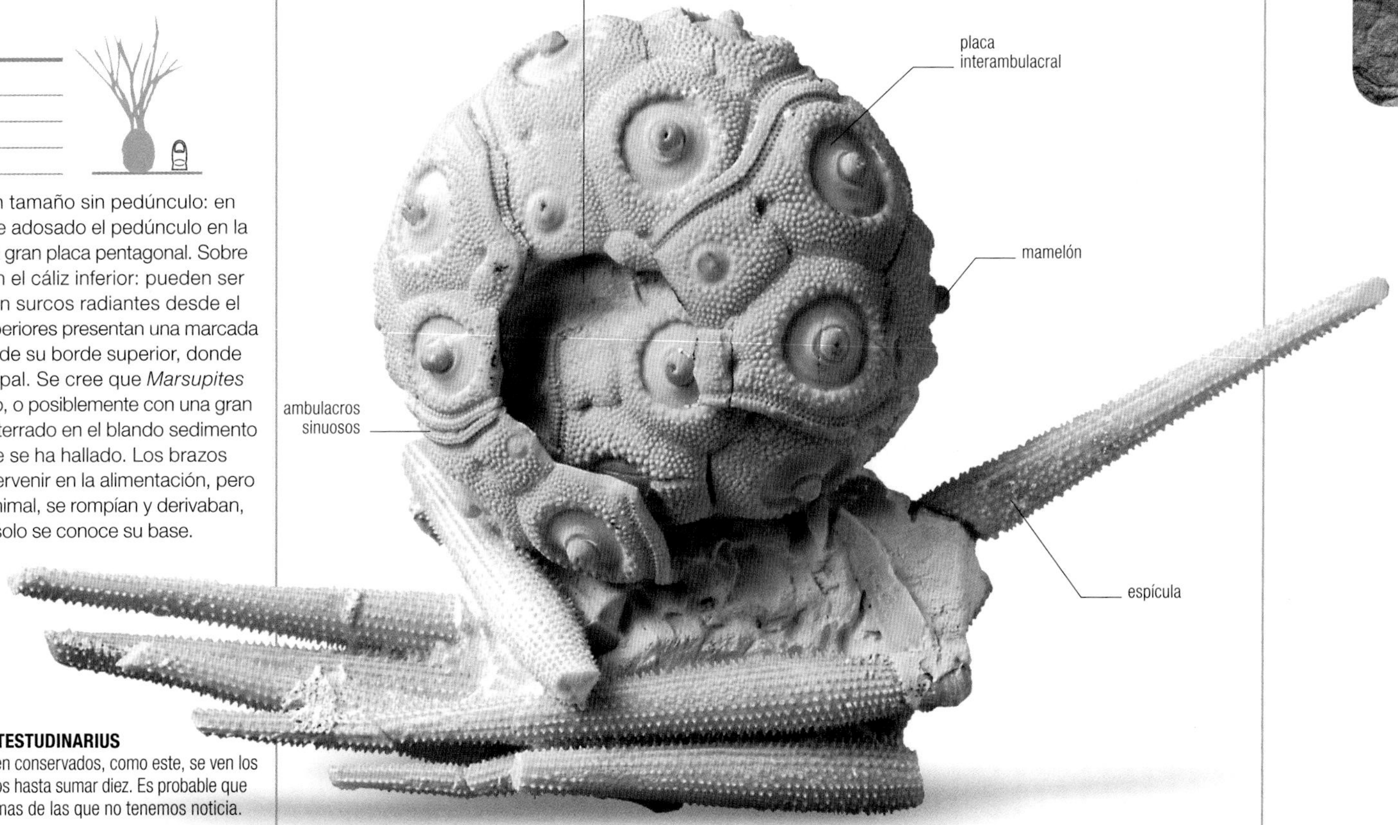
posición del disco apical
placa interambulacral
mamelón
ambulacros sinuosos
espícula

Fissidentalium

GRUPO Escafópodos
DATACIÓN Del Cretácico a la actualidad
TAMAÑO 7-10 cm de longitud
LOCALIZACIÓN Todo el mundo

Fissidentalium es un escafópodo (o «colmillo de mar»). Su concha ahusada está abierta por ambos extremos, con la abertura mayor en el frontal. Yace enterrado en el sedimento con la abertura frontal casi horizontal y la menor (trasera) sobre el fondo marino. La concha está ornamentada con costillas longitudinales atravesadas por líneas de crecimiento, y ambas caras son simétricas. *Fissidentalium* se alimentaba de microorganismos y partículas orgánicas suspendidas en el agua. Respiraba no por medio de branquias, como la mayoría de los moluscos, sino a través de la superficie corporal. Los escafópodos han cambiado poco; aparecieron en el Ordovícico y fueron los últimos moluscos en evolucionar.

FISSIDENTALIUM SP.
Esta concha fósil se conserva en su aragonito original. Las costillas que la recorren están atravesadas por líneas de crecimiento.

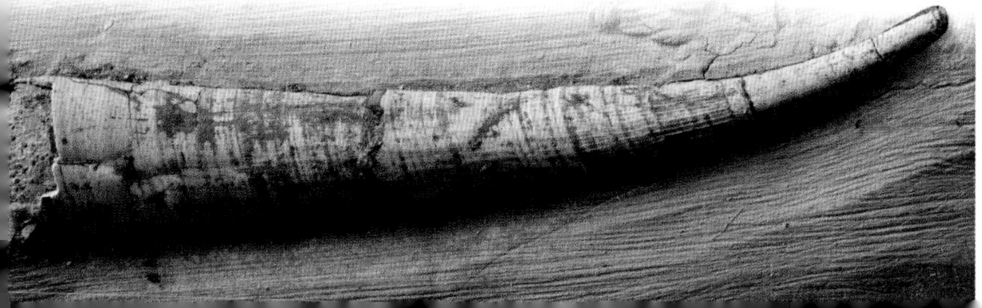

Micraster

GRUPO Equinoideos
DATACIÓN Del Cretácico superior al Paleógeno inferior
TAMAÑO 4,5-6,5 cm de longitud
LOCALIZACIÓN Europa, Asia occidental

Micraster era un equinoideo excavador con forma de corazón cuyas cinco áreas ambulacrales se extendían a modo de pétalos sobre su cara superior. El ambulacro frontal está en un surco que desciende hasta la boca, ubicada al frente de la superficie oral. La abertura anal se halla en la elevada parte trasera de la cara superior, y por debajo de ella hay un suave anillo o fasciola que, en vida, pudo tener estructuras similares a pelos (cilios) para retirar del ano el material de desecho. La mayor parte del resto del caparazón está cubierta de unos tubérculos que, en vida, sustentaban una densa cubierta de espinas cortas y finas. En el centro de la cara superior, el disco apical muestra cuatro placas genitales con poros para liberar huevos o esperma. La creta del noroeste de Europa presenta una sucesión de especies de este género que pueden usarse para su datación.

forma de pétalo

MICRASTER CORANGIUM
Este espécimen cretácico, con su peculiar forma de corazón, exhibe la característica y profunda muesca anterior a lo largo de la cual podría canalizar hasta su boca una corriente de agua con partículas de alimento.

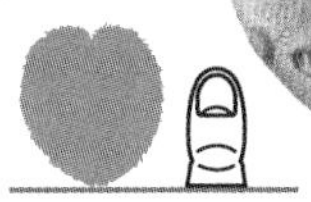

CRETÁCICO VERTEBRADOS

El Cretácico fue la cima evolutiva de los dinosaurios. En ningún otro momento de su historia fueron tan abundantes, variados y dominantes, pero a su sombra también se diversificaron grupos como las aves, los mamíferos y los cocodrilos, preparando el terreno para el mundo moderno.

Los páramos cubiertos de artemisa de Montana y Dakota del Sur (EE UU) conservan el mejor registro del final de la época de los dinosaurios. Allí, la formación Hell Creek ha proporcionado fósiles de *Tyrannosaurus, Triceratops* y *Edmontosaurus*, algunos de los últimos dinosaurios existentes antes del súbito impacto de un meteorito hace 65 MA.

CAUDIPTERYX
Este extravagante dinosaurio plumado parece un avestruz, pero es un terópodo genuino, pariente cercano de *Oviraptor*.

Primeras aves

Uno de los descubrimientos más importantes de la paleontología moderna es el de que las aves evolucionaron de los dinosaurios. Los parientes más cercanos de estas son terópodos como *Velociraptor* y *Deinonychus*, depredadores veloces, astutos y eficaces, de cerebro grande y metabolismo rápido. Más recientemente se han hallado parientes aún más cercanos, entre ellos «raptores» como *Microraptor,* que eran pequeños, vivían en los árboles y probablemente podían planear o volar. De hecho, hoy apenas se establece distinción entre los dinosaurios más cercanos a las aves y las aves auténticas más antiguas: todos ellos eran animales pequeños, inteligentes, cubiertos de plumas y capaces de volar. En resumen, el linaje dinosaurio-ave es uno de los mejores ejemplos de gran transición evolutiva en el registro fósil.

El ave auténtica más antigua es *Archaeopteryx*, una voladora del tamaño de un cuervo conocida por un puñado de fósiles del Jurásico superior alemán. En muchos aspectos, *Archaeopteryx* es mitad ave, mitad dinosaurio: como los dinosaurios, tenía dientes, garras y una larga cola; y, como las aves, tenía amplias alas con plumas de vuelo asimétricas y un cerebro adaptado para un vuelo poderoso. La evolución de las aves se aceleró en el Cretácico, como demuestra el fascinante zoológico de fósiles plumados de la provincia de Liaoning (China).

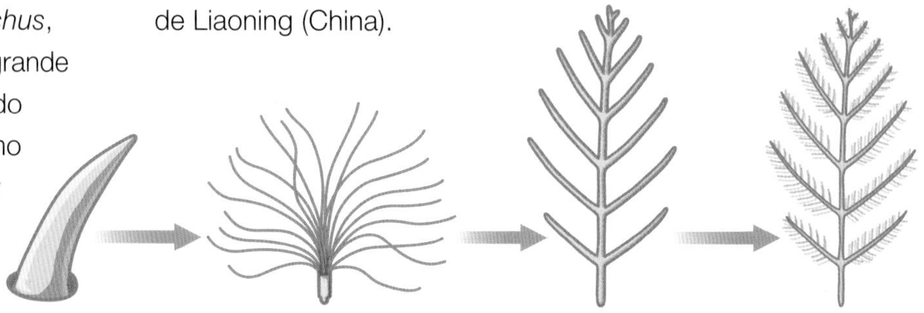
FILAMENTO HUECO SIN RAMIFICAR
PENACHO DE BARBAS
PLUMA CON RAQUIS Y BARBAS FUSIONADAS
PLUMA CON RAQUIS, BARBAS Y BARBILLAS

EVOLUCIÓN DE UNA PLUMA
Los primeros dinosaurios plumados, como *Sinosauropteryx*, tenían fibras simples muy similares a pelos. Posteriormente las plumas se hicieron más complejas, ramificándose en barbas individuales y desarrollando luego un eje central (raquis). En las aves modernas, las plumas de vuelo tienen un raquis sólido y barbas asimétricas, todo ello necesario para elevarse.

GRUPOS

El Cretácico fue un tiempo de profundos cambios en la tierra y en el mar. Los dinosaurios seguían dominando casi todos los ecosistemas terrestres, y nuevos subgrupos (como tiranosauroideos y ceratopsios) se hicieron bastante comunes. En el agua reinaban los mosasaurios, pero ya empezaban a surgir los tiburones modernos.

CONDRICTIOS
Es una de las dos grandes divisiones de los peces modernos. Este grupo incluye tiburones, rayas, quimeras y otros animales diversos con el esqueleto de cartílago (no óseo, como el de los osteíctios). Los primeros tiburones verdaderos vivieron hace unos 400 MA, pero hasta el Cretácico no proliferaron y se diversificaron los tiburones modernos.

MOSASAURIOS
Fueron los depredadores más temibles de los mares cretácicos. Ocupaban el mismo nicho predatorio que los tiburones actuales. Los más grandes alcanzaban 18 m de longitud y podían abatir cualquier presa que desearan. Como los plesiosaurios y los ictiosaurios, los mosasaurios eran reptiles totalmente marinos, y se cree que están estrechamente emparentados con las serpientes.

ALIGATOROIDEOS
Los primeros crocodilomorfos evolucionaron en el Triásico superior, pero estos animales pequeños, astutos y veloces no se parecían a los cocodrilos actuales. Uno de los subgrupos más importantes de crocodilomorfos, los aligatóridos, surgidos en el Cretácico superior, incluye a *Alligator* y a sus parientes cercanos: animales que se apoyan sobre cuatro patas y acechan a la orilla del agua.

TIRANOSAUROIDEOS
Ningún grupo de dinosaurios inspira tanto temor y curiosidad como los tiranosauroideos. Su miembro más conocido es el colosal *Tyrannosaurus*, que medía 12 m de longitud, pero otros parientes cercanos también se aproximaron a ese tamaño. En el Jurásico superior surgieron tiranosauroideos pequeños, pero en el Cretácico superior dominaban los gigantes.

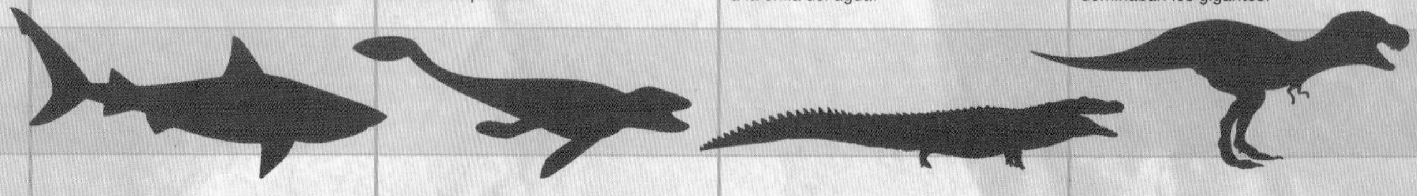

Diversos fósiles descubiertos recientemente pertenecen a dinosaurios cretácicos que estaban **cubiertos de plumas**. Apenas hay diferencias entre estos **dinosaurios** y las primeras **aves auténticas**.

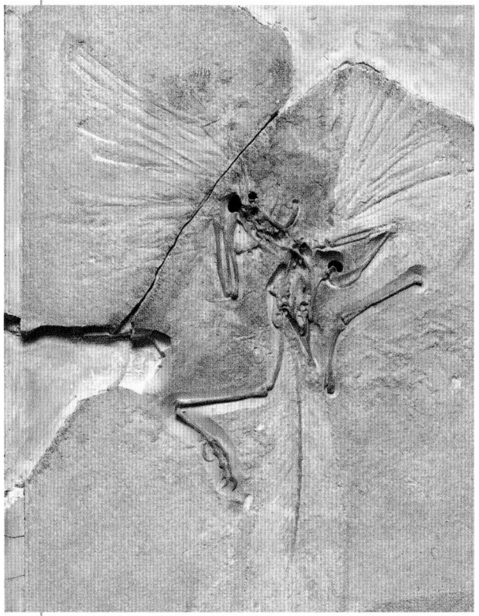

ARCHAEOPTERYX
Sin lugar a dudas, *Archaeopteryx* es el fósil más famoso de todos los tiempos. En los depósitos calizos de Baviera (Alemania) se han hallado diez especímenes de esta ave, la más antigua jamás descubierta. Algunos conservan claros detalles de las plumas y el esqueleto.

Estos fósiles pertenecen a diversos grupos: aves primitivas sin apenas cambios desde *Archaeopteryx*, miembros de extraños grupos extinguidos e incluso representantes tempranos del linaje que conduce a las aves modernas. Las aves fueron las criaturas voladoras dominantes del Cretácico y, tras la extinción de los dinosaurios, siguieron diversificándose.

La revolución marina del Mesozoico

Los ecosistemas marinos sufrieron cambios considerables en el Mesozoico. Esta reorganización masiva se produjo a todos los niveles, de productores primarios a superdepredadores. Grandes depredadores, como los tiburones y mosasaurios, se esparcieron por el mundo, y los peces óseos se hicieron muy comunes. Los cambios no se limitaron a los vertebrados: algunos de los más importantes implicaron a invertebrados y organismos microscópicos. Los principales grupos modernos de microorganismos planctónicos –los productores primarios que constituyen la base de toda cadena trófica oceánica– surgieron y se diversificaron en esta época. Mientras invertebrados arcaicos comunes en el Paleozoico, como crinoideos y braquiópodos, devenían marginales, proliferaron grupos más modernos (almejas, vieiras y gasterópodos muy acorazados). Las causas de estos cambios son complejas: pudieron influir la presión de depredadores gigantes recién evolucionados, la separación continental y los cambios en el nivel del mar y en la composición química de los océanos.

TIBURÓN ANTIGUO
El antiguo *Hybodus* fue un pequeño depredador, de apenas 2 m de largo, que prosperó durante más de 100 MA. Está estrechamente emparentado con los tiburones modernos, pero se extinguió en el Cretácico superior.

El fin de los dinosaurios

La extinción de los dinosaurios sigue siendo uno de los grandes misterios de la historia de la Tierra. ¿Qué pudo causar la muerte de un grupo de tanto éxito? Hace 66 MA, un inmenso meteorito cayó en la península mexicana de Yucatán (p. 32). La mayoría de los científicos piensan que ese impacto inició una reacción en cadena de perturbaciones ambientales, como lluvia de ceniza, fluctuaciones térmicas y el colapso de la pirámide alimentaria.

ORNITÓPODOS
A este grupo de voluminosos herbívoros pertenecieron algunos de los dinosaurios ornitisquios de mayor éxito, como los iguanodóntidos y los hadrosaurios de pico de pato, así como *Maiasaura*, los herbívoros más abundantes en la mayoría de los ecosistemas del Cretácico superior. Hadrosaurios y ceratopsios serían probablemente las presas preferidas de *Tyrannosaurus*.

CERATOPSIOS
Tal vez estos herbívoros cuadrúpedos de pesados movimientos, con sus cuernos y su gorguera, sean el subgrupo más reconocible entre los ornitisquios. El tricorne *Triceratops* es el miembro más conocido del grupo, pero otras especies con cuernos tal vez más estrafalarios hollaron las llanuras de América del Norte durante el Cretácico superior.

AVES
Las aves descienden de los terópodos, y por tanto representan un subgrupo viviente de dinosaurios. La primera ave, el *Archaeopteryx* ornado de plumas, es conocida desde el Jurásico superior, hace unos 150 MA. Pero la evolución aviar se aceleró en el Cretácico, cuando surgieron varios grupos modernos y diversas aves extrañas, hoy totalmente extintas, dominaron los cielos.

MARSUPIALES
Los marsupiales, que portan a sus crías en una bolsa, forman uno de los subgrupos más importantes de mamíferos vivientes. Entre los marsupiales modernos se hallan canguros y zarigüeyas. Los más antiguos debieron de evolucionar en el Jurásico, pero sus fósiles se hacen habituales en el Cretácico. Estaban más extendidos geográficamente que los actuales.

EUTERIOS
El otro subgrupo principal de mamíferos vivos son los placentarios o euterios, cuyas crías se desarrollan dentro del útero materno. El euterio incuestionable más antiguo es el diminuto *Eomaia*, del Cretácico inferior de China. Durante el resto del Cretácico, los euterios se hicieron más grandes y abundantes, y en la actualidad viven en todo el globo.

Hoplopteryx

GRUPO Actinopterigios

DATACIÓN Cretácico superior

TAMAÑO 27 cm

LOCALIZACIÓN América del Norte, Europa, norte de África, suroeste de Asia

Es un pariente extinto de los «peces reloj» actuales (recuadro, abajo). Sus restos se han hallado en depósitos de creta, lo que indica que vivió en un ambiente de aguas someras. Este pez de grandes ojos, boca orientada hacia arriba y mandíbulas dotadas de pequeños dientes, tenía un cuerpo alto y comprimido lateralmente, con aletas pectorales pequeñas y las pélvicas casi directamente bajo ellas. La aleta anal tenía el borde posterior recto, y la caudal estaba profundamente ahorquillada (furcada), con lóbulos iguales. *Hoplopteryx* muestra un avance con respecto a otros peces: una serie de huesos llamados uroneurales en el lóbulo superior de la aleta caudal que reforzaban y sustentaban los radios. Estos huesos le dotaban de mayor potencia natatoria, y su presencia se considera un importante avance evolutivo. Los peces que poseen estos elementos esqueléticos reciben el nombre de teleósteos.

los grandes ojos a los lados de la cabeza proporcionan buena visión para cazar
boca amplia y mandíbulas con pequeños dientes
agallas cubiertas por el opérculo

Unos huesos especiales en la aleta caudal, llamados uroneurales, dieron a *Hoplopteryx* una ventaja evolutiva sobre otros peces de la época.

PARIENTE VIVO

OPTIVUS ELONGATUS

Este pez de arrecife de aguas profundas de Nueva Zelanda es un pez reloj con un cuerpo alargado que lo distingue del resto de su familia (traquíctidos), cuyos miembros se caracterizan también por su gran cabeza con abundantes canales mucosos. Durante el día se oculta en las grietas del arrecife, pero por la noche sale en busca de presas que atrapa con sus mandíbulas extensibles y que traga enteras.

la aleta dorsal angular sustentada por nueve radios separados aumentaba la altura del pez
parte de la poderosa aleta caudal furcada
cuerpo plano y alto
pequeña aleta pélvica
pequeña aleta pectoral

INFERIOR: Berriasiense, Valanginiense, Hauteriviense, Barremiense, Aptiense, Albiense

SUPERIOR: Cenomaniense, Turoniense, Coniaciense, Santoniense, Campaniense, Maastrichtiense

Xiphactinus

GRUPO Actinopterigios
DATACIÓN Cretácico
TAMAÑO 6 m de longitud
LOCALIZACIÓN América del Norte

Uno de los mayores peces óseos conocidos, era un depredador formidable. Tenía un cuerpo largo y musculado con una columna vertebral de más de cien vértebras. Esto, y la cola furcada, indican que fue un nadador poderoso y que seguramente perseguía a sus presas en vez de acecharlas. La mandíbula inferior vuelta hacia arriba, de gran apertura, le permitía comer grandes peces y, posiblemente, pequeños reptiles marinos: en el contenido estomacal fosilizado de un individuo de 4 m se ha encontrado un pez ictiodéctido de 2 m. A su vez, *Xiphactinus* ha sido hallado en el estómago de un tiburón fosilizado, lo que indica que, a pesar de su tamaño y ferocidad, no era el superdepredador de su antiguo ecosistema.

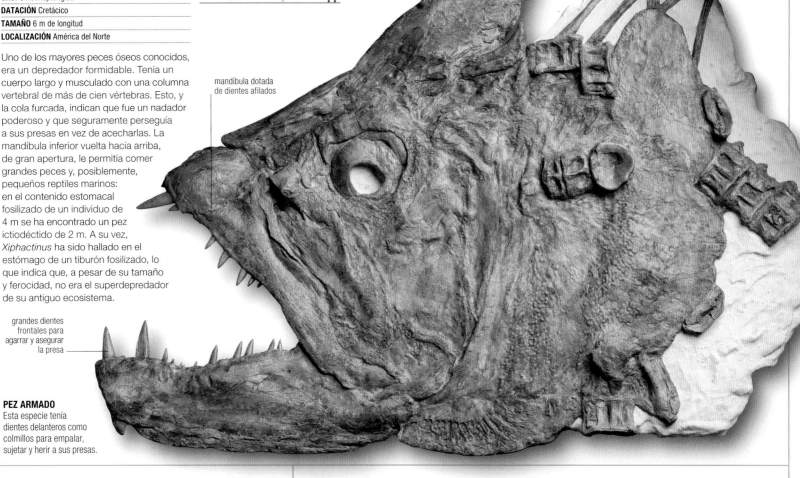

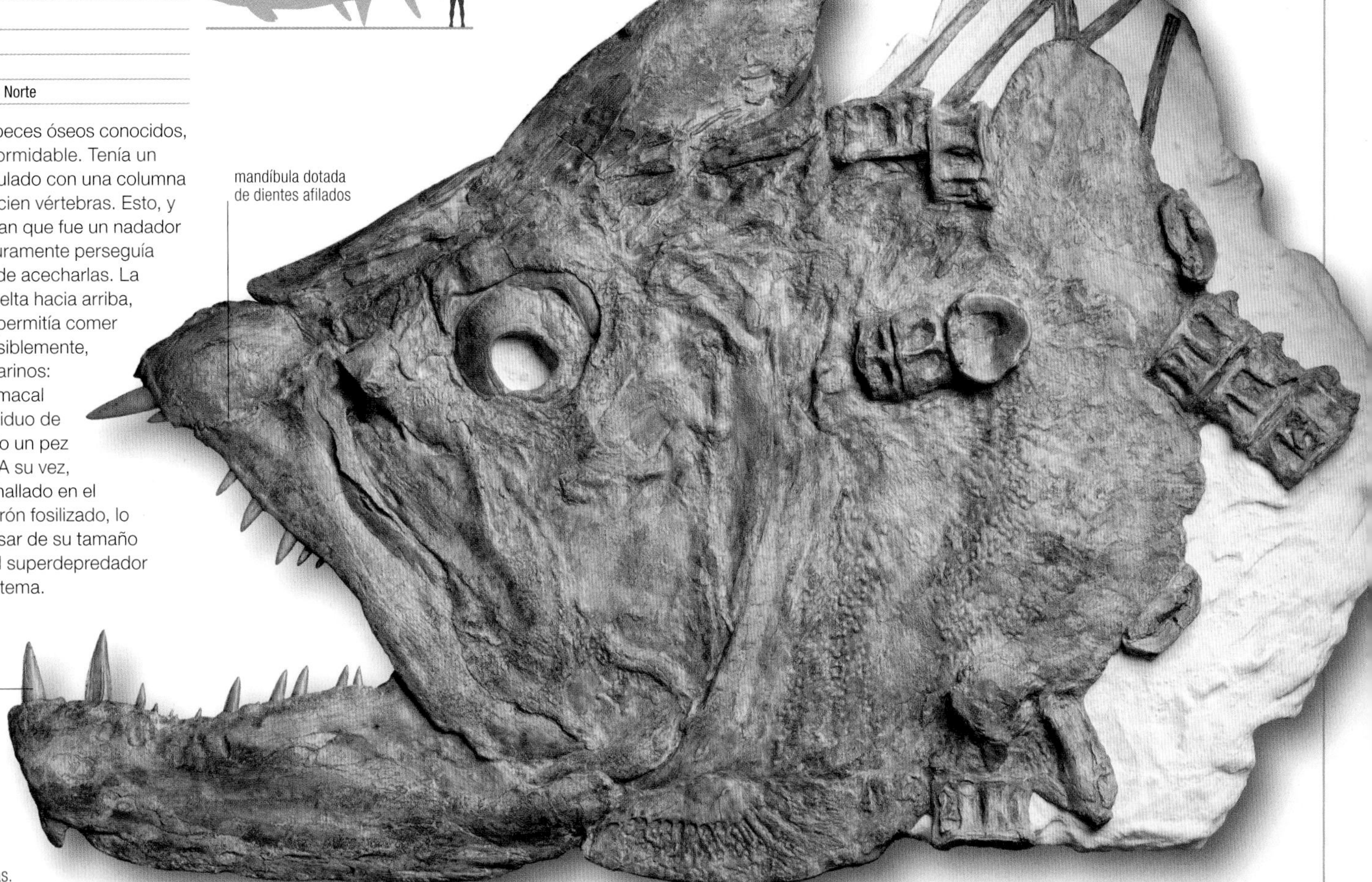
mandíbula dotada de dientes afilados
grandes dientes frontales para agarrar y asegurar la presa

PEZ ARMADO
Esta especie tenía dientes delanteros como colmillos para empalar, sujetar y herir a sus presas.

Squalicorax

GRUPO Condrictios
DATACIÓN Cretácico
TAMAÑO 5 m de longitud
LOCALIZACIÓN Europa, América del Norte, América del Sur, África, Oriente Próximo, India, Japón, Australia, Rusia

Squalicorax significa «tiburón cuervo». Como *Cretoxyrhina*, es un miembro extinto del orden de los lamniformes. Tenía la forma típica de un tiburón, y sus dientes eran similares a los de los actuales *Carcharhinus*, como el jaquetón toro. Como superdepredador, probablemente se alimentó de mosasaurios, tortugas y peces. Se han hallado dientes suyos junto a un esqueleto de *Cretoxyrhina*, por lo que también pudo alimentarse del cadáver de su pariente mayor.

DIENTE ESPINOSO
Este diente tiene una raíz casi rectangular que sustenta una corona en forma de púa con una sola cúspide de filo serrado.

Lepisosteus

GRUPO Actinopterigios
DATACIÓN Del Eoceno a la actualidad
TAMAÑO 75 cm de longitud
LOCALIZACIÓN América del Norte y Central, Cuba

Los *Lepisosteus* (pejelagartos) aparecieron hace unos 55 MA. Hoy se hallan en las aguas dulces del centro y norte de América y en Cuba. De aspecto similar al pez lagarto (un sinodóntido), puede que ambos evolucionaran en paralelo para ocupar nichos concretos tanto en aguas saladas (pez lagarto) como dulces (pejelagarto). Los pejelagartos modernos, como *Lepisosteus oculatus*, han cambiado poco respecto a sus ancestros del Cretácico inferior, lo cual los convierte en «fósiles vivientes».

PARIENTE VIVO
PEJELAGARTO

Existen siete especies de pejelagartos, con pocos cambios respecto a sus ancestros fósiles. Son fácilmente reconocibles por su hocico alargado con fosas nasales en la punta y escamas de aspecto esmaltado. Todas las especies se hallan en aguas dulces y salobres, excepto *Lepisosteus platostomus*, que es exclusivo de sistemas de agua dulce de América del Norte.

ESCAMAS DURAS
Lepisosteus tiene un cuerpo largo, con las aletas dorsales y anales muy atrás, hocico prolongado, mandíbulas armadas de dientes pequeños y afilados, y robustas escamas romboidales entrelazadas.

Beelzebufo

GRUPO Anfibios
DATACIÓN Cretácico superior
TAMAÑO 40 cm de longitud
LOCALIZACIÓN Madagascar

Beelzebufo («sapo diablo») no fue descubierto hasta 2008. Su rasgo más notable es su tamaño, mucho mayor que el de cualquier rana o sapo conocidos, vivos o fósiles. Pudo coexistir con los últimos dinosaurios, siendo lo bastante grande para alimentarse de crías recién nacidas. Es un pariente cercano de las ranas cornudas actuales de América del Sur, que acechan a presas pequeñas para atraparlas al paso con sus enormes mandíbulas, dotadas de largas púas óseas como colmillos. Su semejanza con las actuales ranas suramericanas, más que con las de Madagascar, avala la idea de una conexión entre América del Sur, India y Madagascar en el Cretácico.

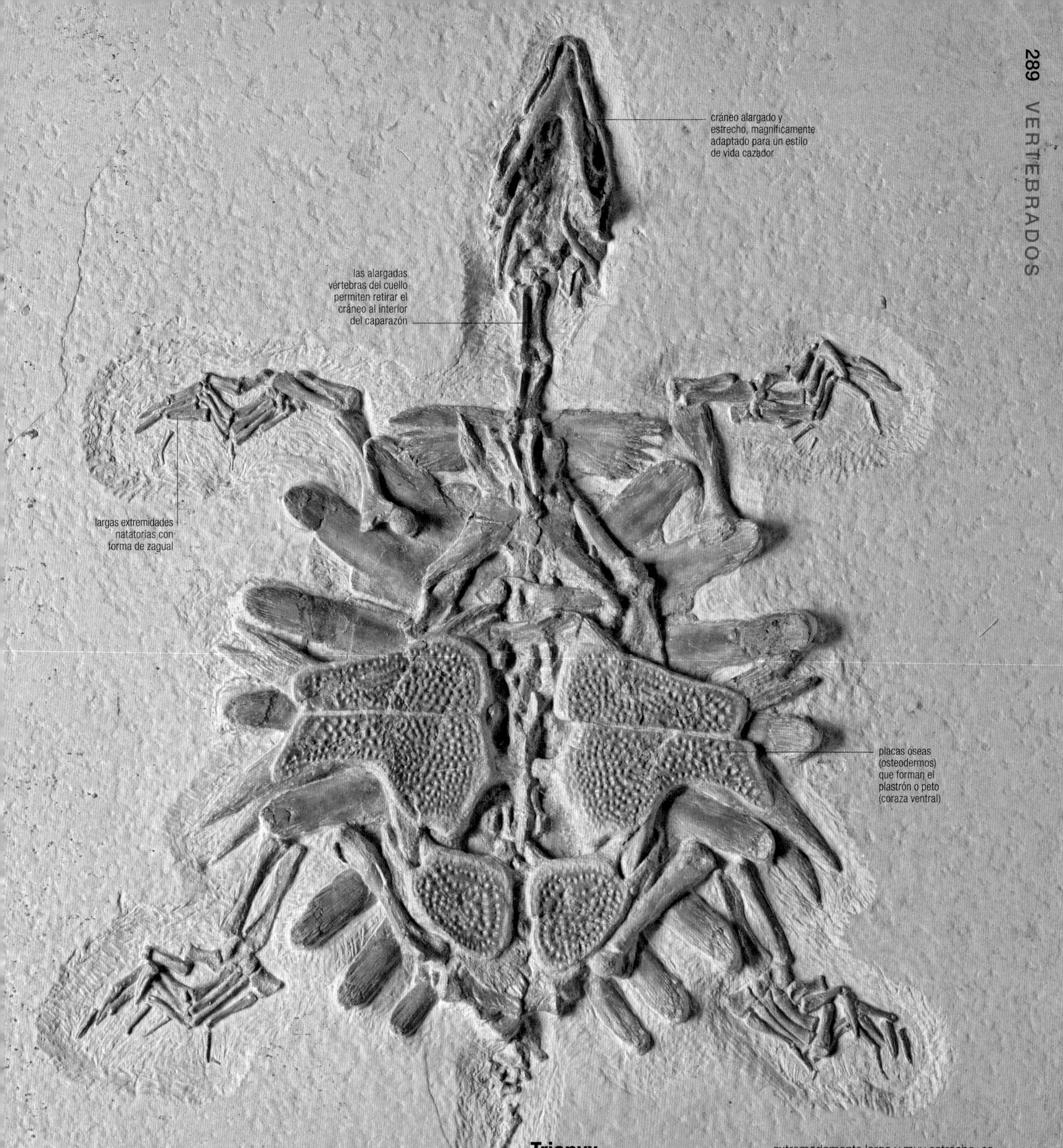
cráneo alargado y estrecho, magníficamente adaptado para un estilo de vida cazador
las alargadas vértebras del cuello permiten retirar el cráneo al interior del caparazón
largas extremidades natatorias con forma de zagual
placas óseas (osteodermos) que forman el plastrón o peto (coraza ventral)

Trionyx

GRUPO Tortugas
DATACIÓN Del Cretácico a la actualidad
TAMAÑO 1 m de longitud
LOCALIZACIÓN Todo el mundo

Trionyx es una gran tortuga de caparazón blando que aún sobrevive en África y Oriente Medio. Como otras de este tipo, posee una coraza (caparazón) superior plana cubierta de piel y carece de escudos óseos. El cráneo de las tortugas de caparazón blando, extremadamente largo y muy estrecho, es poco habitual entre las tortugas vivientes y resulta un diseño ideal para su forma de vida de cazadoras al acecho. *Trionyx* lleva en la Tierra un tiempo considerable: en el Cretácico ya existían miembros del género y sobrevivieron a la extinción en masa que barrió a los dinosaurios hace 65 MA. A pesar de que los fósiles de *Trionyx* son raros, se han hallado algunos especímenes excepcionales, como el de la imagen, en la formación eocena de Green River (p. 351), en Wyoming (EE UU).

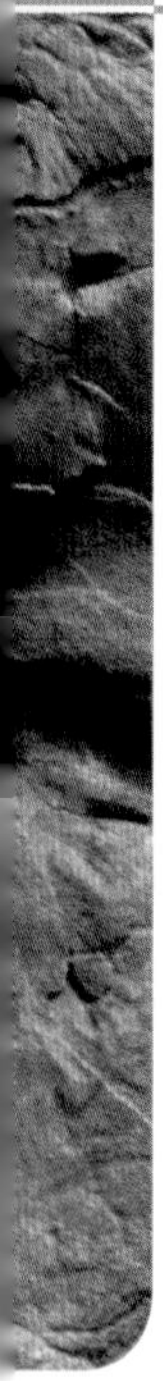

Protostega

GRUPO Tortugas
DATACIÓN Cretácico superior
TAMAÑO 3 m de longitud
LOCALIZACIÓN EE UU

Durante el Cretácico superior, América del Norte quedó casi cortada en dos por un vasto mar interior que se extendía desde el Ártico hasta el actual golfo de México. Estas aguas cálidas estaban pobladas por un extraño zoológico de animales prehistóricos, incluidos peces enormes, aves dentadas y una tortuga colosal llamada *Protostega*. Con sus 3 m de largo y varios cientos de kilos de peso, esta tortuga fue una de las más grandes que se hayan conocido, pero no la mayor del Cretácico, pues este honor corresponde a *Archelon*. *Protostega* era totalmente marina y rara vez se aventuraba en tierra firme. Sus miembros funcionaban como eficaces remos, y su grueso caparazón era relativamente ligero e hidrodinámico, lo que le permitía desplazarse con rapidez por el agua. Su cráneo era el de una tortuga típica: corto, ancho y carente de dientes en el hocico, que tenía un pico afilado.

COMIDA FAVORITA
Aunque es casi seguro que comía peces, es probable que entre sus presas favoritas se encontraran medusas, calamares y otros animales blandos.

Mosasaurus

GRUPO Lepidosaurios
DATACIÓN Cretácico superior
TAMAÑO 15 m de longitud
LOCALIZACIÓN EE UU, Bélgica, Japón, Países Bajos, Nueva Zelanda, Marruecos, Turquía

Durante unos 20 MA del Cretácico superior, los océanos bullían con uno de los más espectaculares grupos de depredadores que han existido: los mosasaurios. Estos eran parientes gigantescos, adaptados a la vida marina, de los lagartos y serpientes actuales. Este era un cazador voraz, similar a un cocodrilo, que nadaba ondulando su largo cuerpo. Como resultado, era incapaz de recorrer grandes distancias, pero podía alcanzar gran velocidad si era necesario. Probablemente vivió cazando presas más lentas en las aguas superficiales bien iluminadas de los océanos. Se han hallado marcas de su mordedura en amonites y en caparazones de grandes tortugas, lo que indica que fue capaz de cazar presas de tamaño considerable. El primer cráneo de *Mosasaurus* fue descubierto en 1774 en Maastricht (Países Bajos), en una cantera de caliza.

LAGARTO TEMIBLE
Los mosasaurios, incluido *Mosasaurus*, fueron de los mayores y más temibles reptiles de la historia de la Tierra. Sin embargo, solo sobrevivieron un corto espacio de tiempo, ya que aparecieron en el Cretácico superior y desaparecieron junto con los dinosaurios durante la extinción cretácica.

Elasmosaurus

GRUPO Sauropterigios
DATACIÓN Cretácico superior
TAMAÑO 9 m de longitud
LOCALIZACIÓN EE UU

Elasmosaurus fue uno de los últimos plesiosaurios. Más de la mitad de su longitud corporal correspondía al cuello, que contenía 71 vértebras, más que cualquier otro animal que haya existido. Esto indujo a error a Edward Drinker Cope, que describió el primer espécimen en 1869, ya que colocó la cabeza al extremo de la cola, que había confundido con el cuello. *Elasmosaurus* tenía una cabeza relativamente pequeña y probablemente acechara a los peces maniobrando con el cuello. Sus dientes largos y estrechos eran perfectos para traspasar y atrapar pequeñas presas blandas.

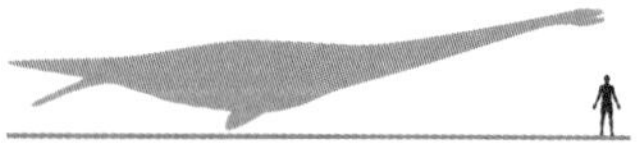

EL CUELLO MÁS LARGO
Elasmosaurus perteneció a un grupo de plesiosaurios conocidos como plesiosauroideos. Todos ellos tenían una cabeza pequeña y un cuello muy largo, aunque ninguno tuvo un cuello tan largo como *Elasmosaurus*.

BIOGRAFÍA

EDWARD DRINKER COPE

Nacido en Filadelfia (EE UU), Edward Drinker Cope (1840-1897) fue un paleontólogo y herpetólogo evolucionista. Dirigió numerosas prospecciones de historia natural y expediciones en busca de fósiles por el oeste norteamericano y describió más de mil especies de vertebrados, entre ellos varios dinosaurios. Aun así, es más famoso por su intensa rivalidad con su colega paleontólogo Othniel Marsh, en la que se llamó «guerra de los huesos».

Kronosaurus

GRUPO Sauropterigios
DATACIÓN Cretácico superior
TAMAÑO 9 m de longitud
LOCALIZACIÓN Australia, Colombia

Nombrado en honor a Cronos, titán de la mitología griega, *Kronosaurus* fue uno de los últimos pliosauroideos gigantes, un grupo de plesiosaurios con cabeza grande y cuello corto y robusto. Investigaciones recientes han demostrado que no fue tan enorme como se creía en el pasado, y su longitud estimada ha sido reducida de 12 a 9 m. Como otros pliosauroideos, tenía cuatro grandes aletas natatorias, pero no se sabe si las usaba para «bogar» como los remos de una embarcación o para «volar» bajo el agua como las tortugas marinas. Es posible que tuvieran una función intermedia.

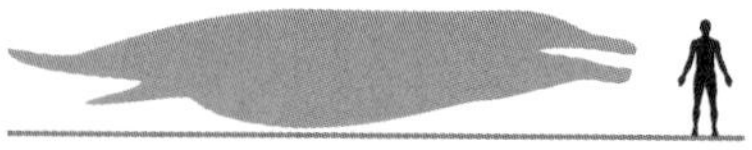

MANDÍBULAS PODEROSAS
Sus potentes mandíbulas, similares a las del cocodrilo, le permitían atacar a otros reptiles marinos, pero es posible que casi toda su dieta consistiera en grandes peces.

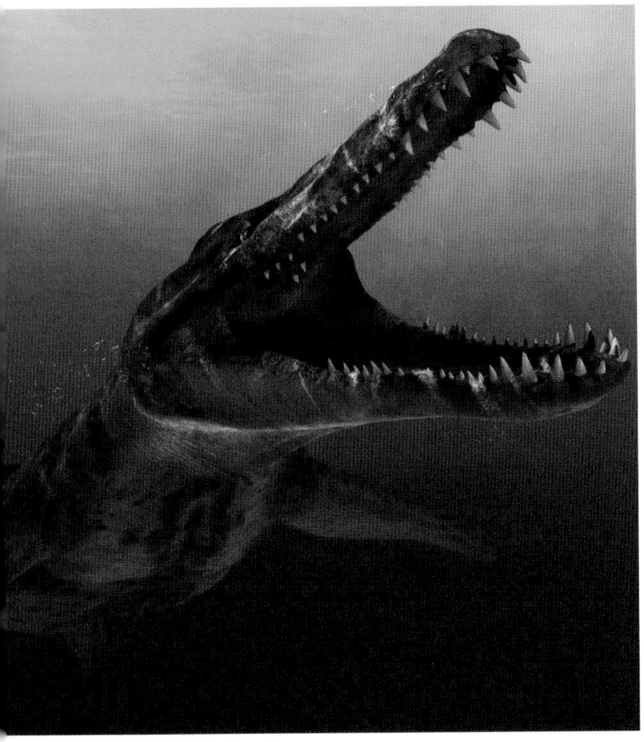

Plioplatecarpus

GRUPO Lepidosaurios
DATACIÓN Cretácico superior
TAMAÑO 5-6 m de longitud
LOCALIZACIÓN América del Norte, Europa

Plioplatecarpus es uno de los mosasaurios mejor conocidos: un depredador de tamaño medio que vivió en los mares someros y cálidos de América del Norte y Europa hace unos 80 MA. Su cráneo, largo y poderoso, estaba provisto de una serie de recios dientes cónicos, como los de los cocodrilos actuales. Su cuerpo era alargado y ahusado, con manos y pies modificados en forma de anchas aletas y la cola plana y musculosa. Sus mandíbulas poseían gran capacidad de apertura, lo que le permitía morder y tragar presas mayores que él mismo. Esta conducta, observada en serpientes actuales, es uno de los rasgos que señala a ambos grupos como parientes cercanos.

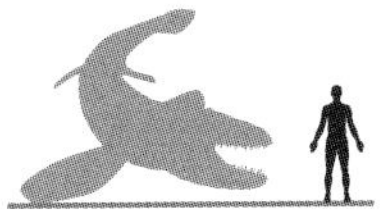

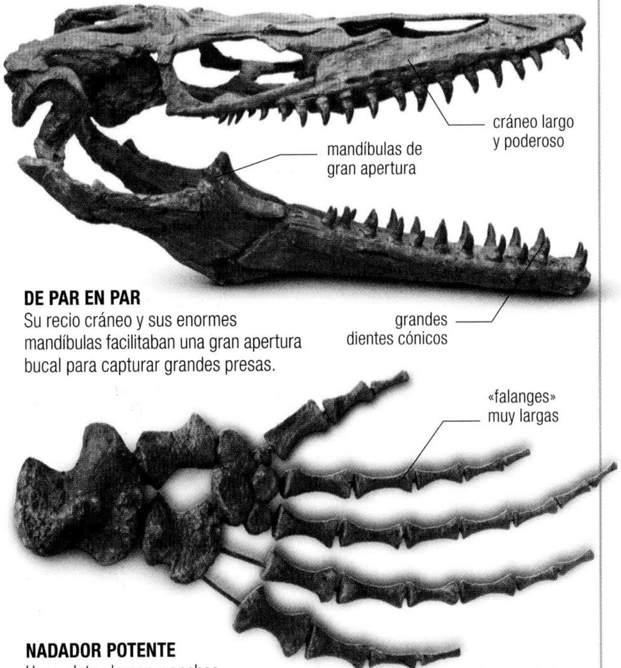
cráneo largo y poderoso
mandíbulas de gran apertura
grandes dientes cónicos
«falanges» muy largas
huesos de la mano modificados para formar aletas

DE PAR EN PAR
Su recio cráneo y sus enormes mandíbulas facilitaban una gran apertura bucal para capturar grandes presas.

NADADOR POTENTE
Unas aletas largas y anchas permitían a *Plioplatecarpus* nadar con gran rapidez y potencia.

Simosuchus

GRUPO Crocodilomorfos
DATACIÓN Cretácico superior
TAMAÑO 1,5 m de longitud
LOCALIZACIÓN Madagascar

Simosuchus puede ser el crocodilomorfo más extraño que haya vivido jamás. La mayoría de los miembros de este grupo eran poderosos depredadores con cráneo fuerte y alargado, repleto de dientes afilados, pero *Simosuchus* tenía un cráneo corto con un rostro aplanado similar al de un perro chato. Y no solo eso, sino que tenía un hocico ancho con los dientes en forma de hoja perfectos para cortar y masticar plantas. Este peculiar cocodrilo herbívoro habitó en Madagascar durante el Cretácico superior, hace unos 70 MA, junto a otros cocodrilos más típicos, que sí comían carne, y de muchos grandes terópodos. Tal vez evitó la competencia con estos carnívoros adquiriendo una dieta basada en plantas. Durante el Cretácico también vivieron otros crocodilomorfos herbívoros, aunque fueron raros y ninguno ha sobrevivido. Compartieron ecosistema con dinosaurios herbívoros, lo cual supone un extraño emparejamiento ecológico.

EXTRAÑA CRIATURA
Aunque este herbívoro de morro chato no nos recuerde a los cocodrilos actuales, fue un pariente cercano de estos, si bien con un modo de vida comparativamente extravagante y un diseño corporal extraño.

poderosa cola similar a la del cocodrilo
hocico ancho con dientes en forma de hoja
pies palmeados para nadar

Deinosuchus

GRUPO Crocodilomorfos
DATACIÓN Cretácico superior
TAMAÑO 12 m de longitud
LOCALIZACIÓN EE UU, México

Deinosuchus significa «cocodrilo terrible», y ello por buenas razones. Junto con *Sarcosuchus*, fue uno de los mayores crocodilomorfos que jamás hayan existido y alcanzaba las 9 toneladas. Sin embargo, vivió mucho más recientemente que *Sarcosuchus*, y es miembro de la familia aligatóridos, que incluye a los caimanes actuales. Fue uno de los depredadores más feroces de las regiones costeras de América del Norte, y en algunas zonas se solapó con tiranosáuridos como *Daspletosaurus* (p. 301). En estos ecosistemas, fue *Deinosuchus*, y no los tiranosáuridos, el depredador más grande y poderoso. Su anatomía y el conjunto de su organización corporal eran muy similares a las de los cocodrilos modernos, por lo que es fácil imaginarlo como una versión gigante de especies vivientes. Probablemente cazaba de forma similar a los cocodrilos, acechando en el borde del agua y atacando a peces, reptiles acuáticos y animales terrestres ocasionales.

COCODRILO TERRIBLE
Deinosuchus era tan largo como *Tyrannosaurus*. Mataba a sus presas de una forma similar a los cocodrilos modernos, infligiéndoles grandes heridas y arrastrándolas al fondo del agua para ahogarlas.

ojos en lo alto de la cabeza
escamas óseas como placas
mandíbulas largas y poderosas con grandes dientes
patas muy cortas

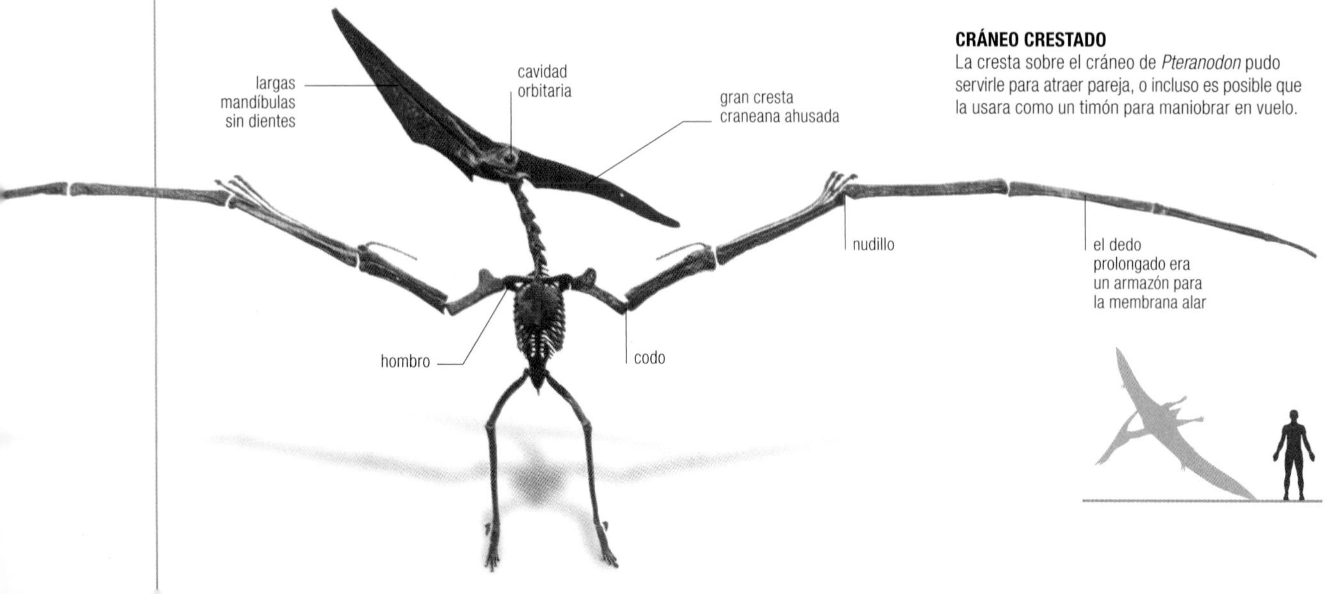
largas mandíbulas sin dientes
cavidad orbitaria
gran cresta craneana ahusada
nudillo
el dedo prolongado era un armazón para la membrana alar
hombro
codo

CRÁNEO CRESTADO
La cresta sobre el cráneo de *Pteranodon* pudo servirle para atraer pareja, o incluso es posible que la usara como un timón para maniobrar en vuelo.

Pteranodon

GRUPO Pterosaurios
DATACIÓN Cretácico superior
TAMAÑO 1,8 m de longitud
LOCALIZACIÓN EE UU

Pteranodon sobrevoló los mares someros de América del Norte durante el Cretácico superior. Es probable que se alimentara y cazara del mismo modo que un albatros. Pudo planear sobre el océano en grandes bandadas, buscando peces en aguas superficiales. Lo seguro es que comía peces, ya que se han hallado restos en el estómago de un espécimen fosilizado. Su cráneo también estaba bien adaptado para la pesca, con largas mandíbulas sin dientes y una forma ahusada para sumergirse en el agua.

Quetzalcoatlus

GRUPO Pterosaurios
DATACIÓN Cretácico superior
TAMAÑO 12 m de envergadura
LOCALIZACIÓN EE UU

Este pterosaurio del Cretácico superior fue uno de los animales voladores más grandes que han existido. Tenía más envergadura que un avión pequeño y una altura similar a la de una jirafa. Pese a su monstruoso tamaño, *Quetzalcoatlus* no pesaba más de 250 kg debido al complejo sistema de sacos áereos del interior de casi todos sus huesos. Durante mucho tiempo, los científicos creyeron que los pterosaurios comían sobre todo pescado y pasaban gran parte de su vida sobre el mar, aventurándose en tierra solo para cazar pequeños mamíferos y reptiles. Sin embargo, hoy se cree que *Quetzalcoatlus* y sus parientes azhdárquidos pudieron pasar su vida sobrevolando tierra firme y seleccionando grandes vertebrados como presas. Así pues, es probable que *Quetzalcoatlus* cubriera sus enormes necesidades metabólicas acechando y devorando dinosaurios.

Quetzalcoatlus **recibió su nombre** de Quetzalcoatl, la **serpiente emplumada,** dios tutelar de los sacerdotes aztecas.

PTEROSAURIO MONSTRUOSO
Quetzalcoatlus es el más fantástico de los pterosaurios voladores. Este ser monstruoso, cuyo nombre deriva del de un dios azteca, era mayor que algunos aviones pequeños. Mientras que la mayoría de los pterosaurios eran ictiófagos, fue un feroz depredador que cazaba dinosaurios y otros vertebrados.

Ornithocheirus

GRUPO Pterosaurios
DATACIÓN Cretácico inferior
TAMAÑO 5 m de envergadura
LOCALIZACIÓN Europa

En el Cretácico inferior, unos 40 MA antes de que el gigantesco *Quetzalcoatlus* acechara dinosaurios en las llanuras de América del Norte (p. 293), otro pterosaurio gigante señoreó los cielos de Europa. Este gran animal, *Ornithocheirus*, durante largo tiempo dio dolores de cabeza a los paleontólogos, ya que solo se conoce por fósiles fragmentarios y se confundió a menudo con su pariente suramericano *Tropeognathus*. Los huesos indican que su envergadura alar debía de rondar los 5 m, alrededor de la mitad que la del más conocido *Quetzalcoatlus*. Otro pariente cercano de *Ornithocheirus*, un pterosaurio de tamaño similar llamado *Anhanguera*, es conocido por restos fósiles sumamente bien conservados, que han permitido a los científicos estudiar incluso detalles de su poderoso cerebro. Es evidente que *Anhanguera* tuvo sentidos agudos y un potente sentido del equilibrio, todo ello necesario para una actividad tan compleja y peligrosa como el vuelo.

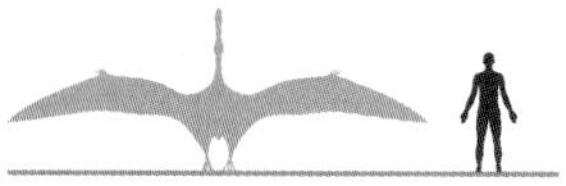

Se han asignado más de **diez especies** al género *Ornithocheirus*, pero la mayoría se basan en **restos fragmentarios** de fósiles, **difíciles de estudiar**.

GIGANTES DEL CIELO
Ornithocheirus, uno de los pterosaurios más misteriosos y majestuosos, ha sido una fuente de frustración para los paleontólogos durante años. Solo se conocen pequeños fragmentos fósiles, y durante mucho tiempo los científicos pensaron que fue uno de los mayores animales voladores que han existido, con una envergadura de hasta 10 m (el tamaño aproximado de un avión pequeño). No obstante, los análisis recientes sugieren que era bastante menor, y las estimaciones de su envergadura se han reducido notablemente.

cola alta y estrecha con potentes músculos en la base
potentes patas traseras

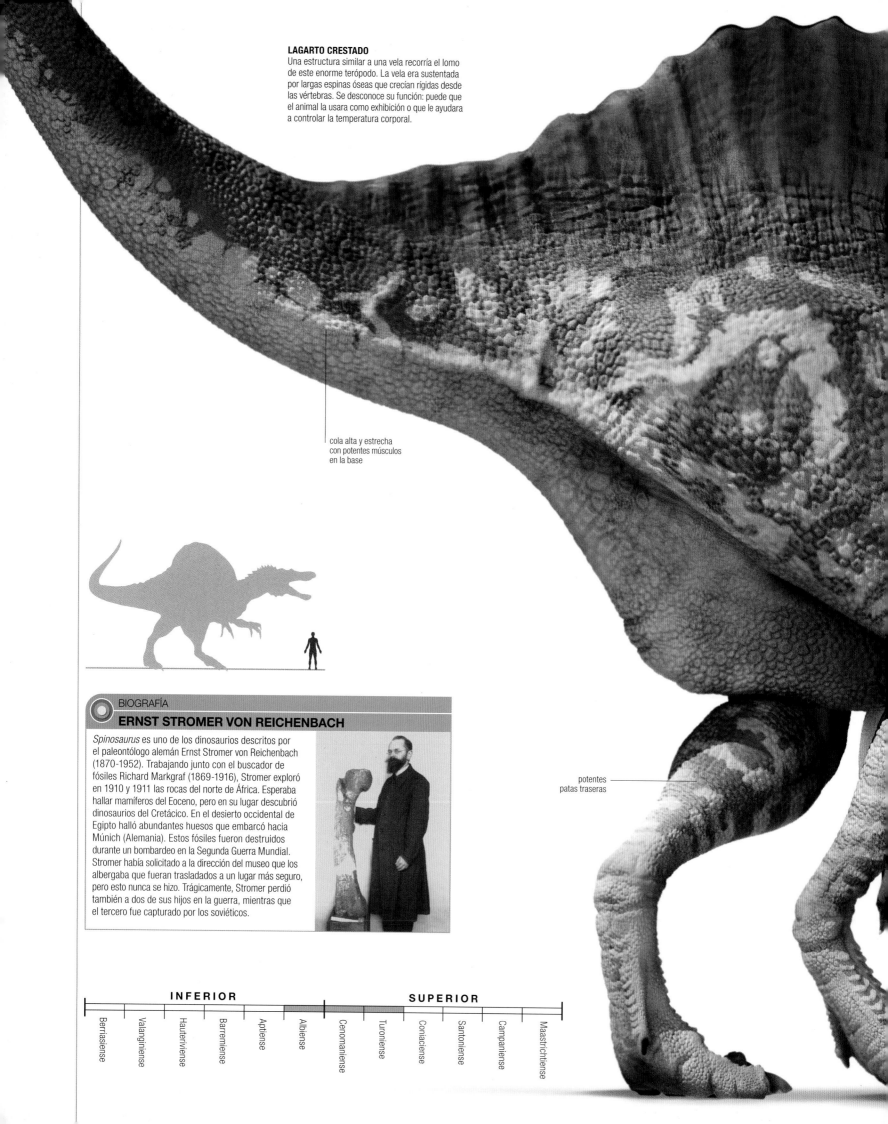

LAGARTO CRESTADO
Una estructura similar a una vela recorría el lomo de este enorme terópodo. La vela era sustentada por largas espinas óseas que crecían rígidas desde las vértebras. Se desconoce su función: puede que el animal la usara como exhibición o que le ayudara a controlar la temperatura corporal.

BIOGRAFÍA

ERNST STROMER VON REICHENBACH

Spinosaurus es uno de los dinosaurios descritos por el paleontólogo alemán Ernst Stromer von Reichenbach (1870-1952). Trabajando junto con el buscador de fósiles Richard Markgraf (1869-1916), Stromer exploró en 1910 y 1911 las rocas del norte de África. Esperaba hallar mamíferos del Eoceno, pero en su lugar descubrió dinosaurios del Cretácico. En el desierto occidental de Egipto halló abundantes huesos que embarcó hacia Múnich (Alemania). Estos fósiles fueron destruidos durante un bombardeo en la Segunda Guerra Mundial. Stromer había solicitado a la dirección del museo que los albergaba que fueran trasladados a un lugar más seguro, pero esto nunca se hizo. Trágicamente, Stromer perdió también a dos de sus hijos en la guerra, mientras que el tercero fue capturado por los soviéticos.

INFERIOR: Berriasiense, Valanginiense, Hauteriviense, Barremiense, Aptiense, Albiense
SUPERIOR: Cenomaniense, Turoniense, Coniaciense, Santoniense, Campaniense, Maastrichtiense

Spinosaurus

GRUPO Terópodos
DATACIÓN Del Cretácico inferior al superior
TAMAÑO 15 m de longitud
LOCALIZACIÓN Marruecos, Libia, Egipto

Spinosaurus es uno de los terópodos más famosos, y se calcula que también fue el más grande. Por desgracia, el primer y mejor espécimen descubierto fue destruido por un bombardeo aliado sobre Alemania durante la Segunda Guerra Mundial. Este espécimen incluía la mandíbula inferior y vértebras bien conservadas con largas espinas. A partir de ese descubrimiento original, realizado por Ernst Stromer (recuadro p. anterior), tan solo se han hallado unos pocos restos articulados. Pero una enorme cantidad de restos parciales esparcidos demuestran que fue un animal relativamente común en el Cretácico. En muchos aspectos, fue un gran terópodo típico. Sin embargo, dos regiones de su anatomía –el cráneo y las vértebras– no eran típicas en absoluto. El hocico era largo, como el de un cocodrilo, con las fosas nasales más retrasadas y más cercanas a los ojos de lo habitual en los terópodos. El extremo de la mandíbula inferior estaba ensanchado y redondeado en relación con el resto del morro, y los dientes de esta zona irradiaban hacia fuera, como los radios de una rueda. Los dientes eran redondos en sección transversal (casi todos los terópodos los tenían ovalados) y no presentaban bordes serrados. Todos estos rasgos indican que *Spinosaurus* hundía las mandíbulas en el agua y atrapaba peces, pero era lo bastante grande y poderoso para cazar también dinosaurios de tamaño pequeño y mediano en tierra.

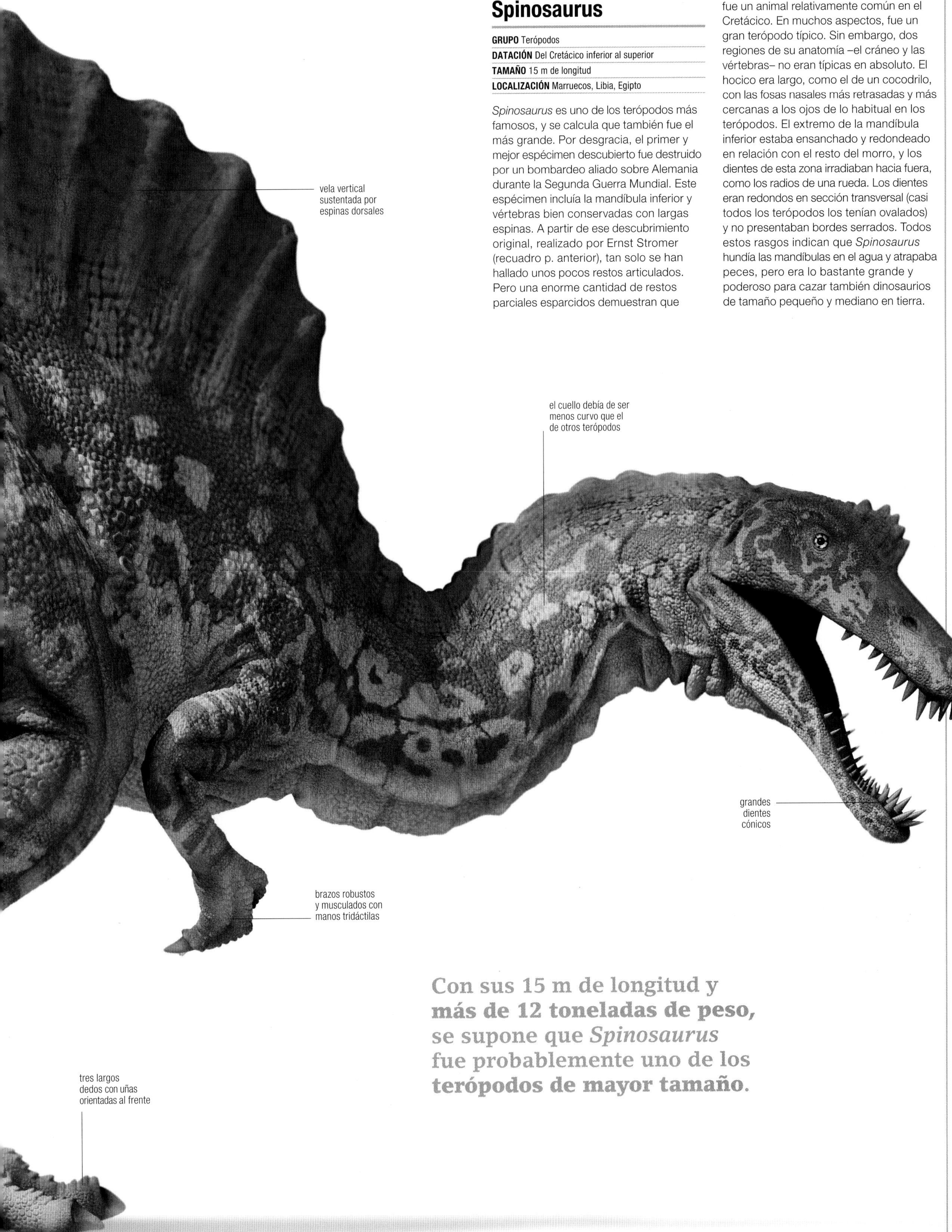
vela vertical sustentada por espinas dorsales
el cuello debía de ser menos curvo que el de otros terópodos
grandes dientes cónicos
brazos robustos y musculados con manos tridáctilas
tres largos dedos con uñas orientadas al frente

Con sus 15 m de longitud y **más de 12 toneladas de peso,** se supone que *Spinosaurus* fue probablemente uno de los **terópodos de mayor tamaño.**

Suchomimus

GRUPO Terópodos
DATACIÓN Cretácico inferior
TAMAÑO 10 m de longitud
LOCALIZACIÓN Níger

Fósiles fragmentarios indicaron durante mucho tiempo que un pariente cercano de *Baryonyx* (dcha.) vivió en Níger, en África occidental. Esto se confirmó en 1998, al identificar a *Suchomimus tenerensis*. Una cresta baja como una cuchilla se extendía a lo largo de la parte superior del hocico, y una alta recorría el lomo y, posiblemente, también la cola. Los brazos de *Suchomimus* eran robustos, y las grandes conexiones musculares indican que eran poderosos.

IMITADOR
Suchomimus significa «imitador de cocodrilos»: el animal recibió este nombre por su hocico largo y estrecho.

Baryonyx

GRUPO Terópodos
DATACIÓN Cretácico inferior
TAMAÑO 9 m de longitud
LOCALIZACIÓN Islas Británicas, España, Portugal

Baryonyx walkeri, descubierto en 1983 por un paleontólogo aficionado, resultó ser uno de los fósiles de dinosaurio europeos más interesantes. Sus mandíbulas y dientes de cocodrilo se combinaban con un esqueleto típico de un terópodo. *Baryonyx* es un espinosáurido; pertenece a la familia a la que dio nombre *Spinosaurus* (p. 296), conocido por la cresta con altas espinas que recorre su lomo. Cuando fue descubierto, se pensó que *Baryonix* solo poseía espinas cortas en la cima de sus vértebras. Sin embargo, un nuevo espécimen demostró que esas espinas eran más largas, aunque no tanto como las de *Spinosaurus*. Parece ser que *Baryonyx*, y tal vez todos los espinosáuridos, fueron ictiófagos especializados que también consumían otras presas, como pequeños dinosaurios.

DESCUBRIMIENTO
El espécimen original de *Baryonyx* fue hallado yaciendo de costado. Murió al borde de una charca, y sus restos fueron cubiertos por el lodo.

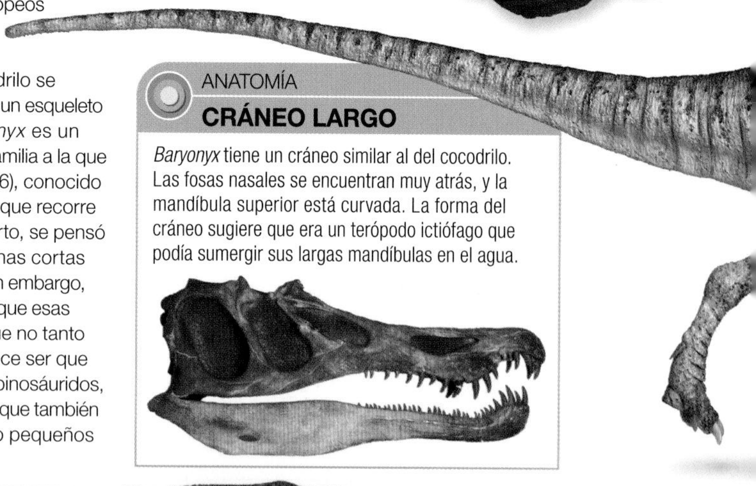

ANATOMÍA
CRÁNEO LARGO

Baryonyx tiene un cráneo similar al del cocodrilo. Las fosas nasales se encuentran muy atrás, y la mandíbula superior está curvada. La forma del cráneo sugiere que era un terópodo ictiófago que podía sumergir sus largas mandíbulas en el agua.

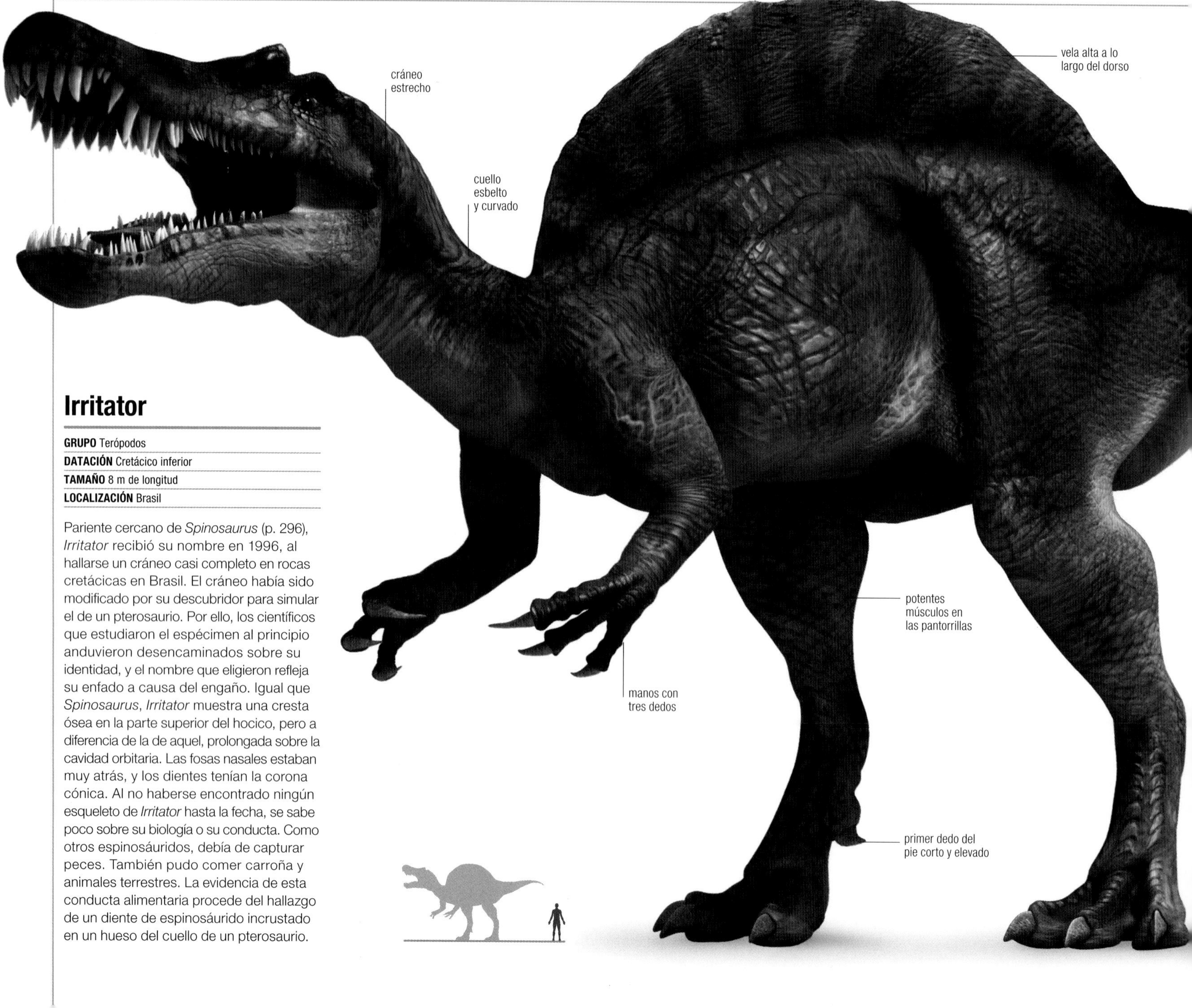
cráneo estrecho
cuello esbelto y curvado
vela alta a lo largo del dorso
potentes músculos en las pantorrillas
manos con tres dedos
primer dedo del pie corto y elevado

Irritator

GRUPO Terópodos
DATACIÓN Cretácico inferior
TAMAÑO 8 m de longitud
LOCALIZACIÓN Brasil

Pariente cercano de *Spinosaurus* (p. 296), *Irritator* recibió su nombre en 1996, al hallarse un cráneo casi completo en rocas cretácicas en Brasil. El cráneo había sido modificado por su descubridor para simular el de un pterosaurio. Por ello, los científicos que estudiaron el espécimen al principio anduvieron desencaminados sobre su identidad, y el nombre que eligieron refleja su enfado a causa del engaño. Igual que *Spinosaurus*, *Irritator* muestra una cresta ósea en la parte superior del hocico, pero a diferencia de la de aquel, prolongada sobre la cavidad orbitaria. Las fosas nasales estaban muy atrás, y los dientes tenían la corona cónica. Al no haberse encontrado ningún esqueleto de *Irritator* hasta la fecha, se sabe poco sobre su biología o su conducta. Como otros espinosáuridos, debía de capturar peces. También pudo comer carroña y animales terrestres. La evidencia de esta conducta alimentaria procede del hallazgo de un diente de espinosáurido incrustado en un hueso del cuello de un pterosaurio.

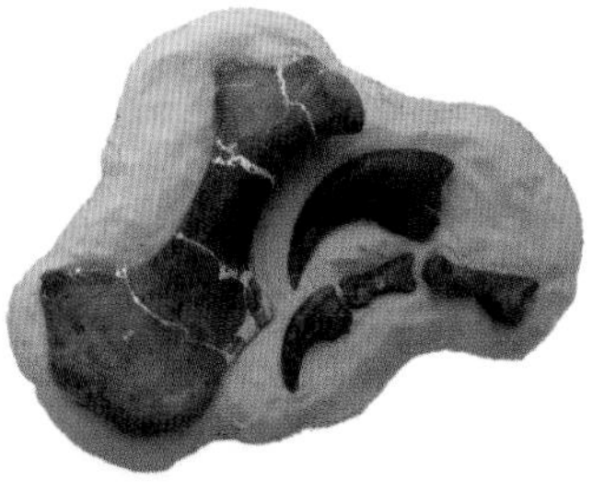

GARRA PESADA
Baryonyx tenía una gran uña en el pulgar –su nombre significa «uña pesada»– y el hueso del brazo (húmero) poseía puntos de inserción para músculos enormes.

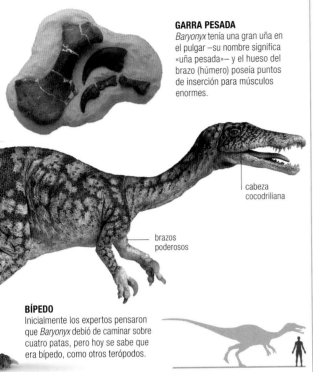

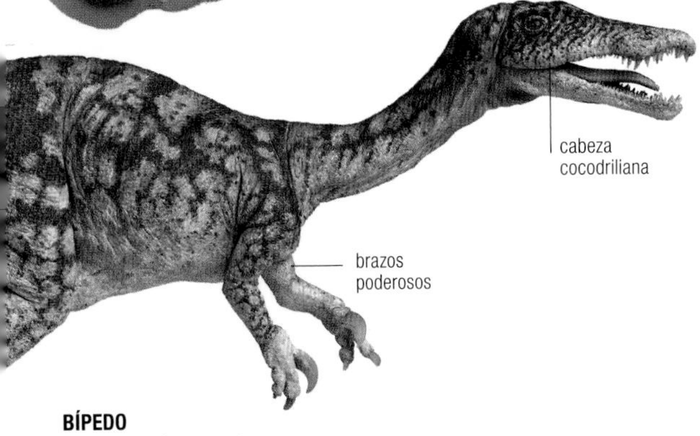
cabeza
cocodriliana
brazos
poderosos

BÍPEDO
Inicialmente los expertos pensaron que *Baryonyx* debió de caminar sobre cuatro patas, pero hoy se sabe que era bípedo, como otros terópodos.

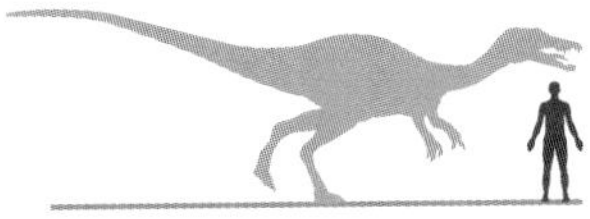

VELA ALTA
Se ha supuesto que *Irritator*, como *Spinosaurus*, tenía una alta vela a lo largo de la espalda. Sin embargo, esto sigue siendo hipotético, ya que el animal solo es conocido por su cráneo.

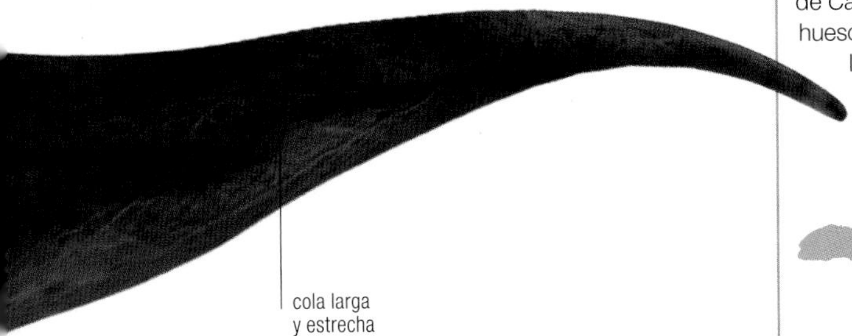
cola larga
y estrecha

Los científicos que estudiaron a *Irritator* fueron **inducidos a error** sobre su identidad. El nombre que le dieron refleja su **irritación** por el engaño.

Carcharodontosaurus

GRUPO Terópodos
DATACIÓN Cretácico superior
TAMAÑO 12 m de longitud
LOCALIZACIÓN Norte de África

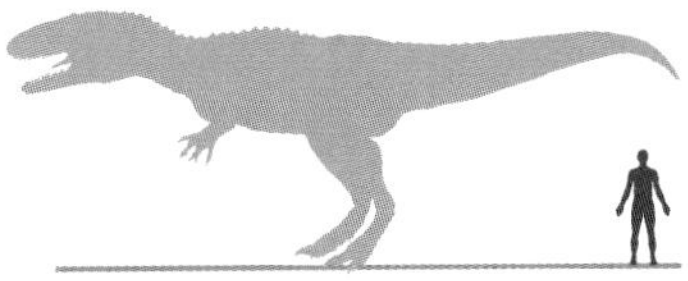

Este terópodo alosáurido gigante africano, nombrado en 1931, poseía unos dientes serrados que recuerdan a los de *Carcharodon*, el gran tiburón blanco; de ahí su nombre. Tenía la cabeza estrecha, más alta en la nuca que en el frente del hocico. Un cráneo parcial descubierto recientemente mide más de 1,6 m de largo. Las crestas óseas sobre el cráneo se proyectaban por encima de los ojos, y los huesos laterales del mismo tenían una textura rugosa característica. Con sus enormes mandíbulas y sus largos dientes, *Carcharodontosaurus* pudo cazar saurópodos y otros dinosaurios.

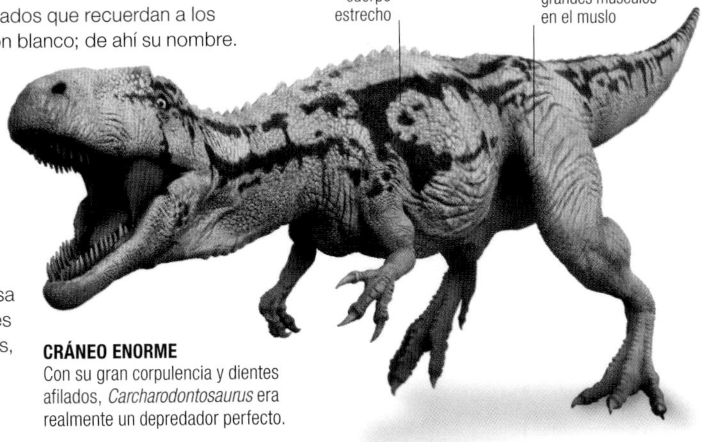
cuerpo
estrecho
grandes músculos
en el muslo

CRÁNEO ENORME
Con su gran corpulencia y dientes afilados, *Carcharodontosaurus* era realmente un depredador perfecto.

Giganotosaurus

GRUPO Terópodos
DATACIÓN Cretácico superior
TAMAÑO 12 m de longitud
LOCALIZACIÓN Argentina

CUELLO PODEROSO
Los restos indican que el cuello de *Giganotosaurus* era robusto y poderoso, y que sustentaba una gran cabeza.

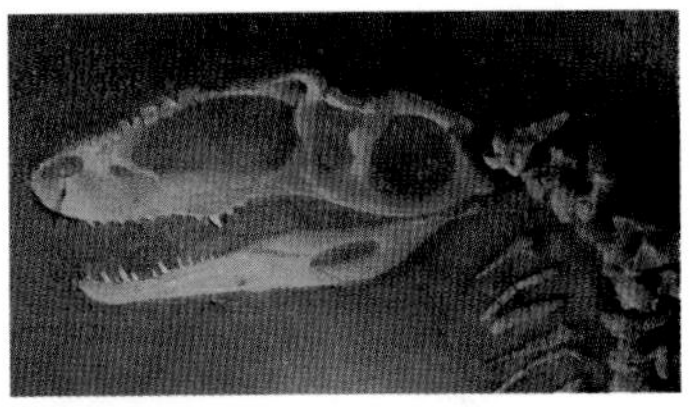

Giganotosaurus («lagarto gigante del sur») era de tamaño similar a los mayores individuos conocidos de *Tyrannosaurus* (p. 302). Su cráneo y su esqueleto recordaban mucho a los de *Carcharodontosaurus* (arriba). Los huesos situados por encima y delante de los ojos tenían pequeñas proyecciones a modo de cuernos. Vivió junto a saurópodos como *Limaysaurus*, *Andesaurus* y *Argentinosaurus* (p. 312), que pudieron ser sus presas.

brazos
débiles

ROSTRO DISTINTIVO
Sobre la cavidad orbitaria de *Giganotosaurus* sobresalen unas crestas óseas. Su mandíbula inferior estaba alineada con una masa ósea similar a un mentón.

Acrocanthosaurus

GRUPO Terópodos
DATACIÓN Cretácico inferior
TAMAÑO 12 m de longitud
LOCALIZACIÓN EE UU

Acrocanthosaurus fue un alosáurido gigante norteamericano, estrechamente emparentado con el africano *Carcharodontosaurus* (arriba). Poseía una amplia cresta dorsal muscular de largas espinas que podría ponerse rígida si el animal aferraba una presa grande. Ello podría ayudarle a afianzar su pesado cuerpo mientras tiraba de la presa y la desgarraba. Sus poderosos brazos tenían una amplitud de movimiento limitada, pero los dedos de sus manos en forma de garra estaban armados con grandes uñas corvas que podían soportar mucha flexión. Esto sugiere que podía agarrar a las presas con las manos, aunque para matarlas usaba las mandíbulas.

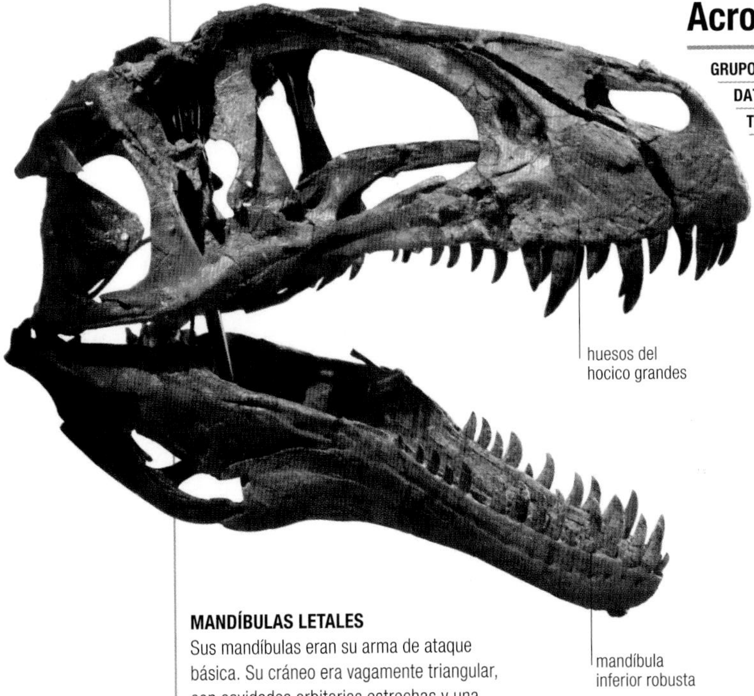
huesos del
hocico grandes
mandíbula
inferior robusta

MANDÍBULAS LETALES
Sus mandíbulas eran su arma de ataque básica. Su cráneo era vagamente triangular, con cavidades orbitarias estrechas y una gran protuberancia ósea sobre cada ojo.

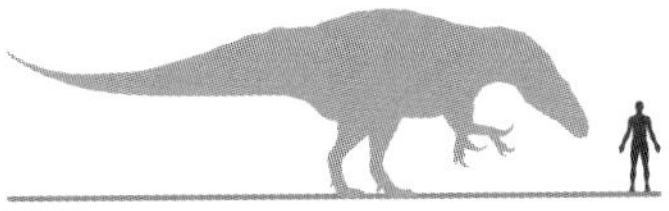

Aucasaurus

GRUPO Terópodos
DATACIÓN Cretácico superior
TAMAÑO 6 m de longitud
LOCALIZACIÓN Argentina

Aucasaurus estaba muy emparentado con *Carnotaurus* (p. 321), y ambos pertenecían al grupo de los carnotaurinos. Su cráneo era corto y profundo, aunque menos que el de *Carnotaurus*, y en lugar de cuernos, tenía unas leves protuberancias sobre cada ojo. Sus pequeños brazos también eran similares a los de su pariente cornudo, pero en proporción más largos, y sus huesos carecían de algunas de las inusuales proporciones y procesos óseos añadidos presentes en *Carnotaurus*. La mano era extraña: presentaba cuatro huesos metacarpianos, pero el primero y el cuarto carecían de dedos. Los intermedios estaban asociados a dedos cortos, pero estos no poseían uñas corvas. *Aucasaurus* se conoce por hallazgos realizados en las rocas del Cretácico superior de la formación Río Colorado, en Argentina, que han proporcionado abundantes dinosaurios, como los terópodos *Alvarezsaurus* y *Velocisaurus*, y el saurópodo *Neuquensaurus*. En este depósito también se han hallado numerosos huevos de saurópodos.

Conocido por un **esqueleto casi completo y muy bien conservado**, al que **solo falta el extremo de la cola**, *Aucasaurus* fue nombrado en 2002.

PROBABLE DEPREDADOR
Se sabe poco sobre la conducta de *Aucasaurus.* Sin embargo, como la mayoría de los grandes terópodos, fue casi con seguridad un depredador de otros dinosaurios. Tal vez cazara terópodos más pequeños y ornitisquios.

Carnotaurus

GRUPO Terópodos
DATACIÓN Cretácico superior
TAMAÑO 9 m de longitud
LOCALIZACIÓN Argentina

Carnotaurus, «toro carnívoro», recibió su nombre en 1985 a partir de un esqueleto parcial bien conservado. Su cráneo era corto y profundo para un terópodo, y unos robustos cuernos romos, que le servirían para la exhibición o la lucha, se proyectaban sobre sus ojos desde la cima del cráneo. Los endebles brazos, que carecen de una función clara, pudieron ser usados para exhibirse. Las impresiones de la piel conservadas con el esqueleto muestran grandes osteodermos aquillados dispuestos en fila sobre cuello y lomo. Hasta hace poco, *Carnotaurus* era el miembro más conocido de la familia de los abelisáuridos. Sin embargo, *Majungasaurus*, de Madagascar, es conocido hoy por restos aún más completos.

mandíbula inferior débil y poco profunda
piel cubierta de pequeñas placas coriáceas
manos diminutas con cuatro dedos
los pies están aún por descubrir

BRAZOS PECULIARES
Los huesos de los brazos de *Carnotaurus* eran largos y rectos, pero los de antebrazos y manos eran muy cortos. La articulación del hombro era muy móvil, por lo que pudo ser capaz de mover los brazos con más libertad que otros terópodos.

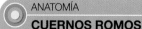

ANATOMÍA
CUERNOS ROMOS

Carnotaurus es famoso por los cuernos romos que tenía sobre los ojos. En vida estaban cubiertos por fundas córneas, por lo que su forma debió de ser distinta de la que muestra el fósil: pudieron ser más largos o más puntiagudos. No se conoce su utilidad. Algunos paleontólogos sugieren que pudieron servir para intimidar a otros terópodos; otros piensan que se habrían empleado en las contiendas entre machos.

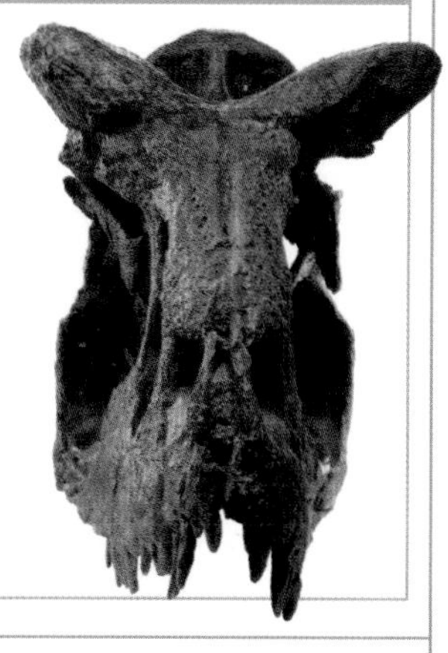

Santanaraptor

GRUPO Terópodos
DATACIÓN Cretácico inferior
TAMAÑO 1,5 m de longitud
LOCALIZACIÓN Brasil

El único espécimen de este pequeño y poco conocido terópodo está compuesto por huesos de la pelvis, las extremidades posteriores y la cola. Estos dan poca información sobre su aspecto general, pero seguramente era un celurosaurio pequeño y rápido. Se lo supone similar a animales como *Dilong* y *Guanlong* (p. 250), con brazos largos, manos tridáctilas y patas traseras esbeltas. Se han encontrado fragmentos bien conservados de tejido muscular y dérmico, pero por desgracia no hay rastro de la cobertura epitelial externa.

Daspletosaurus

GRUPO Terópodos
DATACIÓN Cretácico superior
TAMAÑO 9 m de longitud
LOCALIZACIÓN América del Norte

Grande y robusto, fue un pariente cercano de *Tyrannosaurus*, pero geológicamente más antiguo. Su cráneo era más grande y largo que el de la mayoría de los tiranosáuridos, aunque no tan largo y ancho como el de *Tyrannosaurus*. A diferencia de este, tenía unos cuernecillos encima y por delante de los ojos, un hocico con la superficie superior irregular y nudosa, y carrillos amplios. Al lado de las cuencas orbitarias se proyectaba una protuberancia roma similar a un cuerno. Estos rasgos son típicos de los grandes tiranosáuridos.

maxilar robusto y profundo

QUIJADA POTENTE
La mandíbula inferior de *Daspletosaurus* era muy fuerte, con dientes robustos de raíces largas y bien incrustadas en los sólidos huesos maxilares.

Albertosaurus

GRUPO Terópodos
DATACIÓN Cretácico superior
TAMAÑO 9 m de longitud
LOCALIZACIÓN Canadá

Albertosaurus estaba estrechamente emparentado con *Gorgosaurus*, otro tiranosáurido de América del Norte. En el pasado se creyó que ambos eran lo bastante similares para ser incluidos en el mismo género, pero actualmente se consideran distintos porque difieren en varios detalles craneales. Además, *Albertosaurus* parece haber tenido las patas traseras más esbeltas y las delanteras proporcionalmente más pequeñas que *Gorgosaurus*, aunque el tamaño general de los dos fuera similar. En un yacimiento de huesos de *Albertosaurus* se han hallado restos de numerosos individuos jóvenes y adultos, lo que sugiere que pudo ser un animal social.

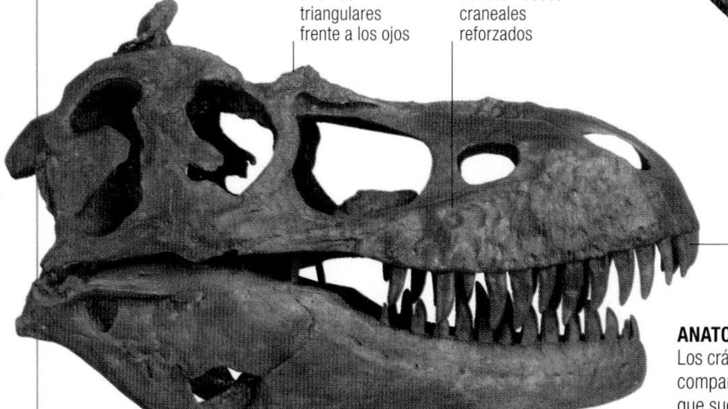

cuernos triangulares frente a los ojos
densos huesos craneales reforzados
dientes cortos en el extremo de la mandíbula

ANATOMÍA CRANEAL
Los cráneos de *Albertosaurus* y *Gorgosaurus* comparten ciertos rasgos anatómicos, lo que sugiere que ambos tiranosáuridos se alimentaban del mismo modo: despedazando grandes presas.

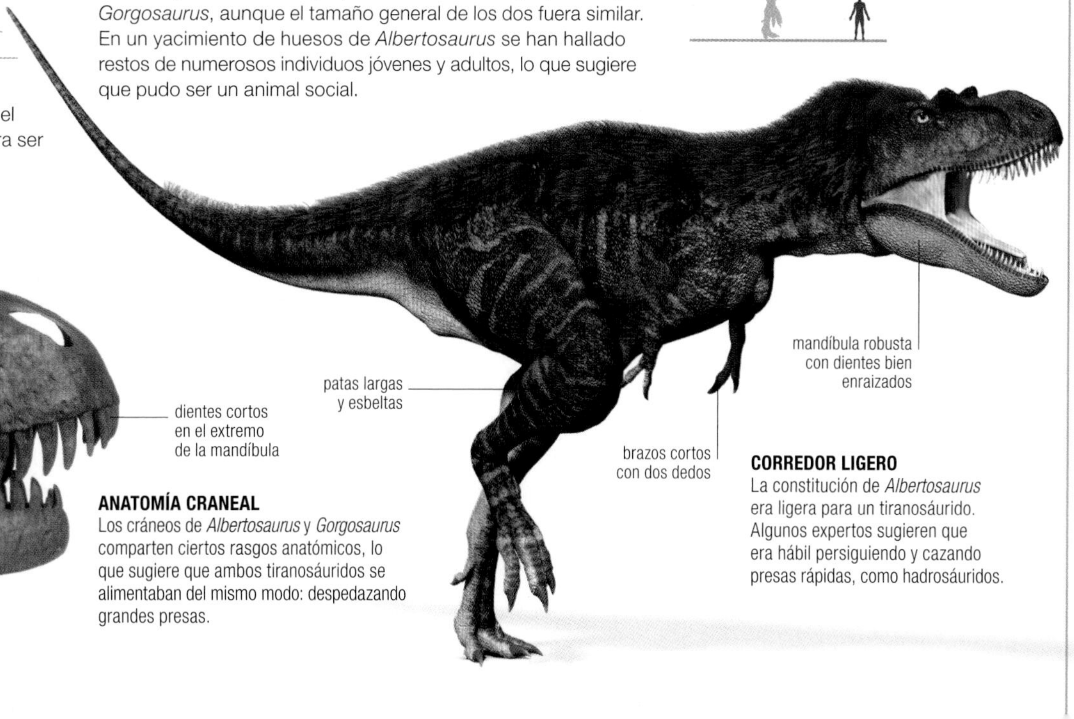

mandíbula robusta con dientes bien enraizados
patas largas y esbeltas
brazos cortos con dos dedos

CORREDOR LIGERO
La constitución de *Albertosaurus* era ligera para un tiranosáurido. Algunos expertos sugieren que era hábil persiguiendo y cazando presas rápidas, como hadrosáuridos.

Se calcula que la fuerza del **mordisco de *Tyrannosaurus*** fue mayor que la de **cualquier otro animal**.

grandes fosas, o fenestras, que aligeraban el cráneo
cuello relativamente corto
cráneo ancho por detrás y mucho más estrecho en el hocico

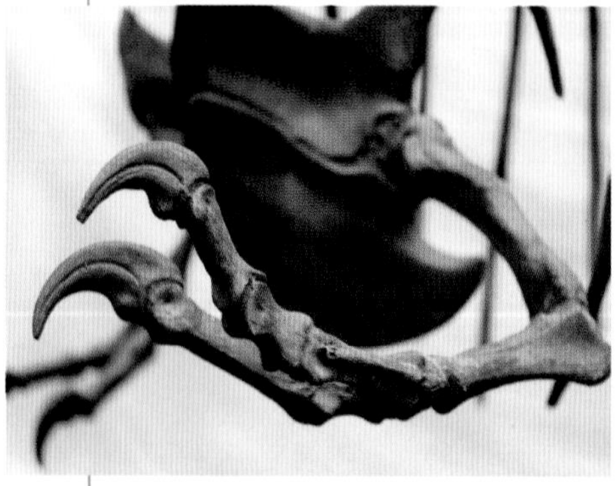

CAVIDAD CORPORAL
Aunque *Tyrannosaurus* tenía un cuerpo de complexión sólida y una cavidad corporal amplia, algunas de sus vértebras dorsales poseían huecos para reducir su peso.

CADERAS DE LAGARTO
Tyrannosaurus era un saurisquio, o dinosaurio con «cadera de lagarto», con una configuración de cadera similar a la de los reptiles actuales.

garras con uñas afiladas

DEDOS ARMADOS
Tyrannosaurus tenía los brazos muy cortos, y las manos dotadas de dos dedos prominentes y uno vestigial (reducido). Los dos dedos largos portaban afiladas uñas corvas, aunque es probable que su función fuera muy limitada.

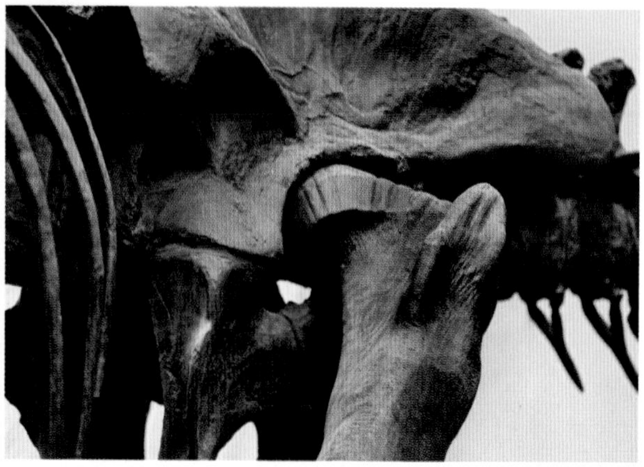

BOCA ENORME
La impresionante boca de *Tyrannosaurus* tenía hasta 58 dientes serrados. Estos eran de distintos tamaños, rondando los más largos los 30 cm de longitud (incluida la raíz), y los anteriores estaban más juntos que los posteriores.

Tyrannosaurus

GRUPO Terópodos
DATACIÓN Cretácico superior
TAMAÑO 12 m de longitud
LOCALIZACIÓN América del Norte

El género *Tyrannosaurus* incluye al dinosaurio más famoso, *Tyrannosaurus rex*. Descubierto originalmente en la formación del Cretácico superior de Hell Creek, en Montana (EE UU), se extendió por el oeste de América del Norte. Uno de los mayores carnívoros terrestres que ha existido, era un depredador ágil y feroz, con un olfato muy desarrollado, un oído agudo, un cerebro grande y una mordida extraordinariamente potente: las puntas de dientes desgastadas y los fragmentos de hueso conservados en sus heces fosilizadas indican que trituraba y tragaba huesos de forma habitual. Los fósiles de *Tyrannosaurus rex* no suelen hallarse en ambientes favorables a la conservación de tejidos blandos como plumas, pero el descubrimiento en China de esqueletos fosilizados cubiertos de plumas de sus parientes próximos *Yutyrannus* y *Dilong* ha llevado a muchos científicos a creer que *Tyrannosaurus rex* también las tenía.

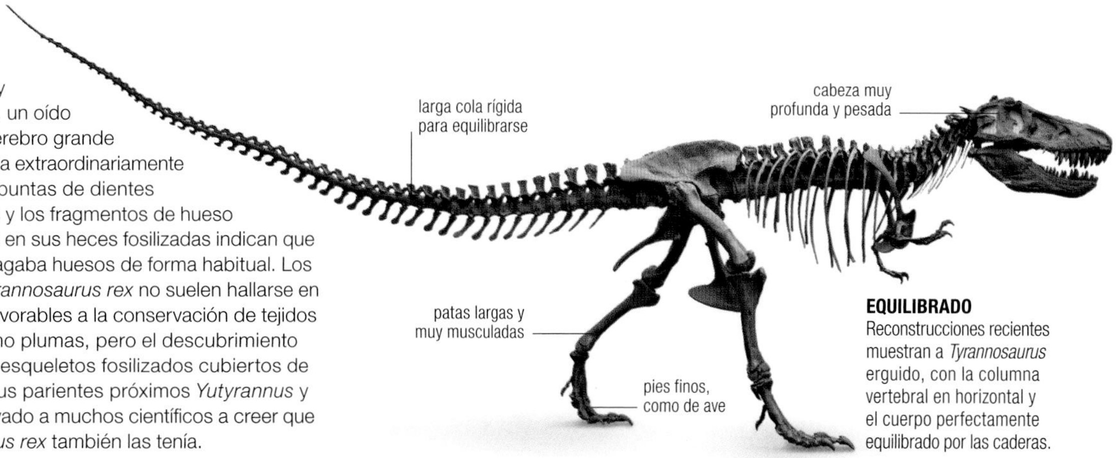

larga cola rígida para equilibrarse
cabeza muy profunda y pesada
patas largas y muy musculadas
pies finos, como de ave

EQUILIBRADO
Reconstrucciones recientes muestran a *Tyrannosaurus* erguido, con la columna vertebral en horizontal y el cuerpo perfectamente equilibrado por las caderas.

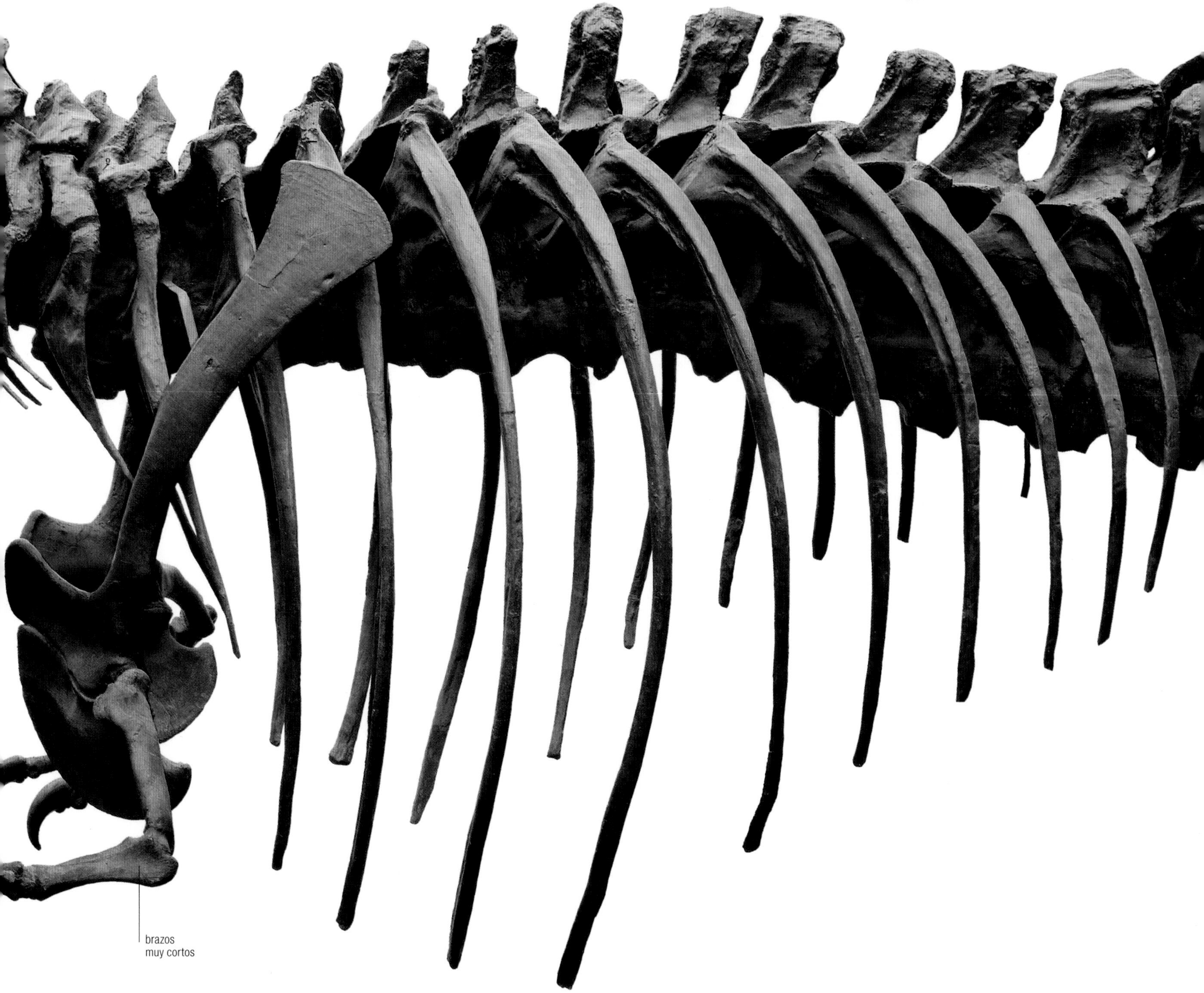

brazos muy cortos

CRÁNEO VOLUMINOSO
El hocico y la mandíbula inferior de *Tyrannosaurus* eran muy profundos, y la parte posterior del cráneo, particularmente ancha, sobre todo en la zona de los carrillos. Las cuencas oculares eran más frontales que en cualquier otro tiranosáurido, lo que indica que *Tyrannosaurus* debió de tener una aguda visión binocular.

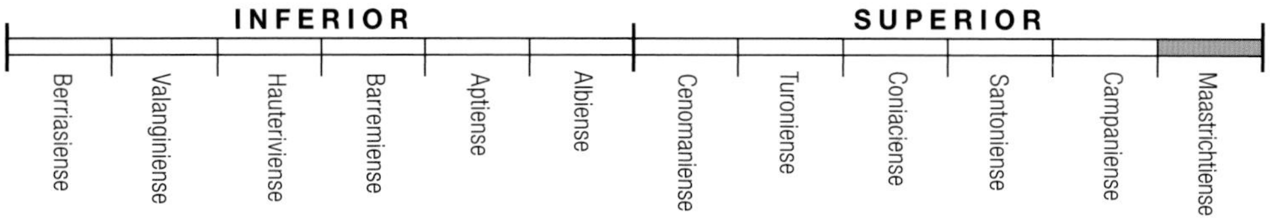

INFERIOR
SUPERIOR
Berriasiense
Valanginiense
Hauteriviense
Barremiense
Aptiense
Albiense
Cenomaniense
Turoniense
Coniaciense
Santoniense
Campaniense
Maastrichtiense

Tarbosaurus

GRUPO Terópodos
DATACIÓN Cretácico superior
TAMAÑO 12 m de longitud
LOCALIZACIÓN Mongolia, China

Tarbosaurus fue un gran tiranosáurido asiático, familiar cercano del norteamericano *Tyrannosaurus* (p. 302). De hecho, varios expertos han propuesto que deberían ser considerados especies del mismo género. Sin embargo, difieren en muchos detalles: por ejemplo, *Tarbosaurus* tiene el cráneo y el hocico distintos, así como algunos dientes más que *Tyrannosaurus*. Estas diferencias pudieron desarrollarse porque ambos depredadores dependían de presas distintas. *Tyrannosaurus* vivió junto a dinosaurios cornudos gigantes, mientras que *Tarbosaurus* cazaba, según parece, saurópodos, hadrosaurios y anquilosaurios. Un *Tarbosaurus* fósil parece conservar un saco gular (buche) bajo la mandíbula inferior, que pudo usar como estructura inflable de exhibición en la época de apareamiento.

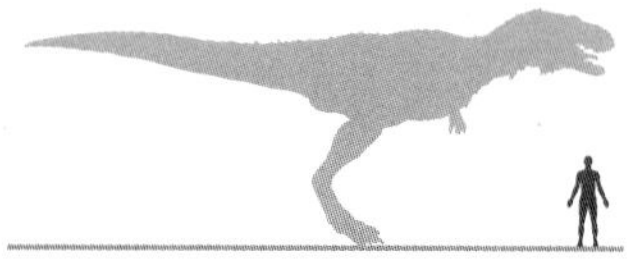

DEPREDADOR PODEROSO
Con sus poderosas mandíbulas y sus dientes, *Tarbosaurus* atacaría los flancos o los muslos de grandes presas, incluidos saurópodos como el *Nemegtosaurus* de esta imagen.

Tarbosaurus tenía las **patas delanteras**, que eran **didáctilas**, aún más pequeñas que las de su primo *Tyrannosaurus*.

fenestras para aligerar el cráneo
robustos dientes serrados

CRÁNEO ENDEBLE
Tarbosaurus tenía un cráneo más estrecho y de constitución menos robusta que *Tyrannosaurus*, pero los huesos que coronaban su hocico se unían de la misma forma.

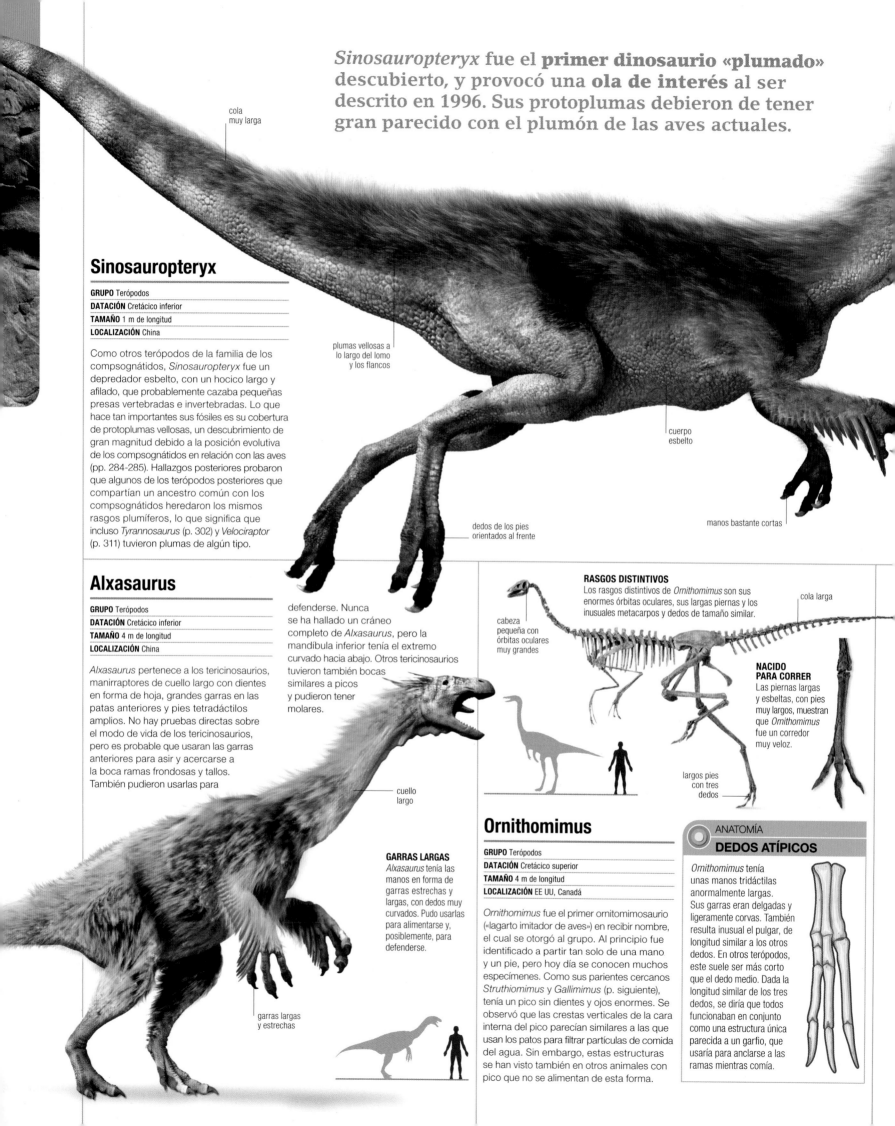

Sinosauropteryx fue el **primer dinosaurio «plumado»** descubierto, y provocó una **ola de interés** al ser descrito en 1996. Sus protoplumas debieron de tener gran parecido con el plumón de las aves actuales.

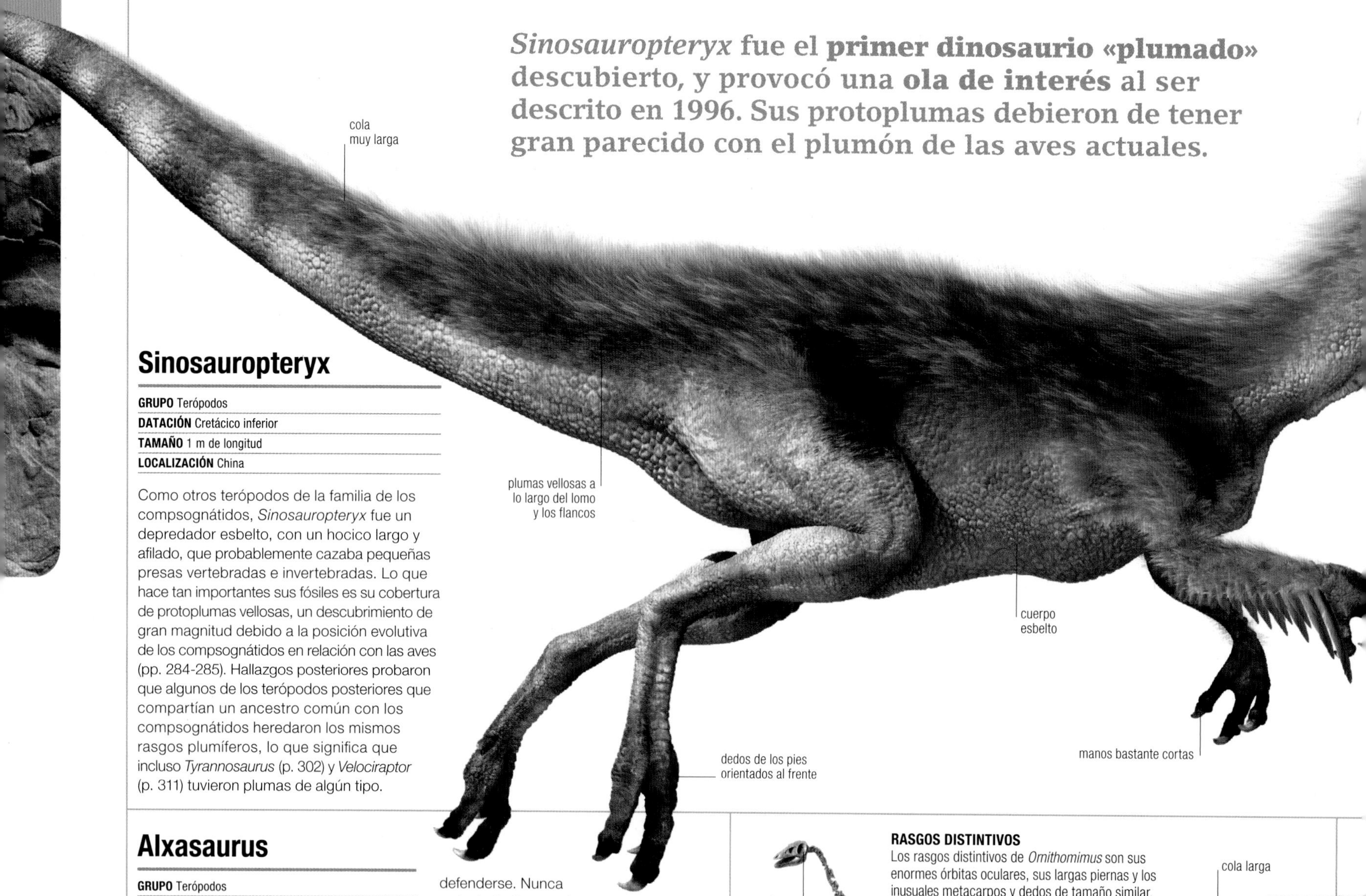

cola muy larga
plumas vellosas a lo largo del lomo y los flancos
cuerpo esbelto
dedos de los pies orientados al frente
manos bastante cortas

Sinosauropteryx

GRUPO Terópodos
DATACIÓN Cretácico inferior
TAMAÑO 1 m de longitud
LOCALIZACIÓN China

Como otros terópodos de la familia de los compsognátidos, *Sinosauropteryx* fue un depredador esbelto, con un hocico largo y afilado, que probablemente cazaba pequeñas presas vertebradas e invertebradas. Lo que hace tan importantes sus fósiles es su cobertura de protoplumas vellosas, un descubrimiento de gran magnitud debido a la posición evolutiva de los compsognátidos en relación con las aves (pp. 284-285). Hallazgos posteriores probaron que algunos de los terópodos posteriores que compartían un ancestro común con los compsognátidos heredaron los mismos rasgos plumíferos, lo que significa que incluso *Tyrannosaurus* (p. 302) y *Velociraptor* (p. 311) tuvieron plumas de algún tipo.

Alxasaurus

GRUPO Terópodos
DATACIÓN Cretácico inferior
TAMAÑO 4 m de longitud
LOCALIZACIÓN China

Alxasaurus pertenece a los tericinosaurios, manirraptores de cuello largo con dientes en forma de hoja, grandes garras en las patas anteriores y pies tetradáctilos amplios. No hay pruebas directas sobre el modo de vida de los tericinosaurios, pero es probable que usaran las garras anteriores para asir y acercarse a la boca ramas frondosas y tallos. También pudieron usarlas para defenderse. Nunca se ha hallado un cráneo completo de *Alxasaurus*, pero la mandíbula inferior tenía el extremo curvado hacia abajo. Otros tericinosaurios tuvieron también bocas similares a picos y pudieron tener molares.

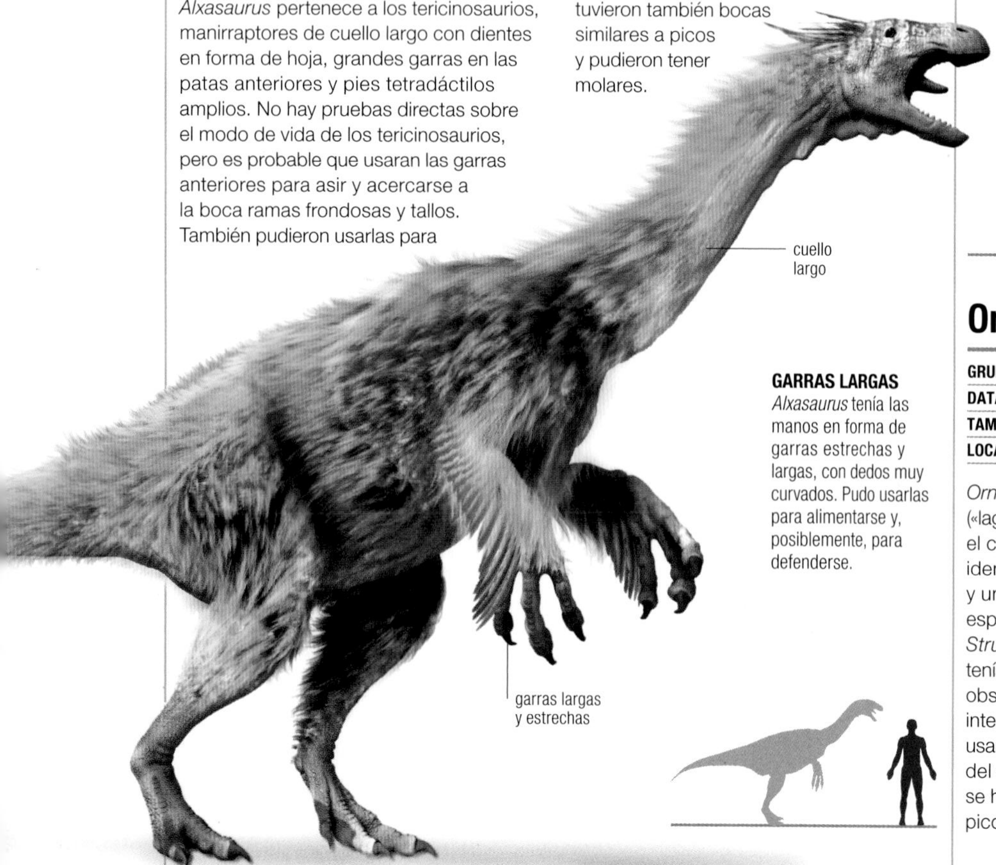

cuello largo
garras largas y estrechas

GARRAS LARGAS
Alxasaurus tenía las manos en forma de garras estrechas y largas, con dedos muy curvados. Pudo usarlas para alimentarse y, posiblemente, para defenderse.

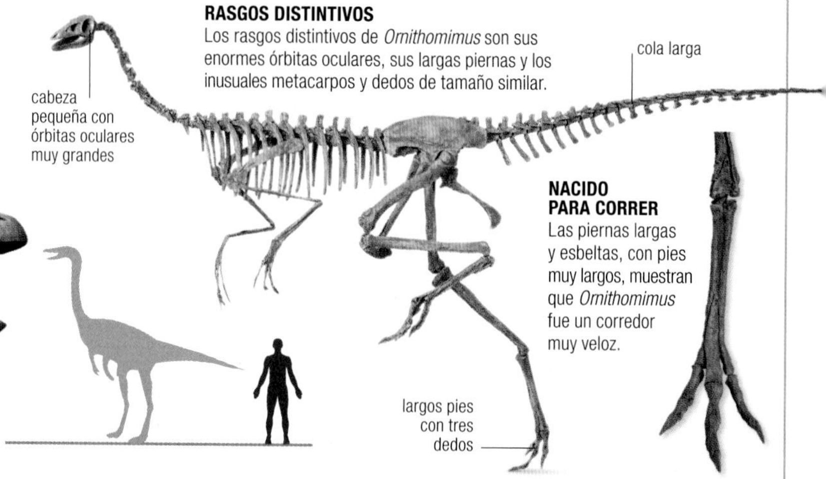

cabeza pequeña con órbitas oculares muy grandes
cola larga
largos pies con tres dedos

RASGOS DISTINTIVOS
Los rasgos distintivos de *Ornithomimus* son sus enormes órbitas oculares, sus largas piernas y los inusuales metacarpos y dedos de tamaño similar.

NACIDO PARA CORRER
Las piernas largas y esbeltas, con pies muy largos, muestran que *Ornithomimus* fue un corredor muy veloz.

Ornithomimus

GRUPO Terópodos
DATACIÓN Cretácico superior
TAMAÑO 4 m de longitud
LOCALIZACIÓN EE UU, Canadá

Ornithomimus fue el primer ornitomimosaurio («lagarto imitador de aves») en recibir nombre, el cual se otorgó al grupo. Al principio fue identificado a partir tan solo de una mano y un pie, pero hoy día se conocen muchos especímenes. Como sus parientes cercanos *Struthiomimus* y *Gallimimus* (p. siguiente), tenía un pico sin dientes y ojos enormes. Se observó que las crestas verticales de la cara interna del pico parecían similares a las que usan los patos para filtrar partículas de comida del agua. Sin embargo, estas estructuras se han visto también en otros animales con pico que no se alimentan de esta forma.

ANATOMÍA

DEDOS ATÍPICOS

Ornithomimus tenía unas manos tridáctilas anormalmente largas. Sus garras eran delgadas y ligeramente corvas. También resulta inusual el pulgar, de longitud similar a los otros dedos. En otros terópodos, este suele ser más corto que el dedo medio. Dada la longitud similar de los tres dedos, se diría que todos funcionaban en conjunto como una estructura única parecida a un garfio, que usaría para anclarse a las ramas mientras comía.

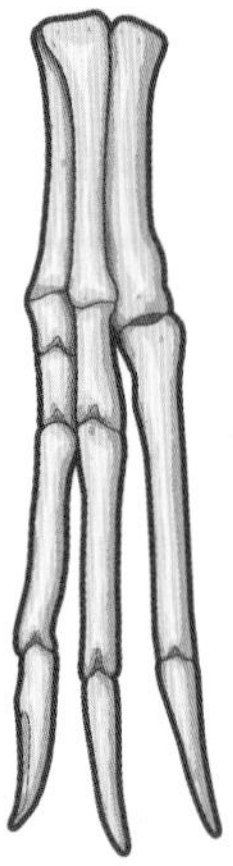

cabeza y hocico delgados y afilados

DESCUBRIMIENTO REVOLUCIONARIO
Sinosauropteryx fue el primer dinosaurio «plumado» descubierto y provocó una ola de interés al ser descrito en 1996. Sus protoplumas debían de ser muy parecidas al plumón de las aves actuales.

Struthiomimus

GRUPO Terópodos
DATACIÓN Cretácico superior
TAMAÑO 4,5 m de longitud
LOCALIZACIÓN Canadá

El primer espécimen de *Struthiomimus* se descubrió en Alberta (Canadá), y lo formaban fragmentos de una pelvis y una extremidad posterior, pero más tarde se halló un espécimen muy superior, al que solo faltaban el extremo de la cola y la tapa del cráneo. Es uno de los varios ornitomimosaurios que guardan un parentesco muy estrecho. Pudo tener un aspecto similar a *Ornithomimus* –su pariente más próximo– pero con el cuerpo y la cola más largos, y las patas traseras más cortas. Las garras anteriores y las uñas de estas eran especialmente largas, y no tenía pulgares oponibles, lo que reducía su capacidad de agarrar.

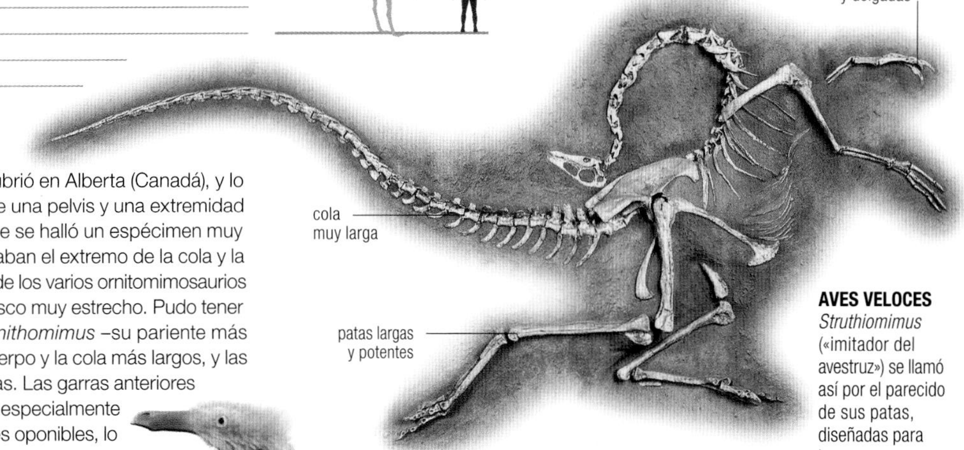
garras largas y delgadas
cola muy larga
patas largas y potentes

AVES VELOCES
Struthiomimus («imitador del avestruz») se llamó así por el parecido de sus patas, diseñadas para la carrera.

Gallimimus

GRUPO Terópodos
DATACIÓN Cretácico superior
TAMAÑO 6 m de longitud
LOCALIZACIÓN Mongolia

Gallimimus es uno de los mayores y mejor conocidos ornitomimosaurios. Al principio se pensó que tenía el hocico con la punta curvada hacia arriba, pero evidencias recientes indican que en realidad la punta era ancha y roma. Poseía una mandíbula inferior más profunda y corta que la de otros ornitomimosaurios, así como brazos proporcionalmente más cortos, y manos y uñas más pequeñas: ello sugiere que usaba los miembros superiores de forma distinta a otros animales de su grupo. Tal vez rastrillaba el suelo para obtener comida.

cuello esbelto y flexible
cola larga
patas largas y poderosas
garras prensiles bastante cortas

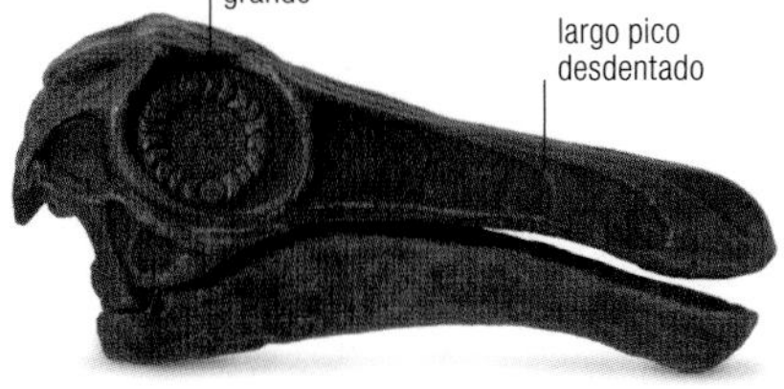
órbita ocular grande
largo pico desdentado

PICO ROMO
Gallimimus poseía un pico largo sin dientes y notablemente romo, pero no está claro qué comía. Tenía ojos grandes, pero no visión binocular.

IMITADOR DEL POLLO
La anatomía del cuello de *Gallimimus* recordaba a sus descriptores a la de un pollo, lo que explica su nombre («imitador del pollo»). Las patas esbeltas y la cola larga indican que fue un corredor veloz.

Chirostenotes

GRUPO Terópodos
DATACIÓN Cretácico superior
TAMAÑO 4 m de longitud
LOCALIZACIÓN EE UU, Canadá

Chirostenotes fue un gran ovirraptorosaurio norteamericano con un cráneo largo y una alta cresta redondeada sobre la cabeza. Su mandíbula inferior era larga y poco profunda, con el extremo en forma de pala vuelto hacia arriba. Desde el centro del paladar se proyectaban dos púas, similares a dientes sin ser dientes verdaderos. La uña de su segundo dedo era más recta que las de otros ovirraptorosaurios.

poderosa uña corva

TÉCNICA ÚNICA
Chirostenotes tenía dos uñas curvas y una recta en cada mano. Pudo usarlas para sondear bajo las rocas y ensartar pequeñas presas.

Ajancingenia

GRUPO Terópodos
DATACIÓN Cretácico superior
TAMAÑO 2 m de longitud
LOCALIZACIÓN Mongolia

Ajancingenia fue un ovirraptorosaurio desdentado con un cráneo corto y redondeado. Comparados con los de sus parientes cercanos, sus brazos eran cortos y sus manos, robustas y fuertes, con el primer dedo mucho mayor que los otros dos. Además, tenía la cola más plana que otros ovirraptorosaurios. Todos estos rasgos atípicos sugieren que hacía algo bastante distinto que sus parientes, pero sus hábitos y estilo de vida siguen siendo un misterio. Sin embargo, como todos los ovirraptorosaurios, tenía plumas y aspecto de ave.

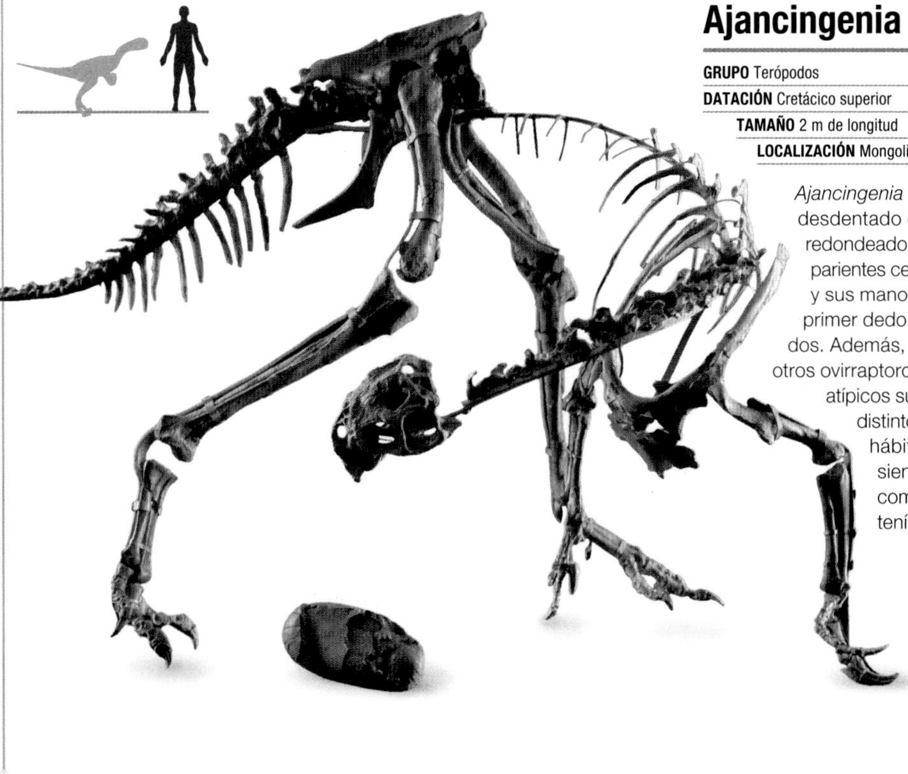

DIETA DESCONOCIDA
Aunque *Ajancingenia* era un ovirraptorosaurio, nombre que sugiere que comía huevos, no hay pruebas de ello, y su dieta se desconoce.

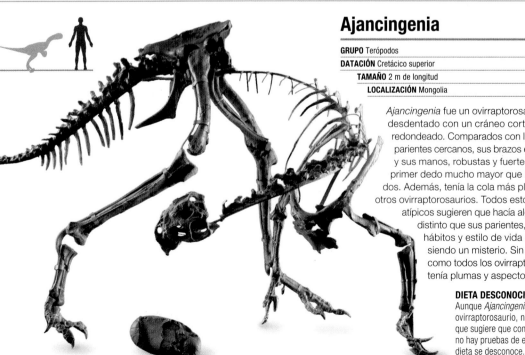

HUEVOS DE OVIRAPTOR
En el pasado se creyó que estos huevos fosilizados de dinosaurio descubiertos en el desierto de Gobi (Mongolia) pertenecían a *Protoceratops* (p. 330). El hallazgo de un fósil de *Oviraptor* cerca del nido se consideró una prueba de la conducta rapiñadora de huevos de este, pero análisis posteriores han revelado que, en realidad, los huevos eran de *Oviraptor*.

Caudipteryx

GRUPO Terópodos
DATACIÓN Cretácico inferior
TAMAÑO 1 m de longitud
LOCALIZACIÓN China

A pesar de ser un terópodo, un animal típicamente carnívoro, *Caudipteryx* usaba su gran pico para comer plantas y semillas, aunque también pudo atrapar animales pequeños e insectos. A diferencia de otros terópodos, no tenía cresta ósea sobre la cabeza. Se han hallado varios fósiles completos de este dinosaurio, por lo que es posible hacerse una buena idea de su aspecto. La gran cantidad de restos también sugiere que fue un animal abundante.

GRANDES PENACHOS
Aunque las plumas fósiles muestran que portaba grandes penachos en los brazos y un gran abanico en la cola, no fue un volador.

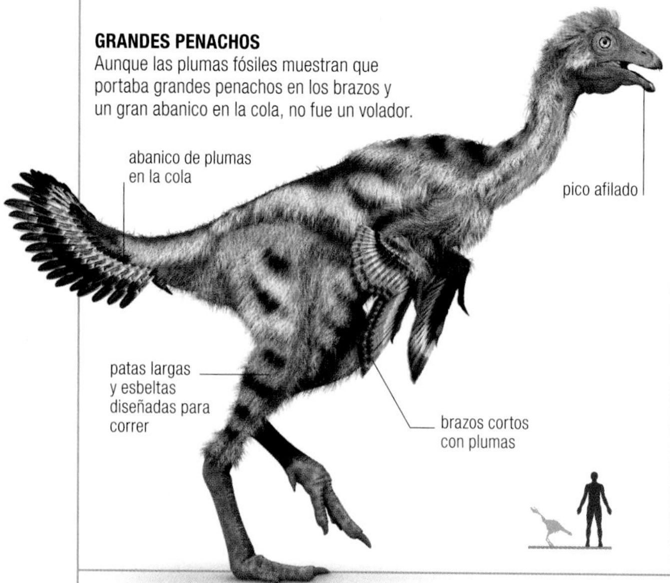
abanico de plumas en la cola
pico afilado
patas largas y esbeltas diseñadas para correr
brazos cortos con plumas

Dromaeosaurus

GRUPO Terópodos
DATACIÓN Cretácico superior
TAMAÑO 2 m de longitud
LOCALIZACIÓN América del Norte y Europa

Fue el primer dromeosáurido descrito. Sin embargo, sigue siendo uno de los miembros peor conocidos del grupo, y solo se han descrito un cráneo parcial y varios huesos de manos y pies. El cráneo era alto y amplio para un dromeosáurido, y los dientes y el extremo de la mandíbula superior, anchos. La mandíbula inferior también era profunda y robusta comparada con la de otros dromeosáuridos, como *Velociraptor* (p. siguiente). Estos rasgos sugieren que el mordisco de *Dromaeosaurus* era más poderoso que el de sus parientes.

PLUMAS LARGAS
Dromaeosaurus debió de estar cubierto de plumas, y estas pudieron ser especialmente largas en manos, brazos y cola.

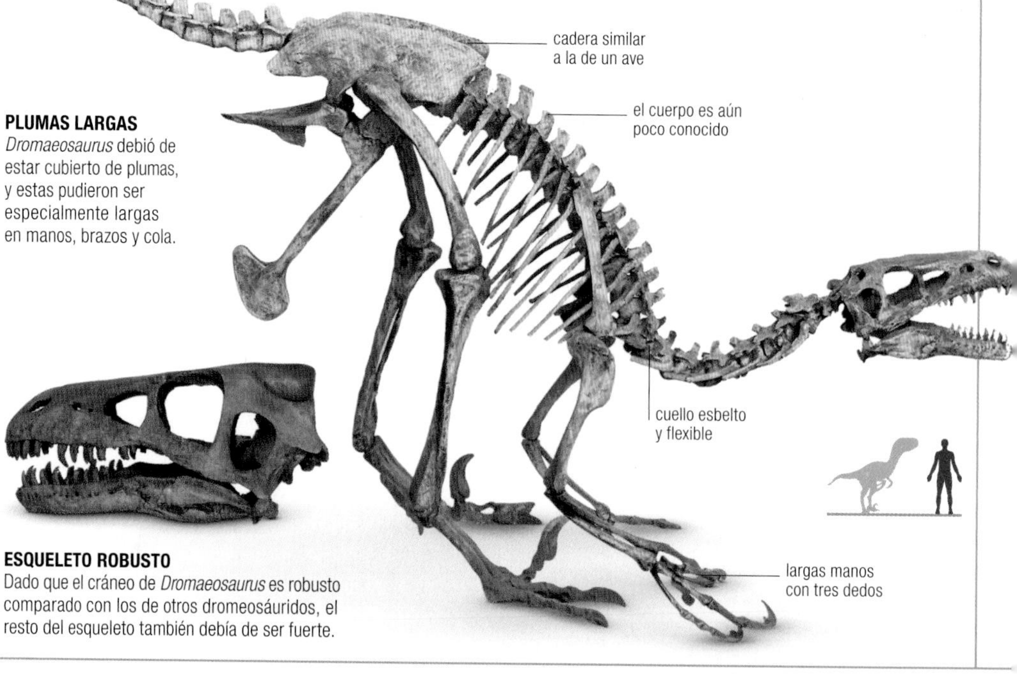
cadera similar a la de un ave
el cuerpo es aún poco conocido
cuello esbelto y flexible
largas manos con tres dedos

ESQUELETO ROBUSTO
Dado que el cráneo de *Dromaeosaurus* es robusto comparado con los de otros dromeosáuridos, el resto del esqueleto también debía de ser fuerte.

Troodon

GRUPO Terópodos
DATACIÓN Cretácico superior
TAMAÑO 3 m de longitud
LOCALIZACIÓN América del Norte

Troodon recibió su nombre (que significa «diente que hiere») a partir de un solo diente, pero hoy se sabe que el cráneo y el material esquelético nombrado originalmente *Stenonychosaurus* le pertenecen. Sus dientes estaban toscamente serrados, de modo que algunos paleontólogos han sugerido que pudo ser capaz de cortar hojas. Sin embargo, es probable que fuera básicamente depredador y cazara presas que iban desde pequeños reptiles y mamíferos hasta ornitisquios de tamaño medio. En algunos lugares se han hallado grandes cantidades de dientes de *Troodon* junto a huesos de crías de hadrosaurios. Puede que permaneciera cerca de las colonias de estos durante la época de cría para atrapar a los pequeños cuando podía. *Troodon* tenía ojos grandes y, probablemente, una visión binocular bien desarrollada. Teniendo en cuenta su tamaño, tenía un cerebro relativamente grande (proporcionalmente, uno de los mayores de entre los dinosaurios), lo que sugiere que era un animal muy inteligente y uno de los dinosaurios más listos. Se han descubierto nidos con forma de cuenco, huevos e incluso algún embrión de *Troodon*, así como adultos sentados sobre los nidos. Un nido típico de *Troodon* contenía hasta 24 huevos.

UÑA CON FORMA DE HOZ
El rasgo más famoso de *Deinonychus* era la larga uña del dedo medio del pie, usada probablemente para destripar a las presas con una serie de rápidas patadas.

largos huesos de la cadera orientados hacia atrás

Deinonychus

GRUPO Terópodos
DATACIÓN Cretácico inferior
TAMAÑO 3 m de longitud
LOCALIZACIÓN EE UU

Cuando se nombró en 1969, *Deinonychus* fue utilizado para promocionar la idea de que los dinosaurios no fueron animales lentos y torpes destinados a la extinción, sino seres exitosos, a menudo ágiles y tal vez incluso de sangre caliente. Sus tres largos dedos estaban provistos de grandes uñas curvas. Como otros manirraptores, es casi seguro que era plumado y pudo poseer unas largas plumas llamadas timoneras en la parte superior de los brazos y las manos.

BIOGRAFÍA

JOHN OSTROM

Los dinosaurios eran considerados monstruos ineficaces hasta que en la década de 1960 Ostrom afirmó que eran apasionantes, con una vida social compleja. Su descripción de *Deinonychus* demostró que las aves podían descender de terópodos de ese tipo.También estudió la biología de hadrosaurios y dinosaurios cornudos. Sus ideas y hallazgos abrieron una nueva era en la investigación sobre dinosaurios.

Velociraptor

GRUPO Terópodos
DATACIÓN Cretácico superior
TAMAÑO 2 m de longitud
LOCALIZACIÓN Mongolia

Velociraptor, descubierto en el desierto de Gobi en la década de 1920, se ha convertido en uno de los dromeosáuridos más conocidos. Su hocico era largo y estrecho, con el borde superior cóncavo. Como otros dromeosáuridos, tenía manos largas, una uña elongada en el segundo dedo del pie y la cola bastante rígida, aunque de constitución ligera. En 2008 fue nombrada una segunda especie, *Velociraptor osmolskae*, que difiere de la anterior, *V. mongoliensis*, en detalles menores del cráneo y la anatomía dentaria.

DINOSAURIO CON PLUMAS
Las protuberancias típicas de la inserción de plumas presentes en huesos del brazo confirman que, como otros dromeosáuridos, *Velociraptor* tenía plumas.

uña alargada en el segundo dedo

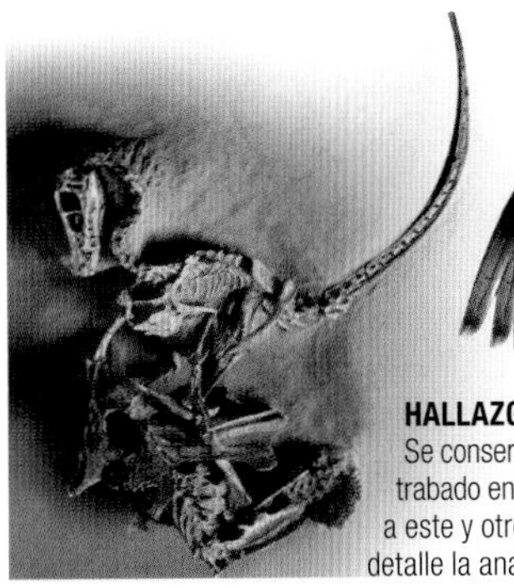

HALLAZGO FELIZ
Se conserva un espécimen completo de *Velociraptor* trabado en combate con un *Protoceratops*. Gracias a este y otros especímenes, hoy se conoce con detalle la anatomía de *Velociraptor*.

CIENCIA

MACHO INCUBADOR

Los terópodos pequeños, como *Troodon*, se sentaban sobre sus nidadas. Este plegaba las patas bajo el cuerpo y pudo usar los brazos plumados para cubrir los huevos. Como las hembras de las aves, las de los dinosaurios poseían un tipo especial de hueso, llamado medular, que servía para la producción de la cáscara del huevo y que no aparece en los especímenes incubadores, lo que indica que estos debían de ser machos. Esto abona la idea de que tanto los machos como las hembras de *Troodon* cuidaban del nido, como los avestruces actuales.

DEPREDADOR OPORTUNISTA
Troodon debió de ser un depredador oportunista de dieta variada. Sus piernas largas y esbeltas revelan que fue un corredor veloz. Como otros pequeños manirraptores, tendría un manto de plumas.

Microraptor

GRUPO Terópodos
DATACIÓN Cretácico inferior
TAMAÑO 1,2 m de longitud
LOCALIZACIÓN China

Este pequeño dinosaurio plumado de China está emparentado con *Velociraptor* (p. 311) y otros dromeosáuridos, pero a diferencia de esos rápidos corredores, se encontraba más a gusto en los árboles, planeando de rama en rama. Pasaba gran parte del tiempo cazando presas pequeñas como reptiles y mamíferos primitivos, y aprovechaba sus habilidades aéreas para eludir a los depredadores. *Microraptor* no volaba, sino que planeaba como las ardillas «voladoras» actuales. Sus brazos plumados actuaban como superficies de planeo, y las piernas debían de servirle de timón. No fue ancestro directo de las aves, pero su modo de vida indica una forma de locomoción que pudo preceder al vuelo propulsado de estas.

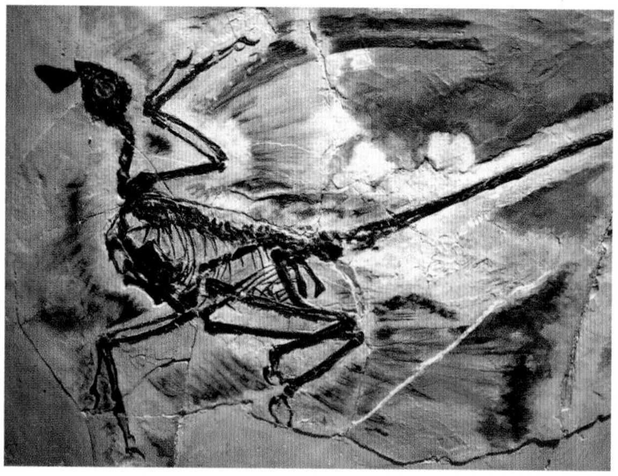

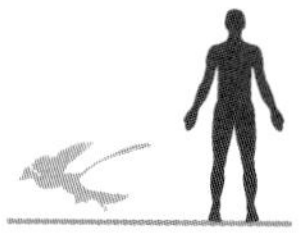

PLUMAS DE DINOSAURIO
Este *Microraptor* fosilizado muestra los largos brazos y las plumas de vuelo asociadas, así como las largas plumas de los miembros inferiores bajo la cola rígida.

Argentinosaurus

GRUPO Sauropodomorfos
DATACIÓN Cretácico superior
TAMAÑO 30 m de longitud
LOCALIZACIÓN Argentina

Se trata de uno de los mayores saurópodos conocidos, probablemente un miembro primitivo del grupo. Sus anchas vértebras tenían pequeñas articulaciones en gonfosis sobre la abertura de la médula espinal. Estas estructuras, habituales en los saurisquios y que se supone que mantenían rígida su columna vertebral, están ausentes en titanosaurios posteriores (litostrotianos), pero no se sabe por qué estos desarrollaron unas columnas más flexibles. Las inmensas costillas de *Argentinosaurus* eran tubos cilíndricos.

cuello largo
y delgado

GRANDES PATAS
No se han encontrado cráneos, cuellos o colas de *Argentinosaurus*, pero a partir de una tibia se deduce que sus patas debieron de ser gruesas columnas, midiendo las traseras unos 4,5 m de longitud.

Amargasaurus

GRUPO Sauropodomorfos
DATACIÓN Cretácico inferior
TAMAÑO 10 m de longitud
LOCALIZACIÓN Argentina

Fue un saurópodo de aspecto atípico. Era relativamente pequeño y cuellicorto, con pares de largas espinas de función desconocida que se proyectaban desde la cima de sus 12 vértebras cervicales. Pudo alimentarse de la vegetación a nivel del suelo, mientras que otros saurópodos más grandes comían hojas a mayor altura.

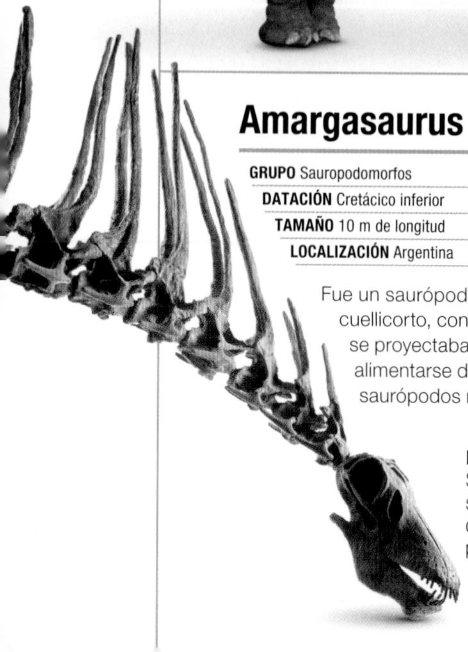

PÚAS MISTERIOSAS
Sus espinas tal vez sostenían una vela de piel o formaban un grupo de púas recubiertas de cuerno.

AIRE DE FAMILIA
Este *Nemegtosaurus* ha sido modelado a partir de *Rapetosaurus*, un pariente cercano de Madagascar. Todos los titanosaurios eran corpulentos, y su cuello flexible les permitía alcanzar ramas muy altas para comer.

Nemegtosaurus

GRUPO Sauropodomorfos
DATACIÓN Cretácico superior
TAMAÑO 11 m de longitud
LOCALIZACIÓN Mongolia

Solo se ha hallado el cráneo de este saurópodo de Mongolia. A primera vista recuerda al del diplodócido jurásico *Dicraeosaurus*, y por ello inicialmente se creyó que se trataba de un diplodócido superviviente tardío. Pero estudios más recientes han mostrado que en realidad es un titanosaurio y, en consecuencia, más

emparentado con animales como *Saltasaurus* (p. 314). Aunque algunos titanosaurios tenían dientes robustos con forma de cuchara y un cráneo corto, *Nemegtosaurus* tenía los dientes afilados como la punta de un lápiz y el hocico largo. Algunos expertos han reconstruido la cabeza de este dinosaurio con una protuberancia redondeada sobre el cráneo; de haber existido esta, *Nemegtosaurus* se habría parecido mucho a un braquiosaurio. Sin embargo, es más probable que su cabeza fuera baja y lisa: los estudios más recientes muestran que la nuca era muy alta comparada con el hocico y que el cráneo en conjunto era largo y con forma de caja. Es posible que *Opisthocoelicaudia*, un tiranosaurio mongol, sea un espécimen de *Nemegtosaurus*.

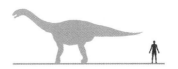

Mientras que la mayoría de los **titanosaurios** se han hallado **sin cabeza**, lo único que se ha descubierto de *Nemegtosaurus* es el cráneo.

Saltasaurus

GRUPO Sauropodomorfos
DATACIÓN Cretácico superior
TAMAÑO 12 m de longitud
LOCALIZACIÓN Argentina

Saltasaurus es uno de los titanosaurios mejor conocidos. Estos eran un grupo de saurópodos de los que tradicionalmente se pensaba que estaban limitados al hemisferio sur, aunque hoy se sabe que estuvieron más extendidos. A diferencia de otros saurópodos, algunos titanosaurios estaban acorazados, y *Saltasaurus* fue uno de los primeros hallazgos que demostraron este hecho. La superficie superior y lateral de su cuerpo estaba cubierta de grandes placas ovales, algunas de las cuales pudieron estar coronadas por púas. Entre las grandes placas, la piel se cubría con miles de huesos redondeados más pequeños. Como muchos otros titanosaurios, tenía unas caderas muy amplias y su cuerpo debió de ser ancho y redondeado. También poseía extremidades robustas y una cola flexible.

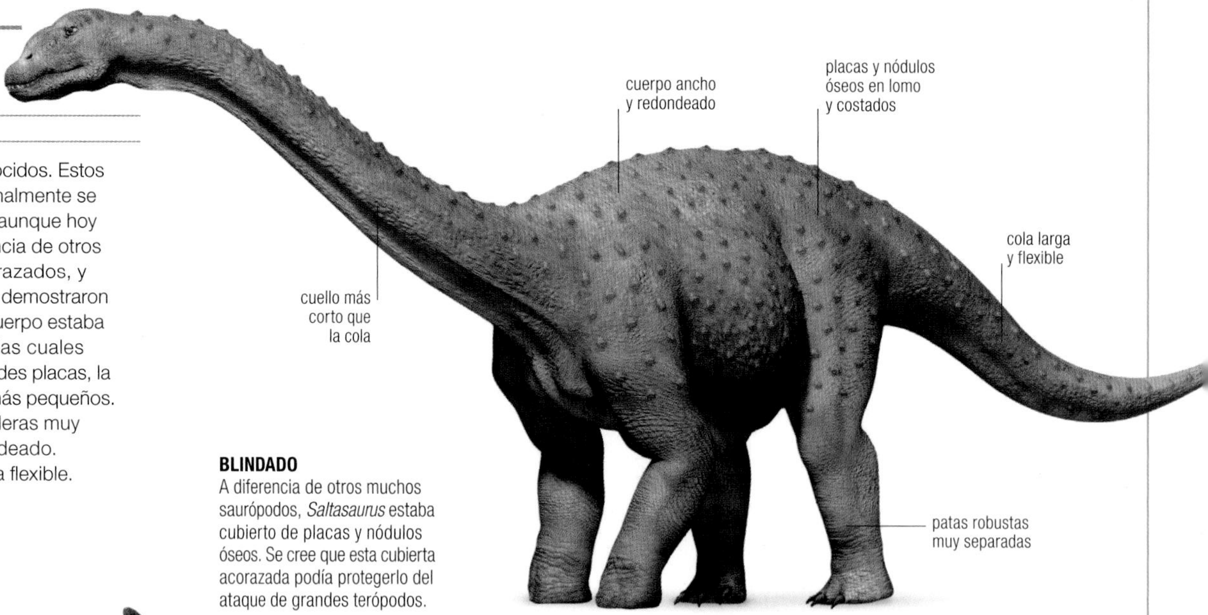
cuerpo ancho y redondeado
placas y nódulos óseos en lomo y costados
cola larga y flexible
cuello más corto que la cola
patas robustas muy separadas

BLINDADO
A diferencia de otros muchos saurópodos, *Saltasaurus* estaba cubierto de placas y nódulos óseos. Se cree que esta cubierta acorazada podía protegerlo del ataque de grandes terópodos.

Minmi

GRUPO Ornitisquios
DATACIÓN Cretácico inferior
TAMAÑO 3 m de longitud
LOCALIZACIÓN Australia

Minmi es único por los extraños huesos adicionales, llamados paravértebras, que recorren su espalda y que tal vez proporcionaban un mayor soporte para sus músculos dorsales. Su cuerpo, incluso el vientre, estaba cubierto por pequeñas placas redondas. Un espécimen incluye un cráneo, ancho y alto, con el hocico largo y estrecho, y grandes órbitas. Otro ha aportado pruebas directas de su dieta: el contenido del estómago muestra que comía fruta.

huesos de la cola
patas cortas y robustas
pies anchos

ESPECÍMENES PEQUEÑOS
Los especímenes conocidos de *Minmi* son relativamente pequeños, pero ello podría deberse a que todos los hallados hasta hoy son individuos jóvenes.

las púas de la cola pudieron ser armas letales
largas espinas en los hombros
púas planas triangulares

DEFENSA IMPRESIONANTE
Desde los costados y la cola de *Gastonia* se proyectaban púas triangulares aplanadas, y desde los hombros, unas largas espinas enhiestas. A lo largo del lomo se distribuían placas ovaladas más pequeñas.

Gastonia

GRUPO Ornitisquios
DATACIÓN Cretácico inferior
TAMAÑO 5 m de longitud
LOCALIZACIÓN EE UU

Gastonia es uno de los anquilosaurios más conocidos del mundo, y se ha descubierto gran parte de su esqueleto. Su cráneo era plano y ancho, con un amplio pico de punta cuadrada. Como casi todos los anquilosaurios, tenía dientes pequeños y con forma de hoja. Los huesos de la bóveda craneal estaban engrosados y abombados, y una articulación especial alrededor de los huesos que alojaban el cerebro pudo tener la función de absorber los impactos. Algunos expertos suponen que estos dinosaurios luchaban entrechocando las cabezas.

un blindaje continuo cubre el lomo y la cola
largas púas cónicas en cuello y hombros

Sauropelta

GRUPO Ornitisquios
DATACIÓN Cretácico inferior
TAMAÑO 5 m de longitud
LOCALIZACIÓN EE UU

Sauropelta fue un gran nodosáurido norteamericano de cola larga. Gracias a un bien conservado espécimen que incluye un cráneo casi completo, se conoce razonablemente bien su anatomía. Tenía más dientes en la mandíbula inferior que otros nodosáuridos. La nuca era mucho más ancha que el hocico, y la cima del cráneo era plana. La superficie superior del cuerpo y la cola estaba cubierta por placas óseas ovales que formaban una cubierta acorazada continua –*Sauropelta* significa «lagarto con escudo»–, y unas largas púas cónicas se proyectaban hacia arriba y a los lados desde cuello y hombros. Su cola, relativamente larga, constaba de más de 40 vértebras.

PÚAS FORMIDABLES
En el pasado se creía que *Sauropelta* poseía una sola hilera de púas a cada lado del cuello, pero nuevas piezas han mostrado que tenía dos filas a cada lado. Estas púas pudieron ser armas formidables.

Ankylosaurus

GRUPO Ornitisquios
DATACIÓN Cretácico superior
TAMAÑO 7 m de longitud
LOCALIZACIÓN América del Norte

El mayor de los anquilosáuridos era un animal gigantesco con una maza caudal y grandes cuernos triangulares en la nuca. Su hocico era corto y ancho. Unos pequeños dientes con forma de hoja flanqueaban sus mandíbulas, y al frente tenía un pico ancho y profundo sin dientes. Los lados del hocico sobresalían, y las fosas nasales se abrían lateralmente. *Ankylosaurus* era muy similar a uno de sus parientes más próximos, *Euoplocephalus* (pp. 316-317).

púa craneal
orificio nasal
dientes

CRÁNEO PROTUBERANTE
La forma abultada del hocico de *Ankylosaurus* se debía a unos complejos conductos de aire que recorrían el cráneo. Estos también estaban presentes en otros anquilosáuridos, pero se desconoce su función.

gran maza ósea en la cola
parte superior cubierta de placas óseas
patas delanteras más cortas que las traseras

ARMADO Y PROTEGIDO
Ankylosaurus estaba bien protegido y bien armado. Su gruesa piel estaba salpicada de cientos de placas óseas de distintos tamaños, y su gran maza caudal podía golpear con fuerza suficiente para partir huesos.

Edmontonia

GRUPO Ornitisquios
DATACIÓN Cretácico superior
TAMAÑO 7 m de longitud
LOCALIZACIÓN América del Norte

Edmontonia fue uno de los más grandes y ampliamente distribuidos nodosáuridos. Un excelente espécimen ha permitido una buena comprensión de su anatomía y aspecto. Unas bandas de placas cubrían la parte superior del cuello y los hombros, y otras más pequeñas, el resto del lomo y la cola. Desde cada hombro se proyectaban varias púas largas. Las dos primeras apuntaban en diagonal hacia delante, y las dos siguientes hacia los lados. El cráneo de *Edmontonia* tenía un hocico largo y bajo, y las órbitas oculares se abrían muy atrás.

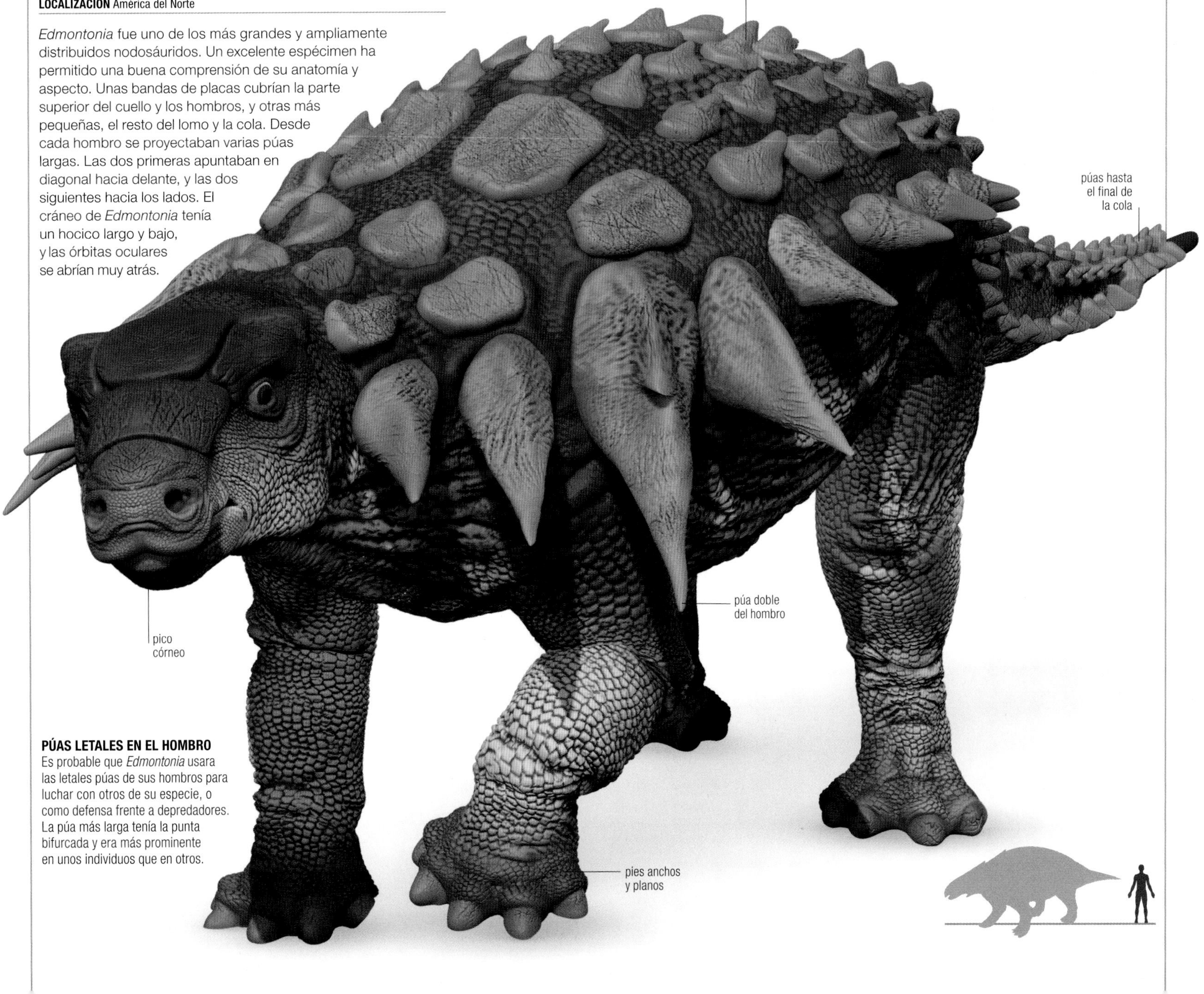
púas triangulares en el lomo
púas hasta el final de la cola
púa doble del hombro
pico córneo
pies anchos y planos

PÚAS LETALES EN EL HOMBRO
Es probable que *Edmontonia* usara las letales púas de sus hombros para luchar con otros de su especie, o como defensa frente a depredadores. La púa más larga tenía la punta bifurcada y era más prominente en unos individuos que en otros.

boca rodeada
por un pico óseo
los largos y complejos conductos
nasales dentro del cráneo sugieren
que *Euoplocephalus* tenía un sentido
del olfato muy desarrollado
pie posterior
con tres dedos
cada dedo está
rematado por un
pesuño romo

caderas anchas proyectadas alrededor de la caja torácica
filas de placas a lo largo de los costados
amplia caja torácica redondeada
omóplato corto
placas que protegen el brazo
huesos robustos bien adaptados para sustentar el gran peso del animal

Euoplocephalus

GRUPO Ornitisquios
DATACIÓN Cretácico superior
TAMAÑO 6 m de longitud
LOCALIZACIÓN América del Norte

Euoplocephalus («cabeza bien acorazada») es uno de los anquilosáuridos de mayores proporciones y mejor conocidos. Se han encontrado especímenes con casi todas las gruesas placas de blindaje en su sitio. Estaba estrechamente emparentado con *Ankylosaurus* (p. 315), con quien compartía muchas características. El cuerpo de poca alzada y las caderas de *Euoplocephalus* eran tan anchos que, en un corte transversal, habría sido casi circular. Las extremidades eran cortas y robustas, con solo tres dedos rematados por pesuños romos en cada pata trasera (otros anquilosaurios tenían cuatro). Las vértebras del final de la cola estaban fusionadas en una estructura rígida como una barra que ayudaba a sostener la gran maza del extremo de la cola. Esta maza, formada por placas óseas, se sostenía por encima del suelo, y seguramente se usaba como defensa frente a los depredadores. La base de la cola debía de ser lo bastante flexible para permitir el movimiento lateral, y la cola en sí debió de ser muy musculosa. *Euoplocephalus* era un herbívoro que probablemente ramoneaba la vegetación baja e incluso cavaba en busca de raíces y tubérculos. Los restos suelen pertenecer a individuos solitarios, pero el descubrimiento de 22 individuos jóvenes ha sugerido la posibilidad de que viviera en manadas.

Los ojos de *Euoplocephalus* estaban protegidos por cierres óseos móviles en los párpados.

costillas gruesas muy curvadas
vértebras fusionadas
cuello corto y recto

COLA RÍGIDA
Las barras fusionadas al final de la cola actuaban como un «mango» rígido para la pesada maza del extremo.

PLACAS CÓRNEAS
En vida, las placas óseas estaban protegidas por cubiertas córneas. La placa mostrada aquí es del lateral de una cadera.

CABEZA BIEN ACORAZADA
Las pequeñas placas de la superficie del cráneo forman un dibujo similar a un mosaico. Al parecer se trata de excrecencias de los propios huesos del cráneo, y no de huesos separados.

MAZA CAUDAL
La maza caudal de *Euoplocephalus* era amplia y pesada. Se ha demostrado que era capaz de soportar potentes impactos.

PLACAS CON QUILLA
La mayoría de las placas que blindaban el cuerpo de *Euoplocephalus* eran ovales y con quillas, o crestas, en el centro.

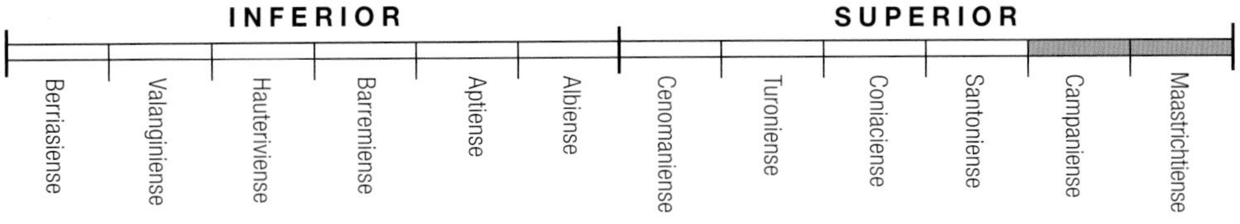
INFERIOR
SUPERIOR
Berriasiense
Valanginiense
Hauteriviense
Barremiense
Aptiense
Albiense
Cenomaniense
Turoniense
Coniaciense
Santoniense
Campaniense
Maastrichtiense

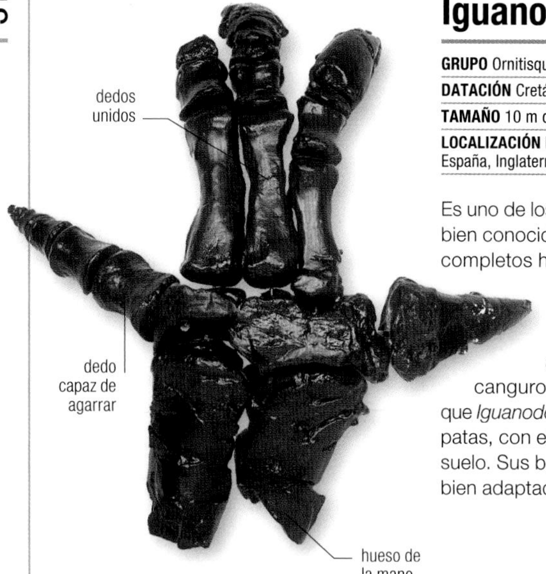
dedos
unidos
dedo
capaz de
agarrar
hueso de
la mano

MANO FÓSIL
Los tres dedos medios de las manos de *Iguanodon* estaban juntos, el quinto podía flexionarse para agarrar comida y el pulgar estaba armado con una temible púa.

Iguanodon

GRUPO Ornitisquios
DATACIÓN Cretácico inferior
TAMAÑO 10 m de longitud
LOCALIZACIÓN Bélgica, Alemania, Francia, España, Inglaterra

Es uno de los ornitópodos más famosos, bien conocido por los esqueletos casi completos hallados en una mina de carbón de Bélgica.
Al principio, estos se reconstruyeron mostrando al animal erguido, como un canguro. Sin embargo, hoy se cree que *Iguanodon* andaba sobre todo a cuatro patas, con el cuerpo y la cola paralelos al suelo. Sus brazos eran largos y robustos, bien adaptados para soportar su peso.

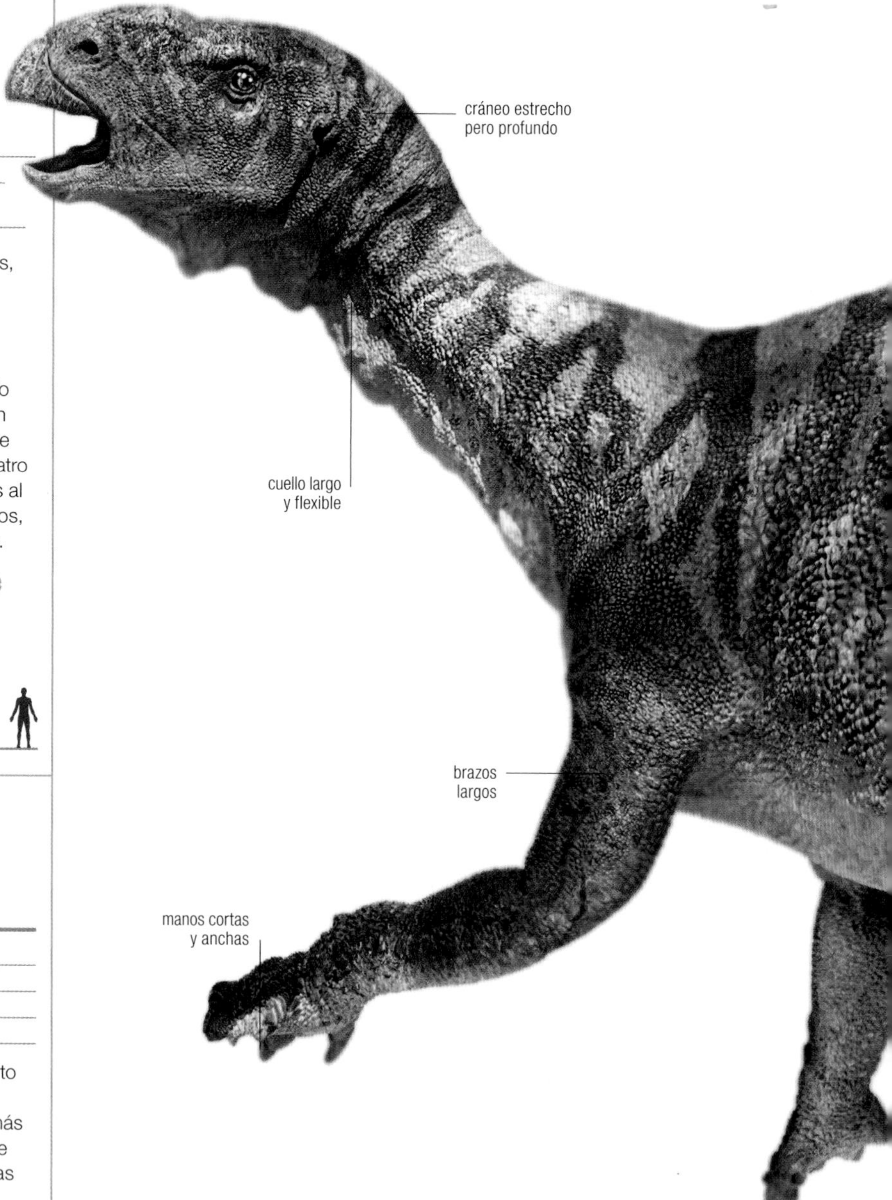
cráneo estrecho
pero profundo
cuello largo
y flexible
brazos
largos
manos cortas
y anchas

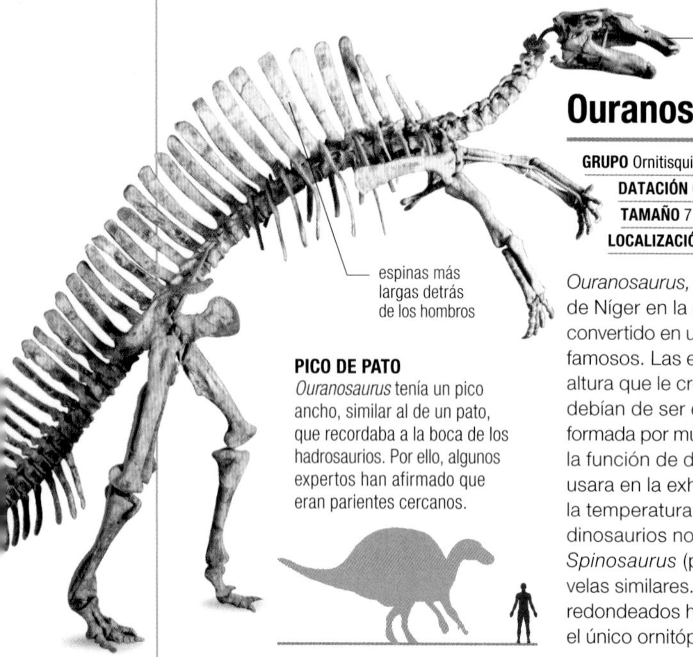
pico similar
al del pato
espinas más
largas detrás
de los hombros

Ouranosaurus

GRUPO Ornitisquios
DATACIÓN Cretácico inferior
TAMAÑO 7 m de longitud
LOCALIZACIÓN Níger

Ouranosaurus, descubierto en el desierto de Níger en la década de 1960, se ha convertido en uno de los ornitópodos más famosos. Las espinas óseas de notable altura que le crecían desde las vértebras debían de ser el armazón de una vela formada por músculo y piel. Se desconoce la función de dicha vela, que tal vez se usara en la exhibición o para controlar la temperatura corporal. Muchos otros dinosaurios no emparentados, como *Spinosaurus* (pp. 296-297), tuvieron velas similares. Sus pequeños cuernos redondeados hacen de *Ouranosaurus* el único ornitópodo cornudo conocido.

PICO DE PATO
Ouranosaurus tenía un pico ancho, similar al de un pato, que recordaba a la boca de los hadrosaurios. Por ello, algunos expertos han afirmado que eran parientes cercanos.

Las cuatro **largas uñas puntiagudas de los pies** pudieron dotar a *Tenontosaurus* de una **peligrosa patada.**

Leaellynasaura

GRUPO Ornitisquios
DATACIÓN Cretácico inferior
TAMAÑO 1 m de longitud
LOCALIZACIÓN Australia

Este es uno de los pequeños ornitópodos conocidos por un famoso enclave fósil de Victoria (Australia), llamado Dinosaur Cove.

Cuando este dinosaurio vivía, el sur de Australia estaba dentro del círculo polar antártico, y aunque las regiones polares eran menos frías que hoy, pasaban varios meses al año sumidas en la oscuridad. Un molde interno del cráneo de *Leaellysaura* revela que su cerebro tenía unos grandes lóbulos ópticos: es probable que tuviera unos ojos grandes y aptos para ver en la oscuridad.

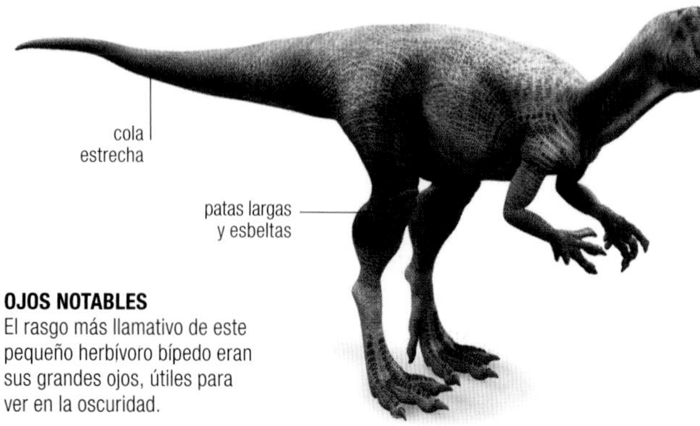
cola
estrecha
ojos muy
grandes
patas largas
y esbeltas

OJOS NOTABLES
El rasgo más llamativo de este pequeño herbívoro bípedo eran sus grandes ojos, útiles para ver en la oscuridad.

Hypsilophodon

GRUPO Ornitisquios
DATACIÓN Cretácico inferior
TAMAÑO 2 m de longitud
LOCALIZACIÓN Inglaterra, España

Hypsilophodon es uno de los ornitópodos pequeños mejor conocidos, a partir de varios esqueletos casi completos. En el pasado, una confusión provocada por sus manos prensiles y el primer dedo del pie hacia atrás hizo pensar a algunos que era trepador. De hecho, la cola rígida y las largas patas traseras demuestran que era un animal corredor. Los dientes con forma de hoja indican que, como otros ornitópodos, ramoneaba vegetación de bajo porte. Presenta dientes puntiagudos en el frente de la mandíbula superior y los extremos picudos del hocico afilados.

la delgada cola
se mantenía recta

VÉRTEBRAS FÓSILES
Los primeros fósiles de *Hypsilophodon*, como este fragmento de columna vertebral, se hallaron en la isla de Wight (Inglaterra).

TENDONES ESPECIALIZADOS
Tenontosaurus recibe su nombre de los tendones especializados presentes en espalda, caderas y cola («tenon» significa tendón en griego). Estos le permitían alzar la cola al caminar a cuatro patas.

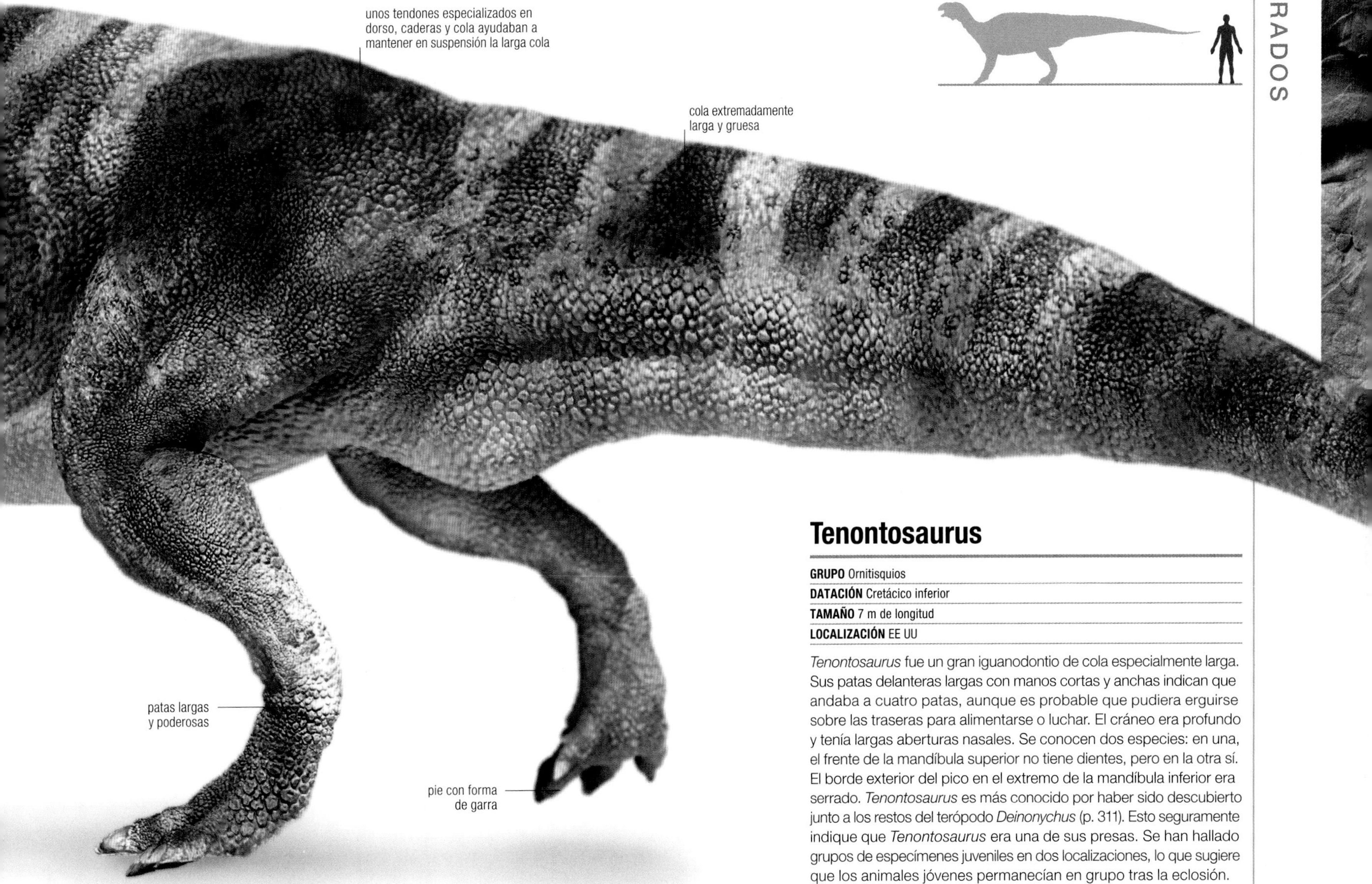
unos tendones especializados en dorso, caderas y cola ayudaban a mantener en suspensión la larga cola
cola extremadamente larga y gruesa
patas largas y poderosas
pie con forma de garra

Tenontosaurus

GRUPO Ornitisquios
DATACIÓN Cretácico inferior
TAMAÑO 7 m de longitud
LOCALIZACIÓN EE UU

Tenontosaurus fue un gran iguanodontio de cola especialmente larga. Sus patas delanteras largas con manos cortas y anchas indican que andaba a cuatro patas, aunque es probable que pudiera erguirse sobre las traseras para alimentarse o luchar. El cráneo era profundo y tenía largas aberturas nasales. Se conocen dos especies: en una, el frente de la mandíbula superior no tiene dientes, pero en la otra sí. El borde exterior del pico en el extremo de la mandíbula inferior era serrado. *Tenontosaurus* es más conocido por haber sido descubierto junto a los restos del terópodo *Deinonychus* (p. 311). Esto seguramente indique que *Tenontosaurus* era una de sus presas. Se han hallado grupos de especímenes juveniles en dos localizaciones, lo que sugiere que los animales jóvenes permanecían en grupo tras la eclosión.

ESTRUCTURA DE LA CABEZA
La cabeza de *Hypsilophodon* era alta y corta, con grandes ojos. Detrás de un pico óseo, la boca poseía abazones que usaba para masticar la comida.

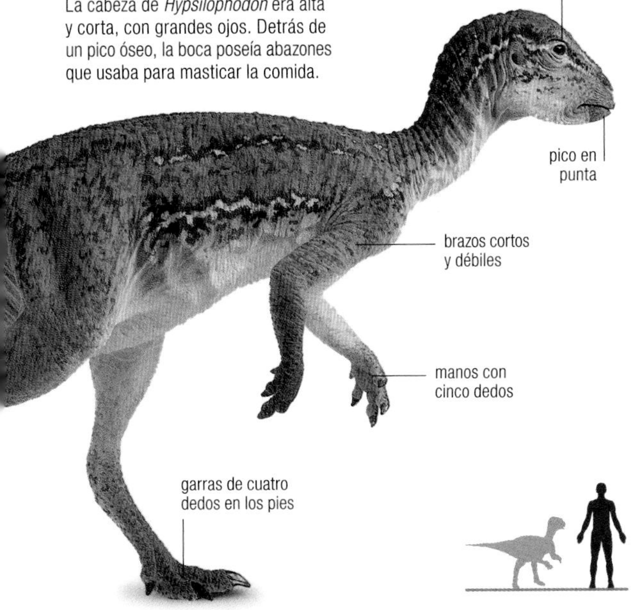
ojos muy grandes
pico en punta
brazos cortos y débiles
manos con cinco dedos
garras de cuatro dedos en los pies

Muttaburrasaurus

GRUPO Ornitisquios
DATACIÓN Cretácico inferior
TAMAÑO 7 m de longitud
LOCALIZACIÓN Australia

Era un gran ornitópodo similar a *Iguanodon*, con una pronunciada protuberancia ósea en la superficie superior del hocico. Por debajo de las órbitas, los huesos del cráneo eran gruesos y fuertes. Algunos expertos han sugerido que estos huesos demostrarían que *Muttaburrasaurus* estaba adaptado para morder y masticar plantas muy duras. Se le consideraba emparentado con *Iguanodon* (p. anterior), en la creencia de que un hueso con forma de púa era un pulgar como el de este. Sin embargo, estudios más recientes han demostrado que *Muttaburrasaurus* era mucho más primitivo.

profunda masa ósea en el hocico
cuello relativamente largo

NARIZ GIGANTE
Muttaburrasaurus utilizaría su protuberancia nasal para emitir potentes ruidos. El tamaño y la forma de la nariz diferían entre individuos, probablemente en función del sexo o de la especie.

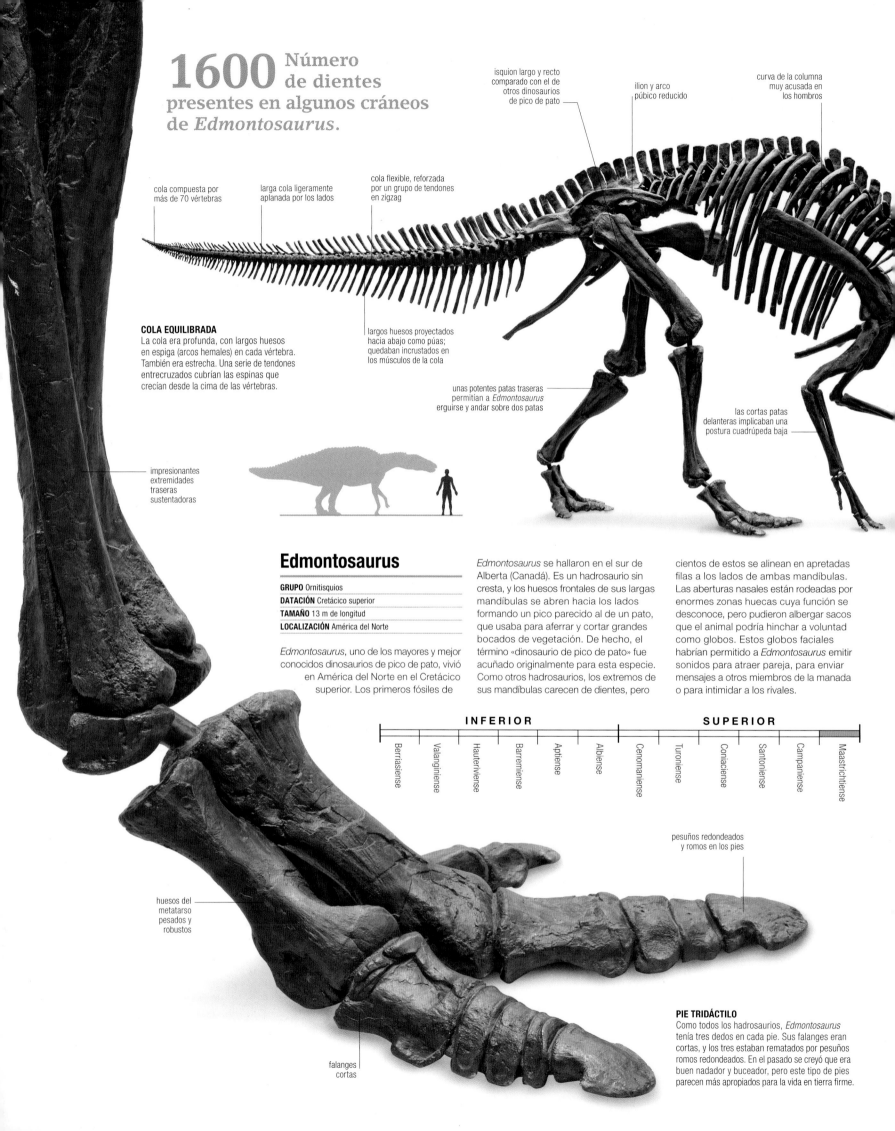

1600 Número de dientes presentes en algunos cráneos de *Edmontosaurus*.

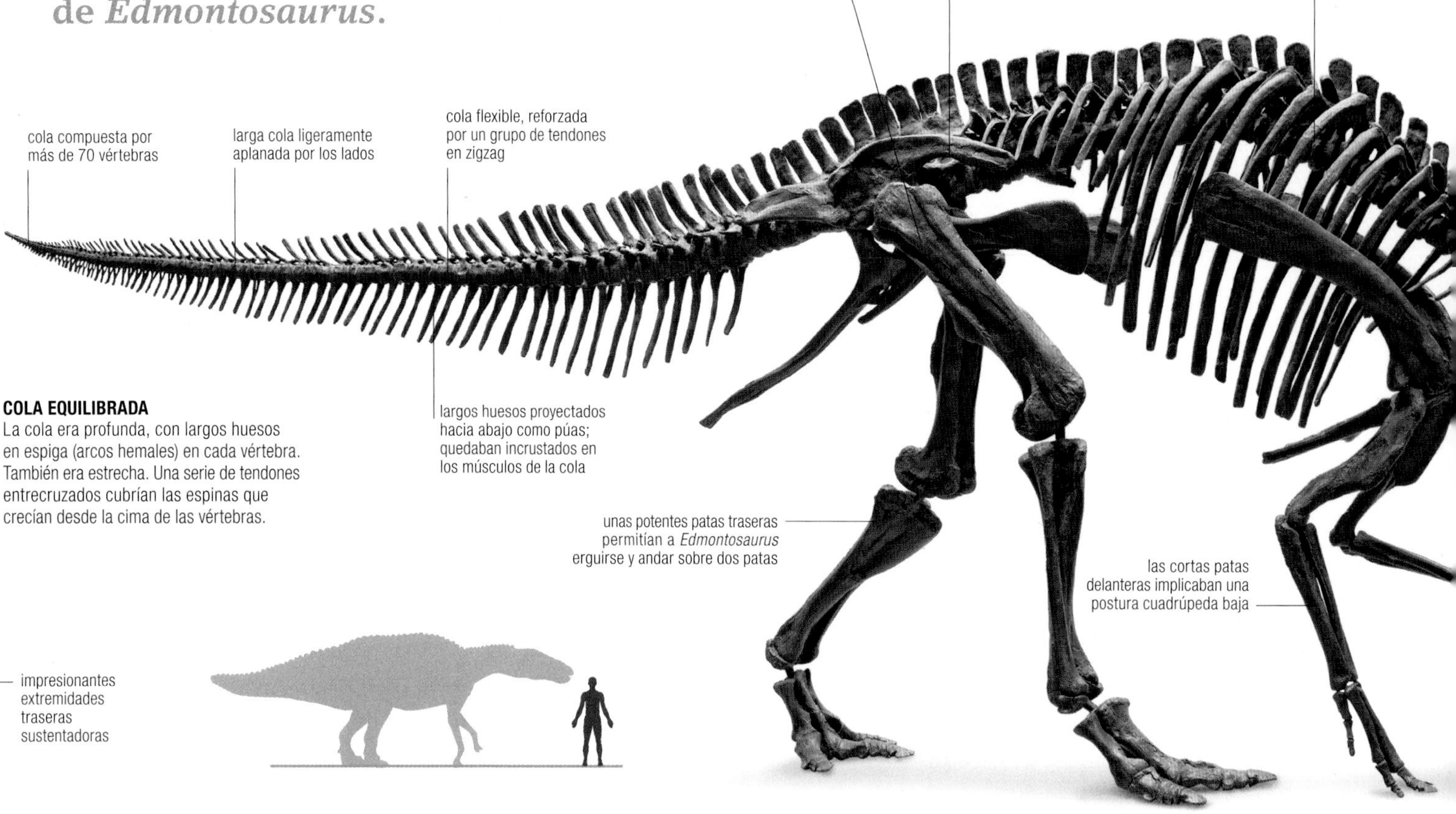
isquion largo y recto comparado con el de otros dinosaurios de pico de pato
ilion y arco púbico reducido
curva de la columna muy acusada en los hombros
cola compuesta por más de 70 vértebras
larga cola ligeramente aplanada por los lados
cola flexible, reforzada por un grupo de tendones en zigzag
largos huesos proyectados hacia abajo como púas; quedaban incrustados en los músculos de la cola
unas potentes patas traseras permitían a *Edmontosaurus* erguirse y andar sobre dos patas
las cortas patas delanteras implicaban una postura cuadrúpeda baja

COLA EQUILIBRADA
La cola era profunda, con largos huesos en espiga (arcos hemales) en cada vértebra. También era estrecha. Una serie de tendones entrecruzados cubrían las espinas que crecían desde la cima de las vértebras.

Edmontosaurus

GRUPO Ornitisquios
DATACIÓN Cretácico superior
TAMAÑO 13 m de longitud
LOCALIZACIÓN América del Norte

Edmontosaurus, uno de los mayores y mejor conocidos dinosaurios de pico de pato, vivió en América del Norte en el Cretácico superior. Los primeros fósiles de *Edmontosaurus* se hallaron en el sur de Alberta (Canadá). Es un hadrosaurio sin cresta, y los huesos frontales de sus largas mandíbulas se abren hacia los lados formando un pico parecido al de un pato, que usaba para aferrar y cortar grandes bocados de vegetación. De hecho, el término «dinosaurio de pico de pato» fue acuñado originalmente para esta especie. Como otros hadrosaurios, los extremos de sus mandíbulas carecen de dientes, pero cientos de estos se alinean en apretadas filas a los lados de ambas mandíbulas. Las aberturas nasales están rodeadas por enormes zonas huecas cuya función se desconoce, pero pudieron albergar sacos que el animal podría hinchar a voluntad como globos. Estos globos faciales habrían permitido a *Edmontosaurus* emitir sonidos para atraer pareja, para enviar mensajes a otros miembros de la manada o para intimidar a los rivales.

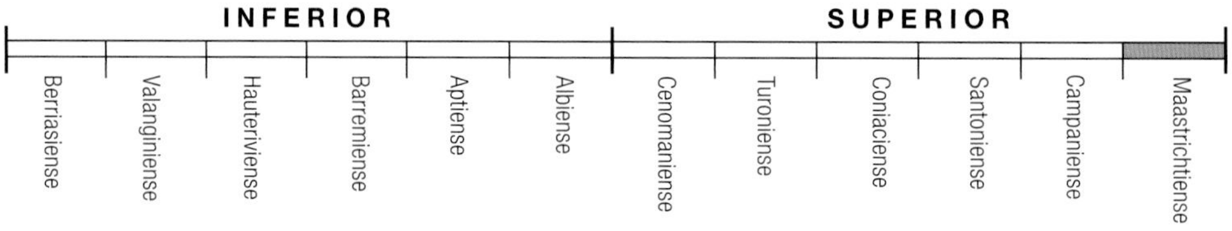
INFERIOR
SUPERIOR
Berriasiense
Valanginiense
Hauteriviense
Barremiense
Aptiense
Albiense
Cenomaniense
Turoniense
Coniaciense
Santoniense
Campaniense
Maastrichtiense

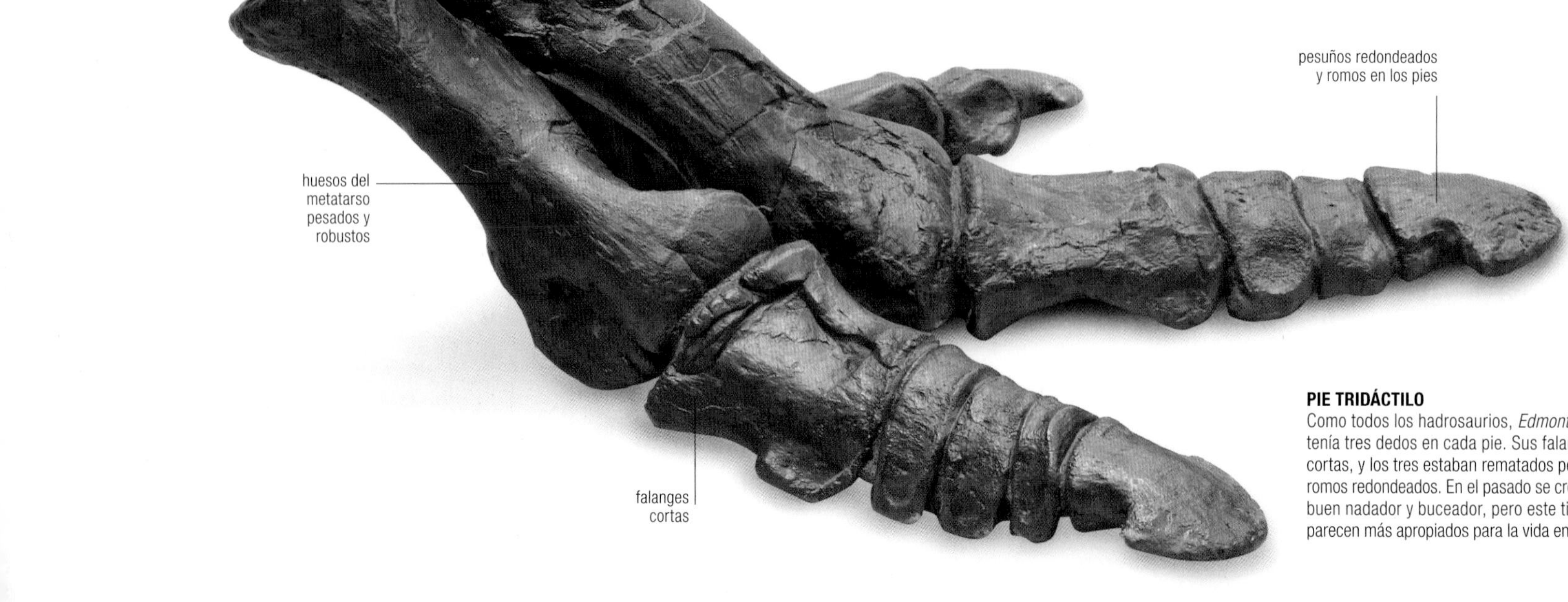
impresionantes extremidades traseras sustentadoras
huesos del metatarso pesados y robustos
pesuños redondeados y romos en los pies
falanges cortas

PIE TRIDÁCTILO
Como todos los hadrosaurios, *Edmontosaurus* tenía tres dedos en cada pie. Sus falanges eran cortas, y los tres estaban rematados por pesuños romos redondeados. En el pasado se creyó que era buen nadador y buceador, pero este tipo de pies parecen más apropiados para la vida en tierra firme.

cabeza grande sin cresta craneal ósea
las cavidades a los lados de las mandíbulas muestran que los dinosaurios con pico de pato tenían carrillos

CRÁNEO CON PICO DE PATO
Visto de frente, el cráneo tiene auténtico aspecto «de pato» debido a los extremos mandibulares ensanchados. El borde anterior de la mandíbula inferior es amplio y con forma de pala. Una distintiva textura ósea picada muestra dónde el tejido del pico cubría las mandíbulas; algunos especímenes de hadrosaurio han conservado este tejido. Las grandes cuencas oculares indican que tenía un campo de visión amplio. El hocico está dominado por los huecos que rodean las fosas nasales.

forma única del cráneo, que recuerda al de un pato moderno
cuencas oculares orientadas para ofrecer un amplio campo de visión
grandes órbitas situadas para permitir una visión «envolvente»
parte del orificio nasal; la mayor parte de las fosas queda oculta a la vista
superficie picada donde el tejido del pico cubría el extremo de la mandíbula
hueso extra similar a un pico en la punta de la mandíbula inferior
vértebra cervical

VÉRTEBRAS DEL CUELLO
Edmontosaurus tenía 13 vértebras cervicales que formaban una suave curva. Las articulaciones enartrósicas indican que el cuello era bastante flexible.

DIENTES TRITURADORES
Los dientes estaban apiñados en filas verticales al fondo de las mandíbulas. Solo los de la fila superior formaban la superficie de masticación.

PROYECCIONES VERTEBRALES
En *Edmontosaurus*, las espinas óseas sobre las vértebras eran cortas. La caja torácica era profunda y estrecha.

MANOS PALMEADAS
Las manos, tetradáctilas, eran delgadas, y al menos tres de los dedos acababan en pesuños romos. No tenían pulgar.

Brachylophosaurus

GRUPO Ornitisquios
DATACIÓN Cretácico superior
TAMAÑO 9 m de longitud
LOCALIZACIÓN América del Norte

Brachylophosaurus («lagarto de cresta corta») tenía una cresta plana, en forma de lámina, que le crecía hacia atrás desde el hocico y colgaba sobre su nuca. Un buen espécimen de *B. canadensis* se halló en Alberta (Canadá), de ahí su nombre. Algunos individuos –posiblemente los machos– presentaban una constitución más corpulenta que otros, con la mandíbula inferior más profunda, el cráneo más robusto y una cresta más amplia y prolongada. En 2000 se descubrió en Montana (EE UU) un espécimen excepcionalmente completo y cubierto de gran cantidad de piel conservada, que promete proporcionar una gran cantidad de información sobre el aspecto de este dinosaurio.

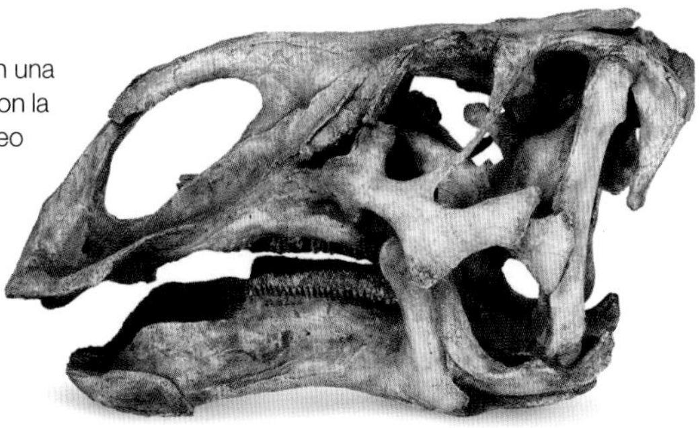

RASGOS CRANEALES
Brachylophosaurus tenía un hocico muy profundo y el cráneo rectangular. Las fosas nasales eran enormes, y los extremos de las mandíbulas, robustos y anchos.

Maiasaura

GRUPO Ornitisquios
DATACIÓN Cretácico superior
TAMAÑO 9 m de longitud
LOCALIZACIÓN EE UU

Se hizo famoso en todo el mundo gracias al descubrimiento de nidos, fragmentos de cáscaras de huevos y restos de crías junto a esqueletos de adultos. Como sugiere su nombre genérico, que significa «lagarto buena madre», los restos indican que formaba colonias de nidificación, donde los progenitores construían nidos con forma de cráter y los recién nacidos permanecían durante un período prolongado, alimentados y cuidados por los adultos. Puede que estos rasgos de comportamiento fueran comunes a todos los hadrosáuridos. El cráneo de *Maiasaura* poseía un pico ensanchado y una cresta sólida que se extendía sobre la bóveda del cráneo por encima de los ojos. Se han propuesto varios criterios sobre el linaje de *Maiasaura*, pero comparte rasgos con *Brachylophosaurus,* y ambos parecen ser parientes cercanos.

NIDOS CUBIERTOS
Los huevos redondeados de *Maiasaura* estaban cubiertos de vegetación y sedimentos. Al nacer, las crías deberían de escarbar hasta el exterior, o puede que les ayudaran sus progenitores.

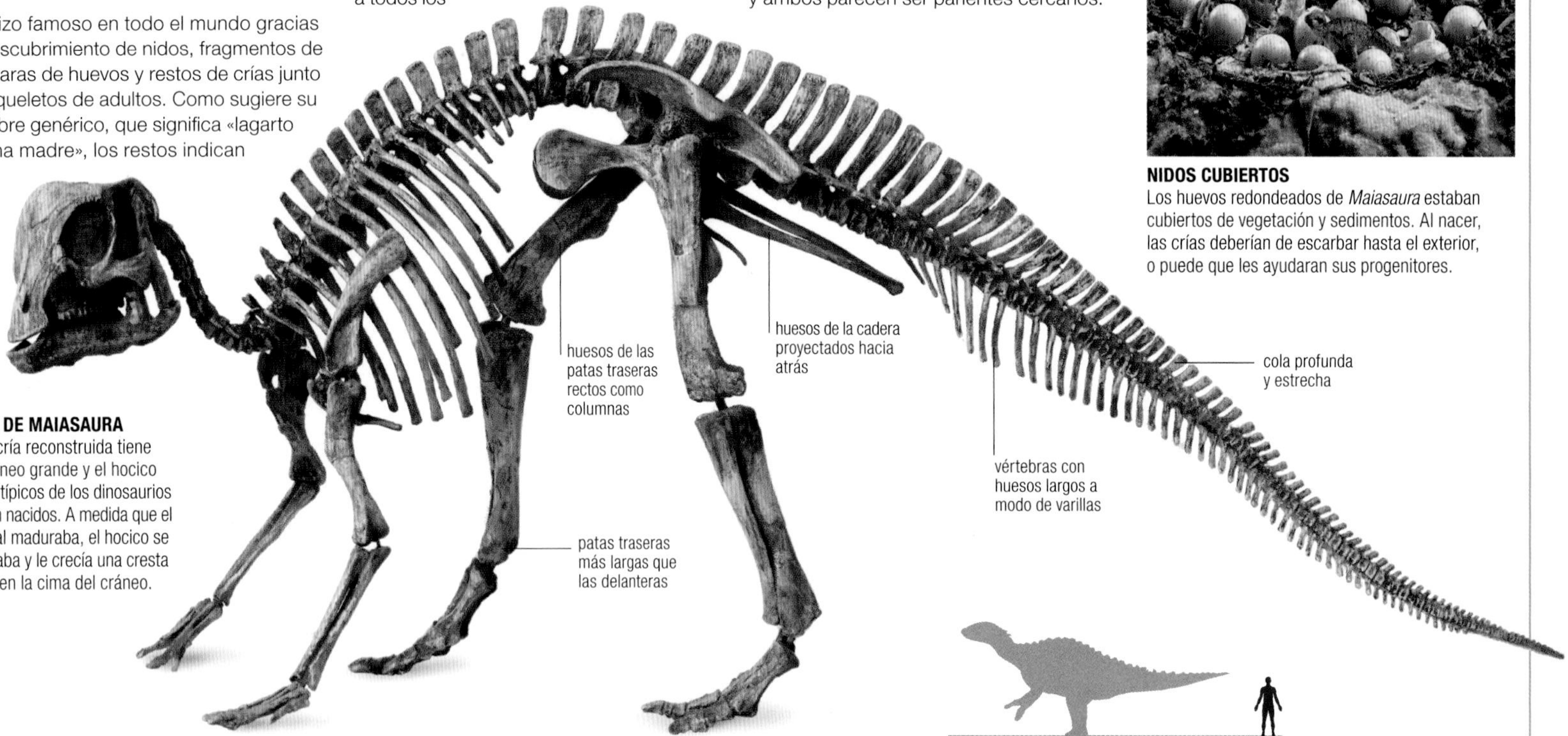
huesos de las patas traseras rectos como columnas
huesos de la cadera proyectados hacia atrás
cola profunda y estrecha
vértebras con huesos largos a modo de varillas
patas traseras más largas que las delanteras

CRÍA DE MAIASAURA
Esta cría reconstruida tiene el cráneo grande y el hocico corto típicos de los dinosaurios recién nacidos. A medida que el animal maduraba, el hocico se alargaba y le crecía una cresta ósea en la cima del cráneo.

Parasaurolophus

GRUPO Ornitisquios
DATACIÓN Cretácico superior
TAMAÑO 9 m de longitud
LOCALIZACIÓN América del Norte

Este notable hadrosáurido es famoso por la cresta tubular que se proyectaba sobre su nuca. Como en todos los lambeosaurinos, la cresta de *Parasaurolophus* estaba hueca y contenía complejos conductos internos. Las cámaras internas pudieron servir para hacer profundas llamadas resonantes. *Parasaurolophus* era un hadrosáurido particularmente corpulento, con patas más cortas y robustas que otros de su familia. Los hombros y las caderas, especialmente amplios, revelan que poseía unos músculos grandes y poderosos. Estos rasgos han sugerido a algunos expertos que fue un habitante de bosques densos, donde se abriría camino a través del sotobosque. Se conocen varias especies, que difieren en la longitud y la forma de la cresta.

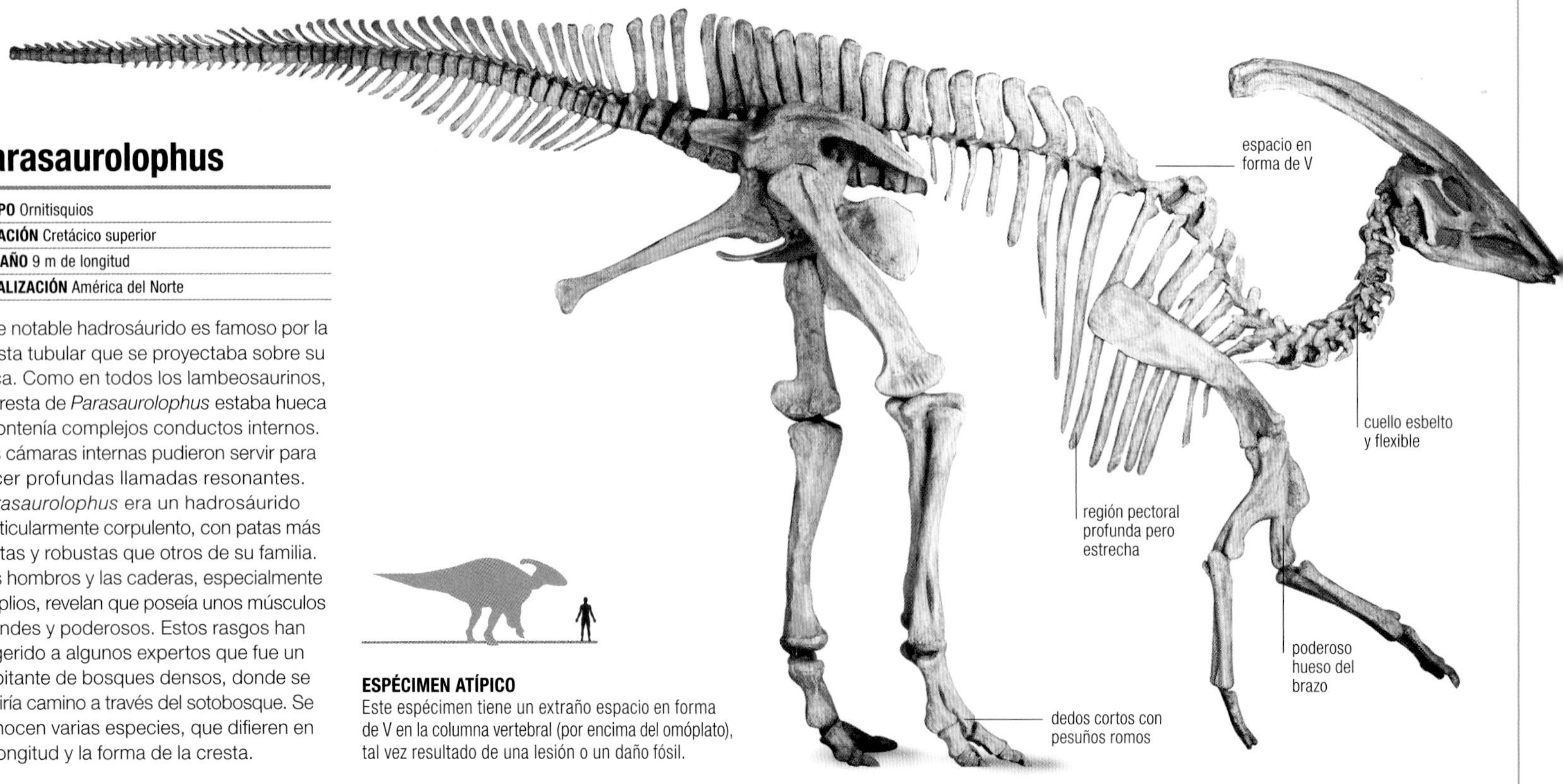
espacio en forma de V
cuello esbelto y flexible
región pectoral profunda pero estrecha
poderoso hueso del brazo
dedos cortos con pesuños romos

ESPÉCIMEN ATÍPICO
Este espécimen tiene un extraño espacio en forma de V en la columna vertebral (por encima del omóplato), tal vez resultado de una lesión o un daño fósil.

LA FUNCIÓN DE LAS CRESTAS
Es probable que los lambeosaurinos como *Lambeosaurus* usaran sus crestas óseas como elementos señalizadores. Las crestas permitirían a distintas especies distinguirse entre sí y tal vez informarían de la edad y el sexo.

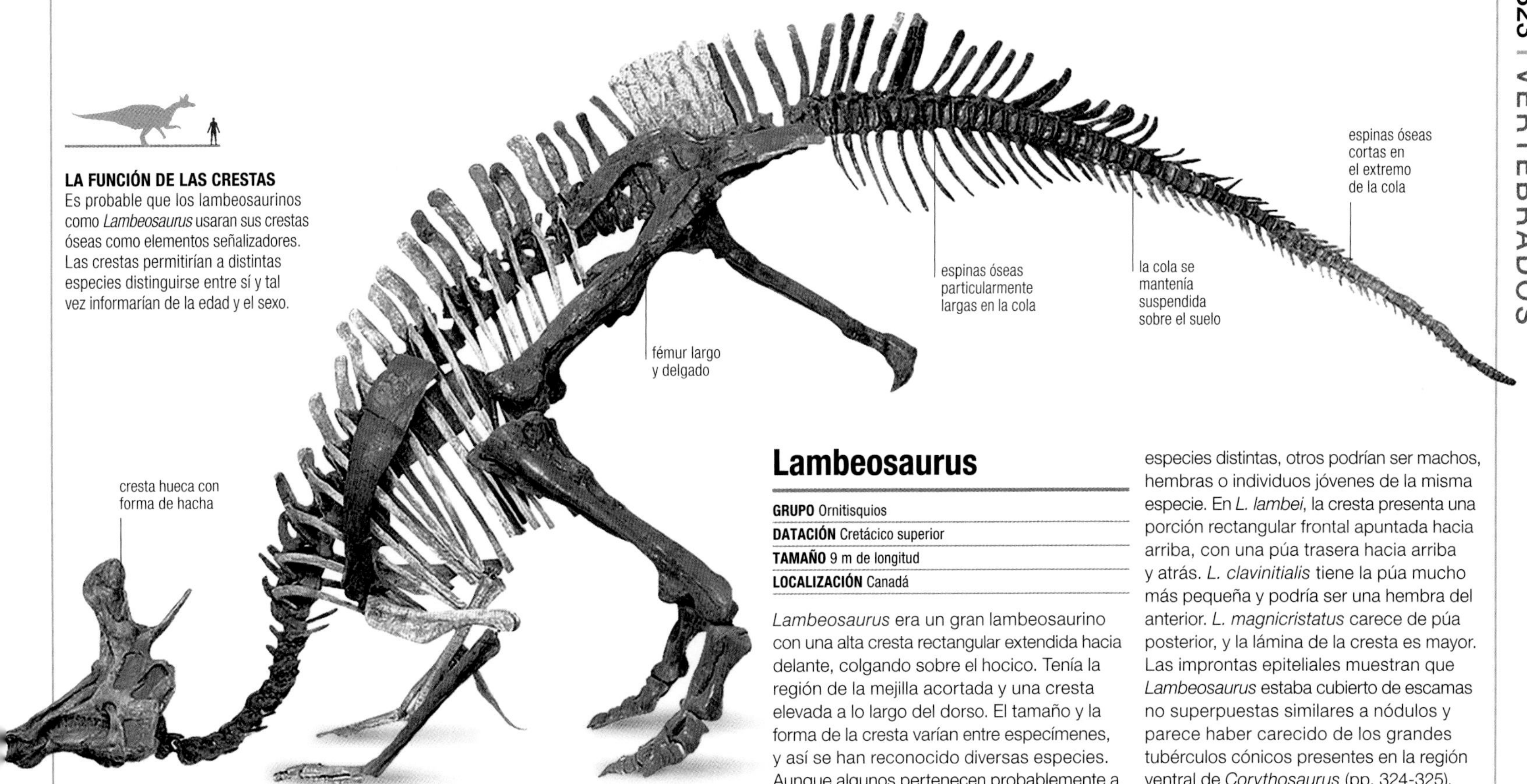
espinas óseas cortas en el extremo de la cola
espinas óseas particularmente largas en la cola
la cola se mantenía suspendida sobre el suelo
fémur largo y delgado
cresta hueca con forma de hacha

Lambeosaurus

GRUPO Ornitisquios
DATACIÓN Cretácico superior
TAMAÑO 9 m de longitud
LOCALIZACIÓN Canadá

Lambeosaurus era un gran lambeosaurino con una alta cresta rectangular extendida hacia delante, colgando sobre el hocico. Tenía la región de la mejilla acortada y una cresta elevada a lo largo del dorso. El tamaño y la forma de la cresta varían entre especímenes, y así se han reconocido diversas especies. Aunque algunos pertenecen probablemente a especies distintas, otros podrían ser machos, hembras o individuos jóvenes de la misma especie. En *L. lambei*, la cresta presenta una porción rectangular frontal apuntada hacia arriba, con una púa trasera hacia arriba y atrás. *L. clavinitialis* tiene la púa mucho más pequeña y podría ser una hembra del anterior. *L. magnicristatus* carece de púa posterior, y la lámina de la cresta es mayor. Las improntas epiteliales muestran que *Lambeosaurus* estaba cubierto de escamas no superpuestas similares a nódulos y parece haber carecido de los grandes tubérculos cónicos presentes en la región ventral de *Corythosaurus* (pp. 324-325).

Gryposaurus

GRUPO Ornitisquios
DATACIÓN Cretácico superior
TAMAÑO 9 m de longitud
LOCALIZACIÓN América del Norte

Gryposaurus fue un hadrosaurino de nariz ganchuda, y como en sus parientes, sus patas delanteras eran casi un tercio más cortas que las traseras, mientras que en la mayoría de los hadrosáuridos median alrededor de la mitad. No se conoce el porqué de estos brazos tan largos, pero es probable que esta adaptación les permitiera alimentarse de vegetación alta que no alcanzaban otros herbívoros con los que compartían su entorno. La especie más conocida es *G. notabilis*, pero en 1992 se nombró una segunda, *G. latidens*, y en 2007 una tercera, *G. monumentensis*. *Kritosaurus incurvimanus*, un hadrosáurido muy similar, es considerado por algunos como otra especie de *Gryposaurus*. Incluso se ha sugerido que *K. incurvimanus* y *G. notabilis* podrían ser hembra y macho de la misma especie.

NARIZ GANCHUDA
Los huesos que formaban la parte superior del hocico de *Gryposaurus* se arqueaban hacia arriba, y una larga depresión rodeaba las fosas nasales. Esta región nasal alargada pudo estar vivamente coloreada y servir para la exhibición o para empujar a los rivales en la lucha.

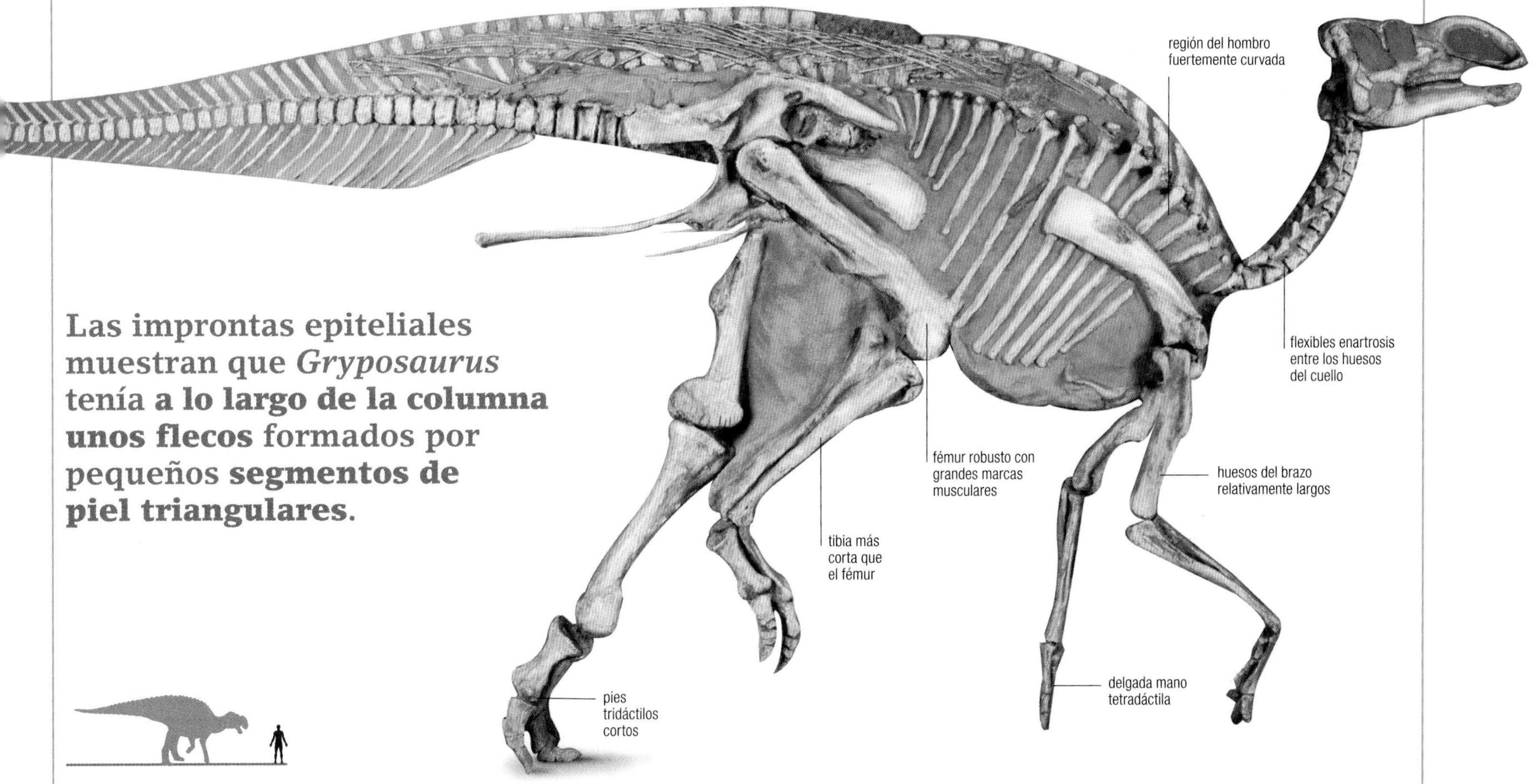
región del hombro fuertemente curvada
flexibles enartrosis entre los huesos del cuello
fémur robusto con grandes marcas musculares
huesos del brazo relativamente largos
tibia más corta que el fémur
delgada mano tetradáctila
pies tridáctilos cortos

Las improntas epiteliales muestran que *Gryposaurus* tenía a lo largo de la columna unos flecos formados por pequeños segmentos de piel triangulares.

Corythosaurus

GRUPO Ornitisquios
DATACIÓN Cretácico superior
TAMAÑO 9 m de longitud
LOCALIZACIÓN Canadá

Corythosaurus significa «lagarto con casco». Poseía una cresta hueca con forma de plato y estaba estrechamente emparentado con *Velafrons* de México, *Nipponosaurus* de Rusia e *Hypacrosaurus* de EE UU. Todos estos hadrosáuridos se conocen como lambeosaurinos de cresta en abanico. *Corythosaurus* era un dinosaurio grande, con largas espinas en una cresta que recorría el lomo. El hocico era hueco y delicado comparado con el de la mayoría de los hadrosáuridos. Este rasgo indica que pudo ser un consumidor selectivo que buscaba los frutos más jugosos y los brotes tiernos. Se han hallado varios especímenes completos, por lo que se le conoce bien. Algunos conservaban incluso improntas de la piel, que muestran que tenía hileras de tubérculos cónicos a lo largo de la zona ventral y un pliegue continuo de piel en el lomo.

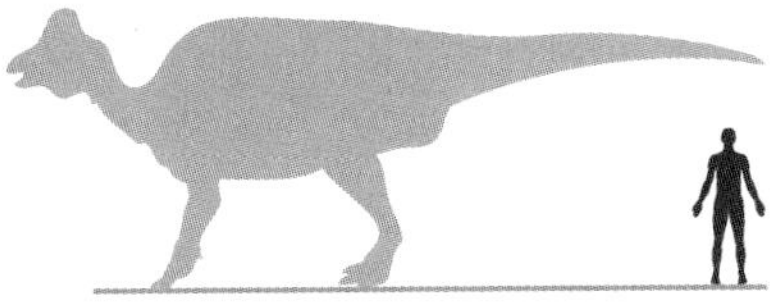

FORRAJEROS
Aunque pudo deambular por zonas pantanosas, es probable que *Corythosaurus* pasara la mayor parte del tiempo forrajeando hojas en hábitats boscosos.

ANATOMÍA

CRESTA PARA LLAMAR

La cresta de *Corythosaurus* no era de hueso macizo, sino que contenía conductos conectados con las fosas nasales. Todos los lambeosaurinos tenían crestas, que diferían según la especie. En el pasado se creyó que eran depósitos de aire, pero esto quedó descartado al saberse que no eran animales acuáticos. También se ha propuesto que las crestas estaban revestidas de tejido nasal para agudizar el sentido del olfato. Pero la teoría más popular es que las usaban para hacer ruidosas llamadas resonantes.

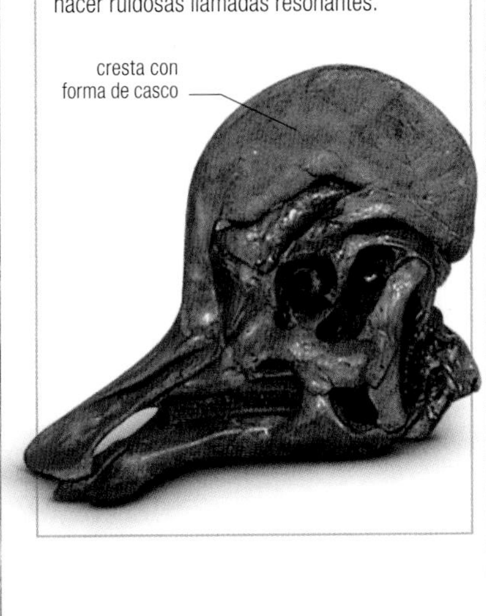
cresta con forma de casco

INFERIOR						SUPERIOR					
Berriasiense	Valanginiense	Hauteriviense	Barremiense	Aptiense	Albiense	Cenomaniense	Turoniense	Coniaciense	Santoniense	Campaniense	Maastrichtiense

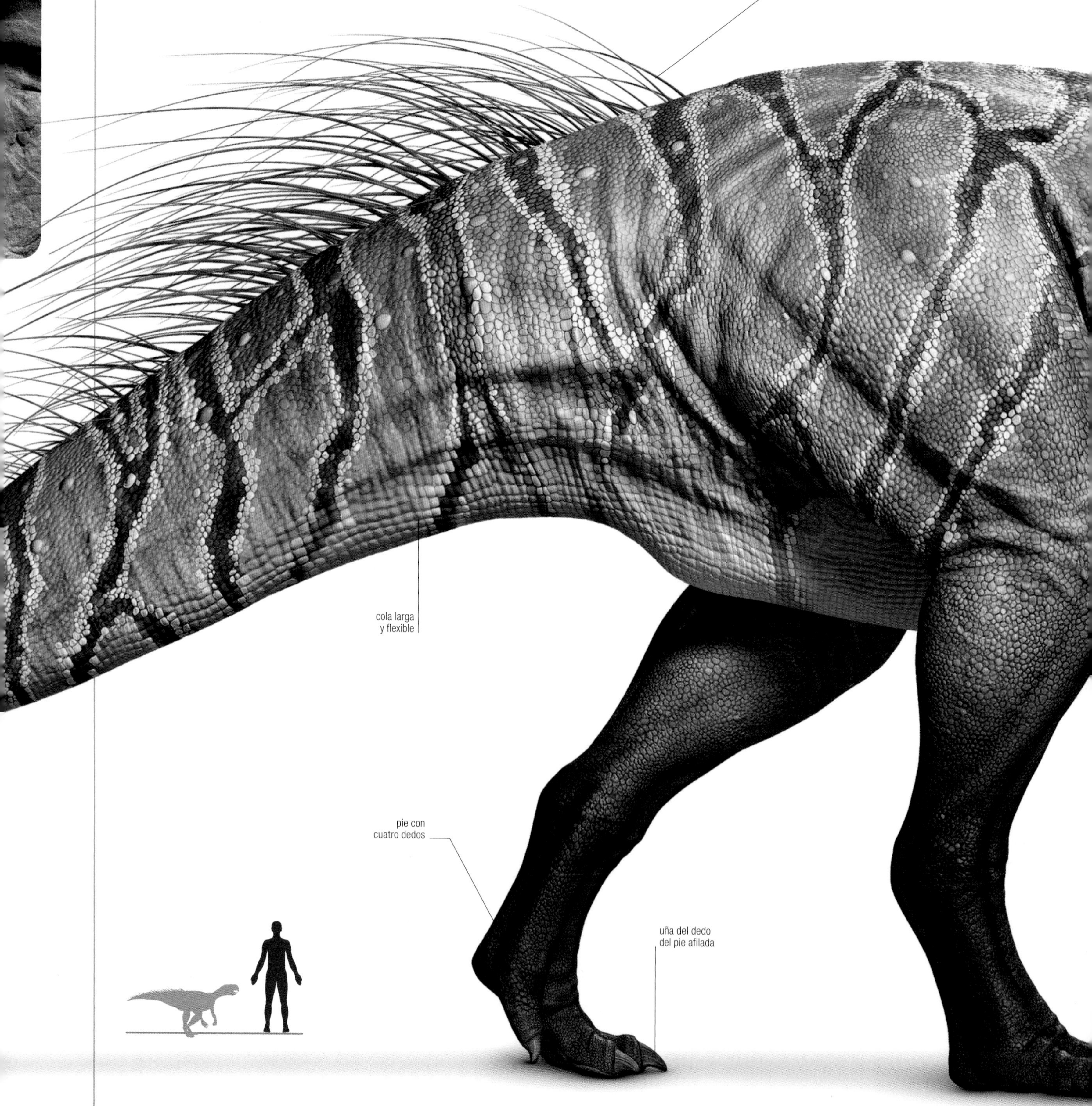
filamento similar a una cerda en la cola
cola larga y flexible
pie con cuatro dedos
uña del dedo del pie afilada

Psittacosaurus

GRUPO Ornitisquios
DATACIÓN Cretácico inferior
TAMAÑO 2 m de longitud
LOCALIZACIÓN Asia

Es uno de los primeros miembros de los ceratopsios, el grupo de los dinosaurios cornudos, y también uno de los más conocidos del Mesozoico, gracias a la cantidad de especímenes hallados. Esto ha permitido a los expertos identificar más de diez especies según la forma del cráneo, aunque no todos están de acuerdo con esa clasificación. A diferencia de los ceratopsios posteriores, es probable que *Psittacosaurus* fuera bípedo. Tenía manos de cuatro dedos y largas patas traseras. Su cráneo, corto y profundo, tenía un pico estrecho y sin dientes al que debe su nombre, que significa «lagarto loro». Desde los carrillos se proyectaban hacia los lados unas excrecencias similares a cuernos que diferían en forma y tamaño entre especies. También se han hallado especímenes juveniles: en un caso, junto a los restos de un adulto aparecieron docenas de animales jóvenes. Uno de los especímenes hallados presentaba numerosos y largos filamentos en la parte superior de la cola, algo nunca visto en otros ejemplares. La función de tan extravagantes estructuras sigue siendo un misterio.

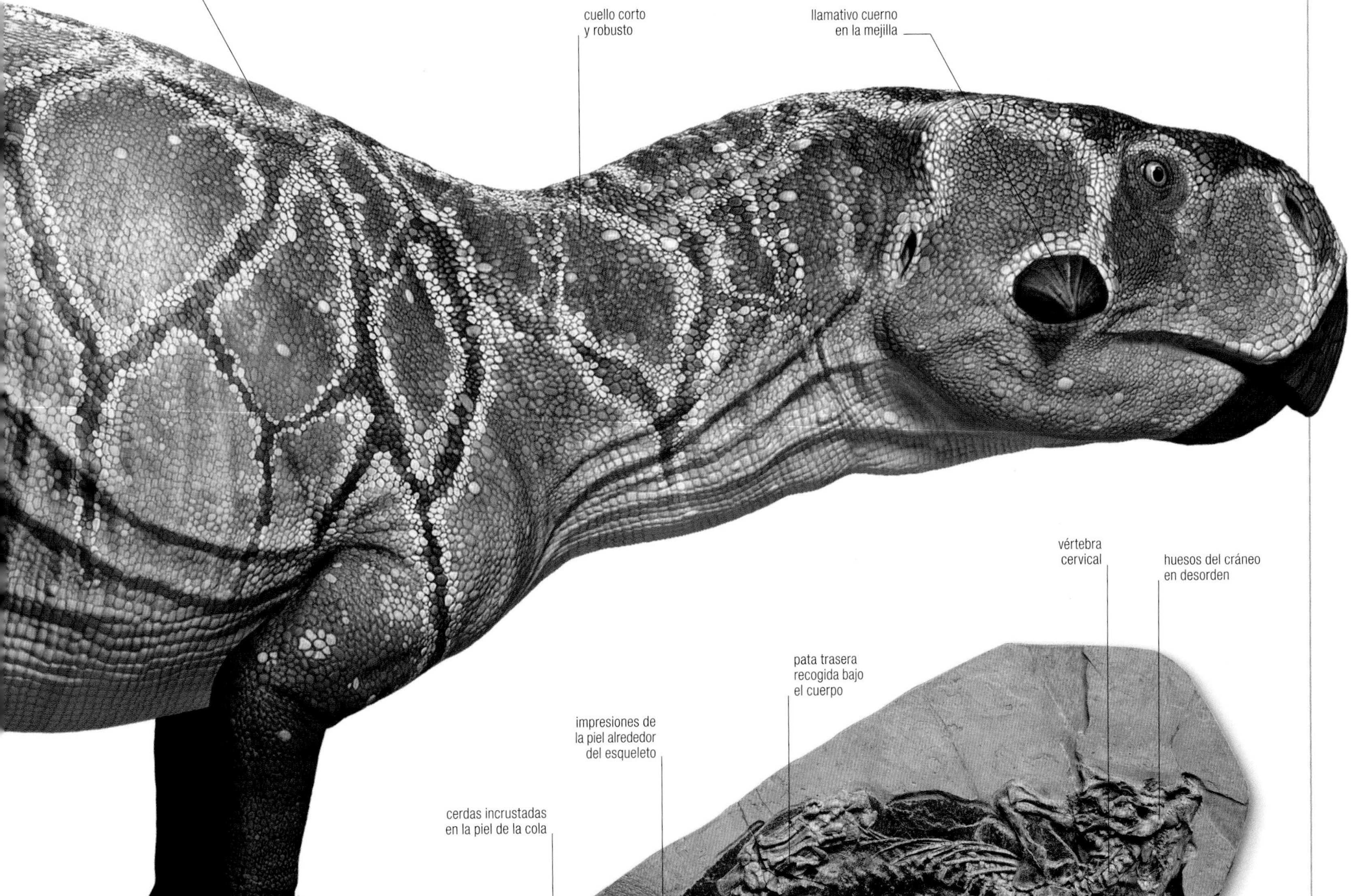
cubierta de piel escamosa
cuello corto y robusto
llamativo cuerno en la mejilla

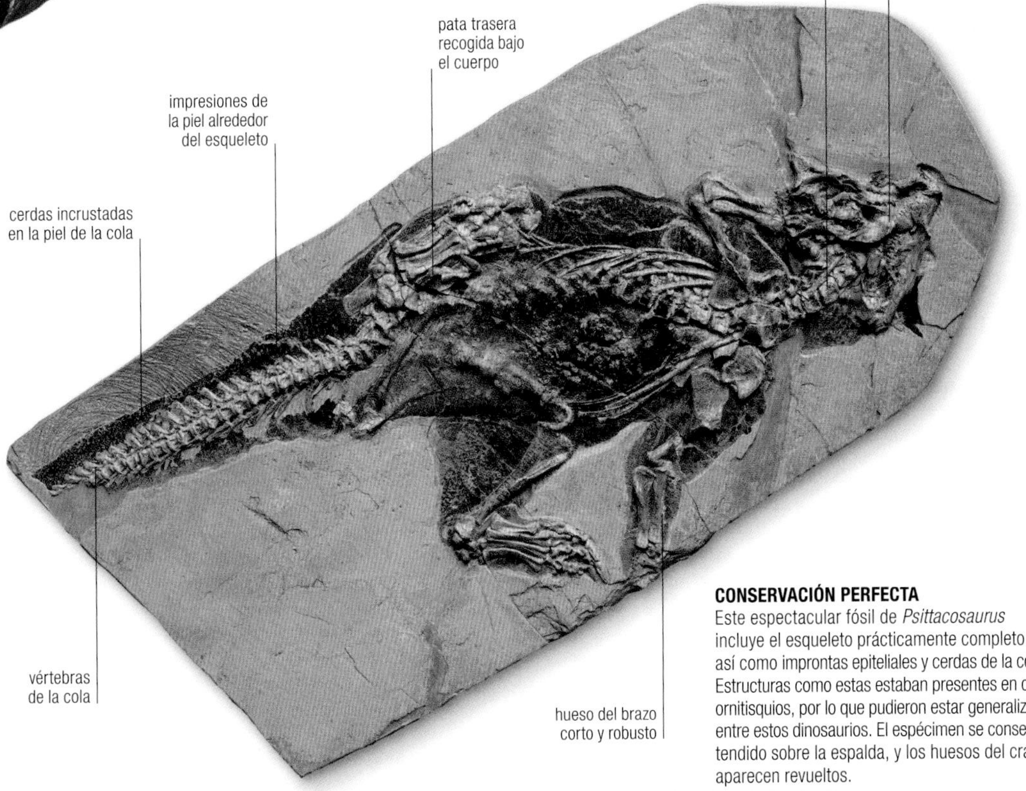
vértebra cervical
huesos del cráneo en desorden
pata trasera recogida bajo el cuerpo
impresiones de la piel alrededor del esqueleto
cerdas incrustadas en la piel de la cola
vértebras de la cola
hueso del brazo corto y robusto

CONSERVACIÓN PERFECTA
Este espectacular fósil de *Psittacosaurus* incluye el esqueleto prácticamente completo, así como improntas epiteliales y cerdas de la cola. Estructuras como estas estaban presentes en otros ornitisquios, por lo que pudieron estar generalizadas entre estos dinosaurios. El espécimen se conservó tendido sobre la espalda, y los huesos del cráneo aparecen revueltos.

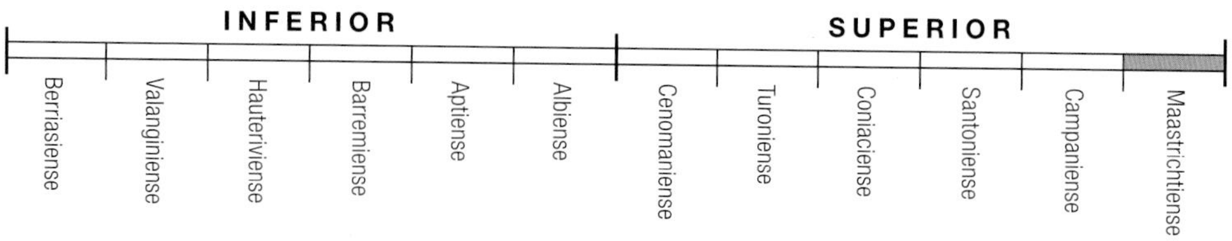
INFERIOR
SUPERIOR
Berriasiense
Valanginiense
Hauteriviense
Barremiense
Aptiense
Albiense
Cenomaniense
Turoniense
Coniaciense
Santoniense
Campaniense
Maastrichtiense

lomo levemente arqueado
omóplatos inmensos
cavidad torácica enorme y ancha
patas delanteras muy robustas

CRÁNEO SÓLIDO
Triceratops, que significa «rostro con tres cuernos», fue uno de los ceratopsios más grandes. Además de poseer una silueta inconfundible gracias a su gorguera y sus cuernos, su cráneo estaba sólidamente construido. Esto ha hecho que los cráneos de *Triceratops* hayan soportado el proceso de fosilización mejor que los de otros dinosaurios. Se han descubierto más de 50 cráneos.

Triceratops

GRUPO Ornitisquios
DATACIÓN Cretácico superior
TAMAÑO 7 m de longitud
LOCALIZACIÓN América del Norte

Con su gran gorguera, dos cuernos superciliares largos y uno nasal más corto, la anatomía de *Triceratops*, uno de los dinosaurios más célebres, resulta familiar para gran parte del público. La gorguera carecía de las grandes aberturas presentes en la mayoría de los dinosaurios cornudos. El borde de algunas gorgueras se hallaba revestido de pequeños huesos triangulares, si bien muchos especímenes no los presentan. Lesiones observadas en los cráneos indican que a veces luchaban entre ellos, tal vez para conseguir pareja o territorio. Algunos especímenes han conservado marcas de mordiscos de *Tyrannosaurus* (pp. 302-303), y uno incluso parece tener uno de los cuernos quebrado por un tiranosaurio.

A lo largo del tiempo se han nombrado unas 15 especies de *Triceratops*, todas ellas sobre la base de las diferencias en cuanto al tamaño y la forma de los cuernos. Sin embargo, estas diferencias parecen representar el tipo de variación que se observa entre individuos de la misma especie, y actualmente tan solo se reconocen dos especies.

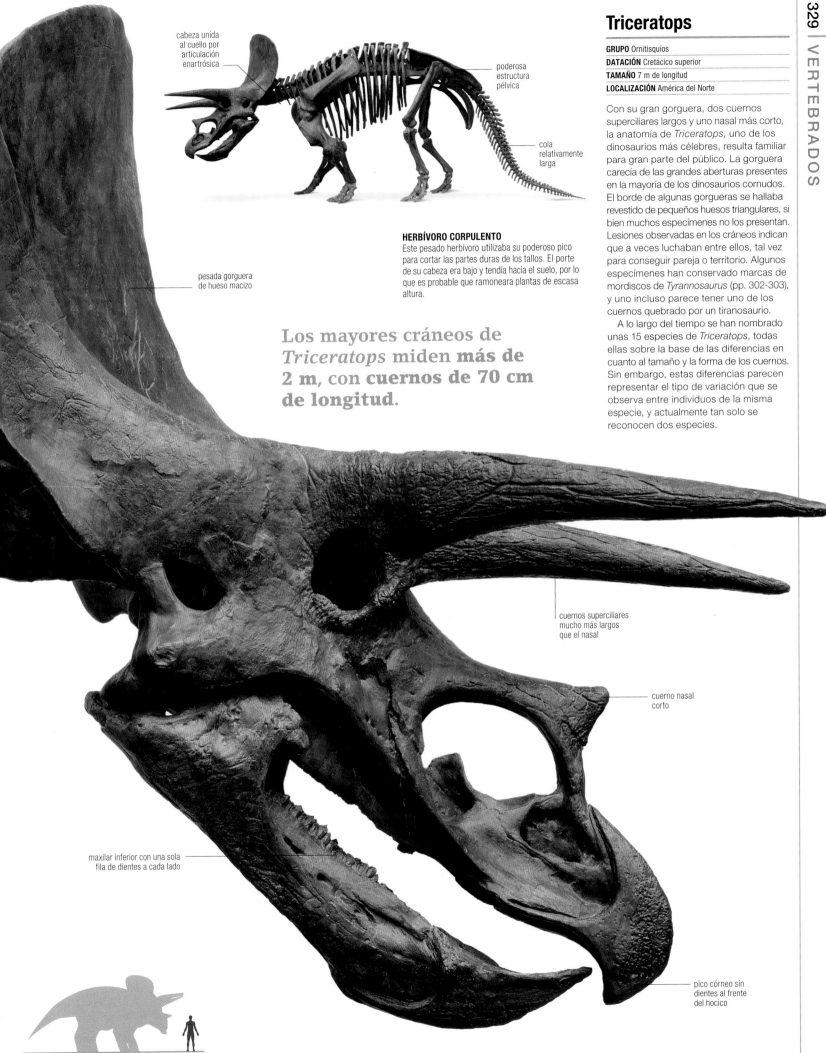

cabeza unida al cuello por articulación enartrósica
poderosa estructura pélvica
cola relativamente larga

HERBÍVORO CORPULENTO
Este pesado herbívoro utilizaba su poderoso pico para cortar las partes duras de los tallos. El porte de su cabeza era bajo y tendía hacia el suelo, por lo que es probable que ramoneara plantas de escasa altura.

Los mayores cráneos de *Triceratops* miden más de 2 m, con cuernos de 70 cm de longitud.

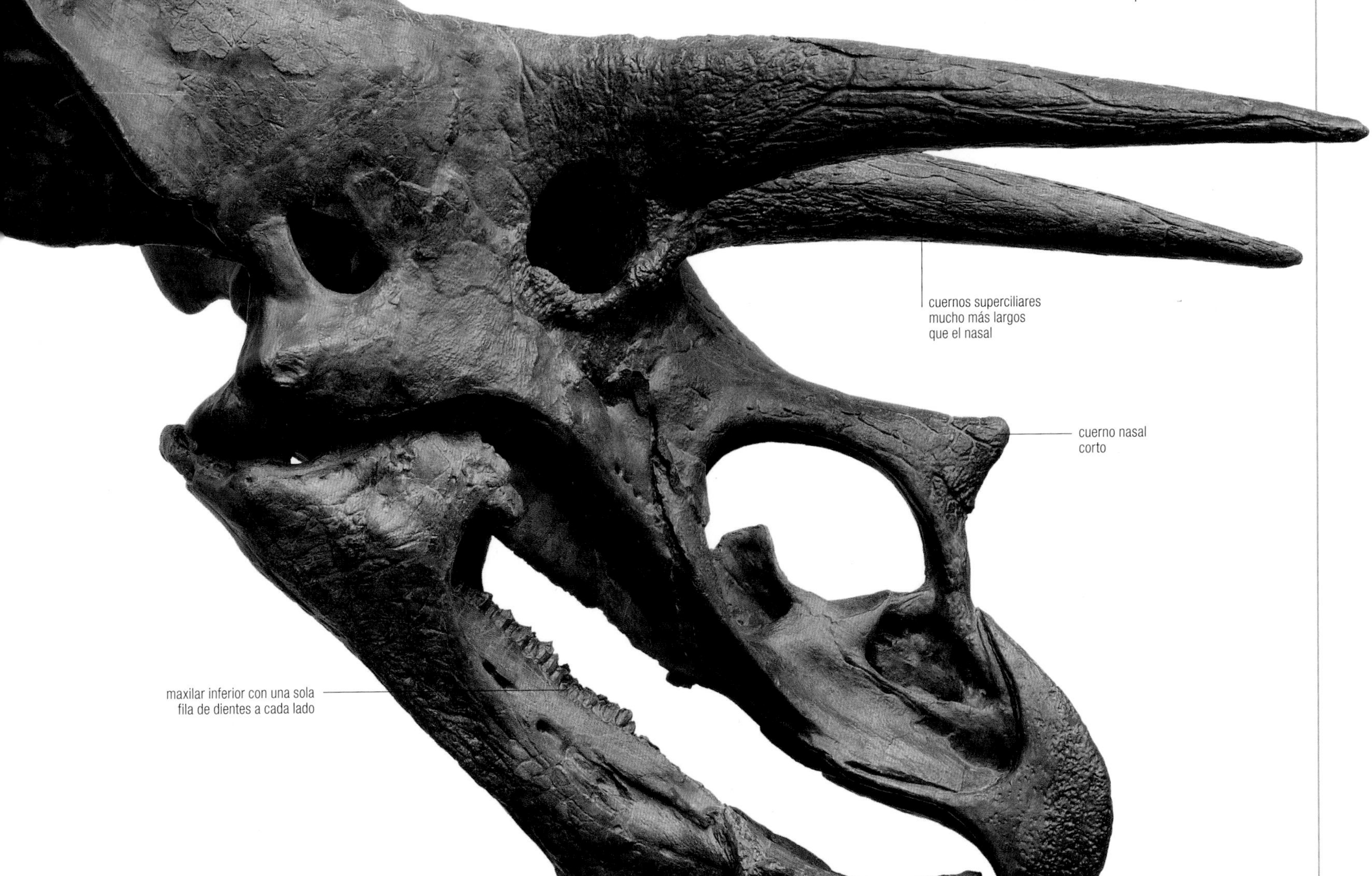
pesada gorguera de hueso macizo
cuernos superciliares mucho más largos que el nasal
cuerno nasal corto
maxilar inferior con una sola fila de dientes a cada lado
pico córneo sin dientes al frente del hocico

Protoceratops

GRUPO Ornitisquios
DATACIÓN Cretácico superior
TAMAÑO 2 m de longitud
LOCALIZACIÓN Mongolia, China

Protoceratops, uno de los ceratopsios primitivos más estudiados, se conoce a partir de abundantes especímenes hallados en el desierto de Gobi (Mongolia). Se ha especulado que los bien conservados esqueletos de *Protoceratops* hallados en esta zona pudieron inspirar el grifo descrito en la mitología griega. Algunos tienen la gorguera más alta y el hocico más profundo que otros, lo que podría representar un dimorfismo sexual. En 2001 se dio nombre a una nueva especie, *P. hellenikorhinus*, que, a diferencia de la primera nombrada, *P. andrewsi*, tenía dos cuernos nasales paralelos, carecía de dientes delanteros en la mandíbula superior y su gorguera estaba más orientada hacia delante.

BUEN CAVADOR
Las anchas manos y las garras como palas de *Protoceratops* indican que fue un excavador eficaz.

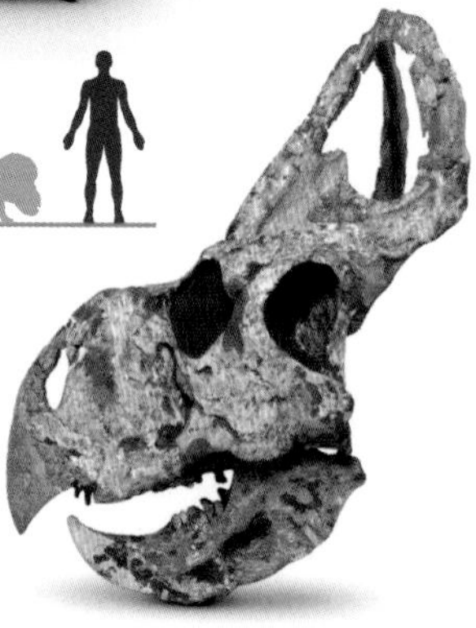

CABEZA ORNITOMORFA
El rostro de *Protoceratops* era profundo, y el pico, estrecho. Tenía dos pares de pequeños dientes puntiagudos cercanos al frente de la mandíbula superior.

Pentaceratops

GRUPO Ornitisquios
DATACIÓN Cretácico superior
TAMAÑO 7 m de longitud
LOCALIZACIÓN EE UU

Pentaceratops fue un gran chasmosaurino y un pariente cercano de *Chasmosaurus* (abajo). Su nombre («rostro con cinco cuernos») alude a los cuernos particularmente largos que se proyectaban a los lados desde sus mejillas (epiyugales). Tenía el hocico profundo, largos cuernos superciliares y una gorguera sumamente alta sobre el cuello con el borde superior jalonado por varios huesos con forma de lengua (epioccipitales), y un par más pequeño a cada lado de la línea central.

patas robustas

RÉCORD ABSOLUTO
Un cráneo de *Pentaceratops* de casi 3 m de longitud, el más largo hallado de un animal terrestre, se considera hoy que pertenece a un pariente cercano, *Titanoceratops*.

Chasmosaurus

GRUPO Ornitisquios
DATACIÓN Cretácico superior
TAMAÑO 5 m de longitud
LOCALIZACIÓN América del Norte

Este es uno de los chasmosaurinos –dinosaurios cornudos– mejor conocidos. Actualmente se reconocen dos especies: *C. belli* y *C. russelli*. *Chasmosaurus* tenía un hocico relativamente largo y una gorguera larga y ancha con dos grandes huecos. Presentaba huesos cónicos (epioccipitales) en los lados de la gorguera, pero no en el borde posterior. Algunos individuos presentaban cuernos superciliares cortos y rechonchos, y otros los tenían largos y curvados. La forma del cuerno nasal también variaba: en algunos individuos era alto y visiblemente curvo, mientras que en otras era corto, ancho y romo.

GORGUERA CALADA
El nombre de *Chasmosaurus*, que se podría traducir como «lagarto sima», hace referencia a los enormes huecos a modo de ventanas de su gorguera. Probablemente la usó para exhibirse.

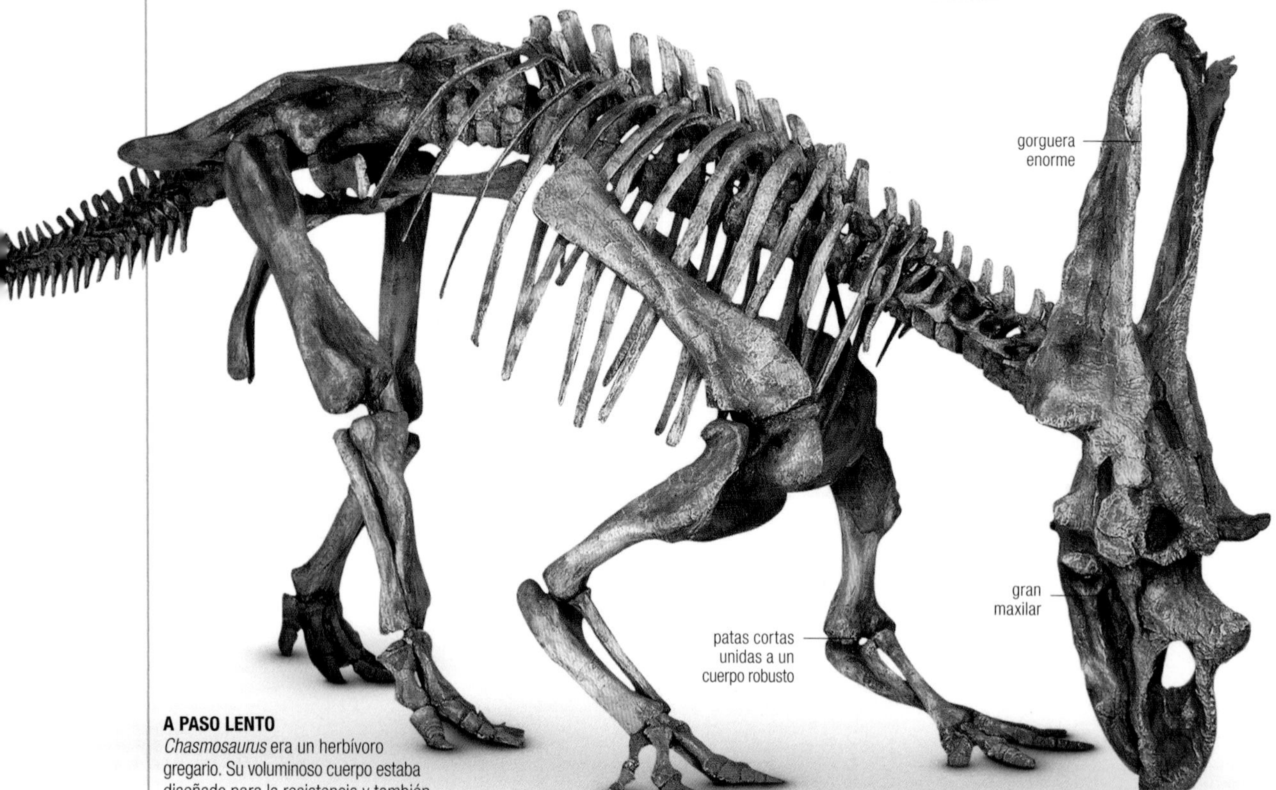
gorguera enorme
gran maxilar
patas cortas unidas a un cuerpo robusto

A PASO LENTO
Chasmosaurus era un herbívoro gregario. Su voluminoso cuerpo estaba diseñado para la resistencia y también para la protección frente a depredadores.

Centrosaurus

GRUPO Ornitisquios
DATACIÓN Cretácico superior
TAMAÑO 6 m de longitud
LOCALIZACIÓN Canadá

RASGOS DISTINTOS
Hay dos formas de la única especie conocida de *Centrosaurus*, una con el rostro más profundo y el cuerno nasal y la gorguera más largos que la otra. Podría tratarse de dimorfismo sexual.

El hallazgo de cientos de esqueletos de *Centrosaurus* juntos sugiere que estos animales vivían en manadas y realizaban migraciones estacionales durante las cuales muchos morían ahogados al cruzar ríos. La forma del cuerno nasal era variable. Podía ser corto, largo, recto o curvado hacia atrás o hacia delante. *Centrosaurus* significa «lagarto con garfios»: el grueso borde superior de su gorguera poseía unas estructuras similares a garfios, curvadas hacia dentro, a cada lado de la línea central. Un género relacionado, *Coronosaurus*, difiere de *Centrosaurus* en que el borde posterior de su gorguera estaba cubierto de pequeñas púas.

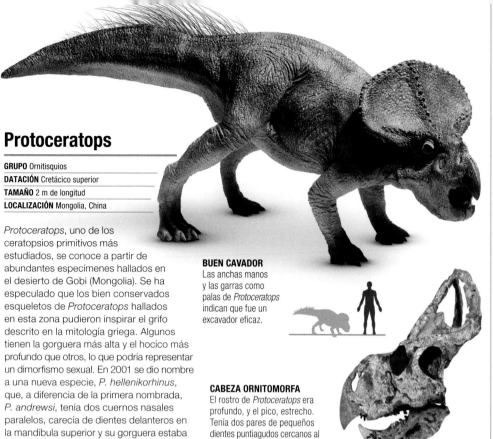

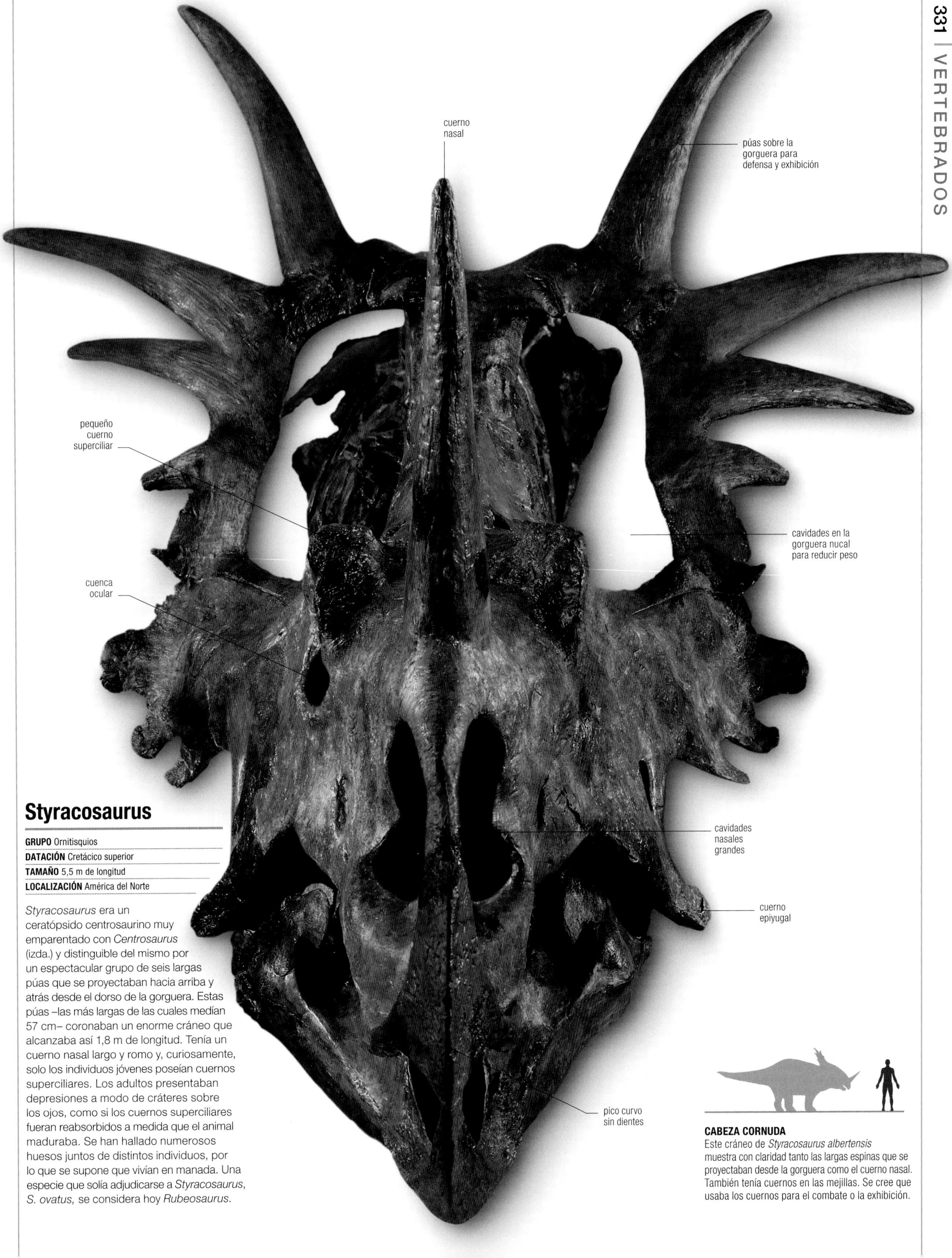
cuerno
nasal
púas sobre la
gorguera para
defensa y exhibición
pequeño
cuerno
superciliar
cavidades en la
gorguera nucal
para reducir peso
cuenca
ocular
cavidades
nasales
grandes
cuerno
epiyugal
pico curvo
sin dientes

Styracosaurus

GRUPO Ornitisquios

DATACIÓN Cretácico superior

TAMAÑO 5,5 m de longitud

LOCALIZACIÓN América del Norte

Styracosaurus era un ceratópsido centrosaurino muy emparentado con *Centrosaurus* (izda.) y distinguible del mismo por un espectacular grupo de seis largas púas que se proyectaban hacia arriba y atrás desde el dorso de la gorguera. Estas púas –las más largas de las cuales medían 57 cm– coronaban un enorme cráneo que alcanzaba así 1,8 m de longitud. Tenía un cuerno nasal largo y romo y, curiosamente, solo los individuos jóvenes poseían cuernos superciliares. Los adultos presentaban depresiones a modo de cráteres sobre los ojos, como si los cuernos superciliares fueran reabsorbidos a medida que el animal maduraba. Se han hallado numerosos huesos juntos de distintos individuos, por lo que se supone que vivían en manada. Una especie que solía adjudicarse a *Styracosaurus*, *S. ovatus,* se considera hoy *Rubeosaurus*.

CABEZA CORNUDA
Este cráneo de *Styracosaurus albertensis* muestra con claridad tanto las largas espinas que se proyectaban desde la gorguera como el cuerno nasal. También tenía cuernos en las mejillas. Se cree que usaba los cuernos para el combate o la exhibición.

Einiosaurus

GRUPO Ornitisquios
DATACIÓN Cretácico superior
TAMAÑO 6 m de longitud
LOCALIZACIÓN EE UU

Einiosaurus recibió nombre en 1995. Parece ser que, como los bisontes actuales, los animales de este género vivían en manada. El nombre completo de una especie *(E. procurvicornis)* se podría traducir como «lagarto búfalo con cuerno curvado hacia delante». El cuerno nasal de *Einiosaurus* era único, aplanado lateralmente y con la punta curvada sobre el extremo del hocico. En los individuos jóvenes era corto y erecto, y se iba recurvando a medida que el animal maduraba. Como muchos otros centrosaurinos, *Einiosaurus* carecía de cuernos superciliares y en su lugar presentaba unos pequeños bultos o cavidades redondeadas. Los bordes de su gorguera eran ondulados, y desde la parte superior se proyectaban hacia arriba dos largas púas rectas. Resulta difícil imaginar cómo podrían usarlas en combate.

Einiosaurus parece cercano al linaje de *Achelosaurus* y *Pachyrhinosaurus*, dos centrosaurinos que tenían grandes protuberancias óseas en la nariz en vez de cuernos nasales.

El **distintivo cuerno** curvado hacia abajo servía tanto para la **lucha** como para la **exhibición.**

VEGETARIANO
Einiosaurus procurvicornis fue un herbívoro con dientes potentes como para consumir una gran variedad de plantas. Pastaba en manadas, como los bisontes actuales.

Pachycephalosaurus

GRUPO Ornitisquios
DATACIÓN Cretácico superior
TAMAÑO 5 m de longitud
LOCALIZACIÓN América del Norte

El más grande de los paquicefalosáuridos, es conocido a partir de un único cráneo abombado de 60 cm de longitud. Su nombre significa «lagarto de cabeza gruesa». Tenía los ojos grandes, lo que sugiere que gozaba de buena visión, y dientes pequeños, indicativo de que era herbívoro u omnívoro. Otros dos paquicefalosáuridos que vivieron en América del Norte al mismo tiempo que él, *Stygimoloch* y *Dracorex*, tenían la bóveda craneal más pequeña y cuernos más largos. Sin embargo, algunos expertos piensan que todos ellos representan diferentes etapas de crecimiento de la misma especie.

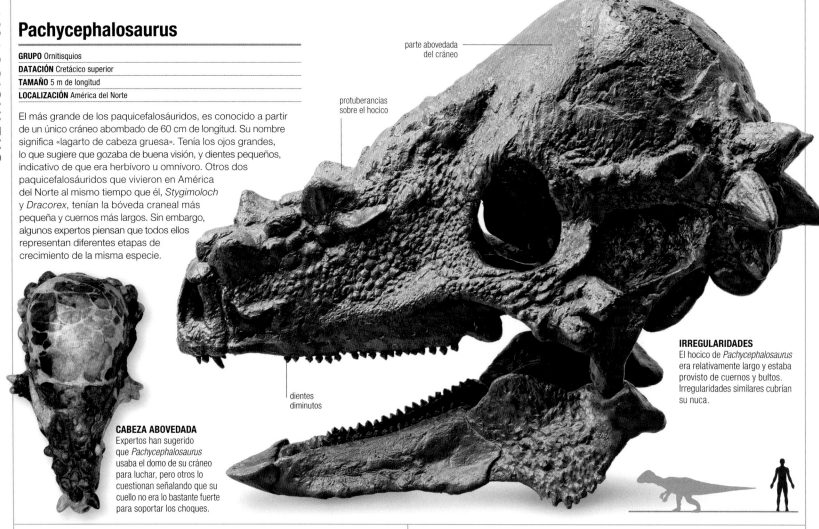

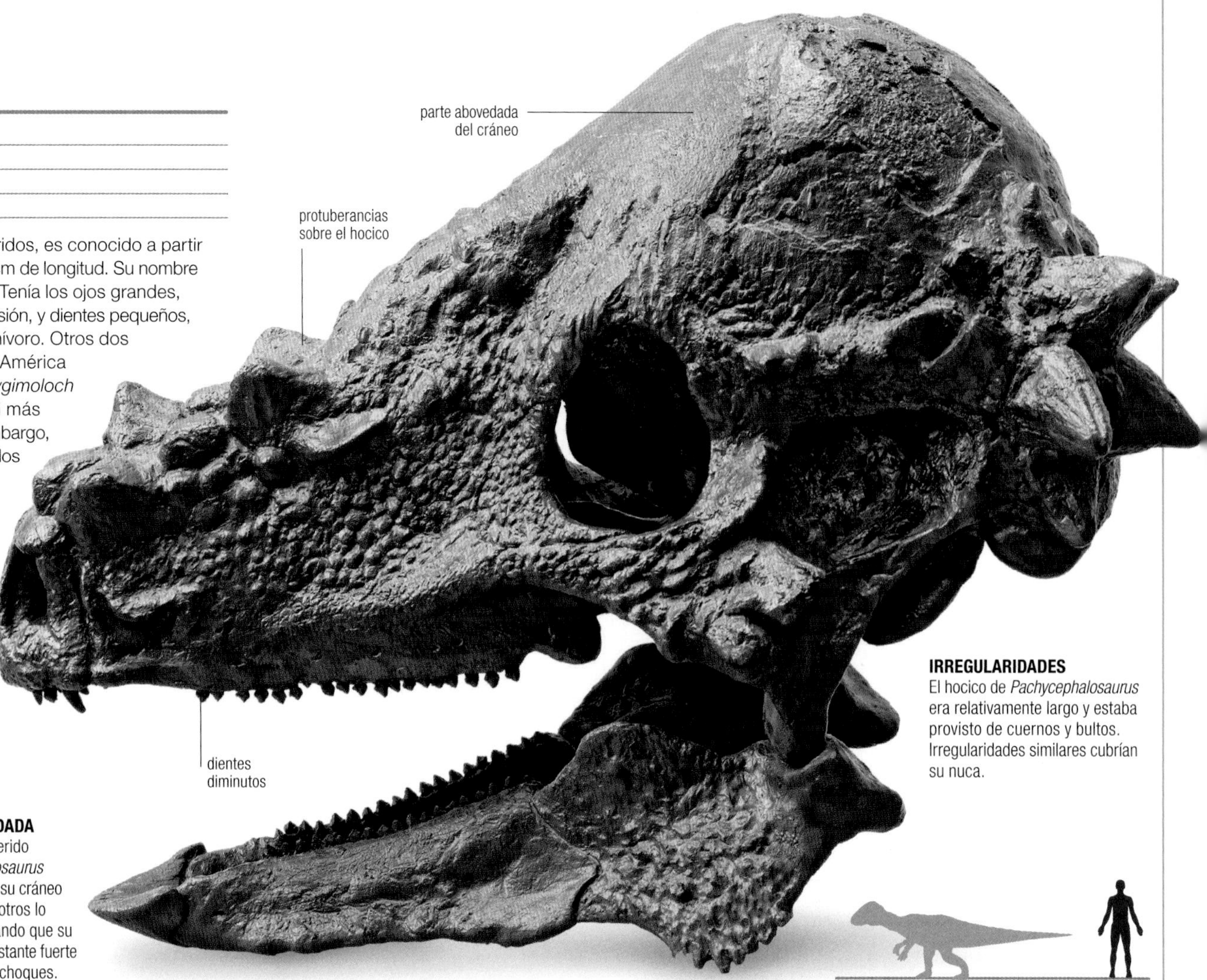
parte abovedada del cráneo
protuberancias sobre el hocico
dientes diminutos

IRREGULARIDADES
El hocico de *Pachycephalosaurus* era relativamente largo y estaba provisto de cuernos y bultos. Irregularidades similares cubrían su nuca.

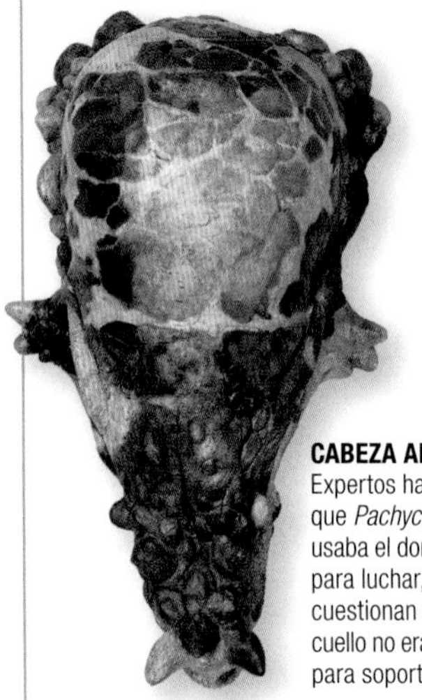

CABEZA ABOVEDADA
Expertos han sugerido que *Pachycephalosaurus* usaba el domo de su cráneo para luchar, pero otros lo cuestionan señalando que su cuello no era lo bastante fuerte para soportar los choques.

Stegoceras

GRUPO Ornitisquios
DATACIÓN Cretácico superior
TAMAÑO 2 m de longitud
LOCALIZACIÓN América del Norte

Es uno de los paquicefalosaurios mejor conocidos. Una prominente placa ósea decorada con nódulos y púas óseos se proyectaba desde la cima de su cráneo abombado (*Stegoceras* significa «cuerno techado»). Tenía el rostro corto y el hocico estrecho, pero las mejillas salientes. El uso más probable de sus dientes pequeños y toscamente serrados sería la masticación y la trituración de hojas. Dos especies consideradas en el pasado *Stegoceras* han sido asignadas recientemente a géneros diferentes. *Colepiocephale* carecía de la placa ósea, igual que *Hanssuesia*, que además tenía los bordes del domo craneano más amplios y planos.

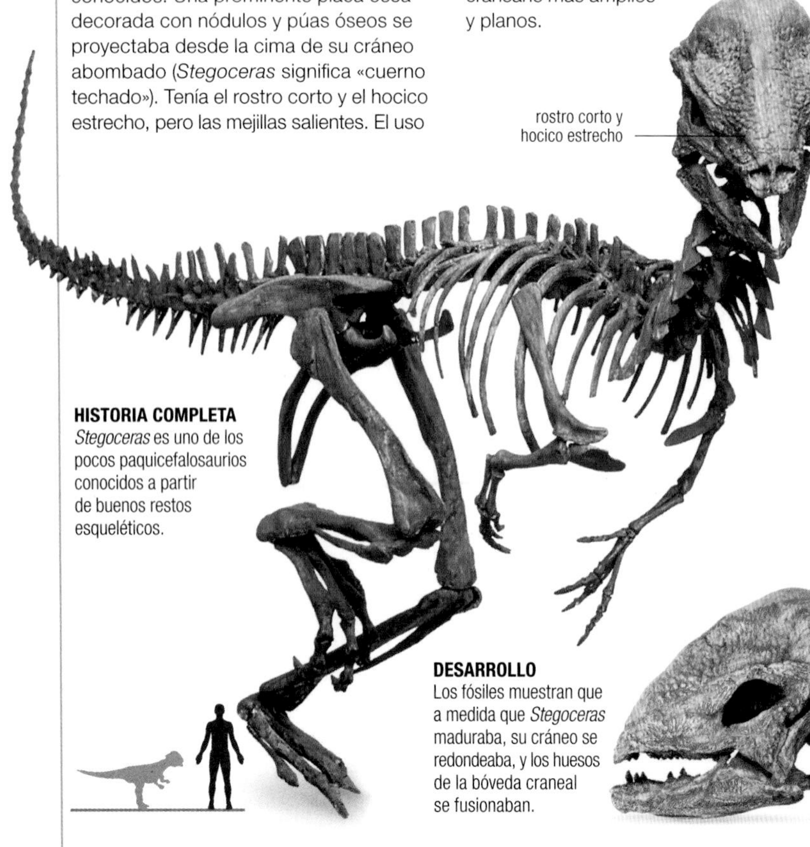
rostro corto y hocico estrecho

HISTORIA COMPLETA
Stegoceras es uno de los pocos paquicefalosaurios conocidos a partir de buenos restos esqueléticos.

DESARROLLO
Los fósiles muestran que a medida que *Stegoceras* maduraba, su cráneo se redondeaba, y los huesos de la bóveda craneal se fusionaban.

Confuciusornis

GRUPO Terópodos
DATACIÓN Cretácico inferior
TAMAÑO 30 cm de longitud
LOCALIZACIÓN China

Confuciusornis, el «ave de Confucio», es una de las aves del Mesozoico más conocidas, de la que se han encontrado cientos de especímenes. En contraste con *Archaeopteryx* (p. 252) y otras aves más primitivas, era totalmente desdentada. También eran atípicas la barra ósea que tenía justo detrás de cada ojo y las excepcionalmente largas y corvas uñas del pulgar. Está ampliamente aceptado que cazaba animales acuáticos. La forma de su pico y de sus patas traseras se han comparado con las del martín pescador actual.

AMIGOS ALADOS
Muchos especímenes de *Confuciusornis* conservan aún las plumas. Esta ave poseía largas plumas de vuelo, y es posible que las dos largas plumas de la cola, similares a cintas, estuvieran presentes solo en un sexo.

plumas caudales largas

Iberomesornis

GRUPO Terópodos
DATACIÓN Cretácico inferior
TAMAÑO 15 cm de longitud
LOCALIZACIÓN España

Descrita originalmente a partir de un único esqueleto sin cráneo, *Iberomesornis* fue una pequeña ave cretácica del tamaño de un gorrión actual. Es uno de los miembros más primitivos del grupo de aves del Cretácico conocido como enantiornites, o «aves opuestas». Estaban tan cercanas a las aves modernas como a las especies primitivas, ya que tenían cola corta y huesos pectorales grandes, pero tenían dientes, al igual que *Archaeopteryx* (p. 252).

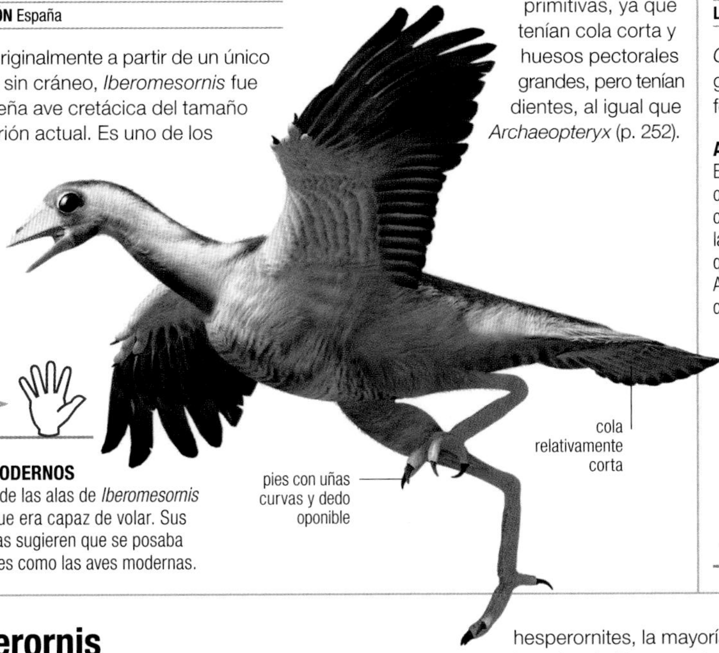
cola relativamente corta
pies con uñas curvas y dedo oponible

RASGOS MODERNOS
Los huesos de las alas de *Iberomesornis* muestran que era capaz de volar. Sus garras corvas sugieren que se posaba en los árboles como las aves modernas.

Gansus

GRUPO Terópodos
DATACIÓN Cretácico inferior
TAMAÑO 20 cm de longitud
LOCALIZACIÓN China

Gansus fue un ave buceadora anfibia con grandes pies. Las improntas epiteliales fosilizadas muestran que estos pies eran palmeados hasta la punta de los dedos, por lo que su capacidad de inmersión sería similar a la de los actuales somormujos y zampullines. Por desgracia, no se dispone de su cráneo, y su conducta alimentaria es un misterio. Aunque no tiene parientes cercanos, sus rasgos sugieren que fue un miembro temprano de los ornituros, un grupo que incluye a formas del Cretácico superior y a todas las aves modernas.

AVE BUCEADORA
Este fósil, descubierto junto a otros en China en 2006, muestra claramente los largos huesos de las alas de *Gansus*, lo que indica que era un volador poderoso. Antes de este hallazgo solo se conocía un espécimen.

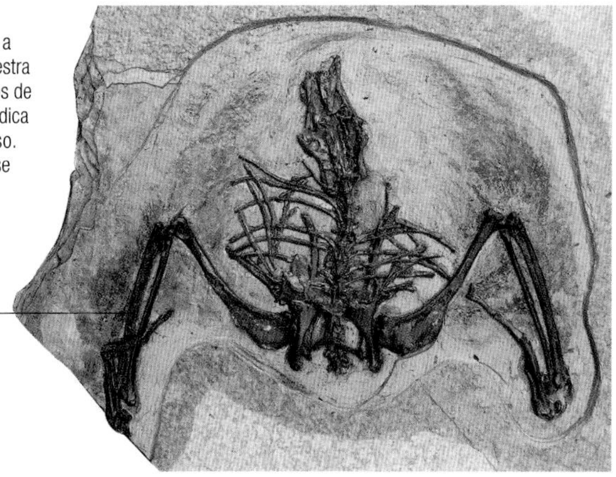
largos huesos alares

Hesperornis

GRUPO Terópodos
DATACIÓN Cretácico superior
TAMAÑO 1 m de longitud
LOCALIZACIÓN América del Norte

Hesperornis («ave del oeste») era una gran ave marina no voladora, con alas diminutas, pies enormes y pico con dientes. Nombrada en la década de 1870, es el miembro mejor conocido del grupo llamado hesperornites, la mayoría de los cuales eran incapaces de volar. Las alas de *Hesperornis* eran tan pequeñas que las manos, e incluso los antebrazos, estaban ausentes y solo quedaba un pequeño húmero. Las patas aparecían dispuestas muy atrás, como en las aves subacuáticas modernas. Los dedos de los pies eran largos y podían unirse con fuerza cuando el ave recogía las patas hacia atrás para sumergirse. Improntas epiteliales conservadas en un espécimen muestran que no eran palmeados, sino que tenían grandes lóbulos carnosos que sobresalían por los lados.

ANIMAL ACUÁTICO
Hesperornis se alimentaba probablemente en el agua. Tenía pequeños dientes cónicos en su largo pico puntiagudo, idóneo para capturar peces.

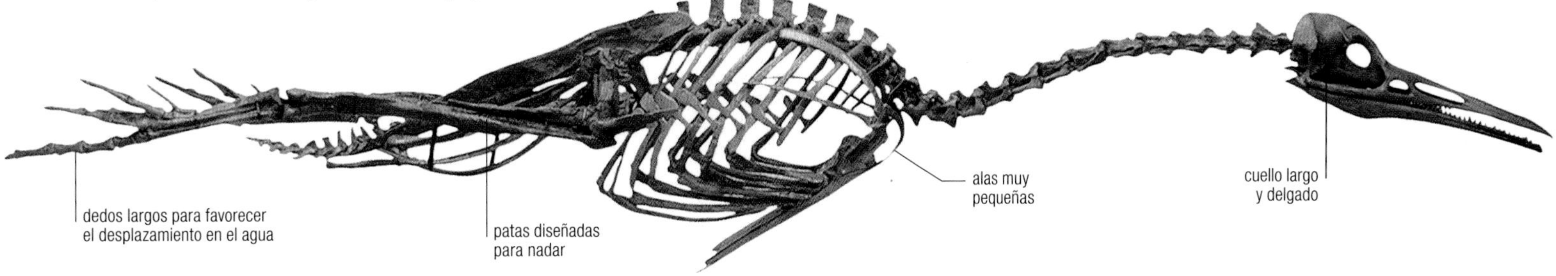
dedos largos para favorecer el desplazamiento en el agua
patas diseñadas para nadar
alas muy pequeñas
cuello largo y delgado

Ichthyornis

GRUPO Terópodos
DATACIÓN Cretácico superior
TAMAÑO 30 cm de longitud
LOCALIZACIÓN EE UU

Ichthyornis («ave pez») es una de las aves fósiles más famosas. Cuando fue descrita en 1872, era una del puñado de aves del Mesozoico que parecían tender un puente entre *Archaeopteryx* y las aves modernas. Hoy se conocen muchas más aves mesozoicas. La investigación ha mostrado que está más estrechamente emparentada con las aves actuales que con grupos más antiguos, como las enantiornites. Sin embargo, a diferencia de las aves actuales, tenía unos dientes pequeños, homogéneos y muy curvados, perfectamente diseñados para atrapar presas pequeñas y resbaladizas, como los peces.

pico afilado con dientes
dedos palmeados para nadar

RASGOS DE GAVIOTA
Es probable que *Ichthyornis* se pareciera mucho a la gaviota moderna. Muchos de sus fósiles se han hallado en rocas de entornos marinos.

Vegavis

GRUPO Terópodos
DATACIÓN Cretácico superior
TAMAÑO 30 cm de longitud
LOCALIZACIÓN Antártida

Descubierta en 1992 en la isla Vega (Antártida occidental), *Vegavis* está emparentada con *Presbyornis*, ave acuática fósil del Paleoceno y el Eoceno norteamericanos, y forma parte del grupo anseriforme de las anátidas, que incluye a los patos, gansos y cisnes modernos. Su descubrimiento resultó muy significativo pues demuestra que las aves acuáticas –las llamadas anseriformes– vivieron durante el Cretácico superior. Sus parientes más cercanos, las aves gallináceas o galliformes, debieron de existir también en esa época, junto con grupos aviares modernos todavía más antiguos, como los paleognatos, que incluyen al avestruz.

ESLABÓN PERDIDO
Vegavis pudo tener el aspecto de un pato zanquilargo. Su cráneo no se conoce pero, como otros anseriformes, es posible que tuviese pico de pato.

Vincelestes

GRUPO Mamíferos primitivos
DATACIÓN Cretácico inferior
TAMAÑO 30 cm de longitud
LOCALIZACIÓN Argentina

Comparado con otros mamíferos mesozoicos, se conoce a partir de excelentes fósiles. De nueve especímenes, seis incluyen el cráneo. Estos muestran que poseía caninos grandes y robustos, y pocos premolares y molares. Su hocico era corto y profundo. Estos rasgos sugieren que era un depredador, tal vez de mamíferos más pequeños, así como de reptiles e insectos grandes. Era un animal grande comparado con la mayoría de los mamíferos del Mesozoico, y su longitud se veía incrementada por una cola muy larga.

Repenomamus

GRUPO Mamíferos primitivos
DATACIÓN Cretácico inferior
TAMAÑO 1 m de longitud
LOCALIZACIÓN China

Repenomamus («mamífero reptil») es uno de los mamíferos más famosos del Mesozoico, un auténtico gigante en un tiempo en que casi todos los mamíferos tenían el tamaño de un ratón o una musaraña. La especie *R. giganticus* tenía un cráneo de 16 cm de largo y alrededor de 1 m de longitud total. Sus mandíbulas eran de constitución bastante robusta, y seguramente fue un depredador de animales más pequeños, incluidas crías de dinosaurio.

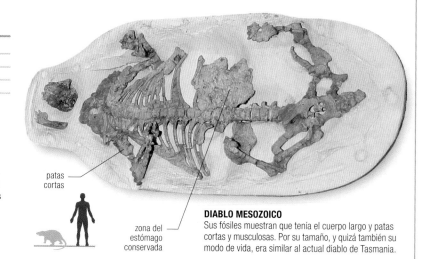

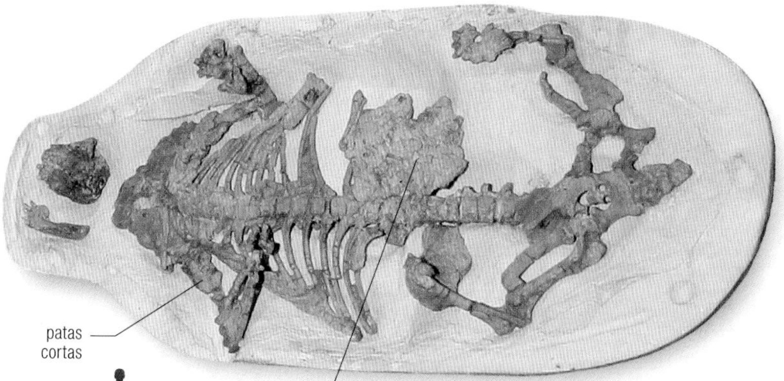
patas cortas
zona del estómago conservada

DIABLO MESOZOICO
Sus fósiles muestran que tenía el cuerpo largo y patas cortas y musculosas. Por su tamaño, y quizá también su modo de vida, era similar al actual diablo de Tasmania.

Volaticotherium

GRUPO Mamíferos primitivos
DATACIÓN Del Jurásico medio al Cretácico inferior
TAMAÑO 20 cm de longitud
LOCALIZACIÓN China

En el pasado se pensaba que todos los mamíferos mesozoicos eran animales pequeños y rápidos como ardillas. Nuevos descubrimientos han revelado que eran más variados de lo que se creía. *Volaticotherium* es especialmente sorprendente porque era claramente un mamífero planeador. Entre su cuerpo y sus largas patas se extendían unas membranas de piel, y la forma de los huesos de los dedos de manos y pies, así como las grandes garras, indican que fue un buen trepador. Es probable que fuera insectívoro.

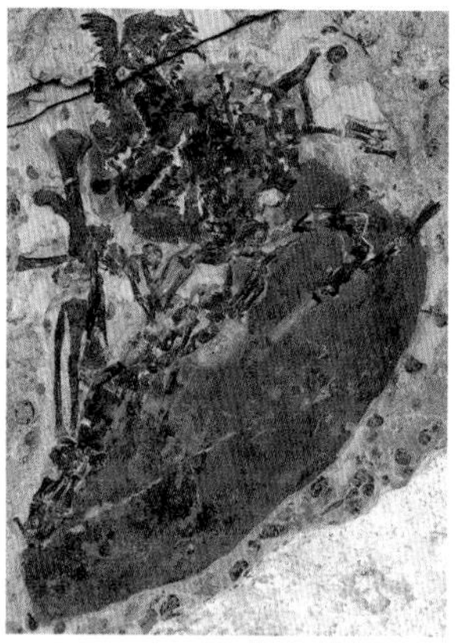

PLANEADOR
Las membranas de piel conservadas en este *Volaticotherium* fósil sugieren que pudo parecerse a una ardilla voladora actual.

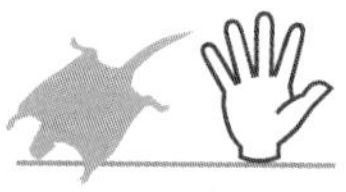

ANATOMÍA
MEMBRANAS DE VUELO

Las ardillas voladoras trepan a los árboles en busca de insectos y luego extienden las patas para desplegar las membranas entre estas y planear de un árbol a otro. Igual que ellas, es probable que *Volaticotherium* tuviera músculos en el interior de las membranas, que facilitarían el control del planeo y le permitirían plegarlas.

Nemegtbaatar

GRUPO Mamíferos multituberculados
DATACIÓN Cretácico superior
TAMAÑO 10 cm de longitud
LOCALIZACIÓN Mongolia

Nemegtbaatar es miembro de un importante grupo de mamíferos cretácicos llamados multituberculados. La mayoría de estos eran de tamaño similar a los ratones y ratas actuales, pero algunos llegaban a ser como castores. Parecen haber sido sobre todo herbívoros, y es probable que vivieran como roedores, aunque no tienen parentesco cercano con estos ni con ningún otro grupo de mamíferos placentarios. *Nemegtbaatar* es uno de los muchos multituberculados nombrados desde 1970. Sus incisivos frontales eran grandes y protuberantes, y no tenía caninos; sus molares estaban separados de los incisivos por un pequeño hueco. Tenía el cráneo profundo y un hocico muy amplio y con los huesos recorridos por pequeños hoyos que alojaban vasos sanguíneos. Este aflujo de sangre abastecería a una glándula o área de piel sensitiva sobre el cráneo, cuya función se desconoce.

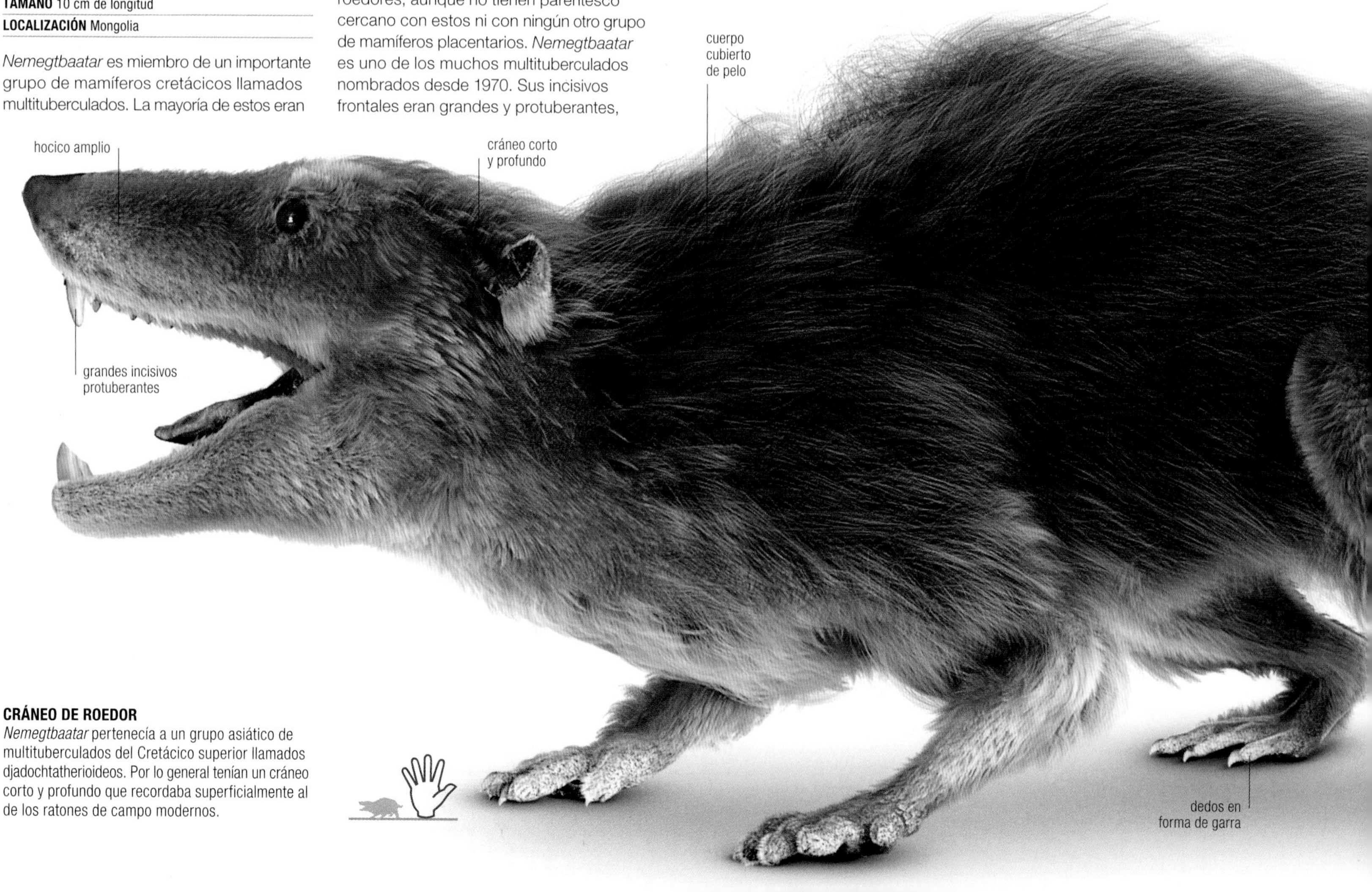
cuerpo cubierto de pelo
hocico amplio
cráneo corto y profundo
grandes incisivos protuberantes
dedos en forma de garra

CRÁNEO DE ROEDOR
Nemegtbaatar pertenecía a un grupo asiático de multituberculados del Cretácico superior llamados djadochtatherioideos. Por lo general tenían un cráneo corto y profundo que recordaba superficialmente al de los ratones de campo modernos.

Teinolophos

GRUPO Monotremas
DATACIÓN Cretácico inferior
TAMAÑO 10 cm de longitud
LOCALIZACIÓN Australia

Teinolophos es un mamífero mesozoico poco conocido, ya que actualmente solo se dispone de unos pocos maxilares inferiores parciales. Varios de sus rasgos demuestran que era un monotrema. Los únicos monotremas (a veces llamados mamíferos ovíparos) vivientes son el ornitorrinco y los equidnas, y solo habitan en Australasia. Al principio se pensó que *Teinolophos* era un monotrema primitivo, pariente lejano de los actuales. Pero un trabajo publicado en 2008 demostró que poseía varios rasgos exclusivos del ornitorrinco, y no de los equidnas.

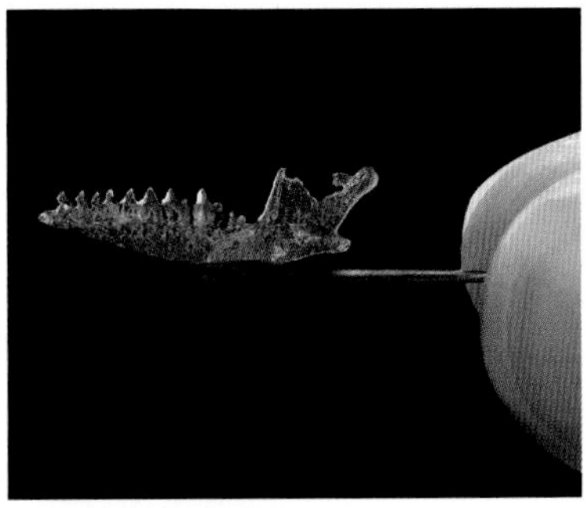

MANDÍBULA DISTINTIVA
La mandíbula de *Teinolophos* comparte muchos rasgos con la del ornitorrinco actual, entre ellos un canal muy largo dentro del maxilar inferior.

PARIENTE VIVO
ORNITORRINCO

Teinolophos era similar en varios aspectos a su pariente, el ornitorrinco australiano. Este es un depredador acuático que rebusca en el fondo de arroyos y estanques crustáceos y otras presas, que localiza por medio de unas células sensoriales especializadas de la gruesa piel carnosa de su pico, suave y sensitivo.

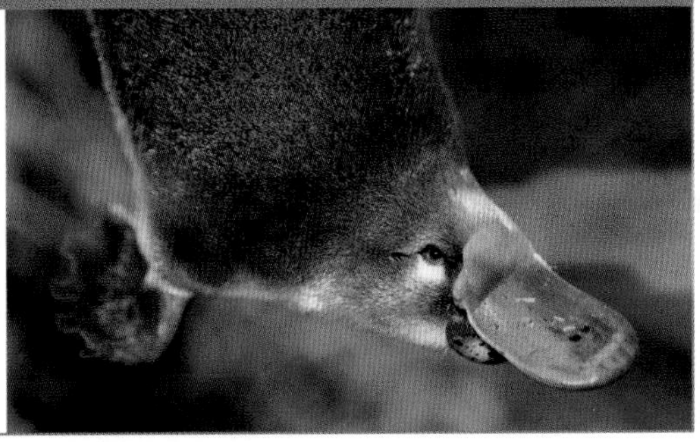

Sinodelphys

GRUPO Euterios
DATACIÓN Cretácico inferior
TAMAÑO 15 cm de longitud
LOCALIZACIÓN China

Sinodelphys, animal pequeño semejante a la actual zarigüeya, tenía el morro fino y las mandíbulas delicadas, y los huesos de las extremidades indican que era buen trepador. Descubierto en la formación Yixian de Jehol, en China, se ha conservado en los fósiles pelo del cuerpo y de las patas. Durante muchos años se pensó que era uno de los primeros y más antiguos metaterios –clado que incluye a los marsupiales y todos sus parientes fósiles–, y su edad, similar a la del euterio primitivo *Eomaia* (abajo), se creyó un indicio de que la separación de los mamíferos placentarios y marsupiales tuvo lugar en Asia durante el Cretácico inferior. El hallazgo de *Ambolestes* (abajo) replanteó la clasificación, y hoy se cree que *Sinodelphys* guarda un parentesco más estrecho con los placentarios que con los marsupiales.

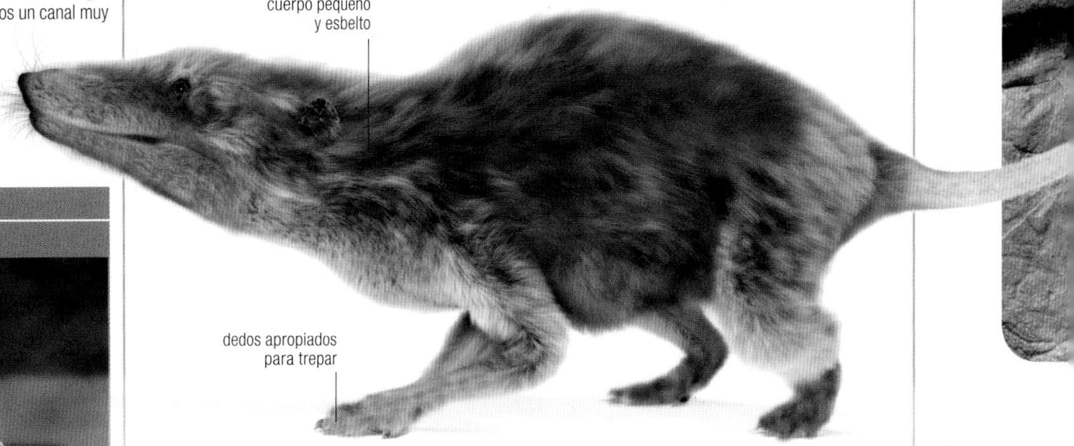
cuerpo pequeño y esbelto
dedos apropiados para trepar

MUÑECAS FLEXIBLES
Los huesos de la muñeca de *Sinodelphys* muestran que era capaz de rotar los dedos hacia atrás cuando descendía de los árboles con la cabeza por delante.

capa de pelaje tupido
dedos en forma de garra

CAPA DE PELAJE
Eomaia se conoce por un único y notable fósil que muestra detalles raramente conservados, como las orejas y una capa de denso pelaje.

Eomaia

GRUPO Euterios
DATACIÓN Cretácico inferior
TAMAÑO 20 cm de longitud
LOCALIZACIÓN China

Eomaia es uno de los miembros más primitivos de los llamados euterios, el grupo de mamíferos que comprende a los placentarios modernos y a sus parientes fósiles. Su nombre («madre matutina») refleja su posición crucial dentro de nuestro propio árbol genealógico. Procede de la formación Yixian, en Liaoning (China). Como en otros fósiles de este lugar, se ha conservado el perfil de su cuerpo. Los huesos están rodeados por una capa de pelaje denso, y su cola está cubierta de pelos cortos. Manos y pies son similares a los de mamíferos trepadores actuales, como zarigüeyas y lirones, por lo que se cree que trepaba a matorrales y árboles. Las puntas o cúspides largas y afiladas de sus dientes indican que fue un depredador de insectos y otros animales pequeños.

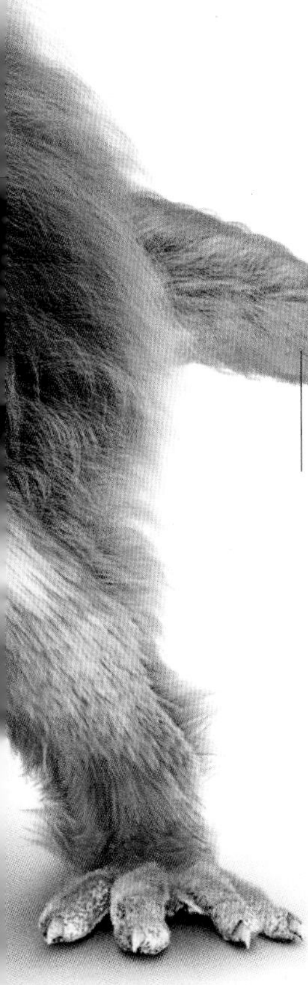
cola relativamente larga

Ambolestes

GRUPO Euterios
DATACIÓN Cretácico inferior
TAMAÑO 25 cm de longitud
LOCALIZACIÓN China

Ambolestes, uno de los miembros más antiguos conocidos de los euterios, era del tamaño de una ardilla actual, y también buen trepador. Los dientes indican una dieta probablemente insectívora. Los detalles anatómicos de *Ambolestes* han permitido a los científicos revisar el árbol evolutivo de los antiguos euterios. Su incorporación muestra que *Sinodelphys* (arriba) podría estar más estrechamente emparentado con los mamíferos placentarios que con los marsupiales, y que la separación de unos y otros en el Cretácico inferior tuvo lugar en América del Norte, y no en Asia como se había propuesto.

BIEN CONSERVADO
El fósil hallado en China es muy completo, con el hioides –el hueso en la base de la lengua– intacto y pelo conservado en torno al cuerpo y las patas.

Zalambdalestes

GRUPO Euterios
DATACIÓN Cretácico superior
TAMAÑO 20 cm de longitud
LOCALIZACIÓN Mongolia

Este mamífero cretácico es conocido por su hocico largo y estrecho y por sus esbeltas y largas patas traseras. Los incisivos, en la punta de la mandíbula, eran largos y crecían durante toda su vida, como los de los roedores actuales. Los dientes anteriores quedaban separados de los posteriores por un espacio. Los dientes largos y puntiagudos indican que la dieta de *Zalambdalestes* se componía de insectos y tal vez semillas. Las patas traseras largas y las delanteras más cortas sugieren que pudo desplazarse como un jerbo.

ASPECTO DE ROEDOR
El hocico estrecho y respingón y la larga cola daban a *Zalambdalestes* aspecto de roedor, aunque no era pariente de estos animales.

PALEÓGENO

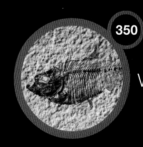

Paleógeno

Tras las grandes extinciones del final del Cretácico surgieron nuevas formas de vida. Los mamíferos, insignificantes antes en relación con los dinosaurios, lograron explotar los nichos vacantes. Tras un intervalo de calentamiento global, la Tierra entró en un largo período de enfriamiento que llegaría hasta las glaciaciones del Cuaternario. Las plantas herbáceas, capaces de afrontar condiciones más frías, evolucionaron y se expandieron.

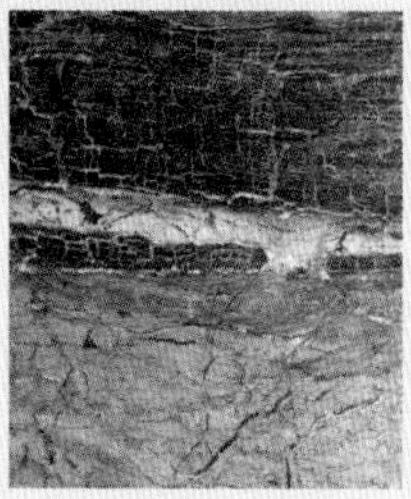

LÍMITE CRETÁCICO-PALEÓGENO
Una delgada banda de rocas que contienen iridio marca el límite Cretácico-Paleógeno tanto en EE UU (arriba) como en Canadá (dcha.). Se ha sugerido que ello es debido a la colisión de un meteorito con la Tierra en esa época.

Océanos y continentes

Durante el Paleógeno, la geografía terrestre empezó a adoptar una forma más familiar a medida que Gondwana proseguía su ruptura. Nuevos océanos ocuparon los espacios entre continentes y se establecieron las corrientes oceánicas. América del Sur y África se separaron más, abriendo el Atlántico Sur. El Atlántico Norte también se expandió, y la antecesora de la corriente del Golfo empezó a adquirir fuerza. En el occidente de América del Norte se formaban las Montañas Rocosas; el Himalaya se plegaba y la meseta del Tíbet iba elevándose a medida que India continuaba introduciéndose en la placa eurasiática. La Antártida siguió unida al extremo meridional de América del Sur hasta el Eoceno superior, cuando finalmente se separó y se estableció la corriente circumpolar antártica. En el Paleógeno inferior, Australia había empezado a separarse de la Antártida y se desplazaba hacia el norte, abriendo el océano Antártico. Al moverse África en la misma dirección, el mar de Tetis empezó a contraerse, elevando los Alpes. A medida que los continentes se separaban, masas terrestres como América del Sur, Australia y Nueva Zelanda quedaron aisladas, lo que permitió que su fauna y flora se desarrollaran de forma independiente. En el oeste de Rusia, grandes pasos marinos como el estrecho de Turgai, que se extendía al norte del mar Caspio hasta el Ártico y separaba Europa de Asia, confinaron también a algunas poblaciones animales en áreas concretas. La vida marina, devastada por la extinción masiva del final del Cretácico, se recuperó lentamente y se hizo más abundante hacia finales del Paleoceno. Para el Paleógeno medio, los mamíferos habían llegado a los océanos bajo la forma de cetáceos.

MONTAÑAS ROCOSAS
Como resultado de las colisiones entre placas tectónicas emergieron nuevas cordilleras. Las Rocosas de América del Norte fueron el resultado de uno de estos episodios de creación de montañas.

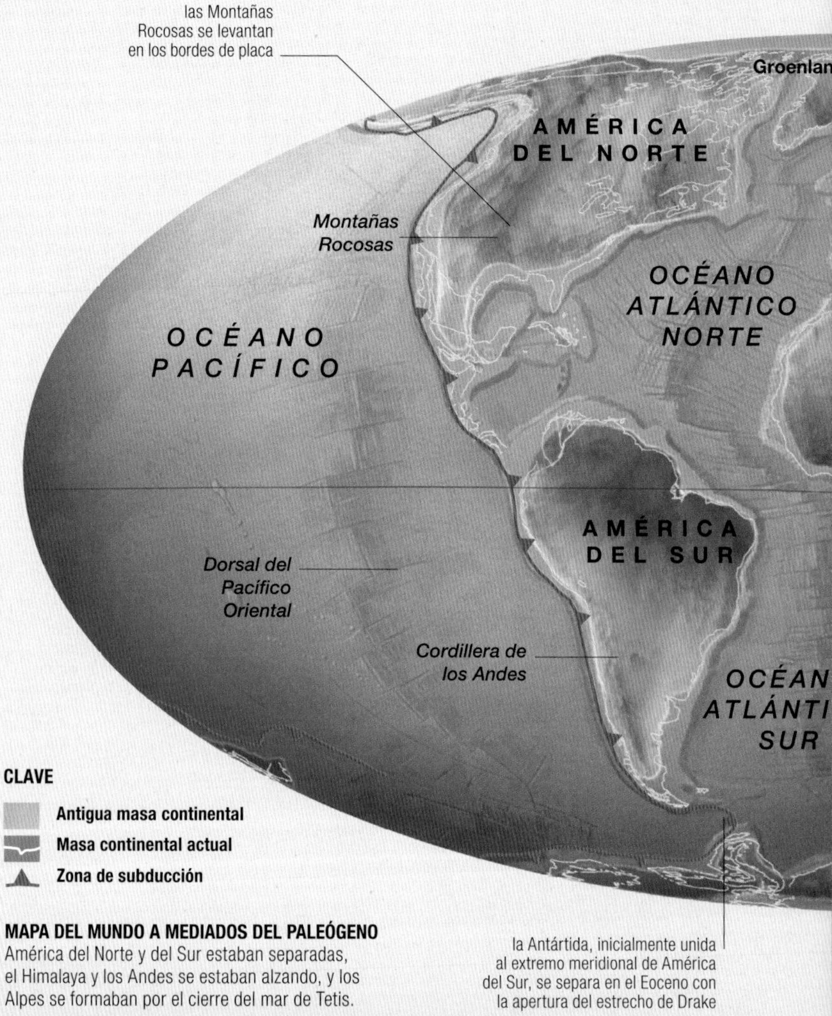
las Montañas Rocosas se levantan en los bordes de placa
Groenlan
AMÉRICA DEL NORTE
Montañas Rocosas
OCÉANO ATLÁNTICO NORTE
OCÉANO PACÍFICO
AMÉRICA DEL SUR
Dorsal del Pacífico Oriental
Cordillera de los Andes
OCÉAN ATLÁNTI SUR
CLAVE
Antigua masa continental
Masa continental actual
Zona de subducción
la Antártida, inicialmente unida al extremo meridional de América del Sur, se separa en el Eoceno con la apertura del estrecho de Drake

MAPA DEL MUNDO A MEDIADOS DEL PALEÓGENO
América del Norte y del Sur estaban separadas, el Himalaya y los Andes se estaban alzando, y los Alpes se formaban por el cierre del mar de Tetis.

PALEOCENO | **EO**

MA 70 · 60 · 50

VIDA MICROSCÓPICA
- **50** Máxima diversidad de dinoflagelados y nanofósiles

PLANTAS
- **65–55** Predominio de coníferas, ginkgos en latitudes altas
- **55** Se diversifican las angiospermas, en especial *Nothofagus* en el hemisferio sur; primeras herbáceas

INVERTEBRADOS
- **65–55** Rápida diversificación de las hormigas
- **65** Primeros bivalvos psamobíidos
- **60** Primeros bivalvos semélidos
- **58** Primeros equinoideos clipeasteroideos
- **50** Aumenta la diversidad de bivalvos anomalodesmatas y heteroconchas

CHAMA

PLESIOLAMPAS

VERTEBRADOS
- **65–55** Rápida diversificación de los mamíferos
- **60** Diversificación de grandes aves no voladoras (izda); primeros primates; primeros desdentados (oso hormiguero/armadillo); primeros mamíferos carnívoros y lipotiflos (erizo/musaraña/topo); primeros búhos
- **55** Se diversifican grupos de aves modernas: primeros paserinos (aves canoras), papagayos, colimbos, vencejos, pájaros carpinteros; primer cetáceo (*Himalayacetus*); primeros roedores, mamíferos artiodáctilos y perisodáctilos, lagomorfos (conejos), armadillos, proboscídeos (elefantes) y sirenios (dugongos)
- **52** Primeros quirópteros (murciélagos)
- **50** Primeros brontoterios; primeros tapires; primeros rinocerontes; primeros camellos; se diversifican los primates

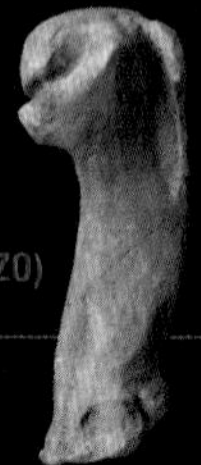

PACHYDYPTES (HUESO DEL BRAZO)

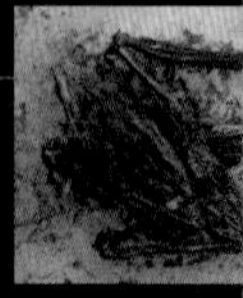

PALAEOCHIROPTERYX

MARES SUBTROPICALES
Durante el máximo térmico del Paleoceno-Eoceno (MTPE), un breve período de calentamiento climático extremo y generalizado, la temperatura superficial del mar era subtropical incluso en el océano Ártico.

India avanza hacia el norte contra la placa eurasiática, creando el Himalaya
Estrecho de Turgai
EUROPA
ASIA
Himalaya
Arabia
ÁFRICA
India
OCÉANO ÍNDICO
Australia
ANTÁRTIDA
Australia se desplaza hacia el norte

Clima

Durante los 40 MA del Paleógeno, la Tierra experimentó espectaculares cambios climáticos, con varios ciclos cálidos y fríos de unos 10 MA de duración. Tras un desplome de las temperaturas globales a finales del Cretácico, estas aumentaron de nuevo en el Paleógeno inferior para dispararse hace unos 55,4 MA. Durante un corto intervalo de entre 10 000 y 30 000 años, la temperatura de la superficie del mar en los trópicos subió unos 5 °C, mientras que en latitudes más altas aumentó unos 9 °C. El incremento de la temperatura fue acompañado por un aumento de la pluviosidad, con el resultado de que gran parte del mundo quedó cubierta por pluvisilvas. Estas condiciones se mantuvieron unos 170 000 años, hasta que las temperaturas bajaron bruscamente a niveles previos antes de iniciar una nueva escalada que duró algunos millones de años durante la parte final del Eoceno inferior. Después comenzó un período de enfriamiento que iba a desembocar en las grandes glaciaciones del hemisferio norte unos 50 MA más tarde. Este descenso fue lento y gradual, hasta que en el límite Eoceno-Oligoceno, la temperatura media anual cayó más de 8 °C en tan solo 400 000 años: las medias anuales pasaron de unos 20 °C a apenas 12 °C. El descenso de la temperatura de los mares fue menor, tal vez de 2 o 3 °C. A medida que el clima se enfriaba, se fue haciendo también más seco.

CASQUETE GLACIAR ANTÁRTICO
Hacia el final del Paleógeno, gran parte de la Antártida estaba cubierta por un casquete de hielo. El descenso térmico del final del Eoceno marcó en la Tierra la transición de un mundo de invernadero a un mundo helado.

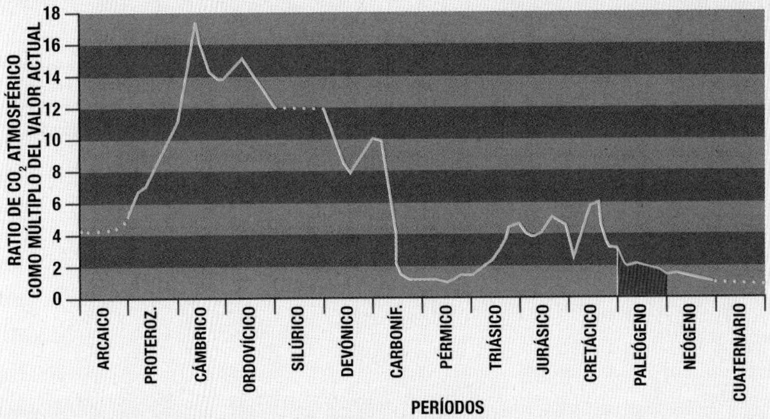
RATIO DE CO_2 ATMOSFÉRICO COMO MÚLTIPLO DEL VALOR ACTUAL
0
2
4
6
8
10
12
14
16
18
ARCAICO
PROTEROZ.
CÁMBRICO
ORDOVÍCICO
SILÚRICO
DEVÓNICO
CARBONÍF.
PÉRMICO
TRIÁSICO
JURÁSICO
CRETÁCICO
PALEÓGENO
NEÓGENO
CUATERNARIO
PERÍODOS

NIVELES DE DIÓXIDO DE CARBONO
Los niveles de dióxido de carbono bajaron gradualmente a lo largo del Paleógeno, a la vez que subían las temperaturas. Este súbito calentamiento global pudo ser el resultado de la liberación de metano desde las profundidades marinas.

NO | OLIGOCENO

40 | 30 | 20 | MA

VIDA MICROSCÓPICA
- 40 Máxima diversidad de foraminíferos planctónicos (izda.)
- 35 Mayor diversidad de ostrácodos y foraminíferos resistentes al frío

NUMMULITES

PLANTAS
- 35 Comienza la expansión de los ecosistemas herbáceos
- 30 Primeros eucaliptos en Australia

INVERTEBRADOS
- 40 Aparición de las mariposas diurnas y nocturnas modernas
- 35 Grandes extinciones de gasterópodos
- 30 Primeros balánidos (bellotas de mar)

VELATES

VERTEBRADOS
- 45 Primeros mamíferos embritópodos (extintos, similares al rinoceronte)
- 40 Diversificación principal de los perisodáctilos
- 35 Grandes extinciones de reptiles y anfibios; se diversifican odontocetos y misticetos (ballenas); aparecen muchos grupos de mamíferos modernos: gliptodóntidos, perezosos terrestres, cánidos; primeros pecaríes; primeras águilas y halcones
- 30 Primeros suidos; primeros félidos
- 25 Primeros cérvidos

PALEÓGENO
PLANTAS

La extinción masiva de finales del Cretácico tuvo un impacto menos dramático en las plantas que en otros organismos: la mayoría de ellas sobrevivieron y algunas siguieron diversificándose. Los cambios climáticos posteriores y la evolución de nuevos animales tuvieron consecuencias mayores para el mundo vegetal.

La rápida evolución de distintos animales terrestres durante el Paleógeno (pp. 346, 350) contribuyó al desarrollo de ecosistemas mucho más similares a los actuales que los del Cretácico.

Bosques tropicales

Un rasgo importante de la vegetación del Paleógeno fue el desarrollo de bosques cerrados compuestos por grandes angiospermas. Hay muy pocas evidencias de este tipo de comunidades en el Cretácico. En el Eoceno, climas muy cálidos con pluviosidad abundante propiciaron el desarrollo extensivo de la pluvisilva, no solo en las regiones ecuatoriales, sino tan al norte como el sur de Inglaterra, donde la flora eocena de las arcillas de la cuenca de Londres contiene frutos y semillas de mangles y muchas otras plantas características hoy del sureste tropical de Asia. Las floras eocenas de edad similar de otras partes del mundo contienen a menudo una alta proporción de hojas grandes, típicas de la vegetación tropical actual. En la cima del clima cálido eoceno, también crecían árboles muy cerca del polo Norte, muy por encima de las latitudes a las que crecen bosques hoy.

PLUVISILVA TROPICAL MODERNA
Los bosques lluviosos tropicales no se extendieron hasta el Paleógeno. Los componían muchos grupos de plantas propios de la vegetación tropical actual.

PLANTAS CON FLORES
La familia de las leguminosas (fabáceas), ilustrada aquí por el género *Robinia*, figura entre las muchas plantas con flores que aparecieron en el Paleógeno.

Coevolución con los animales

Durante el Eoceno se da una mayor evidencia de coevolución entre las angiospermas y los nuevos grupos de vertebrados e insectos que proliferaron tras el límite Cretácico-Paleógeno. Importantes insectos polinizadores, como abejas y mariposas, se hicieron más comunes en el Paleógeno, y algunas flores fósiles del Eoceno muestran especializaciones para la polinización por insectos, como la presencia de glándulas oleosas y flores con simetría bilateral. El tamaño medio de los frutos y semillas de las angiospermas también aumentó en las floras paleógenas, reflejando una mayor dependencia de mamíferos y aves para su dispersión.

GRUPOS

Es probable que muchos de los linajes importantes de angiospermas vivientes, así como de otros grupos de plantas, empezaran a diferenciarse en el Paleógeno. Gran parte de esas plantas paleógenas eran similares a las actuales. También se dieron indicios tempranos de asociación ecológica entre distintos grupos de plantas vivas que han perdurado hasta hoy.

HELECHOS
El desarrollo de los tipos de bosque modernos proporcionó nuevas oportunidades en los hábitats de sotobosque, rápidamente aprovechadas por la explosiva evolución de varios grupos de helechos. Muchos de estos, así como algunas licofitas, también prosperaron como epifitos en los hábitats de dosel creados en los nuevos bosques.

CONÍFERAS
Los cipreses calvos y sus parientes fueron importantes en la flora paleógena. La secuoya del alba y otras coníferas prosperaron en los climas fríos cercanos al polo Norte. Las plantas fósiles conservadas en antiguos lagos de montaña revelan que la diferenciación de los pinos modernos estaba ya en marcha en el Paleógeno.

MONOCOTILEDÓNEAS
El registro fósil de monocotiledóneas aumenta espectacularmente durante el Paleógeno. Muchos grupos modernos aparecen por vez primera en el Eoceno, entre ellos gramíneas, ciperáceas y pastos de agua. Fueron especialmente comunes las monocotiledóneas propias de hábitats acuáticos y bajos.

EUDICOTILEDÓNEAS
En el Paleógeno prosiguió la diversificación de eudicotiledóneas establecidas en el Cretácico y aparecieron muchas otras. La diversificación de grupos de angiospermas leñosas, así como la modernización de su biología de polinización y dispersión, es un rasgo particular del Paleógeno.

Lygodium

GRUPO Helechos
DATACIÓN Del Cretácico (posiblemente Triásico) a la actualidad
TAMAÑO Foliolo estéril: hasta 11 cm de longitud
LOCALIZACIÓN Europa, América del Norte, América del Sur, China, Australia

Lygodium comprende unas 40 especies de helechos, caracterizados por tener hojas que siguen creciendo hasta una longitud no determinada con esbeltos ejes retorcidos que les permiten trepar. Estas hojas trepadoras son únicas entre los helechos y, a primera vista, dan la falsa impresión de un tallo trepador frondoso. Las pínnulas (foliolos finales) pueden ser de contorno liso, dentado o lobulado regularmente, y tienen un fino nervio a lo largo del centro de cada lóbulo, que se divide en otros secundarios. Los foliolos fértiles también son atípicos, pues muestran segmentos foliares muy estrechos con sus cápsulas de esporas (esporóforos) en extensiones similares a conos. Son esos frondes estériles y fértiles los que permiten la identificación de *Lygodium* en el registro fósil. Las hojas de este género se remontan al Cretácico superior, mientras que las esporas similares a las suyas se conocen del Triásico en adelante. Hoy *Lygodium* crece en regiones tropicales y subtropicales de todo el mundo. Algunas especies son invasoras.

pínnula fértil productora de esporas

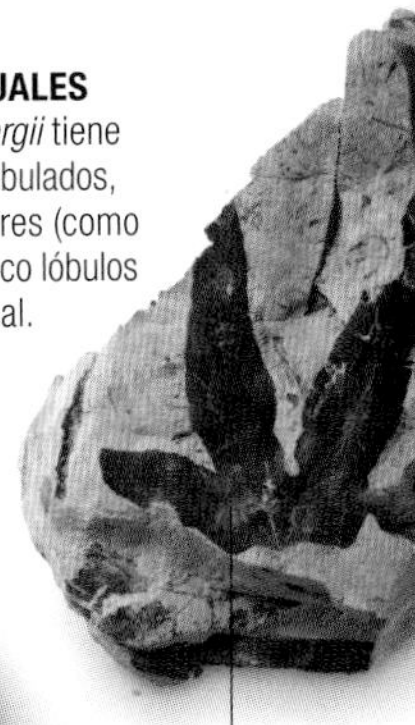
foliolo trilobulado

LÓBULOS DESIGUALES
Lygodium skottsbergii tiene foliolos estériles lobulados, normalmente con tres (como en la imagen) o cinco lóbulos de longitud desigual.

LYGODIUM SKOTTSBERGII
Este fósil del Paleógeno de Chile muestra la característica masa de ejes foliares fértiles ramificados con conos fructíferos en los extremos.

Osmunda

GRUPO Helechos
DATACIÓN Del Pérmico a la actualidad
TAMAÑO Hoja fértil de hasta 2 m de longitud
LOCALIZACIÓN Todo el mundo

Las osmundáceas aparecieron en ambos hemisferios en el Pérmico superior. La evolución de la familia fue rápida durante el Paleozoico superior y el Mesozoico inferior, dando lugar al registro fósil más prolongado de todos los helechos. Hay más de 150 especies extintas y numerosos géneros vivos, incluido *Osmunda*. Gran parte de la historia geológica de las osmundáceas se basa en troncos mineralizados. Estos tallos fósiles son muy similares a los de los miembros vivos de la familia. Algunas hojas fósiles fueron asignadas a géneros vivientes por ser casi idénticas a los frondes actuales, e incluso existen especímenes triásicos procedentes de la Antártida indistinguibles de la especie viva *Osmunda claytonensis*. El registro fósil muestra también que la familia ha producido frondes fértiles y estériles distintos aproximadamente desde el Jurásico.

fibra vascular
manto de raíces duras

OSMUNDA SP.
Las secciones petrificadas de troncos de *Osmunda*, como este espécimen, muestran que los tallos tenían abundantes fibras vasculares insertas en un tejido más blando y rodeado por un manto de bases foliares y raíces.

Metasequoia

GRUPO Coníferas
DATACIÓN Del Cretácico a la actualidad
TAMAÑO Hasta 40 m de altura
LOCALIZACIÓN Regiones septentrionales templadas

Los primeros registros de este género proceden del Cretácico, pero *Metasequoia* se convirtió en una de las coníferas más abundantes en el hemisferio norte durante el Paleógeno y el Neógeno inferior, cuando llegó a crecer tan al norte como el Canadá ártico. En América del Norte se han hallado grandes troncos y tocones petrificados de *Metasequoia*. Sus vástagos se reconocen fácilmente por los tallos que se ramifican simultáneamente a cada lado, las dos filas de hojas pareadas sobre el mismo plano y la estructura de los conos, si siguen unidos a los brotes. Como otras coníferas, posee conos masculinos productores de polen y femeninos productores de semillas. Diferenciar las especies de este género puede ser un problema, ya que muchas se basan en solo unos pocos especímenes fósiles. Hoy existen cuatro o cinco especies fósiles distinguibles de modo fiable a partir de la estructura de brotes y conos, o por sus plántulas. No se conocen fósiles de *Metasequoia* en el Neógeno superior, y se creía que se había extinguido hasta el hallazgo de plantas vivas en China (recuadro, abajo).

PARIENTE VIVO
SECUOYA DEL ALBA

Metasequoia glyptostroboides es, como el ginkgo, un fósil viviente. Sorprendentemente, no fue descubierta hasta 1944, cuando se halló en el oeste de China central, tres años después de haber sido nombrada como especie fósil. Es un árbol de crecimiento rápido que hoy se cultiva en regiones templadas de todo el mundo. Puede medir casi 2 m de diámetro y superar los 40 m de altura.

hojas pareadas opuestas
cono de semillas

hojas pareadas en lados opuestos del tallo
hoja acicular

METASEQUOIA OCCIDENTALIS
Este es el fósil más común y mejor conocido de follaje de *Metasequoia*, y la especie más similar a la viviente *Metasequoia glyptostroboides* (recuadro, izda.)

Picea

GRUPO Coníferas
DATACIÓN Del Paleógeno a la actualidad
TAMAÑO Hasta 90 m de altura
LOCALIZACIÓN América del Norte, Europa, Asia, Japón

Hoy existen unas 35 especies vivientes de píceas en las regiones septentrionales templadas y boreales. Son grandes árboles de hoja perenne con copas generalmente rematadas en punta y brotes que pueden identificarse por las estructuras leñosas de la base de las hojas. *Picea* presenta conos de semillas (piñas) cilíndricos y colgantes en las ramitas frondosas de sus ramas superiores. Hoy se halla en bosques de montaña y bosques subalpinos de América del Norte, Europa y Asia.

PICEA SP.
Las escamas de los conos, como este, son finas y con forma de abanico. Sus semillas aladas maduran y son liberadas en otoño.

PARIENTE VIVO
PINO DE COLORADO

Pinus aristata es un árbol de crecimiento lento, de 5 a 15 m de altura y a menudo retorcido, con tiras de corteza viva separadas por madera blanqueada por el sol. Crece en las montañas de Colorado, Nuevo México y Arizona (EE UU), donde puede alcanzar la edad de 2500 años.

Macginitea

GRUPO Angiospermas
DATACIÓN Eoceno
TAMAÑO Hojas de hasta 35 cm de longitud
LOCALIZACIÓN Oeste de América del Norte

Macginitea es un género extinto de plátano que ha sido reconstruido reuniendo distintas partes de plantas similares a *Platanus* que se hallaron juntas repetidamente en diversas localidades del oeste norteamericano. Las hojas eran grandes, con 5-7 lóbulos de disposición palmeada. Los árboles portaban masas globulares pedunculadas de flores masculinas o femeninas. Estaban adaptados a la colonización de zonas abiertas alteradas, en especial cerca del agua.

Podocarpus

GRUPO Coníferas
DATACIÓN Del Cretácico a la actualidad
TAMAÑO Hasta 45 m de altura
LOCALIZACIÓN América del Norte, Australia, Asia, América del Sur, África

Estas coníferas tenían hojas aciculares emparejadas en un mismo plano, más estrechas en la base y con el ápice redondeado. Los brotes fósiles de *Podocarpus* pueden distinguirse de los similares de *Taxodium*, *Taxites* y *Sequoia* por detalles anatómicos de la superficie de las hojas. Existen informes de granos de polen de *Podocarpus* desde el Cretácico norteamericano, pero hacia el Paleógeno el género estaba limitado a la zona de la cuenca del Misisipi. Se conocen brotes foliares del Paleógeno en Australasia, América del Sur y el sur de América del Norte. El probable lugar de origen del género fue Australasia, con una migración posterior a África del sur y a través del Pacífico de oeste a este. Actualmente existen unas cien especies vivas de *Podocarpus* en las regiones cálidas-templadas y subtropicales del hemisferio sur.

ápice de la hoja redondeado
base foliar estrecha
hoja acicular
disposición pareada de las hojas

PODOCARPUS INOPINATUS
Este brote del Paleógeno de Chile muestra las hojas pareadas de desarrollo espiral dispuestas en un mismo plano, de forma que todas se orientan hacia la luz.

Platanus

GRUPO Angiospermas
DATACIÓN Del Cretácico a la actualidad
TAMAÑO Árboles de hasta 42 m de altura
LOCALIZACIÓN Europa, Asia, América del Norte

Casi toda la información sobre la historia inicial de la familia de las platanáceas procede de hojas fósiles. Las más antiguas datan del Cretácico europeo y norteamericano, pero fueron mucho más comunes en el Paleógeno y Neógeno de Europa, Asia y América del Norte. Muchas hojas presentan patrones de nerviación y estructuras florales que las excluyen de *Platanus* y las remiten a otros géneros, como *Macginitea* (abajo, izda.). Las hojas de *Platanus* y plantas similares se distinguen por ser grandes, pecioladas y palmeadas, con cinco o más lóbulos. Los bordes del limbo pueden ser lisos o serrados cerca de las puntas. Cada lóbulo tiene un nervio central, que puede proceder de un punto común sobre el peciolo o de ramificaciones a corta distancia por encima de este, así como numerosos nervios secundarios y terciarios, aunque estos últimos son difíciles de ver. Los frutos tienen pelos para facilitar su dispersión por el viento. Los de plantas similares, como *Macginitea*, carecen de pelos.

nervio central del lóbulo
borde ligeramente serrado
nervio secundario

PLATANUS
Esta hoja pentalobulada tiene claros nervios centrales y secundarios. Las marcas en torno a los ápices de los lóbulos de este espécimen muestran dónde se eliminó el revestimiento pétreo para descubrir la hoja.

PARIENTE VIVO
PLÁTANOS

Hay seis especies de grandes plátanos caducifolios presentes en el sur de Europa, Asia occidental hasta India, y América del Norte. Todos poseen hojas recortadas como las del arce y flores de polinización anemófila en grupos globosos con largos pedúnculos. Tras la polinización, los frutos penden del árbol durante el invierno. El plátano de sombra *(Platanus x hispanica)* es un híbrido de dos especies: el plátano falso de Europa oriental y el arce blanco norteamericano. Crece incluso en suelos compactados y su resistencia a la polución lo hace ideal para entornos urbanos.

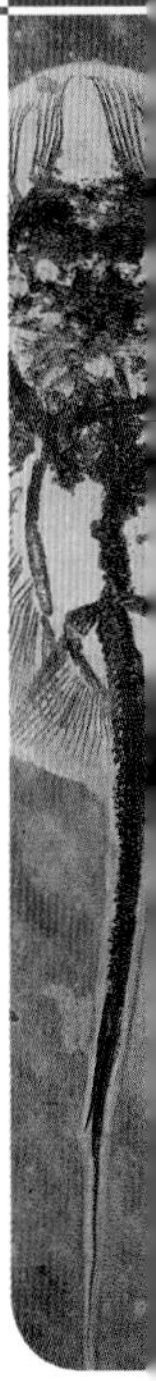

Florissantia

GRUPO Angiospermas
DATACIÓN Paleógeno
TAMAÑO Flores de 2,5-5,5 cm de diámetro
LOCALIZACIÓN América del Norte

Se conocen tres especies fósiles de estas flores y frutos. Las flores, con simetría radial, se sitúan sobre rabillos largos y finos (peciolos). Tienen cinco órganos similares a pétalos (sépalos), fusionados hasta al menos la mitad de su longitud, y una destacada red de nervios radiantes. Solo una especie tiene pétalos, libres y más pequeños que los sépalos. El prominente ovario porta alrededor las bases de cinco estambres, productores de polen. Tras la polinización y la fecundación, los ovarios se engrosaban para formar frutos pentalobulados como nueces, similares a los del tilo, pero que seguían unidos a los restos de los sépalos y estambres, lo que sugiere que toda la flor era dispersada por el viento.

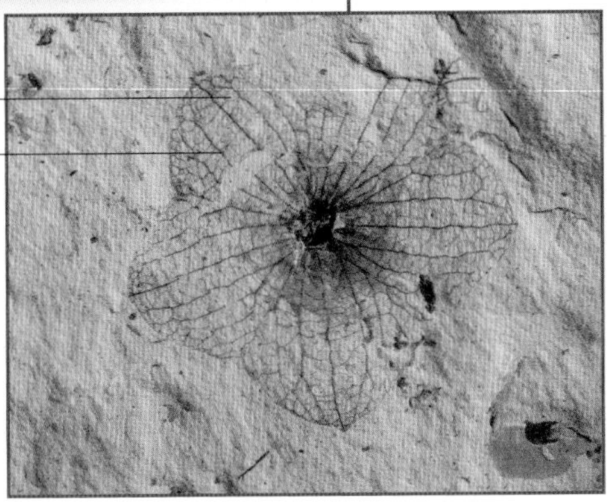
sépalos similares a pétalos
nervios radiantes

FLORISSANTIA QUILCHENENSIS
Los peciolos de las especies de *Florissantia*, como esta, sugieren que las flores colgaban, y las densas zonas pilosas de la base de los sépalos tal vez producían néctar para atraer insectos o aves.

Banksia

GRUPO Angiospermas
DATACIÓN Del Paleógeno a la actualidad
TAMAÑO Hasta 30 m de altura
LOCALIZACIÓN Australia

Hay muchas especies de *Banksia* fósil basadas en las hojas y frutos del Paleógeno en adelante hallados en Australia. Los registros de otros lugares, fuera de Australia, son muy controvertidos. Las hojas fósiles indican que *Banksia* estaba bien adaptada para limitar la pérdida de agua, pues los poros respiratorios (estomas) están limitados a la cara inferior de las hojas y se hallan en depresiones revestidas de pelos superficiales. En las especies vivas, solo algunas flores de cada inflorescencia llegan a desarrollar los distintivos frutos bivalvos que se abren con el fin de liberar las semillas para su dispersión.

flor previa
valva abierta
fruto maduro

BANKSIA ARCHAEOCARPA
Las infrutescencias fósiles, como la ilustrada aquí, muestran la posición de las flores anteriores dispuestas en espiral y, en este caso, tres frutos maduros.

BANKSIA COCCINEA
Conocido popularmente como banksia escarlata, este arbusto se halla en el suroeste de Australia, donde alcanza los 8 m de altura y produce inflorescencias en espiga de unos 8 cm de alto y otros tantos de ancho.

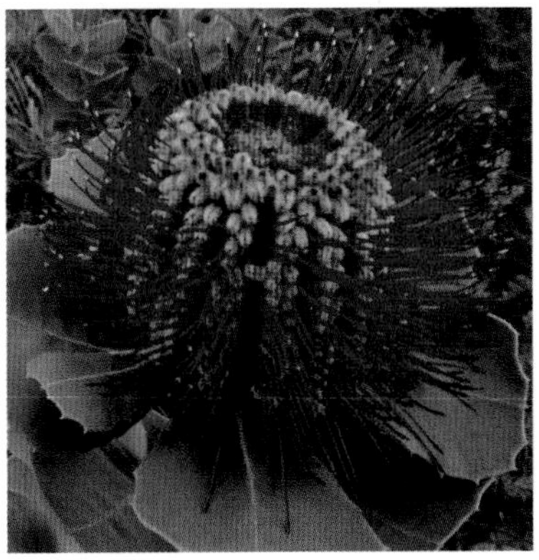

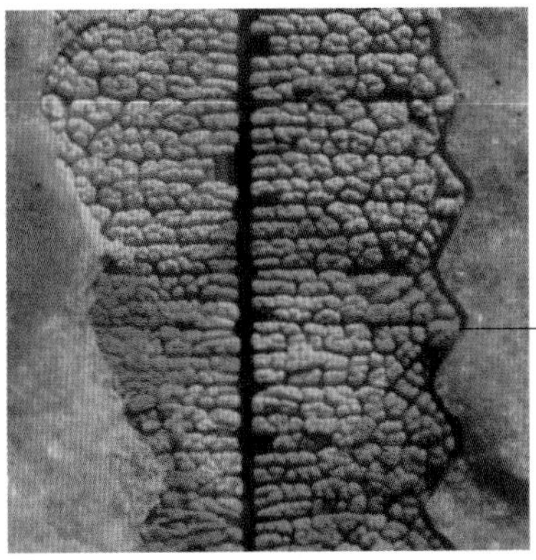
margen foliar dentado

BANKSIAEPHYLLUM SP.
Estas hojas fosilizadas, normalmente asignadas al género *Banksiaephyllum*, muestran improntas del nervio central, los nervios secundarios y una red de nervios terciarios.

Nypa

GRUPO Angiospermas
DATACIÓN Del Cretácico superior a la actualidad
TAMAÑO Fruto: 8-12 cm de longitud
LOCALIZACIÓN Hemisferio norte

Los fósiles más antiguos de palmeras son hojas, tallos y pólenes procedentes del Cretácico superior. Sus restos fueron abundantes en el Paleógeno, y los frutos de la nipa son numerosos en los depósitos europeos. El tamaño y número de las *Nypa* fósiles indican que las condiciones en el noroeste de Europa en esa época eran similares a las de los manglares actuales de India y el Sureste Asiático.

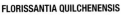

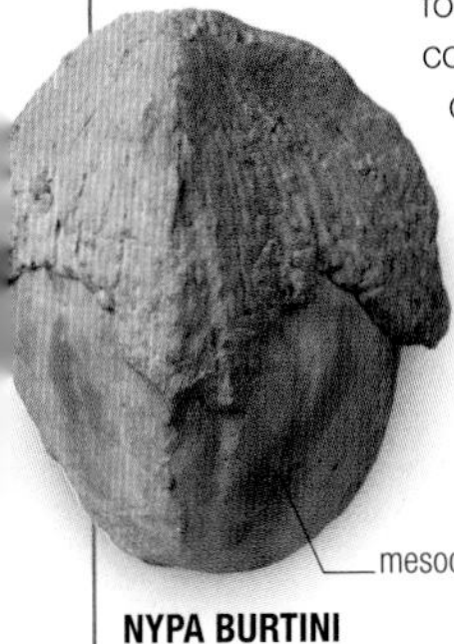
mesocarpio

NYPA BURTINI
Este fruto de *Nypa* se erosionó en parte cuando flotaba en el mar. La capa externa (epicarpio) solo se conserva arriba, dejando expuesta la interna (mesocarpio).

Cyclocarya

GRUPO Angiospermas
DATACIÓN Del Paleógeno a la actualidad
TAMAÑO Hasta 30 m de altura
LOCALIZACIÓN Europa, América del Norte, Asia

Cyclocarya es un género de la familia del nogal con una sola especie viva. Se trata de un árbol caducifolio que alcanza los 30 m, con hojas pinnadas y amentos masculinos y femeninos. Sus distintivos frutos están rodeados por alas en forma de disco que ayudan a su dispersión por el viento. En América del Norte y Europa se conocen fósiles de la familia del nogal desde el Cretácico superior, aunque el primer género viviente en aparecer fue *Cyclocarya*, durante el Paleógeno, que se expandió rápidamente desde América del Norte hasta Europa y Asia. Las asociaciones fósiles en las que aparece incluyen también plantas como *Glyptostrobus*, *Metasequoia* y *Liquidambar*, lo cual sugiere que estas plantas vivirían en un clima de templado-cálido a subtropical. En la actualidad, únicamente se encuentra en China.

Sabalites

GRUPO Angiospermas
DATACIÓN Del Cretácico a la actualidad
TAMAÑO Hoja de 1-2 m de longitud
LOCALIZACIÓN América del Norte, México, Europa

El registro fósil de las palmeras es tan diverso como cosmopolita, y las hojas son de los elementos más distintivos. La hoja costapalmada es una forma fácilmente reconocible, con segmentos que irradian de los bordes del peciolo principal. La palma de abanico es una de las variedades de palmeras de hojas divididas presentes en depósitos de América del Norte, México y Europa. Como la palma de abanico actual, *Sabal palmetto*, algunas especies del Cretácico superior eran árboles de hasta 14 m de altura. Las palmeras, hoy en zonas tropicales y subtropicales, son buenos indicadores de un clima cálido.

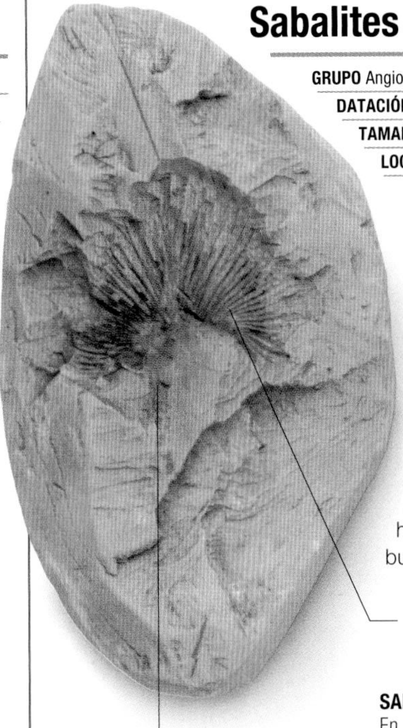
hoja dividida
peciolo

SABALITES SP.
En este fósil puede verse el tallo, o peciolo, bajo la base de la hoja de sabal. Las líneas finas indican las divisiones de la hoja.

PALEÓGENO INVERTEBRADOS

Recuperándose de la extinción del Cretácico superior, la quinta que afectó a la Tierra, invertebrados marinos similares a los actuales ocuparon el ecoespacio disponible. Una línea de costa cubierta de conchas del Paleógeno se parecería mucho a una actual. Pese al calor, ya comenzaba el enfriamiento global.

Los arrecifes coralinos

La evolución de los arrecifes coralinos es un factor importante en la diversidad de los invertebrados marinos durante el Paleógeno. Los corales escleractinios surgieron en el Triásico y proliferaron a lo largo del Mesozoico, pero hasta el Paleógeno no hubo auténticos arrecifes de coral. Los arrecifes actuales son de tres tipos: marginales (o de franja), de barrera y atolones. Los primeros se desarrollan a lo largo de la línea de costa, en especial en las islas volcánicas. Si la isla se hunde, se formará un atolón circular o con forma de herradura; como han demostrado perforaciones profundas en los atolones del Pacífico, los arrecifes comenzaron en el Paleógeno. Como constructores de arrecifes, los corales escleractinios tienen dos ventajas: pueden cementarse al sustrato, a diferencia de los corales paleozoicos, que no tenían capacidad adherente, y además, alojan en sus tejidos algas simbióticas que les proporcionan oxígeno e hidratos de carbono, permitiéndoles crecer con rapidez. Así llegan a crear sólidos armazones habitados por muchos otros seres vivos, la base de los ecosistemas más complejos y productivos.

ARRECIFE CORALINO
Este arrecife del Pacífico tiene colonias de muchas especies distintas conviviendo. Los arrecifes proporcionan soporte a otros organismos animales y vegetales.

MOLUSCO XILÓFAGO
Este leño fosilizado contiene los restos conservados de la broma *Teredo*. Esta aún existe hoy y vive en grupos en madera flotante o sumergida.

El piso Daniense

Gran parte de Dinamarca se halla sobre creta del Cretácico superior. Las secciones de acantilado de la costa de la isla de Sjaelland revelan una capa gris, rica en iridio, con huesos de peces diseminados que marcan la extinción masiva cretácica. Sobre esta, el sedimento calizo sigue hasta bien entrado el Paleógeno: se trata del llamado piso Daniense. En aquella catástrofe perecieron los últimos amonites y belemnites. Los nautiloideos sobrevivieron y en el Daniense ocupan el puesto de los amonites.

TORRE ESPIRAL
Turritella es un gasterópodo típico del Paleógeno, con una alta concha en espiral y ornada con costillas.

GRUPOS

Los gasterópodos siguieron evolucionando y propagándose durante el Paleógeno, y aparecieron y se adaptaron nuevas formas. Los bivalvos también parecen haberse diversificado. Muchos equinoideos salieron del Cretácico superior relativamente indemnes. Nuevas formas de crustáceos aparecieron y se asentaron con rapidez como depredadores altamente eficaces.

GASTERÓPODOS
Durante el Paleógeno siguieron diversificándose y colonizando nuevos hábitats. En esta época aparecieron gasterópodos grandes –a menudo muy ornamentados– junto con los pterópodos, pequeños y con conchas simples, adaptados para flotar entre el plancton. Algunas calizas paleógenas de agua dulce están compuestas exclusivamente por gasterópodos.

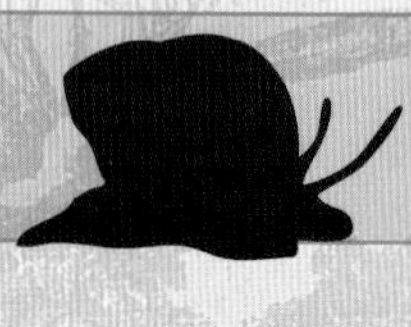

BIVALVOS
Muchos de los géneros comunes de bivalvos actuales aparecieron en el Paleógeno. Durante este período parecieron evolucionar en muy distintos hábitos de vida: fijación bisal (en la que el animal se adhiere a una superficie dura con una estructura filamentosa), alimentación bacteriana y excavación tanto profunda como superficial.

EQUINOIDEOS
En su mayoría fueron poco afectados por la extinción masiva del Cretácico superior, y tanto los géneros de superficie, como *Echinocorys*, como los cavadores profundos, como *Linthia*, siguieron siendo una parte importante de la fauna paleógena.

CRUSTÁCEOS
Los mayores crustáceos vivos, langostas y cangrejos, se hicieron sumamente abundantes y diversos en el Paleógeno. Sus pinzas prensiles (desconocidas entre los crustáceos del Paleozoico), fueron un factor esencial de su éxito.

ROTULARIA BOGNORIENSIS
Es posible que estos *Rotularia* fueran agrupados al ser arrastrados por las corrientes sobre el lecho marino.

Rotularia

GRUPO Anélidos
DATACIÓN Del Jurásico medio al Paleógeno
TAMAÑO Hasta 2 cm de diámetro
LOCALIZACIÓN Todo el mundo

Dada la naturaleza blanda de su cuerpo, los anélidos raramente se fosilizan, y todo lo que se sabe sobre muchos gusanos son las madrigueras que hacían en los sedimentos. Pero hay algunas notables excepciones, en particular los serpúlidos, unos poliquetos marinos que segregan a su alrededor un tubo de carbonato cálcico para proteger su cuerpo. Así, los poliquetos serpúlidos se han conservado como fósiles del mismo modo que otros invertebrados con concha o caparazón. A diferencia de la mayoría de los actuales, que viven fijos en el fondo o a las conchas de otros invertebrados, *Rotularia*, aunque sésil en las primeras etapas de crecimiento, era móvil. Al principio, la concha tubular en la que habitaba formaba una espiral plana pero, al madurar, la mayor parte se enderezaba y se liberaba de la parte enrollada.

Aturia

GRUPO Cefalópodos
DATACIÓN Del Paleógeno al Neógeno inferior
TAMAÑO Hasta 15 cm de diámetro
LOCALIZACIÓN Todo el mundo

Aturia era un nautiloideo de aspecto similar a las especies modernas del género *Nautilus*. Tenía una concha fuertemente enrollada con espirales muy solapadas, con un ombligo muy reducido en el centro. Este tipo de concha se describe como extremadamente involuta. Uno de los rasgos más distintivos de *Aturia* es su compleja línea de sutura con pliegues (lóbulos) muy angulosos que formaban una V con el vértice opuesto a la abertura de la concha. En corte transversal, las espiras se ven algo comprimidas, con los lados aplanados, pero el vientre (borde exterior) es redondeado. La concha es lisa, adornada solo por líneas de crecimiento muy finas. Es probable que *Aturia* viviera en aguas abiertas y se alimentara de pequeños peces y crustáceos.

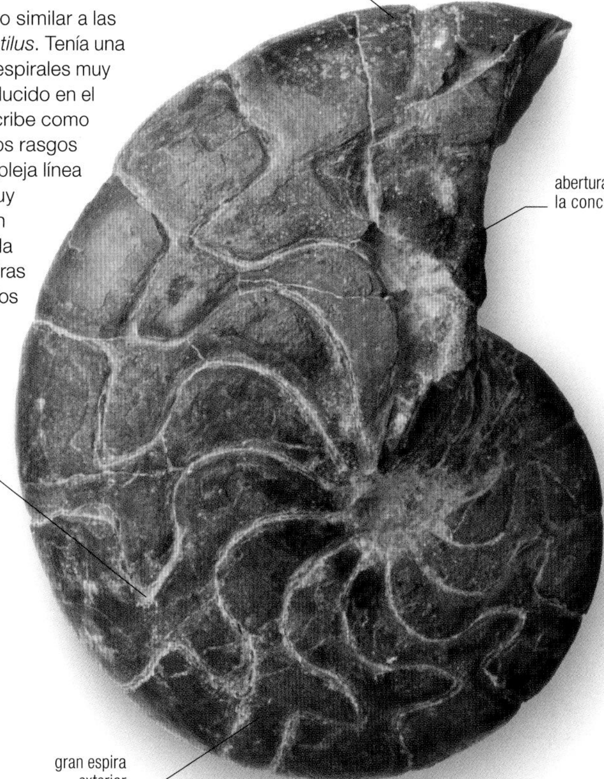
vientre redondeado
abertura de la concha
pliegue (lóbulo) en ángulo agudo orientado hacia atrás
gran espira exterior

ATURIA PRAEZIGZAC
Las suturas, claramente visibles en este molde interno, eran bastante complejas para un nautiloideo. Recuerdan superficialmente a las de algunos de los ammonoideos anteriores.

Xenophora

GRUPO Gasterópodos
DATACIÓN Del Paleógeno a la actualidad
TAMAÑO Hasta 4 cm de longitud
LOCALIZACIÓN Todo el mundo

Xenophora es un género de gasterópodos marinos que aún viven en los mares actuales. Uno de sus rasgos distintivos es su concha cónica más bien achatada y con escaso solapamiento entre espiras sucesivas. La concha presenta fuertes marcas de crecimiento, más perceptibles en la base. Visto desde abajo, el ombligo central es estrecho y profundo. A diferencia de otros gasterópodos, que presentan nódulos sobre la concha, el irregular perfil de *Xenophora* se debe a fragmentos de conchas o de roca incrustados o pegados. El animal recoge estos fragmentos y los sujeta en el borde del manto sobre el exterior blando de su cuerpo mientras segrega alrededor de los cuerpos extraños material de concha propio para fijarlos.

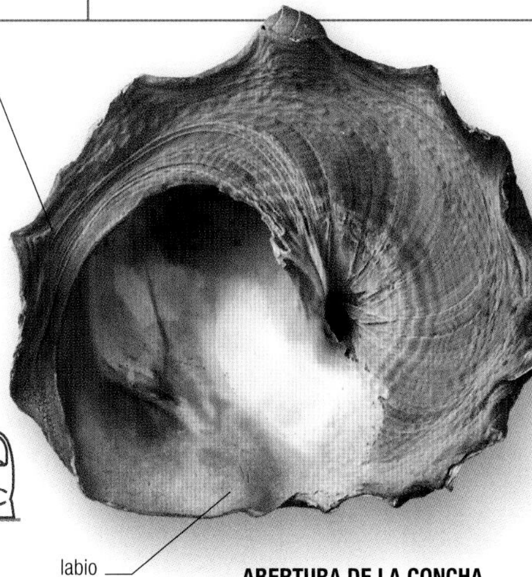
concha en alero
labio inferior retraído

ABERTURA DE LA CONCHA
Esta perspectiva muestra la cara inferior de la concha. La abertura era redondeada, colgante en parte sobre el interior. El labio inferior de la boca de la concha está retraído.

restos fijados sobre la concha
lóbulos periféricos

XENOPHORA CRISPA
El ápice de este gasterópodo contiene una concha incorporada en una etapa temprana de su vida.

Athleta

GRUPO Gasterópodos
DATACIÓN Del Paleógeno a la actualidad
TAMAÑO 6,5-10 cm de longitud
LOCALIZACIÓN Todo el mundo

Los gasterópodos del género *Athleta* eran carnívoros depredadores. Sus fósiles tienen una forma distintiva, con un pequeño cono en la punta de la concha. A medida que el animal maduraba, las espiras de su concha se ensanchaban. Las partes más prominentes del ornamento son los nódulos espinosos del hombro de la última espira, en la parte más ancha de la concha. A partir de esos nódulos, las costillas ascienden hasta la sutura, donde se reúnen las espiras, y bajan por la gran espira externa. En la parte inferior de esta hay gruesas costillas espirales, invisibles en la parte más antigua de la concha debido al fuerte solapamiento entre espiras. La boca (abertura) de la concha es alargada, con un canal sifonal o muesca lateral para el sifón inhalante, una estructura tubular que el animal utilizaba para aspirar agua.

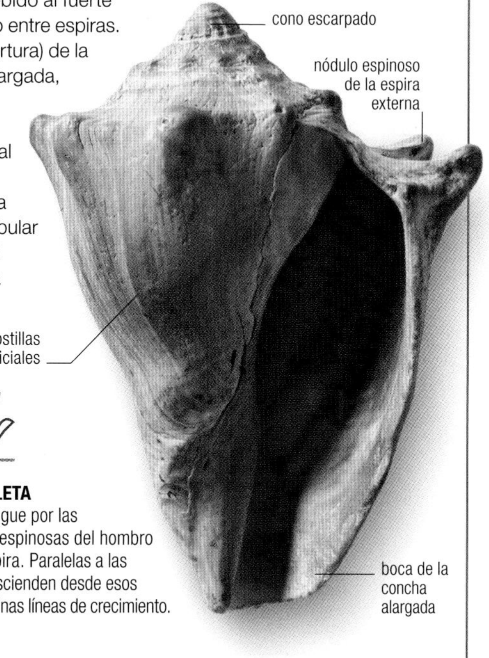
cono escarpado
nódulo espinoso de la espira externa
costillas superficiales
boca de la concha alargada

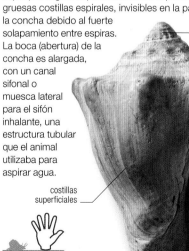

ATHLETA ATHLETA
Athleta se distingue por las protuberancias espinosas del hombro de la última espira. Paralelas a las costillas que descienden desde esos nódulos se ven finas líneas de crecimiento.

Clavilithes

GRUPO Gasterópodos
DATACIÓN Del Paleógeno al Neógeno
TAMAÑO 13 cm de longitud
LOCALIZACIÓN Europa, África, América del Norte y del Sur

Clavilithes era un gasterópodo robusto con una gran concha de espiras planas por los lados y apenas traslapadas. La sutura, donde cada espira se unía a la siguiente, era claramente escalonada, y la superficie de la concha estaba cubierta de líneas de crecimiento. La abertura era grande y ovalada. La comparación con formas modernas relacionadas sugiere que *Clavilithes* era carnívoro.

CLAVILITHES MACROSPIRA
La concha está cubierta por líneas de crecimiento, curvadas hacia atrás en la zona media de las espiras.

ANATOMÍA
INTERIOR DE UNA CONCHA

El cuerpo blando del gasterópodo adulto podía ocupar solo las dos espiras más recientes de la concha. La estructura central, llamada columnela, está formada por la fusión de la pared de cada vuelta de espiral a medida que se enrolla alrededor del eje.

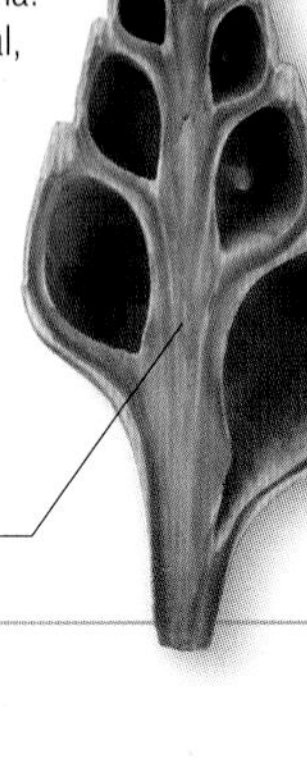
columnela

Venericor

GRUPO Bivalvos
DATACIÓN Paleógeno
TAMAÑO 2-8 cm de longitud
LOCALIZACIÓN América del Norte, Europa

Venericor era un bivalvo filtrador. Su gruesa concha era triangular y redondeada, con un umbo curvado en el frente y fuertes costillas radiales, más anchas y planas hacia el borde ventral. Tenía dos dientes y fosetas en cada valva. Por detrás de los dientes, una depresión larga y curva alojaba el ligamento. Los bordes internos de las valvas poseían pequeñas crenulaciones (muescas).

umbo

VENERICOR PLANICOSTA
Las líneas de crecimiento variables indican estacionalidad en el ritmo de crecimiento.

Crassatella

GRUPO Bivalvos
DATACIÓN Del Cretácico superior al Neógeno inferior
TAMAÑO 3,5 cm de longitud
LOCALIZACIÓN Europa, América del Norte

Crassatella era un bivalvo con costillas concéntricas muy robustas paralelas al crecimiento. El fósil muestra un fuerte hombro a lo largo de cada valva desde el umbo al borde ventral. El interior presenta profundas impresiones de igual tamaño del músculo aductor, con una distintiva línea paleal entre ellas. Los músculos aductores son los encargados de cerrar la concha, y la línea paleal marca el punto al que estaría adherido el manto del animal. La charnela presenta dos dientes por debajo del umbo en cada valva.

umbo
costillas muy marcadas

CRASSATELLA LAMELLOSA
Los fósiles de *Crassatella* están formados por dos valvas toscamente simétricas, ambas con nítidas costillas de crecimiento.

Chama

GRUPO Bivalvos
DATACIÓN Del Paleógeno a la actualidad
TAMAÑO 4 cm de longitud
LOCALIZACIÓN Europa, América del Norte

Es un bivalvo de concha fuertemente asimétrica. El animal pasa toda su vida adherido al fondo marino por medio de la valva izquierda, mayor y más convexa. La derecha es más pequeña y mucho más plana, aunque también convexa. Ambas valvas crecen en espiral, en un plano horizontal, y tienen un umbo bien desarrollado. La superficie de cada una de ellas muestra unos «volantes» concéntricos y espinas aplanadas dispuestas radialmente; ambos rasgos combinados le dan cierta apariencia escamosa. El interior presenta dos marcas de músculos aductores, que cierran la concha. La línea paleal, donde se fija el manto, es lisa. En la línea de charnela solo hay un diente, bastante romo, en cada valva, y sobre la placa charnelar, un surco curvo que alojaba el ligamento.

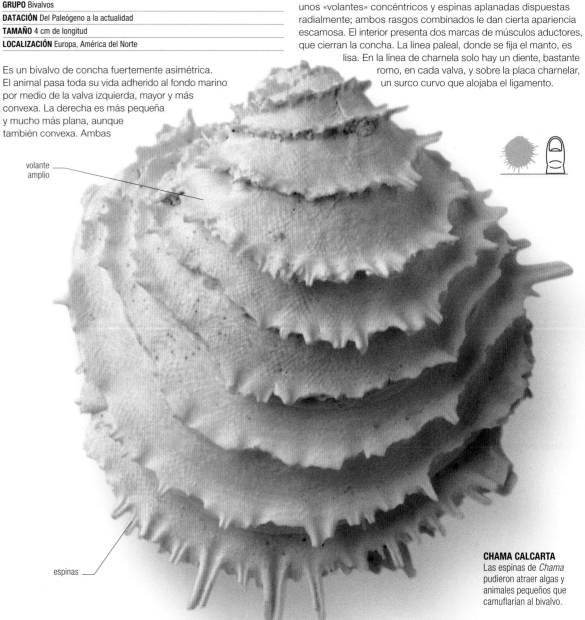

volante amplio
espinas

CHAMA CALCARTA
Las espinas de *Chama* pudieron atraer algas y animales pequeños que camuflarían al bivalvo.

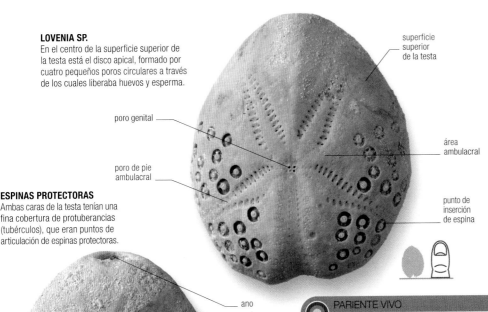

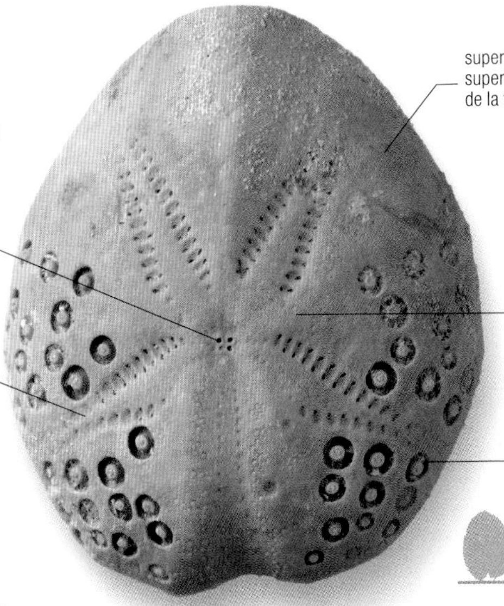
superficie superior de la testa
poro genital
área ambulacral
poro de pie ambulacral
punto de inserción de espina

LOVENIA SP.
En el centro de la superficie superior de la testa está el disco apical, formado por cuatro pequeños poros circulares a través de los cuales liberaba huevos y esperma.

ano
tubérculos finos
tubérculos grandes
boca con forma de media luna

ESPINAS PROTECTORAS
Ambas caras de la testa tenían una fina cobertura de protuberancias (tubérculos), que eran puntos de articulación de espinas protectoras.

Lovenia

GRUPO Equinodermos
DATACIÓN Del Paleoceno superior a la actualidad
TAMAÑO Hasta 3,5 cm de longitud
LOCALIZACIÓN Océanos Índico y Pacífico

Lovenia era un equinoideo excavador, aplanado y con forma de corazón, que vivía enterrado en la arena del fondo marino, normalmente en aguas costeras. Aún existen algunas especies del género, llamadas erizos corazón. Los fósiles de *Lovenia* consisten en la testa o endoesqueleto duro del animal. Como el de todos los equinodermos, el cuerpo de *Lovenia* se dividía en cinco partes, que dan lugar a la figura estrellada que aparece en la parte superior de la testa fosilizada. Esta forma radial corresponde a las cinco áreas ambulacrales con grandes poros rodeando sus bordes, cada uno de los cuales sería la marca de un pie ambulacral. Una de estas áreas formaba un profundo surco que descendía hasta la superficie oral. Presentaba varias fasciolas, regiones lisas de la superficie de la testa con tramos de pequeñas extensiones similares a pelos (cilios).

PARIENTE VIVO
ERIZO CORAZÓN

Este erizo corazón *(Lovenia cordiformis)* es un pariente de *Lovenia* fósil. Está bien adaptado a vivir enterrado en sedimentos y se vale de las corrientes de agua que genera con sus pequeñas extensiones capilares (cilios) para aportar partículas alimenticias y agua oxigenada a su cuerpo. Los primeros erizos tenían la boca en el centro de la cara inferior y la abertura anal en el centro de la superior; estas formas aún viven (*Temnocidaris*, p. 283). En el transcurso de la evolución, la abertura anal migró hacia atrás y la boca hacia delante, como en *Lovenia* fósil.

Palaeocarpillius

GRUPO Artrópodos
DATACIÓN Paleógeno
TAMAÑO Hasta unos 6 cm de longitud
LOCALIZACIÓN Europa, Egipto, Somalia, India, Zanzíbar, Java, islas Marianas

El caparazón abombado del fósil de este cangrejo primitivo tiene perfil ovalado y es liso, con bordes espinosos en el frente y los costados. Las órbitas, que alojaban los ojos pedunculados, están bien desarrolladas. Se aprecian claramente las pinzas de los apéndices delanteros (quelípedos), la derecha mucho mayor y más robusta que la izquierda. El dedo móvil de la pinza grande tiene un filo interior serrado, en contraste con la pinza izquierda, comparativamente más fina y frágil. Aunque los cangrejos empezaron a diversificarse en gran medida durante el Cretácico, su número aumentó espectacularmente en el Cenozoico. Hoy en día, este grupo tan próspero es más numeroso que nunca.

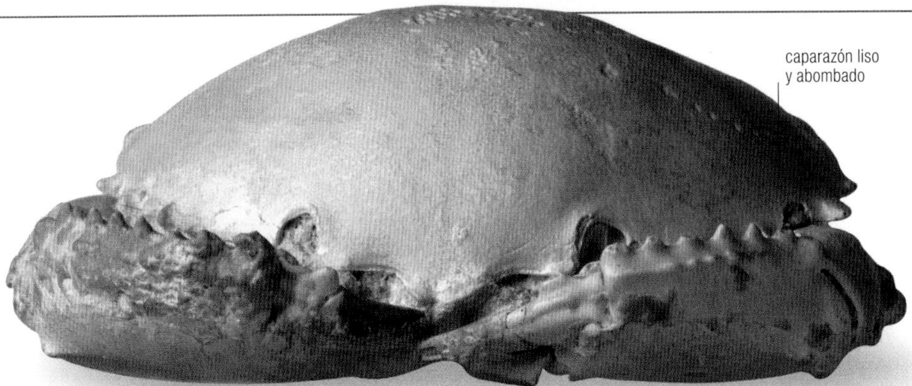
caparazón liso y abombado

PALEOCARPILIUS AQUILINUS
El borde superior de ambas pinzas posee grandes tubérculos. El dedo móvil de la derecha tiene un filo interior serrado del cual carece la izquierda.

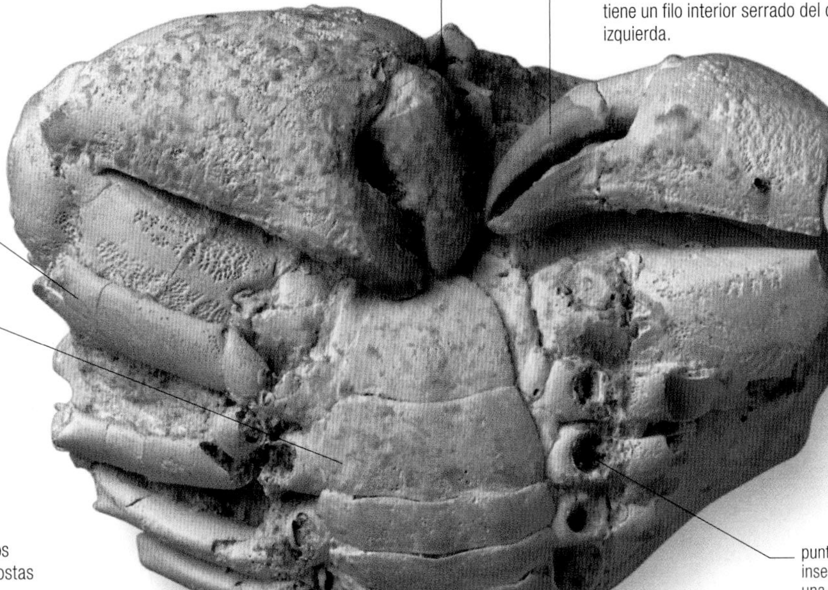
pinza grande y robusta
pinza izquierda, más pequeña
pata articulada
segmento abdominal
punto de inserción de una de las patas

ABDOMEN REPLEGADO
Los segmentos del abdomen, fuertemente plegado bajo el caparazón, son equivalentes a los del abdomen extendido de langostas y camarones modernos.

Los cangrejos constituyen un grupo más numeroso hoy que en ningún otro momento de su historia.

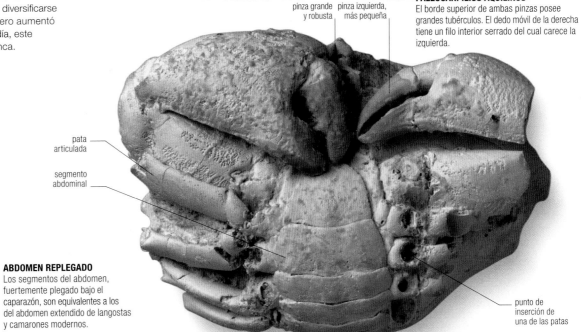

PALEÓGENO VERTEBRADOS

Tras la desaparición de los dinosaurios al final del Cretácico, mamíferos y aves empezaron a irradiar en formas diversas por tierra, mar y aire. A principios del Paleógeno, peces y reptiles habían adoptado formas más reconocibles que ya no iban a cambiar demasiado.

En los albores del Paleoceno, hace 66 MA, los mamíferos eran pequeños e insectívoros, con poca especialización motora o dentaria. Pronto empezaron a cambiar para explotar los nichos ecológicos dejados por los dinosaurios: aumentaron de tamaño, desarrollaron nuevos modos de locomoción y diversificaron su dieta incluyendo plantas y otros vertebrados. La radiación de los mamíferos continuó en el Oligoceno.

MURCIÉLAGO FÓSIL
Los murciélagos fósiles de Messel (Alemania) están asombrosamente bien conservados. Las alas y la piel son bien visibles en este espécimen.

Ocupar el aire

Los murciélagos están poco representados en el registro fósil debido a que sus ligeros huesos y sus delicadas membranas de vuelo no fosilizan bien. Así, no se conoce el momento preciso en que tomaron el aire. Sin embargo, algunos fósiles excelentes hallados en dos enclaves datados en el Eoceno –un pozo de esquistos bituminosos en Alemania y la formación Green River en Wyoming (EE UU)–, muestran que existían murciélagos voladores hace al menos 52,5 MA. Los huesos del brazo y de un dedo sumamente alargado sustentan una flexible membrana epitelial que, movida por músculos, puede ser batida. Es probable que evolucionaran a partir de un insectívoro nocturno que planeaba de árbol en árbol. Los primeros murciélagos frugívoros aparecen en el registro fósil del Oligoceno.

Carnívoros y dientes carniceros

En los inicios del Paleógeno, los mamíferos poseían dientes sin especializar, válidos para su dieta de insectos. Pero a lo largo del período, dos grandes grupos de mamíferos, los carnívoros y los creodontos, desarrollaron dientes adecuados para una dieta de carne. Los dientes carniceros –rasgo definitorio de los carnívoros actuales– están adaptados para desprender la carne del hueso, mientras que los caninos, grandes y puntiagudos, asestan el mordisco mortal. Los miácidos, ancestros de los carnívoros, eran pequeños mamíferos del tamaño de una comadreja. Los cánidos aparecieron durante el Eoceno medio,y los félidos auténticos, en el Oligoceno inferior, en paralelo con un grupo similar, los nimrávidos (conocidos como falsos dientes de sable).

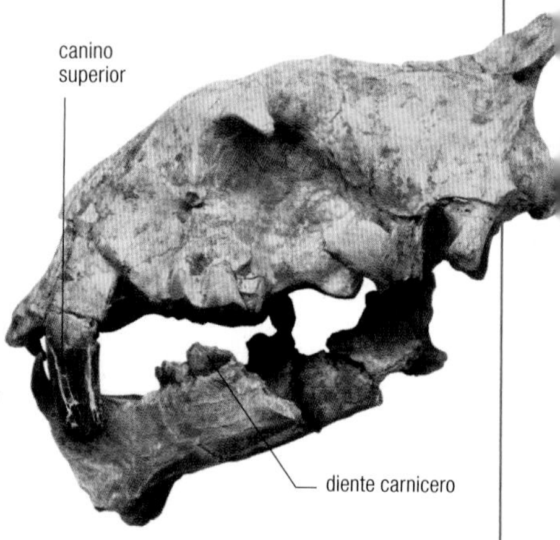
canino superior
diente carnicero

MOLARES CORTADORES
En los carnívoros primitivos (dcha.) y en los modernos, los dientes carniceros son el último premolar superior y el primer molar inferior. En los creodontos, estos dientes estaban situados más atrás.

GRUPOS

Hace 50 MA, tan solo 15 MA después de la extinción cretácica, ya habían aparecido los representantes primitivos de la mayoría de los órdenes de mamíferos. Los primeros ungulados eran presas de carnívoros y creodontos, los cetáceos ocuparon el océano, y los murciélagos, el aire. También aparecieron los primates, conejos y roedores.

CREODONTOS
Fueron los depredadores dominantes durante el Eoceno y el Oligoceno. Ocupaban muchos de los nichos de los carnívoros, que finalmente los reemplazaron. Existieron dos familias: oxiénidos y la más extendida hienodóntidos, que incluía a *Megistotherium*, uno de los depredadores terrestres más grandes que han existido.

PERISODÁCTILOS
Los primeros ungulados con dedos impares aparecieron a finales del Paleoceno y prosperaron durante el Eoceno en forma de primitivos caballos, rinocerontes, tapires y brontoterios. Las primeras especies, pequeñas y no especializadas, ramoneaban hojas. Durante el resto del Paleógeno aumentaron gradualmente de tamaño y se fueron diversificando.

ARTIODÁCTILOS
Los primeros ungulados con dedos pares, pequeños y de patas largas, también aparecieron en el Eoceno inferior. Pronto irradiaron en numerosas formas, entre ellas los precursores de jabalíes y camellos, y de rumiantes como jirafas y toros. Todos tenían dientes yugales en forma de media luna y un astrágalo especial de doble articulación, característico de los artiodáctilos.

CETÁCEOS
A lo largo del Eoceno, una rama de mamíferos con pezuñas, los cetáceos primitivos, regresó al agua. Las primeras especies aún tenían extremidades bien desarrolladas y podían andar y nadar, accediendo al agua probablemente para cazar. A finales del Eoceno aparecieron los primeros totalmente acuáticos. Tenían las patas posteriores pequeñas, prácticamente inútiles.

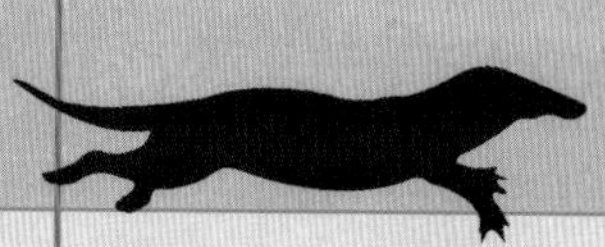

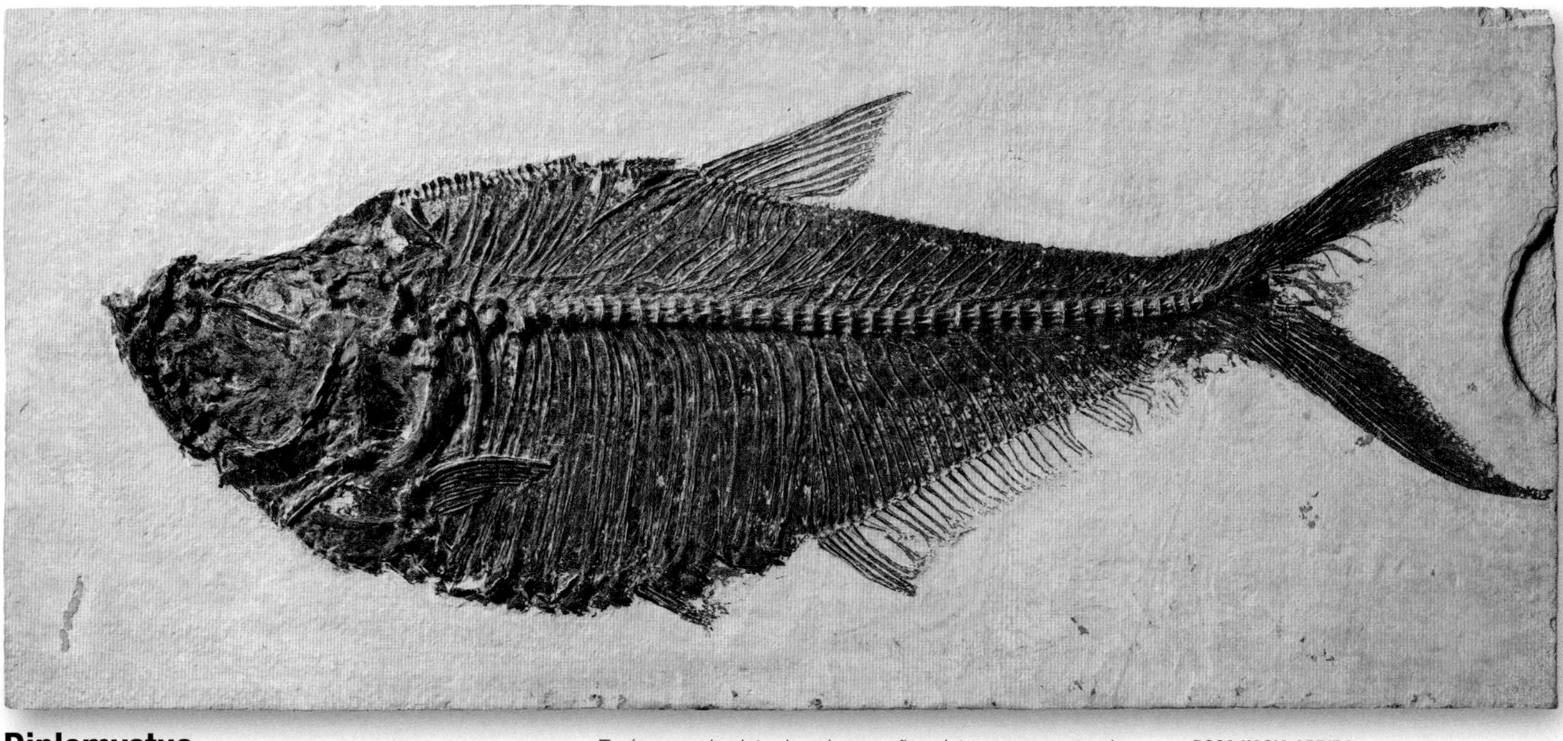

Diplomystus

GRUPO Actinopterigios
DATACIÓN Del Eoceno inferior al Mioceno
TAMAÑO 65 cm de longitud
LOCALIZACIÓN EE UU, Líbano, Siria, América del Sur, África

Pariente lejano de arenques y sardinas, *Diplomystus* fue un pez de agua dulce muy extendido. Muchos de los mejores especímenes se han hallado en los depósitos de Green River (Wyoming, EE UU). Tenía una sola aleta dorsal, pequeñas aletas pares pectorales y pélvicas, y una aleta anal que se prolongaba hasta la estrecha base caudal. La cola estaba profundamente bifurcada, con las dos partes del mismo tamaño. En el estómago de algunos fósiles se han conservado peces más pequeños, como *Knightia* (abajo). En el pasado se pensó que *Knightia* era tanto un pariente como una presa de *Diplomystus*. Sin embargo, hoy se sabe que no es así. *Diplomystus* puede distinguirse de *Knightia* por dos hileras de escamas modificadas: una a lo largo de la zona media del dorso, del cráneo a la aleta dorsal, y la otra a lo largo del vientre.

BOCA HACIA ARRIBA
La boca de *Diplostymus* se orientaba hacia arriba, con las mandíbulas en ángulo respecto a la espina dorsal, en vez de paralelas a esta. Ello sugiere que cazaba peces más pequeños nadando justo bajo la superficie.

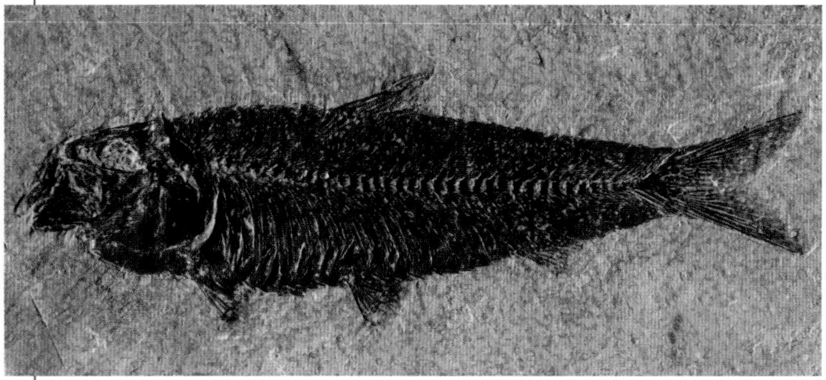

Knightia

GRUPO Actinopterigios
DATACIÓN Eoceno medio
TAMAÑO 25 cm de longitud
LOCALIZACIÓN EE UU

Knightia fue al parecer un pariente de agua dulce de los modernos arenques. En las excavaciones de la región de Green River (recuadro) se extraen cada año grandes cantidades de sus fósiles, que son muy comunes en tiendas de minerales de todo el mundo. La mayoría de los especímenes son pequeños, pero están muy bien conservados. Su número sugiere que vivía en grandes cardúmenes en el Green River. Su tamaño y abundancia apuntan a que era un consumidor secundario que filtraba ostrácodos, diatomeas y otro plancton microscópico del agua del lago. Muchos esqueletos de *Knightia* se han hallado en el estómago de peces más grandes.

FÓSIL OFICIAL
En vida, *Knightia* nadaba en grandes bancos. Es tan abundante en los esquistos de Green River que ha sido designado fósil oficial del estado de Wyoming (EE UU).

YACIMIENTO CLAVE
GREEN RIVER

Knightia es el fósil más abundante en la formación Green River, una extensa serie de depósitos lacustres en Wyoming, Colorado y Utah. Hace entre 53 y 46 MA se depositaron allí esquistos de más de 3 km de grosor, célebres a escala mundial por haber atesorado cientos de esqueletos completos magníficamente conservados.

Sciaenurus

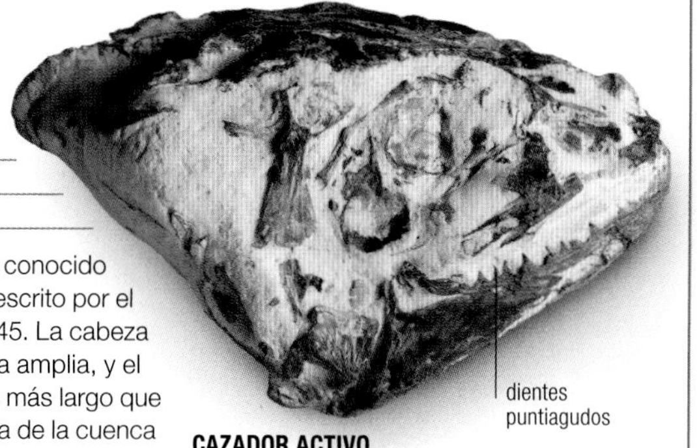
dientes puntiagudos

GRUPO Actinopterigios
DATACIÓN Eoceno inferior
TAMAÑO 20 cm de longitud
LOCALIZACIÓN Inglaterra

El más antiguo representante conocido de la familia del besugo fue descrito por el científico Louis Agassiz en 1845. La cabeza tenía ojos grandes y una boca amplia, y el cuerpo era unas cuatro veces más largo que alto. En los depósitos de arcilla de la cuenca de Londres, formados a partir del mar subtropical que un día cubrió el sureste de Inglaterra, se han hallado muchos especímenes de *Sciaenurus*.

CAZADOR ACTIVO
La mandíbula inferior con una sola fila de dientes afilados sugiere que *Sciaenurus* fue un cazador activo de otros peces.

Mioplosus

GRUPO Actinopterigios
DATACIÓN Eoceno
TAMAÑO 25 cm de longitud
LOCALIZACIÓN EE UU

Miembro de la familia de las percas, *Mioplosus* fue un pez lacustre. Sus fósiles se hallan aislados, nunca en grupos. Se cree que debió de ser un cazador solitario, capaz de atacar a peces de hasta la mitad de su propio tamaño gracias a sus muchos dientes afilados. Una gran cola ahorquillada y simétrica que parte de una base estrecha sugiere que fue un nadador vigoroso. Tenía dos aletas dorsales, la primera justo detrás de las pectorales, y la posterior sobre la aleta anal.

DEVORANDO UNA PRESA
Los fósiles de *Mioplosus*, como este, se hallan a veces en el proceso de tragar una presa.

Mene

GRUPO Actinopterigios

DATACIÓN Del Eoceno inferior a la actualidad

TAMAÑO 25 cm de longitud

LOCALIZACIÓN Todo el mundo

En Monte Bolca, al norte de Italia, se han hallado dos especies de *Mene* –*M. rhombea* y *M. oblonga*– en cantidades significativas. Este yacimiento, apodado «la pecera», ha proporcionado peces fósiles con un grado de conservación notablemente alto. Incluso es posible decir de qué color fueron en vida muchos de los especímenes. Existe un representante vivo del género *Mene*: el pez luna *M. maculata*, que habita en los océanos Índico y Pacífico. Esta especie viva es típica del género. Tiene los ojos grandes y la boca protuberante orientada hacia arriba. Es un pez marino de cuerpo muy alto, debido principalmente a la expansión hacia abajo de su mitad inferior, y al mismo tiempo, sumamente comprimido lateralmente. La forma de *Mene* sugiere que su cuerpo era bastante rígido y con una capacidad de movimiento limitada. Es posible que la mayor parte de la fuerza propulsora fuera generada por un rápido movimiento de la cola.

DISTINTAS ALETAS
Mene tenía una aleta dorsal pequeña, una anal larga y dos pectorales pequeñas y altas. Las dos aletas pélvicas estaban reducidas a largas espinas que arrastraba por el agua y que podían extenderse más allá de la cola.

PARIENTE VIVO

ANGUILA DE AGUA DULCE

Anguilla es el único género superviviente de la familia anguílidos, de agua dulce. Existen 19 especies, principalmente en Europa, Asia y América del Norte. Pasan su vida adulta en aguas dulces, pero regresan al mar para desovar. Sus larvas comen plancton mientras derivan con las corrientes oceánicas hacia las costas; una vez allí, penetran en los sistemas fluviales y navegan a lo largo del lecho de los ríos, evitando las corrientes más fuertes del centro.

Anguilla

GRUPO Actinopterigios
DATACIÓN Del Eoceno medio a la actualidad
TAMAÑO 1 m de longitud
LOCALIZACIÓN Todo el mundo

Es un género vivo cuyo nombre común (anguila) remite al científico y es fácil de reconocer por su distintivo cuerpo alargado. Los fósiles más antiguos proceden de Monte Bolca (Italia). A diferencia de las formas actuales (recuadro, izda.), estos especímenes primitivos eran marinos. El género no empezó a explotar los hábitats de agua dulce y salobres que ocupa hoy hasta más adelante.

FORMA ÚNICA
Las anguilas son peces únicos. Su cabeza es pequeña, pero la boca puede abrirse mucho. El cuerpo largo y musculoso es su principal fuente de impulso, pues las aletas son pequeñas, ineficaces.

Heliobatis

GRUPO Condrictios
DATACIÓN Eoceno medio
TAMAÑO 1 m de longitud
LOCALIZACIÓN EE UU

Heliobatis pudo ser un pariente primitivo de las pastinacas o rayas látigo. Sus fósiles son comunes en Green River (Wyoming, EE UU, p. 351). Si se incluye la larga espina caudal, mide cerca de 1 m de longitud, un tamaño similar al de las pastinacas vivas. Sin embargo, nunca fue tan larga como la actual pastinaca del sureste de Asia, que mide hasta 5 m y pesa 600 kg. La mayoría de las pastinacas actuales son marinas, aunque unas pocas especies viven en ríos y lagos. Los depósitos de Green River que contienen especímenes de *Heliobatis* se formaron en el fondo de lagos de agua dulce.

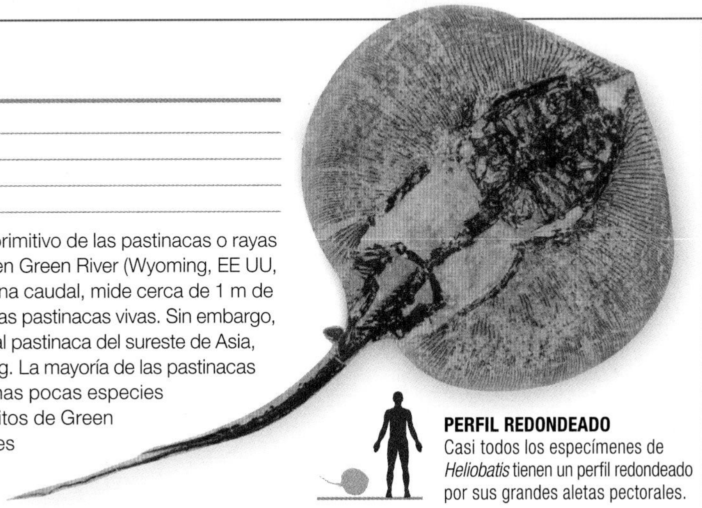

PERFIL REDONDEADO
Casi todos los especímenes de *Heliobatis* tienen un perfil redondeado por sus grandes aletas pectorales.

Titanoboa

GRUPO Escamosos
DATACIÓN Paleoceno medio
TAMAÑO 13 m de longitud
LOCALIZACIÓN Colombia

Tras la súbita desaparición de los dinosaurios, la serpiente *Titanoboa* quedó como el mayor cazador terrestre del Paleoceno. Fue también la serpiente más larga que ha existido, un 30 % mayor que la más grande de las especies actuales. Pudo alcanzar 1 m de diámetro. Sus enormes vértebras se hallaron en depósitos de carbón en Colombia, junto a los restos de cocodrilos y tortugas que fueron presas de esta serpiente gigante.

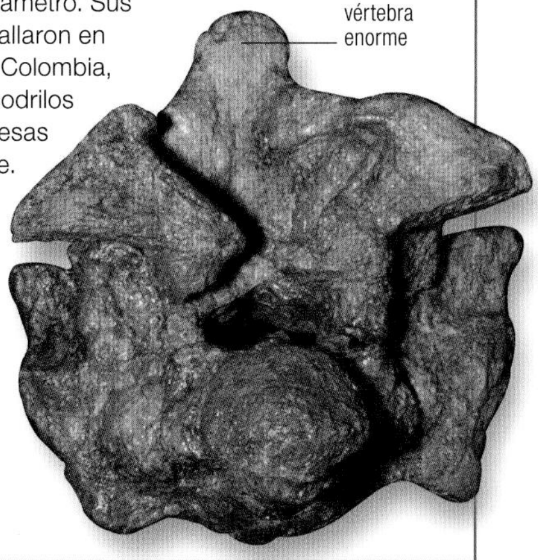
vértebra enorme

FÓSIL INMENSO
A partir del enorme tamaño de sus vértebras, se ha calculado que *Titanoboa* medía 13 m de longitud.

Puppigerus

GRUPO Tortugas
DATACIÓN Del Eoceno inferior al medio
TAMAÑO 90 cm de longitud
LOCALIZACIÓN EE UU, Inglaterra, Bélgica, Uzbekistán

Puppigerus era una tortuga marina que vivió en mares subtropicales entre el Eoceno inferior y el medio. Todos los fósiles hallados en EE UU, Inglaterra y Bélgica pertenecen a la misma especie, *P. camperi*, considerada la única del género hasta 2005, año en que se anunció el descubrimiento de una nueva especie, *P. nessovi*, en Uzbekistán. *Puppigerus* es un género extinto de la familia de los quelónidos, a la que pertenecen todas las tortugas marinas actuales, excepto la tortuga laúd. Los quelónidos aparecieron en el Cretácico, pero *Puppigerus* se asemeja a formas más modernas. El caparazón, por ejemplo, estaba totalmente osificado. Además, la placa pigal, la última de la pieza superior del caparazón, o espaldar, también carecía de las muescas visibles en quelónidos anteriores.

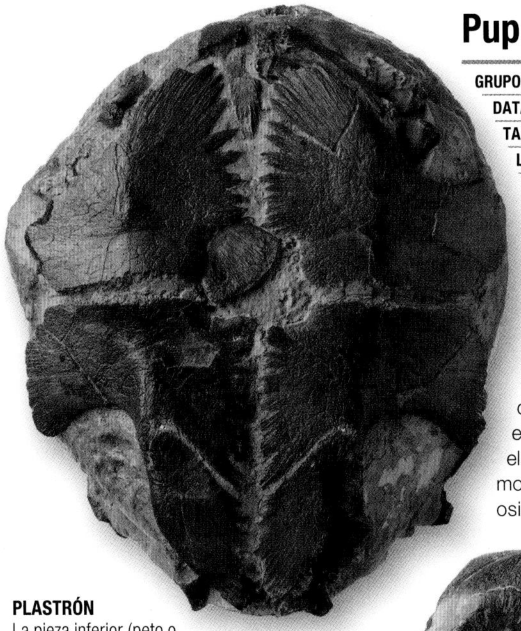

PLASTRÓN
La pieza inferior (peto o plastrón) del caparazón de *Puppigerus* es pequeña comparada con la de las tortugas de tierra, a fin de dejar espacio suficiente para los pies con forma de remo.

OJOS ENORMES
Los ojos de *Puppigerus* enfocaban a los lados, no hacia arriba como en las primeras tortugas marinas.

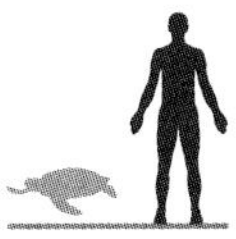

Primapus

GRUPO Terópodos
DATACIÓN Eoceno inferior
TAMAÑO 15 cm de longitud
LOCALIZACIÓN Inglaterra

Primapus era un apodiforme conocido a partir de una única especie cuyos especímenes se han hallado en las arcillas de la cuenca de Londres, en el sureste de Inglaterra. Los apodiformes son un orden de aves con miembros vivos como los vencejos y los colibríes. No está claro si *Primapus* fue un miembro temprano de la familia de los apódidos, como el vencejo, o si perteneció a una familia hermana, hoy extinta, llamada aegialornítidos.

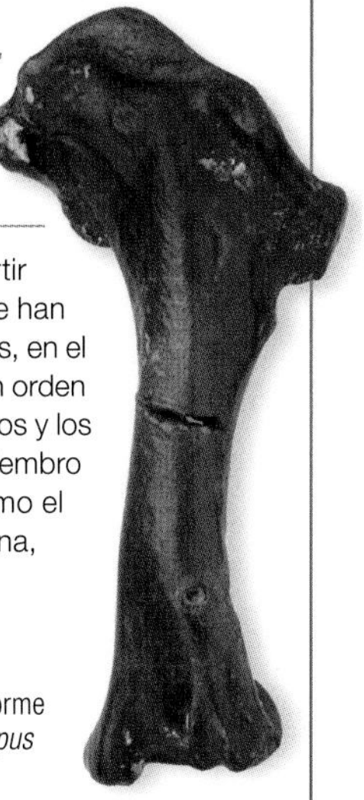

HÚMERO
El esqueleto apodiforme apunta a que *Primapus* fue un volador ágil.

Gastornis

GRUPO Terópodos

DATACIÓN Del Eoceno inferior al medio

TAMAÑO Más de 2 m de altura

LOCALIZACIÓN América del Norte, Europa

Gastornis fue una gran ave no voladora. Hoy se conoce por fragmentos fósiles hallados en Europa, así como por esqueletos completos –antes llamados *Diatryma* (recuadro)– descubiertos en rocas del Eoceno inferior y medio en el oeste de EE UU que indican un paisaje de bosque denso. Los ejemplares grandes miden más de 2 m de alto, y tienen un gran cráneo con un pico robusto y ganchudo. Esta ave gigante tenía también patas fuertes con enormes garras, mientras que sus alas vestigiales eran minúsculas. Hoy se cree que *Gastornis* era herbívoro, siendo probablemente frutas y plantas su alimento favorito, pero es posible que completara su dieta con carroña. El pico fuerte y ganchudo era capaz de abrir un coco, y habría sido ideal para aplastar frutos secos y procesar otros productos vegetales. Estaba bien adaptado para alimentarse en los bosques del Eoceno, cuya densidad de suministro aprovechaba, pero a medida que el clima global se fue calentando, estos bosques se fueron convirtiendo en llanuras herbáceas. El cambio del clima es una posible explicación de la desaparición de estas enormes aves.

Gastornis fue una de las **mayores aves** que han existido, **bastante mayor** que los mamíferos carnívoros del Eoceno inferior.

HABITANTES DEL BOSQUE
Durante el Eoceno, estas gigantescas aves vagaban por las frondosas áreas boscosas de Europa y América del Norte, buscando fruta y otros alimentos vegetales entre la maleza.

HALLAZGO CLAVE

IDENTIDAD ERRÓNEA

Los primeros esqueletos completos de *Gastornis* se hallaron en Wyoming (EE UU) en la década de 1870, pero se le dio el nombre de *Diatryma*. Aunque en 1855 se había descrito en Europa una gran ave similar *(Gastornis)*, los fósiles europeos estaban incompletos y mal reconstruidos, por lo que casi nadie reparó en las similitudes con *Diatryma*. Recientemente se han hallado mejores fósiles de *Gastornis*, que revelan que el ave europea era casi idéntica a la norteamericana. Hoy, muchos científicos piensan que los dos nombres se refieren a la misma ave, y se usa el de *Gastornis* para designar ambos especímenes.

Presbyornis

GRUPO Terópodos
DATACIÓN Del Paleoceno superior al Eoceno medio
TAMAÑO 1 m de altura
LOCALIZACIÓN América del Norte y del Sur, Europa

Presbyornis fue hallado en grandes cantidades en los esquistos de Green River (Wyoming, EE UU), y en depósitos eocenos correspondientes a lagos someros de agua dulce. En los mismos lugares se han encontrado también huevos y nidos, lo que hace probable que *Presbyornis* viviera en grandes manadas a orillas de los lagos. Pudo deambular por aguas poco profundas y filtrar alimentos del agua con el pico, como muchos patos actuales. Fue una de las especies más exitosas de su época y subsistió unos 20 MA.

patas largas para vadear
pies palmeados

COMO UN PATO
Con sus largas patas y cuello, *Presbyornis* recordaría a un flamenco, pero su pico ancho y la forma del cráneo lo señalan como pariente lejano de patos y gansos.

Leptictis

GRUPO Euterios
DATACIÓN Del Eoceno medio al Oligoceno superior
TAMAÑO 25 cm de longitud
LOCALIZACIÓN EE UU

Leptictis fue un mamífero insectívoro similar a los modernos erizos, topos y musarañas, que cazaría insectos, anfibios y lagartos. Tenía un hocico largo provisto de pequeños dientes, que incluían molares simples con forma de V como los de algunos insectívoros actuales. La parte superior del cráneo estaba recorrida por dos largas crestas a las que pudieron estar asociados fuertes músculos maxilares.

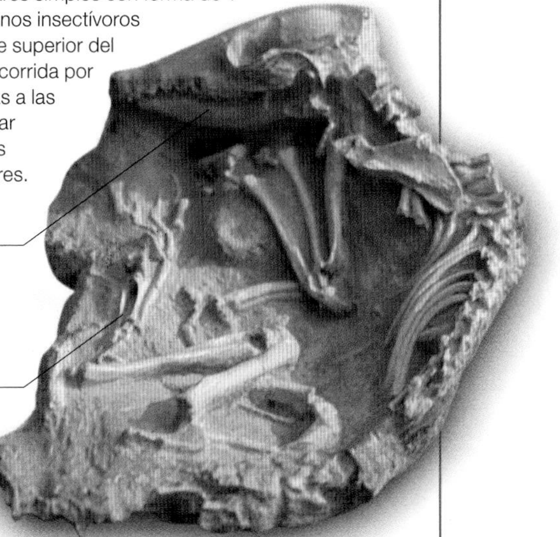
hocico largo con dientes afilados
grandes patas traseras

ESPECÍMENES ABUNDANTES
En rocas datadas del Eoceno medio al Oligoceno superior se han hallado cientos de especímenes de *Leptictis*, entre ellos algunos esqueletos completos.

Plesiadapis

GRUPO Placentarios
DATACIÓN Del Paleoceno medio al Eoceno inferior
TAMAÑO 18 cm de longitud
LOCALIZACIÓN América del Norte, Europa, Asia

Por su tamaño y estructura corporal, *Plesiadapis* parecía una ardilla terrestre, pero era un pariente de los primates, así como un experto trepador. Aun así, tenía numerosos rasgos de roedor: dos incisivos prominentes, un espacio entre los dientes anteriores y los posteriores, y los ojos en posición lateral para detectar depredadores. Fue tan abundante que su especie se usó como fósil índice para datar depósitos del Paleoceno.

EL NICHO DE LOS ROEDORES
Aunque se parece a los modernos roedores, los dientes, el cráneo y los huesos de los tobillos de *Plesiadapis* revelan que fue un pariente cercano de los primates.

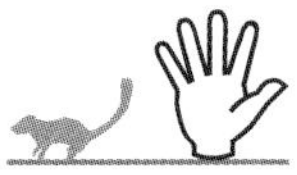

Ectoconus

GRUPO Placentarios
DATACIÓN Paleógeno inferior
TAMAÑO 1,5 m de longitud
LOCALIZACIÓN América del Norte

Ectoconus es un condilartro peripticiartro, un grupo de mamíferos arcaicos considerado estrechamente emparentado con los ungulados actuales (mamíferos con pezuñas), y entre los primeros grandes mamíferos herbívoros que evolucionaron tras la extinción masiva de finales del Cretácico que acabó con los dinosaurios. *Ectoconus* vivió en el Paleógeno inferior, unos 500 000 años después del impacto del asteroide. Era un animal robusto, del tamaño de una oveja y unos 100 kg de peso. Tenía dientes grandes para masticar plantas duras y un cerebro extraordinariamente pequeño para su tamaño. Sus fósiles se han encontrado en América del Norte, y es una de las especies mejor conocidas del Paleógeno inferior.

Uintatherium

GRUPO Placentarios
DATACIÓN Eoceno
TAMAÑO 3,8 m de longitud
LOCALIZACIÓN América del Norte, Asia

Uintatherium, que en otro tiempo vivió en **América del Norte y Asia**, desapareció hace unos **40 MA.**

Pese a que la mayoría de sus fósiles se han encontrado en Utah y Wyoming (EE UU), este mamífero cornudo gigante se extendió por toda América del Norte y Asia. Tenía unos enormes caninos superiores que sobresalían hacia abajo, protegidos por un ribete óseo en el maxilar inferior. El hocico poseía varias excrecencias romas similares a cuernos, presentes en ambos sexos, como en los rinocerontes. Al igual que los actuales mamíferos con cuernos, es probable que estos le sirvieran para la exhibición y el reconocimiento entre especies. Algunos pequeños cérvidos actuales también utilizan sus largos caninos superiores para exhibirse. *Uintatherium* no tiene descendientes vivos, y su lugar en el árbol genealógico de los ungulados es objeto de controversia.

HERBÍVORO CORPULENTO
Uintatherium era un herbívoro de miembros pesados, huesos enormes y un cuerpo voluminoso con forma de barril, del tamaño de un rinoceronte actual. Es probable que estuviera cubierto por una piel gruesa.

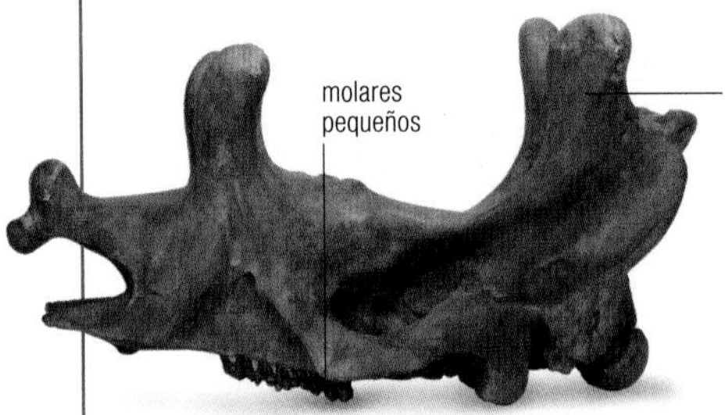
molares pequeños
cuernos romos

PARTE SUPERIOR DEL CRÁNEO
Con 1 m de longitud, el cráneo de *Uintatherium* era de tamaño similar al del rinoceronte blanco. Esto hizo de él uno de los mayores mamíferos del mundo en el Eoceno medio.

piel gruesa y rugosa
patas robustas como columnas
pies anchos
grandes caninos

BIOGRAFÍA
ROY CHAPMAN ANDREWS

Andrewsarchus recibió su nombre del explorador Roy Chapman Andrews (1884-1960), que empezó como humilde conserje en el Museo de Historia Natural de Nueva York, del que llegó a ser presidente. En la década de 1920 lideró expediciones a Mongolia, donde descubrió dinosaurios importantes y los primeros huevos de dinosaurio conocidos. Se cree que inspiró el personaje cinematográfico de Indiana Jones.

Andrewsarchus

GRUPO Placentarios
DATACIÓN Eoceno medio
TAMAÑO 3,7 m de longitud
LOCALIZACIÓN Mongolia

Fue un depredador gigante que vivió entre 48 y 37 MA atrás. Gran parte de lo que se sabe de este mamífero procede de un solo cráneo hallado en Mongolia. Es un cráneo enorme –de más de 1 m de largo–, y se calcula que el animal pesaría unos 250 kg. Esto hace de *Andrewsarchus* el mayor mamífero depredador terrestre que ha existido. Sus dientes puntiagudos están desgastados, lo que indica que no solo cazaba presas grandes, sino que también era carroñero. Sus enormes mandíbulas podían triturar los huesos de los animales muertos. Con todo, está más estrechamente emparentado con los modernos artiodáctilos que con los carnívoros.

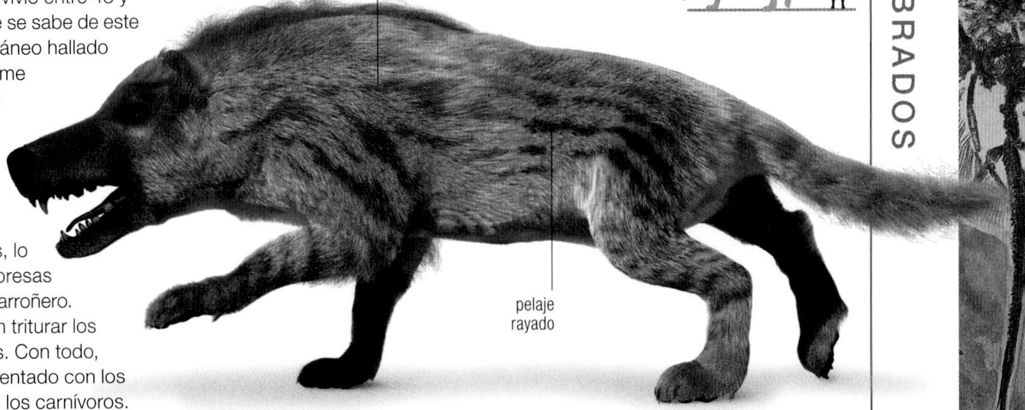
cuerpo robusto
pelaje rayado

DEPREDADOR FORMIDABLE
El enorme cráneo de este formidable depredador sugiere que su tamaño superaba al de las especies más grandes de osos.

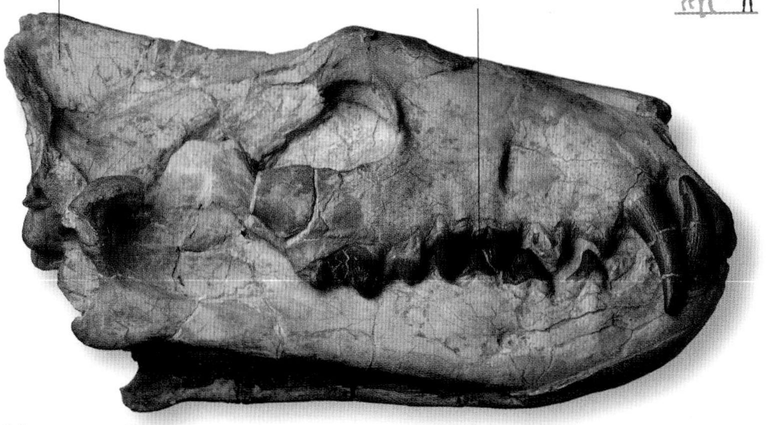
alta cresta sagital para el anclaje de los fuertes músculos maxilares
dientes yugales cortadores

Hyaenodon

GRUPO Placentarios
DATACIÓN Del Eoceno superior al Mioceno inferior
TAMAÑO 0,3-3 m de longitud
LOCALIZACIÓN Europa, Asia, África, América del Norte

Este mamífero depredador similar a un perro ocupó el hemisferio norte en el Oligoceno y sobrevivió en África durante el Mioceno inferior, hasta su extinción hace 15 MA. Hubo muchas especies de *Hyaenodon*, con un tamaño que oscilaba desde el de una comadreja hasta el de un león. Era uno de los superdepredadores de su tiempo, y poseía unos fuertes músculos y unas mandíbulas que podían triturar a sus presas.

EL ÚLTIMO CREODONTO
Aunque se parecía a las hienas actuales, con mandíbulas poderosas y afilados dientes para desgarrar carne y romper hueso, *Hyaenodon* no está emparentado con ellas. Fue el último superviviente de un grupo extinto de depredadores, los creodontos.

Hesperocyon

GRUPO Placentarios
DATACIÓN Del Eoceno superior al Mioceno medio
TAMAÑO 80 cm de longitud
LOCALIZACIÓN América del Norte

Hesperocyon es un género de cánidos extinto que vivió entre el Eoceno superior y el Mioceno medio en América del Norte. Es el miembro más antiguo conocido de la familia del perro, y se cree que tanto los perros como los zorros y lobos que han evolucionado durante los últimos 30 MA son parientes cercanos de este mamífero. Sin embargo, era bastante distinto de los perros actuales. Tenía una cola larga y flexible como la del coatí, patas relativamente cortas y un cráneo delicado, y era capaz de atacar solo a presas pequeñas, como aves y roedores. Sus dientes indican que era omnívoro, y es probable que comiera frutos y otros vegetales del suelo y los arbustos para completar su dieta carnívora.

COMO UN MAPACHE
Aunque *Hesperocyon* es pariente de perros y zorros, su pequeño esqueleto recuerda al de un mapache moderno, con una larga cola y las patas cortas.

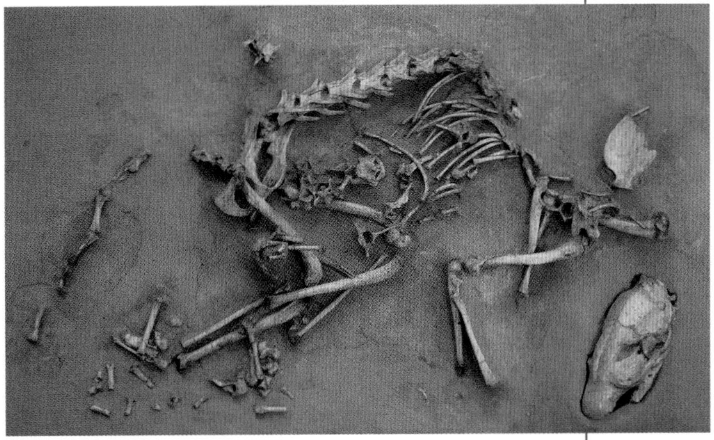

Icaronycteris

GRUPO Placentarios
DATACIÓN Eoceno medio
TAMAÑO 14 cm de longitud
LOCALIZACIÓN América del Norte, Europa, Asia

Este es uno de los murciélagos más primitivos conocidos. Se estudió a partir de un esqueleto completo procedente de los esquistos del Eoceno medio de la formación Green River (Wyoming, EE UU) (p. 351). Como otros murciélagos insectívoros, era un volador pequeño y hábil. Pudo usar la ecolocación para cazar presas, aunque era mucho más primitivo que cualquier murciélago vivo. Tenía una cola larga desligada de las patas traseras y el primer dedo de sus manos poseía una uña corva y no estaba unido a la membrana de vuelo, como en los animales actuales. *Onychonycteris*, aún más primitivo y hallado recientemente en los mismos depósitos, carece de los rasgos del oído interno indicativos de la ecolocación en los murciélagos modernos.

cola libre
ala formada por membrana epitelial
dedo con uña corva
hueso del dedo prolongado

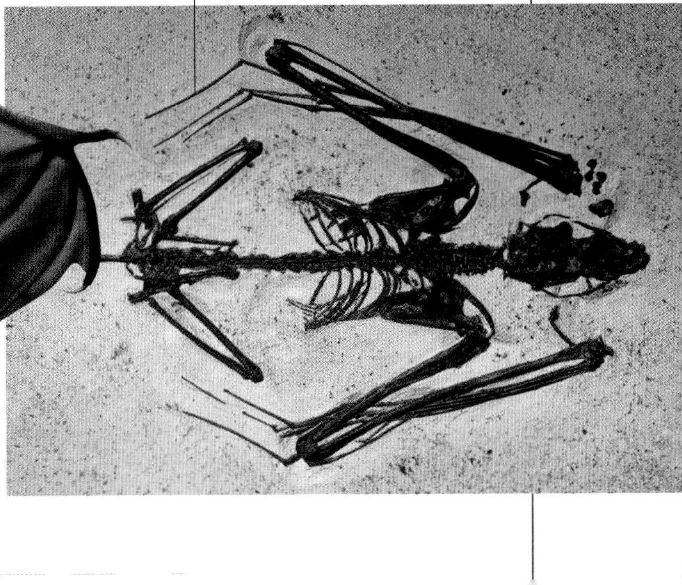
huesos del dedo

MANO ALADA
Como en los murciélagos actuales, las membranas de vuelo de *Icaronycteris* eran sustentadas por los largos huesos de los dedos. El nombre del orden de los murciélagos, quirópteros, significa «manos aladas».

Eurotamandua

GRUPO Placentarios
DATACIÓN Eoceno medio
TAMAÑO 1 m de longitud
LOCALIZACIÓN Alemania

Es uno de los osos hormigueros más antiguos conocidos, reconstruido a partir de un único esqueleto fósil completo. Aunque se pensó que estaba relacionado con el tamandúa (recuadro, abajo), estudios recientes han demostrado que *Eurotamandua* carece de las vértebras especializadas de los osos hormigueros y sus parientes, los perezosos y armadillos. Puede estar emparentado con los pangolines modernos de África y Asia, si bien no tiene las escamas típicas de este grupo. *Eurotamandua* carecía de dientes y tenía una lengua larga para succionar hormigas y termitas. Usaba las largas garras de sus patas delanteras para abrir nidos de insectos. Como los tamandúas de hoy, tenía una cola flexible para asirse a las ramas.

ESQUELETO ENTERO
Este esqueleto fue encontrado en Messel (Alemania). Los huesos estaban conservados en esquisto bituminoso, una mezcla de esquisto arcilloso y petróleo.

CIENCIA
TAMANDÚA

Eurotamandua recibió este nombre por su parecido con los tamandúas, osos hormigueros arborícolas de América Latina. Su aspecto es similar al de los osos hormigueros terrestres, con un largo hocico desdentado y una lengua pegajosa para atrapar hormigas y termitas, unas garras delanteras largas y afiladas para desgarrar nidos, y un pelaje corto e hirsuto. Pero solo mide 1 m de largo, pesa unos 7 kg y tiene una larga cola prensil que le sirve para encaramarse a los árboles.

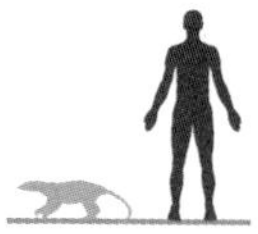

Protorohippus

GRUPO Placentarios
DATACIÓN Eoceno inferior y medio
TAMAÑO 38 cm de altura
LOCALIZACIÓN EE UU

Protorohippus (antes conocido como *Hyracotherium* o *Eohippus*) es uno de los primeros caballos conocidos. Sus fósiles se sacaron a la luz en el oeste de EE UU. Del tamaño de un sabueso, tenía las patas cortas, tetradáctilas las delanteras y tridáctilas las traseras. El nombre de *Hyracotherium* se aplicó a los primeros caballos americanos, pero estudios recientes han demostrado que es aplicable a un mamífero europeo similar a un caballo, no a un caballo auténtico.

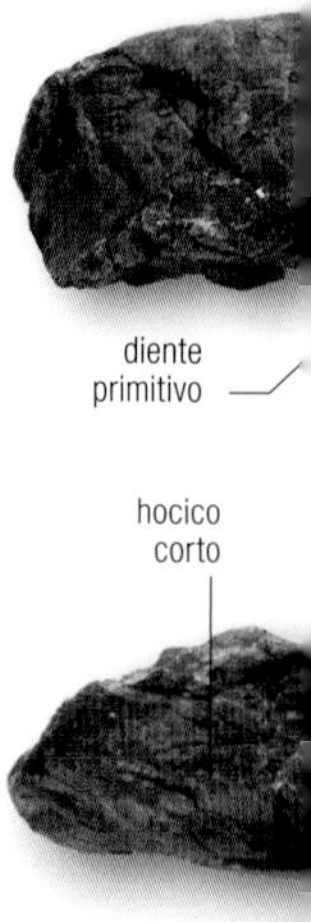
diente primitivo
hocico corto

MOLARES DE CORONA BAJA
Los primitivos molares de corona baja de *Protorohippus* eran muy similares a los de los tapiroideos primitivos, ancestros de los tapires actuales.

Eomys

GRUPO Placentarios
DATACIÓN Del Oligoceno superior al Mioceno medio
TAMAÑO 25 cm de longitud
LOCALIZACIÓN Europa, Asia

Eomys fue un pequeño roedor planeador del que se han hallado varios esqueletos casi completos. Estos muestran que tenía una larga membrana epitelial entre las patas delanteras y las traseras, similar a la de las ardillas voladoras de hoy. Aunque el *Eomys* eurasiático desarrolló un modo de vida planeador, muchos otros miembros de la familia eomíidos parecen haber sido más similares a ardillas terrestres o arborícolas. Los eomíidos se extinguieron hace 2 MA. Se cree que fueron parientes cercanos de la taltuza y el ratón de abazones.

Subhyracodon

GRUPO Placentarios
DATACIÓN Del Eoceno superior al Mioceno
TAMAÑO 2,5 m de longitud
LOCALIZACIÓN América del Norte

Subhyracodon fue un rinoceronte sin cuernos que vivió del Eoceno superior al Mioceno y que se ha hallado en rocas de toda América del Norte, en especial en las Big Badlands de Dakota del Sur (EE UU). Carecía de una coraza poderosa como los rinocerontes modernos y evitaba el peligro a la carrera, gracias a sus patas relativamente largas y esbeltas. Los dientes yugales eran de corona baja, apropiados para masticar las hojas de árboles y arbustos, y tenían las cúspides con la característica forma de Π, típica de los rinocerontes modernos. En el pasado se dio nombre a muchas especies de este género, pero en la actualidad estas han quedado reducidas a tres especies válidas. *Subhyracodon* está estrechamente emparentado con *Diceratherium*, un animal de mayor tamaño y con un par de crestas óseas sobre la nariz que, según se cree, ostentaban cuernos cortos.

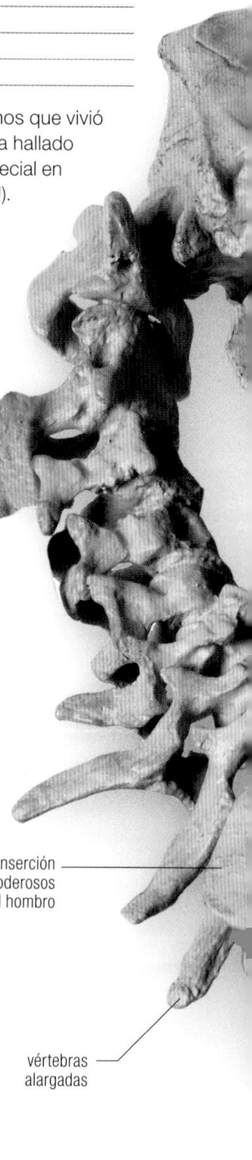
puntos de inserción para los poderosos músculos del hombro
vértebras alargadas

PATAS ESBELTAS
Subhyracodon tenía las extremidades más delgadas que los rinocerontes actuales y era un poco más pequeño que estos; aun así, tenía el tamaño de una vaca. Este espécimen es el esqueleto de un feto hallado en Wyoming (EE UU).

Palaeolagus

GRUPO Placentarios
DATACIÓN Eoceno superior y Oligoceno
TAMAÑO 25 cm de longitud
LOCALIZACIÓN América del Norte

Palaeolagus es uno de los conejos fósiles más antiguos que se conocen. Los pocos esqueletos completos hallados muestran que era similar a los conejos actuales, si bien sus patas traseras eran más cortas, y su cráneo y dientes más primitivos que los de la mayoría de los conejos posteriores. Se han reconocido al menos ocho especies, algunas de las cuales presentan una especialización de la región auditiva que indica un fino oído. Como sus parientes actuales, *Palaeolagus* tenía muchos depredadores, y su linaje ha desarrollado unas veloces patas para escapar de ellos.

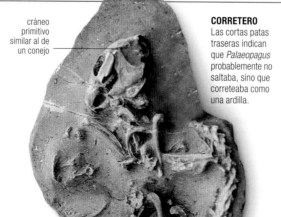

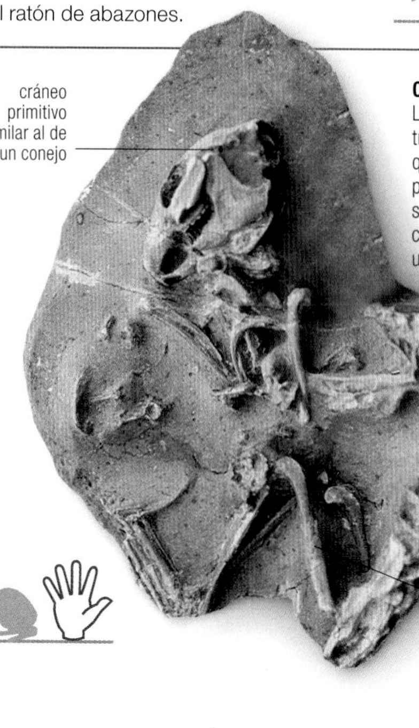
cráneo primitivo similar al de un conejo
patas traseras cortas

CORRETERO
Las cortas patas traseras indican que *Palaeopagus* probablemente no saltaba, sino que correteaba como una ardilla.

CRÁNEO PEQUEÑO
El hocico y la caja craneana eran menores que los de los caballos posteriores, y el hueco entre dientes anteriores y posteriores era más pequeño.

ANATOMÍA

LAS PEZUÑAS

Protorohippus tenía los pies adaptados para caminar en terrenos escarpados, con uñas cortas en todos sus dedos (pesuños). Al evolucionar los caballos, los dedos medios se alargaron y los laterales se redujeron, dando lugar a pies tridáctilos. En los caballos modernos, los dedos laterales están reducidos a dedos vestigiales y todo el peso recae en el dedo medio, convirtiéndolos en corredores eficaces.

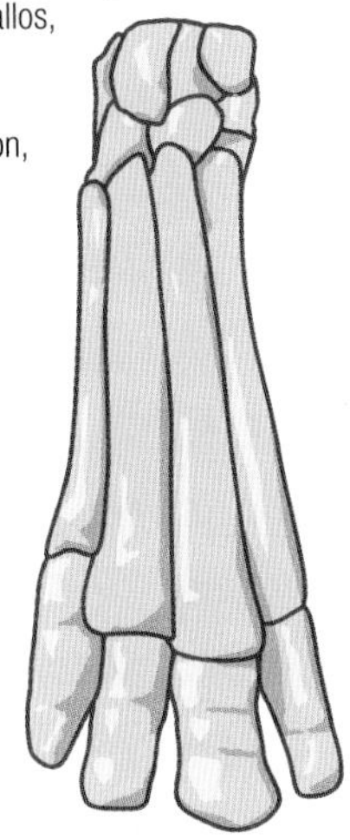

PIE ANTERIOR DE PROTOROHIPPUS

Mesohippus

GRUPO Placentarios
DATACIÓN Del Eoceno superior al Oligoceno superior
TAMAÑO 60 cm de altura
LOCALIZACIÓN América del Norte

Este caballo extinto, del tamaño de un perro grande, fue encontrado en los yacimientos fosilíferos de Big Badlands, en Dakota del Sur (EE UU), así como en Canadá y México. Como los caballos modernos, tenía el hocico largo con un hueco entre los dientes anteriores y los yugales. Su dentición muestra que era folívoro (comía sobre todo hojas). Durante el Oligoceno inferior hubo más de una docena de especies. Hacia el final de esta época, vivió en varios enclaves junto a su pariente *Miohippus*.

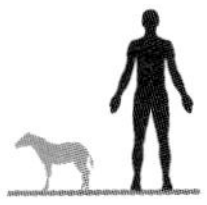

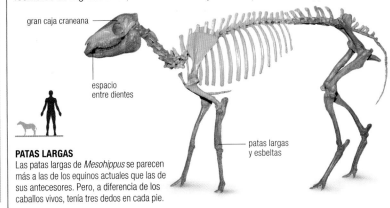

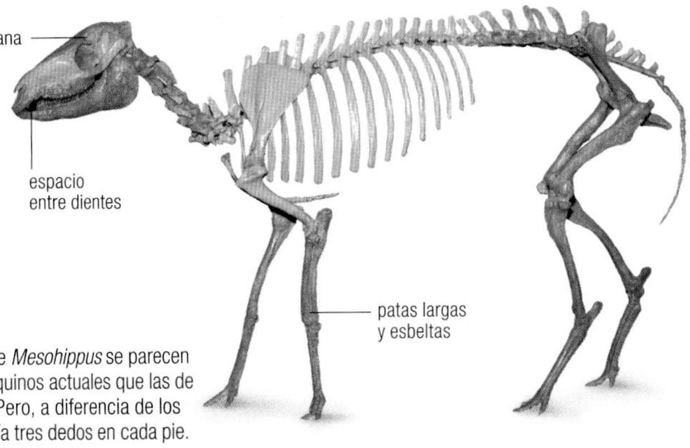
gran caja craneana
espacio entre dientes
patas largas y esbeltas

PATAS LARGAS
Las patas largas de *Mesohippus* se parecen más a las de los equinos actuales que las de sus antecesores. Pero, a diferencia de los caballos vivos, tenía tres dedos en cada pie.

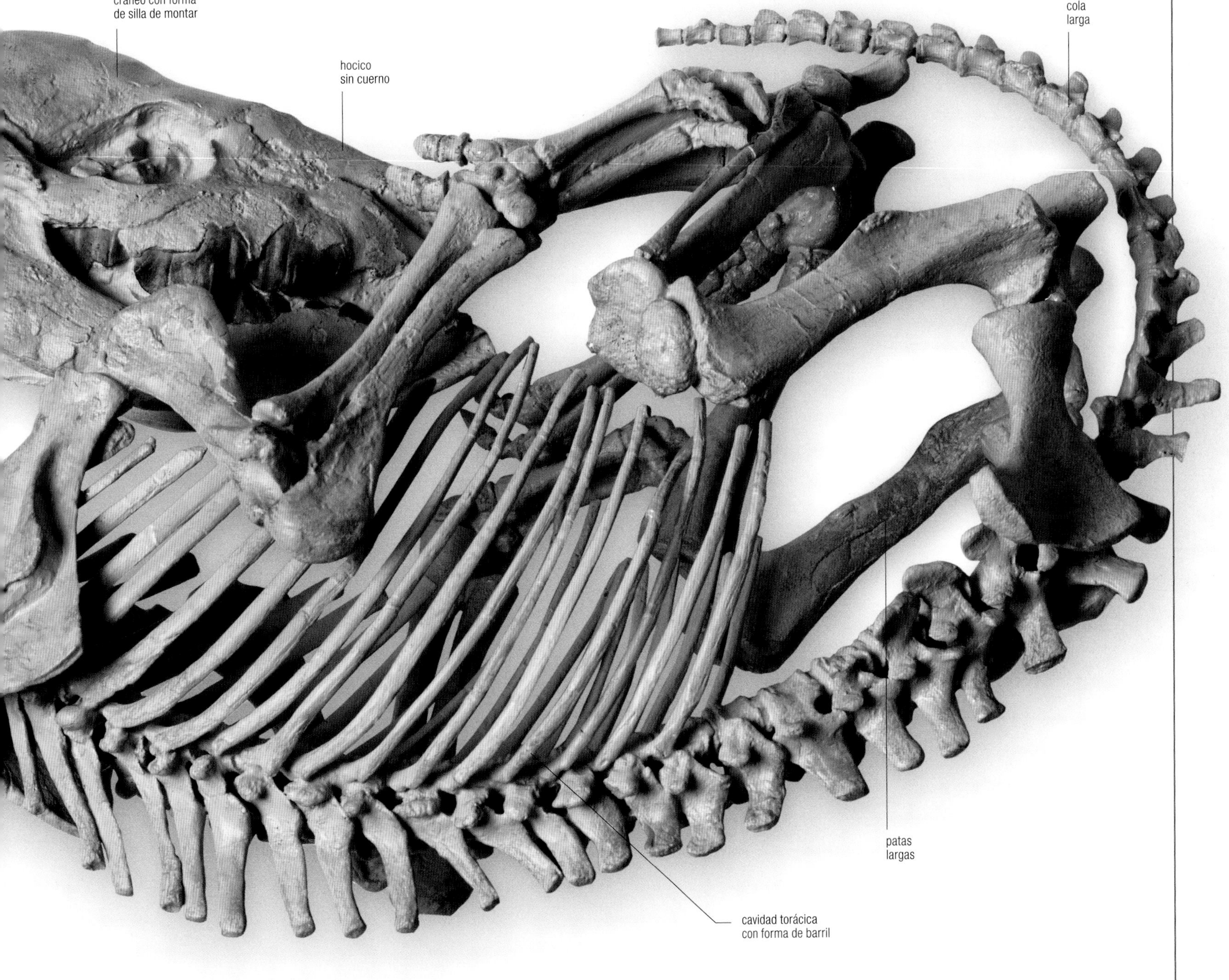
cráneo con forma de silla de montar
hocico sin cuerno
cola larga
patas largas
cavidad torácica con forma de barril

Megacerops

GRUPO Placentarios
DATACIÓN Eoceno superior
TAMAÑO 3 m de longitud
LOCALIZACIÓN América del Norte

Este animal fue el último y el más grande de los brontoterios («bestias del trueno»). Tenía el tamaño de un rinoceronte blanco y vivió en las Grandes Llanuras de América del Norte. Sobre la nariz tenía un cuerno bifurcado, que es probable que usara para pelear a topetazos en las exhibiciones de cortejo.

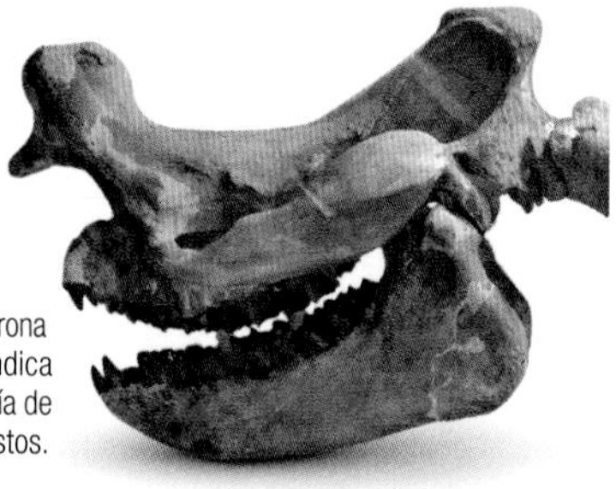

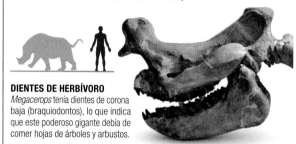

DIENTES DE HERBÍVORO
Megacerops tenía dientes de corona baja (braquiodontos), lo que indica que este poderoso gigante debía de comer hojas de árboles y arbustos.

Mesoreodon

GRUPO Placentarios
DATACIÓN Oligoceno superior
TAMAÑO 1,3 m de longitud
LOCALIZACIÓN EE UU

Mesoreodon era un oreodonto, un tipo extinto de mamíferos ungulados del tamaño de una oveja con dedos pares (artiodáctilo) y unos caninos afilados que usaría para la exhibición y la defensa. Los oreodontos no eran grandes corredores y debían de vivir en manadas para protegerse. Se han hallado varios esqueletos completos; uno conservaba las cuerdas vocales osificadas, que muestran que podía emitir fuertes sonidos como los actuales monos aulladores. Estas llamadas podían alertar de ataques a la manada o ahuyentar a los depredadores.

ojos grandes
mandíbula robusta

ANATOMÍA NO ESPECIALIZADA
El esqueleto de *Mesoreodon* no muestra evidencias de especialización para un tipo de vida concreto. Tenía ojos grandes, mandíbulas robustas y dientes yugales con cúspides en forma de media luna para comer hojas.

Leptomeryx

GRUPO Placentarios
DATACIÓN Del Eoceno superior al Oligoceno superior
TAMAÑO 1 m de longitud
LOCALIZACIÓN América del Norte

Leptomeryx fue un rumiante sin cuernos del Eoceno superior y el Oligoceno. Sus fósiles, hallados en muchas zonas de América del Norte, son unos de los más abundantes en los lechos fosilíferos de las Big Badlands de Carolina del Sur (EE UU). Era del tamaño aproximado de un ciervo ratón. Tenía unas patas relativamente delgadas y acabadas en pies con dos dedos o pesuños, lo que le sitúa entre los artiodáctilos, mamíferos con pezuñas y dedos pares. Aunque tan solo está lejanamente emparentado con los ciervos ratón, tenía muchos rasgos similares, entre ellos su porte frágil, la ausencia de astas o cuernos y, en el caso de los machos, unos caninos superiores alargados que sobresalían como pequeños colmillos. Estudios recientes han revelado que fue uno de los rumiantes más primitivos y, por tanto, pariente lejano de todos ellos, incluidos ciervos, bóvidos y camellos.

Leptomeryx fue **uno de los mamíferos más comunes** en América del Norte durante el Oligoceno inferior.

ESQUELETOS SIMILARES
Se han descrito seis especies de *Leptomeryx*. Sus esqueletos son demasiado parecidos para diferenciarlas, por lo que se identifican por la forma de los dientes.

Darwinius

GRUPO Placentarios
DATACIÓN Eoceno medio
TAMAÑO 90 cm de longitud
LOCALIZACIÓN Alemania

Este primate del tamaño de una ardilla, apodado «Ida», es notable por ser el primate fósil más completo que se ha hallado jamás: incluso se ha conservado en su estómago su última comida de hojas y frutas. Su esqueleto muestra que fue un trepador ágil, pero no especializado, y algunos científicos piensan que, aunque el animal sea técnicamente un prosimio, está cercano al origen de los primates antropoides.

FÓSIL NOTABLE
Descubierto en 1983, este fósil permaneció oculto en una colección privada hasta que se dio a conocer como *Darwinius masillae* en 2009.

Eosimias

GRUPO Placentarios
DATACIÓN Eoceno medio
TAMAÑO 5 cm de longitud
LOCALIZACIÓN China

manos prensiles

Eosimias es uno de los llamados simios antropoides (grupo que incluye a monos y hominoideos) más antiguos que se conocen. Hallado en yacimientos del Eoceno medio en Shanxi (China), era un primate muy pequeño: algunos especímenes apenas tenían el tamaño de un pulgar humano. Sus manos prensiles y la cola larga le daban el aspecto de un tití, aunque no es pariente suyo. Como los tities, es probable que atrapase insectos para complementar su dieta frugívora. La presencia de este animal y de algunas otras especies de antropoides en el Eoceno asiático señala a Asia como el lugar de origen de este grupo, no a África, como se asumió en el pasado.

UÑA DE ASEO
Los fósiles de *Eosimias* muestran que su segundo dedo tenía una uña de aseo similar a la de ciertos primates vivos. Usaría esta uña especializada a modo de peine para acicalarse.

Ambulocetus

GRUPO Placentarios
DATACIÓN Eoceno inferior
TAMAÑO 3 m de longitud
LOCALIZACIÓN Pakistán

Ancestro de los cetáceos actuales, *Ambulocetus* conservaba unas patas robustas y podía andar y nadar por igual. Pudo cazar como los cocodrilos, acechando en aguas poco profundas y abalanzándose a tierra para capturar presas cercanas a la orilla. Se sabe que era pariente de los cetáceos modernos por la forma de su cráneo y de sus dientes. La similitud de la mandíbula y del oído medio indica que, como los cetáceos, estaba especializado para la audición subacuática y que pudo carecer de oído externo para captar sonidos en tierra. Es uno de los muchos fósiles transicionales que muestran cómo evolucionaron los cetáceos a partir de mamíferos terrestres.

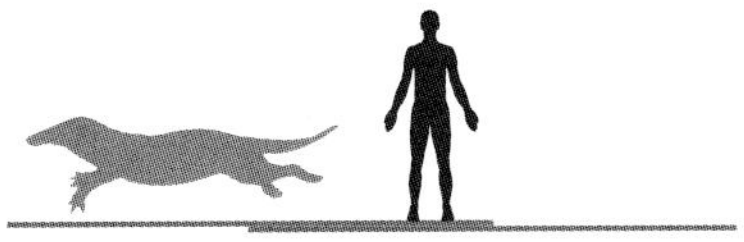

BUEN NADADOR
Tenía pies palmeados para remar. Probablemente nadaba con un movimiento de flexión vertical de la columna y la cola, como las nutrias actuales.

Moeritherium

GRUPO Placentarios
DATACIÓN Del Eoceno superior al Oligoceno inferior
TAMAÑO 3 m de longitud
LOCALIZACIÓN África

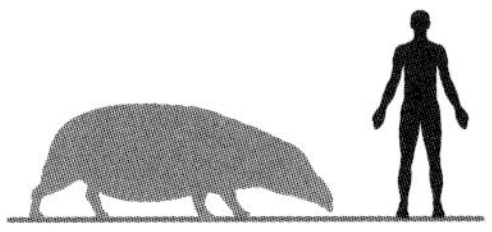

Moeritherium fue uno de los primeros parientes fósiles de los proboscídeos, la familia que agrupa a elefantes y mamuts. Su corta probóscide le hacía similar a un tapir. Sin embargo, también poseía colmillos cortos como otros proboscídeos, y muchos otros rasgos del cráneo y el esqueleto muestran su relación con estos, y no con los tapires. El hecho de que *Moeritherium* fuera semiacuático ha llevado a los científicos a especular que los primeros proboscídeos también lo fueron y que se volvieron totalmente terrestres más adelante.

DIENTES MOLEDORES
Los dientes de *Moeritherium* estaban adaptados para comer hojas y vegetación acuática blanda.

NEÓGENO

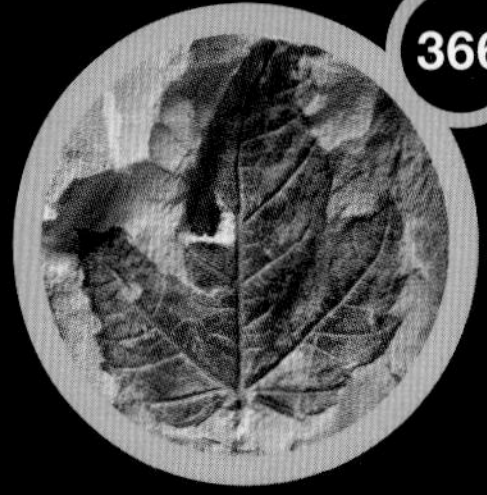

366 Plantas

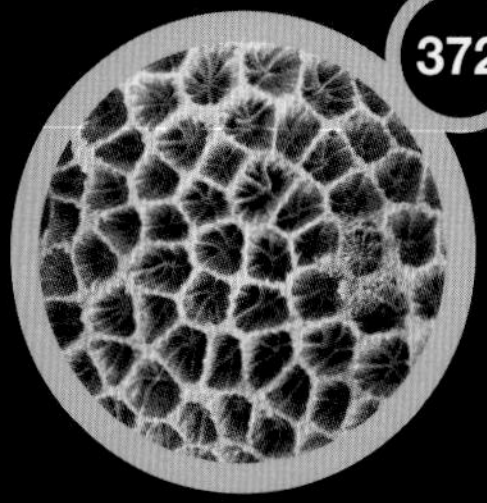

372 Invertebrados

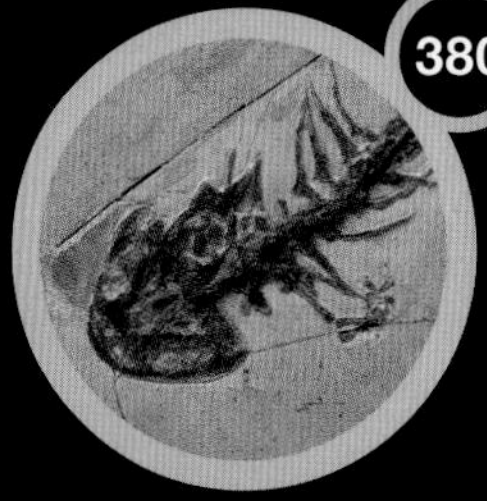

380 Vertebrados

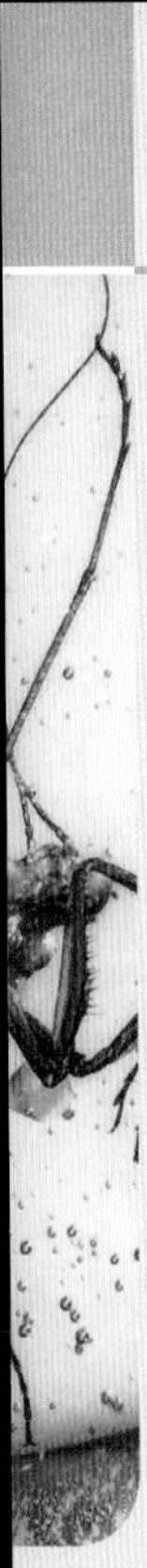

Neógeno

Durante el Neógeno la Tierra se sumió en una glaciación. Al haber más agua circulando en la atmósfera –procedente del océano Atlántico–, aumentaron las nevadas en la Antártida y la lámina de hielo creció hasta sus dimensiones actuales. Cuando la Tierra se enfrió y se volvió más seca, los herbazales se extendieron a expensas del bosque, y muchos mamíferos herbívoros y sus depredadores tuvieron que adaptarse a las llanuras abiertas.

CADENAS MONTAÑOSAS
Las continuas colisiones entre las placas tectónicas de la Tierra crearon grandes cadenas montañosas, como los Andes y el Himalaya, así como la meseta del Tíbet.

Océanos y continentes

Durante el Neógeno aparecieron muchos mamíferos modernos, entre ellos *Australopithecus*, uno de nuestros antecesores. Muchos rasgos de la geografía del mundo actual iban tomando forma. La placa india, que continuaba presionando debajo de Asia, levantó aún más el Himalaya y cerró el gran océano Tetis. Debido al movimiento hacia el norte de las placas africana, arábiga y australiana, España chocó con Francia formando los Pirineos; Italia, con Francia y Suiza, creando los Alpes; Arabia, con Irán, creando los Zagros; y más recientemente, Australia con la placa euroasiática, formando Indonesia. Durante el proceso de formación de montañas, la corteza continental se comprimió horizontalmente debido a la convergencia de las placas tectónicas. La superficie ocupada por los continentes menguó ligeramente y la de las cuencas oceánicas aumentó en consecuencia, lo que hizo descender el nivel del mar. Estos cambios debieron de contribuir al enfriamiento de la Tierra, lo cual transformó sus ecosistemas. Al menguar los bosques a favor de las praderas en las latitudes medias, los mamíferos con pezuñas, como los caballos, desarrollaron dientes adaptados para pacer y largas patas para huir de los depredadores. La reciente formación del istmo de Panamá también afectó al clima global al alterar la circulación oceánica (p. 24), y la unión de los continentes americanos permitió que la fauna y la flora, separadas hasta entonces, migraran libremente. Así, félidos, ofidios, tapires, cánidos y cérvidos migraron hacia el sur, mientras que colibríes, zarigüeyas, armadillos y perezosos se desplazaron hacia el norte.

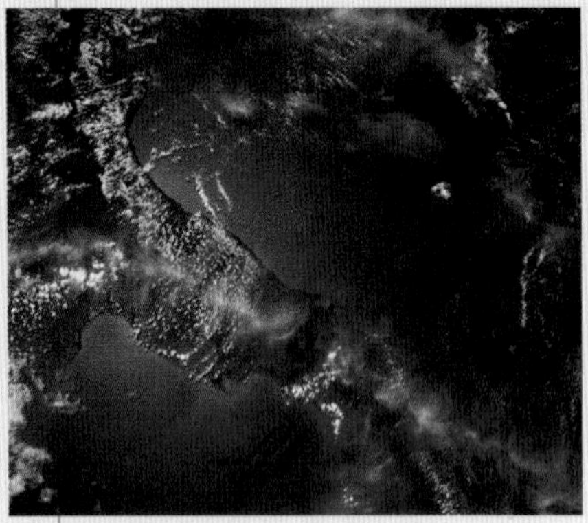

PUENTE TERRESTRE DE PANAMÁ
Hace unos 3 MA, el istmo de Panamá unió los continentes americanos, modificando así las rutas de las corrientes en los océanos Pacífico y Atlántico.

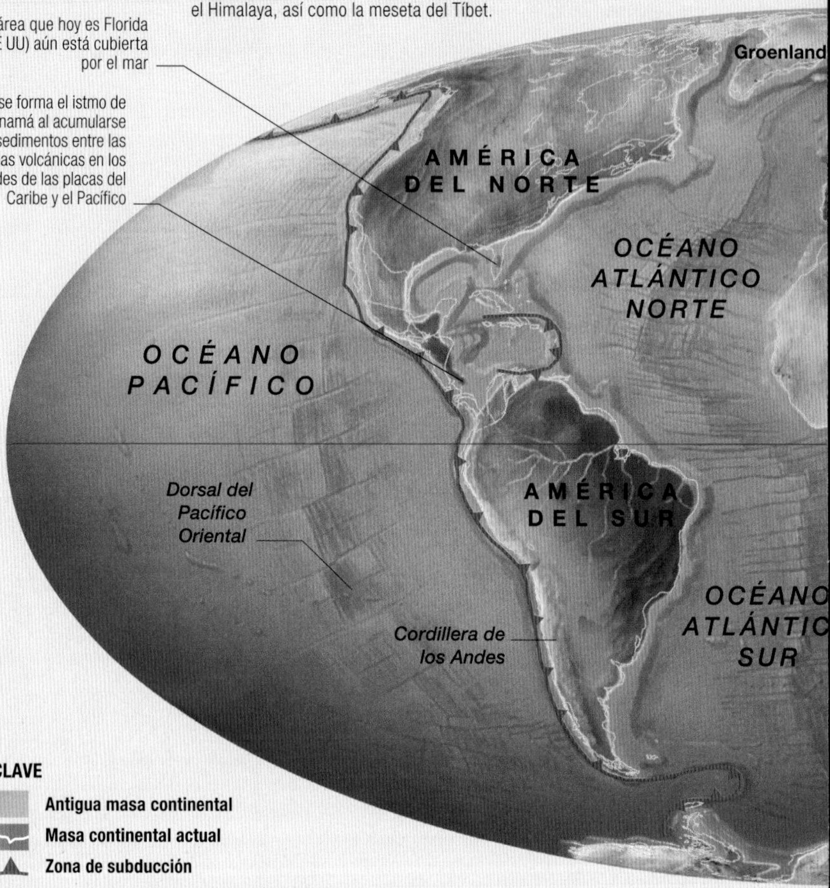

el área que hoy es Florida (EE UU) aún está cubierta por el mar
se forma el istmo de Panamá al acumularse sedimentos entre las islas volcánicas en los bordes de las placas del Caribe y el Pacífico
Groenland
AMÉRICA DEL NORTE
OCÉANO ATLÁNTICO NORTE
OCÉANO PACÍFICO
Dorsal del Pacífico Oriental
AMÉRICA DEL SUR
Cordillera de los Andes
OCÉANO ATLÁNTIC SUR
CLAVE
Antigua masa continental
Masa continental actual
Zona de subducción

MAPA DEL MUNDO A MEDIADOS DEL NEÓGENO
Han aparecido algunas cordilleras actuales, incluidos el Himalaya, los Alpes y los Pirineos. El istmo de Panamá une ambas Américas.

MIOCENO

MA 25 20 15

PLANTAS
- **15** Expansión de la vegetación perenne de hoja ancha y de las coníferas en el hemisferio norte; reducción de los bosques de hoja ancha

INVERTEBRADOS

VERTEBRADOS
- **20** Primeros grandes osos hormigueros; primeras jirafas; aumenta la diversidad de las aves
- **15** Primer *Mastodon*; primeros bóvidos; primeros canguros; se diversifica la megafauna australiana: tilacoleónidos (abajo), tilacínidos, diprotodóntidos y vombátidos

THYLACOLEO

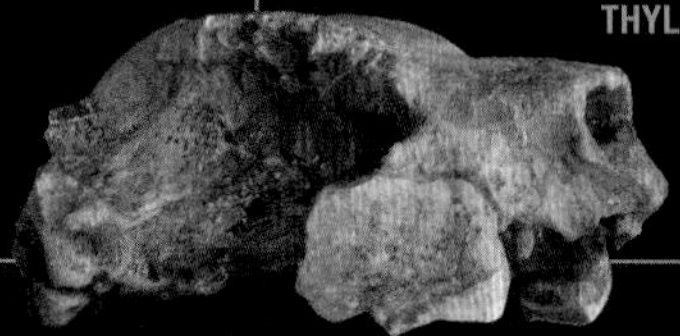

VEGETACIÓN DE SABANA
Mientras evolucionaban las plantas de sabana en las zonas áridas de las bajas latitudes, los artiodáctilos, incluida la jirafa, se adaptaban para ramonear y digerir las duras plantas de sus hábitats herbáceos.

Clima

A principios del Neógeno se consolidó la Corriente Circumpolar Antártica, aislando la Antártida como una región fría. El descenso de la temperatura del agua se reflejó en un cambio de los sedimentos ricos en carbonatos por los ricos en sílice. Hace 12-14 MA descendieron las temperaturas globales y se acumuló más hielo en el este de la Antártida, pero así como la temperatura del mar descendió bruscamente en los polos, esta continuó siendo elevada, de unos 22-24 °C, en las bajas latitudes. Hace unos 15 MA se desarrolló una vegetación seca tipo sabana en las bajas latitudes, y hacia finales del Mioceno los casquetes de hielo se extendieron mucho, haciéndose aún mayores que hoy. Hace 5,2 y 4,8 MA hubo dos períodos de expansión glacial, separados por una fase cálida, que duraron unos 15 000 años cada uno. Pero en el polo Norte el hielo aún no era perpetuo. El clima más frío hizo bajar el nivel del mar al quedar atrapada agua en las regiones polares. Aunque a principios del Plioceno el clima se calentó durante un corto período, empezó a enfriarse otra vez y se formaron grandes láminas de hielo en el hemisferio norte. Este clima cambiante obligó a los animales a emplear nuevas estrategias para sobrevivir, como la formación de manadas y la migración estacional en los mamíferos con pezuñas, o la excavación y la hibernación en los roedores primitivos.

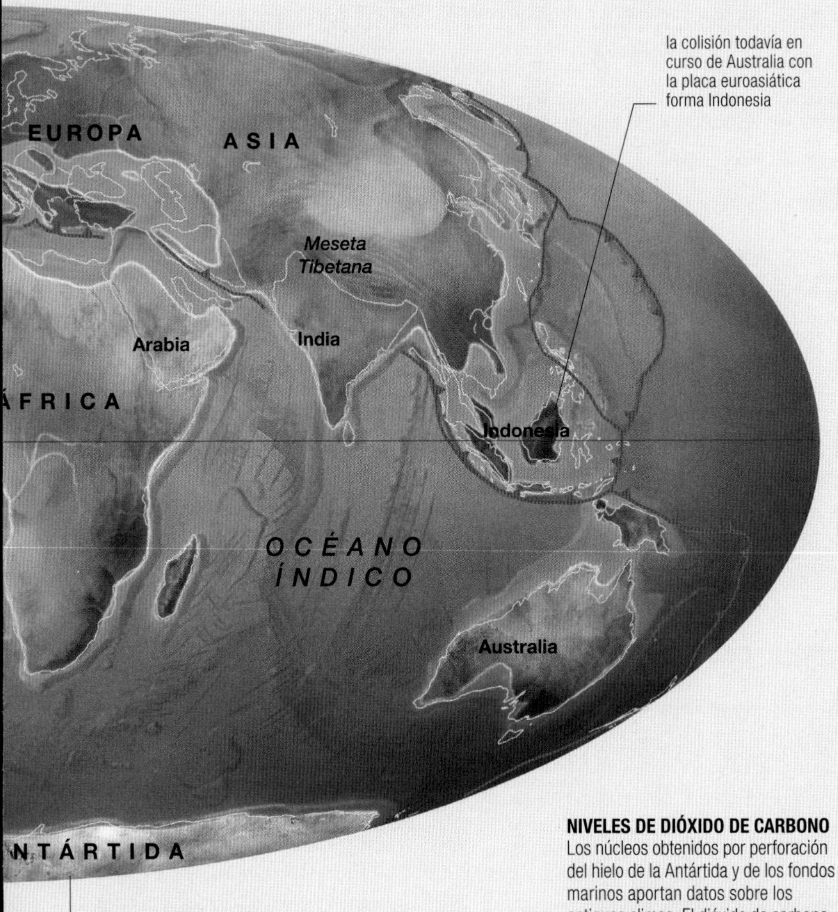
la colisión todavía en curso de Australia con la placa euroasiática forma Indonesia
EUROPA
ASIA
Meseta Tibetana
Arabia
India
ÁFRICA
Indonesia
OCÉANO ÍNDICO
Australia
ANTÁRTIDA
la Antártida se extiende en torno al polo Sur y está cubierta por un casquete de hielo

ESTRECHO DE GIBRALTAR
La cuenca mediterránea quedó aislada hace 5,7 MA, cuando bajó el nivel del mar. Se secó en parte, dejando un enorme salar hasta hace 5 MA, cuando se abrió el estrecho de Gibraltar (arriba, izda.).

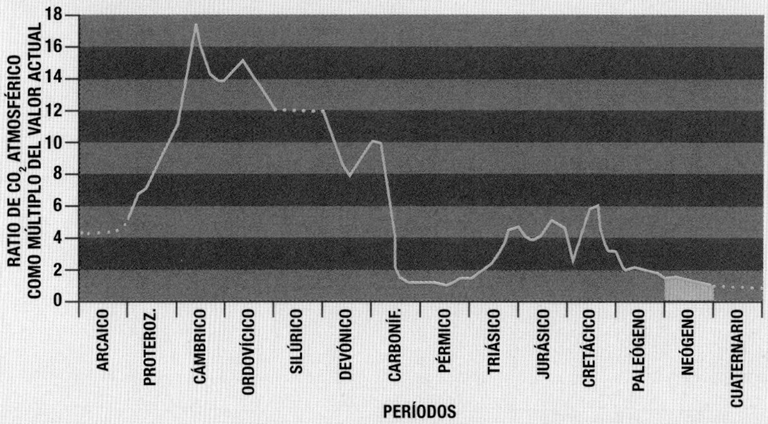
RATIO DE CO_2 ATMOSFÉRICO COMO MÚLTIPLO DEL VALOR ACTUAL
18
16
14
12
10
8
6
4
2
0
ARCAICO
PROTEROZ.
CÁMBRICO
ORDOVÍCICO
SILÚRICO
DEVÓNICO
CARBONÍF.
PÉRMICO
TRIÁSICO
JURÁSICO
CRETÁCICO
PALEÓGENO
NEÓGENO
CUATERNARIO
PERÍODOS

NIVELES DE DIÓXIDO DE CARBONO
Los núcleos obtenidos por perforación del hielo de la Antártida y de los fondos marinos aportan datos sobre los antiguos climas. El dióxido de carbono atmosférico fue bastante estable durante la mayor parte del Neógeno pese a los cambios climáticos.

PLIOCENO

10 — 5 — 0 MA

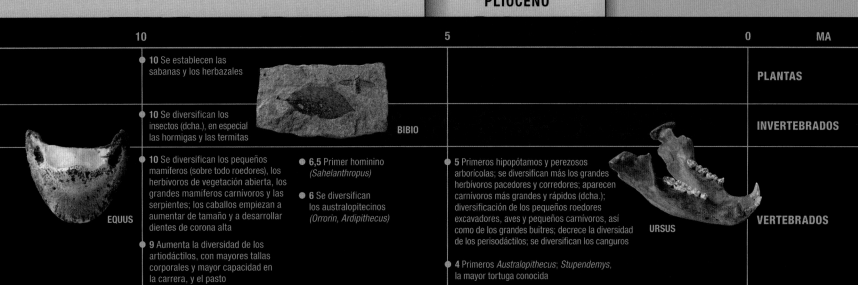

PLANTAS
- **10** Se establecen las sabanas y los herbazales

INVERTEBRADOS
- **10** Se diversifican los insectos (dcha.), en especial las hormigas y las termitas

BIBIO

VERTEBRADOS
- **10** Se diversifican los pequeños mamíferos (sobre todo roedores), los herbívoros de vegetación abierta, los grandes mamíferos carnívoros y las serpientes; los caballos empiezan a aumentar de tamaño y a desarrollar dientes de corona alta
- **9** Aumenta la diversidad de los artiodáctilos, con mayores tallas corporales y mayor capacidad en la carrera, y el pasto
- **6,5** Primer hominino *(Sahelanthropus)*
- **6** Se diversifican los australopitecinos *(Orrorin, Ardipithecus)*
- **5** Primeros hipopótamos y perezosos arborícolas; se diversifican más los grandes herbívoros pacedores y corredores; aparecen carnívoros más grandes y rápidos (dcha.); diversificación de los pequeños roedores excavadores, aves y pequeños carnívoros, así como de los grandes buitres; decrece la diversidad de los perisodáctilos; se diversifican los canguros
- **4** Primeros *Australopithecus*; *Stupendemys*, la mayor tortuga conocida

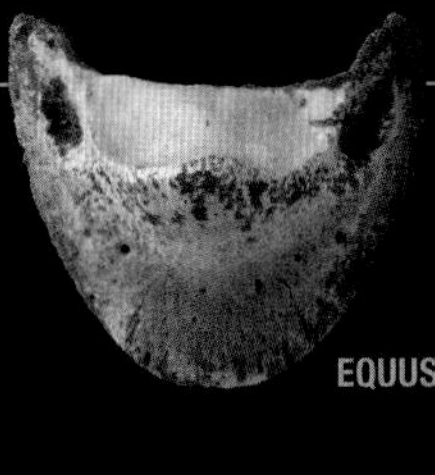

EQUUS

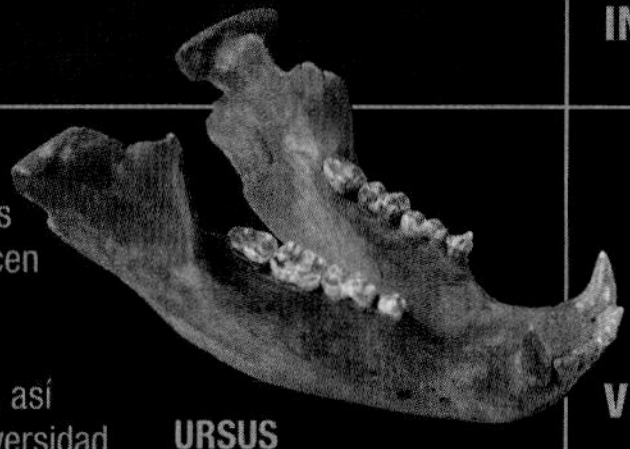

URSUS

NEÓGENO
PLANTAS

El espectacular enfriamiento climático que se inició hacia el límite Paleógeno-Neógeno, junto con el gran levantamiento montañoso en Asia y las Américas, tuvieron un enorme impacto sobre la vegetación global. La creciente separación de los continentes produjo floras típicas en diferentes partes del mundo.

El Neógeno marca el inicio del verdadero mundo moderno, con continentes ampliamente separados y un brusco gradiente de temperaturas entre las frías áreas de las latitudes elevadas y las cálidas regiones ecuatoriales. A medida que los climas y la geografía se fueron aproximando a los actuales, la flora del Neógeno fue adquiriendo un aspecto cada vez más moderno.

Bosques estacionales

Los climas más fríos del Neógeno hicieron que las plantas amantes del calor quedaran cada vez más restringidas a los trópicos y los subtrópicos. Al norte de los trópicos, las áreas con climas más estacionales quedaron dominadas por árboles como robles, arces y hayas. Bajo el dosel de estos árboles caducifolios se adaptó una nueva flora de efímeras primaverales. Aún más al norte se desarrollaron los bosques boreales, dominados por las coníferas. Los bosques templados se extendieron a lo ancho del hemisferio norte. Su composición similar sugiere la relativa facilidad de migración a través del estrecho de Bering y del Atlántico Norte durante los períodos cálidos del Paleógeno. Los bosques templados se desarrollaron mucho menos en el hemisferio sur, donde hay mucha menos tierra emergida en las latitudes equivalentes. En los bosques templados del hemisferio sur, como los de Chile, Nueva Zelanda y Tasmania, continuaron dominando las hayas australes, como ya sucedía desde el Cretácico superior.

NUEVOS TIPOS DE HÁBITATS
Los climas más secos, quizá combinados con una mayor presión de los animales pacedores y un aumento en la frecuencia de los incendios, crearon nuevos hábitats.

BOSQUE DE ARCES
Los bosques templados de la actualidad, dominados por árboles como los arces y los robles, empezaron a extenderse al enfriarse el clima durante el Neógeno.

Praderas

Además del enfriamiento global, un rasgo clave del Neógeno fueron los climas más secos en muchas partes del mundo. En Australia esta tendencia a la desecación fue especialmente aguda, pero también se dio en Asia y en las Américas, donde se vio acentuada por el desarrollo de «sombras de lluvia» debidas al levantamiento de los Andes, las Montañas Rocosas y el Himalaya. Las gramíneas explotaron con gran eficacia estos nuevos hábitats secos.

GRUPOS

Muchos nuevos tipos de plantas con flores, en especial grupos característicos de hábitats abiertos, aumentaron en diversidad y fueron más importantes durante el Neógeno. Además, los cambios climáticos propiciaron una ulterior diversificación a nivel específico en casi todos los grupos de plantas terrestres durante este período.

HELECHOS
Los helechos tienen un registro fósil escaso durante el Neógeno, en especial si se compara con las floras mesozoicas y anteriores. Sin embargo, la diversidad de los helechos vivientes revela que este grupo siguió diversificándose durante el Cenozoico. Muchos helechos actuales muestran todos los signos de una muy activa evolución.

CONÍFERAS
Los cambios en el clima global durante el Neógeno se tradujeron en una extinción regional de muchos grupos de coníferas. Taxones antaño muy extendidos, como las secuoyas, quedaron restringidas a un área mucho más pequeña. La flora fósil del Mioceno de Clarkia (EE UU) contiene muchas coníferas que hoy día están restringidas al este de Asia.

MONOCOTILEDÓNEAS
Aunque la mayoría de los principales grupos de monocotiledóneas ya existían durante el Paleógeno, los cambiantes climas del Neógeno facilitaron su ulterior diversificación. Aparte de la gran explosión de gramíneas del Neógeno, es probable que la diversificación de muchos grupos de monocotiledóneas de la región mediterránea date de este período.

EUCOTILEDÓNEAS
La rápida diversificación de las eucotiledóneas prosiguió durante el Neógeno. Muchos grupos de eucotiledóneas herbáceas aparecen por primera vez en el registro fósil. Estos grupos representan una proporción importante de la diversidad total de las angiospermas actuales, lo que indica que la mayor parte de estas tienen un origen reciente.

Taxodium

GRUPO Coníferas
DATACIÓN Del Cretácico a la actualidad
TAMAÑO Hasta 40 m de altura
LOCALIZACIÓN Latitudes septentrionales elevadas

La flora septentrional del Terciario inferior que crecía en el actual cinturón Ártico apareció durante el Cretácico superior. A medida que el clima se enfriaba, la flora iba migrando hacia el sur. Las comunidades vegetales de estas áreas meridionales más templadas estaban dominadas por árboles y arbustos de hoja ancha del género *Taxodium*. En las áreas en las que la flora no podía migrar hacia el sur debido a las cordilleras, las plantas se extinguieron. El cretácico *Parataxodium* fue el antecesor de *Taxodium*, *Sequoiadendron, Sequoia* (p. 276) y probablemente *Metasequoia* (p. 343). Los *Taxodium* actuales son fáciles de reconocer, pero los fósiles no. Sus brotes tienen dos hileras planas de hojas aciculares, pero son similares a las de *Metasequoia*. Sus conos masculinos y femeninos son más distintivos pero poco frecuentes.

eje del cono
cono masculino

TAXODIUM DUBIUM
Esta conífera produce grandes cantidades de conos masculinos a los lados de los ejes péndulos.

cono femenino
brote

CONOS FEMENINOS
Los grandes y esféricos conos femeninos se forman en los extremos de los brotes foliares.

PARIENTE VIVO
TAXODIUM

Las tres especies actuales de *Taxodium* se hallan confinadas en el sur de América del Norte, México y Guatemala. El ciprés de los pantanos prospera en el golfo de México, donde alcanza los 40 m. En zonas húmedas tiene un tronco con arbotantes y raíces aéreas. Sus hojas se vuelven marrones y caen en otoño.

Taxites

GRUPO Coníferas
DATACIÓN Del Cretácico a la actualidad
TAMAÑO Brotes de hasta 12 cm de longitud
LOCALIZACIÓN Latitudes septentrionales elevadas

Taxites es un nombre genérico que en ocasiones reciben los brotes foliares que de hecho son los «brotes cortos» de *Taxodium* (izda.) que se han desprendido de forma natural de los árboles (abscisión), algo que sucedía estacional o anualmente. Las hojas lineares se unían al brote en espiral. Debido a su abscisión, los brotes se encuentran a menudo en gran número, hasta centenares en un mismo estrato.

TAXITES LANGSDORFI
Las hojas lineares y aplanadas de *T. langsdorfi* se disponen en espiral respecto al eje; están enrolladas y parecen extenderse en dos hileras.

Glyptostrobus

GRUPO Coníferas
DATACIÓN Del Cretácico a la actualidad
TAMAÑO Hasta 35 m de altura
LOCALIZACIÓN Latitudes elevadas del hemisferio norte

Los primeros registros de *Glyptostrobus* proceden del Cretácico superior de Japón, América del Norte y las Spitzbergen. Existen muchos más registros paleógenos y neógenos de brotes y conos en el hemisferio norte y hasta las latitudes del alto Ártico actual. Las hojas se disponían en espiral en los brotes, formando tres hileras a lo largo de los mismos. Hoy día solo existe una especie, *Glyptostrobus pensilis*, que crece en el sureste subtropical de China y en Vietnam.

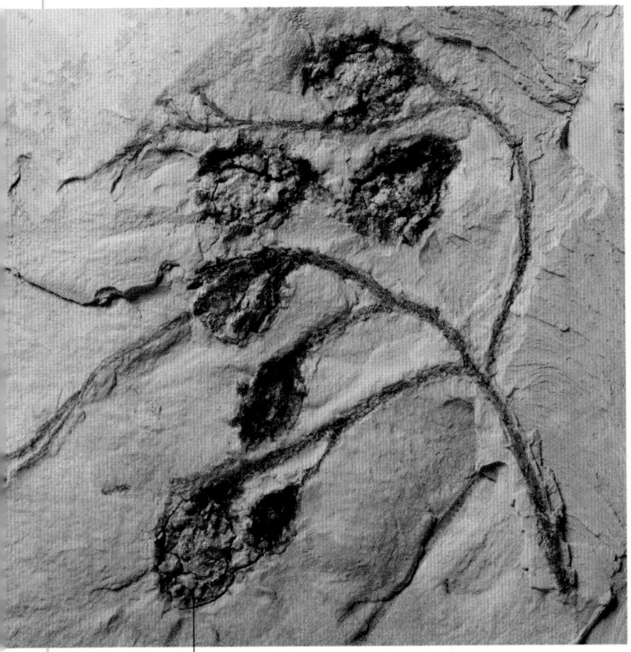
cono femenino

GLYPTOSTROBUS SP.
Los conos femeninos de esta conífera miden entre 1,5 y 2 cm de longitud y se forman en los ápices de los brotes foliares.

nervio secundario
nervio central prominente

MAGNOLIA LONGIPETIOLATA
Las hojas fósiles como esta a menudo se han asignado a géneros actuales basándose en su similitud superficial con las plantas actuales.

Magnolia

GRUPO Angiospermas
DATACIÓN Del Cretácico a la actualidad
TAMAÑO Hasta 45 m de altura
LOCALIZACIÓN Hemisferio norte templado

Los caracteres que permiten asignar las hojas fosilizadas de este taxón al actual género *Magnolia* son sus formas alargadas con bordes curvos, ápices que se afilan gradualmente, peciolos robustos, nervio central patente, nervios secundarios paralelos que parten con menos de 45° y un retículo de nervios terciarios. El tamaño de la hoja varía en una misma planta, por lo que no es un buen rasgo para la identificación de especies. Se conocen restos fósiles de *Magnolia* del Paleógeno y del Neógeno. Durante estos períodos el género se desarrolló en ambientes ligeramente húmedos, como arbustos y árboles del sotobosque o en claros a orillas de los ríos, y se extendió a terrenos más elevados en los márgenes de hábitats más abiertos. Hoy día es natural en bosques abiertos de zonas templadas y templadas-cálidas del este de Asia.

PARIENTE VIVO
MAGNOLIA

Magnolia comprende unas 70 especies de árboles y arbustos de hojas simples y correosas y flores grandes y bisexuales. Las vistosas estructuras petaloides blancas o rosadas rodean numerosos estambres y una masa central de carpelos libres. En muchas especies las flores aparecen antes que las hojas.

Tectocarya

GRUPO Angiospermas
DATACIÓN Del Paleógeno medio al Neógeno
TAMAÑO Fruto de 2 cm de longitud
LOCALIZACIÓN Europa central

Tectocarya era un miembro de la familia del cornejo. Sus frutos tenían una capa externa carnosa que atraía a los animales y una pared interna leñosa y gruesa que resistía la digestión. Los fósiles se formaban cuando las semillas parcialmente digeridas por los animales eran excretadas y quedaban cubiertas por sedimentos. Con el tiempo, el mineral que penetraba en las semillas en ocasiones conservaba trazas de las paredes celulares.

semilla fosilizada

TECTOCARYA RHENANA
Las paredes externas leñosas de estas semillas mineralizadas tienen sus paredes gastadas por el agua.

Alnus

GRUPO Angiospermas
DATACIÓN Del Cretácico a la actualidad
TAMAÑO Hasta 39 m de altura
LOCALIZACIÓN Hemisferio norte, América del Sur

Los alisos *(Alnus)* aparecieron durante el Cretácico. Las hojas son por lo general elípticas o aovadas y más anchas en el centro o en la mitad distal. Algunos alisos actuales tienen hojas cordiformes. Los árboles tienen pequeños amentos de flores masculinas y femeninas. Tras la polinización, los amentos femeninos se convierten en estructuras leñosas y cónicas capaces de resistir el invierno para abrirse al año siguiente y liberar las semillas.

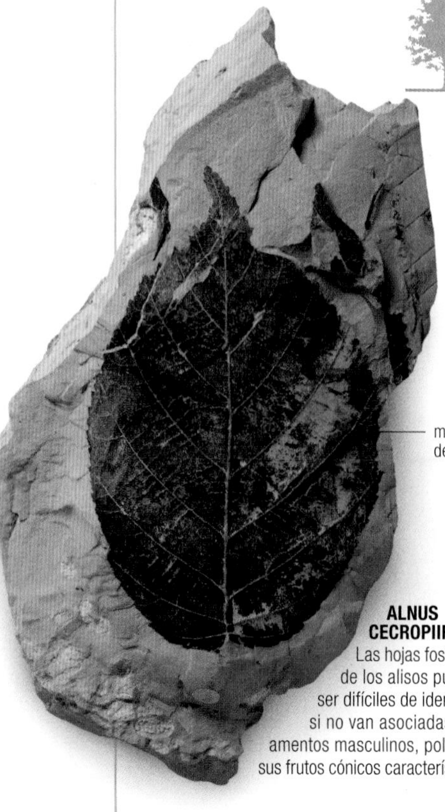
margen dentado

ALNUS CECROPIIFOLIA
Las hojas fosilizadas de los alisos pueden ser difíciles de identificar si no van asociadas a amentos masculinos, polen o sus frutos cónicos característicos.

Podocarpium

GRUPO Angiospermas
DATACIÓN Del Paleógeno al Neógeno
TAMAÑO Vaina de unos 3 cm de longitud
LOCALIZACIÓN Europa, América del Norte, China

Podocarpium pertenecía a la familia de las leguminosas, que hoy día incluye unas 14 000 especies –como tréboles, guisantes, cacahuetes, altramuces y judías–, muchas de ellas importantes económicamente. Esta familia apareció en el Cretácico superior en el continente meridional, Gondwana, pero durante el Eoceno los fósiles de hojas, flores, vainas y granos de polen muestran que los tres principales grupos de leguminosas habían evolucionado y se habían extendido por los continentes septentrionales.

foliolo
fruto

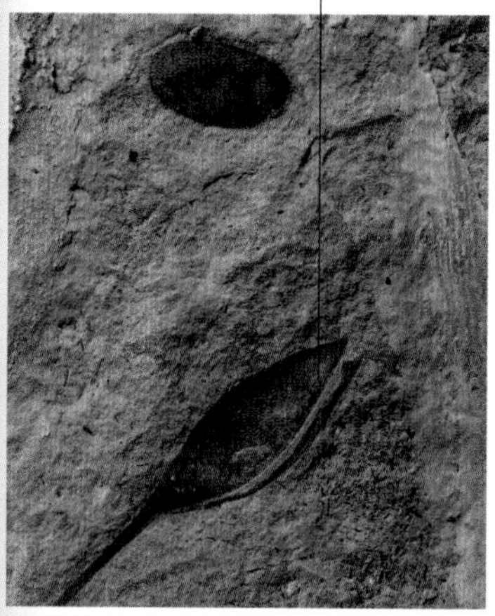

PODOCARPIUM SP.
Los frutos de *Podocarpium* (arriba) se parecían a pequeñas vainas de guisantes con un pedúnculo. Las hojas compuestas (izda.) tenían un foliolo terminal y varios pares laterales.

Hymenaea

GRUPO Angiospermas
DATACIÓN Del Neógeno a la actualidad
TAMAÑO Árbol de hasta 25 m de altura
LOCALIZACIÓN América Central y del Sur tropicales, este de África

Los especímenes de *Hymenaea* que se conservan en ámbar se formaron cuando las flores y las hojas cayeron de los enormes árboles leguminosos perennifolios y quedaron cubiertas por la resina que rezumaban el tronco y las ramas de los árboles. La resina se infiltró en el tejido de la planta antes de endurecerse y preservó las paredes celulares, los cloroplastos, el xilema e incluso los núcleos y algunas membranas celulares. *Hymenaea* tuvo una amplia distribución durante el Neógeno de América Central y del Sur y de África. Hoy en día comprende 13 especies tropicales del Caribe y desde el sur de México hasta Brasil, y una de la costa este de África y sus islas.

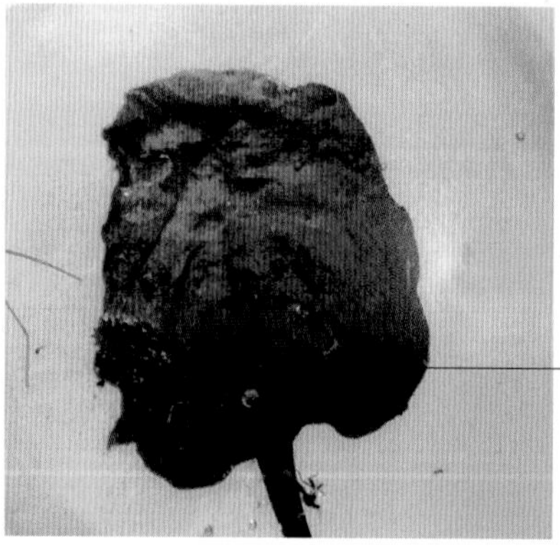
inflorescencia preservada

HYMENAEA SP.
La flor que aquí se muestra es una de las diversas especies de *Hymenaea* que se han conservado en el ámbar del Neógeno dominicano.

Betula

GRUPO Angiospermas
DATACIÓN De finales del Cretácico a la actualidad
TAMAÑO Hasta 24 m de altura
LOCALIZACIÓN Regiones templadas de Asia, Europa y América del Norte

Las hojas de los abedules *(Betula)* son desde aovadas o redondeadas hasta triangulares, con los márgenes dentados. Son pecioladas y tienen un nervio principal con nervios secundarios ramificados. En la actualidad hay unas 40 especies de abedules y todas ellas son árboles caducifolios de vida relativamente corta y con amentos masculinos y femeninos en el mismo árbol. Algunas especies alcanzan los 30 m de altura y, dado que pierden muchas de sus ramas pequeñas, suelen ser árboles esbeltos con unas pocas ramas largas. Todos ellos crecen en áreas abiertas con suelos pobres y son árboles pioneros en tierras alteradas o abandonadas. Hoy día los abedules se encuentran en Europa, Asia y América del Norte.

nervio secundario
margen dentado

BETULA ISLANDICA
Estas hojas fósiles se han preservado como impresiones, pero muestran con bastante claridad las características de *Betula*.

PARIENTE VIVO

ULMUS MINOR

Muchas especies de olmos se hibridan entre sí, sobre todo cuando crecen juntas. La propagación artificial puede producir variedades de estos híbridos que muestran rasgos deseables. *Ulmus minor* 'Dicksonii' tiene un crecimiento lento y hojas que se vuelven doradas en otoño.

Ulmus

GRUPO Angiospermas
DATACIÓN Del Paleógeno a la actualidad
TAMAÑO Hasta 36 m de altura
LOCALIZACIÓN Regiones templadas septentrionales

Las hojas de los olmos *(Ulmus)* son alargadas, más anchas en el centro, con márgenes dentados y con la base redondeada y asimétrica; algunas especies también tienen el ápice asimétrico. Las hojas tienen un nervio central prominente con nervios laterales marcados, rectos, regularmente separados y a veces ramificados, que se extienden hasta el margen de la hoja donde usualmente terminan en el diente. Todos estos son rasgos de las hojas de olmo, pero el problema es identificar la especie exacta. En las hojas de los olmos actuales hay una variación natural que debería tenerse en cuenta al estudiar los fósiles. Hoy día hay unas 45 especies de olmos en Europa, Asia, el norte de África y América del Norte. Son árboles caducifolios grandes: algunas especies alcanzan 36 m de altura. En primavera, antes de que aparezcan las hojas, se forman pequeñas inflorescencias de flores bisexuales, y poco después se liberan las semillas aladas, germinando de inmediato, o bien en otoño, y entonces pasan el invierno antes de germinar.

nervio lateral
nervio central prominente

ULMUS SP.
Aunque esta hoja muestra muchas características de una hoja de olmo, identificar la especie es muy complicado si solo se dispone de un espécimen para su estudio.

Populus

GRUPO Angiospermas
DATACIÓN Del Paleógeno a la actualidad
TAMAÑO Hasta 60 m de altura
LOCALIZACIÓN Regiones templadas septentrionales

Las hojas de álamos y chopos *(Populus)* son redondeadas, con márgenes lobulados o dentados romos, a veces correosas, y parecidas a las de arce. Son pecioladas y los nervios foliares ramificados son todos del mismo grosor, con un nervio central no muy prominente. Los álamos actuales son árboles caducifolios de crecimiento rápido que tienen las flores en amentos. Estas aparecen en primavera antes que las hojas, permitiendo que el viento transporte el polen hasta los poco obstruidos amentos femeninos. Cada árbol tiene o bien amentos masculinos productores de polen o bien amentos femeninos. Existen unas 30 especies distribuidas por las regiones septentrionales templadas de Europa, Asia y América del Norte. La mayor especie actual es el álamo balsámico de California de la costa oeste de América, que alcanza los 60 m de altura. Una especie que se planta en Europa y América del Norte es el elegante álamo lombardo, que alcanza los 30 m.

nervios ramificados
nervio central
retícula de nervios diminutos
forma redondeada

POPULUS LATIOR
Estos fósiles muestran el fino reticulado que forman los nervios foliares más pequeños entre los nervios principales de una hoja de álamo.

PARIENTES VIVOS

ÁLAMO DORADO

He aquí un joven ejemplar de un vigoroso híbrido de chopo de Virginia y álamo negro. Esta variedad (*Populus x canadensis* 'Serotina Aurea') se denomina a menudo álamo dorado porque sus hojas se vuelven doradas en otoño.

Cedrelospermum

GRUPO Angiospermas
DATACIÓN Del Eoceno a la actualidad
TAMAÑO 40 m de altura
LOCALIZACIÓN América del Norte, Asia, Europa

Cedrelospermum es un miembro extinto de la familia de los olmos, que hoy incluye unas 45 especies de árboles y arbustos abundantes en latitudes septentrionales templadas. Hojas y frutos son fósiles frecuentes del Eoceno inferior y el Mioceno de Europa y América del Norte, y los frutos presentan una o dos alas aplanadas de tejido fibroso.

Fagus

GRUPO Angiospermas
DATACIÓN Del Cretácico superior a la actualidad
TAMAÑO Hasta 45 m de altura
LOCALIZACIÓN Regiones templadas septentrionales

Fagus comprende diez especies de grandes árboles caducifolios que se encuentran a lo ancho del hemisferio septentrional en Europa, Turquía, Japón, China y el este de América del Norte. Producen flores masculinas en cabezuelas péndulas y flores femeninas en grupos más pequeños; cada flor femenina produce dos semillas. Las hojas son características de muchas floras del Neógeno, y también se conocen del Paleógeno. Existen dos formas básicas de hojas: alargadas y delgadas con 12-16 pares de nervios laterales en América del Norte, y más cortas y anchas con 6-9 pares de nervios laterales en Europa; hay formas intermedias en otras zonas del mundo. Los primeros fósiles mostraban todas las variaciones, pero durante el Neógeno las formas fueron separándose gradualmente según su distribución.

FAGUS GUSSONII
Esta hoja de *Fagus gussonii* fue descubierta en Grecia; la materia vegetal estaba comprimida entre capas de sedimentos.

nervio lateral

Nothofagus

GRUPO Angiospermas
DATACIÓN Del Cretácico superior a la actualidad
TAMAÑO Hasta 45 m de altura
LOCALIZACIÓN Australia, Papúa Nueva Guinea, Nueva Zelanda, América del Sur, Antártida

De *Nothofagus* se conocen fósiles de hojas, madera, núculas y polen. Sus hojas son simétricas y elípticas, con los ápices ampliamente redondeados y los márgenes dentados. *Nothofagus* fue el árbol más importante de las zonas templadas del hemisferio sur durante el Paleógeno y el Neógeno. Se conocen fósiles de la Antártida, Australasia y América del Sur, y el más antiguo es del Cretácico superior. Tras invadir los primeros bosques de coníferas se convirtió en el árbol dominante, pero durante el Neógeno su distribución en Australia se redujo, ya que el continente se desplazó hacia el norte y se volvió más seco, y en la Antártida se extinguió junto con casi toda la vegetación, al extenderse el hielo hasta cubrir la mayor parte del continente.

ápice redondeado

PARIENTE VIVO
HAYAS AUSTRALES

Nothofagus comprende 40 especies actuales de hayas australes, árboles grandes y en su mayoría perennifolios nativos de Nueva Zelanda, Australia y América del Sur. Son árboles ecológicamente dominantes en muchos de los bosques templados de estas regiones.

NOTHOFAGUS SP.
Este fósil antártico contiene restos fragmentarios de hojas de *Nothofagus*. Estas tienen nervios centrales prominentes y nervios secundarios paralelos que llegan hasta los márgenes dentados.

Quercus

GRUPO Angiospermas
DATACIÓN Del Paleógeno a la actualidad
TAMAÑO 15-45 m de altura
LOCALIZACIÓN Hemisferio norte

Quercus incluye unas 800 especies de robles y encinas, que viven en el hemisferio norte templado, el Mediterráneo y el Asia tropical y subtropical. La mayoría de las especies son caducifolias. Muchas tienen interés económico por su madera; la corteza del alcornoque, por ejemplo, es la fuente principal de corcho. Las hojas fosilizadas y las bellotas fósiles –más raras– son muy reconocibles, y las diferencias en la forma y el patrón de nerviación de las hojas fosilizadas pueden usarse para identificar diversas especies de *Quercus*.

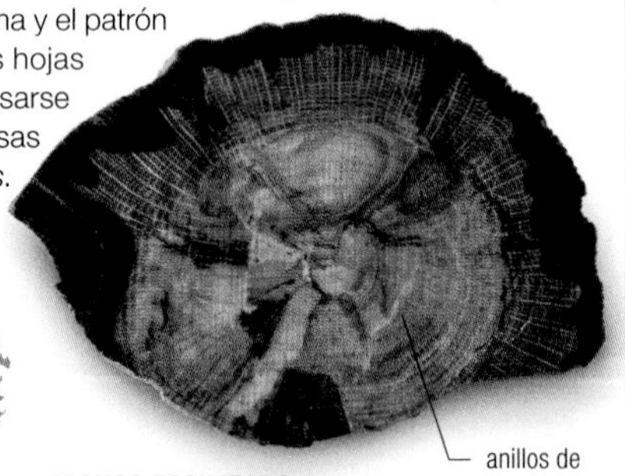
anillos de crecimiento

TRONCO FOSILIZADO
Los anillos de crecimiento anual de este tronco varían según la tasa de crecimiento del árbol, que puede verse afectada por el ambiente.

nervio secundario
margen lobulado

QUERCUS FURUHJELMI
Las hojas de roble son desde elípticas a ampliamente ovales, pecioladas y con los márgenes lobulados. Tienen un nervio central y nervios secundarios que llegan hasta los lóbulos foliares.

Rehderodendron

GRUPO Angiospermas
DATACIÓN Del Neógeno a la actualidad
TAMAÑO Fruto de unos 4 cm de longitud
LOCALIZACIÓN América del Norte

Algunos sedimentos lacustres o fluviales del Paleógeno contienen grandes cantidades de semillas y frutos de *Rehderodendron*; estos restos suelen carecer de toda capa carnosa que fuera atractiva para los animales, y su superficie presenta signos de erosión por el agua. *Rehderodendron* es una estiricácea, familia de árboles y arbustos de regiones templadas-cálidas y subtropicales. Hay cinco especies vivas, todas del sureste de Asia.

superficie con costillas

REHDERODENDRON EHRENBERGII
Las semillas de *Rehderodendron* son desde alargadas hasta ovoides. A veces son curvas y a menudo tienen costillas longitudinales en su superficie.

Comptonia

GRUPO Angiospermas
DATACIÓN Del Paleógeno a la actualidad
TAMAÑO Hasta 20 m de altura
LOCALIZACIÓN Regiones templadas septentrionales, norte de América del Sur

Hoy día el género *Comptonia* comprende una única especie, *C. peregrina*, que crece en el este de América del Norte. *Comptonia* está muy próxima a *Myrica*, un género que comprende 35-50 especies de árboles de tamaño medio –hasta 20 m de altura–, entre ellas la faya de Canarias, y arbustos aromáticos que crecen hasta 1 m de altura. Estas plantas pueden tolerar suelos secos, pero algunas especies prefieren suelos ácidos y turbosos. Las hojas de *Myrica* son simples, pero las de *Comptonia* son marcadamente dentadas. Los registros más antiguos proceden del Eoceno, y durante el Neógeno se extendió por la mayoría de las regiones septentrionales templadas.

margen lobulado
hoja larga y oval

COMPTONIA DIFFORMIS
Esta es la impresión de una hoja en un sedimento de grano fino. La hoja es alargada y oval, con el margen característicamente lobulado.

Acer

GRUPO Angiospermas
DATACIÓN Del Paleógeno a la actualidad
TAMAÑO 9-30 m de altura
LOCALIZACIÓN América del Norte, Europa, Asia

Las especies actuales, conocidas como arces, son árboles medianos o grandes que tienen hojas característicamente pecioladas con los márgenes dentados. Aunque la mayoría de las hojas de Acer tienen cinco lóbulos, algunos fósiles solo tienen tres. La longitud de las incisiones entre los lóbulos, el tamaño de los dientes marginales y el tamaño de la hoja varían según las especies. A veces, como en el arce japonés, los lóbulos están prácticamente separados y a su vez son lobulados. Los frutos del arce se forman en pares y son alados, por lo que pueden desplazarse a cierta distancia del árbol parental girando con el viento. También se conocen fósiles de estos frutos alados, muy parecidos a los del plátano falso.

ACER TRILOBATUM
Los arces tienen hojas lobuladas fácilmente reconocibles, con peciolo y márgenes dentados.

hoja
pentalobulada
margen
dentado

HOJAS CARACTERÍSTICAS
El fósil de arriba muestra una hoja de arce con su típica disposición pentalobulada. A la izquierda se muestra una especie con solo tres lóbulos.

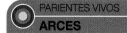

PARIENTES VIVOS
ARCES

Hoy día existen unas 200 especies de arces en América del Norte, Europa y Asia. El arce blanco y el arce azucarero son los mayores y superan los 30 m. Los arces azucareros producen hasta 2,5 litros de jarabe al año. Las hojas de muchos arces se tornan rojas o amarillas en otoño, como se aprecia en esta imagen.

Sapindus

GRUPO Angiospermas
DATACIÓN Del Neógeno a la actualidad
TAMAÑO Hasta unos 30 m de altura
LOCALIZACIÓN Trópicos y subtrópicos de todo el mundo

Este género comprende aproximadamente 12 especies que se encuentran entre las regiones templadas-cálidas y tropicales del planeta. Las plantas tienen grupos de flores color crema y sus frutos contienen saponinas naturales que diversos pueblos, como los indios de América del Norte, han utilizado para lavar durante miles de años.

foliolo
estrecho

SAPINDUS FALSIFOLIUS
Esta es una hoja de *Sapindus*, con los foliolos dispuestos de modo alterno en el brote.

Chaneya

GRUPO Angiospermas
DATACIÓN Del Paleógeno al Neógeno
TAMAÑO Hasta 20 m de altura
LOCALIZACIÓN China, Europa, América del Norte

Llamada hasta hace poco *Porana* y considerada una trepadora de la familia de la cahiruela, la planta que producía estas pequeñas flores de cinco pétalos se cree hoy más estrechamente emparentada con las rutáceas, familia que incluye a *Citrus*, género económicamente importante que incluye naranjas, limones y pomelos.

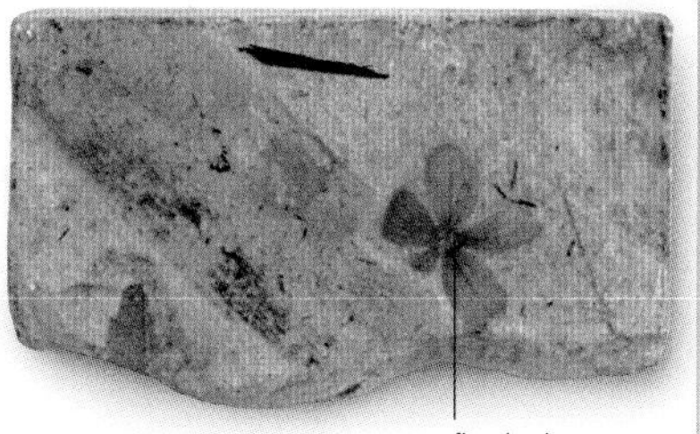
flor de cinco
pétalos

CHANEYA SP.
Aunque los cinco pétalos libres de la flor de *Chaneya* se ven aquí claramente, la forma general de esta hierba, arbusto o árbol se desconoce.

Typha

GRUPO Angiospermas
DATACIÓN Del Paleógeno a la actualidad
TAMAÑO Tallo erecto de hasta 3 m de longitud
LOCALIZACIÓN Todo el mundo

Typha, la espadaña, es un género de unas 11 especies de plantas monocotiledóneas que crecen en humedales de todo el mundo, en especial del hemisferio norte. Puede que *Typha* se originara en el Cretácico superior, pero los fósiles conocidos proceden del Paleógeno de EE UU y del Neógeno inferior de Europa. En el Cuaternario ya era común y estaba extendida por gran parte del mundo.

flores
femeninas

TYPHA SP.
Las flores de *Typha* se agrupan en densas espigas cilíndricas. El polen y los frutos fósiles son comunes, pero las espigas florales, como esta, son raras.

Phragmites

GRUPO Angiospermas
DATACIÓN Del Paleógeno a la actualidad
TAMAÑO Hasta 3 m de altura en el período de floración
LOCALIZACIÓN Todo el mundo

Las hojas fósiles que pueden asignarse hoy al género de gramíneas monocotiledóneas *Phragmites* tienen muchos nervios paralelos del mismo grosor. Ello las diferencia de la mayoría de las hojas de dicotiledóneas, que tienen nervios principales, secundarios y terciarios. Las hojas de *Phragmites* se encuentran con frecuencia en sedimentos de agua dulce a partir del Paleógeno, así como en turbas del Cuaternario, donde una capa de *Phragmites* indica un incremento en el nivel freático y un nuevo crecimiento de los carrizales.

PARIENTE VIVO
CARRIZO

El carrizo, *Phragmites australis*, es la única especie actual de este género de gramíneas perennes. Forma extensos carrizales en humedales de regiones tropicales y templadas, expandiéndose hasta 5 m al año mediante sus estolones.

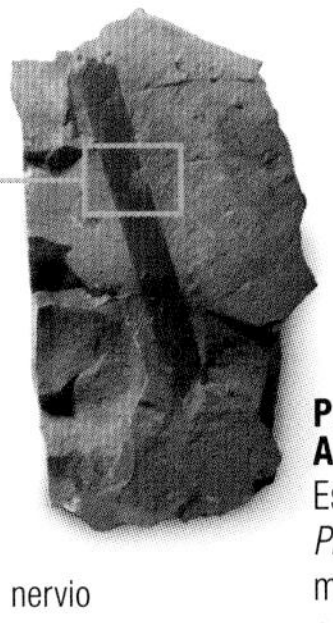
nervio

PHRAGMITES ALASKANA
Esta hoja fósil de *Phragmites alaskana* muestra sus nervios paralelos característicos.

Palmoxylon

GRUPO Angiospermas
DATACIÓN Neógeno
TAMAÑO Hasta 30 m de altura
LOCALIZACIÓN Áreas templadas-cálidas a subtropicales del hemisferio norte

La estructura del tronco de las palmeras, angiospermas monocotiledóneas, difiere respecto a las coníferas y las angiospermas comunes en que la «madera» no tiene anillos de crecimiento y está formada por un núcleo central de haces vasculares. *Palmoxylon*, del Cretácico superior de Texas, es una de las primeras monocotiledóneas conocidas.

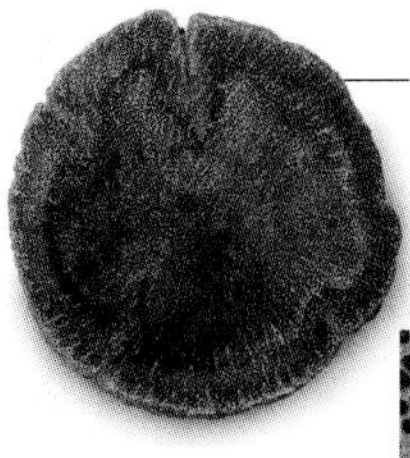
sección
transversal
del tronco
haz vascular

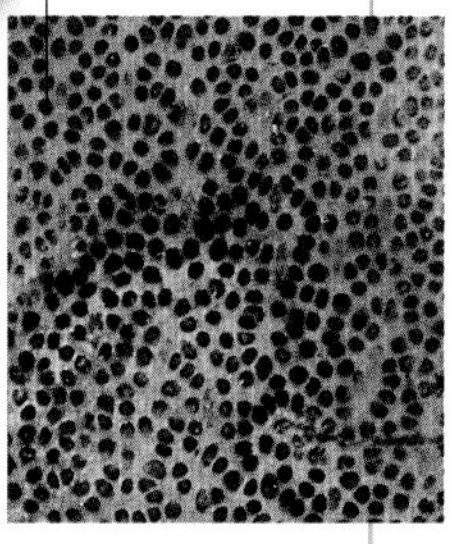

PALMOXYLON SP.
Este fragmento de tronco de palmera fosilizado muestra el detalle de su anatomía interna, que consiste en muchos haces vasculares individuales.

NEÓGENO
INVERTEBRADOS

El Neógeno fue un período de enfriamiento global casi continuo. Las primeras láminas de hielo de la Antártida empezaron a extenderse hace 25 MA, aunque luego hubo una fase de calentamiento. Hace 14 MA, láminas de hielo permanente cubrían ya el continente antártico y los invertebrados se adaptaron.

Continúa la evolución

Las faunas de invertebrados del Neógeno eran similares a las del Paleógeno, con bivalvos, gasterópodos, briozoos y equinoideos como principales componentes conservados. Los géneros y especies cambiaron a lo largo del tiempo: la división del Terciario –Eoceno, Oligoceno, Mioceno y Plioceno– se basa precisamente en la *ratio* de bivalvos y gasterópodos de estas épocas respecto a la de los que aún viven. En los sedimentos del Neógeno también hay restos de cangrejos, langostas y peces. Los sedimentos neógenos abundan en lugares como los acantilados de la costa de East Anglia (Gran Bretaña), cuyos fósiles se extienden hasta el Cuaternario; destaca Coralline Crag, una antigua orilla de aguas someras que conserva casi exclusivamente briozoos de muchos géneros y especies, con moluscos, cirrípedos gigantes y equinoideos asociados. Orillas similares pueden encontrarse hoy día frente a la costa del sur de Australia.

BIBIO MACULATUS
Esta mosca del género *Bibio* vivía en herbazales. En este espécimen puede verse la delicada nervadura de las alas.

COLEOPLEURUS PAUCITUBERCULATUS
Este equinoideo del Neógeno se ha conservado sin sus espinas. *Coleopleurus* vivía sobre duros sustratos rocosos, en aguas someras.

Adaptación al frío del mar

Durante el Neógeno muchos equinoideos que vivían en las frías aguas antárticas, donde su crecimiento era lento, desarrollaron «marsupios» o bolsas incubadoras, una adaptación para incubar los huevos fertilizados, los cuales se desarrollaban sin pasar por los estadios larvales nadadores. Los marsupios forman hondas depresiones en la superficie de los equinoideos. En el Paleógeno y el Neógeno de Australia, los taxones con marsupio eran abundantes, ya que Australia estaba al principio más cerca del polo Sur. Los equinoideos con marsupio escasearon cada vez más durante el Neógeno y hoy ya no queda ninguno en los cálidos mares de la Australia actual.

APARIENCIA MODERNA
Este crustáceo del Neógeno, *Archaeogeryon peruvianus*, era similar a los cangrejos actuales, y cazaría en aguas profundas.

GRUPOS

Algunas especies de invertebrados que eran dominantes durante el Neógeno todavía viven hoy en día o tienen equivalentes actuales muy similares. Este es el caso de briozoos, bivalvos, equinoideos e insectos, que continuaron evolucionando y adaptándose a los cambios de hábitat provocados por el descenso gradual de la temperatura durante este período.

BRIOZOOS

El género *Cupuladria*, que todavía existe hoy, se remonta hasta el Neógeno inferior. Dado que los límites térmicos de las colonias actuales son bien conocidos y suponiendo que su hábitat no ha cambiado a lo largo del tiempo, *Cupuladria* puede servir para evaluar la temperatura de los sedimentos neógenos que contienen restos suyos.

BIVALVOS

Muchas de las especies que hoy se encuentran en aguas templadas-frías, como las de las costas británicas, son las mismas que las del Neógeno o están estrechamente emparentadas con ellas. A lo largo del tiempo va aumentando el número de los taxones de aguas frías.

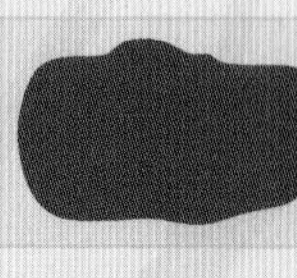

EQUINOIDEOS

Los equinoideos, tanto los excavadores como los que viven en la superficie, continuaron siendo un componente abundante de la fauna marina durante el Neógeno. Entre ellos figura el «fósil viviente» *Cidaris*, que apenas ha cambiado desde el Triásico.

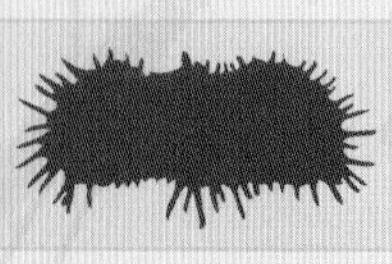

INSECTOS

Numerosos insectos se conservan con gran detalle en ámbar, resina fósil de coníferas o de otros árboles; los insectos, al engancharse en la resina fresca, quedaron atrapados para siempre. Las faunas de ámbar más diversas son las de la República Dominicana, que parecen ser del Neógeno inferior; la resina provenía de la planta *Hymenaea protera*, ya extinta.

Meandrina

GRUPO Antozoos
DATACIÓN Del Paleógeno a la actualidad
TAMAÑO 1–2 cm de diámetro
LOCALIZACIÓN Todo el mundo

Meandrina es un coral duro o madreporario, colonial y común en arrecifes. Está formado por gemación de la coralita (esqueleto de un pólipo individual) inicial. El ápice de la colonia está dividido en «crestas» y «valles» que forman meandros, y los pólipos o miembros individuales de la colonia viven dentro de las depresiones en forma de taza de los valles. Los tabiques o septos que dividen la cavidad corporal de la coralita son bastante rectos y largos, y los de las coralitas adyacentes están a menudo alineados. Los extremos axiales de los septos forman la placa axial, que recorre el centro de las coralitas alargadas horizontalmente. Varios corales cerebro actuales, así llamados porque sus meandros recuerdan a la forma del cerebro humano, pertenecen al género *Meandrina*.

depresión en forma de taza
septo alargado

TABIQUES ALARGADOS
Los septos que separan cada una de las coralitas de *Meandrina* son rectos y alargados, y las coralitas a menudo se disponen en líneas, lo que acentúa el plegamiento del coral.

superficie plegada
esqueleto duro

MEANDRINA SP.
En vida, este coral debía de estar cubierto de una fina capa de pólipos coloreados que recolectaban las partículas alimentarias del agua con sus tentáculos.

PARIENTE VIVO

CORAL CEREBRO

Coral cerebro es el nombre común que reciben los corales actuales que, debido a los meandros que trazan los pronunciados valles y crestas de su superficie, recuerdan a un cerebro humano. Tanto *Meandrina* como *Diploria* presentan esta morfología. Estos géneros son corales bien cementados y de crecimiento lento que dan estabilidad a los arrecifes coralinos gracias a su capacidad para resistir las fuertes corrientes y tormentas. Se encuentran tanto en el Atlántico como en el Indo-Pacífico, y como la mayoría de los corales de los arrecifes, sus pólipos viven en simbiosis con algas verdes microscópicas.

Sphenotrochus

GRUPO Antozoos
DATACIÓN Del Eoceno a la actualidad
TAMAÑO 1 cm de altura
LOCALIZACIÓN Todo el mundo

Sphenotrochus es un coral cónico, pequeño y solitario que en vida estaba totalmente cubierto por el cuerpo del pólipo. Su esqueleto o coralita es elíptico en sección transversal, y los finos septos que dividen su interior fusionan en su parte externa, formando la pared de la coralita. Hay tres ciclos de septos, lo que da un total de 24 septos. Una placa central bien visible, formada por los extremos modificados de los septos, recorre toda la longitud de la coralita. *Sphenotrochus* ha sobrevivido hasta el presente y suele vivir en aguas entre los 20 y los 275 m de profundidad.

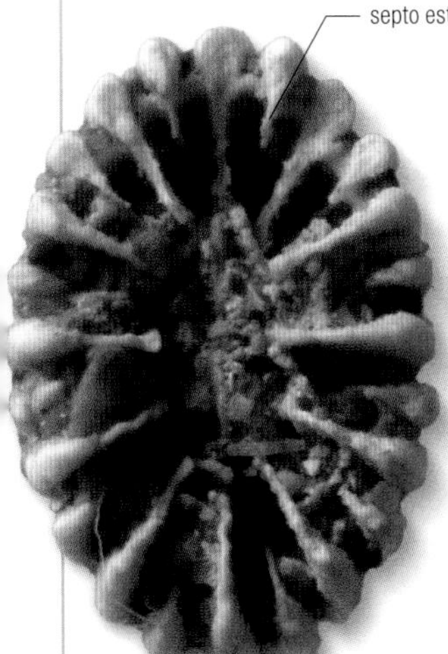

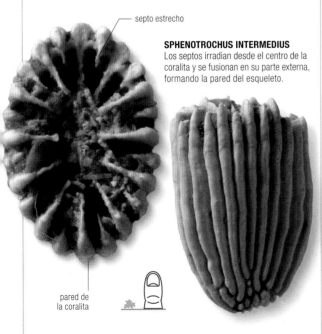

septo estrecho
pared de la coralita

SPHENOTROCHUS INTERMEDIUS
Los septos irradian desde el centro de la coralita y se fusionan en su parte externa, formando la pared del esqueleto.

Meandropora

GRUPO Briozoos
DATACIÓN Plioceno
TAMAÑO Colonia, hasta 9 cm de diámetro
LOCALIZACIÓN Europa

El briozoo *Meandropora* formaba colonias grandes y redondeadas que se componían de grupos cilíndricos radiales (fascículos) de pequeñas cámaras tubulares. Estos grupos se dividían y volvían a unirse, creando un dibujo característico en la superficie de la colonia. Las cámaras tubulares, o zoecios, eran muy largas y con las paredes finas, y algunas de ellas estaban tabicadas con diafragmas; contenían los autozooides de *Meandropora*, individuos de cuerpo blando dedicados a la alimentación. Cada autozooide poseía un órgano de alimentación denominado lofóforo, que consistía en un anillo de tentáculos en torno a la boca. Es posible que los zoecios estuvieran dispuestos en grupos para canalizar las corrientes de agua, permitiendo así que la colonia eliminara los sedimentos de las zonas donde había autozooides para que estos no sufrieran daños.

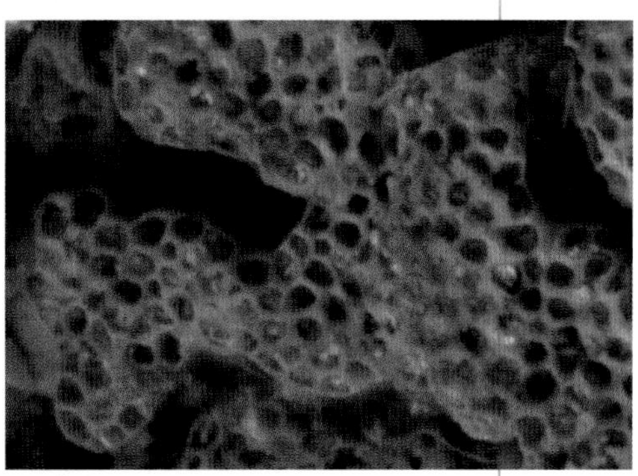

FASCÍCULOS RADIALES
Los zoecios, largos y de paredes finas, estaban dispuestos en grupos, posiblemente para permitir que *Meandropora* canalizara las corrientes de agua.

grupo o fascículo de zoecios
canal entre zoecios

MEANDROPORA SP.
Los fascículos se dividen y vuelven a unirse para dar a la colonia el característico dibujo de su superficie. El nombre «briozoo» significa «animal musgo».

Biflustra

GRUPO Briozoos
DATACIÓN Del Cretácico a la actualidad
TAMAÑO Aberturas de los zoecios: 0,1-0,2 mm de anchura
LOCALIZACIÓN Todo el mundo

Biflustra es un briozoo del orden de los queilostomados, con un esqueleto duro de carbonato de calcio. Forma colonias incrustantes, aplanadas o bifoliadas. Unas cámaras tubulares albergan los pequeños individuos de cuerpo blando de la colonia (autozooides). Cada autozooide tiene un anillo de tentáculos en torno a la boca, el denominado lofóforo. Los pequeños cilios de los tentáculos generan, al moverse, una corriente de agua que lleva las partículas alimenticias hasta la boca. Cuando los autozooides no se alimentan, sus tentáculos se retraen dentro de la cámara, donde quedan protegidos.

En una **colonia** de briozoos puede haber **miles** de diminutos individuos.

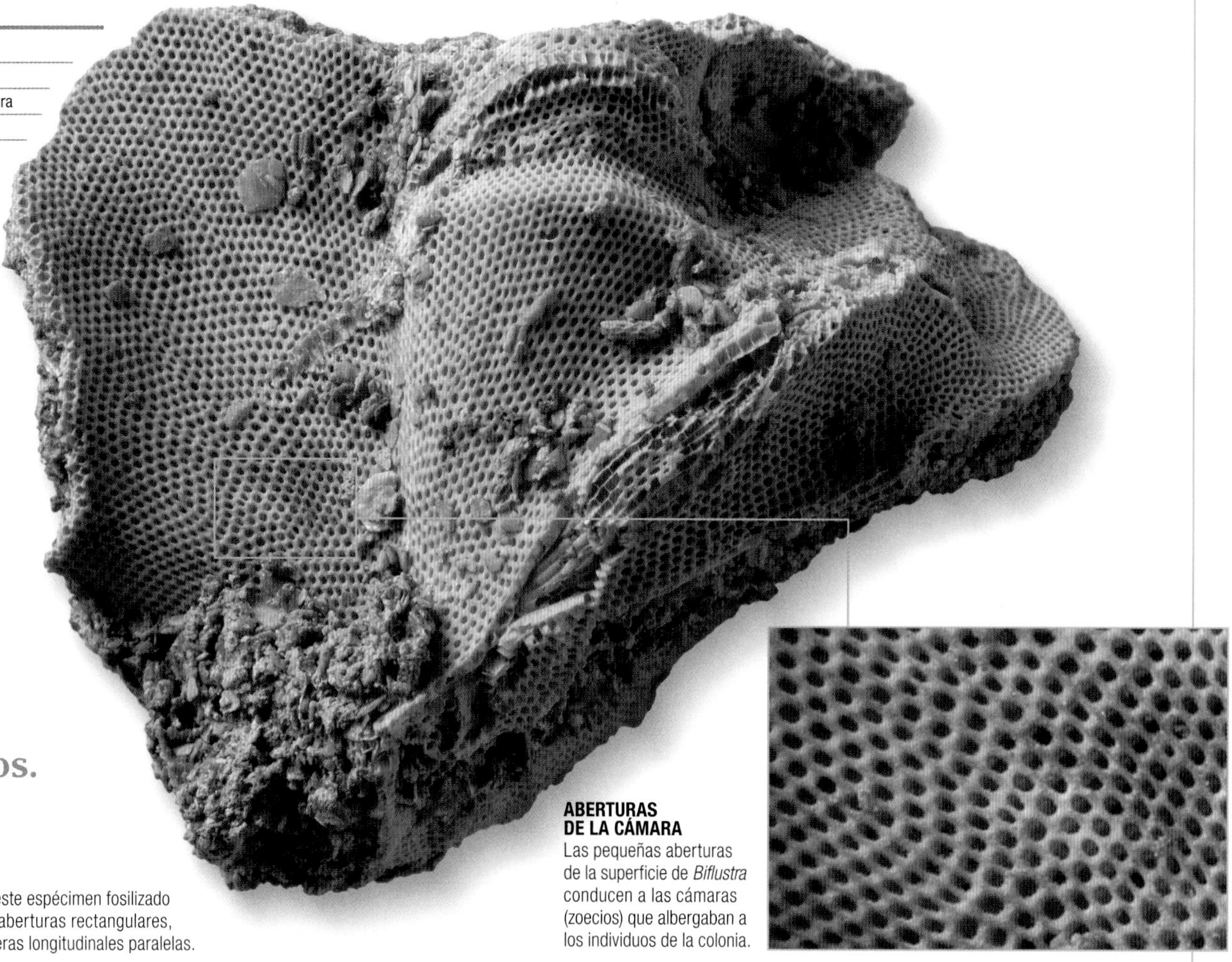

ABERTURAS DE LA CÁMARA
Las pequeñas aberturas de la superficie de *Biflustra* conducen a las cámaras (zoecios) que albergaban a los individuos de la colonia.

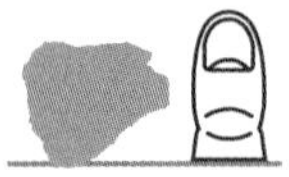

BIFLUSTRA SP.
La superficie de este espécimen fosilizado está cubierta de aberturas rectangulares, dispuestas en hileras longitudinales paralelas.

Vasum

GRUPO Gasterópodos
DATACIÓN Del Neógeno a la actualidad
TAMAÑO 4-10 cm de longitud
LOCALIZACIÓN Trópicos de todo el mundo

Este gasterópodo tiene una espiral cónica, así como unas espinas bien marcadas que se proyectaban en torno a la concha y se desarrollaban como parte de su ornamento en espiral. Hay una hilera de espinas en cada línea de contacto entre dos espiras, y otra debajo, en el hombro de la espira. Bajo las espinas de los hombros hay cinco costillas en espiral que carecen de espinas, y más abajo, cuatro hileras de espinas más dispuestas en espiral. También hay espinas justo detrás de la parte de la concha que se desarrolló cuando el animal era joven. La abertura de la concha es larga y estrecha, con un largo canal anterior, el cual debía de albergar el sifón inhalante que llevaba agua dentro de la concha. Las especies actuales de este género depredan gusanos marinos y viven en zonas tropicales de todo el mundo.

espinas dispuestas en espiral

espinas de un hombro
canal anterior

VASUM SP.
La concha de *Vasum*, gruesa y con costillas en espiral, debía de ser una buena protección contra los depredadores del fondo marino.

Viviparus

GRUPO Gasterópodos
DATACIÓN Del Jurásico a la actualidad
TAMAÑO 1,5-3,5 cm de longitud
LOCALIZACIÓN Todo el mundo

Viviparus es un gasterópodo de agua dulce con las espiras redondeadas y convexas, y con líneas de crecimiento bien marcadas. Los ejemplares maduros tienen el labio externo algo engrosado, y algunos poseen engrosamientos similares más tempranos, lo que sugiere una lenta disminución en la tasa de crecimiento, quizás debida a condiciones ambientales. A diferencia de otros gasterópodos de agua dulce, *Viviparus* no respira aire, sino que tiene una branquia única, lo que sugiere que desciende de antecesores marinos con branquias. Las hembras de las especies actuales de *Viviparus* guardan sus huevos fertilizados en la cavidad del manto y paren crías vivas.

ornamento espiral

VIVIPARUS SP.
Una ligera cubierta córnea –el opérculo– va unida al pie y sella la abertura de la concha.

PARIENTE VIVO
CARACOLES DE AGUA DULCE

Las especies de *Viviparus* son comunes y están ampliamente distribuidas por todo el mundo. Algunas de ellas son excavadoras, como *V. viviparus* de Europa y *V. intertextus* de América del Norte (en la imagen), que habita en marjales. Ambas especies se alimentan utilizando los cilios del borde anterior de su única branquia para recolectar partículas suspendidas en el agua, un método de alimentación similar al de filtración que utilizan los bivalvos.

Terebra

GRUPO Gasterópodos
DATACIÓN Del Neógeno a la actualidad
TAMAÑO 7-25 cm de longitud
LOCALIZACIÓN Trópicos de todo el mundo

Este gasterópodo tiene la concha puntiaguda, en forma de torrecilla, con múltiples espiras y ornamentada con sinuosas costillas verticales. En cada espira, delimitando su tercio superior, hay una tenue banda espiral. Las especies modernas varían en aspecto y en tamaño, y algunas alcanzan los 25 cm de longitud. Todas las especies vivientes son carnívoras y a menudo seleccionan una única especie de invertebrado para alimentarse. Muchas se entierran en sedimentos blandos y salen por la noche para cazar. Es posible que las especies extintas del Neógeno tuvieran un comportamiento similar.

tenue banda espiral
costilla vertical

TEREBRA FUSCATA
Este espécimen tiene unas 15 espiras que apenas se solapan entre sí.

Semicassis

GRUPO Gasterópodos
DATACIÓN Del Neógeno a la actualidad
TAMAÑO 2-8 cm de longitud
LOCALIZACIÓN Todo el mundo

Las espiras de este gasterópodo son anchas y cada una de ellas se solapa con las tres cuartas partes de la espira siguiente. En la parte superior de la espira externa puede verse alguna ornamentación. El área que rodea la abertura de la concha presenta una profunda muesca por donde debía de sobresalir el sifón inhalante anterior para aspirar agua. Las especies actuales del género son carnívoras que se alimentan de equinoideos tras perforar el esqueleto de estos con su rádula dentada. Es de suponer que las especies extintas se alimentaban de un modo similar.

SEMICASSIS SP.
Este puede identificarse como un espécimen maduro por el labio engrosado, parcialmente visible en la abertura de la concha.

Nassarius

GRUPO Gasterópodos
DATACIÓN Neógeno
TAMAÑO Hasta 6 cm de longitud
LOCALIZACIÓN Oeste de Europa

Nassarius tenía robustas espiras con los lados convexos, cada una de las cuales se solapaba con la mitad de la espira precedente. Tenía fuertes costillas y surcos en espiral, cruzados por costillas perpendiculares igualmente fuertes que creaban un dibujo de pequeños rectángulos. La abertura era larga, con una muesca anterior bien marcada que albergaba el sifón inhalante. Los miembros actuales de la familia de *Nassarius* son carroñeros que se alimentan de organismos muertos en el fondo marino; es probable que *Nassarius* se alimentara de forma similar.

labio grande
muesca anterior

NASSARIUS SP.
La boca de la concha es grande, con un «labio» debajo de la parte frontal de la espira más grande.

Ostrea

GRUPO Bivalvos
DATACIÓN Del Cretácico a la actualidad
TAMAÑO 7-15 cm de longitud
LOCALIZACIÓN Todo el mundo

Las *Ostrea* del Neógeno eran muy similares a las ostras actuales de este mismo género. Como en otros miembros del grupo de las ostras, la forma de las valvas puede variar mucho: convexas y con costillas o planas y sin costillas. Inusualmente, *Ostrea* incubaba sus huevos en la cavidad del manto, el espacio situado entre el cuerpo y la pared corporal (p. 400); cuando finalmente liberaba a las crías, al cabo de 6-18 días, estas ya estaban protegidas por una diminuta concha bivalva.

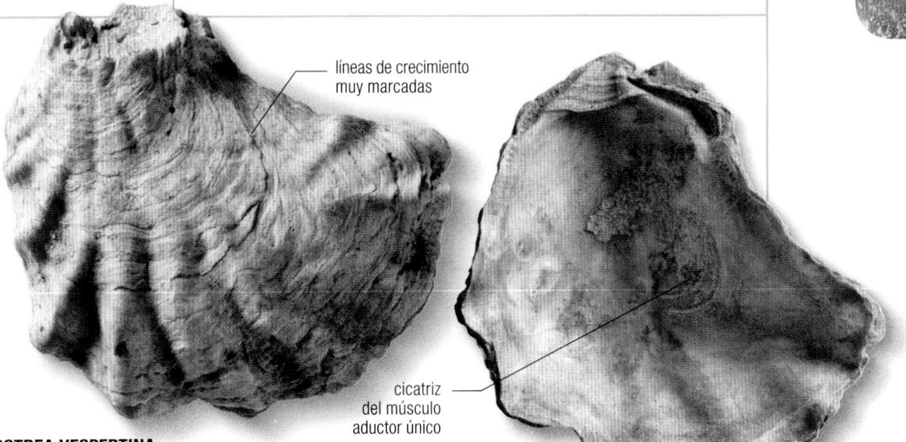

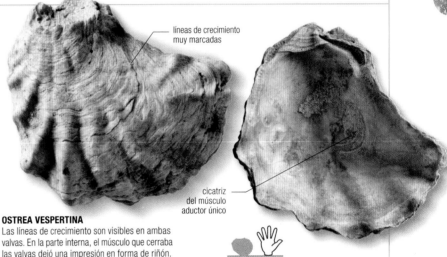

líneas de crecimiento muy marcadas
cicatriz del músculo aductor único

OSTREA VESPERTINA
Las líneas de crecimiento son visibles en ambas valvas. En la parte interna, el músculo que cerraba las valvas dejó una impresión en forma de riñón.

Astarte

GRUPO Bivalvos
DATACIÓN Del Jurásico a la actualidad
TAMAÑO 2-7 cm de longitud
LOCALIZACIÓN Todo el mundo

Astarte es un bivalvo triangular con los umbos dirigidos hacia delante. En el interior de la concha presenta dos cicatrices bien patentes de músculo aductor y una línea paleal bien marcada. La línea paleal va de una cicatriz muscular a otra y marca la unión del manto (la pared externa del cuerpo) con la concha. El exterior de la concha muestra fuertes costillas paralelas a su crecimiento, así como líneas de crecimiento más finas entre ellas. Entre ambos umbos, replegado en un largo surco, había un ligamento externo que abría la concha. En el interior, debajo del umbo de cada valva, hay dientes y alvéolos de charnela bien definidos gracias a los cuales la concha se articulaba con precisión. La familia a la que pertenece *Astarte* se remonta al menos hasta el Devónico. Este grupo de bivalvos evolucionó pronto y, debido a su exitoso plan corporal, apenas ha cambiado con el tiempo.

ASTARTE MUTABILIS
Todos los parientes de *Astarte* se caracterizan por unas fuertes costillas paralelas al crecimiento en toda la superficie de la concha.

costilla
surco largo
cicatriz del músculo aductor
umbo dirigido hacia delante
línea paleal

Amusium

GRUPO Bivalvos
DATACIÓN Del Neógeno a la actualidad
TAMAÑO 5–12 cm de longitud
LOCALIZACIÓN Todo el mundo

Amusium es un bivalvo grande, liso y casi circular, de la misma familia que la vieira actual. La principal diferencia es que *Amusium* tiene las valvas casi lisas, mientras que la vieira tiene costillas. La delgada concha de *Amusium* tiene dos extensiones a cada lado del umbo, una más grande que la otra. Unas finas líneas de crecimiento cubren la superficie de la concha, y también son visibles unas finas estrías radiales.

valva lisa

AMUSIUM SP.
Debido a sus valvas casi lisas, los angloparlantes llaman «vieiras luna» a algunas especies de *Amusium*.

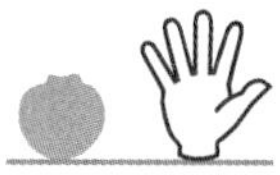

Anadara

GRUPO Bivalvos
DATACIÓN Del Cretácico superior a la actualidad
TAMAÑO 2–6 cm de longitud
LOCALIZACIÓN Todo el mundo

A primera vista, *Anadara* parece un berberecho o un *carneiro* actuales, con sus fuertes costillas radiales cruzadas por líneas de crecimiento. En su interior, sin embargo, es muy diferente de los Cardiidae. Bajo el umbo dirigido hacia delante de cada valva hay un surco largo y estriado que albergaba el largo ligamento responsable de abrir la concha. Bajo el surco del ligamento hay una línea de charnela larga y recta, con muchos dientes y alvéolos casi verticales que ayudan a mantener la concha cerrada. También hay dos cicatrices donde debían de unirse los músculos que controlaban el movimiento de las valvas. Una línea inconspicua entre las cicatrices marca la zona de unión del manto.

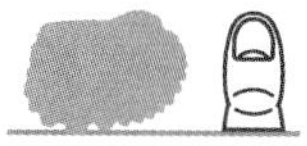

línea de charnela

MECANISMO DE CIERRE
La línea de charnela, con sus «dientes» y «surcos», ayuda a mantener cerrada la concha de *Anadara rustica*. Como la mayoría de los bivalvos, este es sedentario y se alimenta por filtración.

costillas cruzadas por líneas de crecimiento

ANADARA RUSTICA
Con sus profundas costillas radiales, *Anadara* recuerda a un *carneiro*, pero pertenece a un orden de bivalvos, Arcoidea, que se remonta al Ordovícico inferior.

Algunas especies de *Anadara* constituyen una fuente de **alimentación humana** desde la **prehistoria.**

Schizaster

GRUPO Equinodermos
DATACIÓN Del Paleógeno a la actualidad
TAMAÑO 4,5–6,5 cm de longitud
LOCALIZACIÓN Todo el mundo

Schizaster es un erizo de mar excavador en forma de corazón, con cinco áreas ambulacrales o «pétalos» bien marcados en la superficie superior, por donde sobresalen los pies ambulacrales. Los dos pétalos posteriores son bastante más cortos que los anteriores. El ambulacro anterior medio está situado en un hondo surco que llega hasta la superficie inferior y la boca. En vista lateral, el esqueleto es bastante alto, con un ligero voladizo posterior encima de la abertura anal.

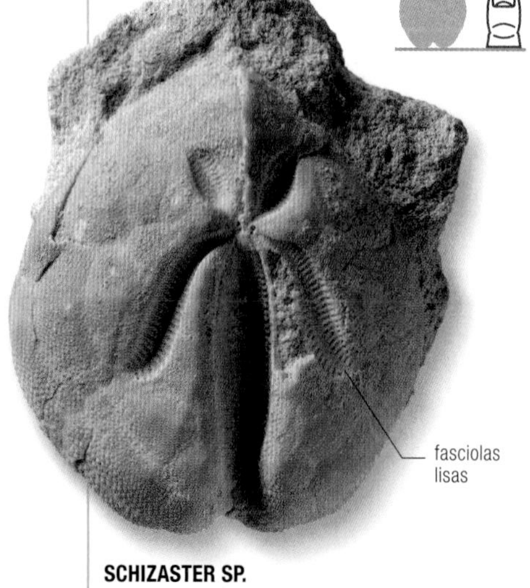
fasciolas lisas

SCHIZASTER SP.
Unas fasciolas lisas se disponen bajo el ano y en torno a los ambulacros superiores en forma de pétalo. Estas fasciolas generarían corrientes de agua con sus cilios.

Scutella

GRUPO Equinodermos
DATACIÓN Del Paleógeno superior al Neógeno inferior
TAMAÑO 6–9 cm de diámetro
LOCALIZACIÓN Mediterráneo

Scutella es un erizo de mar excavador, aplanado y de tamaño medio, con «pilares» internos que fortalecían su esqueleto interno. En su superficie inferior tenía cinco ambulacros o pétalos de los que salían muchos pies ambulacrales. En torno al borde de los ambulacros había pares de poros, a modo de hendidura. La boca se hallaba en el centro de la cara inferior del animal, y unos surcos alimentarios bien marcados conducían directamente hasta ella. Allí donde estos surcos cruzaban la unión entre las caras superior e inferior, eran tan anchos como en las áreas interambulacrales. La abertura anal de *Scutella* también tenía una posición ínfera, más o menos a medio camino entre el borde posterior del esqueleto y la boca. En el centro de la cara superior se hallaba el disco apical, un área con muchas placas y con cuatro poros genitales o gonoporos. *Scutella* es uno de los muchos equinoideos fósiles que a veces reciben el nombre de «dólares de arena», aunque los dólares de arena que se encuentran hoy en la playa suelen ser endoesqueletos de especies actuales de equinoideos.

disco apical con poros genitales en la superficie superior
«pétalo» o ambulacro

SCUTELLA SP.
Con sus cinco ambulacros en forma de pétalo y su forma ligeramente abovedada, *Scutella* es agradablemente simétrico. Como los equinoideos irregulares actuales, debía de estar cubierto de espinas diminutas a modo de pelos.

«pétalo» o ambulacro
pares de poros del ambulacro

CLYPEASTER SP.
Este espécimen del Neógeno carece del disco apical central y de sus gonoporos; en el lugar donde estaban estos hay un agujero.

Clypeaster

GRUPO Equinodermos
DATACIÓN Del Paleógeno a la actualidad
TAMAÑO 5–15 cm de diámetro
LOCALIZACIÓN Todo el mundo

Clypeaster es un equinoideo excavador, de tamaño mediano a grande, cuya forma varía desde la de un disco aplanado hasta la de una campana, dependiendo de las especies. A veces, y especialmente en las variedades aplanadas, el endoesqueleto está formado por dos capas separadas por pilares de soporte, lo que le da mayor resistencia. *Clypeaster* tiene cinco ambulacros (las áreas en forma de pétalo por donde sobresalen los pies ambulacrales) prominentes y de forma similar en su cara superior, los cuales son mucho más anchos que las áreas interambulacrales. En su cara inferior, los ambulacros son mucho menos patentes. La boca se halla en el centro de la cara inferior, y el ano, cerca del borde de esta. La estructura a modo de disco situada en el centro de la cara superior contiene cinco poros genitales. Algunas especies de *Clypeaster* viven en madrigueras enterradas hasta 15 cm bajo el fondo del mar.

15 cm Es la profundidad bajo el fondo marino donde se hallan las madrigueras de algunas especies de *Clypeaster*.

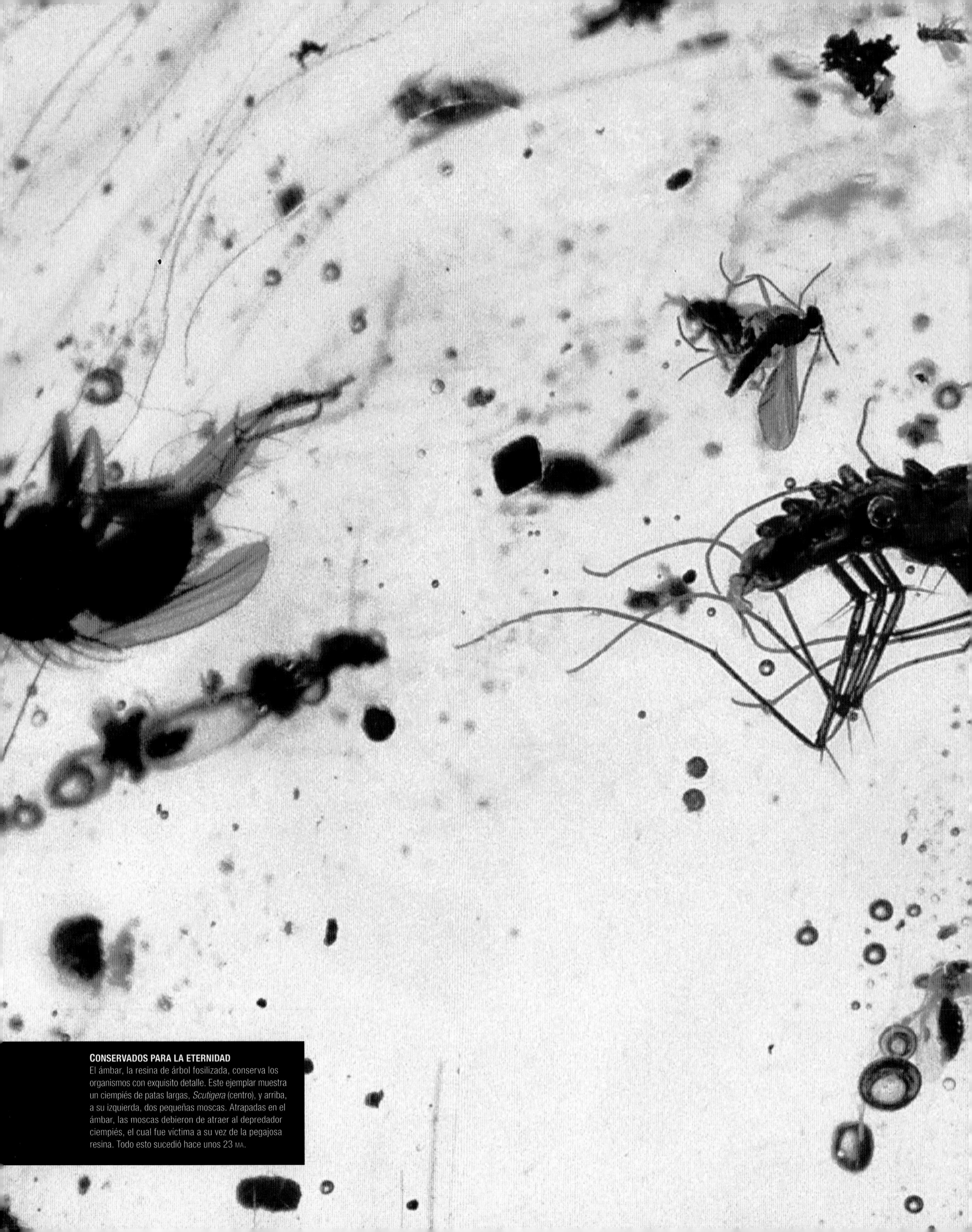

CONSERVADOS PARA LA ETERNIDAD
El ámbar, la resina de árbol fosilizada, conserva los organismos con exquisito detalle. Este ejemplar muestra un ciempiés de patas largas, *Scutigera* (centro), y arriba, a su izquierda, dos pequeñas moscas. Atrapadas en el ámbar, las moscas debieron de atraer al depredador ciempiés, el cual fue víctima a su vez de la pegajosa resina. Todo esto sucedió hace unos 23 MA.

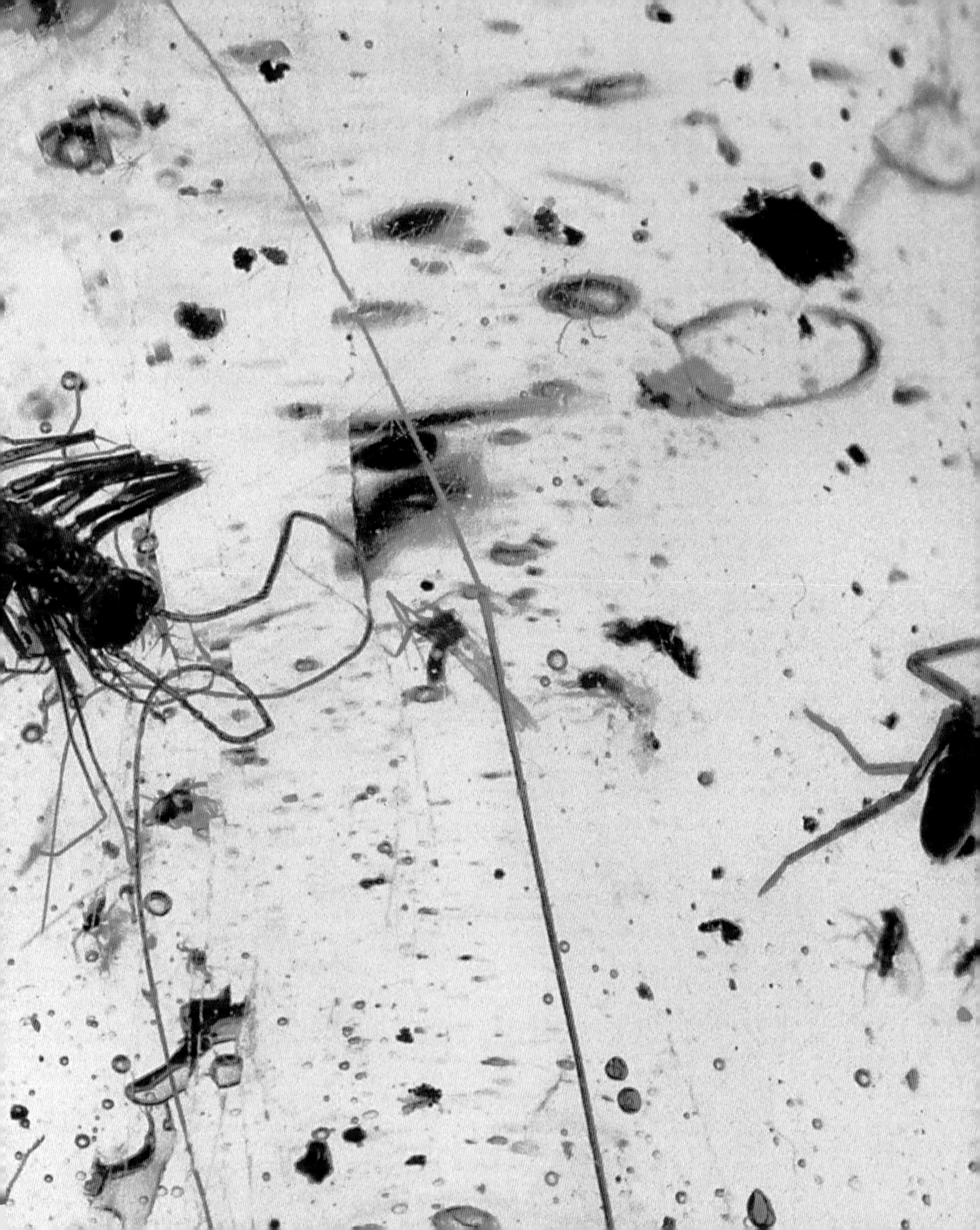

NEÓGENO
VERTEBRADOS

Desde el inicio del Neógeno, hace 23 MA, el clima del mundo fue volviéndose cada vez más frío y seco, lo que hizo que los desiertos y praderas se extendieran por gran parte de la superficie de los continentes. Los depredadores y las presas que no se adaptaron a las nuevas condiciones se extinguieron.

Muchos grupos de mamíferos colonizaron nuevos continentes durante el Neógeno, cruzando los puentes terrestres creados por el descenso del nivel del mar y la colisión de los bloques continentales. Los camellos ancestrales surgieron en América del Norte y hace unos 7 MA pasaron a Eurasia, donde evolucionaron hasta el camello y el dromedario. La colonización de América del Sur por los camélidos, hace 3 MA, dio origen a guanacos, llamas y vicuñas.

Praderas y pacedores

La expansión de los herbazales dio origen a un nuevo modo de alimentación entre los fitófagos: el pacedor. Los artiodáctilos o mamíferos con pezuñas pares (ciervos, camellos, toros, antílopes, etc.), y en especial los rumiantes, estaban mejor adaptados para pacer las toscas y poco nutritivas gramíneas que los perisodáctilos (con pezuñas impares), pues tenían un estómago más desarrollado. Los rumiantes tienen un estómago de cuatro cámaras con microbios que digieren celulosa, y regurgitan y vuelven a masticar el material vegetal antes de volver a tragarlo.

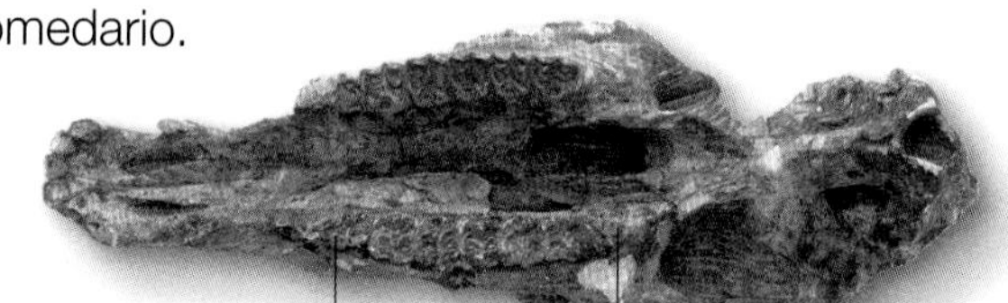
grandes premolares
molares de corona alta con muchas cúspides

DIENTES Y DEDOS DEL PIE
Durante el Mioceno aparecieron los caballos con tres dedos como *Hipparion*, con dientes de corona alta y superficies moledoras que les permitían comer gramíneas. En cada pie, los dedos laterales se redujeron y el dedo central se modificó en una pezuña única que soportaba el peso y les permitía correr con rapidez.

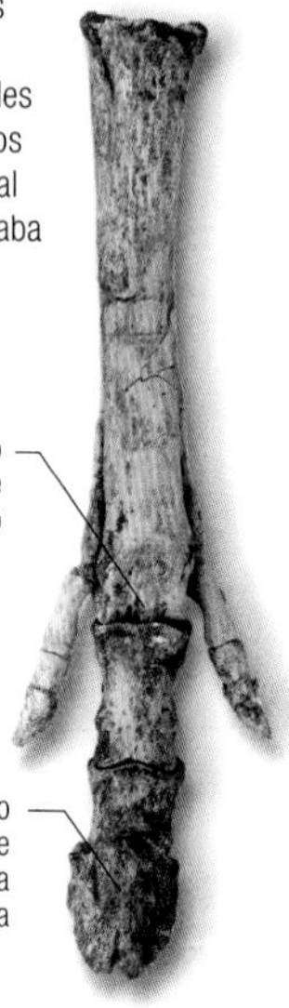
hueso del pie alargado
gran dedo central que forma una pezuña

Gracias a estas adaptaciones, artiodáctilos como los bueyes, las ovejas y los antílopes se diversificaron de una forma espectacular durante el Mioceno, a expensas de perisodáctilos como los caballos, los rinocerontes y los tapires. Los pacedores empezaron a formar manadas para estar más seguros mientras comían o realizaban sus migraciones estacionales y se tornaron cada vez más grandes y rápidos. Los carnívoros, por su parte, adoptaron estrategias como la persecución en grupo para cazar con mayor facilidad a sus veloces presas. La extensión de los herbazales en África también contribuyó a que los primates hominoideos salieran de los bosques y adoptaran una postura más erguida.

Gigantes del mar

Misticetos (ballenas) y odontocetos (delfines, orcas, cachalotes...) ya existían al principio del Neógeno. Al final del Mioceno habían aparecido representantes de varias familias de cetáceos actuales, junto con otras hoy extintas. En el Mioceno también aparecieron los primeros leones marinos, focas y morsas, y se diversificaron los sirenios (manatíes y dugongos). Todos estos mamíferos marinos eran presa de *Carcharocles megalodon* (p. siguiente).

GRUPOS

Las cambiantes condiciones del Neógeno propiciaron la aparición de nuevos grupos de mamíferos y la extinción de otros antiguos. Los artiodáctilos se expandieron a expensas de sus primos con pezuñas impares, y los carnívoros relevaron a los creodontos como los depredadores dominantes. Proliferaron pequeños mamíferos: conejos, roedores y mapaches.

PERISODÁCTILOS
Los caballos siguieron diversificándose durante el Neógeno a base de explotar los nuevos hábitats de herbazales; pero muchas especies se extinguieron hacia finales del Mioceno, hace unos 5 MA, quedando solo un género: *Equus*. Muchos rinocerontes y tapires del Paleógeno se extinguieron también, y el número de especies continuó declinando durante el Neógeno.

ARTIODÁCTILOS
Los mamíferos de pezuñas pares se hicieron dominantes durante el Neógeno. A los jabalíes, pécaris e hipopótamos se les unieron pronto los primeros ciervos, jirafas y bóvidos como las gacelas y las cabras. La evolución de los bóvidos tuvo lugar sobre todo en África y Asia, pero el paso de Bering permitió que los ancestros del bisonte y el berrendo actuales entraran en América del Norte.

ROEDORES
Los roedores prosperaron durante el Neógeno gracias a sus hábitos generalistas y a sus elevadas tasas de reproducción. En el Mioceno ya habían aparecido ardillas de aspecto moderno, y los múridos –la familia de los ratones, ratas, topillos, etc.– experimentaron una radiación espectacular en el Plioceno. El puente terrestre entre África y Asia permitió que los puercoespines colonizaran Eurasia.

HOMINOIDEOS
Los «antropoides» divergieron de los monos catarrinos hace unos 30 MA; desarrollaron mayores tallas corporales y cerebrales y se volvieron cada vez más terrestres. La línea de los homínidos se separó de la de los gibones hace unos 20 MA, y varios taxones empezaron a extenderse por Asia desde África. El género fósil *Sivapithecus* se considera el antecesor de los orangutanes.

Carcharocles

GRUPO Condrictios
DATACIÓN Del Mioceno inferior al Plioceno
TAMAÑO 18 m de longitud
LOCALIZACIÓN Europa, Asia, América del Norte, América del Sur, África

Con sus 50 toneladas, *Carcharocles* fue el mayor tiburón depredador que existió jamás. Su nombre específico, *megalodon*, alude a sus enormes dientes triangulares, que alcanzaban los 17 cm de longitud. En el pasado, la especie se asignó al mismo género que el tiburón blanco actual *(Carcharodon carcharias).* Los grandes dientes de *Carcharocles,* aserrados en ambos filos, tenían un corte muy eficaz. Las marcas de cortes en huesos y dientes aislados hallados cerca de cadáveres fósiles sugieren que *Carcharocles* habría depredado una amplia gama de cetáceos, focas, tortugas marinas y peces. Parece probable que acechara a sus presas y las atacara a gran velocidad; una vez reducida la presa, la procesaba con sus enormes mandíbulas y su mordisco de fuerza colosal. Ciertamente, existen muchas similitudes entre los dientes de ambas especies, así que a falta de un espécimen completo, *Carcharocles megalodon* se reconstruye utilizando el tiburón blanco como modelo.

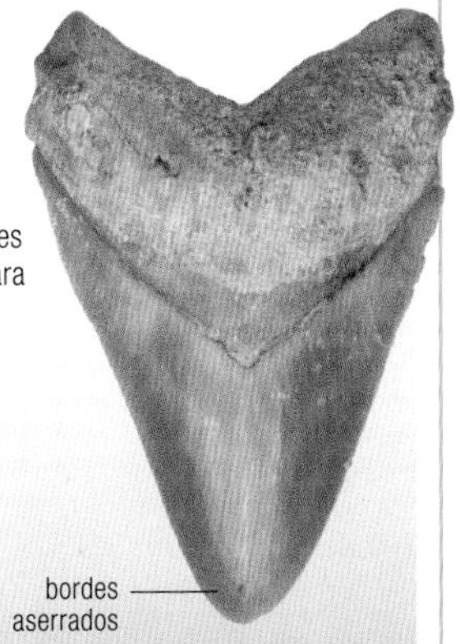
bordes
aserrados

«DIENTE GRANDE»
El nombre específico de este tiburón *–megalodon–* significa «diente grande» en griego clásico. El tamaño de los dientes de *Carcharocles* ha servido para estimar su tamaño total.

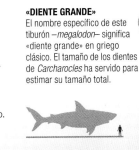

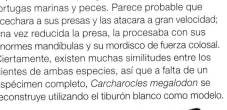

alta aleta dorsal
enorme aleta
caudal vertical

TIBURÓN HIDRODINÁMICO
Se cree que *Carcharocles* tenía el aspecto de un tiburón blanco enorme, con su típica forma corporal hidrodinámica, el hocico puntiagudo y grandes aletas.

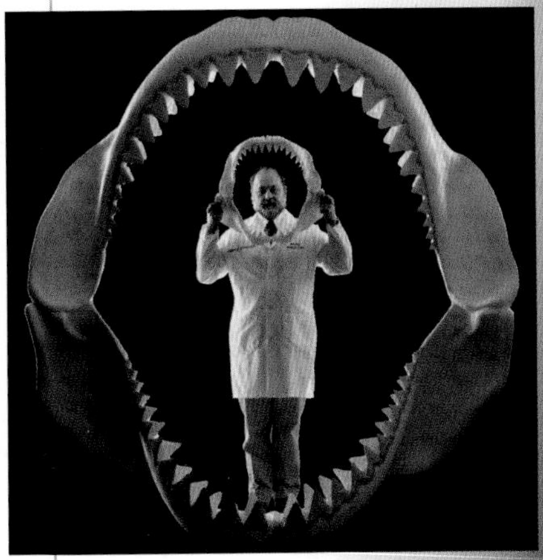

BOCA ENORME
Esta reconstrucción muestra que las mandíbulas de *C. megalodon* eran tan altas como un hombre y mucho mayores que las del tiburón blanco.

Myliobatis

GRUPO Condrictios
DATACIÓN Del Cretácico superior a la actualidad
TAMAÑO 1,5 m de longitud
LOCALIZACIÓN Todo el mundo

PLACA DENTAL
Los fósiles de *Myliobatis* se identifican por sus placas dentales, que tienen una hilera de largos dientes en medio y una de dientes hexagonales a cada lado.

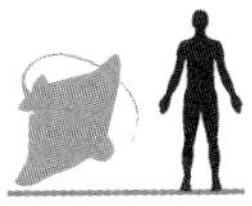

Myliobatis fue un género común durante el Neógeno. Al menos 11 especies de *Myliobatis* sobreviven hoy por todo el mundo: son las águilas marinas. En los sedimentos pliocenos de Carolina del Norte (EE UU) se han encontrado muchos fósiles de especies extintas de este género, y otros fósiles hallados en América del Norte, África y Europa muestran que *Myliobatis* ya existía en el Cretácico.

Gavialosuchus

GRUPO Crocodilomorfos
DATACIÓN Del Oligoceno superior al Plioceno inferior
TAMAÑO 5,4 m de longitud
LOCALIZACIÓN América del Norte, Europa

Gavialosuchus fue un gavial (un reptil tipo cocodrilo) que habitó en América del Norte desde el Oligoceno superior al Plioceno inferior y en Europa durante el Mioceno. Como los gaviales actuales, tenía el cráneo muy largo y utilizaba su estrecho hocico para cazar peces. Sus fósiles se han hallado en sedimentos costeros, lo que sugiere que vivía en estuarios o en mares someros, donde podía alimentarse de una gran variedad de peces. Aunque los gaviales actuales solo se encuentran en la India y el sureste de Asia, los fósiles de diferentes especies de *Gavialosuchus* encontrados en Florida, Austria y Georgia sugieren que este grupo se distribuía antaño por los hábitats pantanosos y costeros de todas las regiones tropicales.

hocico estrecho
dientes afilados para
asir a los peces

CRÁNEO ALARGADO
Como algunos gaviales actuales, *Gavialosuchus* tenía unas largas mandíbulas y dientes afilados.

Phalocrocorax

GRUPO Aves
DATACIÓN Del Mioceno inferior a la actualidad
TAMAÑO 45–100 cm de altura
LOCALIZACIÓN EE UU, México, Francia, España, Moldavia, Bulgaria, Ucrania, Mongolia, Australia

Los miembros actuales del género *Phalocrocorax* son los cormoranes, aves de tamaño medio que comen peces; hoy existen 36 especies vivas y se ha descrito un número similar de especies extintas de todo el mundo. Al igual que las especies actuales, estas cazarían zambulléndose, y tenían el cuello flexible y un pico largo con la punta ganchuda para apresar a los peces. Aunque antes se creía que los cormoranes eran los primos costeros de los cuervos, pertenecen a Pelecaniformes, un orden que también comprende los pelícanos y los alcatraces.

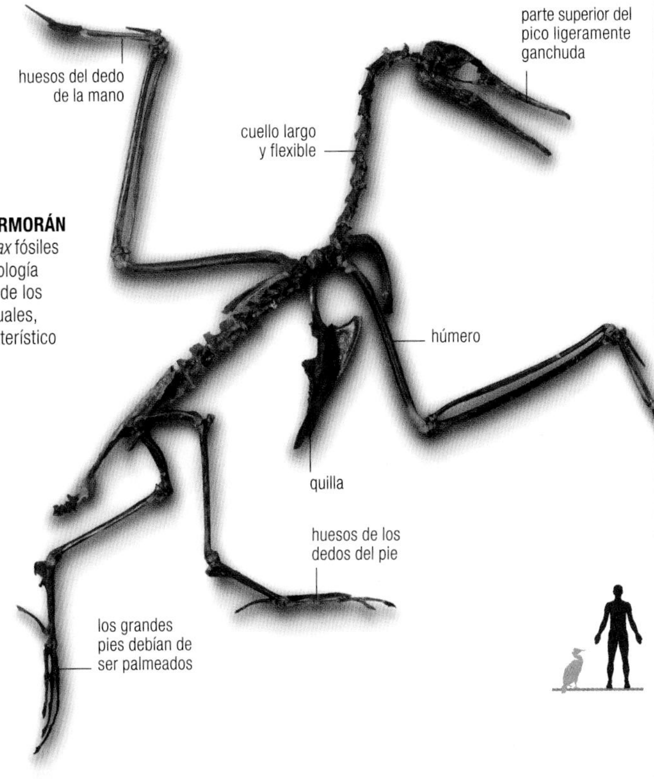
parte superior del
pico ligeramente
ganchuda
huesos del dedo
de la mano
cuello largo
y flexible
húmero
quilla
huesos de los
dedos del pie
los grandes
pies debían de
ser palmeados

PRIMO DEL CORMORÁN
Los *Phalocrocorax* fósiles tenían una morfología muy similar a la de los cormoranes actuales, incluido el característico cuello flexible.

PARIENTE VIVO

CÓNDOR ANDINO

El cóndor andino, que alcanza los 3 m de envergadura y pesa 15 kg, se remonta hasta 5500 m de altitud por encima de los Andes en busca de animales muertos o moribundos, y puede volar 200 km diarios en busca de alimento. Suele seguir a otros carroñeros, como auras y otras rapaces o cornejas, hasta la carroña y luego utiliza su fuerte pico para desgarrar la dura y correosa piel.

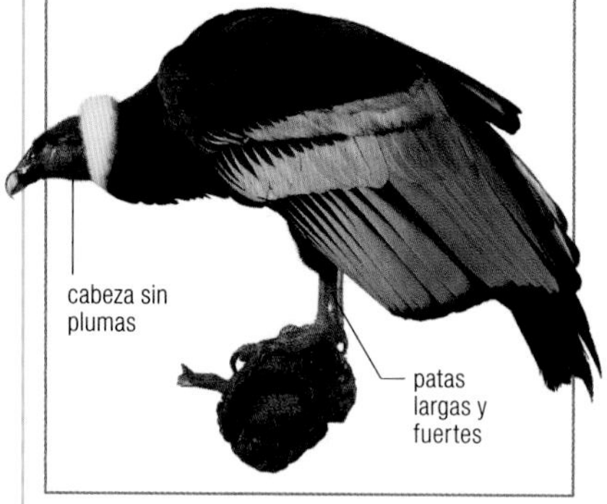
cabeza sin plumas
patas largas y fuertes

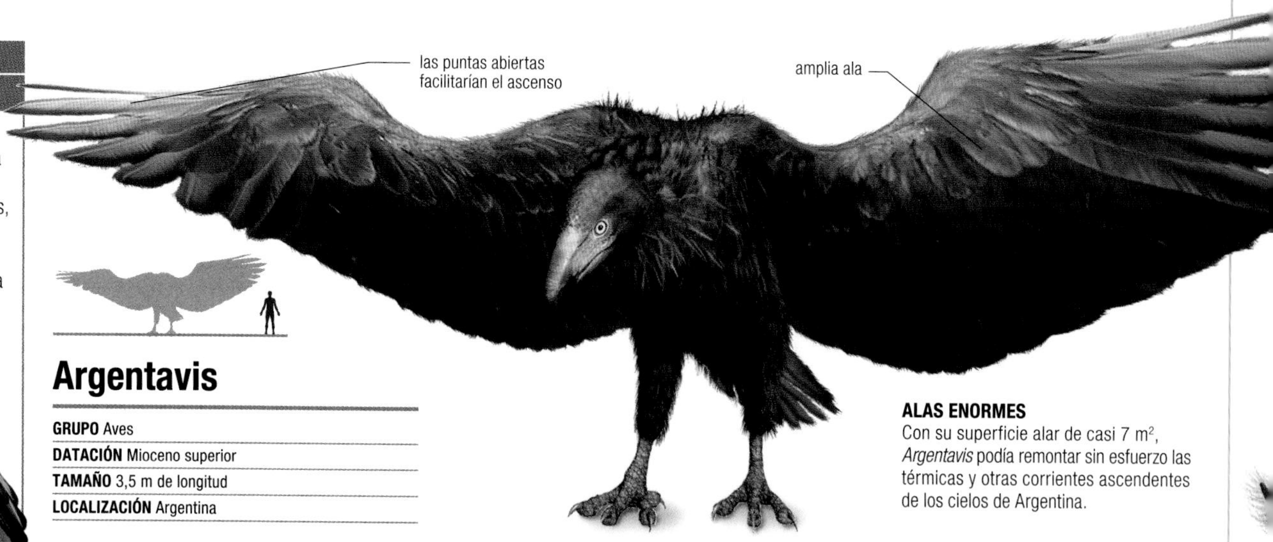
las puntas abiertas facilitarían el ascenso
amplia ala

Argentavis

GRUPO Aves
DATACIÓN Mioceno superior
TAMAÑO 3,5 m de longitud
LOCALIZACIÓN Argentina

ALAS ENORMES
Con su superficie alar de casi 7 m², *Argentavis* podía remontar sin esfuerzo las térmicas y otras corrientes ascendentes de los cielos de Argentina.

Argentavis es la mayor ave voladora que existió jamás. Con una envergadura de 8 m, parecía un cóndor gigantesco; los más grandes debían de pesar unos 80 kg, cinco veces el peso del cóndor andino (recuadro, izda.). *Argentavis* tenía unas patas fuertes y unos pies anchos que le permitían andar con facilidad. Su pico era largo y tenía la punta ganchuda como el de un águila, así que podía desgarrar y abrir casi cualquier tipo de carroña. Seguramente *Argentavis* se nutría de carroñas que buscaba desde el aire; tras aterrizar, alejaba a los otros grandes depredadores de sus presas muertas. Este gigante de los cielos sobrevolaría un territorio muy extenso para encontrar la comida suficiente para sustentarse.

Thylacosmilus

GRUPO Mamíferos marsupiales
DATACIÓN Del Mioceno superior al Plioceno inferior
TAMAÑO 1,5 m de longitud
LOCALIZACIÓN América del Sur

Thylacosmilus era un marsupial depredador del tamaño de un jaguar actual. Al igual que los tigres de dientes de sable como *Smilodon* (p. 411), con los que no estaba emparentado, tenía unos dientes caninos superiores largos y en forma de sable. Es un ejemplo clásico de convergencia evolutiva. Sin embargo, en el caso de *Thylacosmilus* estos caninos crecían durante toda su vida. Cuando la boca estaba cerrada, los sables quedaban protegidos por un par de «estuches» en la mandíbula inferior. *Thylacosmilus* fue el último de los marsupiales carnívoros que se diversificaron en aislamiento en América del Sur. Cuando ambas Américas quedaron unidas por el puente terrestre de Panamá, hace 3 MA, los carnívoros placentarios entraron en América del Sur y tomaron el relevo de estos marsupiales.

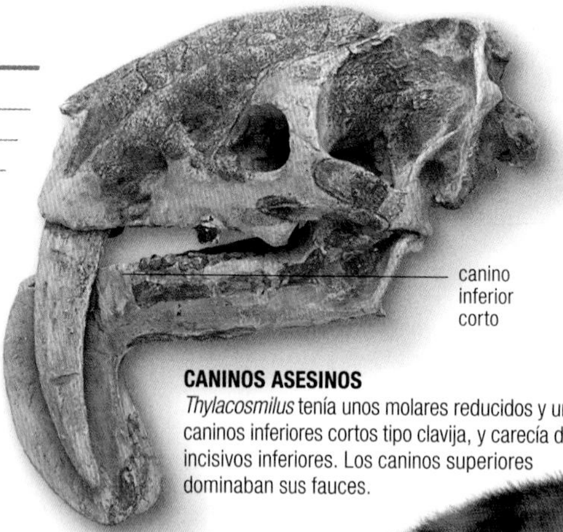
canino inferior corto

CANINOS ASESINOS
Thylacosmilus tenía unos molares reducidos y unos caninos inferiores cortos tipo clavija, y carecía de incisivos inferiores. Los caninos superiores dominaban sus fauces.

Los caninos superiores de *Thylacosmilus* eran aún más largos que los del tigre de dientes de sable *Smilodon*.

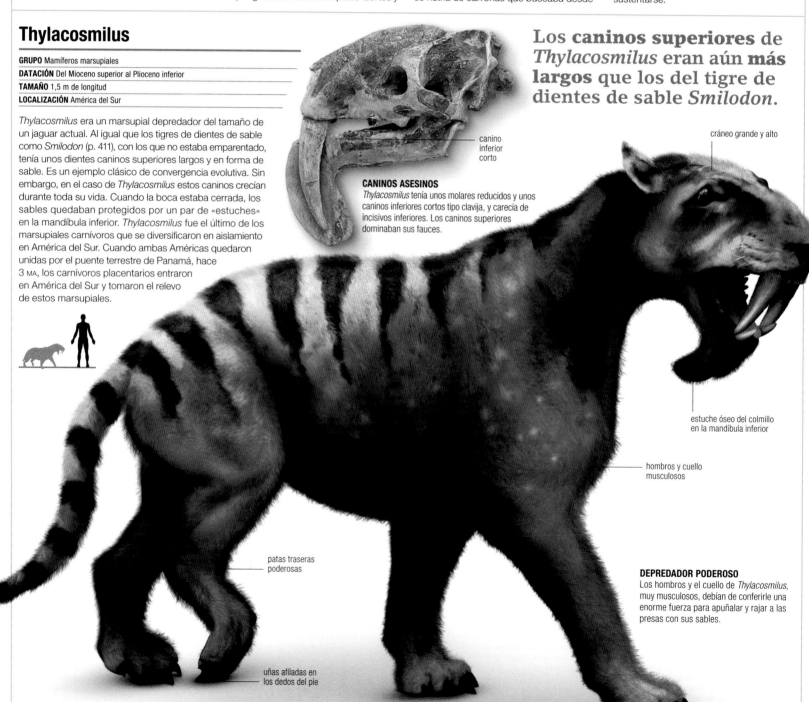

cráneo grande y alto
estuche óseo del colmillo en la mandíbula inferior
hombros y cuello musculosos
patas traseras poderosas
uñas afiladas en los dedos del pie

DEPREDADOR PODEROSO
Los hombros y el cuello de *Thylacosmilus*, muy musculosos, debían de conferirle una enorme fuerza para apuñalar y rajar a las presas con sus sables.

Deinogalerix

GRUPO Mamíferos placentarios
DATACIÓN Mioceno superior
TAMAÑO 60 cm de longitud
LOCALIZACIÓN Italia

Deinogalerix era un erizo gigante y sin espinas que durante el Mioceno superior vivió en Gargano, entonces una isla situada frente a la costa de Italia. Como los erizos actuales con los que está emparentado, se alimentaba de insectos, caracoles y otros invertebrados. Con todo, *Deinogalerix* era enorme para ser un insectívoro: su gran tamaño le permitiría cazar también aves y pequeños mamíferos. *Deinogalerix* es un ejemplo clásico de cómo los pequeños mamíferos tienden a adquirir mayores dimensiones en islas donde no sufren la competencia de depredadores de mayor tamaño como félidos, cánidos y osos. Sin embargo, la lechuza gigante *Tyto gigantea* también vivía en Gargano en el Mioceno superior, y quizá depredara incluso a *Deinogalerix*.

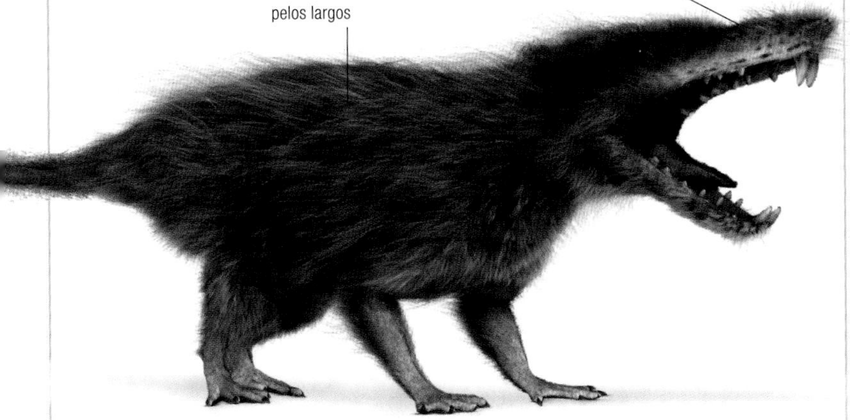

morro ahusado
pelos largos

ERIZO PELUDO
Deinogalerix significa «musaraña terrible», pero en realidad se parece a un gran gimnuro o rata lunar, un tipo primitivo de erizo del sureste de Asia que tiene la cola larga y pelos en vez de espinas.

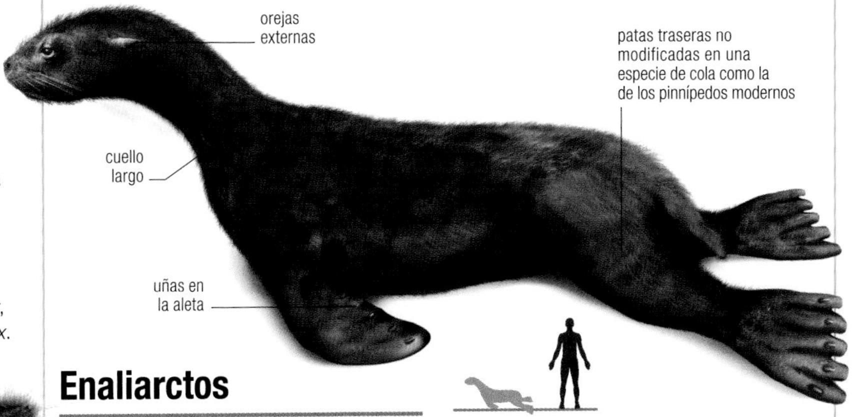

orejas externas
patas traseras no modificadas en una especie de cola como la de los pinnípedos modernos
cuello largo
uñas en la aleta

Enaliarctos

GRUPO Mamíferos placentarios
DATACIÓN Del Oligoceno superior al Mioceno inferior
TAMAÑO 1,5 m de longitud
LOCALIZACIÓN EE UU

Enaliarctos es uno de los parientes conocidos más antiguos de los pinnípedos (focas, leones marinos y morsas), y sus fósiles se han encontrado en rocas del Oligoceno superior al Mioceno inferior de California y Oregón (EE UU). Como otros pinnípedos, *Enaliarctos* tenía las patas modificadas en aletas, aunque no tan especializadas como en las focas y leones marinos modernos. *Enaliarctos* nadaba con las patas anteriores y posteriores, mientras que los leones marinos actuales solo emplean las delanteras para nadar y las cuatro patas para desplazarse por tierra, y las focas, que son muy poco móviles en tierra, nadan con sus patas traseras. Pese a que tenía ojos grandes, bigotes sensitivos y una buena audición submarina, como sus descendientes actuales, *Enaliarctos* tenía unos dientes más primitivos, similares a los de sus antecesores tipo oso. Comía peces, pero no podía comérselos mientras nadaba: tenía que despedazarlos en la orilla.

PINNÍPEDO PRIMITIVO
Las patas traseras, largas y musculosas, manifiestan que *Enaliarctos* era más activo en tierra que los pinnípedos modernos.

Enaliarctos **tenía bigotes sensitivos,** ojos grandes y una **buena audición.**

Allodesmus

GRUPO Mamíferos placentarios
DATACIÓN Mioceno medio
TAMAÑO 1,5 m de longitud
LOCALIZACIÓN EE UU, México y Japón

Allodesmus era un pariente ancestral de los leones marinos y, como ellos, nadaba con las patas anteriores y podía girar las patas traseras hacia delante para reptar más fácilmente por tierra. Tenía el cráneo largo y esbelto como el de una foca leopardo actual, pero sus dientes eran romos y con coronas bulbosas, más aptos para capturar peces y calamares, que debía de tragar enteros al igual que los actuales leones marinos. Sus grandes ojos debían de ser de gran ayuda para cazar bajo el agua. *Allodesmus* presentaba una gran diferencia de tamaño entre machos y hembras, lo que sugiere que los grandes machos, que alcanzaban los 360 kg, debían de tener harenes de hembras.

Allodesmus presentaba **dimorfismo sexual:** los **machos** eran mucho **más grandes** que las **hembras.**

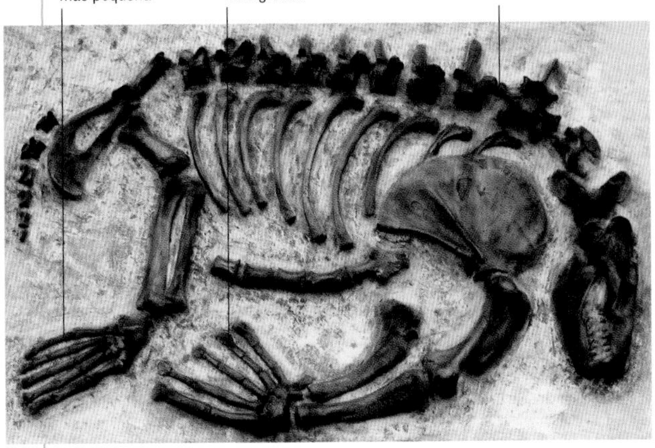

aleta posterior más pequeña
aleta anterior más grande
columna dorsal flexible

YACIMIENTO CLAVE
SHARKTOOTH HILL

Sharktooth Hill, situada al noreste de Bakersfield, en California (EE UU), contiene los restos conservados de un ecosistema oceánico del Mioceno medio. La gran cantidad y la calidad de sus fósiles fueron documentadas por primera vez por el paleontólogo suizo Louis Agassiz en 1856. Además de moluscos marinos, se han encontrado fósiles de una gran variedad de peces, entre ellos dientes de 30 especies de tiburones (de ahí su nombre). También se han hallado tortugas, aves y 17 especies de cetáceos y otros mamíferos marinos, entre ellos muchos fósiles de *Allodesmus*.

PROPULSIÓN HACIA DELANTE
Allodesmus se propulsaba por el agua con las aletas anteriores, que eran más grandes y poderosas que las posteriores.

Ceratogaulus

GRUPO Mamíferos placentarios
DATACIÓN Mioceno medio y superior
TAMAÑO 30 cm de longitud
LOCALIZACIÓN América del Norte

Ceratogaulus era un roedor excavador que se caracterizaba por poseer un par de cuernos nasales rectos. Tenía el tamaño aproximado de una marmota actual pero se parecía más a una rata de abazones, con sus patas anteriores equipadas con enormes uñas. El papel de los cuernos ha suscitado mucho debate. Se ha sugerido que servían para cavar, pero no están en la posición adecuada para ello, y tampoco es probable que sirvieran para exhibirse durante el cortejo, ya que tanto machos como hembras los tenían; al parecer, servían más bien de armas defensivas cuando el animal estaba en la superficie, lejos de la seguridad de su madriguera.

par de cuernos
pata anterior robusta, como de rata de abazones

DISEÑADO PARA CAVAR
Ceratogaulus usaba sus uñas para cavar y se alimentaba de raíces, bulbos y otras partes subterráneas de las plantas, pero también buscaba comida en la superficie.

Palaeocastor

GRUPO Mamíferos placentarios
DATACIÓN Del Oligoceno inferior al Mioceno inferior
TAMAÑO 40 cm de longitud
LOCALIZACIÓN América del Norte, Asia

Palaeocastor es un antiguo pariente de los castores actuales. Vivió entre el Oligoceno inferior y el Mioceno inferior, y sus fósiles se han encontrado en el oeste de EE UU y en Japón. Pese a su parentesco con los castores, *Palaeocastor* no cortaba árboles ni era acuático; era un excavador terrestre del tamaño de una marmota.

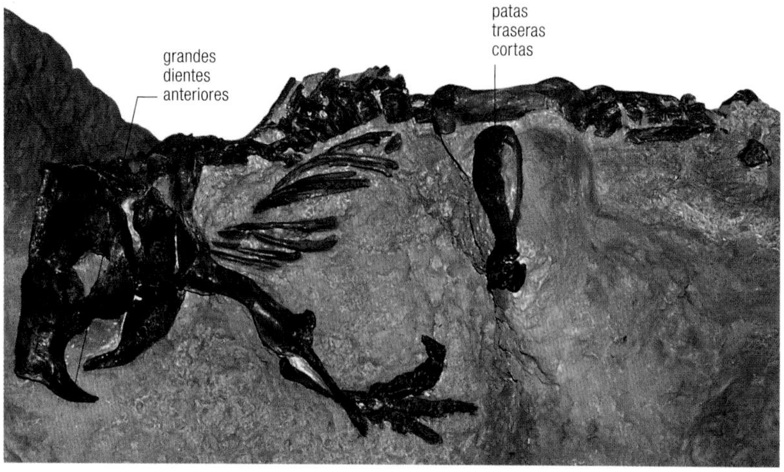
grandes dientes anteriores
patas traseras cortas

CASTOR EXCAVADOR
Palaeocastor, un miembro del grupo de los castores, era un mamífero excavador que empleaba sus fuertes dientes anteriores para cavar.

HALLAZGO CLAVE

MADRIGUERA FÓSIL

Palaeocastor es especialmente famoso gracias a sus largas madrigueras en espiral halladas en Nebraska (EE UU). Conocidas como Daemonelix («sacacorchos del diablo»), estas espirales tienen forma de sacacorchos y pueden alcanzar los 3 m de profundidad. Eran un verdadero misterio hasta que en el fondo de una de ellas se encontró un espécimen de *Palaeocastor.* Las rascaduras de los lados, atribuidas antes a las uñas de un excavador, las dejaron en realidad los dientes frontales, como escoplos, del castor, que cavaba con ellos.

fósil de *Palaeocastor*
madriguera

Teleoceras

GRUPO Mamíferos placentarios
DATACIÓN Mioceno
TAMAÑO 4 m de longitud
LOCALIZACIÓN América del Norte y Central

Teleoceras era un rinoceronte de gran tamaño con un único y pequeño cuerno en la punta de la nariz, y fue hallado en sedimentos miocenos de América del Norte y Central. Aunque era un verdadero rinoceronte, su plan corporal reflejaba el de un hipopótamo, con patas cortas y gruesas, pecho a modo de barril y molares de coronas altas. Los fósiles de *Teleoceras* se encuentran en gran número en muchos sedimentos de ríos y estanques de las altas praderas del oeste de América del Norte. Uno de estos lugares es el Parque Nacional Ashfall Fossil Beds (recuadro, dcha.), donde se han encontrado centenares de esqueletos completos de *Teleoceras*. Algunos especímenes tienen semillas fosilizadas en la garganta, lo que confirma que *Teleoceras* era granívoro.

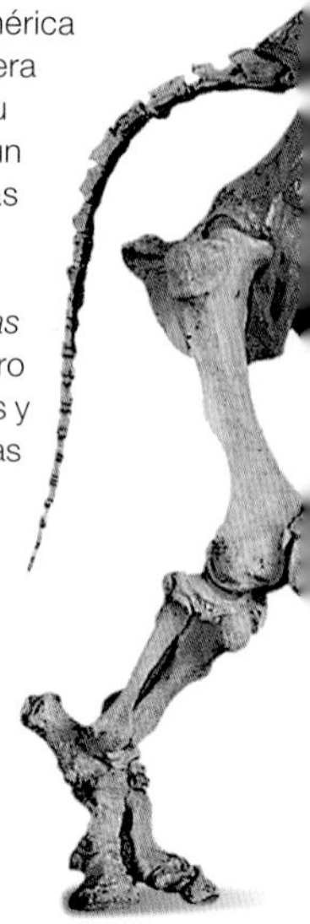

Stenomylus

GRUPO Mamíferos placentarios
DATACIÓN Del Oligoceno superior al Mioceno inferior
TAMAÑO 1,5 m de altura en la cruz
LOCALIZACIÓN América del Norte

Stenomylus era un camello sin joroba que vivió en la América del Norte del Oligoceno superior al Mioceno inferior. Pese a ser un camello verdadero, era pequeño y solo medía 1,5 m de altura en la cruz. Su cuerpo y sus patas eran esbeltos y delicados, como los de una gacela actual. Su rasgo más notable eran sus molares alargados y de corona alta, cuyas profundas raíces llegaban hasta la base de la mandíbula y el ápice del cráneo; servirían para masticar plantas muy arenosas, pues muestran signos de extremo desgaste durante la vida del animal.

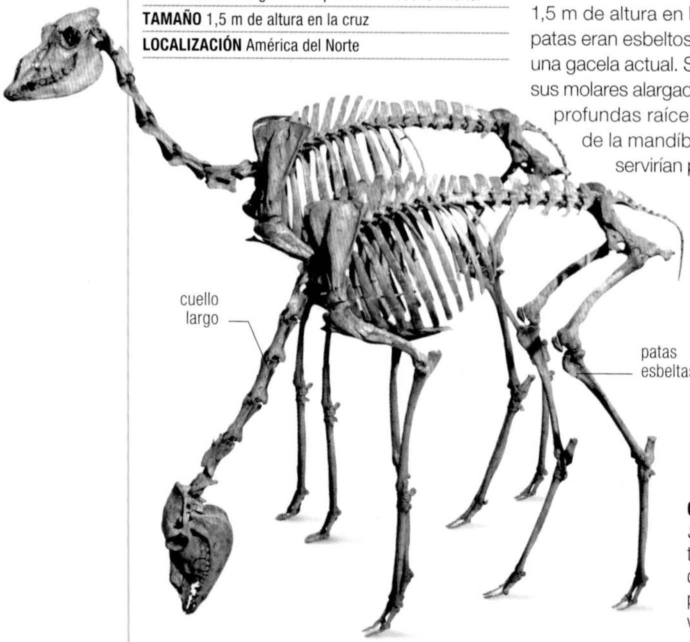
cuello largo
patas esbeltas

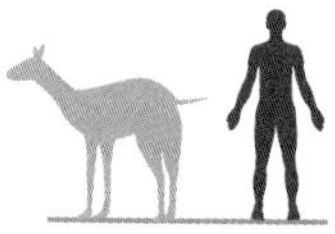

CAMELLOS SOCIALES
Stenomylus se conoce sobre todo por sus fósiles del oeste de Nebraska (EE UU). Según parece, estos camellos sin giba vivían en grandes manadas.

Menoceras

GRUPO Mamíferos placentarios
DATACIÓN Mioceno inferior
TAMAÑO 1,5 m de longitud
LOCALIZACIÓN América del Norte y Central

Menoceras era un rinoceronte pequeño que se ha hallado en sedimentos miocenos de América del Norte y Central, sobre todo en Nebraska y Wyoming. Era un rinoceronte verdadero, pero tenía una estructura más ligera que los taxones actuales, y también era más pequeño: no superaba en tamaño a un cerdo grande. Los machos tenían dos cuernos óseos a cada lado de la punta de la nariz, pero las hembras carecían de cuernos.

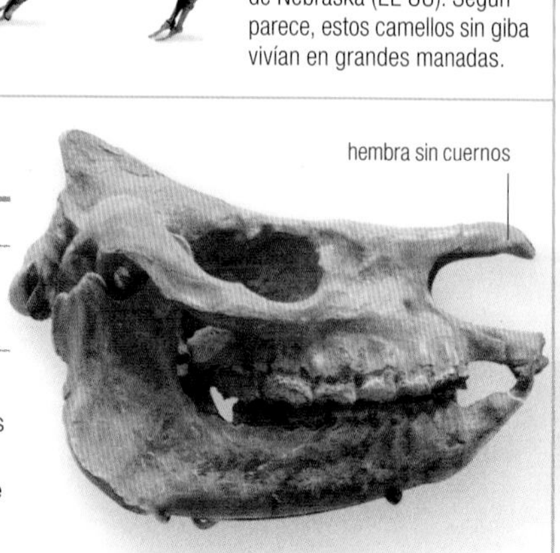
hembra sin cuernos

RINOCERONTE DE DOS CUERNOS
Menoceras es el primer rinoceronte conocido que tenía cuernos, pero solo los machos desarrollaban un par de cuernos en la punta de la nariz.

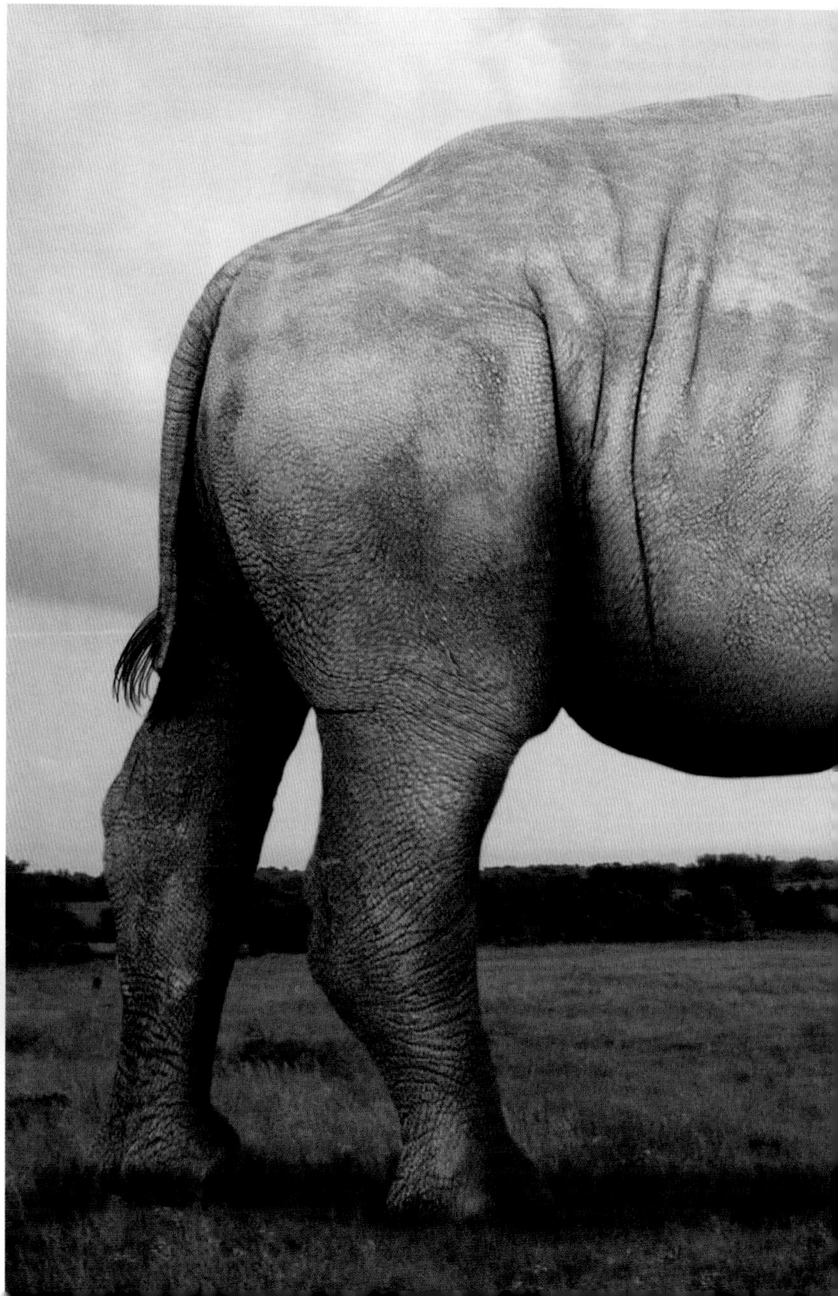

Por el gran número de fósiles de *Teleoceras* hallados en él, el Parque Nacional Ashfall Fossil Beds ha sido bautizado como la «Pompeya de los rinocerontes».

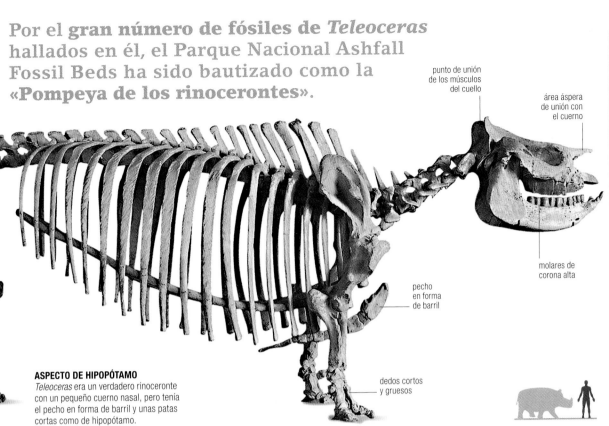

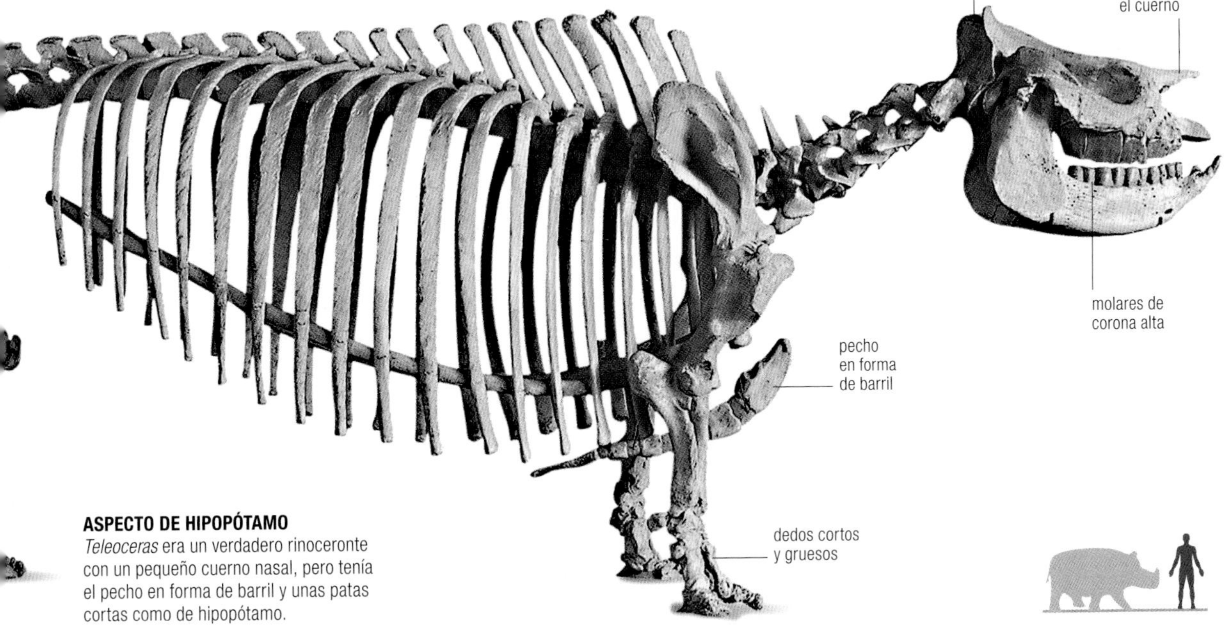
punto de unión de los músculos del cuello
área áspera de unión con el cuerno
molares de corona alta
pecho en forma de barril
dedos cortos y gruesos

ASPECTO DE HIPOPÓTAMO
Teleoceras era un verdadero rinoceronte con un pequeño cuerno nasal, pero tenía el pecho en forma de barril y unas patas cortas como de hipopótamo.

YACIMIENTO CLAVE
ASHFALL FOSSIL BEDS

Teleoceras abunda especialmente en el Parque Nacional Ashfall Fossil Beds, en Nebraska (EE UU), donde centenares de esqueletos completos de este género y de otros mamíferos y aves se fosilizaron tras morir ahogados hace 10 MA por una lluvia de ceniza volcánica que enterró su abrevadero. Algunos se retiraron, pero la mayoría se han dejado excavados en el suelo y pueden contemplarse tal como se encontraron.

Paraceratherium

GRUPO Mamíferos placentarios
DATACIÓN Del Oligoceno superior al Mioceno inferior
TAMAÑO 8 m de longitud
LOCALIZACIÓN Europa, Asia

Paraceratherium (también conocido como *Indricotherium*) era un rinoceronte gigante del Oligoceno superior y el Mioceno inferior asiáticos. Su cráneo medía 1,3 m de longitud y tenía dos colmillos superiores cónicos, colmillos inferiores acampanados y unas aberturas nasales replegadas que sugieren una trompa carnosa. Gracias a su gran tamaño y su largo cuello, podía alimentarse en lo alto de los árboles como una jirafa actual. Tenía los largos dedos y patas de sus antecesores hiracodóntidos, y no los dedos cortos y gruesos de animales de talla similar como los elefantes.

MAMÍFERO INMENSO
Paraceratherium, el mayor mamífero terrestre que ha existido jamás, alcanzaba 5,5 m de altura en la cruz, 8 m de longitud y unas 15 toneladas de peso.

ANATOMÍA
LABIO PRENSIL

Es probable que, como muchos rinocerontes y tapires, *Paraceratherium* tuviera un labio largo y prensil para agarrar las ramas y arrancar las hojas de los árboles de los que se alimentaba. El rinoceronte negro actual y la mayoría de los tapires hacen esto con su labio superior. Estos últimos y muchos rinocerontes tienen los huesos nasales muy retraídos en el cráneo, lo que deja una gran muesca nasal de anclaje para los músculos de su labio o trompa.

Chalicotherium

GRUPO Mamíferos placentarios
DATACIÓN Del Oligoceno superior al Plioceno inferior
TAMAÑO 2 m de longitud
LOCALIZACIÓN Europa, Asia, África

Chalicotherium era un perisodáctilo (mamífero de pezuñas impares) que vivió entre el Oligoceno superior y el Plioceno inferior de Europa, Asia y África. Parecía un caballo grande, a no ser porque tenía garras en vez de pezuñas. La función de estas garras en un mamífero de pezuñas fue una incógnita durante algún tiempo; hoy se cree que servían para arrancar ramas para alimentarse. *Chalicotherium* tenía además las patas anteriores mucho más largas que las posteriores; esto, así como ciertos rasgos de sus manos y huesos pélvicos, sugiere que andaba apoyándose en los nudillos, de un modo muy similar a los gorilas actuales. Cuando no se movía, *Chalicotherium* se sentaba largamente sobre sus ancas, mientras se alimentaba de vegetación. La posición taxonómica de los calicoterios fue un misterio durante muchos años; cuando se descubrieron las garras de *Chalicotherium* se creyó que eran algún tipo de carnívoro, pero las evidencias recientes revelan que eran primos de los tapires.

Chalicotherium significa **«bestia guijarro»**, en alusión a sus **molares a modo de guijarros**. Al madurar, este animal perdía sus incisivos y caninos superiores.

GARRAS POR REVERSIÓN EVOLUTIVA
Aunque *Chalicotherium* estaba emparentado con los tapires y otros perisodáctilos, tenía garras en vez de pezuñas. Este es el único caso conocido de un linaje de mamíferos con pezuñas que revierte al dedo ancestral con dedos.

Merychippus

GRUPO Mamíferos placentarios
DATACIÓN Mioceno medio y superior
TAMAÑO 1,1 m de longitud
LOCALIZACIÓN América del Norte y Central

Durante el Mioceno, el clima del planeta se tornó más seco y los bosques dieron paso a herbazales. *Merychippus* era un caballo primitivo que vivía en grandes manadas en estas nuevas praderas. Producto de la evolución a partir de unos antecesores forestales, era un pacedor de patas largas y carrera rápida, similar a los equinos actuales. *Merychippus* fue el primer equino con una única pezuña (en el dedo medio) en cada pie. Aunque otros dos dedos flanqueaban el dedo medio, en la mayoría de las especies estos solo tocaban el suelo en el galope. *Merychippus* es pariente cercano de *Pliohippus* (dcha.) y los actuales *Equus*.

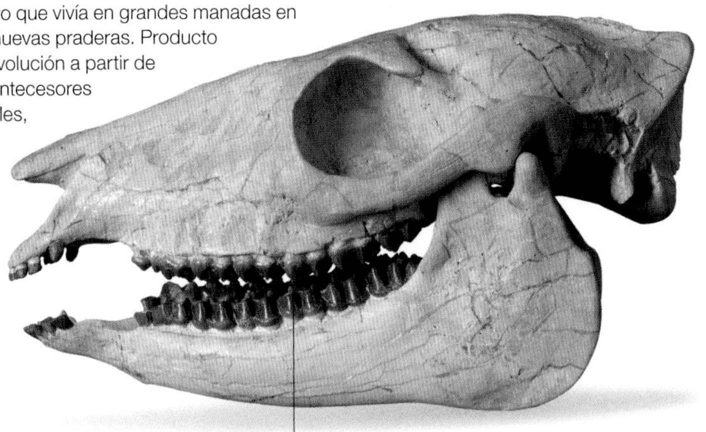
dientes
relativamente
altos

DIENTES TRITURADORES
Los dientes de *Merychippus* eran más altos que los de sus ancestros que se alimentaban de hojas, lo que les permitía triturar duras gramíneas sin un gran desgaste.

Pliohippus

GRUPO Mamíferos placentarios
DATACIÓN Del Mioceno medio al Plioceno inferior
TAMAÑO 1,2 m de longitud
LOCALIZACIÓN América del Norte y Central

Pliohippus era un caballo primitivo con un único dedo funcional que aún conservaba dos dedos vestigiales a cada lado de la pezuña. Tenía el tamaño de una cebra, algo menor que la mayoría de las especies de caballos modernos. Durante muchos años se pensó que era un antecesor de *Equus*, pero *Pliohippus* tiene hondos abazones y sus dientes son muy curvos, mientras que en *Equus* son rectos. Hoy día los científicos creen que *Equus* está emparentado con *Dinohippus*, y que *Pliohippus* pertenece a un linaje que incluye a *Calippus* y *Astrohippus*.

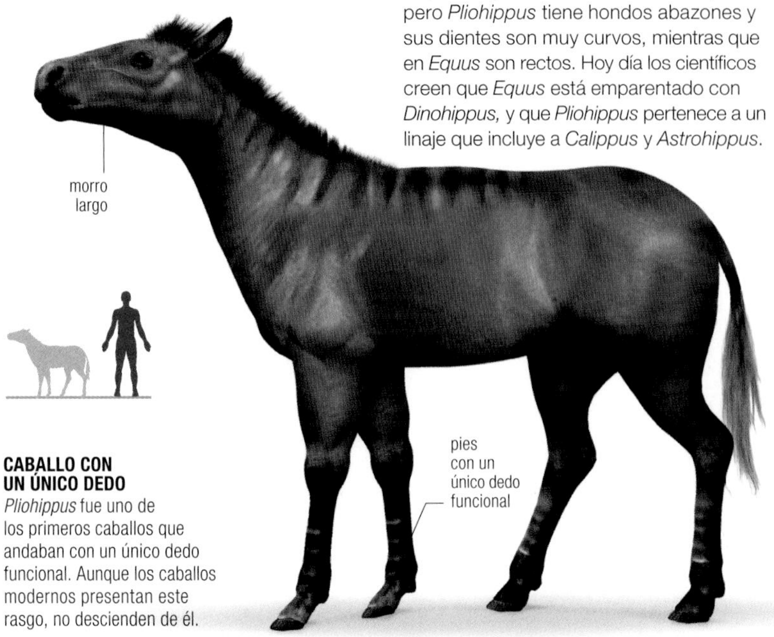
morro
largo
pies
con un
único dedo
funcional

CABALLO CON UN ÚNICO DEDO
Pliohippus fue uno de los primeros caballos que andaban con un único dedo funcional. Aunque los caballos modernos presentan este rasgo, no descienden de él.

Deinotherium

GRUPO Mamíferos placentarios
DATACIÓN Del Mioceno medio al Pleistoceno inferior
TAMAÑO 4,5 m de altura
LOCALIZACIÓN Europa, África, Asia

Deinotherium era un pariente de los mastodontes y los modernos elefantes, con colmillos curvados hacia abajo y hacia atrás desde la parte anterior de la mandíbula inferior. La función de estos colmillos todavía se debate, pero es probable que sirvieran para atrapar las ramas e inclinarlas y alcanzar así las hojas. Con sus 14 toneladas de peso, *Deinotherium* era algo mayor que un elefante africano actual, y es el tercer mamífero terrestre conocido más grande que ha existido.

«BESTIA TERRIBLE»
Los científicos que descubrieron *Deinotherium* le dieron este nombre, que significa «bestia terrible», por la impresión que les causaron su enorme tamaño, su extraño aspecto y sus inusuales colmillos.

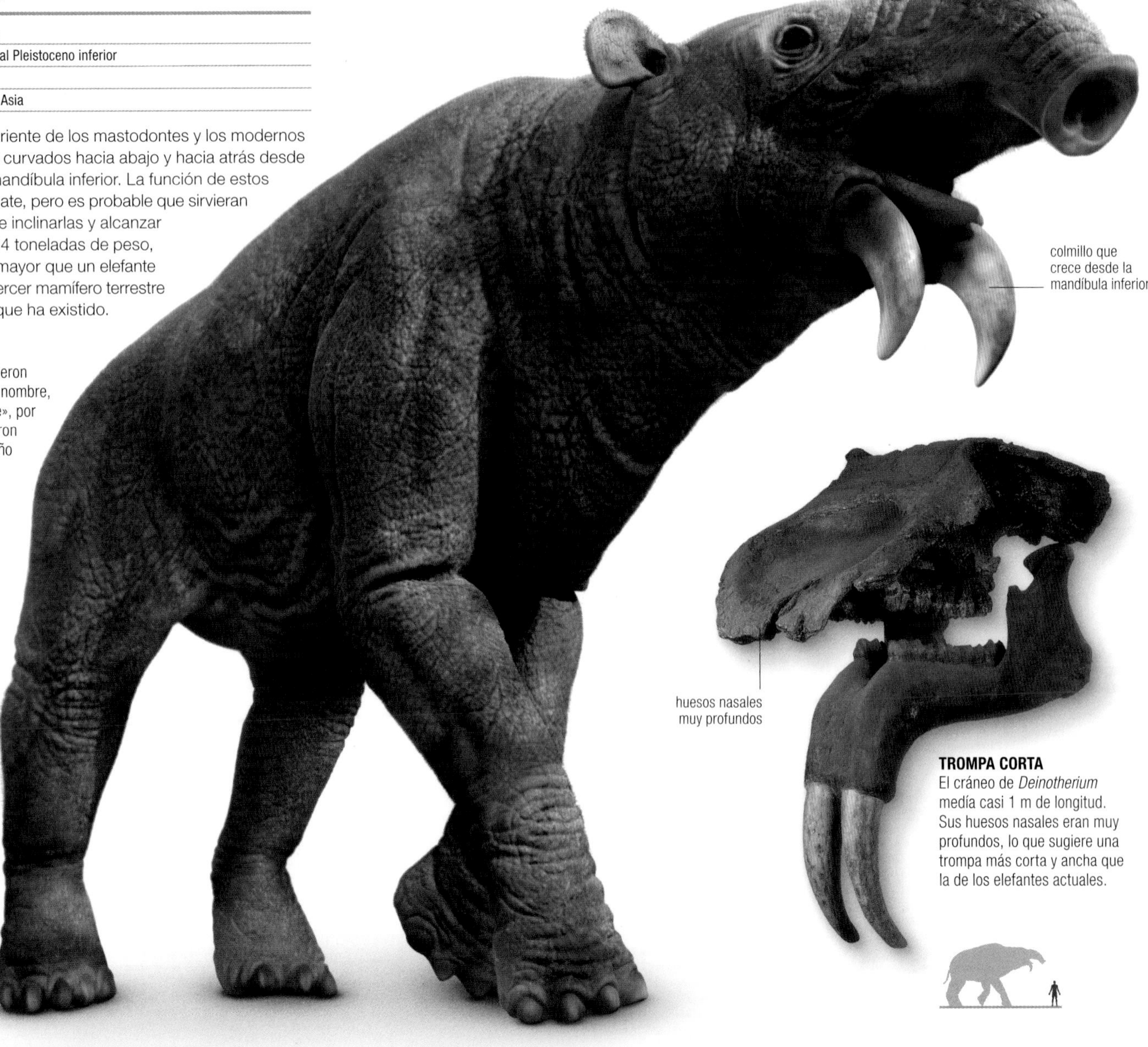
colmillo que
crece desde la
mandíbula inferior
huesos nasales
muy profundos

TROMPA CORTA
El cráneo de *Deinotherium* medía casi 1 m de longitud. Sus huesos nasales eran muy profundos, lo que sugiere una trompa más corta y ancha que la de los elefantes actuales.

Gomphotherium

GRUPO Mamíferos placentarios
DATACIÓN Del Mioceno inferior al Plioceno superior
TAMAÑO 3 m de altura
LOCALIZACIÓN América del Norte, Europa, África, Asia

Este proboscídeo de cuatro colmillos apareció por primera vez en África. Durante el Mioceno inferior se convirtió en el primer mastodonte que salió de África, de donde migró a Eurasia y América del Norte, donde proliferó. Tenía el tamaño aproximado de un elefante pequeño, un cráneo largo y plano, un par de largos colmillos superiores y un par de colmillos inferiores más pequeños y en forma de pala, que quizá le servirían para rascar y arrancar la vegetación del suelo y la corteza y las hojas de los árboles.

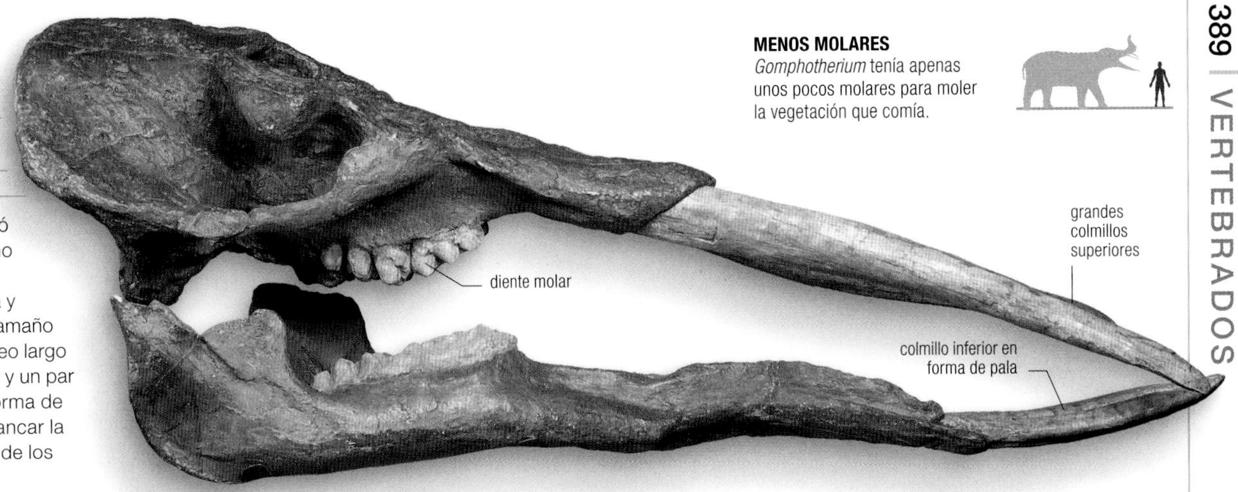
diente molar
grandes colmillos superiores
colmillo inferior en forma de pala

MENOS MOLARES
Gomphotherium tenía apenas unos pocos molares para moler la vegetación que comía.

Orycteropus

GRUPO Mamíferos placentarios
DATACIÓN Del Mioceno inferior a la actualidad
TAMAÑO 1,5 m de longitud
LOCALIZACIÓN África, Europa

La única especie actual del género *Orycteropus* es el oricteropo o «cerdo hormiguero», que también es el único superviviente del orden de mamíferos Tubulidentata. El oricteropo vive en el África subsahariana, donde duerme durante el día para protegerse de los depredadores y sale por la noche para alimentarse de insectos. Con las afiladas uñas de sus garras frontales abre los termiteros, y a continuación atrapa los insectos con su larguísima lengua. Uno de los parientes fósiles del oricteropo es *Orycteropus gaudryi*, encontrado en Samos.

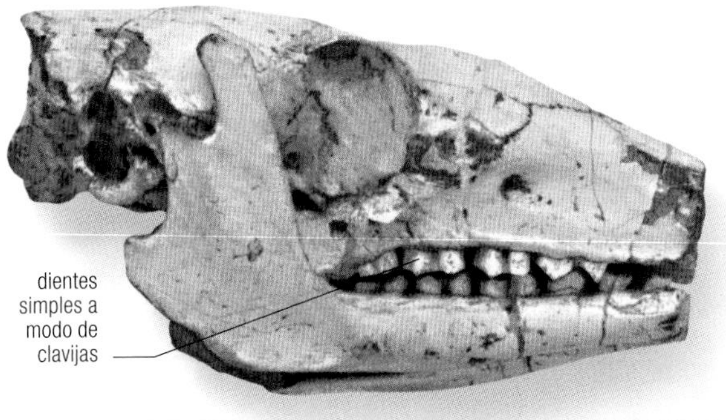
dientes simples a modo de clavijas

ORICTEROPO GRIEGO
Aunque hoy los oricteropos solo se hallan en África, en el pasado tenían una distribución mucho más extensa. Este espécimen es de la isla de Samos (Grecia).

Amphicyon

GRUPO Mamíferos placentarios
DATACIÓN Del Oligoceno al Mioceno medio
TAMAÑO 2 m de longitud
LOCALIZACIÓN América del Norte, Europa, Asia

Con sus robustas patas y su poderoso cráneo, su larga cola y sus dientes como de lobo, *Amphicyon* parecía un perro grande con la estructura de un oso. Al ser el depredador de mayor tamaño del Mioceno medio de América del Norte, podía matar y comer casi cualquier tipo de animales y ahuyentar a otros depredadores que intentaran robarle las presas. *Amphicyon* se extinguió primero en América del Norte y un poco después en Europa, derrotado en la competición con los verdaderos osos.

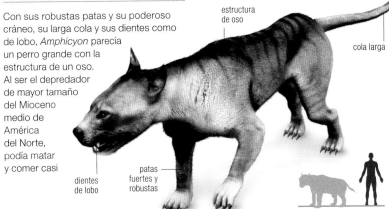

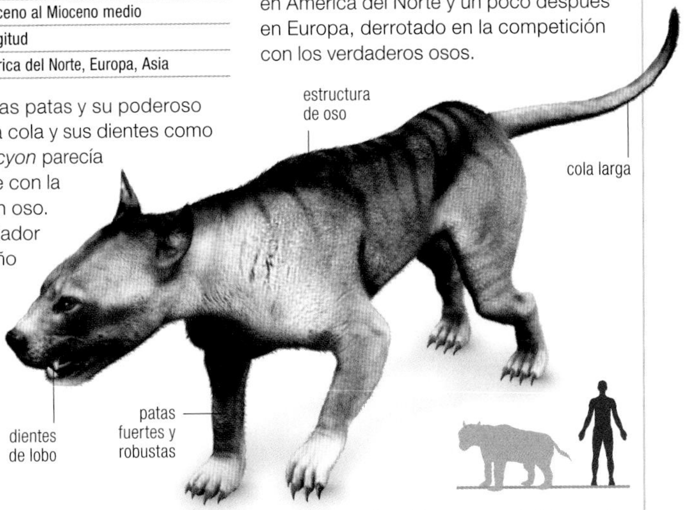
estructura de oso
cola larga
dientes de lobo
patas fuertes y robustas

Proconsul

GRUPO Mamíferos placentarios
DATACIÓN Mioceno inferior
TAMAÑO 65 cm de longitud
LOCALIZACIÓN Kenia

Proconsul tenía el tamaño de un babuino o un gibón actual y fue el primer primate antropoide fósil encontrado en África. Su posición taxonómica es próxima al punto de escisión entre los catarrinos (monos del Viejo Mundo) y los hominoideos. Como los catarrinos, *Proconsul* tenía el esmalte dental fino, el pecho estrecho, las patas anteriores cortas y una estructura ligera, lo que indica una vida arborícola y una dieta de frutos blandos. Sin embargo, *Proconsul* tenía rasgos en común con los monos antropoides: un cerebro grande, cejas tipo homínido y ausencia de cola.

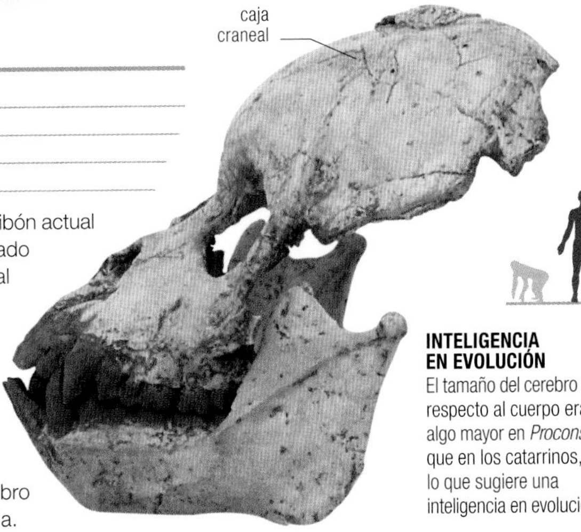
caja craneal

INTELIGENCIA EN EVOLUCIÓN
El tamaño del cerebro con respecto al cuerpo era algo mayor en *Proconsul* que en los catarrinos, lo que sugiere una inteligencia en evolución.

Dryopithecus

GRUPO Mamíferos placentarios
DATACIÓN Mioceno superior
TAMAÑO 60 cm de longitud
LOCALIZACIÓN África, Europa, Asia

Dryopithecus era un hominoideo pequeño de estructura similar a un chimpancé. Sus proporciones corporales y la forma de sus patas y muñecas muestran que podía andar a cuatro patas como un chimpancé, y que pasaba la mayor parte del tiempo en los árboles, balanceándose como un gibón. Sus molares, que presentan el mismo patrón de cúspides que los homínidos, tenían un fino esmalte, lo que sugiere una dieta a base de frutos blandos.

con su estructura como de chimpancé, *Dryopithecus* podía andar a cuatro patas
brazos largos y fuertes para balancearse en los árboles

DIENTES RESISTENTES
Sivapithecus tenía grandes caninos y molares fuertes, lo que sugiere que su dieta incluía alimentos duros tales como semillas de gramíneas de la sabana.

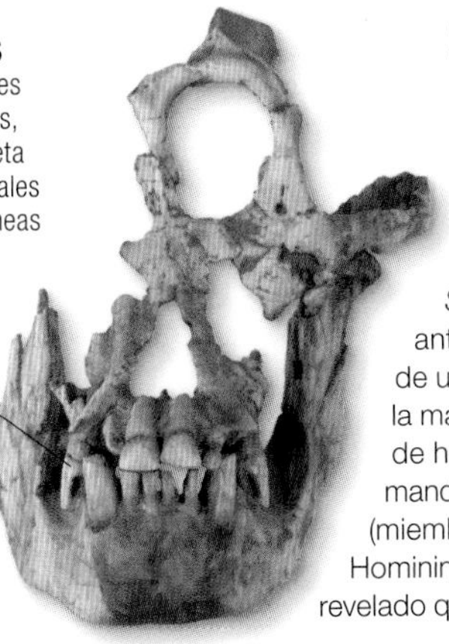
grandes dientes caninos

Sivapithecus

GRUPO Mamíferos placentarios
DATACIÓN Mioceno medio y superior
TAMAÑO 1,5 m de longitud
LOCALIZACIÓN Asia

Sivapithecus era un antropoide emparentado con los antecesores de los orangutanes. Aunque tenía el tamaño de un orangután, su estructura era de chimpancé y pasaba la mayor parte del tiempo en el suelo. Otro género extinguido de homínidos, *Ramapithecus*, se describió a partir de una mandíbula inferior parcial parecida a la de un homínido primitivo (miembro de la subtribu Hominina). Esto sirvió para afirmar que Hominina apareció hace 12 MA en Asia, pero fósiles recientes han revelado que *Ramapithecus* era una especie menor de *Sivapithecus*.

CUATERNARIO

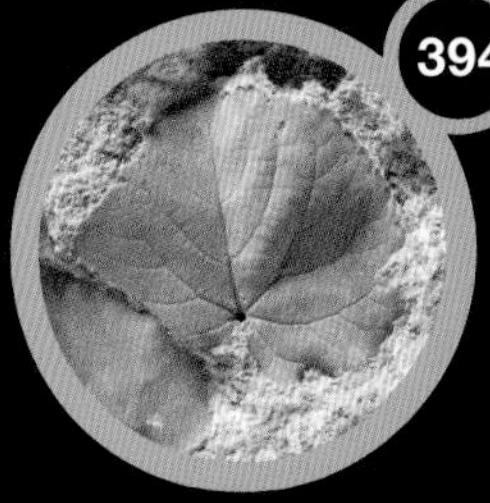

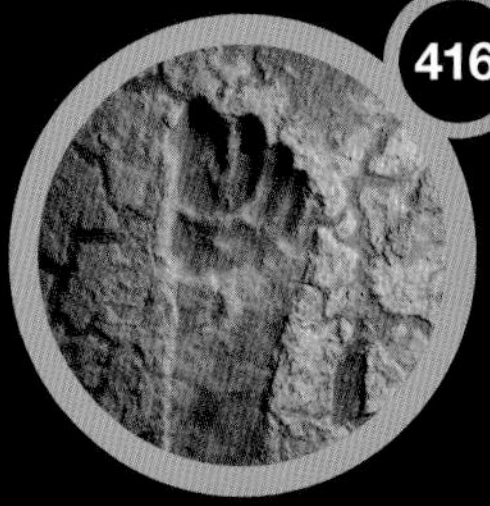

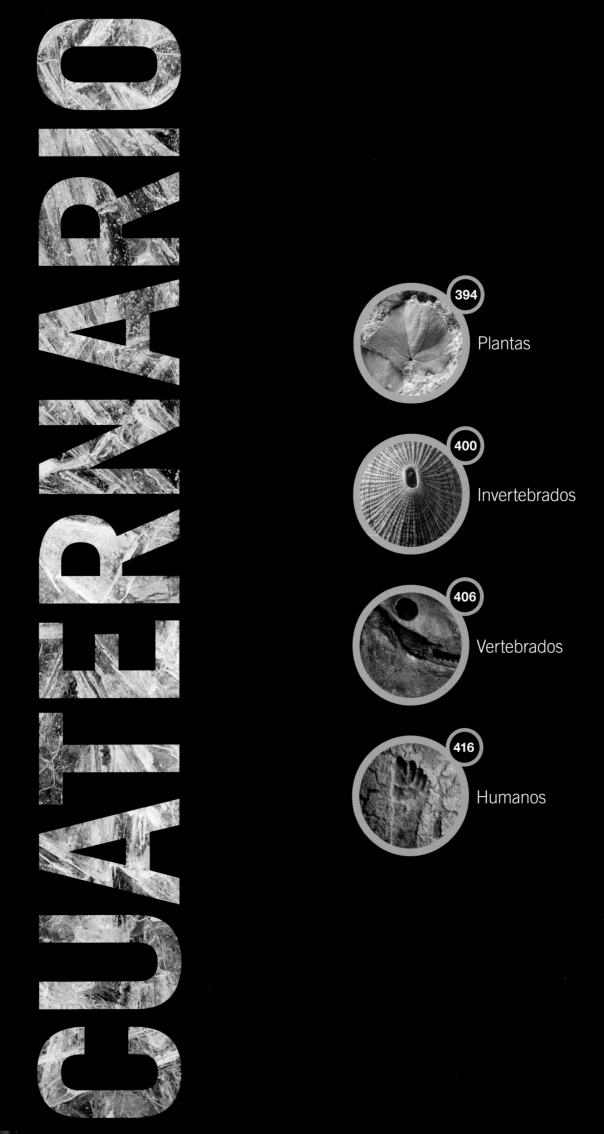

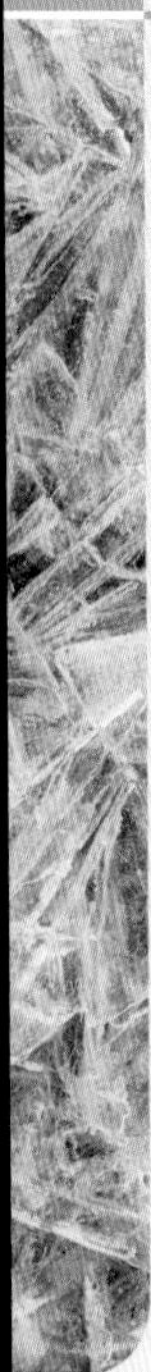

Cuaternario

El Cuaternario es parte de una prolongada edad de hielo, en la que intensas glaciaciones de casi 100 000 años se han alternado con interglaciales más cálidos de 20 000 a 30 000 años. Los principales cambios en la fauna de mamíferos ocurrieron durante las últimas glaciaciones y períodos interglaciales, con la extinción de la megafauna del Pleistoceno. Puede que nuestra especie tuviera un papel importante en esta extinción.

DELTA DEL PO EN ITALIA
Estos sedimentos aluviales del valle del Po son típicos del Cuaternario, nombre que dieron los antiguos geólogos a una de las cuatro eras geológicas de la Tierra (hoy se considera el segundo período de la era Cenozoica).

Océanos y continentes

Los océanos y continentes se vieron más influidos por el clima durante el Cuaternario que en cualquier otro período. Mientras la India continuaba empujando contra Asia, Australia contra Indonesia y Arabia contra Europa y Asia, con terremotos asociados y a veces catastróficos, los mares subían y bajaban de nivel. Mientras las capas de hielo avanzaban en un movimiento de pinza de norte a sur, gran parte del agua que en otras circunstancias habría retornado a los océanos quedaba encerrada en los continentes helados y el nivel del mar bajaba considerablemente. En Europa, el Rin y el Támesis convergían en un enorme estuario que se vaciaba en el mar del Norte frente a la costa norte de Inglaterra, y no existía el canal de la Mancha. El ascenso del nivel del mar durante los últimos 10 000 años del Pleistoceno trajo consigo espectaculares cambios en la geografía de estas y muchas otras partes del mundo. Durante este período, los humanos, que hasta entonces habían vivido como cazadores-recolectores, empezaron a domesticar animales y establecer asentamientos agrícolas permanentes. Nuestra influencia en el paisaje ha aumentado sin tregua desde entonces, al igual que el dominio de los ambientes en que vivimos, y ello a expensas de muchas otras especies. Aun así, la geografía del mundo que hoy vemos podría ser transitoria. La actividad humana parece estar provocando un calentamiento global que amenaza con inundar muchas regiones de la Tierra. Pero nadie puede predecir aún si los ciclos naturales de avance y retroceso de los hielos continuarán, y en caso de ser así, si la próxima glaciación podrá compensar el impacto humano en las temperaturas de nuestro planeta. Si así fuera, la superficie de los continentes aumentaría, en medio de un mundo ventoso y helado.

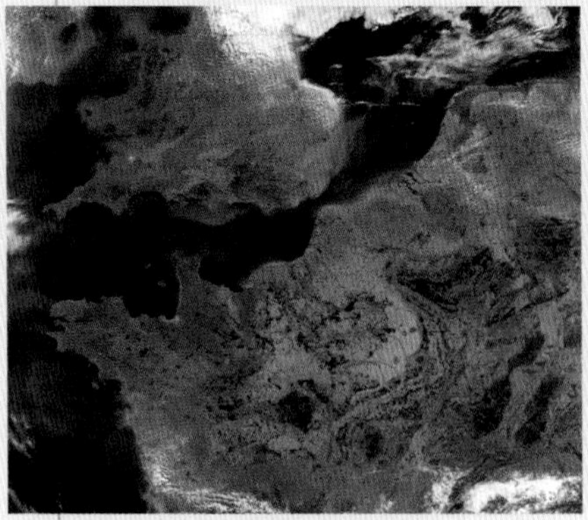

CANAL DE LA MANCHA
Hace 25 000 años el canal de la Mancha no separaba Gran Bretaña de Francia. Al estar encerrada en el hielo gran parte del agua de la Tierra, el nivel del mar estaba hasta 130 m por debajo del actual.

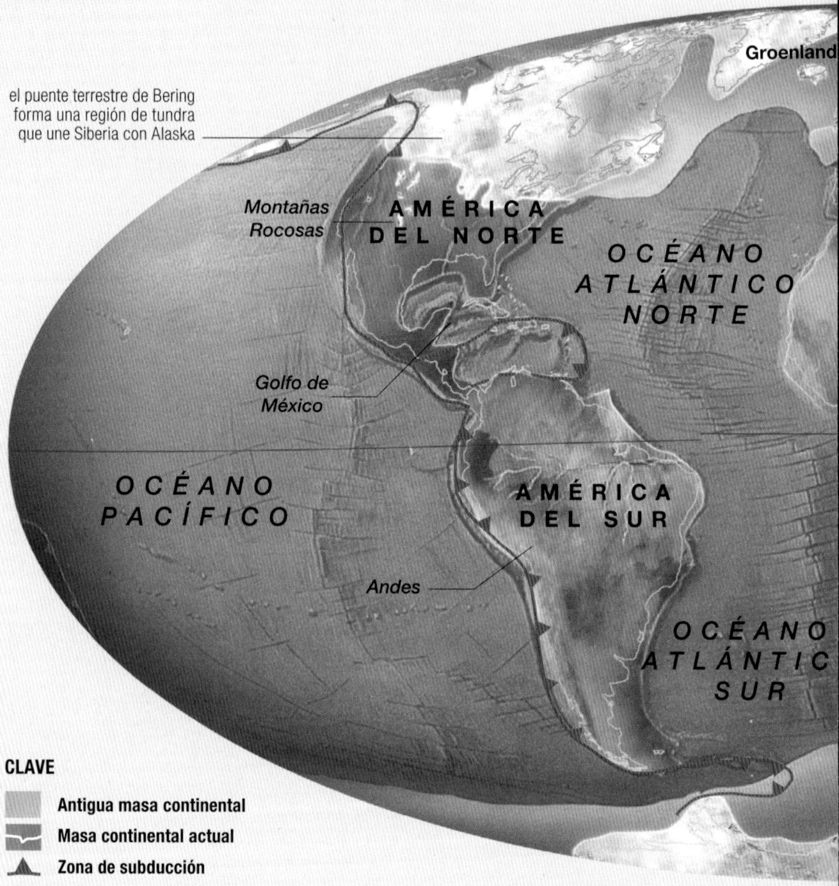
Groenlandia
el puente terrestre de Bering forma una región de tundra que une Siberia con Alaska
Montañas Rocosas
AMÉRICA DEL NORTE
OCÉANO ATLÁNTICO NORTE
Golfo de México
OCÉANO PACÍFICO
AMÉRICA DEL SUR
Andes
OCÉANO ATLÁNTICO SUR
CLAVE
Antigua masa continental
Masa continental actual
Zona de subducción

MAPA DEL MUNDO CUATERNARIO
Con las fluctuaciones climáticas, la inundación de extensiones terrestres alternó con el desecamiento de algunos mares someros. A intervalos se formaron puentes terrestres.

PLIOCENO

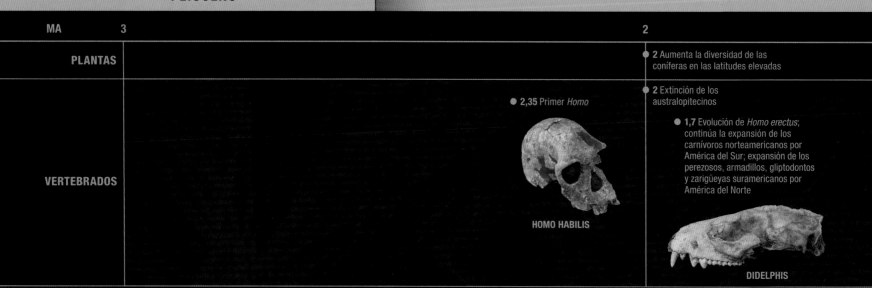

MA	3	2
PLANTAS		2 Aumenta la diversidad de las coníferas en las latitudes elevadas
VERTEBRADOS	2,35 Primer *Homo*	2 Extinción de los australopitecinos; 1,7 Evolución de *Homo erectus*; continúa la expansión de los carnívoros norteamericanos por América del Sur; expansión de los perezosos, armadillos, gliptodontos y zarigüeyas suramericanos por América del Norte

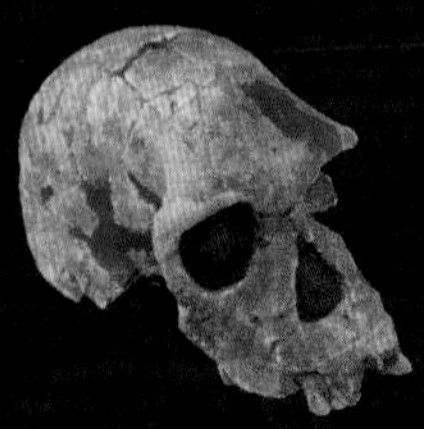

HOMO HABILIS

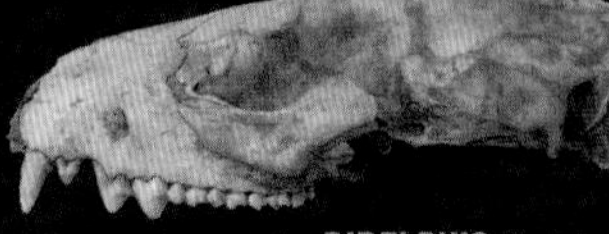

DIDELPHIS

SUMINISTRO DE AGUA DULCE
Encerrada en el hielo del glaciar Perito Moreno, en la Patagonia argentina, se halla la tercera reserva de agua dulce del mundo. A diferencia de muchos glaciares del actual período interglacial, este no está en retroceso.

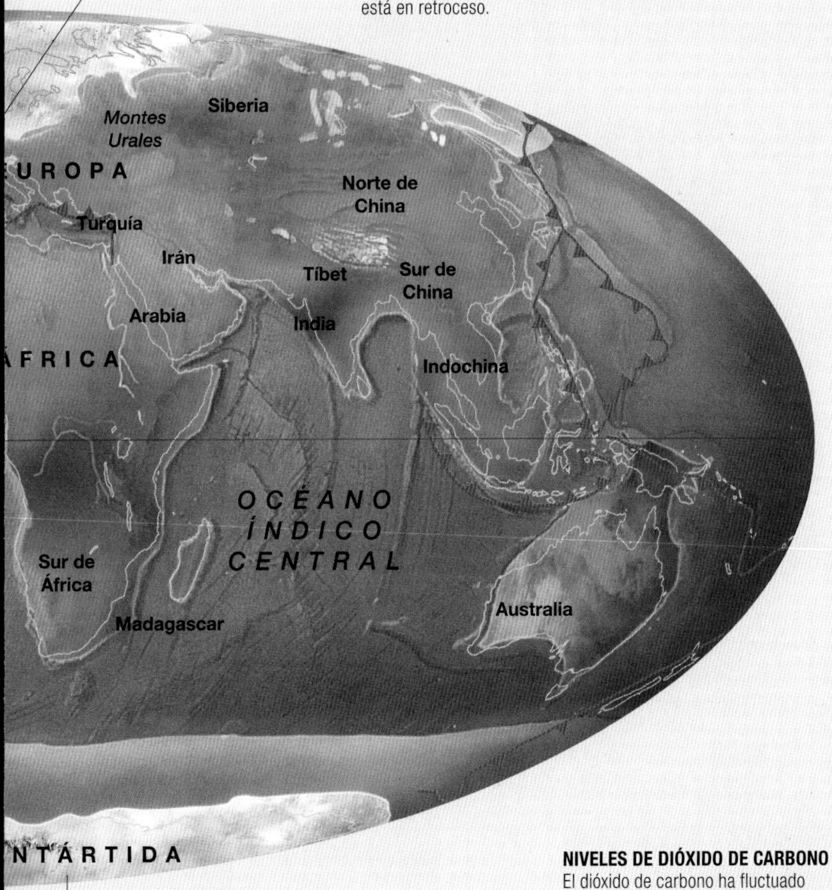
el Mediterráneo queda unido con el Atlántico por el estrecho de Gibraltar
Montes Urales
Siberia
EUROPA
Norte de China
Turquía
Irán
Tíbet
Sur de China
Arabia
India
ÁFRICA
Indochina
OCÉANO ÍNDICO CENTRAL
Sur de África
Madagascar
Australia
ANTÁRTIDA
grandes plataformas de hielo permanentes cubren la Antártida, avanzando y retrocediendo a intervalos

Clima

El clima de la Tierra ha fluctuado de forma espectacular durante los últimos 1,8 MA y en especial durante los últimos 600 000, mientras el planeta ha experimentado una serie de frías glaciaciones y de períodos interglaciales más cálidos. La temperatura, la precipitación y los niveles de dióxido de carbono han variado de forma cíclica. Un 80 % del cambio climático del Cuaternario se ha debido a las variaciones orbitales (p. 23), que han causado cambios cíclicos en la radiación solar que incide sobre la Tierra. Durante 1,3 MA hubo intermitencias de 30 000 años de períodos más fríos. Durante las fases frías, los casquetes de hielo se extendían mucho, sobre todo en el último millón de años. Con gran parte del agua del planeta congelada y una escasa evaporación, el clima era muy seco, incluso en las zonas sin hielo. Los mantos de hielo que cubrieron Eurasia y América del Norte durante la última glaciación llegaron al máximo hace 15 000-20 000 años, y solo empezaron a retroceder hace unos 12 000 años. Para soportar el frío, los mamíferos gigantes desarrollaron gruesos pelajes protectores. Bisontes, mamuts lanudos y ciervos eran presa de grandes tigres de dientes de sable, de osos de las cavernas y de nuestros ancestros, los homininos de cerebro grande que habían empezado a extenderse por el globo. El impacto humano en el clima y el medio ambiente ha sido tal que algunos científicos han propuesto una nueva época en la historia de la Tierra: el Antropoceno.

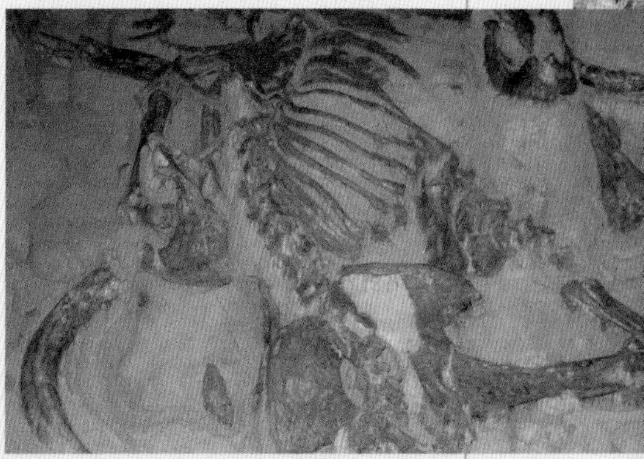

ESQUELETO DE MAMUT FOSILIZADO
Muchos grandes mamíferos de Europa, entre ellos la mayoría de los mamuts, se extinguieron a finales del Pleistoceno. La causa pudo ser la caza humana o quizá la pérdida de su hábitat.

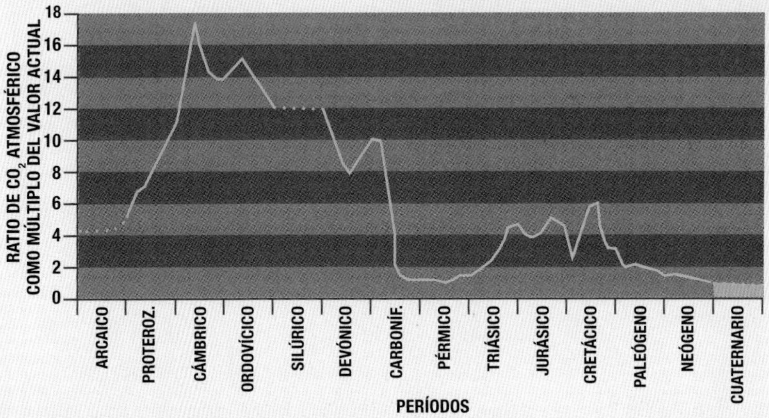
RATIO DE CO2 ATMOSFÉRICO COMO MÚLTIPLO DEL VALOR ACTUAL
18
16
14
12
10
8
6
4
2
0
ARCAICO
PROTEROZ.
CÁMBRICO
ORDOVÍCICO
SILÚRICO
DEVÓNICO
CARBONÍF.
PÉRMICO
TRIÁSICO
JURÁSICO
CRETÁCICO
PALEÓGENO
NEÓGENO
CUATERNARIO
PERÍODOS

NIVELES DE DIÓXIDO DE CARBONO
El dióxido de carbono ha fluctuado ligeramente durante la mayor parte del período, pero la deforestación y el uso de combustibles fósiles han aumentado sus niveles en un 35 % desde el inicio de la Revolución Industrial.

PLEISTOCENO | **HOLOCENO**

1 — 0 MA

PLANTAS

- **0,9** Gran expansión de la flora de las estepas

VERTEBRADOS

- **1,2** Evolución de *Homo antecessor*

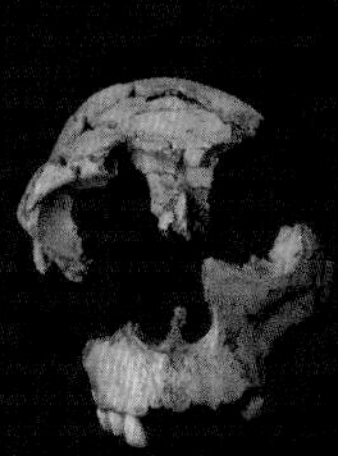

HOMO ANTECESSOR

- **0,7** Evolución de *Homo heidelbergensis*

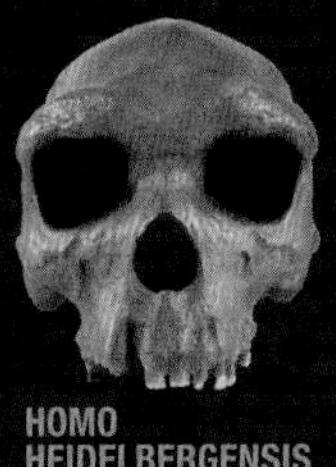

HOMO HEIDELBERGENSIS

- **0,43** Evolución de *Homo neanderthalensis*; se diversifican las aves no voladoras gigantes (*Moa* en Nueva Zelanda, *Aepyornis* en Madagascar, *Genyornis* en Australia)

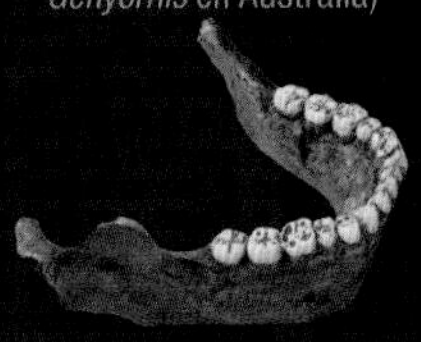

HOMO NEANDERTHALENSIS

- **0,3** Evolución de *Homo sapiens*
- **0,1** Gran reducción de la diversidad de mamíferos en América del Norte, sobre todo de mamuts, camélidos, perisodáctilos, gonfoterios, dientes de sable, caballos y perezosos
- **0,01** Expansión de la megafauna en Australia
- **0,05** Extinciones de megafauna en Australia
- **0,05** Llegada de *Homo sapiens* a Australia
- **0,04** Extinción de *Homo neanderthalensis*
- **0,02** Los humanos llegan a América
- **0,01** Extinción de megafauna en Europa (mamuts, etc.)
- **0,0002** Se extingue el 80 % de los pequeños mamíferos australianos
- **0,00007** Extinción en 1936 del último tilacínido (el tigre de Tasmania)

CUATERNARIO
PLANTAS

Durante el Cuaternario, los grandes cambios en el clima global fueron conformando la distribución geográfica de las plantas. Este período marca la fase final de la evolución de las plantas terrestres antes de la modificación de los ecosistemas debida a la actividad humana durante los últimos miles de años.

El Cuaternario fue un período de rápidos cambios climáticos que tuvieron profundos efectos en la vegetación global, especialmente en los lugares donde las nuevas plantas podían establecerse. El efecto cumulativo a lo largo de centenares o millares de años se considera como una «migración» en la que cada especie fue colonizando las zonas climáticamente idóneas para su crecimiento.

Extinciones regionales

La sucesión de expansiones y contracciones de los glaciares y capas de hielo en el hemisferio norte durante el Cuaternario se tradujo en una sucesión de migraciones hacia el sur y hacia el norte de las diferentes especies. Uno de los efectos de estas migraciones fueron las numerosas extinciones regionales, sobre todo en Europa, donde las cordilleras extendidas de este a oeste bloqueaban las rutas de migración hacia el sur. Las similitudes entre los ricos bosques templados de China y los del este de América del Norte parecen evidenciar la extinción de muchas especies de Europa durante el Neógeno superior y el Cuaternario.

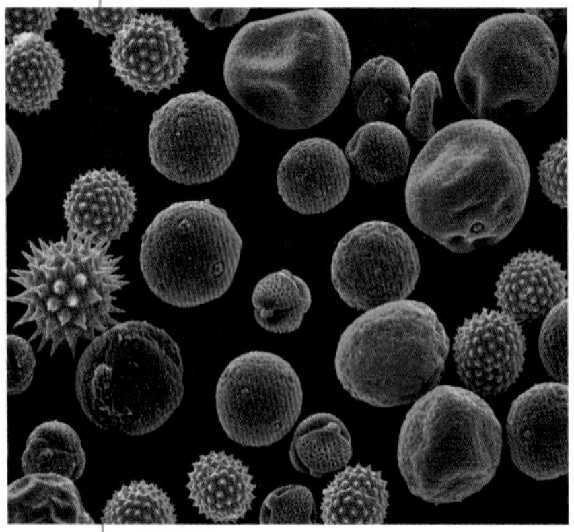

GRANOS DE POLEN
El estudio de las colecciones de polen y esporas fósiles ha permitido reconstruir los principales cambios de vegetación que se produjeron en el Cuaternario.

TUNDRA
La característica vegetación de la tundra, dominada a menudo por abedules y sauces enanos, tuvo una gran extensión durante las sucesivas expansiones cuaternarias de los glaciares y capas de hielo.

El registro fósil muestra que muchas de estas plantas proliferaron en Europa hasta fechas recientes. Durante el Neógeno superior y el Cuaternario también hubo extinciones regionales en el oeste de América del Norte, debido quizá a la creciente sequedad del clima.

Paisajes humanos

Con el tiempo, muchos de nuestros paisajes más familiares han sido modificados por la acción humana. Esta tendencia continuará sin duda y provocará la pérdida de buena parte de la gran diversidad acumulada durante más de 450 MA de evolución en las plantas terrestres.

IMPACTO HUMANO
En los últimos miles de años, y sobre todo durante los últimos siglos, las poblaciones humanas han ejercido una influencia cada vez mayor sobre los ecosistemas terrestres.

GRUPOS

Es probable que hoy existan más especies de plantas terrestres que en cualquier otro momento del pasado. Esta extraordinaria variedad es fruto de las sucesivas explosiones de diversificación en respuesta a los cambios ambientales. Aunque el registro fósil ofrece muchas evidencias de extinciones, la tasa de aparición de nuevas especies supera a la tasa de extinción de especies antiguas.

LICÓFITAS
Las licófitas actuales comprenden taxones muy similares a los del Devónico inferior, junto con otras plantas que resultan de explosiones de diversificación más recientes. La diversidad de las licófitas es una maravillosa mezcla de taxones antiguos y modernos que refleja más de 400 MA de evolución vegetal.

HELECHOS
El número de especies vivas de helechos solo es superado por el de angiospermas. Su éxito se debe principalmente a la colonización de los hábitats forestales creados por las angiospermas arbóreas. Sin embargo, entre la gran diversidad de helechos modernos también hay taxones arcaicos que apenas han cambiado desde el Paleozoico o el Mesozoico.

CONÍFERAS
Pese a contar con menos de un millar de especies actuales, las coníferas son muy importantes en la vegetación de muchas partes del mundo. Han resultado ser especialmente exitosas en el hemisferio norte, donde dominan los relativamente uniformes bosques templados fríos que se extienden por gran parte de Eurasia y del norte de América del Norte.

ANGIOSPERMAS
Pese a tener un origen mucho más reciente que la mayoría de los demás grupos de plantas terrestres, las angiospermas dominan la vegetación de la mayor parte de la superficie terrestre. Existen cerca de 300 000 especies de angiospermas vivas, que exhiben una increíble diversidad en casi cada aspecto de su estructura y su biología.

Chara

GRUPO Carales

DATACIÓN Del Silúrico a la actualidad

TAMAÑO Hasta 1 m de longitud

LOCALIZACIÓN Aguas dulces y salobres de todo el mundo

Estas plantas de agua dulce o salobre poseen características tanto de las algas como de las plantas superiores, lo que las sitúa en un grupo aislado entre las algas verdes y las briófitas. Las plantas enteras fosilizadas son muy escasas, pero el distintivo órgano reproductor femenino (oogonio) es más común; puede calcificarse mucho, y entonces es más resistente. Cuando se hallan como fósiles, estos oogonios se llaman girogonitos. Las plantas son frondosas y alcanzan 1 m de longitud. Los brotes miden apenas 1 o 2 mm de anchura y se organizan en cortos internodos con verticilos de ramas que brotan de los nodos. Las carales tienen un largo registro fósil, ya que aparecen en el Silúrico superior y se diversifican durante el Devónico y el Carbonífero. El género *Chara* apareció en el Paleógeno inferior.

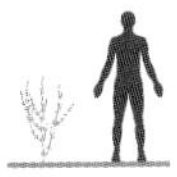

tallo conservado

TALLOS DE CHARA
Los girogonitos de *Chara* pueden encontrarse en todo tipo de sedimentos, pero los únicos brotes que se conservaron en el registro fósil son los que se habían mineralizado previamente. Pueden estar conservados en sílice o calcificados, como en este raro espécimen de China.

Marchantia

GRUPO Briófitas

DATACIÓN Del Cuaternario a la actualidad

TAMAÑO Talos de hasta 10 cm de longitud

LOCALIZACIÓN Todo el mundo, excepto en regiones áridas

Las *Marchantia* son hepáticas, una de las divisiones principales de las briófitas. Algunas hepáticas parecen musgos con hojas, mientras que otras tienen un cuerpo aplanado o talo. Esporas similares a las de las hepáticas ya aparecen en el Ordovícico, pero los fósiles más antiguos proceden del Devónico. En el Triásico superior ya había formas similares a *Marchantia*, y se conocen muchas más del Cretácico y del Terciario.

M. POLYMORPHA
Este espécimen muestra varias improntas de talos conservados en el caliche posglacial de Eskatrop (Suecia). Las tenues bifurcaciones marcan los centros del talo.

PARIENTE VIVO

HEPÁTICA

Esta hepática (arriba) forma esteras de talos ramificados de color verde apagado que pueden alcanzar 10 cm de longitud y 1,4 cm de anchura. Tiene plantas macho y hembra separadas. Las estructuras en forma de paraguas al final de los tallos llevan los órganos reproductores, femeninos debajo y masculinos encima. La fase esporófita de la planta, minúscula, se desarrolla a partir del óvulo fecundado en la parte inferior de los paraguas, donde vive de forma parasitaria.

Sphagnum

GRUPO Briófitas
DATACIÓN Del Jurásico a la actualidad
TAMAÑO Hasta 30 cm de longitud
LOCALIZACIÓN Regiones frescas y húmedas de todo el mundo

El género *Sphagnum*, que comprende de 150 a 300 especies de esfagnos, se distribuye sobre todo por el hemisferio norte, hasta las Svalbard (Noruega), pero también por las regiones frescas y húmedas del hemisferio sur. Sus hojas tienen un entramado de células fotosintéticas, pequeñas y verdes, y de células muertas más grandes que pueden almacenar grandes cantidades de agua. Los esfagnos pueden formar enormes espesores de turba gracias a su capacidad de incrementar la acidez de su entorno, lo que impide la descomposición bacteriana y fúngica. Cuando la pluviosidad es muy elevada, las ciénagas de esfagnos pueden desarrollar domos por encima del nivel de la lámina de agua. En el Pérmico de Rusia ya aparecen plantas tipo esfagno, pero es probable que el género *Sphagnum* no apareciera hasta el Jurásico.

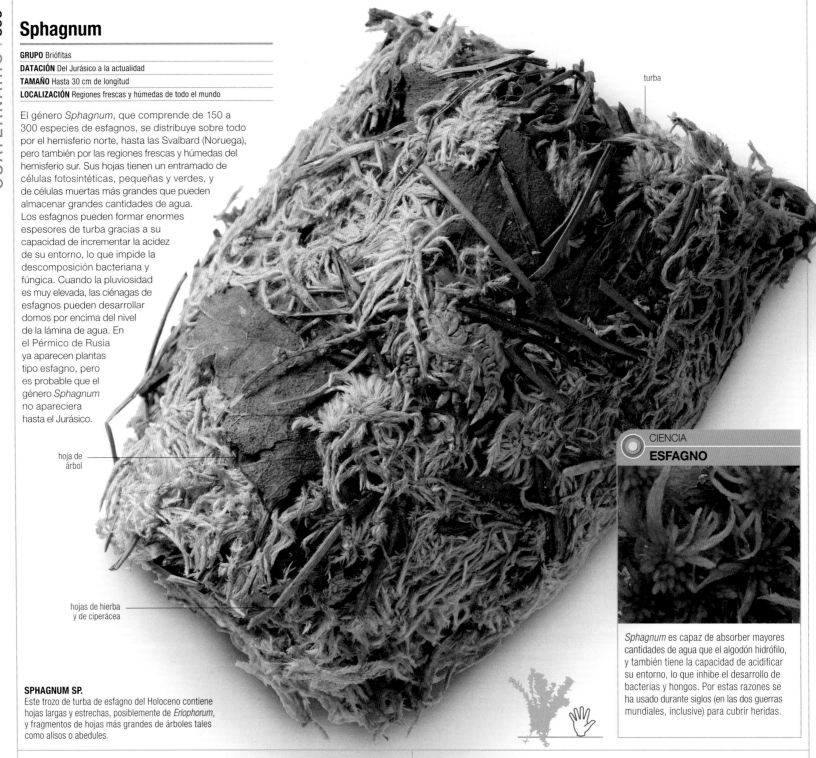

turba
hoja de árbol
hojas de hierba y de ciperácea

SPHAGNUM SP.
Este trozo de turba de esfagno del Holoceno contiene hojas largas y estrechas, posiblemente de *Eriophorum*, y fragmentos de hojas más grandes de árboles tales como alisos o abedules.

CIENCIA
ESFAGNO

Sphagnum es capaz de absorber mayores cantidades de agua que el algodón hidrófilo, y también tiene la capacidad de acidificar su entorno, lo que inhibe el desarrollo de bacterias y hongos. Por estas razones se ha usado durante siglos (en las dos guerras mundiales, inclusive) para cubrir heridas.

Amblystegium

GRUPO Briófitas
DATACIÓN Del Neógeno a la actualidad
TAMAÑO Estera de hasta 20 cm de diámetro
LOCALIZACIÓN Américas, Europa, Asia, Australasia, Pacífico

Este musgo rastrero, con hojas ahusadas de 3 a 6 mm de longitud y terminadas en una fina punta, crece y se divide irregular y horizontalmente hasta formar una alfombra de filamentos entrecruzados. Hay unas 15 especies y todas ellas prefieren el clima templado y húmedo. El fósil más antiguo de *Amblystegium* es del Neógeno inferior del sur de Alemania, y hay varios fósiles de este género en el Cuaternario.

filamentos entrecruzados

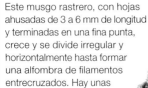

AMBLYSTEGIUM SP.
Este fósil es una mata de musgo que quedó impregnada de carbonato de calcio en un río rico en minerales. La cristalización posterior conservó la planta en tres dimensiones.

PARIENTE VIVO
SELAGO

Huperzia selago crece en herbazales y zonas rocosas boreales, y en regiones montañosas por encima del límite del arbolado en Eurasia, el Himalaya, Japón, EE UU y Canadá. Esta distribución se explica por su retroceso ante el avance de los bosques provocado por el calentamiento posterior a la última glaciación.

Huperzia

GRUPO Licófitas
DATACIÓN Del Cretácico a la actualidad
TAMAÑO Brotes de hasta 60 cm de longitud
LOCALIZACIÓN Todo el mundo, excepto en regiones áridas

Huperzia es una licófita simple, y quizás una de las plantas vasculares más primitivas que viven hoy. Tiene unas hojas pequeñas y dispuestas en espiral, y en vez de conos, como las otras licófitas, tiene zonas de esporangios en las axilas foliares. Acoge unas 400 especies (un 85% de las licófitas) distribuidas por las regiones templadas y tropicales de todo el mundo, y representa un linaje que se remonta hasta el Devónico con géneros como *Asteroxylon* (p. 116). Las especies actuales de *Huperzia* evolucionaron, se diversificaron y extendieron probablemente durante el Paleógeno y el Neógeno.

Andreaea

GRUPO Briófitas
DATACIÓN Del Cuaternario a la actualidad
TAMAÑO Hasta 1 cm de altura
LOCALIZACIÓN Regiones árticas, montañas de todo el hemisferio norte

Andreaea es uno de los géneros de musgos que se encuentran comúnmente en paredes graníticas de las zonas montañosas del hemisferio norte y del Ártico. Sus rizoides enraizantes, como pelos, pueden penetrar en pequeñas grietas de la roca, y las plantas forman pequeños cojines resistentes al viento. Hay hasta 100 especies. Los musgos fósiles se conocen desde el Carbonífero, pero no hay registros evidentes de *Andreaea* hasta el Cuaternario.

ANDREAEA ROTHII
Andreaea está protegida de la radiación ultravioleta por unos compuestos especializados de sus paredes celulares. Las cápsulas rojas y pedunculadas liberan esporas a través de cuatro aberturas longitudinales.

Marattia

GRUPO Helechos
DATACIÓN Del Carbonífero a la actualidad
TAMAÑO Fronda de hasta 5 m de longitud
LOCALIZACIÓN Trópicos de todo el mundo

El grupo que incluye a *Marattia* es el más primitivo de los helechos actuales; cuando son jóvenes sus grandes hojas (frondas) están encerradas dentro de dos escamas basales (estípulas). Sus esporangios son grandes y se agrupan en la cara inferior de las frondas. De este grupo se conocen numerosos tallos y hojas fósiles del Carbonífero y el Pérmico; los más conocidos son los del helecho arborescente *Psaronius* (p. 141). Los fósiles más antiguos de *Marattia* provienen del Jurásico de Yorkshire, al norte de Inglaterra, donde también se encuentran especímenes de otro género vivo similar, *Angiopteris*. Es probable que los más antiguos de estos helechos crecieran cerca de arroyos y se extendieran por otros hábitats húmedos mientras evolucionaban y los hábitats cambiaban. El enfriamiento del clima durante el Neógeno superior y el Cuaternario hizo que se extinguieran en las regiones templadas del mundo, confinando las especies restantes a los trópicos.

MARATTIA SALICINA
Este helecho real con frondas de hasta 5 m de longitud es nativo de Nueva Zelanda y las islas del Pacífico Sur. El feculento tallo había sido antaño un alimento tradicional de los maoríes.

Molinia

GRUPO Gramíneas
DATACIÓN Del Cuaternario a la actualidad
TAMAÑO Inflorescencia de hasta 2,5 m de altura
LOCALIZACIÓN Europa, Irán, Siberia, este de Canadá, noreste de EE UU

La mansiega *(Molinia caerulea)* es una gramínea perenne con inflorescencias púrpura que crece en matas densas y forma grandes céspedes en lugares húmedos o estacionalmente húmedos, como páramos y brezales húmedos, ciénagas, orillas lacustres y herbazales de montaña. Puede dominar grandes partes de las turberas y los páramos húmedos, donde contribuye al crecimiento de la turba. Las secciones transversales de la turba actual o del Cuaternario revelan capas densamente apretadas con hojas de mansiega.

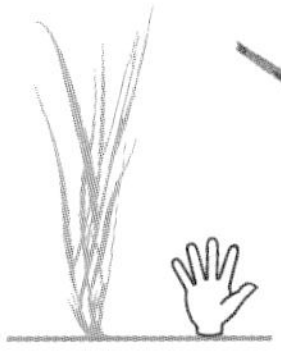

MOLINIA CAERULEA
Esta gramínea que forma matas compactas habita en lugares húmedos, donde puede ocupar extensas áreas. Sus rígidas hojas se ahúsan hasta una afilada punta.

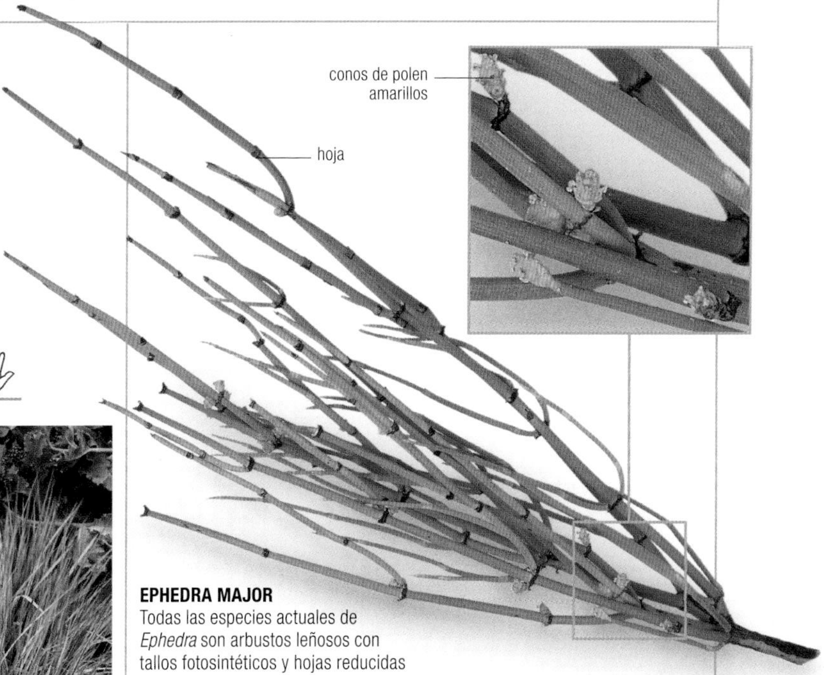
conos de polen
amarillos
hoja

EPHEDRA MAJOR
Todas las especies actuales de *Ephedra* son arbustos leñosos con tallos fotosintéticos y hojas reducidas a escamas marrones.

Ephedra

GRUPO Gnetales
DATACIÓN Del Triásico a la actualidad
TAMAÑO Hasta 2 mm de longitud
LOCALIZACIÓN Regiones áridas y semiáridas de Eurasia, norte de África, oeste de América del Norte y América del Sur

Ephedra pertenece al mismo grupo de gimnospermas que incluye a *Gnetum* y a *Welwitschia* (p. 275), y sus 35-45 especies son arbustos leñosos. *Ephedra* tiene conos productores de semillas y conos productores de polen. Su polen es típico, con grosores variables que forman crestas y surcos longitudinales. Un polen similar apareció ya en el Pérmico, pero hasta el Cretácico no consta un polen claramente de *Ephedra*.

Eriophorum

GRUPO Angiospermas
DATACIÓN Del Cuaternario a la actualidad
TAMAÑO Inflorescencia de hasta 70 cm de diámetro
LOCALIZACIÓN Europa, Asia, América del Norte, Ártico

El género de ciperáceas *Eriophorum* comprende unas 25 especies, entre ellas la hierba algodonera *(E. angustifolium)* y el junco lanudo *(E. vaginatum)*. Las *Eriophorum* crecen en hábitats de ciénagas ácidas del hemisferio norte templado, así como en la tundra ártica. Son herbáceas perennes que se extienden por tallos subterráneos. Sus flores, bisexuales y pedunculadas, producen muchas semillas cubiertas de una borra lanosa que permite su transporte por el viento. La familia ciperáceas se conoce desde el Neógeno inferior, donde se han encontrado partes florales de *Carex* en Nebraska (EE UU), pero los restos de *Eriophorum* solo se encuentran en la turba interglacial y posglacial del Cuaternario; aquí se hallan capas de hojas y rizomas de *Eriophorum* de una época en que estas dominaban la superficie de la ciénaga.

ERIOPHORUM VAGINATUM
El junco lanudo puede formar matas sobre las que resulta difícil caminar. Solo tiene una inflorescencia algodonosa.

CIENCIA
CIÉNAGAS

Los céspedes de *Eriophorum* crecen en ciénagas ácidas y de agua somera y estancada. En el primer plano de esta imagen vemos la hierba algodonera *(E. angustifolium)*, que tiene varias inflorescencias algodonosas en cada flor y hojas con una sección en V. La acidez de la ciénaga impide que las plantas se pudran una vez muertas, lo que se traduce en la acumulación de sus restos. Los cambios en la lámina de agua o en la pluviosidad pueden favorecer el desarrollo de otras plantas tales como *Sphagnum* (p. 396), que acabarán dominando la superficie de la ciénaga.

Davidia

GRUPO Angiospermas
DATACIÓN Del Paleógeno a la actualidad
TAMAÑO Árbol de hasta 18 m de altura
LOCALIZACIÓN América del Norte, Rusia, China

Las hojas fósiles similares a las de *Davidia* muestran que el taxón que las tenía ya destacaba en la vegetación del Paleógeno inferior de América del Norte y sugieren que la familia se originó en el Cretácico. Los frutos maduraban en inflorescencias que parecen haber llevado dos grandes brácteas, como en el género vivo. *Davidia* se extendió hasta el este de Rusia y China durante el Paleógeno y el Neógeno, y tras rozar la extinción durante las glaciaciones cuaternarias, solamente conserva una especie viva.

PARIENTE VIVO
DAVIDIA

Davidia involucrata tiene hojas grandes con el pecíolo rosado. Sus flores son rojizas y se agrupan en apretadas inflorescencias que cuelgan del final de tallos péndulos, protegidas por dos brácteas a modo de pétalos, enormes y de un blanco muy puro. A ellas se debe el nombre de «árbol de los pañuelos».

brácteas blancas

Corylus

GRUPO Angiospermas
DATACIÓN Del Paleógeno a la actualidad
TAMAÑO Hasta 24 m de altura
LOCALIZACIÓN América del Norte, Europa, Asia

Hay unas 15 especies de *Corylus* (avellanos) en las regiones templadas. Son caducifolias, con amentos de flores masculinas y yemas que encierran flores femeninas, y todas ellas son arbustivas excepto los avellanos turcos y chinos, que son árboles. *Corylus avellana* colonizó rápidamente las tierras tras el retroceso de los glaciares cuaternarios.

capa externa de la semilla

CORYLUS AVELLANA
Halladas en sedimentos posglaciales del norte de Gales, estas avellanas muestran la cáscara lignificada, tapizada por restos de la capa externa de la semilla.

Trapa

GRUPO Angiospermas
DATACIÓN Del Neógeno a la actualidad
TAMAÑO Fruto de hasta 4 cm de anchura
LOCALIZACIÓN Europa, Asia, África

El polen y los frutos secos y de formas ornamentadas de *Trapa* se han hallado a lo ancho del hemisferio norte, desde Europa hasta África, India y China. Las evidencias de este género se remontan hasta el Neógeno inferior. Cada fruto tiene una única semilla grande y feculenta que contiene toxinas; estas se destruyen al cocerlas, de ahí que las semillas de *Trapa* se utilizaran como alimento durante miles de años, tanto en Europa como en China. La prueba más antigua de este uso es la de los nómadas maglemoisenses, que vivieron en Europa entre 10 000 y 8000 años atrás.

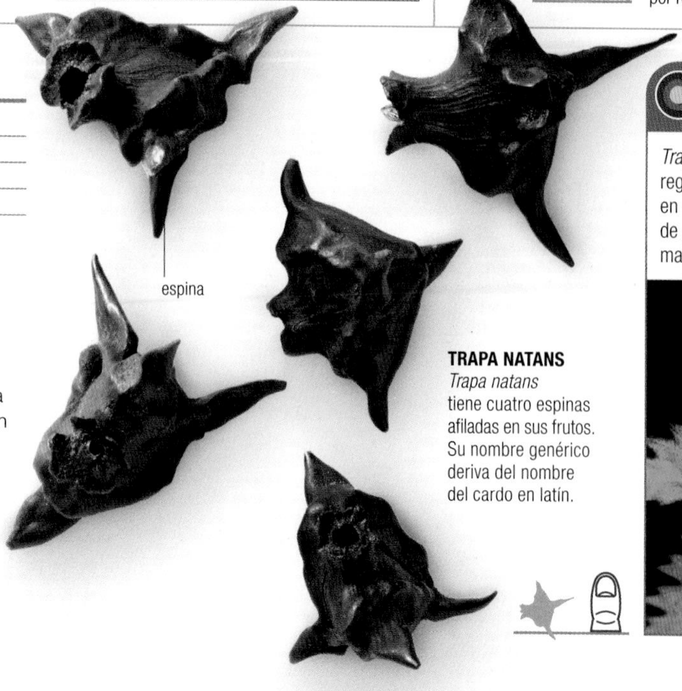
espina

TRAPA NATANS
Trapa natans tiene cuatro espinas afiladas en sus frutos. Su nombre genérico deriva del nombre del cardo en latín.

PARIENTE VIVO
CASTAÑA DE AGUA

Trapa natans crece de forma natural en aguas de curso lento de regiones templadas de Eurasia y África. Fue utilizada como alimento en China e India. También se ha introducido en distintas regiones de América del Norte y de Australia, donde se ha convertido en una mala hierba invasora.

Tilia

GRUPO Angiospermas
DATACIÓN Del Paleógeno a la actualidad
TAMAÑO Hasta 36 m de altura; hojas de hasta 12,5 cm de longitud
LOCALIZACIÓN Regiones templadas del hemisferio norte

Los tilos *(Tilia)* son grandes árboles caducifolios que se extienden por las regiones templadas del hemisferio norte, excepto en el noroeste de América. Sus fósiles pueden ser hojas, piezas florales, madera o granos de polen. Las hojas fósiles de la imagen son impresiones en la superficie de la roca, sin resto alguno de la materia vegetal original. Algunas hojas aterrizaron «boca abajo» y su nervadura quedó impresa en la roca; otras cayeron «boca arriba» y revelan su cara superior, más lisa. Los cinco nervios que parten de la base de la hoja se ramifican en nervios secundarios, y entre ellos puede verse una red transversal de nervios aún más finos.

PARIENTE VIVO
TILO COMÚN

margen aserrado
flores agrupadas

Tilia x europaea (común o «de Holanda») es un híbrido del tilo de hoja grande del sur de Europa continental y del tilo de hoja pequeña del norte de Europa. Es más alto que las dos especies parentales pero tiene una apariencia más desaliñada debido a los pequeños brotes que crecen en su base y en las ramas mayores.

POLEN DE TILO
La abundancia de este polen en la turba del Cuaternario refleja el clima y otros factores. Tras extenderse gradualmente después de la última glaciación, menguó cuando los humanos empezaron a talar los bosques de las tierras bajas.

haz de la hoja

TILIA SP.
Estas impresiones de hojas de tilo en caliche fueron descubiertas en sedimentos posglaciales de Benestad (Suecia). Las diferencias en el aspecto reflejan la orientación de las hojas.

CUATERNARIO

INVERTEBRADOS

Se considera que el Cuaternario empezó hace 2,6 MA. Las temperaturas descendieron gradualmente y muchos grandes mamíferos se extinguieron durante el período más frío, pero en términos generales las extinciones en tierra y en mar fueron mucho menos severas que al final del Cretácico.

Grupos predominantes de invertebrados

En los océanos predominaban los mismos tipos de animales que en el Neógeno, aunque su distribución iba cambiando con el avance y el retroceso de las capas de hielo. Para entender los cambios climáticos que tuvieron lugar se han utilizado restos de animales terrestres y marinos, especialmente los invertebrados extraídos en sedimentos marinos del Cenozoico y del Cuaternario. Los foraminíferos fósiles son buenos indicadores del cambio climático, ya que los grupos de aguas frías y de aguas cálidas se alternan a lo largo del tiempo. Los propios foraminíferos conservan un registro de isótopos de oxígeno estables con los que pueden medirse las temperaturas existentes cuando vivían estos microfósiles. Los bivalvos de agua fría difieren de los de mares más cálidos y se utilizan de un modo similar. En tierra, los restos de escarabajos en la turba y en el suelo sirven para conocer los cambios climáticos pretéritos. Muchas especies de escarabajos tienen preferencias térmicas estrictas, por lo que la sucesión de grupos de escarabajos en un núcleo de turba puede servir para conocer las temperaturas a lo largo del tiempo. Todos estos datos indican un gran aumento de la temperatura hace 11 500 años.

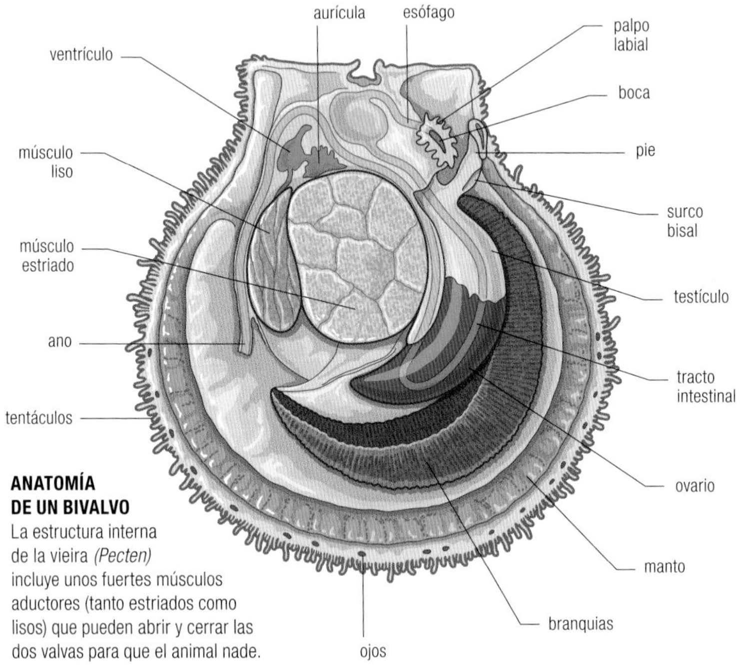
aurícula
esófago
palpo labial
ventrículo
boca
músculo liso
pie
surco bisal
músculo estriado
testículo
ano
tracto intestinal
tentáculos
ovario
manto
branquias
ojos

ANATOMÍA DE UN BIVALVO
La estructura interna de la vieira *(Pecten)* incluye unos fuertes músculos aductores (tanto estriados como lisos) que pueden abrir y cerrar las dos valvas para que el animal nade.

MEJILLONES ACTUALES
Estos mejillones *(Mytilus)* y lapas *(Patella)* son moluscos de agua fría similares a los que existían en el Cuaternario. Viven en orillas marinas rocosas, donde se alimentan de algas.

GRUPOS

Los grupos de invertebrados marinos y terrestres continuaron siendo en gran parte los mismos en el Cuaternario que en el Neógeno. Con todo, la distribución de estos grupos se vio muy afectada por las cambiantes condiciones climáticas. Los fósiles de gasterópodos, bivalvos y equinoideos nos ayudan a saber cómo y dónde cambiaron las temperaturas.

GASTERÓPODOS
Los gasterópodos adaptados al frío, junto con otros invertebrados marinos especializados, fueron ya reconocidos en 1780, en la gran obra de Otto Fabricius *Fauna groenlandica*. Así, por ejemplo, se conocen varias especies de buccinos totalmente árticos, y las preferencias térmicas específicas de muchos de estos gasterópodos se conocen con todo detalle.

BIVALVOS
Los bivalvos árticos, bastante diferentes de los de aguas templadas, son bien conocidos en el Cuaternario. El mejillón *Yoldia arctica* dio su nombre al mar Yoldia, una gran masa de aguas salobres que existió en lo que hoy es la región báltica y que se formó al fundirse los hielos con el retroceso de la capa de hielo de Escandinavia.

EQUINOIDEOS
No parece que los equinoideos se vieran afectados negativamente por los cambios climáticos del Cuaternario; los taxones adaptados al frío fueron siguiendo el borde de las capas de hielo en su avance y su retroceso. Los equinoideos siguen siendo un importante componente de la fauna marina actual, a diversas profundidades.

ARTRÓPODOS
Los crustáceos (en especial los anfípodos) tienen preferencias térmicas muy restringidas y hay muchos taxones confinados a las regiones polares. Por desgracia, los crustáceos no se conservan bien y no resultan muy útiles para rastrear los cambios climáticos.

Heterocyathus

GRUPO Antozoos
DATACIÓN Del Neógeno superior a la actualidad
TAMAÑO Hasta 1 cm de longitud
LOCALIZACIÓN Océanos Índico y Pacífico

Heterocyathus es un pequeño coral tubular con la base y el ápice planos y los lados redondeados. El centro del coral tiene una serie de esbeltos pilares verticales opuestos a los tabiques divisorios, que parecen anillos de pequeños puntos. Como todo coral, *Heterocyathus* empieza su vida como una larva planctónica, que al fin se fija en el fondo del mar, por lo general uniéndose a una concha que pronto le queda pequeña. Las especies modernas viven a veces con sipuncúlidos, y es probable que las antiguas también lo hicieran. Las especies actuales se encuentran a profundidades de 10 a 550 m.

HETEROCYATHUS SP.
Desde el centro de estos corales fósiles salen numerosos tabiques verticales o septos, que se tornan más gruesos hacia el borde.

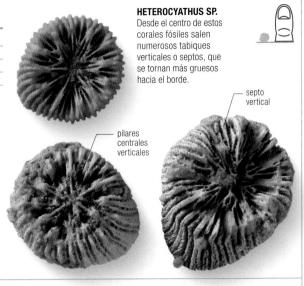

septo vertical
pilares centrales verticales

Magellania

GRUPO Braquiópodos
DATACIÓN Del Neógeno a la actualidad
TAMAÑO 2-3 cm de diámetro
LOCALIZACIÓN Australia, América del Sur, Antártida

Magellania es un braquiópodo terebratúlido de concha común y poco ornamentada. El orificio del pedúnculo se sitúa debajo del umbo de la valva peduncular; en este ejemplar el orificio está ligeramente agrandado hacia el umbo debido a una pequeña rotura. Bajo el orificio hay un área triangular bien marcada que cierra su lado frontal. La valva braquial alberga el soporte en forma de bucle del lofóforo que, junto con las finas perforaciones de la superficie de la concha, son características de los braquiópodos terebratúlidos. La ornamentación consiste en finas líneas de crecimiento.

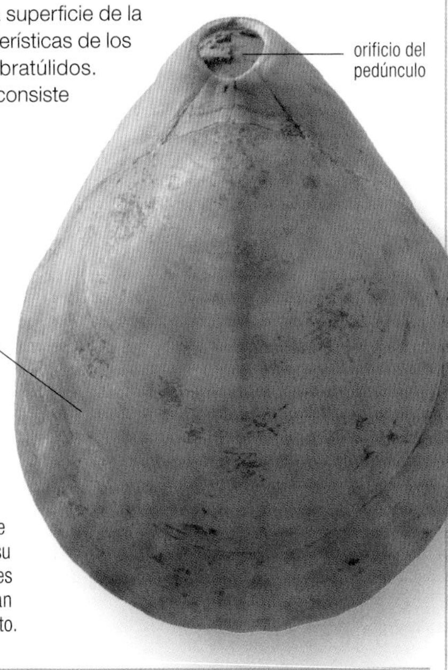
orificio del pedúnculo
finas líneas de crecimiento

MAGELLANIA SP.
Este espécimen tiene un único incremento de crecimiento bien marcado, seguramente debido a una pausa en su crecimiento. Unas tenues costillas radiales cruzan las líneas de crecimiento.

ANATOMÍA
PEDÚNCULOS

La mayoría de los braquiópodos, como *Magellania*, tienen un tronco carnoso llamado pedúnculo que sale por un orificio de la gran valva peduncular y los ancla de forma permanente. En algunos braquiópodos inarticulados, como *Lingula*, el pedúnculo es más grande, sale por entre las dos valvas y actúa como un áncora móvil en lugar de realizar un anclaje permanente. En un grupo de braquiópodos del Paleozoico, el pedúnculo desaparecía en el adulto, que quedaba anclado por el peso de la concha.

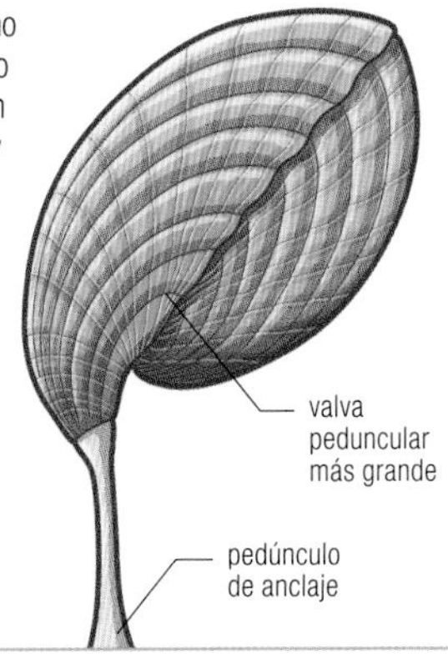
valva peduncular más grande
pedúnculo de anclaje

Hippoporidra

GRUPO Briozoos
DATACIÓN Del Paleógeno a la actualidad
TAMAÑO 10 cm de diámetro o más
LOCALIZACIÓN Europa, África, América del Norte

Las colonias de *Hippoporidra* recubrían la superficie de conchas de gasterópodos en muchas capas gruesas y a veces formaban grandes extensiones en espiral. En la superficie de la colonia pueden verse muchas aberturas circulares: son las aberturas de las cámaras o zoecios que contenían los individuos dedicados a la alimentación (autozooides). Los autozooides tenían un anillo de tentáculos en torno a la boca, el lofóforo. Cuando el zooide no se estaba alimentando, podía retraer el lofóforo dentro de la cámara para protegerlo. Las paredes frontales de los zoecios de autozooides están repletas de poros. En la superficie de la colonia pueden verse unos montículos en los cuales estos zoecios son más grandes: estos albergaban las avicularias, zooides defensivos, no dedicados a la alimentación.

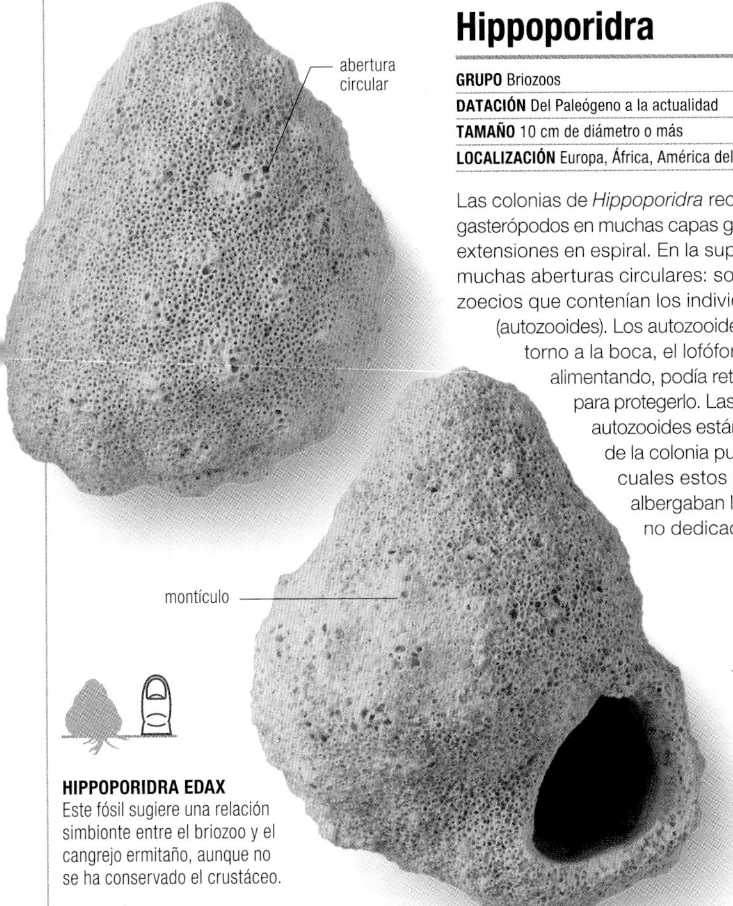
abertura circular
montículo

HIPPOPORIDRA EDAX
Este fósil sugiere una relación simbionte entre el briozoo y el cangrejo ermitaño, aunque no se ha conservado el crustáceo.

Se han hallado colonias de *Hippoporidra* que vivían en simbiosis con cangrejos ermitaños.

Capulus

GRUPO Gasterópodos
DATACIÓN Del Paleógeno a la actualidad
TAMAÑO Hasta 2,5 cm de diámetro
LOCALIZACIÓN Regiones del Atlántico y del Mediterráneo

Capulus es un gasterópodo en forma de gorra con una espiral inicial apretada y asimétrica. Los actuales se encuentran a menudo con bivalvos, en especial *Pecten* (p. 404), *Chlamys* y *Modiolus*, ya que se unen con su largo pie al borde de la concha de estos, cerca de las corrientes inhalantes que bombean el agua rica en nutrientes. En esta posición pueden usar su larga trompa extensible para recoger las partículas alimenticias que aspira el bivalvo, y asimismo extraer las que quedan atrapadas en los bordes de las branquias de este. Este semiparasitismo no parece afectar negativamente al bivalvo.

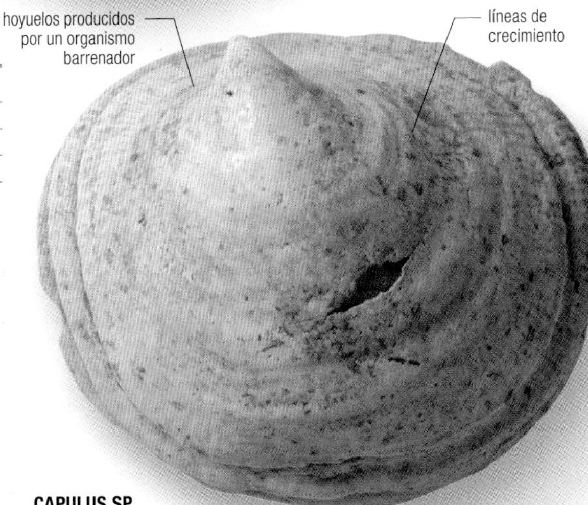
hoyuelos producidos por un organismo barrenador
líneas de crecimiento

CAPULUS SP.
Esta concha fósil parece una diminuta gorra, con una amplia abertura, un ala ancha y la punta doblada.

Neptunea

GRUPO Gasterópodos
DATACIÓN Del Neógeno a la actualidad
TAMAÑO Hasta 8 cm de diámetro
LOCALIZACIÓN Atlántico Norte, Norte de África y Mediterráneo

La concha de *Neptunea* tiene una espiral alta, cada espira de la cual se solapa con un tercio de la precedente. Unas líneas de crecimiento, que podrían representar variaciones estacionales en el crecimiento, cruzan unas finas costillas en espiral. *Neptunea* es un carroñero que come peces, crustáceos y moluscos muertos.

finas costillas en espiral
líneas de crecimiento
abertura en forma de D

NEPTUNEA CONTRARIA
Inusualmente, esta especie tiene una concha sinistra: la abertura queda en el lado izquierdo del eje de la concha.

Lymnaea

GRUPO Gasterópodos
DATACIÓN Del Paleógeno a la actualidad
TAMAÑO Hasta 6 cm de longitud
LOCALIZACIÓN Todo el mundo

Lymnaea es un género de caracoles de agua dulce: incluye al caracol de estanque *L. stagnalis*, común en gran parte del hemisferio norte. Su concha es puntiaguda y sus espiras forman una larga espiral. Las especies actuales tienen tentáculos planos y los bordes del pie a modo de cortina. Como los demás caracoles de agua dulce y los caracoles terrestres, son hermafroditas. A diferencia de los gasterópodos marinos, que tienen branquias, los *Lymnaea* respiran aire y tienen que salir a la superficie para cogerlo.

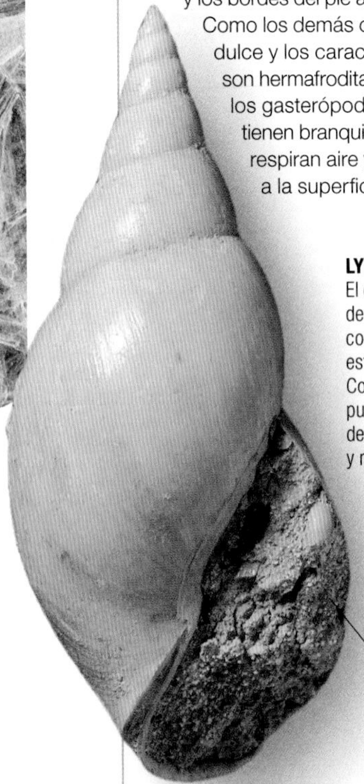
abertura
a la derecha
de la concha

LYMNAEA SP.
El exterior de la concha de *Lymnaea* carece de costillas o de otras estructuras patentes. Con todo, a menudo pueden verse líneas de crecimiento tenues y muy apretadas.

Littorina

GRUPO Gasterópodos
DATACIÓN Del Neógeno a la actualidad
TAMAÑO Hasta 5 cm de longitud
LOCALIZACIÓN Noreste del océano Atlántico

Entre las especies actuales de *Littorina* se hallan los bígaros. Estos moluscos pacen algas y otros microorganismos en las rocas de la zona intermareal. En la marea baja, se pueden encontrar fuera del agua, pegados a las rocas; cuando la marea les cubre, se despegan en busca de alimento. Como todos los gasterópodos marinos, los *Littorina* respiran extrayendo el oxígeno del agua con sus branquias. Cuando baja la marea y quedan expuestos, segregan un mucus para conservar agua en su interior. Asimismo, tienen un opérculo con el que pueden sellar la abertura.

costillas en espiral

LITTORINA RUDIS
La superficie de esta concha muestra las típicas costillas en espiral, a menudo cruzadas por tenues líneas de crecimiento.

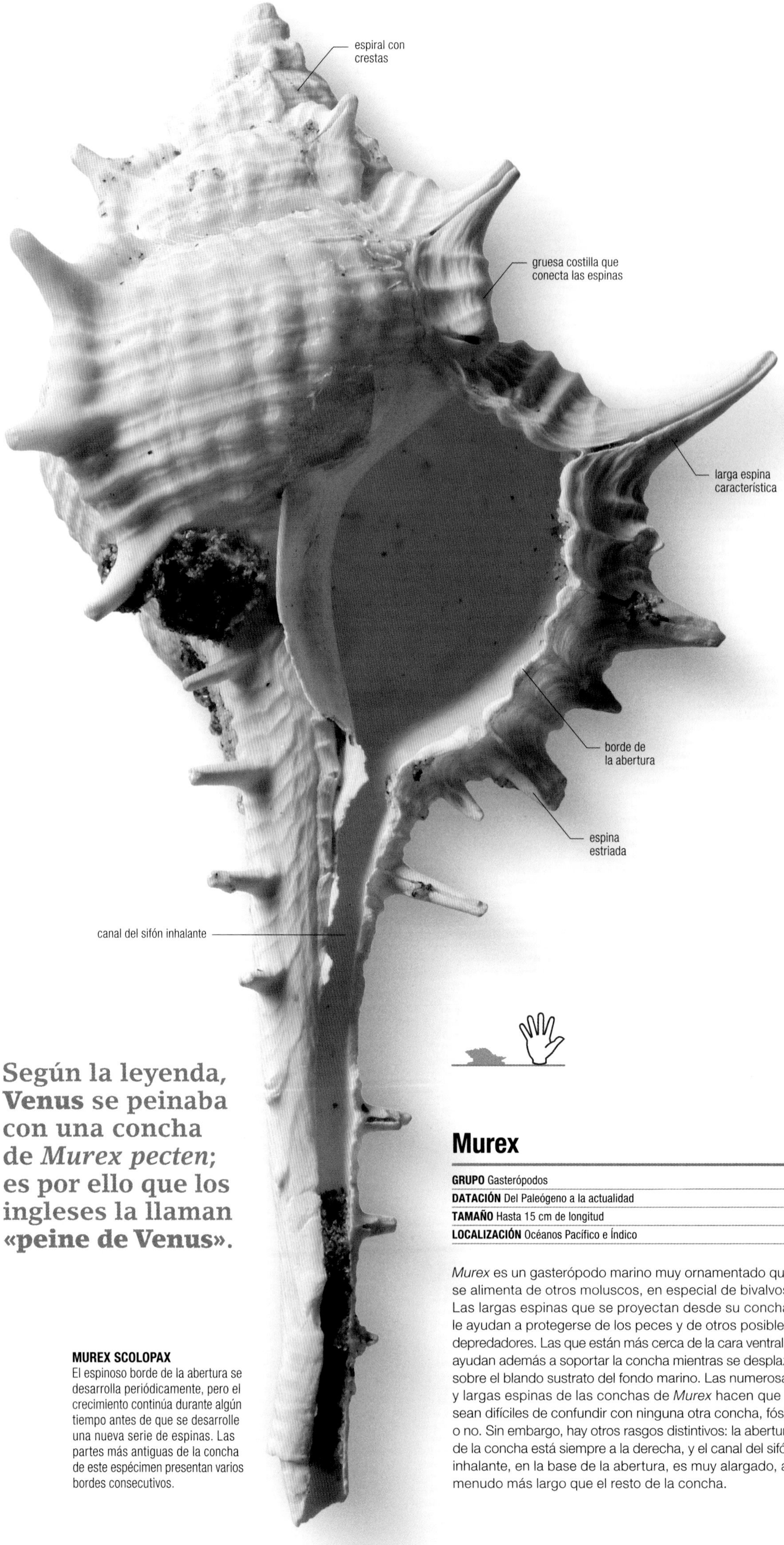
espiral con
crestas
gruesa costilla que
conecta las espinas
larga espina
característica
borde de
la abertura
espina
estriada
canal del sifón inhalante

MUREX SCOLOPAX
El espinoso borde de la abertura se desarrolla periódicamente, pero el crecimiento continúa durante algún tiempo antes de que se desarrolle una nueva serie de espinas. Las partes más antiguas de la concha de este espécimen presentan varios bordes consecutivos.

Según la leyenda, Venus se peinaba con una concha de *Murex pecten*; es por ello que los ingleses la llaman «peine de Venus».

Murex

GRUPO Gasterópodos
DATACIÓN Del Paleógeno a la actualidad
TAMAÑO Hasta 15 cm de longitud
LOCALIZACIÓN Océanos Pacífico e Índico

Murex es un gasterópodo marino muy ornamentado que se alimenta de otros moluscos, en especial de bivalvos. Las largas espinas que se proyectan desde su concha le ayudan a protegerse de los peces y de otros posibles depredadores. Las que están más cerca de la cara ventral le ayudan además a soportar la concha mientras se desplaza sobre el blando sustrato del fondo marino. Las numerosas y largas espinas de las conchas de *Murex* hacen que sean difíciles de confundir con ninguna otra concha, fósil o no. Sin embargo, hay otros rasgos distintivos: la abertura de la concha está siempre a la derecha, y el canal del sifón inhalante, en la base de la abertura, es muy alargado, a menudo más largo que el resto de la concha.

Fusinus

GRUPO Gasterópodos
DATACIÓN Del Paleógeno a la actualidad
TAMAÑO Hasta 15 cm de longitud
LOCALIZACIÓN Ampliamente extendido por los mares más cálidos

Este género de moluscos gasterópodos acoge un gran número de especies, muchas de las cuales todavía viven hoy. Las conchas de *Fusinus* varían de forma según la especie, pero todas ellas tienen ciertos rasgos en común, como una espiral larga y puntiaguda y un esbelto canal que se extiende hacia abajo desde la abertura; en vida este canal cubre el largo sifón inhalante –el tubo que sirve para aspirar agua y hacerla pasar por las branquias–. Las especies actuales de *Fusinus* son caracoles marinos grandes y carnívoros, propios de los mares tropicales y subtropicales, donde se alimentan de gasterópodos más pequeños.

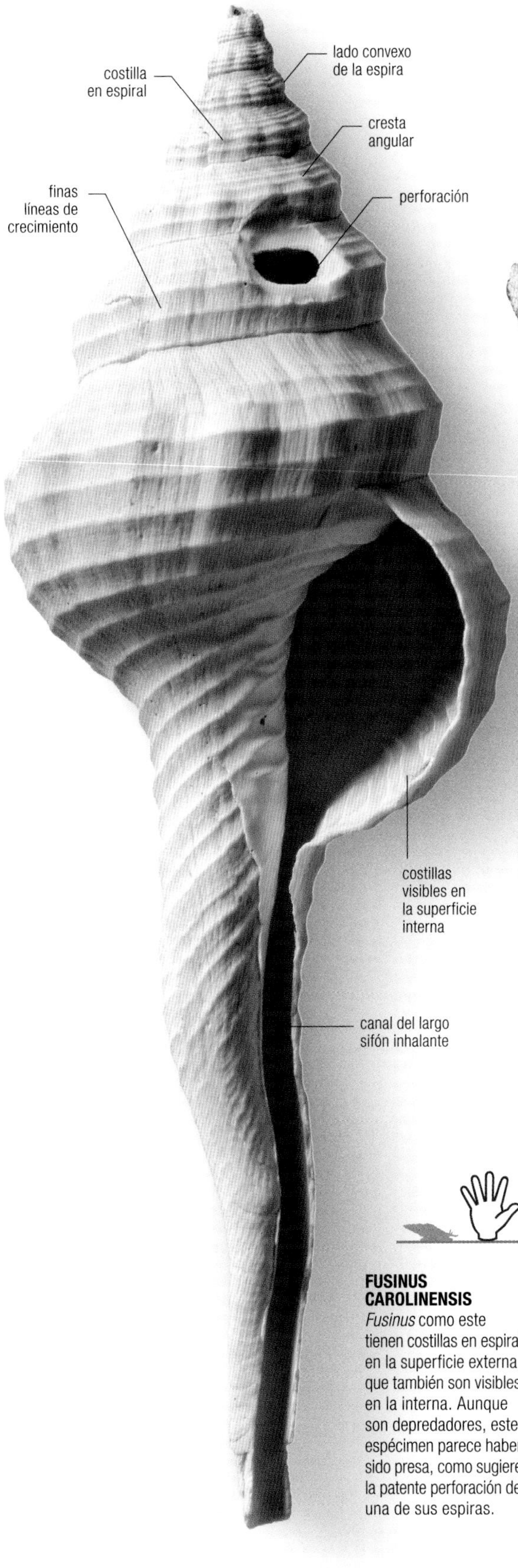
costilla en espiral
lado convexo de la espira
cresta angular
finas líneas de crecimiento
perforación
costillas visibles en la superficie interna
canal del largo sifón inhalante

FUSINUS CAROLINENSIS
Fusinus como este tienen costillas en espiral en la superficie externa, que también son visibles en la interna. Aunque son depredadores, este espécimen parece haber sido presa, como sugiere la patente perforación de una de sus espiras.

Trivia

GRUPO Gasterópodos
DATACIÓN Del Paleógeno a la actualidad
TAMAÑO Hasta 3 cm de longitud
LOCALIZACIÓN Todo el mundo

Trivia es un gasterópodo similar a los cauris o porcelanas actuales. Vista por fuera, la forma espiral es imperceptible, pero una sección transversal de la concha la revela. Desde la larga y estrecha abertura de la concha se extienden finas crestas; cuando la concha crece, cada espira envuelve a la anterior y la esconde. En vida, la concha de *Trivia* está al menos parcialmente recubierta de unos lóbulos carnosos que se extienden desde el cuerpo. *Trivia* es carnívoro y se alimenta de ascidias y otros invertebrados sésiles (anclados al fondo).

costilla transversal
estrecha abertura

TRIVIA AVELLANA
Este fósil muestra la estrecha abertura a todo lo largo de la concha, así como las marcadas crestas de los bordes interno y externo.

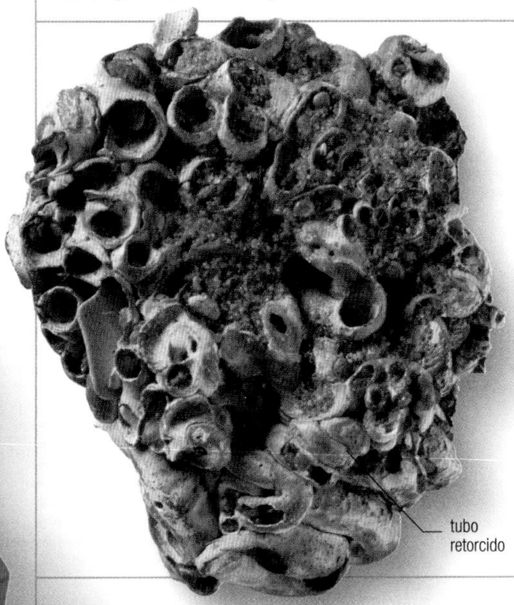
tubo retorcido

Vermetus

GRUPO Gasterópodos
DATACIÓN Del Neógeno a la actualidad
TAMAÑO Tubo de hasta 6 mm de diámetro
LOCALIZACIÓN Todo el mundo

Vermetus es un gasterópodo insólito que parece un gusano de tubo. La primera parte de su concha está enroscada como en la mayoría de los gasterópodos, pero luego la espiral se abre y forma un tubo retorcido e irregular. La concha tubular tiene los lados planos, o algo cóncavos en algunos trechos, y presenta gruesos tabiques con placas de crecimiento finamente espaciadas y costillas más gruesas paralelas a la dirección del crecimiento. *Vermetus* suele vivir en grupo.

VERMETUS INTORTUS
Los agujeros en los tubos que aquí se ven debió de hacerlos un gasterópodo depredador como *Natica*.

Helix

GRUPO Gasterópodos
DATACIÓN Del Neógeno a la actualidad
TAMAÑO Hasta 4,5 cm de longitud
LOCALIZACIÓN Todo el mundo

Helix es un género de caracoles terrestres con muchas especies, vivas y extintas. Cada espira de la concha de *Helix* se solapa con la mitad de la anterior, formando una espiral alta. En los caracoles maduros, en la boca de la concha suele haber un labio que está ausente en los caracoles más jóvenes, cuya concha no está del todo desarrollada. Como otros caracoles que respiran aire, *Helix* es hermafrodita; de sus huevos salen adultos diminutos sin pasar por la fase larval. Los caracoles terrestres aparecieron en el Carbonífero, mientras que los de agua dulce no aparecieron hasta el Jurásico, lo que sugiere que los gasterópodos que respiran aire derivan de antecesores marinos, y los de agua dulce, de caracoles terrestres que volvieron al agua.

HELIX ASPERSA
Esta concha muestra las grandes y redondeadas espiras y la ancha y redonda abertura típicas de *Helix*. La boca con labio indica que es un caracol maduro.

labio pronunciado
espira redondeada

PARIENTE VIVO
COLORES VARIADOS

La concha de *Helix* tiene una capa externa córnea (periostraco) que protege las capas calcáreas inferiores y contiene los pigmentos que dan color a la concha. La variedad de colores de esta capa ha llevado a los zoólogos a distinguir variedades de *Helix*, pero los fósiles rara vez conservan el color.

Los caracoles terrestres son hermafroditas y tienen complejos rituales de apareamiento.

Clinocardium

GRUPO Bivalvos
DATACIÓN Del Neógeno a la actualidad
TAMAÑO Hasta 4 cm de longitud
LOCALIZACIÓN Regiones costeras del Pacífico Norte y del Atlántico Norte

Clinocardium es un pequeño bivalvo similar a un berberecho que todavía existe hoy. Su concha tiene costillas patentes que convergen en el umbo desde los redondeados bordes y se cruzan con líneas de crecimiento concéntricas, que están reforzadas en algunas partes pero son muy débiles en otras. Dentro hay dos dientes y alvéolos debajo del umbo de cada valva, así como patentes cicatrices allí donde se unían los músculos aductores.

C. INTERRUPTUM
Las tres marcadas crestas de crecimiento sugieren interrupciones estacionales durante su crecimiento.

Corbicula

GRUPO Bivalvos
DATACIÓN Del Cretácico a la actualidad
TAMAÑO Hasta 2,5 cm de longitud
LOCALIZACIÓN Todo el mundo

Corbicula es un pequeño bivalvo de forma triangular redondeada y con un ancho umbo en cada valva. Dentro, cada valva tiene cicatrices de unión con los músculos aductores y, en la línea de charnela, dientes prominentes. El diente central bajo el umbo de una valva encaja en el alvéolo central de la otra. Además de los centrales, hay dientes y alvéolos laterales paralelos al borde de la concha. El ligamento elástico que abría las conchas estaba fuera, detrás de los umbos.

umbo ancho
costillas de crecimiento paralelas

CORBICULA FLUMINALIS
Esta concha se halló junto con fósiles de agua dulce así que, a diferencia de algunos taxones ancestrales, es probable que no fuera marina.

Pecten

GRUPO Bivalvos
DATACIÓN Del Paleógeno a la actualidad
TAMAÑO Hasta 10 cm en la línea de charnela
LOCALIZACIÓN Todo el mundo

Ambas valvas de la concha de *Pecten* están ornadas con costillas que convergen en la charnela. Los ápices de las costillas son planos y los intersticios son más estrechos que las propias costillas. La línea de charnela de cada valva es bastante recta. Dentro de cada valva, el rasgo más patente es la gran cicatriz del músculo aductor, que en vida es grande y potente, como es natural en un bivalvo capaz de nadar abriendo y cerrando la concha. Este género comprende las conocidas vieiras o conchas de peregrino.

PARIENTE VIVO

VIEIRA Y AFINES

Pecten, uno de los pocos bivalvos capaces de nadar libremente, abre y cierra sus valvas para impulsarse y escapar de los depredadores; para advertir su proximidad ha desarrollado unos sofisticados ojos en el borde de su manto. También tiene quimiorreceptores que le permiten degustar y oler el agua, así como estatocistos para determinar su orientación.

costilla aplanada
línea de charnela

PECTEN MAXIMUS
Las dos valvas de *Pecten* son diferentes; la superior, que yace en el fondo del mar, es convexa, mientras que la inferior es casi plana.

umbo puntiagudo
costilla radial

Cerastoderma

GRUPO Bivalvos
DATACIÓN Del Paleógeno a la actualidad
TAMAÑO Hasta 4 cm de longitud
LOCALIZACIÓN Europa

De *Cerastoderma* se conoce sobre todo el berberecho común *(C. edule)* de las playas europeas de hoy, pero su historia se remonta al Paleógeno superior. Su concha tiene un perímetro algo cuadrangular, así como unas marcadas costillas radiales cruzadas por otras más tenues paralelas a la dirección de crecimiento. El umbo de cada valva, que tiene dos dientes en su cara inferior, es puntiagudo y se proyecta más allá de la línea de charnela. Dentro de la concha hay dos cicatrices patentes allí donde se unían los músculos aductores que cerraban la concha. *Cerastoderma* vive en madrigueras poco profundas.

***Cerastoderma* extiende sus sifones a través del lecho marino para aspirar agua y alimentos.**

CERASTODERMA ANGUSTATUM
Esta concha fósil muestra las pronunciadas costillas que convergen en el umbo y las finas líneas de crecimiento paralelas que las cruzan.

Venus

GRUPO Bivalvos
DATACIÓN Del Paleógeno superior a la actualidad
TAMAÑO Hasta 3,5 cm de diámetro
LOCALIZACIÓN Europa, África, Indonesia y América del Norte

El género *Venus* comprende especies tanto actuales como extintas; una de las especies vivas es la conocida escupiña grabada, verigüeto o pie de burro, *V. verrucosa*. Cada valva de Venus tiene un umbo curvado hacia delante y hacia un lado, bajo el cual hay una depresión lisa. Dentro de cada valva, debajo del umbo, hay tres grandes dientes y tres alvéolos; también hay dos cicatrices de tamaño similar allí donde se unían los músculos aductores que cerraban las valvas. El verigüeto y otras *Venus* se alimentan por filtración y viven enterradas en el lodo o la arena del fondo marino. Como la mayoría de los bivalvos excavadores, utilizan sus sifones para hacer circular el agua por sus pulmones, que no solo absorben el oxígeno sino que también tamizan las partículas alimenticias, y devolver el agua tamizada al fondo marino.

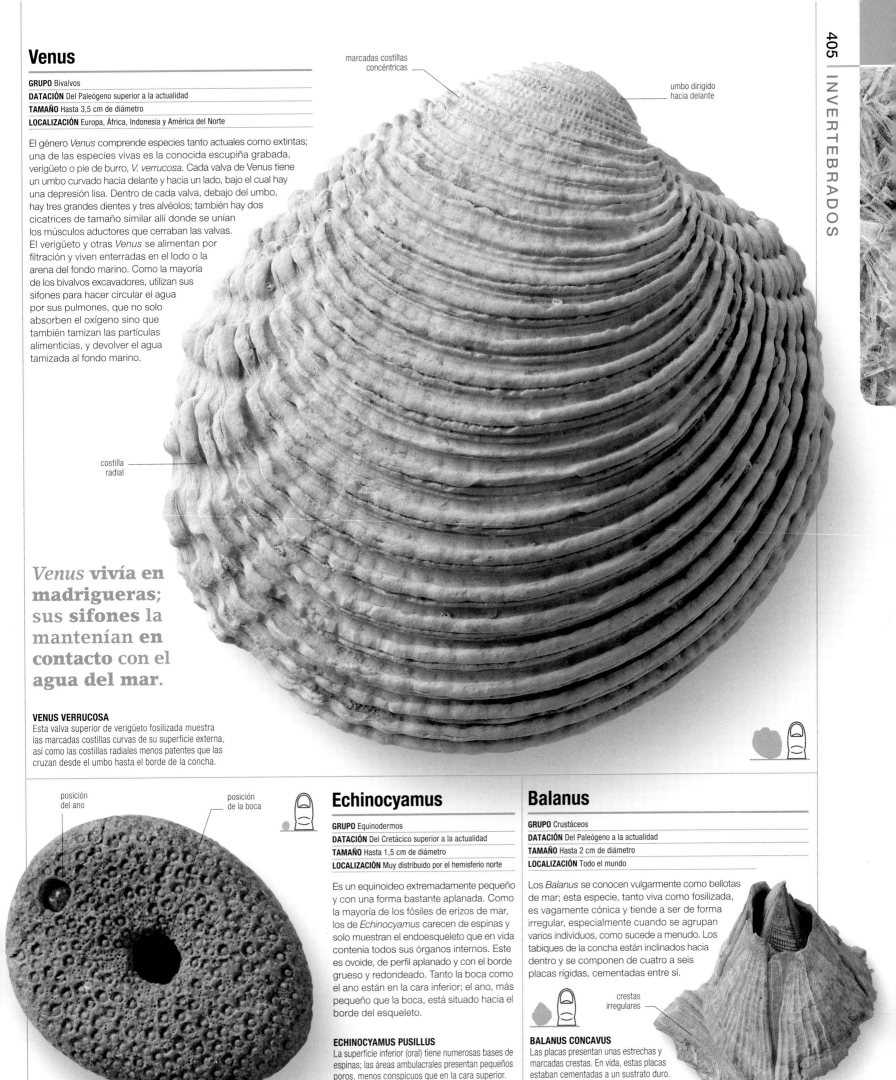

marcadas costillas concéntricas
umbo dirigido hacia delante
costilla radial

***Venus* vivía en madrigueras; sus sifones la mantenían en contacto con el agua del mar.**

VENUS VERRUCOSA
Esta valva superior de verigüeto fosilizada muestra las marcadas costillas curvas de su superficie externa, así como las costillas radiales menos patentes que las cruzan desde el umbo hasta el borde de la concha.

posición del ano
posición de la boca

Echinocyamus

GRUPO Equinodermos
DATACIÓN Del Cretácico superior a la actualidad
TAMAÑO Hasta 1,5 cm de diámetro
LOCALIZACIÓN Muy distribuido por el hemisferio norte

Es un equinoideo extremadamente pequeño y con una forma bastante aplanada. Como la mayoría de los fósiles de erizos de mar, los de *Echinocyamus* carecen de espinas y solo muestran el endoesqueleto que en vida contenía todos sus órganos internos. Este es ovoide, de perfil aplanado y con el borde grueso y redondeado. Tanto la boca como el ano están en la cara inferior; el ano, más pequeño que la boca, está situado hacia el borde del esqueleto.

ECHINOCYAMUS PUSILLUS
La superficie inferior (oral) tiene numerosas bases de espinas; las áreas ambulacrales presentan pequeños poros, menos conspicuos que en la cara superior.

Balanus

GRUPO Crustáceos
DATACIÓN Del Paleógeno a la actualidad
TAMAÑO Hasta 2 cm de diámetro
LOCALIZACIÓN Todo el mundo

Los *Balanus* se conocen vulgarmente como bellotas de mar; esta especie, tanto viva como fosilizada, es vagamente cónica y tiende a ser de forma irregular, especialmente cuando se agrupan varios individuos, como sucede a menudo. Los tabiques de la concha están inclinados hacia dentro y se componen de cuatro a seis placas rígidas, cementadas entre sí.

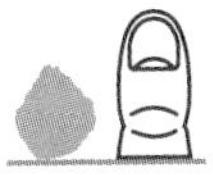

crestas irregulares

BALANUS CONCAVUS
Las placas presentan unas estrechas y marcadas crestas. En vida, estas placas estaban cementadas a un sustrato duro.

CUATERNARIO
VERTEBRADOS

Durante el Pleistoceno, las placas de hielo avanzaron y retrocedieron, obligando a los vertebrados a desplazarse y adaptarse. Muchas especies se extinguieron tras el final de la última glaciación, hace unos 10 000 años. Desde entonces, los humanos han tenido un impacto espectacular en la fauna del mundo.

Durante el Pleistoceno los mamíferos abundaban más allá de los bordes de las placas de hielo. Los animales grandes eran más capaces de conservar el calor corporal y de sobrevivir al frío extremo que los pequeños. Además, varias especies norteñas, como los mamuts y los rinocerontes lanudos, tenían un espeso pelaje para conservar el calor. Las áreas de muchos animales se expandieron y contrajeron según los cambios de clima y de vegetación. Así, los renos se desplazaron hacia el sur, desde el Ártico hasta el sur de Europa, mientras que los hipopótamos se desplazaron desde África hasta Europa central durante los períodos interglaciales.

Auge y declive de la megafauna

Los mamíferos gigantes eran ubicuos durante el Pleistoceno. Mientras por América del Norte vagaban mastodontes y gliptodontes grandes como automóviles, perezosos gigantes de hasta 6 m de altura y una tonelada de peso habitaban en ambas Américas. En Eurasia había rinocerontes gigantes y un ciervo, *Megaloceros giganteus*, cuya cornamenta medía más de 3,5 m de una punta a otra. Australia albergaba marsupiales gigantes como *Diprotodon*, un pariente de los wombats y del koala grande como un hipopótamo, y *Procoptodon*, el mayor canguro que vivió jamás. Es probable que una combinación de factores contribuyera a la extinción de gran parte de la megafauna al final de la última glaciación, entre ellos el cambio climático, que hizo que se secaran muchas regiones, y la presión impuesta por la expansión de los humanos, quienes cazaban muchas especies y aprendieron a utilizar el fuego para desbrozar la vegetación y para cocinar.

CASTOROIDES

PEQUEÑO Y GRANDE
Los castores gigantes *(Castoroides)* vivieron en América del Norte durante el Pleistoceno. Alcanzaban 2,5 m de longitud y 100 kg de peso, es decir, casi tres veces más que el actual castor norteamericano *(Castor canadensis)*, que mide 1 m y pesa 35 kg.

CASTOR NORTEAMERICANO

GRUPOS

Gran parte de la fauna de vertebrados del mundo actual apareció en el Cuaternario, pero muchas otras especies se extinguieron. Así, muchas aves marinas desaparecieron debido a la competencia con los recién aparecidos mamíferos marinos. Hominidae incluía a *Gigantopithecus*, que con sus 3 m de altura fue el mayor antropoide que ha existido.

AVES

Las aves también adquirieron gran tamaño en el Pleistoceno. *Aepyornis*, el «ave elefante» de Madagascar, pesaba casi 400 kg, mientras que las moas de Nueva Zelanda alcanzaban los 3,6 m de altura; incapaces de volar, las moas eran presa de la enorme harpagornis o águila de Haast, que alcanzaba los 15 kg.

CARNÍVOROS

El mayor carnívoro del Pleistoceno fue el gigantesco oso de cara corta *Arctodus simus*, que alcanzaba los 900 kg de peso. Entre los félidos se hallaban el león, más grande que el león africano actual y presente en todo el mundo, y el tigre de dientes de sable *Smilodon*. El lobo gigante o terrible, pariente próximo del lobo actual, vivía en América del Norte.

ÉQUIDOS

Los caballos proliferaron en América del Norte durante el Pleistoceno. Gracias al puente terrestre del este de Asia se extendieron por Eurasia y África, donde nueve especies de *Equus* sobreviven hoy, entre ellas dos de asnos salvajes, tres de cebra, el kiang y el caballo de Przewalski. En América del Norte no quedó ningún caballo salvaje tras la extinción masiva del Pleistoceno.

PROBOSCÍDEOS

Los mamuts y los mastodontes vivieron en América del Norte durante el Pleistoceno pero se extinguieron después de la última glaciación. No todos los proboscídeos eran grandes: se conocen elefantes enanos de varias islas mediterráneas. Los últimos mamuts lanudos vivieron hace apenas 3600 años en la isla Wrangel, en el océano Ártico.

Megalania

GRUPO Escamosos
DATACIÓN Pleistoceno
TAMAÑO 8 m de longitud
LOCALIZACIÓN Australia

Megalania era un varano gigante y robusto, parecido al actual varano de Komodo. Era tan enorme y poderoso que podía comerse a cualquiera de los grandes mamíferos de la edad del hielo de Australia, entre ellos los diprotodontos (wombats grandes como rinocerontes) y los canguros gigantes. Su gran tamaño pudo deberse en parte a que en Australia había pocos grandes mamíferos depredadores. Tan solo el león marsupial, *Thylacoleo*, mucho más pequeño, competiría de algún modo con el varano gigante. *Megalania* se extinguió hace unos 40 000 años, por el tiempo en que los primeros humanos llegaron a Australia.

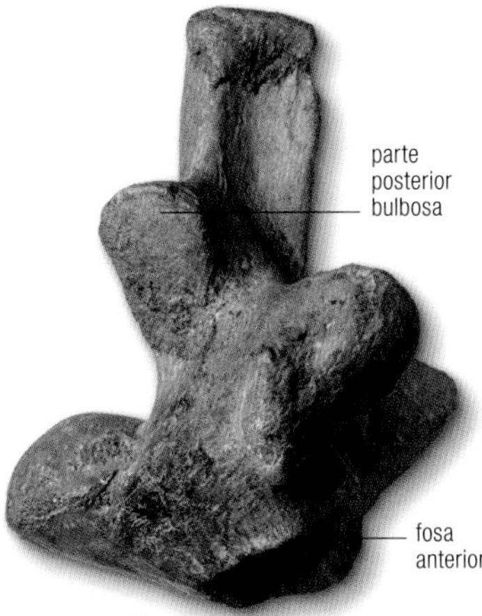
parte posterior bulbosa
fosa anterior

GRANDES VÉRTEBRAS
La espina dorsal de *Megalania* comprendía 29 vértebras presacrales, cada una de ellas con una profunda fosa anterior y una parte posterior bulbosa.

PARIENTE VIVO
VARANO O DRAGÓN DE KOMODO

El mayor lagarto actual es el varano de Komodo, que solo vive en las islas indonesias de Komodo, Flores, Rinca y Padar. Este impresionante reptil, que puede alcanzar los 3 m de longitud y los 70 kg de peso, come carroña y caza al rececho grandes presas tales como ciervos y jabalíes; aunque la presa atrapada escape temporalmente al ataque del varano, la venenosa saliva de este acaba matándola.

cola larga y musculosa
dientes aserrados y bien separados
cuello relativamente largo
cuerpo de estructura pesada y cubierto de escamas
pies de cuatro dedos con uñas afiladas

DEPREDADOR TEMIBLE
Megalania tenía un cráneo inmenso, con grandes músculos mandibulares y dientes largos y afilados. Con sus 575 kg, era mucho más voluminoso que los varanos actuales.

Trilophosuchus

GRUPO Crocodilomorfos
DATACIÓN Mioceno inferior
TAMAÑO 1,5 m de longitud
LOCALIZACIÓN Australia

Comparado con los cocodrilos actuales, *Trilophosuchus* tenía el hocico corto, los ojos muy grandes y tres largas crestas óseas a lo largo del ápice del cráneo, entre los ojos. Los fósiles de *Trilophosuchus* se han encontrado en Riversleigh (Queensland, Australia), donde los yacimientos fosilíferos han revelado los restos de un espeso bosque. Las excavaciones muestran una gran variedad de mamíferos, esto es, un amplio abanico de presas para este antiguo cocodrilo. *Trilophosuchus* era un miembro de la familia Mekosuchidae, que apareció en Australia durante el Eoceno. Los miembros de este grupo eran los cocodrilios (orden Crocodylia) dominantes en el suroeste del Pacífico durante gran parte del Cenozoico, hasta que llegaron de Asia los cocodrilos de estuario. Los Mekosuchidae se extinguieron a finales del Pleistoceno, probablemente debido a la caza humana o a causa de la destrucción de su hábitat o de su fuente de alimentación.

escamas tipo placa
ojos muy grandes
hocico corto
patas anteriores de cinco dedos

AL ACECHO EN LOS ÁRBOLES
Debido a su ligera complexión, algunos científicos sugieren que *Trilophosuchus* capturaba a sus presas dejándose caer desde los árboles.

Aepyornis

GRUPO Terópodos
DATACIÓN Del Pleistoceno inferior al Holoceno
TAMAÑO 3 m de altura
LOCALIZACIÓN Madagascar

Aepyornis, un taxón gigante tipo avestruz e incapaz de volar, fue, con sus 400 kg, el ave más pesada que vivió jamás. *Aepyornis* se alimentaba de una enorme variedad de frutos y semillas y coexistió con los humanos durante miles de años, pero se extinguió poco después de la llegada de los europeos a Madagascar. Las causas de su extinción no están muy claras, pero los restos revelan que los humanos mataban *Aepyornis*, por lo que la caza excesiva pudo ser una de ellas.

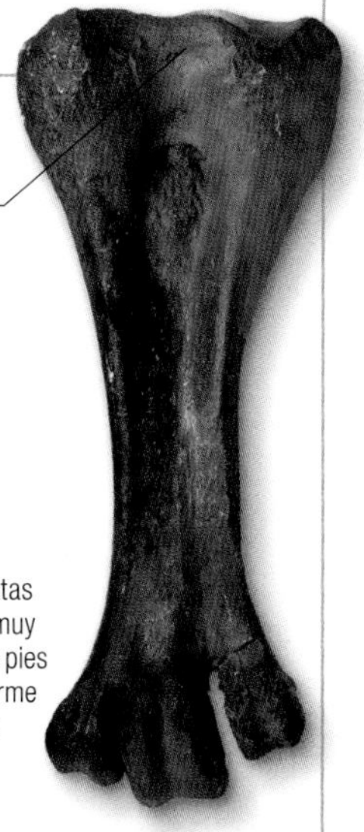
articulación del tobillo

PIE FÓSIL
Aepyornis tenía unas patas relativamente cortas y muy poderosas, con grandes pies de tres dedos. Este enorme metatarso se articulaba arriba con el tobillo y abajo con el pie.

CIENCIA
HUEVO FOSILIZADO

Los enormes huevos fosilizados de *Aepyornis* alcanzan más de 1 m de circunferencia y 34 cm de anchura. Hasta fechas recientes no se podía ver el interior de un huevo intacto sin destruir su contenido. Sin embargo, hoy en día puede utilizarse la tomografía axial computerizada (TAC) de alta resolución para fotografiar y analizar digitalmente el contenido de los huevos. Las imágenes revelan casi cada hueso del esqueleto, así como los rasgos anatómicos que solo son visibles en el embrión y que desaparecen en el adulto.

Dinornis

GRUPO Terópodos
DATACIÓN Del Pleistoceno al Holoceno
TAMAÑO 3,6 m de altura
LOCALIZACIÓN Nueva Zelanda

Dinornis era una moa, una de las aves gigantes no voladoras que vivieron en Nueva Zelanda desde el Pleistoceno inferior hasta su extinción en el siglo XVI. *Dinornis*, que con sus 280 kg de peso fue el ave más grande que existió nunca, se parecía a un emú robusto y gigantesco. Pese al tamaño relativamente pequeño de su cabeza y su pico, debía de ser capaz de comer casi cualquier tipo de frutas, semillas u otros alimentos vegetales. Excepto sus correosas patas, su cuello y su cabeza, tenía el cuerpo cubierto de plumas de color marrón rojizo a modo de pelos. Cuando los humanos llegaron a Nueva Zelanda había al menos seis géneros; su extinción se debió a la caza humana, unida a la pérdida de su hábitat debida a la tala y la quema del bosque por parte de los maoríes.

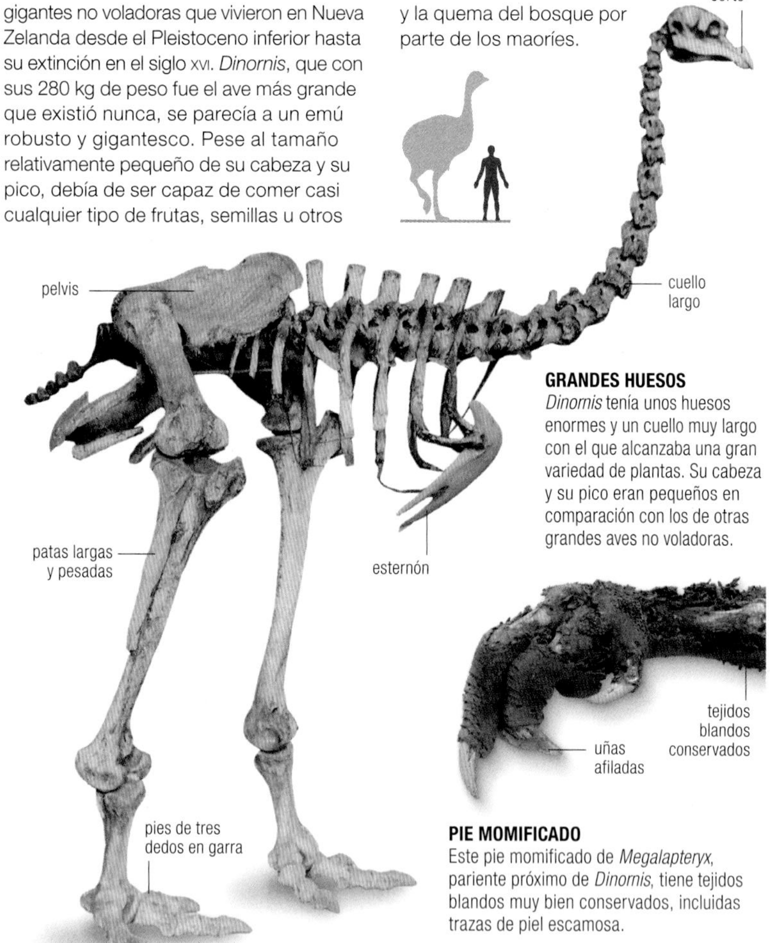
pico corto
pelvis
cuello largo
patas largas y pesadas
esternón
pies de tres dedos en garra
tejidos blandos conservados
uñas afiladas

GRANDES HUESOS
Dinornis tenía unos huesos enormes y un cuello muy largo con el que alcanzaba una gran variedad de plantas. Su cabeza y su pico eran pequeños en comparación con los de otras grandes aves no voladoras.

PIE MOMIFICADO
Este pie momificado de *Megalapteryx*, pariente próximo de *Dinornis*, tiene tejidos blandos muy bien conservados, incluidas trazas de piel escamosa.

Toxodon

GRUPO Mamíferos placentarios
DATACIÓN Del Mioceno superior al Holoceno inferior
TAMAÑO 2,7 m de longitud
LOCALIZACIÓN América del Sur

Los fósiles de este mamífero con aspecto de rinoceronte se han hallado en sedimentos del Mioceno superior al Holoceno inferior en Argentina y otros lugares de América del Sur. Pertenecía a un grupo extinguido de mamíferos suramericanos, el de los notoungulados, pero era grande como un hipopótamo moderno y muy parecido a los rinocerontes de Eurasia y América del Norte, lo que lo convierte en un ejemplo paradigmático de convergencia evolutiva. *Toxodon* tenía una trompa corta, parecida a la de un tapir, y un robusto esqueleto con patas cortas y gruesas y pies tridáctilos. Sus dientes en forma de arco estaban adaptados para masticar una gran variedad de hojas. Hace unos 3,5 MA, el puente terrestre de Panamá unió América del Norte con América del Sur y permitió la migración de muchos mamíferos entre ambos continentes. *Toxodon* permaneció en América del Sur y sobrevivió a la llegada de los mamíferos norteños debido a que ningún competidor directo colonizó su área de distribución. Sin embargo, numerosos restos con puntas de flecha incrustadas sugieren que los humanos lo cazaron hasta su extinción.

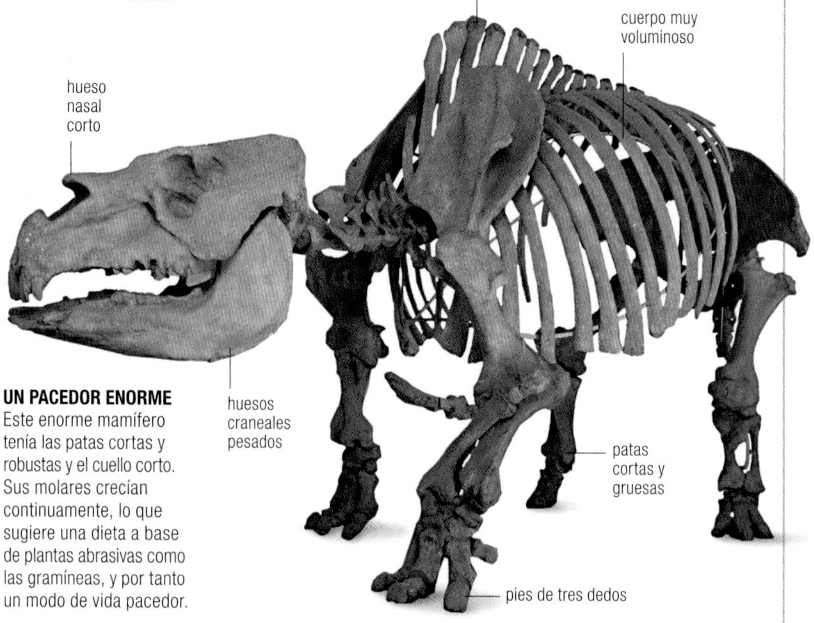
giba en el hombro
cuerpo muy voluminoso
hueso nasal corto
huesos craneales pesados
patas cortas y gruesas
pies de tres dedos

UN PACEDOR ENORME
Este enorme mamífero tenía las patas cortas y robustas y el cuello corto. Sus molares crecían continuamente, lo que sugiere una dieta a base de plantas abrasivas como las gramíneas, y por tanto un modo de vida pacedor.

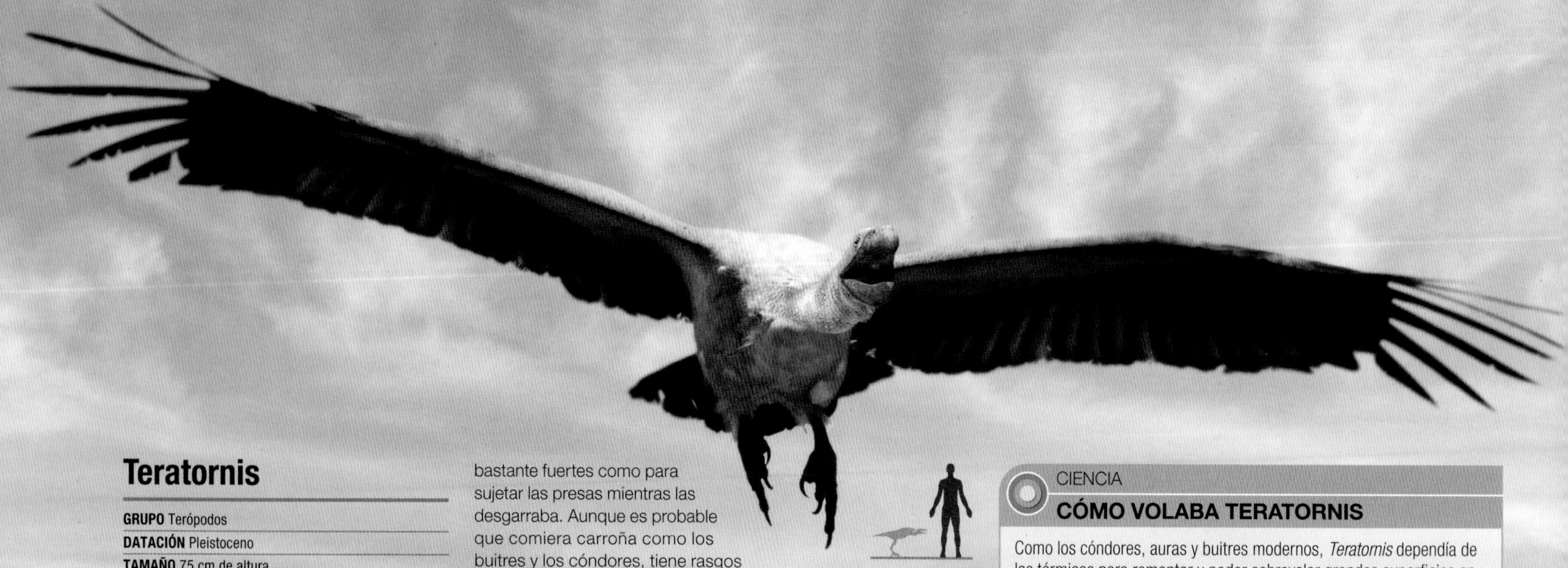

Teratornis

GRUPO Terópodos
DATACIÓN Pleistoceno
TAMAÑO 75 cm de altura
LOCALIZACIÓN América del Norte

Esta enorme ave se conoce por el gran número de huesos conservados en los pozos de alquitrán del Rancho La Brea, en California (p. 410), pero también se han hallado restos en sedimentos pleistocenos de Nevada, Arizona y Florida. *Teratornis* tenía unas patas robustas y unos pies lo bastante fuertes como para sujetar las presas mientras las desgarraba. Aunque es probable que comiera carroña como los buitres y los cóndores, tiene rasgos que sugieren que también cazaba peces en el agua. Puede que muchas de estas aves quedaran atrapadas en los pozos de La Brea al intentar pescar en la lámina de agua que había sobre el alquitrán o beber a orillas de los pozos. *Teratornis* se extinguió hace unos 10 000 años, debido tal vez a la extinción de muchos grandes mamíferos americanos tras la última glaciación.

COMO UN CÓNDOR
Teratornis parecía un cóndor gigante pero no pertenecía a la misma familia. Era más grande que el cóndor andino: alcanzaba los 4 m de envergadura.

CIENCIA
CÓMO VOLABA TERATORNIS

Como los cóndores, auras y buitres modernos, *Teratornis* dependía de las térmicas para remontar y poder sobrevolar grandes superficies en busca de la carroña de la que se alimentaba. Los cóndores actuales vuelan varios centenares de kilómetros al día de este modo. La mayoría de las aves que se remontan tienen las alas largas y relativamente grandes y el cuerpo pequeño, lo que les permite remontarse con muy pocos aleteos. Las dimensiones alares de *Teratornis* eran similares a las del cóndor californiano, lo que sugiere que podía despegar del suelo saltando y con unos pocos aleteos, sin necesidad de aletear hasta alcanzar bastante altura, como han de hacer algunos buitres y cóndores.

Castoroides

GRUPO Mamíferos placentarios
DATACIÓN Del Plioceno superior al Pleistoceno
TAMAÑO 2,5 m de longitud
LOCALIZACIÓN América del Norte

Castoroides era un castor gigante de la «edad del hielo» cuyos restos se han encontrado en rocas del Plioceno superior y del Pleistoceno de América del Norte. Estos fósiles se han hallado principalmente alrededor de los Grandes Lagos y en el Medio Oeste, pero también se han exhumado en Alaska, Canadá y Florida. *Castoroides* tenía la longitud de un oso actual y podía llegar a pesar 100 kg. Su enorme tamaño no era la única diferencia respecto a los castores actuales. Así, no tenía unos incisivos simples y en forma de escoplo como ellos, sino unos grandes y anchos de hasta 15 cm de longitud. Además, su cola era más larga y estrecha que el ancho y plano apéndice de los castores actuales, y tenía las patas posteriores más cortas.

HABITANTES DE LAGOS
Castoroides no habría vivido como los castores actuales, pues sus dientes eran menos eficientes para roer la madera para construir diques.

Este **gigantesco castor** tenía dientes de hasta 15 cm de largo y alcanzaba los **100 kg de peso**.

Glyptodon

GRUPO Mamíferos placentarios
DATACIÓN Del Plioceno superior al Pleistoceno
TAMAÑO 2,5 m de longitud
LOCALIZACIÓN América del Norte y del Sur

Oriundo de América del Sur, *Glyptodon* era un pariente gigante del armadillo que migró al sur de América del Norte cuando se formó el puente terrestre de Panamá, hace 3,5 MA. Era un animal muy bien protegido, recubierto como estaba de una coraza ósea formada por placas (osteodermos). Incluso su cola estaba acorazada, formada por una serie de anillos óseos hechos de osteodermos. *Glyptodon* se extinguió al final de la última glaciación, debido al cambio climático y acaso a la caza humana, aunque no se han encontrado evidencias directas de ataques humanos a este género.

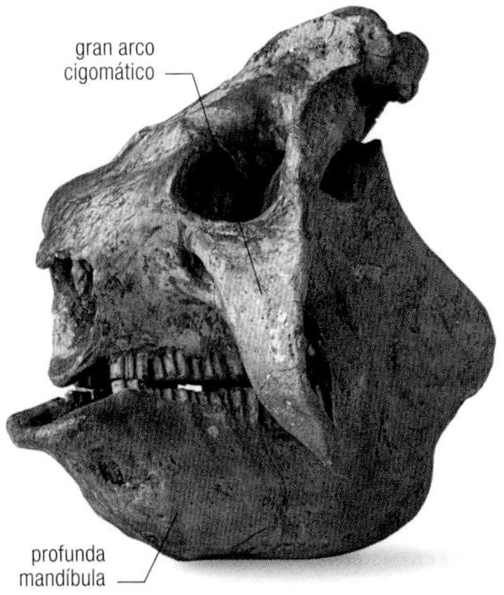
gran arco cigomático
profunda mandíbula

DIENTES LARGOS
Gracias a sus dientes de corona plana que crecían continuamente, *Glyptodon* podía comer una gran variedad de plantas duras, incluidas gramíneas arenosas.

BIEN PROTEGIDO
El caparazón de *Glyptodon* se componía de alrededor de un millar de osteodermos, cada uno de ellos de unos 2,5 cm de grosor.

inmenso caparazón abovedado
rostro corto
garras grandes y poderosas

GIGANTE ACORAZADO
Glyptodon pesaba al menos una tonelada y tenía un inmenso caparazón abovedado que le confería la forma de un Volkswagen Escarabajo.

PARIENTE VIVO
ARMADILLO

Los armadillos son mamíferos placentarios: paren crías vivas, tras su gestación en el útero nutridas por la placenta. Tienen un caparazón correoso y un hocico largo y tubular. Son xenartros, emparentados con los perezosos y los osos hormigueros. Hay 10 géneros y 20 especies distribuidas por toda América Latina y hasta Nebraska (EE UU). Sus robustas patas y garras les permiten cavar con rapidez o sacar a las hormigas y termitas (su principal alimento) de sus nidos. Con una longitud media de 75 cm, son mucho más pequeños que su extinto primo *Glyptodon*, aunque el armadillo gigante puede alcanzar el doble de esta longitud.

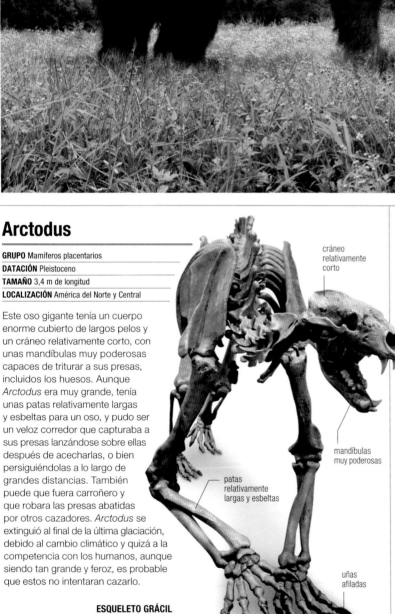

GARRAS LETALES
Megatherium usaba las impresionantes garras de sus largas patas anteriores para coger ramas y para defenderse de los depredadores.

Megatherium

GRUPO Mamíferos placentarios
DATACIÓN Del Plioceno al Holoceno
TAMAÑO 6 m de longitud
LOCALIZACIÓN América del Sur

Megatherium, un perezoso terrestre gigante, alcanzaba las 4 toneladas de peso. Este animal de tamaño y peso similares a los de un elefante macho estaba cubierto de largos pelos, andaba sobre el dorso de sus pies, con las garras curvadas hacia dentro, y podía impulsarse con sus patas traseras y su poderosa cola. Se extinguió al final de la última glaciación, cuando los humanos llegaron a América del Sur, aunque no hay evidencias de ataques humanos.

DIENTES DE CORONA ALTA
Gracias a sus dientes simples, tipo clavija, hechos de dentina y sin esmalte, *Megatherium* podía comer una gran variedad de hojas y de hierbas.

Arctodus

GRUPO Mamíferos placentarios
DATACIÓN Pleistoceno
TAMAÑO 3,4 m de longitud
LOCALIZACIÓN América del Norte y Central

Este oso gigante tenía un cuerpo enorme cubierto de largos pelos y un cráneo relativamente corto, con unas mandíbulas muy poderosas capaces de triturar a sus presas, incluidos los huesos. Aunque *Arctodus* era muy grande, tenía unas patas relativamente largas y esbeltas para un oso, y pudo ser un veloz corredor que capturaba a sus presas lanzándose sobre ellas después de acecharlas, o bien persiguiéndolas a lo largo de grandes distancias. También puede que fuera carroñero y que robara las presas abatidas por otros cazadores. *Arctodus* se extinguió al final de la última glaciación, debido al cambio climático y quizá a la competencia con los humanos, aunque siendo tan grande y feroz, es probable que estos no intentaran cazarlo.

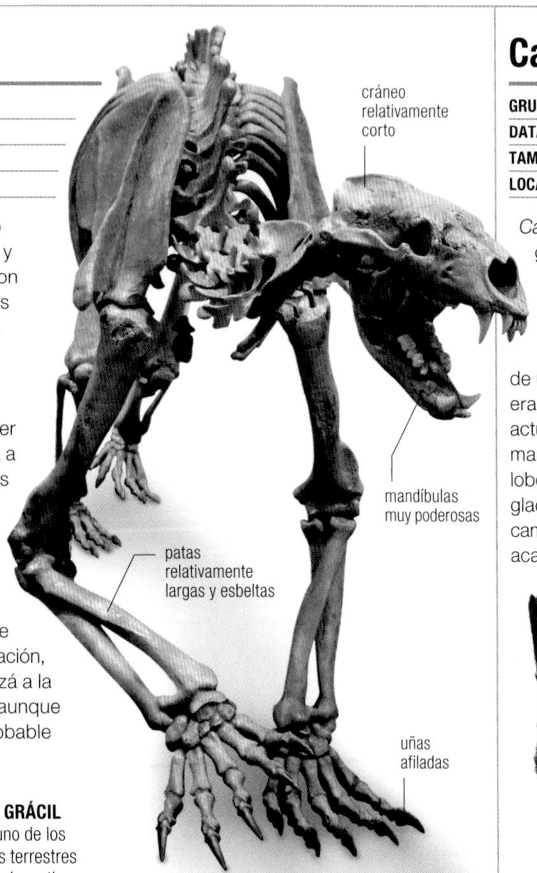
cráneo relativamente corto
mandíbulas muy poderosas
patas relativamente largas y esbeltas
uñas afiladas

ESQUELETO GRÁCIL
Aunque era uno de los depredadores terrestres más grandes de su tiempo, *Arctodus* tenía un esqueleto grácil, lo que sugiere que era un buen corredor.

900 kg Peso aproximado de *Arctodus*, uno de los **mayores carnívoros terrestres** que existieron.

Canis

GRUPO Mamíferos placentarios
DATACIÓN Pleistoceno superior
TAMAÑO 1,5 m de longitud
LOCALIZACIÓN Canadá, EE UU, México

Canis dirus es el nombre científico del lobo gigante o terrible, una especie extinta de América del Norte cuyos fósiles se han encontrado en rocas del Pleistoceno superior. Tenía el tamaño de un lobo actual pero su peso era mucho mayor, de unos 80 kg. Se cree que el lobo terrible era carroñero y que vivía como las hienas actuales. Entonces no había hienas ni otros mamíferos carroñeros en el continente. El lobo terrible se extinguió al final de la última glaciación, debido probablemente a que el cambio climático y la llegada de los humanos acabaron con sus fuentes de alimentación.

YACIMIENTO CLAVE
RANCHO LA BREA

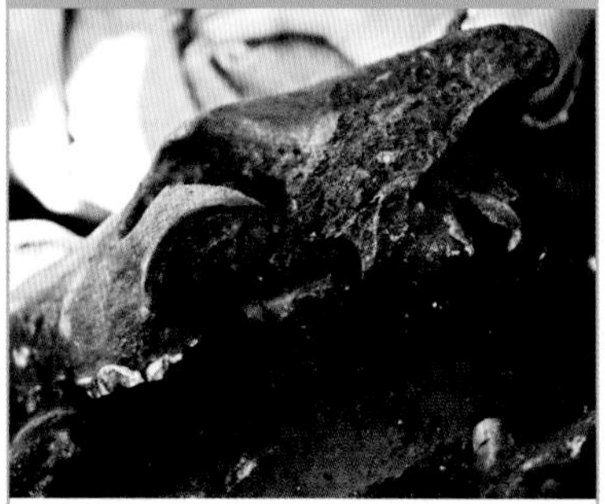

Varios fósiles de lobo terrible se han hallado en los pozos de alquitrán del Rancho La Brea (California), el yacimiento más rico del mundo en fósiles del Pleistoceno. El alquitrán de los estratos petrolíferos ha atrapado a muchos animales durante los últimos 38 000 años, y conserva miles de fósiles de unas 660 especies.

FUERZA COMPACTA
Con el tamaño aproximado de un lobo actual, el lobo terrible tenía una cabeza más ancha y corta, grandes dientes para triturar huesos y patas más cortas y poderosas.

Crocuta

GRUPO Mamíferos placentarios
DATACIÓN Del Mioceno a la actualidad
TAMAÑO 1,3 m de longitud
LOCALIZACIÓN África, Europa, Asia

Crocuta es el género que incluye a la hiena manchada actual, una carroñera y cazadora africana bien adaptada para correr grandes distancias persiguiendo presas. La subespecie del Pleistoceno, *C. crocuta spelaea* o «hiena de las cavernas», era bastante mayor y más robusta que su pariente actual. Según parece, estaba adaptada al clima frío de los bordes de los glaciares que entonces cubrían Eurasia, y aunque se cree que usaba cuevas como guaridas, es probable que cazara y comiera carroña en praderas abiertas. La hiena de las cavernas apareció en India al inicio del Pleistoceno; desde ahí se extendió a China y también a Europa y África en el Pleistoceno medio. Al cabo, la mayoría de los miembros de *Crocuta* se extinguió, y solo quedó el taxón que aún sobrevive en África.

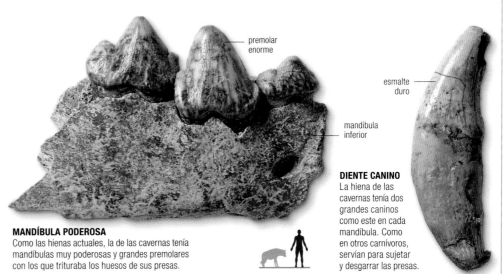

premolar enorme
mandíbula inferior

MANDÍBULA PODEROSA
Como las hienas actuales, la de las cavernas tenía mandíbulas muy poderosas y grandes premolares con los que trituraba los huesos de sus presas.

esmalte duro

DIENTE CANINO
La hiena de las cavernas tenía dos grandes caninos como este en cada mandíbula. Como en otros carnívoros, servían para sujetar y desgarrar las presas.

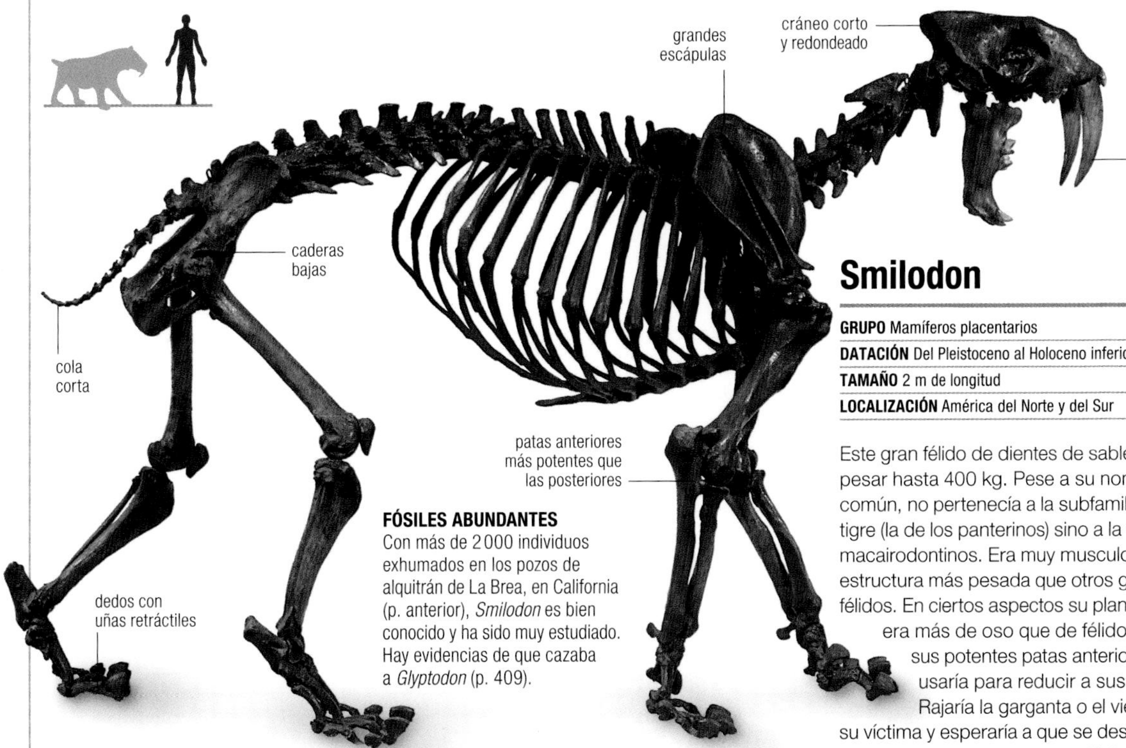
grandes escápulas
cráneo corto y redondeado
caninos muy largos
caderas bajas
cola corta
patas anteriores más potentes que las posteriores
dedos con uñas retráctiles

FÓSILES ABUNDANTES
Con más de 2000 individuos exhumados en los pozos de alquitrán de La Brea, en California (p. anterior), *Smilodon* es bien conocido y ha sido muy estudiado. Hay evidencias de que cazaba a *Glyptodon* (p. 409).

Smilodon

GRUPO Mamíferos placentarios
DATACIÓN Del Pleistoceno al Holoceno inferior
TAMAÑO 2 m de longitud
LOCALIZACIÓN América del Norte y del Sur

Este gran félido de dientes de sable podía pesar hasta 400 kg. Pese a su nombre común, no pertenecía a la subfamilia del tigre (la de los panterinos) sino a la de los macairodontinos. Era muy musculoso y de estructura más pesada que otros grandes félidos. En ciertos aspectos su plan corporal era más de oso que de félido, como sus potentes patas anteriores, que usaría para reducir a sus presas. Rajaría la garganta o el vientre de su víctima y esperaría a que se desangrara. Los hallazgos de numerosos fósiles de *Smilodon* próximos sugieren que vivía y cazaba en grandes grupos, como los leones. Como muchos otros grandes mamíferos, se extinguió a finales de la última glaciación, debido quizá al cambio climático, la desaparición de grandes herbívoros y la competencia humana.

ANATOMÍA

DIENTES DE SABLE

Los mamíferos presentan muchos tipos de dientes especializados; los más espectaculares son, quizá, los largos caninos en forma de cuchilla. Los de *Smilodon* eran impresionantes: muy largos, estrechos y curvos, con los filos anterior y posterior aserrados. Los utilizaba para acuchillar a las presas en la garganta o el vientre y luego desgarrarlas.

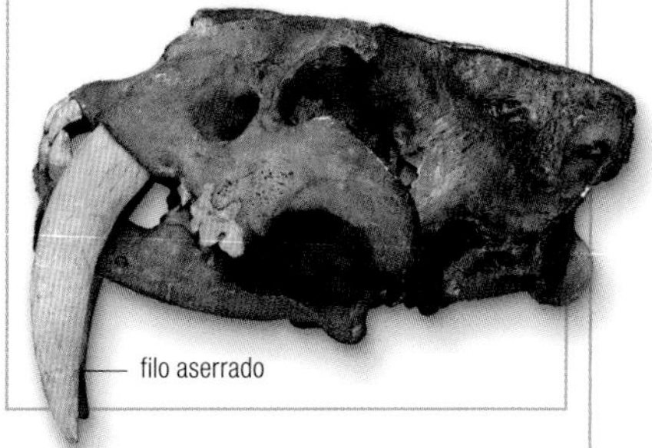
filo aserrado

CARNÍVORO DEPREDADOR
Es probable que *Smilodon*, un depredador formidable, comiera una gran variedad de grandes presas, incluidos ciervos, caballos y mamuts.

DIENTES DE MAMUT
Los dientes del mamut, que consistían en una serie de placas de esmalte unidas por un cemento dental, salían en la parte posterior de su mandíbula y avanzaban a medida que se desgastaban, hasta que otros dientes posteriores los reemplazaban.

cabeza alta y abovedada
giba de grasa, almacén de energía
trompa cubierta de pelo
colmillos largos y curvos
trompa gruesa y flexible
patas como columnas

MAMUT LANUDO
Mammuthus alcanzaba unos 5 m de altura en la cruz y 8 toneladas de peso. La especie que aquí se muestra, el mamut lanudo, era muy parecida a los elefantes actuales en muchos aspectos, aunque tenía las orejas más pequeñas, un grueso pelaje y colmillos más largos y curvos.

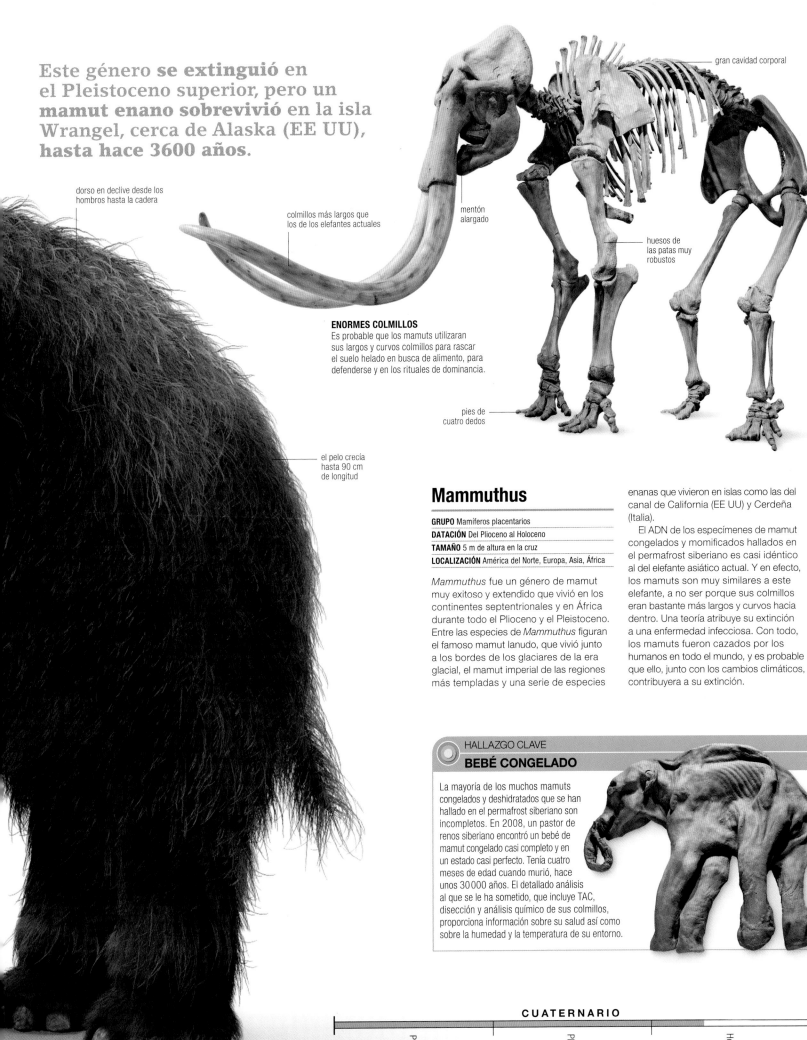

Este género se extinguió en el Pleistoceno superior, pero un mamut enano sobrevivió en la isla Wrangel, cerca de Alaska (EE UU), hasta hace 3600 años.

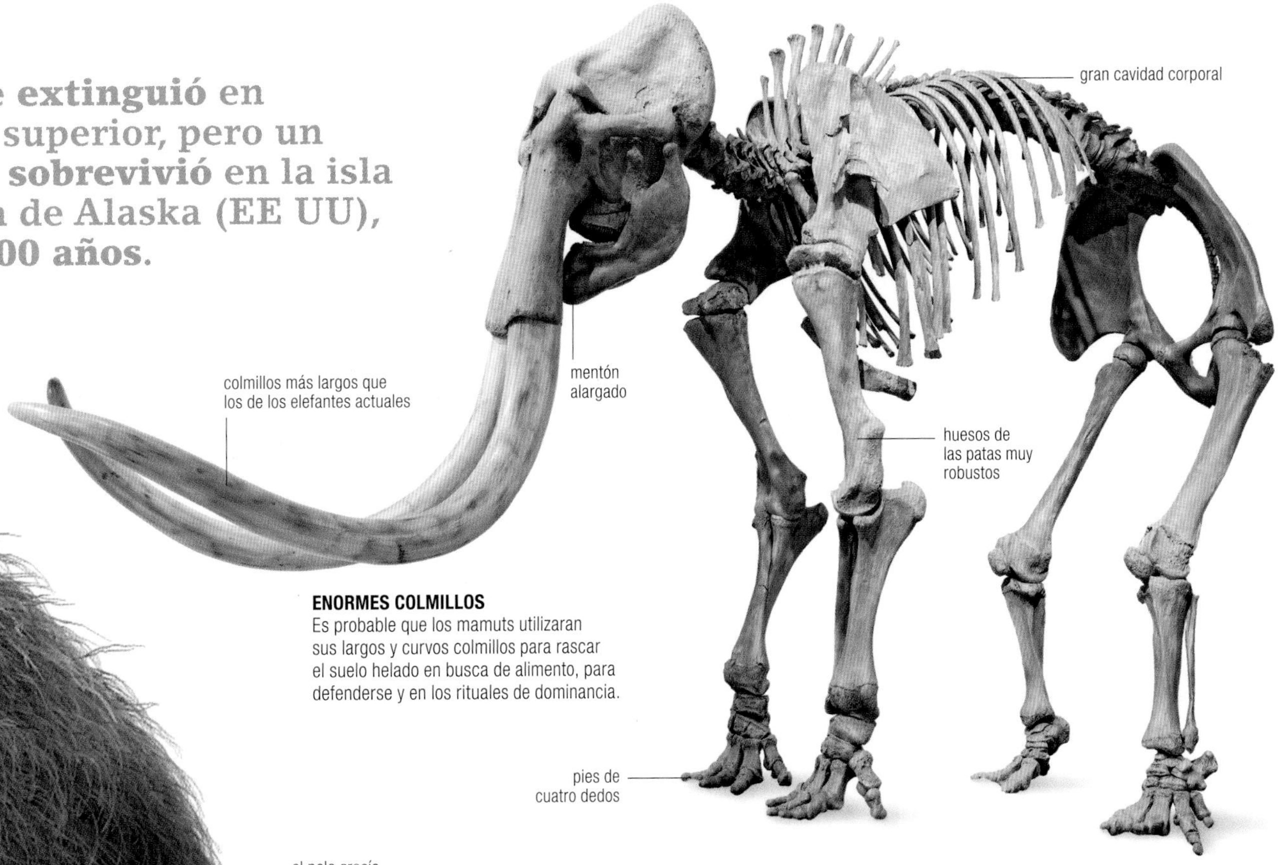
gran cavidad corporal
colmillos más largos que los de los elefantes actuales
mentón alargado
huesos de las patas muy robustos
pies de cuatro dedos

ENORMES COLMILLOS
Es probable que los mamuts utilizaran sus largos y curvos colmillos para rascar el suelo helado en busca de alimento, para defenderse y en los rituales de dominancia.

dorso en declive desde los hombros hasta la cadera
el pelo crecía hasta 90 cm de longitud

Mammuthus

GRUPO Mamíferos placentarios
DATACIÓN Del Plioceno al Holoceno
TAMAÑO 5 m de altura en la cruz
LOCALIZACIÓN América del Norte, Europa, Asia, África

Mammuthus fue un género de mamut muy exitoso y extendido que vivió en los continentes septentrionales y en África durante todo el Plioceno y el Pleistoceno. Entre las especies de *Mammuthus* figuran el famoso mamut lanudo, que vivió junto a los bordes de los glaciares de la era glacial, el mamut imperial de las regiones más templadas y una serie de especies enanas que vivieron en islas como las del canal de California (EE UU) y Cerdeña (Italia).

El ADN de los especímenes de mamut congelados y momificados hallados en el permafrost siberiano es casi idéntico al del elefante asiático actual. Y en efecto, los mamuts son muy similares a este elefante, a no ser porque sus colmillos eran bastante más largos y curvos hacia dentro. Una teoría atribuye su extinción a una enfermedad infecciosa. Con todo, los mamuts fueron cazados por los humanos en todo el mundo, y es probable que ello, junto con los cambios climáticos, contribuyera a su extinción.

HALLAZGO CLAVE

BEBÉ CONGELADO

La mayoría de los muchos mamuts congelados y deshidratados que se han hallado en el permafrost siberiano son incompletos. En 2008, un pastor de renos siberiano encontró un bebé de mamut congelado casi completo y en un estado casi perfecto. Tenía cuatro meses de edad cuando murió, hace unos 30 000 años. El detallado análisis al que se le ha sometido, que incluye TAC, disección y análisis químico de sus colmillos, proporciona información sobre su salud así como sobre la humedad y la temperatura de su entorno.

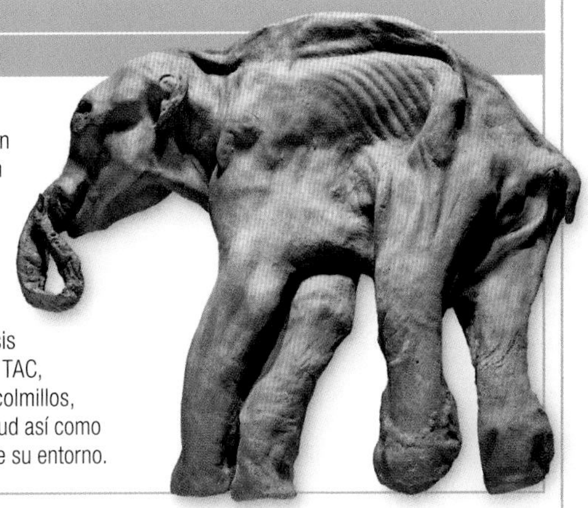

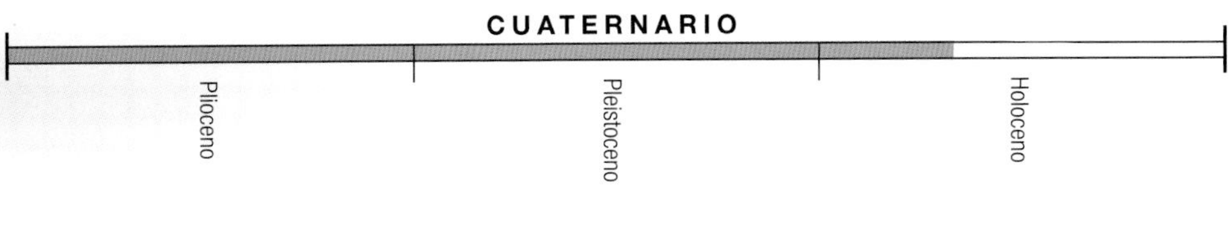
CUATERNARIO
Plioceno
Pleistoceno
Holoceno

Mammut

GRUPO Mamíferos placentarios
DATACIÓN Del Plioceno al Pleistoceno
TAMAÑO 3 m de altura
LOCALIZACIÓN América del Norte, Europa, Asia

Mammut es más conocido por el nombre de mastodonte, un primo extinto de los elefantes. Alcanzaba las 5 toneladas y tenía el cráneo alargado y plano, con colmillos ligeramente curvos, y el dorso en declive desde la giba sobre los hombros. Estaba cubierto por un pelo largo e hirsuto y bien adaptado para vivir en densos bosques de coníferas. Los contenidos estomacales conservados muestran que comía píceas y otros tipos de plantas con bajo contenido en fibra.

Según parece, *Mammut* no se extinguió hace 10 000 años, cuando los humanos llegaron a América, ya que hasta hace unos 6000 sobrevivieron pequeñas poblaciones en lugares como Utah y Michigan (EE UU).

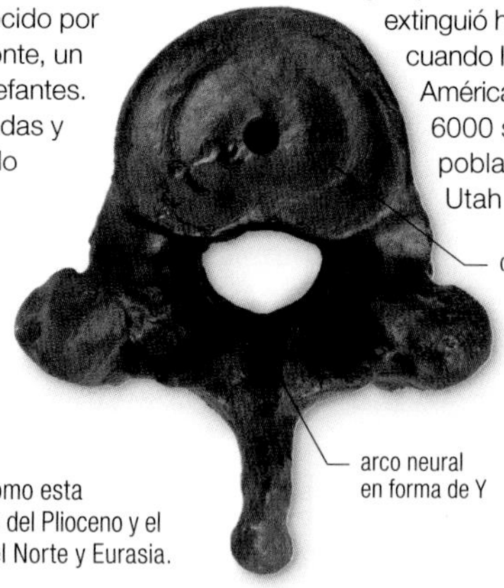
centro vertebral
arco neural en forma de Y

VÉRTEBRAS
Los fósiles de *Mammut*, como esta enorme vértebra, provienen del Plioceno y el Pleistoceno de América del Norte y Eurasia.

cúspides dispuestas en hileras paralelas

MOLARES DE MAMMUT
Mastodonte significa «diente mama», en alusión a la forma de los molares de *Mammut*, que tenían cúspides cónicas en forma de mama.

Stegomastodon

GRUPO Mamíferos placentarios
DATACIÓN Del Plioceno al Pleistoceno inferior
TAMAÑO 3 m de altura
LOCALIZACIÓN América del Norte, América del Sur

Stegomastodon era un gonfoterio, una familia extinta de mamíferos proboscídeos similares a elefantes. Pesaba más de 6 toneladas y tenía el cráneo y las mandíbulas más cortos que otros gonfoterios, parecidos a los de los mamuts y elefantes. Sus colmillos superiores, largos y curvados hacia dentro, crecían hasta 3,5 m de longitud. Sus enormes molares tenían una serie de cúspides que parecían tréboles cuando se desgastaban. Esta forma dental estaba bien adaptada para comer gramíneas y otra vegetación dura. *Stegomastodon* surgió en las llanuras herbáceas de América del Norte; varias especies cruzaron el puente terrestre de Panamá hasta América del Sur.

Equus

GRUPO Mamíferos placentarios
DATACIÓN Del Plioceno a la actualidad
TAMAÑO 2,5 m de altura
LOCALIZACIÓN Todo el mundo

El género *Equus* comprende los actuales caballos, cebras y asnos. Aparece por primera vez en el registro fósil en el Plioceno inferior y todavía prospera en domesticación, pero la mayoría de las especies salvajes de *Equus*, especialmente el onagro y otros asnos y el caballo de Przewalski, están amenazadas. En América del Norte, *Equus* se extinguió junto con otros grandes mamíferos del Pleistoceno hace unos 10 000 años, posiblemente debido a la caza humana. Los fósiles de América del Norte muestran una serie de especies muy varia: caballos enanos y gigantes, con patas robustas o con patas como zancos. Estas especies fósiles norteamericanas parecen estar emparentadas con las cebras y los asnos salvajes, lo que sugiere que los caballos se distribuían antaño más extensamente.

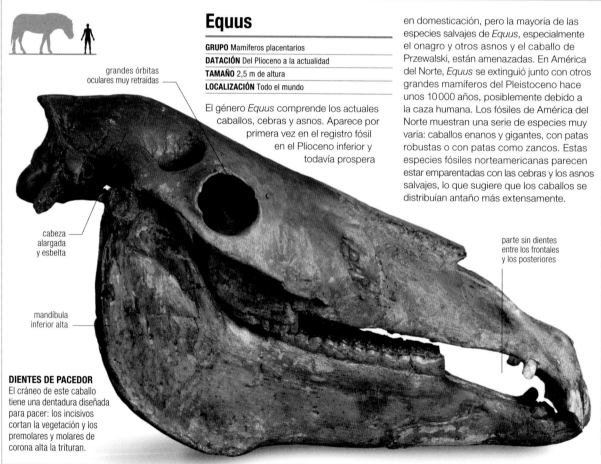

grandes órbitas oculares muy retraídas
cabeza alargada y esbelta
mandíbula inferior alta
parte sin dientes entre los frontales y los posteriores

DIENTES DE PACEDOR
El cráneo de este caballo tiene una dentadura diseñada para pacer: los incisivos cortan la vegetación y los premolares y molares de corona alta la trituran.

PARIENTE VIVO
CABALLO DE PRZEWALSKI

El caballo de Przewalski es la especie de la que descienden todos los caballos domésticos. Parece un caballo doméstico paticorto, con el pelaje pardo, el vientre blanco y la crin marrón oscuro. Oriundo de las estepas desérticas de Mongolia, se extinguió en la naturaleza y sobrevivió en algunos zoológicos, pero se ha reintroducido en su hábitat natural. Hoy en día existen unos 1500 individuos, entre los salvajes y los cautivos.

Coelodonta

GRUPO Mamíferos placentarios
DATACIÓN Del Plioceno al Pleistoceno
TAMAÑO 3,7 m de longitud
LOCALIZACIÓN Europa, Asia

Este rinoceronte lanudo de la era glacial tenía el tamaño de un gran rinoceronte blanco y lucía un grueso pelaje de pelos hirsutos y largos, así como un par de cuernos curvados hacia atrás, ovales en sección transversal, que debían de servirle para barrer la nieve cuando comía. Sus molares tienen las típicas crestas en forma de π de todos los rinocerontes, con muchas crestas adicionales que ampliaban la superficie de trituración. Un gran número de pruebas revelan que *Coelodonta* era sobre todo pacedor, aunque es probable que fuese capaz de comer casi cualquier tipo de vegetación. *Coelodonta* se extinguió hace unos 10 000 años, al final de la última glaciación, quizá debido al retroceso de su hábitat glacial causado por los cambios climáticos. Dado que coexistió con los humanos durante miles de años, es improbable que estos lo cazaran hasta su extinción.

RINOCERONTE LANUDO
Coelodonta vivió en Eurasia durante las glaciaciones del Pleistoceno. Se han encontrado varios esqueletos completos, así como especímenes momificados.

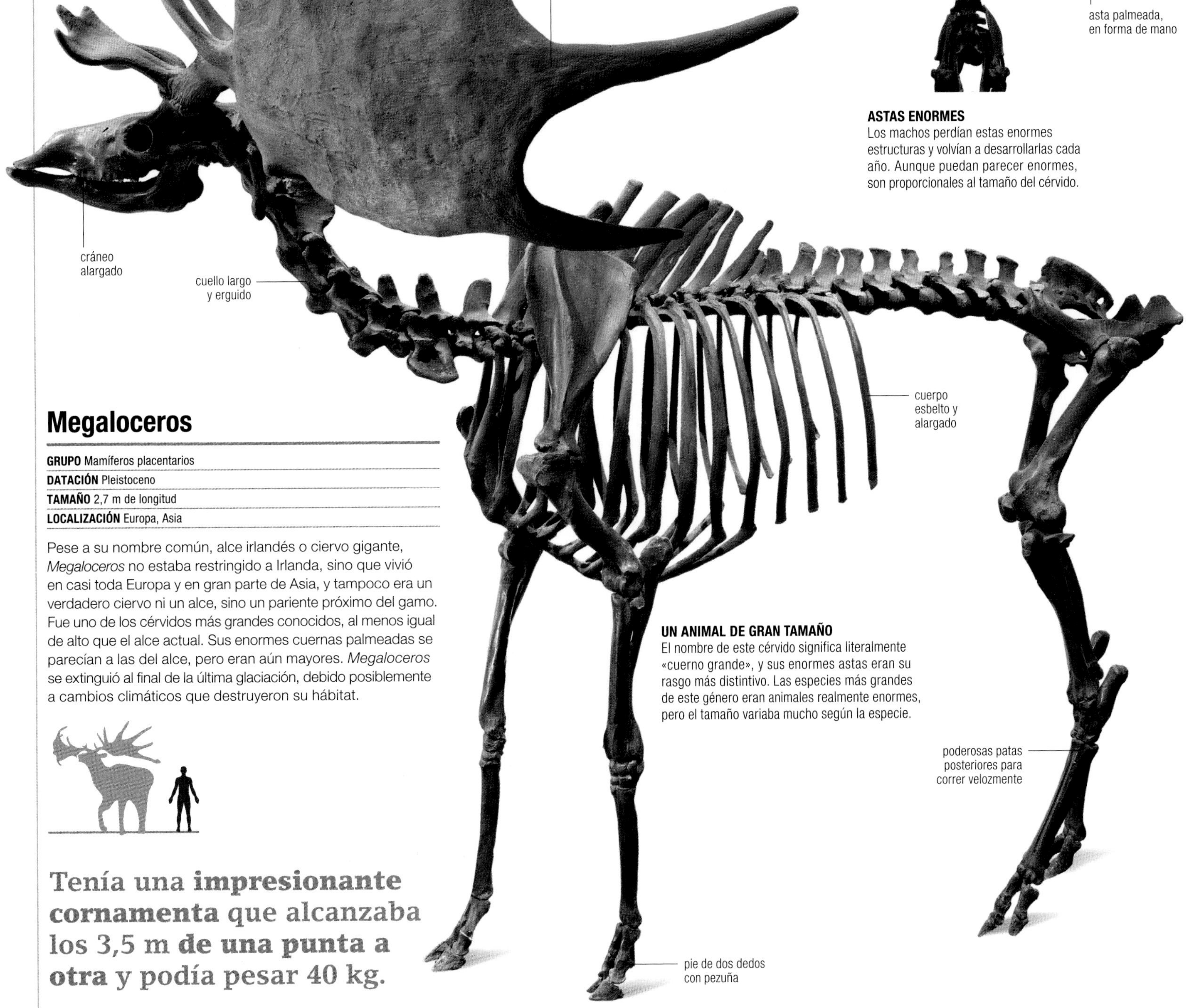
astas similares a las del alce
cráneo alargado
cuello largo y erguido
cuerpo esbelto y alargado
poderosas patas posteriores para correr velozmente
pie de dos dedos con pezuña

asta palmeada, en forma de mano

ASTAS ENORMES
Los machos perdían estas enormes estructuras y volvían a desarrollarlas cada año. Aunque puedan parecer enormes, son proporcionales al tamaño del cérvido.

UN ANIMAL DE GRAN TAMAÑO
El nombre de este cérvido significa literalmente «cuerno grande», y sus enormes astas eran su rasgo más distintivo. Las especies más grandes de este género eran animales realmente enormes, pero el tamaño variaba mucho según la especie.

Megaloceros

GRUPO Mamíferos placentarios
DATACIÓN Pleistoceno
TAMAÑO 2,7 m de longitud
LOCALIZACIÓN Europa, Asia

Pese a su nombre común, alce irlandés o ciervo gigante, *Megaloceros* no estaba restringido a Irlanda, sino que vivió en casi toda Europa y en gran parte de Asia, y tampoco era un verdadero ciervo ni un alce, sino un pariente próximo del gamo. Fue uno de los cérvidos más grandes conocidos, al menos igual de alto que el alce actual. Sus enormes cuernas palmeadas se parecían a las del alce, pero eran aún mayores. *Megaloceros* se extinguió al final de la última glaciación, debido posiblemente a cambios climáticos que destruyeron su hábitat.

Tenía una **impresionante cornamenta** que alcanzaba los 3,5 m **de una punta a otra** y podía pesar 40 kg.

Gigantopithecus

GRUPO Mamíferos placentarios
DATACIÓN Del Mioceno al Pleistoceno
TAMAÑO 3 m de altura
LOCALIZACIÓN Asia

No se han encontrado esqueletos ni cráneos completos de *Gigantopithecus* y casi todo lo que sabemos de él proviene de sus dientes y huesos mandibulares. Este enorme antropoide vivió entre 6-9 MA y 300 000 años atrás, y tenía la estructura de un gorila, aunque era mucho mayor, alcanzando los 540 kg de peso. Se ha especulado sobre si el mito del Yeti está basado en *Gigantopithecus*; pero no hay evidencias que sugieran que estos animales sobrevivieran más allá de hace unos 300 000 años, muchos miles de años antes de que los humanos vivieran en la zona.

PARIENTE VIVO
ORANGUTÁN

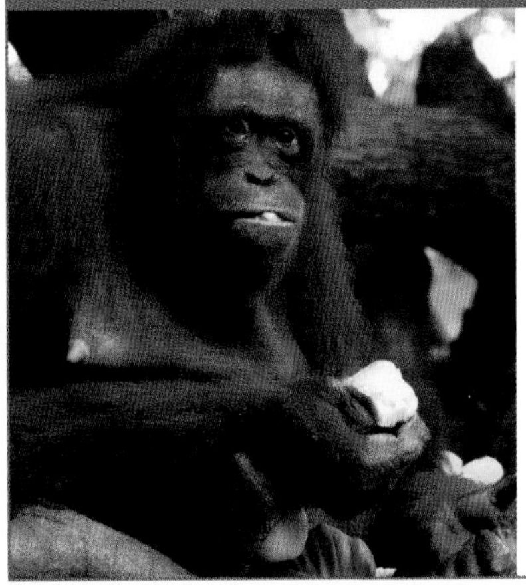

El pariente vivo más próximo de *Gigantopithecus* es el orangután, el mamífero arborícola actual más grande, que alcanza los 120 kg de peso. Los orangutanes tienen los brazos muy grandes, las patas bastante cortas y un pelaje largo y rojizo. Solo se encuentran en las amenazadas selvas de Borneo y Sumatra (una especie en cada isla), pero sus fósiles se han encontrado por todo el sureste de Asia. Orangután significa «persona del bosque» en malayo y, en efecto, estos monos parecen a veces muy humanos. Pasan toda su vida en los árboles, donde construyen nidos de hojas, y se alimentan principalmente de fruta. Según estudios recientes, son los primates no humanos más inteligentes, capaces de solucionar problemas que desconciertan a los chimpancés.

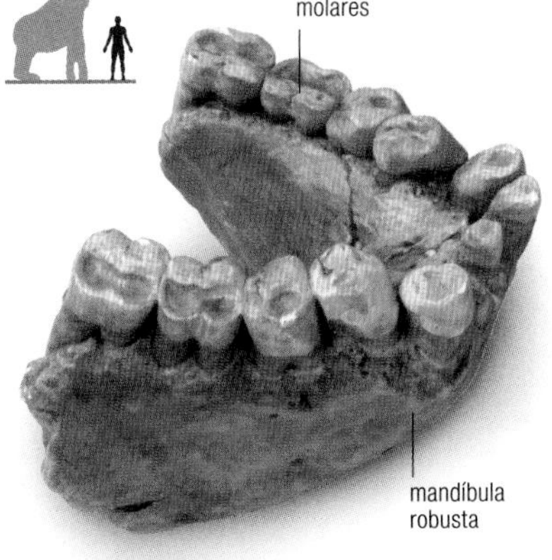
grandes molares
mandíbula robusta

DIENTES Y HUESOS MANDIBULARES
Los huesos mandibulares de *Gigantopithecus* eran robustos, con molares de corona baja y esmalte grueso. La abrasión dental sugiere una dieta de bambú.

CUATERNARIO
HUMANOS

Las diferencias entre el ADN de chimpancés (*Pan* spp.) y humanos modernos *(Homo sapiens)* apuntan a una divergencia de los linajes en el Mioceno tardío o el Plioceno temprano. El ADN por sí solo no puede precisar más, pero los fósiles de probables antepasados primates nuestros son de hace entre 6 y 7 MA.

Hay pruebas de muchos tipos para lo que sabemos de la evolución humana. El estudio de la anatomía fósil informa de las presiones selectivas sobre distintas especies, mientras que la arqueología refleja la capacidad cognitiva y el comportamiento. El ADN de poblaciones de humanos modernos y primates, con el ADN antiguo extraído de fósiles, permite evaluar semejanzas y diferencias, y estimar el tiempo a lo largo del cual se acumularon estas últimas. Cada tipo de pruebas tiene sus ventajas y limitaciones, y para comprender plenamente los orígenes humanos, los estudiosos han de combinarlas todas.

La familia humana

Los hallazgos fósiles suelen ser muy fragmentarios y ofrecen instantáneas limitadas de lo que fue un proceso muy gradual y geográficamente variable. No siempre está claro si dos fósiles difieren porque representan especies distintas o una variación dentro de una misma especie. En consecuencia, es difícil reconstruir con certeza la relación entre antepasados y descendientes. La evolución de los homininos no fue un proceso lineal y definido, sino que consistió en adaptaciones diversas de distintos géneros y especies, solo algunas de las cuales acabaron por tener éxito.

BIPEDACIÓN
La anatomía de los humanos y los demás primates difiere por la adaptación a distintos modos de locomoción: los demás primates son cuadrúpedos o trepadores; los humanos modernos caminan erguidos sobre los miembros inferiores.

FORAMEN MAGNUM
La cabeza de los humanos se sitúa sobre la columna, no delante de ella, y el *foramen magnum* («agujero grande») que conecta la médula espinal y el cerebro está más centrado que en otros primates.

PELVIS Y FÉMURES
Una pelvis más ancha y baja aporta estabilidad al centrar el torso humano sobre las caderas. Los fémures en ángulo soportan mejor el peso y mejoran el equilibrio.

PIES
Los pies de los primates son como manos, con pulgares oponibles para trepar. En los humanos, todos los dedos están alineados, y el talón más largo descarga mejor el peso al caminar.

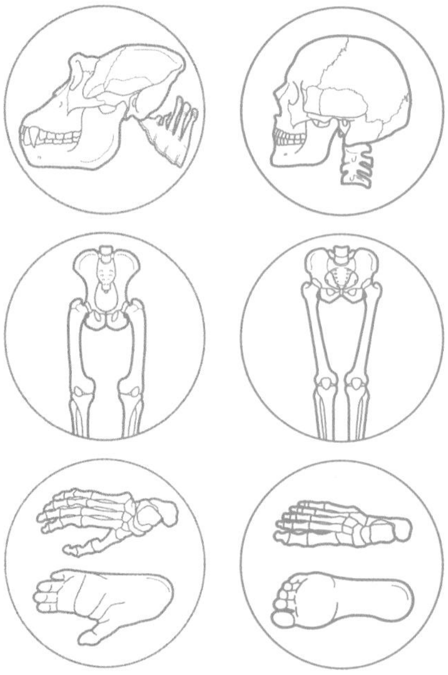

GORILA **HUMANO**

Únicos supervivientes

Dada esta gama tan amplia de adaptaciones, uno de los mayores rompecabezas de la evolución humana es por qué hoy queda una sola especie del género *Homo*, la nuestra, *H. sapiens*. Hace tan solo 50 000 años coexistían, interactuaban y hasta se cruzaban al menos tres especies: la nuestra, los neandertales y los misteriosos denisovanos. No está claro por qué quedó *H. sapiens* como única especie, y de nuestros parientes extintos, solo rastros en nuestro ADN.

GRUPOS

No hay acuerdo acerca de las especies y los géneros precisos en el registro fósil de los homininos, pero se distinguen cuatro grandes grupos. Cada uno representa un brote de diversificación con adaptaciones al medio. De las presiones selectivas impuestas por diversos entornos a la anatomía y el comportamiento, surgieron especies distintas.

HOMININOS BASALES
Varios géneros y especies fósiles se remontan a la época en que se separaron los linajes de chimpancés y humanos. Su aspecto era bastante similar al de los chimpancés, pero los cambios anatómicos en la pelvis y los pies en particular indican que eran probablemente bípedos, aunque conservaran ciertas adaptaciones para trepar.

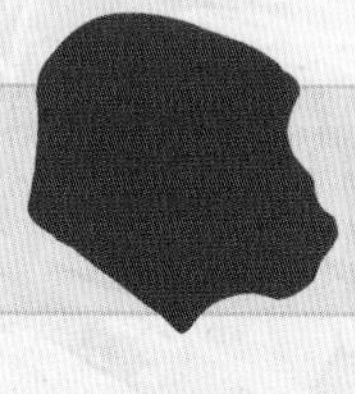

HOMININOS ARCAICOS
Estos homininos bípedos también se parecían a los chimpancés en muchos aspectos, pero con un cerebro algo mayor. El rostro característicamente ancho y las mandíbulas muy grandes de los parantropinos pueden guardar relación con dietas diversas. Algunos –probablemente más de una especie, y de géneros distintos– fabricaron útiles líticos simples.

PRIMEROS HOMO
Estas especies representan un cambio cualitativo en la evolución humana. Más altos, pesados y con un cerebro mayor, tenían piernas largas y brazos cortos como los humanos modernos. Las pruebas de útiles líticos complejos, el uso del fuego y la caza pueden explicar su expansión por nuevos territorios en Eurasia, además de África.

HOMO TARDÍOS
En África y Eurasia evolucionaron varias especies posteriores de *Homo*, tan emparentadas que consta que algunas se cruzaron. Todas tenían un cerebro grande y creaban útiles y objetos complejos. Hace unos 40 000 años, ya solo quedaba *H. sapiens* para hacer frente al deterioro del clima y a la última glaciación.

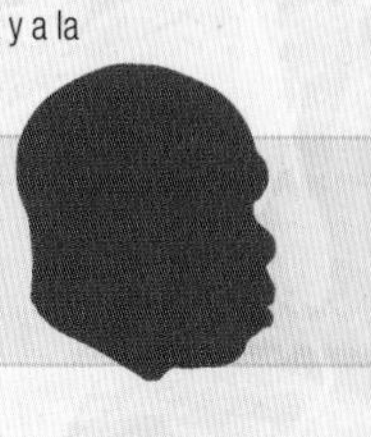

Sahelanthropus tchadensis

DATACIÓN 7,2–6,8 MA
CEREBRO 320–380 cm^3
ALTURA Desconocida
HALLAZGOS Un único cráneo, fragmentos de mandíbula y dientes
LOCALIZACIÓN Desierto del Djurab (Chad)

Sahelanthropus vivió alrededor de la época del último antepasado común de los humanos y otros simios. No está claro si vivió antes o después de que se separaran ambos linajes, ni si pertenece a uno de ellos o al otro. Solo se han encontrado un cráneo y un diente, y si bien hay indicios de que podía ser bípedo, a falta de huesos del cuerpo, los antropólogos no pueden estar seguros. Si se demostrara que lo fue, esto lo situaría más claramente en el linaje humano.

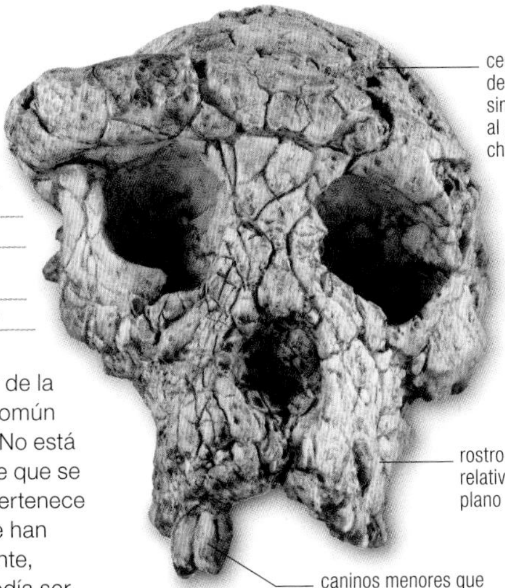
cerebro de tamaño similar al de un chimpancé
rostro relativamente plano
caninos menores que en especies anteriores

CEREBRO PEQUEÑO
El cráneo de *Sahelanthropus* es pequeño, y alargado y bajo como el de otros simios. El rostro es más corto y vertical, sin embargo, y el cráneo centrado sobre la columna apunta a que podía ser bípedo.

Orrorin tugenensis

DATACIÓN 6–5,7 MA
CEREBRO Desconocido
ALTURA Desconocida
HALLAZGOS Hueso de mandíbula, dientes, fragmentos de brazo y fémur, dígito
LOCALIZACIÓN Colinas de Tugen (Kenia)

Los restos fragmentarios de *Orrorin tugenensis* apuntan a una especie emparentada con el antepasado común de humanos y chimpancés, y puede ser el bípedo más antiguo conocido. Presenta una mezcla de rasgos simiescos y humanos. Como estos, tenía dientes cubiertos de un esmalte grueso, aunque algunos sean más simiescos por su forma y tamaño. La forma de los fémures indica que las articulaciones de la cadera soportaban la mayor parte del peso, y que era por tanto bípedo. Las marcas en el hueso donde se insertaban los músculos de la cadera están situadas de modo similar a las de homininos bípedos posteriores. Los brazos, en cambio, apuntan a que también trepaba a los árboles.

COLINAS DE TUGEN
En las colinas de Tugen, en el año 2000, Brigitte Senut y Martin Pickford encontraron al menos cinco individuos de Orrorin («hombre original» en tugen).

Ardipithecus ramidus

DATACIÓN 4,5–4,3 MA
CEREBRO Desconocido
ALTURA Desconocida
HALLAZGOS Cráneo, mandíbula, dientes y fragmentos de huesos del brazo
LOCALIZACIÓN Desierto de Afar (Etiopía); Tabarin (Kenia)

Ardipithecus ramidus se considera un posible miembro antiguo del linaje de los homininos. Aunque de aspecto muy semejante a los chimpancés actuales, varias pruebas apuntan a que era bípedo, y por tanto, probablemente un hominino temprano: el cráneo parece bien centrado sobre la columna, y la disposición de los dedos de los pies indica que estaban adaptados a caminar y no a trepar. Los dientes son como los de los chimpancés, pero con ciertos rasgos de homininos: los caninos tienen una forma más característica de estos; los incisivos son relativamente pequeños, como en homininos posteriores; y los molares y premolares son distintos de los de los chimpancés. Los brazos de *A. ramidus* muestran una mezcla de rasgos de simios trepadores y homininos bípedos.

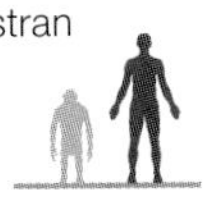

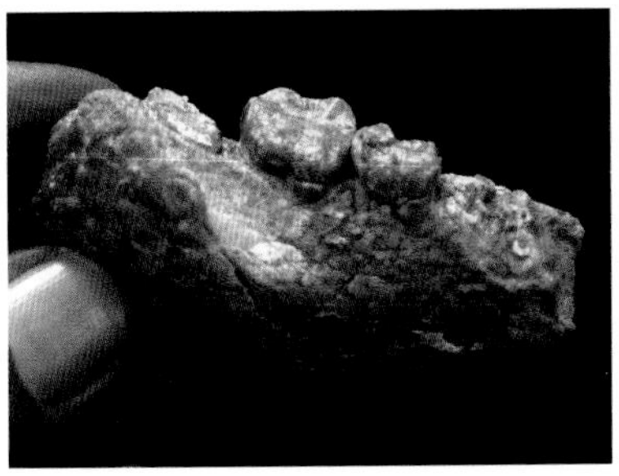

MANDÍBULA
Los molares de *A. ramidus*, como los de australopitecinos posteriores, constituyen una de las pruebas más convincentes de que era un hominino.

Paranthropus boisei

DATACIÓN 2,3–1,3 MA
CEREBRO 410–550 cm^3
ALTURA 1,2–1,4 m
HALLAZGOS Varios cráneos y fragmentos de mandíbulas y dientes
LOCALIZACIÓN Various Rift Valley sites in Kenya and Ethiopia

Apodado «hombre cascanueces», fue el parantropino mayor y más especializado, y el hominino de aparato masticatorio más potente, mayores molares y premolares, y esmalte más grueso. Solo se han encontrado fragmentos de cráneo o dientes, pero por su semejanza con los fósiles de otro parantropino, *P. robustus*, los antropólogos suponen que la forma general del cuerpo era también bastante simiesca, pese a su cerebro mayor. En algunos yacimientos se han encontrado útiles de piedra con los fósiles de *P. boisei*, pero los antropólogos no creen que este los fabricara: en la mayoría de los casos, se encontraron en los mismos yacimientos de miembros antiguos del género *Homo*.

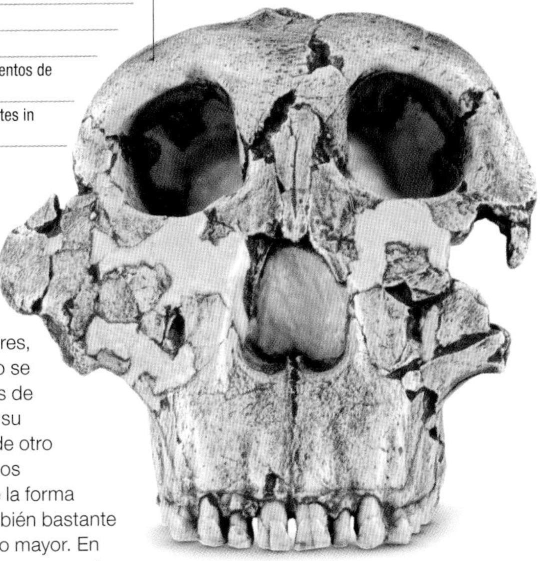
arco supraorbital sobre los ojos separados

ROSTRO ANCHO
El cráneo de *Paranthropus boisei* estaba especialmente adaptado a una masticación potente, con un rostro ensanchado por pómulos prominentes. La poderosa mandíbula tenía grandes molares, e incisivos y caninos menores.

Australopithecus afarensis

DATACIÓN 3,7–3 MA
CEREBRO 380–485 cm^3
ALTURA 1,05–1,51 m
HALLAZGOS Varios esqueletos adultos, jóvenes e infantiles más o menos completos y muchos otros fragmentos
LOCALIZACIÓN Hadar (Etiopía) y otros yacimientos en Etiopía, Kenia y Tanzania

Este es uno de los homininos tempranos mejor conocidos, con especímenes muy completos, como «Lucy», que dan bastante idea de su aspecto y comportamiento. Para sorpresa de muchos, fue la especie que demostró que caminar erguidos precedió al aumento del volumen cerebral. Aunque *A. afarensis* era bípedo, probablemente también trepaba a los árboles a menudo. El cerebro no es mucho mayor que el de un chimpancé actual, pero por las marcas de corte en huesos asociados, pudo usar útiles líticos. Como otros australopitecinos, era menor que los humanos modernos, y como los simios, probablemente maduraba antes y moría más joven. Los machos eran mucho mayores que las hembras, indicio de la competencia por estas.

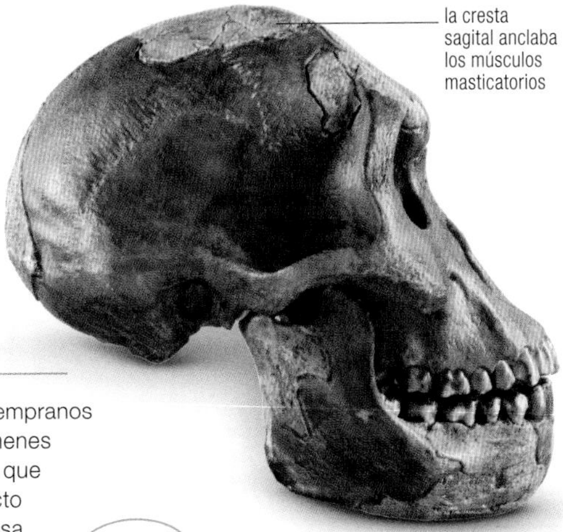
la cresta sagital anclaba los músculos masticatorios

CRÁNEO RECONSTRUIDO
Este cráneo se reconstruyó usando como guía los fragmentos del cráneo de Lucy, identificados en un color más claro.

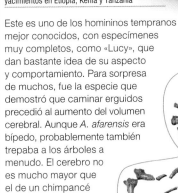

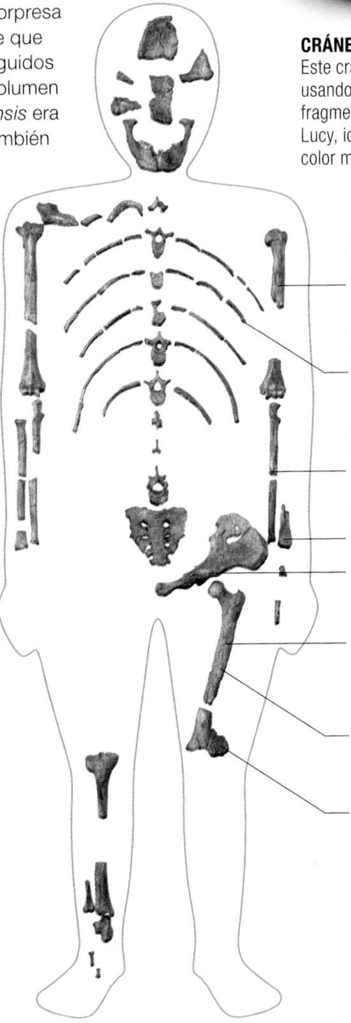
los brazos largos y simiescos indican que era buen trepador
caja torácica cónica, como en gorilas y chimpancés
antebrazo largo en relación con el brazo, como en el chimpancé
huesos de la muñeca simiescos
pelvis corta y ancha, adaptada a la bipedación
el fémur en ángulo permitía mantener durante más tiempo la posición erguida
los fémures muy cortos apuntan a una bipedación no exclusiva
surco de la rótula intermedio entre simios y humanos

LUCY
Hasta que se descubrió la niña de Dikika en el año 2000, Lucy, con casi el 40 % de los huesos recuperados, fue el esqueleto de hominino prehistórico más completo conocido.

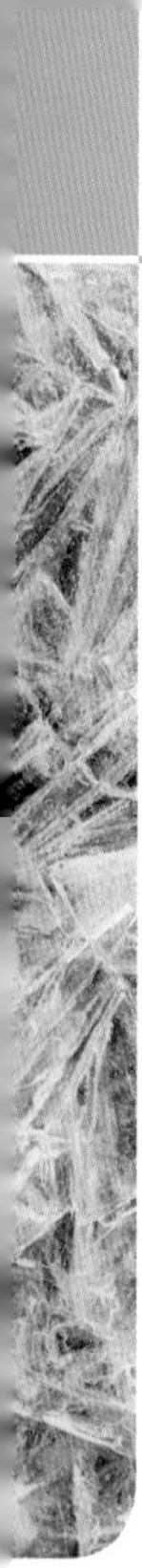

Homo habilis

DATACIÓN 2,35–1,64 MA
CEREBRO 500–650 cm³
ALTURA 1–1,3 m
HALLAZGOS Varios cráneos y fragmentos de cráneo; fragmentos de los miembros inferiores
LOCALIZACIÓN Garganta de Olduvai (Tanzania); Turkana oriental (Kenia); Sterkfontein (Sudáfrica)

Homo habilis fue el primer miembro del género al que pertenecen los humanos modernos, y podría ser el antepasado de todas las especies de *Homo*. De tamaño y forma corporal similares a los de los australopitecinos (p. 417), el rostro era de aspecto más humano: con molares y músculos masticatorios menores, la mandíbula no sobresalía tanto del rostro, aunque el cerebro fuera solo ligeramente mayor que el de los australopitecinos. Se le dio el nombre de *habilis* porque algunos de sus fósiles estaban asociados a útiles líticos primitivos. Aunque hoy sabemos que el uso de herramientas no fue exclusivo del género *Homo*, está claro que *H. habilis* las usaba rutinariamente para partir los huesos y llegar al tuétano de carcasas de carroña, obteniendo así una dieta más rica en proteína animal, una característica de todos los homininos posteriores. Al sucederse nuevos descubrimientos, quedó claro que los fósiles atribuidos a *H. habilis* eran de dos grupos: uno con cerebro y dientes mayores, hoy llamado *H. rudolfensis*, y otro todavía bastante similar a sus antepasados, que quizá debería llamarse *Australopithecus habilis*.

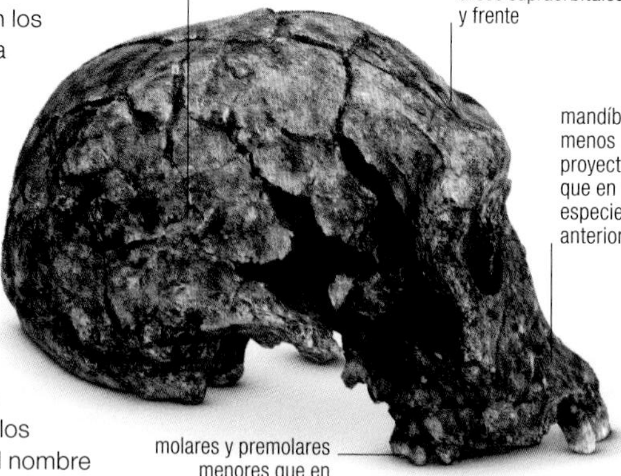

dorso del cráneo redondeado
ángulo marcado entre arcos supraorbitales y frente
mandíbula menos proyectada que en especies anteriores
molares y premolares menores que en especies anteriores

CEREBROS MAYORES
Gracias a los útiles líticos, *H. habilis* accedió a nuevos alimentos ricos en energía y proteínas, como tubérculos, frutos secos, carne y tuétano. Con ello, *H. habilis* y sus descendientes desarrollaron un cerebro mayor, y los grandes molares para triturar hierbas, semillas y vegetales fibrosos no fueron ya necesarios.

Homo antecessor

DATACIÓN 1,2–0,78 MA
CEREBRO 1000 cm³
ALTURA 1,6–1,8 m
HALLAZGOS Dientes y fragmentos de huesos del cráneo y el cuerpo
LOCALIZACIÓN Atapuerca (Burgos, España)

Homo antecessor, el segundo fósil de hominino más antiguo encontrado en Europa, se conoce solo por unos pocos fósiles de dos yacimientos en Atapuerca (Burgos, España), aunque las huellas fósiles de Happisburgh (RU) podrían ser de la misma especie. Como algunos de los fósiles de Dmanisi, se parece al *H. ergaster* africano, pero no se sabe si *H. antecessor* sobrevivió y dio lugar a especies europeas posteriores. Cabe la posibilidad de que represente una pequeña colonización sin éxito del continente, pues algunos fósiles de Atapuerca tienen marcas hechas por útiles líticos, un posible indicio de que el alimento escaseaba en un entorno difícil.

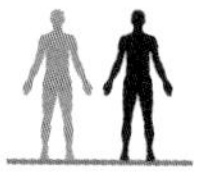

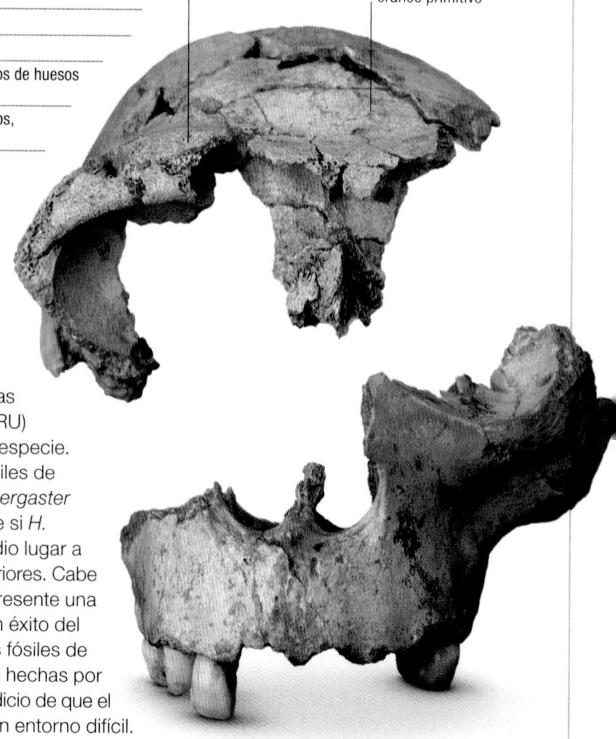

frente estrecha
cráneo primitivo

CONOCIMIENTO FRAGMENTARIO
La mayoría de los fósiles de Atapuerca son fragmentos de cráneo, mandíbula y dientes. De cerebro algo mayor que el de *Homo ergaster*, poco se conoce del resto del cuerpo, salvo la constitución robusta.

gruesa quilla ósea a lo largo de la coronilla
arco supraorbital grueso
huesos nasales anchos con puente plano
pómulos anchos
molares grandes, y grandes incisivos en forma de pala

HOMBRE DE PEKÍN
Los fósiles asiáticos de *H. erectus*, como este cráneo de Zhoukoudian (China), tienen la caja craneana baja y alargada y rasgos faciales más planos que en homininos anteriores.

Homo erectus

DATACIÓN 1,7 MA–140 000 años
CEREBRO 750–1300 cm³
ALTURA 1,6–1,8 m
HALLAZGOS Varios cráneos relativamente completos, mandíbulas y dientes; algunos huesos de los miembros
LOCALIZACIÓN Varios yacimientos en China y Java; yacimientos africanos discutidos

Homo erectus comparte una serie de rasgos con *H. ergaster*, y está claro que son especies con un estrecho parentesco, si bien los antropólogos difieren en cuanto a la proximidad del parentesco. Para algunos, son tan similares que deberían considerarse ambas *H. erectus*; otros prefieren mantener separados los especímenes africanos y asiáticos como *H. ergaster* y *H. erectus* respectivamente. No está claro si *H. erectus* desciende de poblaciones de *H. ergaster* llegadas a Asia, o si evolucionó en Asia a partir de poblaciones más antiguas de homininos que abandonaron África antes de lo que se creía, para luego volver a África y convertirse en *H. ergaster*. Ambas especies son de aspecto mucho más moderno que sus antepasados, y los fósiles asiáticos muestran rasgos especializados, como el cráneo más grueso y mandíbulas más robustas, que desaparecieron gradualmente en la evolución posterior de los homininos. Ampliamente difundidos por Asia, los yacimientos de China e Indonesia apuntan a unas poblaciones aisladas que no cambiaron demasiado hasta hace al menos 300 000 años, y quizá menos de 100 000.

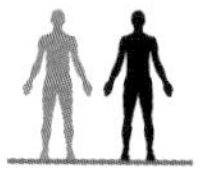

Homo heidelbergensis

DATACIÓN 700 000–200 000 años
CEREBRO 1100–1400 cm³
ALTURA Hasta 1,8 m
HALLAZGOS Fragmentos óseos de casi todas las partes del cuerpo, con un cráneo y una pelvis completos
LOCALIZACIÓN Europa y África

Fue probablemente el último antepasado común de neandertales y humanos modernos. Los fósiles muestran una mezcla de rasgos heredados de homininos anteriores, junto con otros más modernos, o derivados. Los fósiles africanos de este periodo se atribuyeron en principio a especies diversas, entre ellas *H. rhodesiensis*. Sin embargo, en conjunto son tan similares al *H. heidelbergensis* europeo que muchos antropólogos los consideran hoy miembros de la misma especie. Eran altos y musculosos, con huesos de las extremidades macizos que apuntan a una actividad física exigente. Las marcas en huesos de animales encontrados con los fósiles indican que estos homininos africanos eran carroñeros capaces, y quizá buenos cazadores.

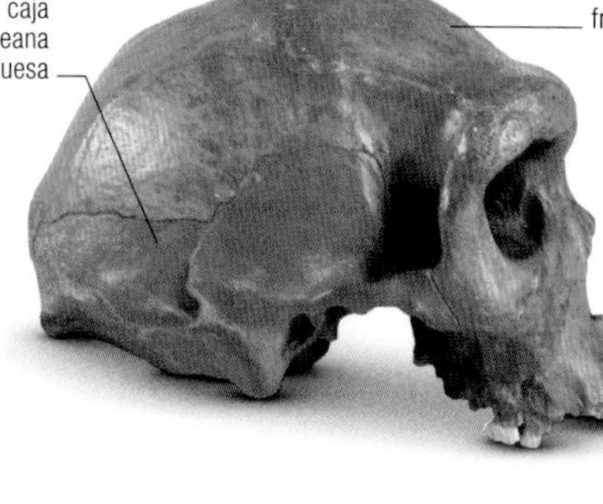

caja craneana gruesa
frente huidiza

EN EVOLUCIÓN
H. heidelbergensis tenía el cerebro mayor y un cráneo más elevado y ancho, pero la mandíbula prominente, los arcos supraorbitales marcados y las piernas robustas eran herencia de homininos anteriores.

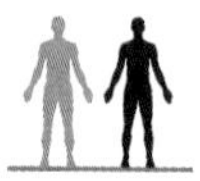

HALLAZGO CLAVE
HERRAMIENTAS

Los homininos antiguos desarrollaron la tecnología de núcleo y lascas –láminas afiladas retiradas por percusión– para acceder a nuevos alimentos, como el tuétano de los huesos de la carroña. Las especies posteriores de *Homo* fabricaron bifaces achelenses y herramientas de madera como lanzas.

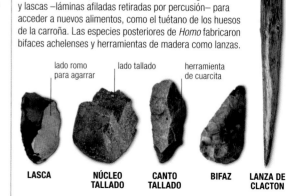

lado romo para agarrar
lado tallado
herramienta de cuarcita

LASCA **NÚCLEO TALLADO** **CANTO TALLADO** **BIFAZ**

LANZA DE CLACTON

Homo neanderthalensis

DATACIÓN 430 000–40 000 años
CEREBRO 1412 cm³
ALTURA 1,52–1,68 m
HALLAZGOS Una serie de esqueletos completos, y fragmentos óseos de más de 275 individuos
LOCALIZACIÓN Europa y suroeste de Asia

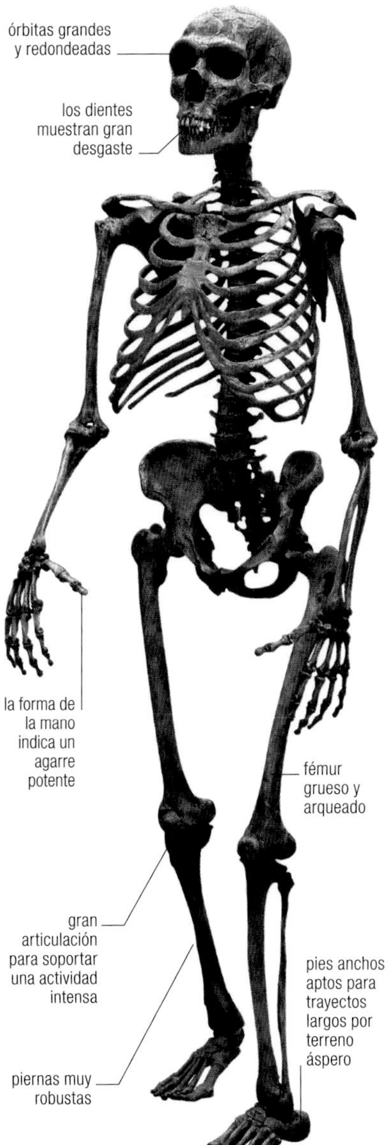
órbitas grandes y redondeadas
los dientes muestran gran desgaste
la forma de la mano indica un agarre potente
fémur grueso y arqueado
gran articulación para soportar una actividad intensa
pies anchos aptos para trayectos largos por terreno áspero
piernas muy robustas

Los homininos fósiles mejor conocidos prosperaron en Europa durante más de 300 000 años antes de la llegada de los humanos modernos. Se conocen más de 275 individuos neandertales de más de 70 yacimientos de Europa y Asia occidental, entre ellos algunos esqueletos casi completos recuperados de lo que pueden ser enterramientos deliberados. Eran fabricantes de herramientas y cazadores excepcionalmente adaptados a su medio. Un estilo de vida físicamente muy activo y un medio duro pueden explicar su peculiar anatomía. El cerebro grande es más eficiente térmicamente, y la nariz grande calentaba el aire antes de pasar a los pulmones. El cuerpo y los brazos musculosos eran adecuados para la caza. La pelvis difiere de la humana moderna: algunos expertos mantienen que tenían embarazos más largos y bebés más desarrollados; otros lo atribuyen a la postura y el estilo de vida. Su relación con *H. sapiens* también se discute: los análisis de ADN indican cruces tanto con humanos modernos como con denisovanos. Los neandertales se extinguieron como especie, pero algunos de sus genes sobreviven en nosotros.

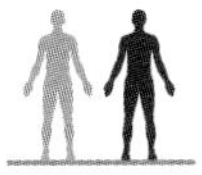

CUERPO FORNIDO
El cuerpo corto y fornido, adaptado al clima frío y la actividad física intensa, minimizaba la pérdida de calor. Incluso hoy, los habitantes de las zonas ecuatoriales cálidas tienden a ser más altos, delgados y con piernas más largas que los de las zonas frías.

HALLAZGO CLAVE
LOS DENISOVANOS

En 2010, el ADN extraído de un diente hallado en Siberia reveló un genoma tan diferente del neandertal que se asignó a una especie nueva, la de los denisovanos. Poco se sabe de ellos, pero su ADN contiene rastros de cruces con neandertales y con humanos modernos.

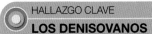

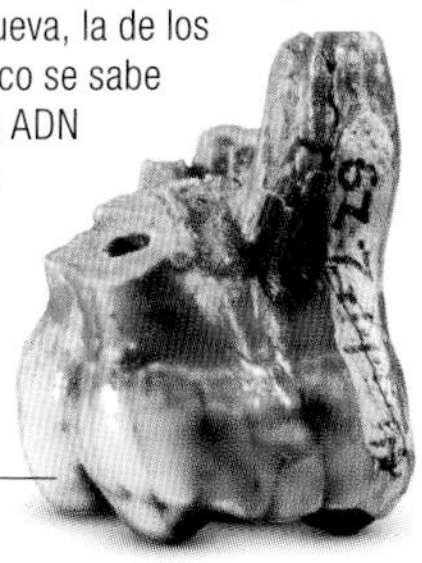
del diente se extrajo ADN antiguo

Homo floresiensis

DATACIÓN 700 000–50 000 años
CEREBRO 380–420 cm³
ALTURA Hembra: 1,1 m
HALLAZGOS Un cráneo casi completo y un esqueleto parcial, y partes de al menos otros 11 individuos
LOCALIZACIÓN Cuevas de Liang Bua y Mata Menge en la isla de Flores (Indonesia)

En 2003 se descubrió en la isla de Flores (Indonesia) el menor hominino hallado nunca, *Homo floresiensis*. Medía apenas un metro y tenía un cerebro menor que el de los homininos más antiguos. Datado inicialmente en 12 000 años, luego modificado a 50 000, el descubrimiento dio pie a mucho debate. Muchos argumentaron que los huesos eran de humanos modernos con una enfermedad que afectaba al crecimiento, pero difieren de los humanos modernos en varios aspectos clave. Más recientemente, otros hallazgos similares en el yacimiento cercano de Mata Menge, datados en 700 000 años, apuntan a que estos fósiles son de homininos descendientes de grupos de *H. erectus* que se adaptaron a la vida isleña volviéndose menores. El enanismo insular caracteriza a muchas especies animales de Flores y otras islas, y *H. floresiensis* muestra que nuestros parientes fueron mucho más variables de lo que se pensaba.

AISLAMIENTO INSULAR
Flores está aislada de Australia y Asia. Con el tiempo, esto pudo causar que los homininos se volvieran menores que sus parientes de tierra firme.

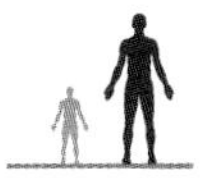

Homo naledi

DATACIÓN 335 000–236 000 años
CEREBRO 465–560 cm³
ALTURA Unos 150 cm
HALLAZGOS Restos fragmentarios, desarticulados y articulados del esqueleto casi completo de al menos 18 individuos de edad diversa, y cinco cráneos
LOCALIZACIÓN Cámaras de Dinaledi y Lesedi en el sistema de cuevas Rising Star en Gauteng (Sudáfrica)

En 2013, al explorar las cuevas Rising Star en Sudáfrica, espeleólogos aficionados encontraron una cámara con huesos de homininos. En las posteriores excavaciones en la cámara de Dinaledi se hallaron restos de 15 individuos, entre ellos cuatro cráneos con una rara mezcla de rasgos anatómicos primitivos y más modernos. Se asignaron a una nueva especie, *Homo naledi*, y en 2017 se dataron en unos 250 000 años, la época en la que evolucionaba *H. Sapiens* en África. Esto apunta a una variabilidad mucho mayor entre las especies de homininos en esta época de lo que antes se suponía. Otro rompecabezas es cómo acabaron los huesos en una cueva de tan difícil acceso. No se han encontrado pruebas de que fueran acumulados por carnívoros o carroñeros, ni de que los depositara una inundación. Se ha propuesto que fueron depositados allí deliberadamente, quizá en algún tipo de ritual.

cráneo elevado y redondeado sin cresta para los músculos masticatorios
arco supraorbital prominente como el de *Homo erectus*

CARACTERÍSTICAS MODERNAS
Junto con rasgos evolutivos primitivos compartidos con los australopitecinos –como el cuerpo y el cerebro pequeños–, hay otros más bien modernos, como los dientes y la forma del cráneo.

Homo sapiens

DATACIÓN Unos 300 000 años–presente
CEREBRO 1000–2000 cm³
ALTURA Hasta unos 1,85 m
HALLAZGOS Los fósiles de *Homo sapiens* tempranos incluyen cráneos completos y varios fragmentos de cráneo y cuerpo
LOCALIZACIÓN Por toda África; luego por todo el mundo

Los primeros antiguos *Homo sapiens* se encontraron en Europa, muchos enterrados con útiles, objetos de arte y bisutería, pero los hallazgos posteriores aportaron pruebas claras del desarrollo largo y gradual de la especie en África. Estos, datados en 400 000–250 000 años, tienen el cráneo alargado y bajo de *H. heidelbergensis*, pero con el rostro grande, arcos supraorbitales marcados, cresta ósea y osamenta maciza. Recibieron nombres diversos, como *H. rhodesiensis*, *H. leakeyi* y «*H. sapiens* arcaico». Ciertos hallazgos aislados de hace 250 000–125 000 años combinan esporádicamente rasgos ancestrales y modernos, como el mentón, arcos supraorbitales menores y un cráneo más redondeado; el de Jebel Irhoud (Marruecos) parece muy moderno, pese a sus 300 000 años de edad. Desde hace 125 000 años, los fósiles son claramente de *H. sapiens*, de rostro, arcos supraorbitales y dientes de menor tamaño y cráneo más elevado y redondeado. *H. sapiens* vivía en Oriente Medio hace ya 130 000–100 000 años, pero no llegó al norte de Europa hasta hace 50 000. Los neandertales de yacimientos de Israel se han datado en 60 000–45 000 años, posiblemente la época en que hubo cruces. Otros grupos de *H. sapiens* pudieron difundirse por Asia antes, y llegar a China hace unos 100 000 años.

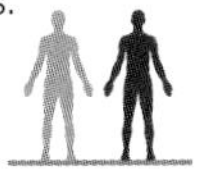

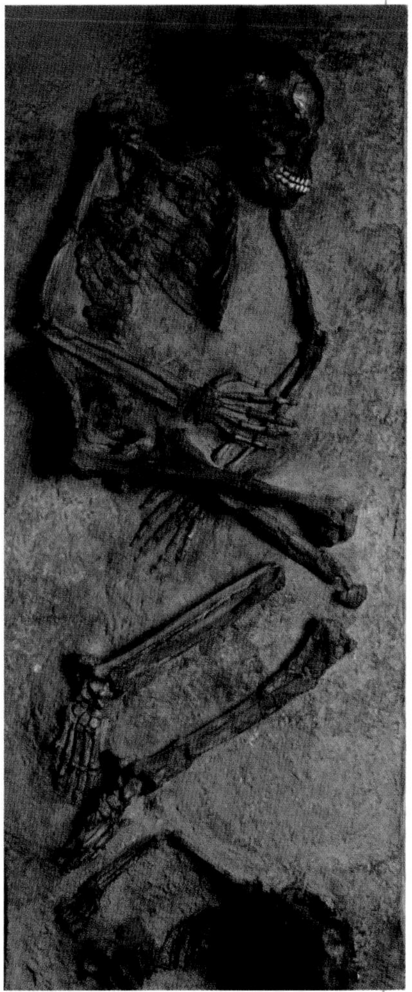

ENTERRAMIENTO
Algunos antiguos *H. sapiens* de Oriente Medio parecen enterrados deliberadamente. Esta mujer de Qafzeh (Israel) fue enterrada con su niño.

Glosario

aboral
Se dice de la superficie corporal opuesta a la zona donde está la boca, o superficie oral (por ejemplo, en los equinoideos).

acantodios
Clase de peces agnatos extintos que existieron desde el Silúrico (o quizás el Ordovícico) hasta el Pérmico.

actinopterigios
Clase de peces óseos que comprende a la gran mayoría de especies de peces actuales. Se caracterizan por las espinas óseas de las aletas, y sus fósiles más antiguos se remontan al Silúrico. *Véase también* osteíctios y teleósteos.

ADN
Abreviatura de ácido desoxirribonucleico, molécula muy larga formada por pequeñas unidades. El ADN se halla en las células de todos los seres vivos, y la disposición de sus unidades «dicta» las instrucciones genéticas (genes) del individuo.

aductor
Músculo que tira de dos estructuras (como las dos valvas de un bivalvo) y las aproxima.

aetosaurios
Clado de reptiles fitófagos del Triásico, posiblemente parientes de los crocodilios, con el dorso protegido por placas y espinas.

afroterios
Superorden de mamíferos que antes se consideraban no emparentados, pero de los que hoy se cree evolucionaron de un antecesor común africano en una época en que África estaba aislada de otros continentes. Incluye a elefantes, manatíes y damanes, y varios taxones extintos.

agnatos
Grupo parafilético (que no contiene a todos los descendientes de su antecesor común) de vertebrados, al que pertenecen los peces sin mandíbulas, como las actuales lampreas y muchos taxones extintos.

algas
Grupo del reino protistas que comprende organismos fotosintéticos en su mayoría acuáticos y no necesariamente emparentados entre sí, desde las diminutas microalgas unicelulares del plancton hasta las algas pardas gigantes. *Véase también* fotosíntesis, cianobacterias, protistas.

algas verdes
Grupo informal de plantas acuáticas y de estructura simple que comprende taxones microscópicos planctónicos y otros pluricelulares. Muchas especies viven en agua dulce. *Véase también* plantas, algas.

ambulacral, aparato
Sistema de conductos y reservorios llenos de agua, típico de los equinodermos, que interviene en el transporte interno y que acciona hidráulicamente unos tubos carnosos llamados pies ambulacrales. Estos pies pueden desempeñar varias funciones, como la locomoción, la captura de alimento o la percepción sensorial. *Véase también* equinodermos.

ambulacro
Cada uno de los cinco estrechos segmentos de la superficie externa de los equinoideos, a través de los cuales se proyectan las estructuras del aparato ambulacral.

aminoácido
Cualquiera de las veinte moléculas orgánicas que componen las proteínas y que son, por tanto, esenciales para la vida.

ammonoideos o amonites
Subclase de cefalópodos nadadores extintos con una concha externa por lo general enrollada en espiral, con costillas marcadas y septos o tabiques internos. *Véase también* cefalópodos y nautiloideos.

amniotas
Clado de vertebrados tetrápodos terrestres que se caracterizan por poner huevos amniotas o por tener antecesores que los ponían. Agrupa a reptiles, aves, mamíferos y numerosos taxones extintos. *Véase también* anfibios, huevo amniota, tetrápodos.

anápsidos
Grupo de amniotas que se caracterizan por carecer originariamente de aberturas craneales detrás de las órbitas oculares.

anfibios
(1) Clase de vertebrados que comprende a las ranas, salamandras y cecilias actuales y sus antecesores directos. (2) En un sentido más amplio se aplica a todos los grupos de tetrápodos que no desarrollaron el huevo amniota y tenían que volver al agua para reproducirse. Estos grupos contienen una gran variedad de especies extintas. *Véase también* lepospóndilos, temnospóndilos, amniotas, tetrápodos.

angiospermas
Grupo que contiene a todas las plantas con flores. Se distinguen de las demás espermatofitas en que sus semillas crecen protegidas por una estructura floral denominada carpelo, que produce un fruto al madurar. *Véase también* espermatofitas, eudicotiledóneas, magnólidas.

antecesor común
Especie de la cual descenderían las especies de un supuesto clado.

antocerofitas o antocerotas
Grupo de plantas terrestres, pequeñas y de bajo porte, que en su mayoría crecen en ambientes húmedos. Tradicionalmente se clasificaban como «briófitas» junto con otros dos grupos de plantas «no vasculares»: los musgos y las hepáticas. *Véase también* briófitas, plantas vasculares.

antozoos
Clase de los cnidarios que comprende a las anémonas de mar y la mayoría de corales actuales. *Véase también* cnidarios, coral.

apéndice
Estructura a modo de pata que presentan los artrópodos y algunos otros grupos, y que puede tener función locomotora, de captura de alimento, respiratoria u otra.

arácnidos
Clase de artrópodos quelicerados que comprende, entre otros, a las arañas, los ácaros y los escorpiones.

arcosaurios
Grupo de reptiles diápsidos que comprende a los crocodilios, los pterosaurios y los dinosaurios, incluidas las aves. Aparecieron en el Triásico. *Compárese con* lepidosaurios.

ARN
Abreviatura de ácido ribonucleico. Tiene una estructura similar al ADN y varios roles esenciales en las células, pero no sirve para almacenar la información genética principal de los organismos, excepto en algunos virus.

arqueas
Dominio de microorganismos unicelulares procariotas que antiguamente se clasificaban junto con las bacterias, pero que presentan grandes diferencias moleculares con ellas y están de hecho más próximas a los eucariotas. Son muy abundantes en los océanos y muchas están adaptadas a los ambientes extremos. *Véase también* bacterias, procariotas.

artiodáctilos
Orden de mamíferos placentarios con pezuñas cuyas extremidades terminan en un número par de dedos. Comprende a los camellos, jabalíes y afines, hipopótamos, jirafas, ciervos, bóvidos y otros rumiantes. *Véase también* rumiantes, perisodáctilos.

artrópodos
Filo de animales invertebrados con las patas articuladas y esqueleto externo duro. Comprende a crustáceos, insectos, quelicerados y trilobites.

asexual
Relativo a la reproducción en la que no interviene el sexo. Son ejemplos la reproducción por bipartición o fragmentación del cuerpo y la formación de estructuras no sexuales que facilitan la dispersión, como las esporas asexuales.

australopitecino
Miembro del género *Australopithecus* de homininos extintos. Se conocen varias especies datadas entre 4,2 y 2 MA atrás.

axila
En botánica, ángulo que forma una hoja con el tallo que la porta.

bacterias
Reino (y dominio) de microorganismos unicelulares procariotas que abundan en todos los hábitats y que pueden ser parásitos o simbiontes, o tener vida libre. *Véase también* procariotas, arqueas.

barinofitas
Subgrupo extinto de las zosterófilas que se distinguía por la producción de esporas de dos tamaños en un solo esporangio. *Véase también* zosterófilas, esporas, esporangio.

belemnites
Parientes extintos de los calamares provistos de una concha interna alargada y a menudo con forma de cigarro. Estas conchas son comunes en rocas del Jurásico y del Cretácico. *Véase también* cefalópodos.

bennettitales
Grupo extinto de espermatofitas de aspecto similar al de las cícadas, pero no estrechamente emparentadas con ellas. *Véase también* espermatofitas.

biodiversidad
Variedad de seres vivos de un lugar o una época dados. Aunque a menudo se calcula en términos del número de especies, puede medirse de otras maneras.

bivalvos
Clase de moluscos cuya concha está formada por dos valvas articuladas, como los mejillones, almejas y ostras. Por lo general se desplazan lentamente o no se desplazan, y son filtradores. *Véase también* moluscos.

blastoideos
Grupo extinto de equinodermos filtradores del Paleozoico. *Véase también* equinodermos.

bráctea
Hoja modificada en la base de una flor o una inflorescencia. Puede ser pequeña y en forma de escama, grande y similar a un pétalo o como una hoja normal.

braquiación
Modo de locomoción característico de los gibones y otros hominoideos, consistente en balancearse de rama en rama utilizando solo los brazos.

braquial
Relativo a los brazos; también se dice de la valva de los braquiópodos opuesta a la peduncular (aquella de la que sale el pedúnculo).

braquiópodos
Filo de invertebrados marinos con dos valvas similares a las de los bivalvos, pese a que no están emparentados con ellos. Hoy existen unas 300 especies, pero su diversidad y abundancia fueron mucho mayores en el Paleozoico y el Mesozoico.

briófitas
En sentido amplio, designa a tres grupos de plantas terrestres sin tejido vascular especializado y en su mayoría pequeñas: musgos, hepáticas y antocerofitas.

briozoos
Filo de invertebrados marinos lofoforados que forman colonias de pequeños individuos inmóviles y filtradores.

caitoniales
Grupo de espermatofitas extintas con hojas palmeadas y tetrámeras, y pequeñas estructuras carnosas parecidas a frutos que contenían semillas.

capa de ozono
Capa situada a gran altura en la atmósfera con una gran concentración de ozono (forma

triatómica del oxígeno). El ozono absorbe la radiación ultravioleta que es dañina para los seres vivos.

carnívoro
(1) Se dice de cualquier animal que come carne. (2) Miembro del orden de mamíferos al que pertenecen los félidos, cánidos, osos, hienas, mangostas, comadrejas, mapaches y afines.

carpelo
Parte femenina de una flor, la que contiene y protege a los óvulos no fecundados y a las semillas tras la fecundación.

cartílago
Tejido correoso y resistente, formado sobre todo por proteínas, que se encuentra en el cuerpo de los vertebrados. En los tiburones y afines, el esqueleto es de cartílago; en otros vertebrados, el cartílago se encuentra en las articulaciones y otros lugares.

cefalocordados
Subgrupo de los cordados a partir de los cuales evolucionaron los vertebrados. Las especies actuales, denominadas anfioxos, son filtradoras que se entierran en fondos marinos someros, pero que también nadan a la manera de un pez. Son de cuerpo blando y rara vez se fosilizan. *Véase también* cordados.

cefalópodos
Clase de moluscos avanzados que incluye a los calamares y pulpos, los nautiloideos (casi todos extinguidos), y los ya extintos amonites y belemnites.

cefalotórax
Parte anterior del cuerpo de los artrópodos que no tienen la cabeza netamente separada del tórax.

celulosa
Hidrato de carbono que constituye la principal sustancia estructural de las plantas.

cetáceos
Grupo de mamíferos que comprende a ballenas, delfines y afines, y que evolucionaron a partir de antecesores artiodáctilos en el Paleógeno. *Véase también* artiodáctilos.

cianobacterias
Filo del reino (y del dominio) bacterias que comprende a los organismos fotosintéticos llamados comúnmente algas azules o verde-azuladas.

cícadas
Grupo de espermatofitas no angiospermas de aspecto similar a las palmeras, pero que se reproducen de un modo muy diferente y producen semillas y polen en conos.

cilios
Estructuras vibrátiles a modo de pelos que algunas células tienen en la superficie y que sirven de órganos locomotores o para crear corrientes de agua en pequeños organismos.

cinodontos
Grupo de sinápsidos avanzados que aparecieron en el Pérmico superior. *Véase también* sinápsidos.

cladística
Véase clado.

clado
Grupo formado por todos los descendientes evolutivos de un único antecesor común. Así, los mamíferos son un clado, pero no los reptiles, a menos que dentro de ellos se incluya a las aves, que de hecho son dinosaurios. La cladística es un método de clasificación que intenta clasificar los organismos únicamente mediante clados.

cloroplasto
Estructura interna de las células vegetales o algales en la cual tiene lugar la fotosíntesis.

cnidarios
Filo de invertebrados, la mayoría marinos, con una organización corporal muy simple y tentáculos urticantes en torno a su única abertura o boca. *Véase también* antozoos, escifozoos, hidrozoos y coral.

coevolución
Evolución conjunta de dos o más organismos diferentes, de tal forma que se adaptan cada vez más uno a otro. Un ejemplo de ello son las adaptaciones mutuas de las flores y las abejas que las polinizan.

colonia
Grupo de animales organizados según una base cooperativa, ya sean individuos separados, como las colonias de hormigas, o unidos por fibras de tejido vivo, como en muchos corales. Los individuos pueden estar especializados en diferentes tareas, como la alimentación, la reproducción y la defensa, en cuyo caso la colonia puede comportarse como un solo animal.

condiciones reductoras
Aquellas que, debido a la escasez de oxígeno, propician las reacciones de reducción frente a las de oxidación, lo cual puede favorecer la conservación de los fósiles.

condilartros
Orden extinto de mamíferos en su mayoría del Paleógeno. Comprendía taxones fitófagos similares a los perisodáctilos y artiodáctilos actuales, aunque no estaban estrechamente emparentados con ellos.

condrictios
Clase de peces con el esqueleto cartilaginoso, que comprende a los tiburones, rayas y quimeras actuales, además de muchos taxones extintos.

coníferas
Grupo de espermatofitas, por lo general arbóreas, que se caracterizan por portar estructuras reproductoras llamadas conos. Comprende a los pinos, abetos, secuoyas, cipreses y otras especies actuales o extintas.

conodontos
Animales marinos extintos con forma de anguila y cuyas partes duras (pequeñas estructuras internas en forma de diente) se conocían y se estudiaron mucho antes de que a principios de la década de 1980 se descubriera el primer fósil de un animal entero. Vivieron entre el Cámbrico y el Triásico, y hoy se cree que eran cordados y quizás incluso vertebrados primitivos. *Véase también* cordados.

convergencia evolutiva
Fenómeno según el cual animales no emparentados desarrollan rasgos parecidos al estar sometidos a presiones similares del ambiente. Los ratones marsupiales de Australia, por ejemplo, se parecen a los ratones roedores, pero no están emparentados con ellos.

coral
Cnidario de la clase antozoos que vive fijado al fondo del mar o a un arrecife y que segrega un esqueleto calcáreo. *Véase también* cnidarios.

coralita
Esqueleto de cada individuo dentro de una colonia de coral.

cordados
Filo de animales que engloba a todos los vertebrados, además de los subfilos de invertebrados cefalocordados y tunicados. Su nombre alude a un soporte a modo de vara, llamado notocordio, que recorre su dorso. *Véase también* cefalocordados.

correlación (de rocas)
Determinación de la relación entre las rocas de diferentes regiones del mundo (por ejemplo, comparando sus fósiles) con objeto de que puedan reconocerse las rocas de la misma época en distintos lugares.

creodontos
Orden extinto de mamíferos placentarios cuyo rol ecológico era similar al de los actuales carnívoros. Fueron los depredadores dominantes en el Eoceno y el Oligoceno.

crinoideos
Clase del filo equinodermos cuyos miembros se denominan comúnmente lirios de mar por el aspecto ramificado de sus brazos. Son filtradores, y los taxones actuales pueden ser móviles (la mayoría de especies) o sésiles y provistos de pedúnculo. *Véase también* equinodermos.

crocodilios
Orden de reptiles que comprende a cocodrilos, caimanes y afines, y sus antecesores inmediatos. Junto con sus parientes extintos no crocodilios (superorden crocodilomorfos), pertenecen al grupo de los arcosaurios. *Véase también* arcosaurios.

crocodilomorfos
Véase crocodilios.

crustáceos
Subfilo de artrópodos principalmente marinos (y con muchos taxones planctónicos) al que pertenecen los malacostráceos (cangrejos, langostas, cochinillas de la humedad, etc.), los maxilópodos (percebes, etc.) y varias otras clases.

czekanowskiales
Grupo extinto de espermatofitas del Mesozoico con características hojas lineales, finamente divididas y a menudo sobre un corto tallo.

datación radiométrica
Procedimiento técnico consistente en medir la radiactividad natural para determinar la edad de las rocas u otros materiales.

decápodos
(1) Orden de la clase malacostráceos de los crustáceos que agrupa a los cangrejos, langostas, gambas y afines. (2) Se aplica como adjetivo a los cefalópodos con diez brazos, como las sepias y los calamares (pertenecientes a órdenes distintos).

dentículo dérmico
Pequeña protuberancia a modo de diente en la piel de los tiburones y otros peces.

depredador clave
Depredador cuya eliminación provocaría un cambio drástico en el ecosistema, por ejemplo, al permitir que sus anteriores presas proliferen.

deuterostomados
Animales caracterizados porque en el embrión en desarrollo se forma una segunda abertura que se transforma en la boca (la primera se convierte en el ano). Se cree que forman un superfilo de filos emparentados y comprenden a los equinodermos, los cordados (incluidos los vertebrados), los graptolites y otros hemicordados, los briozoos y los braquiópodos. *Véase también* protostomados.

diadectomorfos
Grupo de tetrápodos extintos que se consideran los amniotas más antiguos o estrechamente emparentados con ellos. *Véase también* amniotas.

diápsidos
Grupo de reptiles que se caracterizan por presentar originariamente dos aberturas craneales detrás de las órbitas oculares. Dos subgrupos principales son los arcosaurios (dinosaurios, aves, crocodilios y pterosaurios) y los lepidosaurios (lagartos, serpientes y plesiosaurios, entre otros).

dicinodontos
Grupo de terápsidos fitófagos con dos colmillos y un pico romo. *Véase también* terápsidos.

dientes yugales
Los situados en la parte posterior de la mandíbula, junto a las mejillas (los premolares y molares en los mamíferos).

dimorfismo sexual
Condición según la cual el macho y la hembra de una especie difieren de aspecto de un modo patente.

dinosaurios
Grupo de reptiles que aparecieron en el Triásico y dominaron los ecosistemas terrestres del Jurásico y el Cretácico. Los dinosaurios no aviarios se extinguieron a finales del Cretácico. *Véase también* arcosaurios, ornitisquios, saurisquios.

dióxido de carbono
Compuesto gaseoso (carbono combinado con dos oxígenos) que se libera a la atmósfera con la combustión, la actividad volcánica y la respiración de los seres vivos. Inversamente, las plantas lo extraen de la atmósfera mediante la fotosíntesis. *Véase también* respiración.

divergencia de especies
Disimilitud creciente a lo largo del tiempo de dos o más especies derivadas de un antecesor común.

dorsal oceánica
Gran elevación montañosa submarina que se extiende en la parte central de un océano y con un surco central que marca el lugar donde las rocas fundidas que se elevan desde las profundidades de la Tierra crean nueva corteza oceánica.

ecosistema
Sistema formado por un conjunto de organismos, el medio físico en que viven y las relaciones entre ellos y con dicho medio.

edad o piso
Unidad del tiempo geológico, basada en los estratos, en que se subdivide una época. *Véase también* estrato, época geológica.

efecto invernadero
Fenómeno por el cual el calor que irradia desde la superficie terrestre es absorbido por ciertos gases atmosféricos como el vapor de agua, el dióxido de carbono y el metano, lo cual incrementa las temperaturas medias.

embolómeros
Clado de tetrápodos acuáticos del Carbonífero que podrían ser los antecesores de los amniotas. *Véase también* amniotas.

enzima
Sustancia de naturaleza proteica que cataliza una reacción metabólica concreta.

Eoceno
Segunda época del período Paleógeno, entre el Paleoceno y el Oligoceno. Duró desde hace 55,8 MA hasta hace 33,9 MA.

eón
Unidad de mayor magnitud en que se divide el tiempo geológico.

epidermis
Capa externa de la piel en los animales; capa de células externa de una planta.

epitelio
Capa de células que forma la superficie de un órgano o un tejido del cuerpo.

época geológica
Unidad de tiempo en que se subdivide un período geológico: el Eoceno, por ejemplo, es una época del período Paleógeno.

equinodermos
Filo de invertebrados marinos que incluye a erizos, estrellas y lirios de mar, así como muchos otros taxones extintos. Tienen placas calcáreas bajo la piel, y los taxones actuales presentan simetría radial.

equinoideos
Clase del filo equinodermos cuyos representantes actuales típicos, los erizos de mar, son de forma globosa, tienen largas espinas y una boca ínfera para pacer algas. También hay muchos equinoideos excavadores actuales o extintos.

era geológica
Unidad de tiempo en que se subdivide un eón y que se divide a su vez en períodos: el Paleozoico, por ejemplo, es una era del eón Fanerozoico.

escifozoos
Clase del filo cnidarios que comprende a las medusas más conocidas. *Véase también* cnidarios.

esfenofitas
Grupo de plantas vasculares también denominadas equisetos, cuyos tallos aéreos tienen aspecto articulado, con anillos de pequeñas ramas que portan diminutas hojas de tipo escama. Aunque existen pocas especies actuales, hubo muchas extintas, algunas de la altura de un árbol de tamaño medio.

especiación
Formación de nuevas especies.

especie tipo
Especie que define al género en que está incluida y que conservará siempre el nombre genérico que se le asignó al principio aunque se realicen nuevas clasificaciones del género.

espermatofitas
Plantas que se reproducen mediante semillas y no por simples esporas. *Véase también* helechos con semillas, gimnospermas, angiospermas, espora.

esponjas
Filo de invertebrados marinos de estructura muy simple que se alimentan creando corrientes de agua a través de su cuerpo y filtrando pequeñas partículas. Carecen de células musculares y nerviosas. Muchas tienen un esqueleto formado por pequeños elementos duros llamados espículas.

espora
Estructura generalmente microscópica que producen, a menudo en gran número, las plantas no espermatofitas, los hongos y muchos microorganismos, y a partir de la cual puede crecer un nuevo individuo. Las esporas suelen dispersarse con el agua o el viento, y pueden producirse por reproducción sexual o asexual.

esporangio
Estructura que produce esporas en las plantas no espermatofitas y también en los hongos.

esporóforo
Estructura que porta esporas.

estomas
Pequeñas aberturas en la superficie de la mayoría de las plantas, sobre todo en la cara inferior de las hojas, que permiten la entrada o la salida de gases (en especial de oxígeno, dióxido de carbono y vapor de agua).

estratigrafía
Estudio geológico de la ordenación y la posición relativa de los estratos (capas de rocas sedimentarias) de la corteza terrestre.

estrato
Cada una de las capas superpuestas en que se presentan las rocas sedimentarias y las rocas metamórficas derivadas de ellas (es decir, originadas por sedimentación antes del metamorfismo).

estromatolitos
Estructuras grandes, duras y de forma abovedada que suelen formarse en aguas someras por la acción de muchas generaciones de cianobacterias. Algunos de los fósiles más antiguos de la Tierra son de estromatolitos.

eucariotas
Dominio de los seres vivos que tienen células eucariotas, es decir, con una estructura compleja que incluye un núcleo diferenciado que contiene el material genético y está limitado por una membrana. Este dominio comprende los reinos de animales, plantas, hongos y protistas. *Véase también* procariotas, protistas.

eudicotiledóneas
Grupo de plantas con flores (angiospermas) que comprende el mayor número de especies, entre ellas muchos árboles y flores conocidos. *Véase también* angiospermas.

eufilofitas
Uno de los dos subgrupos principales de las plantas vasculares, que comprende a todas las plantas terrestres que tienen hojas complejas con muchos nervios: todas las espermatofitas, los helechos y los equisetos. El término eufilofitas primitivas, tal como se usa en este libro, alude a todos los linajes primitivos de eufilofitas que no entran en ninguna de las subcategorías principales del grupo. *Véase también* licófitas, vasculares (plantas).

euriptéridos
Orden de artrópodos quelicerados, acuáticos y depredadores que vivieron desde el Ordovícico hasta el Pérmico. *Véase también* quelicerados.

euterios
Véase mamíferos placentarios.

evaporita
Roca sedimentaria formada por evaporación de agua salada. Suele estar constituida por sales de varios tipos.

evolución
En su acepción moderna y simplificada, es simplemente cualquier cambio en la dotación genética promedio de una población de organismos de la misma especie entre una generación y la siguiente. La «teoría de la evolución» se basa en la hipótesis, respaldada por varias líneas de evidencia, de que este cambio genético no sucede al azar sino en gran parte como resultado de la selección natural, y de que a la acción de estos procesos a lo largo del tiempo se debe la inmensa variedad de especies que existe en la Tierra. *Véase también* selección natural.

exoesqueleto
Esqueleto situado en la parte externa de un animal, al cual proporciona soporte y protección.

Fanerozoico
Eón más reciente de la historia de la Tierra. Se extiende desde el Cámbrico hasta la actualidad.

fasciola
Banda de la parte externa del endoesqueleto de algunos equinoideos, con diminutos gránulos a los que en vida del animal iban unidas unas finas espinas que creaban corrientes de agua.

filo
Grupo taxonómico de mayor rango en la clasificación tradicional del reino animal (situado entre el reino y la clase). Moluscos, artrópodos y cordados son ejemplos de filos.

filtración, alimentación por
La que consiste en recolectar y extraer pequeñas partículas alimenticias tamizándolas del medio. Los animales que filtran partículas suspendidas en el agua se denominan suspensívoros, y los que las tamizan del lodo o la arena, sedimentívoros.

fitófago
Se dice del animal que come plantas.

fitosaurios
Clado de reptiles acuáticos similares a cocodrilos que fueron comunes en el Triásico.

flagelo
Estructura microscópica, vibrátil y a modo de pelo que presentan algunas células. Los flagelos son similares a los cilios, pero mucho más largos.

foliolo
Cada una de las piezas separadas en que se divide el limbo de las hojas compuestas. *Véase también* palmeada, pinnada, pínnula.

fosa tectónica o valle de rift
Extenso bloque de tierras que se ha hundido verticalmente con respecto a las regiones circundantes debido a la actividad de la tectónica de placas.

fósil de compresión
Fósil en que la forma original ha quedado aplastada y aplanada, con la consiguiente destrucción de las evidencias de la estructura externa.

fósil viviente
Taxón que apenas ha cambiado durante millones de años o representante vivo de un grupo taxonómico por lo demás extinto.

fotosíntesis
Proceso por el cual las plantas, algas y cianobacterias, gracias a su pigmento verde llamado clorofila, captan la energía solar para transformar el dióxido de carbono y el agua del medio en moléculas orgánicas que contienen energía.

fragmocono
Parte con cámaras de la concha de un cefalópodo.

fumarola hidrotermal
Grieta de una región volcánicamente activa del fondo marino de la cual brota agua muy caliente y cargada de sustancias químicas. Se encuentran sobre todo en las dorsales oceánicas.

gasterópodos
Clase del filo moluscos que comprende a las babosas y a los caracoles marinos, de agua dulce y terrestres. *Véase también* moluscos.

gemación
Tipo de reproducción asexual consistente en la formación de nuevos individuos directamente sobre el individuo progenitor.

genoma
Conjunto de todos los genes de una especie animal o de otro ser vivo.

gimnospermas
Término general que designa a varios grupos de espermatofitas que no son angiospermas verdaderas. Gimnospermas significa «semillas desnudas» en alusión a que sus semillas no están totalmente protegidas dentro de un carpelo, a diferencia de las angiospermas. *Véase también* coníferas, cícadas, ginkgoales, gnetales, progimospermas.

ginkgoales/ginkgos
Grupo de espermatofitas sin flores, con una sola especie viva *(Ginkgo biloba)*, pero con muchas especies extintas. En la clasificación tradicional se incluían entre las gimnospermas.

glaciación
Período de larga duración en el cual la temperatura global de la superficie de la Tierra era muy inferior a la actual y los casquetes polares netamente más extensos.

gnetales
Grupo de espermatofitas sin flores, vivas y extintas y con distintos aspectos. En la clasificación tradicional se incluían en las gimnospermas.

graptolites
Clase extinta del filo hemicordados. Eran invertebrados coloniales planctónicos que crecían típicamente en colonias largas y estrechas de pequeños individuos sostenidos por un esqueleto duro.

haz vascular
Haz longitudinal de tejidos conductores del agua y los nutrientes dentro del tallo de una planta vascular.

helechos
Grupo de plantas vasculares sin flores que se reproducen por esporas en vez de por semillas. Por lo general sus hojas brotan de tallos subterráneos, pero algunos son lo suficientemente grandes para formar árboles. *Véase también* eufilofitas.

helechos con semillas
Término que designa a varios grupos de espermatofitas extintas que tenían hojas parecidas a las de los helechos. *Véase también* bennettitales, caitoniales, medulosales.

hidrozoos
Clase del filo cnidarios que agrupa a muchas especies coloniales de pólipos diminutos, algunas de ellas importantes en la formación de arrecifes coralinos, y otras flotantes como la carabela portuguesa. *Véase también* cnidarios, pólipo.

Holoceno
La época más reciente del período Neógeno. Se extiende desde hace 11 700 años hasta la actualidad y también se define como parte del período Cuaternario. *Véase también* Pleistoceno.

homínidos
Subgrupo de los primates que comprende a humanos, chimpancés, bonobos y gorilas junto con su último antecesor común y los taxones extintos emparentados. No incluye a los orangutanes, gibones y otros monos.

homininos
Subtribu de la tribu homininos (familia homínidos) que comprende a los humanos *(Homo)* y sus antecesores extintos y «parientes», considerados a partir del punto de divergencia entre el linaje que conduce a los chimpancés y el que lleva a los humanos.

hongos
Reino que comprende a las setas, los mohos y muchos otros organismos eucariotas de metabolismo similar. El «cuerpo» de un hongo típico es un retículo de pequeños filamentos. Las setas y otras estructuras similares son carpóforos («portadores de frutos») producidos especialmente para dispersar las esporas. *Véase también* líquenes.

huevo amniota
El que posee un amnios y otras dos membranas que crean en su interior un medio acuoso en el cual puede respirar y alimentarse el embrión.

icnofósil
Fósil que ha preservado la actividad de un ser vivo en vez del propio ser vivo; por ejemplo, una huella o icnita de dinosaurio.

ictiosaurios
Grupo de reptiles diápsidos marinos que apareció en el Triásico. Los ictiosaurios eran depredadores y la mayoría tenía un cuerpo hidrodinámico para la persecución rápida, similar al de los delfines o los atunes actuales. Se extinguieron antes del final del Cretácico.

invertebrado
Animal que carece de columna vertebral, es decir, que no es vertebrado.

lepidosaurios
Grupo de reptiles diápsidos que comprende a los actuales lagartos y serpientes, además de varios grupos extintos, tales como los plesiosaurios. *Compárese con* arcosaurios.

lepospóndilos
Grupo extinto de tetrápodos con taxones tanto acuáticos como terrestres, diversificados y extendidos durante el Carbonífero y el Pérmico. *Véase también* temnospóndilos.

licófitas
Grupo de plantas vasculares que acoge a los licopodios y las zosterófilas. Los licopodios comprenden los actuales «pies de lobo» y afines, además de muchos taxones extintos, incluidos los arbóreos gigantes de los bosques del Carbonífero. Las licófitas difieren de las demás plantas vasculares (eufilofitas) por sus hojas, muy simples y a modo de escamas. *Véase también* eufilofitas, plantas vasculares, zosterófilas.

lignofitas
Plantas vasculares que producen tejidos leñosos especializados. Comprenden a las espermatofitas y algunos grupos emparentados extintos que a menudo se agrupan como progimnospermas. *Véase también* progimnospermas.

linaje o línea evolutiva
Rama de un «árbol genealógico» evolutivo. Consiste en una especie o un grupo más todos sus antepasados hasta el antecesor común más antiguo. *Véase también* clado.

liquen
Ser vivo constituido por la simbiosis de un hongo y un alga o una cianobacteria. Hay muchos tipos de líquenes, que típicamente forman costras o pequeñas matas en rocas y troncos o ramas de árboles.

lobopodios
Grupo de invertebrados andadores y de cuerpo blando emparentados con los artrópodos y superficialmente similares a orugas. Comprende a los actuales onicóforos (como *Peripatus*) y tardígrados, además de muchos taxones extintos que se remontan al Cámbrico o incluso antes.

MA
Millones de años.

magnólidas
Grupo de angiospermas que se habría separado pronto del tronco evolutivo principal y que presenta algunos rasgos de las angiospermas primitivas. Las magnolias y los laureles son miembros de este grupo.

mamíferos
Clase de vertebrados amniotas homeotermos (o de «sangre caliente») que amamantan a sus crías y tienen la piel típicamente cubierta de pelo. Los mamíferos evolucionaron a partir de antecesores sinápsidos durante el Triásico. *Véase también* sinápsidos.

mamíferos placentarios
Subgrupo de los mamíferos cuyos fetos se desarrollan hasta una fase avanzada dentro del útero de la madre, nutridos por una placenta. Comprende a todos los mamíferos actuales excepto los marsupiales y los monotremas.

manto
En los moluscos, tejido que segrega la concha y que en origen formaba la superficie superior del animal. *Véase también* moluscos.

marsupiales
Grupo (infraclase) de mamíferos cuyas crías nacen en un estadio poco desarrollado y continúan su desarrollo dentro de una bolsa externa de la madre. Comprende a los canguros, zarigüeyas y muchos otros taxones vivos y extintos.

medulosales
Grupo extinto de espermatofitas con hojas parecidas a las de los helechos y a menudo con semillas grandes y carnosas.

Mesozoico
Segunda era del eón Fanerozoico, que abarca desde el inicio del Triásico hasta el final del Cretácico.

metacarpianos
Huesos situados entre la muñeca y los dedos de la mano humana, y huesos equivalentes en otras especies.

metazoos
Grupo que comprende a todos los animales. El subgrupo de los eumetazoos excluye a las esponjas, que tienen una forma más simple de organización corporal.

Mioceno
Primera época del período Neógeno. Duró desde hace 23,03 hasta hace 5,332 MA.

miriápodos
Subgrupo (subfilo) del filo artrópodos que comprende, además de otras dos clases, las de los ciempiés y los milpiés.

molde interno
Impresión mineral fosilizada del interior de una concha u otra parte ya desaparecida de un organismo. *Véase también* vaciado.

moluscos
Filo de invertebrados que comprende, entre otras, las clases gasterópodos, bivalvos y cefalópodos. Los moluscos tienen el cuerpo blando y protegido por una concha dura, aunque algunos subgrupos la han perdido durante la evolución.

monocotiledóneas
Grupo de angiospermas que comprende a las gramíneas, orquídeas, ajos y afines, liliáceas, palmeras y varias otras familias. Se caracterizan por tener un solo cotiledón u hoja germinal en cada semilla, y la mayoría presenta nervaduras foliares paralelas. *Véase también* angiospermas.

monotremas
Orden de mamíferos que ponen huevos y que comprende al ornitorrinco y los equidnas. Se cree que la puesta de huevos es el modo de reproducción ancestral de los mamíferos.

mosasaurios
Grupo de reptiles escamosos marinos del Cretácico que estaban emparentados con los actuales varanos.

multituberculados
Orden extinto de mamíferos ancestrales similares a roedores, datados desde el Jurásico hasta el Paleógeno.

musgos
Grupo de plantas pequeñas y de bajo porte, terrestres o de agua dulce, a menudo en forma de mata o de tapiz, que carecen de tejido vascular. *Véase también* briófitas, plantas vasculares.

nautiloideos
Subclase de los moluscos cefalópodos al que pertenecen los actuales *Nautilus* además de muchos taxones extintos. Su concha enrollada en espiral contiene cámaras llenas de gas que hacen más ligero al animal en el agua.

nicho ecológico
Papel que desempeña y parte del hábitat que ocupa un animal u otro ser vivo en un ecosistema (por ejemplo, «insectívoro nocturno que vive en lo alto de los árboles»).

noeggerathiales
Grupo de plantas extintas difíciles de clasificar que se habían emparentado con los equisetos y los helechos, pero que según investigaciones recientes, serían más bien progimnospermas.

notocordio
Véase cordados.

notosaurios
Véase sauropterigios.

ojo compuesto
Ojo formado como un mosaico de ojos más pequeños, por ejemplo, en los insectos.

Oligoceno
Época tercera y final del período Paleógeno. Duró desde hace 33,9 hasta hace 23,03 MA.

opérculo
Término que en zoología tiene varias acepciones, relacionadas todas ellas con su significado en latín de «cubierta» o «tapa», por ejemplo: disco calcáreo o córneo con que muchos caracoles tapan su concha y se encierran en ella, o pieza anatómica que cubre las branquias de los peces óseos y de los renacuajos.

ornitisquios
Uno de los dos subgrupos principales de los dinosaurios, que comprende a los estegosaurios, los dinosaurios acorazados y los dinosaurios cornudos. Ornitisquio significa literalmente «con cadera de ave». *Compárese con* saurisquios.

osteíctios
Superclase de vertebrados con mandíbulas que agrupa a todos los peces con esqueleto óseo. Comprende dos clases: actinopterigios (peces de aletas con radios, con más de 27 000 especies actuales, entre ellos los peces más conocidos) y sarcopterigios (peces de aletas lobuladas).

Paleoceno
Primera época del período Paleógeno y de la era Cenozoica. Duró desde hace 65,5 hasta hace 55,8 MA.

paleoclimatología
Estudio de los climas del pasado.

paleoecología
Estudio de la ecología y los ambientes de los períodos geológicos pretéritos.

palmeada
Se dice de la hoja dividida en folíolos que se extienden desde la base foliar como los dedos de una mano.

parántropo
Miembro del género *Paranthropus* de homininos extintos, con fósiles conocidos entre hace 2,7 y 1,2 MA.

pararreptiles
Grupo de amniotas extintos que comprende a los mesosaurios y varios otros grupos que no se consideran reptiles verdaderos.

peces cartilaginosos
Véase condrictios.

peces de aletas lobuladas
Véase sarcopterigios.

peces óseos
Véase osteíctios.

pedúnculo
En los braquiópodos, tallo flexible con el que el animal se fija al sustrato.

pentoxilales
Grupo extinto de espermatofitas del Mesozoico, halladas en India, Australia y Nueva Zelanda. Tienen hojas similares a las de algunas bennettitales. *Véase también* bennettitales.

perisodáctilos
Orden de mamíferos placentarios con pezuñas cuyas extremidades terminan en un número impar de dedos, como los caballos, rinocerontes y tapires. *Véase también* artiodáctilos.

permineralización
Forma de fosilización en que los minerales ocupan los espacios situados entre las partes duras del organismo original, pero sin sustituir a las propias partes duras. *Véase también* petrificación.

petrificación
Forma de fosilización en que las estructuras detalladas de un organismo original son sustituidas por minerales, a veces de manera que se conservan los detalles finos. *Véase también* permineralización.

pie ambulacral
Véase aparato ambulacral.

pinna
Foliolo o segmento primario de una hoja pinnada. *Véase también* foliolo, pinnada.

pinnada
Se dice de la hoja compuesta cuyos foliolos se disponen en hileras uniformes a cada lado del nervio central. *Véase también* foliolo.

pínnula
Foliolo secundario de una hoja compuesta bipinnada. *Véase también* foliolo.

placa genital
Sección del esqueleto de los equinoideos que contiene pequeños poros a través de los cuales se liberan los óvulos o los espermatozoides.

placodontos
Grupo extinto de reptiles marinos del Triásico que se alimentaban de moluscos y otros invertebrados marinos.

plancton
Conjunto de seres vivos (animales, plantas o microorganismos) que flotan a la deriva en aguas abiertas, saladas o dulces. La mayoría de los organismos planctónicos son pequeños, pero también los hay grandes, como las medusas; se distinguen de los organismos nectónicos porque no nadan activamente como estos.

plantas vasculares
Plantas que tienen un tipo especializado de tejido para el transporte de agua y nutrientes entre diferentes partes de su cuerpo. La mayoría de las plantas terrestres, a excepción de las briófitas, son vasculares. *Véase también* briófitas, licófitas, eufilofitas.

plataforma continental
Región marina relativamente somera que circunda un continente. A partir de su borde externo, el fondo del mar desciende en talud hasta la llanura abisal.

Pleistoceno
Tercera época del período Neógeno. Duró desde hace 1,806 hasta hace 0,0117 MA.

plesiosaurios
Véase sauropterigios.

pleuras
En los trilobites, partes laterales de los segmentos torácicos.

Plioceno
Segunda época del período Neógeno. Duró desde hace 5,332 hasta hace 1,806 MA.

pliosaurios
Véase sauropterigios.

pólipo
Forma corporal de muchos cnidarios, incluidos las anémonas de mar y los corales. Los pólipos son típicamente tubulares, están unidos al sustrato por la base y tienen una sola abertura (boca) rodeada de tentáculos en la parte superior. *Véase también* cnidarios.

primates
Orden de mamíferos al que pertenece el hombre, sus parientes más cercanos (simios antropoides), monos y tarseros (haplorrinos) y los loris, gálagos y lémures (estrepsirrinos). Entre sus características típicas figuran las manos prensiles y los ojos dirigidos hacia delante. *Véase también* prosimios.

proboscídeos
Orden de mamíferos placentarios al que pertenecen los elefantes y mamuts, que se caracterizan por una larga trompa flexible y prensil. *Véase también* afroterios.

procariotas
Se dice de las células que carecen de núcleo diferenciado y tienen una estructura más simple que la célula eucariota, así como de los seres vivos que poseen este tipo de célula, como las bacterias. *Véase también* eucariotas, bacterias y arqueas.

progimnospermas
Plantas extintas productoras de esporas con un tejido similar al de las actuales espermatofitas. *Véase también* lignofitas.

prosimios
Antigua designación de los primates considerados «más primitivos» que aludía no solo a los estrepsirrinos o primates de nariz húmeda (lémures, loris y gálagos) sino también a los tarseros que son haplorrinos (primates de nariz seca), como los humanos.

protistas
Grupo extenso de organismos eucariotas a menudo no emparentados y en su mayoría microscópicos, clasificados tradicionalmente en un único reino. Los protistas son en su mayoría unicelulares y comprenden formas de tipo planta (algas) y otras de tipo animal (protozoos). Puede definirse informalmente como el grupo de todos los eucariotas que no han sido asignados a otro reino. *Véase también* eucariotas, algas, protozoos.

protozoos
Organismos unicelulares de tipo animal (heterótrofos), en su mayoría microscópicos, que son comunes en casi todos los hábitats y pueden ser libres o parásitos. Los miles de especies de protozoos se clasifican en muchos subgrupos, no todos estrechamente emparentados. *Véase también* protistas.

pteridofitas
Grupo heterogéneo de plantas vasculares que se reproducen por esporas en vez de por semillas. Las pteridofitas actuales incluyen a los helechos, las licófitas y los equisetos.

pteridospermas
Grupo heterogéneo de espermatofitas que se utilizó en el pasado para incluir varios tipos diferentes de plantas, como las medulosales y las caitoniales.

pterosaurios
Reptiles voladores emparentados con los dinosaurios, con alas formadas por piel extendida en sus extremidades anteriores. Aparecieron en el Triásico y se extinguieron al final del Cretácico.

quelicerados
Subfilo del filo artrópodos que agrupa a los arácnidos (arañas, ácaros y afines) y otros taxones, incluidos los extintos euriptéridos. Se caracterizan por carecer de antenas y por sus pinzas articuladas denominadas quelíceros.

quimiosíntesis
Fenómeno mediante el cual algunos microorganismos especializados pueden sintetizar sus propios alimentos utilizando la energía de sustancias químicas naturales como el sulfuro de hidrógeno.

quitina
Sustancia compleja consistente sobre todo en hidratos de carbono que forma el exoesqueleto (cubierta externa dura) de los insectos y otros artrópodos. También se encuentra en los hongos.

radiación adaptativa
Proceso que describe la rápida aparición de nuevos taxones a partir de un taxón original para llenar nichos ecológicos vacantes.

raquis
(1) Tallo central o nervio central de una hoja o de un brote floral. (2) Eje de una pluma de ave.

ratites
Grupo de aves incapaces de volar que comprende al avestruz, el emú común, los casuarios, ñandúes y kiwis, junto con taxones extintos emparentados.

rauisuquios
Grupo de reptiles similares a dinosaurios pero que estaban más estrechamente emparentados con los crocodilios. Muy extendidos en el Triásico antes del auge de los dinosaurios, se extinguieron antes del final de este período.

reptiles
Amniotas más emparentados con lagartos y cocodrilos que con los mamíferos, Reptilia forma con Parareptilia el linaje de los saurópsidos, distinto del otro linaje principal de los amniotas, los sinápsidos, que condujo a los mamíferos. Entre los reptiles, el grupo de mayor éxito es el de los arcosaurios, que incluye cocodrilos, dinosaurios y aves. Los reptiles aparecieron por primera vez en el Carbonífero.

reptiliomorfos
Grupo de tetrápodos que comprende a todos los amniotas además de algunos no amniotas «reptilianos» (como los embolómeros), que serían sus parientes más cercanos.

respiración celular
Conjunto de reacciones bioquímicas de descomposición de las moléculas alimenticias, generalmente por combinación con moléculas de oxígeno (oxidación), que proporcionan energía a la célula.

rift
Véase fosa tectónica.

rincosaurios
Grupo de reptiles fitófagos emparentados con los arcosaurios que vivieron solo durante el Triásico. *Véase también* arcosaurios.

rizoma
Tallo subterráneo rastrero mediante el cual las plantas se propagan asexualmente, pasan el invierno y/o almacenan comida. *Véase también* asexual.

roca ígnea
Roca que se originó al solidificarse el magma que surgía de las profundidades de la Tierra.

roca metamórfica
Roca que se formó a partir de otra mediante metamorfismo (transformación sin cambio de estado debida al calor natural o la presión). Así, el mármol es una caliza metamorfizada.

roca sedimentaria
Roca formada por la acumulación de sedimentos en el agua o debido al viento, etc. y que, tras ser sometidos a procesos físicos y químicos, dieron lugar a un material duro y consistente.

roedores
Orden muy diversificado de mamíferos placentarios que se caracterizan por tener los incisivos especializados en roer. Comprende a los ratones, ratas, ardillas, castores y puerco espines, entre muchos otros taxones.

rostroconchas
Clase extinta de moluscos del Paleozoico, superficialmente similares a los bivalvos. *Véase también* bivalvos, moluscos.

rotíferos
Filo de invertebrados pluricelulares microscópicos que viven en agua dulce o salada y en lugares húmedos, y presentan una gran variedad de modos de vida.

rumiantes
Suborden de los mamíferos artiodáctilos cuyos miembros tienen un estómago con cuatro cámaras que les permite digerir vegetales duros. Comprende a los ciervos-ratón, ciervos almizclados y cérvidos, la jirafa, el berrendo y los bóvidos (toros, antílopes, cabras), pero no a los cerdos y afines ni a los hipopótamos.

sarcopterigios
Clase de peces con mandíbulas, en su mayoría extintos, que se caracterizan por tener las aletas pares lobuladas (con la base muscular) y que son antecesores de los tetrápodos. Aparecieron en el Silúrico y comprenden a los actuales dipnoos y celacantos. *Véase también* osteíctios, tetrápodos.

saurisquios
Una de las dos divisiones principales de los dinosaurios, que se divide a su vez en dos subgrupos principales: terópodos y sauropodomorfos. Saurisquio significa «con cadera de lagarto». *Compárese con* ornitisquios.

sauropodomorfos
Grupo de dinosaurios que comprende a los conocidos saurópodos, fitófagos enormes con el cuello y la cola largos, que fueron los mayores animales terrestres que han existido. Otros sauropodomorfos eran más pequeños, y algunas especies ancestrales eran bípedas.

sauropterigios
Superorden de reptiles diápsidos que vivieron desde el Triásico hasta el final del Cretácico. Sus miembros más conocidos son los cuellilargos plesiosaurios y los pliosaurios, de cuello más corto y cabeza grande. Los taxones antiguos, como los notosaurios, todavía tenían patas, pero en los más recientes las extremidades estaban modificadas en aletas.

selección natural
Proceso evolutivo por el cual el medio ambiente favorece a los individuos con más eficacia biológica de una población dada y elimina a los menos eficaces. (La eficacia biológica significa la suma total de las características que confieren a un individuo dado mayor probabilidad de tener descendencia.) Dado que la eficacia biológica se hereda en parte, esto se traduce en el cambio genético de la población o la especie a lo largo del tiempo y (siendo todas las demás condiciones las mismas) en una mejor adaptación a su medio ambiente.

selección sexual
Tipo de selección natural en que un rasgo se ha desarrollado únicamente porque supone una ventaja directa para el apareamiento y la reproducción posteriores, incluso si resulta desventajoso a otros respectos. La cola del pavo real es un ejemplo.

septo
Tabique dentro del cuerpo de un animal.

sésil
Se dice del animal que está adherido en permanencia a un sustrato o superficie y que no se desplaza. *Véase también* sedentario.

sifón exhalante
Tubo protráctil que presentan muchos bivalvos y por el cual sale el agua que circula por el animal. *Véase también* sifón inhalante.

sifón inhalante
Tubo protráctil que presentan muchos bivalvos y por el cual entra el agua que proporciona oxígeno y partículas alimenticias al animal. *Véase también* sifón exhalante.

sílice/silicatos
La sílice o dióxido de silicio constituye el mineral llamado cuarzo, el componente principal de la arena. Los silicatos se forman por la combinación de silicio y oxígeno con los átomos de varios metales.

simbiosis
Relación estrecha entre dos organismos de diferentes especies; muy a menudo es beneficiosa para ambos (es de mutualismo).

simetría radial
Forma de simetría corporal análoga a los radios de una rueda, como en los equinoideos y estrellas de mar.

sinápsidos
Grupo de vertebrados amniotas que incluye a los mamíferos, sus antecesores y todos los taxones más emparentados con ellos (como *Dimetrodon*) que con los demás amniotas. *Véase también* amniotas, tetrápodos.

sistema vascular acuífero
Véase aparato ambulacral.

subducción
Hundimiento de una placa tectónica bajo otra placa en un límite convergente o de colisión de placas. *Véase también* tectónica de placas.

sutura
Línea de unión entre las dos valvas de un fruto, entre huesos craneales o entre las partes de una concha. En los moldes internos de los amonites, una sutura marca la línea de unión entre los septos y la pared interna de la concha.

taxón
Grupo «bautizado» científicamente y que forma parte de un sistema de clasificación de organismos supuestamente emparentados. Los taxones se organizan en categorías o niveles jerárquicos, desde las subespecies y la especie hasta el filo, pasando por género, familia, orden, clase y otras categorías intermedias de menor importancia (subfilo, superorden, etc.).

taxonomía
En biología, ciencia cuyo objeto es ordenar los organismos en un sistema de clasificación jerárquico, compuesto por taxones anidados.

tectónica de placas
Fenómeno relativo al hecho de que la corteza terrestre y las rocas subyacentes se dividen en secciones rígidas denominadas placas tectónicas, que se mueven unas con respecto a otras.

teleósteos
Infraclase de la clase actinopterigios que comprende a los osteíctios más avanzados y la mayoría de especies de peces actuales.

temnospóndilos
Diversificado grupo de tetrápodos primitivos –quizás perteneciente a la clase anfibios– muy extendidos desde el Carbonífero al Triásico y que no se extinguieron hasta el Cretácico. Comprendían algunos taxones muy grandes y con aspecto de cocodrilo. *Véase también* lepospóndilos.

terápsidos
Grupo extinto de sinápsidos que incluye a los antecesores directos de los mamíferos. *Véase también* sinápsidos.

Terciario
Primer período de la era Cenozoica que duró desde hace 65,5 hasta hace 1,8 MA.

terópodos
Grupo de dinosaurios bípedos que incluye a conocidos depredadores como *Tyrannosaurus rex,* así como muchas especies más pequeñas, entre ellas las aves. *Véase también* saurisquios.

tetrápodos
Vertebrados con cuatro extremidades, incluidos los anfibios, reptiles, aves y mamíferos.

trilobites
Clase de artrópodos que contiene un gran número de especies marinas fósiles. Se extinguieron al final del Pérmico.

vaciado
Pieza u objeto creado por el material que rellena un molde.

valva
Cada una de las partes de la concha de un molusco bivalvo o de un braquiópodo.

vertebrados
Subfilo del filo cordados que comprende a los animales provistos de columna vertebral: agnatos, peces con mandíbulas, anfibios, reptiles, aves y mamíferos. Las vértebras suelen ser óseas, pero a veces son cartilaginosas. Los vertebrados también tienen otros rasgos distintivos como la presencia de un cráneo y una disposición característica de los órganos internos. *Véase también* cordados.

xenartros
Grupo de mamíferos placentarios del Nuevo Mundo y en su mayoría suramericanos que comprende a los armadillos, los perezosos y los osos hormigueros.

zooide
Individuo de una especie animal colonial como los corales, los graptolites y los briozoos.

zosterófilas
Grupo extinto de plantas vasculares primitivas incluidas junto con los licopodios en el grupo de las licófitas. Son unas de las plantas terrestres más antiguas que se conocen y tenían tallos simples, por lo general sin hojas. *Véase también* licófitas.

Índice

Los números de página en **negrita** remiten a la referencia principal; los números en *cursiva* indican una referencia ilustrada.

A

B

C

D

E

F

P

Q

R

Agradecimientos

Dorling Kindersley agradece a las siguientes personas su ayuda en esta obra: Anushka Mody por su colaboración en el diseño; Regina Franke de DK Verlag y Riccie Janus por las sesiones fotográficas en Alemania; Roger Jones por permitir consultar su colección de fósiles; Charles Wellman, de la Universidad de Sheffield University por las imágenes de esporas de plantas; y Steve Willis y Mel Fisher por el tratamiento del color.

DK India también expresa su gratitud a Shreya Chauhan, Shreya Iyengar, Aashirwad Jain, Aadithyan Mohan, Priyanjali Narain, Rupa Rao y Mark Silas por el apoyo editorial en la preparación de esta nueva edición, y a Steve Crozier por el retoque de imágenes.

Damos las gracias a las siguientes personas e instituciones por permitirnos fotografiar sus colecciones de fósiles: Else Marie Friis, Kamlesh Khullar, Steve McLoughlin y el resto del equipo en el Naturhistoriska riskmuseet, Estocolmo; Doris Von Eiff y el resto del personal del Senckenberg Forschungsinstitute u. Naturmuseen, Frankfurt; Kirsten Andrews-Speed, Eliza Howlett, Monica Price, Derek Siveter, Malgosia Nowak-Kemp y Tom Kemp en el Oxford University Museum of Natural History; Bob Owens, Caroline Buttler y John Cope en Amgueddfa Cymru – National Museum Wales.

En la siguiente lista se han recopilado las fuentes de las ilustraciones empleadas: **p. 23** Diagrama de isótopos de oxígeno: Simon Lamb y David Sington, *Earth Story*, p. 149; **p. 24** Diagrama de la lluvia, la altitud y los tipos de hoja: Simon Lamb y David Sington, *Earth Story*, p.131; **p. 29** Mapa del tamaño del gorrión macho: http://evolution.berkeley.edu/evosite/evo101/IVB1aExamples.shtml; **p. 38** Locomoción del dinosaurio: http://www.nature.com/nature/journal/v415/ n6871/full/415494a.html; **p. 76** Diagrama de vertebrados e invertebrados: F. Harvey Pough, Christine M. Janis, John B. Heiser, *Vertebrate Life* (séptima edición), p. 25; **p. 92** Desarrollo de las escamas de los peces: L.B. Tarlo, *The Downtonian Ostracoderm Corvaspis kingi Woodward, with notes on the development of dermal plates in the Heterostrachi*; **p. 98** Diagrama del coral tabulado: http://faculty. cns.uni.edu/~groves/LabExercise09.pdf; **p. 102** Diagrama de trilobites enrollado: http://www.trilobites.info/enrollment.htm; **p. 104** Desarrollo de la mandíbula: F. Harvey Pough, Christine M. Janis, John B. Heiser, *Vertebrate Life* (séptima edición), p. 55; **p. 110** Células conductoras de agua: Wilson N. Stewart y Gar W. Rothwell, *Paleobotany and the Evolution of Plants*, p. 84; **p. 121** Corte transversal de la Elkinsia: Wilson N. Stewart y Gar W. Rothwell, *Paleobotany and the Evolution of Plants*; **p. 123** Diagrama de *Heliophyllum*: http://faculty.cns. uni.edu/~groves/LabExercise09.pdf; **p. 156** *Falcatus:* basado en una ilustración de fósiles de peces de Bear Gulch, 2005 por Richard Lund y Eileen Grogan; **p. 171** *Fenestella:* http://www.kgs.ku.edu/Extension/ fossils/bryozoan.html; **p. 194** Diagrama de los tipos de sutura de los ammonoideos: http:// faculty.cns.uni.edu/~groves/LabExercise09.pdf; **p. 234** *Magellania:* E.N.K. Clarkson, *Invertebrate Palaeontology and Evolution*, p. 159; **p. 294** *Archaeanthus*, Wilson N. Stewart y Gar W. Rothwell, *Paleobotany and the Evolution of Plants*, p. 448; **p. 304** Evolución28 de las plumas: http://www.nature.com/nature/journal/v420/ n6913/fig_tab/nature01196_F5.html; **p. 400** Anatomía de un bivalvo: http://www.fao.org/ docrep/007/y5720e/y5720e07.htm; **p. 401** Pedúnculo de *Magellania*: E.N.K. Clarkson, *Invertebrate Palaeontology and Evolution*.

Los mapas paleogeográficos y de placas tectónicas de las páginas 54–55, 64–65, 80–81, 94–95, 108–109, 136–137, 188–189, 216–217, 270–271, 340–341, 364–365, 392–393 son obra de C.R. Scotese, © 2007, PALEOMAP Project (www.scotese.com)

Los editores agradecen el permiso para reproducir sus imágenes:

(Clave: a-arriba; b-abajo; c-centro; e-extremo; i-izquierda; d-derecha; s-superior)

6 Alamy Images: Louis Champion (si). **Ardea:** Pat Morris (cda/Cámbrico). **Corbis:** Michael Freeman (cdb/Devónico); Layne Kennedy (cda/Arcaico); Kevin Schafer (bd/Carbonífero). **Getty Images:** Art Wolfe (sc). **Photolibrary:** Iain Sarjeant (cda/Proterozoico). **Science Photo Library:** Hervé Conge, ISM (cdb/ Silúrico); Paul Whitten (cd/Ordovícico). **7 Alamy Images:** WaterFrame (cib/ Paleógeno). **Corbis:** Micha Pawlitzki / zefa (bi/Cuaternario) (cia/Jurásico). **DK Images:** Natural History Museum, Londres (cia/Pérmico). **Getty Images:** Peter Chadwick / Gallo Images (sc); Ralph Lee Hopkins / National Geographic (cia/Triassic); Louie Psihoyos / Science Faction (ci/ Cretácico). **Photolibrary:** Tam C. Nguyen (cib/Neógeno).
8–9 Corbis: Michael S. Yamashita.
10–11 Alamy Images: Louis Champion.
12 Anne Burgess: (bi). **Corbis:** Hulton-Deutsch Collection (cb). **DK Images:** Satellite Imagemap Copyright © 1996-2003 Planetary Visions (bd). **© Science Photo Library:** Bernhard Edmaier (ci); Dirk Wiersma (cib).
12–13 Getty Images: Ralph Lee Hopkins / National Geographic (sc).
13 Corbis: Jonathan Blair (cd). **DK Images:** Natural History Museum, Londres (sd).
14 Corbis: Bettmann / Mariner 10 (cdb); NASA / CXC / GSFC / U. Hwang / EPA (cb). **Getty Images:** Stocktrek Images (ci). **NASA:** JPL (cd/Venus).
15 NASA: (cdb).
16 Alamy Images: Blue Gum Pictures (b).
17 Getty Images: Johnny Johnson / The Image Bank (sd). **Martina Menneken:** (bi). **Science Photo Library:** Michael Abbey (bc); Eye of Science (bc/arqueas).
18 Corbis: image100 (sd); David Pu'u (ca). **Bradley R. Hacker :** (bd).
19 Corbis: Roger Ressmeyer (bd).
20 Corbis: Image Plan (bd). **Getty Images:** Astromujoff (ca).
20–21 Corbis: Arctic-Images (sc).
21 Corbis: Lloyd Cluff / Comet (cb); George D. Lepp (bd/eurilaimo verde); Jochen Schlenker / Robert Harding World Imagery (bd/cacatúa); Jim Sugar / Comet (sd). **DK Images:** University Museum of Zoology, Cambridge (bi); Natural History Museum, Londres (cib) (bc).
22 Corbis: Chinch Gryniewicz / Ecoscene (sd); Douglas Pearson / Flirt (b). **Paul F. Hoffman:** (ca).
23 Corbis: Tony Wharton / Frank Lane Picture Agency (si). **Science Photo Library:** (bd); British Antarctic Survey (ci); Andrew Syred (sd).
25 Corbis: Catherine Karnow (s); Michael T. Sedam (cdb). **DK Images:** Natural History Museum, Londres (cdb/ diente de mamut fósil).
26 Corbis: Philip Gould (sd); Elisabeth Sauer / zefa (ca). **Science Photo Library:** M.I. Walker (cda).
27 Corbis: Michael & Patricia Fogden (bi). **DK Images:** Robert L. Braun – modelista (cdb); Natural History Museum, Londres (si/huesos).
Depositphotos Inc: Ian Redding (ci).
28 Corbis: Michael & Patricia Fogden (cia) (bc); Martin Harvey (c). **DK Images:** Oxford Scientific Films (cb). **Getty Images:** Bob Thomas / Popperfoto (ca). **Science Photo Library:** Photo Researchers (cda).
29 Corbis: Stephen Frink (bi). **Getty Images:** Wally McNamee (bd); Steve Winter / National Geographic (sd). **naturepl.com:** Dave Watts (cia).
30 Corbis: DLILLC (cdb/fotografía de delfín) (cda/fotografía de delfín); Jeffrey L. Rotman (cda/delfín con cría).
32 Corbis: Jonathan Blair (sd) (cda); Frans Lanting (b). **Science Photo Library:** Mark Pilkington / Geological Survey of Canada (ca).
33 Corbis: Jonathan Blair (cb) (cib); Michael & Patricia Fogden (cdb). **Science Photo Library:** George Bernard (esd).
34 Corbis: Jonathan Blair (ci); George H.H. Huey (cda); Vienna Report Agency (ca). **DK Images:** Natural History Museum, Londres (bc). **Royal Saskatchewan Museum:** (cib). **Science Photo Library:** Steve Gschmeissner (cd).
35 Corbis: Jonathan Blair (bi); Layne Kennedy (ca). **DK Images:** Rainbow Forest Museum, Arizona (ca/tronco petrificado); Natural History Museum, Londres (si). **Derek Siveter:** (bd/ Nymphongracile y Haliestes).
36 DK Images: Natural History Museum, Londres (bi). **Mark V. Erdmann:** (cib/ celacanto vivo).
38 Corbis: Louie Psihoyos (d/imagen principal); Visuals Unlimited (cia). **Oxford University Museum of Natural History:** (cib).
39 DK Images: Natural History Museum, Londres (ci). **Getty Images:** J. Sneesby / B. Wilkins (bd).
40–41 Corbis: Louie Psihoyos.
42–45 Alamy Images: Louis Champion.
45 Science Photo Library: James King-Holmes (sc); Dr Ken Macdonald (cda).
46–47 Getty Images: Art Wolfe.
48–49 Corbis: Layne Kennedy.
50 Martin Brasier: (cd). **Getty Images:** Peter Hendrie / Photographer's Choice (ci); Carsten Peter / National Geographic (bi).
50–51 Corbis: Layne Kennedy.
51 Martin Brasier: (b/las tres imágenes). **naturepl.com:** Doug Perrine (s). **Science Photo Library:** B. Murton / Southampton Oceanography Centre (ci).
52–53 Photolibrary: Iain Sarjeant (principal).
54–61 Photolibrary: Iain Sarjeant (cabecera lateral).
54–55 Photolibrary: Iain Sarjeant (b/fondo).
54–55 Mapas paleogeográfico y de placas tectónicas C.R. Scotese, © 2007, PALEOMAP Project (www.scotese.com).
54 Alamy Images: Randy Green (sd). **Getty Images:** O. Louis Mazzatenta / National Geographic (ci).
55 Alamy Images: Blue Gum Pictures (ca); David Wall (cda). **Corbis:** Jonathan Blair (bi); Kazuyoshi Nomachi (si) (b/fondo).
56 Photolibrary: Iain Sarjeant (s/imagen del texto de la cabecera).
58 J. Gehling, South Australian Museum: (cib). **Photolibrary:** Iain Sarjeant (s/imagen del texto de la cabecera).
59 © Leicester City Museums Service: (sd).
61 J. Gehling, South Australian Museum: (ca).
62–63 Ardea: Pat Morris (principal).
64–77 Ardea: Pat Morris (cabecera lateral).
64–65 Ardea: Pat Morris (b/fondo).
64–65 Mapas paleogeográfico y de placas tectónicas C.R. Scotese, © 2007, PALEOMAP Project (www.scotese.com).
64 Corbis: Yann Arthus-Bertrand (sd); David Muench (ci). **The Natural History Museum, Londres:** (bd).
65 Alamy Images: All Canada Photos (cda). **Alamy Stock Photo:** ImageBroker (cia).
Getty Images: O. Louis Mazzatenta / National Geographic (cib); **The Natural History Museum, Londres:** (bc). **Science Photo Library:** Jonathan A. Meyers (si) (b/fondo).
66 Ardea: Pat Morris (s/imagen del texto de la cabecera). **Martin Brasier:** (cb).
67 David Siveter (University of Leicester): (bd) (b/fondo).
68 Ardea: Pat Morris (s/imagen del texto de la cabecera). **John Cope:** (cda). **Getty Images:** O. Louis Mazzatenta / National Geographic (ci).
69 Science Photo Library: Alan Sirulnikoff (cda).
70 Getty Images: O. Louis Mazzatenta / National Geographic (cd). **The Natural History Museum, Londres:** (sc).
72 Alamy Images: All Canada Photos / T. Kitchin & V. Hurst (bi). **The Natural History Museum, Londres:** (cia).
75 Alamy Images: Kevin Schafer (s). **US Geological Survey:** (bd).
76 Ardea: Pat Morris (s/imagen del texto de la cabecera). **Natural Visions:** (bd).
78–79 Science Photo Library: Paul Whitten (principal).
80–91 Science Photo Library: Paul Whitten (cabecera lateral).
80–81 Mapas paleogeográfico y de placas tectónicas C.R. Scotese, © 2007, PALEOMAP Project (www.scotese.com).
80–81 Science Photo Library: Paul Whitten (b/fondo).
80 Corbis: Gary Braasch (ci). **Ken McNamara:** (sd).
81 Corbis: Stephen Frink (si/imagen pequeña); **Getty Images:** Richard I'Anson / Lonely Planet Images (cda). **Getty Images:** Jeff Rotman (si).
82 DK Images: Natural History Museum, Londres (cia) (b/fondo). **Science Photo Library:** Paul Whitten (s/imagen del texto de la cabecera) (b/fondo).
90 Science Photo Library: Paul Whitten (s/imagen del texto de la cabecera).
Davide Bonadonna: (bd).
92–93 Science Photo Library: Hervé Conge, ISM (principal).
93 DK Images: Natural History Museum, Londres (cda).
94–105 Science Photo Library: Hervé Conge, ISM (cabecera lateral).
94–95 Science Photo Library: Hervé Conge, ISM (b/fondo).
94–95 Mapas paleogeográfico y de

placas tectónicas C.R. Scotese, © 2007, PALEOMAP Project (www.scotese.com).
94 Corbis: Free Agents Limited (sd); Wilfried Krecichwost / zefa (ci).
95 Corbis: Christophe Boisvieux (ca). **DK Images:** Natural History Museum, Londres (cib). **Getty Images:** Medioimages / Photodisc (si). **Science Photo Library:** Sinclair Stammers (cda) (s/imagen del texto de la cabecera).
97 Alamy Stock Photo: The Natural History Museum (sc).
96 Science Photo Library: Hervé Conge, ISM (b/fondo).
98 Alamy Images: Maximilian Weinzierl (cib). **Science Photo Library:** Hervé Conge, ISM (s/imagen del texto de la cabecera).
99 Alamy Images: David Bagnall (bd). **Patrick L. Colin, Coral Reef Research Foundation:** (cda). **The Natural History Museum, Londres:** (cdb).
102 Jan Hartmann: (sc) (b/fondo).
104 Science Photo Library: Hervé Conge, ISM (s/imagen del texto de la cabecera).
106–107 Corbis: Michael Freeman (principal).
108–133 Corbis: Michael Freeman (cabecera lateral).
108–109 Corbis: Michael Freeman (b/fondo).
108–109 Mapas paleogeográfico y de placas tectónicas C.R. Scotese, © 2007, PALEOMAP Project (www.scotese.com).
108 DK Images: Natural History Museum, Londres (cib) (cb). **Getty Images:** Image Source (sd); Dr. Marli Miller / Visuals Unlimited (ci). **Ken McNamara:** (cib/pez).
109 Alamy Images: Phil Lyon / Sylvia Cordaiy Photo Library Ltd (cda). **DK Images:** Natural History Museum, Londres (cib). **Science Photo Library:** Sinclair Stammers (si).
110 Corbis: Michael Freeman (s/imagen del texto de la cabecera). **Science Photo Library:** Hervé Conge, ISM (b/fondo).
110–111 Corbis: Michael Freeman (b/fondo).
111 Science Photo Library: Dr Jeremy Burgess (cia).
112 Cortesía de la Smithsonian Institution; fotografía de Carol Hotton: (cia).
113 Science Photo Library: Sinclair Stammers (sd) (b/fondo).
116 Alamy Stock Photo: Philip Scalia (cda). **117 Dr Hong-He Xu / Dr Christopher M. Berry:** (bi).
118 Corbis: Michael Freeman (s/imagen del texto de la cabecera). **De** *The Biota of Early Terrestrial Ecosystems: The Rhynie Chert* **(www.abdn.ac.uk/rhynie/intro.htm) , © University of Aberdeen:** (cda).
119 Corbis: Jeffrey L. Rotman (cd).
120 DK Images: Royal Museum of Scotland, Edimburgoh (cia).
122 Corbis: Michael Freeman (s/imagen del texto de la cabecera); Stephen Frink (cb).
122–123 Corbis: Michael Freeman (b/fondo).
123 AAP Image : Museum Victoria (cdb). **DK Images:** Courtesy of the University Museum of Zoology, Cambridge, on loan from the Geological Museum, University of Copenhagen (scia).
133 Alamy Images: Yves Marcoux / First Light (ci).
134–135 Corbis: Kevin Schafer (principal).
136–160 Corbis: Kevin Schafer (s/imagen del texto de la cabecera y de las cabeceras laterales).
136–137 Mapas paleogeográfico y de placas tectónicas C.R. Scotese, © 2007, PALEOMAP Project (www.scotese.com).
136–137 Corbis: Kevin Schafer (b/fondo).
136 DK Images: Natural History Museum, Londres (bi) (bd). **Getty Images:** Peter Essick / Aurora (ci); Travel Ink / Gallo Images (sd).
138 Corbis: Kevin Schafer (b/fondo). **DK Images:** Natural History Museum, Londres (ci).
139 Dorling Kindersley: Gary Ombler / Museo de Historia Natural de Suecia (sd).
142 Alamy Images: blickwinkel / Ziese (cda). **Corbis:** Ashley Cooper (si). **DK Images:** Natural History Museum, Londres (cb) (bi). **Valdosta State University:** molde de *Paleothyris* cedido por Robert Carroll del McGill University's Redpath Museum; mostrado en http://. fossils.valdosta.edu (bi).
143 DK Images: Natural History Museum, Londres (cia).
146 Alamy Images: Steffen Hauser / botanikfoto (ci) (b/fondo). **Corbis:** Kevin Schafer (s/imagen del texto de la cabecera).
147 PrehistoricStore.com: (cia).
149 Science Photo Library: Louise K. Broman (cd).
153 Alamy Images: The Natural History Museum (cia). **Collection of the Illinois State Museum:** (ecd).
154–155 Corbis: Kevin Schafer (b/fondo).
155 Corbis: Anthony Bannister / Gallo Images (cda).
156 Eileen Grogan / Richard Lund, The Bear Gulch Project: Carnegie Museum of Natural History, St Joseph's University (bi) (si).
157 Eileen Grogan / Richard Lund, The Bear Gulch Project: Carnegie Museum of Natural History, St Joseph's University (sc). **DK Images:** Natural History Museum, Londres (ci). **© Hunterian Museum & Art Gallery, University of Glasgow:** (cd).
158 Alamy Images: John Cancalosi (bi). **Roger Jones Collection:** (sc).
160 DK Images: Royal Museum of Scotland, Edimburgo (ci). **Craig Slawson:** Geoconservation UK (cb). **Valdosta State University :** molde de *Paleothyris* cedido por Robert Carroll del McGill University's Redpath Museum; mostrado en http://.fossils.valdosta.edu (b).
161 Getty Images: Alan Marsh / First Light (cda).
162–163 DK Images: Natural History Museum, Londres (principal).
163 DK Images: Natural History Museum, Londres (cdb).
164–185 DK Images: Natural History Museum, Londres.
164 DK Images: Natural History Museum, Londres (bd). **Getty Images:** Anthony Boccaccio (ci). **Photolibrary:** Oxford Scientific (OSF) / Konrad Wothe (sd).
164–165 DK Images: Natural History Museum, Londres (b/fondo).
165 DK Images: Natural History Museum, Londres (bi). **Alamy Stock Photo:** Africa Media Online (si). **Jon Ranson, NASA Goddard Space Flight Center:** (cda).
166 Corbis: James L. Amos (cd) (s/imagen del texto de la cabecera). **DK Images:** Natural History Museum, Londres (b/fondo). **FLPA:** Krystyna Szulecka (ci).
170 Corbis: Jonathan Blair (cib) (b/fondo) (s/imagen del texto de la cabecera). **DK Images:** Natural History Museum, Londres (cda).
174 DK Images: Natural History Museum, Londres (b/fondo).
175 Andrew Milner: (b).
176 Corbis: Jack Goldfarb/Design Pics (cia).
176–177 Alamy Images: WaterFrame (bc). **DK Images:** Natural History Museum, Londres (s).
177 DK Images: Natural History Museum, Londres (cda). **Getty Images:** Ken Lucas / Visuals Unlimited (bd).
178 Corbis: Martin Schutt / DPA (cia). **DK Images:** University Museum of Zoology, Cambridge (cib). **Getty Images:** Hulton Archive (c). **Andrew Milner:** (sc)
180 DK Images: Natural History Museum, Londres (si).
181 Corbis: Lester V. Bergman (ca). **Getty Images:** Ken Lucas / Visuals Unlimited (sd).
182 Corbis: W. Perry Conway (s).
183 DK Images: Natural History Museum, Londres (cd). **Henssen PalaeoWerkstatt , www. palaeowerkstatt.de:** (bd).
186–187 Getty Images: Ralph Lee Hopkins / National Geographic (principal).
187 DK Images: Natural History Museum, Londres.
188–213 Getty Images: Ralph Lee Hopkins / National Geographic (cabecera lateral).
188–190 Getty Images: Ralph Lee Hopkins / National Geographic (b/fondo).
188–189 Mapas paleogeográfico y de placas tectónicas C.R. Scotese, © 2007, PALEOMAP Project (www.scotese.com).
188 Corbis: Rose Hartman (sd). **DK Images:** Natural History Museum, Londres (bd) (bi) (cib) (cdb). **Rex by Shutterstock:** Jason Bye (cib).
189 Corbis: Fridmar Damm / zefa (cda); Martin B. Withers / Frank Lane Picture Agency (si).
190 Corbis: George H.H. Huey (ci). **Getty Images:** Ralph Lee Hopkins / National Geographic (s/imagen del texto de la cabecera).
191 Dr. Philippe Moisan: (sd).
192 DK Images: Natural History Museum, Londres (cb).
192–193 DK Images: Natural History Museum, Londres (c).
194 Getty Images: Ralph Lee Hopkins / National Geographic (imagen del texto de la cabecera) (b/fondo).
195 Dr Hans Arene Nakram, Universidad de Oslo: (si).
198–199 Getty Images: Ralph Lee Hopkins / National Geographic (b/fondo).
199 Museum of Texas Tech University: (cia).
200 Giuseppe Buono (http:// fossilspictures.wordpress.com/ and http://paleonews.wordpress.com/): (cia). **Dr Rainer Schoch / Staatliches Museum für Naturkunde:** (sc).
201 DK Images: Royal Tyrrell Museum of Palaeontology, Alberta, Canada (bd).
202 DK Images: Natural History Museum, Londres (bi) (c).
203 DK Images: Instituto de Geología y Paleontología, Tubinga, Alemania (ca).
204 Corbis: Jonathan Blair (cda).
205 Museum of Texas Tech University: (sd).
209 Corbis: Louie Psihoyos (bc/Bob Bakker).
211 DK Images: Instituto de Geología y Paleontología, Tubinga, Alemania (cib) (cia).
213 DK Images: Natural History Museum, Londres (cd).
214–215 DK Images: Natural History Museum, Londres (principal).
215 DK Images: Natural History Museum, Londres (cdb).
216–267 DK Images: Natural History Museum, Londres (cabeceras laterales).
216–217 Mapas paleogeográfico y de placas tectónicas C.R. Scotese, © 2007, PALEOMAP Project (www.scotese.com).
216 Corbis: Tom Bean (sd) (cib/flor). **DK Images:** Natural History Museum, Londres (bi) (bc). **Getty Images:** Jeff Foott / Discovery Channel Images (ci). **Science Faction Images:** Louie Psihoyos (sd/rastros de dinosaurios).
216–226 DK Images: Natural History Museum, Londres (b/fondo).
217 Corbis: Theo Allofs (cda). **DK Images:** Natural History Museum, Londres (cib) (bi). **Getty Images:** Fumio Tomita / Sebun Photo (si).
218 Corbis: David Spears / Clouds Hill Imaging Ltd. (cd). **DK Images:** Natural History Museum, Londres (s/imagen del texto de la cabecera). **Science Photo Library:** Dee Breger (cib).
219 Getty Images: Kevin Schafer / Photographer's Choice (bc).
221 DK Images: Natural History Museum, Londres (cda).
224 Corbis: Derek Hall / Frank Lane Picture Agency (ci) (b/fondo). **DK Images:** Natural History Museum, Londres (s/imagen del texto de la cabecera).
231 Corbis: Douglas P. Wilson / Frank Lane Picture Agency (bi). **Photoshot:** Ken Griffiths / NHPA (cda).
232–233 DK Images: Natural History Museum, Londres (b/fondo).
235 Corbis: Kevin Schafer (cdb).
238 Photolibrary: Rich Reid / National Geographic (bi).
239 Corbis: Naturfoto Honal (cia).
241 Science Photo Library: D.J.M. Donne (sd).
243 DK Images: Robert L. Braun, modelista (cdb).
249 DK Images: Staatliches Museum für Naturkunde, Stuttgart (sc); American Museum of Natural History (sd).
250 Corbis: Bettmann (cd).
252 DK Images: Natural History Museum, Londres (bd).
253 Corbis: Louie Psihoyos (bi); University of the Witwatersrand / EPA (cdb).
254 The Natural History Museum, Londres: (cdb).
255 DK Images: Natural History Museum, Londres (bi). **© Frank Luerweg, Uni Bonn:** (cda).
258 DK Images: Carnegie Museum of Natural History, Pittsburgh (cia).
262 DK Images: Leicester Museum (cib). **Martin Williams:** (cia).
262–263 DK Images: Natural History Museum, Londres (bc).
263 Martin Williams: (bd).
266 Visuals Unlimited, Inc.: Ken Lucas (cda).
267 Visuals Unlimited, Inc.: Albert Copley (bi).
268–269 Getty Images: Louie Psihoyos / Science Faction (principal). **Science Photo Library:** Andrew Syred (sd).
270–273 Getty Images: Louie Psihoyos / Science Faction (b/fondo).
270–337 Getty Images: Louie Psihoyos / Science Faction.
270–271 Mapas paleogeográfico y de placas tectónicas C.R. Scotese, © 2007, PALEOMAP Project (www.scotese.com).
270 DK Images: Natural History Museum, Londres (cib) (bd). **Getty Images:** Don Klumpp / Photographer's Choice (esd); Panoramic Images (ci).
271 DK Images: Natural History Museum, Londres (cib) (bc) (bi). **Getty Images:** Travel Ink / Gallo Images (si); Eric Van Den Brulle (cda).
272 Getty Images: Louie Psihoyos / Science Faction (s/imagen del texto de la cabecera). **© Sharon Milito, Paleotrails Project:** (cdb).
274 Alamy Images: Scenics & Science (bi). **Photolibrary:** Phototake Science (cia). **Dorling Kindersley:** Gary Ombler / Museo de Historia Natural de Suecia (cdb).
275 DK Images: Royal Museum of Scotland, Edimburgo (cb); Natural History Museum, Londres (b/araucaria). **Barry Thomas:** (cdb/*Araucaria*).

276 DK Images: Natural History Museum, Londres (sd). **Ardea:** John Mason. **DK Images:** Natural History Museum, Londres.
277 DK Images: Natural History Museum, Londres (ci). **Getty Images:** Jonathan Blair / National Geographic (ci). **DK Images:** Royal Tyrrell Museum of Palaeontology, Alberta, Canada (b) (b/fondo).
278 Getty Images: Louie Psihoyos / Science Faction (s/imagen del texto de la cabecera).
282 Corbis: Lawson Wood (bi).
284 Getty Images: Louie Psihoyos / Science Faction (s/imagen del texto de la cabecera).
284–285 Getty Images: Louie Psihoyos / Science Faction (b/fondo).
285 DK Images: Natural History Museum, Londres (cia).
286 Alamy Images: Michael Patrick O'Neill (bi).
286–287 DK Images: Natural History Museum, Londres.
288 Alamy Images: Danita Delimont (cdb). **Getty Images:** George Grall / National Geographic (cdb/pejelagarto).
290 Corbis: Louie Psihoyos / Science Faction (cb).
292 Yale University Peabody Museum Of Natural History: (bi).
296 Bayerische Staatssammlung für Paläontologie und Geologie, München (cb).
298 DK Images: Natural History Museum, Londres (sd).
299 Alamy Images: Javier Etcheverry (cda/giganotosaurus). **DK Images:** Natural History Museum, Londres (si). **Ryan Somma:** (b).
301 DK Images: Robert L. Braun, modelista (si); Natural History Museum, Londres (bi) (cda). **Getty Images:** Ira Block / National Geographic (sd).
304 Corbis: Paul Vicente / EPA (bi).
308–309 DK Images: Natural History Museum, Londres; Natural History Museum, Londres (ca).
310 DK Images: Royal Tyrrell Museum of Palaeontology, Alberta, Canada (cda).
311 Corbis: Louie Psihoyos / Science Faction (cia); Kevin Schafer (bd). **DK Images:** Peabody Museum of Natural History, Yale University (si); Luis Rey – modelista (ecda). **Getty Images:** Louie Psihoyos / Science Faction (cda).
312 Getty Images: Ira Block / National Geographic (bi); Spencer Platt (cia).
314 DK Images: Queensland Museum, Brisbane, Australia (cib).
315 DK Images: Royal Tyrrell Museum of Palaeontology, Alberta, Canada (sd); Peter Minister (b).
318 DK Images: Natural History Museum, Londres (bd) (si). **Getty Images** (ci).
322 DK Images: Royal Tyrrell Museum of Palaeontology, Alberta, Canada (sd/cráneo) (c).
323 DK Images: Royal Tyrrell Museum of Palaeontology, Alberta, Canada (b).
325 DK Images: American Museum of Natural History (bd).
330 DK Images: American Museum of Natural History (ca). **Getty Images:** Louie Psihoyos / Science Faction (cd).
331 DK Images: American Museum of Natural History.
334 DK Images: Royal Tyrrell Museum of Palaeontology, Alberta, Canada (bi/esqueleto y cráneo). **Getty Images:** O. Louis Mazzatenta / National Geographic (bd).
335 DK Images: American Museum of Natural History (c). **Hai-lu You:** (sd).
336 Corbis: Peter Foley / EPA (sd); Joe McDonald (cda). **MENG Jin:** ZHANG Chuang and XING Lida (ilustradores) (ca).
337 Carnegie Museum of Natural History: (cdb). **Getty Images:** Nicole Duplaix / National Geographic (cia). **Steve Morton:** Museum Victoria / Monash University (si).
338–339 Alamy Images: WaterFrame (principal).
340–389 Alamy Images: WaterFrame (cabeceras laterales).
340–341 Mapas paleogeográfico y de placas tectónicas C.R. Scotese, © 2007, PALEOMAP Project (www.scotese.com).
340 Alamy Stock Photo: Michelle Gilders (cda). **Corbis:** Momatiuk–Eastcott (sd). **DK Images:** Natural History Museum, Londres (bc) (ebd). **Getty Images:** Bill Hatcher / National Geographic (ci).
341 Alamy Images: JTB Photo Communications, Inc. (si). **DK Images:** Natural History Museum, Londres (cib) (bi). **Getty Images:** Kim Westerskov (cda) (s/imagen del texto de la cabecera).
342 Alamy Images: WaterFrame (b/fondo). **Corbis:** image100 (cib). **Science Photo Library:** Maurice Nimmo (cda); Maria y Bruno Petriglia (ca).
345 Corbis: Frans Lanting (ci). **DK Images:** Natural History Museum, Londres (bi) (bc).
346 Alamy Images: WaterFrame (s/imagen del texto de la cabecera). **SeaPics.com:** James D. Watt (cib).
349 Getty Images: Richard Herrmann / Visuals Unlimited (sd).
350 Alamy Images: WaterFrame (s/imagen del texto de la cabecera) (b/fondo). **Corbis:** Jonathan Blair (ci). **DK Images:** Natural History Museum, Londres (cdb).
351 Corbis: Radius Images (cib); Visuals Unlimited (bd).
353 Ray Carson –UF Photography: (cdb). **DK Images:** Natural History Museum, Londres (ca) (bd) (cib).
355 Ryan Somma: (bd).
356 DK Images: Natural History Museum, Londres (cia).
357 Corbis: Bettmann (si). **DK Images:** Natural History Museum, Londres (cia). **Getty Images:** Kevin Schafer / Visuals Unlimited (bd). **Ryan Somma:** (cdb).
358 Corbis: Michael & Patricia Fogden (cia). **DK Images:** Natural History Museum, Londres (cda). **Hessisches Landesmuseum Darmstadt:** Photo: Wolfgang Fuhrmannek. Hessisches Landesmuseum Darmstadt (sc). **Dr Kent A. Sundell, propietario, Douglas Fossils (www.douglasfossils.com):** (bc).
359 Corbis: Kevin Schafer (sd). **DK Images:** Natural History Museum, Londres (si/cráneos y pie).
360 Getty Images: Johnny Sundby / America 24-7 (si).
361 DK Images: Natural History Museum, Londres (cdb). **Getty Images:** Stan Honda / AFP (sc).
362–363 Photolibrary: Tam C. Nguyen (principal).
363 DK Images: Natural History Museum, Londres (cdb).
364–365 Photolibrary: Tam C. Nguyen (b/fondo).
364–365 Mapas paleogeográfico y de placas tectónicas C.R. Scotese, © 2007, PALEOMAP Project (www.scotese.com).
364 Corbis: (ci); **Getty Images:** Pakawat Thongcharoen / Moment (sd). **DK Images:** Natural History Museum, Londres (bd).
365 DK Images: Natural History Museum, Londres (bi) (bd). **Getty Images:** Thomas Dressler / Gallo Images (cda/imagen de la izquierda); Joseph Sohm – Visions of America / Photodisc (si); Space Frontiers / Hulton Archive (cda).
366 Corbis: Mike Grandmaison (cda). **Getty Images:** Joseph Sohm – Visions of America / Stockbyte (cib) (s/imagen del texto de la cabecera). **Photolibrary:** Tam C. Nguyen (b/fondo).
367 Corbis: David Muench (tc/*taxodium*).
370 DK Images: Natural History Museum, Londres (cib) (bd/*Palmoxylon*).
371 DK Images: Natural History Museum, Londres (cda/*porana*) (b/fondo).
372 Photolibrary: Tam C. Nguyen (s/imagen del texto de la cabecera).
373 Getty Images: David Wrobel / Visuals Unlimited (cda).
374 Alamy Images: John T. Fowler (bd).
378–379 Alamy Images: Phil Degginger.
380 DK Images: Natural History Museum, Londres (ca) (cb) (b/fondo). **Photolibrary:** Tam C. Nguyen (s/imagen del texto de la cabecera).
381 Bone Clones, Inc.: (bi). **Corbis:** Louie Psihoyos (cia). **DK Images:** Natural History Museum, Londres (sd) (cib).
382 DK Images: Natural History Museum, Londres (ca).
383 Nicholas D. Pyenson: Paleontólogos del San Diego Natural History Museum (cb). **Valley Anatomical Preparations, Inc.:** (bi).
384 Agate Fossil Beds National Monument: (si). **Mira Images:** Phil Degginger c/o Mira.com (cib). **Ryan Somma:** (sc) (bc).
385 Ashfall Fossil Beds / University of Nebraska State Museum: (sd); Natural History Museum, Londres (bd). **DK Images:** American Museum of Natural History (si). **Photolibrary:** Steve Turner / Oxford Scientific (OSF) (fbr).
388 DK Images: Natural History Museum, Londres (bd).
389 DK Images: Natural History Museum, Londres (ci) (bi) (cib) (s).
390–391 Corbis: Micha Pawlitzki/zefa (principal).
392–415 Corbis: Micha Pawlitzki / zefa (cabeceras laterales).
392–394 Corbis: Micha Pawlitzki / zefa (b/fondo).
392–393 Mapas paleogeográfico y de placas tectónicas C.R. Scotese, © 2007, PALEOMAP Project (www.scotese.com).
392 DK Images: Natural History Museum, Londres (bi/los dos cráneos de la izquierda). **Getty Images:** William Albert Allard / National Geographic (sd); Vilem Bischof / AFP (bd); Stocktrek Images (ci).
393 Corbis: Momatiuk–Eastcott (si). **DK Images:** Natural History Museum, Londres (bc). **Getty Images:** PhotoLink / Photodisc (cda). **Science Photo Library:** Javier Trueba / MSF (bi).
394 Corbis: Craig Aurness (cdb); Wayne Lawler / Ecoscene (cda) (b/fondo); Micha Pawlitzki / zefa (s/imagen del texto de la cabecera). **Science Photo Library:** David Scharf (ci).
395 Alamy Images: Walter H. Hodge / Peter Arnold, Inc. (bd).
396 Alamy Images: blickwinkel / Koenig (bc).
397 Photo Biopix.dk: J.C. Schou (cia). **Getty Images:** DEA / RANDOM / De Agostini Picture Library (bi). **Wikimedia Commons:** Kahuroa (cda).
398 Alamy Images: Marek Piotrowski (sd). **Corbis:** Stuart Westmorland (sc).
399 Science Photo Library: Eye of Science (cib).
400 Ardea: Steve Hopkin (cib) (b/fondo). **Corbis:** Micha Pawlitzki / zefa (s/imagen del texto de la cabecera).
402 The Natural History Museum, Londres: (cia).
403 Corbis: Ken Wilson / Papilio (bc).
404 Getty Images: David Wrobel / Visuals Unlimited (c).
406 Corbis: Micha Pawlitzki / zefa (imagen del texto de la cabecera) (b/fondo). **Getty Images:** Tom Walker / The Image Bank (cdb); American Museum of Natural History (sd).
407 DK Images: Natural History Museum, Londres (cdb) (sc). **Cortesía de DigiMorph.org:** (bc).
408 DK Images: Natural History Museum, Londres (c/pie) (cd). **The Natural History Museum, Londres:** (b).
409 DK Images: Natural History Museum, Londres (cda) (sd). **Getty Images:** Theo Allofs / Photonica (bd).
410 Corbis: Ted Soqui (cdb). **DK Images:** Down House / Natural History Museum, Londres (cda). **Fotografía de David K. Smith:** Espécimen de *Arctodus* The Mammoth Site, Hot Springs, South Dakota (cib).
411 DK Images: Natural History Museum, Londres (cd).
413 DK Images: National Museum of Wales (bd).
414 DK Images: Natural History Museum, Londres (s/huesos de mastodonte).
415 DK Images: Rough Guides / Simon Bracken (bi); Natural History Museum, Londres (sd) (bd).
417 Stone Age Institute: Dr. Sileshi Semaw (director de proyecto) (ca).
418 The Natural History Museum, Londres: (si); **Science Photo Library:** Javier Trueba / MSF (sd); **The Natural History Museum, Londres:** (ebd); **Science Photo Library:** Javier Trueba / MSF (bi).
419 Bone Clones, Inc.: (ci); **National Geographic Creative:** Robert Clark (cib); **Science Photo Library:** Pascal Goetgheluck (l); **Alamy Stock Photo:** Banana Pancake (bc); **National Geographic Creative:** Robert Clark (cib); **Stefan Fichtel** (cd).

Las demás imágenes
© Dorling Kindersley

Para más información:
www.dkimages.com